HANDBUCH DER HAUT- UND GESCHLECHTSKRANKHEITEN

J. JADASSOHN

ERGÄNZUNGSWERK

BEARBEITET VON

J. ALKIEWICZ · R. ANDRADE · R. D. AZULAY · H. J. BANDMANN · L. M. BECHELLI · M. BETETTO H. H. BIBERSTEIN · R. M. BOHNSTEDT · G. BONSE · S. BORELLI · W. BORN · O. BRAUN-FALCO W. BURCKHARDT · F. T. CALLOMON · C. CARRIÉ · H. CHIARI · G. B. COTTINI · R. DOEPFMER CHR. EBERHARTINGER · G. EHRMANN · F. FEGELER · E. FISCHER · G. FLADUNG · H. FLEISCH-HACKER · H. GÄRTNER · O. GANS · M. GARZA TOBA · P. E. GEHRELS · H. GÖTZ · L. GOLDMAN H. GOLDSCHMIDT · K. GREGORZCYK · A. GREITHER · H. GRIMMER · P. GROSS · TH. GRÜ-NEBERG · J. HÄMEL · D. HARDER · W. HAUSER · E. HEINKE · H.-J. HEITE · S. HELLERSTRÖM A. HENSCHLER-GREIFELT · J. J. HERZBERG · H. HILMER · H. HOBITZ · H. HOFF · G. HOPF L. ILLIG · W. JADASSOHN · M. JÄNNER · R. KADEN · K. H. KÄRCHER · FR. KAIL · K. W. KAL-KOFF · W. D. KEIDEL · PH. KELLER · J. KIMMIG · G. KLINGMÜLLER · N. KLÜKEN · A. G. KOCHS · FR. KOGOJ · G. W. KORTING · E. KRÜGER-THIEMER · H. KUSKE . F. LATAPI H. LAUSECKER † · P. LAVALLE · A. LEINBROCK · K. LENNERT · G. LEONHARDI · W. F. LEVER P. G. LIEBALDT · W. LINDEMAYR · K. LINSER · H. LÖHE † · L. J. A. LOEWENTHAL · A. LUGER · E. MACHER · F. D. MALKINSON · J. T. McCARTHY · K. MEINICKE · W. MEISTERERNST · N. MELC-ZER · A. MEMMESHEIMER · J. MEYER-ROHN · G. MIESCHER † · P. MIESCHER · A. MUSGER · TH. NASEMANN . FR. NEUWALD · G. NIEBAUER · W. NIKOLOWSKI · F. NÖDL · R. ORTMANN B. OSTERTAG · R. PFISTER · K. PHILIPP · A. PILLAT · H. PINKUS · W. POHLIT · H. PORTUGAL · M. I. QUIROGA · W. RAAB · R. V. RAJAM · B. RAJEWSKY · J. RAMOS E SILVA · H. REICH · R. RICHTER G. RIEHL · H. RIETH · H. RÖCKL · ST. ROTHMAN · S. A. P. SAMPAIO · R. SANTLER · C. SCHIRREN C. G. SCHIRREN · H. SCHLIACK · W. SCHMIDT · R. SCHMITZ · W. SCHNEIDER · U. W. SCHNY-DER · H. E. SCHREINER · H. SCHUERMANN · K.-H. SCHULZ · R. SCHUPPLI · J. SCHWARZ · H.-P.-R SEELIGER · H. W. SIEMENS · R. D. G. PH. SIMONS · J. SÖLTZ'SZÖTS · C. E. SONCK · H. W. SPIER R. SPITZER · D. STARCK · Z. STARY · G. K. STEIGLEDER · H. STORCK · G. STÜTTGEN · A. SZA-KALL · J. TAPPEINER · J. THEUNE · W. THIES · J. VONKENNEL · F. WACHSMANN · G. WAGNER W. H. WAGNER · E. WALCH · R. WEHRMANN · K. WEINGARTEN · A. WIEDMANN · H. WILDE A. WINKLER · A. WISKEMANN · P. WODNIANSKY · KH. WOEBER · H. WÜST · K. WULF J. ZEITLHOFER · J. ZELGER · P. ZIERZ · M. ZINGSHEIM

HERAUSGEGEBEN GEMEINSAM MIT

O. GANS · H. A. GOTTRON · J. KIMMIG · G. MIESCHER† · H. SCHUERMANN H. W. SPIER · A. WIEDMANN

VON

A. MARCHIONINI

FÜNFTER BAND · ERSTER TEIL

BANDTEIL B

SPRINGER-VERLAG BERLIN HEIDELBERG GMBH

1962

THERAPIE DER HAUT- UND GESCHLECHTSKRANKHEITEN

BEARBEITET VON

J. J. HERZBERG · H. HILMER · J. KIMMIG · E. KRÜGER-THIEMER
J. MEYER-ROHN · FR. NEUWALD · H. RIETH · C. SCHIRREN
H. E. SCHREINER · K.-H. SCHULZ · W. H. WAGNER
R. WEHRMANN · K. WULF

HERAUSGEGEBEN VON

J. KIMMIG

BANDTEIL B

MIT 66 ABBILDUNGEN

SPRINGER-VERLAG BERLIN HEIDELBERG GMBH

ISBN 978-3-642-94851-0   ISBN 978-3-642-94850-3 (eBook)
DOI 10.1007/978-3-642-94850-3

Inhaltsverzeichnis

Bandteil B

Arsenverbindungen. Von Dr. med. WOLF-HELMUT WAGNER und Dr.-Ing. HANS HILMER-Frankfurt a. M. (Mit 1 Abbildung) 711

A. Einleitung 711

B. Aromatische und heterocyclische Arsenoxyde 713

    I. Allgemeine Eigenschaften 713

    II. 3-Amino-4-hydroxy-phenylarsenoxyd 716

    III. Treponemicide Wirksamkeit in vitro und in vivo 717

        1. Ein- und mehrfach substituierte Derivate des Phenylarsenoxyds 717

        2. Heterocyclische Arsenoxyde 724

    IV. 3-Amino-4-hydroxy-phenylarsenoxyd als Mittel zur Verhütung der Transfusionssyphilis 726

    V. Wirkungsmechanismus der Phenylarsenoxyde 730

        1. Natürliche und experimentell erzeugte Resistenz von Trypanosomen gegen Phenylarsenoxyde und andere organische Arsenikalien 730

        2. Wechselwirkungen von arsen- und thiolgruppenhaltigen Substanzen 735

C. Arsenobenzole 738

    I. Allgemeine Eigenschaften 738

    II. Neu entwickelte Verbindungen 739

    III. Biologische Standardisierung von Arsenobenzolen 747

D. Phenylarsonsäuren 750

    I. Allgemeine Eigenschaften 750

    II. Neu entwickelte Verbindungen 751

E. Schlußbetrachtung 763

Literatur 763

Die Antibiotica. Von Prof. Dr. med. JOHANNES MEYER-ROHN-Hamburg. (Mit 27 Abbildungen) 772

A. Mikrobiologischer und pharmakologischer Teil 772

    I. Begriffsbestimmung und Geschichtliches 772

    II. Penicillin 775

        1. Geschichtliches 775

        2. Herkunft 776

        3. Chemie 776

        4. Chemische und physikalische Eigenschaften 778

            a) Stabilität S. 778. — b) Löslichkeit S. 779. — c) Standardisierung S. 779.

        5. Wirkungsbereich 780

        6. Wirkungsmechanismus 781

        7. Toxicität 783

        8. Klinische Pharmakologie 784

            a) Resorption nach subcutaner und intramuskulärer Gabe 784

                α) Orale Applikation S. 786. — β) Rectale Applikation S. 787. — γ) Vaginale Resorption S. 787. — δ) Pleura, Perikard, Peritoneum S. 787.

            b) Verteilung im Organismus 788

                α) Liquor S. 788. — β) Placenta S. 788.

            c) Schicksal im Organismus, Ausscheidung 788

        9. Resistenz 789

        10. Penicillinase 791

Seite

11. Methoden zur Resistenzbestimmung 793
12. Kombinationen 797
13. Nachweis 801

III. Streptomycin und Dihydrostreptomycin 801
   1. Herkunft. 801
   2. Chemie 802
      a) Stabilität und Löslichkeit S. 802. — b) Standardisierung S. 802.
   3. Wirkungsbereich 803
   4. Wirkungsmechanismus 805
   5. Toxicität 805
   6. Klinische Pharmakologie 807
      a) Verteilung im Organismus S. 807. — b) Schicksal im Organismus, Ausscheidung S. 808.
   7. Resistenz 808
   8. Wirkungssteigerung durch Kombination mit anderen Antibiotica 809
   9. Nachweis 810

IV. Die Tetracycline 811
   1. Herkunft 811
   2. Chemie 812
      a) Stabilität S. 812. — b) Standardisierung S. 813.
   3. Wirkungsbereich 813
   4. Wirkungsmechanismus 816
   5. Toxicität 817
   6. Klinische Pharmakologie 821
      a) Verteilung im Organismus S. 822. — b) Schicksal im Organismus, Ausscheidung S. 823.
   7. Resistenz 823
   8. Kombinationen 825
   9. Nachweismethoden 826

V. Chloramphenicol 826
   1. Herkunft 827
   2. Chemie 827
      a) Löslichkeit S. 827. — b) Stabilität S. 827.
   3. Wirkungsbereich 828
   4. Wirkungsmechanismus 829
   5. Toxicität 830
   6. Klinische Pharmakologie 830
      a) Resorption S. 830. — b) Verteilung im Organismus S. 830. — c) Ausscheidung S. 831.
   7. Resistenz 831
   8. Kombinationen 832
   9. Nachweismethoden 832

VI. Erythromycin 832
   1. Herkunft 832
   2. Chemische und physikalische Eigenschaften 832
   3. Wirkungsbereich 833
   4. Wirkungsmechanismus 834
   5. Toxicität 834
   6. Klinische Pharmakologie 834
      a) Verteilung im Körper S. 835. — b) Ausscheidung S. 835.
   7. Resistenz 836
   8. Kombinationen 837
   9. Nachweis 837

VII. Carbomycin 837
VIII. Polymyxin 837
   1. Herkunft 838
   2. Chemie 838
   3. Wirkungsbereich 838
   4. Wirkungsmechanismus 839

	Seite
5. Toxicität	839
6. Klinische Pharmakologie	840
a) Diffusionsverhältnisse S. 840. — b) Ausscheidung S. 840.	
7. Resistenz	840
8. Kombinationen	841
9. Nachweis	841
IX. Neomycin	841
1. Herkunft	841
2. Chemische und physikalische Eigenschaften	842
3. Wirkungsbereich	842
4. Wirkungsweise	843
5. Toxicität	843
6. Klinische Pharmakologie	843
7. Resistenz	843
8. Kombinationen	844
9. Nachweis	844
X. Bacitracin	844
1. Herkunft	844
2. Chemie	845
3. Wirkungsbereich	845
4. Wirkungsmechanismus	846
5. Toxicität	847
6. Klinische Pharmakologie	847
7. Resistenz	847
8. Kombinationen	848
9. Nachweismethoden	848
XI. Tyrothricin	848
1. Herkunft	849
2. Chemie	849
3. Wirkungsbereich	849
4. Wirkungsmechanismus	850
5. Toxicität	850
6. Resistenz	850
7. Kombinationen	851
8. Nachweismethoden	851
XII. Nystatin	851
1. Herkunft	851
2. Chemie	851
3. Wirkungsbereich	852
4. Wirkungsmechanismus	853
5. Toxicität	853
6. Resistenzentwicklung	854
7. Kombinationen	854
8. Nachweismethoden	854
XIII. Amphotericin	855
1. Herkunft	855
2. Chemie	855
3. Wirkungsbereich	855
4. Wirkungsmechanismus	856
5. Toxicität	856
6. Klinische Pharmakologie	857
7. Resistenz	857
XIV. Trichomycin	858
1. Herkunft	858
2. Chemie	858
3. Wirkungsbereich	858
4. Wirkungsmechanismus	859
5. Toxicität	859
6. Klinische Pharmakologie	860
7. Resistenz	860

Seite
XV. Oleandomycin 861
    1. Herkunft 861
    2. Chemie 861
    3. Wirkungsbereich 861
    4. Toxicität 862
    5. Klinische Pharmakologie 862
    6. Resistenz 862
    7. Kombinationen 863
    8. Nachweismethoden 864
XVI. Kanamycin 864
    1. Herkunft 864
    2. Chemische und physikalische Eigenschaften 864
    3. Wirkungsbereich 865
    4. Wirkungsmechanismus 865
    5. Toxicität 865
    6. Klinische Pharmakologie 866
    7. Resistenz 866
    8. Indikationen 867
XVII. Griseofulvin 867
    1. Herkunft 867
    2. Chemie 868
    3. Wirkungsbereich 868
    4. Toxicität 869
XVIII. Weitere Antibiotica 869
XIX. Synonyma 872
B. Klinische Anwendung 876
  I. Mikrobiell bedingte Dermatosen 876
    1. Kokkenerkrankungen 876
      a) Folliculitis superficialis, Impetigo contagiosa, Pemphigoid neonatorum,
         Streptodermia bullosa, Pityriasis alba faciei, Angulus infectiosus 877
      b) Folliculitis (Sycosis) barbae, schankriforme Pyodermie, Ecthyma, Erysipel,
         chronisch vegetierende und ulcerierende Pyodermien 877
      c) Staphylodermia sudoripara suppurativa (Säuglinge), Hydradenitis sup-
         purativa (Erwachsene), Furunkel, Karbunkel, Abscesse und Phlegmonen 879
    2. Bakteriell bedingte Dermatosen 879
    3. Bacillär bedingte Hautkrankheiten 881
    4. Die Geschlechtskrankheiten 881
      a) Gonorrhoe 881
      b) Syphilis 883
      c) Ulcus molle 883
      d) Lymphogranuloma inguinale 884
    5. Protozoenerkrankungen 884
      a) Frambösie 884
      b) Pinta 885
      c) Hautleishmaniase (Orientbeule) 885
      d) Sodoku 885
      e) Trichomonaden 885
    6. Viruskrankheiten 886
    7. Pilzerkrankungen 887
    8. Sekundär infizierte Dermatosen 890
      a) Mikrobielles Ekzem 890
      b) Ulcus cruris 891
      c) Dermatitis 891
      d) Blasenbildende Dermatosen 891
      e) Acne vulgaris und conglobata 892
      f) Rosacea 893
      g) Verbrennungen 893
  II. Dermatosen ungeklärter Genese mit sicherer Wirkung antibiotischer Therapie 893
    1. Lymphadenosis cutis benigna 893
    2. Acrodermatitis chronica atrophicans Herxheimer 894
    3. Erythema chronicum migrans 895

Seite

III. Dermatosen ungeklärter Genese mit unsicherer Wirkung antibiotischer Therapie 896
  1. Erythema exsudativum multiforme 896
  2. Erythema nodosum 896
  3. Lichen ruber 897
  4. Erythematodes discoides et disseminatus 897
  5. Dermatomyositis 898
  6. Sklerodermie 898
  7. Die Erythrodermien 899
  8. Panniculitis nodularis non suppurativa Weber-Christian 899
  9. Psoriasis 899
  10. Sarcoma idiopathicum multiplex haemorrhagicum Kaposi 899
IV. Die Nebenwirkungen der Antibiotica 899
  1. Toxische Nebenwirkungen 901
    a) Penicillin 901
    b) Streptomycin 901
    c) Chloramphenicol 902
    d) Tetracycline 903
    e) Erythromycin 904
    f) Oleandomycin, Neomycin, Bacitracin, Polymyxin, Tyrothricin, Nystatin 904
  2. Allergische Nebenwirkungen 904
    a) Penicillin 905
    b) Streptomycin 908
    c) Chloramphenicol 908
    d) Tetracycline 909
    e) Erythromycin, Oleandomycin, Neomycin, Bacitracin, Tyrothricin, Poly-
       myxin, Nystatin 910
  3. Jarisch-Herxheimersche Reaktionen 910
    a) Penicillin 910
    b) Chloramphenicol 911
  4. Biologische Nebenwirkungen 911
    a) Penicillin 911
    b) Streptomycin 911
    c) Chloramphenicol 912
    d) Tetracycline 912
        α) Superinfektion mit Staphylococcus aureus haemolyticus S. 913. —
        β) Superinfektionen durch Hefen S. 914. — γ) Superinfektionen durch Pro-
        teus und Pseudomonas aeruginosa S. 914.
    e) Erythromycin, Oleandomycin, Neomycin 915
    f) Bacitracin, Polymyxin, Tyrothricin, Nystatin 915
  5. Nebenwirkungen komplexer Genese 915
    a) Chloramphenicol 915
    b) Tetracycline 915
  V. Einfluß der Antibiotica auf immunbiologische Vorgänge im Organismus . . . 917
  VI. Applikations- und Handelsformen der Antibiotica 920
Literatur 933

Sulfanilamide und verwandte Chemotherapeutica. Von Dr. med. Dr. rer. nat. EKKEHARD
  KRÜGER-THIEMER, Borstel. (Mit 20 Abbildungen) 962
A. Einleitung 962
  I. Historisches 962
  II. Einteilung, Nomenklatur und Handelsnamen 963
  III. Übersichtsarbeiten und sonstige Literatur 992
B. Allgemeiner Teil 993
  I. Chemie und Physikochemie der Sulfanilamide und anderer Sulfone 993
    1. Molekülstruktur 994
    2. Ionisation 997
    3. Löslichkeit 1000
    4. Sonstige physikalische Eigenschaften 1002
    5. Synthesen und chemische Eigenschaften 1004
    6. Qualitative Nachweise 1005
    7. Quantitative Bestimmungsmethoden 1006

Seite
II. Pharmakologie der Sulfanilamide und anderer Sulfone 1009
   1. Pharmakokinetik 1009
      a) Zusammenhang zwischen Dosierung und Pharmakokinetik. 1010
      b) Die pharmakokinetischen Konstanten 1016
      c) Die Distributionskonstanten 1018
   2. Pharmakodynamik 1022

III. Toxikologie der Sulfanilamide und anderer Sulfone 1024
   1. Akute Toxicität bei Versuchstieren 1024
   2. Chronische Toxicität bei Versuchstieren 1025
   3. Toxische Symptome beim Menschen 1025
   4. Beeinflussung der toxischen Wirkungen 1032

IV. Antimikrobielle Wirkung der Sulfanilamide und anderer Sulfone 1033
   1. Allgemeines zur Sensibilitätstestung 1033
   2. Spezifität der Hemmwirkung gegenüber Bakterien 1036
   3. Hemmwirkung bei anderen Mikroorganismen, Pflanzen und Tieren 1038
   4. Synergisten und Antagonisten 1038
   5. Resistenzentwicklung und Kreuzresistenz 1039

V. Biochemie der Sulfanilamide und anderer Sulfone 1040
   1. Metabolismus 1040
   2. Physikochemische Wirkungsbedingungen 1047
   3. Wechselwirkungen mit Enzymen 1048
   4. Strukturspezifität der antimikrobiellen Hemmwirkung 1048
   5. Antimikrobieller Wirkungsmodus 1050

VI. Experimentelle Therapie mit Sulfanilamiden und anderen Sulfonen 1056
VII. Klinische Therapie mit Sulfanilamiden und anderen Sulfonen 1061
   1. Applikation, Dosierung und Therapieschemata 1061
   2. Indikationen bei Haut- und Geschlechtskrankheiten 1063
      Erkrankungen durch a) Pseudomonadaceen S. 1064, b) Spirillaceen S. 1064,
      c) Enterobacteriaceen S. 1065, d) Brucellaceen S. 1065, e) Bacteriodaceen
      S. 1066, f) Mikrococcaceen S. 1066, g) Neisseriaceen S. 1066, h) Lactobacil-
      laceen S. 1067, i) Corynebacteriaceen S. 1068, j) Bacillaceen S. 1068, k) My-
      cobacteriaceen S. 1068, l) Actinomycetaceen und Streptomycetaceen S. 1070,
      m) Treponemataceen S. 1070, n) Rickettsiales S. 1070, o) sonstige Mikro-
      organismen S. 1071. — p) Erkrankungen unklarer Genese S. 1071. —
      q) Sonstige Indikationen S. 1072.

C. Spezieller Teil 1072
   I. Sulfanilamide und andere Sulfone im Arzneischatz 1072
   II. Einzelpräparate (systematisch geordnet) 1080
   III. Kombinationspräparate (alphabetisch geordnet) 1088
   IV. Rezeptur von Sulfanilamiden und anderen Sulfonen 1091

D. Bewertung der Sulfanilamide und anderer Sulfone 1091
   1. Molekülstruktur 1092
   2. Ionisation 1093
   3. Löslichkeit 1093
   4. Antibakterielle Wirkung 1094
   5. Pharmakokinetik 1095
   6. Metabolismus 1097
   7. Adsorption und Distribution 1097
   8. Toxicität 1098
   9. Therapeutische Wirkung bei Tieren 1098
   10. Klinische Dosierungsschemata 1098

Literatur 1100

Chemotherapeutica mit tuberkulostatischer Wirkung. Von Prof. Dr. med. Dr. phil.
JOSEF KIMMIG und Dr. phil. RENATE WEHRMANN-Hamburg. (Mit 4 Abbildungen) 1123
I. Historische Entwicklung der Chemotherapie der Hauttuberkulose 1123
II. Die experimentelle Chemotherapie der Tuberkulose 1125
   1. Der in vitro-Versuch 1125
   2. Der Tierversuch 1126

Seite
III. Experimentelle Untersuchungen von für die Chemotherapie der Hauttuberkulose
  wichtigen Substanzen 1127
    1. Die Thiosemicarbazone. 1127
    2. p-Aminosalicylsäure und Derivate 1129
    3. Die Antibiotica 1133
        a) Streptomycin und Dihydrostreptomycin 1133
        b) Neomycin 1136
        c) Viomycin 1136
        d) Cycloserin 1137
        e) Kanamycin 1138
        f) Streptovaricin 1139
    4. Isonicotinsäurehydrazid und Derivate 1139
        a) Die Hypothese über die Strukturspezifität des Isonicotinsäurehydrazids . 1145
        b) Die Schwermetallkomplex-Hypothese 1145
        c) Die Katalase-Hämin-Hypothese 1146
        d) Die Isonicotinsäure-Hypothese 1146
        Die in vivo-Versuche 1148
        Isonicotinsäurehydrazid-Derivate 1149
    5. Cyanessigsäurehydrazid 1152
    6. 1-Isonicotinoyl-2-veratrylidenhydrazid (Verazid) 1153
    7. 0-Hydroxybenzal-isonicotinoylhydrazon (Nupasal) 1154
    8. Vanillin-isonicotinoyl-hydrazon (Phtivazid, Vanizid) 1155
    9. 3-Äthoxy-4-hydroxybenzaldehyd-isonicotinoyl-hydrazon (Bourbonal-Isonicotin-
        säurehydrazid) 1155
    10. Pyrazinamid 1155
    11. Rhodanverbindungen 1156
    12. Phenazinderivate 1157
    13. Thioisonicotinsäureamide 1157
    14. Vitamin D_2-Therapie 1158
IV. Klinische Untersuchungen 1158
    1. Die Vitamin D_2-Therapie 1159
    2. Die Thiosemicarbazontherapie 1159
    3. Die Isonicotinsäurehydrazid-Therapie 1160
    Nebenwirkungen der Isonicotinsäurehydrazid-Therapie 1164
Literatur 1165

Die Antimykotica. Von Dr. med. Hans Rieth-Hamburg 1172
  I. Allgemeiner Teil 1172
    1. Einleitung und Geschichtliches 1172
    2. Definitionen und Terminologie 1173
    3. Einteilung der Antimykotica 1173
    4. Experimentelle Verfahren zur Prüfung antimykotischer Substanzen 1173
        a) In vitro-Verfahren 1174
        b) Semi-in vivo-Verfahren 1176
        c) Tierversuche 1176
        d) Klinische Prüfungen 1177
        e) Vergleichende Untersuchungen 1177
        f) Verfahren zur Auffindung pilzhemmender Antibiotica 1177
    5. Wirkungsweise der Antimykotica 1177
    6. Beziehungen zwischen chemischer Konstitution und antimykotischer Wirkung 1178
    7. Allgemeine therapeutische Maßnahmen. 1178
    8. Epilation und Depilation 1179
    9. Nagelablösung 1180
    10. Mykotische Komplikationen bei antibiotischer Behandlung 1181
        Therapeutische Konsequenzen 1182
    11. Allgemeine Literaturübersicht. 1183
  II. Spezieller Teil 1184
    1. Schwefel 1185
    2. Halogene 1185
    3. Anorganische Säuren und Oxydationsmittel 1186
    4. Anorganische Metallverbindungen 1187
    5. Aldehyde, Alkohole 1188

                                                                    Seite
6. Teer 1188
7. Aliphatische Carbonsäuren 1189
    a) Fettsäuren 1189
        α) Gesättigte Fettsäuren S. 1189. — β) Ungesättigte Fettsäuren S. 1190. —
        γ) Halogenierte Fettsäuren S. 1191. — δ) Fettsäureester S. 1192.
    b) Kohlensäurederivate 1192
        α) Thiocarbaminsäurederivate S. 1192. — β) Cyanverbindungen S. 1193. —
        γ) Rhodanin S. 1193. — δ) Thiuramdisulfide S. 1193. — ε) Thiosemicarbazone
        S. 1193.
    c) Oxysäuren 1193
    d) Aminosäuren und Ampholytseifen 1194
8. Invertseifen 1194
    a) Quartäre Ammoniumverbindungen 1195
    b) Quartäre Phosphoniumverbindungen 1196
       Anwendung und klinische Erfahrungen 1196
    c) Quartäre Arsonium- und andere „-onium"-Verbindungen 1197
9. Phenole und Kresole 1197
    a) Phenol 1197
    b) Kresol 1198
    c) Alkylierte, arylierte und halogenierte Phenole und Kresole . . 1198
    d) Nitrierte Phenole und Kresole 1200
    e) Schwefelderivate 1200
    f) Tribromphenolwismut (Xeroform) 1200
    g) Mehrwertige Phenole 1201
    h) Phenole mit kondensierten Ringsystemen 1202
    i) Phenoläther 1202
    k) Halogenierte Phenolester 1203
    l) Polycyclische Phenole 1203
10. Aromatische Sulfide 1203
    Klinische Erfahrungen 1204
11. Aromatische Diamidine 1205
    Klinische Erfahrungen 1206
    a) Stilbamidin 1206
        α) Dosierung von Stilbamidin S. 1206. — β) Nebenwirkungen von Stilb-
        amidin S. 1206.
    b) 2-Oxystilbamidin 1207
    c) Aminostilbamidin 1207
    d) Propamidin und Dibrompropamidin 1207
    e) Pentamidin 1207
    f) Diamidino-diphenylamin 1208
12. Farbstoffe 1208
    a) Triphenylmethanfarbstoffe 1208
    b) Acridinfarbstoffe 1210
    c) Andere Farbstoffe 1210
13. Cyclohexanderivate 1210
14. Chinone 1210
15. Ätherische Öle 1211
16. Aromatische Carbonsäuren 1211
    a) Benzoesäure 1212
    b) Salicylsäure 1212
    c) p-Oxybenzoesäure 1215
    d) p-Aminobenzoesäure 1216
    e) Trioxybenzoesäure 1216
    f) Äthylvanillat 1217
    g) Ungesättigte aromatische Carbonsäuren 1217
17. Sulfonamide und Sulfone 1218
    a) Sulfonamide 1219
    b) Sulfone 1221
18. Sulfonate 1221

Seite

19. Metallorganische Verbindungen 1222

   a) Organische Quecksilberverbindungen 1222
   b) Organische Kupferverbindungen 1224
   c) Organische Zinkverbindungen 1224
   d) Organische Antimonverbindungen. 1224

20. Furanderivate 1224
21. Chinolinderivate 1224

   a) 8-Oxychinolin 1224
   b) 8-Oxychinaldin 1227
   c) Dekamethylen-bis-(4-amino-chinaldiniumchlorid) 1228
   d) Isochinolinderivate 1228

22. Nicotinsäure- und Isonicotinsäurederivate 1228
23. Benzimidazolderivate 1229
24. Benzthiazolderivate 1230
25. Tetrazoliumsalze und Amidrazone 1230
26. Dixanthogen und Trithione 1230
27. Histamin und Antihistaminica 1231
28. Hormone 1232

   a) Oestrogene, gestagene und androgene Stoffe 1232
   b) Corticosteroide und ACTH 1233

29. Sekrete 1233
30. Vitamine 1233
31. Enzyme 1234
32. Verschiedene pflanzliche Stoffe 1234
33. Antibiotica 1235

   a) Antibiotica für die orale oder parenterale Mykosetherapie 1235

      α) Griseofulvin 1236
      Geschichtliche Daten S. 1236. — Chemische und physikalische Eigenschaften S. 1237. — Biologische Wirkung in vitro S. 1237. — Phytotoxicität und Phytopathologie S. 1238. — Tierversuche S. 1238. — Klinische Erfahrungen S. 1238. — Indikationen S. 1239. — Trychophytie S. 1240. — Favus S. 1241. — Epidermophytie S. 1241. — Erythrasma S. 1241. — Onychomykosen S. 1242. — Dosierung S. 1243. — Behandlungsdauer S. 1243. — Versager und Scheinversager, Resistenzentwicklung S. 1243. — Verträglichkeit, Nebenwirkungen, Id-Reaktionen S. 1244. — Wirkungsweise S. 1244. — Erfahrungen mit Griseofulvin bei anderen Pilzkrankheiten S. 1245. — Handelspräparate S. 1245.

      β) Nystatin 1245
      Herkunft und Geschichtliches S. 1245. — Chemische, physikalische und pharmakologische Daten S. 1245. — Biologische Wirkung in vitro S. 1246. — Tierversuche S. 1247. — Verträglichkeit, Resorption, Diffusion, Eliminierung S. 1247. — Klinische Erfahrungen S. 1247. — Indikationen S. 1248. — Genitale Candidamykosen S. 1249. — Candidide S. 1249. — Aspergillose S. 1250. — Dosierung und Behandlungsdauer S. 1250. — Nebenwirkungen S. 1250. — Wirkungsweise S. 1250. — Handelspräparate S. 1250.

      γ) Trichomycin 1251
      Herkunft und Geschichtliches S. 1251. — Chemische, physikalische und pharmakologische Daten S. 1251. — Biologische Wirkung in vitro S. 1251. — Tierversuche S. 1251. — Klinische Erfahrungen S. 1251. — Dosierung und Behandlungsdauer S. 1252. — Resorption, Verträglichkeit, Nebenwirkungen S. 1252. — Wirkungsweise S. 1252. — Handelspräparate S. 1252.

      δ) Amphotericin B 1253
      Herkunft und Geschichtliches S. 1253. — Chemische und physikalische Daten S. 1253. — Biologische Wirkung in vitro S. 1253. — Tierversuche S. 1253. — Klinische Erfahrungen S. 1254. — Dosierung und Behandlungsdauer S. 1254. — Verträglichkeit und Nebenwirkungen S. 1255. — Wirkungsweise, Resistenz S. 1255. — Handelspräparate S. 1255.

      ε) Cycloheximid (= Actidion) 1255
      Herkunft und Geschichtliches S. 1255. — Chemische, physikalische und pharmakologische Daten S. 1255. — Biologische Wirkung in vitro S. 1256

Seite

Tierversuche S. 1256. — Klinische Erfahrungen S. 1256. — Verwendung von Actidion als Fungistaticum im Laboratorium S. 1256. — Verträglichkeit, Dosierung und Wirkungsweise S. 1256.

b) Antibiotica mit Wirkung gegen Strahlenpilze 1256

α) Penicillin 1257

Wirkung gegen Actinomyceten in vitro S. 1257. — Klinische Erfahrungen S. 1257. — Dermatophytien S. 1258. — Dosierung und Behandlungsdauer S. 1258.

β) Streptomycin 1258
Klinische Erfahrungen 1259
γ) Tetracycline 1259
Klinische Erfahrungen 1259
δ) Chloramphenicol 1260
c) Weitere pilzwirksame Antibiotica 1260

III. Übersichtstabellen 1273

Literatur 1277

Cytostatica. Von Prof. Dr. med. JOHANNES MEYER-ROHN-Hamburg. (Mit 14 Abbildungen) 1318

I. Begriffsbestimmung 1318

II. Geschichtliches 1319

III. Das Auffinden cytostatischer Substanzen 1321

a) in vitro-Versuch 1322
b) Tierexperiment 1323

IV. Indikationen für eine cytostatische Therapie 1328

V. Möglichkeiten einer cytostatischen Therapie 1328

1. Radiomimetica 1328
2. Mitosegifte 1328
3. Antimetabolite 1328
4. Polymerisationszerstörer 1329

VI. Die Teilungsgifte 1329

1. Spindelgifte 1329
2. Ruhekerngifte 1335

a) Arsen 1335
b) Urethan 1336
c) Lost 1336
d) Die Äthyleniminderivate 1339

Dosierung 1343
Wirkungsmechanismus der Äthylenimin- und Lost-Derivate 1345

e) Diamidine 1346
f) Antibiotica 1346
α) Actinomycine S. 1346. — β) Azaserin S. 1347. — γ) Puromycin S. 1348.

VII. Wuchsstoff-Antagonisten 1349

1. Folsäureantagonisten 1349
2. Purinantagonisten 1350

VIII. Hormone 1351

IX. Radioaktive Isotope 1352

X. Verschiedene Substanzen mit unsicherer cytostatischer Wirkung 1352

XI. Die klinische Anwendung von Äthyleniminderivaten in der Dermatologie und deren Grenzgebieten 1356

1. Bayer E 39 1356
2. Tetramin 1360

XII. Die Auswertung chemotherapeutischer Erfolge 1361

XIII. Grenzen und Ausblicke 1362

Literatur 1364

Namenverzeichnis 1373

Sachverzeichnis 1500

Die Antimykotica

Von

Hans Rieth-Hamburg

I. Allgemeiner Teil

1. Einleitung und Geschichtliches

Die Vielfalt der mykotischen Erkrankungen wird durch die Reichhaltigkeit des antimykotischen Arzneischatzes noch übertroffen. Die verschwenderische Fülle der in den Arzneischatz aufgenommenen Präparate ist aber nur ein Bruchteil von dem, was in den verschiedensten Laboratorien der Welt im Verlauf von etwa zwei Jahrzehnten als „wirksam gegen Pilze" ermittelt werden konnte.

Die Mutmaßung, „wirksam gegen Pilze" könne identisch sein mit „wirksam gegen Mykosen", trifft nicht zu. Jeder, der in Klinik und Praxis Mykosen behandelt hat, wird dies bestätigen. Viele Präparate mit hervorragenden pilzhemmenden oder pilzabtötenden Eigenschaften in vitro haben versagt, als es darum ging, die Pilze aus lebendem Gewebe zu vertreiben.

Andere Mittel bewährten sich nicht auf die Dauer, sei es, daß die Pilze resistent wurden oder nur zum Teil vernichtet werden konnten, so daß Rezidive auftraten; sei es, daß toxische Nebenwirkungen erst nach längerer Zeit oder nur unter besonderen Umständen beobachtet wurden; sei es schließlich, daß Sensibilisierungen die weitere Anwendung unmöglich machten.

Seit Beginn der antimykotischen Ära im Jahre 1938, als die Fettsäuren in die Therapie der Mykosen Eingang fanden, ist es immer wieder zu Enttäuschungen gekommen, die sich auch darin dokumentierten, daß mit großer Beharrlichkeit altbewährte Zubereitungen weiterverwendet wurden.

So verständlich dies auch ist, ein echter Fortschritt wird damit nicht erzielt. Wie nötig aber bessere Antimykotica sind, wird deutlich, wenn man an die Zunahme der Nagelmykosen denkt, an die Ausbreitung der Fußmykosen unter den Schulkindern oder an die Pilzschutzmaßnahmen, die Bergbau und Industrie durchzuführen gezwungen sind.

Die mykotischen Komplikationen nach antibiotischer Behandlung haben die Problematik der Behandlung disseminierter Mykosen weitesten Kreisen ins Bewußtsein gebracht, so daß die Öffentlichkeit mit Recht von der ärztlichen Forschung eine Lösung dieser Probleme verlangt.

Nicht die Beschränkung auf das Althergebrachte und Notdürftigste wird uns der Lösung näherbringen, sondern eine möglichst umfassende Gesamtschau über das bisher Erarbeitete, die den Blick schärft für das Wesentliche und dem Geist Anregung gibt für neue Ideen und Gedankengänge.

Die Entdeckung des Nystatins im Jahre 1950, die Einführung des Griseofulvins in die Therapie 1958 kennzeichnen den eingeschlagenen Weg, der zu weiteren wichtigen Entdeckungen führen muß, damit Krankheiten wie Blastomykose, Histoplasmose und andere generalisierte Mykosen so beherrscht werden

können wie heute schon Aktinomykose, Nokardiose, alle oberflächlichen und ein Großteil der tiefen Dermatomykosen.

2. Definitionen und Terminologie

Antimykotica im engeren Sinne sind natürliche oder synthetische Stoffe, mit denen Mykosen geheilt werden können und der Pilzbefall beseitigt wird. Im weiteren Sinne wird Antimykotica für alle Substanzen gebraucht, die spezifische, gegen Pilze gerichtete Eigenschaften haben; antimycetisch und antifungisch wird im gleichen Sinne gebraucht, ohne daß jedoch damit etwas über die Wirkung bei Mykosen ausgesagt wird.

Fungicid wirken Stoffe, die den Pilz durch irreversible Schädigungen, z.B. des Eiweißgefüges, abtöten. *Fungistatisch* werden Substanzen genannt, die eine mehr oder weniger ausgeprägte Hemmwirkung ausüben; der Angriffsort kann verschieden sein: Wandschädigung („curling factor" des Griseofulvins), Enzyminaktivierung, Eingriffe in den Stoffwechsel und anderes. Es gibt Stoffe, die in niederer Konzentration fungistatisch, in höherer fungicid wirken.

3. Einteilung der Antimykotica

Aus Gründen der leichteren Orientierung wurden die chemisch definierten Substanzen nach ihrer chemischen Zusammengehörigkeit geordnet, die Antibiotica dagegen nach ihrer praktischen Bedeutung. Die noch weniger bedeutsamen sind alphabetisch aufgeführt.

4. Experimentelle Verfahren zur Prüfung antimykotischer Substanzen

Die Bewertung der Wirksamkeit und Verträglichkeit auf Grund der Ergebnisse ineinander greifender und sich ergänzender Testmethoden dient dem Schutz des kranken Menschen vor unwirksamen und schädlichen Stoffen.

Die Zahl der bekannt gewordenen natürlichen und synthetischen chemischen Verbindungen mit pilzhemmender Wirkung ist bereits derart groß, daß eine Abgrenzung der besten Antimykotica von den weniger geeigneten dringend gefordert wird. Für diesen Zweck gibt es verschiedene Gruppen von Testverfahren, mit denen sich experimentell die antimykotischen Eigenschaften eines Stoffes erfassen lassen.

Der Gedanke, es könnte einen idealen in vitro-Test geben, dessen Ergebnis sich ohne weiteres auch auf die Verhältnisse beim kranken Menschen übertragen lasse, ist längst als irreal erkannt worden. Nicht einmal ein Tierversuch kann als Modellfall gelten. Wenn trotzdem zunehmend mehr statt weniger getestet wird, so hat das seinen Grund gerade darin, daß die Grenzen der verschiedenen Verfahren bewußter wahrgenommen werden, daß kaum noch die Gefahr einer Überschätzung, eher schon die einer Unterschätzung der Testmethoden besteht.

Die Prüfung einer noch unbekannten natürlich gewonnenen oder synthetisch hergestellten Substanz am mykotisch erkrankten Menschen verbietet sich von selbst, solche Experimente werden mit Recht als unverantwortlich abgelehnt. Selbstversuche in ausreichender Anzahl sind vor allem bei den Systemmykosen aus pathogenetischen und prognostischen Gründen undurchführbar. Laboratoriumsverfahren sind infolgedessen ein integrierender Bestandteil verantwortungsbewußter Arzneimittelprüfungen.

Als Ergebnis kritischer Auswertung von mehreren Tausend Testungen [Kimmig und Rieth (1)] muß festgestellt werden, daß ein zuverlässiges Urteil über

eine antimykotische Substanz nur abgegeben werden darf, wenn *mehrere* Testverfahren in vitro, semi-in vivo und in vivo und außerdem klinische Prüfungen durchgeführt wurden. Alle übrigen Urteile können nur orientierenden Charakter haben. Dies gilt nicht nur für Laboratoriumsergebnisse, sondern auch für klinische Erfahrungsberichte, sofern es sich um Mykosen handelt, die zu Spontanremissionen oder zur Selbstheilung neigen oder in ein Latenzstadium übergehen können.

Um den augenblicklichen Stand der Testmethodik zu veranschaulichen, sind im folgenden einige der gebräuchlichen Verfahren angegeben.

a) In vitro-Verfahren

Sämtliche Untersuchungen in vitro dienen dem Zweck, die Wirkung einer bestimmten Substanz oder eines Substanzgemisches gegenüber bestimmten Pilzen zu ermitteln.

Diese scheinbar selbstverständliche Formulierung weist auf eine Verwechslungsmöglichkeit hin, die wiederholt Anlaß für Mißverständnisse gewesen ist, nämlich die Vertauschung oder Gleichsetzung von Pilz und Mykose. Wirkung gegenüber einem bestimmten Pilz ist *nicht* gleichbedeutend mit Wirkung gegenüber der betreffenden Mykose, deren Erscheinungsbild bekanntlich von personalen Faktoren (Gottron) weitgehend mitbestimmt wird.

Strenggenommen bedeutet anti*mykotisch* „gegen die Mykose gerichtet". Ob ein Mittel gegen eine *Erkrankung* durch Pilze wirksam ist, läßt sich in vitro nicht prüfen. Nur die Wirksamkeit gegen den Pilz selbst ist Gegenstand solcher Untersuchungen. Die Bezeichnung anti*mycetisch* bedeutet „gegen den Pilz gerichtet" und trifft den Sachverhalt, ohne zu falschen Schlußfolgerungen zu verleiten.

Die antimycetische Wirkung kann *fungistatisch* oder *fungicid* sein, je nachdem, ob die Lebensvorgänge, insbesondere Wachstum und Vermehrung , der Pilze so lange gehemmt werden, wie ein Kontakt mit dem fungistatischen Stoff vorliegt, oder ob der Pilz durch das fungicide Agens abgetötet wird [Emmons (1), (2)].

Verfahren zur Prüfung fungistatischer Wirkung gibt es in großer Zahl. Im Prinzip werden sie so durchgeführt, daß die betreffende Substanz einem festen oder flüssigen Nährmedium beigemischt ist und das Wachstum eines auf oder in das Nährmedium geimpften Pilzes hemmt.

Schamberg und Kolmer haben bereits 1922 Sabouraud-Agar mit pilzhemmenden Mitteln in verschiedenen Konzentrationen gemischt und die Oberfläche des Nährbodens mit Trichophyton rosaceum, Mikrosporum Audouini und Trichophyton Schönleinii beimpft. Die Ergebnisse wurden nach 6—8 Wochen abgelesen.

Burlingame und Reddish empfahlen den sog. *Lochtest*; hierbei wird in der Mitte eines in einer Petri-Schale befindlichen Nährbodens mit einem Korkbohrer oder einem Glaszylinder ein Loch gestanzt, in das die Substanzlösung in verschiedenen Verdünnungen eingefüllt wird. Der Pilz wird auf die Oberfläche des Nährbodens geimpft und durch die von dem Loch aus diffundierende Substanz mehr oder weniger gehemmt, wodurch um das Loch herum ein *Hemmhof* entsteht. Diese Methode wurde von verschiedenen Autoren, insbesondere von Oster und Golden (1), (4), (5) modifiziert und gehört heute zu den Standardtests. Die Größe des Hemmhofes hängt jedoch von sehr vielen Faktoren ab, die im einzelnen berücksichtigt werden müssen, insbesondere von der Wasserlöslichkeit der Substanz, der Zusammensetzung des Nährbodens, der Molekülgröße usw. [Bushby und Stewart; Hillegas und Camp; Simmonds (1)].

Das *Plattenausstrichverfahren*, bei dem die Substanz in verschiedenen Konzentrationen dem Nährboden zugemischt wird, bevor er in Petri-Schalen erstarrt, erlaubt die Grenzwerte zu bestimmen, bei denen der auf die Oberfläche ausgestrichene Pilz entweder ungehindert wächst oder total gehemmt wird [Kimmig und Rieth (1); Rückher].

Untersuchungen in *flüssigem Medium* in steigenden Verdünnungsreihen sind weit verbreitet, da sie mit wenig Aufwand durchzuführen sind. Ihr Nachteil liegt in einer zu großen Empfindlichkeit und in einem unterschiedlichen Kontakt, je nachdem, ob der verimpfte

Pilz mehr an der Oberfläche oder submers wächst. Bei Berücksichtigung der Grenzen der Methode lassen sich aber trotzdem vergleichbare Ergebnisse erzielen (PFLEGER u. Mitarb.; SCHRAUFSTÄTTER, RICHTER und DITSCHEID).

Weitere Modifikationen sind das *mykographische Testverfahren* von SCHATI, sowie die an den Lochtest angelehnten Methoden mit *Filterpapierscheibchen* [KLIGMAN und ROSEN-ZWEIG (1); NEUMANN] oder *Filterpapierstreifen* (F. BLANK), der *Objektträger-Filmtest* von LANGER und KADEN [KADEN (6)] und der *Federkieltest* von KADEN (6).

Die *Standardisierung der Bedingungen* ist eine der wichtigsten Voraussetzungen für eine Vergleichbarkeit der erzielten Ergebnisse. Die Erfahrung hat gelehrt, daß sich die Absprachen nicht nur auf die genaue Innehaltung physikalischer und chemischer Normen erstrecken müssen, sondern auch auf die genaue Zusammensetzung und biologische Wertigkeit des Impfgutes.

Es ist von großer Bedeutung für den Ausfall der Versuche, ob reife oder unreife Pilzsporen verimpft wurden, ob die Sporen eine hohe oder geringe Keimfähigkeit aufweisen, ob Mikro- oder Makroconidien verimpft werden oder Chlamydosporen, ob Mycel mitverimpft wird oder nicht, ob es frisch oder ausgetrocknet, nährstoffarm oder -reich, pleomorph oder früchtebehangen, degeneriert oder wachstumsfreudig ist. Temperatur und Feuchtigkeit, p_H-Wert, Eiweißgehalt des Nährmediums, Anwesenheit von Spurenelementen und Netzfähigkeit sind von Bedeutung [FOLEY, HERRMANN und LEE (2); GORBACH, TERRANOVA und TERRANOVA (1), (2); LAMMERS; PALDROK; SCHIRMER u. GRANITS-THURNER].

Bestimmte Zusätze zum Nährmedium können inaktivierend wirken (SCHNEIERSON, AMSTERDAM und LITTMAN), andere stimulierend [SCHERR (2)]; die Substanzen, die in Mischung geprüft werden sollen, können sich gegenseitig beeinflussen (GRANITS und JANKE; REHM und STAHL; REISS und LUSTIG; VANBREUSEGHEM und DELLA TORRE).

Für die *Standardisierung* der zum Testen verwendeten *Pilze* ist es notwendig, daß die Bestimmung und Benennung nach einheitlichen Methoden vorgenommen wird [GEORG (2); LODDER und KREGER-VAN RIJ]. Besondere Beachtung ist dabei der Frage zu schenken, inwieweit es schon zu einer Resistenzentwicklung bei den zum Testen verwendeten Stämmen gekommen ist [KADEN (4); SING (1); SUTER].

Die fungistatischen Methoden werden auch zur Durchführung von *Sensibilitätsprüfungen* verwendet [CARPENTER; VANBREUSEGHEM (4)].

Verfahren zur Prüfung fungicider Wirkung gibt es in verschiedenen Modifikationen [SCHAMBERG und KOLMER; MCCREA (1); BURLINGAME und REDDISH; EMMONS (1), (2); GOLDEN und OSTER; KIPPHAN; MEMMESHEIMER (1); ORTENZIO (1), (2), (3); PECK (1), (2) und andere]. Im Prinzip bestehen sie darin, daß Pilzsporen oder Mycel oder beides eine verschieden lange Zeit der Einwirkung abgestuft konzentrierter Substanzlösungen ausgesetzt werden; nach Auswaschen dieser Lösungen wird geprüft, ob auf frischem Nährboden noch Pilzwachstum stattfindet.

LYONS und LIVINGOOD haben eine neuere Modifikation der auf BURLINGAME und REDDISH und auf GOLDEN und OSTER zurückgehenden Methode angegeben. Dabei werden Kulturen von Trichophyton rubrum 8 Tage lang auf LITTMANs Ochsengallenagar gezüchtet, es entstehen etwa 3 mm große kompakte Kolonien. Die zu prüfende Substanzlösung wird darüber gegossen und verschieden lange Zeit einwirken lassen. Es erfolgt Auswaschen mit fließendem Wasser (3 min), Einwirkenlassen von 25 ml 30% Aceton in Wasser (5 min) und nochmaliges Auswaschen in fließendem Wasser (3 min). Danach Abimpfen der Kolonien mit steriler Nadel auf Sabouraud-Dextrose-Agar mit Neomycinzusatz. Bei Zimmertemperatur wird 14 Tage gewartet, ob Pilzwachstum eintritt.

MEMMESHEIMER und KUHLMANN empfehlen die Prüfung im *hängenden Tropfen*. Sie hat den Vorteil, daß das Pilzwachstum schon recht frühzeitig mikroskopisch beobachtet werden kann.

Verwendung von Haaren als Nährböden empfiehlt VANBREUSEGHEM (1). Das Haar wird auf ein Glasgestell gespannt, der Pilz auf das Haar geimpft; bei fortschreitendem Pilzwachstum zerbricht das Haar. Wirken fungistatische oder fungicide Substanzen ein, bleibt das Haar intakt.

Prüfung der Wirkungsweise in der Warburg-Apparatur. Ob die Wirkung einer Substanz fungistatisch oder fungicid ist, kann mit Hilfe der bekannten Warburg-Apparatur näher untersucht werden, wobei der Sauerstoffverbrauch der Pilzzellen gemessen wird.

Meyer-Rohn u. Mitarb. haben sich insbesondere mit der Wirkungsweise von Nystatin und Griseofulvin, sowie anderen Antibiotica und synthetischen Verbindungen befaßt. Melton hat die Wirkung von Fettsäuren, p-Amino-salicylanilid und anderen Substanzen auf das Cytochrom-Oxydase-System untersucht und dabei unter anderem festgestellt, daß durch 2 mg Undecylensäure die Atmung um 96%, durch 4 mg Propionsäure nur um 32% verringert wird.

b) Semi-in vivo-Verfahren

Der Hauptunterschied gegenüber den reinen in vitro-Verfahren besteht darin, daß *nicht* wie bei jenen die Pilze im *saprophytischen* Stadium zum Test verwendet werden, sondern im *parasitischen* Stadium. Als Keimträger dienen Haare oder Hautschuppen, in denen die Pilze in vivo gewachsen sind, der Test selbst erfolgt dann in vitro.

Haartest nach Frey (1) unter Verwendung pilzbefallener *Meerschweinchen*haare. Die Haare werden den zu prüfenden Substanzlösungen begrenzte Zeit ausgesetzt, mit dem Lösungsmittel ausgewaschen und auf Sabouraud-Nährboden bebrütet. Präparate, die das Pilzwachstum aus 90% und mehr der behandelten Haare verhindern, werden als wirksam bezeichnet [Wenk und Frey (3)].

Haartest nach Wenk und Frey (1) unter Verwendung von pilzbefallenen *menschlichen* Haaren (von Kindern mit Tinea capitis); im Ergebnis weitgehende Übereinstimmung mit dem Haartest nach Frey.

Hautschuppentest nach Oláh und Máramosi; hierbei dienen pilzbefallene menschliche Hautschuppen aus Krankheitsherden als Keimträger.

Hautschuppentest nach Dolan u. Mitarb. mit Meerschweinchenschuppen, von Tricho phyton mentagrophytes durchwachsen. Gemessen wird die Zeit, die eine Substanz braucht, um die in den Schuppen befindlichen Pilze abzutöten.

Gewebekulturen ermöglichen bei Verwendung der Erreger von Systemmykosen außer der Prüfung der pilzhemmenden Wirkung auch ein Urteil über die Verträglichkeit der Substanzlösungen für Zellgewebe (Larsh, Silberg und Hinton; Larsh, Hinton und Silberg).

c) Tierversuche

Dermatomykosen bei Tieren neigen mehr oder weniger zur *Selbstheilung* und sind deshalb für Modellversuche nur sehr bedingt geeignet. Trotzdem sind Tierversuche unter Berücksichtigung der Grenzen der Methode wertvolle Hilfsmittel, um zur Beurteilung antimykotischer Substanzen beizutragen.

Am häufigsten werden *Meerschweinchen* als Testobjekt herangezogen [Grimmer (2); Frey (2); Wenk, Frey und Fust]; der prophylaktischen Versuchsanordnung wird von Frey (2) der Vorzug gegeben. Als wirksam werden Stoffe bezeichnet, die die pilzpositive Phase verkürzen oder verhindern. Die Inoculation kann durch Einreiben von Pilzkulturmaterial mit Glaspapier auf die rasierte Flanke erfolgen, im *Kombinationsversuch* [Wenk und Frey (2)] werden zwei Mykoseherde am selben Tier erzeugt. Sowohl Sporensuspensionen (Molinas) als auch Mycelfragmente lassen sich inoculieren, ein gutes Angehen der Infektion gelingt durch intracutane oder subcutane Verimpfung der Pilze.

Außer Meerschweinchen sind auch andere Tiere geeignet, z. B. Katzen, Hunde und Kaninchen (Reiss, Caroline und Leonard), ferner Hamster, Ratten und Mäuse, aber auch Großtiere. Polemann und Scharfenberger und Vonkennel (2) haben den *Hahnenkamm-Test* als ebenfalls geeignet beurteilt, Meyer und Ordal (1) nahmen *Hühnerembryonen*.

Systemmykosen bei Laboratoriumstieren lassen sich experimentell zuverlässig erzeugen und führen bei ausreichender Infektionsdosis zum Tod der Tiere. Sie sind deshalb zur Prüfung antimykotischer Substanzen gut geeignet [Heilman (1)]. Bei der Auswertung der Ergebnisse ist zu berücksichtigen, daß auch äußere Faktoren, wie z. B. die Umgebungstemperatur [Scherr (4)], den Verlauf der Erkrankung beeinflussen.

Tierversuche dienen auch zur Ermittlung des *Blutspiegels* nach oraler oder parenteraler Zufuhr innerlich wirkender antimykotischer Substanzen (Tarbet und Sternberg).

d) Klinische Prüfungen

Entscheidende Bedeutung für die endgültige Beurteilung der antimykotischen Wirkung haben die Erfahrungen, die bei der Behandlung von Mykosen gewonnen werden, die durch natürliche Infektion entstanden sind.

Selbstversuche und Behandlung freiwilliger Versuchspersonen, auch unter Verwendung von *Placebo*-Präparaten im einfachen oder doppelten Blindversuch, sind dabei ebenso wichtig wie stationäre und ambulante Behandlung unter den verschiedenen Bedingungen der Praxis [SULZBERGER, SHAW und KANOF; SULZBERGER und KANOF (1)].

BOHNSTEDT, FISCHER und FÜLLER machten gute Erfahrungen mit dem *Halbseitenversuch* nach SIEMENS. MARCUSSEN wies darauf hin, daß bei Fußmykosen (537 Fälle) nur 43,4% Erfolge zu verzeichnen waren, wenn die Patienten die Mittel selbst anwendeten, aber 84,9% Erfolge, wenn die Behandlung in Kliniken und Polikliniken durch ausgebildetes Personal vorgenommen wurde.

e) Vergleichende Untersuchungen

Ein Vergleich der Ergebnisse, die mit verschiedenen Methoden in vitro und in vivo erzielt wurden, führt immer wieder zu dem Schluß, daß es *keine Universalmethode* gibt, die für jeden Pilz und jede Substanz gleich gut geeignet ist [BERGMAN; McCREA (2); McVICKAR; SIMMONDS (2); WENK, FREY und FUST]. Jeder Analogieschluß birgt Gefahren in sich, jeder Schematismus kann zu einer Fehlbewertung führen. Bei unbekannten Substanzen sind deshalb immer mehrere Methoden nebeneinander zur Beurteilung heranzuziehen.

f) Verfahren zur Auffindung pilzhemmender Antibiotica

Der *biologische Antagonismus* der verschiedensten Mikroorganismen untereinander (v. MALLINCKRODT-HAUPT) ist zu einer unerschöpflichen Quelle für die Antimykotica-Forschung geworden. Besonders die Kleinlebewesen des Erdbodens bilden zahlreiche gegen hautpathogene und andere pathogene Pilze gerichtete Stoffe [ETTIG (1), (2)]. Andererseits sind auch die pathogenen Pilze selbst imstande, Antibiotica zu produzieren [CIFERRI (1); MALLINCKRODT-HAUPT und GELDMACHER-MALLINCKRODT; ÚRI (2)—(5); ÚRI, JUHÁSZ und CSOBÁN; ÚRI, SZATHMÁRY und HERPAY].

Als Testverfahren hat sich bewährt, die zu prüfenden Organismen in *Strichen* auf Agarplatten in Petrischalen zu impfen (WAKSMAN und REILLY), die Testpilze senkrecht dazu, so daß ein Gitter entsteht. Im positiven Falle werden *Hemmzonen* gebildet.

Weitere Verfahren sind: Aufarbeitung der Kulturflüssigkeit, in der die zu untersuchenden Organismen wachsen, und Extraktion der Rückstände, z. B. des Pilzmycels, nach Abfiltrieren des Nährmediums. Die weitere Prüfung erfolgt wie bei synthetischen Verbindungen.

5. Wirkungsweise der Antimykotica

Über die Wirkungsweise antimykotischer Substanzen kann nichts für alle Substanzen Gültiges ausgesagt werden. Soweit bereits Untersuchungen über die einzelnen Stoffe vorliegen, ist in dem jeweiligen Kapitel darauf Bezug genommen worden.

Von besonderer Bedeutung ist die Feststellung, ob ein Antimykoticum *fungicid* oder *fungistatisch* wirkt. Brauchbare Ergebnisse für die Beurteilung dieser Frage lassen sich experimentell verhältnismäßig leicht ermitteln. Weitaus schwieriger ist dagegen die Aufklärung der Wirkungsweise des Antimykoticums im

Krankheitsgebiet. Eine restlose Aufklärung dieser Vorgänge ist noch in keinem Falle gelungen.

Substanzen, die in Gegenwart von Eiweiß ihre pilzspezifische Wirkung in mehr oder weniger hohem Maße einbüßen (sog. *Eiweißfehler* oder Eiweißfaktor), sind für die Bekämpfung der Pilze im Gewebe weniger geeignet oder ganz ungeeignet, während sie als Desinfektionsmittel hervorragend sein können. Stoffe mit geringem Eiweißfaktor, z. B. Triphenylmethanfarbstoffe, haben eine größere Chance, die für die Pilzschädigung oder -abtötung notwendige Konzentration auch noch in tieferen Gewebsschichten aufzuweisen, sofern das Penetrationsvermögen des Antimykoticums oder des Vehikels dies zuläßt.

Einen bisher unbekannten Wirkungsmechanismus weist *Griseofulvin* auf. Es reichert sich im Keratin der Haut, Haare und Nägel an und wirkt von dort aus fungistatisch auf vordringende Pilzelemente. Rasch wachsende Haare und Nägel sind schneller pilzfrei als langsamer wachsende, während abgestorbene Gewebe, die nicht abgestoßen oder abgeschilfert werden, noch lange Zeit lebensfähige Pilzelemente beherbergen, von wo aus es zu Rezidiven kommen kann, wenn Griseofulvin vorzeitig abgesetzt wird.

6. Beziehungen zwischen chemischer Konstitution und antimykotischer Wirkung

Für die pilzhemmende Wirkung ist in vielen Fällen eine bestimmte Molekülgruppe verantwortlich, doch sind die Zusammenhänge sehr verwickelt und die Zahl der in Betracht kommenden Konstellationen ist so beträchtlich, daß eine rationelle Auswertung der bisherigen Beobachtungen nur in sehr geringem Umfange möglich ist [Kimmig (1)].

Am Beispiel der Benzimidazolderivate ließ sich zeigen, daß relativ einfach gebaute Körper eine höhere Wirkung aufweisen können als kompliziertere Verbindungen.

Chlorierung und Bromierung kann die fungistatische Wirkung erhöhen (Chinn, Mitchell und Arnold), sie geht aber nicht der Zahl der Halogenatome parallel.

Pilzhemmende Eigenschaften kommen in einigen Körperklassen gehäuft vor, z. B. 8-Oxychinolinderivate, organische Quecksilberverbindungen. Trotzdem kann eine geringe Änderung im Molekül die pilzhemmende Wirkung stark verändern.

Die Zahl der C-Atome ist bei aliphatischen Verbindungen von Bedeutung für die antimycetische Wirkung; Ketten mit 7-12 C-Atomen sind in vielen Fällen besonders wirksam.

Die tatsächliche Wirkung läßt sich jedoch bisher trotz zahlreicher Einzelbeobachtungen nicht voraussagen, sondern nur empirisch ermitteln, z. B. bei der Entwicklung des *Myxal* (Kimmig und Jerchel), des Multifungin [Meyer-Rohn (1)] oder des Jadit (Korger und Nesemann).

7. Allgemeine therapeutische Maßnahmen

Trotz aller Bedeutung der antimykotisch wirkenden Substanzen bei der spezifischen Behandlung der Mykosen bleiben andere therapeutische Maßnahmen auch weiterhin von Wert.

Vor allem handelt es sich dabei um die kunstgerechte, dem jeweiligen Stadium der Erkrankung entsprechende Anwendung der verschiedenen Zubereitungsformen eines und desselben Mittels. Zusätzliche Behandlungsmaßnahmen, z. B.

Infrarotbestrahlung und andere durchblutungsfördernde Maßnahmen, haben
ebenso ihre Berechtigung wie gegebenenfalls die Vaccinebehandlung [CORBELLI,
ALLEGRI und TOMAT; HARADA u. Mitarb.; MEYER-ROHN (2)] und chirurgische
Eingriffe.

8. Epilation und Depilation

Die Entfernung pilzbefallener Haare von der Kopfhaut kann aus *therapeutischen* und aus *hygienischen* Gründen notwendig sein. Die Wahl des Epilations-
oder Depilationsverfahrens richtet sich nach der Natur der Erkrankung, der in
Aussicht genommenen antimykotischen Behandlung und den vorhandenen
Möglichkeiten.

Zwei wirksame, wenn auch nicht indifferente Epilationsverfahren, die Jahr-
zehnte hindurch angewendet wurden, *Röntgen-* und *Thallium*epilation, waren seit
Beginn der antimykotischen Lokalbehandlung in ihrem Indikationsbereich schon
eingeschränkt, durch die Einführung des *Griseofulvins* sind sie *praktisch bedeutungs-
los* geworden.

Die Röntgenepilation, 1901 von SABOURAUD empfohlen, war lange Zeit die
Methode der Wahl bei Mikrosporie durch Mikr. Audouini, Trichophytie durch die
an den Menschen besonders angepaßten Arten und Favus. Der Effekt ist rein
mechanischer Natur, alle Haare, infizierte und nichtinfizierte, werden zum Ausfall
gebracht [BENEDEK (5)], die Pilze werden dabei nicht abgetötet (GAY PRIETO u.
POZO).

Der Erfolg der Röntgenepilation bei Tinea capitis ist oft bestätigt worden
(unter anderem CARSLAW; LEVIN und BEHRMAN; RIVALIER), gute Technik vorausgesetzt (MOTTRAM und HILL; SISKIND und RICHTBERG). Wegen der Gefahr
einer Röntgenschädigung wurde die Methode bei Kleinkindern nicht selten kate-
gorisch abgelehnt [BENEDEK (5)]. Bei Kerionbildung, bei Mikrosporie durch
Mikr. canis und Trichophytie durch die sog. animalen Trichophyton-Arten war
die Röntgenepilation schon seit mehreren Jahren nicht mehr indiziert, da diese
Erkrankungen zur Spontanheilung neigen und das Wagnis der Röntgenbestrahlung in keinem Verhältnis zur relativen Harmlosigkeit der Pilzerkrankung steht
[KIMMIG (7)].

Thalliumsalze, insbesondere Thalliumacetat, per os zugeführt, waren seit 1917
als Epilationsmittel weit verbreitet, nachdem in Mexiko günstige Erfahrungen
gesammelt worden waren (MELO und MELO; BUSCHKE und PEISER; CHARBONNEAU
und RAQUET; DAVIDSON, GREGORY und BIRT; LANGER und ANDERS; LAPA).
Gerade in ländlichen Gegenden, wo keine Möglichkeit einer Röntgenepilation
bestand, bewährte sich die Thalliumepilation.

Die Nachteile dieser Methode bestehen einerseits in der Gefahr falscher Dosierung (therapeutische und toxische Dosis liegen nahe beieinander), andererseits
aber auch in häufiger vorkommenden Nebenwirkungen wie Arthralgien (IRANZO-
PRIETO), die von den Thalliumsalzen selbst oder auch von Verunreinigungen dieser
Salze verursacht werden können.

Über die toxischen Wirkungen des Thalliums gibt es eine sehr umfangreiche
Literatur (PERUTZ, SIEBERT u. WINTERNITZ), die Versuche wurden vorwiegend
an Mäusen [KÖNIGSBAUER (1)] und Ratten (COOPER und ENGMAN) durchgeführt.

Um die Gefahr toxischer Schäden zu verringern, wurde von verschiedenen
Autoren die *kombinierte* Röntgen-Thallium-Epilation vorgenommen [ANDERS (2);
ROXIN und AVRAM]. Aber auch dieses Verfahren hat nach dem heutigen Stand
der Erkenntnisse *nur noch historische Bedeutung.*

Selektive Epilation pilzinfizierter Haare nach BENEDEK. Um einzelne Haare oder die Haare einzelner Herde zu epilieren, hat BENEDEK (5) folgendes Rezept angegeben:

Rp. Cupr. sulfuric. 5,0
    Chloralhydrati 5,0
    Glycerini 78,0
    Natr. laurylsulf. 1,0
    Aqua destill. ad 100,0

Infolge Herabsetzung der Oberflächenspannung durch Natriumlaurylsulfat werden Follikeltrichter und pilzinfizierter Haarschaft völlig durchdrungen, das Haar lockert sich und kann leicht herausgezogen oder beim Kopfwaschen herausgebürstet werden. Die nichtinfizierten Haare bleiben intakt.

Depilation mit Bariumsulfid. Dieses Verfahren hat sich bewährt, um einen großen Teil der pilzinfizierten Haare möglichst rasch zu entfernen und damit Infektionsquellen auszuschalten. Die Wirkung entspricht etwa einer „chemischen Rasur".

Rp. Bar. sulfurat. 30,0
    Zinc. oxyd. crud.
    Talc. āā ad 100,0

Das Pulver wird mit Wasser zu einem Brei angerührt und dick auf die kurzgeschnittenen Haare aufgetragen. Nach 10 min unter fließendem lauwarmem Wasser abspülen; bei sehr starkem Haarwuchs mit Holzspatel abstreichen. Wiederholung der Depilation nach 8—10 Tagen.

Auch zu Beginn einer Griseofulvinbehandlung hat sich die Depilation bewährt, um die Ansteckungsgefahr zu verringern (PETTKER und RIETH).

Eine Reihe weiterer Verfahren ist in Gebrauch, darunter die von MARCHIONINI und GÖTZ (2) mitgeteilte, in *Anatolien* übliche Methode.

500 g Zucker, 1 Liter Wasser und der Saft einer Citrone werden $^1/_2$ Std gekocht. Die so entstehende plastisch-zähe, äußerst klebrige Masse wird auf die behaarte Kopfhaut aufgestrichen. Nach dem Erstarren sind die Haare fest damit verbacken und können leicht entfernt werden. Das Verfahren hat sich bei Favus gut bewährt.

Die Verwendung hoher Dosen *oestrogener* Stoffe (z.B. Diäthylstilboestrol) bedingt einen Haarausfall, der sich (im Gegensatz zur Röntgen- und Thalliumepilation) auf die pilzinfizierten Haare beschränkt. Wegen der Gefahr schwerer hormonaler Störungen ist dieses Verfahren kontraindiziert.

Die *manuelle Epilation* unter dem Wood-Licht ist zwar mühsam, kann aber bei kleineren Herden ebenfalls mit Erfolg angewendet werden. Sie dient vor allen der Gewinnung von Haarstümpfen zur mikroskopischen und kulturellen Untersuchung.

9. Nagelablösung

Onychomykosen erfordern auch heute noch — nach Einführung des Griseofulvins — eine monatelange ununterbrochene Behandlung. Während dieser Zeit sind die Pilzfäden und Sporen im Nagel noch lebensfähig und können bei Unterdosierung oder Unterbrechung der Behandlung in den zunächst pilzfrei nachwachsenden Nagel eindringen. Um dieser Gefahr zu begegnen, ist eine möglichst baldige Entfernung der pilzbefallenen Nagelteile anzustreben.

Anstelle der Nagelextraktion empfiehlt GÖTZ (2), (8), (9) die Nagelerweichung mit Hilfe eines *Keratolyticums*, z.B. Keratolyticum Sagitta (Gemisch aus Natriumjodid, Natriumthioglykolat, 8-Oxychinolin und Tyloseschleim); nach 7tägiger Anwendung erfolgt die Ablösung der erweichten kranken Nagelplatte und eine

einmalige Nagelbettoilette. Auftretende Schmerzen können durch Analgetica beherrscht werden.

Bei vergleichenden Untersuchungen ergab sich für die kombinierte Methode (Griseofulvin + Nagelablösung) eine besonders hohe Heilungsquote bei verkürzter Behandlungszeit [Götz (14)].

Ellerbroek verwendete Thioglykolate als Keratolyticum, Panshin erreichte die Nagelablösung mit Natriumsulfid (10%ig).

10. Mykotische Komplikationen bei antibiotischer Behandlung

Während und nach der Behandlung mit antibakteriellen Antibiotica kann es zum Auftreten mykotischer Erkrankungen kommen oder schon bestehende Mykosen können sich verschlimmern.

Diese sog. *„sekundären"* Mykosen stellen einen Sonderfall dar, weil ihre Behandlung sich in zwei wesentlichen Punkten von der Behandlung *„primärer"* Mykosen unterscheidet:

1. Die Grundkrankheit, die zur Anwendung der Antibiotica geführt und auf die sich die Mykose aufgepfropft hat, muß gegebenenfalls mit anderen Mitteln weiterbehandelt werden;

2. nach Absetzen der Antibiotica *kann* es zur Selbstheilung kommen, ohne daß eine spezifische antimykotische Therapie nötig ist.

Die Erfahrungen, die von zahlreichen Autoren in dieser Hinsicht gesammelt wurden, betreffen vorwiegend das immer wieder umstrittene Gebiet der *Candidamykosen*; sie erstrecken sich aber auch auf Aspergillosen und Erkrankungen durch Dermatophyten, wie z.B. auf die Exacerbation von Fußmykosen nach Penicillininjektionen.

Grimmer (1) hat ausführlich auf Grund persönlicher Erfahrungen und unter Auswertung eines umfangreichen Schrifttums zu diesen Fragen Stellung genommen. Fegeler (2), (3) hat sich darüber hinaus auch experimentell mit den Nebenwirkungen der Antibioticatherapie befaßt und viel zur Klärung dieses Komplexes beigetragen.

Kasuistische Mitteilungen, Übersichten und kritische Stellungnahmen gibt es bereits in überaus großer Zahl, so daß nur auf einige wenige verwiesen werden kann [Cheymol; Giunchi; Graciansky; Graciansky und Delaporte; Graciansky u. Mitarb. (1), (2); Manheim und Alexander; McGivney; Nikolowski; Rankin; Woods, Manning und Patterson].

Die klinischen Erscheinungen betreffen in erster Linie Haut und Schleimhaut (Alvarez und Gonzalez; Colmeiro-Laforet; Girard, Fraisse und Simon), bei Generalisierung befinden sich metastatische mykotische Abscesse in den verschiedensten inneren Organen und sind dort einer antimykotischen Behandlung sehr schwer zugänglich (Caplan; Gausewitz, Jones und Worley jr.; Wybel; Brown u. Mitarb.; R. Schürmann; Sharp).

Nicht selten kommt es zu einer *Kettenreaktion* (Bock) folgender Art: Antibiotische Behandlung — Allergie — Cortison — Infektausbreitung — Breitband-Antibiotica — Mykose.

Experimentelle Untersuchungen in vitro und in vivo haben deutlich gezeigt, wie verwickelt die Zusammenhänge sind. Sah es erst so aus, als würden z.B. Penicillin und Aureomycin selbst das Wachstum von Sproß- und Fadenpilzen stimulieren, so stellte sich bei weiteren Untersuchungen heraus, daß der Stimulierungseffekt auf Beimengungen der handelsüblichen Antibiotica zurückzuführen war.

Janke (1)—(3) hat dies experimentell überzeugend nachgewiesen. Pappenfort und Schnall fanden das stimulierende Agens nur in den für orale Zufuhr bestimmten Aureomycin-Kapseln, nicht aber in den Zubereitungen für parenterale Anwendung. Die scheinbar sich widersprechenden Ergebnisse der verschiedenen Autoren [Hattori; Johnson; Lipnik,

KLIGMAN und STRAUSS; MANDEL, HOOD und COHEN; MARSELOU und SEGRÉTAIN; MEYER-ROHN u. Mitarb.; RAUBITSCHEK (1)] lassen sich dahingehend zusammenfassen, daß es Handelspräparate gibt, die das Wachstum von Sproß- und Fadenpilzen direkt stimulieren, daß dieser Effekt aber nicht allen Präparaten eigen ist und sich nur mit bestimmten Methoden nachweisen läßt.

Viel diskutiert wurde die Frage nach dem *Antagonismus* zwischen der physiologischen Bakterienflora und Sproß- und Fadenpilzen [FEGELER (2), (3); PAINE(1)]. Eine Verallgemeinerung, daß grundsätzlich jede Bakterienflora das Wachstum von Pilzen unterdrückt, ist jedoch nicht gerechtfertigt; vollständigen Hemmungen steht das Fehlen jeglicher Hemmung gegenüber [FEGELER (2), (3)].

Erwogen wurde auch, ob ein *Vitaminmangel* an der massenhaften Vermehrung von Pilzen schuld sein könne. Ein Therapieversuch mit hohen Vitamindosen, insbesondere des B-Komplexes, beseitigt die mykotischen Komplikationen antibiotischer Behandlung jedoch nicht. Es konnte sogar gezeigt werden, daß der Vitamin B-Komplex auch die Entwicklung der Hefepilze fördert [CAPUTI, KADEN (6)].

Tierversuche mit Mäusen, Meerschweinchen, Kaninchen, Ratten und Hühnerembryonen dienten einerseits dazu, Modellversuche zum Studium der Zusammenhänge zwischen Antibiotica-Zufuhr und Mykoseentstehung auszuarbeiten, andererseits um die Frage der zweckmäßigsten Therapie zu klären [FOLEY und WINTER; GRACIANSKY u. Mitarb. (3); RIMBAUD und RIOUX]; nicht zuletzt konnte tierexperimentell mancher Hinweis gefunden werden, welche Hefearten pathogene Fähigkeiten haben und welche nicht bzw. unter welchen Umständen sich diese pathogenen Eigenschaften auswirken [BLYTH; CIFERRI, MAZZETTI und GIUNCHI; MAZZETTI, GARGANI und FISSI MARRACCINI; GÖTZ und NASEMANN; GÖTZ, NASEMANN und STURDE; REISS; SCHIRREN und RIETH (1); SCHIRREN, RIETH und KOCH].

Eine entscheidende Rolle für das Angehen einer Pilzinfektion spielt die Eigenschaft der Antibiotica, in den *Abwehrmechanismus* einzugreifen, die *Resistenz* des befallenen Organismus zu *vermindern* [SELIGMAN; ANDREONI, CERVINI und CURATOLO (1)].

Wird Mäusen eine unterschwellige Dosis virulenter Candida albicans-Zellen i.p. injiziert, dann kommt es nicht zu einer Allgemeininfektion, sondern nur zu einer örtlichen Reaktion; die Pilze werden von den natürlichen Abwehrmechanismen der Maus in Schach gehalten und schließlich abgetötet. Aureomycin allein wirkt nicht toxisch; ähnlich ist die Situation für eine Reihe anderer antibakterieller Antibiotica. Erst das Zusammentreffen beider Faktoren wirkt tödlich. Durch Antibiotica wird die *Toleranzgrenze* (SCHIRREN, RIETH und KOCH) für bestimmte Pilze herabgesetzt, der befallene Organismus kann nur noch eine geringere Menge Pilze vertragen, ohne durch sie krank zu werden.

Therapeutische Konsequenzen

Oberstes Gebot für die Beseitigung mykotischer Komplikationen bei antibiotischer Behandlung ist das *sofortige Absetzen* der betreffenden Antibiotica.

In leichteren Fällen kann diese Maßnahme voll ausreichen, um das Abklingen der Mykose herbeizuführen (CARRON und CHAVANIS).

Durch Absetzen der Antibiotica erhöht sich die Toleranzgrenze wieder; gerät die Zahl der in den Organismus eingedrungenen Pilze damit wieder unter den Schwellenwert, dann werden die Pilzelemente völlig eliminiert oder auf Herde beschränkt.

Ist die Vermehrung der Pilze jedoch schon stark fortgeschritten, dann ist eine spezielle antimykotische Behandlung dringend geboten. Hierfür bieten sich zwei Möglichkeiten:

1. *Beseitigung der Pilzherde*, aus denen eine rhythmische oder kontinuierliche Einsaat in Blut- und Lymphbahn erfolgt. Diese Herde befinden sich häufig in Mund- und Rachenhöhle, im Magen-Darmkanal, in der Gallenblase, in den Atemwegen, aber auch im Genitaltrakt und auf der Haut. Es ist wenig bekannt, daß z.B. ein Ulcus ventriculi oder duodeni von Candida albicans durchwachsen sein

kann, wobei es zu einer ständigen unterschwelligen Disseminierung kommen kann. Im Falle massiver Antibiotica- (und auch Cortison-) Behandlung können lebensbedrohliche Situationen entstehen.

Die Beseitigung der Pilzherde erfolgt in erster Linie durch lokal wirkende Antimykotica.

2. *Innerliche Behandlung disseminierter Mykosen* mit Amphotericin B, Trichomycin und anderen, wobei gegebenenfalls berücksichtigt werden muß, daß die primäre Erkrankung, die die Anwendung der Antibiotica veranlaßt hatte, ebenfalls noch der Weiterbehandlung — mit anderen Mitteln — bedarf. Einzelheiten über die spezielle antimykotische Therapie sind dem „Speziellen Teil" zu entnehmen.

Unterstützend kann sich bei der Beseitigung von Pilzherden im Magen-Darmtrakt eine eiweißreiche Diät unter starker Reduzierung der Kohlenhydrate auswirken (CORMANE).

Die beste Gewähr zur Vermeidung mykotischer Komplikationen bei antibiotischer Behandlung liegt in einer zweckmäßigen *Prophylaxe.* Darunter ist die Beseitigung sämtlicher Pilzherde *vor* Beginn einer antibiotischen Behandlung zu verstehen.

Es ist grundsätzlich anzustreben, z. B. bei *Graviden* den Verdauungstrakt und die Vagina (rechtzeitig *vor* der Geburt) von Pilzen, in erster Linie von Hefepilzen, freizumachen, einerseits um die Neugeborenen zu schützen, andererseits um im Falle vitaler Indikation auf antibakterielle Antibiotica nicht verzichten zu müssen.

In den antimykotisch wirkenden Antibiotica stehen heute bereits Mittel zur Verfügung, mit denen sich eine solche Prophylaxe mit Aussicht auf Erfolg durchführen läßt (STOUGH).

11. Allgemeine Literaturübersicht

Bücher

Spezialwerke über antimykotische Behandlung gibt es erst in geringer Zahl (GATÉ und COUDERT; RIDDELL und STEWARD; STERNBERG und NEWCOMER).

Übersichtliche Darstellungen der therapeutischen Möglichkeiten sind aber in allen *Standardwerken* der „Medizinischen Mykologie" zu finden [AINSWORTH; CIFERRI (2); CONANT, SMITH, BAKER, CALLAWAY und MARTIN; COUDERT; DUBOS (2); KEENEY (5); LACAZ; LANGERON und VANBREUSEGHEM; LEWIS, HOPPER, WILSON und PLUNKETT; NEGRONI (1); SIMONS; FRÁGNER; MOSS u. McQUOWN; POLEMANN; SCHABINSKI].

Darüber hinaus sind die Pilzinfektionen und ihre Behandlung auch in den einschlägigen *Lehrbüchern, Handbüchern* und *Monographien* berücksichtigt [BENEDEK (3), (4); BERNSTINE und RAKOFF; KALKOFF und JANKE; MARCHIONINI und GÖTZ (3); MARCHIONINI und SCHIRREN; KELLER; LANDES; MOHR; SCHUERMANN; W. SCHÖNFELD (2)].

Angaben über die Behandlung *tropischer Mykosen* sind in den Lehrbüchern der Tropenkrankheiten enthalten (MANSON-BAHR; NAUCK).

Tiermykosen sind in den letzten Jahren mehr in den Vordergrund getreten; die Behandlung animaler Mykosen beginnt aktuell zu werden (AINSWORTH und AUSTWICK; HULL; VANBREUSEGHEM (3)].

Zeitschriften

Übersichten über die *Fortschritte* auf dem Gebiet der Mykosebehandlung sind in den beiden letzten Jahrzehnten in großer Zahl erschienen [AJELLO; GÖTZ (1), (3), (7), (9), (10), (13), 14); KIMMIG (2), (3), (7); MÜLHENS; RICHTER (2). (3), (4);

Vanbreuseghem (2), (3)]. *Umfragen* wurden veranstaltet (Götz, Kalkoff, Kimmig, Memmesheimer, Richter, Schreus und Schuppli; Keining), *Richtlinien* und *Merkblätter* herausgegeben [Götz (4), (5); Kleine-Natrop (3)].

Antimykotische Substanzen, ihre Wirkung in vitro und in vivo, begegnen einem ständig zunehmenden Interesse [Casanovas; Drouhet; Emmons (2); Gondesen und Schuster; Kimmig und Rieth (1), (2); Lesser; Negroni (3); Reiss und Lustig], insbesondere die antimykotisch wirkenden *Antibiotica* [Andleigh (1); Blank; Gentles (1)—(4); Kimmig (5); Marchionini und Götz (1); Riehl (1) bis (5); Spector; Tappeiner; Vonkennel (1); Waksman und Lechevalier (2)].

Die Möglichkeiten der *Chemotherapie der Systemmykosen* sind noch begrenzt, gerade deshalb sind Übersichten erwünscht, um jede sich bietende Chance wahrzunehmen [Littman und Zimmerman; Procknow und Loosli; Schönfeld und Rieth; Seeliger (1); D. T. Smith (1), (3), (4); Littman (2); L. M. Smith].

Sehr ausführliche *kritische Literaturübersichten* sind einer raschen Orientierung sehr dienlich, z.B. diejenigen von Beare (2); Benedek (2); Campins; Chmel; Cremer (2); Drouhet (5); Durie; Floch; Fuentes; Gottberg; Grin und Ožegović; Kashkin; Mackinnon; Marples; Miguens (3); Miranda und Troncoso; Negroni (2); Pinetti (2); Raubitschek (2); Reiss (1); Richter und Errakan; Schwarz und Baum; Vermeil; Walker, in denen jeweils die Fortschritte der letzten 10—15 Jahre auf Grund der in den einzelnen Ländern erschienenen Publikationen besprochen sind.

Auch in Zeitschriften wird die Problematik der antimykotischen Behandlung von *Tiermykosen* gelegentlich erörtert [Kaffka und Rieth; Rieth und El-Fiki (1), (2); Schirren und Rieth (2)]. Die *zunehmende Durchseuchung der Laboratoriumstiere* und der Haustiere lenkt die ärztliche Aufmerksamkeit mehr und mehr auf dieses plötzlich interessant gewordene Gebiet (Jensen).

Einzeldarstellungen

Die Mehrzahl der Veröffentlichungen auf dem Gebiet der Antimykotica betrifft Arbeiten über einzelne Substanzen oder über bestimmte Gruppen von Substanzen, deren Wirkung in vitro und in vivo, klinische Erfahrungsberichte und kritische Würdigungen einzelner Antimykotica.

Diese Mitteilungen sind im „Speziellen Teil" ausgewertet.

II. Spezieller Teil

Die Zahl der natürlichen und synthetischen Verbindungen mit nachgewiesener fungistatischer oder fungicider Wirkung ist weitaus größer, als daß sie im Rahmen einer Übersicht erschöpfend behandelt werden könnte. Eine Beschränkung auf repräsentative Vertreter der wichtigsten Verbindungsgruppen unter Verzicht auf eine vollständige Aufzählung aller in vitro pilzhemmenden Stoffe soll dazu dienen, die Orientierung in dem ohnehin sehr ausgeweiteten Gebiet zu erleichtern.

Ausführlicher dargestellt und besonders hervorgehoben sind dagegen die *klinischen Erfahrungen,* da aus ihnen vieles zu entnehmen ist, was für die praktische Anwendung der Antimykotica von Bedeutung sein kann.

Die Einteilung des Stoffes und die Einordnung der einzelnen Verbindungen erfolgten vornehmlich auf Grund der Zugehörigkeit zu bestimmten chemischen Verbindungsgruppen, der charakteristischsten Gruppe wurde dabei der Vorzug gegeben.

Die Reihenfolge ist so gewählt, daß einige „ältere Mittel" den Anfang machen, die nach chemischen Gesichtspunkten aufeinander folgenden verschiedenartigsten

„neueren Mittel" den Hauptteil bilden und die besonders wichtig gewordene Gruppe der antimykotisch wirkenden Antibiotica — das Ergebnis der jüngsten Entwicklung — den bedeutungsvollen Platz am Schluß der Darstellung einnimmt.

Bei der Raumverteilung ist berücksichtigt, daß Behandlungsverfahren, die sich nur vorübergehend bewährt haben, zurücktreten mußten gegenüber altbekannten, aber noch immer nicht durch Besseres abgelösten Methoden einerseits und gegenüber bewährten oder vielversprechenden Präparaten auf der anderen Seite, durch deren Auffindung die Heilungsaussicht bei Lokalbehandlung verbessert wurde und eine erfolgreiche Chemotherapie bei bestimmten Dermatomykosen möglich geworden ist.

1. Schwefel

Als eines der ältesten antiparasitären Mittel ist Schwefel (griechisch $\vartheta\varepsilon\tilde{\iota}o\nu$) auch heute noch in verschiedenen Zubereitungsformen bei Dermatomykosen in Gebrauch.

Aus dem elementaren Schwefel bilden sich bei Berührung mit organischen Substanzen Schwefelwasserstoff, Sulfide, Disulfide und Polythionsäuren, darunter Verbindungen, die stark fungicid wirken. Hinzukommt, daß schwächere Schwefelkonzentrationen (bis 5%) hornschichtbildende, stärkere jedoch hornschichtauflösende und entzündungserregende Wirkung haben.

Die Anwendung bei oberflächlichen Pilzerkrankungen entspricht den allgemeinen dermatologischen Grundsätzen, worüber an dieser Stelle sich weitere Ausführungen erübrigen.

Es verdient hervorgehoben zu werden, daß Schwefel unter geeigneten Versuchsbedingungen auch in vitro beträchtliche pilzhemmende Eigenschaften zeigt (HOPKINS, WELD und KESTEN), und zwar nicht nur gegenüber *Dermatophyten*, sondern auch gegenüber *Candida albicans*. Die antimykotische Behandlung mit Schwefel ist damit auch experimentell gerechtfertigt.

Nicht nur in elementarer Form als Schwefelblüte (JAMES), gereinigter Schwefel und in der reinsten Form als präcipitierter Schwefel erfolgt die Anwendung bei den verschiedensten Dermatomykosen [LEINBROCK (2); BALDWIN; W. SCHÖN-FELD (2); ZIELER und SIEBERT], sondern auch als Natriumthiosulfat ($Na_2S_2O_3 \cdot$ 5 H_2O) in 50%iger wäßriger Lösung, eventuell unter Zusatz von 5—10% Glycerin (HOFFMANN), oder als Kupfersulfat (3,5%ig) für Hand- und Fußbäder (HÖGLER).

Bariumsulfid und Calciumsulfid werden als *Depilatorium* verwendet.

Einige *organische* Schwefelverbindungen wie die aromatischen Sulfide, Thiocarbamate, Trithione und andere sind in den entsprechenden Kapiteln näher dargestellt.

Schwefel beeinflußt auch den Heilungsverlauf bei *animalen Dermatomykosen* günstig (AVRAM u. Mitarb.).

Selen, dem Schwefel verwandt, ist in kolloidaler Form mit Erfolg bei Pityriasis versicolor und bei Onychomykosen angewendet worden (GATÉ und COUDERT). Bei enzymatischen Vorgängen scheinen Schwefel und Selenium zu konkurrieren; Schwefelzufuhr scheint die Selenwirkung aufzuheben (WEISSMAN und TRELEASE).

2. Halogene

Sämtliche Halogene (Fluor, Chlor, Brom und Jod) weisen entweder, wie z.B. Jod, in elementarer Form oder in Verbindung mit den verschiedensten anderen Stoffen pilzhemmende Wirkung auf. Durch Halogenierung kann die Wirkung anderer Antimykotica — von Fall zu Fall jedoch verschieden — nicht selten beträchtlich gesteigert werden.

Jod wird 1873 als keimtötendes Mittel verwendet. Es ist wenig bekannt, daß elementares Jod auch in vitro bemerkenswerte fungistatische und fungicide Eigenschaften aufweist (GOODMAN und GILMAN).

Jodtinktur ist in Verdünnungen zwischen 1:10000 bis 1:100000 gegenüber Sproß- und Fadenpilzen wirksam. Emmons (1) errechnete einen Phenolkoeffizienten von 3000, womit die *günstigen klinischen Erfahrungen* völlig übereinstimmen. Die Anwendung der Jodtinktur erfolgt gewöhnlich in 1—2%iger Konzentration, gelegentlich etwas höher, und ist bei vielen oberflächlichen Dermatomykosen erfolgreich, aber auch bei Tinea capitis, besonders bei den selbstheilenden Formen kann die Heilung beschleunigt werden. In der Nachbehandlung von Onychomykosen (nach Extraktion) leistet Jod gute Dienste [Panshin; Götz (6)].

Bessière empfiehlt für Mikrosporie folgende Salbe: Metall. Jod 1,0; Acid. salicyl. 0,8; Acid. benzoic. 0,7; Lanolin und Vaseline āā 20,0, unter deren Anwendung Tinea capitis durch Mikr. canis ohne Epilation innerhalb von etwa 3 Wochen abheilte.

Kaliumjodid und *Natriumjodid* werden vorwiegend zur innerlichen Behandlung bei *Sporotrichose* verwendet (van Dijk und der Kinderen; Locher); allerdings schlägt die Behandlung nicht immer an (Schmidt und Theissing) und bei *Jodüberempfindlichkeit* ist sie kontraindiziert. Die Dosierung liegt zwischen 1,0 und 3,0 g pro die und muß einige Monate hindurch (meist ansteigend und wieder absteigend) aufrechterhalten werden. Erfolge wurden auch bei *Chromomykose* (Valdes) und *Blastomykose* gesehen (Cornbleet bei nordamerikanischer; Carrick bei Kryptokokkose). Auch eine *Candidamykose* bei einem Diabetiker sprach auf Jodkali an (Cornbleet, Barsky und del Busto).

Lokalbehandlung mit Jodiden, insbesondere als Jodjodkali (Lugolsche Lösung), kann bei Tinea capitis, Tinea corporis und Tinea pedis erfolgreich sein [Cornbleet, Barsky und Firestein; Mazzini und Elena; Strickler (1), (2)].

Jodiontophorese wurde von Shaffer und Zackheim bei *Sporotrichose* mit Erfolg angewendet.

Jodcellulose, 3%ig in Glycerin, führte bei Interdigitalmykosen zur Abheilung (Franks und Fanelli).

Chlor ist von Traub und Schultheis in gasförmigem Zustand zur Behandlung von Dermatophytien verwendet worden. Sporen und Mycel von Mikrosporum Audouini und canis, sowie Trichophyton rubrum und mentagrophytes wurden innerhalb 30 min abgetötet; die Haut wurde relativ wenig gereizt.

Äthylchlorid wurde von Bograd, ferner von Lewis und Morginson bei Epidermophytie und oberflächlicher Trichophytie als Spray empfohlen, um eine rasche Beseitigung des Juckreizes zu erreichen und die klinische Abheilung zu beschleunigen. Die Zahl der Rückfälle nach kurzer Zeit war jedoch recht groß.

Chloramine wie z.B. Chloramin 80 (mit 80% p-Toluolsulfonchloramid-Natrium) dienen vorwiegend der Desinfektion. Sie sind Hypochloritlösungen insofern überlegen, als sie nicht nur keimtötend wirken (0,25—0,5%ige Lösung), sondern auch nekrotisches Gewebe auflösen (Eichholtz; Goodman und Gilman).

Chlorierte Verbindungen, wie chlorierte Phenole, chlorierte Salicylanilide [Meyer-Rohn (1)] und andere, sind in den jeweiligen Kapiteln besprochen. Das gleiche gilt für fluorierte und bromierte Verbindungen mit fungistatischer oder fungicider Wirkung.

3. Anorganische Säuren und Oxydationsmittel

Borsäureverbindungen. *Borsäure* selbst, H_3BO_3, wirkt schwach pilzhemmend in 1—3%iger Konzentration und wird deshalb für feuchte Verbände und als Zusatz zu andern antimykotischen Zubereitungen verwendet, z. B. Sol. Castellani, Ephyt, Fluomycin, Fungicin). Auch mit gesättigter Borsäurelösung (T. M. Cohen) sind schon Erfolge bei Hand- und Fußmykosen erzielt worden. Das Hauptindikationsgebiet sind *Candidamykosen* der Haut und Schleimhaut (Jírovec u. Mitarb.).

Natriumperborat ($NaBO_3 \cdot 4\,H_2O$) dient in 2%iger Lösung zum Mundspülen bei Soor (Candidamykose); *Natriumtetraborat* ($Na_2B_4O_7 \cdot 10\,H_2O$), unter der Be-

zeichnung *Borax* bekannt, wird 10—20%ig in Glycerin zum Auspinseln der Mundhöhle bei Soorbelägen schon seit über 100 Jahren verwendet (BERG).

Kaliumpermanganat, $KMnO_4 \cdot 7 H_2O$, ist in der Verdünnung 1:1000 bis 1:4000 in Gebrauch für feuchte Kompressen und Bäder bei *Hand-* und *Fußmykosen* [BOOTH; W. SCHÖNFELD (2)]; höher konzentrierte Lösungen (ab 1%) wirken ätzend.

WILSON erzielte mit gesättigter wäßriger Kaliumpermanganatlösung (täglich Betupfungen) bei Mikrosporie durch M. Audouini Heilung in 2 Wochen.

Saures Kaliumtartrat (p_H 3—4) ist von GRECO zur Verflüssigung von Gewebsnekrosen bei *Favus* mit Erfolg angewendet worden.

Wasserstoffsuperoxyd, H_2O_2, hat in 0,5—3%iger Konzentration eine starke, aber kurzdauernde desinfizierende Wirkung; wegen seiner zusätzlichen Reinigungskraft kann H_2O_2 bei vereiterten mykotischen Ulcerationen gute Dienste leisten.

Bei *Mundspülungen* ist mit einer Hypertrophie der filiformen Papillen *(Haarzunge)* zu rechnen, ein Symptom, das irrigerweise mitunter in das Krankheitsbild der Candidamykose (Moniliasis), etwa nach antibiotischer Behandlung, einbezogen worden ist.

Ozon, O_3, hat neben einer starken bacterieiden auch eine schwächere fungicide Wirkung, die zur Reinigung der Luft von Pilzsporen und andern Keimen erprobt wurde (WARSHAW). Es gelang jedoch nur eine Reduzierung der Pilzsporen.

4. Anorganische Metallverbindungen

Metallione haben in vielen Fällen fungitoxische Wirkung (SOMERS). Anorganische Quecksilberverbindungen gehörten bereits im vorigen Jahrhundert zu den antiseptischen Mitteln. Als sich um die Jahrhundertwende herausstellte, daß sie vorwiegend bakterio- und fungi*statisch* wirken, dabei aber gleichzeitig für alle lebenden Zellen toxisch sind, kam es zu einer ständigen Verkleinerung des Anwendungsbereichs. Anorganische Metallverbindungen spielen als Antimykotica heute nur noch eine untergeordnete Rolle.

Quecksilber wird als $1^0/_{00}$ige Sublimatlösung, $HgCl_2$, nur selten noch verwendet [BOAS (1), (2)]. Wegen der Gefahr einer Quecksilberschädigung und in Anbetracht der ohnehin nur geringen Wirkung sollte man überhaupt darauf verzichten.

JUNG (1) kombinierte Zinnobersalbe (Mercurioxyd, HgO) mit Solluxbestrahlung bei *Tinea barbae*; FRANKS, TASCHDJIAN und GUTIERREZ behandelten *Tinea pedis* mit 5%iger ammoniakalischer Quecksilbersalbe erfolgreich.

Silbersalze wurden von EMMONS (3) bei experimenteller *Kryptokokkose* erprobt. Die Überlebenszeit der Mäuse verlängerte sich auf das 2—5fache. *Ammoniakalische Silbernitratlösung* ist vorwiegend bei *Nagelmykosen* angewendet worden, wenn auch nicht immer mit dem erwarteten Erfolg (FRANKS, TASCHDJIAN und GUTIERREZ; FRANKS und STERNBERG; NICKERSON und WHITE). *Silberpikrat* war bei *Vaginitis* wirksam (CORBIT, McELROY und CLARK).

Kupfersulfat und *Kupferacetat* haben eine nur geringe Bedeutung als Antimykotica. Mit Kupferiontophorese konnten bei Hand- und Fußmykosen Heilungen und Besserungen erzielt werden (FREIS; HAGGARD, STRAUSS und GREENBERG; LAHEY und BYRNES). Zehenstrümpfe, mit Kupfersulfat und -acetat imprägniert, förderten die Abheilung von *Interdigitalmykosen* (CRITTENDEN, WESTFIELD und JOINER). In Kombination mit 5,5% Salicylsäure und einem 3wertigen Eisensalz sind 0,3% $CuSO_4$ in „Finaf" enthalten und von KUHN (1) bei oberflächlichen Dermatomykosen mit gutem Erfolg eingesetzt worden. — KLEINE-NATROP (1) untersuchte die Wirkung von Kupfersalzen bei der experimentellen Meerschweinchentrichophytie, UNDERWOOD u. Mitarb. bei der Kropfmykose durch Candida albicans bei Hühnern und Truthühnern. Der Zusatz von Kupfersulfat zum Trinkwasser ist bei Kropfmykose — entgegen der Volksmeinung — völlig zwecklos.

Zink wurde als Zinkchlorid ($ZnCl_2$) in 1%iger alkalischer Lösung von Dolce und Nickerson bei *Dermatophytien* versucht; der Gedanke dabei war, die Atmung der Pilze zu hemmen. Erkrankungen durch Candida albicans und Mikr. Audouini sprachen überhaupt nicht an, solche durch Trich. rubrum und mentagrophytes wurden gebessert, 2 Infektionen durch Epid. floccosum heilten ab.

Kobalt hat geringe fungistatische Wirkung, die jedoch therapeutisch nicht weiter ausgenutzt wird (Ottenstein, Thurmon und Bessman).

Eisen wird als 3wertiges Salz, zusammen mit 5,5% Salicylsäure und 0,3% Kupfersulfat als „Finaf" bei oberflächlichen Mykosen verwendet [Kuhn (1)].

Cadmiumchlorid-Aerosollösung erwies sich bei *intertriginöser Epidermophytie* als wirksam, weniger bei der hyperkeratotischen Form [Watts (2)]. Cadmium ist sehr toxisch; es wirkt auf die Sulfhydrylenzyme (Goodman und Gilman).

5. Aldehyde, Alkohole

Formaldehyd dient als 10%ige Formalinlösung der zuverlässigen Beseitigung von Pilzelementen aus Schuhzeug [Götz (4), (5); Schirren und Rieth (4)], Badematten, Holzgegenständen und dergleichen mehr. *Thioformol* wurde von Roth und von Bittersohl (1), (2) bei verschiedenen Dermatomykosen günstig beurteilt. Noskov empfiehlt bei *Rinderflechte* alle 14 Tage einen Spray aus 0,4% Formaldehyd und 0,5% kaustischer Soda zur Behandlung der Tiere und die Desinfektion der Ställe und Höfe mit etwas höheren Konzentrationen (1 und 2%). Damit konnte ein ausgedehnter Seuchenherd (200 von 1115 Kälbern waren erkrankt) „ausradiert" werden.

Äthylalkohol hat nur eine geringe pilzhemmende Wirkung. In vitro wird das Auskeimen der Pilzsporen bis zu einigen Tagen verzögert und das Pilzwachstum gehemmt, bis der Alkohol verdunstet ist. Beim Ablesen antimykotischer Tests können sich dadurch unter Umständen Fehler einschleichen, wenn die Substanzen in Äthylalkohol gelöst sind. Andererseits ist die pilzhemmende Wirkung schwach genug, um das Reinigen mykotischer Herde (vor der Materialabnahme) mit 70%igem Alkohol nicht zu einer Gefahr für die Lebensfähigkeit der Pilze werden zu lassen.

Glykole sind mehrwertige Alkohole. Einige davon, wie z. B. Propylenglykol und Triäthylenglykol (Mellody und Rigg), haben pilzhemmende Wirkung, was stören kann, wenn Glykole als Lösungsmittel bei experimentellen Untersuchungen verwendet werden. Umgekehrt kann dieser Effekt erwünscht sein, wenn Glykole antimykotischen Substanzen als Vehikel dienen.

6. Teer

Holzteer (Pix liquida) und Steinkohlenteer (Pix lithantracis) sind ein Gemisch verschiedener Substanzen, darunter einer ganzen Reihe von Verbindungen mit mehr oder weniger ausgeprägter antimykotischer Wirkung.

Die Zusammensetzung des Teers hängt von seiner Herkunft ab. *Holzteer* reagiert *sauer*, weil er neben Benzol, Toluol, Xylol, Naphthalin, Phenolen und Kresolen auch Säuren enthält, z. B. Essigsäure und Phenolcarbonsäuren. Nadelholzteer (Oleum cadinum) enthält außerdem ätherische Öle und Harze, die dem Laubholzteer (Oleum fagi — Buche — und Oleum rusci — Birke —) fehlen. *Steinkohlenteer* reagiert dagegen *alkalisch*, da er neben den schon erwähnten Stoffen zahlreiche Körper basischen Charakters enthält, z. B. Chinolin, Isochinolin, Chinaldin, Pyridin.

Teer ist also ein sehr variables Gemisch (Perutz, Siebert u. Winternitz). Seine Wirkung hängt ganz von seinen nicht genau definierbaren Inhaltsstoffen ab. Demzufolge sind im Teer verschiedene Wirkungen vereinigt.

Schieferöle sind kohlenwasserstoffreiche Teere aus bituminösem Schiefer, in dem fossile Fischreste (griechisch ἰχθύς = Fisch) enthalten sind. *Ichthyol* ist das Ammoniumsalz der Ichthyolsulfosäure, die sich aus Schieferöl bei Behandlung mit Schwefelsäure bildet. *Tumenol* ist ähnlich zusammengesetzt.

Teerzubereitungen werden bei der Behandlung der Pilzerkrankungen der Haut weniger wegen der pilzhemmenden Wirkung verordnet, als vielmehr auf Grund seiner übrigen Eigenschaften (antiekzematös, juckstillend). Teer wird in Salben

und Pasten rein oder mit Schwefel kombiniert oder 5%ig in Spiritus-Äther angewendet [KELLER; KRATZ; MEMMESHEIMER (2)].

Wird Teer mit saponinhaltigen Substanzen versetzt, dann ist das Produkt mit Wasser mischbar (Liquor carbonis detergens).

Die lichtensibilisierende Wirkung des Teers bedarf der Beachtung.

7. Aliphatische Carbonsäuren

a) Fettsäuren

Gesättigte und ungesättigte Fettsäuren und ihre Salze gehören zum eisernen Bestand des antimykotischen Arzneischatzes, seitdem PECK und ROSENFELD 1938 ihre Hemmwirkung auf hautpathogene Pilze nachgewiesen hatten und ihre therapeutische Verwendung propagierten.

Zwar hatten vorher schon mehrmals die pilzhemmenden Eigenschaften der Fettsäuren Beachtung gefunden, doch blieb das Wissen um diese Befunde auf einen kleinen Kreis von Fachleuten beschränkt. Lediglich zur Verhütung von Schimmelbildung (CLARK 1899) wurden einige Fettsäuren in der Konservenindustrie mit Erfolg verwendet. SABOURAUD war 1910 schon aufgefallen, daß das Kopffett Erwachsener andere Fettsäuren enthält als es bei Kindern der Fall ist, und daß damit vielleicht die Spontanheilung der Mikrosporie in der Pubertätszeit zusammenhängt. KIESEL erkannte bereits 1913, daß die pilzhemmende Wirkung von der Zahl der Kohlenstoffatome und der sonstigen chemischen Konstitution abhängig ist. Aber erst die Entdeckung, daß Fettsäuren im *Schweiß* eine Rolle spielen (PECK u. Mitarb.), führte zur Bearbeitung dieses Gebietes auf breiter Basis.

α) Gesättigte Fettsäuren

Die fungistatische Wirkung folgender gesättigter Fettsäuren konnte in vitro von zahlreichen Autoren [HOFFMANN u. Mitarb., KEENEY (1)—(4), PERKIN und viele andere) bestätigt werden:

Propionsäure	CH_3-CH_2-COOH
Buttersäure	$CH_3-CH_2-CH_2-COOH$
Valeriansäure	$CH_3-CH_2-CH_2-CH_2-COOH$
Capronsäure	$CH_3-CH_2-CH_2-CH_2-CH_2-COOH$
Önanthsäure	$CH_2-CH_2-CH_2-CH_2-CH_2-CH_2-COOH$
Caprylsäure	$CH_2-CH_2-CH_2-CH_2-CH_2-CH_2-CH_2-COOH$
Pelargonsäure	$CH_2-CH_2-CH_2-CH_2-CH_2-CH_2-CH_2-CH_2-COOH$
Caprinsäure	$CH_2-CH_2-CH_2-CH_2-CH_2-CH_2-CH_2-CH_2-CH_2-COOH$
Undecansäure	$CH_2-CH_2-CH_2-CH_2-CH_2-CH_2-CH_2-CH_2-CH_2-CH_2-COOH$
Laurinsäure	$CH_2-CH_2-CH_2-CH_2-CH_2-CH_2-CH_2-CH_2-CH_2-CH_2-CH_2-COOH$

Die Wirksamkeit steigt zwar — wenn auch nicht linear — mit zunehmender Kettenlänge, eigentlich haben sich aber nur zwei der gesättigten Fettsäuren auf die Dauer so bewährt, daß sie in vielen Fertigpräparaten zu finden sind, nämlich *Propionsäure* und *Caprylsäure*.

Von entscheidender Bedeutung für die Wirkung der Fettsäuren ist der p_H-*Wert* [FOLEY, HERRMANN und LEE (1); GRUNBERG]; von p_H 5 aufwärts nimmt die fungistatische Wirkung rapid ab.

Diese Tatsache ist nicht immer beachtet worden. Wohin das praktisch führt, zeigt eine sehr interessante Mitteilung von BOWMAN und WINGENBACH, die 1957 nachwiesen, daß eine Änderung der offiziellen Vorschrift für Sterilitätsprüfungen der Food and Drug Administration notwendig war, um Verunreinigungen z. B. von Zahnpasta mit Schimmel- oder Hefepilzen aufzudecken, wenn diese — wie das üblich ist — Natriumcaprylat als Konservierungsmittel enthalten. (Ähnliches gilt für Arzneizubereitungen wie Salben usw.) Durch Heraufsetzen des p_H-Wertes bei der Prüfung von bisher 5,7 auf 7,4 wird Natriumcaprylat in seiner Wirkung so weit herabgesetzt, daß Penicilliumsporen innerhalb von 5 Tagen auskeimen.

Da Fettsäuren sich schlecht lösen, werden vielfach ihre *Salze* verwendet, meist das *Natriumsalz*, aber auch Calcium-, Zink- und Kupfersalze [KEENEY u. Mitarb., DROUHET (4)]; ihre fungistatische Wirkung ist aber noch geringer als die der

Säuren [KIMMIG und RIETH (1), (2)]. Capryl- und Pelargonsäure lösen sich gut in Aceton (DEUEL).

Das *Eindringungsvermögen* der Fettsäuren ist gering, ins Haar dringen sie überhaupt nicht ein (ROTHMAN u. Mitarb.).

Klinische Erfahrungen. Auf Grund der guten Wirkung in vitro gegenüber allen Trichophyton-, Mikrosporum- und Epidermophytonpilzen wurde zunächst *Natriumpropionat* von KEENEY und BROYLES bei oberflächlichen Dermatophytien mit Erfolg verwendet. Als „Sopronol" fand eine Mischung aus Natriumpropionat und Propionsäure weite Verbreitung (SCHERR u. Mitarb., SULLIVAN und FISH-BEIN). Propionsäuresalze erwiesen sich auch bei mykotischer Vulvovaginitis als wirksam (ALTER, JONES und CARTER).

Von 1945 ab wurde *Natriumcaprylat* als wirksamer bevorzugt (KEENEY u. Mitarb.), vor allem die 20%ige wäßrige Lösung. Als 10%ige Lösung fanden COHEN und PERSKY sie bei Soor wirksam (Abheilung nach 4 Tagen ohne Komplikation oder Rückfall).

β) Ungesättigte Fettsäuren

Von den ungesättigten Fettsäuren erlangte vor allem die *Undecylensäure* (CH_2=CH CH_2 CH_2 CH_2 CH_2 CH_2—CH_2—CH_2—CH_2—COOH) überragende Bedeutung. Ihre pilzhemmende Wirkung übertrifft die aller andern gesättigten und ungesättigten Fettsäuren (WYSS, LUDWIG und JOINER). In niedrigen Konzentrationen wirkt Undecylensäure fungistatisch, in 10%iger Konzentration innerhalb 10 min fungicid gegenüber Trichophyton mentagrophytes (VILANOVA u. Mitarb.). Verwendung finden vorwiegend die *Natrium-* und *Zinksalze* (20%) in Verbindung mit 5% Undecylensäure als Salbe, mit 2% als Puder.

Klinische Erfahrungen. Während des Krieges spielten die Undecylensäure-präparate bei der Behandlung oberflächlicher Dermatomykosen in den USA eine Hauptrolle, später auch in andern Ländern.

Sehr gute Ergebnisse erzielten SHAPIRO und ROTHMAN: Bei *Tinea pedis* in 1 Monat 86% vollständige Heilungen. 98 Fälle von *Tinea capitis* heilten innerhalb von 5 Monaten unter der Behandlung mit Undecylensäure + Natriumundecylenat [CARRICK (2)]. Mit Decupryl (10% Kupferundecylenat + 5% Undecylensäure) heilten 21 von 31 Fällen von Tinea capitis durch Mikrosporum Audouini in 3—39 Wochen (MINTZER und ELIASSOW). Andere Autoren machten weniger gute Erfahrungen und erreichten etwa die Heilungsquote, die mit Placebopräparaten erzielt werden kann, MUSKATBLIT z. B. 68,7% bei oberflächlicher Trichophytie. Bei *Favus* konnte D'ATRI keinen Erfolg erzielen.

Kombinationspräparate. Die weiteste Verbreitung fanden allmählich Zubereitungen aus mehreren Fettsäuren, da es zum *Synergismus* der Wirkung kommt.

MARIAT und VIEU konnten für Natriumpropionat und Natriumlaurylsulfat den *Synergismus* gegenüber Trichophyton mentagrophytes, T. rubrum, Epidermophyton floccosum und Candida albicans nachweisen. Die Wirkung war fungistatisch, aber nicht fungicid.

Am häufigsten werden kombiniert: Undecylensäure + Caprylsäure (z. B. im Fungichthol), ferner Natriumpropionat (12,3%), Propionsäure (2,7%) und Natriumcaprylat (10%), eine Mischung, die PECK und RUSS für besser als alles andere hielten. Mit Undecylensäure + Natriumundecylenat + Propionsäure hatten SULZBERGER und KANOF (2) in 70 Fällen von Epidermophytie und oberflächlicher Trichophytie 85% Erfolge. Kombinationen mit weiteren Fettsäuren sind ebenfalls sehr günstig beurteilt worden, z. B. Capronsäure (C_6) + Caprylsäure (C_8) + Caprinsäure (C_{10}) + Laurinsäure (C_{12}) (= Curamycon), doch mit Vorbehalt hinsichtlich der Bildung resistenter Stämme [SING (2); SING und VER-HAGEN].

Nicht nur Fettsäuren werden miteinander kombiniert, sondern andere Antimykotica können die Wirkung noch steigern, z. B. Salicylsäure (LYONS u. Mitarb.) und p-Oxybenzoe-

säureester (BOHNSTEDT, FISCHER und FÜLLER; J. W. BERGMANN) im Fungichthol B. Als sehr vorteilhaft erwies sich die Lösung von Undecylensäure und Caprylsäure in Leukichthol (KALKOFF und JANKE).

Das Schrifttum über *Erfahrungen* mit fettsäurehaltigen Präparaten ist außerordentlich umfangreich. In der Mehrzahl der Fälle von *oberflächlicher Trichophytie* und *Epidermophytie* ließ sich die klinische Heilung erzielen [BREWER; COUDERT und DOUCET; HINCKY; NETTLESHIP; PEC, RUDAT, H. G. SCHWARZ (1); WEITZEL und NAST; WIDMER und viele andere]. Bei *Nagelmykosen* (ROTH) war Decupryl hin und wieder, vor allem nach keratolytischer Vorbehandlung, wirksam, selbst Mikrosporiefälle sprachen an (COMBES, ZUCKERMAN u. BOBROFF). Bei Kopftrichophytie mußte BEARE (1) trotz Undecylensäurebehandlung mit Röntgenepilation die endgültige Heilung herbeiführen.

Auch in der *Tiermedizin* ist Undecylensäure bei Dermatophytien kleiner Tiere mit Erfolg angewendet worden, wenn auch gerade bei Tieren die Tendenz zu spontaner Heilung nicht unterschätzt werden soll (GUILHON und PAPIN).

Zwei Pilze, die bei Tieren häufiger zu finden sind als beim Menschen (Histoplasma farciminosum als Erreger der *epizootischen Lymphangitis* (AINSWORTH und AUSTWICK) und Pityrosporum ovale als Erreger von Otomykosen bei Hunden), sprachen in vitro auf Undecylensäure an (CARBONERA).

Trichosporum cutaneum als Erreger von *interdigitalem Pruritus* beim Menschen — und auf der tierischen Haut sehr häufig zu finden — ist ebenfalls undecylensäureempfindlich (SRIVASTAVA).

Andere ungesättigte Fettsäuren sind nur selten therapeutisch verwendet worden. In Betracht kommen noch *Linolsäure* (C_{19} mit 2 Doppelbindungen), *Linolensäure* (C_{18} mit 3 Doppelbindungen), *Arachidonsäure* (C_{20} mit 4 Doppelbindungen) und neuerdings — vorläufig als gut verträgliches zugelassenes Konservierungsmittel — *Sorbinsäure* (C_6 mit 2 Doppelbindungen) (CREMER u. Mitarb.).

Kupfer*oleat*salbe erwies sich als sehr wenig wirksam [CARRICK (1)]. Auch im Walöl und Lebertran befindliche ungesättigte Fettsäuren sind gelegentlich mit Erfolg eingesetzt worden (SPERBER; TANISSA).

Verträglichkeit, Wirkungsweise, Resistenzentwicklung. Ein besonderer Vorzug der Fettsäuren ist ihre *gute Verträglichkeit*, Reizungen und Sensibilisierungen kommen so gut wie nicht vor. Die Wirkung aller wichtigen Fettsäuren auf die O_2-Aufnahme von Trichophyton wurde von FUJI (1) untersucht, Blastomyces dermatitidis überprüften LEVINE und NOVAK.

Es zeigte sich, daß die Kettenlänge für die O_2-Aufnahme von entscheidender Bedeutung ist. Bei der gewählten Versuchsanordnung stimulierten die Säuren mit 2—8 C-Atomen die Atmung, von 9 ab aufwärts kam es zur vollständigen Hemmung. Auch darin zeigt sich die biologische Sonderstellung (WEITZEL) der Fettsäuren mittlerer Kettenlänge.

Die *Wirkungsweise* der Fettsäuren ist mehr fungistatisch als fungicid (VILANOVA u. Mitarb.). Das Vorkommen freier Fettsäuren im Haarfett Erwachsener und im Schweiß (ROTHMAN u. Mitarb., PECK u. Mitarb.) weist auf den Säuremantel der Haut hin, dessen Bedeutung durch MARCHIONINI (1), (2) wiederholt hervorgehoben wurde. Dadurch, daß mit Fettsäuren im sauren p_H-Bereich gearbeitet werden muß, wird der Säureschutz der Haut erhöht, so daß fettsäurehaltige Präparate mit bestem Erfolg *prophylaktisch* Verwendung finden.

Resistenzsteigerung ist bei Trichophyton mentagrophytes gegenüber Pelargonsäure beobachtet worden, doch betrug sie nur das Sechsfache des Anfangswertes (MURPHY und ROTHMAN).

γ) Halogenierte Fettsäuren

Die Halogenierung von Fettsäuren ist zwar durchgeführt worden, es ließen sich auch wirksame Verbindungen herstellen, doch spielen solche Verbindungen in der Therapie keine Rolle (DARCISSAC).

δ) Fettsäureester

Aus dem Gedanken heraus, das schlechte Eindringungsvermögen der Fettsäuren durch Veresterung (HAENSCH und SZAKALL) zu verbessern, wurden Veresterungen mit verschiedenen Alkoholen und Fettsäuren versucht. Interessanterweise war in vitro damit eine erhebliche Herabsetzung der fungistatischen Wirkung verbunden [NEUHAUS (2)]. Die klinischen Erfahrungen mit *Oenanthsäureheptylester* (Antisporon) fielen jedoch günstig aus [ZINZIUS; NEUHAUS (1)], so daß daraus gefolgert wurde, die Lipasen der Haut würden die Ester wieder in wirksame Bestandteile zerlegen.

Undecylensäurephenolester (Ederphyt) erwies sich PASCHOUD (1), (2) als gut verträglich und wirksam besonders bei *Fußmykosen, Eczema marginatum* und zur Nachbehandlung von Nagelmykosen nach der Extraktion der befallenen Nägel.

Glycerintriacetat (= Triacetin, Fungacetin, F 5) wird auch von Esterasen der Dermatophyten selbst verseift und wirkt dann gegen Trichophyton, Mikrosporum und Epidermophyton [KNIGHT (1), (2)].

CAHN und LEVY führten klinische Prüfungen mit Triacetin im doppelten Blindversuch durch und konnten bei Fußmykosen durch Trichophyton mentagrophytes oder Epidermophyton floccosum eine hohe Heilungsquote erreichen.

ANDRIASYAN verwendete Triacetat unter Zusatz von Atropin bei Fußmykosen mit gutem Erfolg.

Halogenfumarsäureester ist in vitro von GROVE für fungistatisch wirksam befunden worden.

b) Kohlensäurederivate

Kohlensäure selbst ist kein eigentliches Antimykoticum. CO_2-Schnee kann jedoch mit Erfolg zur künstlichen Erzeugung eines Kerion Celsi verwendet werden (5 sec Einwirkungsdauer).

HAXTHAUSEN erreichte damit in 24 Fällen (Erreger waren Trichophyton mentagrophytes, Mikrosporum gypseum und Trichophyton violaceum) eine Beschleunigung der Heilung.

Eine Reihe von *schwefelhaltigen Derivaten* der Kohlensäure übt jedoch auf eine große Zahl von pathogenen Pilzen eine starke Hemmwirkung aus.

α) Thiocarbaminsäurederivate

Organische Schwefelverbindungen, insbesondere Dithiocarbamate werden in der Landwirtschaft als *Fungicide* und Insecticide angewandt. Im Verlauf umfangreicher Reihenuntersuchungen erkannten mehrere Forschergruppen, daß sich die Wirkung auch auf humanpathogene Pilze erstreckt (CHRISTISON, CONANT und BRADSHER; SAKAI u. Mitarb.; MILLER und ELSON; COLLINS und WIESE).

Einige Derivate der o-Phenylendiamin-bis-dithiocarbaminsäure waren wirksamer als Undecylensäure (SHAH und JONES), nicht nur gegenüber Dermatophyten, sondern auch gegenüber Histoplasma capsulatum. Es bestanden ganz beträchtliche Unterschiede zwischen den verschiedenen Derivaten (1:2000 bis 1:256000) in vitro. Im Tierversuch leisteten alle bisher geprüften Verbindungen jedoch nichts Überzeugendes, weder bei der Meerschweinchentrichophytie, noch bei der Mäusehistoplasmose.

Thioharnstoff hemmt Cryptococcus neoformans in einer Konzentration von etwa 50 γ/ml, Coccidioides immitis ist weniger sensibel, in vivo war in beiden Fällen kein Erfolg zu verzeichnen (DANOWSKI und TAGER). Versuche, das Versagen in vivo zu erklären (TAGER u. Mitarb.), führten zu dem Ergebnis, daß ein Eiweißfehler, der nicht an die Albuminfraktion gebunden ist, dabei von Bedeutung ist.

Dithiocarbamylhydrazin hemmt in vivo trotz Serumzusatz Dermatophyten und Blastomyces dermatitidis, Histoplasma capsulatum und Cryptococcus neoformans in einer Verdünnung von 1:2500. In vivo ist die Substanz sehr toxisch und unwirksam (TAGER u. DANOWSKI).

Tetradecylisothiouroniumchlorid weist außer trypanociden und antibakteriellen auch fungistatische Wirkung auf (1:250000 gegenüber Trichophyton mentagrophytes), desgleichen eine Reihe ähnlicher Verbindungen (VOLINI, STUBBS und ERCOLI).

β) Cyanverbindungen

Isothiocyansäureester ($R-N=C=S$) werden nach dem Allylisothiocyanat, das den eigentümlichen Senfgeruch verursacht (HOLLEMAN und RICHTER), auch *Senföle* genannt. Einige Senföle wirken in vitro hemmend auf das Wachstum von Dermatophyten [PÄTIÄLÄ (2)].

Mit einer 1%igen Senföllösung konnte PÄTIÄLÄ (1) bei exp. Meerschweinchentrichophytie durch Trich. mentagr. in 3 Tagen Abheilung erzielen. Bei Favus war 5%iges Senföl günstig, führte aber zu sehr starker Reizung.

Über 100 verschiedene *Thiocyanate* und *Isothiocyanate* untersuchten LANDIS, KLEY und ERCOLI. Am besten war γ-(p-Brom)-phenoxypropylthiocyanat; fungicid 1:400 für Trich. mentagr., T. rubrum und Epid. floccosum; fungistatisch für Trich. ment. 1:50000, T. rubrum 1:100000, Cryptococcus neoformans 1:10000.

γ) Rhodanin

und verwandte Verbindungen, die im Ring die gleiche Molekülgruppe aufweisen wie die Dithiocarbamate (—N—C—S—), wirken auch in vitro ähnlich gut und versagen ebenfalls in vivo (CHRISTISON, CONANT und BRADSHER).

δ) Thiuramdisulfide

Tetramethylthiuramidisulfid $\left(\begin{smallmatrix}CH_3\\CH_3\end{smallmatrix}\right.$ N—C—S—S—C—N $\left.\begin{smallmatrix}CH_3\\CH_3\end{smallmatrix}\right)$ weist in vitro

eine gute Hemmwirkung gegenüber Trichophyton mentagrophytes, Candida albicans (KÄRCHER), Tetraäthylthiuramdisulfid (als Antabus bekannt) besonders gegenüber Histoplasma capsulatum (5 γ/ml), weniger gegenüber Blastomyces dermatitidis, C. alb. und Trich. mentagr. auf (CHRISTISON, CONANT und BRADSHER; MANTEN, KLÖPPING u. VAN DER KERK).

Tetramethylthiuramdisulfid (TMTD) bewährte sich in Form des Nobecutan bei subakuten und chronischen Dermatomykosen (KÄRCHER).

ε) Thiosemicarbazone

Eine Zeitlang schien es, als würde ein dem Conteben nahestehendes Chemotherapeuticum (V 741) ein gutes Antimykoticum sein (LEINBROCK u. Mitarb.), da bei Mikrosporie gute Erfolge gesehen wurden [LEINBROCK (1); BERG (1), (2)]. Auch bei Fußmykosen war der erste Eindruck günstig (BECK).

Untersuchungen der *Wirkungsweise* der Thiosemicarbazone ergaben, daß sie störend in den Purinstoffwechsel eingreifen, da sie an Stelle des Methionin eingebaut werden (TIRUNARAYANAN, VISCHER und BRUHIN).

Ein Bromsemithiocarbazon von substituiertem Vanillin zeichnete sich durch Hemmung von Cryptococcus neoformans aus (JOHNSON, JOYNER und PERRY).

Zu einem nennenswerten größeren therapeutischen Erfolg der Thiosemicarbazone ist es inzwischen aber nicht wieder gekommen.

c) Oxysäuren

Unter den Oxysäuren haben die *Weinsäure* und die *Citronensäure* (IVADY und FRIEDRICH), sowie die *Ricinolsäure*, eine ungesättigte Oxysäure, in relativ hohen

Konzentrationen fungistatische und in Kombination mit Borsäure auch fungicide Wirkung.

6% Borsäure + 3% Weinsäure + 3% Citronensäure wirken fungicid nach 15 Std gegenüber verschiedenen Dermatophyten (Ivady und Friedrich).

β-*Propiolacton*, das Lacton der β-Oxypropionsäure (Hydracrylsäure), ist eine ungemein reaktionsfähige Substanz, die imstande ist, die Oxydation von Stoffen zu verhindern, die Candida albicans und Blastomyces dermatitidis zum Bau einer intakten Zelloberfläche benötigen [Gale (1), (2), (4); Bernheim und Gale).

d) Aminosäuren und Ampholytseifen

Als einzige unter den bekannteren Aminosäuren hemmt *Oxyprolin* (in Gelatine vorhanden) das Wachstum von Trichophyton-, Mikrosporum- und Epidermophyton-Kulturen. Durch kleine Dosen wurde Trichophyton rubrum stimuliert, durch große Dosen gehemmt (Robbins und McVeigh).

Ein Gemisch aus *Aminosäuren mit oberflächenaktiven Eigenschaften* liegt im *Tego* vor, das zu den *Ampholytseifen* gerechnet wird, da es je nach dem p_H-Wert der Lösung die Eigenschaften der anionaktiven Seifen und auch die der kationaktiven Invertseifen aufweisen kann. Die Ampholytseife Dodecyl-di-(aminoäthyl) glycinhydrochlorid ($C_{12}H_{25} \cdot NH \cdot CH_2 \cdot CH_2 \cdot NH \cdot CH_2 \cdot CH_2 \cdot NH \cdot CH_2 \cdot COOH \cdot HCl$) tötet Epidermophyton- und Trichophytonpilze nach 5 min in 0,1%iger Lösung. Der Eiweißfehler ist etwas geringer als bei den Invertseifen.

Tego wird in den Wasch- und Badeanlagen in Industrie- und Bergbau zur Desinfektion verwendet [Kornfeld (1), (2); Schmitz; Schwarz (2); Schmitz und Kornfeld].

8. Invertseifen

Zur Gruppe der Invertseifen gehören zahlreiche synthetische Verbindungen, die noch in hohen Verdünnungen Pilze (und meist auch Bakterien) hemmen; in stärkeren Konzentrationen wirken einige dieser Stoffe fungicid, wenn bestimmte Voraussetzungen erfüllt sind: p_H-Wert im alkalischen Bereich, Abwesenheit von Fremdstoffen wie Blut und Eiter, genügend hohe Konzentration.

Chemisch gesehen, handelt es sich um *quartäre Ammonium-, Phosphonium-, Arsonium-* und andere „*onium*"-*Basen*, die dadurch charakterisiert sind, daß eine langkettige hydrophobe Kohlenwasserstoffgruppe mit einem hydrophilen Ammonium-Ion (oder einem andern „-onium"-Ion) verknüpft ist. Dieses Ion ist außerdem an 3 weitere Kohlenwasserstoffreste, insgesamt also quartär gebunden. In Betracht kommen Alkyl- (aliphatische), Aryl- (aromatische) und Aralkyl-Gruppen, wie das Formelbeispiel zeigt.

Invertseifen sind *oberflächenaktiv*, d. h. die langkettigen Kohlenwasserstoffgruppen haben das Bestreben, das Wasser, in dem die Invertseife gelöst ist, zu verlassen (hydro*phob*), dadurch reichern sie sich an allen Oberflächen an und versuchen ständig, die Oberfläche zu vergrößern; die Oberflächenvergrößerung wird z. B. durch Schaumbildung oder durch Benetzen erreicht, deshalb werden derartige Stoffe auch als *Netzmittel* bezeichnet.

$$\left[CH_3 \cdot (CH_2)_{14} \cdot C {\overset{\displaystyle O}{\underset{\displaystyle O}{<}}} \right]^{(-)} \cdot Na^{(+)} \qquad \left[CH_3 \cdot (CH_2)_{11} - \overset{\displaystyle CH_3}{\underset{\displaystyle CH_3}{N}} - CH_2 - \bigcirc \right]^{(+)} \cdot Cl^{(-)}$$

Natronseife (anionaktiv)   *Invertseife* (kationaktiv)

Der Ausdruck „Invertseifen" bedeutet „Seife mit *umgekehrtem* Vorzeichen". Bei den gewöhnlichen Seifen (s. Formel) ist die hydrophile Gruppe *negativ* geladen, also ein *Anion*, während bei den Invertseifen die hydrophile Gruppe *positiv* geladen ist *(Kation)*. Da die langkettige, zur Oberfläche strebende Gruppe bei den Seifen an die negativ geladene Carboxylgruppe (COO^-) geknüpft ist, nennt man sie auch *anionenaktiv*, die Invertseifen dagegen *kationenaktiv*, weil der langkettige Kohlenwasserstoffrest an das positiv geladene zentrale Onium-Atom (z. B. N^+) gebunden ist.

Die *pilzhemmende* Wirkung der Invertseifen steht in engem Zusammenhang mit der chemischen Konstitution [KIMMIG (1), (3), (4); JERCHEL und KIMMIG]. Durch Substituierung an verschiedenen Stellen des Moleküls lassen sich Verbindungen von sehr unterschiedlicher fungistatischer und fungicider Wirkung synthetisieren, wie dies in ausgedehnten experimentellen Untersuchungen vor allem von KIMMIG und JERCHEL gezeigt worden ist.

a) Quartäre Ammoniumverbindungen

Die Einführung quartärer Ammoniumbasen als Desinfektionsmittel erfolgte durch DOMAGK (1) und HORNUNG. Anfangs waren es noch Gemische verschieden langkettiger Verbindungen, heute werden die reinen, chemisch genau definierten Körper bevorzugt.

Zephirol ist ein Gemisch aus Alkyl-dimethyl-benzyl-ammoniumchloriden, die aus hochmolekularen Palmkernöl-Fettsäuren gewonnen werden.

Zephirol wird zwar vorwiegend zur Desinfektion verwendet, von einigen Autoren jedoch auch zur Behandlung von *Tinea pedis* und andern oberflächlichen Dermatophytien (WHITE, COLLINS und NEWMAN; TOMB). In 2%iger Lösung war Zephirol bei Hühnerfavus wirksam (REIDEL).

Riseptin, Dermofongin B enthalten beide das gegen Pilze und Bakterien in gleicher Weise hochwirksame *Dimethyl-dodecyl-3,4-dichlorbenzyl-ammoniumchlorid*. Die Hemmwerte liegen für *Dermatophyten* zwischen 1:100000 und 1:300000, für *Candida albicans*, *Actinomyces*, *Sporotrichum* und *Penicillium* teils gleich hoch oder etwas niedriger.

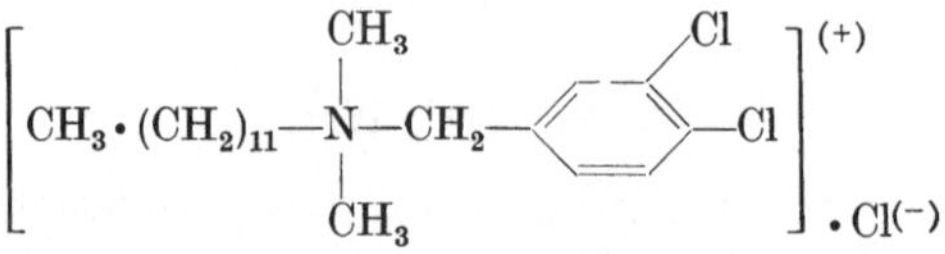

$$\left[CH_3 \cdot (CH_2)_{11} - \overset{\displaystyle CH_3}{\underset{\displaystyle CH_3}{N}} - CH_2 - \hspace{-4pt}\left\langle\hspace{-4pt}\bigcirc\hspace{-4pt}\right\rangle\hspace{-4pt}\overset{Cl}{\underset{}{}} - Cl \right]^{(+)} \cdot Cl^{(-)}$$

Dermofongin B, Riseptin

Riseptin wird vorwiegend zur Desinfektion benutzt, insbesondere zur *Händeschnelldesinfektion*, wobei sich die 0,5—1,0%ige Lösung bei einer Waschzeit von 5—7 min bewährt hat (IMHOLZ; FISCHER; BETHGE und RASSFELD-STERNBERG). *Dermofongin B* liegt als *Gel* vor und eignet sich sowohl zur Behandlung reiner Dermatomykosen als auch bakteriell infizierter Mischformen.

Bradosol, auch als *PDDB* bezeichnet, ist *β-Phenoxy-äthyl-dimethyl-dodecyl-ammoniumbromid* und hemmt sowohl *Dermatophyten* wie *Hefen* und *Schimmelpilze* (neben Bakterien) in Verdünnungen von 1:48000 bis 1:192000 [KUTSCHER u. Mitarb. (1), (2)].

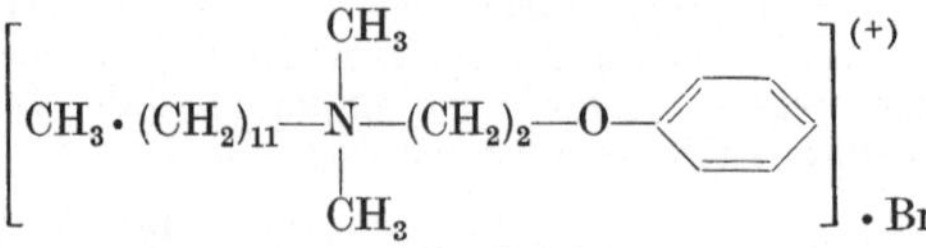

$$\left[CH_3 \cdot (CH_2)_{11} - \overset{\displaystyle CH_3}{\underset{\displaystyle CH_3}{N}} - (CH_2)_2 - O - \hspace{-4pt}\left\langle\hspace{-4pt}\bigcirc\hspace{-4pt}\right\rangle \right]^{(+)} \cdot Br^{(-)}$$

Bradosol

In Verbindung mit dem Antihistaminicum *Pyribenzamin* (1%) wird *Bradosol* (0,05%) als *Bradex* in den Handel gebracht und als farb- und geruchloses Präparat besonders bei sekundär infizierten Mykosen verwendet (VIGLIOGLIA, LINARES und RIVERO).

Ein Zusatz von 2% *Vioform* verstärkt die antimykotische Wirkung *(Bradex-Vioform)*.

Über die erfolgreiche *klinische Anwendung* von *Bradex-Vioform* haben zahlreiche Autoren berichtet [DOLFEN; GROTTENMÜLLER; HÄNIG; HOOPS (1); MITRA und BANERJEE; VELTMAN]. Hauptindikationsgebiet sind Epidermophytien.

Soll neben den Erregern zugleich die allergische epidermocutane Gewebsreaktion und der Juckreiz getroffen werden, dann kommt *Ultracortenol* (Bradosol + Prednisolon + Trimethylacetat) in Betracht [POLEMANN (2)].

Weitere quartäre Ammoniumbasen sind: *Cetavlon* (Cetyltrimethyl-ammonium-bromid), das sich BRUCK und MORITSCH als Desinfektionsmittel bewährt hat; ferner *T.C.A.P.* (Trimethylcetyl-ammonium-pentachlorphenat), das von FOLEY und LEE (1), (2) getestet wurde, und *Phemerol* (p-tertiäres Octyl-phenoxy-äthoxy-äthyl-dimethyl-benzyl-ammoniumchlorid), das sich bei der Behandlung von *Kälberflechte* als brauchbar erwies (BRYAN und YOUNG). *Quartasept* (STAIB und ATA) und viele andere ähnlich aufgebaute Verbindungen sind vor allem für die Geräte-, Raum- und Händedesinfektion geeignet (BAYO BAYO und PEREIRO MIGUENS; NASSI). Über quartäre Ammoniumderivate von ω-Aminosäuren berichten STEDMAN, ENGEL und BILSE (s. auch unter „Aminosäuren", S. 1194).

Quartäre Ammoniumbasen sind *nicht* für innerlichen Gebrauch geeignet. Werden sie versehentlich verschluckt, dann kann es zu Vergiftungen kommen (ADELSON und SUNSHINE).

b) Quartäre Phosphoniumverbindungen

Von der Erkenntnis ausgehend, daß in den Triphenylmethanfarben, z.B. im Brillantgrün, die wichtigste Gruppierung ein quartäres N-Atom ist, wurden von KIMMIG (4), (7) und JERCHEL (1), (2) serienmäßig, zum größten Teil selbst dargestellte Verbindungen mit quartären N-, P- und As-Atomen untersucht, um zu ermitteln, ob diesen Stoffen eine ähnliche pilzhemmende Wirkung eigen ist wie den Triphenylmethanfarben.

Dabei zeigte es sich, daß die relativ einfach aufgebauten Verbindungen der Konstitution

$$[C_nH_{2n+1} - N \equiv (C_2H_5)_3] \; . \; \text{Halogen}$$

die Wirkung des Brillantgrüns sogar noch übertreffen [KIMMIG (4)]. Zahlreiche synthetisierte Ammonium-, Phosphonium- und Arsoniumbasen hemmten das Wachstum von Trichophyton und Epidermophytonpilzen in Verdünnungen von 1:50000 bis 1:100000 noch total. Nicht alle Verbindungen wirken gleich gut, da die Seitenketten von ausschlaggebender Bedeutung sind.

Unter den Phosphoniumbasen ist das *Eulan* als Mottenschutzmittel seit langem bekannt. Da es aber bereits die gesunde Haut reizt, scheidet es als Therapeuticum aus. Andererseits war die erstaunliche Wirksamkeit des Eulans gegen Kleinlebewesen ein Anreiz, nach besser verträglichen Phosphoniumverbindungen zu suchen, die imstande waren, die Lebensvorgänge in pathogenen Pilzen entscheidend zu schädigen. In vitro und im Tierversuch erwies sich eine Substanz als die beste, die später unter der Bezeichnung *Myxal* in die Therapie der Dermatomykosen eingeführt wurde [KIMMIG (2)—(4)].

Myxal enthält als Wirkstoff Dodecyl-triphenyl-phosphoniumbromid in 1,5%iger Lösung. Das *Wirkungsspektrum in vitro* umfaßt vorwiegend die *Dermatophyten* (neben Bakterien; HOLTORF), weniger Hefepilze wie Candida albicans und Cryptococcus neoformans. Der Grenzwert für totale Hemmung liegt bei 1:50000 für Dermatophyten (Trichophyton, Mikrosporum und Epidermophyton). Die *Toxicität* beträgt für die Maus: LD_{50} (oral) 569 mg/kg Körpergewicht (FARGEL). Der p_H-Wert der Myxallösung liegt je nach dem Grad der Verdünnung zwischen 4,43 und 6,15. Der *Eiweißfehler* liegt etwas höher als bei Quecksilberphenylborat.

$$\left[CH_3 \cdot (CH_2)_{11} - P \left(\text{(Phenyl)}_3 \right) \right]^{(+)} \cdot Br^{(-)}$$

Myxal

Anwendung und klinische Erfahrungen

Myxal wird mit sehr gutem Erfolg in Verdünnungen von 1:1000 bis 1:10000 als feuchter Verband verordnet, wodurch die entzündlichen Erscheinungen meist

rasch abklingen. Je nach dem dermatologischen Befund werden auch Tinktur, Puder oder Salbe verwendet, zur Behandlung der Mikrosporie auch Myxal-Öl [KIMMIG (7); KIESSLING, SCHÖNFELD und BENDER; FUNK; KIESSLING].

Das Hauptanwendungsgebiet sind *Epidermophytien*, besonders sekundär-infizierte, und oberflächliche *Trichophytien*, ferner *Erythrasma, Eczema marginatum* und *Trichomycosis palmellina* (ANSEL; FUCHS und HAACK; TEMPS).

Sehr weite Verbreitung hat Myxal als Desinfektionsmittel in Industrie- und Gewerbebetrieben, sowie im Bergbau gefunden, wo es mit einem Sprühgerät in einer Verdünnung von 1:1000 in Wasch- und Baderäumen Verwendung findet. Darüber hinaus wird es zur Bekämpfung der bei Industrie- und Bergarbeitern sehr häufigen Fußmykosen eingesetzt.

Nach der körperlichen Reinigung werden die Füße nacheinander auf einen Stößel gesetzt, dadurch wird ein Mechanismus ausgelöst, der eine bestimmte Menge Myxallösung auf die Füße aufsprüht. Durch konsequente Durchführung nicht nur aller Behandlungsmaßnahmen, sondern auch prophylaktischer Anwendung bei allen noch fußgesunden Mitbenutzern der Wasch- und Baderäume konnte wiederholt der Pilzbefall auf ein erträgliches Maß herabgedrückt werden (SCHIRREN, RIETH, HANSEN und PINGEL; HANSEN und RIETH; BAUMEISTER; ZWEILING).

Sehr zweckmäßig ist es, wenn die „Sanierung" einer Belegschaft hinsichtlich ihrer Fußmykosen durchgeführt werden soll, einen umfassenden Hautschutzplan aufzustellen, wie URBAN dies vorschlägt. Über die ausgezeichnete Wirkung von Myxal bei der Bekämpfung von Epidermophytien in einem Industrie-Betrieb hat auch AICHINGER ausführlich berichtet.

Nebenwirkungen. Gelegentlich werden leichte Hautreizungen nach Myxalanwendung gesehen, sie verschwinden gewöhnlich, wenn die angewendete Konzentration etwas herabgesetzt wird. Die Mehrzahl der Autoren erwähnt ausdrücklich die gute Verträglichkeit.

c) Quartäre Arsonium- und andere „-onium"-Verbindungen

In vitro konnte KIMMIG (2) die pilzhemmende Wirkung auch von quartären *Arsoniumverbindungen* nachweisen; sie liegt etwa in der Größenordnung wie bei den Ammonium- und Phosphoniumverbindungen. Eine therapeutische Verwendung ist bisher jedoch noch nicht erfolgt.

Auch andere quartäre Verbindungen wurden von KIMMIG u. Mitarb. (1), (2) getestet, wie z. B. *Pyridoniumbasen* und *Pyrrolidoniumbasen*; eine praktische Bedeutung besitzen diese Stoffe trotz guter Beurteilung ebenfalls vorläufig nicht. Zweifellos wird es möglich sein, noch weitere Invertseifen zu synthetisieren, die den schon bekannten ebenbürtig oder gar überlegen sind.

9. Phenole und Kresole

Die Verbindungen dieser Gruppe sind typische *Desinfektionsmittel*. Ihre Wirkung beruht auf Eiweißfällung, sie sind allgemeine Protoplasmagifte, die nicht nur die Pilze (und Bakterien), sondern auch die Gewebszellen zerstören (MØLLER; EICHHOLTZ).

Ihre therapeutische Verwendung begann, als LISTER 1867 das Phenol in die antiseptische Wundbehandlung einführte.

a) Phenol

auch Carbolsäure genannt, C_6H_5OH, im vorigen Jahrhundert als universelles Desinfektionsmittel weit verbreitet, gehört zu den giftigsten Vertretern der ganzen Reihe. Es hat ausgesprochen *ätzende* Wirkung, führt infolge Zerstörung der Nervenendigungen zur *Juckstillung* und *Empfindungslosigkeit*. Schwere

Zwischenfälle (Nekrosen, Gangrän, Carbolekzem) haben seine Verwendung jedoch stark eingeschränkt.

$$OH$$

Phenol

In Form der *Solutio Castellani* (enthält 4% Phenol und 8% Resorcin) wird Phenol gelegentlich noch (nicht selten unter Verkennung des hohen Phenolgehaltes) zur Behandlung oberflächlicher Dermatomykosen verwendet.

Auch als *Phenol-Campher-Mischung* (āā) haben einige Autoren die Carbolsäure zur Behandlung von Tinea pedis und Tinea cruris eingesetzt (CALVERY; GLENN und HALLEY; PHILLIPS; WALDIN; MAHN).

Wenn Phenol in Campher gelöst ist, dann kann solange Phenol herausdiffundieren, bis in der Umgebung eine Phenolkonzentration von 1% erreicht ist, wo sie nicht ätzend, aber lokalanaesthesierend und desinfizierend wirkt; solche Mischungen heißen deshalb auch Pufferantiseptica (EICHHOLTZ).

CALVERY warnt auf Grund seiner schlechten Erfahrungen vor Anwendung der Phenol-Campher-Mischung bei „Athlete's foot".
Werden phenolhaltige Lösungen zu feuchten Umschlägen verwendet (z. B. Wattebausch auf Fingernägel), dann kann es — was schon vorgekommen ist — zu Knochennekrosen mit anschließender Fingeramputation kommen.

Der Hauptgrund, die sog. „älteren" Mittel durch „moderne" Antimykotica zu ersetzen, war *nicht* ihre Unwirksamkeit gegen Pilze, sondern ihre Gefährlichkeit als Protoplasmagifte. Es wurde deshalb nach Verbindungen gesucht, die genauso wirksam oder noch wirksamer sind, ohne zugleich toxischer zu sein.

b) Kresol

$OH \cdot C_6H_4CH_3$, wirkt etwa 3mal stärker antiseptisch als Phenol, während seine Giftigkeit nur wenig geringer ist.

$$CH_3$$
$$OH$$

o-Kresol

Je nach der Stellung von CH_3- und OH-Gruppe unterscheidet man Ortho-, Meta- und Para-Kresol; ein Gemisch aus allen drei befindet sich in der Rohkresolfraktion des Steinkohlenteers, gereinigt ist es als Trikresol erhältlich. Rohkresol in Seifenlösung (Liquor Cresoli saponatus) weist eine verstärkte Wirkung auf. *Lysol* ist ähnlich zusammengesetzt. 3—4 Eßlöffel *Kresolseifenlösung* auf 1 Liter Wasser ergeben Kresolwasser, das sich zur Desinfektion von Gegenständen eignet (MONASH).

c) Alkylierte, arylierte und halogenierte Phenole und Kresole

Durch Einführung von aliphatischen Gruppen (Alkyl-), aromatischen Gruppen (Aryl-) oder Halogenen (Chlor, Brom, Jod) in das Phenolmolekül erhält man stärker wirksame und weniger giftige Verbindungen (CROSS u. Mitarb.; DISCHER u., Mitarb).

Thymol, 1-Methyl-4-isopropyl-3-phenol, wirkt wesentlich stärker als Phenol, auch gegenüber Dermatophyten, Actinomyces (JOYCE; MYERS), Hefen und

Schimmelpilzen (PECK und SCHWARTZ; KADISCH). Der Grenzwert für totale Hemmung liegt bei 1:5000.

$$CH_3$$

Thymol

Chlorthymol hat durch die Chlorierung noch eine weitere Steigerung der fungiciden Wirkung erfahren. Thymol und Chlorthymol sind infolge der Schwerlöslichkeit in Wasser weniger giftig als Phenol. In Substanz bewirken sie keine Verätzung der Haut mehr, sondern nur noch eine oberflächliche Abstoßung des Epithels (MØLLER). Eine 5%ige alkoholische Chlorthymollösung desinfiziert die Haut genauso gut wie Jodtinktur.

Chlorthymol

Chlorphenole. Trichlorphenol und Pentachlorphenol sind in vitro stark pilzhemmende Verbindungen (1:50000), in vivo verursachen sie nicht selten Reizungen (HOPKINS u. Mitarb.; INOUYE, IIZIKA und TAZIMA).

p-Chlor-m-kresol (Phenolkoeffizient etwa 30) ist in Mischung mit dem noch stärker wirkenden Chlorxylenol (Phenolkoeffizient etwa 70) unter der Bezeichnung *Sagrotan* im Handel. Gute Verträglichkeit und in schwacher Konzentration fungistatische, in stärkerer Konzentration fungicide Eigenschaften sind besondere Vorzüge von p-Chlor-m-kresol (CASANOVAS).

p-Chlor-m-kresol

Phenylphenol, Benzylphenol und **Chlorbenzylphenol** sind ebenfalls gut für die Grobdesinfektion geeignet.

o-Benzylphenol

Im *Delegol* liegt eine Mischung aus Benzylphenol und Chlorbenzylphenol vor. Es hat sich bei der Großraumdesinfektion (Badeanstalten, Waschkauen) gut bewährt.

Kombinationen aus verschiedenen, meist nicht genau definierten hochmolekularen alkylierten, arylierten und aralkylierten, zum Teil chlorierten Phenolen,

unter Zusatz von Emulgatoren als Lösungsvermittler (z. B. *Lysolin*), in Verbindung
mit bestimmten sulfonierten Kohlenwasserstoffen und einem Puffersystem (z. B.
Gevisol), sind hochwirksame zuverlässige Desinfektionsmittel, von denen auch
Fadenpilze und Sproßpilze (neben Viren und Bakterien) abgetötet werden.

Gevisol wirkt in 0,5%iger Lösung fungicid bei einer Einwirkungsdauer von 20—60 min
(Wüstenberg), für *Lysolin* wird 1—2%ige Lösung vorgeschlagen (Wüstenberg). Diese
Stoffe sind geruchsarm, klar und greifen weder Stoffe, Gummi oder Leder, noch Farben und
Lacke an. Mit Wasser sind sie in jedem Verhältnis mischbar und besitzen ein hohes Schmutz-
löse- und Schmutztragevermögen. Zur sicheren Beseitigung von Pilzsporen und Pilz-
fäden sind sie hervorragend geeignet (Harmsen).

Weitere Kombinationspräparate sind: *Kodan*tinktur, die von Memmesheimer (5) als
gleich gut wirksam gegen pathogene Fadenpilze und pathogene Hefen bezeichnet wird;
Curis enthält neben andern Stoffen halogenierte Alkylkresole und hat sich bei der Behandlung
von Fußmykosen als gut verträglich, reizlos und wirksam erwiesen (Schubert). *Phebrocon*
enthält unter anderem Chlorcarvacrol und ist eines der am weitesten verbreiteten Antimykotica für die Behandlung oberflächlicher Mykosen (Brabetz).

Dijodphenol und **Trijodphenol** sind Phenolderivate mit besonders hoher
Hemmwirkung gegenüber Trichophyton mentagrophytes und Mikrosporum
gypseum [Kimmig und Rieth (1), (2)]. Die Konzentration für totale Hemmung
beträgt 1:200000; ebenfalls sehr wirksam sind *Dijodkresol* und *Dibromkresol*
(1:50000).

$$OH$$

2,6-Dijodphenol

d) Nitrierte Phenole und Kresole

Durch Nitrierung in Para-Stellung und Einführung von Chlor-, Brom- oder
Jod in Ortho-Stellung wurden verschiedene Verbindungen hergestellt, die in vitro
Hemmwerte gegenüber Trichophyton-Arten und Penicillium glaucum in Höhe
von 1:50000 bis 1:100000 ergaben und sich in 1%iger Lösung in 50%igem Alkohol
bei Fußmykosen bewährten (Horáček und Polster).

$$OH$$

2-Chlor-4-nitrophenol

e) Schwefelderivate

Auch schwefelhaltige Phenolderivate können pilzhemmende Wirkung haben,
z. B. 2,2'-Thio-bis-(4,6-dichlorphenol), als „Actamer" bezeichnet; Trichophyton
mentagrophytes und Epidermophyton floccosum wurden in Verdünnungen bis
1:100000 im Wachstum gehemmt (Shumard, Beaver und Hunter). Weitere
Verbindungen, die Schwefel und phenolische OH-Gruppen (OH-Gruppen direkt
am Ring) enthalten, sind unter „Aromatische Sulfide" aufgeführt.

f) Tribromphenolwismut (Xeroform)

gehört zu den seit langem bekannten Antiseptica; zuerst wurde es bei der Hamburger Cholera-Epidemie verwendet, später als Wundantisepticum und in der
Augenheilkunde (Kaufmann). Daß es außerdem selbst in hohen Verdünnungen

(1:50000 bis 1:100000) das Wachstum hautpathogener Pilze total hemmt, ist wenig bekannt. Die Hautverträglichkeit ist gut, die Substanz kann unverdünnt als Streupuder verwendet werden. ROST empfiehlt 10%ige Salbe.

Xeroform

g) Mehrwertige Phenole

Unter den zweiwertigen Phenolen, von denen es 3 Stellungsisomere gibt (Brenz-catechin, Resorcin und Hydrochinon), hat nur Resorcin (m-Dioxybenzol) als Antimykoticum Bedeutung gewonnen.

Resorcin ist eines der am meisten verwendeten „älteren" Mittel und auch heute noch in Gebrauch, z. B. in der Castellanischen Lösung (8% Resorcin neben andern Bestandteilen). Zwar wirkt es nicht stark pilzhemmend, hat aber keratolytische Eigenschaften und ist das am wenigsten ätzende Mittel unter den Polyphenolen. Die resorptive Wirkung gleicht der des Phenols (MØLLER); bei Resorcinvergiftung kommt es mitunter zu Krämpfen und zu dem typischen Symptom der *Methämoglobinbildung.*

Resorcin

Die Anwendung von stärkeren Resorcinsalben kann zu Vergiftungen führen, besonders dann, wenn die Haut vorher schon geschädigt war oder bei Kindern. Nach 5%iger Salbe beim Säugling, nach 10—20%iger Salbe bei Erwachsenen ist es schon zu Todesfällen gekommen (EICHHOLTZ). Auch Nierenreizung kommt vor.

Hexylresorcin. Die Einführung einer Alkylgruppe hat die pilzhemmende Wirkung erheblich verstärkt (1:20000). Lösungen von Hexylresorcin besitzen eine sehr geringe Oberflächenspannung und damit ein hohes Durchdringungs-vermögen für Haut, Schleimhaut und Wunden (KAUFMANN), 5%ig in Glycerin [K. MÜLHENS (1)] oder als Bestandteil von Fertigpräparaten, z.B. *Phebrocon* und Mycoderma, wird es in der ambulanten Behandlung von oberflächlichen Trichophytien und Epidermophytien verwendet.

Hexylresorcin

Über gute Erfahrungen berichteten unter anderem BEHRENDT; BRABETZ; LEAO und EICHBAUM; MARQUARDT; WEILE und ZIMMERMANN. SAKAI u. Mitarb. verglichen verschiedene

Phenolderivate in vitro miteinander, darunter auch Hexylresorcin. Die fungicide Wirkung war recht beträchtlich (bis 1:64000). Die Erfolge bei der experimentellen Meerschweinchentrichophytie waren dagegen recht gering. Wiederholt kam es zu Kontaktekzemen als Folge der Behandlung.

SCHUBERT verwendete Phebrocon bei *Nagelmykosen* und sah überraschend gute Erfolge mit seiner Methode.

Pyrogallol, 1,2,3-Trioxybenzol, ist ein starkes Reduktionsmittel, bei seiner Verwendung muß deshalb mit starker Ätzwirkung und heftiger Entzündung gerechnet werden (EICHHOLTZ). Die Gehirnwirkung gleicht der des Phenols, außerdem kommt es zu Methämoglobinbildung und Nierenschädigung. Pyrogallol hemmt Dermatophyten in Konzentrationen bis 1:1000.

Pyrogallol

In Form von 1—2%iger Salbe oder 10%igem Pyrogallolspiritus findet es gelegentlich Verwendung, um entzündliche Reaktionen zu provozieren [BORNHAUSER; KLEINE-NATROP (2); W. SCHÖNFELD (2)].

h) Phenole mit kondensierten Ringsystemen

Derivate von β-Naphthol, z. B. β-Naphthol-thioglykolsäure (POPOFF u. Mitarb.), ferner 1-Brom-β-naphthol, 6-Brom-β-naphthol und 1,6-Dinitro-β-naphthol [BAICHWAL u. Mitarb. (1), (2)] wirken in vitro und im Tierversuch antimykotisch gegen Dermatophyten und weisen ein gutes Eindringungsvermögen auf. Größere Bedeutung haben diese Verbindungen jedoch bisher nicht erlangt.

β-Naphthol

Chrysarobin ist eine Mischung verschiedener Anthracenderivate und wird aus Goa-Pulver gewonnen. Es wirkt sehr stark reduzierend, reizt Haut und Schleimhaut, wird leicht resorbiert und erscheint im Harn als Chrysophansäure, nachdem Sauerstoff aufgenommen wurde. Überempfindlichkeit ist recht häufig, trotz aller Vorsicht tritt leicht Conjunctivitis auf, auch Nierenreizung ist vorgekommen.

Chrysarobin-Hauptbestandteil

Die pilzhemmende Wirkung ist relativ gering. Die klinischen Erfolge bei Tinea pedis (GREENWOOD) und bei der Nachbehandlung von Nagelmykosen (nach Extraktion der Nägel) beruhen auf der Provokation entzündlicher Reaktionen. Chrysarobin wird 0,1—2%ig, mitunter bis 10%ig, sehr selten auch als 20%ige Salbe (FLÖTER) angewendet.

i) Phenoläther

Halogenierte Phenoläther besitzen ebenfalls fungistatische und fungicide Eigenschaften.

FELTON und McLAUGHLIN prüften eine Anzahl verschiedener Äther und erkannten *Phenoxyäthanol* als den wirksamsten der untersuchten Äther aus 6 Klassen. HARTLEY fand

für *p-Chlorphenol-α-glycerinäther* als Grenzwerte für totale Hemmung von Trichophyton mentagrophytes, Mikrosporum Audouini und canis 0,06%, Trich. rubrum, Trich. Schönleinii, Epid. floccosum und Sporotrichum Schenckii 0,1%, Candida albicans 0,25%.

k) Halogenierte Phenolester

Veresterungen von 2,4,5-Trichlorphenol mit Capronsäure, α-Bromcapronsäure und Äthylmalonsäure bewährten sich in vitro und in vivo gegenüber Dermatophyten und Candida albicans.

SAKAI u. Mitarb. erzielten bei experimenteller Meerschweinchen-Trichophytie mit verschiedenen Estern in 92—95% der Fälle eine Beschleunigung der Heilung.

l) Polycyclische Phenole

Hexachlorophen, 3,5,6,3′,5′,6′-Hexachlor-2,2′-dioxy-diphenylmethan, wirkt nicht nur antibakteriell, sondern auch pilzhemmend. In Kombination mit Hydrocortison, unter der Bezeichnung *Scheroson F compositum*, erfolgt die Anwendung vor allem bei mykotisch superinfiziertem Ekzem und bei ekzematisierten Mykosen.

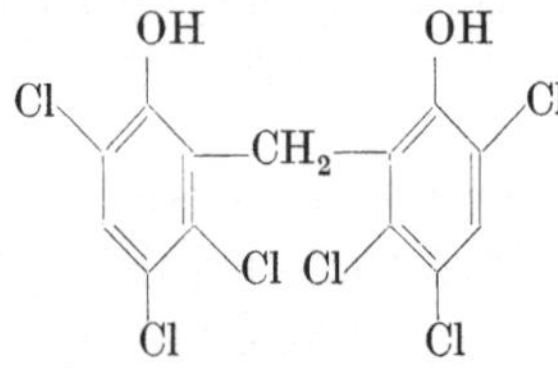

Hexachlorophen

LYCK (1), (2) sah besonders bei *Fußmykosen* rasche Besserungen, selbst bei Ekzematikern, LÜBBEN bei *Folliculitis barbae*.

Eine ähnliche Kombination wird als *Flurymal* erfolgreich bei *Vaginitiden* verwendet (BUNKA).

Für *Desinfektionszwecke* wird Hexachlorophen in Seifen inkorporiert (8 × 4-Seife); dabei wird nur die eine OH-Gruppe neutralisiert, so daß ein Teil der Wirkung erhalten bleibt (GOODMAN und GILMAN).

Kombiniert mit Dichlorophen, Undecylensäure und Iso-Linolensäure in 1,2-Propylenglykol *(VGE 55-Pharmus)* kann Hexachlorophen als Oberflächen-Aerosol in einem Spezialgerät zur Besprühung von Fußböden, Fußrosten und Badematten, aber auch zur Behandlung oberflächlicher Dermatomykosen angewendet werden.

Dichlorophen, 5,5′-Dichlor-2,2′-dioxy-diphenylmethan, wirkt wachstumshemmend auf Dermatophyten in Verdünnungen von 1:10000 bis 1:50000 [KIMMIG und RIETH (1)].

Klinische Erfahrungen liegen vor über günstige Wirkung bei Vulvovaginitis und Stomatitis (GARNIER), dabei wurde 2%ige Lösung genommen; KLEIN machte vorzügliche Erfahrungen mit *Fissan-Antimykoticum*, in dem Dichlorophen an Quecksilber gebunden ist, bei Fußmykosen von Bergarbeitern; die Behandlung ließ sich ohne längere Unterbrechung der Arbeit sauber und einfach in der Verbandsstube durchführen. Die überraschend schnelle Heilung wird besonders erwähnt.

Negatol, Dioxy-dimethyl-diphenylmethan-disulfonsäure, führte bei *Soorvaginitis* nach 2—5 Touchierungen zum Verschwinden der Pilze (OTTOLENGHI-PRETI).

10. Aromatische Sulfide

Die Einführung substituierter Diphenylsulfide in den antimykotischen Arzneischatz war ursprünglich als Startzeichen für die Chemotherapie der Pilzinfektionen gedacht.

1946 hatten MARSH und BUTLER auf der Suche nach einem Mehltauverhütungsmittel einige Diphenylsulfide, darunter auch 2,2′-Dioxy-5,5′-dichlor-diphenylsulfid (später als *D 25, Novex, Ovitrol* bezeichnet) als stark pilzhemmend erkannt.

1949 wendete sich der Arbeitskreis um PFLEGER und RICHTER diesen Verbindungen zu. 45 verschiedene aromatische Sulfide, Disulfide, Trisulfide, Tetrasulfide, Sulfoxyde und Sulfone wurden dargestellt (PFLEGER u. Mitarb.), in vitro gegen Dermatophyten, Hefen und Bakterien ausgetestet (SCHRAUFSTÄTTER, RICHTER und DITSCHEID), tierexperimentell untersucht (RICHTER und SCHRAUFSTÄTTER) und schließlich 1950 in die Therapie der Dermatomykosen eingeführt [RICHTER (1)].

Den sehr hochgespannten Erwartungen einer innerlichen Behandlung, also einer echten Chemotherapie von Hautpilzerkrankungen folgten aber bald Enttäuschungen. Es zeigte sich, daß zwar eine Beeinflussung der Pilzinfektionen möglich war, die erreichbaren Konzentrationen blieben aber unter den Werten, die für eine Ausheilung ohne Lokalbehandlung nötig waren. Trotz hoher Hemmwerte in vitro (zwischen 1:50000 und 1:2560000) gelang es nicht, diesen Effekt auch in vivo zu erzielen. Im Serum von Menschen und Tieren ließ sich nach oraler Zufuhr von Novex keine fungistatische Wirkung nachweisen (KALKOFF und JANKE).

Die *Verträglichkeit* konnte gegenüber den anfänglichen Chargen verbessert werden, so daß Störungen von seiten des Magen-Darmkanals jetzt seltener vorkommen.

Die unbefriedigenden Ergebnisse nach oraler Verabreichung hatten zur Folge, daß nun doch die Lokalbehandlung wieder mehr in den Vordergrund trat, obwohl es gerade das Ziel gewesen war, von ihr loszukommen (SCHÄFER und KWOCZEK).

Klinische Erfahrungen

Hauptindikationsgebiet für die wirksamste und verträglichste Verbindung unter den Diphenylsulfiden, 2,2′-Dioxy-5,5′-dichlor-diphenylsulfid (als D 25, Novex, Ovitrol im Handel), sind oberflächliche Trichophytien, Epidermophytien, Erythrasma und Pityriasis versicolor.

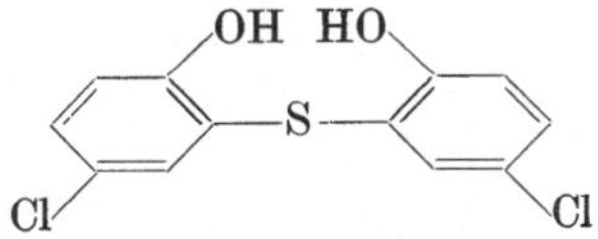

D 25, Novex, Ovitrol

RENKIN sah die besten Erfolge bei Pityriasis versicolor und Interdigitalmykosen. Günstige Berichte liegen unter anderem vor von RICHTER (1)—(4); JUNG (3), (4); CHABÁS LÓPEZ; BRAUN; sowie KNÖFEL.

Besonders zu erwähnen ist ein Fall von *Monosporiose* (durch Monosporium apiospermum) in Form eines Mycetoms in der Gesäßgegend, das sich 20 Jahre nach einer Holzsplitterverletzung entwickelt hatte. Die Behandlung erfolgte mit D 25 in täglichen Injektionen von 5 ml (= 1,25 g) einer öligen Lösung tief intramuskulär in das erkrankte Gebiet. Schon nach wenigen Injektionen gingen die Infiltrationen zurück, die Mykose kam nach einjähriger Behandlung zur Ausheilung. Die Anfangsdosis von 5 ml wurde bald auf 2 ml täglich reduziert, insgesamt wurden 110 ml D 25 injiziert und lokal wie allgemein gut vertragen [SEELIGER (2); REIFFERSCHEID und SEELIGER].

Ein Versuch, Novex bei der experimentellen, durch Aureomycin aktivierten Soorinfektion einzusetzen, blieb trotz hoher Dosen ohne Erfolg (FISCHER). Die in vitro-Empfindlichkeit von Candida albicans gegenüber aromatischen Disulfiden ist verhältnismäßig gering, hinzukommt ein beträchtlicher Eiweißfehler, d. h. in eiweißreichem Milieu ist die Wirkung stark herabgesetzt, nach MÜLHENS (2) 1:2000.

10 Jahre nach Beginn der Behandlung mit aromatischen Sulfiden kann gesagt werden, daß die orale Zufuhr dieser Stoffe wenig Aussicht auf Erfolg bei Dermato-

mykosen bietet, daß die Lokalbehandlung (von gelegentlichen Reizungen abgesehen) aber erfolgreich sein kann und daß sogar eine parenterale Chemotherapie lokalisierter tiefer Mykosen angezeigt erscheint, wenn der isolierte Erreger [wie im Falle von SEELIGER (2)] auf aromatische Sulfide anspricht.

11. Aromatische Diamidine

Diamidine wurden für die Mykosetherapie interessant, als ELSON 1945 die fungistatische Wirkung von *Propamidin* gegenüber *Trichophyton sulfureum*, *Trichophyton Schönleinii*, *Blastomyces dermatitidis* und *Sporotrichum Schenckii* in vitro erkannt hatte.

Zuvor waren Diguanidine (1935) und Diamidine (1939) bereits mit Erfolg gegen Trypanosomen und Leishmanien getestet worden; dabei hatten sich *Stilbamidin*, *Propamidin* und *Pentamidin* als therapeutisch verwertbar erwiesen.

SCHOENBACH und GREENSPAN ist es zu verdanken, daß 1948 Pharmakologie, Wirkungsweise und Anwendbarkeit dieser 3 Diamidine im Hinblick auf ihren therapeutischen Einsatz bei Blastomykosen geprüft wurden.

SEABURY machte 1949 einen Behandlungsversuch mit *Stilbamidin* bei 2 *Histoplasmose*fällen und hatte den Eindruck einer geringen Besserung. COLBERT, STRAUSS und GREEN versuchten 1950 *Propamidin* bei einer *cutanen nordamerikanischen Blastomykose*, ebenfalls mit dem Erfolg einer Besserung. SCHOENBACH u. Mitarb. berichteten dann mehrfach über gute Ergebnisse bei der Behandlung von nordamerikanischer Blastomykose mit Stilbamidin und Propamidin. Daraufhin bemühte sich eine ganze Reihe von Autoren um Klärung der therapeutischen Wirkung der Diamidine.

Das *Wirkungsspektrum in vitro* umfaßt praktisch alles, was es an hautpathogenen und systempathogenen Pilzen gibt (BOCOBO, CURTIS und HARRELL). Die Hemmwerte liegen jedoch weit auseinander, z.B. $1 \gamma/ml$ für Sporotrichum Schenckii und Pentamidin, $10 \gamma/ml$ für Blastomyces dermatitidis und Propamidin, $100 \gamma/ml$ für Histoplasma capsulatum und Stilbamidin, $1000 \gamma/ml$ für zahlreiche Trichophyton- und Mikrosporum-Stämme, über $1000 \gamma/ml$ für einen Candida albicans-Stamm. Dermatophyten und Candida albicans waren gegenüber den drei getesteten Diamidinen gleich empfindlich.

Die Ergebnisse von BOCOBO, CURTIS und HARRELL wurden später von anderen Autoren teils bestätigt, teils ergänzt [ANDLEIGH (2); CHRISTISON und CONANT; FAHLBERG (1); MCMILLEN, KUSHNER und SNAPPER; STENDERUP (1)].

Tierversuche führten zu keinen eklatanten Heilungen, jedoch zu mehr oder weniger eindeutigen Besserungen. Immerhin ließen sich durch die gewonnenen Ergebnisse weitere Untersuchungen rechtfertigen. Eine hohe Toxicität gab zu besonderer Vorsicht Anlaß [HEILMAN (2), KING WEST und VERWEY; SCHWARZ und ADRIANO; MILLER, SMITH und HEADLEY].

Für die *Behandlung* stehen verschiedene Diamidine zur Verfügung, deren Verträglichkeit und Wirksamkeit etwas voneinander abweichen. In der Tabelle 1

Tabelle 1. *Aromatische Diamidine*

Kurzbezeichnungen	Chemische Bezeichnungen
Stilbamidin	4,4′-Diamidino-stilben (Synonym: 4,4′-Stilben-dicarboxamidin)
2-Oxystilbamidin	2-Oxy-4,4′-diamidino-stilben
Aminostilbamidin	2-Amino-4,4′-diamidino-stilben
Propamidin	4,4′-(Trimethylen-dioxy)-dibenzamidin (Synonym: 4,4′-Diamidino-phenoxypropan)
Dibrompropamidin	2,2′-Dibrom-4,4′-(trimethylen-dioxy)-dibenzamidin
Pentamidin	4,4′-(Pentamethylen-dioxy)-dibenzamidin (Synonym: 4,4′-Diamidino-phenoxypentan)
Lomidin	4,4′-(Pentamethylen-dioxy)-dibenzamidin-dimethansulfonat
Phenamidin	Diamidino-diphenylamin

sind die wichtigsten für eine Behandlung in Betracht kommenden Diamidine aufgeführt. *Nicht* mit angegeben ist *Diäthylstilböstrol*, das wirkungsmäßig einerseits neben die Diamidine gestellt werden kann, andererseits aber wegen seiner Hormonwirkung bei den Hormonen aufgeführt werden muß.

Klinische Erfahrungen

a) Stilbamidin

wurde anfangs am häufigsten eingesetzt, und zwar vorwiegend bei den verschiedenen Systemmykosen.

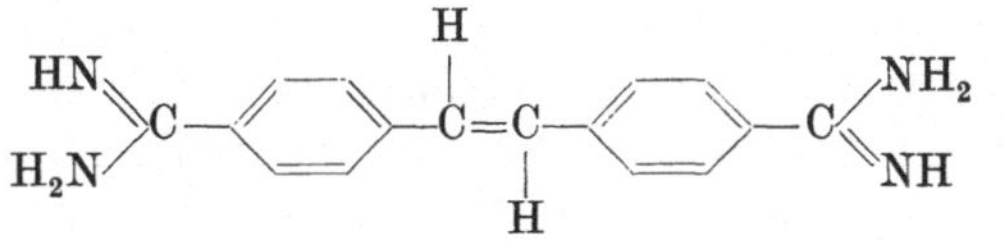

$$HN{-}C({-}H_2N){-}C_6H_4{-}CH{=}CH{-}C_6H_4{-}C({=}NH){-}NH_2$$

Stilbamidin

Nordamerikanische Blastomykose, am eindrucksvollsten die Fälle mit noch nicht zu sehr ausgedehnten Hauterscheinungen, sprach in vielen Fällen auf die Behandlung mit Stilbamidin gut an [Burr und Huffines; Curtis u. Mitarb. (2); Cummins, Bairstow und Baker; Myhr; Pariser, Levy und Rawson; Slaughter jr.; Marshak).

Curtis stellte 1955 eine Übersicht zusammen; danach waren 42 von 51 Patienten deutlich gebessert, zum Teil völlig geheilt; nur 9 Fälle mußten als Versager gewertet werden. Weitere Erfahrungsberichte stammen von Matsumoto u. Mitarb.; Rodriquez; D. T. Smith (1)—(3); einen stilbamidinresistenten Fall beschrieb Kuhn (2).

Aktinomykose des linken Unterkiefers bei einem 51jährigen Mann heilte unter Stilbamidin völlig aus (Miller, Long und Schoenbach).

Sporotrichose am linken Unterarm eines 18jährigen Mannes heilte nach einer Gesamtdosis von 0,9 g Stilbamidin vollständig ab [Harrell, Bocobo und Curtis (1)].

Coccidioidomykose konnte nicht geheilt werden (Gephardt und Hanlon, obwohl in vitro Coccidioides immitis sehr stilbamidinempfindlich ist (Chinn u. Mitarb.).

Kryptokokkose wurde ebenfalls erfolglos behandelt (Miller u. Mitarb.).

α) Dosierung von Stilbamidin

Die Tagesdosen betragen anfangs 50—150 mg, in 100—1000 ml 5%iger Glucoselösung als langsame intravenöse Dauertropfinfusion gegeben. Es werden Serien von je 10—30 Injektionen durchgeführt und nach einem Intervall gegebenenfalls mehrmals wiederholt. Die Tagesdosis kann, wenn gut verträglich, auf 300—450 mg gesteigert werden. Die Gesamtdosis richtet sich nach dem Krankheitsbild, es sind Gesamtdosen von 1,35—9,6 g nicht selten bei Erwachsenen. Ausnahmsweise wurden 24,5 und 22,7 g gegeben, ein Jugendlicher erhielt als Gesamtdosis 0,9 g (Curtis und Bocobo).

Stilbamidin ist unstabil in Lösung und sehr lichtempfindlich. Durch UV-Strahlen entstehen toxische Zersetzungsprodukte; deshalb müssen besondere Vorsichtsmaßregeln ergriffen werden, um Stilbamidin vor Licht zu schützen (Cherniss und Waisbren; Sutliff, Kyle und Hobson).

β) Nebenwirkungen von Stilbamidin

Die häufigste Nebenwirkung ist die *Trigeminusneuralgie* (Grandbois), sie ist jedoch im allgemeinen kein Grund, die Behandlung deshalb abzubrechen (Fink, Vanderploeg und Moursund; Ostfeld). Da aber auch toxische Psychosen und Leberschäden beobachtet wurden [Forsey und Jackson; Cohen (2)], trat allmählich das weniger toxische 2-Oxystilbamidin an die Stelle des Stilbamidins.

b) 2-Oxystilbamidin

ist in vitro ähnlich wirksam wie Stilbamidin. Hauptindikationen sind auf Grund des Wirkungsspektrums die Systemmykosen, insbesondere die nordamerikanische Blastomykose.

TASCHDJIAN (2) ermittelte, daß Sporotrichum Schenckii besonders oxystilbamidin-empfindlich ist, dagegen Cryptococcus neoformans und Nocardia asteroides weniger; Trichophyton Schönleinii wurde durch geringere Konzentrationen gehemmt als Trich. rubrum (60—1000 γ-ml). Trich. rubrum und Mikrosporum Audouini konnten in vitro durch 2-Oxystilbamidin resistent gemacht werden [TASCHDJIAN (1)].

Tierversuche verliefen unbefriedigend. Bei Hunde-Blastomykose war 2-Oxystilbamidin unwirksam und sehr toxisch (LAGACÉ). Mäuse-Kryptokokkose und -Coccidioidomykose blieben unbeeinflußt (GORDON u. Mitarb.).

Nordamerikanische Blastomykose konnte wiederholt mit Erfolg behandelt werden. Die Verträglichkeit war besser als bei Stilbamidin [COLSKY; DORAY u. Mitarb.; GRANDBOIS u. Mitarb.; HARRELL, BOCOBO und CURTIS (1); WEINBERG, LAWRENCE und BUCHHOLZ; SNAPPER und McVAY; SNAPPER u. Mitarb.]. Dosierung wie bei Stilbamidin.

OBERMAN und GILBERT sahen eine Leberschädigung bei einem 7jährigen Kind, das in 36 Tagen 7,62 g 2-Oxystilbamidin erhalten hatte.

Histoplasmose. FURCOLOW und BRASHER konnten keinen überzeugenden Erfolg feststellen, während NEJEDLY und BAKER bei einer lokalisierten Histoplasmose (Gingiva und Gaumen) nach 2-Oxystilbamidin die Abheilung beobachteten. Die Frage der Spontanheilung steht zur Diskussion.

Disseminierte Coccidioidomykose sprach nicht an (SNAPPER u. Mitarb.).

Sporotrichose konnte mit 2-Oxystilbamidin und Jodkali geheilt werden (GERACI u. Mitarb.).

Kryptokokkose. WHITEHILL und RAWSON berichteten über die Heilung einer generalisierten Erkrankung (jedoch ohne Befall des Zentralnervensystems) bei einem 19jährigen Mädchen. Zunächst hatte die Diagnose „Morbus Hodgkin" gelautet, bis Biopsie und Kultur eines supraclavicularen Lymphknotens zur Diagnose „Kryptokokkose" führte. In 19 Tagen wurden 4,05 g 2-Oxystilbamidin gegeben, worauf sich alle Symptome zurückbildeten. — Da Diamidine jedoch auch bei multiplen Myelomen mit Erfolg gegeben werden können, werfen LITTMAN und ZIMMERMAN die Frage nach dem weiteren Verlauf der Erkrankung auf. 21 Monate nach der dramatischen Heilung war noch kein Rückfall eingetreten.

c) Aminostilbamidin

wurde von FURCOLOW und BRASHER bei *Histoplasmose*, von KUSHNER u. Mitarb. bei 5 Patienten mit chronischer *Coccidioidomykose* versucht. Wenn auch keine Heilung herbeigeführt werden konnte, so schien doch in einigen Fällen eine Beeinflussung vorzuliegen. Fluorescenzuntersuchungen ergaben, daß sich Aminostilbamidin in Leber, Nieren und Nebennieren anreichert und daß auch die Erreger das Mittel aufnehmen.

d) Propamidin und Dibrompropamidin

sind nur verhältnismäßig selten angewendet worden. Mäuseblastomykose konnte nicht geheilt werden (SOLOTOROVSKY u. Mitarb.). Dagegen liegt ein Bericht aus Sidney vor über die Lokalbehandlung von 23 Mikrosporiefällen (durch Mikrosporum canis) mit 1,5%iger Dibrompropamidinsalbe. Die durchschnittliche Behandlungsdauer betrug 7,1 Wochen (HAVYATT).

e) Pentamidin

wurde neuerdings dadurch interessant, daß einige Autoren dieses Diamidin mit Erfolg bei *Candidamykose* verwendeten (STENDERUP, BICHEL und KISSMEYER-NIELSEN). Insbesondere bei Leukämie-Kranken, die zu 10% eine Candidamykose

aufwiesen, heilte diese unter der Pentamidinbehandlung ab [Stenderup (2)]. Eine Candidamykose mit Beteiligung des Zentralnervensystems, bei der (neben anderen Medikamenten) auch Pentamidin gegeben wurde, sahen Luyendijk, Welman und Cormane abheilen.

$$H_2N{-}C({=}NH){-}C_6H_4{-}O{-}(CH_2)_5{-}O{-}C_6H_4{-}C({=}NH)NH_2$$

Pentamidin

f) Diamidino-diphenylamin
(M & B 938)

wurde von MacKinnon, Artagaveytia-Allende und García-Zorrón (1) in vitro gegenüber Coccidioides immitis geprüft; 1 Stamm wurde bei einer Konzentration von 2—5 γ/ml total gehemmt, der 2. Stamm benötigte 5—10 γ/ml. Bei Mäusen schien die Substanz einen geringen Einfluß auf die experimentelle Coccidioidomykose auszuüben.

$$H_2N{-}C({=}NH){-}C_6H_4{-}NH{-}C_6H_4{-}C({=}NH)NH_2$$

Diamidino-diphenylamin

Ein Fall von *Histoplasmose* wurde mit einer Gesamtmenge von 4,6 g Diamidino-diphenylamin geheilt. Die Tagesdosis betrug 150—250 mg und wurde intravenös gegeben; es erfolgten 2 Serien von 11 bzw. 10 Injektionen mit einem Intervall von 22 Tagen. Danach heilten die oropharyngealen Erscheinungen völlig ab (Stapff und MacKinnon).

Weitere Untersuchungen ergaben eine sehr gute Ansprechbarkeit von *Madurella mycetomi*, *Madurella grisea*, *Allescheria Boydii*, *Phialophora jeanselmei* und *Streptomyces madurae* in vitro. Behandlungsversuche bei Madurafuß, Monosporiose und ähnlichen Krankheitsbildern werden deshalb von MacKinnon, Artagaveytia-Allende und García-Zorrón (2) empfohlen.

12. Farbstoffe

Pilzhemmende Farbstoffe gibt es vor allem unter den Triphenylmethanderivaten, aber auch in einigen anderen Klassen. Pilzhemmung und antibakterielle Wirkung gehen — wie auch in anderen Fällen — nicht immer parallel. Die Anwendung als Antimykotica ist meist auf Hautpartien beschränkt, wo die Farbe nicht stört.

a) Triphenylmethanfarbstoffe

auch Anilinfarbstoffe genannt, leiten sich alle vom Triphenylmethan ab. Sie unterscheiden sich voneinander durch eine verschieden große Anzahl NH_2-, CH_3-, C_2H_5- und ähnlicher Gruppen. Stoffe mit wenigen Methylgruppen sind mehr rot, solche mit vielen sind violett, sofern alle 3 Ringe mit Aminogruppen besetzt sind. Malachitgrün und Brillantgrün haben dagegen nur 2 Aminogruppen.

Triphenylmethan

Malachitgrün (p,p′-Tetramethyl-diamino-triphenylcarbinolchlorid) und *Brillantgrün* (p,p′-Tetraäthyl-diamino-triphenylcarbinolsulfat) gehören zu den wirksamsten antimykotischen Verbindungen.

Malachitgrün

Im Plattentest liegt der Grenzwert für totale Hemmung bei 1:100000 für *Dermatophyten* und 1:50000 für imperfekte *Hefen* [RIETH und SCHÖNFELD (1)]; der Eiweißfehler ist gering. Die ausgezeichneten *klinischen Erfahrungen* wurden mit 1—2%igen wäßrigen und alkoholischen Lösungen gemacht [W. SCHÖNFELD (1), (2); J. SCHÖNFELD; FEINBERG; BOHNSTEDT, FISCHER und FÜLLER). Auch Candidamykosen sprechen gut an (SMITH und ARMEN), desgleichen Otomykosen durch Aspergillusarten (LURIE und BROOKFIELD).

SCHÖNFELD empfiehlt Malachitgrün zum Imprägnieren von Holz, um Schimmelwachstum zu verhindern; dies hat sich besonders in mykologischen Laboratorien bewährt, wenn Pilzkulturen in Holzschränken aufbewahrt werden.

Gentianaviolett, Methylviolett und **Kristallviolett** sind p,p′,p″-Triamino-triphenylcarbinolderivate, deren pilzhemmende Wirkung sich insofern von derjenigen der Grünfarbstoffe unterscheidet, als der Wert für totale Hemmung relativ niedrig liegt (1:1000), daß aber eine partielle Hemmung noch bis zu Verdünnungen über 1:1000000 hinaus ausgeübt wird.

Kristallviolett

Gentianaviolett findet als 1%ige wäßrige Lösung Anwendung bei oberflächlichen Dermatomykosen [W. SCHÖNFELD (1)], aber auch bei Vaginal- und Mundsoor (CARPENTER; VAN ASSEN; DAWKINS, EDWARDS und RIDDELL).

Fuchsin (Rosanilinchlorid) ist vorwiegend in Gebrauch als Bestandteil der *Solutio Castellani*, die außerdem etwa 4% Penol, 8% Resorcin und 0,8% Borsäure enthält. Die antimykotische Wirkung wird weniger auf das verhältnismäßig schwach wirkende Fuchsin (GIGLI) als auf die übrigen recht hoch konzentrierten Bestandteile zurückgeführt; aus diesem Grunde wird da, wo die Farbe stört, auch eine farblose Sol. Castellani (also ohne Fuchsin) mit Erfolg angewendet. Die Beliebtheit der Castellanischen Lösung besonders bei *Fußmykosen* ist ein Zeichen ihrer günstigsten Wirkung [LAWSON; ORMEA; RILEY und FLOWER; W. SCHÖNFELD (1), (2); J. SCHÖNFELD].

Fuchsin

b) Acridinfarbstoffe

sind als Antimykotica nur wenig in Gebrauch. Gelegentlich wird 1%ige *Trypa-flavinlösung* bei oberflächlichen Dermatomykosen oder als Panflavin bei Mundsoor verwendet (Zieler und Siebert).

Atebrin, aus der Malariatherapie bekannt, wirkt in vitro fungistatisch und fungicid gegenüber *Cryptococcus neoformans* (250 γ/ml) (Brockman).

c) Andere Farbstoffe,

insbesondere lichtsensibilisierende Farbstoffe wie *Platonin* und *Lumin*, die zu den Cyaninfarbstoffen gehören, wurden von Ito und seinen verschiedenen Mitarbeitern als pilzhemmend gegenüber Dermatophyten erkannt. Die Hemmwerte lagen zwischen 1:1000 und 1:1000000 [Ito und Kuroda (1); Ito und Sugano; Ito und Tsuyoshi].

13. Cyclohexanderivate

Hexachlorcyclohexan (Gammexan, Lindane, Hexicid) hat nur eine geringe pilzhemmende Wirkung, während ein *Chlorbromderivat* (BT 132) gute fungistatische Wirkungen gegenüber *Dermatophyten* aufweist (Loewke) und in 2%iger Konzentration als Mykotektan-Lack bei oberflächlichen Dermatomykosen angewendet wird [Kaden (5); Langer und Kaden].

Cyclohexanol und *1,4-Cyclohexandiol-bis-(bromacetat)* haben ebenfalls pilzhemmende Wirkung (Larocca, Leonard und Weaver). Cyclohexanol wird in 20%iger Konzentration zusammen mit 2% Phenol unter der Bezeichnung „Wegesal" bei oberflächlichen Hautpilzerkrankungen, insbesondere Fußmykosen, angewendet (Blaschke).

14. Chinone

Zahlreiche Stoffwechselprodukte von Pflanzen und Mikroorganismen gehören zu den Chinonen, einige davon haben antibakterielle, andere haben pilzhemmende Eigenschaften. Ihre Bedeutung für die antimykotische Therapie ist jedoch gering.

Benzochinonderivate. Am bekanntesten ist *Tetrachlor-p-benzochinon* (Spergon), das von verschiedenen Autoren vorwiegend bei *Tinea capitis* angewendet wurde. In vitro liegen die Werte für totale Hemmung von Mikrosporum canis, Trichophyton rubrum und Epidermophyton floccosum bei 1:5000, für Mikr. Audouini und Trich. mentagrophytes bei 1:2500 (Rankin u. Mitarb.; Gordon). Die Anwendung erfolgte in 3—50%igen Konzentrationen als Salbe oder Puder; die höchsten Konzentrationen waren am wirksamsten (McGavack u. Mitarb.; Collins, McGavack und Boyd; Hatch) und wurden gut vertragen.

Spergon

Die Beurteilung der Heilung wird dadurch erschwert, daß sich um das Haar herum Spergonkrusten bilden, die zum Verschwinden der Fluorescenz führen; darunter befinden sich jedoch trotzdem noch infektiöse Pilzsporen im Haar (Moore).

Auch *fluorierte* p-Benzochinonderivate wirken pilzhemmend (Tehon).

Naphthochinonderivate, darunter Stoffe mit Vitamin K-Wirkung (s. auch unter „Vitamine und Fermente"), können fungistatische Wirkung gegenüber Dermatophyten und Candida albicans aufweisen.

Sakai u. Mitarb. fanden bei 25 Verbindungen Hemmwerte zwischen 1:4000 und 1:64000, eine nennenswerte Heilwirkung konnte jedoch bei Meerschweinchentrichophytie nicht erzielt werden.

1,4-Naphthochinon, 2,3-Dichlor-1,4-naphthochinon und die Vitamin K-Präparate wirken ähnlich [Grimmer und Rust; Nékám und Angyal (1); Ter Horst u. Felix) sehr hohe Hemmwerte wurden mit Kombinationen aus Naphthochinon und Invertseifen erzielt (Kurogochi u. Mitarb.).

Phenanthrachinon war bei Untersuchungen von Kligman und Rosenzweig (2) die wirksamste Verbindung von 23 Chinonen.

Von Kombinationen aus Chinonen und Thiosemicarbazonen, die neben bakteriostatischen auch fungistatische Eigenschaften aufweisen, erhofft Domagk (2) noch Wirkungssteigerungen.

15. Ätherische Öle

Die fungistatische und fungicide Wirkung einer großen Anzahl ätherischer Öle ist vor allem von Vilanova und Casanovas (1)—(5) untersucht worden. Besonders interessant ist dabei, daß einige Essenzen in die Luft diffundieren und auf diesem Wege wirken.

Ätherische Öle enthalten meist ein Gemisch aus verschiedenen höheren ungesättigten Alkoholen und Aldehyden, Terpenen und Campher-Arten. Zu den am stärksten pilzhemmenden ätherischen Ölen gehören *Citral*, ein Aldehyd von angenehmem Citronengeruch, der sich vor allem im Citronenöl und im Lemongrasöl findet und zu dem etwas schwächer pilzhemmenden Alkohol *Geraniol* reduziert werden kann (Holleman und Richter), und *Neroly*.

$$CH_3—C=CH—CH_2—CH_2—C=CH—CHO$$
$$\quad\quad | \quad\quad\quad\quad\quad\quad\quad\quad | $$
$$\quad\quad CH_3 \quad\quad\quad\quad\quad\quad CH_3$$

2,6-Dimethyl-octadien-(2,6)-al-(8) (Citral)

Von erheblicher Bedeutung ist für einige ätherische Öle der p_H-*Wert*. Geraniol hemmt z. B. das Dermatophytenwachstum bei p_H 5 in der Verdünnung 1:8000 in flüssiger Kultur, 1:2000 in festem Nährboden, bei p_H 7 jedoch überhaupt nicht. Citral wirkt in flüssiger Kultur bei p_H 5 und 7 gleich gut (1:16000), in fester jedoch bei p_H 5 besser (1:16000) als bei p_H 7 (1:4000). Bei Citronellal ist es umgekehrt: bei p_H 5 überhaupt keine Wirkung, bei p_H 7 in flüssigem Medium 1:1000, in festem 1:500. Weitere gegen *Dermatophyten* wirksame äthe, rische Öle sind: Eugenol, Terpineol, Eucalyptol, Linalool, Portugal, Geranium palmarrosa-Anethol und Rhodinol. Gegenüber *Candida albicans* ist bei Geranium palmarrosa eine geringe Wirkung nachzuweisen (1:200 bis 1:500), ferner bei Eugenol, Citral und Geraniol, während andere, wie z. B. Eucalyptol und Linalool in dieser Hinsicht unwirksam sind. Zimtöl und Fliederöl dagegen haben auch gegenüber Candida albicans eine deutliche Hemmwirkung aufzuweisen (Maruzzella und Henry).

Fungicide Eigenschaften besitzen vor allem *Eugenol*, Isoeugenol, Citral und Citronellol.

Klinische Erfahrungen mit *Eugenol-*, *Geraniol-* und *Citralsalbe* bei *Tinea capitis*, *Interdigitalmykose*, *Herpes circinatus* und *Pityriasis versicolor* waren günstig (Vilanova und Casanovas). Die Verträglichkeit der ätherischen Öle ist im allgemeinen gut, Okazaki und Oshima sahen durch Nelkenöl und Eugenol keinerlei Reizung.

Bei der Verwendung von Bergamottöl wird man auf die Gefahr der Lichtsensibilisierung (Berlockdermatitis) achten müssen.

16. Aromatische Carbonsäuren

Pilzhemmende Eigenschaften sind ein Merkmal sehr vieler aromatischer Carbonsäuren, von den einfachsten angefangen bis zu komplizierten Verbindungen.

Hunderte von ihnen und ihren Derivaten sind mykologisch durchgetestet worden, zahlreiche davon haben sich auch klinisch bewährt.

a) Benzoesäure

Benzoesäure, $C_6H_5 \cdot COOH$, gehört zu den ältesten antimykotischen Mitteln. Sie findet sich in vielen Rezepturen und Fertigpräparaten, als Bestandteil der Tinctura Benzoes auch in der *Arningschen Tinktur.*

COOH

Benzoesäure

Die fungistatische Wirkung erfolgt nur bei *saurer* Reaktion; bei einem p_H-Wert von 7,3 aufwärts bildet sich unwirksames Natriumbenzoat. Die gebräuchlichen Konzentrationen liegen zwischen 1 und 5%, sehr häufig erfolgt die Anwendung in Kombination mit Salicylsäure, z. B. in der Whitfieldsalbe (BELCHER).

Sehr gute *Erfahrungen* bei der Therapie und Prophylaxe von *Fußmykosen* machten HOPKINS u. Mitarb. mit folgender Zubereitung: Benzoesäure 5,0, Aceton 85,0 und Baumwollöl 10,0.

Benzylbenzoat, ein Ester der Benzoesäure und des Benzylalkohols, wirkt ebenfalls pilzhemmend. Er ist (in Mischung mit Zimtsäurebenzylester) zu 60—70% im *Perubalsam* enthalten; im *Tolubalsam* (nach der Ortschaft Tolu in Kolumbien) befinden sich nur etwa 7% dieses Gemisches, das auch „Cinnamein" genannt wird.

$-COO \cdot CH_2-$

Benzylbenzoat

p-Chlorbenzoesaures Natrium hat in saurem Milieu fungistatische Eigenschaften in einer Konzentration von 0,1—1% (FARAGÓ und POLGÁR); therapeutisch verwendet werden 2—5%ige Lösungen.

b) Salicylsäure,

$C_6H_4 \cdot OH \cdot COOH$, ist o-Oxybenzoesäure und besitzt außer der auch in der Dermato-Mykologie sehr geschätzten Fähigkeit, verhornte Hautpartien langsam und schmerzlos aufzuweichen, nicht nur bakteriostatische, sondern auch fungistatische Wirkung, die zwar nicht bis in hohe Verdünnungen reicht, in den üblichen therapeutischen Konzentrationen von 1—10% aber voll zur Geltung kommt. Ihre Verwendung ist daher auch heute noch, besonders bei der hyperkeratotischen Form der Tinea pedis, durchaus gerechtfertigt und als Puder (1% in Talkum) prophylaktisch gut wirksam (GRAY).

OH

—COOH

Salicylsäure

JUNG (2) verwendete 20%ige Salicyl-Hebrasalbe unterstützend mit gutem Erfolg bei der Mikrosporiebehandlung.

Dibromsalizil, 5,5'-Dibrom-2,2'-dioxy-benzil, wurde von MÜLHENS (3) als fungistatisch und fungicid wirksam befunden und von KADEN (2) in Form des

Dermaphen (mit anderen Antimykotica kombiniert) klinisch bei Fadenpilz- und Soormykosen eingesetzt; Verträglichkeit und Wirkung waren gut.

Dibromsalizil

HEINEMANN fand Salizil besser als Dibromsalizil. FLÖTER hält *Eczema marginatum Trichomycosis palmellina* und *Pityriasis versicolor* für aussichtsreiche Indikationen. Fuß-mykosen ließen sich nicht sicher beherrschen.

Salicyljodid wurde von PEREIRO MIGUENS (2) bei *Tinea barbae* erfolgreich verwendet.

Salicylanilide haben neben den Fettsäuren als „moderne" Mittel ein Jahrzehnt lang mit das Feld beherrscht, weil sie sauber in der Anwendung, farb- und geruchlos und gut verträglich sind (SCHWARTZ, ROBINSON und GANT). Besonders in der Therapie der *Tinea capitis*, und zwar sowohl bei Trichophytie als auch bei Mikro-sporie, ist ihnen beinahe ein geschichtliches Verdienst einzuräumen, da es unter der Anwendung von 5% Salicylanilid in Carbowax 1500 zur Heilung kam, ohne daß Röntgen- oder Thalliumepilation nötig waren (MARSH, PRICE, SULLIVAN); nur in schwersten Fällen wurden von einigen Autoren noch Röntgenepilationen vorgenommen (FELSHER).

Salicylanilid

Salicylanilide werden vielfach mit Fettsäuren oder andern Antimykotica kombiniert (SCULLY u. Mitarb.; HABER, BRAIN und HADGRAFT); Fälle mit entzündlichen Reaktionen sprachen besonders gut an (HOPKINS u. Mitarb.).

Der anfangs überschwenglichen Beurteilung folgte bald die Einsicht, daß es noch bessere Mittel gibt (COATES u. Mitarb.); etwas ironisch hieß es sogar, das Hauptverdienst der modernen lokal anzuwendenden Antimykotica sei darin zu sehen, daß sie zur Erkenntnis beigetragen hätten, Röntgen- und Thalliumepilationen seien bei Tinea capitis in vielen Fällen zu ent-behren, da eine Spontanheilung möglich sei, sofern man ständige Reinfektionen verhüte (VANBREUSEGHEM in LANGERON und VANBREUSEGHEM).

Halogenierte Salicylanilide besitzen eine noch gesteigerte fungistatische Wir-kung vor allem gegenüber allen Dermatophyten, eine geringere gegenüber Hefen, außerdem aber eine vorzügliche antibakterielle Wirkung.

MEYER-ROHN (1) prüfte eine große Zahl verschiedenster Halogenverbindungen, meist Chlor- und Bromverbindungen und fand Hemmwerte bis 1:500000. Die beste Wirkung hatte 5-Bromsalicyl-4'-chloranilid, das in Verbindung mit Soventol als *Multifungin* in die Dermato-mykose-Therapie eingeführt wurde. Das Eindringungsvermögen in die Haut wurde von KRAUSHAAR an Jungschweinen geprüft. In den mit dem Mikrotom geschnittenen Haut-schichten ließ sich die Substanz noch in einer Tiefe von 630 μ biologisch nachweisen; die an dieser Stelle vorhandene Konzentration lag noch um 2 Zehnerpotenzen über dem Wert, der in vitro zur totalen Hemmung von Trichophyton mentagrophytes ausreicht.

5-Bromsalicyl-4'-chloranilid

Gute *klinische Erfahrungen* mit halogenierten Salicylaniliden machten CHUCKERBUTTY, MIKHOVSKAYA u. Mitarb.; RUTHER und WIEHL, UNSÖLD; sowie

Schirren und Rieth (4). Besonders hervorgehoben wird die gute Verträglichkeit bei sauberer Anwendung.

Salicylamide sind seit 1956 mehr in den Vordergrund getreten, insbesondere die Derivate von *3-Phenyl-salicylamid*, die eine sehr hohe Hemmwirkung gegenüber Dermatophyten aufweisen.

Jules, Faust und SanYun prüften 66 Derivate von 3-, 4- und 5-Phenylsalicylamid. Am besten wirkten N-Butyl-3-phenyl-salicylamid und N-(4-Oxyphenyl)-3-phenyl-salicyl-amid. Pilcher und Hamilton fanden ebenfalls *N-Butyl-3-phenyl-salicylamid* als wirksamste Verbindung von 33 Salicylamidderivaten gegenüber Trichophyton mentagrophytes und Mikrosporum Audouini. Eine nennenswerte fungicide Wirkung wurde nicht beobachtet. Für die fungistatische Wirkung ist die Phenylgruppe in 3-Stellung entscheidend. Hok u. Mitarb. bestätigten in einer weiteren Versuchsreihe diese Ergebnisse und Keddie, Hexter und Brown behandelten 159 Patienten mit oberflächlichen Hautpilzerkrankungen erfolgreich mit N-Butyl-3-phenyl-salicylamid.

Ein *Monobromsalicylsäure-isopropylamid* ist unter der Bezeichnung *Actol* in Mitteldeutschland im Handel und bei Interdigitalmykose, Erythrasma und oberflächlicher Trichophytie gut wirksam.

Monobromsalicylsäure-isopropylamid

4-Chlor-salicylsäure-n-butylamid wird in Verbindung mit 2%iger Salicylsäure als *Jadit* (Hoechst) besonders bei der *squamösen* Form von *Tinea pedis* empfohlen. *Pityriasis versicolor* und *Erythrasma* sowie *oberflächliche Trichophytie* wurden außerdem von Rosenkränzer mit bestem Erfolg behandelt.

Jadit

Korger und Nesemann führten in vitro-Untersuchungen und Tierversuche durch, bei denen *Jadit* am besten abschnitt.

Peiser und Weyer verwendeten Jadit in den verschiedenen Zubereitungsformen, bei mykotischem Ekzem erwies sich ein Zusatz von 0,25% Prednisolon als günstig, da hiermit eine rasche Linderung der exsudativen Veränderungen und des quälenden Juckreizes erreicht werden konnte. Bei Berufstätigen war eine morgendliche Pinselung mit der Lösung einfach und bequem, da nach Verdunsten des Lösungsvermittlers kein Verband benötigt wurde.

Salicylaldehyde, insbesondere halogenierte Salicylaldehyde, weisen eine ähnliche fungistatische Wirkung auf wie die Salicylamide. Unter einer größeren Zahl Salicylaldehyde hatte gegenüber Dermatophyten und Candida albicans der 3,5-Dichlorsalicylaldehyd die beste fungistatische Wirkung [Kimmig und Rieth (1)].

3,5-Dichlor-Salicylaldehyd

c) p-Oxybenzoesäure,

$C_6H_4 \cdot OH \cdot COOH$, hemmt Dermatophyten in einer Verdünnung von 1:1000 und läßt sich in 1—5%iger Lösung gut bei oberflächlichen Trichophytien und Epidermophytien verwenden.

$$COOH$$

$$OH$$

p-Oxybenzoesäure

p-Oxybenzoesäureester spielten zunächst in der Konservierung eine bedeutende Rolle, seitdem SABALITSCHKA 1924 auf ihre antimikrobische Wirkung hingewiesen hatte. Lebensmittel, Arzneimittel, kosmetische Präparate und dergleichen mehr werden seit 3 Jahrzehnten zum Schutz gegen mikrobielles Verderben mit verschiedenen Estern versetzt, deren geschützte Namen mit „Nipa-" oder „Paraben" oder „Solbrol" gebildet werden. In vielen Ländern sind die Nipaester in die Arzneibücher aufgenommen (SABALITSCHKA, MARX und SCHOLZ).

Die pilzhemmende Wirkung der p-Oxybenzoesäureester erstreckt sich auch auf Dermatophyten und verschiedene Hefen und wurde seit 1937 therapeutisch genutzt (OPPENHEIM). 1938 berichtete LOMHOLT über gute Erfahrungen bei der Behandlung von Fußmykosen.

Seitdem sind zahlreiche Mitteilungen über die erfolgreiche Anwendung der p-Oxybenzoesäureester bei oberflächlichen Pilzerkrankungen erschienen [GRASSET, PONGRATZ und MESMER; K. HOLM (1), (2); NEIDIG und BURRELL]. Auch in Handelspräparaten sind p-Oxybenzoesäureester zu finden, z. B. in Curis und Fungichthol B (THAESLER; RIETH und SCHODERER).

Waren anfangs nur Methyl- und Äthylester in größerem Umfange im Gebrauch, so ergab sich bei der systematischen Durchuntersuchung weiterer Ester, daß die höheren Homologe auch eine höhere antimycetische Wirkung aufweisen (HUPPERT; BONNEVIE; SAKAI u. Mitarb., ÚRI u. Mitarb.).

Tabelle 2. *Übersicht über p-Oxybenzoesäureester mit pilzhemmender Wirkung*

Chemische Bezeichnung und Namen	Formel
-methylester (Nipagin M, Methylparaben)	$HO-\!\!\langle\ \rangle\!\!-COO-CH_3$
-äthylester (Nipagin A, (Äthylparaben)	$HO-\!\!\langle\ \rangle\!\!-COO-CH_2-CH_3$
-n-propylester (Nipasol, Propylparaben)	$HO-\!\!\langle\ \rangle\!\!-COO-CH_2-CH_2-CH_3$
-isopropylester (Oxyben iP)	$HO-\!\!\langle\ \rangle\!\!-COO-CH\langle^{CH_3}_{CH_3}$
-n-butylester (Nipabutyl)	$HO-\!\!\langle\ \rangle\!\!-COO-CH_2-CH_2-CH_2-CH_3$
-allylester	$HO-\!\!\langle\ \rangle\!\!-COO-CH_2-CH=CH_2$
-benzylester (Nipabenzyl)	$HO-\!\!\langle\ \rangle\!\!-COO-CH_2-\!\!\langle\ \rangle$

Von den in der Tabelle 2 aufgeführten Nipaestern hat *Nipabutyl* in vitro den höchsten Hemmwert.

SAKAI u. Mitarb. ermittelten als Grenzwert für fungistatische Wirkung gegenüber Trichophyton mentagrophytes 1:64000, für fungicide Wirkung 1:32000. Die Werte für den

bekannten Methylester liegen vergleichsweise recht niedrig: fungistatisch 1:2000, fungicid unter 1:1000.

Zwar sind Amylester, Hexylester und Heptylester noch wirksamer, doch lassen sie sich wegen großer Lösungsschwierigkeiten praktisch nicht verwenden.

Nipabutyl löst sich gut in Leukichthol und liegt in dieser Form im Fungichthol B vor.

Von verschiedenen Autoren wurde eine bemerkenswerte Hemmwirkung der Nipaester gegenüber Candida albicans festgestellt [METZGER u. Mitarb.; SIEGEL; WOLF (2)]. Dies führte dazu, diese Ester bei Candidamykose im Verlauf antibiotischer Behandlung anzuwenden. In der Tat wurde auch über Erfolge berichtet [McVAY und SPRUNT (1)], so daß es üblich wurde, z. B. dem Aureomycinpulver die Parabene gleich beizumischen. Eine befriedigende Erklärung für die Wirkung relativ kleiner Dosen (4mal täglich 0,2) konnte bisher nicht gefunden werden.

Untersuchungen in vivo von HEITE und JANKE (3) mit hohen oralen Dosen von Nipasol konnten im Ergebnis keinen Anhalt für eine Wirkung bei experimenteller Candidamykose der Mäuse erbringen; weder die Absterbeordnung noch die Überlebensrate konnten beeinflußt werden.

Nach peroraler Aufnahme von 10—20 mg/kg Äthylester ließen sich in menschlichem Blutserum Spuren von p-Oxybenzoesäure nachweisen, aber kein freier Ester (HEIM, LEUSCHNER, WUNDERLICH). Ein *fungistatischer* Effekt des Serums von Menschen und Kaninchen nach hohen Nipasoldosen war *nicht* nachweisbar (KALKOFF und JANKE).

Bei der *experimentellen Meerschweinchentrichophytie* war die Wirkung verschiedener Ester nur gering (SAKAI u. Mitarb.). Die hohe Wirkung gegen die Pilze in vitro ist für die Ester der p-Oxybenzoesäure kein Maßstab für die Beeinflussung der durch die Pilze verursachten Mykose, für deren Zustandekommen nicht nur die Eigenschaften der Pilze, sondern auch personelle Faktoren (GOTTRON) des befallenen Organismus von Bedeutung sind.

d) p-Aminobenzoesäure,

C_6H_4—NH_2—COOH, bekannt als Wuchsstoff für Bakterien (Vitamin H′) und Antagonist für Sulfonamide, hemmt das Wachstum von Trichophytonarten und Sporotrichum in einer Konzentration von 1:50 bis 1:2500. Zwischen 1:25000 und 1:100000 findet keine Beeinflussung statt; von 1:500000 bis 1:10000000 kommt es dagegen zur Stimulierung von Trichophyton mentagrophytes [SERRI(1)].

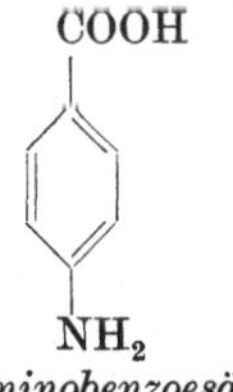

p-Aminobenzoesäure

Coccidioides immitis wurde in vitro durch 1500 γ/ml p-Aminobenzoesäure gehemmt [COHEN und O'CONNOR (1)].

VILANOVA, CASANOVAS und PUJOL heilten 6 Fälle von Kopftrichophytie durch Trich. tonsurans und Trich. violaceum mit dem Natriumsalz der p-Aminobenzoesäure.

e) Trioxybenzoesäure

(Gallussäure), die beim Erhitzen in das bekannte Pyrogallol übergeht, bildet ein Derivat, das bis zu einer Verdünnung von 1:20000 fungistatische Eigenschaften aufweist: *Bor-trioxybenzoesäureester* (im Onycho-Phytex).

Gallussäure

ORTEGA konnte damit von 29 Nagelmykosen in 3—9 Monaten 12 heilen und 13 bessern. ALBOHN machte gute Erfahrungen bei Interdigitalmykosen.

f) Äthylvanillat

4-Oxy-3-methoxy-benzoesäure-äthylester, weist in vitro eine deutliche Hemmwirkung gegenüber *Histoplasma capsulatum* auf (GATÉ und COUDERT), ferner
gegenüber *Nocardia brasiliensis* und *Coccidoides immitis* (50, bzw. 12 γ/ml)
(GONZALEZ OCHOA u. Mitarb.).

$$COO \cdot C_2H_5$$

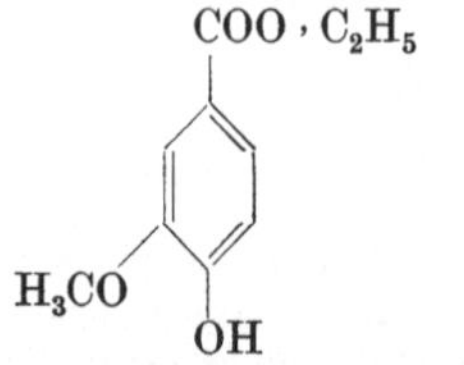

Äthylvanillat

Die *klinischen Erfahrungen* bei Histoplasmose sind immerhin in einigen Fällen
so günstig ausgefallen, daß Behandlungsversuche durchaus gerechtfertigt sind
(CHRISTIE u. Mitarb.; SASLAW und MACMILLAN; ZINNEMAN und HALL). Mit
kombinierter Behandlung (oral Äthylvanillat, lokal Propamidin) brachten ELLIS,
SCOTT und MILLER eine progressive disseminierte Histoplasmose zur Abheilung.

Bei *Kryptokokkose* war mit Äthylvanillat nichts zu erreichen (LINE), auch nicht bei Coccidioidomykose (GONZALEZ OCHOA u. Mitarb.). Behandlungsversuche an infizierten Hühnerembryonen verliefen ebenfalls unbefriedigend, Äthylvanillat zeigte nur eine recht geringe
Wirkung (EDWARDS und BARKLEY).

g) Ungesättigte aromatische Carbonsäuren

Die Derivate zweier Säuren mit einer ähnlichen Molekülgruppe sind in den
letzten Jahren mehrfach untersucht worden, da einige dieser Verbindungen bemerkenswerte Hemmwirkungen sowohl gegenüber Dermatophyten als auch gegenüber den Erregern von Systemmykosen aufweisen. Die in Betracht kommende
Gruppe geht aus den folgenden beiden Formeln hervor:

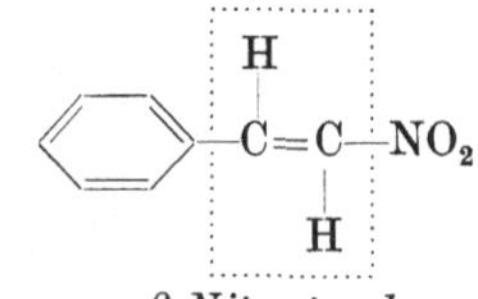

β-Nitrostyrol 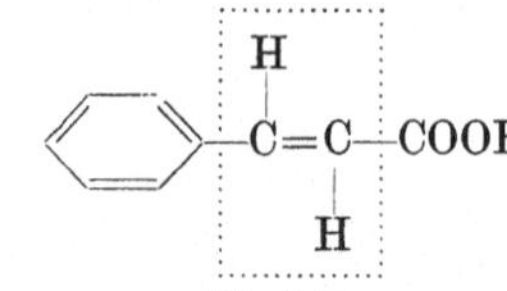　　　　　　　　　　*Zimtsäure*

Styrole, insbesondere zahlreiche Nitrostyrole, weisen in vitro hohe Hemmwerte
auf. Die chemische Konstitution ist von entscheidender Bedeutung.

Eine gute Wirkung zeigt z. B. p-Chlor-β-nitrostyrol, während die Ortho-Verbindung
weniger hemmt. Durch Zusatz von Mäuseblut wurde die Wirkung bei einigen von 11 Nitro-
styrolderivaten herabgesetzt, bei andern ganz aufgehoben (BOCOBO u. Mitarb.).

Die wirksamsten von 53 Styrolen waren: β-Nitrostyrol, p-Methoxy-β-nitrostyrol, p-Acet-
oxy-β-nitrostyrol, β-Methyl-β-nitrostyrol und p-Methoxy-β-methyl-β-nitrostyrol (BOCOBO
u. Mitarb.).

Die beiden letztgenannten Verbindungen wurden von EVANS u. Mitarb. bei der experimentellen Kryptokokkose, Candidamykose, Histoplasmose und Nordamerikanischen Blastomykose weißer Mäuse geprüft. Offenbar werden die Substanzen aber in der Blutbahn in
unwirksame Verbindungen umgewandelt. Serum allein bringt dies nicht zustande. Wird
nämlich die Aufschwemmung der Keime vor der Injektion mit Nitrostyrolen behandelt, dann
geht die Infektion nicht an.

Die Verwendung der Nitrostyrole für lokale Behandlung halten EVANS u. Mitarb. für
möglich.

Zimtsäurederivate. Hautpathogene Sproß- und Fadenpilze werden durch eine
Reihe von Zimtsäurederivaten in einer Konzentration unter 0,05% in vitro gehemmt (GRANITS-THURNER und SCHIRMER). Am besten waren *Cinnamyläther*

und *Zimtaldehyd* (der Riechstoff des Zimts), danach folgten Cumarin (das Anhydrid der o-Oxyzimtsäure und Riechstoff des Waldmeisters), Hydrozimtsäure, 5-Oxycumaranon, Zimtsäure, zimtsaures Natrium und Zimtsäureäthylester (0,1%). Durch Zusatz von Netzmitteln ließ sich die Wirksamkeit beeinflussen (GRANITS-THURNER).

Die Verwendung von Zimtsäurederivaten als lokal wirkende Antimykotica wird für diskutabel gehalten (GRANITS-THURNER).
Die innerliche Anwendung bei Systemmykosen ist noch weniger gerechtfertigt als die der Nitrostyrole, da die Zimtsäurederivate nicht die hohen Hemmwerte erreichen wie diese [CURTIS u. Mitarb. (1)]. Gewisse Bedenken bestehen gegen die intravenöse Verabreichung von Zimtsäurederivaten und Nitrostyrolen, da Venospasmen und Thrombophlebitiden beobachtet wurden (CURTIS).

Abschließend darf gesagt werden, daß die Gruppe der aromatischen Carbonsäuren noch ständig weiter erforscht wird. Sobald sich die Erkenntnisse auswirken, die bei der Aufklärung der chemischen Konstitution antimykotisch wirkender Antibiotica gewonnen werden, ist mit neuen Impulsen und als Folge davon mit einer Vielzahl neuer Verbindungen zu rechnen.

Die Aussicht auf weiteren Zuwachs an Substanzen mit pilzhemmender Wirkung sollte im Hinblick auf die therapeutisch noch schwer zugänglichen disseminierten Mykosen, die nicht nur dem Internisten, sondern auch dem Dermatologen viel Kopfzerbrechen bereiten, als Zeichen fortschreitender und notwendiger Entwicklung nicht abwertend und nicht abwartend, sondern positiv beurteilt werden. Anteilnahme und Aufgeschlossenheit dem Neuen gegenüber tragen sehr dazu bei, möglichst rasch den Kreis des Angebotenen auf das klinisch Verwertbare einzuengen und den orientierenden in vitro-Test durch klinische Erfahrungen kritisch zu ergänzen.

17. Sulfonamide und Sulfone

In der Therapie der reinen Dermatomykosen spielen die Sulfonamide und Sulfone praktisch keine Rolle. Vereinzelte Mitteilungen über günstige Erfahrungen mit 20%iger *Albucidsalbe* bei *tiefer Trichophytie* [BERGMANN (1), (2); HOLZ und LOHEL; WERNSDÖRFER] wurden einerseits durch Beseitigung der bakteriellen Sekundärinfektion, andererseits durch Beschleunigung der Selbstheilung erklärt. Auf keinen Fall aber liegt eine Wirkung im Sinne einer Chemotherapie der Dermatomykosen vor (KRANTZ).

Ähnlich zu beurteilen ist die Anwendung 10%iger Albucidsalbe bei Mikrosporie [ANDERS (1)]. Die in vitro nachweisbare Empfindlichkeit der Dermatophyten gegenüber verschiedenen Sulfonamiden ist so gering, daß ein wirksamer Blutspiegel selbst bei Höchstdosen nicht zu erreichen ist [KIMMIG u. RIETH (1), (2); KWOCZEK und MOERS-MESSMER; LEWIS und HOPPER (1); DIMOND und THOMPSON (1)].

KOCH (1) hat umfangreiche experimentelle Untersuchungen mit 18 verschiedenen Sulfonamiden bzw. Sulfonamidkombinationen durchgeführt und dabei ermittelt, daß lediglich *Dosulfin* in einer Konzentration von 1:50, ferner *Badional* und *Kynex* in der Konzentration 1:25 das Wachstum von Dermatophyten total hemmten, während alle übrigen Sulfonamide es nur zu einer Verminderung des Wachstums brachten. Candida albicans und Cryptococcus neoformans wurden nur unwesentlich gehemmt. Interessant ist die Feststellung von KOCH, daß Dermatophytensporen 4—5 Tage in sehr konzentrierten Sulfonamidsuspensionen (1:2,5 bis 1:20) verweilen konnten, ohne daß die Keimfähigkeit verlorenging; erst zwischen dem 6.—8. Tag trat eine irreversible Schädigung ein. Der Aufenthalt der Sporen in n/10 NaOH, bzw. Lutrol (Polyäthylenglykol) führten zum gleichen Ergebnis.

Zu ähnlichen Feststellungen gelangte auch ERDOS bei der Prüfung einiger Sulfonamid-komplexe mit Kupfer, Zink, Kobalt und Nickel. WOLF (1) beobachtete eine fungistatische Wirkung von *Sulfanilamid* gegenüber Dermatophyten und Sporotrichum Schenckii, während imperfekte Hefen unempfindlich waren. Sulfathiazol, Sulfadiazin und Sulfaguanidin waren völlig wirkungslos.

Mit den Ergebnissen in vitro decken sich auch diejenigen des *Tierversuchs* und die *klinischen Erfahrungen* bei der Behandlung von Dermatophytien (GROSCH und viele andere).

Ganz im Gegensatz zu der Bedeutungslosigkeit der Sulfonamide und Sulfone bei den oberflächlichen Pilzerkrankungen der Haut stehen die Erfolge bei *tiefen Mykosen der Haut*, die häufig nur Teilerscheinung von disseminierten oder System-mykosen sind.

a) Sulfonamide

Den Sulfonamiden ist es zu verdanken, daß bei zwei schweren Krankheits-bildern, die sich bis dahin gegenüber allen Medikamenten therapieresistent ver-halten hatten, endlich Besserungen und Heilungen erzielt werden konnten, näm-lich bei der *südamerikanischen Blastomykose* und bei der *Nokardiose*. Daß auch bei *Aktinomykose* und einigen anderen *Mykosen* Erfolge gesehen wurden, bedarf der Diskussion.

Südamerikanische Blastomykose (Paracoccidioidomykose) spricht in Fällen, bei denen die Haut- und Schleimhauterscheinungen im Vordergrund stehen, auf Sulfonamide besser an, als wenn Lungenerscheinungen vorherrschen.

Am häufigsten wurde *Sulfadiazin* verwendet, aber auch *Sulfamerazin* brachte Besserungen und Heilungen zustande [ALMEIDA, LACAZ und CUNHA; CORDERO und MAGNIN; GÖTZ (12); LUNA; PERYASSÙ; QUIROGA, NEGRONI und CORDERO; RIBEIRO]. Auch Kombinationen führten zu völligen Heilungen (MOSTO).

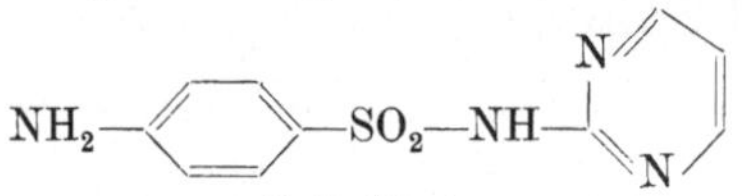

$$NH_2\!-\!\langle\;\rangle\!-\!SO_2\!-\!NH\!-\!\text{(Pyrimidinring)} \qquad NH_2\!-\!\langle\;\rangle\!-\!SO_2\!-\!NH\!-\!\text{(Methylpyrimidinring)}\!-\!CH_3$$

Sulfadiazin
(=Debenal, Pyrimal)

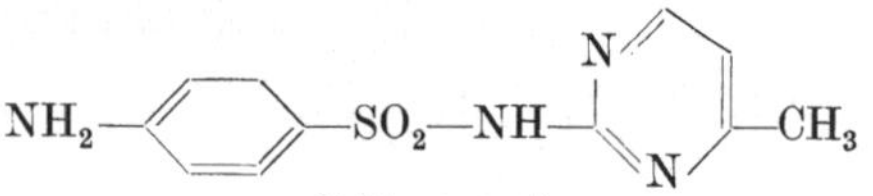

Sulfamerazin
(= Debenal-M, Methylpyrimal)

Sulfadiazin (Sulfanilamido-pyrimidin) wurde zuerst von DOHRN und DIEDRICH bei Schering hergestellt und ist in Deutschland unter der Bezeichnung *Pyrimal* (Schering) und *Debenal* (Bayer) bekannt. Es befindet sich auch in den Kombinationspräparaten *Andal* (Schering) und *Ornal* (Schering). Die allgemeine Aufmerksamkeit wurde aber durch die Amerikaner ROBLIN u. Mitarb. auf dieses Sulfonamid gelenkt (MIETZSCH und BEHNISCH).

Sulfamerazin (Sulfanilamido-4-methyl-pyrimidin) ist als *Debenal-M* ein Bestandteil von *Supronal* (Bayer); außerdem im *Andal* (Schering), im *Ornal* (Schering), im *Protocid* (Schering) und im *Pluriseptal* (Bayer).

Neuerdings wurde auch *Lederkyn* (Lederle) mit bestem Erfolg eingesetzt (RIZZO und ARZUBE; MACHADO und MIRANDA). In einem Falle wurde Lederkyn (3-Sulfanilamido-6-methoxypyridazin) 54 Tage lang (2mal täglich 0,5 g) gegeben, dabei kam es zur völligen Heilung der Ulcerationen an der Unterlippe, auf der Zunge und am Mundboden. In einem andern Falle heilten die Hauterscheinungen bei gleicher Dosis innerhalb 30 Tagen ab. Nach 10 Tagen wurde die Tagesdosis jeweils auf 1mal 0,5 g reduziert.

MACKINNON, SANJINES und ARTAGAVEYTIA-ALLENDE, sowie CUNHA prüften die Hemm-wirkung von Sulfonamiden *in vitro*; Sulfadiazin hemmte Blastomyces brasiliensis in einer Konzentration von 20—50 μ/ml.

Nicht alle Fälle von südamerikanischer Blastomykose sprechen auf die bisher verwendeten Sulfonamide an (FARRIS). Die sehr günstige Wirkung des erst seit 2 Jahren verwendeten Lederkyns lassen hoffen, daß andere Spitzensulfonamide, wie z.B. das durch VONKENNEL, KIMMIG und KORTH in die Therapie eingeführte *Sulfanilamido-5-äthyl-1,3,4-thiodiazol, Globucid* (Schering) und *Sulfa-Perlongit*

(Boehringer-Ingelheim), ferner *Andal* und im *Protocid*, zu einer weiteren Verbesserung der Heilungsquote beitragen.

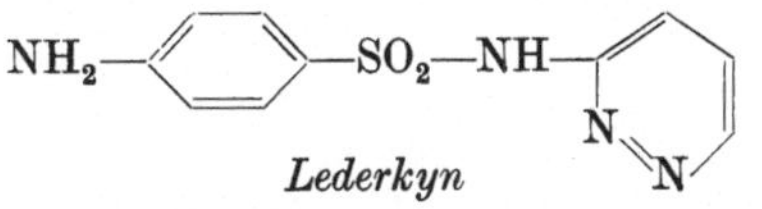

$$NH_2-\langle\!\!\!\bigcirc\!\!\!\rangle-SO_2-NH-\!\!\bigcirc\!\!\!\rangle_N \qquad NH_2-\langle\!\!\!\bigcirc\!\!\!\rangle-SO_2-NH-\!\!\bigcirc\!\!\!\rangle-C_2H_5$$

Lederkyn 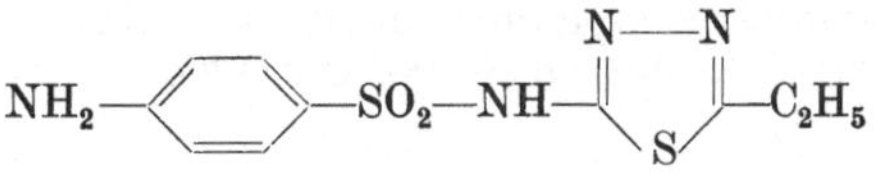 · *Globucid*

Nocardiose. Bei dieser noch immer mit einer sehr ernsten Prognose behafteten Mykose sind Sulfonamide, insbesondere *Sulfadiazin* Mittel der Wahl (Delaveau und Brion; Moers u. Dropmann; Peabody und Seabury; Strauss, Kligman und Pillsbury). Die Dosierung muß ähnlich wie bei der südamerikanischen Blastomykose hoch genug sein und lange genug fortgesetzt werden. Bei Frühbehandlung sind die Aussichten gut. Da jedoch häufig diagnostische Schwierigkeiten Zeitverlust bedingen, sollte bereits bei Verdacht auf Nocardiose mit der Sulfonamidbehandlung begonnen werden (Ballenger und Goldring).

Nocardia asteroides ist *nicht* penicillinempfindlich. Solange noch nicht geklärt ist, ob eine Aktinomykose oder eine Nocardiose vorliegt, würde daher eine alleinige Penicillinbehandlung ein zu großes Risiko bedeuten. Die sofortige Zugabe von Sulfonamiden stellt in solchen Fällen eine risikolose therapeutische Sicherung dar (Bobbitt, Friedman und Lupton; D. T. Smith).

Mycetome sind mitunter durch Nocardia-Arten verursacht, die sulfonamidempfindlich sind.

Fischmann und Londero heilten ein Mycetom (durch Nocardia brasiliensis) mit *Gantrisin* (3,4-Dimethyl-5-sulfanilamido-isoxazol) (Roche). Weitere Mitteilungen liegen vor von Dixon; Garcia; Sampaio u. Lacaz; Almeida, Lacaz und Forattini). Sind imperfekte Fadenpilze Erreger der Maduramykose, dann versagen Sulfonamide (Dostrovsky und Sagher).

Aktinomykose ist von verschiedenen Autoren erfolgreich mit Sulfonamiden behandelt worden [Dobson, Holman und Cutting; Giunchi (1); Linke und Mechelke; Lyons, Owen und Ayers; Watts (1)].

In früheren Jahren wurde mit bestem Erfolg *Sulfapyridin* gegeben (Billington; Mitchell), dann aber mehr *Sulfadiazin*.

Hollenbeck und Turnoff sahen eine völlige Heilung nach 500 g Sulfadiazin in 120 Tagen. Kraemer heilte 2 Fälle mit *Supronal*.

In vitro-Untersuchungen von Halde und Newstrand und die von ihnen gegebene Übersicht zeigen, daß es Actinomyces bovis-Stämme gibt, die vollständig sulfonamidresistent sind, aber sulfonempfindlich, und daß auch Actinomyces bovis-Stämme vorkommen, deren Sulfonamidempfindlichkeit zwischen 500 und 5000 γ/ml liegt.

Es muß von Fall zu Fall auch mit der Möglichkeit gerechnet werden, daß die Diagnose „Aktinomykose" aus einer abweichenden Auffassung heraus gestellt wurde. Bendow, Smith und Grimson erwähnen 2 Aktinomykosefälle, bei denen die Erreger aerob waren. Nach der augenblicklich verbreiteten Nomenklatur würde man eine andere Benennung der Erkrankungen wählen.

Aktinomykose wird mehr und mehr als ein Syndrom aufgefaßt, bei dem die Begleitkeime des anaeroben Actinomyces Israeli (bovis) eine wichtige Rolle spielen. Es ist denkbar, daß sulfonamidempfindliche Begleitkeime nach ihrer Ausrottung dem Anaerobier fehlen und ihn den natürlichen Abwehrkräften zum Opfer fallen lassen.

Histoplasmose. In 3 Fällen konnte mit innerlicher und lokaler Sulfonamidbehandlung Besserung gesehen werden, doch muß auch hier die Frage der Spontanremission angeschnitten werden. Andererseits beurteilen Mayer u. Mitarb. Sulfonamide im Tierversuch günstig.

Bei einem 49jährigen Mann heilten die Nasenulcerationen nach 96 g Sulfanilamid und 220 g Sulfathiazol (Baliña, Herrera und Negroni).

Sporotrichose, verursacht durch Sporotrichum Schenckii, schien in 5 Fällen auf Sulfanilamid anzusprechen; in vitro waren die Stämme empfindlich [Noojin und Callaway (2)].

Blastomyces dermatitidis wurde nicht gehemmt [NOOJIN und CALLAWAY (1)], *Hormodendrum Pedrosoi* aber durch Kupfer-Sulfamerazin in der Verdünnung 1:10000, während Cryptococcus neoformans durch 2%ige Kupfer-Sulfonamide sogar stimuliert wurde (GONZALEZ OCHOA und BOJALIL; GONZALEZ OCHOA, BOJALIL JABER und SOTO PACHECO).

b) Sulfone

Das aus der Leprabehandlung bekannte Sulfon, 4,4′-Diamino-diphenyl-sulfon, auch „*Diasone*" oder „*DDS*" genannt, kann mit Erfolg auch bei einigen Mykosen eingesetzt werden.

ARNOLD und AUSTIN behandelten eine *Kiefer-Aktinomykose* 4 Wochen hindurch mit der relativ hohen Dosis von 1,0 g täglich in der 1. Woche, 1,3 g täglich in der 2. Woche und jeweils um 0,3 g mehr auch in der 3. und 4. Woche. Danach trat die Heilung ein.

Ausgezeichnete Erfolge hatte GONZALEZ OCHOA (1), (2) mit „DDS" bei *Nocardiosen* durch *Nocardia brasiliensis*, vor allem bei Mycetomen, die bei Landarbeitern in Mexiko nicht selten sind. Über 100 Fälle sprachen auf die Behandlung an, wenn lange genug ausreichende Blutspiegel gehalten wurden.

In vitro hemmte 4,4′-Diamino-diphenylsulfon verschiedene Stämme von Nocardia brasiliensis in Konzentrationen von 15 γ/ml [MARIAT (3)] bis 100 γ/ml (GONZALEZ OCHOA, SHIELS und VÁSQUEZ). Phialophora jeanselmei wurde durch 2 γ/ml gehemmt, Madurella mycetomi durch 20 γ/ml (COCKSHOTT). BOJALIL und SHIELS untersuchten mehrere Nocardia-Arten, von denen nur N. brasiliensis sulfonamidempfindlich war.

Bei *Chromomykose* ist ein Versuch mit „DDS" ratsam, da bereits günstieg Erfahrungen gemacht wurden [GONZALEZ OCHOA (2)].

Dosierung. GONZALEZ OCHOA (2) empfiehlt 200 mg täglich (1 Tablette zu 100 mg nach dem Frühstück, die gleiche Dosis nach dem Mittagessen). Auf Grund der Erfahrungen mit Dosen zwischen 100 und 400 mg täglich hat sich dieses Vorgehen als das beste erwiesen. Dabei wurden keinerlei toxische Nebenwirkungen beobachtet. Wichtig ist, daß die Behandlung mit einer etwas niedrigeren Dosis noch 2—3 Jahre lang fortgesetzt wird, nachdem die klinische Heilung bereits eingetreten ist, um Rückfällen, insbesondere dem Befall des Zentralnervensystems (mit infauster Prognose), wirksam vorzubeugen.

Wirkungsweise. Mit der Tagesdosis von 200 mg ließen sich nur Blutspiegel erzielen, die weit unter denen lagen, die auf Grund der Empfindlichkeit der Erreger nötig wären, um eine rein chemotherapeutische Wirkung auszuüben. Der nicht überzeugende Ausfall von Tierversuchen wird von GONZALEZ OCHOA (2) im gleichen Sinne ausgewertet.

Die Möglichkeit, daß Sulfone neben der direkten chemotherapeutischen — bakteriostatischen oder fungistatischen — Wirkung auch noch indirekt an unbekannter Stelle in das Krankheitsgeschehen eingreifen, gibt der Hoffnung Raum, daß die langzeitige Verordnung von Sulfonen auch bei anderen schwer beeinflußbaren Mykosen die Heilungsaussichten verbessert.

$$\text{NH}_2\text{—}\langle\bigcirc\rangle\text{—SO}_2\text{—}\langle\bigcirc\rangle\text{—NH}_2$$

4,4′-Diamino-diphenylsulfon (DDS)

18. Sulfonate

Alkylsulfonate und Alkyl-arylsulfonate gehören zu den *Netzmitteln*. Im Gegensatz zu den Invertseifen sind sie anionaktiv, sie werden auch Sulfonatseifen genannt.

Ein Wasserstoffatom der aliphatischen (Alkyl-) oder aromatischen (Aryl-) Kohlenwasserstoffe, einer veresterten Fettsäure oder einer ähnlichen Verbindung ist durch eine *Sulfonsäuregruppe* (SO_2OH) substituiert (MØLLER). Die Natrium- und Aminsalze haben als Waschmittel und Emulgatoren weite Verbreitung gefunden.

Einige Sulfonate besitzen auch fungistatische und fungicide Wirkung [KADEN (3); EHRMANN und WIEDMANN; ACHTEN], in der Größenordnung ist sie derjenigen von Benzoesäure und Undecylensäure vergleichbar.

Bei *mykotischem Ekzem* bewährten sich Bäder von 15 min Dauer in einer 0,5 %igen Lösung (EHRMANN und WIEDMANN); nicht nur Dermatophyten, sondern auch Candida albicans wurden gehemmt.

In *Kombination* mit anderen Antimykotica kann die Wirkung gesteigert werden, sie kann aber auch gleich bleiben oder verringert werden (GRANITS-THURNER).

ACHTEN erzielte mit einem 0,01 %igen Zusatz von Synkapon und Tensaryl 80 B zum Nährboden eine völlige Hemmung des Wachstums verschiedener Dermatophyten.

19. Metallorganische Verbindungen

In diesen Verbindungen sind die Metalle direkt an den Kohlenstoff gebunden, dadurch haben sie keinen Salzcharakter. Sie sind nur in komplexe Ionen dissoziiert, das Metall kann erst nach völliger Zerstörung des Moleküls nachgewiesen werden. Die pilzhemmende Wirkung kann also nicht vom Metallion ausgehen. Weitaus am wirksamsten sind die Quecksilberverbindungen.

a) Organische Quecksilberverbindungen

Zahlreiche Phenylmercuri-derivate haben sich als hochwirksam gegenüber einer großen Anzahl pathogener Pilze erwiesen. Verbindungen von Quecksilber und Sulfonamiden übertreffen diese Wirkung sogar noch und stehen mit an der Spitze aller bekannten pilzhemmenden Mittel [BARAIL (1), (2)].

Phenylmercurinitrat wurde bereits 1870 von OTTO als wirksam erkannt (DELMOTTE). Es wirkt giftig auf die Enzymsysteme (COOK u. Mitarb.). Die klinische Anwendung erfolgte in 0,5 %iger Konzentration in Carbowax bei Fußmykosen (GOLDMAN u. Mitarb.) und Tinea capitis (BRAIN u. Mitarb.), die Verträglichkeit anderer organischer Quecksilberverbindungen ist jedoch besser, so daß basisches Phenylmercurinitrat kaum noch von Bedeutung ist.

$$Hg\text{—}NO_3$$

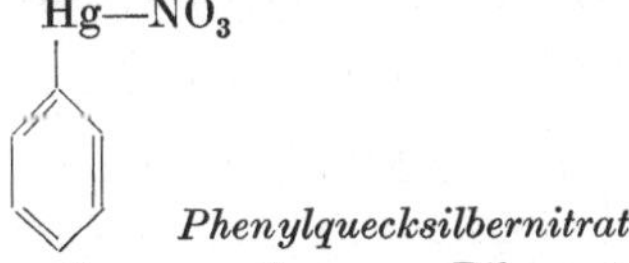
Phenylquecksilbernitrat

Phenylmercurichlorid wirkt gegenüber pflanzenpathogenen Pilzen stark fungicid, ist aber auch mit Erfolg bei Dermatomykosen angewendet worden (ORTENZIO, STUART und FRIEDL; BYRNE und CROXON).

Phenylmercuriformiat, -acetat, -propionat, -butyrat, -valerianat, -capronat wirken pilzhemmend in Verdünnungen bis 1:200000 (INOUYE, IIZIKA und TAZIMA) gegenüber Aspergillusarten, bis 1:100000 fungicid gegenüber Trichophyton mentagrophytes (FULTON, GIBBONS und MOORE). Über erfolgreiche Anwendung bei *Fußmykosen* berichteten GROGG und MADSEN; bei verschiedenen oberflächlichen Mykosen wurde Phenylmercuriacetat von BYRNE günstig beurteilt.

Phenylmercuribenzoat erwies sich bei oberflächlichen Pilzerkrankungen der Haut ebenfalls als wirksam (BYRNE).

Phenylmercuriborat, $C_6H_5\text{—}Hg\text{—}O\text{—}B(OH)_2$, wurde 1934 von ARMANGUÉ und MESTRES in die Therapie eingeführt und hat seitdem weite Verbreitung gefunden. Es ist ein weißes, kristallines Pulver, in Wasser, Alkohol und Glycerin löslich. Bei der Dissoziation in wäßriger Lösung bildet die Borsäure das Anion, während im Kation das Quecksilber an den Benzolring gebunden bleibt; dem Kation ist die starke Wirkung zuzuschreiben, die sich (von der antibakteriellen Wirkung abgesehen) auf Sproß- und Fadenpilze erstreckt (FRANK; DELMOTTE).

$$Hg\text{—}O\text{—}B\big\langle{OH \atop OH}$$

Phenylquecksilberborat
(Merfen)

Die *klinischen Erfahrungen* mit Phenylmercuriborat (als Merfen und Gyne-Merfen im Handel) bei *Fußmykosen* durch Dermatophyten und bei verschieden lokalisierten *Candidamykosen* sind günstig (GOLDMAN u. Mitarb., DELMOTTE).

Bemerkenswert ist die Beobachtung von BRABANT und DELMOTTE, daß die Wirkung durch Thioglykolatzusatz verringert wird; durch Laurylsulfat wird der Effekt wieder aufgehoben; deshalb wird ein klinischer Versuch mit einem Gemisch aus Natriumlaurylsulfat und Phenylmercuriborat inauguriert.

Monochlormercuricarvacrol ist nach GEORGI gegen Dermatophyten und Candida albicans wirksam.

Äthylmercurithiosalicylat, unter den Bezeichnungen Merthiolate, Merzonin, Thiomerosal, Thiomersalate und Mersilon bekannt, ist als Natriumsalz ein cremefarbenes Kristallpulver, wasserlöslich, luft- aber nicht lichtbeständig. Es bewirkt totale Hemmung des Wachstums von Trichophyton rubrum, Mikrosporum japonicum (= Trichophyton ferrugineum) und Candida albicans bereits in der Konzentration von 1 γ/ml (NOGUCHI und KATO); Mikr. Audouini, Trich. violaceum und Trich. Schönleinii werden durch 4 γ/ml total gehemmt (RANQUE und HENAFF).

$$\text{COONa}$$

$$\text{—S—Hg—CH}_2\text{—CH}_3$$

Äthylmercurithiosalicylat, Natriumsalz

Bei Candida albicans wird die Bernsteinsäure-Dehydrogenase inaktiviert (NOGUCHI und KATO).

Phenylmercuri-dinaphthylmethan-disulfonat (Versotrane, Penotrane) wurde von TIESSEN mit Erfolg bei *Epidermophytien*, oberflächlichen Trichophytien-, Erythrasma (und Pyodermien) angewendet (Tinktur und Puder). Für die Soorvaginitis stehen Vaginalzäpfchen zur Verfügung. Die Schleimhäute werden nicht gereizt, das Mittel wird praktisch nicht resorbiert, so daß es sehr gut vertragen wurde (TIESSEN; GOLDBERG; HORTON-SMITH u. LONG).

N¹-Äthylmercuri-N¹-acetyl-sulfanilamid (Äthylquecksilber-Albucid) wirkt in hohen Verdünnungen total hemmend auf Sproß- und Fadenpilze [KIMMIG und RIETH (1), (2)], der Eiweißfehler ist nur gering. Die Hemmwerte liegen um 1 γ/ml.

Auch die *fungicide* Wirkung ist recht stark; bei einer Konzentration von 1:1000 wurden die Sporen von Mikrosporum gypseum bereits in 1 min abgetötet [KOCH (1)].

Die klinische Verwendung wird dadurch eingeschränkt, daß die Verträglichkeit nicht optimal ist.

$$\text{NH}_2\text{—}\langle\text{—}\rangle\text{—SO}_2\text{—N—CO—CH}_3$$
$$\text{Hg—CH}_2\text{—CH}_3$$

Äthylquecksilber-Albucid

Organische Quecksilber-Eiweißverbindungen sind besonders gut verträglich, wenn Milcheiweiß verwendet wird, wie z.B. im Fissan-Antimykoticum.

Die geringere Toxicität der *organischen* Quecksilberverbindungen war der Grund für den Austausch von Sublimat (FRIDERICH) durch organisch gebundenes Quecksilber.

Die Wirkung erstreckt sich auf Sproß- und Fadenpilze. Die Erfahrungen bei der Behandlung von Tinea pedis und Tinea corporis sind sehr günstig (KLEIN).

Organische Quecksilberverbindungen sind auch für die Behandlung von Dermatomykosen bei *Tieren* geeignet (KIRK).

b) Organische Kupferverbindungen

liegen in ihrer Wirkung weit unter den organischen Quecksilberverbindungen, sie werden sogar von den mittel bis gut wirkenden Stoffen übertroffen (SCIGLIANO, GRUBB und SHAY).

Die klinischen Erfahrungen mit *Cuprizinin* (einem Kupferoxyoleat) liegen etwa gleich mit denen, die mit den metallfreien Verbindungen gemacht wurden (ARETZ; HOLTERMANN).

c) Organische Zinkverbindungen

haben ebenfalls keine besondere Bedeutung für die antimykotische Behandlung.

Soo-Hoo und GRUNBERG prüften ein Zinkderivat von 3-Pyridinthiol. Die Hemmwirkung gegenüber Trichophyton mentagrophytes und Mikrosporum canis war gering (1:1400); die Verbindung war wenig toxisch und nicht haut- oder schleimhautreizend.

d) Organische Antimonverbindungen

sind in der Tropenmedizin bekannte Heilmittel (z. B. Neo-Stibosan, Fuadin) zur Behandlung der Schistosomiasis (Bilharzia) (NAUCK; MOHR).

BAPTISTA, BELLIBONI und CASTRO gelang die Heilung einer *Sporotrichose* am linken Unterarm durch intramuskuläre Injektionen von N-Methyl-glucosamin-antimoniat; insgesamt wurden 33,75 gm gegeben. GRUNBERG und SCHNITZLER konnten mit einem Carbamylstibonsäurederivat bei *Kryptokokkose* die Überlebensrate der Mäuse vergrößern.

20. Furanderivate

Furanderivate wie z. B. *Furacin* (5-Nitro-2-furaldehyd-semicarbazon) haben in erster Linie *antibakterielle* Wirkung. Einige *Nitrofurane* hemmen jedoch auch pathogene Pilze in vitro.

5-Nitro-2-furfuryl-3-chlorpropionat hemmt *Coccidioides immitis* in einer Konzentration von 11 γ/ml [COHEN und O'CONNOR (2)]. 7 verschiedene Nitrofurane, darunter Furaspor, wirkten fungistatisch (200 γ/ml) und fungicid (300 γ/ml) gegenüber *Candida tropicalis* (MORAN und CRONIN).

Einen interessanten Vorschlag machte KITAMURA: Da bestimmte Furanderivate das Bakterienwachstum bereits in niedrigen Konzentrationen unterdrücken, Pilze aber erst in weit höheren, lassen sich diese Verbindungen dem Pilznährboden zusetzen, um an Stelle von Antibiotica die Kulturen vor Bakterien zu schützen.

Empfohlen werden Furacin (1:50000) oder Z-Furan (5-Nitro-2-furyl-acrylamid; 1:100000). Ein besonderer Vorteil liegt darin, daß der Zusatz bereits *vor* dem Sterilisieren der Nährböden erfolgen kann, allerdings wird die Wirkung dadurch abgeschwächt. Dies kann jedoch durch eine Erhöhung der Konzentration ausgeglichen werden.

21. Chinolinderivate

Chinolin und Isochinolin besitzen antiseptische Eigenschaften, sind für eine therapeutische Verwendung aber zu toxisch. 8-Oxychinolin und eine Reihe von 8-Oxychinolinderivaten sind dagegen weniger toxisch und besitzen außerdem eine auffällig gute Wirkung gegen pathogene Pilze.

a) 8-Oxychinolin

wirkt in vitro fungistatisch und fungicid gegen Dermatophyten und imperfekte Hefen [OSTER und GOLDEN (2)].

Die 0,5%ige 8-Oxychinolinlösung tötet in 30—60 min die Sporen und Pilzfäden verschiedener Trichophyton-Arten (ÚRI und SZABÓ).

Therapeutisch wurde 8-Oxychinolin von OSTER und GOLDEN (2) bei *Tinea pedis* angewendet; die 2,5%ige Lösung war in weniger schweren Fällen den von alters her gebräuchlichen Antimykotica ebenbürtig, in schweren Fällen dagegen deutlich überlegen.

GÖTZ (2), (8), (11), (17) empfiehlt zur unterstützenden Behandlung bei Nagelmykosen ein Keratolyticum, in dem außer Na-Thioglykolat und NaJ auch 8-Oxychinolin enthalten ist.

In Verbindung mit einem Thiocyanat und einem Teerauszug ist 8-Oxychinolin im *Robumycon* enthalten.

8-Oxychinolinsulfat, in äquimolekularer Mischung mit Kaliumsulfat als *Chinosol* bekannt, ist sehr wenig toxisch und wirkt stark pilzhemmend in Verdünnungen von $1:10000$ bis $1:50000$ gegenüber einer sehr großen Zahl pathogener und apathogener Pilze. Bemerkenswert ist die gute Verträglichkeit der 0,05—0,2%igen Lösungen, die für Spülungen und feuchte Umschläge Verwendung finden. Das schwefelgelbe Pulver von safranartigem aromatischem Geruch ist sehr leicht wasserlöslich und kann in 0,2—0,5%iger Lösung auch zur Desinfektion der im mykologischen Labor verwendeten Instrumente und Glassachen gebraucht werden.

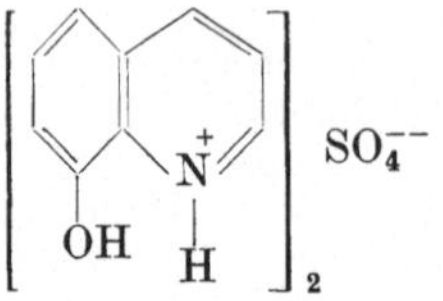

8-Oxychinolinsulfat
(Chinosol)

Bei der Behandlung sekundärinfizierter Hand- und Fußmykosen leisten Umschläge mit der 0,05—0,1%igen wäßrigen Lösung gute Dienste, ebenso bei intertriginösen Candidamykosen (Rüther, Rieth, Koch).

5-Chlor-8-oxychinolin, im *Dermofongin A* und (neben Salicylsäure und Benzoesäure) im *Chlorisept*, hemmt in Verdünnungen von $1:50000$ bis $1:200000$ *sämtliche Dermatophyten* und in fast gleich hoher Verdünnung auch *Hefen* und zahlreiche Schimmelpilze. Die Anwendung erfolgt in Form von alkoholischer Lösung oder Salbe.

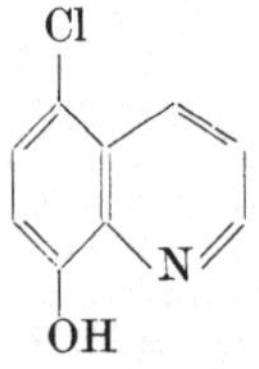

5-Chlor-8-oxychinolin
(Dermofongin A, Chlorisept

Therapeutische Erfahrungen mit 5-Chlor-8-oxychinolin liegen vor über die erfolgreiche Behandlung oberflächlicher *Trichophytien, Epidermophytien, Erythrasma, Pityriasis versicolor* und *cutaner Candidamykosen* [Freckmann; Heunisch; Kaden (1); Kaiser; Klövekorn; Mayer; Schultze; Schulz; Wied). Hervorgehoben wird die Sauberkeit und Einfachheit der Behandlung, die Farb- und Geruchlosigkeit und gute Verträglichkeit. Schultze konnte sogar bei *Nagelmykosen* durch konsequente Behandlung mit *Dermofongin* Erfolge erzielen. Da auch *Candida albicans* und andere *Candida-Arten* von 5-Chlor-8-oxychinolin abgetötet werden, sind auch die durch Hefepilze verursachten Paronychien eine Indikation.

Die 1%ige Lösung von 5-Chlor-8-oxychinolin in Olivenöl ist bei *Vulvovaginitis* mykotica wirksam.

5-Chlor-7-jod-8-oxychinolin, als *Vioform* bekannt, gehört ebenfalls zu den hochwirksamen Mitteln für die *lokale* Behandlung *oberflächlicher Dermatomykosen*. Es ist in Wasser unlöslich und wurde ursprünglich als geruchloses Jodoformersatzmittel in die Wundbehandlung eingeführt (Møller), später gegen Amöben im Darm eingesetzt, da es praktisch nicht resorbiert wird. Auch gegen *Candida albicans* ist 5-Chlor-7-jod-8-oxychinolin wirksam (Beck und Lacy).

Als *Vioform-Creme* (mit Hydrocortison) wurde es von James mit gutem Erfolg bei oberflächlichen Dermatomykosen verwendet, von Wallner (3%ig) speziell bei Fußmykosen.

Bei *Tiermykosen*, die erheblich häufiger vorkommen, als allgemein bekannt ist, und eine — z.B. bei Pelztieren — recht beachtliche wirtschaftliche Bedeutung haben können, hat sich Vioform als brauchbar erwiesen.

Hayes verwendete Vioform mit Erfolg bei *Chinchilla*-Kaninchen und konnte damit der beträchtlichen Wertminderung der Felle entgegenwirken.

Besonders zahlreiche Erfahrungen wurden von vielen Seiten mit dem Kombinationspräparat *Bradex-Vioform* gemacht (Grottenmüller und viele andere — s. unter „Invertseifen"!).

Für die pilzhemmende und pilztötende Wirkung ist nicht der Jodgehalt (40%) verantwortlich, wie Jadassohn, Fierz und Pfanner feststellten, da die jodfreien Oxychinolinderivate gleiche oder ähnliche antimycetische Wirkungen aufweisen.

5-Chlor-7-jod-8-oxychinolin
(Vioform)

7-Jod-8-oxychinolin-5-sulfosäure, als *Yatren* seit Jahrzehnten in der Tropenmedizin unter anderem zur Behandlung der Amöbenruhr verwendet, hat auch fungistatische Eigenschaften, die allerdings nur von wenigen Autoren gelegentlich berücksichtigt wurden.

7-Jod-8-oxychinolin-5-sulfosäure
(Yatren)

Eckert behandelte eine *Aktinomykose*, die auf Jodkali und Röntgenstrahlen nicht angesprochen hatte, im Jahre 1922 mit Yatrenlösung, die 5%ig intravenös gegeben wurde, die Tagesdosis betrug 100 ml. Wegen der Gefahr einer Leberschädigung sind die Versuche später nicht mehr weiter fortgesetzt worden.

5,7-Dijod-8-oxychinolin, auch als *Diodoquin, Jodoxin* und *Enterosept* bekannt, ist ein gelbbraunes Pulver ohne Geruch und fast wasserunlöslich; in Alkohol ist es schwerlöslich. Seine Anwendung erfolgt zuweilen bei oberflächlichen Dermatomykosen [Leifer und Steiner (1), (2)] oder in Verbindung mit anderen Medikamenten wie Sulfadiazin, Stilboestrol als *Gynben* bei *Vulvovaginitis*. Verträglichkeit und Wirkung werden günstig beurteilt (Gready; Rothman).

5,7-Dijod-8-oxychinolin
(Diodoquin)

b) 8-Oxychinaldin

ist 8-Oxy-2-methyl-chinolin, auch als Chinaldol bezeichnet. Das Dichlorderivat hat als Antimykoticum eine weite Verbreitung gefunden.

5,7-Dichlor-8-oxychinaldin (5,7-Dichlor-chinaldol) wird als *Sterosan* in verschiedenen Zubereitungsformen bei *allen oberflächlichen Dermatomykosen* verwendet, als *Siosteran* bei Hefebesiedelung des Darmes und als *Gyno-Sterosan* bei den *genitalen Candidamykosen* der Frau. Aus zahlreichen Ländern liegen Erfahrungsberichte vor, am häufigsten wurde Sterosan-*Paste* mit einem Gehalt von 5% 5,7-Dichlor-8-oxychinaldin angewendet, neuerdings auch mit 3% in Verbindung mit 1% Hydrocortison als *Sterosan-Hydrocortison-Salbe.*

5,7-Dichlor-8-oxychinaldin
(Sterosan)

Wirkungsspektrum in vitro. Eine Konzentration von 20 γ/ml wirkt total hemmend auf alle *Trichophyton-, Mikrosporum-* und *Epidermophyton*-Stämme, auf *Candida albicans, Cryptococcus neoformans, Histoplasma capsulatum, Blastomyces dermatitidis, Sporotrichum Schenckii* und *Nocardia asteroides.* Serum, Erythrocyten und Gesamtblut bewirken wenig Änderung. Ein Zusatz von Eisenchlorid hebt die Wirkung auf [LITTMAN (1); RIMBAUD, RIOUX und CARON].

Tierversuche wurden von RIMBAUD u. Mitarb. an Hunden durchgeführt, denen 14 Tage lang 0,5 g Dichloroxychinaldin per os gegeben wurde. Die Verträglichkeit war gut. Bei Verfütterung von Candida albicans-Kulturen zeigte es sich, daß bei reiner Fleischkost die Infektion gar nicht anging, bei Übergang auf reine Kohlenhydratkost trat sofort eine starke Vermehrung von Hefen ein, ohne daß die Hunde nochmals infiziert worden waren. Eine Beeinflussung der Hefen war mit Dichloroxychinaldin nicht möglich (nach 1,5 Mill. E Nystatin verschwanden die Hefen innerhalb von 24 Std).

Klinische Erfahrungen. Die Literatur über erfolgreiche Dermatomykosenbehandlung mit Dichloroxychinaldin ist so umfangreich, daß nur ganz wenige Hinweise gegeben werden können.

Eines der Hauptindikationsgebiete sind die *Fußmykosen* (HÄFNER u. KYM; SIGG); oberflächliche *Trichophytie, Erythrasma, Pityriasis versicolor* und *Eczema marginatum* sprechen ebenfalls sehr gut an [HAROLD und PIERCE; MURPHY; PIERCE; ROBINSON und HOLLANDER; SCHUPPLI; TRONSTEIN; SEDLACEK; SCHUBERT).

Sekundär infizierte Mykosen und *mykotische Ekzeme* heilen rasch ab (FELKEL; FÜLLER), besonders wenn die Kombination mit Hydrocortison gewählt wird (LUBOWE).

Soorinfektionen des Genitales und der Analregion, intertriginöse und interdigitale Candidamykosen und *Paronychien* sind ebenfalls mit Erfolg behandelt worden (DIETSCH; LARSONNEUR; SCHULDES; STÄDTLER). Eine gegen Bakterien und gegen Hefen gerichtete *Mastitisprophylaxe* ist mit Dichloroxychinaldin möglich.

Bei *Aspergillose* des äußeren *Gehörganges* erzielten RIOUX und BOUSQUET in 4 Fällen verblüffende Heilerfolge mit sterilen *Drains*, die mit einer gesättigten Lösung von Dichloroxychinaldin getränkt worden waren. Die Drains sind in der Lösung unbegrenzt haltbar.

Auch eine Beeinflussung von *Candidamykosen im Verlauf antibiotischer Behandlung* wurde versucht (BRUN; BRUN, MOZER und JADASSOHN; SHIDLOVSKY u. Mitarb.). Zwar waren in

vitro einwandfreie Hemmungen gegenüber den isolierten Hefestämmen nachweisbar, doch
blieben bei ausgeprägten Candidamykosen die erzielten Ergebnisse hinter den Erwartungen
zurück. Einen günstigen Eindruck hatten Wegmann, Schmid und Brodhage insofern von
Dichloroxychinaldin, als es die „für verschiedene Aufbaufunktionen notwendigen Mikroorganismen im Darmtrakt nicht zerstört".

c) Dekamethylen-bis-(4-amino-chinaldiniumchlorid)

wird unter der Bezeichnung *Evazol* für oberflächliche mykotische (und bakterielle)
Erkrankungen der Haut, unter dem Namen *Sorot* als Lutschpastillen für Infektionen der Mundhöhle als wirksame Behandlung verwendet.

Die Substanz ist ein weißes, in Wasser schwer, in Alkohol etwas besser lösliches Pulver.
In vitro werden gegenüber *Trichophyton, Mikrosporum* und *Candida albicans* hohe Hemmwerte
erzielt (Babbs u. Mitarb.). Die Toxicität ist gering, die Hautverträglichkeit gut. Durch
Serum tritt kein nennenswerter Wirkungsverlust ein, wohl aber durch Galle, Milch und
Lecithin.

Die *klinische Anwendung* erfolgte bisher erst in begrenztem Umfange, vorwiegend bei bakteriellen Infektionen, aber auch bei Fußmykosen und anderen
oberflächlichen Pilzerkrankungen, darunter auch *Candidamykosen*.

Da es sich bei dem Wirkstoff nicht nur um ein Chinaldinderivat, sondern zugleich um eine
quartäre Verbindung handelt, sind die hohen Hemmwerte und die günstigen Erfahrungen bei
der therapeutischen Anwendung verständlich. *Evazol* enthält in einer Mattcreme-Basis 0,4%
Wirkstoff; *Sorot* enthält davon 250 γ pro Pastille. Die Verträglichkeit hat sich als gut erwiesen, Nebenwirkungen wurden bisher nicht beobachtet.

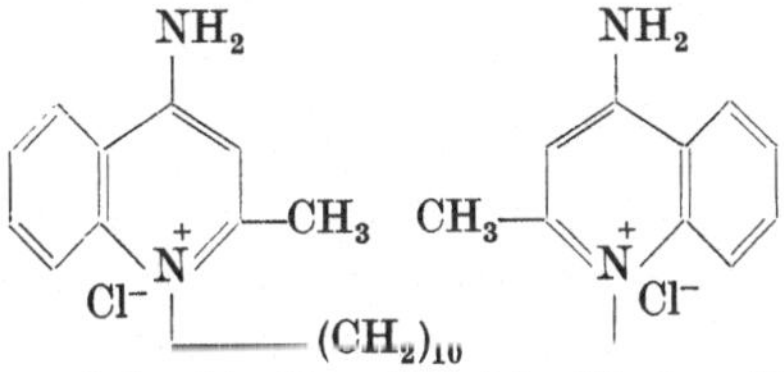

Dekamethylen-bis-(4-amino-chinaldiniumchlorid)

d) Isochinolinderivate

sind von Collier, Potter und Taylor, sowie von Gold und Jones geprüft
worden. Verschiedene Polymethylenderivate mit 10—20 Methylgruppen erreichten in vitro totale Hemmung des Wachstums von Candida albicans und
Dermatophyten mit Hexadekamethylen-bis-(isochinoliniumchlorid) in Konzentrationen von 0,3—10 γ/ml. Ochsengalle erwies sich als Antagonist. Die
Toxicität, bei Mäusen und Kaninchen untersucht, ist gering.

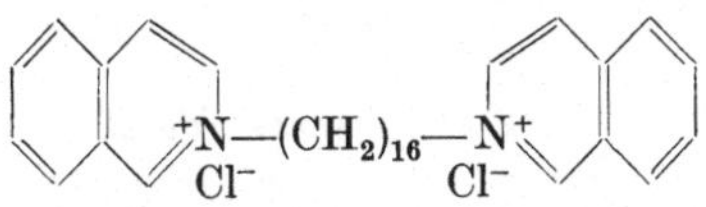

Hexadekamethylen-bis-(isochinoliniumchlorid)

Für die Behandlung von Trichophytien bei Rindern, Pferden und Schweinen verwendeten
Gold und Jones eine 0,25%ige Zubereitung, die eine Woche hindurch täglich, dann 2 Wochen
lang jeden 3. Tag aufgepinselt wurde und die Abheilung sehr beschleunigte.

22. Nicotinsäure- und Isonicotinsäurederivate

Isonicotinsäurehydrazid (INH) wirkt gegenüber *Dermatophyten* nur schwach
fungistatisch (Kimmig und Rieth), besser dagegen ist die Hemmung von Actino-
myces- und Nocardia-Arten zu beurteilen (Bieberdorf; Dobek; Banerjee, Sen
und Nandi).

Cervicofaciale *Aktinomykose* konnte in mehreren Fällen durch INH geheilt werden, die Dosis lag höher als bei Tuberkulose, wurde aber gut vertragen [McVay und Sprunt (2)]. Graciansky und Grupper sahen die Abheilung einer Aktinomykose bei einer 32jährigen Frau innerhalb 6 Wochen, die INH-Tagesdosis betrug 300 mg.

Chromomykose heilte während der INH-Behandlung bei einem Tuberkulösen (van Vlierberge, Pattyn und Vanbreuseghem).

Bei *Coccidioidomykose* brachte INH nur vorübergehende Besserung (Fostvedt, Kingston und Voller).

Candidamykose (Glossitis) trat während der INH-Behandlung auf (Pesle und Labéguérie).

4-Chlorthymol-nicotinsäureester hemmt Dermatophyten bis 1:10000; dabei tritt um die im Wachstum gehemmten Pilze eine Aufhellungszone auf infolge Zersetzung des Esters mit Schwund der Nicotinsäure (Scheibner).

23. Benzimidazolderivate

Benzimidazole sind dadurch interessant geworden, daß ein Vertreter dieser Körperklasse als Komponente γ bei der Hydrolyse von Vitamin B_{12} aufgefunden wurde [Jerchel (3)].

Zahlreiche Benzimidazolderivate haben pilzhemmende Wirkung, die einfachsten Verbindungen auffallenderweise die höchste; an der Spitze stehen 2-Phenyl- und 2-Furyl-benzimidazol mit Hemmwerten bis 1:200000 gegenüber verschiedenen Dermatophyten. Hefen werden dagegen fast nicht gehemmt, eine Eigenschaft, die sich bei der Isolierung von Hefen verwerten läßt [Kimmig und Rieth (1), (2)].

2-Phenyl- und 2-Furyl-benzimidazol lassen sich in *Gummi* einarbeiten, ohne daß die pilzhemmende Wirkung verlorengeht (Schirren; Rieth u. Mitarb.; Hansen und List; Ito u. Mitarb.).

2-Phenyl-benzimidazol   *2-Furyl-benzimidazol*   *H 115 (im Polycid)*

1-p-Chlorbenzyl-2-methyl-benzimidazol (als Wirkstoff H 115 im *Polycid*) wurde von Seeliger (3) als fungistatisch und fungicid sehr günstig beurteilt, von einem nicht geringen Eiweißfehler abgesehen. Das Wirkungsspektrum umfaßt in erster Linie *Dermatophyten*, ferner aber auch *Sporotrichum Schenckii, Histoplasma capsulatum, Blastomyces dermatitidis* und *brasiliensis, Coccidioides immitis* und eine Reihe von *Sproßpilzen*.

Bei 124 Patienten mit verschiedenen oberflächlichen Dermatomykosen konnte Ledig eine Heilungsquote von 90% erzielen.

1-p-Chlorbenzyl-2-pyrrolidylmethyl-benzimidazol, dessen salzsaures Salz als Antihistaminicum *(Allercur)* bekannt ist, hat außerdem eine geringe fungistatische Wirkung.

24. Benzthiazolderivate

Die pilzhemmende Wirkung verschiedener Benzthiazolderivate ist seit 1932 bekannt und zunächst technisch als Pilzschutz für Gummi und Leder ausgenutzt worden. 1941 kam es zur Beobachtung der fungistatischen Wirkung von 2-Mercapto-benzthiazol gegenüber Trichophyton und Mikrosporum. Aus einer größeren Zahl von Benzthiazolderivaten erwies sich *2-Dimethylamino-6-(β-diamino-äthoxy)-benzthiazol-dihydrochlorid* im Jahre 1950 als bestwirkende Substanz. Die pilzhemmende Wirkung *in vitro* liegt zwischen 1:10000 und 1:100000 gegenüber verschiedenen Dermatophyten [GRUNBERG u. Mitarb.; REISS (2); VANBREUSEGHEM und GATTI; HATA u. Mitarb.). Im *Tierversuch* wurde die Substanz ebenfalls günstig beurteilt [STRITZLER, FISHMAN und LAURENS (1)]. In die Therapie eingeführt wurde sie unter der Bezeichnung *Asterol*.

Asterol ist eine kristalline Substanz, in Wasser und Alkohol löslich; die 5%ige Lösung hat einen p_H-Wert von etwa 2. Die LD_{50} für Mäuse beträgt 375 mg/kg subcutan und 500 mg/kg oral.

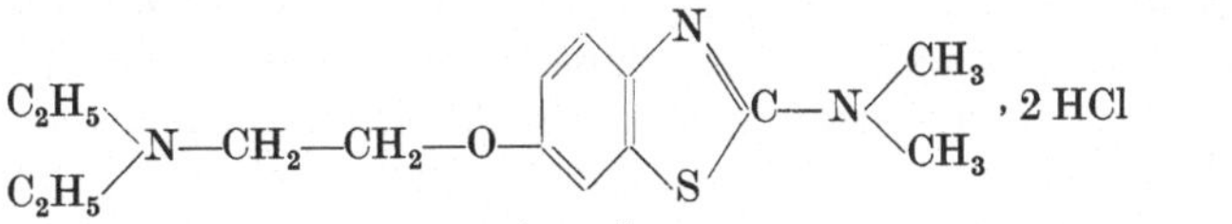

Asterol

Die *klinischen Erfahrungen mit Asterol* erstrecken sich auf verschiedene *Dermatomykosen*, in zahlreichen Fällen konnten Besserungen und Heilungen erzielt werden [SLAUGHTER; RAVITS; EDELSON und HASKIN (1); WILSON, LEVITT und PLUNKETT), meist mit 5%iger Tinktur oder Salbe, bei Tinea pedis auch mit Puder (SCHERR und KORTH).

Bei *Tinea capitis* ist anfänglich eine Reihe von Besserungen gesehen worden (EDELSON, CRASTER und HASKIN; GATTI und VANBREUSEGHEM; SNYDER; STRITZLER, FISHMAN und LAURENS (2); VANBREUSEGHEM und BRUAUX], meist in 5%iger, gelegentlich in 1—2%iger Konzentration (APPEL u. Mitarb.).

Als im Jahre 1952 aber toxische Nebenwirkungen beobachtet wurden, insbesondere *toxische Encephalopathie* (FEATHERSTON; GOLDSTEIN; HITCH; UNGERMAN und UNGERMAN; WILSON u. Mitarb.), trat eine gewisse Zurückhaltung ein. Es stellte sich heraus, daß die neurotoxischen Symptome ausblieben, wenn nur kleinere Körperbezirke behandelt wurden (TÉMIME) und nicht — wie es bei der Behandlung kleiner Kinder vorgekommen war — fast die gesamte Körperoberfläche.

Verträglichkeit und Wirkung bei *Vulvovaginitis mykotica* waren gut (HENRIKSEN u. Mitarb.; AMAYA-LEÓN). Bei *Onychomykose* konnten nur geringe Erfolge erzielt werden [EDELSON und HASKIN (2); KESTEN, BENHAM und SILVA), ebenso bei chronischen Erkrankungen durch Trichophyton rubrum; das Auftreten resistenter Stämme kann dabei eine Rolle spielen (GRUNBERG und TITSWORTH; SEALE).

25. Tetrazoliumsalze und Amidrazone

Zahlreiche Tetrazoliumsalze wirken hemmend auf Sproß- und Fadenpilze, so daß A. SCHATZ, V. SCHATZ und TRELAWNY ihre Einführung in die externe Therapie für gerechtfertigt halten.

Triphenyl-tetrazoliumchlorid ist in der Biologie als Reduktionsindicator in Gebrauch [JERCHEL (2)].

Amidrazone, die sich aus Tetrazoliumsalzen, Formazanen und Iminoäthern bilden lassen (JERCHEL und FISCHER), hemmen das Dermatophytenwachstum zum Teil noch in hohen Verdünnungen.

ω-(p-Chlorphenyl)-p-chlorbenzamidrazon hat einen Grenzwert für totale Hemmung von 1:50000 gegenüber Trichophyton mentagrophytes und Mikrosporum gypseum.

26. Dixanthogen und Trithione

Eine bereits seit 1847 bekannte gelbe kristalline Substanz von charakteristischem Geruch wurde von SEEYA u. Mitarb. als stark fungicid erkannt und als Wirkstoff der „Repare"-Salbe auch klinisch günstig beurteilt. Chemisch handelt es

sich um *Bis-äthyl-xanthogenat* (Dixanthogen), das außerdem mit Erfolg bei Scabies angewendet wird.

Trithione, Substanzen mit 3 Schwefelatomen im Molekül, besitzen (neben einer choleretischen Wirkung) fungistatische Eigenschaften gegenüber Dermatophyten; Hemmwert 1:5000 [KIMMIG und RIETH (1)].

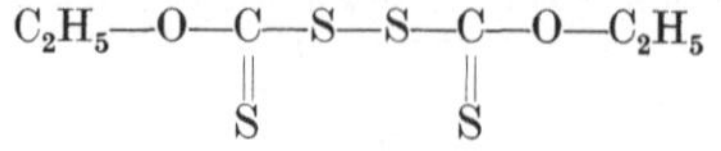

$$C_2H_5-O-C-S-S-C-O-C_2H_5$$

Dixanthogen

27. Histamin und Antihistaminica

Histamin wurde 1949 von JONEZ bei einem Fall von *Coccidioidomykose* subcutan und intravenös angewendet; dabei kam es überraschenderweise zu einer raschen Heilung. In Anbetracht der Möglichkeit einer Spontanremission war es schwer zu beurteilen, ob die Steigerung der Histamintoleranz ursächlich an der Heilung beteiligt war.

In vitro konnte nachgewiesen werden, daß Histamin das Wachstum von Trichophyton mentagrophytes in Verdünnungen von 1:10 bis 1:1000 hemmt (KORTING und MIOWSKI).

Antihistaminica können außer der Antihistaminwirkung auch eine fungistatische Wirkung haben. Beide sind jedoch unabhängig voneinander [POLEMANN (1); RIETH; MITCHEL, ARNOLD und CHINN; OKAZAKI und KAWAGUCHI].

Am wirksamsten (mit Hemmwerten bis 1:20000) gegenüber *Trichophyton, Mikrosporum* und *Epidermophyton* sind *Atosil, Casantin, Soventol, Luvistin* [POLEMANN (1); RIETH], ferner *Diphenylpyralin* (CARSON und CAMPBELL), *Diatrin, Theophorin, Benadryl, Thenylen* und *Neo-Antergan* [FAHLBERG (2)]; geringere fungistatische Wirkung haben Avil, Pyribenzamin, Allercur und viele andere (CARSON und CAMPBELL; SENECA; RIOUX; GEISER).

Trimeton hemmte besonders gut *Blastomyces dermatitidis, Crytococcus neoformans* und *Histoplasma capsulatum*, weniger die Dermatophyten [REISS und CAROLINE (1)].

In *Tierversuchen* wurde geklärt, daß eine innerliche Antihistaminbehandlung weder bei Dermatomykosen noch bei Systemmykosen von Erfolg ist [REISS und CAROLINE (2); FAHLBERG; PAPPAGIANIS und KOBAYASHI]. Hohe Dosen Dimetina (Antergan, Bridal) setzten sogar die Widerstandskraft der weißen Maus gegenüber Candida albicans-Infektionen herab (FORNI), ähnlich wie von bestimmten Antibiotica bekannt ist.

Über die *Wirkungsweise* ist wenig zu sagen. LANDIS und KROP fanden in einigen Fällen, daß Histamin antagonistisch wirkte, jedoch nicht Histidin. GALE (3) ermittelte, daß 0,5 mg/ml Pyribenzamin die endogene Atmung von Blastomyces dermatitidis stimulieren, während 1,0 mg/ml sie bereits stark hemmen.

Bei der *Lokalbehandlung von Dermatomykosen* haben sich einige Antihistaminica gut bewährt (MARGAROT u. Mitarb.; ERVE; SOKOLOFF), besonders bei Hand- und Fußmykosen (AUSTIN; WILDE); bevorzugt wird die Kombination mit andern Antimykotica, z. B. Undecylensäure [WEINER und SCHWARZ; CAMPBELL (1)] oder halogeniertem Salicylanilid [MEYER-ROHN (1)].

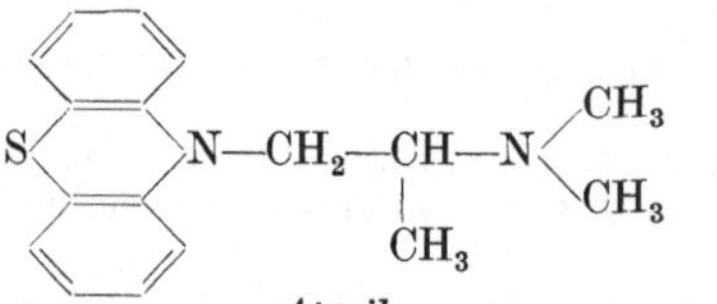

Atosil

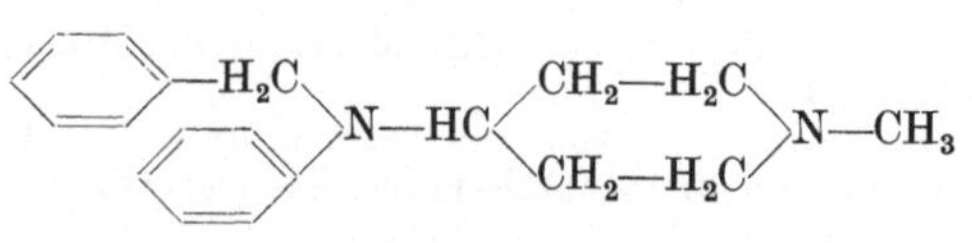

Soventol

Die *Soventol*-Komponente (im *Multifungin*) wirkt gut juckreizstillend und beschleunigt die Abheilung [KIMMIG (6); MEYER-ROHN (1); HAAS].

Tinea capitis wurde von ROSENTHAL, DAESCHNER und FAHLBERG versuchsweise mit 2%iger Di-Paralensalbe (Chlorcyclizin) behandelt; das Ergebnis war besser als mit Undecylensäure oder Natriumpropionat, aber schlechter als mit Salicylanilid.

PÄTIÄLÄ (3) hatte einen günstigen Eindruck von einer zusätzlichen innerlichen Antistin-
und Benadryl-Medikation bei Fußmykosen, die lokal mit Salicylvaseline behandelt wurden.

Das Auftreten von *Mykiden* läßt sich mit Antihistaminica *nicht* verhindern.

28. Hormone

a) Oestrogene, gestagene und androgene Stoffe

Die Beobachtung, daß Pilzerkrankungen des behaarten Kopfes bei Kindern
mit Eintritt der Pubertät spontan abheilten, führte zu der Überlegung, ob die
Sexualhormone der entscheidende Faktor bei der Spontanheilung seien. Entsprechende Behandlungsversuche ergaben aber keinen direkten Anhalt für einen
solchen unmittelbaren Zusammenhang.

Mittelbar kam es nach *parenteraler* Zufuhr von Sexualhormonen aber trotzdem zu einer
rascheren Heilung, da sich die Haare erheblich lockerten und dann manuell leichter epiliert
werden konnten [DOBES (1), (2)]; lokal wurden indes verschiedene Antimykotica angewendet.

Sehr bemerkenswert ist die Beobachtung von HARDER, daß *Diäthylstilböstrol*
noch in hohen Verdünnungen fungistatisch wirkt.

Die Grenzwerte für totale Hemmung betragen gegenüber *Mikrosporum gypseum* und
Trichophyton Schönleinii 1:20000; *M. Audouini* und *canis*, *T. mentagrophytes* 1:40000;
Epidermophyton floccosum, *T. rubrum* 1:60000; *Blastomyces dermatitidis* und *Histoplasma
capsulatum* 1:100000.

Diäthylstilböstrol ist zwar selbst kein Steroid, die Strukturformel zeigt aber, daß eine
enge Verwandtschaft mit Östradiol besteht. Untersuchungen verschiedener Hormone in
vitro ergaben, daß das Wachstum von Mikrosporum gypseum durch *Testosteron* und Testo-
steron-diäthyl-aminoäthyl-carbonat *gefördert* wird. Ohne Einfluß waren Testosteronunde-
cylenat, Pregnenolon und 17-Amino-Δ 5-androsten-3-ol. Schwache Hemmung zeigten Östra-
diol-17β und Progesteron, stärkere Hemmung 17-Amino-Δ 4-androsten-3-on-HCl,3-Keto-
21-(piperidyl)-Δ 4,17-pregnadien-HBr und 20-Amino-3β-oxy-5-pregnen-HCl (TARBET, OURA
und STERNBERG; KULL, CASTELLANO und MAYER).

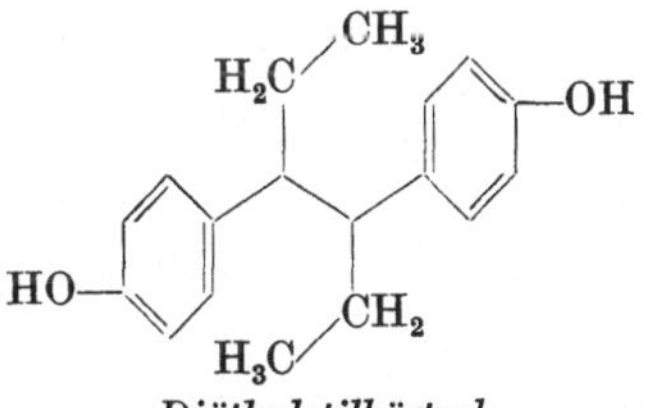

Diäthylstilböstrol

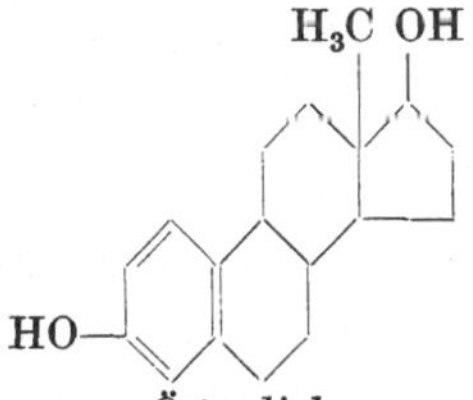

Östradiol

REBELL und LAMB prüften 16 Steroide, darunter waren nur 2 wirksam, nämlich 3β-Meth-
oxy-17β-hydroxy-Δ 5-androsten-17γ-CH$_3$—COOH und Δ 5-Pregnen-3β,20α-diol-3-methyl-
äther, und zwar in der Konzentration von 0,1% gegenüber Blastomyces dermatitidis, Histo-
plasma capsulatum und Coccidioides immitis, sowie Dermatophyten und imperfekten Hefen.
Die pilzhemmende Wirkung geht nicht mit der Hormonwirkung parallel.

Bei experimenteller Candidamykose der Maus ließen sich mit verschiedenen Sexualhormonen Modifikationen des Verlaufs sowohl zum Besseren als auch zum Schlechteren hin
hervorrufen [SCHERR (7), (8)].

Die *klinischen Erfahrungen* mit *lokaler* Anwendung von Diäthylstilböstrol und
Östradiolbenzoat bei *Mikrosporie* waren gut. 16 von 17 Fällen (Erreger war
M. canis) heilten in 1—3$^{1}/_{2}$ Monaten ab (MIRANDE und BARBERO). Cutane nordamerikanische *Blastomykose* heilte in 4 Monaten nach täglich 3 mg Diäthylstilböstrol intramuskulär (CURTIS und HARRELL). *Mycetom* durch Nocardia
asteroides (LAMB u. Mitarb.) heilte ab, Nocardia brasiliensis (GONZÁLEZ OCHOA
und MACOTELA) wurde nicht beeinflußt durch Pregnenolonacetat. Bei Coccidioidomykose war Diäthylstilböstrol ohne Erfolg (PIPER und GOLDBLUM), obwohl
der Erreger in vitro sensibel ist [COHEN (3)]. Auch die Kombination von Methyltestosteron mit Sulfonamiden wurde bei Coccidioidomykose versucht (LAMB).

b) Corticosteroide und ACTH

Die Wirkung von Cortison und ACTH auf den Verlauf verschiedener Mykosen ist vor allem *tierexperimentell* untersucht worden. Die mit hohen Cortisondosen behandelten Tiere hatten durchweg eine kürzere Überlebenszeit als die Kontrolltiere, soweit es sich um Kryptokokkose, Histoplasmose, Nordamerikanische Blastomykose, Candidamykose und Aspergillose handelte. Die Wirkung von ACTH war ähnlich. MANKOWSKI und LITTLETON ziehen aus ihren Ergebnissen den Schluß, daß bei Systemmykosen hohe Cortison- und ACTH-Dosen kontraindiziert sind.

Ähnliche Ergebnisse erzielten KLIGMAN u. Mitarb.; KÖNIGSBAUER (2); SCHERR (1), (3), (5), (6); CORBELLI u. Mitarb. bei Meerschweinchen, Ratten und Mäusen, die mit Candida albicans, Cryptococcus neoformans und Histoplasma capsulatum infiziert worden waren. Hohe Cortisondosen begünstigten die Generalisierung. Bei der Chromomykose wurde dieser Effekt jedoch nicht beobachtet [KÖNIGSBAUER (4)].

Durch das Ergebnis der Tierversuche ist geklärt, warum es bei Cortison- und ACTH-Behandlung gelegentlich zu mykotischen Komplikationen kommen kann (CHAPPAZ u. Mitarb.), insbesondere zu Candidamykose und Aspergillose (LEVY und COHEN).

Andererseits können Corticosteroide und ACTH aber auch von günstigem Einfluß sein, insbesondere bei Dermatomykosen [CREMER (1)]. Die *lokale Anwendung* in Verbindung mit antimykotischen Substanzen hat sich als sehr nützlich erwiesen, wird sehr gut vertragen und beschleunigt die Abheilung; gut bewährt hat sich vor allem ein Zusatz von Hydrocortison von 0,1—1% (LEDIG; SCHUPPLI).

29. Sekrete

Verschiedene körperliche Sekrete besitzen eine schwache fungistatische Wirkung, die zwar vorläufig nicht therapeutisch ausgewertet werden kann, dennoch aber — wie im Falle der Fettsäuren im *Schweiß* (PECK u. Mitarb.) und im *Kopfhaarfett* (VILANOVA u. Mitarb.) — der Antimykoticaforschung neue Impulse zu geben vermag.

Auch das *Cerumen* der meisten Menschen wirkt fungistatisch, soweit es fettig ist; das trockne dagegen übt keine Wirkung aus.

97 von 114 Personen, die KÖNIGSBAUER (6) untersuchte, hatten ein Cerumen mit deutlicher fungistatischer Wirkung gegenüber Trichophyton mentagrophytes und rubrum.

30. Vitamine

K-Vitamine. Unter den Vitaminen ist besonders das *Vitamin K* als Antimykoticum bekannt geworden [NÉKÁM und POLGÁR (1); ARÉA LEÃO und ROCHA FURTADO; NÉKÁM und ANGYAL), besser gesagt: eine Gruppe von natürlich vorkommenden und synthetischen Stoffen mit Vitamin K-Wirkung, die — je nach ihrer chemischen Konstitution — verschieden stark das Wachstum bestimmter Pilze hemmen.

Vitamin K_3 (2-Methyl-1,4-naphthochinon) besitzt die *stärkste* fungistatische Wirkung unter den Vitamin K-Präparaten, und zwar gegenüber Trichophyton- und Mikrosporum-Arten [ITO und KIRITA; ITO und KURODA (2); COLWELL und McCALL).

Die Hemmwerte lagen zwischen 1:5000 und 1:500000. Candida albicans erwies sich als resistenter; Zusatz von 10% Blut beeinträchtigte die Wirkung erheblich (MIURA und TAGUCHI). Durch Naphthochinone wird vor allem die Sporenkeimung gehemmt (FOOTE, LITTLE und SPROSTON); nach BALL, ANFINSEN und COOPER kommt es zur Hemmung der Atmungsvorgänge.

Vitamin K₄ (2-Methyl-1,4-naphthohydrochinon) ist im Handel als Calciumsalz des Diphosphorsäureesters (Synka-Vit) in Tablettenform, als Natriumsalz in Ampullen. Die Calcium- und Natriumsalze haben eine geringe fungistatische Wirkung . Sonst entspricht die Pilzhemmung durch K₄ beinahe derjenigen von K₃ (MIURA und TAGUCHI; ITO und KIRITA).

GRIMMER und RUST behandelten Meerschweinchentrichophytie mit Synka-Vit. Die Kontrolltiere waren 23 Tage krank, die mit Synka-Vit-Injektionen behandelten Tiere 19 Tage, die lokal behandelten 17 Tage.

Vitamin K₅ (2-Methyl-4-amino-1-naphthol-hydrochlorid) ist noch etwas schwächer fungistatisch wirksam (PRATT u. Mitarb.; VOLTA), durch Acetylierung wird die Wirkung etwas verbessert.

Konzentrationen von 0,05—0,1% hemmen das Wachstum aller Dermatophyten, nicht aber Candida albicans und C. tropicalis (VOLTA).

Anwendung erfolgt als K₅-Tinktur in Verbindung mit Rubriment (Nicotinsäureester des Benzylalkohols).

Klinische Erfolge bei der Behandlung verschiedener Dermatomykosen mit Vitamin K-Präparaten hatten NÉKÁM und POLGÁR (2) und NÉKÁM und ANGYAL (1), (2).

Lactoflavin wirkt ein wenig wachstumsverzögernd auf Trich. verrucosum (JANKE und NEWIG), *Histoplasma capsulatum* und *Coccidioides immitis* (LUTERAAN).
Vitamin B₁₂ wirkt nicht stimulierend, wie vermutet wurde (MARKEES), sondern ebenfalls etwas wachstumsverzögernd.

Vitamin D₂ (Calciferol) ist mit Erfolg bei der Behandlung von *Chromomykose* verwendet worden (BONILLA; AZULAY und AZULAY).

Neopyrithiamin, als „Antivitamin" bekannt, hemmt Mikrosporum Audouini noch in einer Verdünnung von 0,8 γ/ml; Thiamin (Vitamin B₁) in der Konzentration 0,008 γ/ml verringert die Hemmung (ULRICH und FITZPATRICK).

31. Enzyme

Eine ganz originelle Idee, pathogene Pilze zu vernichten, stammt von MIURA (1) bis (4).

Von der Überlegung ausgehend, daß die Zellwände der Dermatophyten *Chitin* enthalten, prüfte MIURA den Einfluß roher *Chitinase*lösung auf Pilzkulturen. Die Chitinase wurde von Bacillus chitinovorus Benecke gebildet; 211 Stämme 57 verschiedener Typen wurden zu diesem Zweck untersucht. Als Ergebnis konnte MIURA feststellen, daß die Chitinaselösung tatsächlich die Zellwände der Pilze zerstörte. Eine Auswertung dieser interessanten Befunde steht vorläufig noch aus.

32. Verschiedene pflanzliche Stoffe

Podophyllin ist eine Mischung verschiedener harzartiger Stoffe aus den Wurzelstöcken von Podophyllum peltatum (Mandrak); die wirksamste Komponente ist *Podophyllotoxin* (YOUNG), sie besitzt eine starke Reizwirkung. Podophyllin ist 0,1—0,2%ig in Polyäthylenglykol, teilweise mit gutem Erfolg, bei *Tinea capitis* und *Tinea corporis* angewendet worden [REISS und DOHERTY (1), (2); REISS und WINSTON; SCHWEBEL, SNYDER und SLINGER].

Holzextrakte, insbesondere Extrakte aus verschiedenen Harthölzern wie rote Zeder (SOUTHAM), Catalpa (MCGRAY und MCDONOUGH), Osage Orange (BARNES und GERBER) und Tetraclinis articula (ERDTMANN und RENNERFELT), können eine beträchtliche fungistatische und fungicide Wirkung aufweisen.

Für die Wirkung verantwortlich ist im Osage Orange-Holz (Toxylon pomiferum) unter anderem ein Stilbenderivat (BARNES und GERBER), das zu etwa 1% in dem Holz enthalten ist.

Auch in der Rinde von Laubbäumen, z. B. Pappelarten (GROSJEAN) kommen fungicide Stoffe vor.

Früchte, Kräuter und Wurzeln aller Art sind eine wahre Fundgrube für antimycetische Substanzen.

Tomatin und *Tomatidin* aus Tomaten (MA und FONTAINE; CHANUSSOT), *Raphanin* aus Rettichsamen (DÓSA), tanninhaltige Stoffe aus Galläpfeln von Rhus javanica (ITO und OTA), Extrakte aus Hahnenfußgewächsen, Maiglöckchen, Küchenschelle (JUNG und SCHRÖDER), Schöllkraut (ALKIEWICZ u. Mitarb.), zahlreiche indische Früchte und Gemüse (DUTTA, MAZUMDAR und BOSE), sowie chinesische Kräuter (CHENG) sind fungistatisch oder fungicid wirksam. Auch *Torf* gehört dazu (NIGGEMANN).

Therapeutische Bedeutung haben alle diese Stoffe bisher jedoch noch nicht.

Pflanzliche Wuchsstoffe (vegetabile Hormone), wie z. B. p-Chlorphenoxacetat, regen in sehr kleinen Dosen das Wachstum von *Dermatophyten* an, während höhere Konzentrationen (ab 1:100000) hemmend wirken (ITO, MAEDA und KIRITA).

33. Antibiotica

Mit der Einführung des *Griseofulvins* in die Therapie der Dermatomykosen ist die Gruppe der antimykotisch wirkenden Antibiotica besonders interessant geworden. In zahllosen Untersuchungen hatten verschiedene Forschergruppen in den letzten Jahren über 100 Antibiotica in vitro als wirksam gegen humanpathogene Pilze erkannt. Wenn auch die meisten dieser aus Bakterien, Strahlenpilzen, niederen und höheren Pilzen isolierten Stoffwechselprodukte sich für eine innere Behandlung von Mykosen als zu toxisch erwiesen, so ließ die Suche nach pilzwirksamen Antibiotica dennoch nicht nach. Als mit der Auffindung des Nystatins ein großer Wurf gelungen war, verstärkte sie sich eher noch, zumal auf die Bedeutung dieser Gruppe immer wieder hingewiesen wurde. Systematisch, zielstrebig und folgerichtig arbeiteten ganze Gruppen von Chemikern, Biologen und Ärzten unermüdlich an der Lösung der gestellten Aufgabe. Für den Eingeweihten ist es deshalb kein Zufall, wenn mit dem Griseofulvin nunmehr dem behandelnden Arzt ein Heilmittel in die Hand gegeben werden konnte, mit dem erreicht wird, was bisher unmöglich war: Heilung einer Dermatomykose von innen heraus. Daß es 20 Jahre gedauert hat, bis Griseofulvin einsatzfähig war, kennzeichnet den Schwierigkeitsgrad der notwendigen Vorprüfungen, zeigt aber auch, daß in manchen Stoffen mehr an Wirkung verborgen ist, als bei der ersten orientierenden Untersuchung zu ermitteln war.

Aus praktischen Gründen lassen sich die heute bekannten antifungisch wirkenden Antibiotica in 3 Gruppen einteilen:

a) Antibiotica für die orale oder parenterale Mykosetherapie. In diese Gruppe gehören Griseofulvin, Nystatin, Trichomycin, Amphotericin B und Actidion. Einige davon sind auch lokal wirksam.

b) Antibiotica für die Behandlung der Erkrankungen durch Strahlenpilze. In dieser Gruppe befinden sich Penicillin, Streptomycin, die Tetracycline und Chloromycetin.

c) Antibiotica, die vorwiegend lokal antimykotisch wirken oder sich noch im Erprobungsstadium befinden. Diese Gruppe ist weitaus die größte. Vor 2 Jahren hätte sich in ihr auch noch Griseofulvin befunden. Die Einordnung in diese Gruppe sagt also nichts über Wert und Bedeutung des betreffenden Antibioticums aus.

a) Antibiotica für die orale oder parenterale Mykosetherapie

Maßgebend für Einordnung und Reihenfolge in dieser Gruppe ist die Bedeutung, die das Antibioticum für die Behandlung mykotischer Erkrankungen der Haut und ihrer Anhangsgebilde erlangt hat. Obwohl das *Griseofulvin* erst seit verhältnismäßig kurzer Zeit in die Therapie eingeführt ist, gebührt ihm der erste

Platz. Griseofulvin wird als „revolutionierend" beurteilt [Götz (15)]. Die bahnbrechende Bedeutung, die sich jetzt bereits abzeichnet, ist der Grund für die etwas ausführlichere Darstellung der bislang bekannt gewordenen Daten und Erfahrungen. Die Anwendung eines neuen Behandlungsprinzips setzt gründliche Orientierung und zuverlässige Informationen voraus. Deshalb wurde ausnahmsweise der größte Teil der bisher vorliegenden Griseofulvinliteratur berücksichtigt.

Cum grano salis gilt dies auch für *Nystatin*, dessen Hauptindikationsgebiete über die Dermatologie hinausreichen und hier nur gestreift werden können. Die Nystatinliteratur ist bereits so umfangreich, daß nur eine sehr begrenzte Auswahl berücksichtigt werden konnte.

Die Erfahrungen mit *Trichomycin* sind günstiger, als allgemein bekannt ist. Die Indikationsgebiete sind ebenfalls nicht nur auf Erkrankungen der Haut beschränkt.

Die Bedeutung des *Amphotericins B* für die Behandlung von Systemmykosen vergrößert sich ständig, so daß eine ausführliche Besprechung gerechtfertigt erscheinen möge.

Ob *Actidion* in diese Gruppe gehört, läßt sich erst später sicher beurteilen. Da der für die Behandlung generalisierter Mykosen zur Verfügung stehende Arzneischatz jedoch keineswegs schon das wünschenswerte Maß hat und auch sein Wert noch im Zwielicht erscheint, muß jede, auch die kleinste therapeutische Chance genutzt werden.

α) Griseofulvin

Herkunft. Verschiedene Penicilliumarten (P. griseofulvum, P. janczewskii, P. nigricans, P. urticae, P. raistrickii).

Geschichtliche Daten

1939 von Oxford, Raistrick und Simonart im Rahmen einer Untersuchungsreihe über Biochemie von Mikroorganismen als Stoffwechselprodukt von Penicillium griseofulvum Dierckx isoliert, ohne daß dabei jedoch die antibiotische Wirkung erkannt wurde. 1946 beobachteten Brian, Curtis und Hemming (1) unabhängig davon ein Stoffwechselprodukt von Penicillium janczewskii Zal., das die Hyphen des Pilzes Botrytis allii (Grauschimmelfäule der Zwiebeln) und auch einiger anderer Pilze lockenartig verdrehte („curling factor"), McGowan beschrieb die chemischen und physikalischen Eigenschaften dieses Faktors. 1947 erbrachten Grove und McGowan den Nachweis, daß Griseofulvin und „curling factor" chemisch identisch sind. 1949 wurde von Brian, Curtis und Hemming (2) dieser Nachweis auch für die biologische Identität geführt. Brian fand in vitro eine Hemmwirkung gegenüber fast 50 verschiedenen Pilzen (Ascomyceten, Basidiomyceten, Zygomyceten und Fungi imperfecti), nicht sensibel waren 2 Hefen und Oomyceten. 1951—1952 erfolgte die Aufklärung der chemischen Struktur durch Grove, Ismay, McMillan, Mulholland (1), (2) und Rogers (1), (2). 1953 fanden Jefferys, Brian, Hemming und Love Griseofulvin auch in Penicillium nigricans und P. urticae. 1954 isolierte McMillan ein Bromanalogon von Griseofulvin aus P. griseofulvum und P. nigricans. 1955 gelang Brian, Curtis und Hemming (4) die Auffindung von Griseofulvin in P. raistrickii. Ashton und Rhodes prüften die Löslichkeit der Substanz und empfahlen N,N'-Dimethylformamid. 1956 wurden Methoden für die quantitative Bestimmung ausgearbeitet (Ashton und Brown; Ashton und Tootill; Ashton). Im April 1956 erkannte Martin in den Laboratorien der Imperial Chemical Industries Ltd., daß Griseofulvin in vivo gegenüber Dermatophyten wirksam ist. 1958 legte Gentles (1), (2) seine Beobachtungen über die erfolgreiche Griseofulvinbehandlung der experimentellen Trichophytie und Mikrosporie bei Meerschweinchen vor. Lauder und O'Sullivan konnten bei einem Kalb nach oraler Zufuhr von Griseofulvin das Angehen einer experimentellen Kälberflechte durch Trichophyton verrucosum verhindern. Über die erfolgreiche Behandlung verschiedener Dermatomykosen des Menschen unterrichtete Riehl (1) in Wien die Öffentlichkeit am 27. November 1958 auf einer Sitzung der Österreichischen Dermatologischen Gesellschaft. Am 6. Dezember 1958 erschien im Lancet der Bericht von Williams, Marten und Sarkany (1) über die schnelle Heilung von 9 Trichophyton rubrum-Infektionen. Blank und Roth (1) behandelten ebenfalls seit Herbst 1958 Mykosen des Kopfes, des Stammes, der Füße und Nägel mit Griseofulvin und legten Anfang 1959 ihren ausführlichen Bericht vor. Darüber hinaus befand sich das Mittel zur Erprobung in der Hand namhafter Kliniker

in vielen Ländern, die Erfahrungen wurden zum großen Teil der Öffentlichkeit bereits zugänglich gemacht. Auf Grund der günstigen Beurteilung ist Griseofulvin seit 1959 in den Apotheken erhältlich.

Chemische und physikalische Eigenschaften

Neutral, thermostabil, farblos, rhombische oder oktaedrische Kristalle, Schmelzpunkt bei 218—221° C. Molekulargewicht (errechnet): 352,5; (gefunden:) 309—398.
Molekularformel: $C_{17}H_{17}O_6Cl$.
Strukturformel [GROVE, ISMAY, MCMILLAN, MULHOLLAND und ROGERS (1)]:

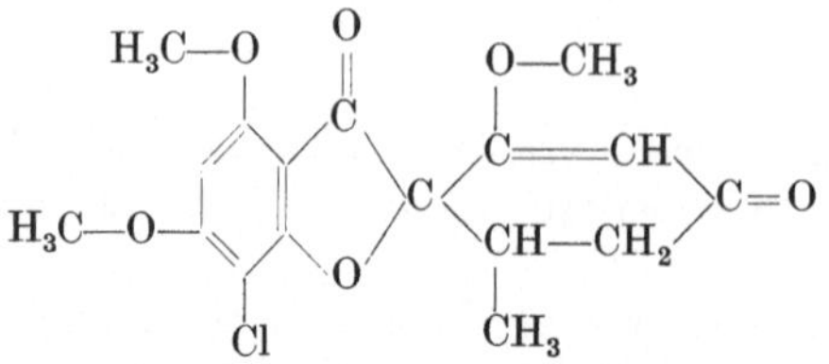

$$
\begin{array}{c}
\text{H}_3\text{C—O} \quad \overset{\displaystyle\text{O}}{\underset{\displaystyle\text{C}}{\big\|}} \quad \text{O—CH}_3 \\
\end{array}
$$

UV-Absorption. Maxima bei 286 und 325 mμ.
Löslichkeit. 12—14% bei Raumtemperatur in N,N'-Dimethylformamid, ferner in Eisessig, Dioxan, Benzol, Äther, Äthylalkohol; langsam löslich in Chloroform, Äthylacetat, Toluol, Aceton, Ligroin; unlöslich in Petroläther; in Wasser lösen sich bis 40 γ/ml.
Quantitative Bestimmung. a) Mikrobiologisch mit Botrytis allii [BRIAN, CURTIS, HEMMING (1)]; b) spektrophotometrisch (ASHTON und RHODES; ASHTON und BROWN); c) polarimetisch (ASHTON und RHODES); d) mit Isotopen (ASHTON und RHODES; ASHTON).

Biologische Wirkung in vitro

Griseofulvin hemmt das Wachstum zahlreicher Zygomyceten, Ascomyceten, Basidiomyceten und einiger Fungi imperfecti, jedoch nicht von Oomyceten, Saccharomyces cerevisiae und anderen Hefen (BRIAN, WRIGHT, STUBBS und WAY; BRIAN; AYTOUN; NAPIER, TURNER und RHODES). Von besonderer Bedeutung ist die Hemmwirkung gegenüber *Dermatophyten* (Mikrosporum, Trichophyton, Epidermophyton). Bei Ablesung der in vitro-Tests nach 3 Tagen ergeben sich wesentlich höhere Hemmwerte als bei Ablesung nach 2—6 Wochen. Ob daraus auf Zersetzung des Griseofulvins oder auf Gewöhnung geschlossen werden kann, wird diskutiert. Die Größe der Hemmhöfe und die Konzentration für totale Wachstumshemmung ist in hohem Maße abhängig von der angewandten Testmethode und deshalb kein absoluter Vergleichswert. Relative Unterschiede in der Empfindlichkeit verschiedener Pilzstämme und -arten lassen sich jedoch mit vielen Methoden leicht feststellen und sind auch bereits ermittelt worden. GÖTZ erkannte, daß minimale Griseofulvinmengen (1 γ/ml) bereits eine Verzögerung der Entwicklung bestimmter Pilzarten bewirkten, die 200fache Menge Griseofulvin im Nährboden führte jedoch nicht auf die Dauer zu einer totalen Wachstumshemmung, sondern nur zu einer relativen, wenn auch sehr starken. Diese Beobachtung kann aus eigener Erfahrung bestätigt werden. GÖTZ (17) faßt das Ergebnis seiner in vitro-Versuche wie folgt zusammen:

a) hochgradig empfindlich:
Mikrosporum Audouini
Mikrosporum canis
Trichophyton verrucosum
Trichophyton Megninii
b) gut empfindlich:
Trichophyton gallinae
Trichophyton concentricum
Trichophyton ferrugineum
Trichophyton soudanense
Trichophyton violaceum
Trichophyton rubrum (St. London I)
Epidermophyton floccosum

c) weniger empfindlich:
Mikrosporum gypseum
Mikrosporum distortum
Trichophyton mentagrophytes
Trichophyton Schönleinii
Trichophyton tonsurans
Trichophyton Quinckeanum
Trichophyton equinum
Keratinomyces Ajelloi
d) unempfindlich bis 200 γ/ml:
Candida albicans

Eine Abschwächung der Griseofulvinwirkung durch *Blutserum* wurde *nicht* beobachtet. Eher konnte mit einigen Seren eine Verstärkung der Hemmung erzielt werden. Über das Resistentwerden eines Trichophyton rubrum (Rückfall nach Griseofulvinbehandlung) berichtete Götz (15), ferner über eine möglicherweise reversible Anpassung weiterer Trichophyton rubrum-Stämme. Eine Steigerung der Resistenz um das 8—10fache des Ausgangswertes sahen Aytoun u. Mitarb., auch Robinson (3) konnte in vitro die Resistenz beträchtlich erhöhen.

Phytotoxicität und Phytopathologie

An dieser Stelle möge der Hinweis genügen, daß Griseofulvin für viele Pflanzen nicht giftig ist (Wright), es wird von den Wurzeln der Pflanzen aufgenommen und als systemisches Antimykoticum in den oberflächlichen Zellschichten verteilt (Brian, Wright, Stubbs und Way). Aytoun fand übereinstimmende Ergebnisse in vitro und in vivo. Bei der Pferdebohne (Vicia faba L.) verursachten bestimmte Griseofulvinkonzentrationen Mitosehemmung, höhere führten zu irreversiblem Wachstumsstillstand (Heymer). Weitere phytopathologische Untersuchungen wurden von A. H. Campbell, ferner von Hagborg und von Napier, Turner und Rhodes, sowie Rhodes, Grosse, McWilliam, Tootill und Dunn durchgeführt.

Tierversuche

Experimentelle Trichophytie und Mikrosporie bei Meerschweinchen konnte durch orale Zufuhr von Griseofulvin (60 mg/kg) rascher geheilt werden, als die Spontanheilung sonst eintritt. Nach 4 Tagen fand keine Weiterentwicklung mehr statt, nach 14 Tagen war die Infektion abgeklungen [Gentles (3), (4); Martin (1), (2)]. Griseofulvin war in den Meerschweinchenhaaren nachweisbar (Gentles, Barnes und Fantes). Wurde die Griseofulvinbehandlung (200 mg/kg) gleichzeitig mit der Infektion begonnen, so kam keine Erkrankung der Meerschweinchen zustande [Gentles (4)]. Die *Toxicität* für Mäuse ist sehr gering. Hohe Einzelgaben von 50 g/kg führten nicht zum Tod der Mäuse. Ratten vertrugen 10 g/kg (Tomich), wenn Griseofulvin oral gegeben wurde. Erfolgte die Zufuhr intravenös oder i.p., dann kam es zu einem mitosehemmenden Effekt am Knochenmark und am männlichen Keimepithel bei Ratten (Paget und Walpole). Bei Mäusen kam es bei einer Dosis von 1350 mg/kg zu Wachstums- und Entwicklungsstörungen und ebenfalls zu Keimdrüsenschädigungen (dies entspricht etwa der 60fachen therapeutischen Dosis beim Menschen), die Dosis von 15 mg/kg verursachte keinerlei Krankheitserscheinungen; Mäuse, die 6 Wochen mit Griseofulvin gefüttert worden waren, zeigten keinerlei Fertilitätsstörungen (J. Schwarz). Grutter behandelte durch Trichophyton mentagrophytes infizierte Meerschweinchen mit subcutanen und intramuskulären Injektionen von 20%igen Griseofulvinsuspensionen in Erdnußöl. Die Tiere unterschieden sich in nichts von den Kontrollen, die oral behandelt wurden. Keine lokalen Reaktionen wurden beobachtet, obwohl nach 2 Wochen noch 30% der Griseofulvindosis am Injektionsort nachgewiesen wurden.

Lokale Anwendung von Griseofulvin (0,25% in Erdnußöl) führte bei Meerschweinchen ebenfalls zum Erfolg, jedoch war die orale Behandlung überlegen [Martin (2)].

Ein Behandlungsversuch mit Griseofulvin bei Mäusen, die intravenös mit Erregern von *Systemmykosen* infiziert worden waren, *mißlang*. Tägliche Dosen von 10—30 mg/kg oral, 1—5 mg/kg intravenös oder 5—15 mg/kg i.p. waren völlig unwirksam bei experimenteller *Histoplasmose*, nordamerikanischer *Blastomykose, Coccidioidomykose* und *Kryptokokkose* [Emmons und Piggott; Emmons (4)].

Eine *Resistenz in vivo* bei Meerschweinchen war nicht zu beobachten, selbst wenn sie mit Stämmen (T. rubrum und M. canis) infiziert worden waren, die vorher in vitro eine erhöhte Resistenz aufwiesen. Es ergaben sich keine Unterschiede gegenüber den Kontrollen, deren Infektion mit weniger resistenten Stämmen erfolgt war (Rosenthal).

Beim Nachweis des Griseofulvins in der Meerschweinchenhaut (spektrophotometrische Methode) fand H. M. Robinson jr., daß Coffein und Theophyllin ähnliche Ablesungen ergeben, bei der Untersuchung menschlichen Gewebes könnte dies unter Umständen zu Fehlschlüssen führen.

Klinische Erfahrungen

Auf die ersten kasuistischen Mitteilungen von Riehl (1)—(5), Williams, Marten und Sarkany (1), sowie Blank und Roth (1), (2), folgten rasch weitere günstige Berichte.

Tappeiner heilte ein 4jähriges Kind von einer Trichophytia superficialis capillitii et corporis in 18 Tagen mit insgesamt 16 g Griseofulvin. Müdigkeit und geringe Muskelbeschwerden klangen bald wieder ab. — Adam (1), (2) behandelte tiefe Trichophytie, Mikrosporie der lanugobehaarten Haut, lange bestehende Epidermophytien, follikuläre Trichophytien und Onychomykosen, zum größten Teil mit Erfolg. Ein „Versager" bei einer Onychomykose kam dadurch zustande, daß zunächst auf Grund des positiven Nativpräparates behandelt worden war, später ergab die Kultur eine Hefe der Gattung Candida. — *Candida-Arten* können — was viel zu wenig bekannt ist — im Nativpräparat einen Befall mit Dermatophyten vortäuschen, da sie selbst Fäden bilden und Sproßzellen oft nur schwer oder gar nicht identifizierbar sind, ohne daß eine Kultur angelegt wird. Auch Färbeverfahren helfen hier nicht weiter.

Götz (15)—(17) berichtete mehrfach über umfangreiche klinische Erfahrungen, hauptsächlich bei Tinea manuum, pedum, corporis et unguium. Die kritische Auswertung seiner Beobachtungen hatte bei Onychomykosen die Abänderung des anfänglichen Behandlungsschemas zur Folge. An Stelle einer viele Monate dauernden Tablettenkur mit Griseofulvin trat die keratolytische Behandlung der Nägel mit einmaliger Nagelbettoilette und anschließender Griseofulvinkur von nur 4 Wochen Dauer. Bei Kombination der Nagelmykose mit einer Tinea der Handflächen oder Fußsohlen wurde die antibiotische Nachbehandlung auf 8 Wochen ausgedehnt. Da Pilzsporen auch in klinisch abgeheilten Herden noch lange lebensfähig bleiben können, wird zur Abtötung der Pilzsporen eine lokale antimykotische Behandlung gefordert.

Sidi und Spinasse machten gute Erfahrungen bei Patienten, die vorher erfolglos mit anderen Mitteln behandelt worden waren.

Besonders erwähnenswert war ein $2^1/_2$jähriges Kind mit einer Trichophytie des behaarten Kopfes durch Trichophyton tonsurans. Bei einer Dosierung von anfangs $1^1/_2$ Tabletten, später 2 Tabletten zu je 250 mg Griseofulvin waren nach 2 Wochen alle frischen Herde abgeheilt, nach 6 Wochen waren alle Erscheinungen verschwunden und überall bereits gesundes Gewebe nachgewachsen. — Bei Onychomykosen trat von der 3. Woche ab deutliche Besserung ein. Die Kulturen blieben aber positiv, solange die distalen Bezirke nicht völlig abgeheilt waren.

Infolge des außerordentlichen Interesses an Griseofulvin und unterstützt durch einen sehr regen internationalen Erfahrungsaustausch — der seit Bestehen der Internationalen Gesellschaft für humane und animale Mykologie erheblich an Intensität gewonnen hat — ließen sich bald die wichtigsten Indikationsgebiete für die orale Griseofulvinbehandlung abgrenzen, zumal eine Reihe von Übersichtsarbeiten in den verschiedensten Ländern erschienen [Drouhet, Graciansky u. Mitarb.; Grin; Götz (15), (17); Latapi (1); Meyer-Rohn (3); Nasemann; Rieth und Ito; Röckl; Sulzberger und Baer (1); Esteves und Neves (5); Stewart u. Mitarb.].

Indikationen

Mikrosporie. Sowohl die Erkrankungen durch Mikrosporum Audouini als auch die durch M. canis sprechen auf Griseofulvin gut an. Dies gilt für Kopf und Körperherde. Erkrankungen ohne entzündliche Reaktion heilen rascher ab als solche mit stärkeren Entzündungserscheinungen.

Von folgenden Autoren liegen Erfahrungsberichte vor: Williams, Marten und Sarkany (1) (1 Fall, M. Audouini), Blank und Roth (1) (2 Fälle, M. Aud.), Birt, Hoogstraten und Norris (4 M. canis, 2 M. Aud.), Wrong, Rosset, Hudson und Rogers (1 M. Aud., 1 M. canis), Adam (1) (1 M. canis), Mullins, Jampolsky und Pinkerton (4 M. Aud., 1 M. canis), Beare und Mackenzie (M. canis), Degos, Rivalier und Lefort (1), (2) (1 M. Aud.), Cochrane und Tullett (1 M. Aud.).).

Größere Erfahrungen sammelten Kirk u. Ajello (70 M. Aud., 5 M. can.); Reiss u. Mitarb. (25 M. Aud., 1 M. canis); Harrell (67 M. Aud.) und Burgoon (22 M. Aud.).

Eine seit 8 Jahren bestehende Heimendemie (12 M. Aud.) wurde zum Erlöschen gebracht (Pettker und Rieth).

Die Schlußfolgerung aus den bisherigen Erfahrungen lautet eindeutig, daß bei Mikrosporie durch M. Audouini oder M. canis Griseofulvin das *Mittel der Wahl* ist.

Röntgen- und Thalliumepilation sind überflüssig geworden. Depilationen mit Bariumsulfid sind für den Behandlungserfolg zwar nicht erforderlich, doch können sie ratsam sein, um die sporenbeladenen, noch ansteckungsfähigen Haare rascher zu beseitigen.

Berichte über Infektionen mit Mikrosporum gypseum, M. distortum, M. langeroni, M. rivalieri und Trichophyton ferrugineum (Synonym: Mikrosporum ferrugineum, M. japonicum) liegen zwar noch nicht vor, es kann jedoch mit großer Wahrscheinlichkeit vorausgesagt werden, daß einem Behandlungsversuch beste Heilungsaussichten eingeräumt werden können.

Mikrosporie bei Katzen spricht ebenfalls auf die Griseofulvinbehandlung gut an (KAPLAN und AJELLO).

Trichophytie

Die verschiedenen Verlaufsformen der durch Trichophytonpilze verursachten Erkrankungen sprechen unterschiedlich auf Griseofulvin an [GÖTZ (15), (17); HOPF; KOCH (2); HEWITT u. Mitarb.; WILLIAMS, MARTEN u. SARKANY (1), (2)].

Glatte Heilungen bei *Tinea capitis* durch die verschiedenen im Haar oder ums Haar herum wachsenden Arten sind die Regel. Die Erfolge sind mitunter frappierend [ADAM (1), (2); DEGOS, RIVALIER und LEFORT (2); HADIDA und SCHOUSBOE).

Sehr günstige Ergebnisse wurden vor allem dann erzielt, wenn Trichophyton rubrum der Erreger war [WILLIAMS; SULZBERGER u. BAER (2)], aber auch Erkrankungen durch T. violaceum sprachen gut an [SAGHER, RAUBITSCHEK und AXELRAD, ESTEVES und NEVES (2)—(5)].

Kerion Celsi durch T. verrucosum, den Erreger der „Kälberflechte", heilte rascher ab als der Kontrollfall, bei dem die Spontanheilung abgewartet wurde [KOCH (2)]. Auch COCHRANE und TULLETT sahen eine Beschleunigung der Abheilung.

Tinea barbae durch T. mentagrophytes, T. rubrum, T. verrucosum heilte allein durch orale Griseofulvinbehandlung ohne jede lokale Maßnahme und ohne Epilation ab [HOPF; KOCH (2); COCHRANE und TULLETT; ESTEVES und NEVES(1)].

Tinea corporis stellt ein wichtiges Indikationsgebiet für Griseofulvin dar. Der Heilungsverlauf wird jedoch von einer ganzen Reihe von Faktoren mitbestimmt. Die *superfizielle* Form, deren Therapie auch schon vor Einführung des Griseofulvins nicht problematisch war [KIMMIG (8)], heilt glatt in 1—2 Wochen ab, während *tiefe* und *chronische* Formen doch eine Reihe von Schwierigkeiten bieten und selbst nach langer Behandlungsdauer (22 Wochen) nicht immer abgeheilt sind [ESTEVES und NEVES (2)]. Vor allem, wenn die Dosis reduziert oder die Behandlung unterbrochen wurde, kam es zu Rückfällen oder Verschlimmerungen.

Tinea manuum et pedum durch Trichophytonpilze werden aus Tradition — genauso wie das Eczema marginatum durch Trichophyton rubrum — zu dem Erscheinungsbild der „Epidermophytie" gerechnet. Eine rasche Abheilung mit alleiniger oraler Griseofulvinbehandlung ist nach den bisher vorliegenden Erfahrungen nicht zu erwarten [GÖTZ (17); PRAZAK; KOCH (2)].

Tinea imbricata (tropischer Schuppenringwurm) durch Trichophyton concentricum bei einem 15jährigen Jungen heilte innerhalb von 10 Tagen nach einer Gesamtdosis von 11,5 g Griseofulvin ohne sonstige Maßnahmen völlig ab (BELISARIO und HAVYATT). Angesichts der Hartnäckigkeit dieser Verlaufsform ist das ein besonderer Erfolg.

Follikuläre Trichophytie der Unterschenkel und Trichophyton rubrum-*Granulome*, deren Therapie bisher viel Geduld erforderte und trotzdem nicht selten ver-

sagte, sprechen auf Griseofulvin an [Koch (2); Smith jr.]. Die Behandlung muß nur lange genug fortgesetzt werden, da es sonst zu Rückfällen kommt.

Favus

Es liegen bereits mehrere Mitteilungen vor, aus denen hervorgeht, daß auch die durch Trichophyton (Achorion) Schönleinii verursachten Erkrankungen auf Griseofulvin ansprechen [Fegeler (4); Esteves und Neves (2); Cochrane und Tullett; Temime u. Privat]. Mitunter geht die Besserung nur sehr langsam vonstatten, lebensfähige Pilze konnten von Sams noch nach 6 Monaten Griseofulvinbehandlung nachgewiesen werden.

Epidermophytie

Eczema marginatum Hebrae spricht gut auf Griseofulvin an, sei es, daß Epidermophyton floccosum oder Trichophyton rubrum als Erreger nachgewiesen wurden.

Die „*Epidermophytie*" der Hände und Füße (Tinea manuum et pedum) ist ein poly-ätiologisches Krankheitsbild. Da die verschiedenen Erreger eine sehr unterschiedliche Empfindlichkeit gegenüber Griseofulvin aufweisen, läßt sich ohne spezielle mykologische Diagnostik weder ein Erfolg noch ein Mißerfolg beurteilen. „Epidermophytien" durch *Hefepilze* werden *nicht* gebessert; liegt eine *Doppel-* oder *Mehrfachinfektion* mit Hefen vor, ist keine rasche Heilung zu erwarten oder es kommt nach anfänglicher Besserung (infolge Beseitigung des Dermatophyten) zum Stillstand der Heilungsvorgänge oder wieder zur Verschlechterung des Zustandes, da der Hefepilz die Krankheit nun allein unterhält und das Feld für sich hat.

Ist *Epidermophyton floccosum* der Erreger, dann ist die Heilungsquote größer (Prazak).

Trichophytonpilze, die häufigsten Erreger der „Epidermophytie", sprechen nicht gleich gut an, Trichophyton rubrum besser als Trichophyton mentagrophytes (Synonyme: Epidermophyton interdigitale, Kaufmann-Wolf-Pilz). Relativ oft kommt es zu Rückfällen oder Reinfektionen, da die Pilzsporen noch monatelang in den Hornschichten der Haut lebensfähig bleiben [Wrong (1), (2) u. Mitarb.; Prazak, Götz (17)]; die Reinfektion kann natürlich auch aus der Kleidung heraus erfolgen, wenn diese nicht von pathogenen Pilzen freigemacht wird (Pardo-Castello). Die von Epidermis abschilfernden Schuppen, besonders bei der squamös-hyperkeratotischen Form, werden vom Griseofulvin nicht erfaßt. Zum eigenen Schutz und zum Schutze der Umwelt des Patienten ist deshalb in solchen Fällen eine lokale antimykotische Therapie angezeigt [Götz (17)].

Harvey, Alexander und Kirk hatten mit der oralen Griseofulvinbehandlung bei Epidermophytien besonders gute Erfolge, sie empfehlen, unbedingt einen Versuch damit zu machen.

Schimmelpilze, denen im allgemeinen keine pathogene Bedeutung zukommt, können bei Hand- und Fußmykosen unter besonderen Umständen dennoch eine Rolle spielen.

Sidi und Spinasse sahen in 2 Fällen von Dyshidrosis der Füße eine erhebliche Verschlechterung nach Griseofulvinbehandlung. In beiden Fällen konnte Penicillium crustaceum aus den Krankheitserscheinungen isoliert werden.

Erythrasma

Einige Beobachtungen sprechen dafür, daß auch Erythrasmafälle durch Griseofulvin zur Abheilung gebracht werden können [Götz (17); Sidi und Spinasse]. Nicht selten lassen sich bei Erythrasma Trichophyton rubrum-Pilze

isolieren, während die Suche nach Nocardia minutissima (Synonym: Mikrosporon minutissimum) ergebnislos verläuft. Es bedarf noch der Klärung, ob dies für das Ansprechen auf die Griseofulvinbehandlung von Bedeutung ist.

Onychomykosen

Die Pilzerkrankungen der Nägel, soweit sie durch Dermatophyten verursacht sind, sind ein wichtiges Anwendungsgebiet für Griseofulvin. Zahlreiche eindrucksvolle Berichte, dramatische Besserungen nach jahrelanger vergeblicher Lokalbehandlung, überzeugende, wohlfundierte klinische Beobachtungen unterstreichen nachdrücklich den mit der Einführung des Griseofulvins in die Therapie der Nagelmykosen erzielten Fortschritt.

Schon Riehl (2), (3), Williams, Marten und Sarkany (1), sowie Blank und Roth (1), (2) hatten sofort erkannt, daß Nagelmykosen, besonders die durch Trichophyton rubrum verursachten, die sich bei der bisher geübten Behandlung oft refraktär verhielten, durch Griseofulvin zur Abheilung gebracht werden konnten. Die gesund nachwachsenden, pilzfreien Nägel überzeugen jeden von der Wirksamkeit der Griseofulvinbehandlung.

In der Folgezeit wurde die günstige Wirkung bei Nagelmykosen immer wieder bestätigt [Adam (1); Dillaha; Esteves und Neves (5); Götz (17); Heite und Janke (1), (2); Hopf; Kimmig (8); Koch (2); Reiss u. Mitarb. und viele andere).

Ähnlich wie bei der „Epidermophytie" spielen auch bei den Nagelmykosen nicht nur Dermatophyten, sondern auch Hefepilze und gewisse Schimmelarten eine nicht unbedeutende Rolle. Die fehlende Wirkung des Griseofulvins gegen Candida albicans und andere Hefen „zwingt zu besonderer diagnostischer Sorgfalt, wie sie bisher aus therapeutischen Gründen nicht in gleichem Maße erforderlich war" [Heite und Janke (1)].

Vor Beginn der Griseofulvinbehandlung muß also nach *Hefen* gefahndet werden, will man nicht das Risiko eingehen, daß sich die ganze Behandlung als illusorisch erweist, weil sich Hefen im Nagel angesiedelt hatten (neben Dermatophyten) oder gar alleiniger Erreger der Nagelmykose waren. In 10—20% der Fälle oder noch häufiger spielen Hefepilze eine Rolle.

Es ist ferner darauf zu achten, daß Pilzfäden, die im Nativpräparat mikroskopisch nachgewiesen wurden, nicht ohne weitere Überlegung als von Dermatophyten herrührend angesehen werden. Gerade im abgestorbenen Nagel können sich sekundär Fäden von Schimmelpilzen befinden. Außerdem können auch Scopulariopsis-Arten, die gegenüber Griseofulvin unempfindlich sind, im Nagel angetroffen werden, sie gehören jedoch zu den seltenen Erregern.

Werden diese Grundforderungen aber beachtet, dann sind die Erfolge des Griseofulvins bei Nagelmykosen unbestreitbar.

Um die meist monatelange Behandlungsdauer abzukürzen, empfiehlt Götz (17), den Nagel zusätzlich keratolytisch zu behandeln. Nach einmaliger Nagelbettreinigung wurde Griseofulvin dann nur noch 4—8 Wochen hindurch gegeben. Trotzdem war die Heilungsquote gut.

Die Ausheilung einer Nagelmykose hängt entscheidend von der Wachstumsgeschwindigkeit der Nägel ab. Fingernägel wachsen schneller nach als Fußnägel. Maßnahmen, die das Nagelwachstum beschleunigen, sind ebenso erwünscht wie die Beseitigung von Durchblutungsstörungen.

Eine viele Monate dauernde ambulante Tablettenbehandlung ist noch keineswegs das erstrebte Ideal, dazu birgt sie zu große Unsicherheitsfaktoren. Trotzdem darf die Griseofulvinbehandlung der Onychomykosen uneingeschränkt als bahnbrechend angesehen werden, ist damit doch zum ersten Male bewiesen, daß diese Behandlungsart grundsätzlich möglich ist. Für die Fachleute wird dieser Erfolg ein Ansporn sein, die Suche nach noch besseren Mitteln zu verstärken.

Dosierung

Ausgehend von den im Tierversuch wirksamen Mengen und unter Berücksichtigung der geringen Toxicität lagen die anfänglich bei *Erwachsenen* gegebenen Dosen etwa bei 5,0 g p.d., wurden aber schon sehr bald reduziert. Die meisten Autoren geben etwa 1,0—1,5 g p.d. bei Erwachsenen, auf mehrere gleich große Gaben verteilt. Gelegentlich wurde die Dosis auf 2,0 g p.d. erhöht (BARLOW und CHATTAWAY), mitunter wurde sie auch unterschritten, doch kam es dann bereits zu Rückfällen oder zur Verschlechterung.

Noch recht unterschiedlich sind die bei Kindern gegebenen Dosen.

BURGOON fand als wirksamste Dosis, um die Pilzsporen bei 22 Kindern aus dem Haarkeratin zum Verschwinden zu bringen, 6 mg/kg Körpergewicht jeden 2. Tag. PIPKIN gab 10 mg/kg; ROBINSON u. Mitarb. hatten mit 25 mg/kg gute Erfolge. ADAM (1) verabreichte durchschnittlich 20—30 mg/kg täglich, TAPPEINER hatte bei seinem 4jährigen Kind sogar 71,4 mg/kg täglich mit frappierendem Erfolg gegeben. KIRK wählte eine ganz andere Dosierung, und zwar gab er eine Anfangsdosis von 100 mg/kg, nach 4 Wochen eine zweite Dosis in gleicher Höhe; Fortsetzung nach Bedarf alle 4 Wochen. Die Erfolge waren gut. Diese Art von Verabreichung wird für die Behandlung einer größeren Zahl von Patienten bei Personalmangel empfohlen.

Behandlungsdauer

Sie ist von den Umständen des Einzelfalles abhängig und kann wenige Tage bis viele Monate betragen. Als ungefähre Richtzahlen können, nach den Erfahrungen von BLANK und ROTH (1), folgende Angaben dienen:

Tinea corporis: 1—2 Wochen Behandlungsdauer.
Tinea capitis: 2—3 Wochen und mehr Behandlungsdauer.
Tinea pedum: 1—4 Wochen und mehr Behandlungsdauer.
Tinea unguium:3—5 Monate und mehr Behandlungsdauer.

Versager und Scheinversager, Resistenzentwicklung

Trotz guter Erfolge berichteten einzelne Autoren aber auch über echte Therapieversager. Besonders dann, wenn ekzematöse Veränderungen vorliegen, kann es vorkommen, daß die Pilzherde infolge der allergischen Reaktion blockiert sind (HOPF). Vor allem die squamös-hyperkeratotische Form der Fußmykosen neigt eher zu Versagern, besonders wenn es sich um chronische Fälle handelt.

ESTEVES und NEVES (5) erwähnen 2 Fälle (T. violaceum und T. Megninii), von Tinea corporis et pedum, die nach 22 Wochen (1—2 g p.d.) immer noch nicht abgeheilt waren.

Mit Nachdruck muß aber davor gewarnt werden, Scheinversager dem Medikament zuzuschreiben, während diagnostische Unzulänglichkeiten (falsche Auswertung des Nativpräparates, Übersehen einer Besiedlung mit Hefen, Nichtanlegen einer Pilzkultur oder gar fahrlässiger Verzicht auf jegliche mykologische Diagnostik) schuld an der Fehldiagnose und Ursache der Fehlbehandlung waren.

Es kann auch vorkommen, daß im Laufe der Behandlung ein Erregerwechsel stattfindet, z.B. kann zu Beginn der Griseofulvinbehandlung Trichophyton mentagrophytes nachgewiesen werden, bei einer späteren Kontrolle aber nur noch Candida albicans gefunden werden [GRIMMER (3)]. Es ist infolgedessen eine Wiederholung der kulturellen mykologischen Untersuchung angezeigt, wenn eine verzögerte Heilungstendenz erkennbar ist.

Mit einer Anpassung von Dermatophytenstämmen an Griseofulvin oder einer primär vorhandenen erhöhten *Resistenz* ist nach den bereits vorliegenden ersten Erfahrungen zu rechnen [GÖTZ (17); R. C. V. ROBINSON (3); ROSENTHAL; GOLDMAN u. Mitarb.].

Verträglichkeit, Nebenwirkungen, Id-Reaktionen

In Übereinstimmung mit den Ergebnissen der Tierversuche ist die Verträglichkeit des Griseofulvins auch für den Menschen verhältnismäßig gut. Tagesdosen von 5,0 g wurden beschwerdefrei vertragen [BLANK und ROTH (1)], viele Kinder nahmen Einzeldosen von 100 mg/kg ohne jede störende Nebenwirkung. Trotzdem haben die meisten Autoren eine niedrigere Dosierung gewählt, da sich hin und wieder bei einigen Patienten Übelkeit und Kopfschmerzen einstellten. Gelegentlich kam es auch zu Erbrechen und Durchfall. Wiederholt verschwanden die Beschwerden aber trotz Fortsetzung der Griseofulvinbehandlung. Nur in seltenen Fällen mußte das Mittel abgesetzt werden. Die meisten Autoren sahen keine oder nur geringe Nebenwirkungen [ADAM (1); BARLOW u. Mitarb.; GÖTZ (17); HOPF; KIMMIG (8); KOCH (2); REISS u. Mitarb.; RIEHL (2), (3); TAPPEINER; STEWART; WRONG u. Mitarb.; GOLDFARB].

Eine Beobachtung, die viel diskutiert wurde, stammte von PAGET und WALPOLE. Griseofulvin erwies sich bei intravenöser Verabreichung an Ratten als Mitosegift. Diese colchicinähnliche Wirkung trat jedoch nicht auf, wenn Griseofulvin oral gegeben wurde, auch nicht in hohen Dosen von 2000 mg/kg zweimal täglich bei Meerschweinchen (PAGET), 6 Monate lang gegeben.

LIVINGOOD gab 16 Patienten 4 Monate hindurch 1,0 g p.d. und stellte keinerlei nachteilige Wirkung auf das Knochenmark fest. McLEOD prüfte den Einfluß des Griseofulvins auf die menschliche Spermatogenese an 12 Freiwilligen, die $^1/_2$ Jahr lang täglich 2,0 g Griseofulvin einnahmen; es ergab sich jedoch keinerlei Abweichung von Normalwerten.

Über einen Einfluß auf das weiße Blutbild, meist im Sinne einer *Granulocytopenie* liegen mehrere Berichte vor. Nach Absetzen des Griseofulvins normalisierten sich die Werte wieder. Einmal wurde ein Anstieg der Eosinophilen auf 19% beobachtet (MULLINS, JAMPOLSKY und PINKERTON). Eine Kontrolle des weißen Blutbildes alle 2—3 Wochen wird empfohlen (McCUISTION). Gelegentlich kam es zu einer leichten Albuminurie (SAGHER, RAUBITSCHEK und AXELRAD; LIVINGOOD).

Id-Reaktionen sind nur ganz selten beobachtet worden, wobei es zudem schwer zu beurteilen ist, ob ein Zusammenhang mit der Griseofulvinverabreichung bestand.

Sensibilisierung und *Kreuzsensibilisierung* haben bisher noch keine besonders bemerkenswerte Rolle gespielt. Zwischen Penicillin und Griseofulvin bestehen nach SIDI und SPINASSE keine Wechselbeziehungen. Eine aus anderen Gründen notwendige antibakterielle antibiotische Therapie kann durchgeführt werden, ohne daß Griseofulvin abgesetzt zu werden braucht (McCUISTION).

Wirkungsweise

Griseofulvin wird von McNALL als Antimetabolit aufgefaßt, der in die Nucleinsäuresynthese eingreift und dadurch die Zellteilung verlangsamt. Aus elektronenoptischen Untersuchungen von BLANK, TAMPLIN und ROTH geht hervor, daß die Entwicklung der jüngeren Pilzzellen stark gehemmt wird (Verdickung der Zellwände, atypische Zellgrößen, Verlust normaler Cytoplasmastrukturen), während die älteren Pilzzellen mit langsamerem Stoffwechsel in ihrer Entwicklung nur abgebremst werden [zitiert nach GÖTZ (17)]. Griseofulvin wird nach GENTLES (3) sowie nach FREY und GELEICK, die sehr eingehend diese Fragen im Tierversuch zu beantworten versucht haben, in die Zellen der Haarmatrix, der keratogenen Zonen und in die Hornlamellen des Haarschaftes sowie in die Zellen der inneren Wurzelscheide eingelagert.

Griseofulvin wirkt „in vivo" *fungistatisch*, es hindert die Pilze daran, in das neu gebildete Keratin einzudringen, tötet aber die Pilze in dem schon befallenen Gewebe nicht ab. Wird unterschwellig dosiert, dann kann von dort aus auch das neugebildete Keratin wieder von Pilzen durchwachsen werden.

Nach oraler Zufuhr wird Griseofulvin im Duodenum rasch, im Jejunum und Ileum etwas langsamer resorbiert. 70% des Griseofulvins sind im Plasma, 30% in den roten Blutkörperchen nachzuweisen. Da Griseofulvin gut lipidlöslich ist, spielt auch der Fettgehalt der Gewebe eine Rolle. Den besten Blutspiegel erreichte CHILD bei Ratten und Katzen mit einer oralen Dosis von 100 mg/kg Körpergewicht. Eine 100fache Steigerung der Griseofulvinzufuhr ließ den Blutspiegel nur um das 4fache ansteigen, ein Zeichen dafür, daß nicht eine passive Diffusion stattfindet. Das Lebergewebe wies den höchsten Gehalt an Griseofulvin auf (11 γ/g), wahrscheinlich kann die Leber Griseofulvin rasch inaktivieren. Griseofulvin konnte auch im Liquor cerebrospinalis nachgewiesen werden (CHILD).

Erfahrungen mit Griseofulvin bei anderen Pilzkrankheiten

Die Beobachtung von LATAPI (1), (2), daß bei Sporotrichose eine günstige Wirkung von Griseofulvin zu sehen ist (LATAPI u. Mitarb.), wurde von GONZALEZ-OCHOA (3) bestätigt. Unterschiedlich wurde von beiden Autoren der Einfluß auf Mycetoma pedis (durch Nocardia brasiliensis) beurteilt. Bei Pityriasis versicolor (SIDI und SPINASSE) und Chromoblastomykose [LATAPI (1)] sah man keine Besserung. Die fehlende Wirkung auf Hefepilze ist von vielen Autoren beobachtet worden [unter anderen BRIAN; BARLOW u. Mitarb.; GÖTZ (17); HOPF; KOCH (2); WRONG u. Mitarb.].

Handelspräparate

Fulcin. Hersteller: Imperial Chemical Industries Ltd., Pharmaceuticals Division, Wilmslow, Cheshire, England. Alleinvertrieb für Deutschland: Rhein-Chemie GmbH, Pharm. Abt., Heidelberg.

Likuden (Griseofulvin „Hoechst"); Hersteller: Farbwerke Hoechst AG, vormals Meister Lucius und Brüning, Frankfurt a. M.-Höchst.

β) Nystatin
Herkunft und Geschichtliches

Im Rahmen einer Reihenuntersuchung isolierten HAZEN und BROWN (1) 1950 aus dem Streptomyces-Stamm Nr. 48240, den sie im Erdboden der Milchfarm des Mr. Nourse in Fauquier County, Virginia, gefunden hatten, zwei verschiedene pilzwirksame Antibiotica. Die eine Substanz war leicht löslich im flüssigen Kulturmedium und erwies sich später als identisch mit Cycloheximid (Actidion); die andere war in Wasser unlöslich und befand sich in dem auf der Oberfläche wachsenden anfangs weißen, später bei der Sporenbildung grau werdenden, faltigen Pilz, den sie — weil er nicht identifizierbar war — Streptomyces noursei nannten.

Die wasserunlösliche Substanz ließ sich mit Alkohol extrahieren und war fungistatisch und fungicid gegenüber einer Reihe von pathogenen Pilzen, darunter Candida albicans und Cryptococcus neoformans. Sie erhielt zunächst die Bezeichnung *Fungicidin*. Zu Ehren des *New York State* Department of Health, in dessen Laboratorien die Untersuchungen stattfanden, bildete man später aus den Anfangsbuchstaben N.Y. Stat. den Namen Nystatin.

1950—1951 ermittelten HAZEN und BROWN (2) das Wirkungsspektrum des Nystatins gegenüber einer großen Zahl pathogener Pilze und führten anschließend bis 1953 zahlreiche Tierversuche durch. Zur gleichen Zeit erhielt KIMMIG die Substanz und prüfte sie mit MEYER-ROHN u. Mitarb. in vitro und in vivo. 1954 bestätigten MILLBERGER und BLANK die Ergebnisse von KIMMIG und MEYER-ROHN; CAMPBELL, HODGES und HILL untersuchten Nystatin bei der Histoplasmose der Maus. GRUPPER (1)—(3) und andere Autoren berichteten über die erfolgreiche Anwendung bei verschiedenen Candidamykosen des Menschen. 1955 folgten Mitteilungen über die chemischen Eigenschaften des Nystatins von DUTCHER, WALTER und WINTERSTEINER, sowie zahlreiche Erfahrungsberichte. Von Jahr zu Jahr hat sich das Schrifttum über Nystatin erheblich vermehrt, zumal mehrere Symposien in verschiedenen Ländern stattfanden. Seit 1958 ist Nystatin (Moronal) auch in Deutschland in den Apotheken erhältlich.

Chemische, physikalische und pharmakologische Daten

Nystatin ist ein schwer lösliches gelbes Pulver, das sich amphoter verhält, also mit Säuren und Basen Salze bildet. Die Substanz besitzt 4 Doppelbindungen, ist also ein Tetraen, schmilzt nicht bis 250° C und zersetzt sich leicht bei p_H 2 und p_H 9. Die Vorschläge für die

Molekularformel wurden mehrfach geändert, die letzte Angabe von DUTCHER lautet: $C_{46}H_{75}NO_{19}$; das Molekulargewicht wurde mit 939 errechnet. Sehr charakteristisch ist das UV-Absorptionsspektrum, 3 Maxima liegen bei 290, 305 und 320 mμ, ein schwächeres Maximum bei 240 mμ.

Löslichkeit. Nystatin ist gut löslich in Propylenglykol, langsam löslich in Methanol, Äthanol, Butanol und Dioxan, fast unlöslich in Wasser, unlöslich in Aceton, Chloroform oder Äther. Es besteht zwar auch Löslichkeit in Dimethylformamid, Salzsäure-Alkohol und NaOH, doch wird Nystatin hierbei rasch inaktiviert. Auch Pyridin und Eisessig haben eine ähnliche Wirkung.

Die *quantitative Bestimmung* erfolgt mikrobiologisch mit Candida albicans, Cryptococcus neoformans und Saccharomyces cerevisiae als Testorganismen.

Pharmakologisch wurde Nystatin von NAKATSUKA u. Mitarb. genauer untersucht. Die Toxicität für Mäuse ist sehr gering. Die LD_{50} betrug bei subcutaner Applikation 120 mg/kg, i.p. 78 mg/kg. BROWN und HAZEN (3) hatten bei i.p. Zufuhr 20—26 mg/kg als LD_{50} ermittelt, während bei subcutaner Anwendung die Mäuse selbst bei 150 mg/kg sämtlich am Leben blieben. In niedrigen Konzentrationen (10^{-7} und 10^{-6}) werden Krötenherz, Meerschweinchendarm und Froschblutgefäße nicht beeinflußt, mittlere Dosen (10^{-5} und 10^{-4}) beschleunigen die Herzaktion und wenig oder gar nicht die Darmtätigkeit. Hohe Konzentration (10^{-3}) führt zum systolischen Herzstillstand, zur Steigerung der Darmbewegung, Kontraktion der Blutgefäße und Herabsetzung der Gefäßpermeabilität. Atropin beeinflußt diesen Effekt nicht. Nystatin hat einen direkten stimulierenden Effekt auf Organe und Muskeln, weniger auf das autonome Nervensystem. Es hemmt die Atmung von Candida albicans im Gewebe, Serum wirkt jedoch als Antagonist. Die Gewebsatmung von Niere, Lunge, Leber und Hirn der Maus wird verstärkt.

Tabelle 3. *Wirkungsspektrum von Nystatin in vitro.* (Nach HAZEN und BROWN)

Pilzart	Niedrigste Konzentration für totale Hemmung in γ/ml
Cryptococcus neoformans. . . .	1,56
Candida albicans	3,13
Candida Krusei	6,25
Candida Guilliermondii. . . .	3,13
Candida stellatoidea	3,13
Saccharomyces cerevisiae . . .	3,13
Sporobolomyces salmonicolor . .	3,13
Schizosaccharomyces octosporus	1,56
Endomyces fibuliger.	3,13
Geotrichum lactis	6,25
Blastomyces dermatitidis. . . .	1,56
Paracoccidioides brasiliensis . .	1,56
Histoplasma capsulatum	1,56
Coccidioides immitis	6,25
Sporotrichum Schenckii	13,0
Hormodendrum species	3,13
Phialophora verrucosa	13,0
Trichophyton mentagrophytes .	6,25
Trichophyton rubrum	6,25
Mikrosporum Audouini	3,13
Mikrosporum canis	13,0
Epidermophyton floccosum . .	1,56
Monosporium apiospermum. . .	100,0
Allescheria Boydii.	über 100,0
Aspergillus fumigatus	6,25
Cephalosporium species	25,0

Biologische Wirkung in vitro

Nystatin wirkt fungistatisch gegenüber einer großen Zahl saprophytischer und parasitischer Pilze, es hat jedoch keine Wirkung gegenüber vielen Bakterien, z.B. Escherichia coli. Die für eine totale Wachstumshemmung benötigte Konzentration liegt, je nach Pilzart, zwischen 1,56 und über 100 γ/ml. Wie die Tabelle 3 zeigt, werden nicht nur Hefen und Erreger innerer Mykosen gehemmt, sondern auch Dermatophyten, und zwar in relativ niedriger Konzentration, Epidermophyton floccosum z.B. von 1,56 γ/ml, Mikrosporum Audouini genau wie Candida albicans von 3,13 γ/ml und Trichophyton mentagrophytes sowie T. rubrum von 6,25 γ/ml.

ITO und MIYAMURA ermittelten Grenzkonzentrationen für totale Hemmung zwischen 1 und 10 γ/ml für eine Reihe von Hefen wie Candida albicans, C. pseudotropicalis, ferner Trichophyton- und Mikrosporum-Arten. Höhere Dosen haben fungicide Wirkung [BRADLEY (1)], z. B. reduzierten 2500 E/ml Nystatin innerhalb 3 Std die Zahl der lebenden Candidastellatoidea-Zellen auf 10%. Innerhalb von 24 Std erreichten 300 E/ml das gleiche Ergebnis. Die gute Hemmwirkung in vitro wurde von vielen Autoren bestätigt (CARLSON und SNYDER, JENNISON und STENTON, ROSSI und ACOCELLA und viele andere). Einige Autoren untersuchten die Nystatinwirkung mit Candidastämmen aus verschiedenen Krankheitserscheinungen (RODA, AGHIRRE und MIJARO), ohne jedoch auffällige Unterschiede in der Empfindlichkeit festzustellen, Candida-Stämme aus Vulvovaginitiden (Candida-Fluor) fanden besonderes Interesse [LUTZ und WITZ (2)]. Resistenzentwicklung konnte dabei nicht beobachtet werden [DROUHET (1), ferner DONOVICK u. Mitarb.]. HU prüfte die Nystatinwirkung

auf die experimentelle Candidamykose in Gewebekulturen; es zeigte sich, daß die Candida albicans-Zellen durch 50 E/ml Nystatin gehemmt und durch 100 E/ml teilweise getötet wurden, ohne daß die menschlichen Epidermiszellen geschädigt wurden. Die Schädigung der Gewebezellen begann erst bei 500 E/ml und war vollständig bei 5000 E/ml. Körperflüssigkeiten beeinflussen die Nystatinwirkung in Abhängigkeit von ihrem Gehalt an festen Bestandteilen und ihrer im Test verwendeten Konzentration (PAGANO und STANDER).

Tierversuche

Die therapeutische Wirkung von Nystatin auf die experimentelle Candidamykose der weißen Maus wurde am häufigsten untersucht [MEYER-ROHN u. Mitarb.; CAMPBELL (4), ANDREONI, CERVINI und CURATOLO (2), SOLOTOROVSKY, QUABECK und WINSTEN); in allen Fällen wurden die ursprünglichen Befunde von HAZEN, BROWN und LITTLE bestätigt, daß subcutane Nystatininjektionen oder die orale Zufuhr von Nystatin mehr oder weniger wirksam ist, je nachdem, wie die Versuchsbedingungen gewählt wurden. Am auffälligsten ist die Schutzwirkung durch Nystatin gegenüber der durch Oxytetracyclin und Chlortetracyclin verursachten Mortalitätssteigerung bei experimenteller Candidamykose (HAZEN, BROWN und MASON).

Auch Meerschweinchen dienten als Versuchstiere (FISSI MARRACCINI), Kaninchen (DROUHET), Hühner (YACOWITZ u. Mitarb.) und Hühnerembryonen (STEINBERG und JAMBOR). Die Erfahrungen waren günstig, sofern Nystatin an den Ort der Hefebesiedelung gelangte.

Auf Grund der Ergebnisse der in vitro-Tests versuchten DROUHET, SCHWARZ und BINGHAM Nystatin bei der experimentellen *Histoplasmose* der Maus und des Hamsters, wobei sie eine bemerkenswerte Hemmwirkung feststellten. Ein ähnliches Ergebnis hatte CAMPBELL nicht nur bei der Histoplasmose, sondern auch bei der *Kryptokokkose, Coccidioidomykose* und *Sporotrichose*, so daß die Autorin einen Therapieversuch beim Menschen empfahl.

Die Nystatinwirkung bei der experimentellen Coccidioidomykose wurde auch von NEWCOMER, WRIGHT, LEEB, TARBET und STERNBERG, sowie von GORDON, SMITH und WEDIN beobachtet. Es kam zur Reduzierung der Erreger, i.p. Injektionen waren subcutanen Injektionen überlegen. MARIAT (1), (2) bestätigte die Hemmwirkung des Nystatins auf Sporotrichum Schenckii und die günstige Beeinflussung der Sporotrichose beim Hamster. Sobald jedoch die Pilze im Gewebe fixiert sind, scheint die Nystatinwirkung verloren zu gehen, da die Pilze nicht mehr erreicht werden.

Verträglichkeit, Resorption, Diffusion, Eliminierung

Die Verträglichkeit bei oraler Zufuhr ist unbegrenzt. Nystatin wird jedoch nur sehr langsam und in sehr geringem Maße vom Intestinaltrakt aus resorbiert. Nennenswerte Blutspiegel kommen nicht zustande. Noch geringer ist die Diffusion in den Liquor cerebrospinalis (GREZE). Einige Gewebe, besonders Leber und Niere, reichern Nystatin an. Die Ausscheidung erfolgt zum weitaus größten Teil durch den Darm, ohne daß es zur Resorption gekommen ist. Ein kleiner Teil wird durch die Nieren ausgeschieden. Nach intravenöser Zufuhr wird $^1/_4$ der injizierten Nystatinmenge in den darauffolgenden 24 Std durch die Nieren eliminiert. Bei Niereninsuffizienz ist auch die Nystatinausscheidung verzögert, die dadurch bedingte längere Verweildauer im Blut führt jedoch nicht zu Unverträglichkeitserscheinungen.

Klinische Erfahrungen

Sehr bald nach Bekanntwerden der günstigen Ergebnisse der zahlreichen und umfangreichen experimentellen Untersuchungen in vitro und im Tierversuch setzten die klinischen Prüfungen ein. Für ein Mittel, das imstande schien, generalisierten Mykosen entgegenzuwirken, bestand ein dringendes Bedürfnis, schien es doch so, als würde die breite Anwendung antibakterieller Antibiotica die physiologische Bakterienflora der Haut und Schleimhäute mit vernichten und statt dessen die unheildrohende Gefahr einer pathologischen Pilzflora heraufbeschwören, von wo aus durch banale Anlässe eine foudroyant verlaufende Pilzsepsis sich entwickeln könnte. In der Vorstellung befangen, ein Antibioticum würde Pilzen gegenüber ähnlich wirken wie gegen Bakterien, wurde Nystatin bei den Systemmykosen und vor allem bei den nach antibiotischer Behandlung gehäuft auftretenden Candidamykosen angewandt.

Sehr bald stellte sich heraus, daß in dieser Hinsicht die Erwartungen zu hoch gespannt waren. Die erhoffte therapeutische Beherrschung generalisierter

Mykosen blieb aus. Zwar konnte ein günstiger Einfluß auf den Verlauf der Coccidioidomykose erzielt werden [Newcomer, Wright, Sternberg u. Mitarb., Muftic (1)], es gelang auch die eine oder andere Heilung einer generalisierten Candidamykose [R. C. V. Robinson (1)], auf der anderen Seite waren trotz der guten Ansprechbarkeit der Erreger in vitro die Systemmykosen im Stadium der Generalisierung, in dem von innen heraus die Haut miterfaßt wird, auf die Dauer durch Einnehmen von Nystatin nicht zu heilen (Corbelli u. Mitarb., Yamashita und Yano).

Wesentlich günstigere Erfahrungen machten zahlreiche Autoren bei der Nystatinbehandlung *lokalisierter Candidamykosen* [H. Blank (1); Flarer; Grupper (1); Kitamura und Mori; Wright, Newcomer und Sternberg und andere]. Übersichtsarbeiten [Drouhet (2), (3); Rieth und Schönfeld (2)] zeigen, daß in diesen Fällen Nystatin das Mittel der Wahl ist, da es die Eigenschaft hat, die Pilze nicht nur zu hemmen, sondern infolge der fungiciden Wirkung eine weitgehende Reduzierung herbeizuführen. Nicht selten reicht die Reduzierung aus, um die Toleranzgrenze (Schirren, Rieth und Koch) zu unterschreiten, so daß der befallene Organismus mit dem Rest wieder allein fertig wird.

Indikationen

Die den Dermatologen interessierenden Indikationsgebiete für Nystatin sind folgende:

Cutane Candidamykose. Dieses Krankheitsbild, das in den letzten Jahren wieder mehr in den Vordergrund getreten ist, nachdem es fast vergessen war, spricht auf die Nystatinbehandlung besonders gut an. Um Reinfektionen aus dem Intestinaltrakt auszuschalten, ist immer eine kombinierte lokale und orale Nystatinbehandlung angezeigt. Viele Autoren haben über ganz ausgezeichnete Ergebnisse berichtet [Bazex, Dupré und Parant; Graham, Wright, Newcomer und Sternberg; Grupper (2); Osbourn; R. C. V. Robinson (2); Wright, Graham und Sternberg und viele andere).

Unter das Krankheitsbild der cutanen Candidamykose fallen nicht nur die bekannte *Erosio interdigitalis candidomycetica* oder die *intertriginösen Mamma- und Genitalekzeme*, die sekundär mykotisch überlagert sein können, sondern auch *primäre* Hefeinfektionen, die klinisch von bakteriell bedingten Follikulitiden oder Pyodermien nicht oder erst mit mykologisch geschultem Blick abgegrenzt werden können. Eine Hefebesiedelung der Haut sollte in allen Fällen — ungeachtet der Alternative „primär oder sekundär" — beseitigt werden, wenn es sich um *pathogene* Hefen handelt. Auch die *granulomatösen* Candidamykosen der Haut sprechen auf Nystatin an [Grupper (1)].

Die unter dem Bild einer „*Epidermophytie*" verlaufenden oder auf eine *Dyshidrosis* aufgepfropften Candidamykosen sind am ehesten der Therapie zugänglich, wenn neben der Nystatinanwendung die bewährten dermatologischen Grundsätze Beachtung finden. Bei Doppelinfektionen mit Dermatophyten und Hefen wirkt Nystatin besser gegen die Hefen als gegen die Dermatophyten, so daß erwogen werden soll, ob eine zusätzliche gegen die Dermatophyten gerichtete Behandlung angezeigt ist. Dies wird nicht immer der Fall sein müssen, da Nystatin auch gegen *Dermatophyten* wirksam ist.

Higuchi u. Mitarb. erzielten bei *Eczema marginatum* Heilung durch Nystatinsalbe. Durch *Trichophytonpilze* verursachte *Interdigitalmykose* wurde pilzfrei durch Nystatinpuder. Auch Yasuda und Takahashi sahen Abheilung von Eczema marginatum (Trich. rubrum) innerhalb 20 Tagen nach Anwendung von Nystatinsalbe. Andere Fälle blieben jedoch unbeeinflußt (Takahashi und Kuroda). Muftic (2) konnte bei Otomykosen in tropischen Ländern mit einer Kombination von Nystatin, Cortison und ACTH (in einigen Fällen Prednison) Heilung erzielen.

Sehr eindrucksvoll sind die Behandlungsergebnisse bei *Paronychie* durch Candida albicans und andere Hefen [BERESTON; GRUPPER (3); SLOANE), auch *Onychomykosen*, die allein durch Hefen verursacht sind, wurden unter Nystatin-behandlung geheilt. Sehr häufig liegt aber bei Onychomykosen eine Doppel-infektion vor; Onychomykosen durch Dermatophyten sprechen auf Nystatin nicht an, eine kombinierte Behandlung ist deshalb zu empfehlen.

Die *cutanen Candidamykosen der Säuglinge und Kleinkinder* sprechen in ihren sämtlichen Formen (Erytheme, vesiculöse und bullöse Formen, ekzematöse und granulomatöse Formen, trockene Schuppung, Mikroabscesse) ausgezeichnet auf die Nystatinbehandlung an, sofern nach dermatologischen Grundsätzen (z. B. gegebenenfalls antiekzematöse Behandlung) vorgegangen wird [CHILDS (1); DOBIAS (1), (2); GABITO FARIAS; SERPA). Bei Kindern ist immer in solchen Fällen nach einem Befall der Schleimhaut (z. B. Mundsoor) zu fahnden. Hefeherde im Intestinaltrakt können Ausgangspunkt für Rückfälle sein, ihre Ausschaltung durch Nystatin ist in vielen Fällen gelungen (COLETTA und MARTUCCI; GONZÁLEZ OCHOA u. Mitarb.; HUANG und HIGH; KOZINN und TASCHDJIAN; RICHARD und viele andere).

HARRIS u. Mitarb. haben solch gute Erfahrungen mit Nystatin auf Kinderstationen gemacht, daß sie eine Nystatin-Methode zur *Ausrottung des Soors* auf Kinderstationen ent-wickelt haben.

Genitale Candidamykosen

Vulvovaginitis und *Balanoposthitis candidamycetica* sind zwei Krankheitsbilder, die in engem Zusammenhang stehen, da sie Ursache einer konjugalen Infektion sein können [H. BLANK (2)]. Die Therapie der Balanoposthitis ist seit Verwen-dung von Nystatin erfolgversprehend (KOCH, RIETH und RÜTHER), auch wenn ein Diabetes prädisponierend wirkt. Vulvovaginitiden durch Hefen sprechen ebenfalls gut an, wie zahlreiche Beobachtungen ergeben haben (BARR; BRET und BARDI-AUX; BROWNE; RÜTHER, RIETH und KOCH; SAREWITZ). Am besten sind die Ergebnisse, wenn gleichzeitig mit Ovula, Salbe und Dragées, also lokal und oral, behandelt wird (FUJIMORI u. Mitarb.; MIZUNO u. Mitarb.). Die Beseitigung der pathogenen Hefen aus dem Darm bzw. ihre Reduzierung auf ein für den Organis-mus erträgliches Maß ist mit Nystatin erreichbar (SPAULDING und TYSON; STERNBERG u. Mitarb.). Um einem Überhandnehmen der pathogenen Hefen im Darm vorzubeugen und damit eine mögliche Infektionsquelle für cutane Candi-damykosen auszuschalten, kann bei antibakterieller antibiotischer Behandlung Nystatin mit einem andern Antibioticum kombiniert gegeben werden [GIMBLE u. Mitarb.; IACAPRARO; TAKAHASHI u .Mitarb.; RIETH und SCHÖNFELD (2)].

KRÄMER und GEISENHÖFER sahen bei konsequenter Nystatin-Therapie einen 100%igen Heilerfolg bei allen durch Candida albicans verursachten Vulvovaginitiden. Wegen der Gefahr einer unvorhersehbaren generalisierten Candidamykose als Folge einer aus vitaler Indikation notwendig werdenden antibiotischen Behandlung fordern sie die Sanierung der Candida-Vaginitis bei Graviden durch Nystatin.

Candidide

Id-Reaktionen infolge Sensibilisierung des Organismus durch Candida-Allergene bedürfen zwar keiner lokalen antimykotischen Behandlung, jedoch der Ausschaltung des Herdes.

SULI behandelte 10 Fälle von Candidid (ekzematöse Veränderungen an den Augenbrauen, um Nase und Mund oder übers ganze Gesicht ausgebreitet, kleieartige Schuppung, Juckreiz) dadurch, daß er die bestehende mykotische Vulvovaginitis durch Nystatin beseitigte. Ähn-liches erreichten SOLARI und FERNÁNDEZ durch Ausschaltung der Hefeherde im Intestinal-trakt. WHITEMORE heilte eine Erkrankung, die zunächst aussah wie eine Acrodermatitis enteropathica, innerhalb 3 Wochen durch Beseitigung der Candida albicans-Besiedelung des Darmes mit 4mal täglich 100000 E Nystatin.

Aspergillose

Bei lokaler und generalisierter Aspergillose scheint Nystatin einen günstigen Einfluß auszuüben.

MANGIARACINE und LIEBMAN erzielten Heilung einer durch Aspergillus fumigatus verursachten Keratitis durch lokale und orale Behandlung mit Nystatin. SCHOLER konnte die generalisierte Aspergillose der Maus durch Nystatin im Sinne einer Verlängerung der Überlebenszeit und einer teilweisen Sanierung der makroskopischen und kulturellen Nierenbefunde beeinflussen.

Dosierung und Behandlungsdauer

Nystatin wird für die äußerliche Lokalbehandlung als *Salbe* verwendet; 1,0 g Salbe enthält 100000 E Nystatin. Die Anwendung richtet sich nach dem Schweregrad der Krankheitserscheinungen und soll bis zur klinischen und mykologischen Abheilung erfolgen.

Für die Behandlung der Vagina haben sich *Ovula* mit 100000 E Nystatin in einer Milchzuckergrundlage bewährt. 5 Tage lang wird morgens und abends je 1 Ovulum tief in die Vagina eingeführt, dann noch 2 Tage nur abends. In chronischen Fällen und bei Reinfektion kann die Kur mit Erfolg wiederholt werden.

Die Sanierung der Hefeherde im Darm erfolgt mit Nystatin in *Dragées*-Form oder als *Suspension*. 1 Dragée enthält 500000 E Nystatin und wird 3mal täglich gegeben, die Dosis kann unbedenklich auf 3mal 2 Dragées täglich erhöht werden und lange Zeit hindurch gegeben werden. Es ist ratsam, Nystatin noch einige Tage länger zu geben als antibakterielle Antibiotica, falls diese angewendet werden. Die Suspension zur inneren Anwendung ist vorwiegend für Kinder gedacht, 1 ml enthält 100000 E.

Nebenwirkungen

Nystatin ist außerordentlich gut verträglich, infolgedessen sind Nebenwirkungen bei den üblichen Dosierungen nicht zu verzeichnen (OTTEN und MARGET; STEWART).

Auch die Kombination Tetracyclin + Nystatin wird gut vertragen (UCHIMURA u. Mitarb.).

Sensibilisierungen durch Nystatin sind bisher nicht bekannt geworden. Selbst hohe Gesamtdosen von 150 Mill. E haben keinerlei Nebenwirkungen verursacht (VANBREUSEGHEM und EYCKMANS).

Wirkungsweise

Nystatin hemmt die endogene Atmung der Pilze und dadurch die aerobe und anaerobe Verwertung von Glucose, Fructose und Maltose. Die Nystatinwirkung auf Hefen ist irreversibel (LAMPEN u. Mitarb.). Durch 25 γ/ml Nystatin wird die Atmung von Candida albicans total unterdrückt, wie in der Warburg-Apparatur nachgewiesen wurde (TANIOKU u. Mitarb.), Kaninchenserum schwächte die Nystatinwirkung ab. Die Hemmwirkung von Nystatin kann in vitro durch Phosphatzusatz aufgehoben werden [BRADLEY (2)].

Die fungicide Wirkung von Nystatin wurde von MEYER-ROHN, HOPFF und LANGE-BROCK in der Warburg-Apparatur eingehend untersucht. Die Abhängigkeit der Nystatinwirkung von der Keimdichte läßt es nach MEYER-ROHN u. Mitarb. „empfehlenswert erscheinen, bei der therapeutischen Anwendung dieses Antibioticums seine geringe Toxicität voll auszunutzen und maximal zu dosieren, um seine fungiciden Eigenschaften möglichst weitgehend zur Wirkung zu bringen".

Handelspräparate

Moronal (= Mycostatin Squibb) und Steclin PM (= Tetracyclin + Moronal). Alleinhersteller für Deutschland: Chemische Fabrik von Heyden AG, München.

γ) Trichomycin

Herkunft und Geschichtliches

Aus Streptomyces hachijoensis im Jahre 1951 von HOSOYA u. Mitarb. isoliert; der Stamm war im Erdboden der kleinen Pazifik-Insel Hachijo-jima aufgefunden worden. Bis 1953 waren bereits eingehende in vitro- und in vivo-Untersuchungen durchgeführt worden, deren Ergebnisse so günstig ausgefallen waren, daß Trichomycin sehr bald in die klinische Prüfung genommen werden konnte. Von 1954 ab wurde Trichomycin auch in Europa eingesetzt, 1955 von DIMMLING in Deutschland getestet.

Chemische, physikalische und pharmakologische Daten

Trichomycin ist ein gelbes amorphes Pulver, bei p_H 7—8,5 thermostabil, bei p_H 2 unstabil, vom Schmelzpunkt 155⁰ C. Im UV-Absorptionsspektrum: Maxima bei 286, 346, 364, 384 und 405 mμ (HOSOYA u. Mitarb.).

Löslichkeit. Leicht löslich in Wasser und in wäßrigem Aceton, wäßrigem Methanol, wäßrigem Äthanol bei leicht alkalischem p_H; weniger gut in Aceton, Methanol, Äthanol und Butanol; unlöslich in Äther, Petroläther und Äthylacetat.

Quantitative Bestimmung. Mikrobiologisch mit Candida albicans.

Pharmakologie. LD_{50} für Mäuse: 160 mg/kg subcutan; 4,2 mg/kg i.p.; oral wurden 160 mg je kg vertragen, 830 mg/kg waren letal. Bei Meerschweinchen wurde eine kleine Menge Trichomycin nach subcutaner und oraler Zufuhr im Urin ausgeschieden. Mehr als 1,9 E/ml stimulieren das isolierte Froschherz. Beim Kaninchen tritt Atmungsstillstand und Herzlähmung ein bei 700—750 E/kg; 475 E/kg waren ohne Einfluß auf Blutbild und Leberfunktion. 1,2 E/ml rufen Hämolyse hervor, in Anwesenheit von Serum oder durch Erhitzen wird dieser Effekt verhindert (OZAKI u. Mitarb.).

Biologische Wirkung in vitro

Trichomycin weist ein breites Wirkungsspektrum gegenüber Hefen und Dermatophyten auf, darüber hinaus werden Spirochäten und Protozoen (unter anderem Trichomonas vaginalis) gehemmt (HOSOYA u. Mitarb.; MAGARA u. Mitarb.; DIMMLING; BERTRAND und MARTIN). Die Wirkung tritt bereits bei sehr geringen Konzentrationen ein (LACAZ u. ULSON).

CARETTA und FÜRESZ prüften 9 Candida-Arten, 5 Torulopsis-Arten, außerdem Debaryomyces und Trichosporon-Arten; die meisten Stämme wuchsen nicht mehr bei 3,2 γ/ml Trichomycin. SARACENI fand Werte zwischen 0,25 und 1 γ/ml für Candida albicans, C. tropicalis, C. Krusei und Geotrichum candidum. DIMMLING ermittelte für C. albicans, C. tropicalis und C. Krusei durchschnittliche Empfindlichkeitswerte zwischen 2,5 und 10,0 γ/ml (1 γ entspricht dabei 1 E), seltener vorkommende Hefen wurden erst durch eine Konzentration von 20 γ/ml gehemmt, Cryptococcus neoformans durch 1 γ/ml (ATA u. STAIB).

Dermatophyten (Trichophyton, Mikrosporum, Epidermophyton) vertragen bis zu 100 γ/ml Trichomycin, dann werden sie gehemmt, es kommt zum Wachstumsstillstand, aber nicht zum völligen Absterben der Pilze (HOSOYA u. Mitarb.).

Gegen aerobe Bakterien ist Trichomycin unwirksam. Im Hinblick auf eine therapeutische Verwendung in der Vagina ist es von Bedeutung, daß Trichomycin die Döderleinschen Bacillen nicht schädigt (BERTRAND und MARTIN).

Tierversuche

Die tierexperimentellen Untersuchungen erstreckten sich vor allem auf die therapeutische Beeinflussung der Candidamykose, der Kryptokokkose und der Dermatophytien.

TSUBURA führte vergleichende Untersuchungen durch, und zwar an Kaninchen, Ratten, Mäusen, Meerschweinchen und Hamstern, und konnte die von HOSOYA u. Mitarb. bereits festgestellte Hemmwirkung gegen Candida albicans in vivo bestätigen. Bei der Kryptokokkose der Mäuse wirkt Trichomycin nicht heilend, verlängert aber die Überlebenszeit (FUJINO u. Mitarb.). Die experimentelle Meerschweinchen-Trichophytie konnte durch Trichomycinsalbe rascher zum Abheilen gebracht werden (KOBORI u. Mitarb.).

Klinische Erfahrungen

Die wichtigsten Arbeiten über die Anwendung des Trichomycins bei verschiedenen Mykosen stammen aus der Dermatologischen Abteilung des Teishin Hospital (KOBORI u. Mitarb.) in Tokyo, in Zusammenarbeit mit dem Institut für Infektionskrankheiten (HOSOYA u. Mitarb.) der Universität Tokyo.

Oberflächliche *Trichophytien* konnten zur Abheilung gebracht werden, Onychomykosen sprachen nicht an. Die Wirkung auf nässende Herde war besser als auf die trockenen (MAGNIN und VIVOT).

Über die sehr erfolgreiche Behandlung von 118 Fällen von *Candidamykose* in den Jahren 1953—1956 berichtete ATA.

Günstige Erfahrungen liegen über die Behandlung der *genitalen Candida* *mykosen* vor [FUMBARG; ISHIGAMI; LUTZ und WITZ (1); MENDIZABAL u. Mitarb.; ONODA u. Mitarb.].

Auch eine erfolgreiche *Soor*behandlung der Mundhöhle läßt sich mit Trichomycin durchführen.

10 Fälle von DAMENO heilten in 2—5 Tagen.

Auch bei *disseminierten* Formen der Candidamykose besteht für die Trichomycinanwendung eine therapeutische Chance.

IMAMURA sah die Heilung eines solchen Falles (35jährige Frau) unter oraler Trichomycinbehandlung (300000 E täglich).

Paronychien durch Candida-Hefen sind ebenfalls eine Indikation für Trichomycin (HOPF).

Dosierung und Behandlungsdauer

Für die *orale* Behandlung beträgt die übliche Dosis 3000—5000 E/kg Körpergewicht, beim Erwachsenen hat sich die Dosierung 3mal täglich 2 Kapseln oder Dragees zu je 50000 E bewährt. Die Behandlungsdauer richtet sich nach dem Abklingen der Erscheinungen und kann Tage bis Wochen betragen.

Die Behandlung der Vaginitis erfolgt mit *Vaginal*-Tabletten zu je 50000 E, anfangs 2mal täglich, dann 1mal täglich, Dauer im allgemeinen 3—5 Tage.

Salben sind mit verschiedenem Trichomycingehalt verwendet worden. 50000 E je g waren wesentlich wirksamer als nur 5000 E/g; die Abheilung erfolgte durchschnittlich nach etwa 20 Tagen (KOBORI u. Mitarb.).

Resorption, Verträglichkeit, Nebenwirkungen

Trichomycin wird vom Darm aus resorbiert. Bei oraler Zufuhr von 200000 bis 500000 E konnte ein Blutspiegel von 0,1 γ/ml ermittelt werden (KARASAKI, WATANABE und KUMADA).

Nach intravenöser Injektion von 100 γ/kg konnte bei Kaninchen ein Blutspiegel von 1 γ/ml erzielt werden, doch scheinen individuelle Schwankungen vorzukommen, denn nur 23 von 39 Kaninchen wiesen einen meßbaren Blutspiegel auf [KARASAKI (1), (2) und WATANABE (1), (2)].

Die Verträglichkeit ist bei oraler Zufuhr gut; bei kurzdauernder Anwendung werden keine Nebenwirkungen gesehen (CHAPPAZ und BERTRAND), bei länger dauernder Behandlung kann es zu leichten Magen-Darmstörungen kommen. Toxische Reaktionen sind jedoch niemals beobachtet worden (HOSOYA u. Mitarb.).

Wirkungsweise

Trichomycin wirkt fungistatisch, jedoch nicht fungicid, wie DIMMLING in Versuchen mit der Warburg-Apparatur nachweisen konnte. Die Sauerstoffaufnahme von Candida albicans, C. tropicalis und C. Krusei wurde deutlich eingeschränkt. FUJI (2) fand, daß durch Trichomycin der Einbau von Phosphor in die Pilzzelle gehemmt wird.

Handelspräparate

Trichonat. Hersteller: Chemie Grünenthal GmbH, Stolberg im Rheinland. In Japan: Trichomycin. Hersteller: Sanyo Chemical Co., Nagoya.

δ) Amphotericin B

Herkunft und Geschichtliches

Die Amphotericine A und B wurden 1955 von einer Forschergruppe des Squibb Institute for Medical Research aus einem nicht klassifizierbaren Streptomycetenstamm isoliert; der Pilz war in einer Bodenprobe aus dem Orinoco-Gebiet (Venezuela) enthalten. Die ersten Berichte über die neuentdeckten antimykotischen Substanzen stammen von STERNBERG, WRIGHT und OURA; STEINBERG, JAMBOR und SUYDAM; GOLD, STOUT, PAGANO und DONOVICK; sowie VANDEPUTTE, WACHTEL und STILLER.

Chemische und physikalische Daten

Amphotericin A und B sind zwei verschiedene Substanzen, A ist ein Tetraen, B ein Heptaen; beide sind amphotere gelbe Pulver. UV-Absorptionsspektrum: Amphotericin A: Maxima bei 291, 305, 320 mμ; Amphotericin B; Maxima bei 364, 383, 408 mμ (STERNBERG u. Mitarb.). *Löslichkeit:* gut löslich in schwach sauren und schwach alkalischen alkoholischen Lösungen, ferner in N,N'-Dimethylformamid; unlöslich in wasserfreien Alkoholen, Estern, Äther, Benzol und Toluol. Das trockene Pulver ist bei niedriger Temperatur unter Lichtabschluß monatelang stabil. Amphotericin A ist bei p_H 6 und 7 auch bei 30^0 C stabil, während sich Amphotericin B bei allen p_H-Werten zwischen 4 und 10 zersetzt (VANDEPUTTE u. Mitarb.). Die *quantitative Bestimmung* erfolgt mikrobiologisch mit Saccharomyces cerevisiae.

Biologische Wirkung in vitro

Amphotericin B ist wesentlich wirksamer gegenüber verschiedenen pathogenen Pilzen als Amphotericin A (HALDE u. Mitarb.); alle Bemühungen um die Erforschung der antimykotischen Wirkung konzentrierten sich deshalb auf Amphotericin B.

In vitro wurde eine gute Wirkung erzielt gegenüber Cryptococcus neoformans, Candida albicans, Histoplasma capsulatum, Coccidioides immitis, Blastomyces dermatitidis, Trichophyton rubrum und Mikrosporum Audouini, eine geringere Wirkung gegenüber T. mentagrophytes und M. canis, gar keine gegenüber Sporotrichum Schenckii (Mycelphase) und Nocardia asteroides. Eine Konzentration von 0,5 γ/ml war in den meisten Fällen bereits wirksam. Nicht gehemmt werden grampositive und gramnegative Bakterien (GOLD u. Mitarb.; HALDE u. Mitarb.). In anderen Versuchen wurden auch folgende pathogene Pilze durch Amphotericin B gehemmt: Sporotrichum Schenckii (Hefephase), Blastomyces brasiliensis, Epidermophyton floccosum, Monosporium apiospermum und Aspergillus fumigatus (GOLD u. Mitarb.).

COSTELLO u. Mitarb. prüften die Empfindlichkeit eines selbst isolierten Stämmes von Hormodendrum Pedrosoi und ermittelten einen Wert von 35 γ/ml als Minimalkonzentration für totale Hemmung.

Tierversuche

Den Einfluß von Amphotericin B auf eine ganze Reihe tiefer Mykosen bei verschiedenen Versuchstieren prüften mehrere Forschergruppen und stellten dabei teilweise sehr günstige Ergebnisse fest [BAUM u. Mitarb.; EVANS u. BAKER; LOURIA u. Mitarb.; DROUHET (6)].

Das Angehen der experimentellen *Coccidioidomykose* und *Candidamykose* bei Mäusen konnte durch tägliche Dosen von 10—25 mg/kg Körpergewicht verhindert werden (STERNBERG u. Mitarb.); Amphotericin B wurde dabei i.p. injiziert. Auch die Mäuseinfektionen mit *Histoplasma capsulatum* und *Cryptococcus neoformans* ließen sich durch Amphotericin B kontrollieren (STEINBERG u. Mitarb.). HALDE u. Mitarb. bestätigten die günstigen Ergebnisse bei der experimentellen Candidamykose und Coccidioidomykose.

Auch die experimentelle Meerschweinchen-*Trichophytie* wurde mit 2%iger Amphotericin B-Salbe erfolgreich behandelt (STEINBERG u. Mitarb.).

Nordamerikanische Blastomykose bei Hamstern sprach auf die orale Behandlung mit Amphotericin B gut an. Amphotericin A war unwirksam (DROUHET und WILKINSON).

Toxicität. Die anfänglich angegebenen relativ hohen Dosen für die LD_{50} bei Mäusen in Höhe von 25 mg/kg intravenös und 280 bis über 1200 mg/kg i.p. (STERNBERG u. Mitarb.; STEINBERG u. Mitarb.) wurden später nicht bestätigt. KULESZA ermittelte als niedrigste letale Dosis (LD_2) 1,8—2,3 mg/kg Körpergewicht bei Mäusen nach intravenöser Zufuhr von Amphotericin B; der Wert für die LD_{50} betrug 4,0—4,3 mg/kg.

Oral wurden hohe Dosen Amphotericin B vertragen: 600 mg/kg. Bei einer täglichen Dosierung von 40 mg/kg wurde bei Mäusen anscheinend die Blut-Liquor-Schranke überwunden (STEINBERG, JAMBOR und SUYDAM).

Klinische Erfahrungen

Amphotericin B hat sich auf dem Gebiet der *disseminierten Systemmykosen*, die die therapeutisch am schwersten zugängliche Gruppe der Mykosen darstellen, in einer Reihe zuvor aussichtsloser Fälle bewährt. Wenn auch nicht alle Erwartungen erfüllt wurden, so haben sich doch in der kurzen Zeit, die seit Entdeckung des Amphotericins vergangen ist, einige *Indikationsgebiete* abgrenzen lassen.

Kryptokokkose. Seit Einführung des Amphotericins in die Therapie ist die Prognose einer durch Cryptococcus neoformans verursachten Meningitis nicht mehr absolut infaust.

APPLEBAUM und SHTOKALKO erreichten mit täglichen Dosen von 100 mg innerhalb 2 Wochen klinische Besserung einer Kryptokokken-Meningitis, nach weiteren 5 Wochen (alle 2 Tage 100 mg intravenös) völlige Heilung mit Verschwinden der Erreger aus dem Liquor. Weitere günstige Berichte liegen von CROUNSE und LERNER; FITZPATRICK u. Mitarb.; RUBIN u. Mitarb.; sowie UTZ u. Mitarb. vor. Andererseits kam es trotz klinischer Besserung und Beseitigung von Cryptococcus neoformans aus dem Liquor in einem Fall von GANTZ u. Mitarb. zum Exitus letalis.

Candidamykose. Bei den verschiedenen Formen der Infektion durch Candida albicans und ähnliche Hefen sind wiederholt sehr gute Erfolge erzielt worden.

Bei *cutaner* Candidamykose sahen KOZINN u. Mitarb. (2) in 80% der Fälle Heilung nach 8—9 Tagen bei Anwendung von Amphotericin B-Salbe. Auch Soor der Mundschleimhaut und Hefebesiedelung des Magen-Darmkanals sprechen gut auf Amphotericin B an [HALDE u. Mitarb.; HUANG u. Mitarb.; KOZINN u. Mitarb. (1)]. Bei Disseminierung und bei Überwuchern der Hefen nach antibakterieller antibiotischer Therapie sind mit Amphotericin B Erfolge erzielt worden [CHILDS (2), (3); SAROT u. Mitarb.; UTZ u. Mitarb.).

Histoplasmose. Die bisher sehr unbefriedigenden Behandlungsergebnisse scheinen sich durch Amphotericin B verbessern zu lassen. Zu diesem vorsichtigen Urteil gelangen Kenner der Situation wie LEHAN und FURCOLOW. Auch MILLER u. Mitarb.; UTZ u. Mitarb.; sowie VOGEL und CRUTCHER sahen Besserungen. GREENDYKE und KALTREIDER beschrieben einen Fall, der innerhalb von 2 Monaten völlig ausheilte.

Coccidioidomykose. Erfolgreichen Behandlungen stehen Versager gegenüber.

Eine vollständige Heilung erreichten KLAPPER, SMITH und CONANT, erhebliche Besserungen sahen HUNTER und MONGAN, sowie WILLIAMS und SKIPSWORTH, während 3 Fälle von UTZ u. Mitarb. unverändert blieben.

Nordamerikanische Blastomykose. Die Heilung von 4 Fällen (stilbamidinresistent) gelang HARRELL und CURTIS. Dies ist als ganz besonderer Erfolg zu werten.

Südamerikanische Blastomykose. Sulfonamidresistente Fälle waren bisher prognostisch infaust. Durch die Einführung des Amphotericin B scheint sich nunmehr ein Wandel anzubahnen (PIERINI und MOSTO).

LACAZ und SAMPAIO erreichten die Heilung 4 sulfonamidresistenter Fälle und raten zu weiteren Behandlungsversuchen.

Chromoblastomykose. Erstmalig ist eine erfolgreiche antibiotische Behandlung dieses Krankheitsbildes gelungen.

8 subcutane Injektionen von Amphotericin B in 2%iger Procainlösung in das Krankheitsgebiet brachten eine völlige Abheilung zustande (COSTELLO, DE FEO und LITTMAN; DE FEO und HARBER).

Dosierung und Behandlungsdauer

Für die intravenöse Behandlung empfiehlt es sich, langsame Infusionen mit schwachen Lösungen durchzuführen, etwa 1,0 mg Amphotericin B in 10 ml 5%iger Dextroselösung; innerhalb 6 Std läßt man etwa 1,0 mg/kg Körpergewicht

als Tagesdosis einfließen. Um toxische Reaktionen zu vermeiden, soll als Anfangsdosis nicht mehr als 0,25 mg/kg gegeben werden, dann 0,5 mg/kg und schließlich
0,75—1,0 mg/kg. Auf keinen Fall sollen mehr als 1,5 mg/kg als Tagesdosis gegeben werden.

Die Behandlungsdauer richtet sich nach dem Erfolg; gute Ergebnisse sind nicht
selten nach 4—8 Wochen erzielt worden.

Die subcutane Behandlung wird mit Tagesdosen von 20—45 mg Amphotericin B durchgeführt, am besten in 2%iger Procainlösung gelöst.

Für die intramuskuläre Behandlung wird die Lösung in 5%iger Dextrose
unter Zugabe eines Lokalanaestheticums empfohlen.

Für die intrathekale Applikation wurden 0,5—1,0 mg in 5 ml Wasser, jeden
2. Tag, verwendet.

Verträglichkeit und Nebenwirkungen

Bei zu hoher Dosierung kommt es zu toxischen Wirkungen, Fieber, Kopf-
schmerz, Erbrechen, die jedoch mit Aspirin, Antipyretica und Antihistaminica
beherrscht werden können. Thrombophlebitiden am Ort der intravenösen Infusion
sind nicht selten, klingen aber gut ab, wenn die Dauertropfinfusion nur jeden
2. Tag erfolgt (WILLIAMS u. Mitarb.). Es ist auch zu erheblichem Gewichtsverlust gekommen, doch trat nach Absetzen des Mittels baldige Erholung ein.

Wirkungsweise, Resistenz

Über die Wirkungsweise ist bisher wenig bekannt. Niedrige Konzentrationen
wirken fungistatisch, höhere fungicid. Die anfängliche Steigerung des O_2-Ver-
brauchs bei Candida albicans wird durch höhere Konzentrationen gehemmt
(DROUHET u. Mitarb.). LONES und PEACOCK konnten die Resistenz von Candida
albicans bei 52 Subkulturen in einigen Fällen auf das Zehnfache steigern. LITT-
MAN u. Mitarb. gelang dies bei C. albicans nicht, jedoch bei C. tropicalis.

Handelspräparate

Fungizone in Fläschchen zu 20 ml, enthaltend 50 mg Amphotericin B + 41 mg Natrium-
desoxycholat + Natriumphosphatpuffer. Hersteller: E. R. Squibb & Sons, New York.
Vertrieb in Deutschland: Chemische Fabrik von Heyden, München.

ε) Cycloheximid (= Actidion)

Herkunft und Geschichtliches

Von WAKSMAN, SCHATZ und REILLY 1945 in Kulturfiltraten von Streptomyces griseus
nachgewiesen. 1946 beschrieben WHIFFEN, BOHONOS und EMERSON die Wirkung gegen verschiedene pathogene und apathogene Pilze, darunter Cryptococcus neoformans, 1948 von
WHIFFEN ausführlich dargestellt. 1950 konnten HAZEN und BROWN (1) Cycloheximid auch in
Streptomyces noursei nachweisen.

Chemische, physikalische und pharmakologische Daten

Schwach saure, farblose, plattenförmige Kristalle vom Schmelzpunkt 115—116,5° C und
Molekulargewicht 281 (errechnet). Molekularformel: $C_{15}H_{23}NO_4$ (FORD und LEACH).
Strukturformel (KORNFELD und JONES):

Löslich in Wasser und allen organischen Lösungsmitteln außer gesättigten Kohlenwasserstoffen. Cycloheximid ist thermostabil. Quantitative Bestimmung: mikrobiologisch mit Saccharomyces pastorianus.

Toxicität. Ungewöhnlich verschieden, für Ratten intravenös nur 2,5mg/kgKörpergewicht, für Kaninchen intravenös 17 mg/kg, für Mäuse dagegen 150 mg/kg (WHIFFEN).

Biologische Wirkung in vitro

Gehemmt werden Cryptococcus neoformans, Aspergillus niger, Saccharomyces cerevisiae und viele phytopathogene Pilze, nicht dagegen Candida albicans, Blastomyces dermatitidis und Dermatophyten. Cryptococcus neoformans-Stämme waren verschieden empfindlich, z. B. 0,24 γ/ml (WHIFFEN), 0,1—0,2 γ/ml (LITTMAN und ZIMMERMAN), 0,04—6,0 γ/ml (CARTON). Bakterien werden kaum gehemmt (LEACH u. Mitarb.)

Tierversuche

Trotz der hohen Empfindlichkeit von Cryptococcus neoformans gegenüber Actidion in vitro gelang es KLIGMAN und WEIDMAN nicht, damit Mäuse zu schützen. Auch CARTON und LIEBIG stellten keinen besonderen Unterschied zwischen den behandelten Mäusen und Kontrolltieren fest. Hinzukommt, daß es nicht möglich war, nach intravenöser Injektion von 150 mg/kg bei Mäusen Actidion im Serum nachzuweisen (TARBET und STERNBERG).

Klinische Erfahrungen

Der erste Versuch, eine Cryptococcus neoformans-Infektion beim Menschen mit Actidion zu behandeln, wurde 1949 unternommen. Trotz einer Gesamtdosis von 1400 mg Actidion kam die 26jährige Patientin ad exitum (GARCIA u. Mitarb.; ECHOLS und GARCIA).

Die Erfahrungen weiterer Autoren waren — von Ausnahmen abgesehen — gleich schlecht [BUCKLE und CURTIS; FISHER (1); HASPEL u. Mitarb.; LITTMAN und ZIMMERMAN). In 2 Fällen (CARTON; sowie WILSON und DURYEA) war die Behandlung möglicherweise erfolgreich, doch wird diskutiert, ob es sich nicht um Spontanremissionen gehandelt hat.

Verwendung von Actidion als Fungistaticum im Laboratorium

Mit Actidion (0,1—0,5 mg/ml) lassen sich häufig vorkommende Schimmelpilze wie Aspergillus fumigatus in Kulturen unterdrücken, so daß insbesondere Dermatophyten eine größere Wachstumschance haben [GEORG (1), AJELLO u. Mitarb.]. Bei stark mit Schimmelpilzen verunreinigtem Untersuchungsmaterial, z. B. Tierhaar, Erdboden oder Schuhleder, hat sich der Zusatz von Actidion zum Nährboden sehr bewährt [ADAM und STEITZ; FEGELER (1); FUENTES u. Mitarb.; GÖTZ und HERTLEIN; RIETH und EL-FIKI (1); SCHIRREN und RIETH (3)].

Verträglichkeit, Dosierung und Wirkungsweise

Die höchste bisher intravenös gegebene Dosis von 180 mg in 24 Std ist gut vertragen worden. Dies entspricht einer Menge von 2,5 γ/kg Körpergewicht (ECHOLS und GARCIA). Wahrscheinlich können viel höhere Dosen vertragen werden, Fall 4 von CARTON erhielt intramuskulär 2681 mg in 24 Std ohne irgendwelche toxischen Erscheinungen. Um eine Gewebskonzentration von 10 γ/kg bei 70 kg Körpergewicht zu erzielen, müßten Dosen von 700 mg gegeben werden. — Die Wirkung von Actidion ist mehr fungistatisch als fungicid (CARTON u. LIEBIG).

Handelspräparat. Actidion. Hersteller: Upjohn Comp., Kalamazoo, Mich.

b) Antibiotica mit Wirkung gegen Strahlenpilze

Diese Gruppe wird abgegrenzt, weil es sich in erster Linie um antibakterielle Antibiotica handelt, die in einem eigenen Kapitel ausführlich behandelt sind.

Strahlenpilze haben enge Beziehungen zu Bakterien, besonders die in Kokken und Stäbchen zerfallenden Gattungen Actinomyces und Nocardia; andererseits sind die Gattungen Streptomyces, Mikromonospora und Actinomonospora echte Pilze.

Um Überschneidungen zu vermeiden, sind deshalb im folgenden nur die mykologischen Erfahrungen berücksichtigt, nicht aber weitere Einzelheiten über die übrigen Eigenschaften dieser Antibiotica.

α) Penicillin

Herkunft. Penicillium notatum Westling, P. chrysogenum und andere Penicillium- und Aspergillusarten.

Wirkung gegen Actinomyceten in vitro

Actinomyces Israeli (bovis) wird bereits in sehr geringen Penicillinkonzentrationen gehemmt (SCHÖNFELD und KIMMIG).

ABRAHAMS und MILLER ermittelten als Minimalkonzentration für totale Hemmung 0,1—0,2 E/ml; NOVAK und FLANDERS fanden Werte zwischen 0,1—0,5 E/ml; von HANF u. Mitarb. wurden 0,025—0,1 E/ml angegeben. Die Empfindlichkeit von 31 humanpathogenen Stämmen entsprach ungefähr der Empfindlichkeit von Staphylokokken (P. HOLM). Primäre Penicillinresistenz ist selten, sämtliche 46 Stämme von NICHOLS und HERRELL sprachen auf Penicillin an.

Klinische Erfahrungen

Aktinomykose. Mit der Einführung des Penicillins in die Aktinomykosebehandlung wurde ein solcher Fortschritt erzielt, daß die vorher gebräuchlichen Verfahren immer mehr verdrängt werden konnten. Über 15 Jahre erfolgreiche Penicillinbehandlung bei Aktinomykosen haben eine umfangreiche Kasuistik entstehen lassen (BOHAN und SERINO; BRUWER; DOBSON und CUTTING; FÖLDVARI; GUILBERT; HAMILTON; HENDRICKSON und LEHMAN; JONES und BROWNELL; MORGINSON; SZENDI; WALKER und HAMILTON und viele andere).

Die Anwendung erfolgt meist parenteral, doch ist auch mit den neueren Penicillinen die orale Behandlung durchführbar. GOTTLIEB verwendete zusätzlich Penicillininjektionen in die aktinomykotischen Herde mit gutem Erfolg. Bereits nach 1—2 Tagen waren keine „Drusen" mehr nachweisbar.

Kombinierte Behandlung. Sehr bewährt hat sich die gleichzeitige Behandlung mit Penicillin und Sulfonamiden [MEYER-ROHN (2)]. Diese Kombination hat den Vorzug für die Praxis, weil sich nicht immer rechtzeitig durch kulturelle Untersuchungen klären läßt, ob Actinomyces- oder Nocardia-Arten vorliegen. Da die Aktinomykose heute als „Syndrom" aufgefaßt wird, bei dem die Begleitflora der Aktinomyceten auch eine Rolle spielt, erhöht sich der Sicherheitsfaktor für den therapeutischen Erfolg, wenn kombiniert behandelt wird.

Nocardia-Arten sind *nicht* penicillinempfindlich, sprechen aber auf Sulfonamide gut an.

Von zahlreichen Autoren wurde die kombinierte Penicillin-Sulfonamid-Behandlung als „Mittel der Wahl" mit bestem Erfolg eingesetzt [ADAMSON und HAGERMAN; BIANCHI JANETTI; BRAUN und PINKER; CAP; CHANTON u. Mitarb.; FISHER und HARVEY; JANKE und KALKOFF; KÖHLER; LAWONN; SIGNORELLI (1), (2) und viele andere).

Versager der Penicillintherapie sind selten, sie beruhen — retrospektiv betrachtet — möglicherweise auf *Unterdosierung* (SCHEFFLER; TUBBS).

Nur in wenigen Fällen sind neben der Penicillinbehandlung noch chirurgische Eingriffe nötig (HARVEY u. Mitarb.; HOSEMANN). Röntgenbestrahlung ist überflüssig geworden. Gelegentlich werden mit zusätzlicher Verabreichung einer Autovaccine günstige Erfahrungen gemacht [JENTSCH; MEYER-ROHN (2)].

Aktinomykose durch Vertreter der Gattung Streptomyces ist nach der in westlichen Ländern üblichen Nomenklatur als *Streptomykose* zu bezeichnen. In Ländern, die die Nomenklatur nach KRASSILNIKOFF (1), (2) verwenden, ist Streptomyces = Actinomyces. Ein Fall von FÖLDVÁRI und FLORIAN, bei dem Actinomyces griseus globisporus (eine Streptomycetenart) als Erreger nachgewiesen wurde, heilte nach 7 Mill. E Penicillin ab.

Dermatophytien

Von einigen Autoren ist über die günstige Wirkung einer Penicillinbehandlung bei *Trichophytie* und *Mikrosporie* berichtet worden.

Pinetti (1) hatte zunächst zufällig beobachtet, daß bei einem Kinde, das wegen einer Lungenaffektion Penicillin erhielt, das gleichzeitig bestehende *Kerion Celsi* rasch abheilte. Daraufhin erhielten weitere Kinder mit Kerion Celsi, insgesamt etwa 1 Dutzend, täglich 800000—1000000 E Penicillin bis zur Gesamtmenge von 6—10 Mill. E. Die Haare wurden außerdem manuell epiliert, lokal 1%ige Jodtinktur. Die Heilung erfolgte in fast allen Fällen innerhalb von 20—25 Tagen. Vermutet wurde, daß Penicillin in die Immunisierungsvorgänge eingreift.

Auch Alechinsky; Craps und Moriamé fanden Penicillin bei Kopfpilzerkrankungen wirksam. Unter lokaler Penicillinbehandlung sind 30 von 40 Mikrosporiefällen abgeheilt (Moriamé). Gewisse Beimengungen zu bestimmten Penicillinchargen haben vielleicht dabei eine Rolle gespielt. Amorphes Penicillin G z. B. verzögerte die Trichophytinbildung, kristallisiertes jedoch nicht (Peck und Li). Meist wird die Penicillinbehandlung einer Trichophytie für wertlos gehalten (Franks u. Mitarb.).

Sehr bemerkenswert ist in diesem Zusammenhang, daß das Dermatophytenwachstum durch Penicillin bzw. durch gewisse Beimengungen sogar stimuliert werden kann, wie D. Janke (1)—(3) überzeugend nachgewiesen hat. Auch Candida albicans kann durch Penicillin zur rascheren Vermehrung angeregt werden (R. G. Janke); das Maximum lag bei 32—64 E/ml.

Andere Mykosen sind nur selten erfolgreich mit Penicillin behandelt worden. Bei *Madura-Mykose* wurde hier und da ein Erfolg gesehen (Twining u. Mitarb.; Dejou und Aite), häufiger sind Versager (Dostrovsky und Sagher). — Benedek (1) konnte eine *nordamerikanische Blastomykose* mit Penicillin günstig beeinflussen; er gab täglich 600000 E 16 Tage hindurch. — Erfolg hatten de Bonis und Gaballo bei *Pityriasis versicolor* mit Penicillin-Sulfonamidsalbe. Wegen der Gefahr einer *Sensibilisierung* wird eine solche Behandlung im allgemeinen jedoch abgelehnt.

Dosierung und Behandlungsdauer

Um eine rasche Heilung zu erreichen und Rückfälle weitgehend auszuschalten, sollte Penicillin bei Aktinomykose maximal dosiert werden. Das Optimum liegt dabei wesentlich höher, als man bei unkritischer Auswertung der kasuistischen Mitteilungen für üblich halten könnte. In schweren Fällen braucht man sich nicht zu scheuen, alle 8 Std je 2 Mill E zu geben bis zu 6 Wochen hindurch, dann weitere Wochen eine geringere Dosis. Die Behandlungsdauer richtet sich nach der Schwere des Krankheitsbildes. Sicherheitshalber ist es ratsam, nach Abklingen der klinischen Erscheinungen die Penicillinbehandlung noch einige Zeit fortzusetzen, um Rückfälle zu verhüten.

Sehr aufschlußreich ist folgender Fall: Ein 42jähriger Patient erhielt wegen eines Empyems der rechten Seite (kulturell mikroaerophile Streptokokken) 13 Tage lang je 400000 E Penicillin. Nach kurzer Zeit folgte ein subcutaner Absceß der rechten Achselhöhle und ein Empyem der andern Seite; nunmehr wurde Actinomyces Israeli im Eiter nachgewiesen. Weiterbehandlung mit 400000 E Penicillin p.d. 56 Tage lang und Entlassung aus dem Krankenhaus wegen anscheinender Abheilung. Erneuter Rückfall und Steigerung der Dosis auf täglich 1 Mill. E 38 Tage hindurch. Nochmaliger Rückfall und 86 Tage lang je 1 Mill. E Penicillin, danach kein Rückfall mehr bei 8jähriger Kontrolle (Tubbs).

Bei Penicillinüberempfindlichkeit des Patienten oder bei Penicillinresistenz des Erregers besteht die Möglichkeit, eines der folgenden Antibiotica zu verwenden.

β) Streptomycin

Herkunft. Streptomyces griseus, Streptomyces bikiniensis, Streptomyces mashuensis.

Wirkung auf die Strahlenpilze in vitro. Im Vergleich zu Penicillin ist die Empfindlichkeit wesentlich geringer.

Nach Hanf u. Mitarb. wurde Actinomyces Israeli durch 2,5—10,0 E/ml Streptomycin gehemmt. Novak und Flanders prüften 5 Stämme, 4 wurden gehemmt (100 E/ml), einer war unempfindlich. Bei 6 andern Stämmen stieg die Resistenz von anfangs 30 E/ml auf das 250fache (Boand und Novak).

Andere pathogene Pilze (Sporotrichum Schenckii, Coccidioides immitis, Phialophora verrucosa, Histoplasma capsulatum und Trichophyton mentagrophytes) wurden durch Streptomycin im Wachstum gefördert (CAMPBELL und SASLAW).

Klinische Erfahrungen

In einigen Fällen ist es gelungen, Aktinomykose allein mit Streptomycin zu heilen.

KINGMAN und PALEN hatten in 10 Fällen guten Erfolg mit einer Dosierung bis zu 65,0 g; TORRENS und WOOD heilten 3 Aktinomykosen, darunter 2 schwere Fälle, COSTIGAN einen Fall von Aktinomykose des Unterkiefers mit Streptomycin alle 3 Std 250000 E, 5 Tage lang.

Verschiedentlich wurde Streptomycin mit Penicillin kombiniert gegeben (NETTROUR; BRETT).

BERNSTEIN u. Mitarb. hatten in 2 von 3 *Nokardiose*-Fällen Erfolg mit einer Penicillin-Streptomycinbehandlung.

4 Erkrankungen an *Maduramykose* (Streptomyces madurae und somaliensis) in Israel waren Anlaß zu Empfindlichkeitsprüfungen; die 3 S. madurae-Stämme sprachen auf Streptomycin an, der S. somaliensis-Stamm nicht (ZIPRKOWSKI u. Mitarb.). Ganz erfolglos war die Streptomycinbehandlung bei nordamerikanischer Blastomykose und bei Cryptococcus neoformans-Infektionen (WHITAKER; SEGRETAIN u. DROUHET; BECK u. MUNTZ).

γ) Tetracycline

Herkunft. Chlortetracyclin *(Aureomycin)* aus Streptomyces aureofaciens; Oxytetracyclin *(Terramycin)* aus Streptomyces rimosus; *Tetracyclin* (Achromycin) aus einer nicht benannten Streptomyces-Art und halbsynthetisch durch Dechlorierung von Chlortetracyclin mittels Palladium als Katalysator.

Wirkung in vitro und im Tierversuch. Aureomycin hemmte Actinomyces Israeli in der Konzentration von 1—2,5 γ/ml, Terramycin 0,25—1 γ/ml (HANF u. Mitarb.). Auch McVAY u. Mitarb. erkannten die Hemmwirkung von Aureomycin auf Actinomyces Israeli in vitro.

Bei der experimentellen Mäuse-Aktinomykose erwies sich Aureomycin prophylaktisch und therapeutisch wirksam (GEISTER und MEYER).

Klinische Erfahrungen

Es darf als glücklicher Umstand bezeichnet werden, daß dann, wenn Penicillin versagt — bei Überempfindlichkeit des Patienten oder Resistenz des Erregers —, mit den Tetracyclinen weitere Mittel zur Verfügung stehen, mit denen schon wiederholt Aktinomykosefälle geheilt wurden [McVAY und SPRUNT (3); TUBBS).

Besonders *Aureomycin* wird günstig beurteilt, sofern ausreichende Mengen gegeben werden. 45 g in 33 Tagen waren zu wenig, erst nach weiteren 84 g in 28 Tagen kam es nicht mehr zum Rückfall (SELIGMAN). Gute Erfolge mit Aureomycin hatten BRACHMANN; GRANT; OTTO; sowie TEN BERG). McVAY und CARROLL sahen bei langdauernder oraler Behandlung mit Aureomycin auch einen günstigen Einfluß auf 2 Fälle von nordamerikanischer Blastomykose.

Mit *Terramycin* behandelten LANE u. Mitarb. 7 Fälle von orocervicofacialer Aktinomykose sehr erfolgreich; die Tagesdosen betrugen 0,75—2,0 g, die Behandlungsdauer 2—6 Wochen. Von 6 Fällen von Maduramykose mit schwarzen Körnchen (Madurella mycetomi) sprachen 4 auf die Terramycinbehandlung gut an, von 5 Fällen mit gelben Körnchen (Streptomyces somaliensis) besserten sich ebenfalls 4. Die Tagesdosis von 2,0 g wurde 25 Tage hindurch gegeben (SLADE u. Mitarb.). — Bei Kryptokokkose war Terramycin wirkungslos (HALL und MARDIS).

Achromycin ist ebenfalls bereits in der Aktinomykosebehandlung eingesetzt worden (HINDS und DEGNAN), es kam zur Ausheilung einer cervicofacialen Form.

Auch im Falle der Tetracyclinbehandlung sollte die Dosierung hoch genug sein, 2,0 g täglich und mehr, und lange genug fortgesetzt werden, um nicht nur eine klinische Besserung, sondern eine echte Ausheilung zu erreichen.

δ) Chloramphenicol

Herkunft. Aus Streptomyces venezuelae und synthetisch.

Chloramphenicol ist aus 2 Gründen mykologisch von Interesse:

Erstens liegt im Chloramphenicol ein weiteres Antibioticum mit Hemmwirkung auf Actinomyces Israeli vor, auf das zurückgegriffen werden kann, wenn die Penicillintherapie der Aktinomykose als Methode der Wahl wegen Überempfindlichkeit oder aus andern Gründen nicht durchführbar ist (Hanf u. Mitarb.).

Zweitens ließ sich ein Dehydroderivat des vollsynthetischen Chloramphenicols herstellen, das in einer Konzentration von 2,05 γ/ml eine Hemmwirkung auf Candida albicans ausübt. Damit ist ein neuer Weg beschritten, nämlich durch Abwandlung des Moleküls die antimykotischen Eigenschaften eines Antibioticums zu steigern (Long und Troutman).

c) Weitere pilzwirksame Antibiotica

Diese sehr große Gruppe wurde alphabetisch geordnet, um das Auffinden der einzelnen Antibiotica zu erleichtern. Aus Raumgründen konnten jeweils nur wenige Daten Berücksichtigung finden; andererseits sollte aber eine möglichst große Zahl auch solcher Antibiotica aufgeführt werden, die sich noch im Erprobungsstadium befinden oder infolge ihrer Toxicität klinisch — zumindest in der vorliegenden Form — nicht verwendet werden können. Das Beispiel des Griseofulvins hat gezeigt, wie rasch ein Antibioticum, das gestern noch umstritten oder unbeachtet war, heute bereits eine bahnbrechende Entwicklung einleitet.

Die Mehrzahl der aufgeführten Antibiotica wurde aus *Actinomyceten* isoliert. Das hat seinen Grund einerseits darin, daß die Strahlenpilze biologisch besonders aktiv sind (Waksman u. Mitarb.), andererseits ist diese Gruppe besonders häufig in groß angelegten Untersuchungsreihen durchgemustert worden [Waksman (1), (2); Waksman und Lechevalier (2); Waksman u. Mitarb.; Oroshnik u. Mitarb.; Pledger und Lechevalier; Takahashi (1), Úri (3) und viele andere).

Eine beachtliche Zahl antimykotisch wirkender Antibiotica wird jedoch auch in *Bakterien* produziert [Paine (2)], in niederen und höheren *Pilzen* (Brian und Hemming) und in *Pflanzen.*

Vom Ausmaß des *biologischen Antagonismus* der Mikroorganismen untereinander (Waksman u. Mitarb.), von der chemischen Natur der kaum übersehbaren Phalanx an Hemm- und Förderungsstoffen [Rehm (1), (2)] können wir uns noch kein wirklichkeitsnahes Bild machen. Mehr als eine vorläufige, fragmentarische Übersicht zu erwarten, wäre verfrüht. Die Fülle des schon Vorhandenen erlaubt es nicht einmal, den Versuch einer Bestandsaufnahme zu machen, zu umfangreich ist bereits dieses Spezialgebiet geworden. Der Zweck der folgenden Zusammenstellung liegt allein darin, der Orientierung in einem der interessantesten und bedeutsamsten Gebiete der Antimykotica-Forschung zu dienen und Ansatzpunkte für die therapeutische Auswertung der Forschungsergebnisse und der klinischen Erfahrungen aufzuzeigen.

Abikoviromycin. 1951 von Umezawa, Tazaki und Fukuyama aus Streptomyces abikoensum und Streptomyces rubescens isoliert. Sehr labile Substanz, die nach Erhitzen auf 100° C ein rotes Pigment bildet, dessen Intensität proportional der antibiotischen Wirkung gegen Viren ist. Akute Toxicität für Mäuse [nach Waksman und Lechevalier (2)]: LD$_{50}$ intravenös 83 mg/kg; subcutan 83 mg/kg; (nach Spector) 6,6 mg/kg intravenös und 66 mg/kg subcutan. Außer verschiedenen Bakterien wird vor allem *Candida albicans* gehemmt (62,5 bis 250 γ/ml).

Actinomycin A. 1940 von Waksman und Woodruff (1) aus Streptomyces antibioticus gewonnen. Hemmt in Konzentrationen von 20—100 γ/ml *Aspergillus niger, Candida albicans,*

Trichophyton mentagrophytes und *Cryptococcus neoformans.* Sehr toxische Substanz, die deshalb nicht weiter eingesetzt wurde.

Actinon. 1950 von IKEDA, HIRAI und NISHIMAKI gefunden. Der Actinon produzierende Pilzstamm ist dem Streptomyces antibioticus nahe verwandt. In einer Verdünnung von 1:250000 wird Saccharomyces cerevisiae gehemmt; 1:500 Trichophyton mentagrophytes. Actinon ist bei intravenöser Verabreichung sehr wenig toxisch (LD_0 für Mäuse 1000 mg/kg), subcutane Injektionen werden schlechter vertragen (URI). Der auffällige Unterschied in der Wirkung gegen Hefen und Dermatophyten und die Tatsache, daß Actinon als Antiferment wirkt, macht die Substanz stoffwechselphysiologisch interessant.

Aerosporin. 1947 von AINSWORTH u. Mitarb. als Stoffwechselprodukt von Bacillus aerosporus nachgewiesen. Wahrscheinlich identisch mit Polymyxin B (s. dort).

Agrocybin. 1950 von KAVANAGH, HERVEY und ROBBINS (2) in Agrocybe dura, einem Pilz aus der Familie der Agaricaceen, entdeckt. Neutrale bis schwach saure weiße Kristalle, thermolabil. *Strukturformel:* $CH_2OH \cdot C\equiv CC\equiv CC\equiv CC \cdot ONH_2$. Hemmt *Aspergillus niger* und *Trichophyton mentagrophytes* in Konzentrationen von etwa 1 γ/ml, ist jedoch sehr toxisch (LD_{50} für Mäuse intravenös unter 6 mg/kg); verursacht beim Menschen Dermatitiden.

Albidin. 1951 von CURTIS, HEMMING und UNWIN als rotes Pigment in Form glänzender roter Nadeln aus Penicillium albidum isoliert. Besitzt hochgradige Wirkung gegen *Aspergillus niger* und andere Pilze (0,04—1,6 γ/ml). Noch nicht weiter geprüft, soweit medizinisch-mykologische Belange in Betracht kommen.

Aliomycin. 1956 von IGARASI, OGATA und MIYAKE aus Mycel und Fermentsaft von Streptomyces acidomyceticus gewonnen. Durch UV-Bestrahlung waren mehrere Mutanten entstanden, die D-Mutante lieferte die stärkste Aliomycinkonzentration (200 E/ml). Aliomycin ist ein Pentaen und hemmt *Candida-Arten* (15 γ/ml), *Trichophyton rubrum* (20 γ/ml), *Trichophyton mentagrophytes* (15 γ/ml). Toxicität für Mäuse: LD_{50} intravenös 45 mg/kg, subcutan (!) 2650 mg/kg [ÚRI (3)]. Klinische Erfahrungen liegen noch nicht vor, sind aber zu erwarten.

Amidomycin. 1957 von TABER und VINING als neues Antibioticum einer Streptomyces-Art (Stamm PRL 1642) beschrieben. Hemmt *Candida albicans* und *Hormodendrum Pedrosoi* (7 γ/ml).

Anisomycin. 1954 durch SOBIN und TANNER in verschiedenen Streptomyces-Arten, unter anderem in Str. griseolus, entdeckt. Die fungistatische Wirkung gegen Candida albicans (1,25 γ/ml), Mikrosporum Audouini und canis, Histoplasma capsulatum und Cryptococcus neoformans (100 γ/ml) wird durch Serum völlig aufgehoben [ÚRI (3)], die außerdem bestehende Wirkung gegen Protozoen jedoch nicht.

Antimycin A. 1948 von LEBEN und KEITT aus einer nicht bestimmten Streptomyces-Art, 1956 von NAKAYAMA, OKAMOTO und HARADA aus Streptomyces kitazawaensis isoliert und als wirksam gegen einige Hefen und Fadenpilze erkannt, vorwiegend aber phytopathogene Arten.

Antimycin forte. 1929 durch VAN BEYMA aus einem nicht identifizierten Penicilliumstamm gewonnen (Stamm H 1929). Gelbe kristalline Substanz vom Schmelzpunkt 167° C und einem Molekulargewicht von 402; die Bruttoformel lautet: $C_{21}H_{22}O_8$. Antimycin forte ist eine thermostabile zweibasische Säure, in wäßrigen Lösungen bei p_H 1—8,5 beständig, jedoch nur wenig wasserlöslich; gut löslich in Alkohol und Polyäthylenglykol. Toxicität für Mäuse: i. p. 92 mg/kg. Sensibilisierungserscheinungen sind bisher nicht beobachtet worden.

Wirkung in vitro. Breites Wirkungsspektrum gegen *alle Dermatophyten*, ferner in verschieden hohem Maße gegen *Candida albicans, Sporotrichum Gougeroti* und *Blastomyces dermatitidis* (zwischen 5 und 200 γ/ml), die optimale Wirkung wurde bei p_H 4 beobachtet (VAN BEYMA; HALBEISEN).

Klinische Erfahrungen. Bei Epidermophytien, Trichophytie, Erythrasma, Pityriasis versicolor und Nagelmykosen mit Erfolg verwendet [SCHUBERT; VAN BEYMA; HOOPS (2), (3)]. Antimycin forte wirkt in niedrigen Konzentrationen fungistatisch, in höheren fungicid (HALBEISEN).

Handelspräparat. Antimycin forte. Hersteller: Borkent-Chemie, Haarlem. Vertrieb: Borkent-Pharmazie, Düsseldorf-Benrath.

Antimycoin (= Fungicidin RAW). 1952 haben RAUBITSCHEK, ACKER und WAKSMAN diese Substanz aus dem Fermentsaft von Streptomyces aureus extrahiert. Starke Wirkung gegen Hefen (1,4—6,0 γ/ml) und Fadenpilze (5—20 γ/ml), nicht jedoch gegen Bakterien und Aktinomyceten. Cystein hebt die Wirkung völlig auf (ÚRI). LD_{50} für Mäuse i.p. 204 mg/kg,

subcutan 532 mg/kg. 200 γ schützen Hühnerembryonen gegen die Infektion mit *Candida albicans*. Antimycoin hat das gleiche UV-Absorptionsspektrum wie Nystatin und ist ebenfalls ein Tetraen.

Ascosin. 1952 von HICKEY u. Mitarb. zufällig auf einer Agar-Vitamin-Testplatte als Hemmstoff von Streptomyces canescus entdeckt. Ascosin ist ein Heptaen, von gelbbrauner bis orangegelber Farbe, gut löslich in N-haltigen heterocyclischen Lösungsmitteln wie Pyridin, Chinolin und Pyrrolidin. Da Ascosin schlecht diffundiert und infolgedessen keine verwertbaren Hemmhöfe ergibt, wird seine Wirkung im Serienverdünnungstest ermittelt. Sie erstreckt sich vor allem gegen *Hefen*, aber auch in verschieden hohem Maße gegen *Dermatophyten*. In vivo konnte bei *Histoplasmose* und *Kryptokokkose* eine geringe Schutzwirkung (Verlängerung der Überlebenszeit) erzielt werden (EMMONS und HABERMAN; GALMARINI). Klinisch wurde Ascosin bei Mikrosporie erprobt; 82 Fälle durch Mikrosporum Audouini und 17 Fälle durch M. canis heilten zu etwa 60% nach 6—27 Wochen (LUBOWE u. Mitarb.), nach 12 Wochen waren etwa 50% abgeheilt. — Die parenterale Verabreichung führt bei subcutaner Injektion zu Gewebsschäden, bei intravenöser Zufuhr zu schweren Nervenschädigungen [ÚRI (3)].

Aureofacin. 1956 von IGARASI, OGATA und MIYAKE aus Streptomyces aureofaciens-Stämmen, die Chlortetracyclin produzieren, isoliert und als stark wirksam gegen *Candida*-Arten und andere *Hefen* befunden (0,2—2,0 γ/ml); gegen *Trichophyton mentagrophytes* (20 γ/ml) und *T. rubrum* (100 γ/ml) etwas weniger wirksam. LD_{50} bei der Maus 5 mg/kg (ÚRI).

Aureothricin. 1953 durch NISHIMURA, KIMURA und KUROYA aus Streptomyces celluloflavus gewonnen und als thiolutinähnlich erkannt. Goldgelbe Nadeln, Schmelzpunkt 256°C, UV-Absorption: Maxima 248, 312, 388 mμ; löslich in Chloroform, weniger löslich in andern organischen Lösungsmitteln; sehr thermo- und säurestabil. Strukturformel (CELMER und SOLOMONS):

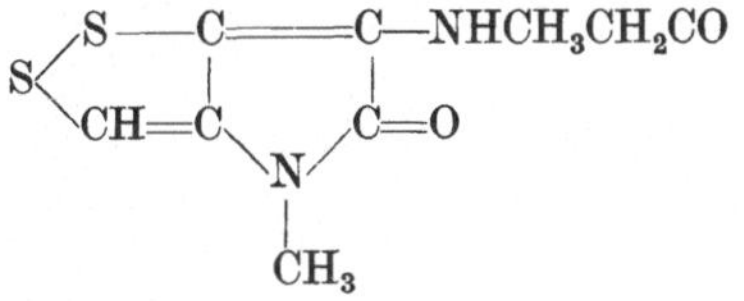

$$\begin{array}{c}
S\!-\!C\!=\!\!=\!C\!-\!NHCH_3CH_2CO \\
S\!<\quad\quad\quad\quad\quad \\
CH\!=\!C\quad\quad C\!=\!O \\
N \\
CH_3
\end{array}$$

Bruttoformel: $C_9H_{10}N_2O_2S_2$.

Das Wirkungsspektrum erstreckt sich auf *Candida albicans* (1—10 γ/ml), *Mucor javanicus* (32 γ/ml), *Aspergillus niger* (2 γ/ml) und eine Reihe von phytopathogenen Pilzen und Bakterien (SPECTOR; AIZAWA).

Bacillomycin (= Fungocin). 1947 von LANDY, ROSENMAN und WARREN als eines von vielen Stoffwechselprodukten des Bacillus subtilis beschrieben. Das Bacillomycin wirkt in einer Konzentration von 25—100 γ/ml gegen *Trichophyton-Arten, Candida albicans, Histoplasma capsulatum*, Sporotrichum Schenckii, Blastomyces dermatitidis, Blastomyces brasiliensis. Dagegen sind Hormodendrum Pedrosoi und Nocardia asteroides resistent (LANDY u. Mitarb.; ULRICH u. Mitarb.). Die LD_{50} für Mäuse i.p. beträgt 75 mg/kg. Bacillomycin ist in vitro hämolytisch, was seiner Anwendung in vivo im Wege steht.

Bacillus subtilis ist wiederholt auf Stoffwechselprodukte mit antimycetischer Wirkung untersucht worden [KIMMIG (3), LEWIS und HOPPER; MICHENER und SNELL; RAUBITSCHEK und DOSTROVSKY und andere). Auf einige der isolierten Antibiotica wird noch näher eingegangen, z. B. auf Eumycin, Fungistatin, Mycosubtilin und Fluvomycin, sowie auf das folgende:

Bacitracin. 1945 wurde Bacitracin als ein Gemisch von mehr als 10 verschiedenen Polypeptiden aus einem bestimmten Stamm von Bacillus subtilis gewonnen (JOHNSON, ANKER und MELENEY). Da es kein chemisch scharf definierter Stoff ist (MØLLER), wird die Stärke in iE angegeben, 1 g entspricht gewöhnlich 50000 iE. Bacitracin wird nicht resorbiert, bei parenteraler Zufuhr kann es zu Nierenschädigungen kommen. In vitro hemmt Bacitracin *Actinomyces Israeli, Nocardia asteroides, N. brasiliensis* und *N. madurae* (MOORE und WOOLDRIDGE; SUTER und VAUGHAN; HANF). Die Hauptwirkung von Bacitracin ist gegen grampositive Bakterien und gegen Entamoeba histolytica gerichtet.

Cacaomycetin. 1952 von WAKAKI u. Mitarb. aus einer Streptomyces-Art (ähnlich Str. cacaoi) isoliert. Von geringer Wirkung gegen verschiedene Phycomyceten und Ascomyceten, von starker Wirkung gegen *Aspergillus niger* [WAKSMAN und LECHEVALIER (2)].

Camphomycin. 1953 entdeckte CERCOS (2) im Kulturmedium von Streptomyces rutgersensis, var. castelarense eine antimycetisch wirkende Substanz, die wahrscheinlich eine quaternäre Ammoniumbase ist. Verschiedene *Hefen, Aspergillus niger* und Bakterien werden in Konzentrationen von 5 bis über 100 γ/ml gehemmt. Mäuse vertragen oral und intravenös 550 mg/kg ohne Schädigung.

Candicidin. 1953 von LECHEVALIER u. Mitarb. aus Streptomyces griseus und andern Streptomyceten isoliert. Es lassen sich 3 Fraktionen unterscheiden, von denen A und B gleich hohe, C jedoch nur geringe antimikrobische Wirkung zeigen. *Candida albicans und andere Candida*-Arten, *Blastomyces dermatitidis, Histoplasma capsulatum, Cryptococcus neoformans* und *Hormodendrum Pedrosoi* werden in einer Konzentration von 25—50 γ/ml gehemmt; weniger empfindlich sind Coccidioides immitis, Sporotrichum Schenckii, Nocardia asteroides, Trichophyton-, Mikrosporum- und Epidermophytonpilze (200—250 γ/ml). Auch phytopathogene Pilze werden geschädigt. Candicidin ist ein Heptaen, verdünnt wenig haltbar, durch Erhitzen (10 min bei 60^0 C) oder Abkühlen (eine Woche bei 4^0 C) kein nennenswerter Aktivitätsverlust. LD_{50} sehr unterschiedlich für die einzelnen Fraktionen: Roh-Candicidin 663 mg/kg subcutan und 79 i.p., Candicidin A 227 mg/kg subcutan und 47 i.p., Candicidin B 159 mg/kg subcutan und 53 i.p., in Gewebekulturen werden embryonale Hühnerherzzellen durch 100—200 γ/ml gehemmt, menschliche Haut durch 80—165 γ/ml (GRÈZE; BLINOV).

Tierexperimentell konnte eine Schutzwirkung bei der Candidamykose der Maus, eine geringe auch bei Blastomykose und Histoplasmose festgestellt werden, keine bei Kryptokokkose (KLIGMAN und LEWIS; LECHEVALIER). Vom Darm aus scheint Candicidin nicht resorbiert zu werden.

Klinische Erfahrungen liegen über die Behandlung von Intertrigo und Paronychie vor (FRANKS u. Mitarb.), die Ergebnisse waren unterschiedlich: 4 Intertrigofälle mit C. albicans-Besiedlung waren nach 10 Tagen abgeheilt, 3 Paronychien blieben unverändert. Auch bei akuter *genitaler Candidamykose* konnte Heilung erzielt werden (FOX).

Candidin. 1954 von TABER, VINING und WAKSMAN in Streptomyces viridoflavus aufgefunden. Candidin B, ein Heptaen, hemmt *Candida albicans*, Trich. mentagrophytes, Blastomyces dermatitidis und Sporotrichum Schenckii bereits in einer Konzentration von 0,2—4,1 γ/ml. (Candidin A ist wahrscheinlich ein Artefakt.) LD_{50} für Mäuse intravenös 1,5 mg/kg, subcutan 30 mg/kg. An der Injektionsstelle bilden sich bei Mengen von 10—40 mg/kg Nekrosen. Die klinische Verwendung bleibt zweifelhaft (GRÈZE).

Candidulin. 1949 von STANSLY und ANANENKO als optisch aktives Kristallisat aus der Kulturflüssigkeit von Aspergillus candidus gewonnen. Lange weiße Nadeln, thermostabil, vorgeschlagene Bruttoformel: $C_{11}H_{15}NO_3$.
Candidulin hemmt *Aspergillus niger* (6,2 γ/ml), *Candida Krusei* (12,5 γ/ml), *Trichophyton mentagrophytes* (50 γ/ml) und *Aspergillus fumigatus* (80 γ/ml), außerdem Bakterien. LD_{50} für Mäuse subcutan 250 mg/kg. Klinisch bisher ohne Bedeutung.

Candimycin. Ebenfalls nur von geringer Bedeutung. Aus Streptomyces griseus gewonnen (WAKSMAN), ein Heptaen mit Wirkung gegen *Candida albicans* (GALMARINI; AIZAWA).

Carbomycin (= Magnamycin). 1952 durch TANNER u. Mitarb. beschrieben, aus Streptomyces halstedii. Neben der Wirkung gegen grampositive Bakterien, Rickettsien und große Viren wurde auch eine Hemmung von *Actinomyces Israeli* festgestellt (SUTER und VAUGHAN; HANF).

Chaetomin. 1944 von GEIGER, CONN und WAKSMAN aus Chaetomium cochlioides, 1954 von CUMMINGS aus Chaetomium globosum gewonnen. Hemmt in vitro *Candida albicans* und *Dermatophyten.*

Chromin. 1952 von WAKAKI u. Mitarb. als stark antimycetisches Stoffwechselprodukt in einer dem Streptomyces antibioticus ähnlichen Art nachgewiesen und isoliert. Hemmt in Konzentrationen von 0,16—2,5 γ/ml *Candida albicans*, 6—12 γ/ml *Trichophyton mentagrophytes* und *T. rubrum.* Serum setzt die Wirkung etwas herab.

Clavacin (= Clavatin, Claviformin, Patulin). 1942 von WAKSMAN, HORNING und SPENCER aus Aspergillus clavatus isoliert. Wirkt fungistatisch und fungicid

gegen alle *Dermatophyten*-Gattungen; in 1%iger Lösung sind die Pilze in 15 min abgetötet, in 0,1%iger dauert es 3 Std, in 0,01%iger 48 Std (LOEWENTHAL und TOLMACH; LOEWENTHAL). *Geotrichum candidum* und *Candida albicans* erliegen der 1%igen Lösung in 15—60 min [HERRICK (1)].

Claviformin (= Clavacin, Clavatin, Patulin). 1942 entdeckten FLOREY und JENNINGS in Penicillium claviforme eine gegen Bakterien und Pilze wirksame Substanz, die sich als identisch mit Patulin erwies (s. dort).

Coliformin. 1955 von FREYSCHUSS u. Mitarb. aus einem Bacterium der Escherichia coli-Aerobacter aerogenes-Gruppe gewonnen. Hemmt in vitro viele *Hefen* und *Fadenpilze* in hohen Verdünnungen: 0,6—3,0 γ/ml. Auch phytopathogene Pilze und technisch bedeutsame Holz- und Lederschädlinge sind empfindlich. Die Substanz ist ein Polypeptid und bei neutralem oder saurem p_H thermostabil.

Endomycin. 1951 von GOTTLIEB u. Mitarb. aus einer Streptomyces-Art (ähnlich Str. albus) isoliert, 1956 aus Str. endus (GOTTLIEB und CARTER). Sehr breites Wirkungsspektrum gegenüber zahlreichen Hefen und andern Pilzen. 1—25 E/ml hemmen *Candida, Cryptococcus, Geotrichum, Blastomyces, Histoplasma, Coccidioides, Mikrosporum, Trichophyton, Sporotrichum* und andere, 25—50 γ/ml unterdrücken in Gewebekulturen das Wachstum von C. albicans. Nachteilig ist die sehr rasche Resistenzentwicklung. Toxicität äußerst gering: Mäuse vertragen 500 mg/kg, erst 1000 mg/kg sind letal. Die Hemmwirkung in vitro ist am stärksten bei p_H 7,5 (PERRY und ULRICH).

Erythromycin (= Ilotycin). 1952 von MCGUIRE u. Mitarb. als Ilotycin beschrieben. Bekanntes antibakterielles Antibioticum aus Streptomyces erythreus, das außerdem sehr wirksam gegen *Actinomyces Israeli* ist (SUTER und VAUGHAN; HANF): 0,05 γ/ml hemmen total; in vitro keine Resistenz beobachtet.

Etruscomycin. 1957 fanden ARCAMONE u. Mitarb. in Streptomyces lucensis ein Polyen mit hoher Hemmwirkung gegen *Candida albicans*. Keine Wirkung auf Bakterien. In vivo konnte intestinale Candidamykose bei Mausen rasch beseitigt werden.

Eulicin. 1955 von CHARNEY u. Mitarb. aus einem Streptomyces parvus-ähnlichen Stamm isoliert und als ungewöhnlich wirksam gegen eine Reihe pathogener Pilze erkannt: Aspergillus niger, Blastomyces dermatitidis, Monosporium apiospermum, Histoplasma capsulatum und Cryptococcus neoformans zwischen 0,005 und 0,074 γ/ml empfindlich. Epidermophyton floccosum 1,2 γ/ml, Trichophyton mentagrophytes 2,3 γ/ml, Mikrosporum gypseum 9,5 γ/ml; Candida albicans und C. Krusei dagegen nur 121 γ/ml. LD_{50} für Mäuse intravenös 3 mg/kg, i.p. 17 mg/kg, intramuskulär 12 mg/kg, subcutan 46 mg/kg. 10 Tage lang Dosen von 8,6 mg/kg i.p. waren für Mäuse toxisch. 0,04 mg/kg i.p. 10 Tage lang übten eine mittlere Schutzwirkung bei experimenteller *Mäuseblastomykose* aus (nach SPECTOR).

Eumycetin. 1954 durch ARAI und TAKAMIZAWA aus einem Streptomyces purpeochromogenus ähnlichen Stamm isoliert. Hemmt *Trichophyton mentagrophytes* (0,15 γ/ml), *Candida albicans* (10 γ/ml), *Nocardia mexicana* (unter 0,05 γ/ml) und andere Pilze. LD_{50} nur 2,2 mg/kg i.p. und 3,0 mg/kg subcutan bei Mäusen, also sehr toxisch.

Eumycin. 1946 fanden JOHNSON und BURDON als Stoffwechselprodukt von Bacillus subtilis eine dem Bacillomycin ähnliche Substanz, die ebenfalls fungistatisch wirkt, allerdings nur verhältnismäßig gering: *Trich. mentagrophytes, Mikr. gypseum* und *Epid. floccosum* 100—300 γ/ml; Candida albicans und Cryptococcus spp. wurden nicht gehemmt.

Eurocidin. 1954 isolierten UTAHARA u. Mitarb. eine pilzhemmende Substanz aus Streptomyces albireticuli. Die Wirkung erstreckt sich auf *Cryptococcus neoformans, Trichosporon Beigelii, Candida tropicalis* (3,1—6,3 γ/ml), *C. albicans, Sporotrichum beurmanni und Aspergillus niger* (12,5 γ/ml), *Trichophyton mentagrophytes* und *T. rubrum* (25 γ/ml). Inaktiv gegen Bakterien. LD_{50} bei Mäusen i.p. 22 mg/kg.

Fermicidin. 1954 von IGARASI und WADA aufgefunden. Ein Streptomyces griseolus-ähnlicher Stamm produziert die Substanz, die in farblosen Nadeln kristallisiert und die Bruttoformel $C_{14}H_{21}NO_4$ erhalten hat. Hemmt *Candida Krusei* in einer Konzentration von 0,5 γ/ml, *Candida* albicans 50 γ/ml und Trichophyton mentagrophytes 100 γ/ml. LD_{50} für Mäuse intravenös 180 mg/kg, für Ratten intravenös 2 mg/kg.

Filipin. 1955 gelang es GOTTLIEB und AMMAN, aus Streptomyces filipinensis ein neues Antibioticum zu isolieren, das GOTTLIEB als Breitspektrum-Antimykoticum bezeichnet, da praktisch alle wichtigen humanpathogenen Pilze gehemmt und teilweise auch getötet werden. Am empfindlichsten ist Cryptococcus neoformans (0,95 γ/ml), es folgen *C. albicans, Hist. caps., Mikr. Audouini* und andere (7,7 γ/ml), sowie *Coccidioides immitis* (15,5 γ/ml) und *Nocardia asteroides* (31 γ/ml) und weitere Saprophyten und Parasiten (AMMAN u. Mitarb.). Phytopathologische Untersuchungen sind im Gange.

Flavacid. 1953 extrahierte TAKAHASHI (2) aus dem Mycel eines Streptomyces flavus-ähnlichen Stammes, der Streptothricin Typ 3 produziert, eine weitere Substanz mit bemerkenswerten pilzhemmenden Eigenschaften. In vitro ergaben sich sehr hohe Hemmwerte, besonders mit dem gereinigten Natriumsalz: Candida albicans 0,6 γ/ml, Trichophyton mentagrophytes 1,25 γ/ml, Aspergillus glaucus 3,1 γ/ml. Klinisch konnten bei oberflächlicher Trichophytie mit Flavacidsalbe erste Erfolge erzielt werden. LD_{50} für Mäuse i.p. 50 mg/kg.

Flavofungin. 1958 fanden ÚRI und BÉKÉSI in einer neuentdeckten Tropfsteinhöhle in Ungarn einen Streptomyces-Stamm (SA-IX), den sie Streptomyces flavofungini nannten und aus dem sie eine kristalline pilzhemmende Substanz isolierten, die Ähnlichkeit mit Filipin und Fungichromin hat. Sie ist ein Polyen, schlecht wasserlöslich, aber gut löslich in Netzmitteln wie Tween 80, die wahrscheinliche Bruttoformel beträgt: $C_{30}H_{43}O_{11}$, das Molekulargewicht 580. Die Wirkung gegenüber *Candida albicans* ist fungistatisch (10—12 γ/ml) und fungicid (30—60 γ/ml). Tierexperimente und klinische Prüfungen sind eingeleitet [ÚRI (1), (3)].

Flavomycin ist ein Synonym für *Neomycin.*

Fluvomycin. 1953 von CARVAJAL aus einem *Bacillus subtilis*-Stamm gewonnen. Wahrscheinlich ein Polypeptid mit guter Hemmwirkung gegenüber *Candida albicans* (0,5—1,0 γ/ml) und geringerer gegenüber *Trichophyton mentagrophytes* (33—90 γ/ml). In vivo anscheinend inaktiv, nach intravenöser Injektion konnte die Substanz weder im Blut noch im Urin wiedergefunden werden. LD_{50} für Mäuse intravenös 1300 mg/kg, subcutan 1250 mg/kg, intramuskulär 750 mg/kg.

Fomecin A. 1952 isolierten ANCHEL, HERVEY und ROBBINS aus Fomes juniperus (einem Holzschwamm des Wacholders) eine schwach saure, thermostabile Verbindung mit geringer Hemmwirkung bei Trich. mentagrophytes.

Fradicin. 1950 konnten SWART, ROMANO und WAKSMAN in der Kulturflüssigkeit von *Streptomyces fradiae* eine alkohollösliche schwache Base nachweisen, die Bakterien nicht, zahlreiche Pilze jedoch stark hemmt, darunter *Histoplasma capsulatum, Coccidioides immitis, Candida albicans* und *Trichophyton mentagrophytes* (0,12—2,4 γ/ml). LD_{50} für Mäuse i.p. 4 mg/kg. Fradicin führt auf der Kaninchenhaut zu Reizungen (HICKEY und HIDY; COHEN (1); DESPOIS].

Fumigacin aus *Aspergillus fumigatus* besteht aus Helvolinsäure und Gliotoxin (s. dort).

Fungichromin und **Fungichromatin.** 1954 von TYTELL u. Mitarb. aus Streptomyces cellulosae und anderen Streptomyces-Arten isoliert. Beide Substanzen sind sehr ähnlich und haben dasselbe Wirkungsspektrum: gegen *Blastomyces dermatitidis* 0,8 γ/ml, Candida albicans und Mikrosporum Audouini 6,3 γ/ml und Trichophyton mentagrophytes 12,5 γ/ml. Auch phytopathogene Pilze werden gehemmt. LD_{100} für Mäuse 16,4 mg/kg i.p., orale Dosen von 1000 mg/kg sind nicht toxisch. Beide Substanzen sind Pentaene [WAKSMAN (2)].

Fungistatin (= Antibioticum XG) s. dort.

Fungocin (= Bacillomycin) wird auch als Antibioticum DINR. 49-1 bezeichnet [CERCÓS (1)].

Geodin. 1937 bereits bekannt, von CLUTTERBUCK, KOERBER und RAISTRICK aus *Aspergillus terreus* isoliert. 1957 von KOMATSU aus einer neuen Penicilliumart (Stamm F 29) gewonnen und als wirksam gegen Trichophyton rubrum, Trich. mentagrophytes und Mikrosporum japonicum (syn. Trichophyton ferrugineum) erkannt.

Gladiolsäure. 1946 von BRIAN u. Mitarb. in *Penicillium gladioli* nachgewiesen, 1953 von BROWN und NEWBOLD synthetisiert. Wasserlösliche lange, farblose, seidige Nadeln. Strukturformel:

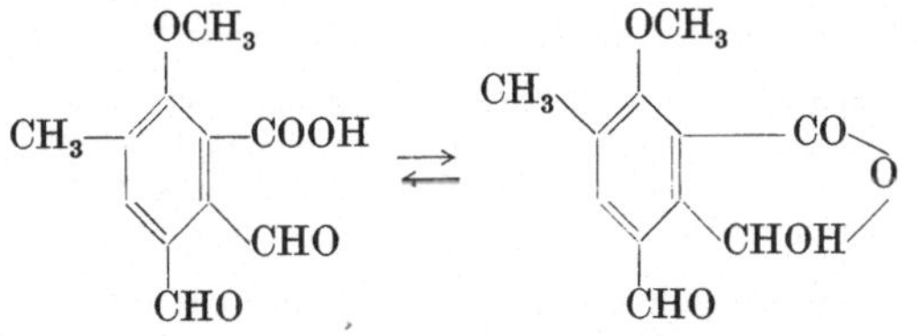

Das Wirkungsspektrum erstreckt sich vorwiegend auf phytopathogene Pilze, umfaßt aber auch *Aspergillus niger*, *Cephalosporium* und *Verticillium*, die zumindest als Nosoparasiten in Betracht kommen. Die Substanz ist insofern besonders interessant, als sie sowohl den *Penicillin*bildner Penicillium notatum als auch den *Griseofulvin*bildner Penicillium janczewskii und darüber hinaus auch noch Botrytis allii, mit dem der „curling factor" (= Griseofulvin) getestet wird, in annähernd gleicher Konzentration von etwa 1,9—16 γ/ml hemmt. Da die Strukturformel bekannt ist und die Substanz synthetisch hergestellt werden kann, bietet sie sich an, um vielleicht etwas mehr Licht in die Zusammenhänge zu bringen.

Gliotoxin. 1936 schon von WEINDLING und EMERSON aus *Trichoderma lignorum*, 1944 von MENZEL u. Mitarb. aus *Aspergillus fumigatus* isoliert. Sogar aus dem Jahre 1932 findet sich bereits ein Hinweis von WEINDLING. Biologisch sehr aktive Substanz mit Wirkung gegen eine Vielzahl von Bakterien und Pilzen, unter anderem *Trichophyton rubrum*, *Mikrosporum canis*, *Epidermophyton floccosum* (1—4 γ/ml), des weiteren viele Candida-Arten, Blastomyces dermatitidis und viele andere [REILLY, SCHATZ und WAKSMAN (1), (2)]. Gliotoxin wirkt fungistatisch und fungicid, 0,01%ige Lösung tötet die Sporen von *Trichophyton mentagrophytes* in 2 Std [HERRICK (2)]. Toxicität: LD_{100} für Mäuse i.p., subcutan und oral 45—65 mg pro kg; für Kaninchen intravenös 45—65 mg/kg. Behandlungsversuche bei Tinea capitis (CONSTANT) haben nicht zu überzeugen vermocht. Chemisch ist die Substanz sehr unbeständig.

Glutinosin. 1946 durch BRIAN und MCGOWAN (2) in Metarrhizium glutinosum (gehört zu den Fungi imperfecti) aufgefunden und als fungistatisch für eine Reihe von Fadenpilzen erwiesen, z. B. *Mucor* [BRIAN, CURTIS, HEMMING (3)].

Gramicidin ist ein Bestandteil des Tyrothricins.

Helixin. 1952 von LEBEN, STESSEL und KEITT aus einer *Streptomyces*art gewonnen; besteht aus 4 Komponenten (A, B, C, D), wovon B mit einer Komponente von *Endomycin* identisch ist. Hemmt *Candida albicans*, Trichophyton mentagrophytes (22,5 γ/ml).

Hemipyocyanin. 1941 von SCHOENTAL aus *Pseudomonas aeruginosa* isoliert; von Natur aus ein Pigment, kristallisiert in gelben Nadeln. Strukturformel:

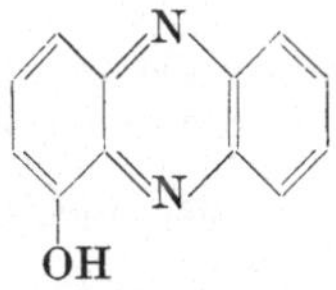

α-Oxyphenazin

Hemmt Candida albicans und Trichophyton Schönleinii (10 γ/ml), ferner Mikrosporum gypseum und Trich. mentagrophytes (20—50 γ/ml). Für die Lokalbehandlung von Dermatophytien von begrenztem Wert.

Hygromycin. 1953 haben PITTENGER u. Mitarb. aus *Streptomyces hygroscopicus* eine schwach saure, wasser- und alkohollösliche, nicht kristallisierende Substanz isoliert, die praktisch ungiftig ist. Mäuse vertrugen intravenös 1000 mg/kg. Außer gegen Bakterien auch wirksam gegen *Nocardia*- und *Streptomyces*-Arten, *Trichophyton rubrum* und *Candida albicans* (50—100 γ/ml.

Iturin. 1952 von DELCAMBE als Polypeptid aus *Bacillus subtilis* isoliert. Verschiedene Fraktionen (L, N, O). Hemmwirkung gegen *Candida albicans*, *Aspergillus niger* und *Dermatophyten*.

Magnamycin (= Carbomycin).

Malucidin. 1957 isolierte PARFENTJE aus *Saccharomyces cerevisiae* ein komplexes Protein, das eine Hemmwirkung gegen *Candida albicans*-Infektion besitzt. 1—10 mg/kg als Injektion schützen Mäuse vor der Infektion.

Marasminsäure. 1949 durch KAVANAGH, HERVEY und ROBBINS (1) entdeckt. *Marasmius conigenus*, ein Pilz, der zu den Basidiomyceten gehört, produziert die einbasische wasserlösliche Säure, die eine Hemmwirkung gegen *Trichophyton mentagrophytes* und *Aspergillus niger* besitzt. LD_0 für Mäuse intravenös 16 mg/kg, LD_{100} intravenös 32 mg/kg.

Mediocidin. 1954 von UTAHARA u. Mitarb. aus *Streptomyces mediocidicus* gewonnen. Ein Polyen mit guter fungistatischer Wirkung gegenüber *Candida albicans* und *C. tropicalis* $(3,1\ \gamma/\text{ml})$, *Trichophyton* spp. $(12,5—50\ \gamma/\text{ml})$ und *Aspergillus niger* $(100\ \gamma/\text{ml})$ aber sehr toxisch. LD_{50} für Mäuse i.p. etwa 2 mg/kg.

Microcin. 1952 wurden Microcin A und B von TAIRA und FUJII aus einem Strahlenpilz, *Micromonospora* species, isoliert. Geringe Wirkung gegenüber einigen *Sproß-* und *Fadenpilzen*.

Moldin. 1952 haben MAEDA u. Mitarb. aus *Streptomyces phaeochromogenus* eine stark pilzhemmende, aber auch sehr toxische Substanz gewonnen. *Trichophyton, Histoplasma capsulatum* und *Cryptococcus neoformans* werden in vitro gehemmt.

Musarin. 1948 von ARNSTEIN, COOK und LACEY aus einer *Streptomycesart* isoliert und als schwach fungistatisch erkannt. Organische Säure, die *Aspergillus niger* und phytopathogene Pilze hemmt $(10—20\ \gamma/\text{ml})$.

Mycelin. 1952 entdeckten AISO u. Mitarb. in *Streptomyces roseoflavus* eine thermostabile alkohollösliche Substanz mit guter Hemmwirkung gegen *Aspergillus niger* $(1,25\ \gamma/\text{ml})$, *Trichophyton mentagrophytes* $(2,5\ \gamma/\text{ml})$ und *Candida albicans* $(10\ \gamma/\text{ml})$. Glucose reduziert die Wirkung. Bei der *Meerschweinchentrichophytie* konnte mit einer 0,005%igen Salbe raschere Abheilung erzielt werden.

Mycolutein. 1955 von SCHMITZ und WOODSIDE aus einer nicht identifizierten *Streptomyces-Art* isoliert. Gute Hemmwirkung gegen *Candida*-Arten $(0,2—0,4\ \gamma/\text{ml})$, *Trichophyton mentagrophytes* und *T. rubrum* $(0,4—0,7\ \gamma/\text{ml})$, *Mikrosporum gypseum* $(0,7\ \gamma/\text{ml})$ und *Cryptococcus neoformans* $(1,4\ \gamma/\text{ml})$. Bakterien sind nicht empfindlich. Mäuse vertragen i.p. 5 mg/kg, 25 mg/kg sind letal.

Mycomycin. 1949 berichtete JOHNSON über ein neues Antibioticum. 1952 isolierten CELMER und SOLOMONS (1) aus *Nocardia acidophila* dieses als hochungesättigte Carbonsäure, die in vitro *Candida albicans* und *Cryptococcus neoformans* hemmt $(1—5\ \gamma/\text{ml})$. In vivo unstabil und hämolytisch.

Mycosubtilin. 1949 durch WALTON und WOODRUFF als kristalline pilzhemmende Substanz aus *Bacillus subtilis* gewonnen. Hemmt eine große Zahl verschiedener *Dermatophyten* $(1—5\ \gamma$ pro ml), ferner *Cryptococcus neoformans* und *Aspergillus niger* $(5—7,5\ \gamma/\text{ml})$, weniger gut *Candida albicans* $(100\ \gamma/\text{ml})$. LD_0 für Mäuse 12,5 mg/kg subcutan, LD_{100} 25—50 mg/kg subcutan.

Mycoticin. 1954 gelang BURKE u. Mitarb. die Auffindung einer hochgradig pilzhemmenden, aber hämolytischen Substanz in *Streptomyces ruber*. In vitro werden praktisch alle Erreger von Dermatomykosen und Systemmykosen gehemmt. LD_{50} für Mäuse i.p. 10—20 mg/kg, subcutan über 100 mg/kg, Nekrose am Ort der Injektion.

Nemotin. 1950 fand KAVANAGH in *Poria porticola* und *Poria tenuis* (Holzschwämmen) eine in vitro stark pilzhemmende Acetylenverbindung. Trichophyton mentagrophytes und Aspergillus niger werden noch in einer Verdünnung von $0,03—4,0\ \gamma/\text{ml}$ gehemmt. LD_{50} für Mäuse intravenös 125 mg/kg.

Neomycin (= Flavomycin). 1949 von WAKSMAN und LECHEVALIER (1) aus *Streptomyces fradiae*, 1950 von AISO u. Mitarb. auch aus andern Streptomyces-Arten isoliert. 3 Fraktionen: Neomycin A ist identisch mit Neamin, Neomycin B = Streptothricin B II und Neomycin C = Streptothricin B I. Hauptwirkung gegen Bakterien, z. B. mit Bacitracin kombiniert als „Nebacetin", daneben hat Neomycin aber auch Wirkung gegen einige Pilze.

Rohes Neomycin hemmt *Trichophyton mentagrophytes* (24 E/ml) (LOEFER und WEICHLEIN), Neomycin C ist wirksam gegen *Nocardia brasiliensis* (0,5 E/ml), *Phialophora verrucosa* (2,5 E/ml), *Nocardia madurae* (25 E/ml) und *Nocardia asteroides* (50 E/ml), wie WOOLDRIGE und HOFFMAN nachgewiesen haben. HANF fand Neomycin auch gegen *Actinomyces Israeli* wirksam. Gelegentlich wird auch eine Hemmwirkung gegen *Soorpilze* und andere *Hefen* beobachtet (LUDWIG und ALLEMANN), die meisten dieser Stämme sind jedoch nicht empfindlich.

In Verbindung mit Bor und Sulfanilamid („Fluomycin") wird Neomycin bei Fluor genitalis verwendet, in Verbindung mit Nystatin zur präoperativen Darmentkeimung (Allemann und Ludwig; Schneider-Reinkens; Hoffmann; Cox und Hannon).

Nidulin und **Nor-Nidulin** (= Ustin). 1945 von Kurung aus *Aspergillus nidulans* gewonnen. Schwache Hemmwirkung gegenüber Trichophyton tonsurans und Mikrosporum Audouini (Dean u. Mitarb.).

Nigericin. 1951 durch Harned u. Mitarb. aus einem *Streptomyces violaceoniger*-ähnlichen Stamm isoliert. Einbasische Säure, die außer Bakterien auch Candida albicans ($2\,\gamma$/ml) und *Trichophyton mentagrophytes* ($16\,\gamma$/ml) hemmt. LD_{50} für Mäuse i.p. 2,5 mg/kg.

Oligomycin. 1954 von Smith, Peterson und McCoy aus einer *Streptomyces* diastatochromogenes-ähnlichen Art isoliert. Hemmt stark eine Reihe pathogener Pilze, z. B. *Blastomyces dermatitidis* ($0,04\,\gamma$/ml bei 37° C) und *Histoplasma capsulatum* ($1,1$—$8,0\,\gamma$/ml) Toxicität für Mäuse sehr hoch: LD_{100} 2,5 mg/kg intravenös und i.p.

Oxychlororaphin. 1958 wurde von Sierra und Veringa aus *Pseudomonas aeruginosa* eine neue fungistatische Substanz gewonnen, die in der Konzentration von $12,5$—$50\,\gamma$/ml einige *Streptomyceten*, ferner *Trichophyton mentagrophytes, Mikrosporum Audouini, Epidermophyton floccosum, Candida albicans* und *Blastomyces dermatitidis* hemmt.

Patulin (s. auch Clavacin). 1942 von Chain u. Mitarb., Waksman u. Mitarb. und anderen Forschergruppen aus verschiedenen *Penicillium-* und *Aspergillus* Arten isoliert. 1950 von Woodward und Singh auch *synthetisch* dargestellt. Neutrale farblose Rhomben oder Prismen, wasser- und alkohollöslich. Strukturformel:

In vitro Hemmwirkung gegenüber *Dermatophyten* und *Hefen*. Klinisch nicht überzeugend (Casanovas).

Phaefacin. 1952 durch Maeda u. Mitarb. im Rahmen größerer Untersuchungsreihen aus der Kulturflüssigkeit von *Streptomyces phaeofaciens* extrahiert. Hemmt *Trichophyton, Histoplasma capsulatum, Cryptococcus neoformans, Trichosporon Beigelii* ($0,7$—$6,0\,\gamma$/ml). Keine Wirkung auf Bakterien.

Pimaricin. 1957 von Struyk u. Mitarb. aus *Streptomyces natalensis* isoliert. Primaricin ist eine kristalline Substanz, eine Polyenverbindung, und hemmt *Candida albicans, Histoplasma capsulatum* und verschiedene Dermatophyten (3—$50\,\gamma$/ml). Mit Pimaricin ist es gelungen, die nach Tetracyclinverabreichung einsetzende Hefevermehrung im Darm zu verhüten. Die Hefen werden bis auf Null reduziert, die Wirkung hält noch einige Zeit an (Manten und Hoogerheide).

Polymyxin (Polymyxin B = Aerosporin. 1947 von Ainsworth, Brown und Brownlee in Bacillus aerosporus (Synonym: Bacillus polymyxa) aufgefunden. Fraktionen (A, B_1, B_2, C, D, E), sämtlich Polypeptide, unterscheiden sich durch ihren verschiedenen Gehalt an Aminosäuren (D-Leucin, Phenylalanin. L-Threonin und D-Serin), haben ein im wesentlichen ähnliches antibakterielles, aber unterschiedliches antimycetisches Spektrum. B und E hemmen *Trichophyton-* und *Mikrosporum-Arten*, sowie *Candida albicans* (125—$250\,\gamma$/ml) [Serri (2), sowie Loefer und Weichlein). Pferdeserum setzt die Wirkung nicht herab (Florestano und Bahler). Auch *Cryptococcus neoformans* ist empfindlich (50—$100\,\gamma$/ml) (Bonfiglioli und Longobardi), bei Kryptokokkose der Maus aber weder prophylaktisch noch therapeutisch wirksam (Carton und Liebig). Toxicität: A, B, E für Mäuse intravenös LD_{50} 6—9 mg/kg, i.p. 13—39 mg/kg, subcutan 68—87 mg/kg. Polymyxin D ist etwa halb so toxisch.

Klinische Erfahrungen mit Salbe aus Polymyxin B + Bacitracin bei Dermatomykosen waren unbefriedigend (Kile, Rockwell und Schwarz).

Hanf stellte fest, daß Actinomyces Israeli durch 50 E/ml Polymyxin B *nicht* gehemmt wird.

Polypeptin. 1948 von McLeod aus *Bacillus krzemieniewski*, einer Variante von Bacillus circulans, gewonnen. Basisches Polypeptid. In vitro gute Wirkung gegen *Epidermophyton*

floccosum, Blastomyces dermatitidis, Sporotrichum Schenckii, Histoplasma capsulatum, Mikrosporum Audouini (1,5 γ/ml), *Trichophyton rubrum* und *Candida albicans* (3 γ/ml). LD_{50} für Mäuse i.p. 15 mg/kg. In vitro hämolytisch für Erythrocyten.

Prodigiosin. 1929 von WREDE und HETTCHE als *rotes Pigment* von *Serratia marcescens* bekannt, 1950 von FELSENFELD, MAST und ISHIHARA genauer untersucht. Prodigiosin ist eine einbasische Säure, alkohol- und ätherlöslich, thermostabil. Die Strukturformel ist bekannt (HUBBARD und RIMINGTON):

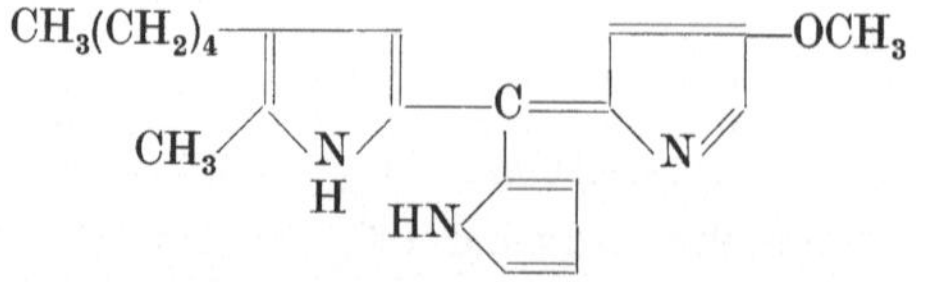

Bemerkenswert ist die Hemmwirkung des Prodigiosins gegenüber *Coccidioides immitis*, fungistatisch 1:500000; fungicid in 48 Std 1:100000 verdünnt (LACK; WOOLDRIDGE). Mäuse und Meerschweinchen vertragen i.p. Dosen von 1 mg/kg.

WIER u. Mitarb. haben Behandlungsversuche bei Coccidioidomykose unternommen. Die oralen Dosen betrugen 10—30 mg p.d., intravenös wurden 10—25 mg gegeben und ohne Leber- oder Nierenschädigung vertragen. Bei 6 von 9 Patienten schien ein günstiger Einfluß festzustellen zu sein. Zwei Jahre später (1954) berichtete EGEBERG über die Behandlung von 6 Negern mit Prodigiosin; 3 davon starben innerhalb 3—21 Monaten, die 3 anderen schienen aber von der Coccidioidomykose geheilt zu sein. Da die disseminierte Form bei Weißen in 50%, bei Negern aber in 85% der Fälle zum Tode führt, dürfte es geboten sein, jede, auch die kleinste Chance zu nutzen. So gesehen, sind Behandlungsversuche wie die mit Prodigiosin gerechtfertigt und notwendig, auch wenn der Erfolg nicht voll befriedigt.

Pyocyanin. 1946 untersuchten STOKES, PECK und WOODWARD das schon sehr lange bekannte basische blaue Pigment von *Pseudomonas aeruginosa*, das MCCOMBIE und SCARBOROUGH bereits 1923 als dunkelblaue Kristalle dargestellt hatten. In heißem Wasser und in verdünntem Alkohol löslich; selbst unstabil, bildet aber stabile Salze. Strukturformel (V. RICHTER):

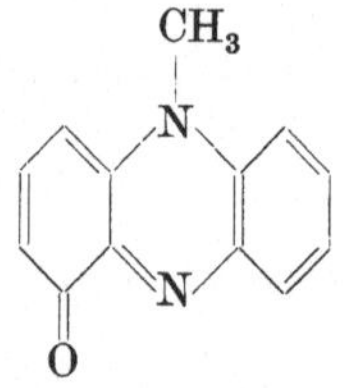

Trichophyton mentagrophytes, Mikrosporum gypseum, Trichophyton Schönleinii und *Candida albicans* werden in einer Verdünnung von 1:2000 bis 1:5000 gehemmt, *Cryptococcus neoformans* wenig [FISHER (2)]. Die fungistatische Wirkung läßt sich in vitro durch Kobalt steigern [ALKIEWICZ u. Mitarb. (2)], sie geht ganz verloren, wenn der blaugrüne Farbstoff allmählich in einen braunen übergeht [ALKIEWICZ u. Mitarb. (1)].

Rimocidin. 1951 von DAVISSON u. Mitarb. aus dem Mycel von *Streptomyces rimosus* mit n-Butanol extrahiert (Str. rimosus bildet außerdem Terramycin). Gute Hemmwirkung in vitro (1—5 γ/ml) gegen *Dermatophyten* und Erreger von *System-Mykosen*. LD_{50} für Mäuse intravenös 20 mg/kg. In einer Konzentration von 30 γ/ml hämolytisch für menschliche und tierische Zellen (DAVISSON u. Mitarb.; CARTON und LIEBIG; SCHMIDT und THORP). Rimocidin ist ein Tetraen (GALMARINI).

Rotaventin. 1952 von HOSOYA, KOMATSU und SOEDA (1), (2) aus *Streptomyces reticuli* gewonnen. Hemmt Aspergillus niger und einige andere Pilze (6 γ/ml), jedoch so gut wie *nicht* Trichophyton mentagrophytes und Candida albicans. Könnte als Selektivmedium zur Isolierung hautpathogener Pilze in Betracht kommen.

Sarkomycin. 1953 von UMEZAWA u. Mitarb. aus einem *Streptomyces erythrochromogenes*-ähnlichen Stamm isoliert und als schwach wirksam gegen einige Pilze erkannt: Gehemmt werden *Nocardia asteroides* (63 γ/ml), *Histoplasma capsulatum* (63 γ/ml), *Trichophyton mentagrophytes* (500 γ/ml) und *Cryptococcus neoformans* (1000 γ/ml). Auch die Toxicität für Mäuse ist gering: LD_{50} i.p. 1000—1800 mg/kg, intravenös 800—1600 mg/kg.

Seligocidin (= Enteromycin). 1954 durch NAKAMURA u. Mitarb. in einem *Streptomyces roseochromogenus*-ähnlichen Stamm entdeckt. Wirkt stärker gegen *Hefen (Candida*-Arten

3—6 γ/ml) und *Sporotrichum beurmanni* (0,7 γ/ml) als gegen Dermatophyten (*Trich. rubrum* 50 γ/ml). Auch *Nocardia asteroides* wird stark gehemmt (6 γ/ml). LD_{50} für Mäuse i.p. 200 mg pro kg.

Streptothricin. 1942 haben WAKSMAN und WOODRUFF (2) bei der Durchuntersuchung zahlreicher Stoffwechselprodukte von *Streptomyces lavendulae* auch Streptothricin isoliert; sehr nahe verwandt sind Streptin, Lavendulin, Streptolin, Streptothricin VI, Aerothricin und Pleocidin. Dagegen entspricht Streptothricin BI = Neomycin C und Streptothricin BII = Neomycin B. In vitro wurde zwar eine gute Hemmwirkung gegen *Coccidioides immitis* (1 E/ml) und *Blastomyces dermatitidis* (10 E/ml), eine geringe gegen *Dermatophyten* und *Candida albicans* beobachtet (FOSTER und WOODRUFF), auch hatten Tierversuche mit Blastomyces derm. an Hühnerembryonen [MEYER und ORDAL (2)] und Crypt. neoformans bei Mäusen (SOLOTOROVSKY und BUGIE) bei guter Verträglichkeit klinische Prüfungen inauguriert, diese verliefen jedoch allesamt enttäuschend (s. auch KALKOFF und JANKE).

Subtilin. 1944 aus einem *Bacillus subtilis*-Stamm von JANSEN und HIRSCHMAN beschrieben, 1945 von SALLE und JANN als wirksam gegen *Candida albicans, Cryptococcus neoformans, Sporotrichum Schenckii und Trichophyton mentagrophytes* erkannt. LD_{50} für Mäuse intravenös etwa 60 mg/kg, subcutan 670 mg/kg. Orale Dosen von 5000 mg/kg waren letal. Parenteral zugeführtes Subtilin wurde präcipitiert (WILSON u. Mitarb.).

Tardin. 1947 von BORODIN, PHILPOT und FLOREY aus *Penicillium tardum* isoliert. Geringe Wirkung gegen *Mikrosporum Audouini, M. canis* und *Trichophyton equinum.*

Thioaurin. 1952 von BOLHOFER, MACHLOWITZ und CHARNEY (1), (2) aus einem *Streptomyces lipmanii* verwandten Stamm gewonnen. Schwache Hemmung gegen *Candida albicans, Cryptococcus neoformans, Blastomyces dermatitidis, Histoplasma capsulatum, Sporotrichum Schenckii, Mikrosporum gypseum und Trichophyton mentagrophytes* (1000 γ/ml). Durch Serum wird die Wirkung um 25% gesteigert. LD_{50} für Mäuse intravenös 15—16 mg/kg, subcutan 20 mg/kg.

Thiolutin. 1952 beschrieben SENECA, KANE und ROCKENBACH die Hemmwirkung des aus bestimmten *Streptomyces albus*-Stämmen isolierten Thiolutins gegenüber *Histoplasma capsulatum* (6,2 γ/ml), *Mikrosporum Audouini, Trichophyton rubrum, Epidermophyton floccosum* (12,5 γ/ml), *Coccidioides immitis, Blastomyces dermatitidis* und *Bl. brasiliensis* (50 γ/ml). Candida albicans wird nicht gehemmt. LD_{50} für Mäuse subcutan und oral 25 mg/kg. Chemisch sind Thiolutin und Aureothricin nur durch eine CH_2-Gruppe unterschieden, beide enthalten einen Pyrrolidinodithiol-Kern [CELMER und SOLOMONS (2)].

Klinisch wurde Thiolutin von FRANKS bei Tinea capitis erprobt. In 10 von 12 Fällen (Erreger war Trichophyton sulfureum) war die Lokalbehandlung erfolgreich.

Toyocamycin. 1955 von KIKUCHI aus einem *Streptomyces albus*-ähnlichen Stamm isoliert. Wirkt gut gegen *Candida albicans* (1,6 γ/ml), jedoch *nicht* gegen *Candida krusei, Trichophyton mentagrophytes, Aspergillus niger* und *Mucor pusillus* bei einer Konzentration von 100 γ/ml (TSUBURA u. Mitarb.).

Toximycin. 1952 von STESSEL, LEBEN und KEITT (1), (2) aus *Bacillus subtilis* als wasserlösliche thermostabile Substanz isoliert und als wirksam gegen *Trichophyton mentagrophytes* und andere Fungi imperfecti erkannt.

Trichothecin. 1948 konnten FREEMAN und MORRISON (1), (2) aus *Trichothecium roseum* einen neutralen Ester gewinnen mit einem breiten antimycetischen Wirkungsspektrum. Die meisten *Erreger* von *Dermatomykosen* und *Systemmykosen* werden in Konzentrationen von 3,2 bis über 80 γ/ml gehemmt. Nocardia asteroides dagegen ist nicht empfindlich. Die Substanz übt auf tierische und menschliche Haut eine starke Reizwirkung aus (FREEMAN).

Tyrothricin. 1939 von DUBOS (1) aus Bacillus brevis gewonnen; enthält etwa zu 20% die aktivere Komponente Gramicidin, zu 80% Tyrocidin. Mäßige Hemmwirkung gegenüber *Trichophyton Schönleinii* (50 γ/ml), *Trichophyton mentagrophytes* und *Mikrosporum gypseum* (100 γ/ml), noch geringere gegenüber *Candida albicans* (200 γ/ml) [McKEE u. Mitarb.; HOTCHKISS; K. MÜLHENS (4)].

Versuchsweise wurde Tyrothricin in den Jahren 1946 bis etwa 1954 für die Therapie der Dermatomykosen verwendet, es konnten sogar hin und wieder Erfolge beobachtet werden [GATÉ, COUDERT und COTTE (1), (2); GATÉ, COUDERT und JEHL; MICHEL und LAURENT; ALPEROVITCH; COUDERT und JEHL; VERCRUYSSE)

Sogar bei südamerikanischer Blastomykose ist ein Versuch gemacht worden (Lacaz, Silva und Fernandes), insgesamt aber hatte man sich vom Tyrothricin mehr versprochen. Heute wird es praktisch nur noch für die *antibakterielle* Lokalbehandlung verwendet, aber nicht mehr für die antimykotische (Johne).

Usninsäure. 1947 von Marshak aus verschiedenen *Flechten* extrahiert. 1951 beschrieb Bustinza (1) eine Hemmwirkung auf *Trichophyton mentagrophytes* und *Candida albicans*. Im übrigen als Usnimycin (= Natriumusnat + Streptomycin) in der Tbc-Behandlung versucht. Mykologisch nicht weiter eingesetzt, da die Wirkung zu schwach ist.

Ustilaginsäure. 1951 von Leminieux u. Mitarb. aus *Ustilago zeae* (Maisbrandpilz) isoliert. Hemmt außer vielen phytopathogenen Pilzen auch *Candida albicans*, *Cryptococcus neoformans* (15 γ/ml), *Mikrosporum*- und *Trichophyton*-Arten (über 50 γ/ml). Toxicität für Mäuse: i.p. 1500 mg/kg gut vertragen (Haskins und Thorn).

Violacein. 1945 fanden Lichstein und van de Sand (1), daß das violette Pigment von *Chromobacterium violaceum* eine Hemmwirkung auf Pilze ausübt, darunter *Blastomyces dermatitidis* (10 γ/ml) und *Trichophyton rubrum* (100 γ/ml). Toxicität für Mäuse: i.p. wurden 100 mg/kg vertragen [Lichstein und van de Sand (2)].

Violacetin. 1955 isolierten Aiso u. Mitarb. aus einer *Streptomyces purpeochromogenus*-ähnlichen Kultur eine basische Substanz, die in Konzentrationen von 50—100 γ/ml sich wachstumshemmend auf *Candida Krusei*, *C. albicans*, *Aspergillus niger und Trichophyton mentagrophytes* auswirkt. Leicht verträglich für Mäuse: i.p. konnten 45 mg/kg, subcutan 75 mg/kg, intravenös 37,5 mg/kg und oral 375 mg/kg gegeben werden, ohne daß es zu Nebenwirkungen kam.

Viridin. 1945 von Brian und McGowan (1) aus *Trichoderma viride* gewonnen. Hemmt in vitro zahlreiche phytopathogene und humanpathogene Pilze, darunter *Candida albicans* und *Trichophyton mentagrophytes* (6,2 γ/ml), 5 mg/kg i.p. sind für Mäuse jedoch schon toxisch.

Antibioticum XG (= Fungistatin). 1946 haben Lewis, Hopper und Schultz auf den fungistatischen Effekt von Bacillus subtilis var. XG hingewiesen. Außer *Dermatophyten* wurden auch *Candida albicans* und *Sporotrichum Schenckii* gehemmt. Die Untersuchungen wurden 1949 von Hobby u. Mitarb. bestätigt. Für die Anwendung hinderlich ist die Anwesenheit eines hämolytischen Faktors [Lewis und Hopper (2)].

Antibioticum AYF. 1958 entdeckten Kaplan u. Mitarb. in einem Stamm von *Streptomyces aureofaciens* ein Heptaen mit sehr guter Hemmwirkung gegen *Candida albicans* und *Trichophyton Schönleinii*. Bei experimenteller Candidamykose der Maus sind Injektionen in der Dosis von 0,038 mg/kg wirksam, wenn sie i.p. gegeben werden, nicht jedoch bei i.m. oder oraler Zufuhr.

Antibioticum 136. 1947 von Bohonos u. Mitarb. aus *Streptomyces lavendulae* isoliert und Streptothricin sehr ähnlich, auch in der Wirkung gegenüber pathogenen Pilzen.

Antibioticum 1968 (Nepera). 1955 teilte C. Campbell (2) vorläufige Ergebnisse über ein neues Antibioticum mit, das aus einem nicht identifizierten Streptomyces-Stamm (Nr. 1968) isoliert worden war; ein Polyen, dessen Verwandtschaft mit Ascosin oder Nystatin noch geprüft wird, mit Hemmwirkung auf verschiedene Erreger von Systemmykosen. Auch im Tierversuch konnte mit verschiedenen Fraktionen bei Histoplasmose, Sporotrichose und Candidamykose ein günstiger erster Eindruck gewonnen werden (Campbell u. Mitarb.).

Antibiotica PA 132, PA 150, PA 153 und PA 166. 1956 und 1957 wurden in den Pfizer-Laboratorien mehrere neue pilzwirksame Antibiotica entdeckt, meist Polyene, aus *Streptomyceten* isoliert (English u. Mitarb., English und McBride). PA 132 hemmt *Candida albicans*, *Histoplasma capsulatum* und *Mikrosporum Audouini* (100 γ/ml); PA 150, PA 153 und PA 166 wirken gegen Candida-Arten in vitro, jedoch nicht in vivo.

Die Zahl der fungistatisch oder fungicid wirkenden Antibiotica wird ständig größer. Nicht jeder zunächst eingeschlagene Weg kann weiterverfolgt werden, weil die menschlichen und technischen Möglichkeiten begrenzt sind. Andererseits erweist sich mancher vielversprechende Anfang letzten Endes doch als fruchtlos und die schon nahe geglaubte Lösung des Problems als Trugbild. In solcher Situation wurde manches Liegengelassene wieder aufgegriffen, mit verbesserten Methoden bearbeitet und genauer erforscht, bis schließlich ein Therapeuticum daraus wurde.

Es würde zu weit führen, alle Keime zu registrieren, die in vitro pilzhemmende Wirkung gezeigt haben. Ihre Zahl läßt sich durch Reihenuntersuchungen in

einem nicht mehr zu bewältigenden Ausmaß steigern. Deshalb ist das Augenmerk mehr auf die Exponenten gerichtet, die sich bereits *klinisch bewährt* haben.

Um aber die sich anbahnende Entwicklung zu sehen, ist ein orientierender Blick auf die Forschung nützlich und manchmal aufschlußreich. Gerade aus dem unvoreingenommenen Blick werden Ideen geboren, Anregungen empfangen und neue Impulse gegeben.

Das Hauptinteresse der Forschung gilt im Augenblick noch der Isolierung *natürlich* vorkommender Hemmstoffe. Die meisten dieser Stoffe stammen aus Aktinomyceten (WAKSMAN u. Mitarb.; KRASSILNIKOFF u. Mitarb.; RAUBITSCHEK u. Mitarb.; REHÁČEK und andere), viele jedoch auch aus Bakterien (LANDY u. Mitarb.; H. L. MARTIN und andere) und echten Pilzen [BRIAN u. Mitarb.; BUSTINZA (2); PEREIRO MIGUENS (1); SALVIN und andere); neuerdings sind auch Flechten in den Kreis der Untersuchungen einbezogen worden (FUJIKAWA u. Mitarb.). Mit neuen Entdeckungen aus dieser Forschungsrichtung ist noch eine geraume Zeit zu rechnen.

Schon bahnt sich aber eine Verfeinerung der Methoden an, die es erlauben wird, präzisere Fragen zu stellen. Die Aufklärung der Zusammenhänge zwischen chemischer Konstitution und Wirkung [KIMMIG (1)], die halbsynthetische und vollsynthetische Herstellung antibiotisch wirkender Antimykotica, die Aufdeckung der Beziehungen zwischen Metaboliten und Antimetaboliten, Fermenten und Antifermenten, Vitaminen und Antivitaminen, um nur weniges zu nennen, sind Zielsetzungen der modernen biologischen Forschung, die letzten Endes der Erkennung subtiler Lebensvorgänge dienen. Mit zunehmender Kenntnis wachsen die Möglichkeiten, zweckdienliche Eingriffe in den Ablauf biochemischer Reaktionen vorzunehmen, deren Sinn darin liegt, die Auseinandersetzung zwischen Krankheitskeim und angegriffenem Organismus überschaubar zu steuern, den Angriff erfolgreich abzuwehren und eine Steigerung der Abwehrfähigkeit herbeizuführen.

Der *gezielte therapeutische Eingriff* in die Angriffs- und Abwehrvorgänge kann rationeller gestaltet werden, wenn die dabei stattfindenden *chemischen Umsetzungen* im einzelnen bekannt sind. Damit sind zugleich die Voraussetzungen geschaffen, auch die Bildung antibiotischer Stoffe zu beeinflussen und Antibiotica herzustellen, die in der Natur *nicht* vorkommen. Es liegt im Zuge der Entwicklung — beim Penicillin und den Breitspektrum-Antibiotica wird es schon deutlich —, daß als Ergebnis immenser chemisch-pharmazeutischer Forschungsarbeit antibiotische Heilmittel zur Verfügung gestellt werden, die das ursprüngliche Naturprodukt an Reinheit und Wirkung weitaus übertreffen.

Auch auf dem Gebiet der antibiotischen Antimykotica darf mit dieser Entwicklung gerechnet werden. Der Widerhall, den die Einführung innerlich wirkender Mittel in die Therapie der *Dermatomykosen* gefunden hat, zeigt besser als jede Statistik, wie sehr es hier gilt, eine *Lücke im Arzneischatz* auszufüllen. Nicht anders ist es bei den nicht selten mit *Hautbeteiligung* einhergehenden *Systemmykosen*, deren erfolgreiche Behandlung außer Wissen und Kunst noch immer Glück erfordert. Dem an einer disseminierten Mykose leidenden Menschen *sichere* Hilfe zu bringen, diesem Ziel werden weitere Anstrengungen dienen müssen. Waren den ersten — auf falschen Vorstellungen beruhenden — Behandlungsversuchen klinische Enttäuschung und abwartende Resignation gefolgt, so spricht manches dafür, daß beim zweiten Anlauf mehr erreicht wird. Vor allem 2 Gründe sind es, die zu dieser Hoffnung berechtigen: 1. Das große Interesse, mit dem sich viele, die bisher abseits standen, der medizinischen Mykologie zugewendet haben und deren Probleme lösen helfen; 2. die Entdeckung und Entwicklung wirksamerer antimykotischer Antibiotica.

III. Übersichtstabellen

Therapeutische Hinweise (nach Krankheitsbildern geordnet)

Tabelle 4. *Dermatomykosen*

Krankheitsbezeichnung	Erreger	Antimykotica
Kopfpilzflechte	Mikrosporum-Arten Trichophyton-Arten	Griseofulvin (eventuell Depilatorium)
	Candida-Arten u. a.	Nystatin, Trichomycin
Bartpilzflechte	Mikrosporum-Arten Trichophyton-Arten	Griseofulvin
	Candida-Arten u. a.	Nystatin, Trichomycin
oberflächliche und tiefe Dermatophytie	Mikrosporum-Arten Trichophyton-Arten Epidermophyton floccosum	In schweren und chronischen Fällen: Griseofulvin; sonst auch Lokalbehandlung erfolgreich. Siehe unter Tinea manuum et pedum!
cutane Candidiasis	Candida-Arten und andere Hefen	Nystatin, Trichomycin, Triphenylmethanfarbstoffe, Chinolinderivate, organische Quecksilberverbindungen
Eczema marginatum und Pilzflechten am Bein	Mikrosporum-Arten Trichophyton-Arten Epidermophyton floccosum	Griseofulvin, besonders bei follikulärer Trichophytie der Unterschenkel; sonst auch Lokalbehandlung möglich. Siehe unter Tinea manuum et pedum!
	Candida-Arten u. a.	Nystatin, Trichomycin, Triphenylmethanfarbstoffe, Chinolinderivate
Hand- und Fußmykose (Tinea manuum et pedum)	Mikrosporum-Arten Trichophyton-Arten Epidermophyton floccosum	Versuch mit Griseofulvin, besonders bei Infektion durch Trich. rubrum, T. Schönleinii, T. violaceum uud T. Quinckeanum Lokalbehandlung mit: Chinolinderivaten, Salicylamiden, Salicylaniliden, Invertseifen, p-Oxybenzoesäureestern, Hexylresorcin, Triphenylmethanfarbstoffen, organischen Hg-Verbindungen, halog. Phenol- und Kresolderivaten, Hexachlorophen, Dichlorophen, Benzimidazolderivaten, Fettsäuren, Salicylsäure, Benzoesäure, Schwefel, Jod, Kaliumpermanganatbädern, Sol. Castellani, Tinct. Arning, Xeroform Eventuell Zusatz von Antihistaminica und Hydrocortison
	Candida-Arten und andere Hefen	Nystatin, Trichomycin, Chinolinderivate, Triphenylmethanfarbstoffe, organische Hg-Verbindungen, Jod, halog. Phenolderivate, Xeroform
Nagelmykose (Tinea unguium)	Mikrosporum-Arten Trichophyton-Arten Epidermophyton floccosum	Griseofulvin über viele Monate hin, bis die Pilze völlig beseitigt sind; zur Beschleunigung eventuell Nagelablösung und Nagelbettoilette

Tabelle 4 (Fortsetzung)

Krankheitsbezeichnung	Erreger	Antimykotica
Nagelmykose (*Tinea unguium*)	Candida-Arten und andere Hefen	Nystatin und Trichomycin versuchen. Chinolinderivate, Jod. Eventuell Nagelablösung und Nagelbetttoilette
	Scopulariopsis-Arten und andere Pilze	Nagelablösung, Nagelbettoilette. Chinolinderivate, Jod, halog. Phenolderivate
Pityriasis versicolor	Malassezia furfur	Lokalbehandlung wie bei Tinea manuum et pedum
Erythrasma	Nocardia minutissima	Griseofulvin, wenn Superinfektion mit Dermatophyten vorliegt. Lokalbehandlung wie bei Tinea manuum et pedum
Trichomycosis palmellina *Piedra alba* *Piedra nigra* *Tinca palmaris nigra*	Nocardia tenuis Trichosporon Beigelii Piedraia Hortai Cladosporium-Arten	Lokalbehandlung wie bei Tinea manuum et pedum; Haare evtl. entfernen

Tabelle 5

Krankheitsbezeichnung	Erreger	Antimykotica und Bemerkungen
Otomykose	Dermatophyten Aspergillus sp. Candida sp. und andere	Bei Dermatophyten Griseofulvin; sonst: Chinolinderivate, Triphenylmethanfarbstoffe, organische Quecksilberverbindungen. Cave: Verwechslung mit Ekzem und apathogenen Anflugkeimen!
Ophthalmomykose	Dermatophyten Aspergillus sp. Candida sp. und viele andere Pilze	Bei Dermatophyten Griseofulvin; bei Candida Nystatin oder Trichomycin; bei Sporotrichum Jodkali oder Griseofulvin; bei Nocardia Sulfonamide usw. je nach Erregerart. Lokal Corticosteroide
Genitalmykose	Candida sp. Torulopsis sp.	Nystatin, Trichomycin, organische Hg-Verbindungen, Triphenylmethanfarbstoffe
	Dermatophyten	Griseofulvin; Chinolinderivate, Triphenylmethanfarbstoffe
Mykotische Ekzeme	(Dermatophyten Hefen pathogene Schimmelpilze)	Die Pilze brauchen nicht die Erreger, sondern können Sekundärkeime sein. Im Vordergrund steht die antiekzematöse Behandlung, eventuell gleichzeitig mit der antimykotischen
Sekundäre Mykosen (nach Antibiotica- oder hochdosierter Corticosteroidbehandlung)	(Hefen pathogene Schimmelpilze)	Absetzen der Antibiotica bzw. Verringerung der Corticosteroiddosis. Dadurch Spontanheilung möglich. Sonst Behandlung wie bei Systemmykosen
Pseudomykosen	—	Anwesenheit von Pilzelementen in Krankheitserscheinungen, die auf andere Ursachen zurückgehen
Mykide	Antigene von Dermatophyten, Hefen und anderen Pilzen	Keine Lokalbehandlung des Mykids, aber Beseitigung der bestehenden Haut-, Schleimhaut- oder Systemmykose

Tabelle 6. *Erkrankungen durch Strahlenpilze*

Krankheitsbezeichnung	Erreger	Antimykotica
Aktinomykose	Actinomyces Israeli (bovis)	Penicillin, Streptomycin, Tetracycline, Chloromycetin, Erythromycin, Magnamycin; INH, Sulfone; Kombination mit Sulfonamiden
Nocardiose	Nocardia asteroides	*Sulfonamide:* Sulfadiazin (= Pyrimal, Debenal) in: Andal und Ornal Sulfamerazin (= Methylpyrimal, Debenal-M) in: Andal, Ornal, Protocid, Supronal und Pluriseptal Sulfaäthylthiodiazol (= Globucid, Sulfa-Perlongit) in: Andal und Protocid Sulfamethoxypyridazin (= Lederkyn) Sulfadimethylisoxazol (= Gantrisin)
	Nocardia brasiliensis	Diamino-diphenylsulfon (DDS) und andere Sulfone Versuch mit Sulfonamiden, z. B. Gantrisin
Streptomykose	Streptomyces: madurae pelletieri somaliensis und andere Arten	Sulfone Sulfonamide Diamidino-diphenylamin

Tabelle 7. *Blastomykosen*

Krankheitsbezeichnung	Erreger	Antimykotica
Nordamerikanische Blastomykose	Blastomyces dermatitidis	Amphotericin B, aromatische Diamidine, insbesondere 2-Oxystilbamidin, versuchsweise Jodide
Südamerikanische Blastomykose (= *Paracoccidioidomykose*)	Blastomyces (= Paracoccidioides) brasiliensis	Amphotericin B, Sulfonamide (siehe unter Nocardiose!)
Keloidblastomykose (Morbus Lôbo)	Glenosporella (= Lôboa) Lôboi	Versuchsweise Amphotericin B, aromatische Diamidine, Sulfone
Kryptokokkose (= Europäische Blastomykose)	Cryptococcus neoformans	Versuchsweise Amphotericin B, aromatische Diamidine, Actidion. Bei lokaler Erkrankung: Nystatin, Trichomycin

Tabelle 8. *Erkrankungen durch Candida-Arten und ähnliche Pilze*

Krankheitsbezeichnung	Erreger	Antimykotica
Candidamykose	Candida albicans und andere Candida-Arten	Bei *lokaler* Erkrankung: Nystatin, Trichomycin, Chinolinderivate, Triphenylmethanfarbstoffe, organische Quecksilberverbindungen.
Torulopsidose *Trichosporose* *Sporobolomykose* *Geotrichose*	Torulopsis-Arten Trichosporon-Arten Sporobolomyces-Arten Geotrichum-Arten	Bei Disseminierung: versuchsweise Amphotericin B, Außerdem Beseitigung der streuenden Herde durch Lokalbehandlung (Haut, Respirations-, Digestions- und Genitaltrakt)

Tabelle 9. *Erkrankungen durch „Schwärzepilze" (Dematiaceae)*

Krankheitsbezeichnung	Erreger	Antimykotica
Chromomykose	Hormodendrum- (= Fonsecaea-) und Phialophora-Arten	Sulfone, INH, Calciferol (Vitamin D_2), Amphotericin B
Cladosporose	Cladosporium trichoides und andere Arten	Versuchsweise Amphotericin B, Sulfone
Cercosporiose	Cercospora-Arten	Versuchsweise Amphotericin B, Sulfone
Maduromykose	Madurella: grisea, mycetomi und andere Pilze	Versuchsweise, je nach Erreger-Art, Sulfone, Sulfonamide, Amphotericin B, aromatische Diamidine

Tabelle 10

Krankheitsbezeichnung	Erreger	Antimykotica
Sporotrichose	Sporotrichum Schenckii	Kaliumjodid, Natriumjodid, aromatische Diamidine, besonders 2-Oxystilbamidin, Versuch mit Griseofulvin, organischen Antimonverbindungen
Hemisporose	Hemispora stellata	Wie bei Sporotrichose
Histoplasmose	Histoplasma: capsulatum, Duboisii	Versuchsweise Amphotericin B, Äthylvanillat, aromatische Diamidine; lokal: Propamidin
Coccidioidomykose	Coccidioides immitis	Spezifische Therapie fehlt ganz. Versuchsweise aromatische Diamidine, Amphotericin B
Rhinosporidiose	Rhinosporidium Seeberi	Versuchsweise organische Antimonverbindungen

Tabelle 11. *Erkrankungen durch pathogene Schimmelpilze*

Krankheitsbezeichnung	Erreger	Antimykotica
Mucormykose *Aspergillose* *Penicilliose* *Peyronellaeose*	Mucor-Arten Aspergillus fumigatus und andere Arten Penicillium spinulosum und andere Arten Peyronellaea sp.	Versuchsweise Amphotericin B, aromatische Diamidine, Sulfone
Monosporiose	Monosporium apiospermum (= Allescheria Boydii)	Aromatische Diamidine, besonders Diamidinodiphenylamin, aromatische Sulfide in das Mycetom injizieren
Cephalosporiose *Scopulariopsidose* *Verticilliose*	Cephalosporium-Arten Scopulariopsis-Arten Verticillium-Arten	Versuchsweise wie bei Monosporiose

Literatur

ABRAHAMS, I., and J. K. MILLER: The in vitro action of sulfonamides and penicillin of actinomyces. J. Bact. **51**, 145 (1946). — ACHTEN, G.: Les détersifs en mycologie. Dermatologica (Basel) **114**, 360 (1957). — ADAM, W.: (1) Externe und interne Therapie von Dermatomykosen und ihre Indikation. Medizinische **1959**, 1980. — (2) Die Indikation zur Behandlung bei mykotischen Infektionen. Therapiekongr. Karlsruhe 30. 8.—5. 9. 1959. Ref. Ärztl. Praxis **11**, 1229 (1959). — ADAM, W., u. K. STEITZ: Zur Wirkung von Cycloheximid auf Pilzkulturen. Z. Haut- u. Geschl.-Kr. **25**, 153 (1958). — ADAMSON, C. A., and G. HAGERMAN: On the treatment of actinomycosis with sulpha drugs and penicillin. Acta med. scand. **131**, 23 (1948). — ADELSON, L., and I. SUNSHINE: Fatal poisoning by a cationic detergent of the quaternary ammonium compound type. Amer. J. clin. Path. **22**, 656 (1952). — AICHINGER, F.: Praktische Erfahrungen bei der Bekämpfung von Epidermophytien in einem Eisengießereibetrieb. Berufsdermatosen **6**, Nr 6 (1955). — AINSWORTH, G. C.: Medical mycology. London: Sir Isaac Pitman & Sons 1953. — AINSWORTH, G. C., and P. K. C. AUSTWICK: Fungal diseases of animals. Farnham Royal, Bucks: Commonwealth Agricult. Bureaux 1959. — AINSWORTH, G. C., A. M. BROWN and G. BROWNLEE: "Aerosporin", an antibiotic produced by Bacillus aerosporus Greer. Nature (Lond.) **160**, 263 (1947). — AISO, K.: J. Antibiot., Ser. A **8**, 33 (1955). Cit. W. S. SPECTOR, Handbook of toxicology. Vol. II: Antibiotics. Philadelphia and London: W. B. Saunders Company 1957. — AISO, K., T. ARAI, I. SHIDARA, K. OGI and T. TANAAMI: Studies on the streptomyces antibiotics active against fungi and yeast. IV. On the biological activity of mycelin. J. Antibiot. **5**, 488 (1952). — AISO, K., K. MIYAKI, F. YANAGISAWA, T. ARAI and M. HAYASHI: J. Antibiot. **3**, 87 (1950). Cit. W. S. SPECTOR, Handbook of toxicology. — AIZAWA, H.: The influence of various antibiotics and antifungal drugs upon adaptive enzyme formation of Candida albicans. Chemotherapy (Tokyo) **3**, 260 (1955). — AJELLO, L.: Recent advances in medical mycology. Bull. nat. Ass. clin. Lab. **7**, 11 (1955). — ALBOHN, H.: Klinische Erfahrungen mit dem Bortrioxybenzoesäureester als Antimykoticum. Z. Haut- u. Geschl.-Kr. **26**, 117 (1959). — ALECHINSKY, A.: Efficacité de la pénicilline en application locale dans le traitement de la teigne du cuir chevelu. Arch. belges Derm. **4**, 84 (1948). — ALKIEWICZ, J., C. MAJEWSKI and E. JANIAKOWA: (1) On the inhibiting effect of Pseudomonas aeruginosa on the growth of pathogenic fungi. Bull. Soc. Sci. Poznan, Sér. C. **1954**, 19. — (2) Biochemical investigations on the fungistatic effect of Pseudomonas aeruginosa. Bull. Soc. Sci. Poznan, Sér. C **1955**, 11. — (3) Über die fungistatische Wirkung des Saftes von Chelidonium majus. Przegl. derm. **5**, 27 (1955). — ALKIEWICZ, J., C. MAJEWSKI, S. MOCZKO u. E. JANIAKOWA: Über die Hemmwirkung von Chelidonium majus auf das Wachstum pathogener Pilze. Przegl. derm. **4**, 301 (1954). ALLEMANN, O., u. F. LUDWIG: Über die Behandlung der Vagina mit Antibioticis. Ther. Rdsch. **9**, H. 12 (1953). — ALMEIDA, F. DE, C. DA S. LACAZ e A. C. CUNHA: A terapêutica da blastomicose sul-americana e o seu contrôle de cura. Rev. bras. Med. **3**, 187 (1946). — ALMEIDA, F. DE, C. DA S. LACAZ e O. FORATTINI: Ação da sulfanilamida e seus derivados in vitro o Actinomyces brasiliensis. An. Fac. Med. Univ. São Paulo **22**, 301 (1946). — ALPEROVITCH, A.: Thérapeutique antifongique. Gaz. méd. Fr. **61**, 707 (1954). — ALTER, R. L., C. P. JONES and B. CARTER: The treatment of mycotic vulvovaginitis with propionate vaginal jelly. Amer. J. Obstet. Gynec. **53**, 241 (1947). — ALVAREZ, B. A., y R. M. GONZALEZ: Moniliasis vaginal consecutiva al uso terapéutico de antibioticos. Obstet. Ginec. lat.-amer. **10**, 295 (1951). — AMAYA-LEÓN, H.: Moniliasis vulvo-vaginal. Rev. colomb. Obstet. Ginec. **6**, 239 (1955). — AMMAN, A., D. GOTTLIEB, T. D. BROCK, H. E. CARTER and G. B. WHITFIELD: Filipin, an antibiotic effective against fungi. Phytopathology **45**, 559 (1955). — ANCHEL, M., A. HERVEY and W. J. ROBBINS: Proc. nat. Acad. Sci. (Wash.) **38**, 655 (1952). Cit. W. S. SPECTOR, Handbook of toxicology. Vol. II: Antibiotics. — ANDERS, W.: (1) Mikrosporie bei Jugendlichen und Erwachsenen. Arch. Derm. Syph. (Chicago) **59**, 662 (1949). Ref. Zbl. Haut- u. Geschl.-Kr. **74**, 167 (1950). — (2) Die Behandlung der Mikrosporie mit der kombinierten Röntgen-Thallium-Epilation nach Buschke-Langer. Z. Haut- u. Geschl.-Kr. **18**, 272 (1955). — ANDLEIGH, H. S.: (1) Therapy in fungus diseases. Indian Practit. **10**, 781 (1957). — (2) In vitro study of antifungal activity of pentamidine and stilbamidine. Mycopathologia (Den Haag) **8**, 135 (1957). — ANDREONI, G., E. CERVINI e D. CURATOLO: (1) Influenza di alcuni antibiotici sulla patogenicità della Candida albicans nel topino. G. Mal. infett. **10**, 722 (1958). — (2) Azione del nystatin nel topolino inoculato con Candida albicans e antibiotici. G. Mal. infett. **10**, 740 (1958). — ANDRIASYAN, G. K.: Klinische Aspekte und Therapie der Fußmykosen. Surg. Assist. (Moskau) **1955**, 14. Ref. Rev. Med. vet. Mycol. **2**, 363 (1956). — ANSEL, R.: Die Behandlung der Dermatomykosen mit J.K. 30. Diss. Heidelberg 1950. — APPEL, B., M. J. TYE, W. HALPERN and D. PACI: Microsporosis of the scalp. Evaluation of a new therapeutic agent. New Engl. J. Med. **245**, 1003 (1951). — APPLEBAUM, E., and S. SHTOKALKO: Cryptococcus meningitis arrested with amphotericin B. Ann. intern. Med. **47**, 346 (1957). — ARAI, T., and Y. TAKAMIZAWA: J. Antibiot. Ser. A **7**, 165 (1954). Cit. W. S. SPECTOR, Handbook of toxicology. Vol. II: Antibiotics. —

Arcamone, F., C. Bertazzoli, G. Canevazzi, A. di Marco, M. Ghione e A. Grein: La etruscomycina, nuovo antibiotico antifungino prodotto dallo Streptomyces lucensis n.sp. G. Microbiol. 4, 119 (1957). — Arêa Leão, E. de, and A. da R. Furtado: The fungistatic activities of vitamin K on dermatophytes. Mycopathologia (Den Haag) 5, 121 (1950). — Aretz, H.: Die Behandlung der Epidermophytie mit Cuprizinin. Derm. Wschr. 103, 1330 (1936). — Armangué, M., et Mestres: Arch. Med. Chir. 37, 1074 (1934). Zit. A. Delmotte, Bull. Rech. Sci. Stomat. 3, 35 (1960). — Arnold, H. L., u. E. R. Austin: Behandlung von Kiefer-Aktinomykose mit „Diasone". J. Amer. med. Ass. 138, 955 (1948). Ref. Derm. Wschr. 124, 734 (1951). — Arnstein, H. R. V., A. H. Cook and M. S. Lacey: J. gen. Microbiol. 2, 111 (1948). Cit. S. A. Waksman and H. A. Lechevalier: Actinomycetes and their antibiotics. — Ashton, G.C.: Dermination of griseofulvin in fermentation samples. II. Isotope-dilution assay. Analyst 81, 228 (1956). — Ashton, G. C., and A. P. Brown: Determination of griseofulvin in fermentation samples. I. Spectrophotometric assay. Analyst 81, 220 (1956). — Ashton, G. C., and A. Rhodes: Griseofulvin and dimethylformamide. Chem. and Ind. 1955, 1183. — Ashton, G. C., and J. P. R. Tootill: Determination of griseofulvin in fermentation samples. App. to I: Seven-point correction procedure. Analyst 81, 225 (1956). — Ata, S.: Zur Pathogenese und Trichomycintherapie der Candidiasis. Münch. med. Wschr. 1958, 187. — Ata, S., u. F. Staib: Experimentelle Untersuchungen zur Therapie der Torulose. Arzneimittel-Forsch. 8, 159 (1958). — Austin, E. R.: The use of antihistaminic drugs in the treatment of epidermophytosis of the feet and epidermophytids. Ann. Allergy 9, 50 (1951). — Avram, A., I. Alteras, M. Carjewski et M. Ilescu: Microsporie observée chez un groupe de lions en captivité. Mycopathologia (Den Haag) 9, 288 (1958). — Aytoun, R. S. C.: The effects of griseofulvin on certain phytopathogenic fungi. Ann. Botany 20, 297 (1956). — Azulay, R. D., u. J. D. Azulay: Einige Betrachtungen zur Chromoblasto-mykose. Bericht über einen 5. Fall von Chromoblastomykose in der Glutäalregion. Hautarzt 10, 459 (1959).

Babbs, M., H. O. J. Collier, W. C. Austin, M. D. Potter and E. P. Taylor: Salts of decamethylene-bis-4-aminochinaldinium ("Dequadin"). A new antimicrobial agent. J. Pharm. (Lond.) 8, 110 (1956). — Baichwal, R. S., M. R. Baichwal and M. L. Khorana: (1) Antibacterial and antifungal properties of β-naphthol derivatives. IV. J. Amer. pharm. Ass., sci. Ed. 46, 603 (1957). — (2) Antibacterial and antifungal properties of β-Naphthol derivatives, V. J. Amer. pharm. Ass., sci. Ed. 47, 537 (1958). — Baldwin, M. M.: Sulfur in fungicides. Industr. engng. Chem. 42, 2227 (1950). — Baliña, P. L., J. A. Herrera, P. Bosq y P. Negroni: Tercer caso argentino de histoplasmosis. Beneficio de la sulfamidoterapia. Rev. argent. Dermatosif. 27, 453 (1943). — Ball, E. G., C. B. Anfinsen and O. Cooper: The inhibitory action of naphthoquinones on respiratory processes. J. biol. Chem. 168, 257 (1947). — Ballenger, C. N., and D. Goldring: Nocardiosis in childhood. J. Pediat. 50, 145 (1957). — Bánerjee, A. K., G. P. Sen and P. Nandi: Action of isoniacid and antibiotics on Nocardia madurae. Lancet 1954 I, 1299. — Baptista, L., N. Belliboni e R. M. Castro: Caso de esporotricose tratado pelo antimoniato de N-metilglucamina. Rev. paul. Med. 41, 24 (1952). — Barail, L. C.: (1) Testing of fungicidal materials against pathogenic fungi. J. Bact. 53, 127 (1947). — (2) Testing of fungicidal materials against pathogenic fungi. Amer. Dyest. Rep. 37, 257 (1948); 37, 281 (1948). Ref. Rev. Med. vet. Mycol. 1, 343 (1950). — Barlow, A. J. E.: (1) The parasitism of the ringworm group of fungi. A.M.A. Arch. Derm. 77, 399 (1958). — (2) Treatment of fungous infections of the skin. Theoretical aspects. In R. W. Riddell and G. T. Stewart, Fungous diseases and their treatment. — Barlow, A. J. E., F. W. Chattaway, G. K. Hargreaves and C. J. la Touche: Griseo-fulvin in treatment of persistent fungal infections of the skin. Brit. med. J. 1959 II, 1141. — Barnes, R. A., and N. N. Gerber: The antifungal agent from osage orange wood. J. Amer. chem. Soc. 77, 3259 (1955). — Barr, W.: Current therapeutics, Nystatin. Practitioner 178, 616 (1957). — Baum, G. L., H. Rubel and J. Schwarz: Treatment of experimental histo-plasmosis. Antibiot. Chem. 7, 477 (1957). — Baum, G. L., J. Schwarz and C. J. K. Wang: Treatment of experimental histoplasmosis with amphotericin B. Arch. intern. Med. 101, 84 (1958). — Baumeister, J.: Die Fußmykosen. Zbl. Arbeitsmed. 5, 166 (1955). — Bayo Bayo, J. M., y M. P. Miguens: La acción fungistática y fungicida de los esteres de acido bromoacético asociados al cloruro de alkil(cetil)-dimetil-bencil-amonio. Arch. Inst. Farma-col. exp. (Madr.) 4, 34 (1952). — Bazex, A., A. Dupré et Parant: Essai de la nysta-tine dans un cas de moniliase cutanéo-muqueuse de l'enfant. Bull. Soc. franç. Derm. Syph. 63, 218 (1956). — Beare, J. M.: (1) Tinea capitis due to Trichophyton sulphureum. Brit. J. Derm. 68, 193 (1956). — (2) Critical survey of mycological research and literature for the years 1946—1956 in Ireland. Mycopathologia (Den Haag) 9, 65 (1958). — Beare, J. M., and D. Mackenzie: Griseofulvin in treatment of infections of scalp due to Microsporum canis. Brit. med. J. 1959 II, 1137. — Beck, E. M., and H. H. Muntz: Experimental therapy of generalized torulosis in rats with streptomycin. J. Lab. clin. Med. 33, 1159 (1948). — Beck, F.: Die Fußmykosen im fränkischen Raum mit Behandlungs- und Prophylaxebeiträgen. Z.

Haut- u. Geschl.-Kr. **19**, 15, 41 (1955). — BECK, O., and H. LACY: The effect of certain antibiotics, antimalarial drugs and amebicides on Candida albicans. Tex. Rep. Biol. Med. **9**, 395 (1951). — BEHRENDT, P.: Antimykotica — Theorie und Praxis. Landarzt **14**, 387 (1952). BELCHER, P. D.: Whitfield's ointment. A suggested modification. Aust. J. Pharm. **31**, 836 (1951). — BELISARIO, J. C., and M. T. HAVYATT: A case of tinea imbricata in a white boy treated with griseofulvin. Dermatologica (Basel) **119**, 158 (1959). — BENDOW, E. P., D. T. SMITH and K. S. GRIMSON: Sulfonamide therapy in actinomycosis. Two cases caused by aerobic partially acid-fast actinomyces. Amer. Rev. Tuberc. **49**, 395 (1944). — BENEDEK, T.: (1) Blastomycosis Gilchrist (North American type). The first case on record successfully treated with penicillin. With a survey of the literature concerning the treatment of deep-seated mycosis by penicillin and/or sulfonamides. Urol. cutan. Rev. **53**, 216 (1949). — (2) Critical survey of the mycological literature of the years 1939—1942. Mycopathologia (Den Haag) **5**, 14 (1950). — (3) Die Pilze und: Die Pilzinfektionen. In A. GRUMBACH u. W. KIKUTH, Die Infektionskrankheiten des Menschen und ihre Erreger. Stuttgart: Georg Thieme 1957. — (4) Selective, chemical epilation in the treatment of tinea capitis as contrasted with the diffuse X-ray epilation. Mycopathologia (Den Haag) **9**, 97 (1958). — BERESTON, E. S.: Nystatin in the treatment of Candida albicans infections. Sth. med. J. (Bgham, Ala.) **50**, 547 (1957). — BERG, F. T.: Über die Schwämmchen bei Kindern. Aus dem Schwedischen übersetzt von GERHARD VON DEM BUSCH. Bremen: Johann Georg Heyse 1848. — BERG, H.: (1) Erfahrungen über die Behandlung der Mikrosporie des behaarten Kopfes mit dem Dermatomykosepräparat V 741. Z. Haut- u. Geschl.-Kr. **10**, 456 (1951). — (2) Erfahrungsbericht über die Lübecker Mikrosporie-Epidemie. Hautarzt **3**, 443 (1952). — BERG, J. A. G. TEN: De behandeling van actinomycose met aureomycine. Ned. T. Geneesk. **96**, 2801 (1952). —BERGMAN, S.: In vitro studies on antimycotics. A comparison between different methods. Acta path. microbiol. scand. Suppl. **104**, 127 (1955). — BERGMANN, H. W.: (1) Ein Beitrag zur Therapie der Trichophytia profunda. Z. Haut- u. Geschl.-Kr. **6**, 28 (1949). — (2) Ein Beitrag zur Therapie der Trichophytia profunda. Derm. Wschr. **121**, 63 (1950). — BERGMANN, J. W.: Über Hautfadenpilzinfektionen und ihre Behandlung. Z. Haut- u. Geschl.-Kr. **16**, 310 (1954). — BERNHEIM, F., and R. G. GALE: Effect of β-propiolacton on metabolism of Pseudomonas aeruginosa and growth of certain fungi. Proc. Soc. exp. Biol. (N.Y.) **80**, 162 (1952). — BERNSTEIN, I. L., J. E. COOK, H. D. PLOTNICK and F. J. TENCZAR: Nocardiosis; three case reports. Ann. intern. Med. **36**, 852 (1952). — BERNSTINE, J. B., and A. E. RAKOFF: Vaginal infections, infestations, and discharges. Philadelphia: Blakiston Comp. Incorp. 1953. — BERTRAND, P., et J. C. MARTIN: Essais in vitro de la trichomycine sur le Candida albicans et action comparative sur le bacille de Döderlein. Bull. Soc. gynéc. obstét. (Paris) **8**, 378 (1956). — BESSIÈRE: Guérison rapide de teigne du cuir chevelu à "M. canis" par une pomade acide et iodée. Bull. Soc. franç. Derm. Syph. **65**, 337 (1958). — BETHGE, J. F. J., u. L. RASSFELD-STERNBERG: Zur Hände-Schnelldesinfektion. Zbl. Chir. **79**, H. 38 (1956). — BEYMA TOE KINGMA, F. VAN: Mykosen der Hände und Füße. Med. heute **5**, 437 (1956). — BIANCHI JANETTI, C.: La terapia penicillina e sulfamidica dell'actinomicosi. Minerva med. (Torino) **38**, 17 (1947). — BIEBERDORF, F. W.: A study of the growth respone of some fungi to various concentrations of isonicotinic acid hydrazide. Antibiot. Chemother. **3**, 513 (1953). — BILLINGTON, R. W.: Actinomycosis treated with sulphapyridine. Brit. med. J. **1944 I**, 326. — BIRT, A. R., J. HOOGSTRATEN and M. NORRIS: Griseofulvin in the oral treatment of tinea capitis. Canad. med. Ass. J. **81**, 165 (1959). — BITTERSOHL, G.: (1) Die Behandlung der Trichophytie mit Antiphytin. Dtsch. Gesundh.-Wes. **1949**, 538. — (2) Die Behandlung der Dermatomykosen mit Thioformolpräparaten. Z. Haut- u. Geschl.-Kr. **9**, 249 (1950). — BLANK, F.: A quantitative method for the in vitro assay of fungistatic agents. Canad. J. med. Sci. **30**, 113 (1952). — BLANK, H.: (1) Antifungal antibiotics in clinical medicine. A.M.A. Arch. Derm. **75**, 184 (1957). — (2) Moniliasis de la piel y las mucosas. Rev. Asoc. méd. argent. **71**, 23 (1957). — (3) Electron microscopic observations of the effects of griseofulvin in dermatophytes. Symposium griseofulvin and dermatomycosis, 26. u. 27. 10. 1959 Miami/Florida. — BLANK, H., and F. J. ROTH jr.: (1) The treatment of dermatomycosis with orally administered griseofulvin. A.M.A. Arch. Derm. **79**, 259 (1959). — (2) Tratamiento de las dermatomicosis con griseofulvina. Amér. clin. **35**, 229 (1959). — BLANK, H., D. TAMPLIN and F. J. ROTH jr.: Symposium griseofulvin and dermatomycosis, 26. u. 27. 10. 1959 Miami/Florida. — BLASCHKE, R.: Persönliche Mitteilung über Wegesal. — BLINOV, N. O.: Erforschung der Antifungusantibiotica vom Typ des Candicidins. Antibiotika **3**, 58 (1958). Ref. Rev. Med. vet. Mycol. **3**, 182 (1959). — BLYTH, W.: The influence of antibiotics on experimental moniliasis. I. Penicillin, streptomycin, chloramphenicol, and viomycin. Mycopathologia (Den Haag) **10**, 91 (1958). — BOAND, A., and M. NOVAK: Sensitivity changes of Actinomyces bovis to penicillin and streptomycin. J. Bact. **57**, 501 (1949). — BOAS, H.: (1) Behandling af eczema mycoticum ad modum Sylvest. Ugeskr. Laeg. **113**, 639 (1951). — (2) Die Behandlung des Eczema mycoticum ad modum Sylvest. Hautarzt **2**, 233 (1951). — BOBBITT, O. B., I. H. FRIEDMAN and CH. LUPTON: Nocardiosis. New Engl. J. Med. **252**, 893 (1955). —

BOCK, H. E.: Zur Klinik der Therapieschäden. Dtsch. med. Wschr. **1957**, 1889. — BOCOBO, F. C., A. C. CURTIS, W. D. BLOCK and E. R. HARRELL: In vitro study of antifungal activity of nitrostyrenes. Proc. Soc. exp. Biol. (N.Y.) **85**, 220 (1954). — BOCOBO, F. C., A. C. CURTIS, W. D. BLOCK, E. R. HARRELL, E. E. EVANS and R. F. HAINES: Evaluation of nitrostyrenes as antifungal agents. I. In vitro studies. Antibiot. and Chemother. **6**, 385 (1956). — BOCOBO, F. C., A. C. CURTIS and E. R. HARRELL: In vitro fungistatic activity of stilbamidine, propamidine, pentamidine and diethylstilbestrol. J. invest. Derm. **21**, 149 (1953). — BOGRAD, N.: Treatment of tinea with ethylchloride. Arch. Derm. Syph. (Chicago) **48**, 511 (1943). — BOHAN, E. M., and G. S. SERINO: Cervicofacial actinomycosis successfully treated by penicillin and repeated aspirations. Delaware med. J. **17**, 213 (1945). — BOHNSTEDT, R. M., G. W. FISCHER u. H. FÜLLER: Beurteilung neuerer und älterer Antimykotica in vivo und in vitro. Medizinische **1953**, 1032. — BOHONOS, N., R. L. EMERSON, A. J. WHIFFEN, M. P. NASH and C. DE BOER: A new antibiotic produced by a strain of Streptomyces lavendulae. Arch. Biochem. **15**, 215 (1947). — BOJALIL, L. F., and J. A. SHIELS: Estudio de la acción in vitro de algunos compuestos sobre e crecimiento de varias especies de nocardia. Rev. palud. méd. trop. Méx. **2**, 133 (1950). — BOLHOFER, W. A., R. A. MACHLOWITZ and J. CHARNEY: Abstr. pap. 122. Meeting Amer. Chem. Soc. **1952**, 12A. Cit. S. A. WAKSMAN and H. A. LECHEVALIER: Actinomycetes and their antibiotics. — BONFIGLIOLI, H., y A. L. LONGOBARDI: Sensibilidad "in vitro" de Cryptococcus neoformans a diversos antibióticos y quimioterápicos. Pren. méd. argent. **44**, 2657 (1957). — BONILLA, E.: Treatment of chromoblastomycosis with calciferol. A.M.A. Arch. Derm. **70**, 665 (1954). — BONIS, U. DE, e S. GABALLO: Sul tratamento locale della pityriasis versicolor con penicillina. Minerva med. (Torino) **43**, 1013 (1952). — BONNEVIE, P.: Experimental investigations on the antimycotic effect of ethyl-para oxybenzoate and of allied substances. Acta derm.-venereol. (Stockh.) **17**, 576 (1936). — BOOTH, B. H.: Mouse ringworm. A.M.A. Arch. Derm. **66**, 65 (1952). — BORNHAUSER, S.: Über eine Mikrosporie-Epidermie in einem Kinderheim. Dermatologica (Basel) **98**, 222 (1949). — BORODIN, N., F. J. PHILPOT and H. W. FLOREY: Brit. J. exp. Path. **28**, 31 (1947). Cit. W. S. SPECTOR, Handbook of toxicology. Vol. II: Antibiotics. — BOWMAN, F. W., and J. J. WINGENBACH: A method for minimizing the fungistatic activity of sodium caprylate in sterility testing. Antibiot. and Chemother. **7**, 5 (1957). — BRABANT, H., et A. DELMOTTE: Inoculation expérimentale et activité lipolytique de Candida albicans. Activité fungicide du borate de phénylmercure. Arch. belges Derm. **15**, 138 (1959). — BRABETZ, V.: Mykose-Therapie. Auswertung von über 1000 Berichten aus Klinik und Praxis. Ther. d. Gegenw. **91**, 184 (1952). — BRACHMANN, F.: Aureomycintherapie bei Aktinomykose. Zahnärztl. Rdsch. **62**, 290 (1953). — BRADLEY, S. G.: (1) Effect of nystatin on Candida stellatoidea. Antibiot. and Chemother. **8**, 282 (1958). — (2) Interactions between phosphate and nystatin in Candida stellatoidea. Proc. Soc. exp. Biol. (N.Y.) **98**, 780 (1958). — BRAIN, R. T., K. CROW, H. HABER, C. MCKENNEY and J. W. HADGRAFT: Treatment of ringworm of the scalp. Brit. med. J. **1948** I, 723. — BRAUN, H., u. H. PINKER: Zur Therapie röntgenrefraktärer Fälle von Aktinomykose, unter Berücksichtigung der Penicillinbehandlung. Dtsch. med. Wschr. **1951**, 711. — BRAUN, W.: Über Erfahrungen mit dem Antimykoticum Ovitrol. Dtsch. Gesundh.-Wes. **10**, 1251 (1955). — BRET, A. J., et M. BARDIAUX: Traitement des mycoses vaginales par un nouvel antibiotique, la nystatine ou fongicidine. Presse méd. **64**, 671 (1956). — BRETT, M. S.: Advanced actinomycosis of the spine treated with penicillin and streptomycin; report of a case. J. Bone Jt Surg. B **33**, 215 (1951). — BREWER, W. C.: Treatment of dermatophytoses with propionate-caprylate mixtures. A.M.A. Arch. Derm. **61**, 681 (1950). — BRIAN, P. W.: Studies on the biological activity of griseofulvin. Ann. Botany **13**, 59 (1949). — BRIAN, P. W., P. J. CURTIS, J. F. GROVE, H. G. HEMMING and J. C. MCGOWAN: Nature (Lond.) **157**, 698 (1946). Cit. W. S. SPECTOR, Handbook of toxicology. Vol. II: Antibiotics. — BRIAN, P. W., P. J. CURTIS and H. G. HEMMING: (1) A substance causing abnormal development of fungal hyphae produced by Penicillium janczewskii Zal. I. Biological assay, production and isolation of "curling factor". Brit. Mycol. Soc. Trans. **29**, 173 (1946). — (2) A substance causing abnormal development of fungal hyphae produced by Penicillium janczewskii Zal. III. Identity of "curling factor" with griseofulvin. Brit. Mycol. Soc. Trans. **32**, 30 (1949). — (3) Glutinosin, a fungistatic metabolic product of the mould Metarrhizium glutinosum S. Pope. Proc. roy Soc. B **135**, 106 (1947). — (4) Production of griseofulvin by Penicillium raistrickii. Brit. Mycol. Soc. Trans. **38**, 305 (1955). — BRIAN, P. W., and H. G. HEMMING: Production of antifungal and antibacterial substances by fungi; preliminary examination of 166 strains of fungi imperfecti. J. gen. Microbiol. **1**, 158 (1947). — BRIAN, P. W., and J. C. MCGOWAN: Nature (Lond.) **156**, 144 (1945); **157**, 334 (1946). Cit. W. S. SPECTOR, Handbook of toxicology. Vol. II: Antibiotics. — BRIAN, P. W., J. M. WRIGHT, J. STUBBS and A. M. WAY: Uptake of antibiotic metabolites of soil microorganisms by plants. Nature (Lond.) **167**, 347 (1951). — BROCKMAN, D. D.: The in vitro effect of atabrine on Cryptococcus neoformans. Amer. J. trop. Med. **28**, 295 (1948). — BROWN jr., C., S. PROPP, C. M. GUEST, R. T. BEEBE and L. EARLY: Fatal fungus infections

complicating antibiotic therapy. J. Amer. med. Ass. 152, 206 (1953). — BROWN, J. J., and G. T. NEWBOLD: Chem. and Ind. 1953, 1151. Zit. W. S. SPECTOR, Handbook of toxicology. Vol. II: Antibiotics. — BROWN, R., and E. L. HAZEN: (1) Nystatin and actidione: two antifungal agents produced by Streptomyces noursei. In: Therapy of fungus diseases. Edit. by TH. H. STERNBERG and V. D. NEWCOMER. — (2) Discovery of nystatin. Monogr. Ther. 2, 69 (1957). — (3) Present knowledge of nystatin, an antifungal antibiotic. Trans. N.Y. Acad. Sci., Ser. II 19, 447 (1957). — BROWN, R., E. L. HAZEN and A. MASON: Effect of fungicidin (nystatin) in mice injected with lethal mixtures of aureomycin and Candida albicans. Science 117, 609 (1953). — BROWNE, A. D.: Nystatin therapy in monilial vulvovaginitis. J. Irish med. Ass. 40, 86 (1957). — BRUCK, H., and H. MORITSCH: Über die Desinfektionskraft von Cetyltrimethylammoniumbromid (Cetavlon) bei der Vorbereitung zu chirurgischen Eingriffen. Wien. klin. Wschr. 68, 138 (1956). — BRUN, R.: Activité de la dichloroxychinaldine (siostéran) après passage à travers le tube digestif. Schweiz. med. Wschr. 1956, 273. — BRUN, R., J. J. MOZER et W. JADASSOHN: L'effet de quelques substances antimycotiques sur Candida albicans. Schweiz. med. Wschr. 1953, 135. — BRUWER, A.: Actinomycosis with special reference to its pathogenesis, its treatment, and its cure with penicillin. Clin. Proc. 5, 59 (1946). — BRYAN, C. S., and F. W. YOUNG: Phemerol as treatment for ringworm in calves. Mich. St. Coll. Vet. 5, 118 (1945). — BUCKLE, G., and D. R. CURTIS: Therapy of human torulosis with actidione and "contramine": a report of two cases. Med. J. Aust. 2, 854 (1955). — BUNKA, H.: Zur lokalen Behandlung des vaginalen Fluors mit Hydrocortison. Med. Klin. 54, 2001 (1959). BURGOON, C. F.: Histopathologic evaluation of the effect of griseofulvin in human hair follicle infections with Microsporum audouini. Symposium griseoulvin and dermatomycosis, 26. u. 27. 10. 1959, Miami/Florida. — BURKE, R. C., J. H. SWARTZ, S. S. CHAPMAN and W.-Y. HUANG: Mycoticin, a new antifugal antibiotic. J. invest. Derm. 23, 163 (1954). — BURLINGAME, E. M., and G. F. REDDISH: Laboratory methods for testing fungicides used in the treatment of epidermophytosis. J. Lab. clin. Med. 24, 765 (1939). — BURR, A. H., and T. R. HUFFINES: Blastomycosis of the prostate with miliary dissemination treated by stilbamidine. J. Urol. (Baltimore) 71, 464 (1954). — BUSCHKE, A., u. B. PEISER: Biologische und klinische Ausblicke der neueren Thalliumforschung mit besonderer Beziehung zu den Haarpilzkrankheiten. Mycopathologia (Den Haag) 2, 204 (1940). — BUSHBY, S. R. M., and SH. STEWART: Experimental assessment of therapeutic efficiency of antifungal substances. Brit. J. Derm. 61, 315 (1949). — BUSTINZA, F.: (1) Contribución al estudio de las propriedades antibacterianas y antifungicas del ácido úsnico y de algunos de sus derivados. An. Jard. bot. Madr. 10, 151 (1951). — (2) Actividad antibiótica del Penicillium funiculosum Thom (estirpe C 20-A). An. Inst. bot. A. J. Cavanilles 12, 197 (1954). — BYRNE, E. A. J.: Effect of organic mercurial preparations on diseases of the skin. Brit. med. J. 1947 I, 90 (1947). — BYRNE, E. A. J., and H. J. CROXON: Bactericidal and fungicidal action of organic mercurials with special reference to the dermatomycoses. Indian med. Gaz. 79, 357 (1944).

CAHN, M. M., and E. J. LEVY: The use of triacetin (fungacetin) in the treatment of superficial dermatomycoses. Int. Rec. Med. 172, 303 (1959). — CALVERY, H. O.: Warning on the use of phenol-campher in cases of "athlete's foot". J. Amer. med. Ass. 119, 366 (1942). — CAMPBELL, A. H.: Present status of griseofulvin as a plant protectant. Meded. Landb. Opz. Stat. Gent 21, 519 (1956). — CAMPBELL, C. C.: (1) Tinea pedis in United States Army troops stationed in Puerto Rico and the comparative effectiveness of an antihistamine (diphenylpyraline) and undecylenic acid in its treatment. In: Therapy of fungus diseases. Edit. by TH. H. STERNBERG and V. D. NEWCOMER, pp. 112—116. — (2) Preliminary results with a new antibiotic, 1968 (nepera), in mice with experimental histoplasmosis, sporotrichosis, and candidiasis. In: Therapy of fungus diseases. Edit. by TH. H. STERNBERG and V. D. NEWCOMER, pp. 160—163. — (3) Therapeutic activity of mycostatin in mice infected with Histoplasma capsulatum, Coccidioides immitis, Cryptococcus neoformans, Candida albicans, or Sporotrichum schenckii. In: Therapy of fungus diseases. Edit. by T. H. STERNBERG and V. D. NEWCOMER, pp. 255—259. — (4) The therapeutic activity of mycostatin in mice experimentally infected with Candida albicans. Monogr. Ther. 2, 83 (1957). — CAMPBELL, C. C., G. B. HILL and B. E. BROOKS: Therapeutic activity of a new antibiotic 1968 in mice with experimental histoplasmosis, sporotrichosis and moniliasis. Antibiot. Ann. 1955/56, 240. — CAMPBELL, C. C., E. P. HODGES and G. B. HILL: Therapeutic effect of nystatin (fungicidin) in mice experimentally infected with Histoplasma capsulatum. Antibiot. and Chemother. 4, 406 (1954). CAMPBELL, C. C., and S. SASLAW: Enhancement of growth of certain fungi by streptomycin. Proc. Soc. exp. Biol. (N.Y.) 70, 562 (1949). — CAMPINS, H.: Sintesis de las investigaciones micológicas realizadas en Venezuela durante los años 1946—1956. Mycopathologia (Den Haag) 9, 152 (1958). — CAP, J.: Zur Behandlung der Aktinomykose mit Penicillin und Sulfapyrimidin. Derm. Wschr. 124, 321 (1954). — CAPLAN, H.: Monilial (Candida) endocarditis following treatment with antibiotics. Lancet 1955 II, 957. — CAPUTI, F.: La Mycotorula albicans nella patologia da antibiotici. Terap. antibiot. (Milano) 5, 176 (1955). — CARBONERA, P.: Azione fungistatica e fungicida dell'acido undecilenico su alcuni ceppi fungine. Riv. Ist.

sieroter. ital. **26**, 43 (1951). — CARETTA, G., e S. FÜRESZ: Azione della tricomicina e della nistatina sulle candidae e sul Trichomonas vaginalis. G. Mal. infett. **10**, 742 (1958). — CARLSON, J. R., and J. W. SNYDER: Candida albicans plate assay of nystatin. Antibiot. and Chemother. **9**, 139 (1959). — CARPENTER, A. M.: Studies on candida. II. Sensisivity tests on strains of candida. Antibiot. and Chemother. **5**, 255 (1955). — CARPENTER, A. M., and G. W. JANDA: Studies in vaginal strains of candida. VI. Internat. Kongr. Trop. Mal., 5.—13. 9. 1958, Lissabon. — CARRICK, L.: (1) Methods of local therapy for tinea capitis due to Microsporum audouini. J. Amer. med. Ass. **131**, 1189 (1946). — (2) Treatment of tinea capitis in general practice. J. Mich. med. Soc. **48**, 213 (1949). — (3) Cutaneous cryptococcosis. Report of a case treated with potassium iodide and x-ray therapy. A.M.A. Arch. Derm. **76**, 777 (1957). — CARRON, R., et P. CHAVANIS: Méningite à Candida albicans après antibiothérapie prolongée locale et générale. Pédiatrie **9**, 387 (1954). — CARSLAW, R. W.: The treatment of tinea capitis without fungicides. Brit. J. Derm. **63**, 16 (1951). — CARSON, L. E., and C. C. CAMPBELL: The inhibitory effect of three antihistaminic compounds on the growth of fungi pathogenic for man. Science **111**, 689 (1950). — CARTON, C. A.: Treatment of central nervous system cryptococcosis; a review and report of four cases treated with actidione. Ann. intern. Med. **37**, 123 (1952). — CARTON, C. A., and C. S. LIEBIG: Treatment of central nervous system cryptococcosis. Laboratory studies. Arch. intern. Med. **91**, 773 (1953). — CARVAJAL, F.: Fluvomycin: an antibiotic effective against pathogenic bacteria and fungi. Antibiot. and Chemother. **3**, 765 (1953). — CASANOVAS, M.: Las nuevas medicaciones en el tratamiento de las micosis cutáneas por dermatofitos. Ensayos con un nuevo quimioterápico, derivado del cresol. Med. clin. (Barcelona) **23**, 381 (1954). — CELMER, W. D., and I. A. SOLOMONS: (1) J. Amer. chem. Soc. **74**, 1870 (1952). Cit. S. A. WAKSMAN and H. A. LECHEVALIER, Actinomycetes and their antibiotics. (2) The structure of thiolutin and aureothricin, antibiotics containing a unique pyrrolinodithiole nucleus. Amer. J. chem. Soc. **77**, 2861 (1955). — CERCÓS, A. P.: (1) Antibiótico DINR. 49-1 (fungocina) producido por bacillus subtilis con actividad sobre hongos patogénicos de animales y vegetales. Rev. invest. agric. B. Aires **4**, 13 (1950). — (2) Rev. argent. agron. **20**, 53 (1953). Cit. S. A. WAKSMAN and H. A. LECHEVALIER: Actinomycetes and their antibiotics. — CHABÁS LÓPEZ, J.: Los progresos de la quimioterapía antimicótica. Clín. y Lab. **52**, 179 (1951). — CHAIN, E. B., H. W. FLOREY, M. A. JENNINGS and D. CALLOW: Brit. J. exp. Path. **23**, 202 (1942). Cit. W. S. SPECTOR: Handbook of toxicology. Vol. II: Antibiotics. — CHANTON, E. F., W. J. HOLLIS and M. D. HARGROVE: Actinomycosis: a report of six cases treated with penicillin and sulfadiazine. Sth. med. J. (Bghm., Ala.) **41**, 1022 (1948). — CHANUSSOT, P.: Fungistatic activity of some derivatives of solasodan. Ann. Asoc. quím. argent. **15**, 113 (1957). — CHAPPAZ, G., et P. BERTRAND: La trichomycine. Press. méd. **65**, 425 (1957). — CHAPPAZ, G., P. BERTRAND, J. A. MARTIN et R. TAYAC: A propos de la fréquence actuelle des mycoses. Pathogénie par l'usage des antibiotiques et de la cortisone. Rapp. J. med. France, Sess. Clermont-Ferrand, 17.—21. 5. 1956. — CHARBONNEAU, P., et D. F. RAQUET: Epilation des teigneux par l'acétate de thallium (54 cas). Maroc. méd. **35**, 961 (1956). — CHARNEY, J.: Antibiot. Ann. **1955/56**, 228. Cit. W. S. SPECTOR: Handbook of toxicology. Vol. II: Antibiotics. — CHENG, W. W. F.: In vitro antifungal activity of some Chinese herbs on certain pathogenic and non-pathogenic fungi. Chin. med. J. **69**, 427 (1951). — CHERNISS, E. I., and B. A. WAISBREN: North American blastomycosis: A clinical study of 40 cases. Ann. intern. Med. **44**, 105 (1956). — CHEYMOL, J.: Accidents liés à la médication antibiotique. Act. d'Anésthés. **3**, 335 (1955). — CHILD, K. J.: Distribution studies with griseofulvin in animals and man. Symposium griseofulvin and dermatomycosis, 26. u. 27. 10. 1959, Miami/Florida. — CHILDS, A. J.: (1) Effect of nystatin on growth of Candida albicans during antibiotic therapy. Brit. med. J. **1956** I, 660. — (2) The effect of various drugs on the growth of Candida albicans during antibiotic therapy, including amphotericin, a new antibiotic. Scot. med. J. **2**, 400 (1957). — (3) Further clinical trials of amphotericin: with report on the treatment of a probable generalized case of moniliasis. Scot. med. J. **4**, 80 (1959). — CHINN, H. I., R. B. MITCHELL and A. C. ARNOLD: Relation of chemical structure to fungistatic activity. J. invest. Derm. **20**, 177 (1953). — CHINN, H. I., R. B. MITCHELL, F. W. BIEBERDORF and A. C. ARNOLD: Effectiveness of various compounds against Coccidioides immitis. Antibiot. and Chemother. **4**, 982 (1954). — CHMEL, L.: Critical survey of medical mycology in Czechoslovakia for the years 1946 to 1956. Mycopathologia (Den Haag) **12**, 77 (1959). — CHRISTIE, A.: Treatment of disseminated histoplasmosis with ethylvanillate. Pediatrics **7**, 7 (1951). — CHRISTISON, I. B., and N. F. CONANT: Antifungal activity of some aromatic diamidines. J. Lab. clin. Med. **42**, 638 (1953). — CHRISTISON, I. B., N. F. CONANT, F. C. BROWN and C. K. BRADSHER: The sensitivity of Histoplasma capsulatum to rhodanine compounds. In: Therapy of fungus diseases. Édit. by T. H. STERNBERG and V. D. NEWCOMER, p. 268—177. — CHUCKERBUTTY, B.: Clinical trials of a new antimycotic drug (multifungin). Indian J. Derm. **3**, 118 (1958). — CIFERRI, R.: (1) Attività antibiotica di alcuni dermatofiti. Mycopathologia (Den Haag) **4**, 219 (1948). — (2) Manuale di micologia medica. Pavia: Renzo Cortina 1958. — CIFERRI, R., G. MAZZETTI e E. GIUNCHI:

Micosi da antibiotici (discussione e risposta). G. Mal. infett. 10, 668 (1958). — CLARK: Zit. K. W. KALKOFF u. D. JANKE: Mykosen der Haut. In GOTTRON-SCHÖNFELD. — CLUTTER-BUCK, P. W., W. KOERBER and H. RAISTRICK: Biochem. J. 31, 1089 (1937). Cit. W. S. SPECTOR, Handbook of toxicology. Vol. II: Antibiotics. — COATES, L. V., D. J. DRAIN, K. A. KERRIDGE, F. J. MACRAE and K. TATTERSALL: The preparation and antifungal activity of some salicylic acid derivatives. J. Pharm. (Lond.) 9, 855 (1957). — COCHRANE, TH., and A. TULLETT: Griseofulvin treatment of acute cattle ringworm infections in man. Brit. med. J. 1959 II, 286. — COCKSHOTT, W. P.: The therapy of mycetoma. W. Afr. med. J., N.s. 6, 101 (1957). — COHEN, R.: (1) Four new fungicides for Coccidioides immitis. 1. Sodium caprylate. 2. Ethylvanillate. 3. Fradicin. 4. Thiolutin. Arch. Pediat. 68, 259 (1951). — (2) Fatalities following stilbamidine therapy. J. Amer. med. Ass. 150, 1332 (1952). — (3) Diethylstilbestrol. A coccidioidal fungicide. Arch. Pediat. 71, 291 (1954). — COHEN, R., and R. O'CONNOR: (1) Para-amino-benzoic acid as a fungicide for Coccidioides immitis. Arch. Pediat. 70, 404 (1953). — (2) A new fungicide for Coccidioides immitis. Arch. Pediat. 72, 154 (1955). — COHEN, R., and M. PERSKY: Sodium caprylate treatment for thrush. Arch. Pediat. 68, 33 (1951). — COHEN, T. M.: Dermatologic therapy in the tropics. Nav. med. Bull. Wash. 42, 1119 (1944). — COLBERT, J. W., M. D. STRAUSS and R. H. GREEN: The treatment of cutaneous blastomycosis with propamidine. A preliminary report. J. invest. Derm. 14, 71 (1950). — COLETTA, A., e E. MARTUCCI: La nistatina per impiego locale nella terapia della moniliasi orale del neonato e del lattante. G. Mal. infett. 10, 745 (1958). — COLLIER, H. O. J., M. D. POTTER and E. P. TAYLOR: Antifungal activities of bisisoquinolinium and bisquinolinium salts. Brit. J. Pharmacol. 10, 343 (1955). — COLLINS, A. P., and G. A. WIESE: The synthesis and investigation of some ethylene bis-dithiocarbamate esters as fungicides. J. Amer. pharm. Ass., sci. Ed. 44, 310 (1955). — COLLINS, J. G., T. H. McGAVACK and L. J. BOYD: The effect of tetrachloro-para-benzoquinone upon human fungus infections. I. In vitro and in vivo studies with tinea capitis. Urol. cutan. Rev. 50, 276 (1946). — COLMEIRO-LAFORET, C.: Vaginitis micóticas consecutivas a tratamientos con antibióticos. Cons. gen. Col. Méd. esp. 22, 45 (1959). — COLSKY, J.: Treatment of systemic blastomycosis with 2-hydroxystilbamidine. Arch. intern. Med. 93, 796 (1954). — COLWELL, C. A., and M. McCALL: The mechanism of bacterial and fungus growth inhibition by 2-methyl-1,4-naphthoquinone. J. Bact. 51, 659 (1946). — COMBES, F. C., R. ZUCKERMAN and A. BOBROFF: Copper undecylenate in the treatment of dermatomycoses. J. invest. Derm. 10, 447 (1948). — CONANT, N. F., D. T. SMITH, R. D. BAKER, J. L. CALLAWAY and D. ST. MARTIN: Manual of clinical mycology, 2. edit. Philadelphia and London: W. B. Saunders Company 1954. — CONSTANT, E. R.: The treatment of tinea capitis with gliotoxin. J. invest. Derm. 8, 337 (1946). — COOK, E. S., C. W. KREKE, M. McDEVITT and M. D. BARTLETT: The action of phenylmercuric nitrate. I. Effects on enzyme systems. J. biol. Chem. 162, 43 (1946). — COOPER, Z. K., and M. F. ENGMAN: A study of the stimulating effect of small doses of growth of thalliumacetate on the rate of growth of hair in the albino rat. A.M.A. Arch. Derm. 23, 1031 (1931). — CORBELLI, G., L. ALLEGRI, G. CASAGLIA e E. TOMAT: Dati sperimentali e clinici sul ruolo del trattamento cortisonico nell'infezione candidosica. G. Mal. infett. 10, 749 (1958). — CORBELLI, G., L. AL-LEGRI e A. MAZZONI: Casi clinici di candidosi. Minerva med. (Torino) 1957, 3812. — COR-BELLI, G., L. ALLEGRI e E. TOMAT: (1) Studio sperimentale e clinico sull'efficacia della vaccino-profilassi anti Candida albicans. G. Mal. infett. 10, 702 (1958). — (2) La terapie vaccinica anti Candida albicans in campo sperimentale ed in quello clinico umano. Studio sperimentale clinico. G. Mal. infett. 10, 704 (1958). — CORBIT jr., J. D., R. McELROY and J. H. CLARK: Use of silver picrate in the treatment of vaginitis: a five year study. J. Amer. med. Ass. 117, 1764 (1941). — CORDERO, A. A., y P. H. MAGNIN: Ensayo de dietilstilbestrol en blastomicosis y leishmaniasis sudamericanas. Rev. argent. Dermatosif. 40, 69 (1956). — CORMANE, R. H.: Candida albicans en therapie met antibiotica. Diss. Leiden 1958. — CORN-BLEET, TH.: Thyroid-iodide therapy of blastomycosis. A.M.A. Arch. Derm. 76, 545 (1957). — CORNBLEET, TH., S. BARSKY and C. DEL BUSTO: Blastomycosis. A.M.A. Arch. Derm. 73, 598 (1956). — CORNBLEET, TH., S. BARSKY and B. FIRESTEIN: The use of polyvinyl-pyrrolidone iodine in eczematoid ringworm. A.M.A. Arch. Derm. 77, 335 (1958). — COSTELLO, M. J., CH. P. DE FEO and M. L. LITTMAN: Chromoblastomycosis treated with local infiltration of amphotericin B solution. A.M.A. Arch. Derm. 79, 184 (1949). — COSTIGAN, P. G.: A case of actinomycosis treated with streptomycin. Canad. med. Ass. J. 56, 431 (1947). — COUDERT, J.: Guide pratique de mycologie médicale. Paris: Masson & Cie. 1955. — COUDERT, J., et J. C. DOUCET: L'acide undécylénique dans le traitement des épidermomycoses et des teignes. Bull. Derm. Syph. 57, 233 (1950). — COUDERT, J., et H. JEHL: Note complémentaire sur l'action de la tyrothricine sur certaines dermatophytes. Bull. Derm. Syph. 56, 74 (1949). — COX, R. S., and J. L. HANNON: An evaluation of neomycin plus nystatin as a monilial suppressant in preoperative bowel preparation. Antibiot. Ann. 1957/58, 658 (1958). — CRAPS, M.: Considérations sur l'action locale de la pénicilline dans les teignes. Arch. belges Derm. 4, 160 (1948). Ref. Zbl. Haut- u. Geschl.-Kr. 74, 168 (1950). — CREMER, C.: (1) Trichophytie

en mikrosporie van het behaarde hoofd bij volwasenen, de invloed van ACTH en Cortison op dermatomykosen. Ned. T. Geneesk. **99**, 3044 (1955). — (2) Critical survey of mycological research and literature for the years 1946—1956 in Holland. Mycopathologia (Den Haag) **9**, 241 (1958). — CREMER, H. D., W. TOLCKMITT u. J. WENDERHOLD: Beitrag zur Physiologie der Sorbinsäure. Klin. Wschr. **37**, 304 (1959). — CRITTENDEN, P. J., N. J. WESTFIELD and L. S. JOINER: Cotton hose as a vehicle for a fungicide in treatment of athlete's foot. J. Lab. clin. Med. **29**, 606 (1944). — CROSS, J. M., C. A. DISCHER and M. JANNARONE: Synthesis and antifungal properties of 6-halothymols. J. Amer. pharm. Ass., sci. Ed. **44**, 637 (1955). — CROUNSE, R. G., and A. B. LERNER: Cryptococcosis: case with unusual skin lesions and favourable response to amphotericin B therapy. A.M.A. Arch. Derm. **77**, 210 (1958). — CUMMINGS, J.: Antagonistic activity of chaetomium globosum against fungi. Mycologia (N.Y.) **46**, 289 (1954). — CUMMINS, C. R., B. BAIRSTOW and L. A. BAKER: Stilbamidine in treatment of disseminated blastomycosis. Arch. intern. Med. **92**, 98 (1953). — CUNHA, A.C. DA: Ação „in vitro" de algumas sulfas sovre o crescimento do Paracoccidioides brasiliensis. Rev. Med. São Paulo **28**, 399 (1944). — CURTIS, A. C.: The aromatic diamidines, cinnamic acids, and nitrostyrenes in the treatment of fungus diseases. In: Therapy of fungus diseases. Edit. by TH. H. STERNBERG and V. D. NEWCOMER, pp. 136—141. — CURTIS, A. C., and F. C. BOCOBO: North American blastomycosis. J. chron. Dis. **5**, 404 (1957). — CURTIS, A. C., F. C. BOCOBO, E. R. HARRELL and E. D. BLOCK: (1) Further studies on antifungal activity of some cinnamic acid derivatives and nitrostyrenes. A.M.A. Arch. Derm. **70**, 786 (1954). — (2) The effect of stilbenes and related compounds on the mycoses. U.S. armed Forces med. J. **5**, 949 (1954). — CURTIS, A. C., and E. R. HARRELL: Use of two stilbene derivates (diethylstilbestrol and stilbamidine) in treatment of blastomycosis. A.M.A. Arch. Derm. **66**, 676 (1952). — CURTIS, P. J., H. G. HEMMING and C. H. UNWIN: Brit. Mycol. Soc. Trans. **34**, 332 (1951). Cit. W. S. SPECTOR, Handbook of toxicology, vol. II: Antibiotics.

DAMENO, R.: El empleo de la tricomicina en el tratamiento del muguet. Pren. méd. argent. **65**, 562 (1958). — DANOWSKI, T. S., and M. TAGER: Thiourea and the inhibition of growth of fungi. J. infect. Dis. **82**, 119 (1948). — DARCISSAC, M.: Un nouvel antiseptique: l'A.T.S. (Association stabilisée d'acide trichloracétique et d'acide salicylique). Concours méd. **78**, 504 (1956). — D'ATRI, G.: L'acido undecilenico nella cura delle epidermomicosi. Ann. ital. Derm. Sif. **5**, 265 (1950). — DAVIDSON, A. M., P. H. GREGORY and A. R. BIRT: The treatment of ringworm of the scalp by thallium acetate and the detection of carriers by the fluorescence test. Canad. med. Ass. J. **30**, 620 (1934). — DAVISSON, J. W., F. W. TANNER, A. C. FINLAY and I. A. SOLOMONS: Rimocidin, a new antibiotic. Antibiot. and Chemother. **1**, 289 (1951). — DAWKINS, S. M., J. M. B. EDWARDS and R. W. RIDDELL: Fungal infection of the female genital tract. Med. Illustr. **9**, 767 (1955). — DECOS, R., E. RIVALIER et P. LEFORT: (1) La griséofulvine dans le traitement des teignes. Bull. Soc. franç Derm. Syph. **66**, 281 (1959). — (2) La griséofulvine dans le traitement des teignes. Sem. Hôp. Paris **35**, 2723 (1959). — DEJOU, L., et E. AITE: Radiosulfamido-pénicilline-thérapie dans un cas de mycétoma actinomycosique de la nuque propagé aux vertèbres. Presse méd. **1949**, 131. — DELAVEAU, P., et S. BRION: Traitement actuel des actinomycoses et des nocardioses. Thérapie **10**, 87 (1955). — DELCAMBE, L.: C. R. Soc. Biol. (Paris) **146**, 789, 1808 (1952). Cit. W. S. SPECTOR: Handbook of toxicology. Vol. II: Antibiotics. — DELMOTTE, A.: Action du borate de phénylmercure sur „Candida albicans". Bull. Rech. Sci. Stomat. **3**, 35 (1960). — DESPOIS, R.: Les antibiotiques produits par les actinomyces. Prod. pharm. **7**, 18 (1952). — DEUEL jr., H. J.: The lipids: Their chemistry and biochemistry, vol. I. New York: Interscience Publishers 1951. — DIETSCH, H.: Behandlung des Fluor vaginalis. Ärztl. Praxis **9**, Nr 25, 1 (1957). — DIJK, E. VAN, and P. J. DER KINDEREN: Sporotrichose. Ned. T. Geneesk. **102**, 195 (1958). — DILLAHA, C. J.: An evaluation of the dosage requirements of griseofulvin in the treatment of onychomycosis. Symposium griseofulvin and dermatomycosis, 26. u. 27. 10. 1959, Miami/Florida. — DIMMLING, TH.: In vitro-Untersuchungen über die Aktivität von Trichomycin gegen Hefen und hefeähnliche Pilze. Zbl. Bakt., I. Abt. Orig. **163**, 530 (1955). — DIMOND, N. S., and K. W. THOMPSON: The effect of sulfonamide drugs on trichophytons in vitro. J. invest. Derm. **5**, 397 (1942). — DISCHER, C. A., J. M. CROSS, P. F. SMITH and M. LANNARONE: The synthesis and antifungal properties of 6-fluorothymol. J. Amer. pharm. Ass., sci. Ed. **47**, 689 (1958). — DIXON, J. M.: Sulfanilamide therapy in madura foot. Virginia med. Monthly **68**, 281 (1941). — DOBEK, M.: Action de l'isoniazide sur Nocardia asteroides in vitro et in vivo. Ann. Inst. Pasteur **96**, 116 (1959). — DOBES, W. L.: (1) Treatment of tinea capitis with estrogenic hormones. A.M.A. Arch. Derm. **62**, 58 (1950). — (2) The effect of estrogenic hormones on tinea capitis due to M. audouini. A.M.A. Arch. Derm. **72**, 252 (1955). — DOBIAS, B.: (1) Cutaneous moniliasis in pediatrics: diagnosis and treatment with nystatin. In: Therapy of fungus diseases. Edit. by T. H. STERNBERG and V. D. NEWCOMER. — (2) Treatment of cutaneous moniliasis in pediatrics with nystatin. Monogr. Ther. **2**, 49 (1957). — DOBSON, L., and W. C. CUTTING: Penicillin and sulfonamides in the therapy of actinomycosis. J. Amer. med. Ass. **128**, 856 (1945). — DOBSON, L., E. HOL-

MAN and W. C. CUTTING: Sulfanilamide in the therapy of actinomycosis. J. Amer. med. Ass. **116**, 272 (1941). — DOHRN, M., u. P. DIEDRICH: Žit. F. MIETZSCH u. R. BEHNISCH, Therapeutisch verwendbare Sulfonamid- und Sulfonverbindungen. — DOLAN, M. M., J. J. EBELHARD, A. M. KLIGMAN and R. C. BARD: A semi-in vivo procedure for testing antifungal agents for tropical use. J. invest. Derm. **28**, 359 (1957). — DOLCE, F. A., and W. J. NICKERSON: Treatment of mycotic infections by inhibiting respiration of dermatophytes. A.M.A. Arch. Derm. **55**, 379 (1947). — DOLFEN, W.: Erfahrungen bei der Behandlung von Dermatomykosen in einem Staub- und Hitzebetrieb. Zbl. Arbeitsmed. **4**, 73 (1954). — DOMAGK, G.: (1) Dtsch. med. Wschr. **1935**, 829. Zit. F. STAIB u. S. ATA. — (2) Über neue bakteriostatisch und chemotherapeutisch im Experiment hochwirksame Chinonderivate. Dtsch. Z. Verdau.- u. Stoffwechselkr. **15**, 165 (1955). — DONOVICK, R., F. E. PANSY, H. A. STOUT, H. STANDER, M. J. WEINSTEIN and W. GOLD: Some in vitro characteristics of nystatin (mycostatin). In: Therapy of fungus diseases. Edit. by TH. H. STERNBERG and V. D. NEWCOMER, pp. 176 bis 185. — DORAY, M., R. GUY, P. DIONNE, B.-G. BÉGIN et I. LAMBERT: Un cas de blastomycose nordaméricaine traitée avec succès par la 2-hydroxy-stilbamidine. Un. méd. Can. **86**, 182 (1957). — DÓSA, A.: The effect of raphanin on the colonies of common pathogenic fungi. Experientia (Basel) **6**, 18 (1950). Ref. Zbl. Haut- u. Geschl.-Kr. **78**, 222 (1952). — DOSTROVSKY, A., and F. SAGHER: Failure of sulphonamides and penicillin in maduromycosis. Lancet **1948 I**, 177. — DROUHET, E.: (1) Action de la nystatine (fungicidine) in vitro et in vivo sur Candida albicans et autres champignon levuriformes. Ann. Inst. Pasteur **1955**, 298. — (2) Traitement des infections mycosiques à Candida albicans par un nouvel antibiotique antifongique: la nystatine. Presse méd. **63**, 620 (1955). — (3) Therapeutic activity of nystatin (mycostatin) in Candida infections. In: Therapy of fungus diseases. Edit. by T. H. STERNBERG and V. D. NEWCOMER, pp. 211—218. — (4) Antifongiques et thérapeutiques des mycoses. Sem. Hôp. Paris **1957**, 843. — (5) Revue critique de la mycologie médicale entre 1946 et 1956 en France et dans l'Union Française. Mycopathologia (Den Haag) **10**, 19 (1958). — (6) Action de l'amphotéricine B dans l'histoplasmose africaine à grandes formes. Bull. Soc. Path. exot. **51**, 76 (1958). — DROUHET, E., J. GRACIANSKY, J. HAMBURGER, J. MARIE et F. SIGNIER: Les antifongiques modernes. Presse méd. **67**, 1401 (1959). — DROUHET, E., L. HIRTH et G. LEBEURIER: Influence de l'amphotéricine B sur le métabolisme respiratoire de Candida albicans. C. R. Acad. Sci. (Paris) **247**, 2416 (1958). — DROUHET, E., and J. SCHWARZ: Evaluation of the action of nystatin (mycostatin) on Histoplasma capsulatum in vitro and in hamsters and mice. In Therapy of fungus diseases. Edit. by TH. H. STERNBERG and V. D. NEWCOMER, pp. 238—247. — DROUHET, E., J. SCHWARZ and E. BINGHAM: Evaluation of the action of nystatin on Histoplasma capsulatum in vitro and in hamsters and mice. Antibiot. and Chemother. **6**, 23 (1956). — DROUHET, E., et R. WILKINSON: Activité thérapeutique de l'amphotéricine B dans la blastomycose expérimentale. Ann. Inst. Pasteur **93**, 631 (1957). — DUBOS, R. J.: (1) J. exp. Med. **70**, 1 (1939). Cit. W. S. SPECTOR, Handbook of toxicology. Vol. II: Antibiotics. — (2) Bacterial and mycotic infections of man. Philadelphia, London and Montreal: J. B. Lippincott Company 1948. — DURIE, E. B.: A critical survey of mycological research and literature for the years 1946—1956 in Australia. Mycopathologia (Den Haag) **9**, 80 (1958). — DUTCHER, J. D.: The chemistry of nystatin and related antifungal antibiotics. Monogr. Ther. **2**, 87 (1957). — DUTCHER, J. D., D. R. WALTER and O. P. WINTERSTEINER: Studies of the chemical properties and structure of nystatin (mycostatin). In: Therapy of fungus diseases. Edit. by TH. H. STERNBERG and V. D. NEWCOMER, pp. 168—175. — DUTTA, D., S. K. MAZUMDAR and S. K. BOSE: Studies on antifungal antibiotics: action against skin pathogens. Sci. and Cult. **20**, 449 (1955).

ECHOLS, D., and J. GARCIA: Upjohn Laboratory Circular, Kalamazoo, Mich. 1949. Cit. M. L. LITTMAN and L. E. ZIMMERMAN, Cryptococcosis. — ECKERT, A.: Erfolgreiche Behandlung der menschlichen Aktionomykose mit Yatren. Klin. Wschr. **1**, 1788 (1922). — EDELSON, E., C. CRASTER and A. HASKIN: Evaluation of a new drug for topical therapy of tinea capitis. A.M.A. Arch. Derm. **64**, 444 (1951). — EDELSON, E., and A. HASKIN: (1) Treatment of superficial mycological infections with a new antifungal agent. A.M.A. Arch. Derm. **66**, 244 (1952). — (2) Asterol treatment of superficial dermatomycoses due to T. mentagrophytes and T. purpureum. A.M.A. Arch. Derm. **68**, 627 (1953). — EDWARDS, R. W., and F. A. BARKLEY: Ethyl vanillate studies on embryonated eggs. IV. Lloydia **15**, 50 (1952). Ref. Rev. Med. vet. Mycol. **1**, 572 (1953). — EGEBERG, R.O.: Coccidioidomycosis. Its clinical and climatological aspects with remarks on treatment. Amer. J. med. Sci. **227**, 268 (1954). — EHRMANN, G., u. A. WIEDMANN: Netzmittel bei Hautpilzerkrankungen. Derm. Wschr. **130**. 1327 (1954). — EICHHOLTZ, F.: Lehrbuch der Pharmakologie, 9. Aufl. Berlin-Göttingen-Heidelberg: Springer 1957. — ELLERBROEK, U.: Über die Brauchbarkeit der Thioglykolate zur Behandlung von Dermatomykosen. Z. Haut- u. Geschl.-Kr. **10**, 415 (1951). ELLIS jr., F. F., R. J. SCOTT and J. MILLER: Treatment of progressive disseminated histoplasmosis with ethyl vanillate and propamidine. Antibiot. and Chemother. **2**, 347 (1952). — ELSON, W. O.: The antibacterial and fungistatic properties of propamidine. J. infect. Dis.

76, 193 (1945). — EMMONS, C. W.: (1) Fungicidal action of some common disinfectants on two dermatophytes. A.M.A. Arch. Derm. **28**, 15 (1933). — (2) Fungicidal and fungistatic agents. Amer. J. publ. Health **34**, 887 (1944). — (3) Silver in the treatment of experimental cryptococcosis. Antibiot. and Chemother. **8**, 598 (1956). — (4) Failure of griseofulvin to control experimental systemic mycoses in mice. Symposium griseofulvin and dermatomycosis, 26. u. 27. 10. 1959 Miami/Florida. — EMMONS, C. W., and R. T. HABERMAN: Ascosin in the treatment of experimental histoplasmosis in mice. Antibiot. and Chemother. **3**, 1204 (1953). — EMMONS, C. W., and W. PIGGOTT: Amphotericin B and griseofulvin in the treatment of experimental systemic mycoses. Antibiot. and Chemother. **9**, 550 (1959). — ENGLISH, A. R., and T. J. McBRIDE: PA 150, PA 153, and PA 166: new polyene antifungal antibiotics. Antibiot. Ann. **1957/58**, 893. — ENGLISH, A. R., T. J. McBRIDE and J. E. LYNCH: PA 132, a new antibiotic. II. In vitro and in vivo studies. Antibiot. Ann. **1956/57**, 676. — ERDOS, J.: Über die fungizide Wirkung einiger Kupferäthylendiaminsulfonamidkomplexe. Experientia (Basel) **5**, 343 (1950). — ERDTMANN, H., and E. RENNERFELT: Fungicidal properties of some constituents of the heart wood of Tetraclinis articulata (Vahl) masters. Acta chem. scand. **3**, 906 (1949). Ref. Zbl. Haut- u. Geschl.-Kr. **78**, 222 (1952). — ERVE jr., J. VAN DE: Fungicidal activity of diphenylpyraline. A.M.A. Arch. Derm. **68**, 572 (1953). — ESTEVES, J., e H. NEVES: (1) Foliculites supuradas da barba provocadas por fongos (kerion da barba). J. Méd. Pôrto **38**, 785 (1959). — (2) Griseofulvin. Therapeutic results in different dermatomycoses after 22 weeks of treatment. Effect on experimental dermatomycosis in man. Dermatologica (Basel) **119**, 148 (1959). — (3) Vorläufige Untersuchung der experimentellen Infektion durch Trichophyton violaceum beim Menschen. Hautarzt **10**, 151 (1959). — (4) A griseofulvina no tratamento da tinha do coiro cabeludo e de outras localizaçoes desta doença (Prim. obs.). J. Méd. Pôrto **39**, 341 (1959). — (5) A griseofulvina no tratamento de dermatomicoses. J. Méd. Pôrto **39**, 341 (1959). — (5) A griseofulvina no tratamento de dermatomicoses. J. Méd. Pôrto **41**, 253 (1960). — ETTIG, B.: (1) Untersuchungen zur Frage des Saprophytismus der Dermatophyten im Erdboden. I. Antagonisten hautpathogener Pilze aus natürlich belebten Böden. Arch. klin. exp. Derm. **207**, 24 (1958). — (2) Influence of soil-microorganisms on the saprophytism of the dermatophytes in the soil. VI. Internat. Kongr. Trop. Mal., 5.—13. 9. 1958, Lissabon. — EVANS, E. E., R. F. HAINES, A. C. CURTIS, F. C. BOCOBO, W. D. BLOCK and E. R. HARRELL: Evaluation of nitrostyrenes as antifungal agents. II. In vivo experiments. J. invest. Derm. **27**, 43 (1956). — EVANS, J. H., and R. D. BAKER: Treatment of experimental aspergillosis with amphotericin B. Antibiot. and Chemother. **9**, 209 (1959).

FAHLBERG, W. J.: (1) A comparison of fungistatic properties of three aromatic diamidines. Proc. roy. Soc. exp. Med. **84**, 84 (1953). — (2) In vitro studies on the fungistatic effect of antihistaminic drugs. J. invest. Derm. **20**, 171 (1953). — (3) The effect of di-paralene (chlorcyclizine hydrochloride) on systemic fungus infections in mice. J. invest. Derm. **21**, 125 (1953). — FARAGO, L., u. P. POLGÁR: Das parachlorbenzoesaure Natrium als neues Antimycoticum. Börgyögy vener. Szle **4**, 85 (1950). Ref. Zbl. Haut- u. Geschl.-Kr. **77**, 288 (1951/52). — FARGEL, H.: Einführung einer Invertseife als Wunddesinfektionslösung. Medizinische **1953**, 57. — FARRIS, G.: Contributo personale alla conoscenza della paracoccidioidomicosi (cosidetta blastomicosi brasiliana). G. ital. Derm. Sif. **96**, 321 (1955). — FEATHERSTON, W. M.: Convulsions following use of asterol dihydrochloride. Report of a case. J. Amer. med. Ass. **150**, 1006 (1952). — FEGELER, F.: (1) Untersuchungen zu aktuellen Fragen der medizinischen Mykologie. Mykosen **1**, 111 (1958). — (2) Nebenwirkungen der Antibioticatherapie vom mykologischen Standpunkt. Mykosen **2**, 26, 50 (1959). — (3) Diskussionsbemerkung. Tagg Hamburg. Dermat. Ges., 28. 11. 1959. — FEINBERG, A. W.: The use of brilliant green in the treatment of chronic ulcers of the skin. New Engl. J. Med. **239**, 613 (1948). — FELKEL, J.: Erfahrungen über die Behandlung der Pyodermien und Mycosen mit Sterosan. Prakt. Arzt **1954**, 665. — FELSENFELD, O., G. W. MAST and J. S. ISHIHARA: J. Parasit. Suppl. **36**, 25 (1950). Cit. W. S. SPECTOR, Handbook of toxicology. Vol. II: Antibiotics. — FELSHER, M. J.: Salicylanilide therapy in tinea capitis. A.M.A. Arch. Derm. **58**, 56 (1948). — FELTON, L. C., and C. M. McLAUGHLIN: Some highly halogenated phenolic ethers as fungistatic compounds. J. organ. Chem. **12**, 298 (1947). — FEO, CH. P. DE, and L. C. HARBER: Chromoblastomycosis treated with local infiltration of amphotericin B solution. J. Amer. med. Ass. **171**, 1961 (1959). — FINK, J. C., D. E. VANDERPLOEG and M. P. MOURSUND: Stilbamidine in the treatment of cutaneous blastomycosis. Report of a case. J. Amer. med. Ass. **151**, 1395 (1953). — FISCHER, E.: Klinischer Beitrag zur chirurgischen Händedesinfektion. Zbl. Chir. **82**, 357 (1957). — FISCHER, G. W.: Therapieversuche bei der experimentellen aureomycinaktivierten Soorinfektion. Z. Hyg. Infekt.-Kr. **143**, 140 (1956). — FISCHMANN, O., e A. T. LONDERO: Micetoma podal por „Nocardia brasiliensis" (LINDBERG 1909) curado com sulfisoxazol (Gantrisin) „Roche". Rev. „Roche" **19**, 20 (1959). — FISHER, A. M.: (1) The clinical picture associated with infections due to Cryptococcus neoformans (Torula histolytica); report of three cases with some experimental studies. Bull. Johns Hopk. Hosp. **86**, 383

(1950). — (2) Inhibition of growth of Cryptococcus neoformans by cultures of Pseudomonas aeruginosa. Bull. Johns Hopk. Hosp. **95**, 157 (1954). — FISHER, A. M., and J. C. HARVEY: Actinomycosis: some concepts of therapy and prognosis. Postgrad. Med. **19**, 32 (1956). — FISSI MARRACCINI, G.: Osservazioni sulla terapia con mycostatin dell'infezione sperimentale della cavia da Candida albicans. G. Mal. infett. **9**, 325 (1957). — FITZPATRICK, M. J., H. RUBIN and C. M. POSER: The treatment of cryptococcal meningitis with amphotericin B, a new fungicidal agent. Ann. intern. Med. **49**, 249 (1958). — FLARER, F.: First results in Italy with a new antimycotic, nystatin. In: Therapy of fungus diseases. Edit. by TH. H. STERNBERG and V. D. NEWCOMER, p. 219. — FLINT, A., R. R. FORSEY and B. USHER: Griseofulvin, a new oral antibiotic for the treatment of fungous infections of the skin. Canad. med. Ass. J. **81**, 173 (1959). — FLOCH, H.: Revue critique des investigations et de la littérature mycologique pour les années 1946—1956 en Guyane Française. Mycopathologia (Den Haag) **8**, 194 (1957). — FLÖTER, W.: Kritische Bemerkungen zur Wirkungsweise des Antimykoticums Dermaphen. Landarzt **31**, 330 (1955). — FLORESTANO, H. J., and M. E. BAHLER: Antifungal properties of the polymyxins. Proc. Soc. exp. Biol. (N.Y.) **79**, 141 (1952). — FLOREY, H. W., and A. JENNINGS: Brit. J. exp. Path. **23**, 202 (1942). Cit. W. S. SPECTOR, Handbook of toxicology. Vol. II: Antibiotics. — FÖLDVÁRI, F.: Du traitement de l'actinomycose (résultats obtenus par la pénicillinothérapie dans 15 cas). Dermatologica (Basel) **102**, 77 (1951). — FÖLDVÁRI, F., et E. FLORIAN: Actinomycose primaire de la peau. Dermatologica (Basel) **109**, 222 (1954). — FOLEY, E. J., F. HERRMANN and S. W. LEE (1) The effects of pH on the antifungal activity of fatty acids and other agents. J. invest. Derm. **53**, 1 (1947). — (2) The influence of experimental conditions on the results of in vitro tests for antifungal action (with special reference to the effect of maintaining solubility of the agents). J. invest. Derm. **8**, 5 (1947). — FOLEY, E. J., and S. W. LEE: (1) Trimethyl cetyl ammon pentachlorphenate T.C.A.P. and fatty acids as antifungals. J. Amer. pharm. Ass. sci. Ed. **36**, 198 (1946). — (2) Studies on the effect of pH and solubility on the antifungal properties of fatty acids, trimethyl cetyl ammonium pentachlorphenate and other agents. J. invest. Derm. **10**, 249 (1948). — FOLEY, G. E., and W. D. WINTER: Increased mortality following penicillin therapy of chick embryos infected with Candida albicans var. stellatoidea. J. infect. Dis. **85**, 268 (1949). — FOOTE, M. W., J. E. LITTLE and T. J. SPROSTON: Naphthoquinones as inhibitors of spore germination of fungi. J. biol. Chem. **181**, 481 (1949). — FORD, J. H., and B. E. LEACH: Actidione, an antibiotic from Streptomyces griseus. J. Amer. chem. Soc. **70**, 1223 (1948). — FORNI, P. V.: Antistaminici e micosi sperimentali da Candida albicans. Boll. Soc. ital. Pat. **3**, 14 (1953). — FORSEY, R. R., and R. JACKSON: Toxic psychosis following use of stilbamidine in blastomycosis. A.M.A. Arch. Derm. **68**, 89 (1953). — FOSTER, J. F., and H. B. WOODRUFF: Arch. Biochem. **3**, 241 (1943). Cit. W. S. SPECTOR, Handbook of toxicology. Vol. II: Antibiotics. — FOSTVEDT, G. A., D. T. KINGSTON, L. L. EMMONS and R. L. VOLLER: Coccidioidomycosis. Treatment with isonicotinic acid hydrazide. Calif. Med. **85**, 167 (1956). — FOX, J. L.: Candicidin, a new antifungal antibiotic: First clinical report. Antibiot. Med. **1**, 349 (1955). — FRÁGNER, P.: Parasitische Pilze beim Menschen. Prag: Tschechische Akademie der Wissenschaften 1958. — FRANK, H.: Vergleichende Untersuchungen über den Wirkungsmechanismus des Phenylquecksilberborates und des Quecksilber(II)chlorides auf niedere Pilze. Zbl. Bakt., II. Abt. **108**, 23, 660 (1955). — FRANKS, A. G.: Tinea capitis treated with thiolutin. J. invest. Derm. **19**, 269 (1952). — FRANKS, A. G., W. L. DOBES and D. ROMANO: Penicillin in the treatment of cutaneous diseases. A.M.A. Arch. Derm. **52**, 14 (1945). — FRANKS, A. G., and D. FANELLI: A new treatment for interdigital fungous infection. Urol. cutan. Rev. **51**, 591 (1947). — FRANKS, A. G., and A. STERNBERG: Treatment of onychomycosis with ammoniacal silver nitrate solution. A.M.A Arch. Derm. **62**, 287 (1950). — FRANKS, A. G., C. L. TASCHDJIAN and G. T. GUTIERREZ: Onychomycosis due to Scopulariopsis brevicaulis. Case concurrent with dermatophytosis and infestation with a tyroglyphid mite. A.M.A. Arch. Derm. **74**, 241 (1956). — FRANKS, A. G., C. L. TASCHDJIAN and G. A. THORPE: Effect of candicidin in intertriginous and paronychial moniliasis. J. invest. Derm. **23**, 75 (1954). — FRACKMANN, H.: Neues zum Thema Dermatomykosebehandlung. Medizinische **1955**, 1147. — FREEMAN, G. G.: Further biological properties of trichothecin, an antifungal substance from Trichothecium roseum Link, and its derivatives. J. gen. Microbiol. **12**, 213 (1955). — FREEMAN, G. G., and R. I. MORRISON: (1) Nature (Lond.) **162**, 30 (1948); zit. W. S. SPECTOR: Handbook of toxicology. Vol. II: Antibiotics. — (2) The isolation and chemical properties of trichothecin, an antifungal substance from Trichothecium roseum Link. Biochem. J. **44**, 1 (1949). Ref. Zbl. Haut- u. Geschl.-Kr. **75**, 237 (1950/51). — FREIS, E. D.: Treatment of dermatophytosis and hyperhidrosis with formaldehyde and cupric sulphate iontophoresis. A.M.A. Arch. Derm. **53**, 34 (1946). — FREY, J. R.: (1) Prüfung von Antimykotica unter Verwendung von Haaren als Keimträger. Dermatologica (Basel) **107**, 88 (1953). — (2) Prüfung von Antimykotica am Meerschweinchen. Dermatologica (Basel) **107**, 69 (1953). — FREY, J. R., u. H. GELEICK: Zur Wirkung von Griseofulvin auf die experimentelle Trichophytie des Meerschweinchens. Dermatologica (Basel) **119**), 132 (1959). — FREY,

J. R., P. WENK y B. FUST: Nuevos métodos para el ensayo de antimicóticos „in vitro" e „in vivo". Rev. argent. Dermatosif. 38, 93 (1954). — FREYSCHUSS, S. K. L., S. O. PEHRSON and B. STEENBERG: Antibiot. and Chemother. 5, 218 (1955). Cit. W. S. SPECTOR, Handbook of toxicology. Vol. II: Antibiotics. — FRIDERICH, H.: Beitrag zur Behandlung von Mykosen. Z. Haut- u. Geschl.-Kr. 15, 228 (1953). — FUCHS, H. K., u. K. HAACK: Klinische Erfahrungen mit Myxal. Dtsch. med. Wschr. 1955, 374. — FÜLLER, H.: Klinische Erfahrungen mit Sterosan. Z. Haut- u. Geschl.-Kr. 16, 177 (1954). — FUENTES, C. A.: Revision de las investigaciones sobre micologia médica y de la literatura en Cuba durante el docenio de 1945 a 1955. Mycopathologia (Den Haag) 9, 207 (1958). — FUENTES, C. A., F. TRESPALACIOS, G. F. BAQUERO y R. ABOULAFIA: Effect of actidione on mold contaminants and on human pathogens. Mycologia (N.Y.) 44, 170 (1952). — FUJI, T.: Biochemical studies on pathogenic fungi. VII. The effect of synthetic fungicides and fatty acids on the respiration of Trichophyton gypseum. VIII. The effect of an antibiotic, trichomycin, on the respiration and metabolism of Trichophyton gypseum. Pharm. Bull. (Tôkyô) 5, 503 (1957). — FUJIKAWA, F., Y. HITOSA, S. NAKAZAWA and T. OMATSU: Antibacterial and antifungal action of lichen substances and their derivatives. J. pharmaceut. Soc. Jap. 77, 307 (1957). — FUJIMORI, H., H. TAKEDA and T. TOMITA: Clinical experience of nystatin for gynecological candidiasis. J. Antibiot. 11, 13 (1958). — FUJINO, T., T. MIWATANI, S. TAKAGI and K. KIMURA: Effect of trichomycin on experimental cryptococcosis in mice. Med. J. Osaka Univ. 8, 579 (1958). — FULTON, C. O., N. E. GIBBONS and R. L. MOORE: The fungicidal effect of vegetable-tanned leather and various disinfectants on Trichophyton gypseum and T. interdigitale. Canad. J. Res., F 22, 163 (1944). — FUMBARG, D.: Vulvovaginitis tricomoniásica y moniliásica. Su tratamiento con tricomicina. Pren. méd. argent. 44, 2591 (1957). — FUNK, C. F.: Zur Mikrosporiebehandlung. Derm. Wschr. 138, 788 (1958). — FURCOLOW, M. L.: Experiences with the therapy of 60 cases of deep mycotic infections. In R. W. RIDDELL and G. T. STEWART, Fungous diseases and their treatment. — FURCOLOW, M. L., and CH. A. BRASHER: Trials with 2-hydroxystilbamidine, aminostilbamidine, MRD-112, and other agents in pulmonary histoplasmosis: experiments with more than twenty cases. In: Therapy of fungus diseases. Edit. by TH. H. STERNBERG and V. D. NEWCOMER, pp. 289—291.

GABITO FARIAS, J.: Algunos aspectos de la infección por Candida albicans y su tratamiento por la nistatina. Arch. Pediatr. Uruguay 28, 82 (1957). — GALE, G. R.: (1) The effect of β-propiolactone on the metabolism of Blastomyces dermatitidis. J. Bact. 65, 505 (1953). — (2) The inhibition of respiration of certain dermatophytes by β-propiolactone. J. invest. Derm. 22, 1 (1954). — (3) The effect of pyribenzamine on the metabolism of Blastomyces dermatitidis. Antibiot. and Chemother. 4, 33 (1954). — (4) The effects of β-propiolactone on the metabolism of Candida albicans. J. infect. Dis. 96, 250 (1955). — GALMARINI, O. L.: Quimica de los antibióticos fungicidas. Rev. Asoc. méd. argent. 71, 6 (1957). — GANTZ, J. A., J. A. NUETZEL and L. B. KELLEN: Cryptococcal meningitis treated with amphotericin B. Arch. intern. Med. 102, 795 (1958). — GARCIA, J., M. L. LITTMAN, R. BIRCHALL and D. ECHOLS: Unpublished data. Cit. M. L. LITTMAN and L. E. ZIMMERMAN, Cryptococcosis. — GARCIA, P. M.: Sulfonas en el tratamiento del micetoma, estudio de un caso. Pren. méd. méx. 15, 262 (1950). — GARNIER, G.: Traitement des affections à levures des muqueuses par un nouvel antifongique. Bull. Soc. franç. Derm. Syph. 62, 320 (1955). — GATÉ, J., et J. COUDERT: Traitement des mycoses. Paris: Doin & Cie. 1958. — GATÉ, J., J. COUDERT et J. COTTE: (1) Action expérimentale et clinique de la tyrothricine sur quelques dermatophytes. J. méd. Lyon 29, 528 (1948). — (2) Remarques sur l'utilisation de la tyrothricine dans le traitement des teignes et de quelques dermatomycoses. Bull. Soc. franç. Derm. Syph. 1948, 47. — GATÉ, J., J. COUDERT et H. JEHL: Utilisation de la tyrothricine comme antifongique en dermatologie. Bull. Soc. franç. Derm. Syph. 1949, 127. — GATTI, F., et R. VANBREUSEGHEM: Traitement des teignes du cuir chevelu par l'astérol chez les indigènes du Congo belge. Ann. Soc. belge Méd. trop. 35, 711 (1956). — GAUSEWITZ, PH. L., F. S. JONES and G. WORLEY jr.: Fatal generalized moniliasis. Report of a case. Amer. J. clin. Path. 21, 41 (1951). Ref. Zbl. Haut- u. Geschl.-Kr. 78, 309 (1952). — GAY PRIETO, J., y J. DEL POZO: Tratamiento de las tiñas del cuero cabelludo. Act. dermo-sifiliogr. 45, 583 (1953/54). — GEIGER, W. B., J. E. CONN and S. A. WAKSMAN: J. Bact. 48, 531 (1944). Zit. W. S. SPECTOR, Handbook of toxicology. Vol. II: Antibiotics. — GEISER, J. C.: Action antifongique in vitro de quelques antihistaminiques de synthèse et autres substances. Dermatologica (Basel) 110, 343 (1955). — GEISTER, R. S., and E. MEYER: The effect of aureomycin and penicillin on experimental actinomycosis infections in mice. J. Lab. clin. Med. 38, 101 (1951). — GENTLES, J. C.: (1) The successful treatment of ringworm by systemic means. VI. Internat. Kongr. Trop. Mal. 5.—13. 9. 1958 Lissabon, Abstr. 156. — (2) Experimental ringworm in Guinea pigs: Oral treatment with griseofulvin. Nature (Lond.) 182, 476 (1958). — (3) A report on animal experiments with griseofulvin. Symposium griseofulvin and dermatomycosis, 26./27. 10. 1959 Miami/Florida. — (4) The treatment of ringworm with griseofulvin. Brit. J. Derm. 71, 427 (1959). — GENTLES, J. C., M. J. BARNES and K. H. FANTES: Presence of griseofulvin in

hair of guinea pigs after oral administration. Nature (Lond.) **183**, 256 (1959). — GEORG, L. K.: (1) Use of a cycloheximide medium for isolation of dermatophytes from clinical materials. A.M.A. Arch. Derm. **67**, 355 (1953). — (2) Dermatophytes. New methods in classification. Symposium: Classification of the dermatomycoses. XI. Internat. Congr. Derm., Stockholm, 1957. — GEORG, L. K., L. AJELLO and M. A. GORDON: A selective medium for the isolation of Coccidioides immitis. Science **114**, 387 (1951). — GEORG, L. K., L. AJELLO and C. PAPAGEORGE: Use of cycloheximide in the selective isolation of fungi pathogenic to man. J. Lab. clin. Med. **44**, 422 (1954). — GEORGI, C. E.: Inhibitory effect of monochlormercuricarvacrol on growth of pathogenic fungi. A.M.A. Arch. Derm. **48**, 497 (1943). — GEPHARDT, M. C., and T. H. HANLON: Treatment of disseminated coccidioidomycosis with stilbamidine (case history). J. Oklah. St. med. Ass. **47**, 55 (1954). — GERACI, J. E., T. J. DRY, J. A. ULRICH, L. A. WEED, C. S. MACCARTY and C. P. SAYRE: Experiences with 2-hydroxystilbamidine in systemic sporotrichosis. Arch. intern. Med. **96**, 478 (1955). — GIGLI, L.: Azione in vitro di alcune sostanze coloranti verso la candida. Arch. ital. Derm. **27**, 208 (1955). — GIMBLE, A. I., J. G. SHEA and S. KATZ: Nystatin and tetracycline in the treatment of bacterial infections. Antibiot. Ann. 1955/56, 676. — GIRARD, M., H. FRAISSE et H. SIMON: A propos d'entéro-colites graves consécutives aux traitements par les antibiotiques d'origine fungique. J. Méd. Lyon **1954**, 833. — GIUNCHI, G.: (1) Attinomicosi temporo-macellare da actinomicete anaerobio tipo „Wolff-Israel", guarita con trattamento combinato sulfamidico e roentgenterapico. Policlinico, Sez. med. **53**, 354 (1946). — (2) Micosis secondarie a trattamenti antibiotici con particolare riguardo alle candidosi. G. Mal. infett. **10**, 53 (1957). — (3) Le micosi secondarie a trattamenti antibiotici con particolare riguardo alle candidosi. Recenti Progr. Med. **24**, 18 (1958). — GLENN, W. R., and H. E. HALLEY: Fungous infections of the feet treated with a camphor-phenol mixture. A.M.A. Arch. Derm. **47**, 239 (1943). — GÖTZ, H.: (1) Fortschritte der medizinischen Mykologie. Hautarzt **1**, 49 (1950). — (2) Über die Behandlung der Onychomykosen mit einem neuen Nagelerweicher (Kaliumthioglykolat). Hautarzt **1**, 368 (1950). — (3) Neuere diagnostische und klinische Erkenntnisse der Dermatomykologie. Ärztl. Wschr. **1950**, 709. — (4) Hinweise zur Bekämpfung der Pilzkrankheiten. Volksgesundh.-Dienst **1950**, 262. — (5) Merkblatt bei Pilzerkrankungen der Füße und Nägel. — (6) Über die Zunahme der Nagelpilzerkrankungen in der Gegenwart. Derm. Wschr. **124**, 962 (1951). — (7) Zur Behandlung der Epidermophytie. Münch. med. Wschr. **1952**, 1523. — (8) Über ein neues Verfahren zur Behandlung der Nagelpilzkrankheit. Hautarzt **3**, 552 (1952). — (9) Fortschritte der medizinischen Mykologie. I. Hautarzt **4**, 97 (1953). — (10) Fortschritte der medizinischen Mykologie. II. Hautarzt **4**, 145 (1953). — (11) Untersuchungen über die pathogenetischen Faktoren und die Behandlung der Nagelpilzkrankheit. Arch. Derm. Syph. (Berl.) **195**, 579 (1953). — (12) Klinische und experimentelle Studien über das Granuloma paracoccidioides (Morbus Lutz-Splendore-de Almeida). Arch. Derm. Syph. (Berl.) **198**, 507 (1954). — (13) Die Behandlung der Pilzkrankheiten der Haut und Haare. In: Fortschritte der praktischen Dermatologie und Venerologie, Bd. II. Herausgeg. von A. MARCHIONINI unter Mitarb. v. C. G. SCHIRREN. (14) Erkennung und Behandlung der Hautmykosen. Dtsch. med. Wschr. **83**, 1189 (1958). — (15) Griseofulvin, ein orales, die bisherige Dermatomykosetherapie revolutionierendes Antibioticum. Med. Klin. **54**, 2162 (1959). — (16). Diskussionsbemerkung, Symposium Griseofulvin und dermatomycosis, 26. u. 27. 10. 1959 Miami/Florida. — (17) Experimentelle und klinische Beobachtungen bei der Behandlung der Tinea manuum, pedum, corporis et unguium mit Griseofulvin. Hautarzt **10**, 539 (1959). — GÖTZ, H., u. E. M. HERTLEIN: Förderung und Züchtung von Dermatophyten durch Cycloheximid-Kaliumtellurit-Selektivnährboden und Soforteinsaat des Untersuchungsmaterials. Derm. Wschr. **139**, 8 (1959). — GÖTZ, H., K. W. KALKOFF, J. KIMMIG, A. M. MEMMESHEIMER, R. RICHTER, H. TH. SCHREUS u. R. SCHUPPLI: Welches sind heute die zweckmäßigsten Behandlungsverfahren für Pilzerkrankungen? Derm. Wschr. **126**, 1092 (1952). — GOLD, T. N., and B. V. JONES: The use of hexadecamethylene-1:16-bis-(isoquinoliniumchloride) in the treatment of ringworm in domestic animals. Brit. vet. J. **114**, 376 (1958). — GOLD, W., H. A. STOUT, J. F. PAGANO and R. DONOVICK: Amphotericin A and B: Antifungal antibiotics produced by a streptomycete. I. in vitro studies. Antibiot. Ann. 1955/56, 579. — GOLDBERG, A. A.: Le dinaphthylméthane-disulfonate phenyl mercurique (penotrane), nouveau produit substantif résistant au lavage et protégeant les tissus contre les moisissures. Chim. et Industr. **64**, 3 (1950). — GOLDEN, M. J., and K. A. OSTER: Studies on alcohol-soluble fungistatic and fungicidal compounds. II. Evaluation of a fungicidal laboratory test method. J. Amer. pharm. Ass., sci. Ed. **36**, 359 (1947). — GOLDFARB, N.: Diskussionsbemerkung über Griseofulvin. A.M.A. Arch. Derm. **80**, 630 (1959). — GOLDMAN, L., A. B. HINNINGSEN, N. P. RINGELMAN, H. H. FOX and J. HESSELBROCK: Evaluation of a fungicidal agent for fungous disease of the feet. A controlled hospital study. A.M.A. Arch. Derm. **47**, 569 (1943). — GOLDMAN, L., J. SCHWARZ, R. H. PRESTON, A. BEYER and J. LOUTZENHISER: The factors of the resistance and relapse with griseofulvin therapy. Meet. Amer. Dermat. Ass., Atlantic City, 3. 6. 1959. — GOLDSTEIN, N.: Encephalopathy occurring during

the topical use of asterol. J. Pediat. **42**, 726 (1953). — Gondesen, H., u. K. Schuster: Neuere Ergebnisse in der Auswertung antimykotischer Mittel. Dermat. Tagg Hamburg 24.—26. 9. 1948. Ref. Zbl. Haut- u. Geschl.-Kr. **73**, 165 (1949). — González Ochoa, A.: (1) El micetoma toracopulmonar por Actinomyces bovis y Nocardia brasiliensis. Consideraciones etiopatogénicas, clínicas y terapéuticas. Gac. méd. Méx. **83**, 109 (1953). — (2) Effectiveness of DDS in the treatment of chromoblastomycosis and of mycetoma caused by Nocardia brasiliensis. In: Therapy of fungus diseases. Edit. by Th. H. Sternberg and V. D. Newcomer, pp. 321—327. — (3) Dos casos de esporotricosis curados con griseofulvin. Rev. Inst. Salubr. Enferm. trop. (Méx.) **19**, 245 (1959). — González Ochoa, A., y M. Ahumada Padilla: El griseofulvin en el tratamiento de las dermatofitosis. Pren. méd. mex. **24**, 189 (1959). — González Ochoa, A., y L. F. Bojalil: Actividades „in vitro" de complejos sulfa-cobre sobre algunos hongos patogenos. Rev. Inst. Salubr. Enferm. trop. (Méx.) **11**, 79 (1950). González Ochoa, A., L. Bojalil-Jaber y R. Soto Pacheco: Acción estimulante de las sulfonamidas-cobre y de la penicillina sobre el desarollo de Cryptococcus neoformans y Sporotrichum schencki, respectivamente. Rev. Soc. mex. hist. nat. **11**, 35 (1950). — González Ochoa, A., L. Dominguez y E. Macotela: Tratamiento de la moniliasis oral con nystatin. Rev. Inst. Salubr. Enferm. trop. (Méx.) **15**, 195 (1955). — González Ochoa, A., E. Hernandez y R. Colorado Iris: Experimentación con vanillato de etilo en dos casos de coccidioidomicosis y uno de micetoma actinomicósico por Nocardia brasiliensis. Rev. Inst. Salubr. Enform. trop. (Méx.) **13**, 265 (1953). — González Ochoa, A., y E. Macotela: Tratamiento de micosis profundas con esteroides; inutilidad de la pregnenolona en un caso de micetoma por Nocardia brasiliensis. Rev. Inst. Salubr. Enferm. trop. (Méx.) **15**, 9 (1955). — González Ochoa, A., J. Shiels y P. Vasquez: Acción de la 4,4'-diamino-difenil-sulfona frente a Nocardia brasiliensis. Estudios in vitro, en la infección experimental y en clínica. Gac. méd. Méx. **82**, 345 (1952). — Goodman, L. S., and A. Gilman: The pharmacological basis of therapeutics. New York: Macmillan & Co. 1956. — Gorbach, G., T. Terranova u. J. Terranova: (1) Über den Einfluß von Spurenelementen auf Wachstum und Saccharasebildung bei Aspergillus niger. I. Der Einfluß von Zink und Eisen allein und in Gegenwart der Spurenelemente Kupfer und Mangan. Arch. Mikrobiol. **26**, 1 (1957). — (2) Über den Einfluß von Spurenelementen auf Wachstum und Saccharasebildung bei Aspergillus niger. II. Der Einfluß von Kupfer und Mangan allein und in Gegenwart der Spurenelemente Zink und Eisen. Arch. Mikrobiol. **26**, 11 (1957). — Gordon, L. E., and Ch. E. Smith: Mycostatin and aminostilbamidin treatment of experimental coccidioidomycosis. In: Therapy of fungus diseases. Edit. by T. H. Sternberg and V. D. Newcomer, pp. 249—254. — Gordon, L. E., Ch. E. Smith, M. Tompkins and M. T. Saito: Sensitivity of Coccidioides immitis to 2-hydroxystilbamidine and the failure of the drug in the treatment of experimental coccidioidomycosis. J. Lab. clin. Med. **43**, 042 (1954). — Gordon, L. E., Ch. E. Smith and D. S. Wedin: Nystatin (mycostatin) therapy in experimental coccidioidomycosis. Amer. Rev. Tuberc. **72**, 64 (1955). — Gordon, M. A.: In vitro fungistatic effect of tetrachlorobenzoquinone. A.M.A. Arch. Derm. **66**, 573 (1952). — Gottberg, H.: Neue Ergebnisse auf dem Gebiet der Antimykotica im Lichte der amerikanischen Literatur. Diss. Hamburg 1951. — Gottlieb, D.: Filipin, an antibiotic inhibiting fungi. In: Therapy of fungus diseases. Edit. by Th. H. Sternberg and V. D. Newcomer, pp. 142—146. — Gottlieb, D., and A. Amman: A new antifungal agent. Plant Dis. Rep. **39**, 219 (1955). — Gottlieb, D., B. K. Bhattacharaya, H. E. Carter and H. W. Anderson: Endomycin, a new antibiotic. Phytopathology **41**, 393 (1951). — Gottlieb, D., and H. E. Carter: U.S. Pat. 2,746,902 (1956). Cit. W. S. Spector, Handbook of toxikology. Vol. II: Antibiotics. — Gottlieb, O.: Penicillin ved ceervico-facial actinomycose. Nord. Med. **42**, 1807 (1949). — Gottron, H.: Der personale Faktor bei Hautkrankheiten. In: Individualpathologie von Adam und Curtius. Jena: Gustav Fischer 1939. — Graciansky, P., de: Les atteintes cutanées et muqueuses dues aux levures au cours des traitements par les antibiotiques. Étude clinique. Sem. Hôp. Paris **1957**, 2037. — Graciansky, P. de, et J. Delaporte: Accidents à levures des traitements par les antibiotiques. Paris: Masson & Cie. 1956. — Graciansky, P. de, et Ch. Grupper: Un cas d'actinomycose guérie par le rimifon. Bull. Soc. franç. Derm. Syph. **60**, 454 (1953). — Graciansky, P. de, R. Leclerq, J. Delaporte et P. Gouin de Roumilly: (1) Les dermatoses à levures au cours des traitement par les antibiotiques. I. Introduction. Sem. Hôp. Paris **31**, 2162 (1955). — (2) Étude clinique. Sem. Hôp. Paris **31**, 2162 (1955). — (3) Étude pathologique et thérapeutique. Sem. Hôp. Paris **31**, 2170 (1955). — Graham, J. H., E. T. Wright, V. D. Newcomer and Th. H. Sternberg: The use of nystatin as a topical antifungal agent. In: Therapy of fungus diseases. Edit. by Th. H. Sternberg and V. D. Newcomer, pp. 220—227. — Grandbois, J.: The modern treatment of North American blastomycosis. Canad. med. Ass. J. **79**, 828 (1958).— Grandbois, J., M. Giroux, J. Gravel et M. Beaulieu: Le 2-hydroxystilbamidine dans le traitement de la blastomycose nord-américaine. Laval méd. **24**, 165 (1957). — Granits, J., u. R. G. Janke: Über die gegenseitige Beeinflussung von Chemotherapeutica und Antibiotica. Arch. Derm. Syph. (Berl.) **197**, 513 (1954). — Granits-Thurner, J.: In vitro-

Untersuchungen über die Wirksamkeitsänderung antimykotischer Substanzen durch Zusatz von Netzmitteln. Mykosen 2, 121 (1959). — GRANITS-THURNER, J., u. H. SCHIRMER: Über die Wirkung von Zimtsäurederivaten auf pathogene Pilze. Mykosen 1, 60 (1957). — GRANT, R.: Actinomycosis treated with aureomycin: report of case. J. oral Surg. 4, 334 (1951). — GRASSET, E., E. PONGRATZ et W. MESMER: Propriétés antifongiques et antimicrobiennes des esters de l'acide para-oxybenzoique et leur rôle correctif dans les complications mycosiques associées à la thérapeutique des antibiotiques. Rev. suisse Méd. 43, 728 (1954). — GRAY, A.: The prevention and treatment of tinea pedis. Monthly Bull. Minist. Hlth Lab. Serv. 5, 100 (1946). — GREADY, T. G.: Gynben in the treatment of vaginitis. Mississippi Doct. 33, 213 (1956). — GRECO, G.: Azione in vitro della soluzione satura di cremore di tartaro sui tessuti necrotici del favo. Boll. Soc. ital. Biol. sper. 25, 1037 (1950). — GREENDYKE, R. M., and N. L. KALTREIDER: Chronic histoplasmosis. Report of a patient successfully treated with amphotericin B. Amer. J. Med. 26, 135 (1959). — GREENWOOD, K.: The treatment of tinea in Malaya. J. roy. Army med. Cps 97, 157 (1951). — GRÈZE, J.: Les médicaments anti-fongiques modernes dans le traitement des mycoses profondes. Strasbourg: Dern. Nouvl. 1956. — GRIMMER, H.: (1) Antibiotika und Pilzerkrankungen der Haut und Schleimhaut. Antibiot. et Chemother. (Basel) 1, 180 (1954). — (2) Die tiefe Trichophytie der Meerschweinchen als Testobjekt für externe fungistatische Substanzen. Arch. klin. exp. Derm. 204, 288 (1957).— (3) Diskussionsbemerkung über Griseofulvin. Tagg Hamburg. Dermat. Ges., 28. 11. 1959. — GRIMMER, H., u. S. RUST: Tierexperimentelle Untersuchungen über die Wirkung von Vitamin K auf die tiefe Trichophytie des Meerschweinchens. Z. Haut- u. Geschl.-Kr. 12, 106 (1952). — GRIN, I. E.: Nova terapija dermatofitija vlasišta oralnom upotrebom griseofulvina i mehanizam njegovog djelovanja. Neue Dermatophytie-Behandlung durch orale Zufuhr von Griseofulvin und Wirkungsmechanismus. Vojno-sanit. Pregl. Brosch. Nr 10, 771 (1959).— GRIN, I. E., and L. OŽEGOVIĆ: Critical survey of mycological research and literature in Yougoslavia up to 1957. Mycopathologia (Den Haag) 9, 344 (1958). — GROGG, E.: Zur Therapie der Fußmykosen. Praxis 39, 315 (1950). — GROSCH, W.: Zur Behandlung der Sycosis trichophytica. Z. Haut- u. Geschl.-Kr. 6, 415 (1949). — GROSJEAN, J.: Substanzen mit fungicider Wirkung in der Rinde von Laubbäumen. Nature (Lond.) 165, 853 (1950). — GROTTENMÜLLER, K.: Erfahrungen bei der Behandlung von Dermatomykosen. Dtsch. med. Wschr. 1954, 851. — GROVE, J. F.: The fungistatic activity of ethylenic and acetylenic compounds. II. Esters of halogenofumaric acids and acetylene dicarbolytic acid. Ann. appl. Biol. 35, 37 (1948). — GROVE, J. F., D. ISMAY, J. McMILLAN, T. P. C. MULHOLLAND and M. A. TH. ROGERS: (1) The structure of griseofulvin. Chem. and Ind. 1951, 219. — (2) Griseofulvin. Part II. Oxidative degradation. J. chem. Soc. 1952, 3958. — GROVE, J. F., and J. C. McGOWAN: Identity of griseofulvin and "curling factor". Nature (Lond.) 160, 574 (1947). — GROVE, J. F., J. McMILLAN, T. P. C. MULHOLLAND and M. A. TH. ROGERS: (1) Griseofulvin. Part I. J. chem. Soc. 1952, 3949. — (2) Griseofulvin. Part IV. Structure. J. chem. Soc. 1952, 3977. — GRUNBERG, E.: The fungistatic and fungicidal effects of the fatty acids on species of trichophyton. Yale J. Biol. Med. 19, 855 (1947). — GRUNBERG, E., and R. J. SCHNITZER: A chemotherapeutic study of antimonials in the experimental infection of mice with Cryptococcus neoformans. Yale J. Biol. Med. 26, 132 (1953). — GRUNBERG, E., G. SOO-HOO, E. TITSWORTH, D. RESSETAR and R. J. SCHNITZER: Mycological studies with a new benzothiazole with specific activity against dermatophytes. Trans. N.Y. Acad. Sci., Ser. II 13, 22 (1950). — GRUNBERG, E., and E. TITSWORTH: Experimental studies on drug resistance of dermatophytes. I. The development of drug resistance of trichophyton mentagrophytes and Microsporum lanosum to undecylenic acid and 2-dimethylamino-6-(β-diethylamino-ethoxy)-benzothiazole dihydrochloride (asterol). J. invest. Derm. 25, 113 (1955). — GRUPPER, CH.: (1) Le traitement des dermatoses à levures et quelques dermatoses non moniliiques par la mycostatine. Sem. Hôp. Paris 32, Nr 39, 5 (1956). — (2) Le traitement des moniliases cutanées. Sem. Hôp. Paris 33, 2048 (1957). — (3) La mycostatine dans le traitement des moniliases cutanéo-muqueuses. In: Thérap. dermat. allergol., pp. 361—371. Paris: Masson & Cie. 1957. — GRUTTER, F. H.: Topical and parenteral administration of griseofulvin in experimental dermatophyte infections. Symposium griseofulvin and dermatomycosis, 26. u. 27. 10. 1959 Miami/Florida. — GUILBERT, Y.: Un cas d'actinomycose cervico-faciale traité uniquement par la pénicilline. Rev. Méd. nav. 3, 296 (1948). — GUILHON, J., et P. PAPIN: Traitement des teignes animales par l'acide undécylénique. Bull. Acad. vét. Fr. 23, 275 (1950).

HAAS, H.: Histamin und Antihistamine. Aulendorf: Cantor 1951. — HABER, H., R. T. BRAIN and J. W. HADGRAFT: Treatment of ringworm of the scalp. Brit. med. J. 1949 II, 626. — HADIDA, E., et A. SCHOUSBOE: Traitement des teignes par la griséofulvine. Algérie méd. 63, 9 (1959). — HÄFNER, A., u. O. KYM: Zur Therapie der Fußmykosen: Sterosan-Paste. Schweiz. med. Wschr. 77, 1369 (1947). — HÄNIG, E.: Zur Behandlung der Pilzerkrankungen mit Bradex bzw. Bradex-Vioform. Z. Haut- u. Geschl.-Kr. 16, 148 (1954). — HAENSCH, R., u. A. SZAKALL: Fette u. Seifen 53, 337 (1951). Zit. K. W. KALKOFF u. D. JANKE

in GOTTRON-SCHÖNFELD. — HAGBORG, W. A. F.: The effect of antibiotics on infection of wheat by xanthomonas translucens. Canad. J. Microbiol. **2**, 80 (1956). — HAGGARD, H. W., M. J. STRAUSS and L. A. GREENBERG: Fungous infections of the hands and feet treated by iontophoresis of copper. J. Amer. med. Ass. **112**, 1229 (1939). — HALBEISEN, TH.: Untersuchungen über die antimykotische Wirkung eines Stoffwechselproduktes von Penicillium notatum H 1929. Z. Haut- u. Geschl.-Kr. **26**, 88 (1959). — HALDE, C., V. D. NEWCOMER, E. T. WRIGHT and TH. H. STERNBERG: An evaluation of amphotericin in vitro and in vivo against Coccidioides immitis and Candida albicans, and preliminary observations concerning the administration of amphotericin B to man. J. invest. Derm. **28**, 217 (1957). — HALDE, C., and D. NEWSTRAND: The sensitivity of pathogenic actinomycetes to various sulfonamide and sulfone compounds. In: Therapy of fungus diseases. Edit. by TH. H. STERNBERG and V. D. NEWCOMER, pp. 147—153. — HALDE, C., E. T. WRIGHT, W. H. POLLARD II, V. D. NEWCOMER and TH. H. STERNBERG: The effect of amphotericin B upon the yeast flora of the gastro-intestinal tract of man. Antibiot. Ann. **1956/57**, 123. — HALL, B. D., and R. E. MARDIS: Treatment of cryptococcosis with terramycin. U.S. armed Forces med. J. **4**, 1061 (1953). — HAMILTON, A. J. C.: Actinomycosis successfully treated with penicillin. Report of two cases. Brit. med. J. **1945 I**, 728. — HANF, U.: Untersuchungen über die in vitro-Empfindlichkeit des Actinomyces israeli gegen Erythromycin, Magnamycin, Polymyxin B, Bacitracin, Neomycin, Tyrothricin, Xanthocillin und Suprathricin. Z. Hyg. Infekt.-Kr. **143**, 127 (1956). — HANF, U., S. HEINRICH u. F. LEGLER: Zur Frage der Antibiotica-Resistenz des Erregers der Aktinomykose. Med. Klin. **49**, 250 (1954). — HANSEN, P., u. G. LIST: Fußpilzfeindliches Schuhwerk aus Gummi. Berufsgenossenschaft **11**, 4 (1956). — HANSEN, P., u. H. RIETH: Pilzprobleme in der werksärztlichen Praxis. Berufsdermatosen **5**, 244 (1957). — HARADA, S., T. KONSIKI, S. KISHI u. M. HONDA: Drei Fälle von Sporotrichose. Jap. J. Derm. **69**, Abstr. 80 (1959). — HARDER, F. K.: The antimycotic effect of diethylstilbestrol. N.C. med. J. **7**, 20 (1950). — HARMSEN, H.: Bakteriologisch-mykologische Prüfung des Desinfektionsmittels Lysolin. Gutachten vom 5. 7. 1951. — HARNED, R. L.: Antibiot. and Chemother. **1**, 594 (1951). Cit. W. S. SPECTOR, Handbook of toxicology. Vol. II: Antibiotics. — HAROLD, E., and J. PIERCE: A clinical evaluation of dichloroxychinaldine in dermatology. J. nat. med. Ass. (N.Y.) **1953**, 207. — HARRELL, E. R.: Griseofulvin in treatment of M. audouini caused tinea capitis. Symposium griseofulvin and dermatomycosis, 26. u. 27. 10. 1959 Miami/Florida. — HARRELL, E. R., F. C. BOCOBO and A. C. CURTIS: (1) Sporotrichosis successfully treated with stilbamidine. Arch. intern. Med. **93**, 162 (1954). — (2) A study of North American blastomycosis and its treatment with stilbamidine and 2-hydroxystilbamidine. Ann. intern. Med. **43**, 1076 (1955). — HARRELL, E. R., and A. C. CURTIS: The treatment of North American blastomycosis with amphotericin B. A.M.A. Arch. Derm. **76**, 561 (1957). — HARRIS, L. J., H. G. PRITZKER, J. W. STEINER and L. SHACK: The effect of nystatin (mycostatin) on neonatal candidiasis (thrush). A method of eradication trush from hospital nurseries. Canad. med. Ass. J. **79**, 891 (1958). — HARTLEY, F.: Parachlorophenol-α-glycerol ether as an antibacterial and antifungal agent of pharmaceutical interest. Quart. J. Pharm. **20**, 388 (1947). — HARVEY, J. C., J. R. CANTRELL and A. M. FISHER: Actinomycosis: its recognition and treatment. Ann. intern. Med. **46**, 868 (1957). — HASKINS, R. H., and J. A. THORN: Canad. J. Bot. **29**, 585 (1951). Zit. W. S. SPECTOR, Handbook of toxicology. Vol. II: Antibiotics. — HASPEL, R., J. BAKER and M. B. MOORE jr.: Disseminated Cryptococcus neoformans; case report. New Orleans med. surg. J. **101**, 573 (1949). — HATA, J., M. TSURUOKA, I. UTSUMI and A. T. IDA: Chemotherapeutics for dermatomycosis. I. Antifungal effect of 2,6-substituted benzothiazole derivatives. J. pharmaceut. Soc. Jap. **74**, 245 (1954). — HATCH, R. D.: Spergon—fungicide for summer eczema in dogs. J. Amer. vet. med. Ass. **16**, 818 (1945). — HATTORI, Z.: Effect of antibiotics on Candida albicans and remedies for moniliasis. Rep. Takamine Lab. **5**, 98 (1953). Ref. Rev. Med. vet. Mycol. **2**, 343 (1956). — HAVYATT, M.: The treatment of Microsporum canis infection of the scalp with dibromopropamidine isethionate. Aust. J. Derm. **1**, 239 (1952). — HAXTHAUSEN, H.: Treatment of superficial trichophytosis with CO$_2$ snow. An attempt at artificial immunisation ("imitated kerion"). Acta derm.-venereol. (Stockh.) **30**, 405 (1950). — HAYES, F. A.: Treatment of ringworm in chinchillas. J. Amer. vet. med. Ass. **128**, 193 (1956). — HAZEN, E. L., and R. BROWN: (1) Two antifungal agents produced by a soil actinomycete. Science **112**, 423 (1950). — (2) Fungicidin, an antibiotic produced by a soil actinomycete. Proc. Soc. exp. Biol. (N.Y.) **76**, 93 (1951). — HAZEN, E. L., R. BROWN and G. N. LITTLE: Moniliasis in experimental animals: prophylaxis and therapy with nystatin (mycostatin). In: Therapy of fungus diseases. Edit. by TH. H. STERNBERG and V. D. NEWCOMER, pp. 199—204. — HAZEN, E. L., R. BROWN and A. MASON: Protective action of fungicidin (nystatin) in mice against virulence enhancing activity of oxytetracycline on Candida albicans. Antibiot. and Chemother. **3**, 1125 (1953). — HEILMAN, F. R.: (1) Experimental production of rapidly blastomycosis in mice for testing chemotherapeutic agents. J. invest. Derm. **9**, 87 (1947). — (2) Effect of stilbamidine on blastomycosis in mice. Proc. Mayo Clin. **27**, 455 (1952). — HEIM, F., F. LEUSCHNER u. G. WUNDERLICH: Über das inter-

mediäre Verhalten des p-Oxybenzoesäureesters. Klin. Wschr. **35**, 823 (1957). — HEINE-MANN, B. D.: Fungistatic properties of salicil and related compounds. J. invest. Derm. **9**, 277 (1947). — HEITE, H.-J.: Diskussionsbemerkung über Griseofulvin, Tagg Hamburg. Dermat. Ges., 28. 11. 1959. — HEITE, H.-J., u. D. JANKE: (1) Griseofulvin. Dtsch. med. Wschr. **1959**, 2202. — (2) Griseofulvin. Verigg Südwestdtsch. u. Rhein.-westf. Dermat. 17.—18. 10. 1959, Dortmund. — (3) Unveröffentlichte Ergebnisse. Zit. K.-W. KALKOFF u. D. JANKE in GOTTRON-SCHÖNFELD. — HENDRICKSON, G. G., and E. P. LEHMAN: Cervico-facial actinomycosis successfully treated by penicillin without surgical drainage. J. Amer. med. Ass. **128**, 438 (1945). — HENRIKSEN, E., S. M. MARTIN, J. W. WILSON and A. YEAMAN: Vaginitis due to Candida (moniliasis) treated with a benzothiazole derivative. Amer. J. Obstet. Gynec. **68**, 830 (1954). — HERRICK, J. A.: (1) Antifungal properties of clavacin. Proc. Soc. exp. Biol. Med. (N. Y.) **59**, 41 (1943). Ref. Rev. Med. vet. Mycol. 1, 108 (1946). — (2) Effects of gliotoxin on Trichophyton gypseum. Ohio J. Sci. **45**, 45 (1945). Ref. Rev. Med. vet. Mycol. **1**, 108 (1946). — HEUNISCH, A.: Die Behandlung von Hautpilzerkrankungen. Riedel-Archiv **41**, 37 (1957). — HEWITT, J., J. J. MEYER DE SCHMID, P. DESVIGNES et J. SCLAFER: Dermite du ciment associée à une allergie à «Candida albicans» et à «Trichophyton». Traitement par extraits de «Candida albicans» et de «Trichophyton». Reprise du travail. Traitement final par griséofulvine. Bull. Soc. franç. Derm. Syph. **66**, 458 (1959). — HEYMER, T.: Untersu-chungen über den Einfluß des Griseofulvins auf die Mitose bei Vicia faba L. Dtsch. med. Wschr. **85**, 438 (1960). — HICKEY, R. J., C. J. CORUM, P. H. HIDY, I. R. COHEN, U. F. B. NAGER and E. KREPP: Antibiot. and Chemother. **2**, 472 (1952). — HICKEY, R. J., and P. H. HIDY: Crystalline fradicin. Science **113**, 261 (1951). — HIGUCHI, K., H. URABE, STOSHITANI and S. NAKANO: On the effect of nystatin for the cutaneous candidiasis and trichophytia. J. Antibiot. **11**, 4 (1958). — HILLEGAS, A. B., and E. CAMP: The testing of fungicides insoluble in water. J. invest. Derm. **6**, 217 (1945). — HINCKY, M. B.: L'acide undécylénique dans le traitement des épidermomycoses. Thérapie **5**, 12 (1950). — HINDS, E. C., and E. J. DEGNAN: The use of achromycin and neomycin in the treatment of actinomycosis. Oral Surg. **8**, 1034 (1955). — HITCH, J. M.: Neurotoxic symptoms following use of asterol dihydrochloride. Report of 3 cases. J. Amer. med. Ass. **150**, 1004 (1952). — HOBBY, G., P. REGNA, N. DOUGH-ERTY and W. E. STIEG: The antifungal activity of antibiotic XG. J. clin. Invest. **28**, 927 (1949). — HÖGLER, F.: Über die Kupfersulfatbehandlung von Hand- und Fußmykosen. Münch. med. Wschr. **99**, 1860 (1957). — HOFFMANN, E.: Weiteres zur Natriumthiosulfat-behandlung von Pilzflechten der Haut. Ärztl. Wschr. **1948**, 278. — HOFFMANN, H.: Thera-peutische Überlegungen zur Behandlung des bakteriellen Fluor genitalis. Fortschr. Med. **75**, 224 (1957). — HOFFMANN, R., R. SCHWEITZER and G. DALBY: Fungistatic properties of the fatty acids and possible biochemical significance. Food Res. **4**, 539 (1939). — HOK, K. A., A. Y. HAMILTON, K. S. PILCHER and R. NIEMAN: Antifungal activity of a new group of salicylamide derivatives for dermatophytes. I. In vitro activity of N-butyl-3-phenyl salicylamide. Antibiot. and Chemother. **6**, 456 (1956). — HOLLEMAN, A. F., u. F. RICHTER: Organische Chemie, 27. u. 28. Aufl. Berlin: W. de Gruyter & Co. 1951. — HOLLENBECK, W. F., and D. TURNOFF: Actinomycosis treated with sulfadiazine. J. Amer. med. Ass. **123**, 1115 (1943). — HOLM, K.: (1) Treatment of dermatophytosis pedis with ethyl p-hydroxy benzoate ascertained by systematic examination for fungi. Acta derm.-venereol. (Stockh.) **25**, 60 (1944). — (2) Behandlung af fodsvamp med aetylparaoxybenzoat belyst ved systematiske svampeundersøgelser. Nord. Med. **21**, 9 (1944). — HOLM, P.: Some investigations into the penicillin sensitivity of humanpathogenic actinomycetes and some comments on pencillin treatment of actinomycosis. Acta path. microbiol. scand. **25**, 376 (1948). — HOLTERMANN, H.: Erfahrungen mit Cuprizinin bei der Behandlung der Epidermo-phytien. Z. Haut- u. Geschl.-Kr. **16**, 174 (1954). — HOLTORF, E.: Untersuchungen über die keimtötende Wirkung des Dodecyl-triphenyl-phosphoniumbromids (Myxal). Diss. Würzburg 1951. — HOLZ, H., u. H. LOHEL: Die Sulfonamidbehandlung von Dermatomykosen unter besonderer Berücksichtigung der Trichophytia profunda. Z. Haut- u. Geschl.-Kr. **4**, 44 (1948). HOOPS, E.-H.: (1) Klinische Beobachtungen einer modernen Chemotherapie mykotischer Hauterkrankungen. Med. Welt., N.S. **1954**, 1109. — (2) Antimycin, ein Antibiotikum von vorwiegend fungistatischer Wirkung. Fortschr. Med. **75**, 15 (1957). — (3) Ein Beitrag zur modernen Therapie mykotischer Krankheiten. Z. Haut- u. Geschl.-Kr. **25**, 252 (1958). — HOPF, G.: Zur Frage der internen Behandlung von Dermatomykosen mit Griseofulvin und Trichomycin. Tagg Hamburg. Dermat. Ges., 28. 11. 1959. — HOPFF, W.: Über Methoden zur Prüfung antimikrobieller Substanzen in vivo. Diss. Hamburg 1956. — HOPKINS, J. G., J. K. FISHER, A. B. HILLEGAS, R. B. LEDIN, G. C. REBELL and E. CAMP: Fungistatic agents for treatment of dermatophytosis. J. invest. Derm. **7**, 239 (1946). — HOPKINS, J. G., C. S. LINGAMFELTER, M. R. KIESSELBACH and O. A. HAMILTON: Treatment of tinea capitis with salicylanilide preparations. A.M.A. Arch. Derm. **67**, 479 (1953). — HOPKINS, J. G., J. T. WELD and B. M. KESTEN: The treatment of Monilia (Candida albicans) infections with carbo-wax-sulphur-ointment. J. invest. Derm. **18**, 419 (1952). — HOPKINS, T., A. HILLEGAS,

C. Camo, B. Ledin and G. Rebell: Treatment and prevention of dermatophytosis and related conditions. Bull. U.S. Army med. Dept. 77, 42 (1944). — Horáček, J., and M. Polster: Fungicide effect of phenol derivates. Dermatologica (Basel) 96, 342 (1948). — Hornung, H.: Münch. med. Wschr. 1939, 1231. Zit. F. Staib u. S. Ata. — Horton-Smith, C., and P. L. Long: The effect of penotrane on the growth in vitro of Candida albicans and Aspergillus fumigatus. J. comp. Path. 62, 266 (1952). — Hosemann, G.: Aktinomykose und Penicillin. Langenbecks Arch. klin. Chir. 264, 198 (1950). — Hosoya, S., N. Komatsu and M. Soeda: (1) An antifungal agent isolated from mycelium of Streptomyces griseocarneus. Jap. J. exp. Med. 22, 23 (1952). — (2) J. Antibiot. 5, 451 (1952). Zit. S. A. Waksman u. H. A. Lechevalier, Actinomycetes and their antibiotics. — Hosoya, S., N. Komatsu, M. Soeda and Y. Sonoda: Trichomycin, a new antibiotic produced by Streptomyces hachijoensis, with trichomonadicidal and antifungal activity. Jap. J. exp. Med. 22, 505 (1952). — Hosoya, S., N. Komatsu, M. Soeda, T. Yamaguchi and Y. Sonoda: Trichomycin, a new antibiotic with trichomonadicidal and antifungal activities. J. Antibiot. 5, 564 (1952). — Hosoya, S., M. Soeda, S. Imamura, K. Okada, S. Nakazawa, N. Komatsu, T. Kobori and M. Ikenaga: Antimycotic activities of trichomycin with special reference to the experimental and clinical studies of trichomycin ointment. G. ital. Chemioter. 7, 217 (1954). — Hosoya, S., M. Soeda, N. Komatsu, S. Imamura, K. Okada, S. Nakazawa and T. Yamaguchi: Trichomycin, ein neues Antibioticum aus Streptomyces hachijoensis mit trichomonadicider und antibiotischer Wirksamkeit. Ärztl. Forsch. 9, 46 (1955). — Hosoya, S., M. Soeda, N. Komatsu, K. Okada, S. Watanabe and Y. Onoda: Studies on trichomycin. II. Antibiotic activities against Trichomonas, Candida and Treponema pallidum. J. Antibiot. 6, 92 (1953). — Hosoya, S., M. Soeda, N. Komatsu, S. Watanabe, K. Okada and Y. Onoda: Studies on antibiotic activities of trichomycin in vitro and in vivo. J. Antibiot. 6, 49 (1953). — Hosoya, S., M. Soeda, K. Okada, S. Watanabe and N. Komatsu: Studies on trichomycin. III. Excretion of trichomycin in the urine by oral or parenteral administration. J. Antibiot. 6, 98 (1953). — Hotchkiss, R. D.: Gramicidin, tyrocidine and tyrothricin. Advanc. Enzymol. 4, 153 (1944). — Hu, F.:,The effect of nystatin on experimental candidiasis in tissue culture. J. invest. Derm. 27, 25 (1956). — Huang, N. N., and R. H. High: Treatment of oral moniliasis in infants and children with nystatin. Monogr. Ther. 2, 60 (1957). — Huang, N. N., A. Sarria and R. H. High: Therapeutic evaluation of nystatin and amphotericin in oral moniliasis in infants and children. Antibiot. Ann. 1957/58, 59. — Hubbard, R., and C. Rimington: Biochem. J. 46, 220 (1950). Cit. W. S. Spector, Handbook of toxicology. Vol. II: Antibiotics. — Hull, Th. G.: Diseases transmitted from animals to man, 4. Aufl. Springfield, Ill.: Ch. C. Thomas 1955. — Hunter, R. C., and E. S. Mongan: Disseminated coccidioidomycosis treated with amphotericin B. U.S. armed. Forces med. J. 9, 1474 (1958). — Huppert, M.: The antifungal activity of homologous series of parabens. Preliminary studies. Antibiot. and Chemother. 7, 29 (1957).

Iacapraro, G.: Antibióticos de amplio espectro y nistatina en urología. Rev. Assoc. méd. argent. 71, 64 (1957). — Igarasi, S., K. Ogata and A. Miyake: J. Antibiot. 9, 101 (1956). Zit. J. Úri, Menschenpathogene Pilze in der Antibioticum-Forschung. Arzneimittel-Forsch. 8, 687 (1958). — Igarasi, S., and S. Wada: J. Antibiot. Ser. B 7, 221 (1954). Cit. W. S. Spector, Handbook of toxicology. Vol. II: Antibiotics. — Ikeda, Y., T. Hirai and T. Nishimaki: J. Antibiot. 3, 724 (1950). Cit. S. A. Waksman and H. A. Lechevalier, Actinomycetes and their antibiotics. — Imamura, T.: Treatment of disseminated candidiasis (moniliasis) with oral administered trichomycin. Rinshô Hifu-Hinyôkika 10, 801 (1956). Ref. Rev. Med. vet. Mycol. 3, 180 (1959). — Imholz, G.: Über die klinische Brauchbarkeit des Riseptin zur Händedesinfektion. Med. Klin. 52, 224 (1957). — Inouye, Y., Y. Iizika and T. Tazima: (1) Studies on leather fungi. II. Selection of the test strains and the antifungal action of phenolic compounds. Bull. Jap. Ass. Leath. Tech. 3, 167 (1958). — (2) Studies in leather fungi. III. The antifungal activities of organic mercury compounds. Bull. Jap. Ass. Leath. Tech. 4, 163 (1958). — Iranzo-Prieto, V.: El tratamiento de las tiñas del cuero cabelludo en el medio rural. Medicamenta (Madr.) 27, 315 (1957). Ref. Rev. Med. vet. Mycol. 3, 103 (1958). — Ishigami, J.: Treatment of genitourinary candidiasis (moniliasis) with orally administered trichomycin in massive doses. Rinshô Hifu-Hinyôkika 10, 565 (1956). Ref. Rev. Med. vet. Mycol. 3, 180 (1959). — Ito, K., and K. Kirita: Experimental studies on biological behaviors of pathogenic fungi against various remedies. II. On the growth of pathogenic fungi in the presence of vitamin K_3-Ca. Bull. pharm. Res. Inst. Osaka H. 5, 28 (1953). — Ito, K., and P. K. Kuroda: Effects of photosensitizing dyes against pathogenic fungi. II. Effects of the photosensitizing dye, platonin, on the growth of fungi. Bull. pharm. Res. Inst. Osaka H. 3, 20 (1953). — Ito, K., and T. Kuroda: Biological behavior of pathogenic fungi against various remedies. I. Growth of pathogenic fungi in the presence of vitamin K_3. Bull. pharm. Res. Inst. Osaka H. 3, 46 (1952). — Ito, K., S. Maeda and K. Kirita: Experimental studies on the effects of vegetable hormones against pathogenic fungi. II. Effect of 2,4-dichlorphenoxacetat and its allied remedies on the growth of some pathogenic fungi. Bull. pharm. Res. Inst. Osaka H. 6, 28 (1954). — Ito, K., and N. Ota: Effects

of crude drugs against pathogenic fungi. III. Effect of tannin-containing crude drugs on the growth of some fungi. Bull. pharm. Res. Inst. Osaka H. 3, 13 (1952). — Ito, K., H. Rieth, P. Hansen u. G. List: Trageversuche mit pilzfeindlichen Gummischuhen. Bull. pharm. Res. Inst. Osaka H. 18, 19 (1959). — Ito, K., and S. Sugano: Effects of photosensitizing cyanin lumin upon the growth of fungi. Bull. pharm. Res. Inst. Osaka H. 2, 36 (1951). — Ito, K., and M. Tsuyoshi: Experimental studies on effects of photosensitizing dyes against pathogenic fungi. IV. On the influence of NK No. 8 upon the growth of pathogenic fungi. Bull. pharm. Res. Inst. Osaka H. 5, 18 (1953). — Ito, T., and S. Miyamura: Supplement findings on the anti-fungal action of nystatin. J. Antibiot. 11, 52 (1958). — Ivady, Gy., u. E. Friedrich: Untersuchungen über die antimykotische Wirkung der Bor-, Wein- und Zitronensäure. Münch. med. Wschr. 101, 975 (1959).

Jadassohn, W., H. E. Fierz u. E. Pfanner: Ein neues Mittel zur Behandlung von Pyodermien. Schweiz. med. Wschr. 74, 168 (1944). — James, A. P. R.: Iodochlorohydroxyquinoline (vioform) hydrocortisone cream and lotion in superficial fungus infections. Antibiot. Med. 5, 266 (1958). — James, T.: Interdigital ringworm treated with solution of sulphurated lime. Lancet 1945 II, 401. — Janke, D.: (1) Experimentelle Untersuchungen über die antimykotische Wirkung verschiedener Antibiotica. Klin. Wschr. 30, 15 (1952). — (2) Experimentelle Untersuchungen zur Stimulation von Pilzen durch Penicillin. Arch. klin. exp. Derm. 204, 124 (1957). — (3) Zum Wirkungsmechanismus der penicillinbedingten Stimulation des Wachstums von Pilzen. Arch. klin. exp. Derm. 208, 470 (1959). — Janke, D., u. K. W. Kalkoff: Zur Kenntnis der Hautaktinomykose unter Berücksichtigung der Abhängigkeit cutaner Strahlenpilzhaftung von der terminalen Strombahn. Arch. Derm. Syph. (Berl.) 193, 81 (1951). — Janke, D., u. H. Newig: Trichophyton verrucosum als Erreger von Trichophytien bei Mensch und Tier in Oberhessen. Mykosen 2, 75 (1959). — Janke, R. G.: Studien über die Antibiotika-Wirkung bei Sproßpilzen. Zbl. Bakt., I. Abt. Orig. 160, 628 (1954). — Jansen, E. F., and D. J. Hirschman: Arch. Biochem. 4, 297 (1944). Cit. W. S. Spector, Handbook of toxicology. Vol. II: Antibiotics. — Jefferys, E. G., P. W. Brian, H. G. Hemming and D. Love: Antibiotic production by the microfungi of acid heath soils. J. gen. Microbiol. 9, 314 (1953). — Jennison, R. F., and P. Stenton: Sensitivity of candida strains to nystatin. J. clin. Path. 10, 219 (1957). — Jensen, J.: An epidemic of microsporia. Acta derm.-venereol. (Stockh.) 39, 178 (1959). — Jentsch, M.: Zur Behandlung der Aktinomykose. Ther. d. Gegenw. 1949, 114. — Jerchel, D.: (1) Über Invertseifen. XI. Mitt. Ber. dtsch. chem. Ges. 76, 600 (1943). — (2) Invertseifen und Tetrazoliumsalze. Naturforsch. in Dtschld. 39, 59 (1946). — (3) Über Benzimidazolderivate. Vortr. 27. 9. 1951 Köln. — Jerchel, D., u. H. Fischer: Über Amidrazone. Justus Liebigs Ann. Chem. 574, 85 (1951). — Jerchel, D., u. J. Kimmig: Invertseifen als Antimycotica. Zusammenhänge zwischen Konstitution und Wirkung. Chem. Ber. 83, 277 (1950). — Jirovec, O., R. Peter, J. Jíra u. M. Petrů: Über einige Probleme der vaginalen Mikrobiologie und der geschlechtlichen Trichomoniasis. J. Hyg. Epid. Microbiol. 1959, 195. — Johne, H. O.: Über die Anwendung der Antibiotika mit begrenztem Wirkungsbereich bei der örtlichen Behandlung von Hautkrankheiten. 2. Mitt. Die Lokalbehandlung mit einer Kombination von Tyrothricin und Xanthocillin (TyrocidX). Z. Haut- u. Geschl.-Kr. 20, 318 (1956). — Johnson, B. A., H. S. Anker and F. L. Meleney: Science 102, 376 (1945). Zit. W. S. Spector, Handbook of toxicology. Vol. II.: Antibiotics. — Johnson, C. W., J. W. Joyner and R. P. Perry: The inhibitory effect of four thiosemicarbazones on Cryptococcus neoformans. Antibiot. and Chemother. 2, 636 (1952). — Johnson, E. A.: Abstr. of papers of the 1949 Meet. Soc. Amer. Bact. pp. 68—69. Cit. S. A. Waksman and H. A. Lechevalier, Actinomycetes and their antibiotics. — Johnson, E. A., and K. L. Burdon: Eumycin—a new antibiotic active against pathogenic fungi and higher bacteria, inculding bacilli of tuberculosis and diphtheria. J. Bact. 51, 591 (1946). — Johnson, S. A. M.: Candida (Monilia) albicans: Effect of amino acids, glucose, p_H, chlortetracycline (Aureomycin), dibasic sodium and calcium phosphates, and anaerobic and aerobic conditions on its growth. A. M. A. Arch. Derm. 70, 49 (1954). — Jones, T. E., and T. S. Brownell: Treatment of actinomycosis with penicillin. Cleveland Clin. Quart. 12, 32 (1945). Ref. Rev. Med. vet. Mycol. 1, 81 (1946). — Jonez, H. D.: Coccidioidomycosis treatment with histamine. Ann. Allergy 7, 395 (1949). — Joyce, T. M.: Thymol therapy in actinomycosis. Ann. Surg. 108, 910 (1938). — Jules, L. H., J. A. Faust and M. SanYun: Derivatives of 3-, 4-, and 5-phenylsalicylamides. J. Amer. pharm. Ass., sci. Ed. 45, 277 (1956). — Jung, H.-D.: (1) Antiparasitär-biologische Therapie der Trichophytia barbae profunda. Z. Haut- u. Geschl.-Kr. 6, 515 (1949). — (2) Zur Mecklenburger Mikrosporie-Epidemie. Derm. Wschr. 127, 337 (1953). — (3) Zur fungistatischen Wirksamkeit einiger Diphenyldisulfid-Abkömmlinge (Ovitrol). Z. ärztl. Fortbild. 48, 191 (1954). — (4) Zur Diagnose und Therapie des Favus. Hautarzt 9, 12 (1955). — Jung, H.-D., u. H. Schröder: Zur antimykotischen Wirksamkeit pflanzlicher Extrakte. Arch. Derm. Syph. (Berl.) 197, 130 (1954).

Kaden, R.: (1) Experimentelle und klinische Erfahrungen mit Chlorisept. Z. Haut- u. Geschl.-Kr. 12, 368 (1952). — (2) Antimykotische Effekte durch Dibromsalicylkombinationen. Therapiewoche 1953, H. 23/24, 1. — (3) Experimentelle Untersuchungen über die

antimykotische Wirkung von Fettalkoholsulfonaten. Z. Haut- u. Geschl.-Kr. 14, 383 (1953). — (4) Vergleichende Versuche über die Resistenzsteigerung von Epidermophyton Kaufmann-Wolf. Z. Haut- u. Geschl.-Kr. 15, 1 (1953). — (5) Antimykotischer Lack in Experiment und Klinik. Z. Haut- u. Geschl.-Kr. 17, 209 (1955). — (6) Neue Untersuchungsergebnisse in der Pilzbiologie. Mykosen 1, 3 (1957). — KÄRCHER, K. H.: Moderne Mykosetherapie mit dem fungiciden Kunststoffverband Nobecutan. Z. Haut- u. Geschl.-Kr. 21, 190 (1956). — KAFF-KA, A., u. H. RIETH: Laboratoriumstiere als Ursache einer Berufsdermatose und Maßnahmen zur Verhütung weiterer Pilzinfektionen. Zbl. Bakt., I. Abt. Orig. 170, 319 (1958). — KAISER, B.: Die Behandlung der Epidermophytie und Trichophytia superficialis mit Chlorisept. Riedel-Archiv 34, 40 (1950). — KALKOFF, K.-W., u. D. JANKE: Mykosen der Haut. In H. A. GOTTRON u. W. SCHÖNFELD, Dermatologie und Venerologie einschließlich Berufskrankheiten, dermatologischer Kosmetik und Andrologie, Bd. II, Teil 2, S. 991—1153. Stuttgart: Georg Thieme 1958. — KAPLAN, W., and L. AJELLO: Oral treatment of spontaneous ringworm in cats with griseofulvin. J. Amer. vet. Med. Ass. 135, 253 (1959). — KAPLAN, M. A., B. HEINE-MANN, I. MYDLINSKI, J. L. BUCKWALTER and I. R. HOOPER: An antifungal antibiotic (AYF) produced by a strain of Streptomyces aureofaciens. Antibiot. and Chemother. 8, 491 (1958). — KARASAKI, T.: (1) Studies on the blood concentration of trichomycin. I. Turbidimetric micro-determination of trichomycin. Antibiot. and Chemother. 7, 209 (1957). — (2) Studies on the blood concentration of trichomycin. II. Applikation of the turbidimetric method to blood samples. Antibiot. and Chemother. 7, 218 (1957). — KARASAKI, T., and N. WATANABE: (1) Studies on the blood concentration of trichomycin. III. Blood concentrations of trichomycin following intravenous, intraperitoneal, and intramuscular injections. Antibiot. and Chemother. 7, 227 (1957). — (2) Studies on the blood concentration of trichomycin. IV. Individual difference in trichomycin blood concentrations in rabbits receiving intravenous administration. Antibiot. and Chemother. 8, 130 (1958). — KARASAKI, T., N. WATANABE and S. KUMADA: Studies on the blood concentration of trichomycin. V. Blood concentration following oral administration of trichomycin. Antibiot. and Chemother. 8, 180 (1958). — KASHKIN, P. N.: Review of works on medical mycology published in U.S.S.R. between 1946—1956. Mycopathologia (Den Haag) 10, 227 (1959). — KAUFMANN, H. P.: Arzneimittel-synthese. Berlin: Springer 1953. — KAVANAGH, F.: Proc. nat. Acad. Sci. (Wash.) 36, 1 (1950). Zit. W. S. SPECTOR. — KAVANAGH, F., A. HERVEY and W. J. ROBBINS: (1) Proc. nat. Acad. Sci. (Wash.) 35, 343 (1949). Zit. W. S. SPECTOR. — (2) Proc. nat. Acad. Sci. (Wash.) 36, 102 (1950). Zit. W. S. SPECTOR. — KEDDIE, F., G. F. HEXTER and A. S. BROWN: Treatment of cutaneous fungus infections with a phenylsalicylamide derivative. A.M.A. Arch. Derm. 74, 504 (1956). — KEENEY, E. L.: (1) The fungistatic and fungicidal effect of sodium propionate on common pathogens. Bull. Johns Hopk. Hosp. 73, 379 (1943). — (2) New preparations for the treatment of fungous infections: in vitro and in vivo experiments with fatty acid salts, penicillin and sodium sulphathiazole. J. clin. Invest. 23, 929 (1944). — (3) New drugs for the treatment of fungous infections. Bull. Johns Hopk. Hosp. 74, 266 (1944). — (4) Sodium caprylate, a new and effective treatment for moniliasis of the skin and mucous membranes. Bull. Johns Hopk. Hosp. 78, 333 (1946). — (5) Practical medical mycology. Oxford: Blackwell Scientific Publ. 1955. — KEENEY, E. L., L. AJELLO, E. N. BROYLES and E. LANKFORD: Propionate and undecylenate ointments in the treatment of tinea pedis and an in vitro comparison of their fungistatic and antibacterial effects with other ointments. Bull. Johns Hopk. Hosp. 75, 417 (1944). — KEENEY, E. L., L. AJELLO and E. LANKFORD: Studies on common pathogenic fungi and on Actinomyces bovis. I. In vitro effect of fatty acids. II. In vitro effect of penicillin. Bull. Johns Hopk. Hosp. 75, 377 (1944). — KEENEY, E. L., L. AJELLO, E. LANKFORD and M. LOIS: Sodium caprylate. A new and effective treatment for dermatomycosis of the feet. Bull. Johns Hopk. Hosp. 77, 422 (1945). — KEENEY, E. L., and E. N. BROYLES: Sodium propionate in the treatment of superficial fungous infections. Bull. Johns Hopk. Hosp. 73, 479 (1943). — KEENEY, E. L., E. J. SAN-TORA and G. GERMAN: The fungistatic and fungicidal effect of sodium propionate on common pathogens. Bull. Johns Hopk. Hosp. 73, 379 (1943). — KEINING, E.: Therapeutische Um-frage: Behandlung der Fußmykosen. Derm. Wschr. 100, 570 (1935). — KELLER, PH.: Die Behandlung der Haut- und Geschlechtskrankheiten in der Sprechstunde, 3. Aufl. Berlin-Göttingen-Heidelberg: Springer 1952. — KESTEN, B. M., R. BENHAM and M. SILVA: Treat-ment of onychomycosis due to Trichophyton rubrum. A.M.A. Arch. Derm. 71, 52 (1955). — KIESEL: Zit. E. DROUHET, Antifongiques et thérapeutiques des mycoses. Sem. Hôp. Paris 33, 843 (1957). — KIESSLING, W.: Zur Epidemiologie der Mikrosporie im Heidelberger Bezirk und eine neuzeitliche Behandlung der Mikrosporie. Derm. Wschr. 125, 145 (1952). — KIESSLING, W., J. SCHÖNFELD und E. BENDER: Über eine von Katzen übertragene Mikro-sporieepidemie durch Mikrosporon canis in Kaiserslautern. Arch. klin. exp. Derm. 207, 71 (1958). — KIKUCHI, K.: J. Antibiot. 8, 145 (1955). Cit. W. S. SPECTOR, Handbook of toxi-cology. Vol. II: Antibiotics. — KILE, R. L., E. ROCKWELL and J. SCHWARZ: Topical use of polymyxin-bacitracin ointment in dermatology. A.M.A. Arch. Derm. 68, 290 (1953). —

KIMMIG, J.: (1) Beziehungen zwischen chemischer Konstitution und chemotherapeutischer Wirkung. Arch. Derm. Syph. (Berl.) **186**, 156 (1947). — (2) Die Behandlung der Dermatophytien mit neuen pilzabtötenden Verbindungen. Arch. Derm. Syph. (Berl.) **189**, 265 (1949). (3) Die Behandlung der Dermatomykosen mit neuen pilzabtötenden Verbindungen. Z. Haut- u. Geschl.-Kr. **6**, 213 (1949). — (4) Die Anwendung von polyoxäthylierten quartären Ammoniumbasen vom Typus der „Invertseifen" in der Dermatologie. Arch. Derm. Syph. (Berl.) **187**, 547 (1949). — (5) Antibiotica in der Behandlung von Haut- und Geschlechtskrankheiten. Arch. Derm. Syph. (Berl.) **191**, 213 (1950). — (6) Experimentelle Untersuchungen über neue Antihistaminverbindungen und deren Wirksamkeit bei allergischen Hauterkrankungen. Arch. Derm. Syph. (Berl.) **191**, 563 (1950). — (7) Neuzeitliche Behandlung der Dermatomykosen unter besonderer Berücksichtigung der Mikrosporie. Dtsch. med. Wschr. **1950**, 1137. — (8) Dermatomykosebehandlung mit Griseofulvin. Wiss. Sitzg ärztl. Verein, Hamburg 19. 1. 1960. — KIMMIG, J., u. D. JERCHEL: Die Wirkung von Invertseifen auf die durch Pilze und Kokken bedingten Hautkrankheiten. Klin. Wschr. **28**, 429 (1950). — KIMMIG, J., u. H. RIETH: (1) Antimykotica in Experiment und Klinik. Arzneimittel-Forsch. **3**, 267 (1953). — (2) Aktuelle Chemotherapie erprobter Antimykotica. Ärztl. Praxis **5**, H. 16, 1 (1953). — KINGMAN, H. E., and J. S. PALEN: Streptomycin in the treatment of actinomycosis. J. Amer. vet. med. Ass. **118**, 886 (1951). — KING WEST, M., and W. F. VERWEY: Effect of stilbamidine therapy on experimental Blastomyces dermatitidis infections in mice. J. invest. Derm. **22**, 363 (1954). — KIPPHAN, T.: Experimentelle Prüfung der fungiciden Wirkung neuer Verbindungen im Kulturversuch. Diss. Heidelberg 1949. — KIRK, H.: Organomercury compounds in veterinary medicine. Vet. Rec. **58**, 299 (1946). — KIRK, J. M.: Griseofulvin in childhood tinea capitis. Symposium griseofulvin and dermatomycosis, 26. u. 27. 10. 1959 Miami/Florida. — KIRK, J. M., and L. AJELLO: Use of griseofulvin in the therapy of tinea capitis in children. A.M.A. Arch. Derm. **80**, 259 (1959). — KITAMURA, S., and I. MORI: Nystatin treatment on cutaneous moniliasis. J. Antibiot. **11**, 4 (1958). — KITAMURA, T.: Fundamental experimentation of media containing furan derivatives for the isolation of dermatophyte. Jap. J. Derm. **65**, 325 (1955). — KLAPPER, M. S., D. T. SMITH and N. F. CONANT: Disseminated coccidioidomycosis apparently cured with amphotericin B. J. Amer. med. Ass. **167**, 463 (1957). — KLEIN, E.: Erfahrungen mit einer neuen Antimykoticum-Tinktur. Zbl. Arbeitsmed. **6**, 61 (1956). — KLEINE-NATROP, H. E.: (1) Die therapeutische Wirkung von Kupfersalzen bei der experimentellen Meerschweinchentrichophytie. Arch. Derm. Syph. (Berl.) **187**, 114 (1948). — (2) Beiträge zur Epidemiologie und Klinik der Mikrosporie. I. Verbreitung der Mikrosporie in Deutschland. Weiterer Verlauf der schleswigholsteinischen Epidemie. Klinisches Bild und therapeutische Entwicklungslinien. Derm. Wschr. **132**, 1190 (1955). — (3) Aktuelle Richtlinien für die Behandlung gehäufter Mikrosporie-Erkrankungen bei Kindern. Z. Haut- u. Geschl.-Kr. **25**, 48 (1958). — KLIGMAN, A. M., G. D. BALDRIDGE, G. REBELL and D. M. PILLSBURY: The effect of cortisone on the pathogenic responses of guinea pigs injected intravenously with fungi, viruses and bacteria. J. Lab. clin. Med. **57**, 615 (1951). — KLIGMAN, A. M., and F. S. LEWIS: In vitro and in vivo activity of candicidin on pathogenic fungi. Proc. Soc. exp. Biol. (N.Y.) **82**, 399 (1953). — KLIGMAN, A. M., and W. ROSENZWEIG: (1) A simple quantitative method for the laboratory assay of fungicides. J. invest. Derm. **10**, 51 (1948). — (2) Studies with new fungistatic agents. I. For the treatment of superficial mycoses. J. invest. Derm. **10**, 59 (1948). — KLIGMAN, A. M., and F. D. WEIDMAN: Experimental studies on treatment of human torulosis. A.M.A. Arch. Derm. **60**, 726 (1949). — KLÖVEKORN, G. H.: Ein Beitrag zur Dermatomykose-Behandlung. Dtsch. med. J. **7**, 80 (1956). — KNIGHT, S. G.: (1) The mechanism of triglyceride therapy in dermatomycoses. J. invest. Derm. **28**, 363 (1957). — (2) The in vitro antifungal activity of triacetin. Antibiot. and Chemother. **7**, 172 (1957). — KNÖFEL, R.: Erfahrungen über die Behandlung verschiedener Dermatomykosen mit dem Antimykoticum Ovitrol. Z. ärztl. Fortbild. **49**, 892 (1955). — KOBORI, T., M. IKENAGA, S. HOSOYA, M. SOEDA, S. IMAMURA, K. OKADA, S. NAKAZAWA and N. KOMATSU: Über die antimykotische Wirkung von Trichomycin. Die experimentellen und klinischen Untersuchungen der Trichomycinsalbe. Jap. J. Derm. **64**, 51 (1954). — KOCH, H.: (1) Experimentelle Untersuchungen über den Einfluß neuerer Sulfonamide auf hautpathogene und andere Pilze. Arch. klin. exp. Derm. **205**, 1 (1957). — (2) Klinische und experimentelle Erfahrungen mit Griseofulvin. Tagg Hamburg. Dermat. Ges., 28. 11. 1959. — KOCH, H., H. RIETH u. E. RÜTHER: Beitrag zur Diagnose, Klinik und Therapie der genitalen Candidamykosen. Hautarzt **10**, 393 (1959). — KÖHLER, B.: Kemoterapi vid aktinomykos. Nord. Med. **42**, 1603 (1949). — KÖNIGSBAUER, H.: (1) Experimenteller Beitrag zum Mechanismus der Thalliumepilation bei der weißen Maus. Arch. Derm. Syph. (Berl.) **190**, 1 (1950). — (2) Über die Wirkung von ACTH und Corton auf die experimentelle Histoplasmose der Ratte. Zbl. Bakt., I. Abt. Orig. **159**, 473 (1953). — (3) Über die Wirkung von D 25 (2,2'-Dioxy-5,5'-dichlordiphenylsulfid) auf die experimentelle Haplosporangiose der Ratte. Arch. Derm. Syph. (Berl.) **197**, 521 (1954). — (4) Über die Wirkung von Corton auf die experimentelle Torulose und Chromoblastomykose. Arch. Derm. Syph.

(Berl.) **160**, 637 (1954). — (5) Experimenteller Beitrag zur Behandlung der Torulose mit D 25 (2,2'-Dioxy-5,5'-dichlordiphenylsulfid). Zbl. Bakt., I. Abt. Orig. **164**, 466 (1955). — (6) Experimenteller Beitrag zur Bedeutung des Cerumens für die Pathogenese der Otomykose. Mykosen **1**, 96 (1958). — KOMATSU, E.: Biochemistry of geodin. I. Isolation of the antibiotic geodin from the newly isolated Penicillium sp. F 29. Nippon Nôgei Kagaku Kaishi **31**, 349 (1957). Ref. Rev. Med. vet. Mycol. **3**, 136 (1959). — KORGER, G., u. G. NESEMANN: Halogen-hydroxy-benzoesäure-Derivate als Antimykotica. Arzneimittel-Forsch. **10**, 104 (1960). — KORNFELD, E. C., and R. G. JONES: The structure of actidione, an antibiotic from Streptomyces griseus. Science **108**, 437 (1948). — KORNFELD, F.: (1) Neuzeitliche Desinfektionsverfahren im Dienste der Krankheitsprophylaxe im Bergbau. „Kompaß" Bergbau-Berufsgen. **62**, H. 11 (1952). — (2) Verbesserung der Desinfektionstechnik. Maschinenmarkt **61**, Nr 60 (1955). — KORTING, G. W., and D. K. MIOWSKI: On the fungistatic features of histamine on pathogenic fungi. Acta med. iugosl. **5**, 123 (1951). — KOZINN, P. J., and C. L. TASCHDJIAN: Oral thrush treated with lyophilized nystatin. Antibiot. Ann. 1957/58, 75. — KOZINN, P. J., C. L. TASCHDJIAN, D. DRAGUTSKY and A. MINSKY: (1) Therapy of oral thrush: a comparative evaluation of gentian violet, mycostatin, and amphotericin B. Monogr. Ther. **2**, 16 (1957). — (2) Treatment of cutaneous candidiasis in infancy and childhood with nystatin and amphotericin B. Antibiot. Ann. 1956/57, 128. — KRAEMER, H.: Zur abdominalen Aktinomykose und ihrer Behandlung. Münch. med. Wschr. **101**, 2009 (1959). — KRÄMER, H., u. H. GEISENHÖFER: Über den Candida-Fluor und seine Behandlung mit Moronal. Med. Klin. **54**, 1432 (1959). — KRANTZ, W.: Tiefe Trichophytie und Sulfonamide. Z. Haut- u. Geschl.-Kr. **6**, 33 (1949). — KRASSILNIKOFF, N. A.: (1) La classification des actinomycètes producteurs d'antibiotiques. Ann. Inst. Pasteur **92**, 597 (1957). — (2) On species significance of antibiotic compounds in actinomycetes. Mikrobiol. (Moskau) **28**, 179 (1959). — KRATZ, CH.: Über Hautwirkungen von Teerpräparaten mit besonderer Berücksichtigung des Präparates „Cellichnol". Z. Haut- u. Geschl.-Kr. **22**, 291 (1957). — KRAUSHAAR, A.: Chemotherapeutische Wirksamkeit von halogenierten Salicylaniliden in Abhängigkeit von der Konstitution. Arzneimittel-Forsch. **4**, 548 (1954). — KUHN, B. H.: (1) Finaf, a new cutaneous fungicide. A.M.A. Arch. Derm. **74**, 627 (1956). — (2) Stilbamidine-resistant North American blastomycosis. A.M.A. Arch. Derm. **73**, 556 (1956). — KULESZA, J. S.: Report from the laboratory. The Squibb Institute for Medical Research 25. 4. 1957 u. 21. 5. 1957. — KULL, F. C., G. A. CASTELLANO and R. L. MAYER: The in vitro antimicrobial activities of certain aminosteroids. J. invest. Derm. **21**, 227 (1953). — KUROGOCHI, Y., T. KITAMURA, M. MINAMI and Y. UEDA: Chemotherapy of dermatomycosis. II. In vitro test of some antifungal agents on trichophyton. J. Nara med. Ass. **6**, 101 (1955). — KURUNG, J. M.: Science **102**, 11 (1945). Zit. W. S. SPECTOR. — KUSHNER, D. S., I. SNAPPER, M. SENDERI and S. MCMILLEN: Aminostilbamidin—a fungistatic agent. In vitro sensitivity studies, tissue fluorescence-distribution, and therapeutic trials in coccidioidomycosis. J. invest. Derm. **28**, 69 (1957). — KUTSCHER, A. H., L. SEGUIN, S. LEWIS, J. D. PIRO and E. V. ZEGARELLI: (1) Growth inhibiting properties of phenoxy-ethyl-dimethyl-dodecyl-ammonium bromide (PDDB) (bradosol) against Candida albicans in vitro. Antibiot. and Chemother. **4**, 1045 (1954). — (2) Fungicidal properties of phenoxy-ethyl-dimethyl-dodecyl-ammonium bromide (PDDB) against Candida albicans in vitro. Antibiot. and Chemother. **6**, 400 (1956). — KWOCZEK, J., u. W. V. MOERS-MESSMER: Über die Wirkung der Sulfonamide auf pathogene Hautpilze. Derm. Wschr. **120**, 97 (1949).

LACAZ, C. DA S.: Manual de micologia medica. São Paulo: Liteci 1953. — LACAZ, C. DA S., and S. A. P. SAMPAIO: Treatment of South American blastomycosis with amphotericin B. Rev. paul. Med. **52**, 443 (1958). — LACAZ, C. DA S., M. S. SILVA e M. FERNANDES: Ação da tirotricina „in vitro" sôbre o Paracoccidioides brasiliensis. Ensaio terapéutico na blastomicose sulamericana. Rev. bras. Med. **3**, 356 (1946). — LACAZ, C. DA S., e C. M. ULSON: Ação „in vitro" da trichomicina (cabimicina) sôbre leveduras. Rev. lat.-amer. Microbiol. **1**, 215 (1958). — LACK, A.: Prodigiosin. I. Antibiotic action on Coccidioides immitis in vitro. Proc. Soc. exp. Biol. (N.Y.) **72**, 656 (1949). — LAGACE, A.: Toxic and therapeutic evaluation of stilbamidine and hydroxystilbamidine in canine blastomycosis. Diss. Abstr. **18**, 1065 (1958). — LAHEY, W. J., and J. E. BYRNES: The copper ionization treatment of fungous infections. U.S. nav. med. Bull. **46**, 554 (1946). — LAMB, J. H.: Combined therapy in histoplasmosis and coccidioidomycosis; methyltestosterone and meth-dimer-sulfonamides. A.M.A. Arch. Derm. **70**, 695 (1954). — LAMB, J. H., F. KELLY, P. O. SHACKELFORD, G. REBELL and R. C. KOONS: Pregnenolone acetate in treatment of mycetoma (nocardiosis). A.M.A. Arch. Derm. **67**, 141 (1953). — LAMMERS, TH.: Zur Netzfähigkeit und Eindringtiefe von Desinfektionsmitteln. Desinfektion u. Gesundh.-Wes. **11**, 170 (1954). — LAMPEN, J. O., E. R. MORGAN and A. SLOCUM: Effect of nystatin on the utilization of substrates by yeast and other fungi. J. Bact. **74**, 297 (1957). — LANDES, E.: Heutiger Stand der Therapie der Hautkrankheiten. Berlin-Göttingen-Heidelberg: Springer 1956. — LANDIS, L., D. KLEY and N. ERCOLI: Antifungal activity of a series of thiocyanates. J. Amer. pharm. Ass., sci. Ed. **40**,

321 (1951). — Landis, L., and S. Krop: Influence of histamine upon fungistatic action of antihistaminics. Proc. Soc. exp. Biol. (N.Y.) **76**, 538 (1951). — Landy, M., S. B. Rosenman and G. H. Warren: An antibiotic from Bacillus subtilis active against pathogenic fungi. J. Bact. **54**, 24 (1947). — Landy, M., G. H. Warren, S. B. Rosenman and L. G. Colio: Bacillomycin: an antibiotic from Bacillus subtilis active against pathogenic fungi. Proc. Soc. exp. Biol. (N.Y.) **67**, 539 (1948). — Lane, S. L., A. H. Kutscher and R. Chaves: Oxytetracycline in the treatment of orocervicofacial actinomycosis. Report of seven cases. J. Amer. med. Ass. **151**, 986 (1953). — Lange-Brock, Th.: Untersuchungen zur Frage der Wachstumsstimulierung von Candida albicans durch Antibiotica. Diss. Hamburg 1957. — Langer, E., u. W. Anders: Zur Epidemiologie und Therapie der Berliner Mikrosporie-Epidemie. Z. Haut- u. Geschl.-Kr. **5**, 16 (1948). — Langer, E., u. R. Kaden: Lackförmige fungistatische Wirkstoffe. Münch. med. Wschr. **96**, 674 (1954). — Langeron, M., et R. Vanbreuseghem: Précis de mycologie, 2. édit. Paris: Masson & Cie. 1952. — Lapa, C.: Tratamento de quatrocentos casos de tinha pelo acetato de tálio. Gaz. méd. port. **3**, 808 (1950). — Larocca, J. P., J. M. Leonard and W. E. Weaver: The resolution and fungistatic action of 1,4-Cyclohexandiol bis (bromacetate). Science **118**, 278 (1953). — Larsh, H. W., A. Hinton and S. L. Silberg: The use of the tissue culture method in evaluation antifungal agents against systemic fungi. Antibiot. Ann. **1957/58**, 988. — Larsh, H. W., S. L. Silberg and A. Hinton: Use of the tissue culture method in evaluation antifungal agents. Antibiot. Ann. **1956/57**, 918. — Larsonneur, B.: Zweijährige Erfahrungen in der Wundbehandlung mit Sterosan-Puder. Landarzt **32**, 584 (1956). — Latapi, F.: (1) Griseofulvina, un nuevo antimicótico por via oral. Sem. méd. Méx. **64**, 113 (1959). — (2) Symposium griseofulvin and dermatomycosis, 26. u. 27. 10. 1959 Miami/Florida. — Latapi, F., P. Lavalle, J. Novales y Y. Ortiz: Griseofulvina en micosis cutáneas profundas. Nota preliminar sobre resultados terapéuticos en un caso de micetoma por N. brasiliensis y en uno de esporotricosis por S. schenckii. Dermatologia (Méx.) **3**, 34 (1959). — Lauder, I. M., and J. G. O'Sullivan: Ringworm in cattle. Prevention and treatment with griseofulvin. Vet. Rec. **70**, 949 (1958). — Lawonn, H.: Kasuistischer Beitrag zur Penicillinbehandlung der Thoraxaktinomykose. Z. ges. inn. Med. **8**, 120 (1953). — Lawson, R. N.: Therapy of tinea. Milit. Surg. **94**, 301 (1944). — Leach, B. E., J. H. Ford and A. J. Whiffen: Actidione, an antibiotic from Streptomyces griseus. J. Amer. chem. Soc. **64**, 474 (1947). — Leão, A. T., and F. W. Eichbaum: Fungistatic and fungicidal action of hexylresorcinol. Rev. bras. Biol. **8**, 281 (1948). — Leben, C., and G. W. Keitt: Phytopathology **38**, 16 (1948). Zit. W. S. Spector. — Leben, C., G. J. Stessel and G. W. Keitt: Mycologia (N.Y.) **44**, 159 (1952). Zit. W. S. Spector. — Lechevalier, H. A.: Les antibiotiques antifongiques produits par les actinomycètes, la candicidine. Presse méd. **61**, 1327 (1953). — Lechevalier, H. A., R. F. Acker, C. T. Corke, C. M. Haenseler and S. A. Waksman: Candicidin, a new antifungal antibiotic. Mycologia (N.Y.) **45**, 155 (1953). — Ledig, R.: Die Behandlung von Mykosen mit einem neuartigen Kombinationspräparat. Z. Haut- u. Geschl.-Kr. **25**, 190 (1958). — Lehan, P. H., and M. L. Furcolow: Epidemic histoplasmosis. J. chron. Dis. **5**, 489 (1957). — Lehan, P. H., M. L. Furcolow, C. E. Brasher and H. W. Larch: Therapeutic trials with the newer antifungal agents. Antibiot. Ann. **1956/57**, 467. — Leifer, W., and K. Steiner: (1) Diodoquin as a topical therapeutic agent in cutaneous diseases. J. invest. Derm. **12**, 203 (1949). — (2) Das Dijodohydroxychinolin in der dermatologischen Therapie. A.M.A. Arch. Derm. **62**, 46 (1950). Ref. Derm. Wschr. **124**, 726 (1951). — Leinbrock, A.: (1) Neue Behandlungsversuche bei Mikrosporie. Arch. Derm. Syph. (Berl.) **191**, 498 (1950). — (2) Die Kopfpilzerkrankungen und ihre Behandlung. Strahlentherapie **98**, 155 (1955). — Leinbrock, A., H. Schuster u. J. Zinzius: Die Behandlung der Mikrosporie mit einem dem Conteben nahestehenden Chemotherapeuticum (V 741). Hautarzt **2**, 222 (1951). — Leminieux, R. U., J. A. Thorn, C. Bride and R. H. Haskins: Canad. J. Chem. **29**, 409 (1951). Zit. W. S. Spector. — Lesser, M. A.: Newer fungicidal products. Drug and Cosmet. Industr. **69**, 468 (1951). — Levin, O. L., and T. H. Behrman: The diagnosis and treatment of epidemic ringworm of the scalp. J. Mt Sinai Hosp. **10**, 455 (1943). — Levine, S., and M. Novak: The effect of fatty acids on the oxygen uptake of Blastomyces dermatitidis. J. Bact. **57**, 93 (1949). — Levy, E. S., and D. B. Cohen: Systemic moniliasis and aspergillosis complicating corticotropic therapy. A.M.A. Arch. intern. Med. **95**, 118 (1955). — Lewis, G. M., and M. E. Hopper: (1) Effect of sulfonamide and its derivates on fungi. Preliminary in vitro experiments. A.M.A. Arch. Derm. **44**, 1101 (1941). — (2) Antifungal agents derived from bacteria (further experience with fungistatin). Proc. IV. Internat. Congr. Trop. Med. Mal. Washington 1948, Abstr. 1274. — Lewis, G. M., M. E. Hopper and S. Schultz: In vitro fungistasis by a bacterium (Bacillus subtilis var. XG and XY). A.M.A. Arch. Derm. **54**, 300 (1946). — Lewis, G. M., M. E. Hopper, J. W. Wilson and O. A. Plunkett: An introduction to medical mycology, 4. edit. Chicago: The Year Book Publ. 1958. — Lewis, J. H., and W. J. Morginson: Treatment of trichophytosis with ethyl chloride. A.M.A. Arch. Derm. **50**, 243 (1944). — Lichstein, H. C., and V. F. van de Sand: (1) J. infect. Dis. **76**, 47 (1945). Zit. W. S. Spector. — (2) J. Bact. **52**, 145 (1946). Zit.

W. S. SPECTOR. — LINE, F. G.: A case of cryptococcus (Torula) meningitis treated with ethyl vanillate. J. Tenn. med. Ass. 47, 292 (1954). — LINKE, A., u. K. MECHELKE: Über die Behandlung der Aktinomykose mit Sulfanilamiden. Ärztl. Wschr. 1948, 299. — LIPNIK, M. J., A. M. KLIGMAN and R. STRAUSS: Antibiotics and fungous infections. J. invest. Derm. 18, 247 (1952). — LITTMAN, M. L.: (1) Antimycotic effect of chlorchinaldol. Trans. N.Y. Acad. Sci. 18, 161 (1955). — (2) The systemic macosis. Amer. J. Med. 27, 1 (1959). — LITTMAN, M. L., M. A. PISANO and R. M. LANCASTER: Unduced resistance of candida species to nystatin and amphotericin B. Antibiot. Ann. 1957/58, 981. — LITTMAN, M. L., and L. E. ZIMMERMAN: Cryptococcosis. New York and London: Grune & Stratton 1956. — LIVINGOOD, C. S.: The effect of prolonged administration of griseofulvin on the liver, hematopoietic system and kidney. Symposium griseofulvin and dermatomycosis, 26. u. 27. 10. 1959 Miami/Florida. — LOCHER, A.: Über die Wirkung des Jods bei Sporotrichose. Das Verhalten von Sporotrichonkulturen gegen freies Jod. Z. Immun.-Forsch. 64, 441 (1929). — LODDER, J., and N. J. W. KREGER-VAN RIJ: The yeasts. A taxonomic study. Amsterdam: North Holland Publ. Comp. 1952. — LOEFER, J. B., and R. G. WEICHLEIN: Growth response of certain fungi to polymyxin and neomycin. Tex. St. J. Sci. 4, 541 (1952). — LOEWENTHAL, K.: The action of culture filtrates of Aspergillus clavatus on dermatophytes. In vitro experiments. J. invest. Derm. 9, 41 (1947). — LOEWENTHAL, K., and J. TOLMACH: Action of clavacin on some dermatophytes. Final report. J. invest. Derm. 8, 357 (1957). — LOEWKE, CH.: Experimentelle Untersuchungen antimykotischer Lacke. Z. Haut- u. Geschl.-Kr. 25, 29 (1958). — LOMHOLT, S.: Med. Klin. 34, 118 (1938). — LONES, G. W., and C. L. PEACOCK: Alterations in Candida albicans during growth in the presence of amphotericin B. Antibiot. and Chemother. 9, 535 (1959). — LONG, L. M., and H. D. TROUTMAN: Chloromycetin. Synthesis of α-dichloroacetamido-β-hydroxy-p-nitro-propiophenone. J. Amer. chem. Soc. 73, 481 (1951). — LOURIA, D. B., N. FEDER and C. W. EMMONS: Amphotericin B in experimental histoplasmosis and cryptococcosis. Antibiot. Ann. 1956/57, 870. — LUBOWE, J. J.: Chlorchinaldolhydrocortisone in dermatologic therapy. Antibiot. Med. 2, 6 (1957). — LUBOWE, J. J., H. H. PERLMAN, J. USCAVAGE and M. G. MULINOS: Evaluation of ascosin in the treatment of tinea capitis. Antibiot. Ann. 1956/57, 135. — LUDWIG, F., u. O. ALLEMANN: Bakteriologische Untersuchungen über den Einfluß der Kombination von Antibiotica und Sulfonamiden auf den vaginalen Fluor. Gynaecologia (Basel) 136, Fasc. 5 (1953). — LÜBBEN, B.: Über eine neue Behandlungsmöglichkeit der Folliculitis barbae. Med. Mitt. (Schering) 17, 108 (1956). — LUNA, D. F.: Regresión del granuloma paracoccidioidico bajo la acción de la sulfamerazina. VI. Internat. Kongr. Trop. Mal. 5.—13. 9. 1958 Lissabon. — LURIE, H. I., and E. BROOKFIELD: Aspergillus sp. causing otomycosis: fungicidal action of various therapeutic substances. S. Afr. med. J. 23, 158 (1949). — LUTERAAN, P. J.: De l'action empêchante de diverses substances sur la croissance de champignons pathogènes pour l'homme. C.R. Soc. Biol. (Paris) 140, 832 (1946). — LUTZ, A., et M.-A. WITZ: (1) Recherches sur la fréquence des champignons levuriformes et la thérapeutique des mycoses à candida. II. Antifongiques et thérapeutique des mycoses à candida. Strasbourg méd. 8, 803 (1957). — (2) L'action comparée in vitro de la nystatine et de la trichomycine sur des champignons levuriformes du genre candida provenant de vulvo-vaginites. Ann. Inst. Pasteur 92, 272 (1957). — LUYENDIJK, W., A. J. WELMAN en R. H. CORMANE: Candidiasis met intracraniele lokalisatie (neurologische, mycologische en therapeutische aspecten). Ned. T. Geneesk. 103, 2320 (1959). — LYCK: (1) Über die Behandlung des mykotisch superinfizierten Ekzems. Med. Mitt. (Schering) 17, 11 (1956). — (2) Beitrag zur Behandlung von Dermatomykosen bei Ekzematikern. Z. Haut- u. Geschl.-Kr. 20, 117 (1956). — LYONS, C., C. R. OWEN and W. B. AYERS: Sulfonamide therapy in actinomycotic infections. Surgery 14, 99 (1943). — LYONS, R. E., and C. S. LIVINGOOD: Laboratory test for evaluation of fungicidal solutions. A.M.A. Arch. Derm. 68, 566 (1953). — LYONS, R. E., C. W. WELLER, J. W. McNAMARA and J. L. DERZAVIS: The treatment of Trichophyton purpureum infections. U.S. armed Forces med. J. 4, 1175 (1953).

MA, R., and T. D. FONTAINE: In vitro antibiotic activity of crystalline tomatine toward candida albicans. Antagonistic effect of rutin and quercetin. Arch. Biochem. 16, 399 (1948). — MACHADO FILHO J., e J. LISBÓA MIRANDA: Sôbre a ação da sulfametoxipiridazina na blastomicose sul-americana. Rev. bras. Med. 16, 168 (1959). — MACKINNON, J. E.: Revisión crítica de la investigación y de la literatura micologica en el Uruguay en el periodo 1946—1956. Mycopathologia (Den Haag) 9, 224 (1958). — MACKINNON, J. E., R. C. ARTAGAVEYTIA-ALLENDE y N. GARCÍA-ZORRÓN: (1) Diamidinodifenilamina y coccidioidomicosis experimental. An. Fac. Med. Montevideo 42, 196 (1957). — (2) The inhibitory effect of chemotherapeutic agents on the growth of the causal organisms of exogenous mycetomas and nocardiosis. Trans. roy. Soc. trop. Med. Hyg. 52, 78 (1958). — MACKINNON, J. E., A. SANJINES y R. C. ARTAGAVEYTIA-ALLENDE: Quimioterapia de la blastomicosis sudamericana. An. Fac. Med. Montevideo 42, 131 (1957). — MADSEN, E.: Undersøgelser af nogle praeparater til behandling af fodsvamp. Dansk. T. Farm. 25, 329 (1951). — MAEDA, K., Y. OKAMI, O. TAYA and H. UMEZAWA: Antifungal substances, phaeofadin and moldin, produced by streptomyces.

Jap. J. med. Sci. 5, 327 (1952). — MAGARA, M., E. YOKOUTI, T. SENDA and E. AMINO: The action of a new antibiotic, trichomycin, upon trichomonas vaginalis, Candida albicans, and anaerobic bacteria. Antibiot. and Chemother. 4, 433 (1954). — MAGNIN, P. H., y N. A. VIVOT: Tratamiento de las micosis superficiales con tricomicin. Rev. Asoc. méd. argent. 71, 25 (1957). — MAHN, G.: Über Carbolbehandlung von Mykosen. Z. Haut- u. Geschl.-Kr. 19, 373 (1955). — MALLINCKRODT-HAUPT, A. ST. V.: Zur Biologie der pathogenen Hautpilze. Der Antagonismus der Pilze untereinander. Z. Haut- u. Geschl.-Kr. 15, 74 (1953). — MALLINCKRODT-HAUPT, A. ST. V., u. M. GELDMACHER-MALLINCKRODT: Die Isolierung der Antibiotika aus pathogenen Hautpilzen. Mycopathologia (Den Haag) 7, 261 (1956). — MANDEL, M., F. HOOD and J. R. COHEN: On the apparent stimulation of Candida albicans by chlortetracycline. Antibiot. and Chemother. 8, 187 (1958). — MANGIARACINE, A. B., and S. D. LIEBMAN: Fungus keratitis (Aspergillus fumigatus). Treatment with nystatin (mycostatin). Arch. Ophthal. (Chicago) 58, 695 (1957). — MANHEIM, S. D., and R. M. ALEXANDER: Further observations on anorectal complications following aureomycin, terramycin and chloromycetin therapy. N.Y. St. J. Med. 54, 231 (1954). — MANKOWSKI, Z. T., and B. J. LITTLETON: Action of cortisone and ACTH on experimental fungus infections. Antibiot. and Chemother. 4, 253 (1954). — MANSON-BAHR, PH.: Tropical diseases, 14. edit. Baltimore: Williams & Wilkins Company 1954. — MANTEN, A., and J. C. HOOGERHEIDE: The influence of a new antifungal antibiotic, pimaricin, on the yeast flora of the gastrointestinal tract of rats and mice during tetracycline administration. Antibiot. and Chemother. 8, 381 (1958). — MANTEN, A., H. L. KLÖPPING and G. J. M. VAN DER KERK: Investigations on organic fungicides. II. A new method for evaluationing antifungal substances in the laboratory. Antonie Leeuwenhoek 16, 282 (1950). — MARCHIONINI, A.: (1) Wasserstoffionenkonzentration des Schweißes. Klin. Wschr. 8, 924 (1929). — (2) Säurebehandlung intertriginöser Epidermophytie. Derm. Z. 1929, 248. — MARCHIONINI, A., u. H. GÖTZ: (1) Penicillinbehandlung der Hautkrankheiten. Berlin-Göttingen-Heidelberg: Springer 1950. — (2) Über Kopfpilzerkrankungen in Anatolien mit besonderer Berücksichtigung des Favus. Arch. Derm. Syph. (Berl.) 190, 75 (1950). — (3) Fortschritte der praktischen Dermatologie und Venerologie. Berlin-Göttingen-Heidelberg: Springer 1952. — MARCHIONINI, A., u. C. G. SCHIRREN: Fortschritte der praktischen Dermatologie und Venerologie. Berlin-Göttingen-Heidelberg: Springer 1955. — MARCUSSEN, P. V.: Effektiviteten af antimycotisk behandling av fodsvamp. Ugeskr. Laeg. 113, 633 (1951). — MARGAROT, J., P. RIMBAUD, P. IZARN et J.-A. RIOUX: Action locale fungicide de certains antihistaminiques en solution aqueuse. Bull. Soc. franç. Derm. Syph. 59, 426 (1952). — MARIAT, F.: (1) The action of nystatin on the growth of sporotrichum schenckii and on its behavior in vivo. In: Therapy of fungus diseases. Edit. by TH. H. STERNBERG and V. D. NEWCOMER, pp. 233—237. — (2) Action de la nystatine, de la streptomycine et de la pénicilline sur la croissance de Sporotrichum schenckii. Ann. Inst. Pasteur 88, 261 (1955). — (3) Action in vitro de la 4,4'-diaminodiphényl sulfone sur les actinomycètes aérobies pathogènes. C.R. Acad. Sci. (Paris) 244, 3095 (1957). — MARIAT, F., et M. VIEU: Action fongistatique du propionate de sodium et du lauryl sulphate de sodium, leur synergie en association. Ann. Inst. Pasteur 91, 678 (1956). — MARKEES, S.: Stimulieren hohe Dosen von Vitamin B_{12} das Wachstum von Pilzen? Dtsch. med. Wschr. 81, 641 (1956). — MARPLES, M. J.: A critical survey of medical and veterinary mycology in New Zealand, from 1946—1956. Mycopathologia (Den Haag) 9, 45 (1958). — MARQUARDT, F.: Die Pilzerkrankungen der Hände und Füße und ihre Behandlung. Ärztl. Praxis 1949, 2. — MARSELOU, U., et G. SEGRETAIN: Action des antibiotiques in vitro sur la croissance des candida. Ann. Inst. Pasteur 87, 229 (1954). — MARSH, P. B., and M. L. BUTLER: Industr. engng. Chem. 38, 701 (1946). Zit. R. PFLEGER, E. SCHRAUFSTÄTTER, F. GEHRINGER u. J. SCIUK, Zur Chemotherapie der Pilzinfektionen. — MARSH, W. C.: Treatment of tinea capitis with local medication. U.S. armed Forces med. J. 1, 1105 (1950). — MARSHAK, A.: Publ. Hlth. Rep. (Wash.) 62, 3 (1947). Zit. W. S. SPECTOR. — MARSHAK, L. C.: Cutaneous blastomycosis treated with 4,4'-stilbenedicarboxyamidine (stilbamidine). A.M.A. Arch. Derm. 68, 94 (1953). — MARTIN, A. R.: (1) The systemic treatment of dermatomycoses (letter to the editor). Vet. Rec. 70, 1232 (1958). — (2) The systemic and local treatment of experimental dermatophytosis with griseofulvin. J. invest. Derm. 32, 525 (1959). — MARTIN, H. L.: The inhibitory effect on the growth of certain fungi by a strain of Escherichia coli intermediate. Antibiot. and Chemother. 3, 861 (1953). — MARUZZELLA, J., and P. A. HENRY: The antimicrobial activity of perfume oils. J. Amer. pharm. Ass., Sci. Ed. 47, 471 (1958). — MATSUMOTO, K. K., D. S. AMATUZIO, T. L. LOMASNEY, W. W. AYRES and T. D. CUTTLE: North American blastomycosis treated with pulmonary resection and stilbamidine. Amer. J. med. Sci. 229, 172 (1955). — MAYER, H.: Pilzerkrankungen der Haut (Epidermomykosen). Ther. Ber. (Bayer) 28, 48 (1956). — MAYER, R. L., E. KONOPKA, S. GEFTIC and J. LANZOLA: Sulfonamides and experimental histoplasmosis. In: Therapy of fungus diseases. Edit. by T.H. STERNBERG and V. D. NEWCOMER, pp. 292—301. — MAZZETTI, G., G. GARGANI e G. FISSI MARRACCINI: La biologia dei miceti del genere candida e il problema delle micosi secondarie a terapia antibiotica. G. Mal. infett. 10, 27 (1957). — MAZZINI, M. A.,

y J. P. Elena: Tratamiento de las tiñas tonsurantes. Rev. argent. Dermatosif. 32, 267 (1948). — McCombie, H., and H. A. Scarborough: J. chem. Soc. 1923, 3279. Zit. W. S. Spector. — McCrea, A.: (1) A proposed standard method for evaluation of fungicides. J. Lab. clin. Med. 17, 72 (1931). — (2) Fungicidal testing. Comparison of methods. J. Lab. clin. Med. 25, 538 (1940). — McCuistion, C. H.: Human pharmacologic studies with griseofulvin. Symposium griseofulvin and dermatomycosis, 26. u. 27. 10. 1959 Miami/Florida. — McGavack, T. H., D. Weiner, A. Lo Cascio, M. Bell and L. J. Boyd: Influence of tetrachloro-para-benzoquinone on human fungous infections. A.M.A. Arch. Derm. 59, 94 (1949). — McGivney, J.: Anorectal complications of broad spectrum antibiotic therapy. Tex. St. J. Med. 51, 16 (1955). — McGowan, J. C.: A substance causing abnormal development of fungal hyphae produced by Penicillium janczewskii ZAL. II. Preliminary notes on the chemical and physical properties of "curling factor". Brit. Mycol. Soc. Trans. 29, 188 (1946). — McGray, R. J., and E. S. McDonough: Antimycotic effects of an extract of catalpa. Mycologia (N. Y.) 46, 463 (1954). — McGuire, J. M., R. L. Bunch, R. C. Anderson, H. E. Boaz, E. H. Flynn, H. M. Powell and J. W. Smith: "Ilotycin", a new antibiotic. Antibiot. and Chemother. 2, 281 (1952). — McKee, C. M., D. M. Hamre and G. Rake: Proc. Soc. exp. Biol. (N.Y.) 54, 211 (1943). Zit. W. S. Spector. — McLeod, C.: J. Bact. 56, 749 (1948). Zit. W. S. Spector. — McLeod, J.: Effect of griseofulvin in human spermatogenesis. Symposium griseofulvin and dermatomycosis, 26. u. 27. 10. 1959 Miami/Florida. — McMillan, J.: Griseofulvin. Part IX. Isolation of the bromoanalogue from Penicillium griseofulvum and Penicillium nigricans. J. chem. Soc. 1954II, 2585. — McMillen, Sh., D. S. Kushner and I. Snapper: The in vitro sensitivity of Blastomyces dermatitidis to six diamidine derivatives. J. invest. Derm. 24, 455 (1955). — McNall, E. G.: Biochemical studies on the metabolism of griseofulvin. Symposium griseofulvin and dermatomycosis, 26. u. 27. 10. 1959 Miami/Florida. — McVay, L. V., and D. S. Carroll: Auroomycin in the treatment of systemic North American blastomycosis. Amer. J. med. 12, 289 (1952). — McVay, L. V., F. Guthrie and D. H. Sprunt: Aureomycin in the treatment of actinomycosis. New Engl. J. Med. 245, 91 (1951). — McVay, L. V., and D. H. Sprunt: (1) A study of moniliasis in aureomycin therapy. Proc. Soc. exp. Biol. (N.Y.) 78, 759 (1951). — (2) Treatment of actinomycosis with isoniazid. J. Amer. med. Ass. 83, 95 (1953). — (3) A long term evaluation of aureomycin in the treatment of actinomycosis. Ann. intern. Med. 38, 955 (1953). — McVickar, D. L.: An evaluation of the laboratory methods for testing fungicides. In: Therapy of fungus diseases. Edit. by Th. H. Sternberg and V. D. Newcomer, pp. 31—34. — Mellody, M., and E. Bigg: The fungicidal action of triethylene glycol. J. infect. Dis. 79, 45 (1946). — Melo, N. L., y V. F. Melo: Talioterapía. Guatemala méd. 1942, Nr 5, 15. Ref. Rev. Med. vet. Mycol. 1, 61 (1945). — Melton, F. M.: The effect of various substances on the oxygen uptake of Microsporum canis grown in submerged culture. J. invest. Derm. 17, 27 (1951). — Memmesheimer, A. M.: (1) Zur Bekämpfung von Hautpilzerkrankungen mit pilzabtötenden Mitteln und Prüfung solcher Mittel. Klin. Wschr. 11, 982 (1940). — (2) Wie können die therapeutischen Schwierigkeiten bei der Epidermophytie und Schizosaccharomykose überwunden werden? Ärztl. Wschr. 1948, 68. — (3) Zur Behandlung der Onychomykosen mit besonderer Berücksichtigung der Nagelerkrankungen. Z. Haut- u. Geschl.-Kr. 6, 213 (1949). — (4) Zur Behandlung der Mykosen mit besonderer Berücksichtigung der Nagelerkrankungen. Arch. Derm. Syph. (Berl.) 189, 261 (1949). — (5) Gutachten über die fungistatische und fungicide Wirkung von Kodan. 13. 12. 1951. — Memmesheimer, A. M., u. H. Kuhlmann: Über die Prüfung pilzabtötender Mittel. Derm. Wschr. 127, 459 (1953). — Mendizabal, A. F., R. Inza y J. A. Salaber: El tricomicin. Nuevo antibiótico para el tratamiento de colpitis por Tricomonas y Candida albicans. Rev. Asoc. méd. argent. 71, 48 (1957). — Menzel, A. E., O. Wintersteiner and J. C. Hoogerheide: J. biol. Chem. 152, 419 (1944). Zit. W. S. Spector. — Metzger, W. J., L. T. Wright and J. C. DiLorenzo: Effect of esters of parahydroxybenzoic acid on candida and yeast-like fungi. J. Amer. med. Ass. 155, 352 (1954). — Meyer, E., and Z. J. Ordal: (1) Pathogenicity of Candida species for the chick embryo. J. Bact. 52, 615 (1946). — (2) The action of streptothricin and other antibiotic agents on Blastomyces dermatitidis infections of the chick embryo. J. infect. Dis. 79, 199 (1946). — Meyer-Rohn, J.: (1) Zur Behandlung von Hautpilzerkrankungen. Dtsch. med. Wschr. 79, 129 (1954). — (2) Klinik und Therapie der Aktinomykose und Nocardiose. Ther. Ber. (Bayer) 30, 135 (1958). — (3) Sulfonamide und Antibiotica bei „Bagatellerkrankungen" der Haut. Dtsch. med. J. 10, 469 (1959). — Meyer-Rohn, J., W. Hopff u. Th. Lange-Brock: Experimentelle Untersuchungen über Wirkungsweise und therapeutische Effekte von Nystatin. Arzneimittel-Forsch. 7, 355 (1957). — Michel, P. J., et P. Laurent: Teigne microsporique guérie par la tyrothricine (selon la méthode de Gaté et Coudert). Bull. Soc. franç. Derm. Syph. 1949, 410. — Michener, H. D., and N. Snell: Two antifungal substances from Bacillus subtilis cultures. Arch. Biochem. 22, 208 (1949). Ref. Zbl. Haut- u. Geschl.-Kr. 76, 158 (1951). — Mietzsch, F., u. R. Behnisch: Therapeutisch verwendbare Sulfonamid- und Sulfonverbindungen, 2. Aufl. Weinheim: Chemie GmbH 1955. — Miguens, M. P.: (1) Nota previa sobre

la acción antibiótica de un „penicillium" frente a los dermatofitos. Act. dermo-sifiliogr. (Madr.) **42**, 806 (1951). — (2) Un caso de microsporia de la barba. Act. dermo-sifiliogr. (Madr.) **46**, 3 (1955). — (3) La micologia en España. Revisión de la bibliografía desde el año 1946 al 1956. Mycopathologia (Den Haag) **9**, 23 (1958). — MIKHOVSKAYA, N. D., M. N. ROT-MISTROV, A. V. STETSENKO and G. V. KULIK: Study of the antifungal properties of chloranil derivatives of salicylic acid and carvacrol. Proc. Lenin Acad. agric. Sci. **21**, 35 (1958). Ref. Rev. Med. vet. Mycol. **3**, 166 (1959). — MILLBERGER, H., u. E. BLANK: Versuche zur Nachprüfung der Wirkung von Mycostatin auf die experimentelle Candida-albicans-Infektion der weißen Maus. Naturwissenschaften **41**, 503 (1954). — MILLER, C. R., and W. O. ELSON: Dithiocarbamic acid derivatives. I. The relation of chemical structure to in vitro antibacterial and antifungal activity against human pathogens. J. Bact. **57**, 47 (1949). — MILLER, J. M., M. GINSBERG, H. R. JOHNSON and A. BOGOSIAN: Treatment of histoplasmosis with amphotericin B (fungizone). Antibiot. Med. **5**, 593 (1958). — MILLER, J. M., P. H. LONG and E. B. SCHOENBACH: Successful treatment of actinomycosis with "stilbamidine". J. Amer. med. Ass. **150**, 35 (1952). — MILLER, J. M., E. B. SCHOENBACH, P. H. LONG, J. S. SHUTTLEWORTH and G. E. SNIDER: Treatment of infections due to Cryptococcus neoformans with stilbamidine. Antibiotics **2**, 444 (1952). — MILLER, J. M., G. W. SMITH and W. H. HEADLEY: Treatment of Cryptococcus neoformans in mice with stilbamidine. Science **118**, 3053 (1953). — MINTZER, I., and A. ELIASSOW: Topical treatment of tinea capitis. N.Y. St. J. Med. **51**, 1310 (1951). — MIRANDA, H., y M. TRONCOSO: Revision de los casos de micosis estudiados en el Perú en el decenio 1946—1956. Mycopathologia (Den Haag) **9**, 56—64 (1958). — MIRANDE, L. M., y A. BARBERO: Tratamiento de una epidemia de tiña microsporica con hormonas sexuales y ácidos grasos. Arch. argent. Derm. **8**, 201 (1958). — MITCHELL, R. B., A. C. ARNOLD and H. J. CHINN: Fungistatic activity of antihistamines. J. Amer. pharm. Ass., sci. Ed. **41**, 472 (1952). — MITCHELL, H. S.: Sulfapyridine in actinomycosis. Canad. med. Ass. J. **46**, 584 (1942). — MITRA, S. C., and B. N. BANERJEE: Further work on evaluation of the new antimycotic drug (bradex-vioform). Ind. J. Derm. **3**, 65 (1957). MIURA, O.: (1) Applications of chitinase in the treatment of dermatomycosis. I. Report: The influence of Bacillus chitinovorus Benecke on the culture of dermatophyte. Jap. J. Derm. **63**, 551 (1953). — (2) Applications of chitinase in the treatment of dermatomycosis. II. Report: The influence of crude chitinase fluid from Bacillus chitinovorus on the culture of dermatophyte. Jap. J. Derm. **63**, 553 (1953). — (3) Utilization of chitinase in treatment of dermatomycosis. I. Influence of Bacilli chitinovori on the culture of dermatophytes. Tôhoku J. exp. Med. **59**, 403 (1954). — II. Influence of crude chitinase fluid on the culture of fungi. Tôhoku J. exp. Med. **59**, 407 (1954). — MIURA, Y., u. K. TAGUCHI: Über die antimykotische Wirkung des Vitamin K. I. Mitt. In vitro-Untersuchungen über die statische und fungizide Fähigkeit der Vitamin K-Substanzen. Jap. J. Derm. **65**, 334 (1955). — MIZUNO, S., S. YOSHIMOTO, T. NAGAMINE and YKINOUE: Therapeutic effect of nystatin in vaginal and vulvar candidiasis. J. Antibiot. **11**, 14 (1958). — MØLLER, K. O.: Pharmakologie als theoretische Grundlage einer rationellen Pharmakotherapie, 3. Aufl. Basel: Benno Schwabe & Co. 1958. — MOERS, H., u. K. DROPMANN: Sepsis durch aerobe Strahlenpilze. Ein Beitrag zur Kenntnis der Nocardiose. Med. Welt **1960**, 470. — MOHR, W.: Die Mykosen. In L. MOHR u. R. STAEHELIN, Handbuch der inneren Medizin, 4. Aufl., Bd. I, Teil I. Berlin: Springer 1952. — MOLINAS, S.: In vivo screening of antifungal ointments. J. invest. Derm. **25**, 33 (1955). — MONASH, S.: Fungicidal action of various substances on scalp hairs infected with Microsporum audouini. N.Y. St. J. Med. **52**, 1672 (1952). — MOORE, M.: Masking of fluorescence by tetrachlorobenzoquinone. A.M.A. Arch. Derm. **66**, 621 (1952). — MOORE, M., and W. WOOLDRIDGE: Antifungal properties of various extracts of Bacillus subtilis (Tracy strain) obtained in the bacitracin recovery process. J. invest. Derm. **14**, 265 (1950). — MORAN, A. B., and M. T. I. CRONIN: The in vitro sensitivity to nitrofurans of organisms isolated from the uteri of thoroughbred mares. J. comp. Path. **67**, 106 (1957). — MORGINSON, W. J.: The clinical use of penicillin in dermatology. Sth. med. J. (Bghm, Ala.) **3**, 320 (1945). — MORIAME, G.: Un an d'expérience du traitement des teignes microsporiques par applications locales de pénicilline. Arch. belges Derm. **4**, 143 (1948). — Moss, E. S., and A. L. McQUOWN: Atlas of medical mycology. Baltimore: Williams & Wilkins Company 1953. — MOSTO, S. J.: Blastomicosis sudamericana. A propósito de seis observaciones. Arch. argent. Derm. **6**, 69 (1956). — MOTTRAM, M. E., and H. A. HILL: Radiation therapy of ringworm of the scalp. Calif. Med. **70**, 189 (1949). — MÜLHENS, H. J.: El „Sporotrichon beurmanni" y las especies de „candida" patógenas para el hombre, influidos por la quimioterapía moderna. Med. colon. **23**, 212 (1954). — MÜLHENS, K.: (1) Die Bedeutung der chemischen Desinfizientien in der Therapie der Dermatomykosen. Z. Haut- u. Geschl.-Kr. **6**, 406 (1949). — (2) Antimykotische Therapie. Therapiewoche **2**, 534 (1951/52). — (3) Über die Bedeutung des Dibromsalizyls (DBS) in der Behandlung der Pilzinfektionen der Haut. Z. Haut- u. Geschl.-Kr. **13**, 336 (1952). — (4)4 Die Mykosen der Schleimhäute und inneren Organe und ihre therapeutische Beeinflussung. Med. Klin. **50**, 1415 (1955). — MUFTIC, M.: (1) Parenteral treatment of

coccidioidomycosis by mycostatin. VI. Internat. Kongr. Trop. Mal. 5.—13. 9. 1958 Lissabon. — (2) Mycostatin in treatment of otomycoses. Mykosen 1, 156 (1958). — MULHOLLAND, T. P. C.: (1) Griseofulvin. Part V. Catalytic reduction. — (2) Griseofulvin. Part VI. Chemistry of the reduction products. J. chem. Soc. 1952, 3987, 3994. — MULLINS, J. F., N. A. JAMPOLSKY and M. E. PINKERTON: Oral treatment of superficial mycoses with griseofulvin. Tex. Rep. Biol. Med. 17, 411 (1959). — MURPHY, J. C.: Chlorquinaldol (Sterosan) in dermatologic therapy. Rocky Mtn med. J. 52, 530 (1953). — MURPHY, J. C., and S. ROTHMAN: Artificielly induced resistance of Trichophyton gypseum to pelargonic acid. J. invest. Derm. 12, 5 (1949). — MUSKATBLIT, E.: Clinical evaluation of undecylenic acid as a fungicide. A.M.A. Arch. Derm. 56, 256 (1947). — MYERS, H. B.: Thymol therapy in actinomycosis. J. Amer. med. Ass. 108, 1875 (1937). — MYHR, I. B.: Systemic blastomycosis; report of a case treated with stilbamidine. Amer. Practit. 5, 64 (1954).

NAKAMURA, S., K. MAEDA, Y. OKAMI and H. UMEZAWA: J. Antibiot. 7, 57 (1954). Zit. W. S. SPECTOR. — NAKATSUKA, M., H. ARATANI, K. OSHITA, K. TOTOKI, T. IKEDA, M. YOSHIDA and H. NAGASAKA: Pharmacological studies on nystatin. J. Antibiot. 11, 57 (1958). — NAKAYAMA, K., F. OKAMOTO and Y. HARADA: J. Antibiot. 9, 63 (1956). Zit. W. S. SPECTOR. — NAPIER, E. J., D. I. TURNER and A. RHODES: The in vitro action of griseofulvin against pathogenic fungi of plants. Ann. Botany 20, 461 (1956). — NASEMANN, TH.: Orale Behandlung von Haut- und Nagelmykosen mit Griseofulvin. Ärztl. Praxis 11, 1266 (1959). — NASSI, L.: Sull'attività esplicata in vitro da un derivato dell'ammonio quaternario sopra alcuni ceppi de Candida albicans. Boll. Soc. ital. Biol. sper. 31, 363 (1955). — NAUCK, E. G.: Lehrbuch der Tropenkrankheiten. Stuttgart: Georg Thieme 1956. — NEGRONI, P.: (1) Dermatomicosis: Diagnóstico y tratamiento. Buenos Aires: A. López 1942. — (2) Desarollo de los estudios micológices en la Argentina en el último decenio. Mycopathologia (Den Haag) 8, 216 (1957). — (3) Nuevos agentes en el tratamiento de las micosis. Rev. Asoc. méd. argent. 71, 298 (1957). — NEIDIG, C. P., and H. BURRELL: The esters of parahydroxybenzoic acid as preservatives. Drug and Cosmetic Ind. 54, 408 (1944). — NEJEDLY, R. F., and L. A. BAKER: Treatment of localized histoplasmosis with 2-hydroxystilbamidine. Arch. intern. Med. 95, 37 (1955). — NÉKÁM, L., u. J. ANGYAL: (1) Über die bakteriostatische und fungistatische Wirkung des Vitamin K. Hautarzt 10, 547 (1959). — (2) Die bakterio- und mykostatische Wirkung des K-Vitamins auf Grund von Experimenten in vivo und in vitro. Orv. Hetil. 100, 249 (1959). — NÉKÁM, L., et P. POLGÁR: (1) L'action des vitamines et des hormones (particulièrement de la vitamine K) sur la croissance des bactéries et des champignons pathogéniques. Acta derm.-venereol. (Stockh.) 30, 200 (1950). — (2) L'emploi de la vitamine K dans le traitement des dermatomycoses profondes. Acta derm.-venereol. (Stockh.) 31, 344 (1051). — NETTLESHIP, A.: Propionate-caprylate mixtures in treatment of dermatophytosis. A.M.A. Arch. Derm. 61, 669 (1950). — NETTROUR, W. S.: Modern treatment of actinomycosis. Penn. med. J. 53, 1089 (1950). — NEUHAUS, H.: (1) Behandlung der Dermatomykose mit Fettsäureester. Med. Klin. 47, 1288 (1952). — (2) Über die fungicide Wirkung der Fettsäureester. Z. Haut- u. Geschl.-Kr. 15, 14 (1954). — NEUMANN, E.: Nystatin sensitivity studies with the aid of paper disks. Monogr. Ther. 2, 85 (1957). — NEWCOMER, V. D., E. T. WRIGHT, A. J. LEEB, J. E. TARBET and TH. H. STERNBERG: The evaluation of nystatin on the course of coccidioidomycosis in mice. J. invest. Derm. 22, 431 (1954). — NEWCOMER, V. D., E. T. WRIGHT, TH. H. STERNBERG, J. H. GRAHAM, R. H. WIER and R. O. EGEBERG: Evaluation of nystatin in the treatment of coccidioidomycosis in man. In: Therapy of fungus diseases. Edit. by TH. H. STERNBERG and V. D. NEWCOMER, pp. 260—267. — NICHOLS, D. R., and W. E. HERRELL: Penicillin in the treatment of actinomycosis. J. Lab. clin. Med. 33, 521 (1948). — NICKERSON, W. J., and S. J. WHITE: Therapeutic value of ammoniacal silver nitrate in fungous infections of the nails. A.M.A. Arch. Derm. 57, 935 (1948). — NIGGEMANN, J.: Zur Kennzeichnung von Wirkstoffen des Torfes. Naturwissenschaften 42, 346 (1955). — NIKOLOWSKI, W.: Über Hauterscheinungsbilder der Soormykosen und deren Beziehungen zu den Antibiotika. Dtsch. med. Wschr. 78, 553 (1953). — NISHIMURA, H., T. KIMURA and M. KUROYA: J. Antibiot. 6, 57 (1953). Zit. W. S. SPECTOR. — NOGUCHI, Y., and Y. KATO: Effect of sodium ethylmercurithiosalicylate on succinic dehydrogenase of Candida albicans and its clinical use in dermatomycoses. Yokohama med. Bull. 9, 204 (1958). — NOOJIN, R. O., and J. L. CALLAWAY: (1) Action of sulfonamide compounds on Blastomyces dermatitidis in vitro. A.M.A. Arch. Derm. 47, 620 (1943). — (2) Effectiveness in vitro of sulfonamide compounds on Sporotrichum schencki; report of five cases of sporotrichosis in North Carolina. A.M.A. Arch. Derm. 49, 305 (1944). — NOSKOV, A. I.: Treatment of trichophyton skin infection in calves by use of a power sprayer. Veterinarija (Moskau) 35, 55 (1958). Ref. Rev. Med. Vet. Mycol. 3, 139 (1959). — NOVAK, M., and TH. FLANDERS: In vitro responses of Actinomyces bovis to sulfonamides and antibiotics. J. Bact. 54, 79 (1947).

OBERMAN, J. W., and E. GILBERT: The toxicity of 2-hydroxystilbamidine: probable fatal toxic reaction during treatment of blastomycosis. Ann. intern. Med. 48, 1401 (1958). — OKAZAKI, K., and T. KAWAGUCHI: Chemotherapeutics for dermatomycoses. IV. Fungistatic

and sporostatic activity of antihistamines. J. pharmaceut. Soc. Jap. **72**, 1400 (1952). — OKAZAKI, K., and S. OSHIMA: Antibacterial activity of higher plants. XXII. Antibacterial effect of essential oils. — (3) Fungistatic effect of clove oil and eugenol. J. pharmaceut. Soc. Jap. **72**, 564 (1952). — OLÁH, D., u. G. MÁRAMOSI: Zur Methodik der experimentellen Prüfung der Wirksamkeit antimykotischer Mittel. Dermatologica (Basel) **105**, 162 (1952). — ONODA, Y., S. HOSOYA, M. SOEDA, N. KOMATSU and S. WATANABE: The clinical application of trichomycin in gynecology. J. Antibiot. **6**, 49 (1953). — OPPENHEIM, B.: Warszaw. Czas. Lek. **14**, 614 (1937). Zit. TH. SABALITSCHKA, H. MARX u. U. SCHOLZ. — ORMEA, F.: L'azione terapeutica della soluzione di CASTELLANI nella tricofizia sperimentale della cavia. Riv. Ist sieroter. ital. **24**, 43 (1949). — OROSHNIK, W., L. C. VINING, A. D. MEBANE and W. A. TABER: Polyene antibiotics. Nature (Lond.) **121**, 147 (1955). — ORTEGA, R. Y.: Konservative Behandlung der Nagelmykosen mit Onycho-Phytex. Schweiz. med. Wschr. **88**, 290 (1958). — ORTENZIO, L. F.: (1) Report on fungicide and subculture media for disinfectant testing. J. Ass. agric. Chem. **36**, 363 (1953). Ref. Rev. Med. vet. Mycol. **2**, 83 (1953). — (2) Report on fungicide and germicidal rinse testing methods. J. Ass. agric. Chem. **37**, 616 (1954). Ref. Rev. Med. vet. Mycol. **2**, 368 (1956). — (3) Report on fungicide and germicidal rinse testing methods. J. Ass. agric. Chem. **38**, 274 (1955). Ref. Rev. Med. vet. Mycol. **2**, 368 (1956). — ORTENZIO, L. F., L. S. STUART and J. L. FRIEDL: The practical value of mercury salts as disinfectants and fungicides for inanimate surfaces. J. Ass. agric. Chem. **39**, 476 (1956). Ref. Rev. Med. vet. Mycol. **2**, 438 (1957). — OSBOURN, R. A.: Nystatin topical therapy of moniliasis. A.M.A. Arch. Derm. **72**, 371 (1955). — OSTER, K. A., and M. J. GOLDEN: (1) Studies on alcohol-soluble fungistatic and fungicidal compounds. I. Evaluation of a fungistatic laboratory test methods. J. Amer. pharm. Ass.; sci. Ed. **36**, 283 (1947). — (2) Studies on alcohol-soluble fungistatic and fungicidal compounds. III. Evaluation of the antifungal properties of quinones and quinolines. J. Amer. pharm. Ass.; sci. Ed. **37**, 429 (1948). — (3) Studies on alcohol-soluble fungistatic and fungicidal compounds. IV. Treatment of der-mytophytosis pedis with 8-hydroxyquinoline. Exp. Med. Surg. **7**, 37 (1949). — (4) Studies on alcohol-soluble fungistatic and fungicidal compounds. VI. A critical review of fungistatic and fungicidal test methods. Amer. J. Pharm., sci. Ed. **121**, 375 (1949). — (5) Fungistatic and fungicidal test methods. Fungistatic and fungicidal compounds. In: Antiseptics, disinfectants, fungicides, and chemical and physical sterilization, pp. 132—141 and 548—565. Connecticut: Lea and Febiger 1954. — OSTFELD, A. M.: Effect of stilbamidine on cutaneous blastomycosis. Amer. J. Med. **15**, 746 (1953). — OTTEN, H., u. W. MARGET: Über mehrjährige Erfahrungen bei der Behandlung von Monilien-Erkrankungen des Säuglings mit Nystatin. Münch. med. Wschr. **100**, 348 (1958). — OTTENSTEIN, B., F. M. THURMON u. M. J. BESSMAN: Bakteriostatische und fungistatische Wirkung von Kobalt. Medizinische **1955**, 940. — OTTO, H.: Über die verschiedenen Lokalisationen der Aktinomyzesinfektion im menschlichen Körper. Z. ges. inn. Med. **9**, 578 (1954). — OXFORD, A. E., H. RAISTRICK and P. SIMONART: XXIX. Studies in the biochemistry of microorganisms. LX. Griseofulvin, $C_{17}H_{17}O_6Cl$, a metabolic product of Penicillium griseofulvum Dierckx. Biochem. J. **33**, 240 (1939). — OZAKI, M., Y. KATAOKA, T. MAESAWA, A. TASHIMA and H. KUBO: Pharmacological actions of trichomycin. Kumamoto med. J. **7**, 80 (1954).

PÄTIÄLÄ, R.: (1) Allylsénévol (isosulfocyanate d'allyle), antibiotique pour les dermatophytes. Ann. Parasit. hum. comp. **21**, 5 (1946). — (2) Influence de L-éthylsénévol (isosulfocyanate d'éthyle) sur les dermatophytes en culture et sur les trichophyties de la peau glabre. Ann. Parasit. hum. comp. **22**, 100 (1947). — (3) Sur tinea pedis et les matières antihistamines dans le traitement des dermatophyties. Ann. Med. exp. Fenn. **27**, 145 (1949). — PAGANO, J. F., and H. STANDER: Bioassay of nystatin (mycostatin) in body fluids. In: Therapy of fungus diseases. Edit. by TH. H. STERNBERG and V. D. NEWCOMER, pp. 186—194. — PAGET, G. E.: Experimental toxicology of griseofulvin. Symposium griseofulvin and dermatomycosis, 26. u. 27. 10. 1959 Miami/Florida. — PAGET, G. E., and A. L. WALPOLE: Some cytological effects of griseofulvin. Nature (Lond.) **182**, 1320 (1958). — PAINE, T. F.: (1) In vitro experiments with Monilia and Escherichia coli to explain moniliasis in patients receiving antibiotics. Antibiot. and Chemother. **2**, 653 (1952). — (2) The inhibitory actions of bacteria on candida growth. Antibiot. and Chemother. **8**, 273 (1958). — PALDROK, H.: The effect of temperature on the growth and development of dermatophytes. Acta derm.-venereol. (Stockh.) **35**, 1 (1955). — PANSHIN, A. F.: Die Therapie der Onychomykosen. Vestn. Vener. Derm. **3**, 50 (1950). Ref. Rev. Med. vet. Mycol. **1**, 536 (1952). — PAPPAGIANIS, D., and G. KOBAYASHI: In vitro inhibition of Coccidioides immitis by antihistaminica. In: Therapy of fungus diseases. Edit. by TH. H. STERNBERG and V. D. NEWCOMER, pp. 316—320. — PAPPENFORT, R. B., and E. S. SCHNALL: Moniliasis in patients treated with aureomycin. Clinical and laboratory evidence that aureomycin stimulates the growth of Candida albicans. Arch. intern. Med. **88**, 729 (1951). — PARDO-CASTELLO, V.: One-year experience in the treatment of dermatomycosis with griseofulvin. Symposium griseofulvin and dermatomycosis, 26. u. 27. 10. 1959 Miami/Florida. — PARFENTJE, I. A.: Prenatal protection of mice by yeast antibiotic

(malucidin). Science **126**, 928 (1957). — PARISER, H., E. D. P. LEVY and A. J. RAWSON: Treatment of blastomycosis with stilbamidine. Report of a case. J. Amer. med. Ass. **152**, 129 (1953). — PASCHOUD, J. M.: (1) Verwendung von Undecylensäurephenolester in der Therapie der Fußmykosen. Praxis **43**, 1061 (1954). — (2) Verwendung von Undecylensäure-Phenolester in neuer Emulsionsgrundlage zur Behandlung von Dermatophytien. Praxis **45**, 343 (1956). — PEABODY jr., J. W. and J. H. SEABURY: Actinomycosis and nocardiosis. J. chron. Dis. **5**, 374 (1957). — PEC, J.: Zur Therapie der Epidermophytien. Wien. med. Wschr. **102**, 912 (1952). — PECK, J., and H. ROSENFELD: Effect of hydrogen-ion concentration of fatty acids and vitamin C on the growth of fungi. J. invest. Derm. **1**, 23 (1938). — PECK, S. M.: (1) A new method for the evaluation of antifungicidal chemicals. Trans. N.Y. Acad. Sci., Ser. II **11**, 112 (1949). — (2) Evaluation of new fungicides. Chem. Prod., N.s. **13**, 176 (1951). Ref. Rev. Med. vet. Mycol. **1**, 537 (1952). — PECK, S. M., and K. K. LI: Factors in amorphous penicillin G influencing growth of fungi. I. Effect of elaboration of trichophytin by Trichophyton gypseum. A.M.A. Arch. Derm. **55**, 498 (1949). — PECK, S. M., H. ROSENFELD, W. LEIFER and W. BIERMAN: Role of sweat as a fungicide with special reference to use of constituents of sweat in therapy of fungus diseases. A.M.A. Arch. Derm. **39**, 126 (1939). — PECK, S. M., and W. R. RUSS: Propionate-caprylate mixtures in the treatment of dermatomycoses, with a review of fatty acid therapy in general A. M.A.Arch. Derm. **56**, 601 (1947). — PECK, S., and L. SCHWARTZ: A practical plan for the treatment of superficial fungus infection. U.S. Publ. Hlth Rep. **53**, 537 (1943). — PEISER, B., u. H. WEYER: Antimykotische Therapie mit Jadit in Klinik und Sprechstunde. Medizinische **22**, 1082 (1959). — PERKIN, H. A.: Fungicides in medicine and pharmacy. Pharm. J. **162**, 471 (1949). — PERRY, H. O., and J. A. ULRICH: Laboratory studies on endomycin with special reference to its antifungal effect against Candida albicans. J. invest. Derm. **24**, 623 (1955). — PERUTZ, A., C. SIEBERT u. R. WINTERNITZ: Pharmakologie der Haut, Arzneimittel, allgemeine Therapie. In J. JADASSOHNS Handbuch der Haut- und Geschlechtskrankheiten, Bd. V/1. Berlin: Springer 1930. — PERYASSU, D.: Sulfamidoterapia de blastomicose brasiliera. An. brasil. Derm. Sif. **17**, 261 (1942). — PESLE, G. D., et M. LABEGUERIE: Deux cas de moniliase digestive au cours de traitement par l'isoniazide. Rev. Tubc. (Paris) **17**, 881 (1953). — PETTKER, K., u. H. RIETH: Mikrosporie-Behandlung mit Griseofulvin bei einer Heimendemie durch Mikrosporum Audouini. Z. Haut- u. Geschl.-Kr. **23**, 177 (1960). — PFLEGER, R.: Über die fungistatische und kontaktinsektizide Wirkung von Phonyltrichlormethylsulfiden. Angew. Chem. **65**, 415 (1953). — PFLEGER, R., E. SCHRAUFSTÄTTER, F. GEHRINGER u. J. SCIUK: Zur Chemotherapie der Pilzinfektionen. I. In vitro-Untersuchungen aromatischer Sulfide. Z. Naturforsch. **4b**, 344 (1949). — PHILLIPS, B.: The phenol-camphor treatment of dermatophytosis. Brit. J. Derm. Syph. **56**, 219 (1944). — PIERCE, H. E.: A clinical evaluation of dichloroxyquinaldine in dermatology. J. nat. med. Ass. (N.Y.) **45**, 207 (1953). — PIERINI, L. E., y S. J. MOSTU: Blastomicosis sudamericana. Arch. argent. Derm. **9**, 67 (1959). — PILCHER, K. S., and A. Y. HAMILTON: Antifungal activity of a new group of salicylamide derivatives for dermatophytes. II. The relation of chemical structure to activity. Antibiot. and Chemother. **6**, 573 (1956). — PINETTI, P.: (1) Impiego della penicillina nel trattamento del kerion tricofitico. Terapia antibiot. (Milano) **3**, 194 (1953). — (2) Rivista critica della letteratura micologica medica in Italia tra il 1946 ed il 1956. Mycopathologia (Den Haag) **11**, 155 (1959). — PIPER, W. N., and R. W. GOLDBLUM: Two treatment failures using diethylstilbestrol in treatment of coccidioidomycosis. A.M.A. Arch. Derm. **70**, 809 (1954). — PIPKIN, J. L.: Treatment of endothrix trichophyton infections with griseofulvin. Symposium griseofulvin and dermatomycosis, 26. u. 27. 10. 1959 Miami/Florida. — PITTENGER, R. C.: Antibiot. and Chemother. **3**, 1268 (1953). Zit. W. S. SPECTOR. — PLEDGER, R. A., and H. A. LECHEVALIER: Survey of the production of polyenic substances by soil streptomycetes. Antibiot. Ann. **1955/56**, 249. — POLEMANN, G.: (1) Hemmwirkung synthetischer Antihistamine auf das Wachstum pathogener Pilze. Arzneimittel-Forsch. **1**, 211 (1951). — (2) Welches ist die hautschonendste Behandlung bei bakteriell bzw. mykotisch superinfizierten Berufsdermatosen? Berufsdermatosen **5**, 88 (1957). — (3) Klinik und Therapie der Pilzkrankheiten. Stuttgart: Georg Thieme 1961. — POLEMANN, G., u. R. SCHARFENBERGER: Experimentelle Hahnenkamm Trichophytie als antimykotisches Testobjekt. Dermatologica (Basel) **109**, 137 (1954). — POPOFF, L., T. IVANOFF, N. ANGELOFF and I. PANAIOTOFF: Fungicides synthétiques. I. Action antimycotique des substances du type des phytohormones et des dérivés naphthaléniques β-substitués. C. R. Acad. bulg. Sci. **6**, 37 (1953). Ref. Rev. Med. vet. Mycol. **2**, 196 (1955). — PRATT, R., P. P. T. SAH, J. DUFRENOY and V. L. PICKERING: Vitamin K_5 as an inhibitor of the growth of fungi and of fermentation of yeast. Proc. nat. Acad. Sci. (Wash.) **34**, 323 (1948). — PRATT, R., P. P. T. SAH, J. F. ONETO, D. C. BRODIE, J. DUFRENOY, S. RIEGLEMAN and V. L. PICKERING: Vitamin K_5 as an antimicrobial medicament and preservative. J. Amer. pharm. Ass., sci. Ed. **39**, 127 (1950). — PRAZAK, G.: Treatment of tinea pedis with griseofulvin. Symposium griseofulvin and dermatomycoses, 26. u. 27. 10. 1959 Miami/Florida. — PRICE, H.: The local treatment of tinea capitis due to Microsporum audouini. Ann.

west. Med. Surg. **3**, 210 (1949). Ref. Rev. Med. vet. Mycol. **1**, 346 (1950). — PROCKNOW, J. J., and C. G. LOOSLI: Treatment of the deep mycoses. Arch. intern. Med. **101**, 765 (1958). QUIROGA, M. I., P. NEGRONI y A. A. CORDERO: Resultados de la terapéutica sulfamídica asociada a la vaccinoterapia específica en cuatro nuevas observaciones de blastomicosis sudamericana. Rev. argent. Dermatosif. **31**, 566 (1947). RANKIN, J. L., W. L. DOBES, J. W. JONES and H. S. ALDEN: Ringworm of the scalp: treatment with tetrachloro-para-benzoquinone: clinical and laboratory analysis. Sth. med. J. (Bgham, Ala.) **44**, 616 (1951). Ref. Rev. Med. vet. Mycol. **1**, 508 (1952). — RANKIN, N. E.: Disseminated aspergillosis and moniliasis associated with agranulocytosis and antibiotic therapy. Brit. med. J. **1953** I, 918. — RANQUE, J., et G. LE HENAFF: Etude du pouvoir inhibiteur de quelques antiseptiques vis-à-vis des dermatophytes et des germes de souillure qui peuvent se développer au cours de leur culture. C.R. Soc. Biol. (Paris) **145**, 1702 (1951). — RAUBITSCHEK, F.: (1) Antibiotics and their action on pathogenic fungi. I. Penicillin and streptomycin. II. Penicillin and streptomycin; terramycin. J. invest. Derm. **20**, 401 (1953); **22**, 359 (1954). — (2) A critical survey of medical mycology in Israel 1946—1956. Mycopathologia (Den Haag) **9**, 176 (1958). — RAUBITSCHEK, F., R. F. ACKER and S. A. WAKSMAN: Production of an antifungal agent of the fungicidin type by Streptomyces aureus. Antibiot. and Chemother. **2**, 183 (1952). — RAUBITSCHEK, F., and A. DOSTROVSKY: An antibiotic active against dermatophytes, derived from Bacillus subtilis. Dermatologica (Basel) **100**, 45 (1950). — RAVITS, H.: Treatment of superficial dermatomycoses with asterol dihydrochloride. J. Amer. med. Ass. **148**, 1005 (1952). — REBELL, G., and J. H. LAMB: In vitro study of a group of blockes steroids as antimycotic agents. J. invest. Derm. **21**, 331 (1953). — REHÁČEK, Z.: Produkce antifungálného antibiotika nové isolovanou aktinomycetou. Čsl. Mikrobiol. **3**, 27 (1958). Ref. Rev. Med. vet. Mycol. **3**, 182 (1959). — REHM, H.-J.: (1) Über Hemm- und Förderungsstoffe aus Streptomyceten der Streptomyces albus-Gruppe. Wiss. Z. Univ. Greifswald **4**, 39 (1954/55). — (2) Untersuchungen über Hemm- und Förderungsstoffe aus Streptomyceten der Streptomyces albus-Gruppe. Zbl. Bakt., II. Abt. **109**, 399 (1956). — REHM, H.-J., u. U. STAHL: Zur Wirkung antimikrobieller Stoffe in Kombination. Naturwissenschaften **46**, 431 (1959). — REIDEL, B. B.: Favus and its treatment with a quaternary ammonium compound. Poultry Sci. **29**, 741 (1950). — REIFFERSCHEID, M., u. H. P. R. SEELIGER: Monosporiose und Maduromykose. Die sogenannte therapieresistente Aktinomykose. Dtsch. med. Wschr. **80**, 1841 (1955). — REILLY, H. CH., A. SCHATZ and S. A. WAKSMAN: Antifungal properties of antibiotic substances. J. Bact. **49**, 585 (1945). — REISS, F.: (1) Medical mycology. A review of the literature from 1945—1948. Dermatologica (Basel) **97**, 134 (1948). — (2) Antisporulating effect of asterol dihydrochloride. Trans. N.Y. Acad. Sci., Ser. II **13**, 28 (1950). — (3) The pathogenicity of the genus Candida in relation to antibiotic therapy. Monogr. Ther. **2**, 67 (1957). — REISS, F., and L. CAROLINE: (1) The effect of trimeton maleate on pathogenic fungi. Exp. Med. Surg. **8**, 330 (1950). Ref. Rev. Med. vet. Mycol. **1**, 433 (1951). — (2) The metabolism of Blastomyces dermatitidis, antagonists to the growth-inhibiting effect of trimeton maleate. Science **114**, 15 (1951). — REISS, F., L. CAROLINE and L. LEONARD: Experimental Microsporum lanosum infection in dogs, cats and rabbits. I. Observation on the course of the primary infection and attempts to develop a method for screening antifungal agents in laboratory animals. J. invest. Derm. **24**, 575 (1955). — REISS, F., and D. D. DOHERTY: (1) Fungous infections of the skin and scalp: a new approach to their treatment. N.Y. med. J. **49**, 1939 (1950). — (2) Podophyllum resin in treatment of tinea capitis. J. Amer. med. Ass. **147**, 225 (1951). — REISS, F., L. KORNBLEE and B. GORDON: Griseofulvin (fulvicin) in the treatment of fungous infections of the hair, skin and nails with special reference to mycologic changes produced during therapy. J. invest. Derm. **34**, 263 (1960). — REISS, F., and B. LUSTIG: Evaluation of fungicides. Phenols, quaternary ammonium compounds, undecylenic acid, their mixtures and salts. Dermatologica (Basel) **97**, 312 (1948). — REISS, F., and D. R. WINSTON: The effect of podophyllin on pathogenic fungi and its clinical application in the treatment of tinea capitis (preliminary report). Exp. Med. Surg. **7**, 229 (1949). — RENKIN, A.: Observations sur le traitement de diverses affections mycotiques par le 2,2′-dioxy-5,5′-dichlor-diphenyl-sulfur. Arch. belges Derm. **9**, 266 (1953). — RHODES, A., R. GROSSE, R. MCWILLIAM, J. P. R. TOOTILL and A. T. DUNN: Smallplot trials of griseofulvin as a fungicide. Ann. appl. Biol. **45**, 215 (1957). — RIBEIRO, D. DE O.: Tratamento da blastomicose pelo derivado acetilado das sulfamidas (albucid). Rev. paul. Med. **20**, 392 (1942). — RICHARD, J.: Le traitement par la nystatine (mycostatine) des infections à candida chez le nourrisson et l'enfant. Acta paediat. belg. **10**, 5 (1956). — RICHTER, R.: (1) Zur Chemotherapie der Pilzinfektionen. IV. Klinische Erfahrungen bei der Anwendung von 2,2′-Dioxy-5,5′-dichlor-diphenylsulfid (D 25) bei Pilzerkrankungen. Arch. Derm. Syph. (Berlin) **190**, 563 (1950). — (2) Therapie der Pilzerkrankungen. Therapiewoche **2**, 527 (1951/52). — (3) Neue Erfahrungen über die Behandlung der Pilzerkrankungen. In A. MARCHIONINI u. H. GÖTZ, Fortschritte der praktischen Dermatologie und Venerologie. Berlin-Göttingen-Heidelberg: Springer 1952. — (4) Der derzeitige Stand der medizinischen

Mykologie. Z. Haut- u. Geschl.-Kr. 12, 75, 119, 156 (1952). — Richter, R., u. N. Erbakan: Der heutige Stand der medizinischen Mykologie in der Türkei. Mycopathologia (Den Haag) 10, 41 (1958). — Richter, R., u. E. Schraufstätter: Zur Chemotherapie der Pilzinfektionen. III. Tierexperimentelle Untersuchungen zur Toxicität des 2,2′-Dioxy-5,5′-dichlordiphenyl-sulfids (D 25) und des 2,2′-Dioxy-3,3′,5,5′-tetrachlordiphenylsulfids (D 26). Arch. Derm. Syph. (Berl.) 190, 543 (1950). — Richter, V.: The chemistry of the carbon compounds. New York: Nordemann 1939. Zit. W. S. Spector. — Riddell, R. W., and G. T. Stewart: Fungous diseases and their treatment. London: Butterworth & Co. 1958. — Riehl, G.: (1) Griseofulvin als peroral wirksames Antimykoticum. Kongreßbericht. Öst. Derm. Ges. Wiss., Sitzg 27. 11. 1958. Wien. klin. Wschr. 71, 28 (1959). — (2) Griseofulvin, ein per os wirksames Antimykoticum (Demonstration). S.-B. vom 6. 3. 1959 in Wien. Wien. klin. Wschr. 71, 215 (1959). — (3) Griseofulvin. Wien. med. Wschr. 109, 258 (1959). — (4) Griseofulvin — ein peroral wirkendes Antimykoticum. Hautarzt 10, 136 (1959). — (5) Griseofulvin, ein per os wirksames Antimykoticum. Münch. med. Wschr. 101, 1145 (1959). — Rieth, H.: Experimentelle Untersuchungen der antimykotischen Wirkung synthetischer Antihistamine. Hautarzt 4, 474 (1953). — Rieth, H., u. A. Y. El-Fiki: (1) Renaissance der Animalen Mykologie. Berl. Münch. tierärztl. Wschr. 71, 391 (1958). — (2) Die Rinderflechte — ein aktuelles therapeutisches und hygienisches Problem. Berl. Münch. tierärztl. Wschr. 72, 201 (1959). — Rieth, H., u. K. Ito: Griseofulvin, ein oral wirksames antimykotisches Antibioticum. Bull. Pharm. Res. Inst. Osaka Nr 22, 21 (1959). — Rieth, H., K. Ito, P. Hansen u. G. List: Prüfung antimycetischer Substanzen in Gummiqualitäten. Bull. Pharm. Res. Inst. Osaka Nr 15, 9 (1958). — Rieth, H., u. K. Schoderer: Die Mykosen. Entstehung, Erkennung und Behandlung von Pilzerkrankungen. Folia Ichthyol. H. 6, 1 (1957). — Rieth, H., u. J. Schönfeld: (1) Experimentelle Untersuchungen über die sproßpilzhemmende Wirkung einiger chemischer Verbindungen. Hautarzt 5, 120 (1954). — (2) Zur Diagnostik und Therapie der Mykosen durch imperfekte Hefen (Cryptococcaceen). Arch. klin. exp. Derm. 207, 343 (1959). Riley, K., and H. A. Flower: A comparison of the inhibitory effect of Castellani's paint and of gentian violet solution on the in vitro growth of Candida albicans. J. invest. Derm. 15, 355 (1950). — Rimbaud, P., H. Harant, J.-A. Rioux et J. Caron: Etude du pouvoir antifongique de la dichloroxyquinaldine. Essai thérapeutique dans la candidose digestive expérimentale. Sem. Hôp. Paris 1957, 431. — Rimbaud, P., et J.-A. Rioux: Les moniliases au cours des traitements par les antibiotiques. Conceptions pathogéniques. Presse méd. 63, 701 (1955). — Rimbaud, P., J.-A. Rioux et J. Caron: Propriétés antifungiques de la dichlor-oxychinaldine. Étude expérimentale in vitro. Montpellier méd. 1956, 498. — Rioux, J.-A.: Action fongistatique des antihistaminiques. Montpellier Méd. 1953, 51. — Rioux, J.-A., et Bousquet: La thérapeutique des aspergilloses du conduit auditif externe. Rev. Laryng. (Bordeaux) 79, Suppl., 958 (1958). — Rivalier, E.: Les microspories spontanément curables. Ann. Derm. Syph. (Paris) 10, 518 (1950). — Rizzo, V. F., y R. M. Arzube: Blastomycosis sudamericana. Tratamiento de un caso con sulfamethoxypyridazine y plastia quirúrgica de la cicatriz. Rev. ecuat. Hig. 14, 7 (1958). Ref. Rev. Med. vet. Mycol. 3, 191 (1959). — Robbins, W. J., and I. McVeigh: Effect of hydroxyproline on Trichophyton mentagrophytes and other fungi. Amer. J. Bot. 33, 638 (1946). — Robinson jr., H. M.: Experimental animal studies with griseofulvin. Symposium griseofulvin and dermatomycoses, 26. u. 27. 10. 1959 Miami/Florida. — Robinson, H. M., and M. B. Hollander: Topical use of chlorquinaldol. J. invest. Derm. 26, 143 (1953). — Robinson, R. C. V.: (1) Systemic moniliasis treated with mycostatin. J. invest. Derm. 24, 375 (1955). — (2) Nystatin in the treatment of cutaneous moniliasis. Monogr. Ther. 2, 55 (1957). — (3) Resistance to griseofulvin in vitro. Symposium griseofulvin and dermatomycosis, 26. u. 27. 10. 1959 Miami/Florida. — Roda, A. P., S. A. Aghirre and G. S. Mijaro: Incidence of the species candida from different sources and their sensitivity to mycostatin. J. Philipp. med. Ass. 33, 251 (1957). Ref. Rev. Med. vet. Mycol. 3, 115 (1958). — Rodriquez, J.: Stilbamidine (4,4′-stilbene-dicarboxyamidine) therapy in blastomycosis. A.M.A. Arch. Derm. 68, 95 (1953). — Röckl, H.: Dermatologie — Kritische Sammelreferate. Münch. med. Wschr. 101, 1196 (1959). — Rosenkränzer, R.: Erfahrungen mit einem neuen Antimykoticum. Medizin heute 8, 57 (1959). — Rosenthal, M. W., C. W. Daeschner and W. J. Fahlberg: Clinical evaluation of diparalene in the management of tinea capitis. J. invest. Derm. 23, 119 (1954). — Rosenthal, S. A.: Studies on the development of resistance to griseofulvin by dermatophytes. Symposium griseofulvin and dermatomycosis, 26. u. 27. 10. 1959 Miami/Florida. — Rossi, R., e M. Acocella: Frequenza dell'isolamento di miceti del genere Candida dal prematuro in rapporto alle sedi di prelievo, all'età ed all'ambiente. Sensibilità di 140 ceppi di Candida alla nistatina in vitro. G. Mal. infett. 10, 716 (1958). — Rost, G. A.: Über Alopecia atrophicans, eine nicht seltene, aber oft verkannte Haarerkrankung. Berl. Med. 7, 137 (1956). — Roth, M.: Treatment of onychomycosis. J. nat. Ass. Chir. 42, 35 (1952). — Roth, W.: Dermatomykosebehandlung. Z. ärztl. Fortbild. 46, 258 (1952). — Rothman, St.: Some unusual forms of cutaneous moniliasis. A.M.A. Arch. Derm. 79, 598 (1959). — Rothman, S., A. M. Smiljanic and A. L. Shapiro: Fungistatic

action of hair fat on Microsporum audouini. Proc. Soc. exp. Biol. (N.Y.) 60, 394 (1945). — ROTHMAN, S., A. M. SMILJANIC, A. L. SHAPIRO and A. W. WEITKAMP: The spontaneous cure of tinea capitis in puberty. J. invest. Derm. 8, 81 (1947). — ROXIN, T., u. A. AVRAM: Über Behandlungsmöglichkeiten der oberflächlichen Mykosen der Kopfhaut bei Kindern unter 3 Jahren. Z. ärztl. Fortbild. 52, 412 (1958). — RUBIN, H., P. H. LEHAN, M. J. FITZPATRICK and M. L. FURCOLOW: Amphotericin B in the treatment of cryptococcal meningitis. Antibiot. Ann. 1957/58, 71. — RUDAT, W.: Beitrag zur Therapie der Dermatomykosen unter besonderer Berücksichtigung der Behandlung von Hautkrankheiten mit Undecylensäure. Ther. d. Gegenw. 1951, 99. — RÜCKHER, M. M.: Experimentelle Untersuchungen über das Wachstum pathogener Pilze in vitro und über die fungistatische Wirkung chemischer Substanzen. Diss. Heidelberg 1951. — RÜTHER, E., H. RIETH u. H. KOCH: Die Bedeutung der Candida-mykosen (Moniliasis) für Gynäkologie und Geburtshilfe. Geburtsh. u. Frauenheilk. 18, 22 (1958). — RUTHER, H., u. R. WIEHL: Bromosalicyl-Chloranilid-Soventol, ein Beitrag zur Therapie behandlungserschwerter Epidermophytien. Z. Haut- u. Geschl.-Kr. 18, 47 (1955).

SABALITSCHKA, TH.: Pharm. Mh. 5, 235 (1924). Zit. TH. SABALITSCHKA, H. MARX u. U. SCHOLZ: Arzneimittel-Forsch. 5, 259 (1955). — SABALITSCHKA, TH., H. MARX u. U. SCHOLZ: Zur Wirkung der p-Oxybenzoesäurealkylester auf den Soor-Erreger Candida albicans (Robin) Berkhout. Arzneimittel-Forsch. 5, 259 (1955). — SABOURAUD, R.: Les teignes. Paris: Masson & Cie. 1910. — SAGHER, F., F. RAUBITSCHEK and B. AXELRAD: Griseofulvin treatment of tinea capitis due to T. violaceum. J. invest. Derm. 33, 85 (1959). — SAKAI, S., H. KOBAYASHI, G. SAITO, S. TAKADA and A. SATO: Studies on chemotherapy of trichophyton infections. V. Therapeutic efficiency of some dithiocarbamates and thiuram disulfides. J. Sci. Res. Inst. (Tokyo) 50, 98 (1956). — SAKAI, S., K. MINODA, G. SAITO and A. SATO: Studies on chemotherapy of trichophyton infections. IV. Therapeutic efficiency of p-hydroxybenzoic acid esters. J. Sci. Res. Inst. (Tokyo) 50, 93 (1956). — SAKAI, S., G. SAITO, T. KADA, N. MURAOKA and A. SATO: Studies on chemotherapy of trichophyton infections. II. Antifungal properties of halogen phenol ester and halogen phenol derivatives. J. Sci. Res. Inst. (Tokyo) 48, 38 (1955). — SAKAI, S., G. SAITO, S. KOSHI and A. SATO: Studies on chemotherapy of trichophyton infections. III. Therapeutic efficiency of alkylphenol derivatives. J. Sci. Res. Inst. (Tokyo) 50, 90 (1956). — SAKAI, S., G. SAITO, K. MINODA, S. AKAGI and A. SATO: Studies on chemotherapy of trichophyton infections. VI. Therapeutic efficiency of 1,4-naphthoquinone derivatives. J. Sci. Res. Inst. (Tokyo) 50, 102 (1956). — SALLE, A. Y., and G. J. JANN: Proc. Soc. exp. Biol. (N.Y.) 60, 60 (1945). Zit. W. S. SPECTOR. — SALVIN, S. B.: An antifungal substance from a strain of Aspergillus flavus. J. Bact. 52, 614 (1946). — SAMPAIO, S. A. P., e C. DA S. LACAZ: Ação do sulfisoxazol na actinomicose provocada pelo Actinomyces brasiliensis. O Hospital 10, 795 (1956). — SAMS, W. M.: Favus treated with griseofulvin. Symposium griseofulvin and dermatomycosis, 26. u. 27. 10. 1959 Miami/Florida. — SARACENI, G.: Attività antimicotica della nistatina, della tricomicina e della dicloro-ossi-chinaldina. G. Mal. infett. 10, 740 (1958). — SAREWITZ, A. B.: Treatment of genitourinary moniliasis with orally administered nystatin. Ann. intern. Med. 42, 1187 (1955). — SAROT, I. A., M. L. LITTMAN and M. M. CERRUTI: Intrathoracic injection of amphotericin B in treatment of monilial empyema. Sea View Hosp. Bull. 17, 95 (1959). — SASLAW, S., and R. MACMILLAN: Chemotherapy of histoplasmosis in mice with ethylvanillate. Antibiot. Ann. 1954/55, 1008. — SCHABINSKI, G.: Grundriß der medizinischen Mykologie. Jena: VEB Gustav Fischer Verlag 1960. — SCHÄFER, R., u. J. KWOCZEK: Über die Therapie profunder Dermatomykosen. Med. Klin. 45, 838 (1950). — SCHAMBERG, J. F., and J. A. KOLMER: Studies on the chemotherapy of fungus infection. I. The fungistatic and fungicidal activity of various dyes and medicaments. A.M.A. Arch. Derm. 6, 746 (1922). — SCHATI, J.: Das mykographische Testverfahren. Diss. Heidelberg 1950. — SCHATZ, A., V. SCHATZ and G. S. TRELAWNY: Antifungal properties of tetrazolium compounds. Mycologia (N.Y.) 48, 473 (1956). — SCHEFFLER, K.: Beitrag zur Frage der Penicillinbehandlung der Aktinomykose. Arch. Ohr-, Nas.-u. Kehlk.-Heilk. 155, 639 (1949). — SCHEIBNER, K.: Das Wachstum von Dermatophyten auf Nährböden mit Zusatz von 4-Chlorthymolnicotinsäureester. Mykosen 2, 134 (1959). — SCHERR, G. H.: (1) The effect of cortisone, somatotrophic hormone on the course of systemic moniliasis in mice. Riass. VI. Congr. Internat. Microbiol. 3, 44 (1953). — (2) The use of yeast cells to enhance the virulence of Candida albicans. Mycopathologia (Den Haag) 6, 260 (1953). — (3) The effect of cortisone on the course of systemic moniliasis in mice. I. The efficacious effect of cortisone for severe infections. Mycopathologia (Den Haag) 6, 325 (1953). (4) The effect of environmental temperature on the course of systemic moniliasis in mice. Mycologia (N.Y.) 45, 359 (1953). — (5) The effect of cortisone, somatotrophic hormone, and piromen on experimental moniliasis in mice. Mycologia (N.Y.) 47, 305 (1955). — (6) The therapeutic effect of cortisone, somatotrophic hormone and hesperedin methyl chalcone in suppressing experimental moniliasis in mice. Mycopathologia (Den Haag) 7, 321 (1956). — (7) The influence of hormones on experimental moniliasis. Monogr. Ther. 2, 80 (1957). — (8) The

effect of hormones on experimental moniliasis in mice. I. Sex hormones, cortisone, and somatotrophic hormone. II. Gonadotropins. Mycopathologia (Den Haag) 8, 62 (1957). — SCHERR, G. H., and Z. N. KORTH: The therapeutic effectiveness of a fungistatic powder for tinea pedis. Illinois Med. J. 112, No 3 (1957). — SCHERR, G. H., Z. N. KORTH, J. REYNOLD and J. E. GOTHAM: The therapeutic effect of fatty acids and the antibiotic M-11 on tinea pedis. J. invest. Derm. 25, 335 (1955). — SCHIRMER, H., u. J. GRANITS-THURNER: Über die Abhängigkeit der fungistatischen Wirkung vom Quellungsgrad der Plasmakolloide. Mykosen 1, 141 (1958). — SCHIRREN, C.: Antimykotische Wirksamkeit einer neuen Gummiqualität für Schuhe. Zbl. Arbeitsmed. 7, 13 (1957). — SCHIRREN, C., u. H. RIETH: (1) Folliculitis barbae durch Candida albicans. Arch. klin. exp. Derm. 202, 577 (1956). — (2) Epidemiologische Untersuchungen zur Rindertrichophytie mit Hinweis auf die antimykotische Therapie. Tierärztl. Umsch. 1957, 310. — (3) Experimentelle Untersuchungen bei einigen durch Haustiere übertragbaren Dermatomykosen. Berufsdermatosen 6, 31 (1958). — (4) Dermatologische Erfahrungen bei der ambulanten Behandlung von Fußmykosen. Med. Klin. 53, 1789 (1958). — SCHIRREN, C., H. RIETH u. H. KOCH: Tierexperimentelle Untersuchungen zur Pathogenität von Hefepilzen. Arch. klin. exp. Derm. 210, 86 (1960). — SCHIRREN, C., H. RIETH, J. CH. PINGEL u. P. HANSEN: Dermatophytenflora eines Industriebetriebes unter besonderer Berücksichtigung der Identifizierungsmethode für Dermatophyten. Arch. Hyg. (Berl.) 140, 423 (1956). — SCHMIDT, E. G., and P. THORP: The effect of chemotherapeutic agents upon the growth of Cryptococcus neoformans. J. infect. Dis. 103, 142 (1958). — SCHMIDT, W., u. G. THEISSING: Zur Kasuistik der Haut- und Schleimhautsporotrichose. Derm. Wschr. 135, 545 (1957). — SCHMITZ, A.: Amphotere oberflächenaktive Stoffe als Wasch- und Desinfektionsmittel. Fette u. Seifen 55, 10 (1953). — SCHMITZ, A., u. F. KORNFELD: Ampholytseifen — eine neue Gruppe von Desinfektionsmitteln. Prakt. Desinfektor H. 4 (1953). — SCHMITZ, H., and R. WOODSIDE: Mycolutein, a new antifungal antibiotic. Antibiot. and Chemother. 5, 652 (1955). — SCHNEIDER-REINKENS, A.: Erfahrungen bei der Therapie hochbakteriellen Fluors durch Fluomycin-Ovula. Med. Klin. 1958, 1497. — SCHNEIERSON, S. S., D. AMSTERDAM and M. L. LITTMAN: Inactivation of amphotericin B, chlorquinaldol, gentian violet and nystatin by bile salts. Proc. Soc. exp. Biol. (N.Y.) 99, 241 (1958). — SCHOENBACH, E. B.: The use of aromatic diamidines for the treatment of systemic fungal diseases. Trans. N.Y. Acad. Sci. 14, 272 (1952). — SCHOENBACH, E. B., and E. M. GREENSPAN: The pharmacology, mode of action and therapeutic potentialities of stilbamidine, pentamidine, propamidine and other aromatic diamidines — a review. Medicine (Baltimore) 27, 327 (1948). — SCHOENBACH, E. B., J. M. MILLER, M. GINSBERG and P. H. LONG: Systemic blastomycosis treated with stilbamidine: a preliminary report. J. Amer. med. Ass. 146, 1317 (1951). — SCHOENBACH, E. B., J. M. MILLER and P. H. LONG: The treatment of systemic blastomycosis with stilbamidine. Ann. intern. Med. 37, 31 (1952). — SCHÖNFELD, J.: Vergleichende Laboratoriums- und klinische Untersuchungen über einige neuere Antimykotica gegenüber Farbstoffen bei oberflächlichen Dermatomykosen. Derm. Wschr. 130, 1293 (1954). — SCHÖNFELD, J., u. H. RIETH: Möglichkeiten der Chemotherapie bei inneren Mykosen. Med. Mschr. 12, 447 (1958). — SCHÖNFELD, W.: (1) Die Epidermophytie der weiblichen Brustwarzen unter dem Bilde des Mammaekzems, ihre Erkennung und Behandlung. Dtsch. med. Wschr. 71, 216 (1946). — (2) Lehrbuch der Haut- und Geschlechtskrankheiten, 8. Aufl. Stuttgart: Georg Thieme 1959. — SCHÖNFELD, W., u. J. KIMMIG: Sulfonamide und Penicilline. Stuttgart: Georg Thieme 1948. — SCHOENTAL, R.: Brit. J. exp. Path. 22, 137 (1941). Zit. W. S. SPECTOR. — SCHOLER, H. J.: Experimentelle Aspergillose der Maus (Aspergillus fumigatus) und ihre chemotherapeutische Beeinflussung. Schweiz. Z. Path. 22, 564 (1959). — SCHRAUFSTÄTTER, E., R. RICHTER u. W. DITSCHEID: Zur Chemotherapie der Pilzinfektionen. II. Mitt. Arch. Derm. Syph. (Berl.) 188, 259 (1949). — SCHUBERT, E.: Erfahrungen mit Antimycin forte. Berl. Med. 8, H. 8 (1957). — SCHUBERT, G. E.: Erfahrungen mit den mykoziden und bakteriziden Chemotherapeuticum „Curis". Ther. Gegenw. 95, H. 9 (1956). — SCHUBERT, M.: Eine einfache und erfolgreiche Behandlungsmethode der Onychomykosen. Medizinische 1955, 1465. — SCHUBERT, R.: Erfahrungen mit Sterosan. Z. Haut- u. Geschl.-Kr. 16, 17 (1953). — SCHUERMANN, H.: Krankheiten der Mundschleimhaut und der Lippen. Münch. u. Berlin: Urban & Schwarzenberg 1955. — SCHÜRMANN, R.: Über Soormykosen nach antibiotischer Behandlung. Ärztl. Wschr. 8, 719 (1953). — SCHULDES, H.: Erfahrungen in der Behandlung von Soor, Trichomonaden-Kolpitis und mischinfiziertem Fluor vaginalis mit einem neuen Chemotherapeuticum. Med. Klin. 53, 59 (1958). — SCHULTZE, W.: Die Behandlung von Dermatomykosen mit Dermofonginpräparaten. Dtsch. med. Wschr. 80, 27 (1955). — SCHULZ, H. J.: Klinische Erfahrungen mit Chlorisept bei mykotischen Erkrankungen der Haut. Z. Haut- u. Geschl.-Kr. 11, 470 (1950). — SCHUPPLI, R.: Über die Wirkung von Sterosan-Hydrocortison-Salbe. Schweiz. med. Wschr. 87, 956 (1957). — SCHWARTZ, L., M. ROBINSON and J. Q. GANT: A new treatment for superficial mycoses. Industr. Med. (Chicago) 18, 257 (1949). — SCHWARZ, H. G.: (1) Fettsäuren der mittleren Kettenlänge als therapeutisches Mittel gegen Dermatomykose. Z. Haut- u. Geschl.-Kr. 15, 299 (1954). — (2) Die Waschkaue, ein arbeitshygienisches

Problem. Arch. Gewerbepath. Gewerbehyg. 16, 227 (1958). — SCHWARZ, J.: Laboratory experiences with griseofulvin. Symposium griseofulvin and dermatomycosis, 26. u. 27. 10. 1959 Miami/Florida. — SCHWARZ, J., and S. ADRIANO: Failure of stilbamidine to arrest experimental blastomycosis in mice. J. invest. Derm. 20, 329 (1953). — SCHWARZ, J., and G. BAUM: A critical review of medical mycology in the United States 1946—1956. Mycopathologia (Den Haag) 8, 271 (1957). — SCHWEBEL, S., W. SNYDER and W. N. SLINGER: Ineffectiveness and toxicity of podophyllin in treatment of tinea capitis. J. Amer. med. Ass. 149, 261 (1952). — SCIGLIANO, J. C., T. C. GRUBB and D. E. SHAY: Fungicidal testing of some organo-copper compounds. J. Amer. pharm. Ass., sci. Ed. 39, 673 (1950). — SCULLY, J. P., C. S. LIVINGOOD and D. M. PILLSBURY: The local treatment of tinea capitis due to M. audouini. The importance of inflammatory reaction as an index of curability. J. invest. Derm. 10, 111 (1948). — SEABURY, J. H.: Stilbamidine in the treatment of histoplasmosis: two case reports. Ann. intern. Med. 31, 520 (1949). — SEALE, E. E.: Studies on the fungistatic powers of a new benzothiazol and an antihistaminic compound. Canad. med. Ass. J. 65, 582 (1951). — SEDLACEK, A.: Erfahrungen mit Sterosan als Antimykoticum in der Praxis. Wien. med. Wschr. 1954, 655. — SEELIGER, H. P. R.: (1) Fortschritte in der Chemotherapie disseminierter Mykosen. Dtsch. med. Wschr. 81, 2041 (1946). — (2) Successful treatment of mycetoma caused by Monosporium apiospermum. In: Therapy of fungus diseases. Edit. by T. H. STERNBERG and V. D. NEWCOMER, pp. 328—332. — (3) Pilzhemmende Wirkung eines neuen Benzimidazol-Derivates. Mykosen 1, 162 (1958). — SEEYA, K.: Therapeutic action of "repare" ointment against fungus skin conditions. Jap. Saf. Forc. Med. J. 3, 718 (1956). — SEGRETAIN, G., et E. DROUHET: L'action de la streptomycine sur Torulopsis histolytica (= Torulopsis neoformans) in vitro et in vivo. C.R. Soc. Biol. (Paris) 142, 319 (1948). — SELIGMAN, E.: Virulence enhancing activities of aureomycin on Candida albicans. Proc. Soc. exp. Biol. (N.Y.) 79, 481 (1952). — SELIGMAN, S. A.: Treatment of actinomycosis with aureomycin. Brit. med. J. 1954 I, 1421. — SENECA, H.: Fungicidal properties of antihistaminica. Science 115, 48 (1952). — SENECA, H., J. H. KANE and J. ROCKENBACH: Antibiot. and Chemother. 2, 357 (1952). Cit. S. A. WAKSMAN and H. A. LECHEVALIER, Actinomycetes and their antibiotics. — SERPA, J. D. MELO: Candidamykosen der Haut bei Kindern. J. Pediat. Rio de Janeiro 23, 57 (1958). — SERRI, F.: (1) Influence of p-aminobenzoic acid on the growth of some dermatophytes. Acta vitamin. (Milano) 2, 73 (1948). Ref. Rev. Med. vet. Mycol. 1, 343 (1950). — (2) Pouvoir antifongique de la polymyxine (aérosporine) sur huit souches de dermatomycètes. C.R. Soc. Biol. (Paris) 143, 362 (1949). — SHAFFER, L. W., and H. S. ZACKHEIM: Sporotrichosis: report of a case in which treatment with iontophoresis was successful. A.M.A. Arch. Derm. 56, 244 (1947). — SHAH, A. M., and J. W. JONES: Synthesis and antifungal studies on new organic compounds. J. Amer. pharm. Ass., sci. Ed. 47, 399 (1958). — SHAPIRO, A. L., and S. ROTHMAN: Undecylenic acid in the treatment of dermatomycosis. A.M.A. Arch. Derm. 52, 166 (1945). — SHARP, J. L.: The growth of Candida albicans during antibiotic therapy. Lancet 1954 I, 390. — SHIDLOVSKY, B. A., M. MARMELL, R. TURELL and A. PRIGOT: The effect of chlorquinaldol alone and in combination with neomycin on the intestinal microbial flora of man. In: Therapy of fungus diseases. Edit. by TH. H. STERNBERG and V. D. NEWCOMER, pp. 154—159. — SHUMARD, R. S., D. J. BEAVER and M. C. HUNTER: New bacteriostat for soap. An evaluation of biological and chemical properties of "actamer" [2,2'-thiobis(4,6-dichlorophenol)]. Soap (N.Y.) 20, 6 (1953). Ref. Rev. Med. vet. Mycol. 2, 181 (1954). — SIDI, E., et J. BOURGEOIS SPINASSE: Traitement de certaines mycoses rebelles par un extrait de «Pénicillium griseofulvum Dierkx» (per os). Presse méd. 67, 1099 (1959). — SIEGEL, M.: Fungistatic activity of methylparaben and propylparaben. Antibiot. and Chemother. 3, 478 (1953). — SIERRA, G., and H. A. VERINGA: The effect of oxy-chlororaphin on the growth in vitro of Streptomyces spp. and some pathogenic fungi. Nature (Lond.) 182, 265 (1958). — SIGG, K.: Traitement des mycoses interdigitales des pieds et les eczémas mycosiques par le sterosan. Schweiz. med. Wschr. 1947, 123. — SIGNORELLI, S.: (1) Sulfamidici e penicillina nell'actinomicosi. Progr. med. (Napoli) 1, 18 (1945). Zit. Mycopathologia (Den Haag) 4, 309 (1948). — (2) Considerazioni sulla fisiopatologia della actinomicosi umana a proposito del meccanismo d'azione della cura sulfamidica e penicillinica. Soc. Nap. Chir. Seduta del 21. 12. 1945. Zit. Mycopathologia (Den Haag) 4, 309 (1948). — SIMMONDS, W. L.: (1) An in vitro method for the evaluation of water soluble fungicides against trichophyton. Z. Hyg. Infekt.-Kr. 132, 34 (1951). Ref. Rev. Med. vet. Mycol. 1, 474 (1951). — (2) A comparison of methods for the evaluation of fungicides. Z. Hyg. Infekt.-Kr. 132, 42 (1951). Ref. Rev. Med. vet. Mycol. 1, 474 (1951). — SIMONS, R. D. G. PH.: Medical mycology. Amsterdam, Houston, New York and London: Elsevier Publ. Comp. 1954. — SING, T. B.: (1) Acquired resistance to fatty acid and sulfanilamide of certain Trichophyton-strains. Dermatologica (Basel) 99, 231 (1949). — (2) Clinical observations on the treatment of dermatophytosis with fatty acids. Dermatologica (Basel) 100, 105 (1950). — SING, T. B., and B. A. VERHAGEN: Comparative investigation into the fungistatic action of fatty acids and other anti-mycotica in vitro and some observations on the increasing

resistance of fungi against drugs. Dermatologica (Basel) **99**, 139 (1949). — SISKIND, W. M., and D. RICHTBERG: Tinea capitis in a city hospital. Treatment with X-ray. N.Y. St. J. Med. **58**, 2040 (1958). — SLADE, P. R., M. A. HASEEB and H. V. MORGAN: Oxytetracycline in the treatment of maduromycosis. J. trop. Med. Hyg. **59**, 262 (1956). — SLAUGHTER, H. W.: Asteroltreatment of superficial fungus infections. J. med. Ass. Ala. **22**, 147 (1952). Ref. Rev. Med. vet. Mycol. **2**, 231 (1955). — SLAUGHTER jr., J. C.: Stilbamidine in treatment of widely disseminated blastomycosis (with two year follow-up). A.M.A. Arch. Derm. **70**, 663 (1954). — SLOANE, M. B.: A new antifungal antibiotic, mycostatin (nystatin), for the treatment of moniliasis: a preliminary report. J. invest. Derm. **24**, 569 (1955). — SMITH, D. T.: (1) The diagnosis and therapy of mycotic infections. Bull. N.Y. Acad. Med. **29**, 778 (1953). — (2) Stilbamidine therapy in blastomycosis. Gen. Practit. 8, 69 (1953). — (3) Therapy for the systemic fungus infections. N.Y. J. Med. **54**, 2303 (1954). — (4) Therapy for pulmonary and systemic fungus diseases. Postgrad. Med. **20**, 18 (1956). — SMITH, G. M., and R. M. ARMEN: Pulmonary moniliasis treated by brillant green aerosol: report of a case. Ann. intern. Med. **43**, 1302 (1955). — SMITH jr., J. G.: Widespread T. rubrum granulomas treated with griseofulvin. Symposium griseofulvin and dermatomycoses, 26. u. 27. 10. 1959. Miami/ Florida. — SMITH, L. M.: Treatment of deep fungous infections. Postgrad. Med. **9**, 258 (1951). — SMITH, R. M., W. H. PETERSON and E. MCCOY: Oligomycin, a new antifungal antibiotic. Antibiot. and Chemother. **4**, 962 (1954). — SNAPPER, I., L. A. BAKER, B. D. EDIDIN and D. S. KUSHNER: The results of 2-hydroxy-stilbamidine therapy in disseminated coccidioidomycosis. Ann. intern. Med. **43**, 271 (1955). — SNAPPER, I., and L. V. MCVAY: The treatment of North American blastomycosis with 2-hydroxy-stilbamidine. Amer. J. Med. **15**, 603 (1953). — SNAPPER, I., B. SCHNEID, L. MCVAY and F. LIEBEN: Pharmacology and therapeutical value of diamidine derivatives, particularly of 2-hydroxystilbamidine. N.Y. Acad. Sci. **14**, 269 (1952). — SNYDER, W.: Asterol dihydrochloride therapy of Microsporum audouini scalp infections. A.M.A. Arch. Derm. **65**, 464 (1952). — SOBIN, B. A., and F. W. TANNER jr.: J. Amer. chem. Soc. **76**, 4053 (1954). Zit. W. S. SPECTOR. — SOKOLOFF, O. S: Clinical evaluation of "diphenylpyraline" as an antifungal agent. A.M.A. Arch. Derm. **64**, 754 (1951). — SOLARI, M. A., y M. N. G. FERNANDEZ: Nistatina sobre foco intestinal de „Candida albicans" y síndromes alérgicos. Rev. Asoc. méd. argent. **71**, 36 (1957). — SOLOTOROVSKY, M., and E. J. BUGIE: The effect of streptothricin on systemic infection with Cryptococcus neoformans. J. Immunol. **60**, 497 (1948). — SOLOTOROVSKY, M., E. J. IRONSON, F. J. GREGORY and S. WINSTEN: Activity of certain diamidines against blastomycosis and candida infection in mice. Antibiot. and Chemother. **4**, 165 (1954). — SOLOTOROVSKY, M., G. QUABECK and S. WINSTEN: Antifungal activity of candidin, nystatin, eulicin, and stilbamidine against experimental infections in the mouse. Antibiot. and Chemother. **8**, 364 (1958). — SOMERS, E.: Fungitoxicity of metal ions. Nature (Lond.) **184**, 475 (1959). — SOO-HOO, G., and E. GRUNBERG: The antifungal activity of metal derivatives of 3-pyridine thiol. J. invest. Derm. **14**, 169 (1950). — SOUTHAM, C. M.: Antibiotic activity of extract of western red cedar heartwood. Proc. Soc. exp. Biol. (N.Y.) **61**, 391 (1946). — SPAULDING, E. H., and R. R. TYSON: The role of nystatin in intestinal antisepsis. Monogr. Ther. **2**, 38 (1957). — SPECTOR, W. S.: Handbook of toxicology. Vol. II: Antibiotics. Philadelphia and London: W. B. Saunders Company 1957. — SPERBER, P. A.: Whale oil, trichophytin, and autoserotherapy in the treatment of epidermophytosis. Ann. Allergy **7**, 91 (1949). — SRIVASTAVA, O. P.: Trichosporon cutaneum from the foot-skin of man and the effect of antifungal drugs on it. J. Indian bot. Soc. **36**, 268 (1957). — STÄDTLER, K.: Die Mastitis und ihre Prophylaxe mit Sterosan. Medizinische **1956**, 1315. — STAIB, F., u. S. ATA: Die Desinfektionswirkung des Desinfektionsmittels „Quartasept" gegenüber Hefen und hefeartigen Pilzen. Desinfekt. Gesdh.-Wes. **48**, 182 (1957). — STANSLY, P. G., and N. H. ANANENKO: Arch. Biochem. **23**, 256 (1949). Zit. W. S. SPECTOR. — STAPFF, V., y J. E. MACKINNON: Tratamiento de un caso de histoplasmosis con diamidinodifenilamina. An. Fac. Med. Montevideo **43**, 116 (1958). — STEDMAN, R. L., S. L. ENGEL and I. M. BILSE: Quaternarya mmonium derivatives of ω-amino-acids, a new series of quaternary ammonium compounds. Appl. Microbiol. **1**, 142 (1953). — STEINBERG, B. A., and W. P. JAMBOR: The effect of nystatin (mycostatin) on experimental candidiasis in mice and embryonated eggs. In: Therapy of fungus diseases. Edit. by TH. H. STERNBERG and V. D. NEWCOMER, pp. 195—198. — STEINBERG, B. A., W. P. JAMBOR and L. O. SUYDAM: Amphotericin A and B: Two new antifungal antibiotics possessing high activity against deepseated and superficial mycoses. Antibiot. Ann. **1955/56**, 574. — STENDERUP, A.: (1) Effect of diamidines on Candida albicans in vitro. Acta path. microbiol. scand. **36**, 361 (1955). — (2) Moniliasis treated with pentamidin. VI. Internat. Kongr. Trop. Mal. 5.—13. 9. 1958 Lissabon. — STENDERUP, A., J. BICHEL and F. KISSMEYER-NIELSEN: Pentamidin ved moniliasis. Nord. Med. **55**, 589 (1956). — STERNBERG, TH. H., and V. D. NEWCOMER: Therapy of fungus diseases. Boston: Little, Brown & Comp. 1955. — STERNBERG, TH. H., J. E. TARBET, V. D. NEWCOMER, H. G. HIDDLESON, R. H. WEIR, E. T. WRIGHT and R. O. EGEBERG: Antifungal effects of nystatin on the fecal lora of animals and

man. Antibiot. Ann. **1953/54**, 199. — STERNBERG, TH. H., E. T. WRIGHT and M. OURA: A new antifungal antibiotic, amphotericin B. Antibiot. Ann. **1955/56**, 566. — STESSEL, G. J., C. LEBEN and G. W. KEITT: Phytopathol. **42**, 20 (1952); **43**, 23 (1953). Zit. W. S. SPECTOR. — STEWART, G. T.: Laboratory and clinical studies with nystatin in postantibiotic mycotic infections. Brit. med. J. **1956 I**, 658. — STEWART, W. D., B. KANEE, J. L. DANTO and ST. W. MADDIN: Griseofulvin: A clinical report. The effect of griseofulvin on some superficial fungal infections and upon the cultures taken from these infections. Canad. med. Ass. J. **81**, 726 (1959). — STOKES, J. L., R. L. PECK and C. R. WOODWARD jr.: Proc. Soc. exp. Biol. (N.Y.) **51**, 126 (1946). Zit. W. S. SPECTOR. — STOUGH, A. R.: Amphotericin B, a new antifungal agent for the prophylaxis of antibiotic-induced moniliasis. Antibiot. Med. **6**, 653 (1959). — STRAUSS, T. E., A. M. KLIGMAN and D. M. PILLSBURY: The chemotherapy of actinomycosis and nocardiosis. Amer. Rev. Tuberc. **63**, 441 (1951). — STRICKLER, A.: (1) Treatment of tinea capitis with special iodine and dilute acetic acid. A.M.A. Arch. Derm. **53**, 454 (1946). — (2) The treatment of tinea capitis with special iodine and dilute acetic acid. Report of results in a larger series of patients. Urol. cutan. Rev. **51**, 264 (1947). — STRITZLER, C., I. M. FISHMAN and S. LAURENS: (1) Treatment of superficial fungus infections with a new antifungal agent. Trans. N.Y. Acad. Sci., ser. II **13**, 31 (1950). — (2) Treatment of T. capitis with a new antifungal compound. A.M.A. Arch. Derm. **63**, 606 (1951). — STRUYK, A. P., G. DROST, J. M. HAISVISZ, T. VAN EEK and J. C. HOOGERHEIDE: Pimaricin, a new antifungal antibiotic. Antibiot. Ann. **1957/58**, 878. — SULI, M.: Candide alergia facial. Su tratamiento con nistatina (Resumen). Rev. Asoc. méd. argent. **71**, 16 (1957). — SULLIVAN, C. N.: Ringworm of the scalp: Successful treatment of 7 institutional cases by manual epilation and salicylanilide ointment. Conn. med. J. **13**, 1125 (1949). — SULLIVAN, M., and H. A. FISHBEIN: Field trial of United States Army fungicidal ointment. J. invest. Derm. **10**, 293 (1948). — SULZBERGER, M. B., and R. L. BAER: (1) Griseofulvin, an oral antibiotic for the treatment of many fungous common infections of the skin, hair and nails. Excerpta med. (Amst.), Sect. XIII **13**. 145 (1959). — (2) Trichophyton rubrum, generalized five years. A.M.A. Arch. Derm. **80**, 630 (1959). — SULZBERGER, M. B., and A. KANOF: (1) Comparative evaluation of preparations for the prophylaxis and treatment of fungous infections of feet. Nav. med. Bull. Wash. **46**, 822 (1946). Ref. Rev. Med. vet. Mycol. **1**, 159 (1947). — (2) Undecylenic and propionic acids in the prevention and treatment of dermatophytosis. A.M.A. Arch. Derm. **55**, 391 (1947). — SULZBERGER, M. B., H. C. SHAW and A. KANOF: Evaluation of measures for use against common fungous infections of skin; screening tests by means of paired comparisons on human subjects. Nav. med. Bull. Wash. **45**, 237 (1945). — SUTER, L. C.: In vitro development of resistance of Actinomyces bovis to antibiotics. Antibiot. and Chemother. **7**, 285 (1957). — SUTER, L. S., and B. F. VAUGHAN: The effect of antibacterial agents on the growth of Actinomyces bovis. Antibiot. and Chemother. **5**, 557 (1955). — SUTLIFF, W. D., J. W. KYLE and J. L. HOBSON: North American blastomycosis: Clinical forms of the disease and treatment with stilbamidine and 2-hydroxystilbamidine. Ann. intern. Med. **41**, 89 (1954). — SWART, E. A., A. H. ROMANO and S. A. WAKSMAN: Proc. Soc. exp. Biol. (N.Y.) **73**, 376 (1950). Zit. W. S. SPECTOR. — SZENDI, B.: Konservative Behandlung von genitaler Aktinomykose mit Penicillin. Gynaecologia (Basel) **137**, 161 (1954).

TABER, W. A., and L. C. VINING: Amidomycin, a new antibiotic from a Streptomyces species. Production, isolation, assay, and biological properties. Canad. J. Microbiol. **3**, 953 (1957). — TABER, W. A., L. C. VINING and S. A. WAKSMAN: Candidin, a new antifungal antibiotic produced by Streptomyces viridoflavus. Antibiot. and Chemother. **4**, 455 (1954). — TAGER, M., and T. S. DANOWSKI: Inhibition of the growth of fungi by thiourea derivatives, particularly hydrazine dithiocarbamyl. J. infect. Dis. **82**, 126 (1948). — TAGER, M., A. B. HALES and T. S. DANOWSKI: Studies on the suppression of fungus growth by thiourea. III. The effects of protein fractions, amino acids, and thiol compounds. J. infect. Dis. **84**, 284 (1949). — TAIRA, T., and S. FUJII: J. Antibiot. **5**, 185 (1952). Zit. W. S. SPECTOR. — TAKAHASHI, H., E. TSUBURA, H. TANAKA and F. HIRAO: Effect of oral administration of nystatin (mycostatin) and tetracycline-nystatin (mysteclin) tablets. J. Antibiot. **11**, 30 (1958). — TAKAHASHI, I.: (1) Studies on the antibiotic substances from actinomyces. XX. Antiyeast factors produced by the so-called "first group" actinomyces. J. Antibiot. **5**, 188 (1952). — (2) A new antifungal substance "flavacid". Studies on the antibiotic substances from actinomyces. XXVII. J. Antibiot . **6**, 117 (1953). — TAKAHASHI, Y., and K. KURODA: Clinical experience with nystatin in cutaneous candidiasis and cutaneous mycosis. J. Antibiot. **11**, 3 (1958). — TANIOKU, K., M. NAKAHIRA and Y. SAIDA: Clinical experiments with nystatin. J. Antibiot. **11**, 6 (1958). — TANISSA, A.: Action fongistatique et fongicide de l'huile de foie de morne et d'un mélange d'acides gras fortement non saturés (thérapique, arachidonique et clupanodonique) provenant de cette huile. Ann. Derm. Syph. (Paris) **9**, 654 (1949). — TANNER jr., F. W., A. R. ENGLISH, T. M. LEES and J. B. ROUTIEN: Antibiot. and Chemother. **2**, 441 (1952). Cit. S. A. WAKSMAN and H. A. LECHEVALIER, Actinomycetes and their antibiotics. — TAPPEINER, J.: Griseofulvin, ein peroral wirksames Antimykoticum bei

Trichophytia superficialis capillitii et corporis. Derm. Wschr. 1959, 744. — TARBET, J. E., M. OURA and TH. H. STERNBERG: Microassay of antifungal properties of steroid hormones and other compounds. Mycologia (N.Y.) 45, 627 (1953). — TARBET, J. E., and TH. H. STERNBERG: Microbiological estimation of antifungal blood levels following administration of fungicides. Mycologia (N.Y.) 46, 263 (1954). — TASCHDJIAN, C. L.: (1) Resistance of Trichophyton rubrum and Microsporum audouini to 2-hydroxystilbamidine induced in vitro. J. invest. Derm. 23, 385 (1954). — (2) In vitro effects of stilbamidine and 2-hydroxystilbamidine on some pathogenic fungi. J. invest. Derm. 22, 521 (1954). — TEHON, L. R.: Fungistatic potencies of some fluorinated p-benzoquinones. Science 114, 663 (1951). — TELLER, H.: Diskussionsbemerkung Tagg Hamburg. Dermat. Ges., 28. 11. 1959, Hamburg-Eppendorf. — TEMIME, P.: Essais cliniques d'un nouvel antifongique dérivé du benzothiazol dans les mycoses de la peau et des phanères. Sem. Hôp. Paris 1954, 438. —TEMIME, P., et Y. PRIVAT: A propos de notre premier cas de favus traité par griséofulvine, avec des résultats favorables. Bull. Soc. franç. Derm. Syph. 66, 610 (1959). — TEMPS, W.: Erfahrungen aus der dermatologischen Praxis mit Myxal. Medizinische 1955, 749. — TER HORST, W. P., and E. L. FELIX: 2,3-Dichloro-1,4-naphthoquinone. A potent organic fungicide. Industr. engng. Chem. 35, 1255 (1943). — THAESLER, G.: Die Behandlung der Hautpilzerkrankungen mit Curis. Derm. Wschr. 135, 181 (1957). — TIESSEN, H. J.: Die externe Dermatotherapie mit Quecksilberpräparaten. Derm. Wschr. 135, 548 (1957). — TIRUNARAYANAN, M. O., W. A. VISCHER u. H. BRUHIN: Untersuchungen über den Wirkungsmechanismus der Thiosemicarbazone. Schweiz. Z. Path. 21, 964 (1958). — TOMB, J. W.: The treatment of tinea (dhobie's itch). J. trop. Med. Hyg. 46, 6 (1943). Ref. Rev. Med. vet. Mycol. 1, 62 (1945). — TOMICH, E. G.: Mitteilung an GENTLES. Zit. bei J. C. GENTLES, The treatment of ringworm with griseofulvin. Brit. J. Derm. 71, 427 (1959). — TORRENS, J. A., and M. W. W. WOOD: Streptomycin in the treatment of actinomycosis. Report on three cases. Lancet 1940 I, 1091. — TRAUB, E. F., and D. SCHULTHEIS: Gassing of fungi: a preliminary report. A.M.A. Arch. Derm. 60, 272 (1949). — TRONSTEIN, A. J.: Beurteilung der Lokalbehandlung mit Dichloroxychinaldin (Sterosan) in der Dermatologie. J. invest. Derm. 13, 119 (1949). — TSUBURA, E.: Experimental studies on treatment of candidiasis. Chemother. (Jap.) 6, 72 (1958). Ref. Rev. Med. vet. Mycol. 3, 180 (1959). — TSUBURA, E., H. TANAKA, F. HIRAO, Y. KAWAMURA and H. TAKAHASHI: Studies on treatment of experimental candidiasis. J. Antibiot. 11, 26 (1958). — TUBBS, O. S.: Treatment of actinomycosis. In R. W. RIDDELL and G. T. STEWART: Fungous diseases and their treatment. London: Butterworth & Comp. 1958. — TWINING, H. E., H. M. DIXON and F. D. WEIDMAN: Penicillin in treatment of madura foot: report of two cases. Nav. med. Bull. Wash. 46, 417 (1946). — TYTELL, A. A., F. J. MCCARTHY, W. P. FISHER, W. A. BOLHOFER and J. CHARNEY: Fungichromin and fungichromatin: new polyene antifungal agents. Antibiot. Ann. 1954/55, 716.

UCHIMURA, R., S. NAKAZAWA, K. NUMAO and G OGAWA: Clinical treatment of nystatin. J. Antibiot. 11, 32 (1958). ULRICH, E. W., L. S. SUTER and W. B. DUNHAM: The sensitivity of Blastomyces dermatitidis to antifungal agents. Mycologia (N.Y.) 44, 115 (1952). — ULRICH, J. A., and T. B. FITZPATRICK: Reversible inhibition of growth of Microsporum audouini with neopyrithiamin. Proc. Soc. exp. Biol. (N.Y.) 76, 346 (1951). — UMEZAWA, H., T. TAKEUCHI, K. NITTA and Y. OKAMI: J. Antibiot. 6, 147 (1953). Zit. W. S. SPECTOR. — UMEZAWA, H., T. TAZAKI and S. FUKUYAMA: Jap. med. J. 4, 331 (1951). Cit. S. A. WAKSMAN and H. A. LECHEVALIER: Actinomycetes and their antibiotics. — UNDERWOOD, P. C., J. H. COLLINS, C. G. DURBIN, F. A. HODGES and H. E. ZIMMERMAN: Critical tests with copper sulfate for experimental moniliasis (cropmycosis) of chickens and turkeys. Poultry Sci. 35, 599 (1956). Ref. Rev. Med. vet. Mycol. 2, 478 (1957). — UNGERMAN, A. H., and M. S. UNGERMAN: Toxic encephalopathy occuring during topical treatment for tinea capitis. J. Okla. St. med. Ass. 46, 304 (1953). Ref. Rev. Med. vet. Mycol. 2, 234 (1955). — UNSÖLD, H.: Werksärztliche Prophylaxe und Behandlung der Mykose mit Multifungin. Münch. med. Wschr. 101, 1048 (1959). — URBAN, H. J.: Die praktische Durchführung eines umfassenden Hautschutzplanes in einem Werk der chemischen Industrie, unter besonderer Berücksichtigung der Dermatomykosen. Berufsdermatosen 2, 54 (1955). — URI, J.: (1) Further experiments and results on Flavofungin. VI. Internat. Kongr. Trop. Mal. 5.—13. 9. 1958, Lissabon. — (2) Menschenpathogene Pilze in der Antibioticum-Forschung. 1. Mitt. Die Antibioticum-Produktion der Dermatophyten. Arzneimittel-Forsch. 8, 53 (1958). — (3) Menschenpathogene Pilze in der Antibioticum-Forschung. 2. Mitt. Gegen menschenpathogene Pilze wirksame, von Actinomyceten stammende Antibiotica. Arzneimittel-Forsch. 8, 687 (1958). — (4) Menschenpathogene Pilze in der Antibioticumforschung. 3. Mitt. Arzneimittelforsch. 9, 175 (1959). — (5) Menschenpathogene Pilze in der Antibioticumforschung. 4. Mitt. Arzneimittel-Forsch. 9, 326 (1959). — URI, J., and I. BEKESI: Flavofungin, a new crystalline antibiotic: organic and biological properties. Nature (Lond.) 181, 908 (1958). — URI, J., R. BOGNÁR, ST. BÉKÉSI u. M. BALOGH: Die antimykotische Wirkung der p-Oxybenzoesäureester. Derm. Wschr. 1955, 942. — URI, J., P. JUHÁSZ u. G. CSOBÁN: Über die Penicillinbildung von

Trichophyton mentagrophytes-Stämmen. Pharmazie 10, 709 (1955). — Úri, J., and G. Szabo: The inhibition of the growth of dermatophytes by 8-hydroxyquinoline. Acta physiol. Acad. Sci. hung. 3, 425 (1952). — Úri, J., S. Szathmáry u. Z. Herpay: Über die Antibioticaproduktion von Pilzen am Ort ihres natürlichen Vorkommens. Der Nachweis der Antibioticaproduktion von in Horngebilden lebenden Dermatophyten. Pharmazie 12, 485 (1957). — Utahara, R., Y. Okami, S. Nakamura and H. Umezawa: J. Antibiot. 7, 120 (1954). Zit. W. S. Spector. — Utz, J. P., D. B. Louria, N. Feder, C. W. Emmons and N. B. McCullough: A report of clinical studies on the use of amphotericin in patients with systemic fungal diseases. Antibiot. Ann. 1957/58, 65. — Utz, J. P., A. Treger, N. B. McCullough and C. W. Emmons: Amphotericin B: Intravenous use in 21 patients with systemic fungal diseases. Antibiot. Ann. 1958/59, 628.

Valdes, E. F.: Tratamiento de la chromoblastomicosis por el calciferol y el yoduro de potasio. Rev. Sif. Leprol. 12, 58 (1956). Ref. Rev. Med. vet. Mycol. 3, 52 (1958). — Van Assen, E. J. J.: De behandeling van mycosis vaginae. Ned. T. Geneesk. 94, 3697 (1950). — Vanbreuseghem, R.: (1) Nouvelle technique de détermination du pouvoir fungistatique à l'égard des dermatophytes. Arch. belges Derm. 6, 1 (1950). — (2) Épidémiologie et thérapeutique des pieds de Madura au Congo belge. Bull. Soc. Path. exot. 51, 793 (1958). — (3) Mycoses of man and animals. London: Sir Isaac Pitman & Sons 1958. — (4) Technique simple pour la détermination de la sensibilité d'Actinomyces bovis aux antibiotiques. Ann. Soc. belge Méd. trop. 39, 223 (1959). — Vanbreuseghem, R., et P. Bruaux: Nouvel essai de traitement des teignes du cuir chevelu par l'ásterol au Congo belge. Ann. Soc. belge Med. trop. 37, 933 (1957). — Vanbreuseghem, R., et B. Della Torre: Synergie fungistatique ét fungicide in vitro et in vivo d'un derivé chloré du diphénylméthane associé à un détergent. Arch. belges Derm. 15, 64 (1959). — Vanbreuseghem, R., et R. Eyckmans: Moniliase chronique résistante à nystatin. Arch. belges Derm. 12, 323 (1956). — Vanbreuseghem, R., et F. Gatti: Action fungistatique, fungicide et morphogénétique de l'astérol sur les dermatophytes congolais. Ann. Soc. belge Méd. trop. 33, 697 (1953). — Vandeputte, J., J. L. Wachtel and E. T. Stiller: Amphotericin A and B: Antifungal antibiotics produced by a streptomycete. II. The isolation and properties of the crystalline amphotericins. Antibiot. Ann. 1955/56, 587. — Van Vlierberghe, R. G., S. Pattyn et R. Vanbreuseghem: Chromoblastomycose guérie chez un tuberculeux au cours d'un traitement par l'isoniazide. Ann. Soc. belge Méd. trop. 37, 965 (1957). — Veltman, G.: Zur Behandlung der Epidermophytien mit Bradex-Vioform. Derm. Wschr. 129, 363 (1954). — Vercruysse, A.: Résultats comparatifs de divers modes de traitement des teignes microsporiques. Arch. belges Derm. 6, 76 (1950). — Vermeil, C.: Mycologie médicale humaine en Tunisie: revues des principales acquisitions, analyses des données concernant les années 1946—1956. — Mycopathologia (Den Haag) 8, 206 (1957). — Viglioglia, P. A., R. O. Linares y A. Rivero: Los agentes cuaternarios de amino en dermatologia. Sem. méd. (B. Aires) Nr 3236, 89 (1956). — Vilanova, X., y M. Casanovas: (1) Acción fungistática y fungicida de las esencias vegetales y de otros perfumes. Act.-dermo-sifiliogr. (Madr.) 40, 393 (1949). — (2) Untersuchungen über fungistatische und fungicide Mittel. Arch. Derm. Syph. (Berl.) 189, 254 (1949). — (3) Bestätigung der von einigen Bestandteilen pflanzlicher Essenzen bei Diffusion durch die Luft ausgeübten fungistatischen Wirkung. Act. dermo-sifiliogr. (Madr.) 40, 787 (1949). — (4) Artificially produced resistance in the Trichophyton gypseum in the presence of undecylenic acid and in the presence of some vegetable essences. J. invest. Derm. 15, 161 (1950). — (5) The fungistatic and fungicidal activity of vegetable essential oils and their components. J. invest. Derm. 20, 447 (1953). — Vilanova, X., M. Casanovas, F. Garci-Valdecasas y P. Puig Muset: (1) Investigaciones sobre los efectos fungicidas y fungistáticas de los ácidos grasos obtenidos del cabello humano del adulto. Med. clín. (Barcelona) 10, 380 (1948). — (2) Las propriedades fungistáticas y fungicidas de los ácidos grasos. Acido undecilénico. Ensayos experimentales y clínicos. Med. clín. (Barcelona) 11, 224 (1948). — Vilanova, X., M. Casanovas y J. Pujol: Resultados obtenidos en el tratamiento de las tiñas tonsurantes con la sal sódica del ácido paraamino-benzoico y las esencias vegetales. Act. derm.-sifiliogr. (Madr.) 49, 361 (1958). — Vogel, R. A., and J. C. Crutcher: Studies on the bioassay and excretion of amphotericin B in patients with systemic mycoses. Antibiot. Med. 5, 501 (1958). — Volini, M., R. K. Stubbs and N. Ercoli: Trypanocidal, antibacterial and antifungal effectiveness of monothiouronium derivatives. Antibiot. and Chemother. 6, 603 (1956). — Volta, W.: Die antimykotische Wirkung des Vitamin K_5 in vitro. Z. Haut- u. Geschl.-Kr. 14, 137 (1953). Vonkennel, J.: (1) Antibiotische und Chemotherapie der Hautkrankheiten. Therapiewoche 2, 183 (1951/52). — (2) Die Epidermophytia pedum et manuum. Ciba-Symp. 4, 73, (1956). — Vonkennel, J., u. J. Kimmig: Versuche und Untersuchungen mit neuen Sulfonamiden. Klin. Wschr. 20, 2 (1941). — Vonkennel, J., J. Kimmig u. B. Korth: Versuche und Untersuchungen mit neuen Sulfonamiden. Z. klin. Med. 138, 695 (1940). — Vonkennel, J., J. Kimmig u. A. Lembke: Die Mykoine, eine neue Gruppe therapeutisch wirksamer Substanzen aus Pilzen. Klin. Wschr. 22, 321 (1943).

Wakaki, S., S. Akanabe, K. Hamada and T. Asahina: J. Antibiot. 5, 677 (1952). Zit. S. A. Waksman and H. A. Lechevalier: Actinomycetes and their antibiotics. — Wakaki, S., S. Akanabe, K. Hamada and I. Kurihara: J. Antibiot. 5, 24 (1952). Cit. S. A. Waksman and H. A. Lechevalier, Actinomycetes and their antibiotics. — Waksman, S. A.: (1) The actinomycetes. Their nature, occurrence, activities and importance. Chron. bot. (Waltham) 22, 230 (1950). — (2) Outstanding problems in the study of antibacterial and antifungal antibiotics, with special reference to the antibiotics of actinomycetes. In: Therapy of fungus diseases. Edit. by T. H. Sternberg and V. D. Newcomer, pp. 3—12. — Waksman, S. A., and E. S. Horning: The production of two antibacterial substances, fumigacin and clavacin, by Aspergillus fumigatus and Aspergillus clavatus. Science 96, 202 (1942). — Waksman, S. A., E. S. Horning, M. Welsh and H. B. Woodruff: Distribution of antagonistic actinomycetes in nature. Soil Sci. 54, 281 (1942). — Waksman, S. A., and H. A. Lechevalier: (1) Science 109, 305 (1949). Zit. W. S. Spector. — (2) Actinomycetes and their antibiotics. Baltimore: Williams and Wilkins Company 1953. — Waksman, S. A., and H. C. Reilly: Agar-streak method for assaying antibiotic substances. Industr. engng. Chem. 17, 556 (1945). — Waksman, S. A., A. Schatz and H. C. Reilly: Metabolism and the chemical nature of Streptomyces griseus. J. Bact. 51, 753 (1946). — Waksman, S. A., A. Schatz and D. M. Reynolds: Production of antibiotic substances by actinomycetes. Ann. N.Y. Acad. Sci. 48, 73 (1946). — Waksman, S. A., and H. B. Woodruff: Proc. Soc. exp. Biol. (N.Y.) 45, 609 (1940); 49, 207 (1942). Cit. S. A. Waksman and H. A. Lechevalier, Actinomycetes and their antibiotics. — Waldin, G. G.: The "phenol and camphor" treatment of ringworm of the glabrous skin. An interim report. J. roy. army med. Cps 81, 32 (1943). — Walker, J.: Survey of the medical mycological literature of Great Britain 1946 to 1956. Mycopathologia (Den Haag) 9, 307 (1958). — Walker, J., and J. W. Hamilton: The treatment of actinomycosis with penicillin. Ann. Surg. 121, 373 (1945). Ref. Rev. Med. vet. Mycol. 1, 77 (1946). — Wallner, E.: Über Fußmykosen und ihre Behandlung mit Vioform-Crème. Münch. med. Wschr. 94, 1527 (1952). — Walton, R. B., and H. B. Woodruff: A crystalline antifungal agent, mycosubtilin, isolated from subtilin broth. J. clin. Invest. 28, 924 (1950). Ref. Rev. Med. vet. Mycol. 1, 477 (1951). — Warshaw, L. J.: Bactericidal and fungicidal effects of ozone on deliberately contaminated 3-D viewers. Amer. J. publ. Hlth 43, 1558 (1953). — Watts, C. A. H.: Actinomycosis treated with sulphonamides. S. Afr. med. J. 19, 43 (1945). — Watts, G. W. T.: Treatment and control of epidermophytosis and bromidrosis in a state school with cadmium chloride-aerosol solution. J. Lab. clin. Med. 29, 692 (1944). — Weile, H.: Interdigitalmykosen. Z. Haut- u. Geschl.-Kr. 10, 19 (1951). — Weinberg, B. J., C. H. Lawrence and A. Buchholz: Systemic blastomycosis treated with 2-hydroxystilbamidine. A.M.A. Arch. intern. Med. 94, 493 (1954). — Weindling, R.: Phytopathology 22, 837 (1932). Zit. W. S. Spector. — Weindling, R., and O. H. Emerson: Phytopathology 26, 1068 (1936). Zit. W. S. Spector. — Weiner, A. L., and J. Schwarz: Fungous infections of the skin treated with pyrrobutamine compounds. A.M.A. Arch. Derm. 76, 783 (1957). — Weissman, G. S., and S. F. Trelease: Influence of sulfur on the toxicity of selenium to aspergillus. Amer. J. Bot. 42, 489 (1955). — Weitzel, G.: Die biologische Sonderstellung der Fettsäuren mittlerer Kettenlänge. Dtsch. med. Wschr. 1950, 1616. — Weitzel, G., u. O. Nast: Therapeutische Anwendung mittlerer Fettsäuren in der Dermatologie. Hautarzt 2, 359 (1951). — Wegmann, T., H. Schmid u. H. Brodhage: 5,7-Dichlor-8-oxychinaldin (Siosteran). Klinische Erfahrungen und bakteriologische Untersuchungen. Schweiz. med. Wschr. 84, 1154 (1954). — Wenk, P., u. J. R. Frey: (1) Prüfung von Antimykotica unter Verwendung parasitierter menschlicher Haare als Keimträger. Arch. klin. exp. Derm. 205, 150 (1957). — (2) Prüfung von Antimykotica am Meerschweinchen unter Verwendung von zwei Mykoseherden am gleichen Tier (Kombinationsversuch). Dermatologica (Basel) 116, 156 (1958). — (3) Untersuchungen über die Wirkungsbedingungen chemischer Verbindungen auf T. mentagrophytes unter Verwendung infizierter Meerschweinchenhaare (Haartest). Arch. klin. exp. Dermat. 207, 1 (1958). — Wenk, P., J. R. Frey u. B. Fust: Vergleichende Prüfung chemischer Verbindungen auf antimykotische Wirksamkeit in vitro, im Haartest und am Meerschweinchen. Dermatologica (Basel) 116, 167 (1958). — Wernsdörfer, R.: Die Sulfonamidbehandlung der Trichophytia profunda und der Sykosis simplex. Med. Z. (München) 2, 64 (1944). — Whiffen, A. J.: The production, assay, and antibiotic activity of actidion, an antibiotic from Streptomyces griseus. J. Bact. 56, 283 (1948). — Whiffen, A. J., N. Bohonos and R. L. Emerson: The production of an antifungal antibiotic by Streptomyces griseus. J. Bact. 52, 610 (1946). — Whitaker, H. W.: North American blastomycosis: report of a case in which a patient with meningeal involvement was treated with streptomycin and promin. Arch. Path. (Chicago) 48, 212 (1949). Ref. Rev. Med. vet. Mycol. 1, 305 (1950). — White, C. S., J. L. Collins and H. E. Newman: Clinical use of alkyl-dimethyl-benzylammoniumchloride (Zephiran): prel. report. Amer. J. Surg. 39, 60 (1938). — Whitehill, M. R., and A. J. Rawson: Treatment of generalized cryptococcosis with 2-hydroxystilbamidine. Report of a case with apparent cure. Virginia med. Monthly 81, 591 (1954).

Ref. Rev. Med. vet. Mycol. 2, 261 (1955). — Whitemore, C. W.: Probable acrodermatitis enteropathica treated with nystatin (mycostatin). A.M.A. Arch. Derm. 79, 594 (1959). — Widmer, A.: Erfahrungen bei der Behandlung von Fußmykosen mit Undecylenpräparaten. Ther. Umsch. Derm. 8, 45 (1951). — Wied, D. M.: Beitrag zum Problem der interdigitalen Mykose und ihrer Behandlung. Riedel-Arch. 35, Nr 4 (1951). — Wier, R., R. O. Egeberg, A. R. Lack and G. M. Leiby: Amer. J. med. Sci. 224, 70 (1952). Zit. W. S. Spector. — Wilde, H.: Zur Behandlung der Pilzerkrankungen, insbesondere der Hand- und Fußmykosen. Therapiewoche 2, 582 (1951/52). — Williams, D. I.: Griseofulvin and Trichophyton rubrum infections. Symposium griseofulvin and dermatomycosis, 26. u. 27. 10. 1959 Miami/Florida. — Williams, D. I., R. H. Marten and I. Sarkany: (1) Oral treatment of ringworm with griseofulvin. Lancet 1958II, 1212. — (2) Griseofulvin. Brit. J. Derm. 71, 434 (1959). — Williams, M. R., and G. B. Skipsworth: Treatment of disseminated coccidioidomycosis with amphotericin B. Report of a case. A.M.A. Arch. Derm. 78, 97 (1958). — Wilson, H. M., and A. W. Duryea: Cryptococcus meningitis (torulosis) treated with a new antibiotic, actidione. A.M.A. Arch. Neurol. Psychiat. 66, 470 (1951). — Wilson, J. E.: Treatment of ringworm of the scalp. Med. Offr 69, 197 (1943). Ref. Rev. Med. vet. Mycol. 1, 60 (1945). — Wilson, J. W., H. Levitt, T. L. Harris and E. M. Heiligman: Toxic encephalopathy occurring during topical therapy with asterol; report of 2 cases. J. Amer. med. Ass. 150, 1002 (1952). — Wilson, J. W., H. Levitt and O. A. Plunkett: Asterol dihydrochloride in the treatment of dermatophytosis caused by Trichophyton rubrum (purpureum). J. invest. Derm. 19, 319 (1952). — Wilson, R. H., F. de Eds and L. J. Rather: Proc. Soc. exp. Biol. (N.Y.) 78, 517 (1951). Zit. W. S. Spector. — Wolf, F. T.: (1) The action of sulfonamides in certain fungi pathogenic to man. Mycologia (N.Y.) 38, 213 (1946). — (2) Inhibition of pathogenic fungi in vitro by p-hydroxy methyl benzoate. Mycopathologia (Den Haag) 5, 117 (1950). — Woods, J. W., J. H. Manning and C. N. Patterson: Monilial infections complicating the therapeutic use of antibiotics. J. Amer. med. Ass. 145, 207 (1951). — Woodward, R. B., and G. Singh: J. Amer. chem. Soc. 72, 1428 (1950). Zit. W. S. Spector. — Wooldridge, W. E.: Antifungal antibiotics of clinical significance. Sth. med. J. (Bgham, Ala.) 45, 350 (1952). Ref. Rev. Med. vet. Mycol. 1, 554 (1953). — Wooldridge, W. E., and M. Hoffman: A new antifungal principle produced by Streptomyces fradiae. J. invest. Derm. 15, 351 (1950). Ref. Rev. Med. vet. Mycol. 1, 445 (1951). — Wrede F., u. O. Hettche: Chem. Ber. 62, 2678 (1929). — Wright, E. T., J. H. Graham and Th. H. Sternberg: Treatment of moniliasis with nystatin. J. Amer. med. Ass. 163, 92 (1957). — Wright, E. T., V. D. Newcomer, C. Halde and Th. H. Sternberg: The use of nystatin for the treatment of candidiasis of the skin and mucous membranes. Monogr. Ther. 2, 12 (1957). — Wright, J. M.: Phytotoxic effects of some antibiotics. Ann. Botany 15, 493 (1951). — Wrong, N. M.: (1) Clinical experiences with griseofulvin. Symposium griseofulvin and dermatomycosis, 26. u. 27. 10. 1959 Miami/Florida. — (2) Griseofulvin in superficial fungous infections. Canad. med. Ass. J. 80, 656 (1959). — Wrong, N. M., M. Rosset, A. L. Hudson and St. Rogers: Griseofulvin in the treatment of superficial fungous infections. Canad. med. Ass. J. 81, 167 (1959). — Wüstenberg, J.: Der Desinfektionswert verschiedener Grobdesinfektionsmittel bei Epidermophyton Kaufmann-Wolf. Z. Hyg. Infekt.-Kr. 141, 460 (1955). — Wybel, R. E.: Mycosis of cervical spinal cord following intrathecal penicillin therapy. Arch. Path. (Chicago) 53, 167 (1952). Ref. Rev. Med. vet. Mycol. 1, 558 (1952). — Wyss, O., B. J. Ludwig and R. R. Joiner: The fungistatic and fungicidal action of fatty acids and related compounds. Arch. Biochem. 7, 415 (1945). Ref. Rev. Med. vet. Mycol. 1, 109 (1946).

Yacowitz, H., S. Wind, W. P. Jambor, R. Semar and J. F. Pagano: Use of mycostatin for the prevention of laboratory cases of moniliasis in chickens. Poultry Sci. 36, 1171 (1957). Ref. Rev. Med. vet. Mycol. 3, 182 (1959). — Yamashita, K., and S. Yano: Clinical experiences and experimental studies on treatment of deep type candidiasis of the upper airway, including cases treated with nystatin. J. Antibiot. 11, 24 (1958). — Yasuda, T., and H. Takahashi: Therapeutic effect of nystatin ointment in dermatology. J. Antibiot. 11, 1 (1958). — Young, C. J.: Podophyllotoxin treatment of Microsporum audouini scalp infections. A.M.A. Arch. Derm. 64, 607 (1951).

Zieler, K., u. C. Siebert: Behandlung der Haut- und Geschlechtskrankheiten, 14. Aufl. Berlin: Urban & Schwarzenberg 1946. — Zimmermann, O.: Erfahrungen über Behandlung der Epidermophytien mit Mycoderm. Dtsch. med. J. 3, 218 (1952). — Zinneman, H. H., and W. H. Hall: Chronic pharyngeal and laryngeal histoplasmosis successfully treated with ethyl vanillate. Minn. Med. 36, 249 (1953). Ref. Rev. Med. vet. Mycol. 2, 107 (1954). — Zinzius, J.: Fortschritt in der antimykotischen Therapie? Ärztl. Praxis 11, 1017 (1959). — Ziprkowski, L., G. Altmann, F. Dalith and U. Spitz: Mycetoma pedis. Four cases treated with streptomycin. A.M.A. Arch. Derm. 75, 855 (1957). — Zweiling, G.: Bekämpfung der Pilzerkrankungen in gewerblichen Betrieben. Zbl. Arbeitsmed. 5, 126 (1955).

Cytostatica

Von

Johannes Meyer-Rohn-Hamburg

Mit 14 Abbildungen

I. Begriffsbestimmung

Der Ausdruck „Chemotherapie des Krebses" wird heute in Analogie zu dem von PAUL EHRLICH geprägten Begriff Chemotherapie auch auf Behandlungsversuche des Krebses mit chemischen Substanzen angewendet. Das ist im Prinzip nicht ganz richtig, denn einerseits verstand PAUL EHRLICH darunter die Anwendung spezifischer chemischer Substanzen für die Behandlung und Heilung von Krankheiten, die durch tierische oder pflanzliche parasitäre Mikroorganismen ausgelöst werden. Andererseits ist eine echte Chemotherapie im Sinne EHRLICHs nur mit solchen Mitteln möglich, die in für den Erreger wirksamen Dosen für den Wirtsorganismus ungefährlich sind. Der Ausdruck „Chemotherapie des Krebses" ist heute jedoch so fest im medizinischen Weltschrifttum verankert, daß er zum Begriff geworden ist und aus diesem Grunde nicht geändert werden sollte.

Unter Cytostatica (HEILMEYER) werden antineoplastisch wirkende Substanzen verstanden, die auf Grund ihrer Wirkung auf den Teilungsmechanismus bzw. den Nucleoproteidstoffwechsel der Zelle die Fähigkeit besitzen, die Zellvermehrung zu hemmen. Das Wort Cytostaticum ist also ein übergeordneter Begriff für alle antineoplastisch wirkenden physikalischen und chemischen Noxen wie Radiomimetica, Mitosegifte, Antimetabolite und Polymerisationszerstörer. Gemeinsam ist allen Cytostatica, daß sie keine „selektive Tumorspezifität" besitzen, sondern bei entsprechend hoher Dosierung auch die Teilung normaler Zellen beeinflussen können.

Die Grundprobleme der Chemotherapie des Krebses und die der Infektionskrankheiten sind einander wohl ähnlich; bei genauerer Betrachtung ergeben sich jedoch eine Reihe grundlegender Unterschiede zwischen den beiden:

1. Bei den Infektionskrankheiten ist der eindringende Mikroorganismus vollkommen wirtsfremd.

2. Der eingedrungene Keim gehorcht Wachstums- und Vermehrungsgesetzen, die sich von den Wirtszellen so weit unterscheiden, daß er von chemischen Substanzen erfaßt werden kann, ohne daß die Wirtszellen Schaden nehmen. Die Keime können also selektiv geschädigt werden.

3. Die Erreger sind gegenüber dem Verteidigungsmechanismus des Organismus, die die Wirkung chemotherapeutischer Substanzen ergänzen und unterstützen, verwundbar (GOODMAN und GILMAN).

Auf der anderen Seite kann die Krebszelle

1. nicht als „körperfremd" angesehen werden hinsichtlich prinzipieller Unterschiede in Wachstum und Differenzierung.

2. Die Krebszelle hat biologische Charakteristika, die qualitativ nicht von denen normaler Körperzellen unterschieden werden können.

3. Die Krebszelle ist gegenüber dem Abwehrmechanismus des Organismus im Gegensatz zur Bakterienzelle völlig unverwundbar, so daß nach chemotherapeutischer Behandlung eine überlebende maligne Zelle genügen würde, um den malignen Prozeß wieder in Gang zu bringen.

Die Krebszelle ist also das ens malignitatis aller malignen Geschwülste; sie entsteht aus normalen Körperzellen durch irreversible Veränderungen. Dabei sind die Meinungen darüber, ob die davon betroffenen Zellbestandteile im Kern oder im Cytoplasma liegen, noch geteilt. Einhelligkeit besteht nur darüber, daß es nicht ersetzbare, aber duplikationsfähige Strukturen sind. Die Krebszelle stellt damit eine abartige, schließlich körperfremde Zellrasse dar, die sich schrankenlos als Population selbständiger Individuen ohne jegliche Steuerung im Körper vermehrt. Sie überträgt ihre von der normalen Körperzelle abweichenden Eigenschaften — die krebsige Entartung ist irreversibel — auf ihre Tochterzellen und wird damit zu dem im Körper selbst entstandenen „Erreger" der Krankheit „Krebs" (DRUCKREY).

Wenn man sich diesen Gedankengängen anschließt, dann liegen beim Krebs durchaus ähnliche Verhältnisse vor wie bei den durch exogene körperfremde Erreger verursachten Infektionskrankheiten. Damit sind aber die allgemeinen Voraussetzungen für eine wirksame Chemotherapie auch beim Krebs prinzipiell gegeben.

Es wurde bereits eingangs PAUL EHRLICHs Auffassung der Chemotherapie zitiert: Danach soll der Wert eines Chemotherapeuticums nicht durch seine absolute Wirksamkeit (die z. B. bei einem Desinfiziens sehr stark ist, ohne daß wir es therapeutisch einsetzen können), sondern durch seine „therapeutische Breite" bestimmt werden. Voraussetzung dafür ist ein genügend großer biochemischer Unterschied zwischen dem zu bekämpfenden Erreger einerseits und der normalen Körperzelle andererseits. Mikroorganismen sind von dieser extrem verschieden, die Krebszelle dagegen nur wenig. Der Unterschied muß ferner darin liegen, daß der Erreger biochemische Eigenschaften besitzt, die der normalen Körperzelle fehlen, damit das Chemotherapeuticum überhaupt angreifen kann. Das trifft aber für die Krebszelle auch nicht zu. Nach dem derzeitigen Stand unseres Wissens ist die krebsige Entartung nicht mit einem Gewinn neuer Eigenschaften verbunden, die die normalen Zellen nicht wenigstens potentiell besitzen. Die krebsige Entartung hat vielmehr den Charakter eines Defektes (DRUCKREY). Daraus folgt zwangsläufig, daß eine Chemotherapie maligner Geschwülste nie die therapeutische Breite haben kann, wie etwa bei den Infektionskrankheiten. Die Therapie mit Cytostatica wird daher stets relativ gefährlich sein; das hat die klinische Erfahrung bereits ergeben.

II. Geschichtliches

Eine umfassende Darstellung über die geschichtliche Entwicklung der nichtoperativen Behandlungsmethoden der Krebskrankheit findet sich im 3. Teil des im Jahre 1914 erschienenen Werkes von JAKOB WOLFF, „Die Lehre von der Krebskrankheit (von den ältesten Zeiten bis zur Gegenwart)." Das Buch enthält eine Zusammenstellung der bis 1914 bekanntgewordenen Behandlungsmethoden mit genauen Quellenangaben nach folgender Gliederung:
1. Die medikamentöse Behandlung des Krebses.
2. Die physikalisch-diätetische Behandlung des Krebses.
3. Biologische Behandlungsmethoden des Krebses.
In einer allgemeinen Betrachtung sagt WOLFF den auch heute noch gültigen Satz: „Zahlreich sind die Theorien über die Ursachen der Krebserkrankung,

fast unübersehbar aber sind die Mittel, die zur Bekämpfung und Heilung des Krebses — soweit die nichtoperative Behandlung in Frage kommt — empfohlen worden sind." So hatte auch jede neue Theorie über die Krebsentstehung die Empfehlung neuer bestimmter „Heilmittel" zur Folge. Es gibt wohl kaum ein chemisches Element, das im Verlauf der Jahrtausende nicht als Krebsmittel angewendet worden ist. Die meisten davon wurden schnell wieder verworfen, um nach 100 Jahren — für kurze Zeit „neuentdeckt" — wieder eine Rolle zu spielen. Einige jedoch — wie das Arsen oder Colchicum autumnale — wurden laufend empfohlen und angewendet und haben bis in die medizinische Neuzeit eine gewisse Bedeutung behalten.

Da im vorliegenden Kapitel in erster Linie die in jüngster Zeit entwickelten und für die Klinik vielleicht bedeutungsvollen Cytostatica abgehandelt und zugleich einer kritischen Betrachtung unterzogen werden sollen, wird bezüglich der geschichtlichen Entwicklung der ersten Anfänge der medikamentösen Krebsbehandlung auf das schon erwähnte medizin-historisch hochinteressante Werk WOLFFs und auf die Dissertation von ST. JODELIS „Zur Chemotherapie des Krebses" verwiesen.

Eine systematische Forschung über Möglichkeiten, die Krebskrankheit mit chemischen Substanzen zu beeinflussen, beginnt mit PAUL EHRLICH zu Beginn unseres Jahrhunderts. EHRLICH hatte klar erkannt, daß die wichtigste Voraus-setzung für die Entwicklung einer Chemotherapie des Krebses reproduzierbare maligne Tumoren beim Tier sind. Die in ihrer Systematik und ihrer Konzeption vorbildliche Arbeit, die P. EHRLICH auf diesem Gebiet geleistet hat, ist auch heute noch unübertroffen. Das Wissen um die Wichtigkeit und Notwendigkeit von Modellversuchen ist für uns heute selbstverständlich; vor 50 Jahren wurden aber diese Methoden erst entwickelt und nur ihnen ist es zu verdanken, daß eine Chemo-therapie der Infektionskrankheiten mit synthetischen und natürlichen Substanzen (Antibiotica) geschaffen werden konnte. In dem Cyclus von Vorträgen über „Grenzgebiete in der Medizin", veranstaltet vom Zentralkomitee für das ärzt-liche Fortbildungswesen erscheinen auch „Experimentelle Carcinomstudien an Mäusen" von PAUL EHRLICH. In diesem Artikel schreibt er, daß der Zweck der experimentellen Therapie der ist, künstlich Krankheiten bei Tieren zu erzeugen und diese dann in spezifischer Weise der Heilung zuzuführen. EHRLICH tritt der Behauptung entgegen, daß die in der experimentellen Krebsforschung verwandten übertragbaren Tumoren bei Ratten und Mäusen — vielfach mit „Impftumoren" bezeichnet — keine echten Krebse seien. Die Einwände waren damals wie heute die gleichen, nämlich das Fehlen infiltrierenden Wachstums und die mangelhafte Tendenz zur Metastasierung. Beide Einwände müssen mit großen Einschrän-kungen versehen werden, es kommt hier sehr auf die Art des Tumors an. So kann man den durch Pinselung erzeugten 3,4-Benzpyren- oder Methylcholanthren-tumoren das infiltrierende Wachstum nicht absprechen. Bezüglich der Metasta-sierung ist zu sagen, daß die Applikationsart dabei eine Rolle spielt. Intravenös oder auf dem Lymphwege verabfolgter Tumorbrei oder noch besser intravenös gegebener Ascites-Tumor wird in verschiedenen Körperregionen Geschwulst-bildung auslösen, während nach subcutaner Applikation in erster Linie an der Injektionsstelle ein solider Tumor entstehen wird. Nach den experimentellen Untersuchungen SCHMÄHLs wissen wir heute, daß dabei die einzelnen Tumor-arten je nach ihrem Individualfaktor bestimmte Organe bei der Metastasierung bevorzugen. Während das Walker-Carcino-Sarkom und der DS-Tumor nach intra-venösen Gaben in erster Linie in die Lungen metastasieren, siedelt das Yoshida-Sarkom unter Aussparung der Lunge seine Tochtergeschwülste in Nebennieren, Leber und anderen Organen an; der T-Tumor wiederum metastasiert in die vom Yoshida weniger bevorzugten Körperregionen, z. B. ins Gehirn. Die Metastasie-rung ist abhängig von der Individualität der Tumor-Zelle. P. EHRLICH waren

die biologischen Unterschiede zwischen Menschen- und Tiergeschwülsten durchaus bekannt; er wußte genau, daß man die Ergebnisse des Tierexperimentes nicht ohne weiteres auf den Menschen übertragen kann. Wir machen heute große Unterschiede zwischen den Tumoren, die keine genetische Gemeinschaft mit dem Organismus mehr darstellen, wie z. B. der Walker- und der Yoshida-Tumor und den Benzpyren-, den T- und DS-Tumoren, bei denen eine feste genetische Gemeinschaft mit dem Tumorträger vorhanden ist.

Wenn heute in Übersichtsreferaten, auf Kongressen, in Handbüchern über den Stand der Chemotherapie maligner Tumoren berichtet werden kann, so basieren diese Kenntnisse und die Therapieerfolge bei den Impftumoren letzten Endes auf den grundlegenden tierexperimentellen Arbeiten EHRLICHs und seiner Mitarbeiter wie APOLANT, HAALAND, STICKER, MICHAELIS und vieler anderer.

Während PAUL EHRLICH eine Krebsheilung in erster Linie durch Immunisierungsmaßnahmen anstrebte, berichtet v. WASSERMANN erstmalig 1911 über die erfolgreiche Behandlung von Mäusetumoren durch eine genau definierte chemische Substanz. Damit kann v. WASSERMANN als der eigentliche Begründer der cytostatischen Therapie angesehen werden. Mit einem wasserlöslichen Eosin-Selenpräparat, das in Dosen von 2,5 mg gut von 15 g schweren Mäusen vertragen wird, konnte er sowohl bei Impf- als auch bei Spontantumoren eine rezidivfreie Abheilung durch intravenöse Injektion erzielen. Der Heilungsprozeß ging so vor sich, daß die Tumoren zuerst erweicht und dann resorbiert wurden. NEUBURG und CASPARI erreichten mit Schwermetallsalzen (Au, Ag, Pb, Rn, Rh und andere) Erweichung, Verflüssigung und Kavernenbildung in Tiertumoren. Sie glaubten, damit die Autolyse aktiviert zu haben, die sie als Ausdruck der körpereigenen Abwehrfunktion ansahen. Im Gegensatz zu WASSERMANN hielten NEUBURG und CASPARI eine direkte Einwirkung chemischer Verbindungen auf die Krebszellen nicht für möglich.

III. Das Auffinden cytostatischer Substanzen

Die Entwicklung einer Chemotherapie des Krebses ist mit P. EHRLICH methodisch in das Stadium systematischer Untersuchungen gekommen; das eigentliche Auffinden wirksamer Cytostatica ist dagegen noch nicht über die Empirie hinausgekommen. Hier besteht die gleiche Situation wie bei der Chemotherapie bakterieller Erkrankungen. Man weiß heute wohl, daß es bestimmte chemische Substanzklassen mit cytostatischer Wirkung gibt: Lost, Äthylenimine, Mercaptopurin und andere; diese empirisch gefundenen Stoffgruppen werden an verschiedenen Stellen chemisch abgewandelt, ohne daß man aber Gesetzmäßigkeiten zwischen chemischer Konstitution und cytostatischer Wirkung aufstellen könnte. Die Derivate müssen — und hier beginnt wieder die Systematik — im Tierexperiment auf ihre Wirkung hin untersucht werden. Noch zufälliger ist das Auffinden cytostatischer Stoffe aus der Gruppe der Antibiotica. — Mit Hilfe von Tierexperimenten hat man schon über 10 000 cytostatisch wirksame Substanzen, die den Zellstoffwechsel beeinflussen oder Zellwachstum und Vermehrung hemmen, ermittelt. Mit Hunderttausenden kann aber auf Grund der Gesetze der organischen Chemie gerechnet werden. Daß einer solchen Suche nur mit Hilfe des Tierexperiments fast unüberwindliche Schwierigkeiten finanzieller und personeller Art entgegenstehen, liegt klar auf der Hand. Man mußte daher nach Methoden suchen, die eine Vorwahl möglich machen, so daß nur noch die bei einer Vorprüfung ermittelten Substanzen mit mehr oder minder starker cytostatischer Wirkung

im Tierversuch geprüft werden müssen. Die Amerikaner haben solche Vorprüf-Methoden screening-test genannt, ein Ausdruck, der sich auch in der deutschsprachigen Literatur durchgesetzt hat.

a) in vitro-Versuch

Es gibt heute schon eine Reihe solcher screening-Möglichkeiten, die darauf basieren, daß man mittels Redoxindicatoren Dehydrogenasen nachweist. Thunberg hat einen solchen Test, bei dem er die Erkenntnisse Wielands und Warburgs über die Dehydrogenasewirkung in Zellen verwertete, entwickelt. Das Prinzip muß Ehrlich schon bekannt gewesen sein, denn er schüttelte viele Substanzen — auch damals schon ein screening-Verfahren — mit Methylenblau aus. Schmitz hat später die Methode verbessert.

Kuhn und Jerchel berichteten 1941 zuerst über die „Redox"-Eigenschaften von Tetrazoliumsalzen und empfahlen sie als Reduktionsindicatoren. Gerade für biologische Objekte eignen sie sich besonders gut, weil die wasserlöslichen farblosen quartären Tetrazoliumsalze durch H-Aufnahme in dunkelgefärbte Formazane übergehen. — Im Gegensatz zu Methylenblau sind sie unempfindlich gegen O_2. Man braucht daher auch nicht — wie bei der Thunberg-Methode — unter Luftabschluß zu arbeiten. Als brauchbarste Verbindung gilt das 2,3,5-Triphenyl-tetrazolium-chlorid, kurz TTC, das auch dem Test seinen Namen gegeben hat. Genau wie mit Methylenblau kann man auch mit TTC Dehydrogenasen an Krebszellen nachweisen. Der TTC-Test ist empfindlicher als der Thunberg-Test.

Über einen neuartigen screening-test berichtet Miyamura. Dieser Test unterscheidet sich insofern von den bisher bekannten, als hierbei die Krebszellen auf einem Agarnährboden gehalten werden, in den man die zu testenden Substanzen diffundieren läßt. Der Nährboden hat folgende Zusammensetzung:

Pepton	1,0
Glucose	0,5
NaCl	0,25
$Na_2HPO_4 \cdot 12\,H_2O$	0,3
Agar	2,0
H_2O . . . . .ad 100,0	
p_H-Einstellung	7,2

Die Methode von Miyamura wurde von uns (Meyer-Rohn, Jänner und Krumme) in einigen Punkten modifiziert, wobei nach folgendem Prinzip verfahren wird:

In 6 ml des bei 48° C flüssigen Nährmediums werden 2 ml Zellsuspension gegeben. Die Zellsuspension enthält eine genau standardisierte Menge von Zellen der Ascites-Form des Yoshida-Sarkoms der Ratte, ferner Thyrodelösung und Rinderserum. Dann werden 4 sterile Metallzylinder auf den in der Petri-Schale erstarrten Agar gebracht, in die die Prüfsubstanzen gefüllt werden. Es folgen 10 Std Aufbewahrung der Schalen im Kühlschrank bei 4—8° C, dann 8 Std Brutschrank bei 37° C. Dann werden die Metallzylinder nach Absaugen der Testlösungen entfernt und die Stanzlöcher mit sterilem Aqua dest. gespült, um Substanzreste zu entfernen. Die Agarfläche wird nun mit 10 ml einer 0,05%igen Methylenblaulösung bedeckt, die nach Blaufärbung der Agaroberfläche abgegossen wird. Schließlich wird eine genau abgepaßte, runde, sterile Glasplatte fest auf die Oberfläche der Zellkultur gepreßt und die Schalen erneut für 3 Std in den Brutschrank gegeben. Dann erst können die Durchmesser der um die Zylinderöffnungen entstandenen blauen Zonen mit dem Stechzirkel abgemessen werden.

Wirkt eine Substanz cytostatisch, dann wird mit den abgetöteten Tu-Zellen auch die Dehydrogenase zerstört, das Methylenblau kann im Wirkungsbereich des Cytostaticums nicht mehr reduziert werden. Je größer also der blaue Hof um

die Zylinderstandorte ist, um so stärker wirkt die Substanz cytostatisch (Abb. 1). Die Stellen, die vom wirksamen Cytostaticum nicht erreicht werden, wie die Mitte der Zellagarkultur, werden weiß. Hier konnte durch die Dehydrogenase der noch lebenden Zellen das Methylenblau reduziert werden.

Wir konnten uns in ausgedehnten Versuchsreihen davon überzeugen, daß dieser screening-test mit dem Tierexperiment parallel geht (Abb. 2). Der von uns zunächst als rein qualitativ orientierend gewertete Test gestattet aber auch gleichzeitig quantitative Aussagen. Man braucht nur die Zylinder mit verschiedenen Konzentrationen (1 mg, 3 mg, 5 mg, 10 mg/ml) der wirksamen Prüfsubstanz zu beschicken, dann erhält man Blauzonen verschiedener Durchmesser.

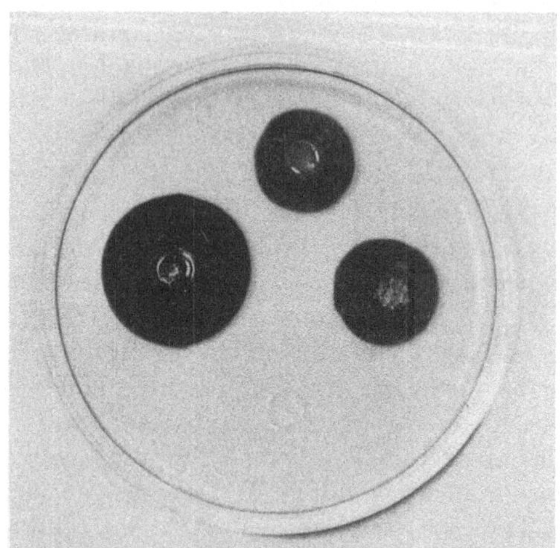

Abb. 1. Miyamura-Test. Hemmhöfe durch E 39 in verschiedenen Konzentrationen. Unten: NaCl-Kontrolle

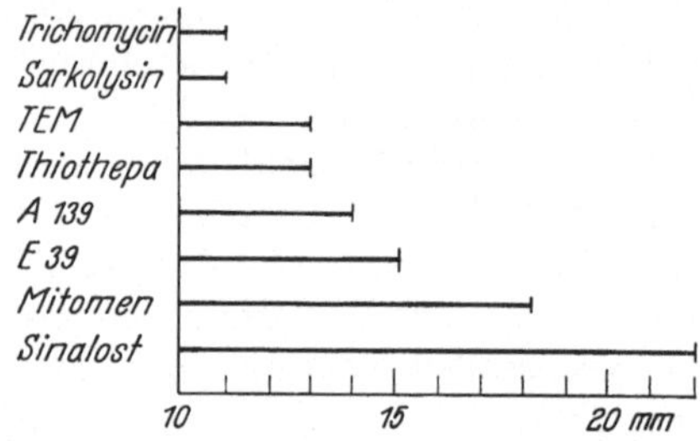

Abb. 2. Größe der Hemmzonen von Cytostatica in einer Konzentration von 1 mg/ml

b) Tierexperiment

Der zweite Schritt bei der Auffindung cytostatisch wirksamer Stoffe ist der Tierversuch. DRUCKREY stellt folgende Anforderungen an eine im Tierexperiment cytostatisch wirksame Substanz: 50% Heilung, genügende therapeutische Breite, genügende Konzentration an der Tumorzelle.

Da der experimentelle Krebs im Band III dieses Handbuches von KIMMIG und JÄNNER gesondert bearbeitet wird, soll nachstehend nur ganz kurz auf die im allgemeinen verwendeten Impftumoren eingegangen werden, da sich auf den damit durchgeführten Tierexperimenten unsere eigenen Erfahrungen bei der Behandlung experimenteller Tumoren gründen und weil sich die Mißerfolge am Krankenbett daraus ableiten lassen. Es sind dies das *Ehrlich-Ascites-Carcinom der Maus*, der *Walker-Tumor* der Ratte und das *Yoshida-Sarkom* der Ratte.

Beim Ascites-Tumor handelt es sich um die von LOEWENTHAL und JAHN angegebene Variante des Ehrlichschen Mäusecarcinoms, das besonders von LETTRÉ bearbeitet wurde. Die Wirksamkeit einer Verbindung kann durch Bestimmung der Gewichtskurve der Ascites-Mäuse, der Ascites-Menge sowie der Lebensdauer quantitativ erfaßt werden. Die Übertragung des Tumors, der nahezu 100%ig angeht, von Maus zu Maus erfolgt durch intraperitoneale Injektion frisch entnommenen Ascites. Man kann einer bei Versuchsbeginn 20 g schweren Maus 6 Tage nach der Übertragung bis zu 10 ml Ascites abnehmen.

Der Walker-Tumor der Ratte wird durch subcutane Injektion von Tumor-Gewebsbrei oder Implantation von Tumor-Stücken mittels Troikart übertragen und geht bis zu 70% an. Das Maß für die Wirksamkeit einer Substanz ergibt sich aus dem Vergleich der Tumorgewichte der behandelten Tiere gegenüber den unbehandelten Kontrolltieren.

Das Yoshida-Sarkom der Ratte kann als solider Tumor oder auch in Ascites-
form geführt werden. Die Übertragung erfolgt entweder durch Tumorbrei subcutan bzw. intraperitoneal oder durch Injektion von Yoshida-Ascites, der wiederum intraperitoneal oder subcutan appliziert werden kann. Die Applikationsart
bestimmt die Form des Tumors; intraperitoneal = Ascites; subcutan = solider
Tumor. Die wichtigsten Eigenschaften des Yoshida-Sarkoms wurden 1952 von
LETTRÉ auf Grund der Arbeiten T. YOSHIDAS zusammengestellt. Weitere Einzelheiten der Methodik sind aus den Arbeiten japanischer Autoren wie KAZIWARA

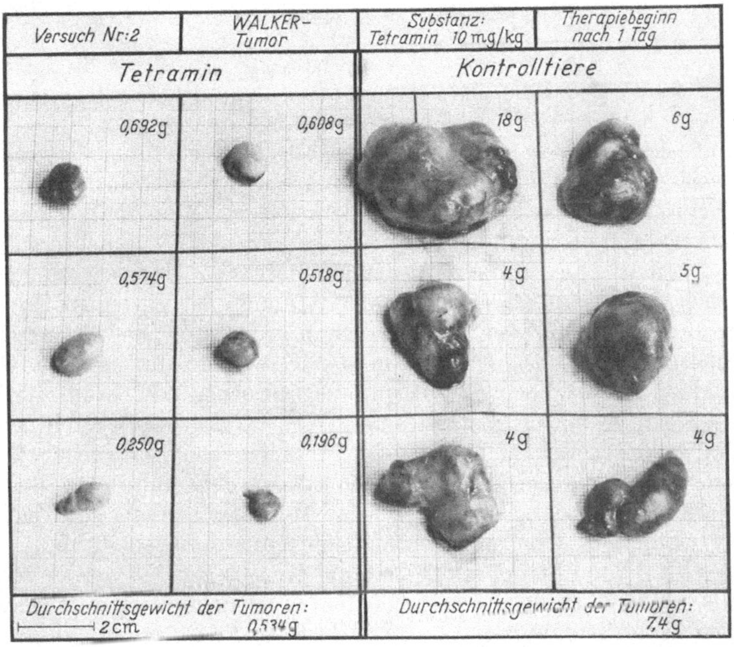

Abb. 3. Wirkung eines Äthyleniminderivates (Tetramin) am Walker-Tumor. 14. Versuchstag.
Rechts Kontrollgruppe; links Versuchsgruppe

sowie TAKIKAWA u. Mitarb. zu entnehmen. Wir bestimmen auch bei dieser
Tumorart die Tumorgewichte der behandelten Tiere und der Kontrolltiere als
Maß für die antineoplastische Wirkung unserer Testsubstanzen (Abb. 3).

Im einzelnen hat sich uns nachfolgende Versuchsmethode zur tierexperimentellen Prüfung chemischer Substanzen auf cytostatische Wirkung bewährt:

Von einer Maus (Ehrlich-Ascites-Ca) bzw. einer Ratte (Yoshida-Ascites-Sa) mit einem
6—8 Tage alten Ascites werden ausreichende Ascitesmengen abpunktiert. Der noch warme
Ascites wird in Mengen von 0,3—0,5 ml/Maus bzw. Ratte (in einer Versuchsreihe aber immer
die gleiche Menge) sofort subcutan weiterverimpft. Bei der Maus bevorzugen wir als In-
oculationsstelle die Leistenbeuge, bei der Ratte die Rückenhaut oder die Haut im Bereich der
Flanken. Für eine Versuchsreihe = 1 Substanz werden immer 20 Tiere unter den gleichen
Bedingungen „beimpft".

Von den 20 Tieren dienen 10 als Kontrollen; die übrigen 10 werden 24 Std nach der Übertragung — die Tumorzellen haben dann genügend Zeit zur Adaptation an den neuen Wirtsorganismus gehabt — mit der Prüfsubstanz nach vorheriger Ermittlung der DL_{50} behandelt,
wobei wir die intraperitoneale Applikation bevorzugen; nur bei völliger Unlöslichkeit der
Prüfsubstanz wird diese per os mittels Schlundsonde gegeben. Lokaltherapeutisch wird nichts
unternommen. Die jeweils verwendeten Lösungsmittel werden in der gleichen Zusammensetzung und Menge den unbehandelten Kontrolltieren ebenfalls intraperitoneal injiziert. Die
therapeutischen Injektionen werden an 10 aufeinander folgenden Tagen vorgenommen. Am
12. Versuchstag werden alle 20 Tiere der Versuchsreihe getötet und die Tumoren heraus-
präpariert. Die Tumorgewichte werden für beide Gruppen einzeln festgestellt.

Auswertung

Zur Beurteilung der cytostatischen Wirksamkeit einer Substanz werden nur — wie Oettel angegeben hat — die 6 größten Tumoren der einzelnen Gruppen untereinander verglichen: z. B. Durchschnittsgewicht der Tumoren bei den behandelten Tieren 1 g, Durchschnittsgewicht der Tumoren bei den unbehandelten Kontrolltieren 10 g. Die Wachstumshemmung I (= Inhibition) läßt sich dann nach der folgenden Formel in Prozent errechnen:

$$I = \frac{\text{Tu-Gewichte der Kontrollen minus Tu-Gewichte der Versuchstiere}}{\text{Tu-Gewichte der Kontrollen}} \text{ mal } 100$$

oder

$$I = \frac{K - V}{K}\, 100; \text{ ein Beispiel: } I = \frac{10 - 1}{10}\, 100 = 90\%.$$

Man muß sich darüber im klaren sein, daß die Ermittlung des Inhibitionsfaktors an einer einzigen Tumorart nur die Aussage gestattet, daß die geprüfte Substanz bei der Tumorart X so und so wirksam ist. Man muß daher eine bei einer Tumorart als wirksam befundene Substanz noch an mehreren anderen Tumorarten testen. Es sollten ferner manometrische Untersuchungen in der Warburgschen Apparatur zur Messung der Atmung der einzelnen Tumorzellen unter Cytostatica-Einfluß, der Einfluß auf Mikroorganismen, die Prüfung auf menschliches und tierisches Gewebe in der Gewebekultur usw. durchgeführt werden. Dafür reichen aber, wie Kimmig ausgesprochen hat, kaum die Möglichkeiten eines Sloan-Kettering-Institutes aus. Kimmig hat bei Betrachtungen über die Prüfmöglichkeiten darauf hingewiesen, unter welchen Versuchsbedingungen unsere modernen Chemotherapeutica entdeckt worden sind. Am Beispiel des Prontosil rubrum wird dabei klar, daß seine Wirkung niemals entdeckt worden wäre, wenn es an der Aronson-Streptokokkensepsis der weißen Maus, statt an dem weniger virulenten Streptokokkenstamm Krüger geprüft worden wäre. Das heißt: eine Substanz muß nach verschiedenen Methoden bei unterschiedlichen Bedingungen untersucht werden.

Oettel und Wilhelm, Pirwitz und andere fordern deshalb ein möglichst breites „Tumorspektrum" analog den mikrobiologischen Spektren bei den Antibiotica. Die Auswahl an Impftumoren ist außerordentlich groß. Dunham führt in einer Übersicht allein 244 verschiedene Tumor-Arten, geordnet nach Herkunft, Tierspecies, Übertragungsmodus usw. auf.

Es gibt noch andere Prüfmethoden mit begrenztem Wert, die nachfolgend aufgeführt werden:

1. An Pflanzenzellen kann geprüft werden, ob Stoffe fähig sind, Polyploidie oder andere Mitoseveränderungen zu verursachen, ob sie das Wurzelspitzenwachstum oder das Auskeimen von Samen hemmen. Solche Methoden sind aber nicht sehr spezifisch, da nach Oettel und Wilhelm Narkotica bereits ähnlich wirken können.

2. Die Vorprüfung an tierischen Keimzellen (Seeigeleier, Tubifexeier) kann Aufschluß geben über die Fähigkeit einer Substanz, in Zellteilungsvorgänge einzugreifen. Bedeutung haben solche Versuche aber nur bei Berücksichtigung der Konzentration. So weisen Oettel und Wilhelm unter Bezug auf Lehmann sowie Druckrey und Schreiber darauf hin, daß eine Prüfung einer etwaigen antineoplastischen Wirkung mit anderen Methoden angebracht erscheint, wenn an Tubifex-Eiern noch in Konzentrationen von 1:30 Mill. eine mitosehemmende Wirkung durch Phenanthrenchinon gefunden wird; nicht aber wenn Coffein in der Konzentration von 1:5000 eine gewisse Wirkung auf Seeigeleier zeigt.

3. Die Gewebekultur erlaubt schon mehr spezifische Aussagen. Man kann in einer Kultur normales embryonales Gewebe und gleichzeitig Sarkom- oder Carcinomgewebe bestimmter Tiertumoren nebeneinander züchten. Nach 24stündiger Einwirkung der Prüfsubstanz kann beurteilt werden, ob und wie verschieden das Wachstum von normalem Embryonal- und von Tumorgewebe beeinflußt wird. Bei Anwendung der „Rollglasmethode" = Züchtung von

Tumor- und Embryonalzellen an der Innenseite rotierender Glasröhrchen zeigt z. B. 2,4-Diaminopurin eine sehr viel stärkere schädigende Wirkung auf das Sarkomgewebe der Maus als auf normale embryonale Haut- oder Herzzellen. Da die Diaminopurinwirkung durch Adenin aufgehoben werden kann, dürfte es sich — wie Biesele u. Mitarb. folgern — um eine Metabolitverdrängung handeln.

4. Auch die Hühnereikultur kann brauchbare Ergebnisse liefern. Hier werden kleine Tumorstückchen auf die Chorioallantois von 8 Tage bebrüteten Hühnereiern gebracht und 4 Tage nach der Beimpfung die Prüfsubstanz als Lösung in den Dottersack appliziert, wo sie 5 Tage lang einwirken muß. Zur Auswertung muß der Tumor histologisch untersucht und zur Prüfung auf seine noch vorhandene Wachstumsfähigkeit erneut auf Mäuse oder Ratten transplantiert werden. Karnofsky u. Mitarb. haben über diesen Test ausführlich berichtet.

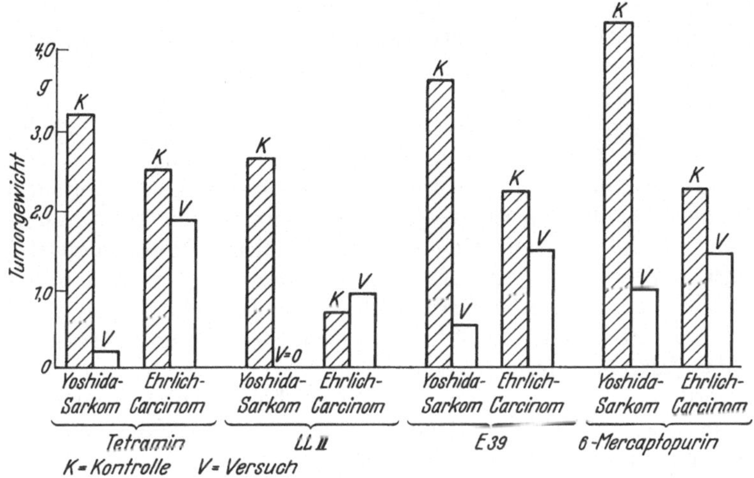

Abb. 4. Die Wirkung von 4 Cytostatica beim Yoshida-Sarkom der Ratte und dem Ehrlich-Carcinom der Maus

5. Mit Hilfe der in den USA entwickelten „transparent-chamber"-Technik ist es möglich, mikroskopische Beobachtungen an Tumorgewebe beim lebenden Tier zu machen. In die Haut eingenähte Glaskammern gestatten eine genaue Verfolgung der Tumorentwicklung, die Ummauerung von Gefäßen durch Tumorzellen u. a. Derartige hochdifferenzierte Verfahren dienen der Bearbeitung von Spezialfragen, die mit vorausgegangenen gröberen Versuchsanordnungen schon vorbearbeitet worden sind (Algire und Legallais).

Nun erlauben alle diese Testmethoden nur Teilaussagen und können das Tierexperiment nicht ersetzen. Beim Tierversuch muß man sich wiederum darüber im klaren sein, daß er nur eine Aussage gestattet, nämlich: die Substanz X ist beim Yoshida-Sarkom der Ratte wirksam oder unwirksam. Der Versuch erlaubt keine Schlüsse auf die Wirksamkeit bei anderen Tiertumoren, geschweige denn auf eine Wirkung bei menschlichen Tumoren. Man muß also Substanzen, die bei einer Tumorart Wirkung zeigen, gleichzeitig noch an anderen Tumorarten testen. Je breiter ein solches Tumorspektrum ist, um so mehr und um so genauere Aussagen können dann aus dem Tierexperiment abgelesen werden. Es war schon angedeutet worden, daß gute Hemmeffekte im Tierexperiment bei sog. Impftumoren praktisch keinerlei Schlüsse für die menschlichen Tumorerkrankungen erlauben (Abb. 4).

Eine experimentell erzeugbare Tumorart scheint jedoch die Ausnahme von der Regel zu sein: das durch tägliches Pinseln erzeugte 3,4-Benzpyren-Carcinom der Mäusehaut. Auch subcutane Injektion von 3,4-Benzpyren führt zu Tumoren (Sarkome und Carcinome), die möglicherweise ähnlichen Gesetzen gehorchen wie das Carcinom beim Menschen. Ist eine Substanz beim 3,4-Benzpyrencarcinom oder -sarkom wirksam, dann besteht begründete Hoffnung, daß diese cytostatische Substanz auch klinische Erfolge zeitigen kann.

Wir haben entsprechende Versuche mit E 39, Lost-Derivaten und anderen Substanzen durchgeführt. Genau wie bei der menschlichen Krebsbehandlung zeigten diese Cytostatica keinerlei Effekte beim Benzpyrencarcinom der weißen Maus.

Der Gang in der Entwicklung von Cytostatica für die Chemotherapie des Krebses zeichnet sich nach unseren Erfahrungen wie folgt ab:

1. Screening-Test.

2. Im screening-Test wirksame Substanzen werden gegenüber Transplantationstumoren im Tierexperiment geprüft. Dabei ist Sorge zu tragen, daß das Tumorspektrum möglichst breit gewählt wird.

3. Die bei den Transplantationstumoren wirksamsten Substanzen werden jetzt gegenüber dem 3,4-Benzpyrencarcinom geprüft.

4. Klinische Prüfung.

Das von uns gegebene Schema soll nicht starr gehandhabt werden. Viele Faktoren müssen noch dabei berücksichtigt werden, wie Löslichkeit, Verträglichkeit, Toxicität, Sensibilisierungsgefahren usw. KIMMIG hat in Veröffentlichungen und Vorträgen über die experimentelle Chemotherapie von Tiertumoren wiederholt auf das Toxicitätsproblem hingewiesen. Mit diesem Problem steht und fällt die ganze Chemotherapie des Krebses. Es muß leider gesagt werden, daß die heute bekannten Cytostatica eine brauchbare Wirksamkeit vielfach erst in einem Bereich entfalten, in dem bereits 20% und mehr der Versuchstiere schon infolge der Toxicität der Substanzen eingehen.

Dabei wird im Tierversuch schon mit sehr hohen Dosen gearbeitet, die in Gewichtsprozenten auf den Menschen umgerechnet in der Klinik nie zur Anwendung kommen. Die kurzfristigen Experimente erlauben zudem keine Aussagen über die Verträglichkeit bei längerer Anwendungsdauer. Der Tierversuch wird im allgemeinen nach einer 10—20tägigen Behandlungsdauer durch Abtöten der Tiere zum Abschluß gebracht, zu einer Zeit also, wo sich chronische Schädigungen verschiedenster Art noch gar nicht dokumentiert haben können. Eine große Anzahl von Autoren haben über das Tierexperiment berichtet und auf die dabei bestehenden Schwierigkeiten hingewiesen, so DOMAGK, KIMMIG, SIEGENTHALER, BUSCH, DRUCKREY, SCHULTEN und PRIBILLA, SCHMIDT-ELMENDORFF u. Mitarb., OETTEL und WILHELM, MARTINI, GELLHORN, HACKMANN und viele andere.

Eingangs dieses Artikels war bereits ausgeführt worden, daß die Zahl der bisher auf ihre Wirksamkeit beim Krebs experimentell geprüften Substanzen in die Zehntausende geht. Wenn nur ein Bruchteil davon Eingang in die Klinik gefunden hat, so hängt das mit den schon angeführten Schwierigkeiten zusammen, d. h. es können eben nur die Stoffe Verwendung finden, die ohne größere Schädigung des Organismus ihre cytostatische Wirkung ausüben. Das ist beinahe eine contradictio in se: die derzeit gebräuchlichen Cytostatica haben leider ausnahmslos die Eigenschaft, auch die normale Körperzelle zu schädigen; ein Befund, der heute als unabänderlich hingenommen wird und zu der sehr realistischen Formulierung geführt hat, daß ein Cytostaticum, das z. B. die Hämatopoese nicht stört, gar nicht als Cytostaticum bezeichnet werden darf.

In allen Fällen, wo der Krebs lokalisiert, also noch nicht metastasiert ist, stellen zur Zeit nach wie vor die frühzeitige operative Entfernung oder die moderne Strahlenbehandlung des Krebses die Therapie der Wahl dar. Die Heilungsziffern bei der alleinigen chirurgischen Behandlung beträgt nach einer Statistik von v. DROSTE, die 4215 Krebskranke umfaßt, bei einer Nachbeobachtungszeit von 5 Jahren 16,6%. Die Statistik erstreckt sich dabei auf die Ergebnisse von 25 Jahren.

IV. Indikationen für eine cytostatische Therapie

Das Indikationsgebiet der Cytostatica ist damit im allgemeinen und für die Dermatologie im besonderen eng begrenzt. Ins Indikationsgebiet gehören vornehmlich generalisierte, metastasierende Neoplasien, die durch ihre Ausdehnung chirurgischen Eingriffen oder strahlentherapeutischem Vorgehen nicht mehr zugänglich sind. Die Cytostatica zeigen infolge ihrer allgemein proliferationshemmenden Wirkung ihre stärksten Angriffspunkte an den sehr stark proliferierenden Geweben. Damit sind als Indikationen in erster Linie die bösartigen Erkrankungen des Blutes und des lymphatischen Gewebes gegeben. Daneben aber die Krebserkrankungen, die durch die hochspezifischen Wirkungen der Keimdrüsenhormone cytostatisch gut beeinflußt werden: das Prostatacarcinom und das Mammacarcinom, sowie gewisse Thyreoideacarcinome, die durch Radiojod günstig beeinflußbar sind.

Die gewöhnlichen epithelialen Carcinome im engeren Sinne sind nach SIEGEN-THALER deshalb nicht geeignet, weil ihre Proliferationsintensität und damit die Empfindlichkeit gegenüber Cytostatica geringer ist als die der normalen Mausergewebe des Körpers. — So ergeben sich folgende speziellen Indikationen: akute und chronische Leukämien, Polycythaemia vera rubra, Lymphogranulomatose, Lymphosarkom, Lymphoblastom, Plasmocytom, Reticulosarkomatosen, metastasierende Mamma- und Prostatacarcinome sowie Schilddrüsencarcinome. Ferner ist eine cytostatische Therapie erlaubt bei hoffnungslosen Carcinomatosen, bei denen alle Möglichkeiten von Operation und Strahlentherapie erschöpft sind wie Melanom, Angiomatosis Kaposi (Sarcoma idiopathicum multiplex haemorrhagicum) im fortgeschrittenen Stadium, ausbestrahlte Mycosis fungoides usw. Wenn in den folgenden Betrachtungen die Grenzgebiete der Dermatologie mehr berücksichtigt werden als die eigentliche Dermatologie, so liegt das in der Natur der Sache begründet.

V. Möglichkeiten einer cytostatischen Therapie

1. Radiomimetica

Es ist bekannt, daß bestimmte Strahlenarten sowohl cancerogen als auch cancerolytisch wirken können (BAUER). Der Analogieschluß liegt nahe: Sollten nicht radiomimetische Stoffe, deren Angriffspunkt im Zellkern an der gleichen Stelle wie die der Strahlen liegen dürfte, ebenfalls antineoplastisch wirken können? Da die Zellteilung an den Zellkern und damit an den Nucleoproteidstoffwechsel gebunden ist, scheint hier nach OETTEL ein gangbarer Weg für die Entwicklung neuer cytostatischer Substanzen zu liegen.

2. Mitosegifte

Durch die Arbeiten von WARBURG, DUSTIN, LUDFORD, LEHMANN und andere wurde bekannt, daß Stoffe wie Colchicin, N-Lost, Urethan, Trypaflavin, Chinone und andere die Mitose charakteristisch beeinflussen und damit die Zellteilung hemmen. Es liegt nahe, daß solche Stoffe auch die überstürzte Zellteilung von Tumoren hemmen können.

3. Antimetabolite

Von der Sulfonamidtherapie her ist bekannt, wie eingreifend sich die Verdrängung notwendiger Metabolite für den Zellstoffwechsel auswirkt; so kann man hoffen (OETTEL und WILHELM), daß durch anormale Purine, Pyrimidine, Pteridine

der Nucleoproteidstoffwechsel abgelenkt und so die Zellteilung blockiert werden kann. Von diesen Gedankengängen ausgehend wurden die „Wuchsstoffantagonisten" — wie 2,6-Diaminopurin, 8-Azaguanin, 6-Mercaptopurin und Folsäureantagonisten wie Aminopterin, Amethopterin entwickelt.

4. Polymerisationszerstörer

Die Mitose geht mit einer Polymerisation und Depolymerisation von Desoxyribonucleotiden einher. Diese Tatsache führte zu der Überlegung, ob Stoffe, die wegen ihrer Polymerisationsfähigkeit und ihrer Affinität zu natürlichen Fasern als Textilhilfsmittel gebraucht werden, nicht auch in die Polymerisationsvorgänge während der Zellteilung eingreifen könnten. Die Prüfung solcher Stoffe führte zur Entdeckung der antineoplastischen Wirkung der Methylolamide, Äthylenimine und Epoxyde (WALPOLE, HENDRY u. Mitarb.).

SIEGENTHALER teilt die Cytostatica ein in die eigentlichen Teilungsgifte, die Antiwuchsstoffe, die Hormone und die radioaktiven Isotope. Die beiden letzten Gruppen werden gesondert in weiteren Handbuchartikeln abgehandelt; es kann daher nur eine summarische Betrachtung dieser Möglichkeiten gegeben werden, im übrigen muß auf die entsprechenden Kapitel verwiesen werden.

VI. Die Teilungsgifte

Die Mitosegifte führen zu Schädigungen, die sich vor allem im Teilungsformwechsel des Zellkerns äußern. Neben einer physiologischen = unspezifischen können noch 2 weitere Typen von Kernschädigungen unterschieden werden. Bei diesen treten zusätzlich besondere Anomalien auf: Spindelstörungen und Ruhekernstörung. Diese beiden Anomalien sind als Ausdruck einer spezifischen Kernschädigung aufzufassen, wobei die Mehrzahl der heute gebräuchlichen Cytostatica eine dieser beiden Störungen hervorruft. Der cytostatische Effekt soll dabei über die Hemmung spezifischer Enzyme laufen. Da im Rahmen dieses Artikels nicht auf morphologische und biochemische Einzelheiten eingegangen werden kann, wird auf HAMPERL, BUTENANDT und DANNENBERG, MARQUARDT, LETTRÉ, GRAUL, PIRWITZ, HOHL und SCHINZ, ALBRECHT und andere verwiesen. Das von SIEGENTHALER nach GRAUL und MARQUARDT modifizierte Schema des Normalablaufs der Mitose und der 3 Störungstypen (Abb. 5) gibt einen Einblick in die zu beobachtenden Veränderungen.

1. Spindelgifte

Spindelgifte greifen am Spindelapparat der Metaphase an; sie hemmen den Ablauf der Mitose und führen zu einem Mitosestillstand in der Metaphase. Das bekannteste Beispiel eines typischen Spindelgiftes ist das Colchicin. Es ist zugleich das Cytostaticum, das wohl am intensivsten bearbeitet worden ist.

Nach WOLFF wurde Colchicin wahrscheinlich schon im frühesten Mittelalter bei Krebskranken innerlich angewendet. Der byzantinische Arzt JOANNIS ACTUARIUS (13. Jahrhundert) beschreibt Vergiftungssymptome bei Krebskranken, die mit Colchicum behandelt worden waren, das zu seiner Zeit auch Ephemeron oder Bulbus agrestis genannt wurde (WOLFF). VELPEAU berichtet, daß 1852 der Akademie der Medizin zu Paris eine spezifisch gegen den Krebs wirksame Salbe angeboten wurde, deren Hauptbestandteil Colchicum war. AMOROSO teilte 1935 mit, daß es ihm mit Colchicin gelang, bei tumorkranken Mäusen und einem tumorkranken Hund die Geschwülste zum Verschwinden zu bringen. PAULSSON griff diese Beobachtung auf und behandelte seinerseits 10 Mäuse mit Teerkrebs

und 5 Mäuse mit Spontantumoren täglich mit $^1/_{80}$ mg Colchicin (subcutan injiziert), ohne auch nur den geringsten Effekt zu sehen. Bei 3 Tieren fand sich bei der Sektion eine parenchymatöse Degeneration der Leber, die er als mögliche Giftwirkung deutete. PEYRON publiziert 1937 seine Beobachtungen bei der Therapie von Shope-Tumoren von Kaninchen. In einer Versuchsreihe wurden 15 Tiere mit Colchicin, 12 nicht behandelt. Er injizierte 1 mg subcutan, so daß

Normalablauf der Mitose			Störungen der Mitose		
Morphologische Vorgänge	Biochemische Reaktionen	Stadien der Mitose	Unspezifische physiologische Störungen	Spindelstörung	Ruhekernstörung
Ruhekern	Plasmastoffwechselvorgänge	Ruhekern			Wirkt sich erst in der Metaphase aus
Interphase: teilungsbereiter Kern	Ribonucleinsäure-Desoxyribonucleinsäure-Synthese	Interphase (Übergang)			
Prophase: Chromatinabscheidung	Desoxyribonucleotide werden polymerisiert (Thymonucleinsäure)	Prophase			
Umordnung: Auflösung der Kernmembran	Intracelluläre Proteolyse	Umordnung	Überalterte Prophase	←	
Metaphase: Spindelbildung; Anheftung an die Chromosomen	Intracelluläre Gerinnung; Verknüpfung über Disulfidbildung	Metaphase	Verklumpung; Multipolare Spindel, Chromosomenkontraktion, Verklebung, schlechte Einordnung, Fragmentation	←	Restitution; Fragmentation
Anaphase: Auseinanderweichen der Chromosomengarnituren	Kontraktilität der Spindel, des Plasmas oder der Grenzschicht	Anaphase	Verklebung, Fragmentation, keine geregelte Verteilung	Extreme Chromosomenverkürzung, Spaltung ohne Spindel	Brückenbildung; Liegende Fragmente
Telophase: Abschnürung der Zelle, Kernrekonstruktion	Entpolymerisierung der Thymonucleinsäure. Bildung der Kernmembran	Telophase	Fehlverteilung, Pseudoamitose; Unregelmäßige Kernkontur, Micronuklei	Polyploider Restitutionskern	Pseudomitose; Micronuklei

Abb. 5. Schema des Normalablaufs der Mitose und der 3 Störungstypen nach SIEGENTHALER

in 3 Wochen insgesamt 12—15 mg Colchicin gegeben wurden. Von den Kontrolltieren starben 11. Die Behandelten überlebten nicht nur, sondern auch ihre Tumoren waren verschwunden. Erneut überimpfte Shope-Tumoren gingen nicht mehr an. Die bei denselben Tieren erzeugten Teertumoren ließen sich dagegen durch Colchicin nicht beeinflussen. Über den Wirkungsmechanismus geben die im Jahre 1938 bekannt gewordenen Untersuchungen von TEN SELDAM und SOETARSO einen gewissen Aufschluß. Diese Autoren behandelten mehrere Ratten mit langsam und schnell wachsenden Sarkomen mit Colchicin. Nach einer Injektion von 0,2 mg Colchicin pro Ratte fanden sie schon nach 8 Std in sämtlichen Tumoren eine Zunahme der Kernteilung. Diese Zunahme der Kernteilung ist jedoch nur eine scheinbare, weil die Teilungsvorgänge in der Metaphase fixiert werden. LIST, KIRSCHBAUM und STRONG konnten 1938 über günstige Erfolge bei

der Therapie angeborener maligner Lymphoidtumoren von Mäusen berichten. DITTMAR betont (1940), daß man nennenswerte therapeutische Effekte beim Colchicin nur dann sehen kann, wenn man es so dosiert, daß man sich in unmittelbarer Nähe der Dosis letalis befindet.

BRUES u. Mitarb. sahen dagegen keinerlei Erfolge mit 7,5—15 γ Colchicin bei verschiedenen Impftumoren an Mäusen. HOMAN und OTTO kommen zu dem Schluß, daß Colchicin Angehen und Vermehrung von überimpftem Ascites nicht entscheidend beeinflußt, daß nicht-mitotische Teilungsvorgänge aber zunehmen.

WIEDEMANN untersuchte die Wirkung des Colchicins, in letalen und subletalen Dosen verabreicht, auf das Blut und Knochenmark von Mäusen und Meerschweinchen. 20 min nach Applikation des Colchicins kommt es zu einer Leukopenie, der in den nächsten $1^1/_2$—$2^1/_2$ Std ein Anstieg der Granulocyten folgt. Das Verhalten der Lymphocyten ist dem der Granulocyten ähnlich. Im Knochenmark ließen sich dabei toxische Läsionen feststellen. Selbst Zellen, deren Kern sich in Ruhe befand, waren toxisch geschädigt.

Auf der Suche nach einem aktiveren und weniger toxischen Medikament gelang es 1950 SANTAVY und REICHSTEIN, UFFER und anderen, aus einem Gemisch von Alkaloidextrakten aus Colchicum autumnale eine neue Substanz zu isolieren, das Desacethylmethylcolchicin = Demecolcin. Nachdem WINDAUS bereits 1924 die chemische Konstitution des Colchicins aufgeklärt hatte, konnte 1953 auch die Strukturformel des Demecolcins ermittelt werden. Ein Jahr später konnten SCHÄR, LOUSTALOT und GROSS zeigen, daß seine Toxicität beim Tier 30—40mal geringer als die des Colchicins ist. Das Colcemid (Ciba) hemmt die Zellvermehrung durch Arretierung der Zellteilung im Stadium der Metaphase. Diese Wirkung erstreckt sich in gleicher Weise auf die Knochenmarkszellen, auf die Leukocyten des peripheren Blutes, auf die Spermatocyten und auf die Krebszellen (SCHÄR, LOUSTALOT und GROSS). Die hemmende Wirkung auf die Lymphocyten ist nach LICHMANN sehr schwach. Während in den Ovarien keine so deutlichen Veränderungen zu beobachten sind, kommt es in den Testes zu reversiblen Veränderungen der Spermatogenenese bis zur Azoospermie. In hohen Dosen wirkt es auch auf die Zellen der Darmschleimhaut.

MOESCHLIN konnte bei einem Fall von akuter myeloischer Leukämie nach einer Stoßbehandlung und einer 3 Monate dauernden Kur mit einer Erhaltungsdosis von täglich 4 mg Colcemid sogar Arbeitsfähigkeit erreichen, andere Autoren, wie BOCK und GROSS, LEONARDI und D'AGNOLO und LEONARD und WILKINSON haben dagegen bei den akuten und subakuten myeloischen Leukämien keine oder nur geringe Effekte gesehen. Die Unverträglichkeitserscheinungen sind nicht so stark ausgeprägt wie bei anderen Cytostatica. Darüber berichten: MOESCHLIN, MEYER und LICHTMANN, BOCK und GROSS, STORTI und GALLINELLI, GARDINI und RIZZENTE, VOLTERRA und ROMUALDI, LEONARD und WILKINSON, ZBINDEN, VOLTERRA u. Mitarb. und SCAFI und BALDASSORI. MOESCHLIN gab als Anfangsdosis täglich 3—7 mg, dann als Erhaltungsdosis täglich 1—2 mg und konnte so einen Patienten über 6 Monate arbeitsfähig erhalten. BOCK und GROSS erreichten mit einer Initialdosis von 8—12 mg täglich und einer Erhaltungsdosis von 4—8 mg täglich in 10 von 11 Fällen Remissionen. GIGANTE sah gute Erfolge in 11 von 16 Fällen durch eine perorale Behandlung mit täglich 4—8 mg. Auch KEIBL, der Anfangsdosen von 3—6—(10) mg und Erhaltungsdosen von 2—3 mg täglich gab, berichtet über gute Erfolge bei der chronischen myeloischen Leukämie.

Im Gegensatz dazu ist das Colcemid ungeeignet für die Therapie der chronischen lymphatischen Leukämie. STORTI und GALLINELLI glauben bei 4 Fällen von chronischer lymphatischer Leukämie einen gewissen Nutzen gesehen zu

haben. Bei 3 war die Wirkung gering, bei einem gut. MOESCHLIN u. Mitarb. sahen bei 2 Fällen einen Exitus letalis infolge eines plötzlich einsetzenden foudroyanten Verlaufs. Über einen weiteren Todesfall berichten LEONARDI und D'AGNOLO. GIGANTE hat 5 Fälle mit Colcemid ohne befriedigende Resultate behandelt und gelegentlich Verschlechterungen gesehen. Auch LEONARD und WILKINSON warnen, weil sich nach ihrer Meinung unter der Behandlung mit Colcemid aus der chronischen lymphatischen eine akute lymphatische Leukämie entwickeln kann.

Der Morbus Hodgkin scheint auf Colcemid zufriedenstellend zu reagieren. STORTI und GALLINELLI haben 4 und GIGANTE 9 Fälle mit gutem Resultat behandelt. *Colcemid* ist dabei den Röntgenstrahlen und dem N-Lost nicht überlegen. Beim Lymphosarkom sahen MOESCHLIN und GROSS und BOCK keinen, STORTI und GALLINELLI in 3 Fällen einen günstigen Effekt.

Die von einigen Autoren (MOESCHLIN, STORTI und GALLINELLI, GARDINI und RIZZENTE) angegebenen günstigen Effekte bei anderen bösartigen Tumoren beziehen sich nur auf das subjektive Befinden der Patienten, wie z.B. eine gute Beeinflussung der Schmerzen. Objektiv ist kein antineoplastischer Effekt bei den verschiedenen Tumoren der Thorax- und Bauchorgane festzustellen. ZBINDEN glaubt allerdings, daß das Colcemid die Ca-Zelle für die Röntgenstrahlen empfindlicher macht. Er injizierte 6 Std vor der Bestrahlung Colcemid intravenös. Seine Erfahrungen erstrecken sich auf ein Krankengut von 42 Fällen mit inoperablen und generalisierten Tumoren aller Art. GIGANTE glaubt ebenfalls, eine Sensibilisierung der Ca-Zelle durch Colcemid gegen Röntgenstrahlen beobachtet zu haben. MOESCHLIN u. Mitarb. gaben bei ihren 12 Fällen mit verschiedenartigen Tumoren Initialdosen von 3—10 mg und Erhaltungsdosen von etwa 5—6 mg täglich. GARDINI und RIZZENTE behandelten 4 Fälle mit verschiedenartigen Neoplasmen mit täglichen Dosen von 1—2 mg per os oder intravenös. BERGER berichtet über die Heilung eines extramedullären Plasmocytoms der Vulva durch intravenös verabreichtes Colcemid. Die Nachbeobachtungsdauer betrug 2 Jahre. VOLTERRA u. Mitarb. gaben bei 2 Polycythämien 4 mg täglich ohne Erfolg. Bei einem Lymphosarkom trat nach 4 mg täglich während 5 Tagen Verschlimmerung, dann Exitus letalis ein. Bei einem Reticulosarkom wurden 11 Tage lang 5—6 mg täglich gegeben und eine vorübergehende Besserung erreicht. Bei 7 Patienten mit Carcinomen konnten mit 4—8 mg Colcemid keine verwertbaren Resultate erzielt werden, abgesehen von einer Verschlechterung.

Die Gesamtdosen von Colcemid, die von den einzelnen Autoren gegeben wurden, schwanken zwischen 49 mg innerhalb von 6 Tagen und 1402 mg innerhalb von 14 Monaten. Im allgemeinen genügt eine Dosis von 3—5 mg peroral täglich. Das sind ungefähr 0,01—0,1 mg/kg Körpergewicht. LEONARD und WILKINSON wenden bei Leukämien zu Beginn der Therapie 3 mg pro Tag an, steigern langsam bis auf eine tägliche Dosis von 7—10 mg und unterbrechen die Behandlung für 2—3 Tage, wenn die Leukocyten auf ungefähr 25 000/mm³ abgefallen sind. Nun werden die Patienten auf eine Erhaltungsdosis von 3—5 mg täglich gesetzt. MOESCHLIN u. Mitarb. geben Erhaltungsdosen von 7—10 mg täglich, BOCK und GROSS von 4—8 mg täglich. Das Colcemid kann oral und intravenös in der gleichen Dosierung verabreicht werden, wobei die perorale Applikation die gleiche Wirksamkeit wie die parenterale hat.

Weiterhin kann das Colcemid perifokal infiltriert und lokal in Form von Salben appliziert werden. COTTINI und RANDAZZO behandelten 10 Fälle von basocellulären Epitheliomen mit gutem Erfolg. Spinocelluläre Neoplasmen ließen sich dagegen nicht beeinflussen. Die Therapie wurde in allen Fällen durch eine Kombination peroraler und lokaler Gaben mittels Salbe oder Infiltration durch-

geführt. Tello sah von 30 Arsenhyperkeratosen und Basaliomen 29 Heilungen unter Colcemid-Salbe; Hirsch kombinierte Colchicin mit Bulbocapnin und sah günstiges beim Ulcus rodens. Die Salbe hatte folgende Zusammensetzung: Colchicin 0,05, Bulbocapnin 0,5, Vasel. flav. ad 30,0. Berres berichtet über einen Fall von Morbus Bowen, bei dem mit Colcemid Regression und in Verbindung mit Radiumbestrahlung Heilung erzielt wurde. Von 3 Fällen mit histologisch gesicherter Erythroplasie konnten nach J. H. Schönfeld zwei durch Anwendung von Colchicin-Salbe (1—$2^0/_{00}$) und wäßriger Lösung (0,1 und 0,5%) geheilt werden. Im 3. Falle versagte die Behandlung. Heep konnte feststellen, daß trotz oberflächlichen restlosen Verschwindens der Tumoren unter den reizlosen Narben in der Tiefe noch Krebsnester histologisch nachzuweisen waren. Die Rezidivgefahr blieb somit bestehen. Er möchte daher die Colchicinbehandlung vorerst nur in Verbindung mit der Strahlenbehandlung zulassen. Heep hatte 3—$4^0/_{00}$ Colchicin-Salben bei 12 Patienten mit nur oberflächlichen Carcinomen verwendet.

Nelson injizierte Colchicin-Lösung direkt in maligne Tumoren. Pro Injektion nahm er 0,1—0,15 ml einer Lösung von 1 mg Colchicin in 1 ml physiologischer Kochsalzlösung. Im allgemeinen gab er im Abstand von 2—3 Tagen 1—2 Injektionen unmittelbar in den Tumor. Von 7 Basaliomen bildeten sich 5 klinisch völlig zurück. Bei einem kam es zu einer Rückbildung mit einer Restpigmentation, aus der sich nach 3 Monaten ein Rezidiv entwickelte. Ein Basaliom konnte durch die Colchicininjektionen weder klinisch noch histologisch beeinflußt werden. In 4 Fällen konnte die Haut, in deren Bereich ein Basaliom behandelt worden war, histologisch in Serienschnitten nachuntersucht werden. Bei zwei fand sich kein Anhalt für ein malignes Wachstum, in den beiden anderen Fällen war der histologische Befund zweifelhaft. Außer den 7 Basaliomen hatte Nelson Gelegenheit, auch 4 Stachelzellcarcinome mit Colchicininfiltrationen zu behandeln. Alle 4 Tumoren bildeten sich klinisch zurück. Zwei konnten histologisch nachuntersucht werden. Ein Präparat bot keinen Anhalt für einen malignen Tumor, das andere war ein eindeutiges Carcinom. Die beiden nicht nachexcidierten, sondern nur mit Colchicin behandelten Geschwülste rezidivierten. Bei der lokalen Injektion von Colchicin treten im Injektionsgebiet Schmerzen auf und es bildet sich ein etwa 2 cm im Durchmesser messendes Erythem aus, das meistens eine Woche lang bestehen bleibt. Agostini berichtet über 14 Patienten mit Hautepitheliomen verschiedener Lokalisation, bei denen er alle 3—4 Tage intradermale Injektionen von 1—2 ml Colcemid in den Tumor und dessen Umgebung durchführte. 3mal sah er klinische Heilung (2—3 Monate anhaltend), 4mal Besserung, 6mal keinen Erfolg und 1mal Verschlechterung. Fischer hat 30 Patienten mit Basaliomen und Präcancerosen der Haut mit 0,1 bzw. 0,5% Colchicinsalbe bis zum Auftreten einer erosiven Reaktion behandelt. Bei einer Nachkontrolle von 1—3 Jahren ergab sich eine Heilungsziffer von 50%. Der gleiche Effekt wurde auch mit 5% Podophyllinsalbe erzielt.

Miescher weist darauf hin, daß die Ergebnisse der Röntgentherapie zuverlässiger sind. Den gleichen Standpunkt vertritt C. G. Schirren. Midana und Ormea haben bei 3 Fällen von histologisch gesicherter Mycosis fungoides in 2 Fällen Heilung und in einem Fall Besserung erzielt durch intravenöse Gaben von insgesamt 40—90 mg Colcemid. Über die Nachbeobachtungszeit wird nichts mitgeteilt. Rabito und Leoni sahen dagegen keinerlei Änderungen des klinischen Bildes unter Colcemid bei einem analogen Krankheitsfall. Ferrari behandelt Basaliome mit 1—2%iger Colchicin-Salbe, die er 6—8mal jeden 2. Tag frisch appliziert. Er berichtet auch, daß Condylomata acuminata, torpide Psoriasisplaques und Erythematodesherde durch lokale Anwendung von Colchicin zum

Verschwinden gebracht werden können. Auch CRAMER und BRODERSEN sahen klinische Abheilung von Basaliomen des Gesichts nach Behandlung mit Colchicinsalbe. EICHLER behandelte 12 Hautcarcinome des Gesichtes mit 4°/$_{00}$iger Colchicinsalbe. Das umgebende normale Gewebe schützte er mit Zinkpaste. Alle seine Fälle heilten klinisch mit kaum erkennbaren Narben ab. Er will außerdem die Heilung von 2 Unterlippen-Carcinomen-Rezidiven und 2 inoperablen und strahlenrefraktären Gehörgangs-Carcinomen und eines Lupus-Carcinoms gesehen haben. Nach WIEDEMANN hat sich Colchicin bewährt bei der Behandlung von Rö-vorbestrahlten Basaliomen, Basaliomen in Knochennähe, von großflächigen Basaliomen und von spitzen Kondylomen. Über Rezidive werden allerdings keine Aussagen gemacht. Spinaliome werden durch Colchicin nicht beeinflußt. RUDLOFF und MASSELIN behandelten einen 80jährigen Patienten mit einem fünfmarkstückgroßen Basaliom des Gesichts. Nach 6monatiger Anwendung einer 0,05%igen Colchicin-Lanolin-Salbe war das Epitheliom bis auf Linsengröße zurückgebildet. WERMEL und KRAMORENKO verfügen über ein Beobachtungsgut von 76 Hautcancerosen verschiedener Art, die sie mit Colchicinsalben (Omain, Demecolcin, Desacetylmethylcolchicin) behandelt haben. Beide Autoren rühmen die schnelle Wirkung, die Gefahrlosigkeit der Behandlung durch selektive Wirkung auf das Tumorgewebe, die Einfachheit der Behandlung und die kosmetischen Vorzüge. Bei der Auswertung — Schwerkranke eingerechnet — sahen sie nur 10% Rezidive. In einer späteren Mitteilung geben die Autoren an, daß sie im Verlauf von $1^1/_2$ Jahren 60 Kranke beobachtet haben, bei denen sie eine verbesserte Colchicinsalbe folgender Zusammensetzung angewandt hatten: 0,5% Omain, 0,8—1% Ephedrin, 10—80 E Hyaluronidase in 1 ml und 0,5—1% Phenylbutazon in Spermazet-Emulsion. Unter diesen Kranken wurden Rezidive nur in 2 Fällen beobachtet. Interessant ist die Tatsache, daß gutartige Geschwülste wie Papillome viel resistenter gegen Colchicin sind als maligne.

Auch SCHMIDT-GUSKE sah gute Wirkung der Colchicinsalbe bei Hautcarcinomen; bei inoperablen Mammacarcinomen sah er mit 2°/$_{00}$ Colchicinsalbe zunächst verstärkte Sekretion mit Abstoßung nekrotischen Gewebes; dann aber zeigte sich bald eine frische, gereinigte Wunde mit Heilungstendenz an den Randgebieten. Die Wunden werden dabei weitgehend geruchfrei. SCHMIDT-GUSKE sieht bei diesen desolaten Fällen den Hauptwert einer Colchicinbehandlung darin, daß „die Kranken wieder Mut bekommen und die Pflege wesentlich angenehmer wird".

Aus all den angeführten Arbeiten ergibt sich, daß die Beurteilung des Colchicins im klinischen Versuch durchaus nicht einheitlich ist. Enthusiastischen Erfolgsberichten stehen solche gegenüber, die schon mit wenigem zufrieden sind und das Colchicin als eine Art Psychotherapeuticum bei inoperablen Carcinomen anwenden oder solche, die es für die Klinik als zu schwach bezeichnen. PAOLINO u. Mitarb. werfen bezüglich dieser Differenzen daher die berechtigte Frage nach den eigentlichen Indikationen für das Colchicin und seiner Derivate auf. An der Eppendorfer Hautklinik wird Colchicin in Salbenform lediglich bei ausgedehnten Basaliomen oder Spinaliomen angewandt, bei denen keine operativen Methoden oder keine Bestrahlung mehr möglich sind.

Als Zeichen einer eingetretenen Colchicinvergiftung treten Nausea, Erbrechen, Leukopenie, Haarausfall und Verlängerung der Blutungszeit auf. Beim Demecolcin beobachteten BOCK und GROSS Diarrhoe, Aphthen (7 Fälle), Juckreiz und Haarausfall. Haarausfall wurde auch von STORTI und GALLINELLI (2 von 18) und von ZBINDEN (5 von 57 Fällen) gesehen. Über Hemmung der Spermatogenese berichten LICHTMANN und MOESCHLIN. ZBINDEN sah 4mal Agranulocytose. LEONARD und WILKINSON mußten in einem Falle die Behandlung

abbrechen, weil es zu einer allergischen Reaktion mit Erythem- und Ödembildung im Pharynx und am Scrotum kam. Die meisten Nebenerscheinungen sind reversibel.

So bleibt als Hauptindikation für die Therapie mit Colchicin und Desacetylmethylcolchicin lediglich die chronische myeloische Leukämie. Bedingt indiziert ist es bei der Lymphogranulomatose, der Mycosis fungoides und zur Linderung der subjektiven Beschwerden bei Tumoren des Verdauungstraktes, der Lunge, der Genitalien und anderen Organen. Eine zweifelhafte Indikation ist die akute Leukämie und das Lymphosarkom, eine ausgesprochene Kontraindikation scheint die chronische lymphatische Leukämie zu sein. HEILMEYER geht in seiner Beurteilung des Colchicins so weit, daß er das Colchicin zwar als eines der stärksten Mitosegifte bezeichnet, das aber in der Klinik keine deutliche cytostatische Wirkung zeigt.

2. Ruhekerngifte

Charakteristisch sind hier Chromosomenbrüche und Chromosomenumbauten, die in der Interphase vor sich gehen. Die Folgen der Gifteinwirkung treten allerdings erst nach normal ablaufender Prophase in den folgenden Mitosen in Erscheinung: Es kommt zu so erheblichen Strukturstörungen am Chromosomengefüge, daß Mutationen auftreten oder die Zellen zugrunde gehen. Die Ruhekernstörung kann sowohl durch Strahlen als auch durch chemische Substanzen, den Radiomimetica, hervorgerufen werden.

Die bekannteste Substanz aus dieser Reihe ist das 1865 von LISSAUER in die Therapie der Leukämien eingeführte Arsen. KÖBNER berichtet schon 1883 über die Heilung eines Falles von allgemeiner Sarkomatose der Haut durch subcutane Arseninjektionen. O. LASSAR weist 1905 in einem Vortrag über den Stand der Krebstherapie mit folgenden Worten auf das Arsen hin: „Arsenik heilt in innerlicher Darreichung frisch entstandene nicht mehr als 6 Monate bestehende Hautkrebse und ist imstande, das Wachstum fortgeschrittener Wucherungen wenigstens zu hemmen." Er empfiehlt die Arsen-Medikation in Form des Atoxyls zur Unterstützung der Bestrahlungsmethoden.

a) Arsen

Als Liquor Fowleri = Liquor Kalii arsenicosi wird es auch heute noch in der Behandlung chronischer myeloischer Leukämien, aber auch chronischer lymphatischer Leukämien mit Erfolg angewandt (NAEGELI, MOESCHLIN). MOESCHLIN konnte Patienten 3—9 Jahre kompensiert und damit arbeitsfähig erhalten. Wenngleich heute stärkere Cytostatica vorliegen, so darf Arsen noch immer als gutes Mittel zur Initialbehandlung oder zur Überbrückung von Behandlungspausen bei chronischen Leukämien angesehen werden (HEILMEYER).

Fowlersche Lösung (Rp.: Liq. Kalii arsenic. 30,0 D. ad vitr. gutt. S. 3mal täglich 2—15 Tropfen Max. Dos. pro dosi in 10 Tropfen!, pro die in 30 Tropfen!) wird wie folgt angewendet: Man beginnt mit 3mal 3 Tropfen täglich und steigert bis auf 3mal 12 Tropfen täglich. Diese Dosis wird bei Leukämien so lange verabfolgt, bis die Leukocyten auf etwa 30000 abfallen, dann wird nach MOESCHLIN eine Pause von einer Woche eingeschaltet. Als Erhaltungsdosis zur Dauerbehandlung werden 3mal 5 bis 3mal 8 Tropfen täglich verabreicht, wobei darauf geachtet werden soll, daß die Leukocytenzahl nicht unter 15000 fällt.

Arsen verursacht Nebenerscheinungen wie Durchfall, Inappetenz und Neuritiden; bei langdauernder Behandlung kann es zur Arsenmelanose kommen.

b) Urethan

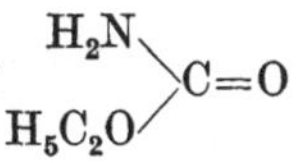

$$\left.\begin{array}{c} H_2N \\ H_5C_2O \end{array}\right\rangle C=O \qquad \text{Äthylurethan}$$

ist als chemische Verbindung schon seit langem bekannt. 1946 wurde es von
HADDOW und SEXTON sowie PATTERSON u. Mitarb. als Cytostaticum in die Therapie eingeführt. Die cytostatische Wirkung trifft zuerst die Lympho-, dann die
Myelopoese, weniger die Erythropoese. Beim Plasmocytom gilt heute das Urethan
als Mittel der Wahl. In 50% der Fälle kommt es vor allem zu subjektiven Besserungen, z. B. der Knochenschmerzen, während objektiv vereinzelt Besserungen
im Bluteiweißbild festgestellt werden können. Der Krankheitsverlauf wird nach
SCHULTEN und PRIBILLA jedoch im Endeffekt nicht beeinflußt. Wegen schlechter
Verträglichkeit und zu hoher Toxicität wird Urethan bei chronischen Leukämien
nur noch dann eingesetzt, wenn alle anderen Mittel versagt haben. Das gleiche
gilt auch für den Hodgkin, das Lymphosarkom, Retothelsarkom und die Neurofibromatosis Recklinghausen, bei denen Urethan-Applikation gelegentlich erfolgreich gewesen sein soll. SCHUERMANN und BINDER behandelten 5 Mycosis
fungoides-Patienten mit Urethan und konnten die Tumoren weitgehend zum
Verschwinden bringen, sowie das Allgemeinbefinden, den quälenden Juckreiz,
Fieber und Kachexie günstig beeinflussen. Eine endgültige Heilung erschien
beiden Autoren jedoch nicht möglich, weder mit Urethan noch mit N-Lost.
Eigene Erfahrungen liegen bei einem Fall von Polycythaemia vera Vaquez-Osler
vor. Unter Urethan kam es wohl vorübergehend zum Rückgang der Erythrocyten
von 9 200 000 auf 6 400 000. Einsetzende Nebenwirkungen zwangen jedoch bald
zum Absetzen der Therapie.

Urethan wird täglich in peroralen Dosen von 2 g verabreicht, wobei die ge-
samte Dosis zweckmäßig am Abend vor dem Schlafen gegeben wird. Wenn die
Leukocytenzahlen auf 30 000 gefallen sind, muß Urethan abgesetzt werden. Es
eignet sich wegen der fast immer eintretenden Nebenwirkungen wie Inappetenz,
Nausea, vor allem aber Alymphocytose, aplastische Anämie, Panmyelophthise
(MOESCHLIN, GOLDECK) nicht zur Dauerbehandlung. Bei längerer Urethan-
Therapie des Plasmocytoms müssen Blutbild usw. genau überwacht werden.
Urethan kann auch intravenös oder rectal gegeben werden.

c) Lost

Stickstofflost = Stickstoffsenfgas = Nitrogen mustard

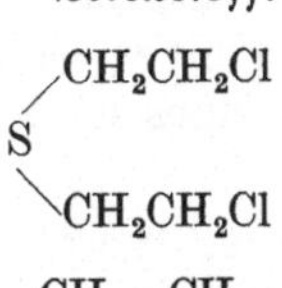

$$\begin{array}{l} \quad\quad CH_2CH_2Cl \\ \diagup \\ S \\ \diagdown \\ \quad\quad CH_2CH_2Cl \end{array} \qquad \text{Lost}$$

$$\begin{array}{l} \quad\quad CH_2\!-\!CH_2\!-\!Cl \\ \diagup \\ CH_3\!-\!N \\ \diagdown \\ \quad\quad CH_2\!-\!CH_2\!-\!Cl \end{array} \qquad \text{Cibalost} \quad \text{Methyl-bis-chlor-äthylamin}$$

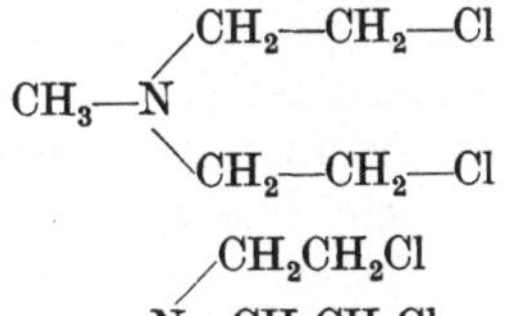

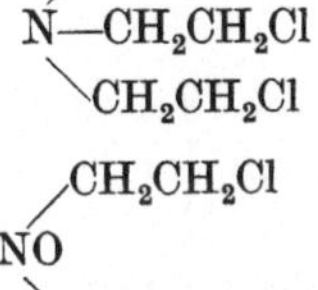

$$\begin{array}{l} \quad\quad CH_2CH_2Cl \\ \diagup \\ N\!-\!CH_2CH_2Cl \\ \diagdown \\ \quad\quad CH_2CH_2Cl \end{array} \qquad \text{Sinalost}$$

$$\begin{array}{l} \quad\quad CH_2CH_2Cl \\ \diagup \\ CH_2\!-\!NO \\ \diagdown \\ \quad\quad CH_2CH_2Cl \end{array} \qquad \text{Nitromin, Mitomen}$$

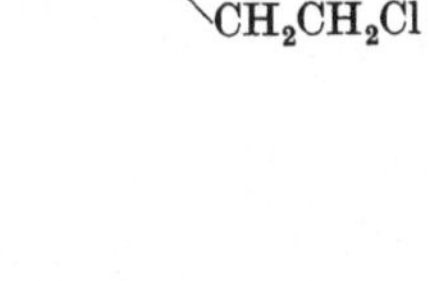

$$Cl—S \begin{cases} CN_2CH_2Cl \\ CH_2CH_2Cl \\ CH_2CH_2Cl \end{cases}$$

Tri-(β-chloräthyl)-sulfoniumchlorid (LL II)

$$\begin{aligned} CH_2—CH_2—O—SO_2—CH_3 \\ CH_2—CH_2—O—SO_2—CH_3 \end{aligned}$$

Myleran

Endoxan

Beim Stickstofflost handelt es sich um eine Weiterentwicklung der Gelbkreuz-Kampfstoffe. Der Schwefel des Senfgases ist dabei durch Stickstoff ersetzt,

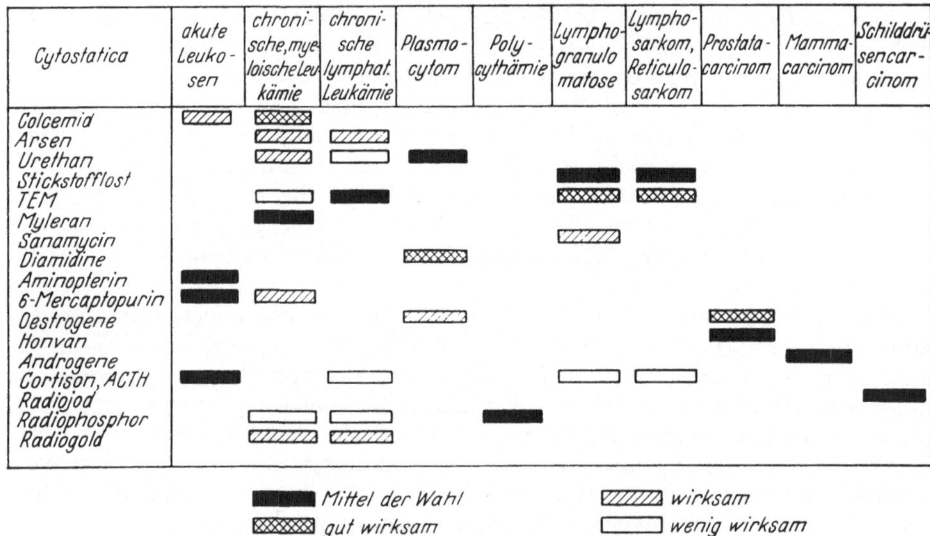

Abb. 6. Übersicht der wichtigsten Cytostatica und ihrer Indikationsgebiete nach SIEGENTHALER

wodurch eine Herabsetzung der Toxicität erreicht wird. LÜTTRINGHAUS gelang eine weitere Entgiftung des N-Lostes durch Einführung einer weiteren Chloräthylamin-Gruppe ins Lost-Molekül und durch Anfügen eines Cl-Atoms an den Schwefel.

N-Lost führt in erster Linie zu einer Schädigung des lymphatischen Gewebes und in zweiter Linie zur Schädigung des hämatopoetischen Systems (MRAZEK und WACHOWSKI). Die Lost-Derivate sind außerordentlich reaktionstüchtige Verbindungen, die dem Prinzip bifunktioneller Gruppen gehorchen; sie wirken auf den Zellkern, die Mitochondrien, Chromosomen, Plasma, Fermente und andere. Beim Triäthylenmelamin und Myleran findet sich ebenfalls diese Struktur mit 2 reaktiven Gruppen.

GILMAN und PHILIPS berichteten bereits 1946, DODDS 1949 und GRAULICH 1950 über N-Lost. Seither hat es sich seinen festen Platz in der Behandlung des Morbus Hodgkin erworben. Die Wirkungsbedingungen für N-Oxyd-Lost (Mitomen, Nitromin) sind bei Leukämien und Lymphogranulomatosen günstig. Bei größeren Tumoren kann eine „Schutztherapie" mit N-Oxyd-Lost nach operativen

Eingriffen die Rezidivrate durch Beseitigung zurückbleibender Tumorzellen senken. Die Dosierung ist individuell unter Berücksichtigung von Allgemeinreaktionen und Blutbild durchzuführen. Im allgemeinen werden tägliche Injektionen von 25—50 mg (ausnahmsweise 100 mg) verabfolgt, bis eine Gesamtdosis von 600—700 mg (Kinder bis 500 mg) erreicht ist. Nach einer Pause von etwa 4 Wochen Wiederholung dieser Kur. — Zur Dauerbehandlung werden protrahierte Gaben von 1—3mal wöchentlich 25—50 mg intravenös empfohlen.

Als Nebenerscheinungen können Nausea, Erbrechen, Appetitlosigkeit, gelegentlich Fieber, Müdigkeit, Kopfschmerzen und Benommenheit auftreten. Bei stärkeren Unverträglichkeitserscheinungen und bei rasch eintretender Leukopenie ist die Dosis herabzusetzen oder gegebenenfalls die Therapie ganz abzubrechen. Über N-Oxyd-Lost existiert eine ausgedehnte Literatur von japanischer (Nitromin) und europäischer Seite (ISHIDATE u. Mitarb., KIMURA u. Mitarb., KUROKAWA; APEL u. KLAGES, GRIESSMANN u. WARLITZ, SCHWENKENBECHER; SCHMÄHL; SPANN; DENK u. KARRER; HÖRLIN u. SCHMITT, BROCK; HENNE und andere). Nach HEILMEYER, KLIMA, GELLHORN, SIEGENTHALER und auch nach eigenen Erfahrungen ist die Kombination N-Lost/Cortison die Methode der Wahl bei der Behandlung der Lymphogranulomatose. Der Ausdruck „Methode der Wahl" in Verbindung mit cytostatischer Therapie muß dabei immer in Relation zu den bescheidenen Erwartungen, die man heute an diese Behandlungsart stellen darf, stehen. Durch die Kombination mit Cortison wird der toxische Effekt des N-Lost verringert und gleichzeitig die Wirkung auf das lymphatische Gewebe verstärkt. Manche Autoren geben N-Lost in Verbindung mit Röntgenstrahlen (ALDER und ZBINDEN, HEILMEYER, HADORN) oder halten bei Mediastinaltumoren eine cytostatische Therapie im Anschluß an die Röntgenbestrahlung für aussichtsreich (ZUPPINGER und RENFER). Auch das Lymphosarkom und das Reticulosarkom reagieren gelegentlich auf die Kombinationsbehandlung. N-Lost hemmt nach Untersuchungen von BAER und ADORF die Phagocytose. APEL und KLAGES geben N-Lost zur Unterstützung der chirurgischen Therapie vor und nach der Operation mit gutem Erfolg. N-Lost darf nur intravenös unter gewissen Kautelen verabreicht werden. Die tägliche Dosis beträgt 1 mg N-Lost + 25 mg Cortison bis zu einer Gesamtdosierung von 40—60 mg. Bei höheren Gaben kommt es zu Schädigungen der Hämatopoese, hauptsächlich einer Leukopenie, die zum Absetzen des Mittels zwingen kann. Auch hier übt das Cortison einen wichtigen Einfluß zur Verhütung einer ausgesprochenen Knochenmarksschädigung aus. Eine Dauerbehandlung mit N-Lost ist nicht möglich, ebensowenig eine ambulante Therapie, die bei allen Behandlungsverfahren mit cytostatischen Substanzen überhaupt problematisch erscheint. Wir behandelten an unserer Klinik 7 Patienten mit Mycosis fungoides, die bereits ausbestrahlt waren, mit N-Lost, konnten aber den traurigen Ablauf auch bei Kombination mit Cortison nicht aufhalten. Zu gleichen Ergebnissen kamen SCHUERMANN, EVANS und andere.

Von russischen Autoren (LARIONOV) sind verschiedene chlorierte Produkte von der Art des Stickstofflost entwickelt und bereits mit gutem Erfolg in der Klinik zur Anwendung gebracht worden. Im einzelnen handelt es sich um *Embichin*, ein Di-(2-chloro-äthyl)-methyl-aminhydrochlorid mit den Indikationen Carcinom und Hodgkin. Eine Weiterentwicklung dieser Verbindung ist das *Novoembichin*, ein 2-Chloropropyl-di-(2-Chloroäthyl)-amino-hydrochlorid mit der Strukturformel

$$CH_3\!-\!CHCl\!-\!CH_2\!-\!N\!\!\begin{array}{l}CH_2\!-\!CH_2Cl\\[4pt]CH_2\!-\!CH_2Cl\end{array}$$

und den Indikationen Leukämie und Hodgkin. Schließlich noch das *Dopan*, ein 2.6-Dioxy-4-methyl-5-(2-chloräthyl)-amino-pyrimidin mit der Strukturformel

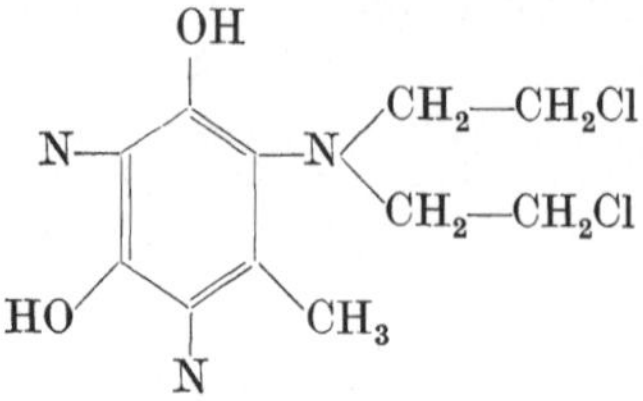

$$\text{HO–} \underset{N}{\overset{OH}{\underset{}{\bigcirc}}} \begin{matrix} CH_2\text{—}CH_2Cl \\ CH_2\text{—}CH_2Cl \end{matrix} \quad CH_3$$

Indikation für Dopan ist ebenfalls die Lymphogranulomatose.

Seit 1957 hat man cyclische N-Lost-Phosphamidester in Form des Endoxans in die Chemotherapie maligner Tumoren eingeführt (BROCK; BROCK u. WILMANS, ARNOLD u. Mitarb., GROSS u. LAMBERS, KÜHBÖCK u. Mitarb., BAUMANN). Endoxan besitzt eine hohe cancerotoxische Wirkung, die an verschiedenen Impftumoren (Yoshida-Sarkom, Walker-Ca, Jensen-Sarkom, DJ-Carcinosarkom) genau untersucht worden ist. Sowohl im Simultan- als auch im echten Therapieversuch wurde mit dem Präparat eine völlige Heilung der Versuchstiere erzielt (Rezidiv- und Metastasenfreiheit nach 90 Tagen Beobachtung).

Im Vergleich zu anderen Cytostatica besitzt Endoxan eine besonders große therapeutische Breite und eine relativ geringe Wirkung auf das weiße Blutbild. Kreislauf und Atmung werden in therapeutischen Dosen nicht beeinflußt. Die lokale Verträglichkeit bei intravenöser und intramuskulärer Applikation ist gut.

In vitro zeigt es weder im Inkubationstest von SCHMÄHL und DRUCKREY noch im Miyamura-Test Wirkung. Da die Substanz — wie wir uns selbst überzeugen konnten — in vivo hochwirksam ist, wird angenommen, daß sie eine inaktive Transportform darstellt, die erst im Organismus in die Wirkform umgewandelt wird.

Die Dosierung ist ebenso wie bei den anderen Cytostatica individuell unter Berücksichtigung von Allgemeinreaktionen und Blutbild durchzuführen. Bei guter Verträglichkeit von 100 mg intravenös wird die Dosis auf täglich 200 mg intravenös erhöht bis zu einer Gesamtdosis von 4000—8000 mg.

Als Nebenwirkungen können Übelkeit, Brechreiz oder Kopfschmerzen auftreten, vereinzelt auch diffuser reversibler Haarausfall, wie wir bei einer 38jährigen Frau mit Mycosis fungoides beobachten konnten.

So gut Endoxan bei Impftumoren auch ist, in der Klinik menschlicher Tumorerkrankungen gelingt es weder beim Melanom, die Metastasierung auch nur kurzfristig aufzuhalten, noch die Mycosis fungoides in ihrem Ablauf zu beeinflussen. Wir haben Endoxan bei 5 Fällen von metastasierenden Melanomen, einem Chorionepitheliom und 4 Fällen von Mycosis fungoides angewandt und haben keine Beeinflussung des Krankheitsverlaufes gesehen.

Im Tierexperiment zeigen alle Substanzen dieser Reihe günstige Wirkungen beim Ehrlich-Ascites-, beim Walker- und Yoshida-Tumor.

Bezüglich morphologischer Veränderungen der α-Zellen wie überhaupt cytologischer Studien am Yoshida-Sarkom unter N-Lost wird auf die hervorragenden und gründlichen Arbeiten japanischer Forscher wie KAZIWARA und TAKIKAWA u. Mitarb. sowie DRUCKREY u. Mitarb. und andere verwiesen.

d) Die Äthyleniminderivate

Die erste Verbindung dieser Gruppe, das Triäthylenmelamin (TEM) wurde als Wollveredlungsmittel (Quervernetzung von Peptidketten) während des 2. Weltkrieges in den Hoechster Farbwerken entwickelt. Die Ähnlichkeit in der Reaktionsweise mit Lost veranlaßte englische und amerikanische Autoren, die

Verbindung im Tierexperiment zu prüfen (HENDRY, ROSE, WALPOLE) und sie als Cytostaticum in die Therapie neoplastischer Erkrankungen einzuführen (KAR-NOFSKY u. Mitarb.). Auch diese Substanz hat eine starke Affinität zum lymphatischen System, so daß es von HEILMEYER und SCHULTEN und PRIBILLA als souveränes Mittel zur Behandlung der chronischen lymphatischen Leukämie angesehen wird. WEICKER berichtet über gute Erfolge auch bei der chronischen myeloischen Leukämie. PRIBILLA und STOLLBERG weisen allerdings darauf hin, daß es hier durch neuere Cytostatica verdrängt wird. SCHULTEN und PRIBILLA sowie BEGEMANN ziehen bei der Behandlung der Lymphogranulomatose das N-Lost dem TEM vor. Auch die Behandlung der Polycythaemia vera mit TEM ist nach LINKE und LASCH durch die Radiophosphortherapie verdrängt worden. Bei anderen Tumoren ist TEM nicht angezeigt (SCHÜTTERLE, FIEDLER und SCHMALZ).

Die Dosierung verlangt ein individuelles Vorgehen. Remissionen können schon mit 10 mg TEM erzielt werden. TEM muß auf nüchternen Magen appliziert werden, da es mit organischen Substanzen leicht Verbindungen eingeht und dadurch inaktiviert wird; durch Säure wird es ebenfalls rasch zerstört. Vor TEM-Medikation muß der Magensaft mit 10 g Natriumbicarbonat gepuffert werden. Zweckmäßig wird mit kleinen „Stößen" von 5 mg peroral täglich während 2—5 Tagen bis zu einer Gesamtdosis von 10—25 mg TEM begonnen. Dann muß abgewartet und die Wirkung auf das hämatopoetische System kontrolliert werden. Bei einer Dauertherapie werden wöchentliche TEM-Gaben von 5—2,5 mg und weniger benötigt. Die erzielten Remissionen können zwischen 4 Wochen und 2 Jahren anhalten. Die Verträglichkeit ist im allgemeinen gut, gelegentlich treten Übelkeit und Brechreiz auf. Genau wie beim N-Lost führt eine Kombination mit Cortison zur Abschwächung der Toxicität und der knochenmarkschädigenden Wirkung des TEM. Überdosierung führt zur Knochenmarkaplasie.

Das TEM = 2,4,6-Triäthylenimino-1,3,5-triazin, hat folgende Strukturformel:

An weiteren Äthyleniminderivaten mit cytostatischer Wirkung im Tierversuch sind zu nennen:

TEPA = N,N',N''-Triäthylen-phosphorsäureamid

ferner das Thio-TEPA:

ZARAFONETIS u. Mitarb. berichteten über gute klinische und hämatologische Remissionen unter Thio-TEPA; BATEMAN behandelte 99 Patienten intramuskulär,

intravenös, intraarteriell und intratumoral und sah subjektive und objektive Besserungen bei Lungen-Ca, Cervix-Ca, Prostata-Ca und Tumoren des Gastrointestinaltraktes und des Zentralnervensystems. SHAY und SUN haben bei der Behandlung von 47 Patienten mit metastasierenden, inoperablen Tumoren palliative Erfolge gesehen. 2 Melanome zeigten unter Thio-TEPA zunächst Regression, die dann aber von einem rapiden Wachstum abgelöst wurde.

Die Bayer-Forschungslaboratorien haben eine Reihe von cytostatisch wirksamen Äthylenimino-chinon-Derivaten entwickelt, von denen als erstes das Bayer G 4073, ein 2,5-Bisäthyleniminobenzochinon-1,4 in die klinische Prüfung genommen wurde.

Bayer G 4073:

Es zeigte schon Wirkung bei einigen generalisierten Carcinomatosen.

Das bekannteste und im deutschsprachigen Schrifttum am meisten diskutierte Derivat ist eine Verbindung des Chinons mit dem Äthylenimin, es ist ein Alkoxy-Derivat des 2,5-Bis-Äthylenimino-benzochinon-(1,4), das nach seiner Laborjournalnummer als Präparat Bayer E 39 bezeichnet wurde; es hat folgende Strukturformel:

E 39:

Die Substanz ist in Wasser fast unlöslich und da es wünschenswert erschien, zur parenteralen und intratumoralen Applikation ein wasserlösliches Präparat zur Hand zu haben, wurde durch Einfügen von 2 Sauerstoffatomen in die Seitenketten des E 39 das Präparat E 39 solubile gewonnen. Da E 39 solubile jedoch in Wasser bzw. physiologischer NaCl-Lösung nicht lange haltbar ist, muß die Lösung aus Trockenampullen, die stabil sind, jedesmal frisch hergestellt werden.

E 39 solubile:

Als weiteres cytostatisch wirksames Produkt aus der Reihe der Äthyleniminderivate entwickelten die Bayer-Forschungslaboratorien Leverkusen das Cytostaticum 3231 oder Trenimon, ein 2,3,5-Tris-Äthylenimino-benzochinon-(1,4). Die Substanz ist löslich in warmem Essigwasser, Methanol, Aceton und Benzol, dagegen kaum in Wasser. Trenimon wird in Trockenampullen zu 1 mg mit beigegebenem Lösungsmittel und in darmlöslichen Gelatinekapseln zu 1 mg zur

Verfügung gestellt. Die Substanz ist wesentlich toxischer, dafür aber cytostatisch viel stärker wirksam als E 39 oder E 39 solubile. Die Veränderungen, die beispielsweise E 39 in einer Konzentration von 1:100000 in den Nucleolen menschlicher Krebszellen hervorruft, werden mit Bayer 3231 schon in einer Verdünnung von 1:1 Milliarde beobachtet.

Die Indikationen sind die gleichen, wie für alle Äthyleniminderivate. Erste klinische Versuche haben ergeben, daß bei chronischen Leukosen oft schon 1 mg intravenös genügt, um eine Remission zu erzielen. Die i. v.-Behandlung soll mit 0,25—0,5 mg eingeleitet werden; die Gesamtdosis soll maximal 5 mg auf keinen Fall übersteigen. Als optimale Dosierung bei der peroralen Therapie haben sich Gaben von 2—3 Kapseln zu 1 mg pro Woche bewährt. Auf nüchternen Magen gegeben, kann Bayer 3231 Diarrhoen auslösen.

Sollten während der Behandlung die Leukocyten unter 4000/ml absinken, so ist unbedingt eine Behandlungspause einzuschieben, bis sich die Leukocytenwerte wieder normalisiert haben. Bedrohliche Leukocytenstürze — und mit solchen muß bei der sehr starken proliferationshemmenden Wirkung von 3231 gerechnet werden — sind mit Prednison, Bluttransfusionen und Milzextrakten zu behandeln.

Bayer 3231:

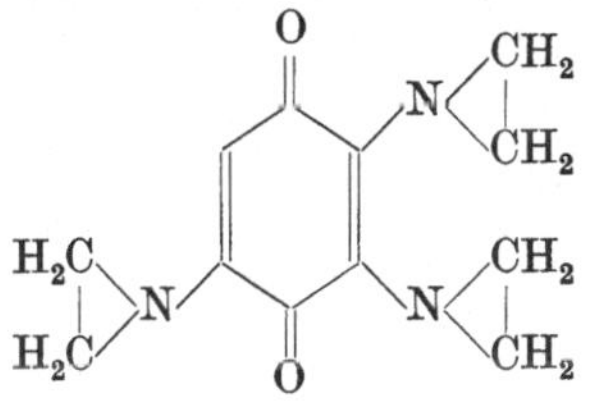

Eine weitere cytostatische Substanz liegt im Bayer G 4020 vor, welches jetzt unter dem Namen Bayer 3376 geprüft wird. Es handelt sich dabei um ein Präparat mit guter peroraler Verträglichkeit.

Bayer 3376:

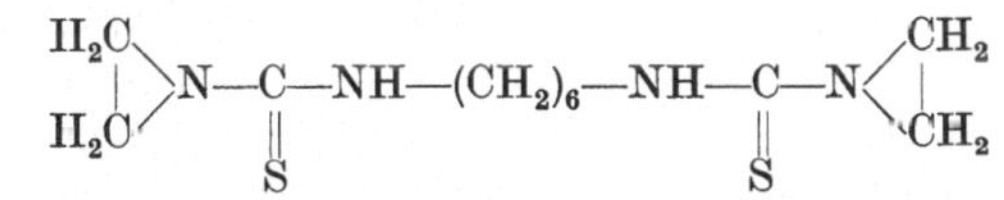

Die klinische Bedeutung von E 39 und Trenimon wird im Abschnitt „Klinische Anwendung von Äthyleniminderivaten in der Dermatologie und deren Grenzgebieten" gesondert besprochen.

1953 entwickelten HADDOW und TIMMIS das *Myleran*, das heute nach GALTON, PRIBILLA und STOLLBERG, BOLLAG, BOHINJEC, HAUT u. Mitarb. und anderen als Mittel der Wahl bei der Behandlung der chronischen myeloischen Leukämie gilt. Es führt zu einer ausgeprägten Hemmung der Myelopoese, während Lympho-, Erythro- und Thrombopoese erst in zweiter Linie angegriffen werden. Je reifer das Blutbild ist, um so besser spricht nach BEGEMANN das Myleran an; es wird unwirksam bei Auftreten eines Myeloblastenschubes.

Myleran wird bis zum Abfall der Leukocyten auf Werte um 30000 gegeben, was meist innerhalb von 3 Wochen geschieht. Die Besserungen können Monate bis 1½ Jahre anhalten. Myleran kann bei eingetretenem Effekt abgesetzt und beim Rezidiv erneut gegeben werden. Zur Dauerbehandlung kommt man mit täglich 2 mg aus. Nebenwirkungen sind beim Myleran relativ gering. Bei sehr hoher Dosierung über längere Zeit wird die Thrombo- und Erythropoese in Mitleidenschaft gezogen. Myleran kann wie andere Cytostatica auch nach Untersuchungen BOLLAGs zu einer Schädigung der Keimdrüsen im Sinne einer Atrophie von Testes und Ovarien führen.

Myleran wurde in dem Chester Beatty Research Institute für Krebsforschung, London, entdeckt.

Therapeutische Versuche am Royal Marsden Hospital, London, haben gezeigt, daß Myleran einen cytostatischen Effekt sowohl auf normale als auch abnormale Zellen ausübt. Die Wirkung des Mylerans ist selektiver als die des N-oxyd Lost oder die der Antagonisten der Folsäure und sie ist auch weniger gefährlich; einige Patienten sind mit 4 mg täglich per os über die Dauer eines Jahres behandelt worden. In dieser Dosierung wirkt Myleran kaum auf die Lymphocyten und die Blutplättchen, obgleich es die Myelopoese reduziert.

Myleran verursacht manchmal eine Amenorrhoe, was jedoch kein Grund zur Unterbrechung der Therapie ist; es kann auch während der Schwangerschaft verabreicht werden, wobei die Dosierung so niedrig wie möglich zu halten ist. Höhere Dosen vermindern die Zahl der Blutplättchen und verursachen hämorrhagische Symptome; außerdem besteht die Gefahr einer irreversiblen Schädigung des Knochenmarks, welche erst nach 4—6 Monaten manifest wird. Eine sorgfältige Kontrolle des Blutbildes ist daher nötig. Die gewünschte therapeutische Wirkung besteht in einem Ansteigen des Hämoglobinspiegels, einer selektiven Verminderung der unreifen myeloischen Zellen oder sogar in einem Verschwinden derselben aus dem Blut, einer teilweisen Normalisierung des Sternalpunktats, einer Verminderung der Milzschwellung und in dem Auftreten subjektiven Wohlbefindens der Patienten.

Myleran ist ausschließlich indiziert in der Behandlung der chronischen myeloischen Leukämie. Es ist besonders wertvoll bei Patienten, die auf Bestrahlungstherapie nicht mehr ansprechen.

Dosierung

Die Durchschnittsdosis beträgt 0,06 mg/kg Körpergewicht täglich per os in einmaliger Gabe, was ungefähr 4 mg täglich entspricht. Die erste Kur wird im allgemeinen nach 6—7 Monaten beendet, da zu dieser Zeit gewöhnlich die optimalen klinischen und hämatologischen Resultate erzielt worden sind. Eine zweite Kur ist meist nach 6—18 Monaten nötig. Rückfälle nach der zweiten Kur treten gewöhnlich schneller auf als nach der ersten Kur; in diesem Falle muß eine Erhaltungsdosis gegeben werden. Diese schwankt gewöhnlich zwischen 0,5 und 3 mg täglich und muß individuellen Erfordernissen angeglichen werden. Die Erhaltungstherapie kann bis zu 2 Jahren erfolgreich sein.

Normalerweise wird Myleran hospitalisierten Kranken gegeben; es kann jedoch auch ambulanten Patienten verschrieben werden, unter der Bedingung, daß das Blutbild regelmäßig kontrolliert wird (HADDOW u. TIMMIS, GALTON, BOLLAG, PETRAKLIS, BIERMAN u. Mitarb.).

Leukeran ist ein weiteres Derivat des Senfgases. Chemisch ist es p-(di-2-chloräthyl)-amino-phenyl-Buttersäure und hat folgende Strukturformel:

$$(\mathrm{Cl} \cdot \mathrm{CH_2} \cdot \mathrm{CH_2})_2\mathrm{N}\!-\!\!\left\langle\!\bigcirc\!\right\rangle\!-\!(\mathrm{CH_2})_3\mathrm{COOH}$$

HADDOW (1952) fand, daß Leukeran bei Ratten eine starke wachstumshemmende Wirkung auf das transplantierte Walker Sarkom 256 hat.

Klinische Untersuchungen zeigen eine günstige Beeinflussung der lymphatischen Leukämie. Die folgende Tabelle auf S. 1344 gibt eine Übersicht über publizierte Behandlungsresultate verschiedener Autoren.

Leukeran wird am besten peroral verabreicht. Die mittlere Dosierung beträgt 0,2 mg/kg Körpergewicht täglich in einmaliger Gabe über 3—6 Wochen. Das entspricht gewöhnlich einer Dosis von 10—12 mg täglich bei Erwachsenen.

Indikation	Zahl der Patienten	Resultate		
		gut	mäßig	null
Chronische lymphatische Leukämie .	130 (100%)	64 (50%)	36 (27%)	30 (23%)
Follikuläres Lymphom	19 (100%)	15 (79%)	4 (21%)	—
Lymphatisches Lymphom	32 (100%)	14 (44%)	8 (25%)	10 (31%)
Lymphogranulomatose	208 (100%)	37 (18%)	84 (40%)	86 (42%)
Lymphosarkom	20 (100%)	8 (40%)	2 (10%)	10 (50%)
Reticulum-Zell-Sarkom	38 (100%)	8 (21%)	17 (45%)	13 (34%)

In Fällen mit lymphocytärer Infiltration des Knochenmarks oder Knochenmarkshypoplasie (gewöhnlich als Folge langen und intensiv behandelten Leidens) soll die tägliche Dosierung nicht 0,1 mg/kg Körpergewicht überschreiten. Das entspricht einer Dosis von etwa 6,0 mg bei Erwachsenen von mittlerem Gewicht.

Bestrahlungsbehandlung und Cytostatica schwächen das Knochenmark. Leukeran soll deshalb auch nicht eher als 4 Wochen nach Bestrahlungs- oder anderer Chemotherapie gegeben werden.

Klinische Besserung tritt gewöhnlich in der 3. Woche der Leukerantherapie ein. Bei verzögerter klinischer Besserung soll die Therapie trotzdem über 4 bis 6 Wochen durchgeführt werden. Erst dann kann entschieden werden, ob die Behandlung erfolgreich ist oder nicht.

Das Behandlungsschema kann in wiederholten Kuren bestehen oder in Erhaltungstherapie. Wiederholte Kuren scheinen mehr Sicherheit zu bieten. Wenn jedoch Erhaltungstherapie vorgezogen wird, soll die Dosis 0,1 mg/kg nicht überschreiten; sie kann sogar oft auf 0,03 mg/kg täglich reduziert werden.

Leukeran-Behandlung ist ungefährlich, solange Vorsichtsmaßnahmen getroffen werden, um Knochenmarksschädigung zu vermeiden. Das Blutbild und der Hämoglobinspiegel müssen wöchentlich kontrolliert werden. Unter diesen Bedingungen ist auch eine ambulante Therapie möglich. Die Thrombocytenzahl braucht nicht laufend bestimmt zu werden, vorausgesetzt, daß die Haut und die Schleimhäute auf hämorrhagische Symptome genau beobachtet werden.

Im Verlaufe der Behandlung tritt gewöhnlich eine langsam fortschreitende Leukopenie auf, meistens nach der 3. Behandlungswoche. Dies erfordert nicht unbedingt eine Unterbrechung der Behandlung. Es muß jedoch daran gedacht werden, daß die Leukocytenzahl noch 10 Tage lang nach Absetzen der Behandlung weiter fallen kann; die Dosis muß deshalb entsprechend reduziert werden.

In Fällen, wo hohe Dosen verabreicht werden (z. B. bis 6,5 mg/kg maximal), besteht die Gefahr irreversibler Schädigung des Knochenmarks. GALTON et al. (1955) stellten jedoch fest, daß die meisten Patienten in niedrigeren Dosen auf Leukeran ansprechen.

Leukeran darf nicht eher als 4 Wochen nach Bestrahlungstherapie oder Behandlung mit anderen Cytostatica gegeben werden, da in diesen Fällen das Knochenmark besonders sensibel ist.

Bei leukocytärer Infiltration oder Hypoplasie des Knochenmarks muß die Dosierung niedrig gehalten werden und soll 0,1 mg/kg Körpergewicht nicht überschreiten (ALTMAN, HAUT u. Mitarb., BERNARD, MATHÉ und WEIL, BOLLAG, BOURONCLE u. Mitarb., ELSON, ULTMANN u. Mitarb., Report on International Conference).

LARIONOV u. Mitarb. entwickelten, von der antineoplastischen Aktivität gewisser substituierter Aminosäuren und der Chloräthylamine ausgehend, das

Sarcolysin, ein p-Di-(2-Chloräthyl)-aminophenylalanin. Diese Substanz zeigt im Tierexperiment gute Wirkung; über ihre klinische Anwendung liegen jedoch noch keine eindeutigen Ergebnisse vor. SELIGER hat im deutschen Schrifttum über das Sarcolysin referiert. Wir selbst haben das Sarcolysin im Tierexperiment geprüft.

Wirkungsmechanismus der Äthylenimin- und Lost-Derivate

Über die Wirkungsweise der Äthyleniminderivate und der Lostderivate hat man heute nach KIMMIG und anderen folgende Vorstellungen:

Bei den Äthyleniminoverbindungen (E 39, TEM, Thio-Tepa) handelt es sich um sehr reaktionsfähige Verbindungen, die durch Aufspaltung des Äthyleniminoringes in Form der Carbeniumradikale zur Reaktion gelangen:

$$R\!-\!N\!\!\begin{array}{c} \diagup CH_2 \\ \mid \\ \diagdown CH_2 \end{array} \xrightarrow{\ HCL\ } R\!-\!NH\!-\!CH_2\!-\!CH_2^+ + Cl^-$$

Die Carbeniumradikale können sich dann nach K. H. SCHMIDT mit Hydroxylgruppen, Sulfhydrilgruppen und Aminogruppen zu Verbindungen des folgenden Typs umsetzen:

$$R\!-\!NH\!-\!CH_2\!-\!CH_2^+ + R'OH \longrightarrow R\!-\!NH\!-\!CH_2CH_2\!-\!O\!-\!R'$$
$$+ R'SH \longrightarrow R\!-\!NH\!-\!CH_2CH_2\!-\!S\!-\!R'$$
$$+ RNH_2 \longrightarrow R\!-\!NH\!-\!CH_2CH_2NH\!-\!R'$$

Das bedeutet, daß sowohl in der gesunden als auch in der Tumorzelle, an den Eiweißkörpern oder Fermenten wichtige funktionelle Gruppen durch Reaktion mit den Carbeniumradikalen ausfallen, wodurch eine irreversible cytostatische Wirkung zustande kommt.

HOLZER konnte zeigen, daß die zur Umwandlung des beim Abbau von Kohlenhydrate bzw. Glucose auftretenden D-1,3-Diphosphorglycerinaldehyds in die 1,3-Diphosphorglycerinsäure notwendige Triosephosphatdehydrase (Phosphorglycerinaldehyddehydrase) an der SH-Gruppe des Fermentproteins gehemmt wird. Dadurch wird keine Brenztraubensäure mehr für die Glykolyse (über die Milchsäure) und die Atmung (über den Citronensäurecyclus) zur Verfügung gestellt. Das ist aber eine Hemmung, die nicht nur in den Tumorzellen, sondern ebenso bei der gesunden Zelle auftritt.

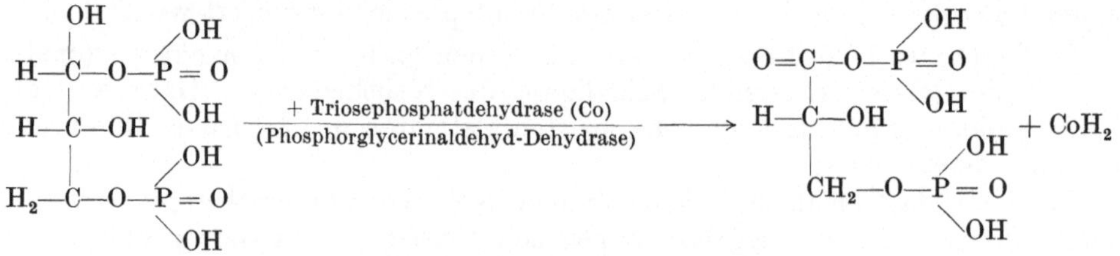

D-1,3-Diphosphorglycerinaldehyd

$$\downarrow$$

D-1,3-Diphosphorglycerinsäure

$$\downarrow$$

$$CH_3\!-\!CO\!-\!C\!\!\begin{array}{c} \diagup O \\ \diagdown OH \end{array}$$

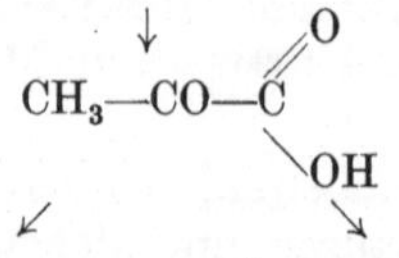

Milchsäure   Citronensäurecyclus

Diese Reaktionsgleichungen geben ein Formelbild der früheren Vorstellungen wieder, nach der die ungesättigte Aldehyd-Gruppe addiert und dann das so entstandene Acylphosphat wieder dehydriert wurde. Die Phosphorglycerinaldehyddehydrase fungiert hierbei mit der Pyridingruppe als Wasserstoffacceptor.

Nach neuesten experimentellen Untersuchungen amerikanischer Autoren scheint es aber so zu sein, daß sich an die Aldehydgruppe die Triosephosphatdehydrase mit ihrer Sulfhydrilgruppe addiert; diese Verbindung wird dann dehydriert und der Phosphorsäurerest hydrolytisch abgespalten. Die noch nicht allgemein anerkannte Theorie bedarf jedoch noch der exakten experimentellen Fundierung.

Auf Grund der Untersuchungen von Holzer wird die Triosephosphatdehydrase durch Reaktion ihrer SH-Gruppe mit den Äthylenimingruppen (z. B. TEM, E 39) bzw. den reaktionsfähigen Äthylenchlorid-Gruppen der Lostreste abgefangen. Das hier so ausführlich geschilderte Versuchsmodell zeigt nur *ein* Beispiel über den Reaktionsmechanismus der antineoplastisch wirkenden Äthylenimin- und Lost-Derivate. Es kann nicht ausgeschlossen werden, daß sich noch sehr viele andere Reaktionen mit diesen hochaktiven Körpern in der Zelle abspielen (Kimmig).

e) Diamidine

Die Diamidine Stilbamidin und Pentamidin wurden 1949 von Snapper zur Behandlung des Plasmocytoms empfohlen.

4,4′-Diamidinostilben

4,4′-Diamidino-1,5-diphenoxypentan

Unter der Behandlung mit Diamidinen kann es zu vorübergehenden subjektiven Besserungen der Knochenschmerzen kommen. Die röntgenologischen Befunde am Skelet gehen jedoch nicht zurück. Begemann bezweifelt, daß es unter den Diamidinen zu Lebensverlängerungen kommt; wohl aber helfen sie gelegentlich, das Leben erträglicher zu gestalten. Schulten und Pribilla schätzen den Wert dieser Behandlung auch nicht hoch ein. Daran kann wieder ermessen werden, in welcher Größenordnung die Erwartungen liegen, die an cytostatische Behandlungsmethoden gestellt werden dürfen.

Die Diamidine können intravenös und intramuskulär verabreicht werden in Tagesdosen von 50—150 mg über 15—20 Tage. Nebenerscheinungen sind: Übelkeit, Inappetenz, Depressionen der Hämatopoese, periphere Nervenschädigungen und depressive Zustände.

f) Antibiotica

α) Actinomycine

Über das Actinomycin C berichteten Hackmann, Schulte, Ravina, Martin, Heckner, Hamm und Eger und andere. Das Antibioticum wird aus einer Actinomycesart (Streptomyces chrysomallus) gewonnen (Waksman). Brockmann u. Mitarb. haben nach Isolierung den komplizierten Aufbau des Actinomycin C₃ aufgeklärt; es hat folgende Strukturformel:

Actinomycin C$_3$:

$$
\begin{array}{cc}
\text{L-Meval} & \text{L-Meval} \\
\text{Sarkosin} & \text{Sarkosin} \\
\text{L-Prolin} & \text{L-Prolin} \\
\text{D-Aileu} & \text{D-Aileu} \\
\text{L-Thre} & \text{L-Thre}
\end{array}
$$

BROCKMANN machte weiter die wichtige Entdeckung, daß man durch Aminosäurezusätze zur Nährlösung, in der Streptomyces chrysomallus kultiviert wird, die Peptidkette beliebig ändern kann, so daß in Zukunft die Darstellung sehr vieler Actinomycine mit vielleicht geringerer Toxicität möglich sein wird.

Actinomycin C wird bei Erkrankungen des lymphatischen Systems klinisch angewendet. Seine Beeinträchtigung des Knochenmarks und der Keimdrüsen ist nicht so stark wie bei anderen Cytostatica. Über seine Brauchbarkeit wird unterschiedlich berichtet. SCHULTE, SCHMIDT und andere sowie MARTIN berichten über gute Resultate bei der Behandlung der Lymphogranulomatose. Keinen eindeutigen Erfolg sahen BOLLAG, ESSELIER, SCHULTEN und PRIBILLA, und TRUHAUT. Wir sahen keine Beeinflussung der Mycosis fungoides in 4 Krankheitsfällen. FUNK und KRÖBER haben leukämische Lymphadenosen, Lymphogranulomatose, Mycosis fungoides und Reticulosarkomatosen mit Actinomycin behandelt mit dem Ergebnis, ,,daß es unsere therapeutischen Erwartungen noch nicht erfüllt". Es macht wohl subjektive Besserungen aber keine Heilungen. Die Nebenwirkungen sind sehr gering, vor allem wird das weiße Blutbild — wie auch HEILMEYER immer wieder betont — nicht geschädigt. Auch BLAICH sah nur vorübergehende Erfolge. Actinomycin (als Sanamycin im Handel) wird intravenös in Dosen von 200 γ täglich bis zu einer Gesamtmenge von 5000—10000 γ und mehr gegeben. MARTIN sah nach 4000—5000 γ Zungenbrennen, Inappetenz, Gingivitis, Oesophagitis, Gastroenteritis; die Kranken klagen über bleierne Müdigkeit, die 4—5 Std post injectionem anhält. Auch Haarausfall wurde beobachtet.

β) Azaserin

wurde aus dem Kulturfiltrat eines Streptomycesstammes isoliert. Es hat eine stark inhibierende Wirkung auf das Wachstum von Impftumoren im Tierexperiment neben einer antimykotischen Aktivität in vitro. Seine chemische Aufklärung und seine Synthese ist gelungen. Es ist ein Diazoessigester der Aminosäure Serin und hat folgende Strukturformel:

$$
\underset{HO}{\overset{O}{\diagdown}} C - \underset{NH_2}{CH} - CH_2 - O - \underset{O}{\overset{\|}{C}} - CH = N = N
$$

γ) Puromycin

ist ein weiteres Antibioticum mit cytostatischem Effekt im Tierexperiment. Es wird aus Kulturen von Streptomyces albo-niger gewonnen. Sein antineoplastischer Effekt wurde am Ehrlich-Mäuse-Ca und an einer Glioblastom-Kultur nachgewiesen. WRIGHT u. Mitarb. behandelten 51 Kranke mit inoperablen und ausbestrahlten Carcinomen (Zunge, Blase, Mamma, Prostata Anus, Cervix, Penis). Bei durchschnittlichen Tagesdosen von 250—750 mg verabfolgten sie per os in maximal 297 Tagen bis zu 128,0 g. Bei 23 Kranken war keine Beeinflussung des Tumors zu sehen, bei 14 trat eine Verschlechterung ein und bei weiteren 14 konnte eine vorübergehende Verkleinerung des Tumors beobachtet werden. Der allgemeine Verlauf der Erkrankung wurde praktisch nicht beeinflußt. Als Nebenwirkung werden Nausea, Erbrechen, Diarrhoe beobachtet, die aber nach Absetzen des Mittels sofort verschwinden. Beeinflussung des hämatopoetischen Systems war nicht nachweisbar. Dieser letzte Befund spricht sehr gegen die klinische Wirksamkeit des Puromycins; Cytostatica schädigen alle das hämatopoetische System; Substanzen, die es nicht tun, zeigen im allgemeinen auch keine Wirkung auf die Tumoren.

In die Gruppe der Antibiotica gehören ferner das 6-Diazo-5-oxo-norleucin:

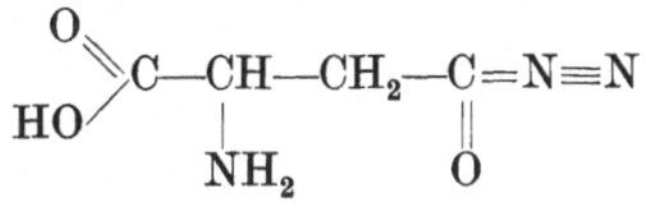

$$\underset{HO}{\overset{O}{\diagdown}}C-\underset{\underset{NH_2}{|}}{CH}-CH_2-\underset{\underset{O}{\|}}{C}=N\equiv N$$

das Actidion und das Sarkomycin, über das von UMEZAWA u. Mitarb. sowie HOOPER u. a. erstmalig berichtet wurde.

Sarcomycin hat folgende Strukturformel:

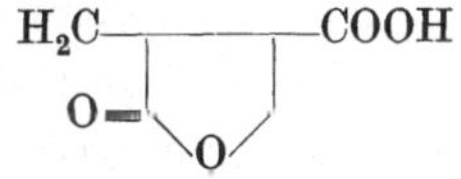

$$H_2C\!-\!\!-\!\!-\!\!-\!\!-\!COOH$$

All diese Antibiotica entfalten eine zum Teil starke inhibitorische Wirkung im Tierexperiment (Ehrlich-Ascites, Walker- und Yoshida-Sarkom, Mäuseleukämie und andere). Ihre Bedeutung für die Behandlung menschlicher Tumoren kann noch nicht völlig übersehen werden.

Auf dem Internationalen Antibiotica-Symposium im Oktober 1958 wurde über weitere tumorwirksame Antibiotica berichtet, die zum Teil nur im Tierversuch geprüft worden sind (Lederle-Bericht).

Actinobolin hat einen gewissen Einfluß auf das H.Ep 3- und Walker-Carcinom der Maus und Ratte, aber nur dann, wenn es gleichzeitig mit der Tumorimplantation i.p. injiziert wird. Ferner werden Mäuseleukämien günstig beeinflußt.

Fumigallin, ein Antibioticum aus Aspergillus fumigatus, verlängert die Überlebenszeit beim Ehrlichschen Mäuse-Ascites-Carcinom um 50% und führt zu signifikanten Regressionen von anderen Impftumoren.

Mitomycin C beeinflußt den Ehrlichschen Ascites-Tumor und das Yoshida-Sarkom deutlich. Mit diesem Antibioticum sind auch bereits 82 Patienten behandelt worden. Der klinische Erfolg ließ sich sowohl durch Einschmelzung der Tumormassen als auch histologisch bestätigen.

Streptovitacin A und B ist ebenfalls an einer Reihe von Mäuse- und Rattentumoren geprüft worden. Mit relativ kleinen Dosen konnten das Sarkom 180, das RC-Carcinom, der Ehrlich-Ascites-Tumor, die Leukämie L 4946 und das Walker-Sarkom gehemmt werden.

VII. Wuchsstoff-Antagonisten

Die zu dieser Gruppe gehörenden Verbindungen hemmen das Wachstum schnell proliferierender Zellen durch Verdrängung der für das Leben der Zellen notwendigen Wirkstoffe. Sie greifen als Antagonisten lebensnotwendiger Bausteine des Körpers in die Synthese der für die Zellentwicklung notwendigen Nucleinsäuren ein. SIEGENTHALER hat dafür ein nach BURCHENAL u. Mitarb. modifiziertes Schema angegeben:

Folsäureantagonisten Purinantagonisten
Aminopterin
Amethopterin 6-Mercap-
Adenopterin topurin
↓ ↓

Folsäure → Folinsäure → Purine → Nucleinsäure
↑
(Ameisensäure, Glykokoll, NH_3, CO_2)

1. Folsäureantagonisten

Von den Antiwuchsstoffen wurden zunächst die Folsäureantagonisten Aminopterin, Amethopterin, Adenopterin und einige andere gleichartig wirkende Substanzen bekannt. Die Folsäure selbst ist als Wuchsstoff für alle proliferierenden Zellen unentbehrlich. Werden nun Folsäureantagonisten in größeren Mengen dem Organismus angeboten, so werden diese infolge ihrer chemischen Ähnlichkeit an Stelle der Folsäure in die Zellen aufgenommen. Dadurch wird die Proliferation gehemmt, weil der Übergang der Folsäure in die Folinsäure blockiert wird. Die Folinsäure stellt aber einen wesentlichen Baustein im Aufbau der Nucleinsäure dar, deren Ausfall wiederum zu einem Sistieren des Zellwachstums führt. Diese der Antiwuchsstoff-Therapie zugrunde liegende Theorie hat sich bei der starken Proliferationstendenz der akuten Leukosen bewahrheitet.

Das Aminopterin hat folgende chemische Struktur:

4-Amino-pteroyl-glutaminsäure

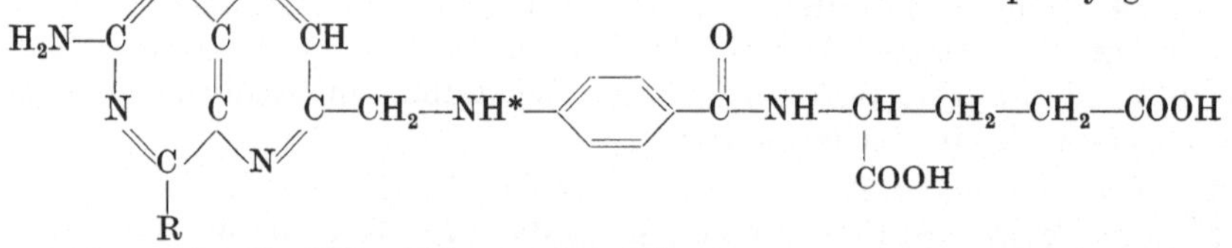

Aminopterin: $R=NH_2$; Folsäure: $R=OH$.

Das Amethopterin hat die gleiche Formel wie das Aminopterin, nur ist hier das H* durch CH_3 substituiert. Es ist die 4-Amino-10-methyl-pteroyl-glutaminsäure. Über das Aminopterin berichteten als erste FARBER u. Mitarb. im Jahre 1948, während TAKIKAWA u. Mitarb. 1952 ausführlich über die Wirkung des Aminopterins auf den Kern und das Cytoplasma auf Grund von Versuchen am Yoshida-Sarkom veröffentlicht haben. Bei der akuten Leukämie des Kindesalters treten nach SCHULTEN und PRIBILLA in etwa 50% der Fälle Remissionen ein, die in 30% vollständig und in 20% partiell sind und bis zu einem Jahr andauern können. Beim Erwachsenen kann nach MOESCHLIN nur in 25—30%, nach WINTROBE in 20% und nach LÖFFLER und BOLLAG in 15% der Fälle mit einer partiellen oder sogar vollständigen Remission von einigen Monaten gerechnet werden. BEGEMANN und SCHULTEN und PRIBILLA halten eine Remission beim Erwachsenen für eine Ausnahme. HEILMEYER und BEGEMANN kombinieren bei der Therapie perakut verlaufender Leukämien das Aminopterin mit Cortison. SIEGENTHALER stimmt dem zu, weil mit Cortison die Anlaufzeit des Aminopterins (etwa 3 Wochen)

überbrückt werden kann. Wir sahen unter Aminopterin Verschwinden der Hauterscheinungen bei der Tumorform der lymphatischen Leukämie bei 2 Fällen. Aminopterin wird bei Erwachsenen 2 mg täglich, bei Kindern 1 mg pro die intramuskulär dosiert. Nach 10 Tagen soll die Dosis auf 1 mg bzw. 0,5 mg reduziert werden. Diese Mengen gibt man dann bei Remissionen als Erhaltungsdosis bis zum Auftreten einer Resistenz weiter (Siegenthaler). Nebenerscheinungen: Schleimhautulcerationen, Thrombopenie, Erbrechen, Diarrhoe, Amenorrhoe, Aspermie. Man kann diese Nebenerscheinungen zum Teil mit Folinsäure (Leukovorin Lederle = Citrovorum-Faktor) in einigen Tagen coupieren. Der therapeutische Effekt des Aminopterins wird dadurch allerdings zum größten Teil wieder hinfällig. Amethopterin wird bei den gleichen Indikationen wie das Aminopterin gegeben. Man gibt peroral 2,5 mg/kg Körpergewicht. Nach 3—8 Wochen tritt der therapeutische Effekt ein (Siegenthaler). *Adenopterin* wird wie Aminopterin in der gleichen Dosierung intramuskulär verwendet.

Die Folsäureantagonisten zeigen untereinander eine gekreuzte Resistenz; bei Auftreten von Resistenzerscheinungen während der cytostatischen Therapie muß daher auf eine völlig andere Gruppe von Cytostatica übergegangen werden, z. B. auf die Purinantagonisten oder ein Cytostaticum aus der Reihe der Mitosegifte.

2. Purinantagonisten

Hier sind 3 Verbindungen zu nennen, von denen das 6-Mercaptopurin die bekannteste und wichtigste darstellt.

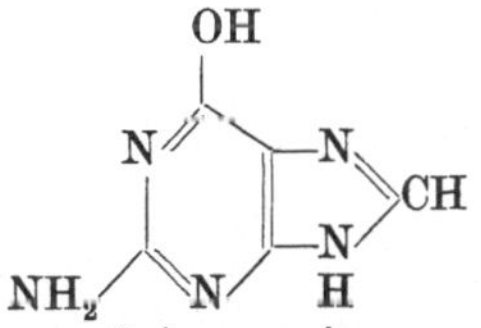

8-Azoguanin 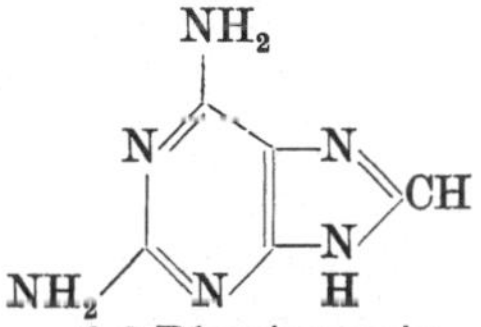   2,6-Diaminopurin 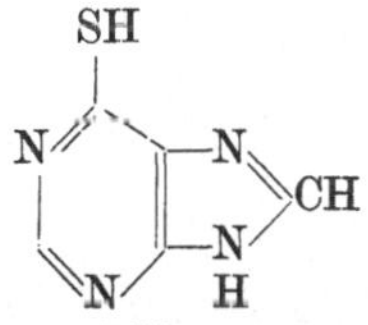   6-Mercaptopurin

Purinantagonisten greifen ebenfalls in die Nucleinsäuresynthese ein und hemmen Purin- und Pyrimidinkörperbildung, die Vorstufen der Nucleinsäure. Auch hier findet sich das analoge Bild wie bei den Folsäureantagonisten: Anstatt der Purinbasen setzen sich die „Antimetabolite" an die Oberfläche derjenigen Fermente, die normalerweise den Einbau der Purine in die Nucleinsäuren bewirken und blockieren so die physiologische Wirkstoffreaktion (Kühnau).

Burchenal führte 1952 das 6-Mercaptopurin (Purinethol) in die Therapie aller Formen der akuten Leukämien ein. Nach Remy sprechen die Leukosen des Kindesalters gut an. In 1/3 der Fälle kommt es zu vollständigen, in einem weiteren Drittel zu Besserungen und bei 1/3 zu keinen Remissionen. Über gute Erfolge mit 6-Mercaptopurin bei der kindlichen Leukose berichten weiterhin Oehme und Gasser und Hitzig. Bernard fand bei 156 Erwachsenen mit akuter Leukämie nur 23mal eine eindeutige Remission. Fountain sah Remissionen bei der akuten Leukämie, die aber nur vorübergehend waren; bei einem Patienten mit Mycosis fungoides wurde Besserung erzielt, bei einem weiteren Kranken mit einer nicht näher definierten Retikulose der Haut konnte kein Erfolg erzielt werden.

Die Dosierung beträgt 2,5 mg/kg Körpergewicht täglich per os. Insgesamt 150—200 mg. Wirkungseintritt ist nach etwa 3—6 Wochen zu erwarten (Siegenthaler). Nebenwirkungen: Gelegentlich Schleimhautläsionen, Nausea, Erbrechen. Nach hohen Dosen Knochenmarksdepression. Als Dauertherapie wird eine Erhaltungsdosis von 25—75 mg/die empfohlen.

Eine Resistenzentwicklung (nach 1—6monatiger Behandlung) scheint bei den Purinantagonisten schneller als bei den Folsäureantagonisten aufzutreten.

Manche Autoren empfehlen deshalb, bei akuten Leukämien zuerst mit Purinantagonisten zu beginnen und nach eingetretener Resistenz auf Folsäureantagonisten überzugehen. SCOTT, SELIGER und andere berichten über gute Ergebnisse bei Kombination der Purinantagonisten mit Cortison.

Eine weitere Substanz aus der Reihe der Antimetaboliten ist hier noch aufzuführen: das von K. WESTPHAL synthetisierte 2-o-Chlorbenzyl-mercapto-4-dimethyl-amino-5-methylpyrimidinchlorhydrat mit der Strukturformel

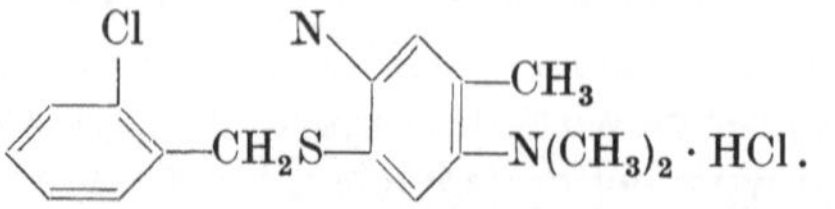

$$\text{Cl} \qquad \text{N} \qquad \text{—CH}_3$$
$$\text{CH}_2\text{S—} \qquad \text{—N(CH}_3)_2 \cdot \text{HCl.}$$

Antimetaboliten sind Substanzen, die wesentliche Bausteine des Stoffwechsels in spezifischer Weise verdrängen. Ganz allgemein versteht man darunter solche Stoffe, deren chemische Struktur nur gering von den normalen Metaboliten wie Vitamine, Aminosäuren oder Vorstufen von Nucleinsäuren abweichen. Die chemische Ähnlichkeit ist aber doch so groß, daß der Antimetabolit fähig ist, in das gleiche enzymatische System des normalen Metaboliten einzuwandern, jedoch mit dem Unterschied, daß die chemische Differenz groß genug ist, um weitere Reaktionen des ganzen Enzymsystems zu blockieren. Der Anlaß zur Prüfung von Thymin-Derivaten — um ein solches handelt es sich bei der oben angeführten und mit Bayer DG 428 bezeichneten Verbindung — war die Beobachtung, daß Thymin nur in der DNS nachgewiesen ist. Da DNS in allen Tumoren vermehrt vorhanden ist und hier dauernd vermehrt gebildet wird, schien eine Therapie mit diesem Antimetaboliten erfolgversprechend.

DG 428 wird im Gegensatz zu den Äthyleniminen besser vertragen. Dosen von 60—100 mg täglich haben sich nach den bisherigen Erfahrungen bei Erwachsenen auch bei monatelanger Darreichung als verträglich erwiesen. Es wird zur Metastasen-Prophylaxe und zur Nachbehandlung von cytostatisch oder operativ behandelten Patienten empfohlen.

Klinische Berichte über die Behandlung von metastasierenden Carcinomen, vorwiegend aber von Blasentumoren, bei denen DG 428 mit E 39 kombiniert wurde, liegen vor von BOSHAMER; RAVINA, GROSZ und PESTEL; SCHWERMER; SIEVERS und MARZOLI. Das Präparat wird mit den bei allen klinischen Therapieberichten üblichen Einschränkungen günstig beurteilt (DOMAGK).

VIII. Hormone

Seit den Arbeiten von HUGGINS u. Mitarb. wissen wir, daß auch Hormone eine tumorhemmende Wirkung haben. Man weiß heute, daß die Wirkung der Hormone hochspezifisch ist; so werden mit Hormonen Neoplasien beeinflußt, deren Zellen von hormonal gesteuerten Organen abstammen (SIEGENTHALER). Nach HEILMEYER beruhen die Therapieerfolge bei Mamma- und Prostatacarcinomen mit Androgenen bzw. Oestrogenen in erster Linie auf einer direkten hormonalen Hemmwirkung auf die betreffenden Drüsen im Sinne eines neutralisierenden Antagonismus zwischen Androgenen und Oestrogenen. In zweiter Linie kommt bei Verwendung höherer Dosen eine Bremswirkung auf die Hypophysenfunktion und drittens noch eine universell cytostatische Wirkung hinzu. ACTH und Cortison üben eine physiologische lymphoklastische Wirkung aus, die sich besonders gegen lymphatische aber auch gegen mesenchymale Zellen richtet. Man hat vom ACTH und Cortison schon als von körpereigenen Cytostatica gesprochen.

Da im vorliegenden Artikel in erster Linie die aus der Synthese gewonnenen Cytostatica besprochen werden sollen, wird hinsichtlich der cytostatischen Wirkung

von Hormonen auf die Kapitel: Hormone von SCHREINER und Die Sexualhormone von C. SCHIRREN dieses Bandes hingewiesen. Dort wird auch über das Diäthyloxystilben-di-phosphat (HONVAN) zu berichten sein, mit dem es gelingt, den oestrogenen Wirkstoff gut wasserlöslich zu machen und gezielt zur Prostata und zu den Metastasen zu bringen; hier wird dann durch Einwirkung der im Carcinom besonders aktiven sauren Phosphatase das Phosphat abgespalten. Dadurch kann sich der oestrogene Wirkstoff direkt an Ort und Stelle auswirken (H. J. WOLF, WILMANNS, SCHÄFER, DRUCKREY und KAISER, BUDNICK u. Mitarb.; ÜBELHÖR, WARNECKE, MEYER, ROCKSTROH; JACOB u. ROTHAUGE, DRUCKREY u. BROCK und andere). Außerdem sei noch auf die sehr guten zusammenfassenden Darstellungen von HEILMEYER, SIEGENTHALER, GRIBOFF, H.-U. ANDERS und viele andere verwiesen.

IX. Radioaktive Isotope

Während es sich bei den Teilungsgiften, den Antiwuchsstoffen und den Hormonen um chemisch genau definierte und chemisch wirkende Substanzen handelt, sind die radioaktiven Isotope genau wie die Röntgenstrahlen physikalisch wirksame Cytostatica, deren therapeutische Verwendung auch von ihrer stofflichen Grundlage abhängt. So wird Radiojod (J^{131}) vor allem in hormonal aktives Schilddrüsengewebe, Radiophosphor (P^{32}) in die stark proliferierenden Gewebe des erythroblastischen und leukoblastischen Systems und Radiogold (Au^{198}) besonders in das Reticulum von Leber und Milz eingebaut, wo sie eine mehr oder weniger selektive Wirkung ausüben. Die von den Radioisotopen ausgehenden Strahlenwirkungen führen zu den gleichen Schädigungen wie die Ruhekerngifte.

Über die therapeutische Anwendung der radioaktiven Isotope wird im Band V/2 des Handbuches gesondert berichtet. Auf das Kapitel „Radioaktive Substanzen in der Dermatologie", das von BORN, PHILIPP und GÄRTNER bearbeitet wird, muß daher an dieser Stelle verwiesen werden.

X. Verschiedene Substanzen mit unsicherer cytostatischer Wirkung

Es gibt nun eine Reihe von Verbindungen und Naturstoffen, die direkt oder indirekt das Tumorwachstum hemmen oder hemmen sollen. Die meisten von ihnen haben keine klinische Bedeutung erlangt; da aber erfahrungsgemäß gerade diese Substanzen vielfach diskutiert werden, soll über einen Teil davon im folgenden kurz berichtet werden.

Das Podophyllotoxin, ein Acetylpodophyllotoxin-ω-pyridiumchlorid mit der Strukturformel

Podophyllotoxin

kann nach GREENSPAN u. Mitarb. das Tumorwachstum im Tierexperiment beeinträchtigen und in vitro die anaerobe Glykolyse des S 91-Melanoms bis zu 80% inhibieren (WOODS und BURK). Bei der Behandlung von Hautcarcinomen mit Podophyllin gehen indes die Meinungen auseinander (E. SCHMIDT). Während NICOLOW 34 histologisch verifizierte Basaliome mit 25% Podophyllinsalbe klinisch zur Abheilung brachte, zeigten von 29 Fällen SULLIVANs u. Mitarb. 25 Fälle Rezidive nach 1—22 Monaten.

Das Podophyllotoxin spielte eine Zeitlang eine Rolle bei der Therapie der Epitheliosen und bei der zu den Präcancerosen zählenden Erythroplasie. Es kann wegen seiner hohen Toxicität nur lokal angewendet werden.

Die Wirkung von Podophyllotoxin und Patulin beruht auf der außerordentlich reaktionsfähigen Lactongruppe, die in die Zellteilung eingreifen kann, die auch mit Fermenten unter Inaktivierung zu reagieren vermag (KIMMIG). Patulin hat folgende Strukturformel:

$$\text{Patulin}$$

Über die Behandlung der Röntgencarcinome durch Hypervitaminisierung mit Vitamin A berichtet FLECK. Eine von ihr beobachtete Hemmung des Tumorwachstums im Tierexperiment durch Vitamin A konnten wir jedoch nicht bestätigen.

SCHRÖDER gibt einen Überblick zu dem Thema Vitamine und Krebs; danach hemmt und stabilisiert Vitamin A die Differenzierungstendenz der Epithelien; lactoflavinarme Kost hemmt das Tumorwachstum, während Lactoflavin + Nicotinsäureamid + Pantothensäure das Angehen des transplantierten Mamma-Carcinoms bei Mäusen hemmt. RIES und BLASIN sehen in hohen Gaben von Vitamin A und C nur eine Bedeutung im Sinne einer allgemeinen Roborierung.

Im Cholin sieht GÄNSSLEN einen physiologischen Wachstumszügler, der keine spezifische Wirkung auf Tumorzellen, sondern nur eine allgemeine Hemmstoffwirkung besitzt, die unabhängig von ihrem Charakter die unreifsten Zellen trifft, während er auf reife Zellen eine lebensverlängernde Schutzwirkung ausübt. Cholin bzw. die Kombination mit Sulfathiazol sei geeignet, in der Tumorbehandlung als Grundlage zu dienen. Mit dieser Kombination, die vielfach mit der Strahlenbehandlung kombiniert wurde, haben GÄNSSLEN u. Mitarb. Erfolge gesehen bei 100 Fällen von Carcinomen, die von cholinspeichernden Organen, z. B. Haut und Keimdrüsen ausgehen, ferner bei Carcinomen des Pankreas, des Magen-Darmkanals und beim Genitalkrebs der Frau. GÄNSSLEN berichtet weiter über 100 Fälle von Leukämien und Lymphogranulomatose, die mit Cholin in Form des Cholinchlorids behandelt wurden; besonders die chronischen lymphatischen Formen sprachen gut an, während bei der chronischen myeloischen Leukämie nichts Entscheidendes erreicht wurde. BECKER weist darauf hin, daß mit Cholinsalzen ähnliche Veränderungen am Organismus hervorgerufen werden können, wie sie nach Röntgenstrahlen gesehen werden; er hält die Anwendung körpereigener Substanzen in der Tumortherapie für einen wichtigen Beitrag zur Lösung des Fragenkomplexes der krebsspezifischen Mitosegifte. BECKER gab Cholin 0,5 g in dünndarmlöslichen Kapseln im 2 Std-Intervall und beobachtete im Tumorgebiet fast immer eine Herdreaktion, die recht heftige Schmerzen im Krankheitsherd auslöst. Nach Abklingen dieser Reaktionen konnte häufig eine Verkleinerung

des Tumors und histologisch eine Änderung im Wachstumscharakter der Geschwulst festgestellt werden. Neben Devitalisierungserscheinungen der Krebszellen kommt es zu zunehmender Bindegewebsneubildung, die allmählich in die Geschwulstzellformationen einwuchert. Die Frage einer Heilung verneint BECKER; bei 80 so behandelten Kranken hat es sich ausnahmslos um desolate Fälle gehandelt. In 25% wurden Besserungen gesehen, das Leben wurde verlängert und für gewisse Zeit erträglicher gestaltet. Auch HORSTERS betont die Möglichkeit einer Krebstherapie mit Leberstoffen und Leberschutzstoffen wie Cholin.

TARABUCHINs Lokalbehandlung von Hautkrebsen mit Salzsäure und Rhodankalium beruht wohl auf einer rein kaustischen Wirkung, was man bei der örtlichen Anwendung von Colchicinsalbe (p_H 6,2) oder E 39 (p_H 6,0) nicht sagen kann. Über die Wirkung von kolloidalen Bleilösungen berichtet TODD; er vergißt aber auch nicht den Hinweis auf die oft eintretenden toxischen Bleiwirkungen. OBERHAUSER u. Mitarb. sahen im Tierexperiment Wirkungen von Kaliumjodid und Kaliumjodat, MINEGISHI und TETSUNARI von Isaminblau, QUASTEL-BOYLAND u. Mitarb. von D-Glucosamin und dessen Derivaten (LETTRÉ konnte diese Ergebnisse jedoch nicht reproduzieren), O. J. SCHMID von oberflächenaktiven Substanzen wic Pot, cinem Gemisch von Na-Salzen der Schwefelsäureester hochmolekularer Fettsäuren und Na-Salzen der Kondensationsprodukte höhermolekularer Fettsäuren mit Methyltauridnatrium. Über eine begrenzt cytostatische Wirkung des Isonicotinsäurehydrazids ohne klinische Bedeutung berichten SIMON sowie HELLRIEGEL und KRAUS. ANDREJEW und ROSENBERG sahen eine Hemmung der anaeroben und aeroben Glykolyse von Ratten-Ascites-Hepatom-Zellen durch Chlorpromazin, die auch in vivo bei minimalen Inoculationsdosen dieser Tumorart nachgewiesen werden kann (FUJITA). Klinische Bedeutung kommt dieser Beobachtung jedoch nicht zu.

PARODI behandelte Mäusetumoren mit Influenza-Virus „A" und sah in 44% Verschwinden der Tumoren. Die Virusbehandlung des Krebses steht auch auf dem Arbeitsprogramm des Sloan-Kettering-Institutes (BIRTH). Möglicherweise beruht der Inhibierungseffekt auf Temperatureinflüssen, wie BRUNS bereits 1888 in einer Arbeit über die Heilwirkung des Erysipels auf Geschwülste beschreibt. HUNTER konnte an verschiedenen Impftumoren feststellen, daß höhere Temperaturen das Tumorwachstum hemmen können. CREECH u. HANKWITZ sowie DILLER verwandten Pyrogene aus Serratia marcescens, HEILMEYER weist auf die Reizstoffe WESTPHALs aus Salmonella abortus equi und E. coli und STOCK ganz allgemein auf Bakterienextrakte hin. KLÄRNER konnte durch einmalige Injektion von 0,1 mg einer Lipopolysaccharid-Nucleinsäure-Fraktion aus E. coli 08 die Regressionshäufigkeit des Yoshida-Sarkoms der Ratte auf das 9—10fache der spontanen Regressionshäufigkeit, d. h. von 5 auf 47% steigern. In eigenen Versuchen konnten wir feststellen, daß dieses Lipopolysaccharid beim Yoshida-Tumor der Ratte einen Inhibitionsfaktor von 63% besitzt. Der Inhibitionsfaktor konnte durch gleichzeitige Gaben von subtherapeutischen Dosen E 39 (25 mg) auf 74% gesteigert werden (SCHILLING).

Möglicherweise beruhen die nach Reizstoffgaben erzielten Tumor-Inhibierungen im Tierexperiment neben der tumornekrotisierenden Wirkung auch auf Temperatureinflüssen oder auf der durch Reizstoffe erfolgten Ankurbelung der Abwehrvorgänge des Organismus (CAMPBELL u. Mitarb., BRADNER u. Mitarb., IKAWA u. Mitarb., PUTNAM u. Mitarb., SHEAR und andere).

MATTHES und K. SCHMIDT konnten Hautcarcinome mit Cochlearia armoracia (Meerrettich) zur Abheilung bringen, die über eine Nekrotisierung des Tumors erreicht werden soll. OLBERTH sah — ausgehend von Beobachtungen und Be-

schreibungen in der Literatur, daß primärer Carcinombefall des Duodenums (auch beim Schaf) außerordentlich selten ist — Wachstumshemmung des Jensen-Sarkoms der Ratte durch Extrakte aus Schafsduodenum. Über klinische Versuche damit am Menschen ist noch nichts bekannt.

Die A-Blastomase = eine Mischung aus 1,2-Keto-Cycloheptan, p-Oxyphenylamin und einem Gold-Sol (SCHELLER) und das Carzodelan (GASCHLER = „proteolytisches Ferment von Trypsincharakter") halten einer exakten klinischen Prüfung nicht stand. Ebenso wurde das „Wundgranulations-Hormon" WGH-Solco wie eine Reihe anderer „Krebsmittel" von SCHMÄHL und von EINEM auf Grund exakter experimenteller Unterlagen ad absurdum überführt.

H 11 ist nach C. L. WALTERS eine Zubereitung von Substanzen, die das maligne Wachstum hemmen und die im Urin gesunder männlicher Erwachsener vorkommen. Bei der Extraktion der aktiven Substanzen aus Urinkonzentrat werden durch ein geeignetes Verfahren die „unerwünschten" Bestandteile niedergeschlagen. Der so gewonnene aktive Grundstoff konnte in kristalliner Form isoliert werden, er hat ein Molekulargewicht von 2100 und seine Bruttoformel lautet $C_{96}H_{57}N_{11}SO_{46}$; der „Wirkstoff" enthält die Aminosäuren Valin, Glycin, Lysin, Leucin, Tyrosin, Asparagin und Glutaminsäure und hemmt die alkalische Phosphatase sowohl im Reagensglas als auch in vivo. Im Tierexperiment hemmt H 11 selektiv die Wachstumsgeschwindigkeit bei Sarkom 37, Sarkom 180 und beim Twort-Carcinom. In der Klinik können keine Heilungen erwartet werden, lediglich Besserung des Allgemeinbefindens, Linderung von Schmerzen, Übelkeit und anderen Symptomen und eine Verlängerung der Lebensdauer ohne Beschwerden. H 11 kann parenteral als Injektion oder in Form von Dragées und lokal als Salbe angewendet werden. Es wird in England von den Standard-Laboratories Limited, Sunbury-on-Thames hergestellt.

LÜHRS und BACIGALUPO gelang es, durch Entkopplung der oxydativen Phosphorylierungsvorgänge den a priori im Tumorgewebe bestehenden Energiemangel noch weiter zu verstärken, und zwar so weit, daß sich eine Hemmung des Tumorwachstums bemerkbar machte.

Als „Entkoppler" wurden L-3', 3,5-Trijodthyronin und Megaphen angewendet. Beide Substanzen waren im in vitro-Versuch an isolierten Tumormitochondrien, im Tierversuch und in der Klinik wirksam. Durch die kombinierte Behandlung mit Cytostatica und Trijodthyronin wurden beispielsweise bei je einem Patienten mit leukämischer Lymphadenose, Mammacarcinom und Adenocarcinom des Ovars wesentliche Erfolge erzielt. Milztumor und Lymphome verkleinerten sich, Metastasen gingen zurück, und das Allgemeinbefinden wurde günstig beeinflußt. Wichtig für den Therapieerfolg war die hohe Dosierung von Trijodthyronin (170 bis 200 γ per os). Auch Megaphen mußte zur Wirkungsentfaltung als „Entkoppler" hoch dosiert werden. Bei einem Patienten mit einem Bronchialcarcinom wurde neben dem Cytostaticum 2 Monate lang 400 mg Megaphen per os gegeben. Primärtumor und Metastasen gingen stark zurück. Der Effekt wird als ausgezeichnet und nur vergleichbar mit einer hochdosierten Co^{60}-Bestrahlung angegeben. Bei einem Patienten mit leukämischer Myelose wurde durch einmalige Milzbestrahlung mit 300 r unter 14tägiger Megaphen-Medikation (400 mg/die) ein Leukocytenabfall von 210000 auf 25000 erzielt. Ein weiterer eindrucksvoller Erfolg war bei einem 5jährigen Kind mit operiertem, metastasierendem Sympathicoblastom der linken Niere nachzuweisen. Tägliche Gaben von 200 mg Megaphen, kombiniert mit einem Cytostaticum verkleinerten die Metastasen innerhalb von 14 Tagen auf $^1/_3$ der ursprünglichen Größe. Das Allgemeinbefinden des kranken Kindes wurde wesentlich gebessert. Bei einer weiteren Patientin mit operiertem Mamma-Carcinom bewirkte Megaphen eine bessere Ansprechbarkeit

der Tumormetastasen auf eine Testosteronbehandlung. Die Verfasser haben den Eindruck, daß stark entdifferenzierte Krebse im allgemeinen besser auf die antitumorale Therapie mit „Entkopplern" ansprechen als ausgereifte. Die Verträglichkeit von Trijodthyronin bzw. Megaphen war gut. Die beobachteten Nebenwirkungen — leichte Schilddrüsenüberfunktion bzw. Ikterus, Gynäkomastie oder Schläfrigkeit — waren passager. Der schmerzdämpfende Effekt von Megaphen machte sich günstig bemerkbar. Als Cytostatica kamen TEM und Endoxan zur Anwendung.

XI. Die klinische Anwendung von Äthyleniminderivaten in der Dermatologie und deren Grenzgebieten

Die Indikationen für die Anwendung von Cytostatica seien diesem Abschnitt noch einmal kurz vorangestellt:

1. Inoperable und ausbestrahlte Tumoren mit generalisierter Metastasierung.
2. Postoperative Metastasen- und Rezidivprophylaxe.

Damit bleibt für die Dermatologie wenig übrig, denn diese Fälle sind meist dem Internisten, Chirurgen und Gynäkologen vorbehalten. Dennoch gibt es auch in unserem Fach Krankheitsbilder, wo ein Versuch mit einer modernen cytostatischen Therapie angezeigt erscheint, wie Hautmetastasen bei inoperablen oder ausbestrahlten Carcinomen, Reticulosarkomatosen, Melanomen, Mycosis fungoides, Lymphogranulomatose mit Hauterscheinungen, Hauterscheinungen bei den verschiedenen Leukämieformen, Angiomatosis (KAPOSI) im fortgeschrittenen Stadium und andere. — Da im rein dermatologischen Schrifttum über die Verwendung von Äthyleniminen bis 1957 nur sporadisch berichtet worden ist, muß hauptsächlich auf das Schrifttum der inneren Medizin und der chirurgischen Fächer verwiesen werden. Es können aber an dieser Stelle eine Reihe eigener Erfahrungen mitgeteilt werden, die an der Universitäts-Hautklinik Hamburg-Eppendorf bei der Chemotherapie des experimentellen Krebses und bei der Behandlung einer Anzahl menschlicher Krebserkrankungen gesammelt werden konnten.

1. Bayer E 39

Welche Wirkungen man mit E 39 im Tierexperiment erzielen kann, wird aus den Abb. 7 und 8 ersichtlich. Man kann das Yoshida-Sarkom nach oben angeführter Versuchsanordnung mit E 39 so günstig beeinflussen, daß klinisch keine Tumoren mehr festgestellt werden können. Ähnlich gute Resultate können auch am Walker-Sarkom und anderen Impftumoren bei Maus und Ratte erzielt werden. Wir konnten hier die Arbeiten DOMAGKs voll und ganz bestätigen. Das durch Pinseln an der Maus erzeugte Benzpyren-Carcinom oder das durch subcutane Injektion erzeugte Benzpyren-Sarkom kann durch E 39 dagegen nicht beeinflußt werden (Abb. 9—12). Wir waren daher nicht überrascht, daß wir mit E 39 bei der Behandlung von inoperablen und ausbestrahlten Tumoren mit generalisierter Metastasierung am Krankenbett auch keine Erfolge sahen.

Leider sind manche Berichte von internistischer, gynäkologischer und chirurgischer Seite teilweise von zu großem therapeutischem Optimismus getragen und daher nicht mehr objektiv. Nach Erscheinen der ersten klinischen Veröffentlichungen von WOLF und GERLICH hat die Laienpresse sensationelle „Auswertungen" vorgenommen und Folgerungen gezogen, die nicht im Interesse einer systematischen klinischen Beobachtung liegen konnten. So ist es auch gekommen, daß Vorträge und Veröffentlichungen gerade über das E 39 nicht immer frei von

Polemik sind, was wiederum einer von vornherein schwierigen Auswertung von Behandlungsergebnissen abträglich sein muß. Wenn man die Arbeiten und Vorträge von DOMAGK, BUSCH, WOLF und GERLICH, E. BAUER, BUCHER, HESSE,

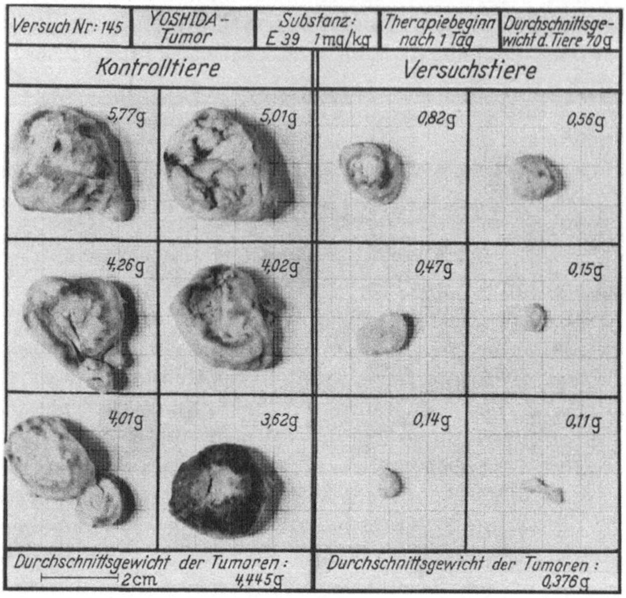

Abb. 7. Wirkung von E 39 am Yoshida-Tumor der Ratte. 14. Versuchstag. Links Kontrollgruppe; rechts Versuchsgruppe

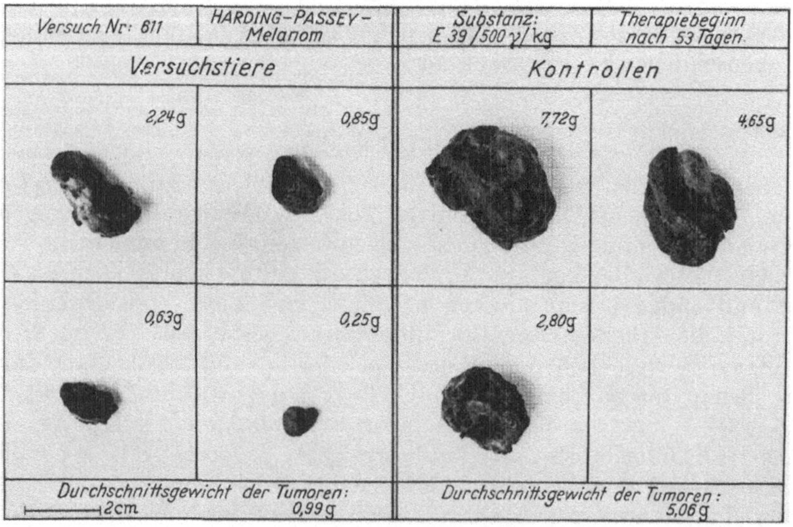

Abb. 8. Wirkung von E 39 am Harding-Passey-Melanom der Maus. 88. Versuchstag

KRETZ, KARRER, DIETEL, KIMMIG, BOSHAMER, BEIGLBÖCK, PRINZ, SCHMERMUND, MÜLLER-PLETTENBERG und vieler anderer kritisch beurteilt, dann bleibt — sieht man von Einzelkasuistiken (DOENECKE und HERMANN sahen nach 1825 mg E 39 Heilung eines Plasmocytoms) ab — nur wenig übrig.

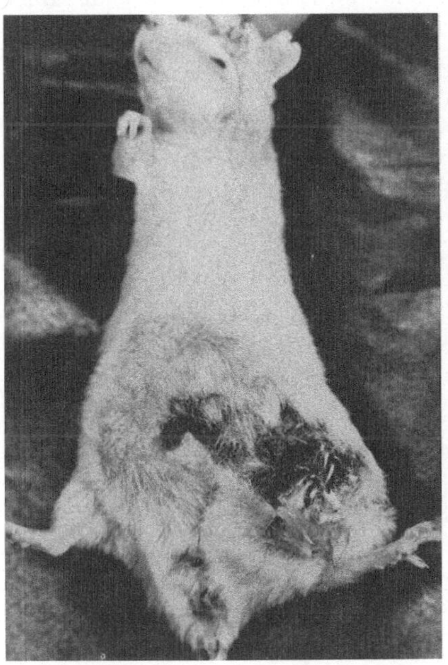

Abb. 9. Benzpyren-Sarkom-Kontrolle. Walnuß-
großer Tumor schon äußerlich sichtbar

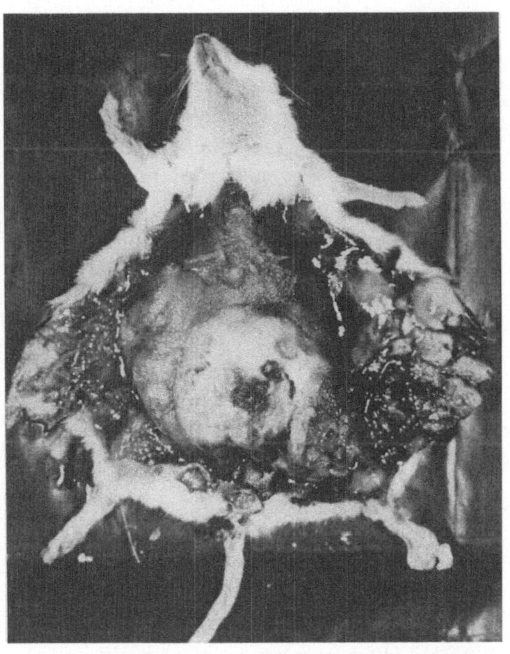

Abb. 10. Benzpyren-Sarkom-Kontrolle in situ. Bauchhöhle
mit Tumormassen ausgefüllt

Abb. 11. Benzpyren-Sarkom mit E 39 behandelt in situ. Nur gradueller Unterschied zum
Kontrolltier (Abb. 9)

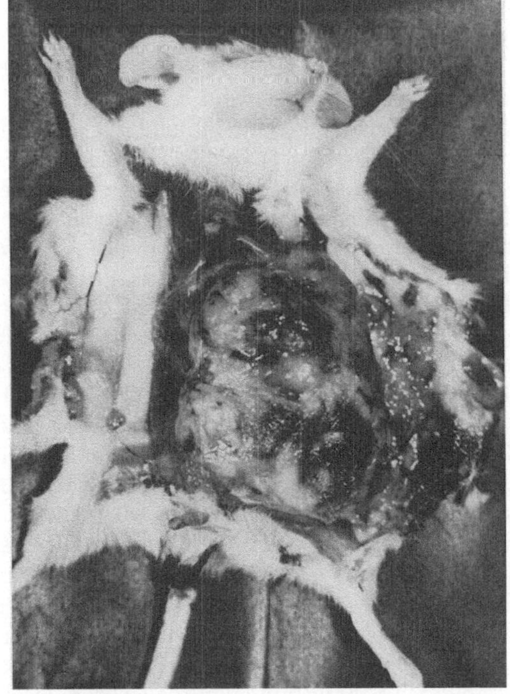

Abb. 12. Benzpyren-Sarkom mit E 39 behandelt in situ; kein
Unterschied zur unbehandelten Kontrolle (Abb. 10)

Wir haben an unserer Klinik 31 Patienten, bei denen die Indikation für eine cytostatische Behandlung bestand, mit E 39 behandelt. Es handelte sich dabei im einzelnen um folgende Krankheitsbilder:

12 Mammacarcinome mit ausgedehnter Metastasierung
 6 Melanome mit multiplen Metastasen
 3 Peniscarcinome mit ausgedehnter Metastasierung
 6 Fälle mit Mycosis fungoides
 1 Uterus-Ca mit multiplen Hautmetastasen
 1 Fall von Adenoca-Metastasen in der Haut
 1 Sarcoma idopathicum haemorrhagicum multiplex
 1 Hodgkin mit multiplen Hautdefekten

Von den 31 Patienten sind noch 2 am Leben; damit erübrigt sich ein genaues Eingehen auf jeden einzelnen Fall. Wir konnten in 29 Fällen den letalen Ausgang der Krankheit unseres Erachtens auch zeitlich durch E 39 nicht beeinflussen. Bei den beiden Überlebenden handelt es sich um Mammacarcinome; während sich die eine Patientin in einem erbarmungswürdigen Zustand befindet (E 39 konnte nur 6 Wochen gegeben werden), geht es der anderen Patientin erstaunlich gut. Es muß allerdings dazu bemerkt werden, daß sie gleichzeitig hohe Dosen Testikelhormon bekommt, und wir neigen auf Grund

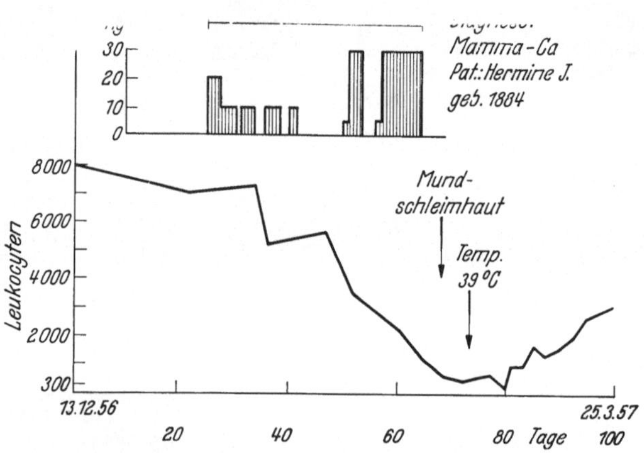

Abb. 13. Agranulocytose nach 430 mg E 39 intravenös

früherer Erfahrungen in ähnlich gelagerten Fällen dazu, diesen Behandlungserfolg auf die Hormongaben zurückzuführen. Damit könnte dieser Fall zum Ausgangspunkt von Betrachtungen über die Schwierigkeiten in der Auswertung klinischer Behandlungsergebnisse gemacht werden, über die noch zusammenfassend einiges gesagt werden muß. Auch lokal haben wir E 39 als Puder oder in Salbenform klinisch angewandt; die Ergebnisse entsprechen etwa denen des Colchicin. VONKENNEL steht auf dem gleichen Standpunkt.

Die *Nebenwirkungen* sind recht stark und besorgniserregende Leukocytenstürze machen in vielen Fällen das Absetzen von E 39 erforderlich. Manchmal tritt eine Leukopenie schon nach einer Gesamtdosis von unter 100 mg intravenös auf. DI PIETRO gibt an, daß etwa bei $^2/_3$ der Patienten die Leukocyten unter 3000 absinken und daß 50% der Kranken Bluttransfusionen haben mußten. Wir sahen eine schwere Agranulocytose nach 430 mg Gesamtdosis E 39 mit Leukocytenzahlen unter 300/ml, die aber durch Bluttransfusionen, Antibiotica und Prednison wieder behoben werden konnte (Abb. 13).

Häufig beobachteten wir Allgemeinstörungen wie Übelkeit, Brechreiz u. dgl. Wieweit diese auf Zerfallsprodukte nekrotischer Tumormassen (BAUER, KRETZ) oder auf E 39 zurückgeführt werden müssen, läßt sich schwer sagen. BAUER weist wohl darauf hin, daß die Leukocytenwerte kein Kriterium für den Erfolg der Behandlung oder die richtige Dosierung sei, da beim Tumorzerfall auch Reizstoffe für das Knochenmark freiwerden können, die die Leukocytenwerte hochhalten, obwohl die Dosierung richtig ist.

Die Toxicität von E 39 wird von den Elberfelder Laboratorien der Farbenfabriken Bayer wie folgt angegeben:

Maus: LD_{50} oral . . . . 90 mg/kg
        LD_{50} subcutan (in Öl) . . . . 3 mg/kg
        LD_{50} i.p. (wäßrige Suspension) . . . . 30 mg/kg
Ratte: LD_{50} i.p. (wäßrige Suspension) . . . . 5 mg/kg
Katze: LD_{50} oral . . . . 10 mg/kg

Dosierung. Die intravenöse Therapie wird mit 5 mg E 39 solubile täglich eingeleitet und bei guter Verträglichkeit auf 20—25 mg täglich gesteigert. Höher darf auf keinen Fall dosiert werden. Eine Gesamtdosis von 500—600 mg E 39 solubile (pro Kur) soll möglichst nicht überschritten werden. Bei der i.v. Injektion ist auf exakte Technik zu achten, damit die Intima der Vene nicht geschädigt wird (Thrombosegefahr). Es soll langsam intravenös injiziert werden (10 ml in 2—3 min). Empfindliche Personen können auf Bayer E 39 solubile und seine Lösungen mit Haut- bzw. Schleimhautreizungen reagieren. Gelegentliche Spritzer sind daher sofort abzutupfen. Peroral gibt man 15—20 mg täglich; bei einer intratumoralen Therapie, die ja im Grunde genommen keine Chemotherapie im Sinne der Definition ist, richtet sich die Dosis nach der Größe des Tumors; sie bewegt sich zwischen 3 und 20 mg. All diese Angaben sind noch im Fluß, da auch hinsichtlich Behandlungsdauer usw. noch keine stabilen Richtlinien gegeben werden können.

2. Tetramin

Bei dieser Substanz handelt es sich um ein Monoäthyleniminderivat der BASF, das unter der Bezeichnung IV/148 von OETTEL und WILHELM auf seine cytostatische Wirkung geprüft worden ist. Es ist ein 1-Äthylenimino-2-oxy-buten mit der Formel

$$\begin{array}{ccc} H_2 & H & H \\ | & | & | \\ C\!-\!C\!-\!C\!=\!CH_2 \\ | & | \\ N & OH \\ \diagup \diagdown \\ CH_2\!-\!CH_2 \end{array}$$

Die günstige Wirkung der Substanz bei verschiedenen Impftumoren, über die OETTEL berichtet, konnten wir am Walker- und Yoshida-Tumor bestätigen. Keine chemotherapeutischen Effekte zeigten sich dagegen beim Benzpyren-Carcinom der weißen Maus.

An klinischen Erfahrungen überblicken wir 15 Fälle, die sich im einzelnen wie folgt aufgliedern.

4mal Ulcus rodens
3mal Melanom
2mal Spinaliom
2mal Mycosis fungoides
1mal Hodgkin mit multiplen Hautdefekten
1mal Hautmetastasen bei Uterus-Ca
1mal Hautmetastasen bei Mamma-Ca
1mal Sarcoma idiopath. haemorrh. multiplex Kaposi

Der cytostatischen Behandlung waren bei diesen Patienten bereits alle Behandlungsmöglichkeiten wie Operation, Röntgen- und Radiumbestrahlung, Colchicin, Hormone usw. vorausgegangen. Die Tetraminbehandlung wurde bei den Melanomen und den Mycosis fungoides-Fällen peroral, bei den übrigen Fällen kombiniert peroral und lokal durchgeführt. Die Ergebnisse waren — soweit eine Beurteilung überhaupt möglich war — nicht ermutigend. Bei einem ausgedehnten Ulcus rodens glaubten wir nach dreimonatiger Tetraminbehandlung mit ins-

gesamt 5 g Tetramin einen Heilerfolg zu sehen. Die histologische Kontrolle ergab aber am Rand noch ein einwandfreies Basaliom. Der weitere Verlauf bestätigte den Mißerfolg der Behandlung.

Die Lokalbehandlung führten wir mit 1% wäßrigen Lösungen oder Salben durch. Innerlich begannen wir mit 5 mg täglich und steigerten bis 70 mg täglich.

SCHULZE hat 7 Patienten mit Carcinomen des Verdauungstraktes behandelt und bei Nachoperationen beobachtet, daß in Metastasen das Tumorgewebe durch Bindegewebe ersetzt worden sei; bei einem Seminom seien die Metastasen unter der Therapie verschwunden. Im Endeffekt konnte er aber auch bei täglichen Dosen bis 600 mg (!) die Patienten nur einige Monate „unter erträglichen Verhältnissen am Leben erhalten".

Mit 2,3,5-Tris-Äthylenimino-benzochinon-(1,4) = *Trenimon* haben wir bis zur Drucklegung

2 ausbestrahlte metastasierende Mamma-Carcinome

2 metastasierende Melanome

1 Lymphangitis carcinomatosa nach Exstirpation eines Plattenepithel-Carcinoms der Hüfte behandelt.

Die Ergebnisse müssen als trostlos bezeichnet werden; in keinem Fall kam es bei vorgeschriebener Dosierung von zweitäglich 200 γ intravenös zu einer auch nur andeutungsweise feststellbaren Besserung. Ein Fall von Lymphangitis carcinomatosa mit ausgedehnter Lymphstauung im rechten Arm konnte besonders gut beobachtet werden. Unter Trenimon kam es zusehends zu neuer Knotenbildung in der Haut; der befallene Bezirk — ursprünglich auf die Umgebung der rechten Mamille beschränkt — dehnte sich unheimlich schnell aus. Nach 6 Wochen „Therapie" bedeckte der Krebs mit nußgroßen, teilweise confluierenden Knoten bereits den ganzen Thorax bis zum Nabel und ging auf Hals, Oberarm und Rücken über. Gleichfalls sanken die Leukocyten auf Werte unter 2000/mm³ ab, die zu zeitweiser Absetzung des Cytostaticums zwangen und Bluttransfusionen erforderlich machten.

Angesichts solcher Fehlschläge muß vor einer Überschätzung der Möglichkeiten cytostatischer Therapie eindringlich gewarnt werden, weil die Gefahr besteht, daß der weniger Eingeweihte im gläubigen Vertrauen auf überschwengliche Literaturberichte über die gute Wirkung der Cytostatica Maßnahmen versäumt, die sich für den Patienten verhängnisvoll auswirken können.

XII. Die Auswertung chemotherapeutischer Erfolge

Ist schon eine Auswertung von Therapieerfolgen bei der Chemotherapie von Infektionskrankheiten schwierig, so wird sie bei der Chemotherapie von Krebserkrankungen des Menschen zum Problem. Das Krankengut ist nach Alter, Geschlecht, Konstitution und Ernährungszustand völlig verschieden. Die Neoplasien selbst umfassen die verschiedensten Organsysteme wie Leukämien, Magencarcinome, Chondrosarkome, Tumoren hormonell gesteuerter Organe usw. Die Krankheitsdauer und die Lebenserwärtung sind selbst bei gleichartigen Tumoren meist unterschiedlich (z. B. Melanom $^{1}/_{2}$—10 Jahre), ebenso die vor Einsetzen der Chemotherapie vorgenommene Behandlung. Dazu kommt die Möglichkeit der Spontanheilung von Carcinomen, von denen heute über 400 histologisch gesicherte Beobachtungen (HAMMERSCHMIDT) vorliegen. Ferner ist zu bedenken, daß niemand verantworten kann, bisher bewährte Methoden der Operation und Bestrahlung zugunsten einer unsicheren Chemotherapie aufzuschieben oder gar zu unterlassen. Im Sinne einer kombinierten Syncarcinokolyse BAUERs (MEYTHALER und HÄNDEL) und im Zuge einer weitverbreiteten bei Krebserkrankungen

aber verständlichen Polypragmasie werden eine ganze Reihe von cytostatischen Substanzen mit Hormonen oder physikalischen Verfahren kombiniert, so daß man nicht mehr entscheiden kann, was das Krankheitsgeschehen günstig oder ungünstig beeinflußt hat. Die Folge all dieser Punkte ist, daß für die klinische Prüfung von Cytostatica nur Patienten im Endstadium oder solche, bei denen alle übrigen therapeutischen Maßnahmen bereits versagt haben, zur Verfügung stehen. Aber selbst bei diesen wird oft eine länger dauernde Beobachtung und Behandlung durch Betten- oder Geldmangel (ausgesteuerte Patienten) unmöglich gemacht. Der klinische Test ist also sehr hart und wenn hier noch einmal ein Beispiel aus der Chemotherapie bakterieller Infektionen angeführt werden darf, dann dieses: Wenn das Prontosil rubrum nur bei Patienten mit foudroyanter Sepsis geprüft worden wäre, dann wäre die Entwicklung der Sulfonamide und damit die Chemotherapie bakterieller Infektionen vermutlich um einige Jahre verzögert worden. NISSEN hat unlängst auf all diese Schwierigkeiten hingewiesen und unter anderem das Beispiel des Lungencarcinoms angeführt. So sagen beim Lungen-Ca und seiner perifokalen Entzündung oder einer begleitenden Verschlußatelektase Verminderungen des Schattens im Röntgenbild wenig oder nichts aus. Auch die Symptome eines gebesserten Allgemeinzustandes dürfen nur mit großer Zurückhaltung gedeutet werden. FREY hat auf erstaunliche Gewichtszunahmen hingewiesen, die man bei Trägern inoperabler Lungencarcinome feststellen kann, wenn sie aus unzulänglichen häuslichen Verhältnissen in die sorgsame Klinikpflege kommen, ohne daß mit ihnen etwas anderes geschah, als daß sie eben gute Ernährung und Pflege bekamen.

Die Beurteilung von Therapieerfolgen erfordert als Ausgangspunkt eine exakte klinische und histologische Diagnose und eine genaue Kenntnis des wechselvollen klinischen Bildes der Krebserkrankungen. Dazu gehört aber viel Erfahrung und besonders die Einsicht, daß diagnostische Irrtümer häufig sind (NISSEN). LASZLO hat darauf hingewiesen, daß die histologische Diagnose dem verantwortungsvollen Kliniker wohl selbstverständliche, im allgemeinen aber bei weitem nicht immer befolgte Voraussetzung der Beurteilung von therapeutischen Erfolgen ist. Er hat eine eindrucksvolle Reihe von Krankengeschichten solcher Patienten veröffentlicht, die entweder als „fortgeschrittene Krebsfälle im Endstadium" in die Klinik eingeliefert oder dort so diagnostiziert wurden. Bei allen stellte sich nach längerer Beobachtung oder bei der Sektion heraus, daß gar kein Tumor vorlag. Die Schwierigkeiten bei der Auswertung machen die zum Teil sich widersprechenden Berichte in der Literatur in manchen Fällen verständlich.

XIII. Grenzen und Ausblicke

Der derzeitige Stand der Therapie mit cytostatischen Substanzen ist dadurch charakterisiert, daß die Cytostatica im Tierexperiment bei Impftumoren hervorragendes leisten, daß sie jedoch schon beim Benzpyrencarcinom der Maus und den DS- und T-Tumoren der Ratte auf Grund der nicht mehr vorhandenen genetischen Gemeinschaft mit dem Organismus (SCHMÄHL) versagen. Die Indikation für ihre klinische Anwendung ist damit eng begrenzt:

1. Inoperable Tumoren.
2. Unterstützung der Strahlentherapie.
3. Inoperable und ausbestrahlte Tumormetastasen, wie überhaupt disseminierte Metastasierungen.
4. Versuch einer postoperativen Metastasen- und Rezidivprophylaxe.

So darf man keine durchschlagenden Erfolge von einer cytostatischen Therapie erwarten; in manchen Fällen kann aber das Leben von Carcinomträgern in erträglicher Form verlängert werden.

Die Gründe für diese unbefriedigenden Resultate sind hauptsächlich in der hohen
Toxicität der Cytostatica zu suchen. Wenn man einmal die Inhibitionsfaktoren
der bekanntesten Cytostatica auf ihre Toxicitätskurven projiziert, dann muß
man feststellen, daß diese Faktoren vielfach schon im absolut toxischen Bereich
liegen, daß oft 20—30% der behandelten Tiere früher an der Toxicität des Cytostaticums zugrunde gehen, als an der eigentlichen Tumorerkrankung. Der Wert
eines Chemotherapeuticums wird aber nun einmal — und das ist das Fundament
jeder Chemotherapie — nicht durch seine Wirksamkeit, sondern durch seine
„therapeutische Breite" bestimmt (Abb. 14).

Man muß daher immer vor Beginn einer Therapie mit Cytostatica erwägen,
ob der fragliche Nutzen nicht durch quälende Nebenwirkungen und schwere

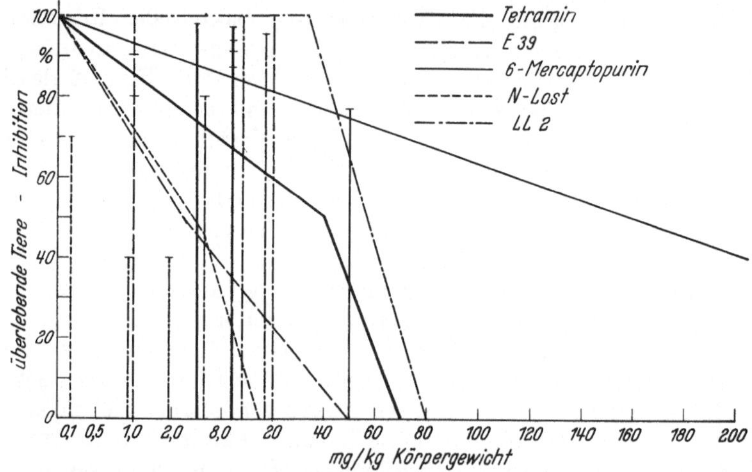

Abb. 14. Aus der Abbildung ist ersichtlich, daß die ausreichend cytostatisch wirksame Dosis beim Yoshida-Sarkom
bereits in einen Bereich fällt, in dem die toxische Wirkung dieser Dosierung so groß ist, daß ein Teil der Ratten
stirbt. Die senkrechten Linien bezeichnen die Inhibition des Tumorwachstums bei den auf der Abszisse markierten
Dosierungen. Die von der Ordinate zur Abszisse verlaufenden Linien geben die Zahl der im Tierversuch überlebenden Tiere in Prozent an

Schädigungen des Knochenmarks wieder aufgehoben wird. Man wird dann oft
zu dem Ergebnis kommen, daß eine allgemeine Roborierung (MIESCHER, HESSE
und MARQUARDT und andere) durch Gaben von Vitamin A und C, Leberpräparate,
beste Kost, Diätformen mit Cholincitrat (H. MARTIN), oder auch durch Gaben
von Organextrakten verbunden mit guter Pflege mindestens Ähnliches zu leisten
vermag. Die Wirkungen sind oft erstaunlich: schon kachektische Patienten
erholen sich noch einmal für eine gewisse Zeit und bekommen wieder Appetit.
Zu diesen Maßnahmen gehört auch die Darreichung von Prednison und Prednisolon, mit dem es gelingt, das subjektive Befinden von hoffnungslos Kranken
entscheidend zu bessern (WEISSBECKER, PANICUCCI, KIMMIG).

Die gegen das Geschwulstwachstum gerichteten Abwehrvorgänge, wie sie uns
in der Tumorresistenz und Tumorimmunität bei den Geschwülsten der Versuchstiere sowie als regressive Veränderungen und partielle Heilungsvorgänge auch
bei menschlichen Tumorerkrankungen bekannt sind, haben seit der Entdeckung
der Tumorimmunität durch C. O. JENSEN (1903) immer wieder das Interesse der
Krebsforscher erregt.

Zu den Mitteln, die durch eine Aktivierung der natürlichen Abwehrkräfte
dem Krebskranken wenigstens vorübergehend Erleichterung verschaffen sollen,
gehört das Präparat H 4989, das in den Forschungslaboratorien der Farbenfabriken „Bayer" entwickelt worden ist. Dieser Entwicklung lagen oben ange-
führte Gedankengänge zugrunde. Es handelt sich bei diesem Präparat um einen

aus verschiedenen Organextrakten von nach besonderen Verfahren hochgradig gegen maligne Tumoren immunisierten Tieren hergestellten Wirkstoff. Das Präparat liegt in einer annähernd isotonen Lösung zur intramuskulären Injektion vor und ist sehr gut verträglich.

Wenn damit auch keine Heilungen zu erwarten sind, so besagen doch die klinischen Erfahrungen, daß in manchen Fällen gelegentlich ein sonst kaum erreichbarer Einfluß auf das Geschwulstwachstum und die Metastasierung, eine Hebung des Allgemeinbefindens oder doch wenigstens subjektive Besserungen erzielt werden können.

Wenn am Ende dieses Kapitels noch auf Organextrakte wie das Präparat Bayer H 4948 (Sarvinal) hingewiesen wurde, dessen proliferationshemmende Wirkung zwar nicht erfaßt werden kann, dessen mitunter günstige Wirkung auf kachektische Patienten jedoch bekannt ist, so knüpfen wir damit an die Bemühungen PAUL EHRLICHs und C. O. JENSENs an, denen eine Immuntherapie der Krebskrankheiten vorgeschwebt hat.

Der Anfang einer Chemotherapie der Krebskrankheiten mit cytostatischen Substanzen ist gemacht; ob der eingeschlagene Weg durch Verminderung der Toxicität bei gleichzeitiger Steigerung der Wirksamkeit möglichst mit gezielten Angriffspunkten zum Ziel führen wird, werden die nächsten Jahre lehren.

Literatur

ACTUARIUS, JOANNIS: De medicamentis exitialibus lib. V, cap. 12. Vgl. J. WOLFF: Die Lehre von den Krebskrankheiten, III. Teil, 2. Abt., S. 193. 1914. — AGOSTINI, A.: Considerazioni sull'effetto del colcemid negli epiteliomi cutanei. Arch. ital. Derm. 27, 18 (1955). — ALBRECHT, M.: Chromatinfreie Cytoplasmaverteilung von Promyelozyten und Myelozyten unter Einwirkung von Mitosegiften in vitro. Z. Krebsforsch. 60, 16 (1954). — ALDER, A., u. F. ZBINDEN: Zur Therapie des Lymphogranuloms (Morbus Hodgkin). Schweiz. med. Wschr. 83, 924 (1953). — ALGIRE, G. H., and F. Y. LEGALLAIS: Recent developments in the transparent-chamber technique as adapted to the mouse. J. nat. Cancer Inst. 10, 225 (1949). — ALTMAN, S. J., A. HAUT, G. E. CARTWRIGHT and M. M. WINTROBE: Early experience with p-(N,N Di 2 chloroethyl) aminophenylbutyric acid (CB 1348), a new chemotherapeutic agent effective in the treatment of chronic lymphocytic leukemia. Cancer (Philad.) 9, 512 (1956). — AMOROSO, E. C.: Colchicine and tumour growth. Nature (Lond.) 1, 266 (1935). — ANDERS, H. U. Literaturübersicht über die Anwendung der Steroidhormone beim Prostata-, Mamma- und Genitalkarzinom. Diss. Hamb. 1958. — ANDREJEW, A., u. A. J. ROSENBERG: Der Einfluß von Chlorpromazin, Penthiobarbital und Soneryl auf die Glykolyse der Zellen eines Ascites-Hepatoms der Ratte. C.R. Soc. Biol. (Paris) 151, 237 (1957). — Der Einfluß des Chlorpromazins auf die Entwicklung des Ascites-Hepatoms der Ratte in vivo. C. R. Soc. Biol. (Paris) 151, 320 (1957). — APEL, G., u. K. KLAGES: Zytostatika in der Behandlung bösartiger Geschwülste (klinische Erfahrungen mit Mitomen). Medizinische 9, 314 (1957). — APOLANT, H.: Über die biologisch wichtigsten Ergebnisse der experimentellen Krebsforschung. Z. allg. Physiol. 9, 535 (= 63—99) (1909). — ARNOLD, H., F. BOURSEAUX u. N. BROCK: Neuartige Krebschemotherapeutika aus der Gruppe der zyklischen N-Lost-Phosphamidester. Naturwissenschaften 45, 64 (1958).

BACIGALUPO, G., u. W. LÜHRS: Entkopplung der oxydativen Phosphorylierung als neuartiges Prinzip zur Tumorbeeinflussung. Méd. et Hyg. (Genève) 17, 439, 481 (1959). — BAER, B., u. A. ADORF: Klinische und tierexperimentelle Untersuchungen über die Wirkung einiger moderner cytostatischer Substanzen auf die Phagozytosefähigkeit der Leukozyten. Klin. Wschr. 32, 199 (1954). — BATEMAN, J.: Chemotherapy of solid tumors with triethylene thiophosphoramide. New Engl. J. Med. 252, 879 (1955). — BAUER, E.: Kritische Bemerkungen zur intratumoralen Behandlung mit Bayer E 39. Ther. d. Gegenw. 11, 428 (1957). — Die Anwendung von Bayer E 39 in der Otolaryngologie. Krebsarzt 12, 129 (1957). — BAUER, K. H.: Das Krebsproblem. Berlin-Göttingen-Heidelberg: Springer 1949. — BAUMANN, E.: Vorläufige Mitteilung über die Behandlung maligner Tumoren mit einem neuen N-Lost-Phosphamidester. Medizinische 14, 659 (1959). — BECKER, J.: Cholintherapie bei malignen Tumoren. Strahlentherapie 80, 85 (1949). — BEGEMANN, H.: Die Behandlung der Leukämien. Dtsch. med. Wschr. 80, 850 (1955). — BEIGLBÖCK, W.: Diskussionsbemerkung. Hamburg. Ärztebl. 10, 252 (1956). — BERGER, J.: Extramedulläres Plasmozytom der Vulva. Hautarzt 7, 168 (1956). — BERNARD, J.: La 6-mercapto-purine. Sang 25, 840 (1954). — BERNARD, J., G. MATHÉ et M. WEIL: Traitement par l'acide p-(di-2-chloréthylamino)-phenyl-butyric de la maladie de Hodgkin, de la leucose lymphoide chronique et de divers sarcomes

du tissue lymphoide. Sang **28**, 89 (1957). — BERRES, H. H.: Die Behandlung einer Bowenschen Erkrankung mit Colchicin. Cytostaticum 12 669 A unter histologischer Kontrolle. Arch. Derm. Syph. (Berl.) **197**, 479 (1954). — BIESELE, J. J., R. E. BERGER, A.Y. WILSON, G. H. HITCHINS and G. B. ELION: Studies on 2,6-Diaminopurine and related substances in cultures of embryonic and sarcomatous rodent tissues. Cancer (Philad.) **4**, 186 (1951). — BIRTH, L. G.: Fortschritte und Ausblicke einer rationellen Krebs-Chemotherapie in den USA. Dtsch. med. Wschr. **80**, 818 (1955). — BLAICH, W.: Diskussionsbemerkung zum Vortrag von FUNK u. KÖRBER. Siehe dort. Arch. klin- exp. Derm. **206**, 674 (1957). — BOCK, H., u. R. GROSS: Leukämie- und Tumorbehandlung mit einem Neualkaloid aus Colchicum autumnale (Demecolchicin). Acta haemat., Seperatum Bd. 11, Nr 5 (1954). — Colchicinwirkung und Granulocytose. Klinische und experimentelle Beobachtungen mit Substanz F aus Colchicum autumnale. Klin. Wschr. **31**, 816 (1953). — BOHINJEC, JOCE: Die Behandlung der chronisch myeloischen Leukämie mit Myleran. Medizinische **7**, 662 (1957). — BOLLAG, W.: Myleran, ein neues Cytostaticum bei Leukämien. Schweiz. med. Wschr. **83**, 872 (1953). — Die Chemotherapie krebsartiger Erkrankungen. Röntgen- u. Lab.-Prax. **8**, 128 (1955). — Der Einfluß von Myleran auf die Keimdrüsen von Ratten. Experientia (Basel) **9**, 268 (1953). — Tierexperimentelle Untersuchungen über die Wirkung einiger Cytostatika auf das Blutbild. Schweiz. med. Wschr. **83**, 1027 (1953). — BOLLAG, W., u. A. F. ESSELIER: Erfahrungen mit Actinomycin C. Schweiz. med. Wschr. **84**, 1174 (1954). — BOSHAMER, K.: Diskussionsbemerkung. Hamburg. Ärztebl. **10**, 252 (1956). — Vortrag über chemotherapeutische Behandlung von Blasentumoren. Int. College of Surgeons, Wien, Oktober 1957. — BOURONCLE, B. A., C. A. DOAN, B. K. WISEMAN and W. J. FRAJOLA: Evaluation of C. B. 1348 in Hodgkin's disease and allied disorders. A.M.A. Arch. int. Med. **97**, 703 (1956). — BOYLAND, E., and E. H. MAWSON: Experiments on the chemotherapy of cancer. II. The effect of aldehydes and glukosides. Biochem. J. **32**, 1982 (1938). — BRADNER, W. T., D. A. CLARKE and C. C. STOCK: Loss of tumors following Zymosan treatment of mice bearing sarcoma 180. Proc. Amer. Ass. Cancer Res. **2**, 191 (1957). — BROCK, N.: Transport- und Wirkform als chemotherapeutisches Prinzip in der Tumortherapie. Z. Krebsforsch. **62**, 9 (1957). — Zur pharmakologischen Charakterisierung zyklischer N-Lost-Phosphamidester als Krebs-Chemotherapeutika. Arzneimittel-Forsch. **8**, 1 (1958). — BROCK, N., u. H. WILMANS: Wirkung eines zyklischen N-Lost-Phosphamidesters auf experimentell erzeugte Tumoren der Ratte. Dtsch. med. Wschr. **83**, 453 (1958). — BROCKMANN, H.: Chemie und Biologie der Actinomycine. Angew. Chem. **66**, 1 (1954). — BROCKMANN, H., A. BOHNE u. H. FRIEDRICH: Zur Entstehungsgeschichte des H.B.F. 386 Actinomycin C Bayer. Dtsch. med. Wschr. **79**, 437 (1954). — BRUES, A. M., B. B. MARBLE and E. B. JACKSON: Effects of colchicine and radiation on growth of normal tissue and tumors. Amer. J. Canc. **38**, 159 (1940). — BRUNS, P.: Die Heilwirkung des Erysipels auf Geschwülste. Bruns' Beitr. klin. Chir. **3**, 443 (1888). — BUCHER, A.: Die intratumorale Anwendung von Bayer E 39 beim Blasenkarzinom. Ther. d. Gegenw. **11**, 428 (1957). — BUDNICK, R., H. G. STOLL u. G. ALTVATER: Organispezifische Chemotherapie des Prostatacarcinoms. Dtsch. med. Wschr. **80**, 143 (1955). — BURCHENAL, J. H., R. R. ELLISON, M. P. SYKES, T. C. TAN, L. A. LEONE, D. A. KARNOFSKY, L. F. CRAMER, H. W. DARGEON and C. P. RHOADS: Clinical evaluation of a new antimetabolite, 6-Mercaptopurine, in the treatment of leukemia and allied diseases. Blood 8, 11, 965 (1953). — BUSCH, L.: Präparat Bayer E 39 — Entwicklung und Erfahrungen. Ther. Ber. **9**, 245 (1957). — BUTENANDT, A., u. H. DANNENBERG: Die Biochemie der Geschwülste. In Handbuch der allgemeinen Pathologie. Bd. VI/3: Geschwülste. Berlin-Göttingen-Heidelberg: Springer 1956.

CAMPBELL, D. H., R. S. FARR and H. RINDERKNECHT: The production of hemorrhage in sarcoma 180 in mice by anaphylaxis and the inhibitory effect of cortisone on the hemorrhage-producing factor from E. coli. J. nat. Cancer Inst. **15**, 1651 (1955). — COTTINI, G. B., et S. D. RANDAZZO: Emploi de la demecolcine en dermatologie; premier travail, results cliniques. Dermatologica (Basel) **110**, 426 (1955). — CRAMER, H., u. H. BRODERSEN: Über die Beeinflussung menschlicher Tumoren durch Colchicinderivate. Dtsch. med. Wschr. **1944**, Nr 35/36, 495. — CREECH, H. J.: Chemotherapy of cancer. Advanc. Med. and Surg. **1952**, 342. — CREECH, H. J., and R. F. HANKWITZ: Biological properties of polysaccharide-Lipid complexes obtained from Serratia marcescens und Escherichia coli. Cancer Res. **14**, 824 (1954).

DENK, W., u. K. KARRER: Chemotherapie zur Rezidivprophylaxe des Karzinoms. Wien. klin. Wschr. **68**, 977 (1956). — DIETEL, H.: Diskussionsbemerkung. Hamburg. Ärztebl. **10**, 253 (1956). — DILLER, I. C.: Degenerative changes induced in tumor cells by Serratia marcescens polysaccharide. Cancer Res. **7**, 605 (1947). — DITTMAR, C.: Über einige chemotherapeutisch bei Impftumoren wirksame Verbindungen. Z. Krebsforsch. **49**, 515 (1940). — DODDS, E. C.: Chemotherapie bei der Behandlung bösartiger Erkrankungen. Brit. med. J. 1949, No 4638, 1191. — DOENECKE, F., u. G. HERMANN: Behandlung eines Plasmozytomkranken mit einem Äthyleniminochinon-Derivat (Bayer E 39 Zytostatikum). Medizinische **18**, 686 (1957). — DOMAGK, G.: Was geht bei der Rückbildung chemotherapeutisch mit Chinonen behandelter Tumoren bei Versuchstieren vor sich? Z. ges. inn. Med. **9**, 982

(1954). — Weitere Beobachtungen an Yoshida-Tumoren der Ratte. Verh. der Dtsch. Ges. für Pathologie, 38. Tagg 1954, S. 338. — Histologische Veränderungen an experimentellen und menschlichen Tumoren nach Darreichung von Cytostatika. Dtsch. med. Wschr. 81, 801 (1956). — Welche histologischen Veränderungen werden unter der Anwendung von Chinon-Äthylenimin-Verbindungen an Tumoren im Experiment und bei einigen menschlichen Tumoren beobachtet? Hamburg. Ärztebl. 10, 251 (1956). — Welche therapeutischen Maßnahmen außer chirurgischen und strahlentherapeutischen sind bei bösartigen Geschwülsten wissenschaftlich fundiert und versprechen Entwicklungsmöglichkeiten? Therapiewoche 5, 1 (1954/55). — Grundlagen und Probleme einer Chemotherapie des Krebses. Krebsarzt 12, 1 (1957). — Die Entwicklung der Chemotherapie in den letzten 25 Jahren und Ausblick in die Zukunft. Münch. med. Wschr. 100, Nr 1, 16ff. (1958). — Ist eine kausale Therapie der Tumoren vorstellbar? Vortrag auf dem 6. Bayer. Internisten-Kongr. in Nürnberg, März 1958. — DOMAGK, G., S. PETERSEN u. W. GAUSS: Ein Beitrag zur experimentellen Chemotherapie der Geschwülste. Z. Krebsforsch. 59, 617 (1954). — DROSTE, W. v.: Ergebnisse 25jähriger, klinisch-chirurgischer Krebsbekämpfung, zugleich ein Beitrag zur klinischen Statistik des Krebses. Ergebn. Chir. 37, 324 (1952). — DRUCKREY, H.: Die Grundlagen der Krebsentstehung. In: Grundlagen und Praxis chem. Tumorbehandlung. 2. Freiburger Symposium, S. 1. Berlin-Göttingen-Heidelberg: Springer 1954. — Chemotherapie des Krebses. Experimentelle Grundlagen. Klin. Wschr. 33, 784 (1955). — Chemische Therapie des Krebses (experimentelle Grundlagen). Med. Klin. 50, 797 (1955). — DRUCKREY, H., u. N. BROCK: Zum Wirkungsmechanismus von Stilboestrol-Diphosphat (Honvan) beim Prostatakarzinom. Münch. med. Wschr. 102, 1626 (1960). — DRUCKREY, H., u. E. SCHREIBER: Die Wirkung des Coffeins auf die Zellteilung und das Wachstum. Naunyn-Schmiedeberg's Arch. exp. Path. Pharmak. 188, 208 (1938). — DRUCKREY, H., u. K. KAISER: Zur Therapie des Prostatacarcinoms mit Stilboestrol-diphosphat. Dtsch. med. Wschr. 27, 1084 (1956). — DRUCKREY, H., D. SCHMÄHL, P. DANNENBERG, K. KAISER, H. A. NIEPER, H. W. Lo u. R. MECKE jr. unter Mitarbeit von J. v. EINEM u. W. DISCHLER: Vergleichende Prüfung der chemotherapeutischen Wirkung von N-Oxyd-Lost und anderen alkylierenden Substanzen auf Tumoren von Ratten. Arzneimittel-Forsch. 6, 539 (1956). — DUNHAM, L. J.: A survey of transplantable and transmissible animal tumors. J. nat. Cancer Inst. 13, 1299 (1953). — DUSTIN, A. P.: A propos des applications des poisons caryoclasiques à l'étude des problèmes de pathologie expérimentale, de cancerologie et d'endocrinologie. Arch. exp. Zellforsch. 22, 395 (1939).

EHRLICH, P.: Experimentelle Karzinomstudien an Mäusen. Z. ärztl. Fortbild. 7, 205 (1906). — EICHLER, P.: Die Verwendung von Colchicin in der Therapie oberflächlicher Carcinome. Dtsch. Gesundh.-Wes. 2, 351 (1947). — ELSON, L. A.: A comparison of the effects of radiation and radiomimetic chemicals on the blood. Brit. J. Haemat. 1, 104 (1955). — EVANS, T. S., A. P. CIPPRIANO and E. O. HIRSCH: Mycosis fungoides with "tumor d'emblée": report of case treated with nitrogen mustard. Ann. intern. Med. 33, 1294 (1950).

FARBER, S., L. K. DIAMOND, R. D. MERCER, R. F. SYLVESTER and J. A. WOLFF: Temporary remissions in acute leukemia in children produced by folic acid antagonist, 4-aminopteroylglutamic acid (aminopterin). New Engl. J. Med. 238, 787 (1948). — FERRARI, A. V.: Colchicine et podophilline en dermatovenerologie. Soc. franc. Derm. Syph. 63, 331 (1951). — FIEDLER, H. H., u. D. SCHMALZ: Erfahrungen und Ergebnisse bei der Behandlung von inoperablen Bronchialkarzinomen mit Polymethylolmelaminen (Cilag 61). Medizinische 39, 1309 (1954). — Beitrag zur Chemotherapie der Lymphogranulomatose. Dtsch. med. J. 6, 106 (1955). — FISCHER, E.: Die Lokalbehandlung oberflächlicher Karzinome und Präkanzerosen der Haut mit zytostatischen Salben. Dermatologica (Basel) 112, 426 (1956). — FLECK, F.: Behandlung der Röntgenkarzinome durch Hypervitaminisierung mit Axerophtholen. Derm. Wschr. 130, 1244 (1954). — FOUNTAIN, J. R.: Behandlung der Leukämie und verwandter Störungen mittels 6-Mercaptopurin. Brit. med. J. 1955 I, 1119. — FREY, E. K.: II. Thoraxchirurgische Arbeitstagg in Bad Schachen am 29. u. 30. 4. 1957. Erscheint in Thoraxchirurgie. — FUNK, C. F., u. F. KRÖBER: Therapeutische Beeinflussung von Systemerkrankungen: Leukämische Lymphadenose, Lymphogranulomatose, Mycosis fungoides, sogenannte Reticulosarcomatose durch Aktinomycin C. Arch. klin. exp. Derm. 206, 666 (1957). — FUJITA, K.: Der hemmende Effekt des Chlorpromazin auf experimentell erzeugte Hepatome. Nature (Lond.) 181, 4601 (1958).

GÄNSSLEN, M.: Fortschritte in der Behandlung von Tumoren, Leukämien und Granulomen. Strahlentherapie 83, 183 (1950). — GÄNSSLEN, M., u. H. MARTINI: Behandlung der Lymphogranulomatose. Ther. d. Gegenw. 90, 201 (1951). — GALTON, D. A. G.: Myleran in Leukemia. Results for treatment. Lancet 1953 I, 208. — Myleran in chronic myeloid chronic myeloid Leukaemia. Lancet 1955 I, 425. — GALTON, D. A. G., L. G. ISRAELS, J. D. N. NABARRO and M. TILL: Clinical trials of p-(Di-2-chlorethylamino)-phenyl-butyric acid (CB 1348) in malignant lymphoma. Brit. med. J. 1955 II, 1172. — GARDINI, G. F., u. S. RIZZENTE: La nostra esperienza clinica con un alcaloide del colchicum autumnale. Tumori 40, 6, 625 (1954). — GASCHLER, A.: Fermente und Krebs. Hippokrates 28, H. 3 (1957). — Parenterale Fermenttherapie bei inoperablen Tumoren. Therapiewoche 6, H 9/10

(1954/55). — GASSER, C., u. W. HITZIG: 6-Mercaptopurin (Purinethol) in der Behandlung der Leukämie im Kindesalter; Vergleiche mit Cortison und Aminopterin. Helv. paediat. Acta 10, 41, 501 (1955). — GELLHORN, A.: Kritische Beurteilung des derzeitigen Standes der chemischen Krebs-Therapie. Cancer Res. 13, 205 (1953). — Management of the patient with Hodgkin's disease. J. chron. Dis. 1, 693 (1955). — GIGANTE, D.: Sull'azione terapeutica della sostanza F (colcemid) nelle emopatic. Boll. Soc. ital. ematol. 2, 109 (1954). — GILMAN, A., and F. S. PHILIPS: Biological actions and therapeutic applications of B-chloroethyl amines and sulfides. Science 103, 409 (1946). — GOLDECK, H.: Urethanwirkung bei Paramyeloblastosen (akuten Myeloblastenleukämien) und Retotheliose. Ärztl. Wschr. 3, 490 (1948). — GOODMAN, L. S., and A. GILMAN: Drugs used in the chemotherapy of neoplastic diseases. In: The pharmacological basis of therapeutics. New York: Macmillan Company 1956. — GRAUL, E. H.: Chemotherapie bösartiger Tumoren. Hautarzt 5, 97 (1954). — Über den derzeitigen Stand der Chemotherapie bösartiger Tumoren. Materia Med. Nordmark VII/4—6 (1955). — GRAULICH, W.: Über N-Lost-Behandlung der malignen Tumoren. Strahlentherapie 82, 95 (1950). — GREENSPAN, E., J. LEITER u. M. J. SHEAR: Wirkung von α-peltatin, β-peltatin und Podophyllotoxin auf Lymphome und andere transplantierte Tumoren. J. nat. Canc. Inst. 10, 1295 (1950). — GRIBOFF, S. J.: The rationale and clinical use of steroid hormones in cancer. A.M.A. Arch. intern. Med. 89, 635, 812 (1952). — GRIESSMANN, H., u. H. WARLITZ: Erfahrungen mit Mitomen (N-Oxyd-Lost) in der „Schutztherapie" nach Krebsoperationen. Chirurg 28, 200 (1957). — GROSS, R., u. K. LAMBERS: Erste Erfahrungen in der Behandlung maligner Tumoren mit einem neuen N-Lost-Phosphamidester. Dtsch. med. Wschr. 83, 458 (1958). — Vorläufige klinische Beobachtungen mit einem neuen N-Lost-Phosphamidester in der Tumortherapie. Naturwissenschaften 45, 66 (1958).

HACKMANN, CHR.: Experimentelle Untersuchungen über die Wirkung von Actinomycin C (HBF 386) bei bösartigen Geschwülsten. Z. Krebsforsch. 58, 607 (1952). — HBF (Actinomycin C), ein cytostatisch wirksamer Naturstoff. Strahlentherapie 90, 296 (1953). — Probleme der experimentellen Krebsforschung. Ther. Ber. Bayer 26, 35 (1954). — Stoffwechselprodukte aus Mikroorganismen als antineoplastische Wirkstoffe. Dtsch. med. Wschr. 80, 812 (1955). — HADDOW, A., and W. A. SEXTON: Influence of carbonic esters (urethanes) on experimental animal tumors. Nature (Lond.) 157, 500 (1946). — HADDOW, A., and G. A. TIMMIS: Myleran in chronic myeloid Leukemia. Chemical constitution and biological action. Lancet 1953I, 207. — HADORN, W.: Erfreuliches und Unerfreuliches bei der Behandlung von Blutkrankheiten. Praxis 40, 1007 (1951). — HAMMERSCHMIDT, J.: Über die Wirkung von Extrakten aus tierischen Wundgranulationsgeweben bei Krebskranken. Münch. med. Wschr. 95, 1049 (1953). — Die Behandlung Krebskranker mit tierischen Wundgranulationsextrakten (WGH). Med. Klin. 50, 1141 (1955). — HAMPERL, H.: Die Morphologie der Tumoren. In Handbuch der allgemeinen Pathologie. Bd. VI/3: Geschwülste. Berlin-Göttingen-Heidelberg: Springer 1956. — HAUT, A., S. J. ALTMAN, G. E. CARTWRIGHT and M. M. WINTROBE: The use of myleran in the treatment of chronic myeloid leukemia. Arch. intern. Med. 96, 451 (1955). — HECKNER, F., J. HAMM u. W. EGER: Cytologische Kriterien der Wirkung von Sanamycin. Klin. Wschr. 35, 459 (1957). — HEEP, W.: Colchicinsalbe in der Behandlung oberflächlicher Carcinome. Dtsch. med. Wschr. 74, 971 (1949). — HEILMEYER, L.: Therapie mit bakteriostatischen und cytostatischen Stoffen. Med. Klin. 42, 874 (1947). — Therapie mit cytostatischen Stoffen. Klin. Wschr. 26, 97 (1948). — Diagnose und Behandlung leukopenischer Zustände. Vortr. ärztl. Verein Hamburg 7. 1. 1958. — Anfänge einer Chemotherapie neoplastischer Erkrankungen. Schweiz. med. Wschr. 79, 539 (1949). — Triäthylenmelamin (TEM), ein neuer Stoff zur Behandlung von Leukämien. Ergebnisse einer Prüfung an 29 Fällen. Klin. Wschr. 30, 537 (1952). — Zur Chemotherapie neoplastischer Erkrankungen. Naturwissenschaften 37, 58 (1950). — Chemische Krebsbehandlung in Grundlagen und Praxis chemischer Tumorbehandlung. 2. Freiburger Symposium, S. 204. Berlin-Göttingen-Heidelberg: Springer 1954. — Therapie der neoplastischen Blutkrankheiten. Bull. schweiz. Akad. med. Wiss. 10, 159 (1954). — HEILMEYER, L., u. H. BEGEMANN: Handbuch der inneren Medizin. Bd. II: Blut und Blutkrankheiten. Berlin-Göttingen-Heidelberg: Springer 1951. — HELLRIEGEL, N., u. R. KRAUS: Über cytostatische Wirkung des INH. Tuberk.-Arzt 9, 653 (1955). — HENDRY, J. A., F. L. ROSE and A. L. WALPOLE: Cytotoxic agents: methylolamides with tumor inhibitory activity, and related inactive compounds. Brit. J. Pharmacol. 6, 201 (1951). — HENDRY, J. A., R. F. HOMER, F. L. ROSE and A. L. WALPOLE: Cytotoxic agents: bisepoxides and related compounds. Brit. J. Pharmacol. 6, 235, 357 (1951). — HENNE, H. F.: Chemotherapeutischer Schutz nach Operationen wegen maligner Tumoren. Langenbecks Arch. klin. Chir. 286, 291 (1957). — HESSE, E., u. H. MARQUARDT: Zur medikamentösen Behandlung maligner Neoplasmen. Vortrag ärztl. Verein Hamburg. Hamburg. Ärztebl. 10, 261 (1956). — HESSE, F.: Orale Dauerbehandlung mit Bayer E 39. Ther. d. Gegenw. 11, 428 (1957). — HIRSCH, H.: Über die Wirkungsweise von Colchicin durch gleichzeitige Anwendung von Bulbocapnin bei der Behandlung von Hautkrebsen. Derm. Wschr. 123, 389 (1951). — HÖRLIN, W., u. W. SCHMITT: Über die Behandlung haematologischer Neoplasien mit N-Oxyd-Lost. Dtsch. med. Wschr. 82, 247 (1957). — HOHL, K., u. H. R. SCHINZ:

Ansätze zur Chemotherapie der malignen Tumoren. Schweiz. med. Wschr. 79, 421 (1949). — Holzer, H.: Enzymatischer Angriffspunkt einiger tumorwirksamer Chemotherapeutika. Medizinische 15, 576 (1956). — Holzer, H., G. Sedlmayr u. A. Kemnitz: Zum Wirkungsmechanismus carcinostatischer Chemotherapeutica: Hemmung der Glykolyse durch Äthylenimin-Verbindungen. Biochem. Z. 328, 163 (1956). — Homan, W., u. H. Otto: Einige Probleme der Behandlung bösartiger Geschwülste mit cytostatischen Substanzen am Beispiel des Colcemid. Z. Krebsforsch. 60, 730 (1955). — Hooper, J. R., L. C. Cheney, M. J. Cron, O. B. Fardig, D. A. Johnson, D. L. Johnson, F. M. Palermiti, H. Schmitz and W. B. Wheatley: Studies on sarkomycin. Antibiot. and Chemother. 5, 10, 585 (1955). — Horsters, H.: Leberfunktion und Krebs. Dtsch. med. J. 2, 550 (1951). — Huggins, Ch., S. T. Yu and R. Jones: Inhibitory effects of ethyl-carbamate on prostatic cancer. Science 106, 147 (1947). — Hunter, J. C.: Differential effects of temperature on the growth of certain transplanted tumors in strain DBA-mice. J. nat. Cancer Inst. 16, 2, 405 (1955).

Ikawa, M., J. B. Koepfli, S. G. Mudd and C. Nieman: An agent from E. coli causing hemorrhage and regression of an experimental mouse tumor. I. Isolation and properties. J. nat. Cancer Inst. 13, 157 (1952). — Ishidate, M., K. Kobayashi, Y. Sakurai, H. Sato u. T. Yoshida: Experimentelle Untersuchungen zur Chemotherapie maligner Tumoren an Hand des Yoshida-Sarkoms. Proc. Jap. Acad. 27, 493 (1951). — Ishidate, M., u. Y. Sakurai: N-Lost-Oxyde als tumorhemmende Substanzen. Vortr. 15. Tagg Internat. Pharmaz. Ges. 17. 9. 1953, Paris.

Jacob, H., u. C. F. Rothauge: Zur Frage feingeweblicher Veränderungen des Prostata-Karzinoms nach Behandlung mit phosphoryliertem Diaethylstilboestrol. Z. Urol. 49, 301 (1956). — Jensen, C. O.: Experimentelle Untersuchungen über Krebs bei Mäusen. Zbl. Bakt., I. Abt. Orig. 34, 28, 34, 122 (1903). — Jodelis, St.: Zur Chemotherapie des Krebses. Diss. Hamburg 1957.

Karnofsky, D. A., J. H. Burchenal, R. A. Ormsbee, J. Cornman and C. P. Rhoads: Approaches to tumor-chemotherapy; A. symposium Washington 1947, p. 293. — Karnofsky, D. A., J. H. Burchenal, G. C. Armistead, C. M. Southam, J. J. Bernstein, L. F. Craver and C. P. Rhoads: Triethylene melamine in treatment of neoplastic diseases; compound with nitrogen-mustard-like activity suitable for oral and intravenous use. Arch. intern. Med. 87, 477 (1951). — Karrer, K.: Weitere Untersuchungen zur chemotherapeutischen Rezidivprophylaxe. Ther. d. Gegenw. 11, 428 (1957). — Kaziwara, K.: On the inhibitory effect on nitrogen-mustard-N-oxide (M.B.A.O.) upon subcutanous solid tumors of the Yoshida sarcoma. Gann 43, 328 (1952). — Some morphological observations on the mechanism of nitrogen mustard N-oxide upon the Yoshida-sarcom cells. Acta path. jap. 3/4, 137 (1953). — Keibl, E.: Über das differente Verhalten von Colchicin und Colcemid (Demecolcin) in der Therapie chronischer Myelosen. Wien. klin. Wschr. 67, 511 (1955). - Kimmig, J.: Experimentelle und klinische Untersuchungen zur Chemotherapie des Krebses. Vortr. auf der Sitzg des Hamburg. Landesverbandes für Krebsbekämpfung und Krebsforsch. e.V. 12.12. 1956. — Experimentelle und klinische Untersuchungen zur Chemotherapie des Krebses. Sonderbände zur Strahlentherapie 37 (II), 222 (1957). — Grundlagen und Möglichkeiten der Chemotherapie bösartiger Geschwülste. Vortr. im Rahmen der ärztlichen Fortbildung der Ärztekammer Hamburg am 1. 11. 1957. — Kimura, K., H. Torigoe, K. Ota u. S. Torii: N-Oxyd-Lost in der Behandlung der Leukämie. Nagoya J. med. Sci. 15, 244 (1952). — Klärner, P.: Regressionen des Yoshida-Sarkoms nach einmaliger Injektion eines Lipopolysaccharids aus E. coli. Z. Krebsforsch. 62, 291 (1958). — Klima, R.: Zur klinischen Problematik und Therapie der Lymphogranulomatose. Wien. klin. Wschr. 66, 895 (1954). — Köbner, H.: Heilung eines Falles von allgemeiner Sarkomatose der Haut durch subkutane Arseninjektionen. Berl. klin. Wschr. 2, 21 (1883). — Krauss, H.: Die Kombination der chirurgischen mit der chemischen Krebstherapie. In: Grundlagen und Praxis chemischer Tumorbehandlung. 2. Freiburger Symposium, S. 236. Berlin-Göttingen-Heidelberg: Springer 1954. — Kretz, J.: Zur Dosierungsfrage bei der Behandlung mit Bayer E 39. Ther. d. Gegenw. 11, 428 (1957). — Kühböck, J., E. E. Reimer u. T. Stoiber: Zur cytostatischen Erhaltungstherapie maligner Hämoblastosen. Münch. med. Wschr. 102, 1183 (1960). — Kuhn, R., u. D. Jerchel: Über Invertseifen; Reduktion von Tetrazoliumsalzen durch Bakterien, gärende Hefe und keimende Samen. Ber. dtsch. chem. Ges. 74, 949 (1941). — Kühnau, J.: Diskussionsbemerkung zum Vortrag von F. O. Höring: Der Faktor Zeit in der spezifischen Therapie. Verh. Dtsch. Ges. Inn. Med., 58. Kongr., S. 75, 1952. — Kurokawa, T.: Klinische Erfahrungen mit der Nitromin-Therapie maligner Geschwülste. Chir. Clin. Mag. 34, 10 (1952).

Larionov, L. F.: Immediate and remote results of chloroethylamine treatment of Hodgkin's disease. Brit. med. J. 1956 I, 252. — Larionov, L. F., A. S. Klokhlov, E. N. Shkrodinskaja, O. S. Vasina, V. J. Troosheikina u. M. A. Novikova: Studies on the anti-tumor activity of p-Di-(2-chloroethyl)amino-phenylalanine (sarcolysine). Lancet 1955 II, 169. — Laszlo, D., M. L. Colmer, G. B. Silver and S. Standard: Errors in diagnosis and management of cancer. Ann. intern. Med. 33, 670 (1950). — Laszlo, D., and H. Spencer: Medical problems in the management of cancer. Med. Clin. N. Amer.

869 (1953). — LASSAR, O.: Zum Stande der Krebstherapie. Z. Krebsforsch. 3, 515 (1905). — Lederle-Berichte: Tumorwirksame Antibiotika. Ärztl. Mitt. 43, Folg. 35 (1958). — LEHMANN, F. E.: Chemische Beeinflussung der Zellteilung. Experientia (Basel) 3, 223 (1947). — LETTRÉ, H.: Zur Frage einer tumorhemmenden Wirkung des Glukosamins. Naturwissenschaften 40, 513 (1953). — Das Yoshida-Sarkom der Ratte nach Arbeiten von T. Yoshida. Z. Krebsforsch. 59, 287 (1953). — Einige Versuche mit dem Mäuse-Aszitestumor. Z. Krebsforsch. 57, 1 (1950). — Cytostatische Substanzen und ihre Wirkung in Grundlagen und Praxis chemischer Tumorbehandlung. 2. Freiburger Symposium, S. 153. Berlin-Göttingen-Heidelberg: Springer 1954. — LEONARD, B. J., u. J. F. WILKINSON: Desacetylmethylcolchicine in treatment of myeloid leukemia. Brit. med. J. 1955, No 4918, 874. — LEONARDI, P., e B. D'AGNOLO: Sulla terapia delle leucemie e del morbe di HODGKIN con desacetylmetylcolchicina alcaloide antimitotica del colchica autumnale. Acta med. patav. 14, 69 (1954). — LICHMANN, P.: The effect of demecolcin (desacethylmethyl-colchicine) on the periphere blood and bone morrow in the rabbit and cat. Inaug.-Diss. Zürich 1954. — LINKE, A., u. H. G. LASCH: Über die Behandlung von Hämoblastosen mit Triäthylenmelamin (TEM). Dtsch. med. Wschr. 78, 911 (1953). — LIST, F. G., A. KIRSCHBAUM and L. C. STRONG: Action of colchicine on a malignant lymphoid neoplasm in mice of an inbred strain. Proc. Soc. exp. Biol. (N.Y.) 38, 555 (1938). — LÖFFLER, W., u. W. BOLLAG: Leukämie-Probleme. Oncologia (Basel) 8, 70 (1955). — LOEWENTHAL, H., u. G. JAHN: Übertragungsversuche mit carcinomatöser Mäuse-Ascitesflüssigkeit und ihr Verhalten gegen physikalische und chemische Einwirkungen. Z. Krebsforsch. 37, 439 (1932). — LUDFORD, R. J.: Action of toxic substances upon division of normal and malignant cells in vitro and in vivo. Arch. exp. Zellforsch. 18, 411 (1936). — LÜTTRINGHAUS, A., J. KIMMIG, H. MACHATZKE u. M. JÄNNER: Cytostatisch wirkende Sulfoniumsalze. Tri-(2-choräthyl)- und Di-(2-chloräthyl)-vinyl-sulfoniumsalze. Arzneimittel-Forsch. 9, 748 (1959).

MARQUARDT, H.: Neuere Ergebnisse der Zytologie und Zytogenetik in ihrer Bedeutung für eine Grundlagenforschung der Chemotherapie der Tumoren. Ärztl. Forsch. 2, 407 (1948). — Die Schädigung von Zelle und Zellkern und ihre Bedeutung für einige Probleme der Tumorforschung. In: Grundlagen und Praxis chemischer Tumorbehandlung. 2. Freiburger Symposium, S. 117. Berlin-Göttingen-Heidelberg: Springer 1954. — MARTIN, H.: Erfahrungen bei der Behandlung der Lymphogranulomatose mit Aktinomycin C (Sanamycin). Klin. Wschr. 32, 518 (1954). — Wachstumshemmung inoperabler Carcinome durch Diät und cytostatische Substanzen. Med. Klin. 35, 126 (1950). — MARTINI, P.: Über die Chemotherapie des Krebses. Berl. med. Z. 1, 165 (1950). — MATTHES, TH., u. K. SCHMIDT: Über die carcinokolytische Wirkung der Cochlearia armoracia beim Ehrlichschen Aszites-Mäuse-Carcinom, dem Jensen-Sarkom der Ratte und beim Hautkrebs des Menschen. Ärztl. Forsch. 8 (I), 358 (1955). — MEYER, W.: Die Bedeutung der Serum-Phosphatasen für die Diagnose und Therapie des metastasierenden Prostatakarzinoms. Medizinische 1955, 1514. — MEYER-ROHN, J., M. JÄNNER u. H. KRUMME: Der Wert von in vitro-Methoden zur Ermittlung cytostatisch wirksamer Substanzen. Arzneimittel-Forsch. 10, 563 (1960). — MEYTHALER, F.: Chemotherapeutische Probleme maligner Tumoren. I. Colloquium über Cytostatika Hemer/Westf. 28. 7. 1958. Stuttgart: Ferdinand Enke 1959. — II. Colloquium über Cytostatika in Höchenschwand/Schwarzwald 6. 5. 1960. Stuttgart: Ferdinand Enke 1960. — MEYTHALER, F., u. F. HÄNDEL: Zur kombinierten Chemotherapie maligner Tumoren. Dtsch. med. Wschr. 76, 150 (1951). — MIDANA, A., u. F. ORMEA: Tentativi di trattamento della „mycosis fungoides" con un preparato colchicino per via parenterale. Nota Preventiva. Minerva derm. (Torino) 29, Nr 3 (1954). — MIESCHER, G.: Hautkrebs und Krebsforschung. Schweiz. med. Wschr. 64, 979 (1934). — Diskussionsbemerkung. Dermatologica (Basel) 112, 434 (1956). — MINEGISHI, T.: Über die Wirkung des Isaminblaus auf das Rattencarcinom. Trans. Soc. path. jap. 25, 719 (1935). — MIYAMURA, S.: A determination method for anticancer action of antibiotics by the agar plate diffusion technique. Antibiot. and Chemother. 6, 4, 280 (1956). — MOESCHLIN, S.: Die Therapie der Leukämie mit Röntgen, Arsen und Urethan. Helv. med. Acta 15, 107 (1948). — Der heutige Stand der Leukämiebehandlung. Praxis 43, 66 (1954). — MOESCHLIN, S., S. H. MEYER u. A. LICHTMANN: Ein neues Colchicum-Nebenalkaloid (Demecolcin Ciba) als Cytostaticum myeloischer Leukämien. Schweiz. med. Wschr. 83, 990 (1953). — MRAZEK, R. G., and T. J. WACHOWSKI: Hematopoetic depression from nitrogen-mustard and triethylenmelamine. J. Amer. med. Ass. 159, 160 (1955). — MÜLLER-PLETTENBERG: Chemotherapie maligner Tumoren. Ärztl. Praxis XI (2), 49 (1959).

NAEGELI, O.: Blutkrankheiten und Blutdiagnostik, 5. Aufl. Berlin: Springer 1931. — NELSON, L. M.: Die Wirkung von lokal injiziertem Colchicin auf Hautkarzinome. Arch. Derm. Syph. (Chicago) 63, 440 (1951). — NEUBURG, C., u. W. CASPARI: Tumoraffine Substanzen. Dtsch. med. Wschr. 38, 375 (1912). — NISSEN, R.: Karzinomtherapie jenseits von Radikaloperation und Bestrahlung. Dtsch. med. Wschr. 82, 1817 (1957). — NICOLOW, N.: Die Behandlung der Haut- und Lidcarcinome mit Podophyllin. Krebsarzt (Wien) 8, 334 (1953).

OBERHAUSER, F. B., H. R. CROXATTO, M. Q. GAILLARD and V. M. SILVA: Anti-tumorigenic action of jodinated compounds. Nature (Lond.) 176, 466 (1955). — OEHME, J.: Die

Behandlung kindlicher Leukosen mit Purinethol. Ärztl. Wschr. 10, 14 (1955). — OETTEL, H., u. G. WILHELM: Tests of compounds against Ehrlich-ascites-tumor, sarcoma 180 and Walker carcino-sarcoma 256. Cancer Res. 2, 129 (1955). — Die Bedeutung des „Tumorspektrums" für die Beurteilung zytostatisch wirksamer Substanzen. Dtsch. med. Wschr. 82, 1461 (1957).— Wege zur Chemotherapie des Krebses. Arzneimittel-Forsch. 4, 691 (1954). — Vergleichende Prüfung von 14 cytostatisch wirksamen Produkten an 7 Tiertumoren. Naunyn-Schmiedeberg's Arch. exp. Path. Pharmak. 230, 559 (1957). — OLBERT, TH.: Wachstumshemmung des Jensen-Sarkoms der Ratte durch Extrakte aus Schafsduodenum. Krebsarzt 11, 155 (1956).

PANICUCCI, A.: Krebs die große Hoffnung von Novara. Epoca 27, 342 (1957). — PAOLINO, W.: Chemioterapia dei tumori. — Colchicina e suoi derivati. Minerva med. (Torino) 46, 35 (1955). — PAOLINO, W., G. PIERRI e L. RESEGOTTI: Ricerche sperimentali e prime applicazioni cliniche con un derivato colchicinico ad azione antiblastica: l'estere metilico dell'acido trimethilcolchicinico (deacetilcolchicina). Minerva med. (Torino) 46, 1 (1955). — PARODI, A. S., S. DE LUSTIG u. J. J. PALU: Onkolytische Wirkung des Influenza-Virus „A" auf Tumoren der Maus. Rev. argent. Dermatosif. 37, 185 (1953). — PATTERSON, E., J. A. THOMAS, A. HADDOW and J. M. WATKINSON: Leukemia treated with urethane compared with deep x-ray therapy. Lancet 1946 I, 677. — PAULSSON, K. T.: Colchicinbehandlung bösartiger Geschwülste bei der Maus. Norsk. Mag. Laegevidensk 96, 735 (1935). — PETRAKLIS, N. L., H. R. BIERMAN, K. H. KELLY, L. P. WHITE and M. B. SHIMKIN: The effect of 1,4-Dimethane-sulfonyloxybutane (GT-41 or Myleran) upon Leukemia. Cancer (Philad.) 7, 383 (1954). — PEYRON, A.: La tumeur de shope de lapin et sa sterilisation par la colchicine. Bull. Ass. franç. Canc. 26, 625 (1937). — Sur l'évolution maligne du papilloépithéliome du lapin et son mode de régression sous l'action de la colchicine. C.R. Soc. Biol. (Paris) 126, 685 (1937). — PIETRO, S. DI: Experienza clinica con l'etilenimino-chinone (E 39) nella chemioterapia delle neoplasie diffuse. Rif. med. 71, 608 (1957). — PIRWITZ, J.: Grundlagen chemischer Krebsbehandlung in Grundlagen und Praxis chem. Tumorbehandlung. 2. Freiburger Symposium, S. 196. Berlin-Göttingen-Heidelberg: Springer 1954. — Der heutige Stand der Chemotherapie neoplastischer Erkrankungen beim Menschen. Klin. Wschr. 35, 440 (1957). — Innere Krebstherapie. Med. Klin. 50, 18, 798 (1955). — POLLI, E. E.: Biochemische Eigenschaften der intakten Zellen und der Zellkerne in normalen und leukämischen Leukozyten in Grundlagen und Praxis chemischer Tumorbehandlung. 2. Freiburger Symposium, S. 98. Berlin-Göttingen-Heidelberg: Springer 1954. — PRIBILLA, W., u. G. STOLLBERG: Triäthylenmelamin (TEM) bei lymphatischen Leukämien. Münch. med. Wschr. 96, 1189 (1954). — Die Behandlung myeloischer Leukämien mit Myleran und Demecolcin. Dtsch. med. Wschr. 80, 1027 (1955). — PRINZ, H.: Diskussionsbemerkung. Hamburg. Ärztebl. 10, 253 (1956). — PUTNAM, R. C., T.C. POMEROY, A. J. DONNELLY, E. T. NISHIMURA, H. S. BOWMAN and S. P. REIMANN: The clinical use of bacterial polysaccharides in malignant disease. Proc. Amer. Ass. Cancer Res. 2, 240 (1957).

QUASTEL, J. H., and A. CANTERO: Inhibition of tumor-growth by D-glucosamin. Nature (Lond.) 171, 252 (1953).

RABITO, C., u. A. LEONI: Ungünstige Resultate mit der parenteralen Behandlung von Colcemid in einem Fall von Mycosis fungoides. Minerva derm. (Torino) 30, 187 (1955). — RAVINA, A.: L'actinomycine C et son action antitumorale. Presse méd. 61, 1270 (1953). — RAVINA, A., T. GROSZ et M. PESTEL: Essais thérapeutiques et premiers résultats cliniques d'un nouveau cytostatique le DG 428 dans certaines affections tumorales. Presse méd. 67, 399 (1959). — REMY, D.: Die Behandlung myeloischer Leukämien mit 6-Mercaptopurin (Purinethol). Dtsch. med. Wschr. 81, 301 (1956). — Report on International Conference, in New York: Alkylating agents in cancer. Clinical usefulness and mode of action — Chlorambucil. Brit. med. J. 1957 I, 1056. — RIES, J., u. A. P. BLASIN: Vitamin A-Therapie des Karzinoms. Münch. med. Wschr. 1952, 2033. — ROCKSTROH, H.: Erfahrung bei der Behandlung des metastasierenden Prostatakarzinoms mit Honvan (St 52-Asta). Z. Urol. 48, 720 (1955). — RUDLOFF, J., et M. MASSELIN: Action remarquable de la colchicine «in situ» sur un epithélioma cutané. Bull. Soc. franç. Derm. Syph. 61, 190 (1954).

SANTAVY, F.: Isolierung neuer Stoffe aus den Knollen der Herbstzeitlose, Colchicum autumnale L. Substanzen der Herbstzeitlose und ihre Derivate. 14. Mitt. Pharmac. Acta Helv. 25, 248 (1950). — SANTAVY, F., u. T. REICHSTEIN: Isolierung neuer Stoffe aus den Samen der Herbstzeitlose Colchicum autumnale L. Substanzen der Herbstzeitlose und ihre Derivate. 12. Mitt. Helv. chim. Acta 33, 1606 (1950). — SCAFI, M., e R. BALDASSORI: Sulla terapia della mielosi leucemiche croniche con un nuovo antimitotico estrato del colchicum autumnale. Gazz. int. Med. Chir. 60, 626 (1955). — SCHÄFER, W.: Zur konservativen Behandlung des Prostatakarzinoms mit organspezifischer Chemotherapie. Dtsch. med. Wschr. 79, 221 (1954). — SCHÄR, B., P. LOUSTALOT u. F. GROSS: Demecolcin (Substanz F), ein neues aus Colchicum autumnale isoliertes Alkaloid mit starker antimitotischer Wirkung. Klin. Wschr. 32, 49 (1954). — SCHELLER, E. F.: Ein neuartiges Krebs-Chemotherapeutikum. Therapiewoche 5, 206 (1955). — SCHILLING, H.: Experimentelle Untersuchungen über die

cytostatische Wirkung von bakteriellen Reizstoffen am Yoshida-Sarkom der Ratte. Diss. Hamburg 1960. — Schirren, C. G.: Diskussionsbemerkung. Dermatologica (Basel) 112, 434 (1956). — Schmähl, D.: Experimentelle Untersuchungen zum Problem der Metastasierung. Vortr. geh. am 13. 1. 1958 Biophysikal. Kolloqu. Hamburg-Eppendorf. — Chemotherapie des Krebses. Heilkunst 5, 149 (1957). — Ergebnisse der experimentellen Krebsforschung und ihre Bedeutung für den praktischen Arzt. Wissen u. Praxis 18, 10 (1961). — Schmähl, D., u. J. v. Einem: Experimentelle Prüfung von Krebsmitteln. Dtsch. med. Wschr. 81, 293 (1956). — Schmermund, H. J.: Diskussionsbemerkung. Hamburg. Ärztebl. 10, 253 (1956). — Schmid, O. J.: Untersuchungen über die Verwendung oberflächenaktiver Substanzen in der Tumortherapie. Medizinische 1955 II, 988. — Schmidt. H., H. Loosen u. W. Heinen: Sanamycin (Actinomycin C) in der Behandlung bösartiger Geschwülste und der Lymphogranulomatose. Dtsch. med. Wschr. 80, 141 (1955). — Schmidt, K. H.: Experimentelle und vergleichende Ergebnisse mit Triäthylenmelamin, N'N·N''-triäthylenphosphorsäureamid und 6-mercaptopurin. Arzneimittel-Forsch. 4, 146 (1954). — Die pharmakologischen und chemotherapeutischen Wirkungen der Radiomimetica. Strahlentherapie 97, 29 (1955). — Schmidt-Elmendorff, H., W. Schild u. K. H. Schreyer: Über die Anwendung von Trimethylolmelamin bei menschlichen Tumoren. Med. Klin. 52, 2189 (1955). — Schmidt-Guske, J.: Bewährte Therapievorschläge aus der Praxis für die Praxis. Landarzt 23, 741 (1958). — Schmitt, E.: Chemotherapie der Hautkarzinome. Ärztl. Praxis 11, H. 2 (1959). — Schmitz, H.: Über den Nachweis von Dehydrasen am Aszitestumor der Maus mit der Thunberg-Methode. Z. Krebsforsch. 56, 596 (1950). — Schröder, H.: Vitamine und Krebs. Endokrinologie 29, 311 (1952). — Schönfeld, J. H.: Colchicinbehandlung der Erythroplasie. Derm. Wschr. 34, 837 (1951). — Schuermann, H., u. E. Binder: Urethanbehandlung der Mycosis fungoides. Med. Klin. 44, 635, 955 (1949). — Schütterle, G.: Übersicht über die Erfahrungen der chemotherapeutischen Behandlung maligner Prozesse mit Cealysin. Fortschr. Med. 75, 77 (1957). — Schulte, G.: Erfahrungen mit neuen cytostatischen Mitteln bei Hämoblastosen und Carcinomen und die Abgrenzung ihrer Wirkungen gegen Röntgentherapie. Z. Krebsforsch. 58, 560 (1952). — Nachuntersuchungsergebnisse bei den mit Sanamycin behandelten Patienten mit Lymphogranulomatose. Vortr. a. d. Dtsch. Röntgenologentagg Stuttgart 9. 10. 1953. — Schulte, G., u. H. Lings: Erfahrungen mit neuen zytostatischen Mitteln bei Leukosen und Lymphogranulomatosen und die Abgrenzung ihrer Wirkungen gegen Rö-Therapie. Strahlentherapie 90, H. 2 (1953). — Schulten, H., u. W. Pribilla: Tumorbehandlung mit zytostatischen Substanzen. Med. Klin. 50, 39, 1631 (1955). — Schulze, W.: Erste Erfahrungen mit der Tetraminbehandlung maligner Tumoren. Dtsch. med. Wschr. 35, 1465 (1957). — Schwenkenbecher, H.: Erfahrungen mit der Kombination von Röntgenstrahlen und Mitomen bei der Therapie vorgeschrittener maligner Neoplasien. Strahlentherapie 104, 71 (1957). — Schwermer, B.: Über klinische Beurteilungsgrundlagen der cytostatischen Therapie in der Chirurgie und einigen klinischen Erfahrungen mit Bayer DG 428 und Bayer E 39. Cytostatica-Colloquium, Hemer. Stuttgart: Ferdinand Enke 1959. — Scott, R. B.: The treatment of acute leukemia. Brit. med. J. 1955 II, 75. — Seliger, H.: Unsere Ergebnisse über die Wirkung von 6-Mercaptopurin und Hydrocortison bei malignen Tumoren. Krebsarzt 11, 159 (1956). — Über ein neues Chemotherapeuticum gegen maligne Tumoren. p-Di(-2-Chloräthyl)-aminophenylalanin (Sarcolysin). Krebsarzt 11, 342 (1956). — Shay, H., u. D. C. Sun: Das Zytostatikum Thiotepa. Dtsch. med. Wschr. 80, 1555 (1955). — Clinical studies of thiotepa in the treatment of inoperable cancer. Cancer (Philad.) 8, 498, 512 (1955). — Shear, M. J.: Chemical treatment of tumors. IX. Reactions of mice with primary subcutaneous tumors to injection of a hemorrhage-producing bacterial polysaccharide. J. nat. Cancer Inst. 4, 461 (1944). — Siegenthaler, W.: Der heutige Stand der Chemotherapie maligner Tumoren. Cytostatica und ihre Indikationsgebiete. Schweiz. med. Wschr. 86, Nr 31, 871 u. Nr 32, 899 (1956). — Sievers, H. G., u. J. P. Marzoli: Ergebnisse der cytostatischen Behandlung von Blasen-Carcinomen. Med. Klin. 54 (1959). — Simon, K.: Untersuchung von Derivaten des Hydrazins auf ihre cytostatische Wirkung am Aszitestumor der Maus. Z. Naturforsch. 7 b, 531 (1952). — Snapper, J.: Treatment of multiple myeloma with "stilbamidene"; clinical results and morphologic changes. J. Amer. med. Ass. 137, 513 (1948). — Spann, H.: Beitrag zur Chemotherapie maligner Geschwülste. Medizinische 19, 719 (1957). — Stock, C. C.: Experimental cancer chemotherapy. Advanc. Cancer Res. 2, 425 (1954). — Stock, C. C., J. Ehrlich and R. R. Bartz: Azaserin, ein Tumorhemmstoff aus Streptomyceskulturen. Nature (Lond.) 173, 71 (1954). — Storti, E., u. R. Gallinelli: Traitement des hémoblastoses lymphoides par un nouveau alcaloide colchique: la «demecolcine». Schweiz. med. Wschr. 84, 612 (1954). — Sullivan, M., L. Zell u. McLulloch jr.: Mißlingen der Podophyllinbehandlung der Hautkarzinome. Bull. Johns Hopk. Hosp. 90, 368 (1952).

Takikawa, K., K. Hiramatsu, A. Yasuma, Y. Tanakadate, K. Shibahashi, S. Ono, S. Yoshida, T. Ito, T. Ichikawa, O. Hattori, K. Kobayashi and A. Eri: The cytological studies on Yoshida-sarcoma treated with various chemotherapeutic agents. Part I. Morphology of Yoshida sarcoma cells and their degenerative form. Nagoya J. med. Sci. 15, 1, 9

(1952). — Part II. Influence of nitrogen mustard, X-ray, Urethane, Polymethylolamide and Colchicin upon Yoshida sarcom cells. Nagoya J. med. Sci. **15**, 15 (1952). — Part III. The influence of Aminopterin, folic acid, Paba, Guanazolo and Phenosulfazol on Yoshida sarcoma cells. Nagoya J. med. Sci. **15**, 26 (1952). — Part IV. General summary and conclusion. Nagoya J. med. Sci. **15**, 34 (1952). — TARABUCHIN, A.: Rhodankalium, ein neues Mittel zur Behandlung des Hautkrebses. Arch. Derm. Syph. (Berl.) **168**, 519 (1933). — TELLO, E. E., et V. FERRARIS: Le traitment des épithéliomes de l'hydroarsenicisme chronique régional endémique par la demecolcine. Dermatologica (Basel) **112**, 230 (1956). — TEN SELDAM, R. E. J., u. B. SOETARSO: Die Wirkung von Colchicin auf experimentelle Ratten-Sarkome. Geneesk. T. Ned.-Ind. **1938**, 3187. — THUNBERG, T.: Die Methodik der Dehydrogenasen. In ABDERHALDENs Handbuch für biologische Arbeitsweisen, Teil 2, Abt. 4, S. 2295. — TODD, A. T.: Chemotherapeutic researches on cancer. With especial reference to the lead and sulphur groups, Bristol: J. W. Anowsmith 128, S. 2—7, 1928. — TRUHAUT, R.: Aperçus sur la chimiothérapie anticancéreuse. Presse méd. **63**, 880 (1955).

ÜBELHÖR, R.: Die Therapie des Prostatakarzinoms. Wien. klin. Wschr. **66**, 83 (1954). — UFFER, A., O. SCHINDLER, F. SANTAVY u. T. REICHSTEIN: 3. Teilsynthese des Demecolcins und einiger anderer Colchicinderivate. Substanzen der Herbstzeitlose und ihre Derivate. 36. Mitt. Helv. chim. Acta **37**, 18 (1954). — ULTMANN, J. E., G. A. HYMAN and A. GELLHORN: Chlorambucil in treatment of chronic lymphocytic leukemia and certain lymphomas. J. Amer. med. Ass. **162**, 178 (1956). — UMEZAWA, H., T. TAKEUCHI, K. NITTA, T. YAMAMOTO and S. YAMAOKA: Sarcomycin, an anti-tumor substance produced by streptomyces. J. Antib., Ser. A **6**, 101 (1953). Antibiot. and Chemother. **4**, 514 (1954).

VOLTERRA, M., und G. ROMUALDI: Primi risultati clinici sul trattemento con desacetil-metilcolchicina (demecolcin) della leucemia mieloide chronica, del linfogranuloma di Hodgkin e di alcule neoplasie. Boll. Soc. ital. hematol. **2**, 197 (1954). — VOLTERRA, M.: Sull'impiego della desacetylcolchicina nelle terapia delle leucemie, di altre emopatic e di alcule neoplasie. G. Clin. med. **36**, 627 (1955). — VONKENNEL, J.: Die Präcancerosen der Haut. Vortr. auf der Tagg der Nordrheinwestfäl. Ges. für Krebsbekämpfung, Solingen, 19. 10. 1957.

WAKSMAN, S. A.: Aktinomycin I. Historical, nature and cytostatic action. Antibiot. and Chemother. **4**, 502 (1954). — WALPOLE, A. L.: Walker carcinoma 256 in screening of tumor inhibitors. Brit. J. Pharmacol. **6**, 135 (1951). — WALTERS, C. L.: A compotitive alkaline phosphatase inhibitor from extracts of normal male urines. Enzymologia **20**, 1, 33 (1958). — WARBURG, O.: Über die Oxydationen in lebenden Zellen nach Versuchen am Seeigelei. Hoppe-Seylers Z. physiol. Chem. **66**, 305 (1910). — WARNECKE, C. E.: Gezielte zytostatische Therapie des Prostata-Karzinoms. Bruns' Beitr. klin. Chir. **190**, 341 (1955). — WASSERMANN, A. v., F. KEYSSER u. M. WASSERMANN: Beiträge zum Problem: Geschwülste von der Blutbahn aus therapeutisch zu beeinflussen. Dtsch. med. Wschr. **37**, 2389 (1911). — WEICKER, B.: Zweijährige Erfahrungen mit Triäthylenmelamin (TEM). Medizinische **1954**, 1644. — WEISSBECKER, L.: Palliative Maßnahmen bei Malignom. Mkurse ärztl. Fortbild. 8, 369 (1956). WERMEL, E. M., u. J. T. KRAMORENKO: Omaintherapie der Hautcancerosen. Arch. Geschwulstforsch. **12**, 325 (1958). — WESTPHAL, K., u. R. BIERLING: Über Pyrimidine mit cytostatischer Wirkung. Naturwissenschaften **46** (1959). — WIEDEMANN, G.: Über die externe Anwendung von Colchicin in der Dermatologie. Derm. Wschr. **129**, 233 (1954). — Erfahrungen mit der externen Colchicinbehandlung in der Dermatologie. Arch. klin. exp. Derm. **206**, 686 (1957). — WILMANNS, H.: Gezielte organspezifische Chemotherapie beim Prostatakarzinom. Medizinische **1954** I, 17. — WINDAUS, A.: Untersuchungen über die Konstitution des Colchicins. Justus Liebigs Ann. Chem. **439**, 59 (1924). — WINTROBE, M. M., G. E. CARTWRIGHT, P. FESSAS, A. HAUT and S. J. ALTMAN: Chemotherapy of leukemia, Hodgkins disease and related disorders. Ann. intern. Med. **41**, 447 (1954). — WOLF, H. J.: Klinische Erfahrungen mit Äthylen-Imino-Chinonen (E 39). Hamburg. Ärztebl. **10**, 252 (1956). — Einführung in die innere Medizin, S. 720. Stuttgart: Georg Thieme 1957. — WOLF, H. J., u. N. GERLICH: Die klinische Anwendung von Äthyleniminochinonen bei Tumorkranken. Dtsch. med. Wschr. **81**, 806 (1956). — Klinische Erfahrungen mit dem Zytostatikum Bayer E 39. Ther. d. Gegenw. **11**, 428 (1957). — WOLFF, JACOB: Die Lehre von der Krebskrankheit (von den ältesten Zeiten bis zur Gegenwart). III. Teil. Jena: Gustav Fischer 1914. — WOODS, M., and D. BURK: Podophyllotoxin derivative as inhibitor of insulin-sensitive tumor-glycolysis. Proc. Amer. Ass. Cancer Res. **2**, 1 (1955). — WRIGHT, J. C., A. PRIGOT, B. P. WRIGHT, S. WEINTRAUB and L. T. WRIGHT: Evaluation of folic acid antagonists in adults with neoplastic diseases: study of 93 patients with incurable neoplasms. J. nat. med. Ass. (N.Y.) **43**, 211 (1951).

ZARAFONETIS, C. J. D., H. SHAY and D. C. SUN: Thiotepa in the treatment of chronic leukemia. Cancer (Philad.) **8**, 512 (1955). — ZBINDEN, F.: Neue Erfahrungen mit Demecolchicin (Colcemid Ciba) in der Behandlung von Leukosen und Tumoren. Schweiz. med. Wschr. **85**, 994 (1955). — ZUPPINGER, A., u. H. R. RENFER: Zur Therapie der Mediastinaltumoren. Praxis **44**, 538 (1955).

Namenverzeichnis

Die Seiten 1—710 befinden sich im Bandteil A, die Seiten 711—1372 im Bandteil B
Die *kursiv* gesetzten Seitenzahlen beziehen sich auf die Literatur

Aalam 402
— s. Sattar *466*
Aaron, H. A. 644
— s. Eisenhoff, H. M. *680*
Aaron, J. N. 571, 627, *673*
Aaron, T. H. 306, 318, 319, 320, 322, 333, 336, 351
— u. H. A. Abramson *363*
— S. M. Peck u. H. A. Abramson *363*
— s. Criep, L. H. *366*
Abad-Colomer, L. *526*
Abaffy, F. 1005
— u. S. Kveder *1100*
Abderhalden, E., u. G. Mouriquand *457*
Abderhalden, R. 426, *457*, 473, 499, 500, *526*, 551, *673*
Abel, J. J. 661, 664, *705*
— u. A. C. Crawford *704*
Abood, L. G. 325
— u. R. W. Gerard *363*
Aboulafia, R. s. Fuentes, C. A. *1288*
Abraham, E. P. 775, 778, 779, 790, 791, 845, 876, *933*
— u. E. B. Chain *933*
— — C. M. Fletcher, H. W. Florey, A. D. Gardner, N. G. Heatley u. M. A. Jennings *933*, *950*
— s. Florey, H. W. *938*
— s. Newton, G. G. F. *945*
Abraham, J. s. Brush, B. E. *676*
Abrahams, I. 1257
— u. J. K. Miller *1277*
Abramson, H. A. 333
— u. S. Grosberg *363*
— s. Aaron, T. H. *363*
Acar, J. s. Morin, M. *693*
Acharya, B. K. 1157
— J. M. Robson u. F. M. Sullivan *1165*
Achor, R. W. P. 75
— s. Faucett, R. L. *223*
Achten, G. 1222, *1277*
Acker, R. F. 1261
— s. Lechevalier, H. A. *942*, *1299*
— s. Raubitschek, F. *1307*
Ackermann, A. 517, *526*
Ackermann, D. 281, 294, *357*
— u. W. Wasmuth *363*
Ackermann, G. *526*

Ackermann, P. s. Kountz, W. *537*
Acklin, O. 1062, 1069, 1087
— E. Rossi u. M. Schmid *1100*
Ackroyd, J. F. 352, *363*
Acocella, M. 1246
— s. Rossi, R. *1308*
Actuarius, J. 1329, *1364*
Adachi, K. 496
— s. Murata, M. *541*
Adair, Ch. V. 906
— W. G. Woodin, P. A. Bunn u. L. Canarili *950*
Adam 175, 176
Adam, M. s. Alonso, L. *363*
Adam, W. 1239, 1240, 1242, 1243, 1244, 1256, *1277*
— u. W. Nikolowski *526*
— u. K. Steitz *1277*
Adamkiewicz, L. s. Genest, J. *28*
Adams, A. 989, 1083, 1137
— W. A. Freeman, A. Holland, D. Hossack, J. Inglis, J. Parkinson, H. W. Reading, K. Rivett, R. Slack, R. Sutherland u. R. Wien *1101*
Adams, C. s. Werner, C. A. *1170*
Adams, F. H. 647
— E. Berglund, S. G. Balkin u. T. Chisholm *673*
Adams, I., u. R. Herrick *526*
Adams, K. 253, 263, *279*
— s. Neuwald, F. *236*, *279*
Adams, R. s. Calvery, H. O. *765*
— s. Ogden, K. *768*
Adams, W. S. s. Goldman, R. *683*
Adamson, C. A. 1257
— u. G. Hagerman *1277*
Addison, T. 550, 564, *673*
Adelson, L. 1196
— u. I. Sunshine *1277*
Adgar, J. s. Rubbo, S. D. *1169*
Adlersberg, D. 578
— J. Stricker u. H. Himes *673*
Adolph, G. 389, 401, 404, 415, 421, 422, 432, 440, 446, 448, 456
— s. Zellweger, H. *469*
Adorf, A. 1338
— s. Baer, B. *1364*

Adriano, S. 1205
— s. Schwarz, J. *1311*
Adrianos, T. 478, 493
— s. Fukas, M. *532*
Aeberli 1050
Aeppli, H., u. U. Herrmann *526*
Aghirre, S. A. 1246
— s. Roda, A. P. *1308*
Agosin, M. 565, *673*
Agostini, A. 613, 620, *673*, 1333, *1364*
Agostini, C. s. Tinacci, F. *547*
Agrell, I. *526*
Aguas, T. de las 656, 661, *673*
Aguilar, F. s. Sorribas-Santamaria, V. *379*
Ahern, J. J. 799, 825, 836
— u. J. M. Burnell *934*
— u. W. M. M. Kirby *934*
— s. Kirby, W. M. M. *941*
Ahrens, A. s. Soehring, K. *230*
Ahrens, D. 495
— s. Zerssen, D. v. *549*
Ahrens, E. 95, 112, *227*
Ahrens, W. 851
— s. Beiersdorf, R. *934*
Ahrens, W. E. s. Ross, S. *1117*
Ahumada Padilla, M. s. González Ochoa, A. *1290*
Aichinger, F. 1197, *1277*
Ainsworth, G. C. 837, 1183, 1191, 1261, 1268, *1277*
— u. P. K. C. Austwick *1277*
— A. M. Brown u. G. Brownlee *934*, *1277*
Aisenberg, M. *526*
Aiso, K. 1267, 1271, *1277*
— T. Arai, I. Shidara, K. Ogi u. T. Tanaami *1277*
— K. Miyaki, F. Yanagisawa, T. Arai u. M. Hayashi *1277*
Aite, E. 1258
— s. Dejou, L. *1284*
Aizawa, H. 1262, 1263, *1277*
Ajello, L. 1183, 1239, 1240, 1256, *1277*
— s. Georg, L. K. *1289*
— s. Kaplan, W. *1296*
— s. Keeney, E. L. *1296*
— s. Kirk, J. M. *1297*
Akagi, S. s. Sakai, S. *1309*
Akanabe, S. s. Wakaki, S. *1316*
Aken, P. van 612, 614
— s. Zoon, J. J. *704*

Alajouanine, Th. 653
— D. Ferey, R. Houdart u. M. Ardouin *673*
Albahary, C. s. Tzanck, A. *226*
Albert, A. 742, 758, 993, 999, 1018, 1019, 1020, 1050, 1051, 1055, *1101*
— J. E. Falk u. S. D. Rubbo *763*
— u. R. J. Goldacre *1101*
— s. Sprague, R. G. *700*
Albert, S. s. Levin, E. *538*
Alberti, J. de 629
— s. Vissian, L. *702*
Alberty, J. 291, 309, 311, *363*
— u. R. Takkunen *357*
Albohn, H. 1216, *1277*
Albot 150, 152
Albou, A. s. Benhamou, E. *674*
Albrecht 88
Albrecht, J. 1010
— s. Wasielewski, E. v. *1121*
Albrecht, K. F. 822, *934*
Albrecht, M. 1329, *1364*
Albrieux, A. 489
— u. J. Fournier *526*
Albright, F. 440, 441, 495, 499, 671
— W. Bauer, M. Ropes u. J. C. Aub *709*
— E. Bloomberg, T. Drake u. H. W. Sulkowitch *709*
— C. H. Burnett, W. Parsons, E. C. Reifenstein u. A. Boos *457*
— A. M. Butler u. F. Bloomberg *457*
— u. E. C. Reifenstein *457*
— P. Smith u. R. Fraser *526*
— s. Klinefelter, H. *537*
Albritton 176, 178
Alcaraz, M. s. Del Pozo, E. C. *678*
Alden, H. S. s. Rankin, J. L. *1307*
Alder, A. 1338
— u. F. Zbinden *1364*
Alderich, T. B. 661, *704*
Alderson, W. E. 877, *950*
Alechinsky, A. 414, *457*, 1258, *1277*
Aleksandrowicz, D. 318, *363*
Alexander 12, 67, 68, 78, 124
Alexander, F. 1045, 1061, 1080, 1082, *1101*
— s. Sellers, K. C. *1118*
Alexander, H. L. 46, *215*, *228*
— s. Craddock, W. L. *216*
Alexander, L. 62, *221*
Alexander, M. 879, *950*
Alexander, R. M. 590, 1181, 1241
— u. S. D. Manheim *673*
— s. Manheim, S. D. *1301*

Alford, E. F. s. Grundy, W. E. *939*
Algire, G. H. 1326
— u. F. Y. Legallais *1364*
Alice, C. 343, *363*
Alimchandani, H. R. 1039
— u. A. Sreenivasan *1101*
Alken, C.-E. 523, 524, 1029, *1101*
— u. H. Büscher *526*
Alkiewicz, J. 1235, 1269
— C. Majewski u. E. Janiakowa *1277*
— — S. Moczko u. E. Janiakowa *1277*
Alković, G. 670, *707*
Allan 1155
Allan, E. s. Figge, F. *532*
Allanson, J. C. s. Crepea, S. B. *366*
Allegri, L. 1179
— s. Corbelli, G. *677*, *1283*
Allemann, O. 833, 1059, 1060, 1086, 1267, 1268
— u. F. Ludwig *1277*
— s. Fischlewitz, A. *938*
— s. Ludwig, F. *1300*
— s. Meier, R. *1114*
Allen 194, 470
Allen, A. C. 1031, *1101*
Allen, E. s. Chamberlin, T. *529*
Allen, G. A. 918
— u. M. S. Cooper *950*
Allen, W. s. Bernstein, S. *674*
Allende, M. F. 48, 55, 653, *673*
— s. Falk, M. S. *680*
— s. Leeper, R. W. *218*
Allgöwer, M. 81, 325, 648, 1022, *1101*
— u. J. Siegrist *221*, *362*, *673*
— s. Jaulmes, C. *223*
Allington, H. V. 170, *526*
— s. Templeton, H. J. *960*
Alman, J. E. 344
— s. Lowell, F. C. *373*
Almeida, F. de 1219, 1220
— C. da S. Lacaz u. A. C. da Cunha *1277*
— — u. O. Forattini *1277*
Alnor, P., u. H. Hartig *526*
Alonso, L. 329
— M. Adam, L. Goddard, M. Jaeger u. J. T. Litchfield *363*
Alper, M. C. 657
— s. Scheie, H. G. *697*
Alperovitch, A. 1270, *1277*
Alpert, M. *526*
Alphonse, P. 657
— W. Jadassohn u. R. Paillard *673*
Alter, R. L. 1190
— C. P. Jones u. B. Carter *1277*
Alteras, I. s. Avram, A. *1278*

Althoff, H. 102, 116, 123, 124, *228*
Altman, S. J. 1344
— A. Haut, G. E. Cartwright u. M. M. Wintrobe *1364*
— s. Haut, A. *1367*
— s. Wintrobe, M. M. *1372*
Altmann, G. 878, *950*
— s. Ziprkowski, L. *1317*
Altucci, P. 1061
— s. Pecori, V. *1115*
Altvater, G. 523
— s. Budnick, R. *528*, *1365*
Alvarado, L. s. Vilanova, X. *960*
Alvarez, B. A. 1181
— u. R. M. Gonzalez *1277*
Alvarez-Lowell 642
— u. Soto-Melo *673*
Alving, A. S. T. N. Pullman, B. Craige jr., R. Jones jr., C. M. Whorton u. L. Eichelberger *215*
— s. Knierer, W. *218*
Alyea, E. P. 1023
— W. E. Daniel u. A. Yates *1101*
Amado, R. 179
— s. Giraudeau, R. *236*
Amann, R. 287, 288, 289
— u. K. L. Radenbach *357*
— u. E. Werle *357*
— s. Werle, E. *362*
Amatuzio, D. S. s. Matsumoto, K. K. *1301*
Amaya-León, H. 1230, *1277*
Ambard s. Pautrier *30*, *706*
Ambrus, C. A. 817
— C. N. Sideri, G. C. Johnson u. W. E. J. Harrison *934*
Amen, A. B. s. Witten, V. H, *703*
Ames, S. R. 449, *457*
Ameuille, P. 115, *228*
Amino, E. s. Magara, M. *943*, *1301*
Amira, A. 41
— s. Ballabio, C. B. *216*
— s. Cavallero, C. *677*
Amman, A. 1265
— D. Gottlieb, T. D. Brock, H. E. Carter u. G. B. Whitfield *1277*
— s. Gottlieb, D. *1290*
Ammon, G. *763*
Ammon, R. 131, *231*
— u. W. Dirscherl *457*, *526*
— s. Dirscherl, W. *530*
— s. Voss, H. E. *547*
Amoroso, E. C. 1329, *1364*
Amsterdam, D. 1175
— s. Schneierson, S. S. *1310*
Amsler, M. 131, 134
— u. A. Huber *231*
Amsler, R. 908, *950*

Anand, N. 1069, 1087
— A. T. Dudani u. P. S. Wadia *1101*
— J. D. Kohli u. M. C. Khosla *1101*
— s. Khosla, M. C. *1110*
— s. Tandan, J. K. *1119*
— s. Wadia, P. S. *1120*
Ananenko, N. H. 1263
— s. Stansly, P. G. *1312*
Ancel 470
Anchel, M. 1265
— A. Hervey u. W. J. Robbins *1277*
Anders, H. U. 1352, *1364*
Anders, J., W. Gahlen u. G. Stüttgen *526*
Anders, W. 1081, 1179, 1218, *1277*
— u. W. Stephan *1101*
— s. Langer, E. *1299*
Andersag, H. 37
— u. St. Breitner *215*
Andersen, A. H. 1083
— u. K. S. Overgård *1101*
Anderson, A. B. s. Ferriman, D. G. *680*
Anderson, D. G. 784, 885
— u. Ch. S. Keefer *934, 950*
Anderson, D. S. 6, *26*, 84, 257
— u. J. W. Hadgraft *279*
Anderson, E. A. 834, *934*
Anderson, E. M. s. Collips, J. B. *677*
Anderson, G. W. 1023, *1101*
Anderson, H. H. 753
— H. G. Johnstone, W. L. Bostick, A. P. Chevarria u. H. Packer *763*
Anderson, H. W. 826
— s. Carter, H. E. *935*
— s. Gottlieb, D. *1290*
Anderson, J. A. 580
— s. McQuarric, I. *692*
Anderson, L. E. 870
— s. Ehrlich, J. *937*
Anderson, O. 394
— A. Rothe, Meyer u. F. Tudvad *457*
Anderson, R. C. 307, 835
— s. Lee, C. C. *942*
— s. Lee, H. M. *373*
— s. Mc Guire, J. M. *944, 1302*
— s. Mothersill, M. H. *375*
Anderson, T. s. Landsman, J. B *1112*
Anderson, T. E. 646, *673*
— u. D. Chalmers *221*
Andleigh, H. S. 1184, 1205, *1277*
Andrade, S. O. s. Rocha e Silva, M. *361*
Andrejew, A. 1354
— u. A. J. Rosenberg *1364*

Andreoni, G. 1182, 1247
— E. Cervini u. D. Curatolo *1277*
Andrews 424, 611
Andrews, F., W. Beeson u. F. Johnson *526*
Andrews, G. 511
— A. Domonkos u. C. Port *526*
— C. Port u. A. Domonkos *457*
Andrews, G. A. s. Bethell, F. H. *458*
Andrews, G. C. s. Cannon, A. B. *677*
Andrews, J. 511
— s. Way, S. C. *547*
Andriasyan, G. K. 1192, *1277*
Anfinsen, C. B. 1233
— s. Ball, E. G. *1278*
Angarono, D. 403
— s. Valeri, C. M. *468*
Angela, G. L. 20, 147, 148
— u. A. A. Aprà *26, 233*
— s. Dogliotti, M. *27, 234, 530*
Angeloff, N. s. Popoff, L. *1306*
Anger 667
Angerer, A. L. 124
— H. H. Su u. J. R. Head *228*
Angyal, J. 1211, 1233, 1234
— s. Nékám, L. *1304*
Angyal, S. J. 999, 1000, 1004, 1087, *1101*
— u. S. R. Jenkin *1101*
— u. W. K. Warburton *1101*
Anhagen 440
— u. Kollstede *457*
Anhalt, A. W. 632
— s. Forsey, R. R. *681*
Anker, H. S. 844, 1262
— s. Johnson, B. A. *941, 1295*
Annings, S. T. s. Ingram, J. T. *462*
Anrep, G. V. 285
— u. G. S. Barsoum *357*
Ansel, R. 1197, *1277*
Ansell, H. B. s. Tye, M. J. *221*
Anselmino, K. J. 550, 551, 567
— u. F. Hoffmann *526*
— — u. L. Herold *673*
Answeiler, H. J. s. Leinbrock, A. *29*
Anton, A. N. 1022, 1048, *1101*
Antopol, W. 847
— s. Scudi, J. V. *947*
Apel, G. 602, *673*, 1338
— u. K. Klages *1364*
Apolant, H. 1321, *1364*
Appel, B. 48, 54, 587, 594, 605, 613, 626, 877, 892, *950*, 1230
— M. J. Tye, W. Halpern u. D. Paci *1277*
— — u. E. Leibsohn *673*
— s. Salomon, A. *697*
— s. Tye, M. J. *221*
Appelman, D. H. 657, *673*

Applebaum, E. 855, 889, 1254
— u. S. Shtokalko *934, 950, 1277*
Aprà, A. A. 20, 51, 148, *215*
— s. Angela, G. L. *26, 233*
Apter, N. S. s. Dorfmann, A. *679*
Aquilina, J. T. 598
— u. G. W. Bissell *673*
Arai, T. 1264
— u. Y. Takamizawa *1277*
— s. Aiso, K. *1277*
Arandes Adan, R. 899, *950*
Arase, M. s. Benditt, E. P. *358*
Aratani, H. s. Nakatsuka, M. *1304*
Arbesman, C. E. 296, 309, 318, 319, 320, 321, 323, 334, 336, 341, 342, *363*, 588, 593, 606
— u. R. J. Ehrenreich *673*
— G. F. Koepf u. A. R. Lenzner *363*
— — u. G. E. Müller *363*
— E. Neter u. C. F. Becker *363*
Arcamone, F. 870, 1264
— C. Bertazzoli, G. Canevazzi, A. di Marco, M. Ghione u. A. Grein *1278*
— F. Bizioli u. T. Scotti *934*
Archer, J. D. 70
— s. Cohen, J. M. *222*
Ardouin, M. s. Alajouanine, Th. *673*
Arêa Lêao, E. de 1233
— u. A. da R. Furtado *1278*
Arentsen, K., u. G. Hogreffe *526*
Aretz, H. 1224, *1278*
Ariëns, E. J. 1049, 1052, 1054, *1101*
— J. M. van Rossum u. A. M. Simonis *1101*
— u. A. M. Simonis *1101*
— — u. W. M. de Groot *1101*
Armangué, M. 1222
— u. Mestres *1278*
Armen, R. M. 1209
— s. Smith, G. M. *1312*
Arminio, J. J. 344
— u. C. C. Sweet *363*
Armistead, G. C. s. Karnofsky, D. A. *1368*
Armour 552
Armstrong jr., S. H. s. Irons, E. N. *687*
Arndt, J. R. 1073
— s. Nelson, E. *1115*
Arnold, A. C. 1178, 1231
— s. Chinn, H. I. *1282*
— s. Mitchell, R. B. *1303*
Arnold, H. 304, 1339
— F. Bourseaux u. N. Brock *1364*
— N. Brock, E. Kühas u. D. Lorenz *363*

Arnold, H. L. 612, 1221
— u. E. R. Austin *1278*
— u. H. M. Johnson *673*
Arnold, R. C. 883
— s. Mahoney, J. F. *956*
Arnoldsson, H., u. U. Pipkorn *526*
Arnstein, H. R. V. 1267
— A. H. Cook u. M. S. Lacey *1278*
Aron, Cl., u. J. Marescaux *526*
Aron-Brunetiere, R. 478, 510, 511, *526*, 893
— J. Bourgeois Gavardin u. J. Kohen *950*
— s. Tzanck, A. *547*
Arons, J. 436
— J. Freeman, J. B. Sokkoloff u. W. H. Eddy *457*
Aronson 1146
Arquello, R. A. 567
— u. R. Garzon *673*
Arquembourg, P. s. Huriez, Cl. *940*
Arquilla, E. R. s. Weisberger, A. S. *703*
Artagaveytia-Allende, R. C. 1208, 1219
— s. MacKinnon, J. E. *1300*
Arth, G. E. 551, 552
— D. B. Johnston, J. Fried, W. W. Spooncer, D. R. Hoff u. L. H. Sarett *673*
Arthur, R. P. 43, 282, 522
— s. Dawes, G. S. *217*
— s. Shelley, W. B. *220*, *361*
Arthuys, M. s. Dérot, M. *679*
Artz, P. 647
— s. Becker, J. M. *674*
Arunlakshana, O. 288, *358*
Arzt, L. 727, 882, *763*
Arzube, R. M. 1219
— s. Rizzo, V. F. *1308*
Asahina, T. s. Wakaki, S. *1316*
Asayama, R. 398, *457*
Asboe-Hansen, G. 565, 645, *673*
— H. Brodthagen u. L. Zachariae *673*
— s. Engelbreth-Holm, J. *680*
— s. Zachariae, L. *704*
Asboth, A. 336
— s. Rajka, E. *377*
Ascher, L. 1123
— s. Mehler, H. *1168*
Aschheim, H., u. H. Genesius *526*
Aschheim, S. 496, 500
— u. B. Zondek *526*
— s. Zondek, B. *549*
Aschner 496
Aschoff, L., u. W. Koch *457*
Ashford, C. A. 316
— H. Heller u. G. A. Smart *363*
Ashida, Y. 860

Ashida, Y., M. Fukami, K. Seiga u. Y. Tanaka *934*
— s. Seiga, K. *947*
Ashin 565
Ashton, G. C. 1236, 1237, *1278*
— u. A. P. Brown *1278*
— u. A. Rhodes *1278*
— u. J. P. R. Tootill *1278*
Ashton, N. 577
— u. Ch. Cook *673*
Ashworth, A. N. 660, *673*
Aslan, A. 99, *228*
Astwood, E. B. 592
— M. S. Raben, R. W. Payne u. A. P. Cleroux *673*
Ata, S. 1196, 1251, 1252, *1278*
— u. F. Staib *1278*
— s. Domagk, G. *1285*
— s. Hornung, H. *1294*
— s. Staib, F. *1312*
Atkinson, E. C. 1017, 1029, 1086, *1101*
Attal, C. 402
— s. Cattan, R. *458*
Aub, J. s. Nathanson, J. T. *541*
Aub, J. C. s. Albright, F. *709*
Aubert, J.-P. 1005, 1041
— s. Milhaud, G. *1114*
Aubertin, E. 606, 870, *934*
— M. Bergouignan, Labadie u. C. Martin-Dupont *674*
Aubort, B. 450, *457*
Aubuchon, L. 576, 578, 601
— s. Bukantz, S. C. *676*
Auchincloss, H., u. C. Haagensen *526*
Aue, H. 1128, *1165*
Auerbach, M. E. s. McChesney, E. W. *1114*
Auersperg, A. P. v. 881
— s. McCullock, K. *956*
Aufdermaur, A. 1088
— u. W. Pulver *1101*
Augsberger, A. 1063, 1096, *1101*
Augustin, E., O. Heidenreich u. A. Thilo *526*
Augustin, K., u. H. Hagen *526*
Auhagen, E. 1049, 1051, 1055, *1101*
Auhagen, H. 824, *934*
— W. Dittrich u. G. Höhne *934*
Auster, M. 450
— s. Mazzini, M. *464*
Austin, E. R. 1221, 1231, *1278*
— s. Arnold, H. L. *1278*
Austin, J. s. Kochakian, C. D. *537*
Austin, W. C. s. Babbs, M. *1278*
Austwick, P. K. C. 1183, 1191
— s. Ainsworth, G.-C. *1277*
Auterhoff, H. 326, *363*
— s. Neuhoff, E. W. *375*
Autian, J. 1000, 1002
— s. Hom, F. S. *1109*

Avezzu 918
Avram, A. 1179, 1185
— I. Alteras, M. Carjewski u. M. Ilescu *1278*
— s. Roxin, T. *1309*
Awwaad, S. *526*
Axelrad, B. 1240, 1244
— s. Sagher, F. *1309*
Aycock, W. L. s. Foley, G. E. *532*
Ayer, J. P. 637, 638, 639, 640
— s. Irons, E. N. *687*
— s. Taylor, S. G. *701*
Ayers, W. B. 1220
— s. Lyons, C. *1300*
Ayres 46, 354
Ayres III, S. 59
— u. S. Ayres jr. *215*, *363*
— s. Ayres jr., S. *233*, *363*
Ayres jr., S. 59
— S. Ayres III u. J. I. Misovich *233*
— s. Ayres III, S. *215*
Ayres, W. W. s. Matsumoto, K. K. *1301*
Aytoun, R. S. C. 1237, 1238, *1278*
Azerad, E. 669
— u. Ch. Grupper *707*
— s. Gougerot, H. *683*
Azevedo, M. D. 1048
— s. Jacobsohn, K. P. *1109*
Azevedo Pondé, A. de s. Silva, F. *699*
Azini-Hamid, A. s. Tronnier, H. *221*
Azulay, J. D. 1234
— s. Azulay, R. D. *1278*
Azulay, R. D. 1234
— u. J. D. Azulay *1278*

Baader, H. 729
— s. Schneider, W. *769*
Baadj, A. G. 862
— E. E. Corbin u. A. Prigot *934*
Babbs, M. 1228
— H. O. J. Collier, W. C. Austin, M. D. Potter u. E. P. Taylor *1278*
Bach, H. G. 601, *674*
Bacharach, A. L. s. Jones, W. E. *462*
Bachman, M. C. 848, *934*
— s. Felsenfeld, O. *937*, *1166*
Bachmann, D. 1084
— H. Pauly u. W. Schmidt *1101*
Bachmann, H. 786, *934*
Bacic, V. s. Rako, A. *542*
Bacigalupo, G. 1355
— u. W. Lührs *1364*
Bădăniou, A. 57
— s. Teodorescu, St. *221*
Badel, M. 290

Badel, M. s. Gaté, J. *359*
Baeder, D. s. Seifter, J. *545*
Bäfverstedt, B. 590, 609 *674*
Baehr, G. s. Soffer, L. J. *699*
Bänder, A. 323
— s. Heim, F. *370*
Baer, B. 1338
— u. A. Adorf *1364*
Baer, R. L. 79, 86, 325, 332, 336, 353, 354, 355, 393, 620, 621, 627, 887, 1006, 1239, 1240
— R. Bersani u. A. Pelzig *222*
— P. R. Kline u. L. Rubin *363*
— u. O. B. Miller *950*
— u. M. B. Sulzberger *363*
— u. V. H. Witten *363*
— s. Cohen, H. J. *677*
— s. Hitchman, O. B. *954*
— s. Leoni, A. *218*
— s. MacKee, G. M. *1113*
— s. Pelzig, A. *694*
— s. Rostenberg jr., A. *225*
— s. Sulzberger, M. B. *380, 467, 701, 1313*
Bagdon, R. E. 1000, 1041
— s. Ziegler, J. B. *1122*
Baggenstoss, A. H. s. Kemper, J. W. *688*
— s. Schick, R. M. *697*
Baggesgaard Rasmussen, H. 1005
— J. Berger u. P. Espersen *1101*
Baggett, B. 491
— L. L. Engel, J. Savard u. R. I. Dorfman *526*
Bagnall, H. H. 1072
— u. F. G. Stock *1101*
Bahler, M. E. 1268
— s. Florestano, H. J. *1287*
Bahr, D. 628
— u. Ch. Levy *674*
Bahrs, G. 71, *222*
Baichwal, M. R. s. Baichwal, R. S. *1278*
Baichwal, R. S. 1202
— M. R. Baichwal u. M. L. Khorana *1278*
Baier, H. *233*
Bain, W. A. 314, 315, *363*
— F. F. Hellier u. R. P. Warin *363*
Baird, J. W. s. Finland, M. *952*
Baird, K. *526*
Baird, M. E. s. Cronheim, G. *936*
Bairstow, B. 1206
— s. Cummins, C. R. *1284*
Bajdekoff, B. s. Georgier, G. *217*
Bajek, E. M. s. Kaiser, J. A. *941*
Bajusz, E. s. Selye, H. *698*
Bakalos 411

Bakalos s. Perakis *465*
Baker, B. L. 508, *526*, 563, 576, 577, 634, *674*
— u. W. L. Whitaker *526, 674*
— s. Fukuyama, K. *682*
— s. Whitaker, W. L. *548*
Baker, C. s. Swingle, W. W. *701*
— s. Werthessen, N. T. *548*
Baker, J. s. Haspel, R. *1292*
Baker, L. A. 1206, 1207
— s. Cummins, C. R. *1284*
— s. Nejedly, R. F. *1304*
— s. Snapper, I. *1312*
Baker, R. *527*
Baker, R. D. 1183, 1253
— s. Conant, N. F. *1283*
— s. Evans, J. H. *1286*
Bakker, P. G. 171
— s. Hermans jr., E. H. *236*
Bakst, H. s. Greiner, T. *369*
Balaban, J. E. 751, 761, *763*
— u. K. H. King *763*
Balbina, A. J. s. Meleney, F. L. *944*
Balch, H. E. s. Kinsell, L. W. *688*
Balcom, D. 755
— u. A. Furst *763*
Baldassorri, R. 1331
— s. Scafi, M. *1370*
Baldridge, G. D. 333, *363*, 566
— u. A. M. Kligman *674*
— s. Kligman, A. M. *689, 1297*
Baldwin, M. M. 1185, *1278*
Baler, G. R. 54
— s. Tye, M. J. *221*
Balf, C. L. s. Forfar, J. O. *952*
Balina, L. M. 639
— s. Podesta, L. D. *695*
Baliña, P. L. 899, *950*, 1220
— J. A. Herrera, P. Bosq u. P. Negroni *1278*
Balkin, S. G. s. Adams, F. H. *673*
Ball 393, *457*
Ball, E. G. 1233
— C. B. Anfinsen u. O. Cooper *1278*
Ballabio, C. B. 41
— u. A. Amira *216*
Ballenger, C. N. 1220
— u. D. Goldring *1278*
Ballenger, E. 1047, 1066
— D. Elder u. H. McDonald *1101*
Ballestero, L. H. 637, *674*
Balmanno Squire 8
Balo, J. 14, 612
— s. Földvári, P. *27, 681*
Balogh, E. É. 59
— s. Nagy, E. *219*
Balogh, M. s. Uri, J. *1314*
Balter, M. 339
— s. Graciansky, P. de *369*

Balze, R. de la, R. Mancini, G. Bur u. J. Trazu *527*
Balzereit, F. 1031
— s. Wenderoth, H. *1121*
Bamber 392
Bamforth, B. J. s. Lynch, J. E. *943*
Bammer, H. 96
— u. V. Martini *227*
Ban, A. 576
— L. Bokor u. A. Haraszti *674*
Banche, M. 147
— s. Dogliotti, M. *27, 234*
Banck, K. 747, *763*
Bancroft, C. M. 342, *363*
Banda de Naranjo, E. 327, 332
— s. Naranjo, P. *375*
Bandelin, F. J. 326
— E. D. Slifer u. R. E. Pankratz *363*
Bandmann, H.-J. 597, *674*
Bánerjee, A. K. 1228
— G. P. Sen u. P. Nandi *1278*
Banerjee, B. N. 642, *674*, 1195
— s. Mitra, S. C. *1303*
Bang, J. 1004
— s. Noll, H. *1115*
Banks, C. K. 713, 759, 760
— J. Controulis, D. F. Walker u. J. A. Sultzaberger *763*
— O. M. Gruhzit, E. W. Tillitson u. J. Controulis *763*
Banks, J. s. Ortiz, E. *541*
Bansi, H. W. 668, *707*
— s. Lohmeyer, G. *29, 691*
Banting, F. G. 664
— u. C. H. Best *705*
Baptista, L. 1224
— N. Belliboni u. R. M. Castro *1278*
Baquero, G. F. s. Fuentes, C. A. *1288*
Barail, L. C. 1222, *1278*
Baranow, Ss. N. 1051, *1102*
Baranski 402, *457*
Barazzone, J. s. Bickel, G. *950*
Barber, H. J. 714, 721, *763*, 1080, 1083, 1085
— u. J. H. Wilkinson *1102*
Barber, H. W. 23, 198, 512, 513, *527*, 621, *674*
— s. Ryle, J. A. *31*
Barberico, J. R. s. Bateman, J. C. *950*
Barbero, A. 1232
— s. Mirande, L. M. *1303*
Barbiers, A. R. s. Wilkins, J. R. *949*
Barclay, W. R. s. Russe, H. P. *1169*
Bard, R. C. 1060
— s. Dolan, M. M. *1285*
— s. Rhodes, R. E. *1116*
Bardiaux, M. 1249
— s. Bret, A. J. *675, 1280*

Barelare, B. s. Vest, S. *547*
Barger, G. 281, 667
— u. H. H. Dale *358*
— s. Harrington, C. R. *708*
Bargmann, W. 498, *527*, 555, *674*
Barkemeyer, H. 1004
— s. Korte, F. *1111*
Barker, L. P. 625
— u. W. Sachs *674*
Barker, S. A. 1035
— E. J. Bourne, M. Stacey u. R. B. Ward *1165*
Barkley, F. A. 1217
— s. Edwards, R. W. *1285*
Barkow, D. 178, 179, *236*
Barlow, A. J. E. 1243, 1244, 1245, *1278*
— F. W. Chattaway, G. K. Hargreaves u. C. J. la Touche *1278*
Barlow, O. W. 439
— s. Huber, W. *461*
Barlow, Th. 432, *457*
Barnes, B. 511
— s. Cornbleet, Th. *529*
Barnes, M. J. 1238
— s. Gentles, J. C. *1288*
Barnes, M. W. s. Peterson, O. L. *1115*
Barnes, R. A. 1234
— u. N. N. Gerber *1278*
Barnett, H. L. 789
— H. McNamara, S. Shultz u. R. Tompsett *934*
Barnett, S. M. 571
— s. Goldman, L. *682*
Barney, B. 510
— s. Wile, U. J. *548*
Barns, H., u. G. Swyer *527*
Baroni, W. 449
— u. G. Casa *457*
Baronofsky, I. D. s. Campbell, B. *365*
— s. Friesen, S. R. *368*
Barr, D. s. Russ, E. *543*
Barr, F. S. 841, 871
— u. P. C. Carman *934*
— — u. J. R. Harris *934*
Barr, M. 261, 265, 266
— W. M. Grim u. L. F. Tice *279*
Barr, W. 1249, *1278*
Barret, J. T. 887
— s. Freedman, S. S. *952*
Barrett, R. s. Najjar, V. A. *465*
Barrett, S. H. s. Goldman, R. *683*
Barrière, H. s. Bureau, Y. *676*
Barrist, E. M. 319
— s. Graub, M. *369*
Barrock, J. J. 337, 336, 338, 339, 353, *363*
Barron, E., u. Ch. Huggins *527*

Barron, E. S. G. 736, 737
— Z. B. Miller, G. R. Bartlett, J. Meyer u. T. P. Singer *763*
— — u. J. Meyer *764*
— u. T. P. Singer *764*
Barrowcliff, M. 754
— F. L. Pyman u. F. G. P. Remfry *764*
Barry, H. 83
— s. Tilley, R. *226*
Barry, V. C. 1157
— J. G. Belton, M. L. Conalty, D. W. Edwards, J. F. O'Sullivan u. F. Winder *1165*
Barsky, J. s. Zeller, E. A. *1171*
Barsky, S. 59, 1186
— s. Cornbleet, Th. *27*, *216*, *677*, *1283*
— s. Ginsberg, E. *217*
— s. Stoughton, R. B. *220*
Barsoum, G. S. 285, 287
— u. I. H. Gaddum *358*
— s. Anrep, G. V. *357*
Bart, H. 750, *764*
Bartelheimer, H. *457*, 664, 665, 705
— s. Rausch, F. *706*
Bartell, M. K. 430
— C. M. Jones u. A. E. Ryan *457*
Bartels, W. E. 449
— s. Milkorat, A. T. *464*
Barth, E. F. 1069, *1102*
Bartholomaeus Eustachius Sanctoseverinatus 550
Bartholomew, L. G. 70, 563
— u. J. C. Cain *222*
Bartlett, G. R. 736
— s. Barron, E. S. G. *763*
Bartlett, M. D. s. Cook, E. S. *1283*
Bartmann, G. 18, *26*
Bartmann, J. 672, *709*
Bartmann, K. 1156
— J. Villnow u. L. Zander *1165*
Barton, E. M. s. Foxworthy, D. T. *681*
Barton, M., u. B. Wiesner *527*
Bartosch, R. 290, *358*
— W. Feldberg u. E. Nagel *358*
Bartz, Q. R. 826, 870, 871, *934*, 1136
— s. Burkholder, P. R. *935*
— s. Haskell, Th. H. *939*
Bartz, R. R. s. Stock, C. C. *1371*
Barwasser, N. C. 394, *457*, 898, 899, *950*
Bary, de 772, *934*
Baserga, R. 565
— u. P. Shubik *674*

Basil, B. 785
— D. M. Ireland, A. G. Thorn, E. G. Tomich u. G. F. Somers *934*
Baskett, J. s. Goldman, L. *682*, *683*
Basmakowa, S. M. 47
— u. D. M. Rapoport *216*
Basold, A. 311
— s. Friebel, H. *368*
Bass, S. L. 173, 174
— s. Rowe, V. K. *237*
Bassalleck, H. 798, *934*
Basset, A. 171, 655
— s. Coste, F. *678*
— s. Duperrat, B. *236*
Bastero-Beguiristain, J. M. 356, *363*
Bataille, J. 900, *950*
Batchelor, F. R. 778, *934*
Bateman, J. 1340, *1364*
Bateman, J. C. 903
— J. R. Barberico, J. K. Kromer, C. T. Klopp, A. Mendelson u. M. Bazil *950*
Bateman, R. L. 145, 268
— s. McClelland, C. P. *279*
Bates 500
— s. Riddle *543*
Bates, R. G. 997
— u. G. Schwarzenbach *1102*
Battaglini, S. 669, *707*
Battistelli, F. 870
— u. F. Toutee *934*
Bauck, H. s. Lynch, J. E. *943*
Bauer 433, 440, 523, 1328, 1359, 1361
Bauer, E. 1357, *1364*
Bauer, H. 152
— s. Kleine, H. O. *463*
— s. Rosenthal, S. M. *769*
Bauer, H. G. s. McGavack, T. H. *692*
Bauer, J. *527*, 559
— u. J. Jellinghaus *674*
Bauer, K. *527*, 778
— W. Kaufmann u. H. A. Offe *934*
— s. Kaufmann, W. *941*
Bauer, K. Fr. s. Vonkennel, J. *948*
Bauer, K. H. *1364*
Bauer, W., A. Marble u. D. Chaflin *457*
— s. Albright, F. *709*
— s. Levinson, J. E. *690*
Baum, G. L. 1184, 1253
— H. Rubel u. J. Schwarz *1278*
— J. Schwarz u. C. J. K. Wang *1278*
— s. Schwarz, J. *1311*
Bauman, A. s. Berliner, R. W. *216*
Baumann 420, 444

Baumann, C. A. s. Sauberlich, H. E. *466*
Baumann, E. 1339, *1364*
Baumann, R. 513
— s. Bohnstedt, R. M. *458, 528*
Baumeister, J. 1197, *1278*
Baumgarten, P. s. Freuden-reich, E. de *938*
Baumler, A. s. Rubin, M. J. *1117*
Baur, A. 822, *934*
Baur, E. 1048
— u. H. Rüf *1102*
Baur, H. 294
— s. Edlbacher, S. *367*
Bavin, E. M. 1150, 1155
— D. J. Drain, M. Seiler u. D. E. Seymour *1165*
— E. Kay, D. E. Seymour u. M. M. Nagley *1165*
Bawnik, J. B. 340, *363*
Baxter, H. 565, 577, 581
— C. Schiller u. J. H. White-side *674*
Baxter, J. G. s. Stern, M. H. *467*
Baxter, J. N. 995
— J. Cymerman-Craig u. J. B. Willis *1102*
Bayer, W. 137, 867, *934*
Bayles, T. B. s. Thorn, G. W. *701*
Bayliss, R. J. S. 582, *674*
Bayo Bayo, J. M. 1196
— u. M. P. Miguens *1278*
Bayre 58
Bazex, A. 1248
— A. Dupré u. Parant *1278*
Bazil, M. 884
— s. Bateman, J. C. *950*
Bazin 9, 442, *457*
Bazzocchi 402, *457*
Beale, H. D. 342
— F. F. A. Rawling u. K. D. Figley *363*
Beare, J. M. 1184, 1191, 1239, *1278*
— u. D. Mackenzie *1278*
Bearn 143
Beary, D. s. Ingle, D. J. *535*
Beatty, J. O. s. Boger, W. P. *935*
Beau, W. B. 411, 414, 494, *527*
— u. T. D. Spies *457*
— R. W. Vilter u. M. A. Blan-kenhorn *457*
Beaulieu, M. s. Grandbois, J. *1290*
Beaumont, G. E. s. Jelliffe, A. M. *687*
Beaupère, A. s. Jeune, M. *687*
Beaver, D. J. 1200
— s. Shumard, R. S. *1311*
Béchamp, M. A. 750, *764*

Bechet, P. E. 627, *674*
Becht, Th. 806, 901
— s. Jaccard, G. *940, 954*
Beck, C. H. 672, *709*
Beck, E. s. Dengler, H. *1166*
Beck, E. M. 1259
— u. H. H. Muntz *1278*
Beck, F. 1193, *1278*
Beck, J. C. 576
— J. S. L. Browne, L. G. John-son, B. J. Kennedy u. D. W. MacKenzie *674*
— s. Kennedy, B. J. *688*
Beck, O. 1225
— u. H. Lacy *1279*
Beck, W. S. s. Goldman, R. *683*
Becker, C. F. 318
— s. Arbesman, C. E. *363*
Becker, F. *527*
Becker, F. T. 215, 892
— u. M. G. Fredricks *950*
— — J. F. Schmid u. J. L. Taura *222*
Becker, J. 1353, 1354, *1364*
Becker, J. M. 647
— u. P. Artz *674*
Becker, R. M. 907, *950*
Becker, W. F. 645, *674*
Beckmann, R. 451, *457*
— s. Fegeler, I. *460*
Becks, H. 565
— M. E. Simpson, C. H. Li u. H. M. Evans *674*
Bedacht, R. s. Hofmann, P. *940*
Bedford, P. D. 909, *950*
Bedoya, J., u. O. Jiminez *527*
Beebe, R. T. s. Brown jr., C. *951, 1280*
Beecher, H. K. 331, *363*
Beeler, J. W. 345
— J. H. Tillisch u. W. C. Popp *363*
Beer, A. G. 90, *227*
Beer, E. J. de 301, 310
— s. Castillo, J. C. *365*
— s. Jaros, St. H. *371*
— s. Light, A. E. *942*
Beer, M. s. Swingle, W. W. *701*
Beerman, C. A. s. Edelstein, A. J. *680*
Beerman, H. 671, *707, 727, 783, 934*
— s. Stokes, J. H. *770*
— s. Sullivan, R. D. *700*
Bees, R. B. 48
— s. Bennet, I. M. *216*
Beeson, W. s. Andrews, F. *526*
Beetz, S. 1038, *1102*
Begany, A. s. Seifter, J. *545*
Begemann, H. 641, *674, 1340, 1342, 1346, 1349, 1364*
— s. Heilmeyer, L. *461, 685, 1367*
Bégin, B.-G. s. Doray, M. *1285*
Béguin, M. 1008, *1102*

Beher, W. s. Gaebler, O. *532*
Behnisch, R. 963, 993, 999, 1004, 1006, 1007, 1008, 1045, 1048, 1050, 1061, *1102*, 1124, 1219
— s. Dohrn, M. *1285*
— s. Domagk, G. *1105, 1166*
— s. Mietzsch, F. *1114, 1302*
Behrbohm, P. 650
— s. Brandt, B. *675*
Behrendt, H., u. M. Green 527
Behrendt, P. 1201, *1279*
Behrens, O. K. 777, *934*
Behrman, H. 512, *527*
— u. K. Lee *527*
Behrman, H. T. 576, 577, 644
— u. J. J. Goodman *674*
Behrman, T. H. 1179
— s. Levin, O. L. *1299*
Behrmann, J. *527*
Beiersdorf, R. 851
— u. W. Ahrens *934*
Beigelman, P. M. 793
— u. L. A. Rantz *934*
Beiglböck, W. 150, *233*, 646, 1357, *1364*
— u. H. Hoff *674*
— u. A. Spiess-Bertschinger *457*
Beiler, J. M. s. Moss, J. N. *375*
Bein, H. J. 64, 96, 316
— s. Jaques, R. *227*
— s. Meier, R. *374*
— s. Müller, J. M. *224*
— s. Wood, D. R. *381*
Beinfield, M. S. 884
— s. Wright, L. T. *961*
Beinhauer, L. G. 113, 120, *228, 886, 950*
Békési, I. 1265
— s. Uri, J. *1314*
Békési, St. s. Uri, J. *1314*
Belcher, P. D. 1212, *1279*
Belisario, J. C. 1240
— u. M. T. Havyatt *1279*
Belke, W. 727, *764*
Bell, E. A. 1041, 1052, 1087
— W. Cocker u. R. A. Q. O'Meara *1102*
Bell, E. C. 79
— s. Brachfeld, J. *222*
Bell, J. C. s. Mitchell, R. S. *1168*
Bell, M. s. McGavack, T. H. *1302*
— s. Whitehair, C. *548*
Bell, P. H. 963, 995, 998, 999, 1050, 1054, 1093
— J. F. Bone u. R. O. Roblin *1102*
— u. R. O. Roblin jr. *1102*
— s. Roblin, R. O. *1116*
Bell, R. E. s. Gilbert, J. A. L. *682*
Bell, W. s. Urbach, F. *702*

Bell, W. R. s. Daeschner, Ch. W. *1104*
Bellach, H. s. Pascher, F. *30*
Beller 296
Belliboni, N. 1224
— s. Baptista, L. *1278*
Bellone, A. G. 891, 897, 898
— s. Caccialanza, P. *951*
Belonoschkin, B. *527*
Belote, G. H. s. O'Leary, P. A. *957*
Bel'skij, N. W. 118, 119, *228*
Belton, J. G. s. Barry, V. C. *1165*
Benacerrat, B. s. Garbar, P. *682*
Benaim, P. s. Bolgert, M. *675*
Bénard, H. 653
— P. Rambert u. G. Habib *674*
Bencze, E. s. Goth, A. *533*
Bencze, G. 605, *674*
Benda, L. 150, *233*, 750, 754, 755, *764*
— u. A. Bertheim *764*
Bender, E. 1197
— s. Kiessling, W. *1296*
Benditt, E. s. Schiller, S. *544*
Benditt, E. P. 158, 286
— R. L. Wong, M. Arase u. E. Roeper *358*
Bendow, E. P. 1220
— D. T. Smith u. K. S. Grimson *1279*
Bonodek, T. 1179, 1180, 1183, 1184, 1258, *1279*
Bonodetti, G. 898
— u. C. Conti *950*
Benedict, R. G. 837, 841, 870
— W. Dvouch, O. L. Shotwell, Th. G. Pridham u. L. A. Lindenfels *934*
— u. A. F. Langlykke *934*
— O. L. Shotwell, Th. G. Pridham, L. A. Lindenfels u. W. C. Haynes *934*
— s. Dvouch, W. *936*
Benesch, R. 409
— s. Ellinger, P. *459*
Bengtsson, L. *527*
Benham, R. *527*, 1230
— s. Kesten, B. M. *1296*
Benhamou, E. 600
— A. Albou, F. Destaing, B. Ferrand u. N. Boineau *674*
Beniot, G. s. Fourneau, M. E. *766*
Benitte, A. 64, *222*
Benjamin, B. s. Goldston, M. *683*
Benjamin, R. H. s. Greiner, T. *369*
Bennecke, M. 1018
— s. Dörken, H. *1104*
Bennet, I. M. 48
— u. R. B. Bees *216*

Bennet, J. L. 93, *227*
Bennett, J. H. s. Falk, M. S. *680*
— s. Rees, R. B. *31*
Bennhold, H. 1021, *1102*
Benoit, J. 485, *527*
Benoit, M. D. R. 148
— s. Huriez, Cl. *29*, *234*
— s. McDermott, W. *943*
Benson 394
— u. Carmon *457*
Benstz, W. 327, 328, 332, *364*
— s. Fleming *368*
— s. Rakeman, F. M. *377*
Bente, D. 60, *222*
Bentsah, A. 295
— s. Karady, St. *371*
Benz, F. 403, 498
— s. Karrer, P. *462*
Benzinger, A. 445, *457*
Beraldo, W. T. 286, 291, 329, *358*
— s. Mota, I. *360*
— s. Rocha e Silva, M. *377*
Béranger, J. 637
— s. Hadida, E. *684*
Berberian, D. A. s. Dennis, E. W. *1166*
Berczeller, A. 995, 1069, 1087, *1102*
Bereiter, G. *527*
Bereston, E. *527*
Bereston, E. S. 39, 887, 1249, *1279*
— u. P. E. Carliner *950*
— u. M. C. Cohen *216*
Berezin, D. s. Studnitz, W. v. *546*
Berg 94, 97, 1187
Berg, F. T. *1279*
Berg, G., W. Brichzy, J. Braunhofer u. K. Schricker *227*
Berg, H. 1193, *1279*
Berg, H. H. 142
Berg, J. A. G. ten 1259, *1279*
Berg, W. N. 1034, *1102*
Bergamini, R. s. Peck, S. M. *958*
Bergenstal, D. M. 553
— u. R. H. Parrott *674*
— s. Dorfman, A. *679*
— s. Li, M. C. *690*
Berger 12, 65, 66, 67, 68, 78
Berger, F. M. 62, *222*
— G. L. Campbell, C. D. Hendley, B. J. Ludwig u. T. E. Lynes *222*
— s. Hendley, C. D. *223*
Berger, H. E. s. McGavack, T. H. *692*
Berger, J. 603, *674*, 1005, 1332, *1364*
— s. Baggesgaard Rasmussen, H. *1101*
Berger, J. P. 871, *934*
Berger, M. 60
— H. J. Strecker u. H. Waelsh *222*

Berger, R. E. s. Biesele, J. J. *1365*
Berger, U. 823
— u. H. Marggraf *934*
Berger, W. 1047, 1065, *1102*
Bergey, D. *527*, 1035, 1068, 1071
Berglund, E. s. Adams, F. H. *673*
Bergman, S. 809, 844, 1177, *1279*
— R. Grubb, S. Bergström u. H. Rösch *934*
Bergmann, E. v. 518, *527*
Bergmann, G. v. 442, *458*
Bergmann, H. 95, 730, *764*
— G. Buschmann, P. Doehring E. Fritze u. F. Wendt *227*
Bergmann, H. W. 1218, *1279*
Bergmann, J. W. 1191, *1279*
Bergmeyer, H. s. Dirscherl, W. *530*
Bergouignan, M. s. Aubertin, E. *674*
Bergström, S. s. Bergman, S. *934*
Bergy, M. E. s. Hoeksema, H. *940*
Berlin, Ch. 137, *231*
Berliner, D. 492
— s. Salhanik, H. *513*
Berliner, R. W. 39
— u. T. Butler *216*
— P. P. Earle, J. V. Taggart, Ch. G. Zubrod, W. J. Welsh, N. J. Conan, A. Bauman, S. T. Scudder u. I. A. Shanon *216*
Berman, D. 342, 346
— s. Donald, R. H. O. *366*
Berman, H. J. s. Simon, S. W. *379*
Berman, L. A. 671, *709*
Bern, H. *527*
Bernard 909
— s. Desmonts, T. *952*
Bernard, J. 628, 1344, 1350, *1364*
— B. Dreyfuss u. F. Signier *674*
— G. Mathé u. M. Weil *1364*
Bernardi, G. 607, *674*
Bernasconi, C. *527*
Bernasconi, P. 629
— u. J. Messerschmitt *674*
Bernhard, K. *458*
Bernhardt, H. *527*
Bernhart, G. 913, *950*
Bernheim, F. 1129, 1194
— u. R. J. Fitzgerald *934*
— u. R. G. Gale *1279*
Bernheim, M. 579
— F. Larbre, Cl. Mouriquand u. D. Germain *674*
Berning, H. 23

Berning, H. s. Herrmann, W. P. 28
Bernstein 310, 312, 321, 332, 336, 339
Bernstein, A. 862
— u. M. Piller 934
Bernstein, C., u. S. D. Klotz 364
Bernstein, F. s. Fitzgerald, R. J. 938
Bernstein, I. L. 1259
— J. E. Cook, H. D. Plotnick u. F. J. Tenczar 1279
— u. S. M. Feinberg 364
Bernstein, J. 1047, 1061
— s. Donovick, R. 1105
— s. Titus, E. 1119
Bernstein, J. J. s. Karnofsky, D. A. 1368
Bernstein, K. 522, 527
— s. Sarafoff, D. 544
Bernstein, S. 551, 552
— W. Allen, R. Little, L. L. Feldman, R. H. Lenhard, M. Heller, S. M. Stolar u. R. H. Blank 674
Bernstein, T. B. s. Feinberg, S. M. 367
Bernstein, T. C. s. Straus, B. 700
Bernstine, J. B. 1183
— u. A. E. Rakoff 1279
Berres, H. H. 1333, 1365
Berry, C. Z. 905
— u. J. Ferber 950
Bersani, R. 86
— s. Baer, R. L. 222
Bersin, Th. 135, 140, 231
— A. Müller u. H. Schwarz 231
Bersin, T. S. 736, 764
— u. W. Logermann 764
Berson, S. A. s. Straus, B. 700
Bertazzoli, C. s. Arcamone, F. 1278
Bertheim, A. 712, 714, 738, 750, 754, 755, 764
— s. Benda, L. 764
— s. Ehrlich, P. 766
Berthet, J. s. Vague, J. 547
Berthold 470, 496
Bertinotti, F. 994
— G. Giacomello u. A. M. Liquori 1102
Bertlich, W. 54, 216
Bertola, G. s. Castellani, L. 529
Bertolani, F. 607
— u. L. Massa 674
Bertram, F. 206, 237
Bertrand, L. 902
— s. Janbon, M. 954
Bertrand, P. 886, 950, 1251, 1252
— u. J. C. Martin 950, 1279
— s. Chappaz, G. 951, 1282
Bertrand, Y. J. 115, 228

Bertscher, R. W. 79
— s. Meyer, L. M. 224
Bertschinger, A. 458
Besold, F. 527
Bessemans, A. 729
— R. Derom u. P. Derom 764
Bessey, O. A. 405
— O. H. Lowry u. M. J. Brock 458
— — u. R. H. Love 458
— s. Burch 458
— s. Lowry, O. H. 464
Bessière 1186, 1279
Bessman, M. J. 1188
— s. Ottenstein, B. 1305
Bessmann 832
Besson, S. 1083
— u. M. Leder 1102
Bessone, L. 879, 950
Best, C. H. 155, 281, 290, 664
— H. H. Dale, H. W. Dudley u. W. V. Thorpe 358
— u. E. W. McHenry 358
— s. Banting, F. G. 705
Best, W. R. s. Brunner, M. J. 528, 676
— s. Keeton, R. W. 688
Bestian, W. 305, 318
— u. E. Lindner 364
Bethell, F. H. 422
— M. C. Meyers, G. A. Andrews, M. E. Swenseid, O. D. Bird u. R. A. Brown 458
Bethge, J. F. J. 1195
— u. L. Rassfeld-Sternberg 1279
Bettley, F. R. 14, 41, 58
— u. R. H. Martens 26
— u. F. Page 216
— s. Sharvill, D. 220
Beurey, J. 171
— P. Cherrier u. G. de Gans 236
— s. Watrin, J. 702
Beutnagel, J. 445, 446, 1072
— u. H. C. Friederich 458
— s. Gottron, H. A. 460
— s. Zenner, B. 1122
Beyer, A. s. Goldman, L. 1289
Beyer, K. H. 934, 1046
— H. F. Russo, E. A. Patch, L. L. Peters u. K. L. Sprague 1102
Beyma toe Kingma, F. van 1261, 1279
Bezencny 607
Bhardwaj, S. N. 1038
— u. J. M. Rao 1102
Bhattacharaya, B. K. s. Gottlieb, D. 1290
— s. Smith, M. I. 1118
Biagini, R. R. s. Consigli, C. A. 677
Biamonte, A. R. 1000
— u. G. H. Schneller 1102

Bianchi, G. E. 894, 950
Bianchi Janetti, C. 1257, 1279
Bias, D. de 527
Biasotti, A. s. Houssay, B. A. 686
Biberstein, H., u. H. Linke 527
Bibus, B. 527
Bichel, J. 1207
— s. Stenderup, A. 1312
Bickel, G. 160, 161, 164, 165, 166, 233, 579, 608, 628, 674, 902, 905, 908, 911
— u. J. Barazzone 950
— E. Engel, G. Greder u. A. Falbriard 950
— u. A. Falbriard 950
— G. Greder, P. Rentchnick u. P. Secretan 950
— u. W. Jadassohn 675
Bickel, H. s. Fanconi, G. 459
Bidder, H. v. 130
— u. E. Rothlin 231
— s. Rothlin, E. 233
Bieberdorf, F. W. 1228, 1279
— s. Chinn, H. I. 1282
Biechteler, W. s. Hofmann, P. 940
Biederman, A. A. s. Wammock, V. S. 702
Biedermann, A. 739
— s. Wright, H. N. 771
Biedermann, W. s. Unverricht, W. 1170
Biehler, W. 1081, 1102
Bielicky, T. 582
— u. M. Jirsa 675
Bielig, H. J., G. Lützel u. A. Reidies 764
Bieling, H. s. Martius, C. 708
Bienvenu, L. J. s. Frazier, C. N. 681
Bienvenue, A. 14
— s. Gouin, J. 28
Bierich, J. R. 527, 572, 579, 589, 600, 629, 647, 658, 663, 675, 704
— I. Kersten u. S. Mariuektad 675
Bierling, R. s. Westphal, K. 1372
Bierman, H. R. 818, 840, 844, 1343
— u. E. Jawetz 935
— s. Jawetz, E. 940
— s. Petraklis, N. L. 1370
Bierman, W. 325
— s. Kurtin, A. 372
— s. Peck, S. M. 1306
Bierson, M. s. Neimann, N. 235
Biesele, J. J. 1326
— R. E. Berger, A. Y. Wilson, G. H. Hitchins u. G. B. Elion 1365
Bieter, F. 91, 113
— s. Westphal, O. 228

Bieter, R. N. *228*
Bigg, E. 1188
— s. Mellody, M. *1302*
Bigliardi, P. 138, *231*, 302, *364*, 905
— s. Burckhardt, W. *951*
Bignall, J. R. 345
— u. J. Crofton *364*
Bilecki, G. 1029, *1102*
Biles, J. A. 1003, *1107*
Bilisoly, J. s. Kinsell, L. W. *688*
Billingham, R. E. 565
— P. L. Krohn u. P. B. Medawar *675*
Billington, R. W. 1220, *1279*
Bilse, I. M. 1196
— s. Stedman, R. L. *1312*
Binder, E. 34, 727, *764*, 895, 896, 1336
— R. Doepfmer u. O. Hornstein *216*, *950*
— s. Schuermann, H. *1371*
Binder, L. 661
— u. E. Ecsi *675*
Binder, M. L. 886
— u. L. E. Stubbs *950*
Bingham, E. 1247
— s. Drouhet, E. *936*, *1285*
Ringold, K., u. E. Delbanco *527*
Binz, A. 743, 759
— H. Maier-Bode u. A. Rost *764*
— u. C. Räth *764*
— — u. A. v. Lichtenberg *764* u. H. Maier-Bode *764*
— — u. E. Urbschat *764*
— u. O. v. Schickh *764*
Binz, C. 738
— u. H. Schulz *764*
Biozzi, G. 319
— s. Garbar, P. *682*
— s. Ovary, Z. *376*
Biraben s. Joulia *687*
Birch 415
— Szent-Györgyi u. Harris *458*
Birchall, R. s. Garcia, J. *1288*
Bircher-Benner 200
Birckhauer 47
Bird, C. E. 562
— u. H. G. Holder *675*
Bird, H. J. 826
— u. Ch. T. Pugh *935*
Bird, J. G. s. Krantz, J. C. *360*
Bird, O. D. s. Bethell, F. H. *458*
Birkeland, M. J. 320
— u. Kornfeld *364*
Birkhäuser, H. 319, *364*
Birkhead, N. C. 601
— H. P. Wagener u. R. M. Schick *675*
Birkofer, A. 1157
— s. Birkofer, L. *1165*
Birkofer, L. 1157
— u. A. Birkofer *1165*

Birmingham, D. J. 176
— s. Denton, C. R. *236*
Birnberg, C., u. C. Rein *527*
Birnberg, V. s. Siegel, S. S. *699*
Birt, A. R. 86, 1179, 1239
— J. Hoogstraten u. M. Norris *1279*
— u. M. Nickerson 222
— s. Davidson, A. M. *1284*
Birth, L. G. 1354, *1365*
Bisaz, S. 388, 389, *458*
Bischoff, D., u. H. Pilhorn *527*
Bischoff, F. s. Gray, C. *533*
Bishop, L. K. 335
— s. Peterson, J. C. *376*
Bissell, G. W. 598
— s. Aquilina, J. T. *673*
Bith 10
— s. Ravaut *30*, *706*
Bitot *458*
Bittersohl, G. 1188, *1279*
Bizioli, F. s. Arcamone, F. *934*
Black 437, 456, *458*
Black, A. s. Steenbock, H. *467*
Black, H. 50, *216*
Black, N. R. s. Landsman, J. B. *1112*
Black, R. L. 577
— u. J. J. Bunim *675*
— s. Bunim, J. J. *676*
— s. Rodnan, G. P. *696*
Black, R. W. s. Polson, J. S. *695*
Bladergroen, W. 130, *231*
Blaich, W. 41, 324, 436, *527*, 1347, *1365*
— u. U. Gerlach *216*, *527*
— u. B. Tüshaus *458*
— s. Gerlach, U. *369*
Blaid, W. s. Landsman, J. B. *1112*
Blanchard, K. C. 999
— s. Shepherd, R. G. *1118*
Blanchon, M. 611
— s. Michel, P. J. *692*
Blanckenburg, K. *527*
Blank, E. 852, 888, 1245
— s. Millberger, H. *944*, *957*, *1303*
Blank, F. 1175, 1184, *1279*
Blank, H. 867, 889, *951*, 1236, 1238, 1239, 1242, 1243, 1244, 1248, 1249, *1279*
— u. F. J. Roth jr. *935*, *1279*
— D. Tamplin u. F. J. Roth jr. *1279*
— s. Hambrick, G. *534*
— s. Smith, G. J. *699*
Blank, R. H. s. Bernstein, S. *674*
Blankenhorn, M. A. 411
— s. Beau, W. B. *457*
Blanton, W. 351
— u. M. E. B. Owens *364*
Blaschke, H. H. 339, *364*

Blaschke, R. 1210, *1279*
Blaschko, H. 283, 286, 287, *358*
Blasin, A. P. 1353
— s. Ries, J. *466*, *1370*
Blau, A. 516
— s. Spielmann, A. *545*
Blau, S. 587, 592, 621
— s. Kanof, N. B. *688*
Blaylock, H. C. 669
— s. Curtis, A. C. *707*
Bleier, A. H. 599
— u. E. Schwartz *675*
Bleil, D. C. 57, *216*
Blencowe, W. 1140
— s. Grunberg, E. *1167*
Blessing, K. 582
— s. Heni, F. *685*
Bleuler, E. 85, 331, *362*
Blinov, N. O. 1263, *1279*
Bliss, C. I. 1059, *1102*
Bliss, E. A. 1029
— s. Long, P. H. *1113*
Bloch, B. 142, 495, 510, *527*
— u. A. Schrafl *527*
Bloch, E. s. Freeman, H. *532*
Bloch, F. s. Rist, N. *1169*
Bloch, H. s. Erlenmeyer, H. *1105*
Bloch, J. s. Unna, P. *547*
Bloch, K. *527*
Block, E. D. s. Curtis, A. C. *1284*
Block, W. 116, *228*, 528
— s. Bergmann, E. v. *527*
Block, W. D. s. Bocobo, F. C. *1280*
— s. Evans, E. E. *1286*
Blöch, I. 233
Blom-Ides, C. 606, *675*
Blomenfeld, E. s. Roche, M. *696*
Blondheim, S. H. 1046, *1102*
Bloodworth jr., J. M. B. 669
— W. M. Kirkendahl u. L. Carr *707*
Bloom 392
— Senear u. Stubenrauch *458*
Bloom, D. 26, 622
— D. Fisher u. M. Dannenberg 26
— N. Sobel u. A. Pelzig *675*
Bloomberg, E. s. Albright, F. *457*, *709*
Bloomfield, A. L. 344, *364*
Bloquiaux, S. 393, 394, 395, 396, *458*
Bludau, W. 1024
— s. Hasselblatt, A. *1108*
Bluefarb, S. 632
— u. H. Rodin *675*
Blum, P. 194, 655
— s. Coste, F. *678*
Blumb, W. 433
— s. Kleine, H. O. *463*
Blumenthal, B. 886, *951*

Blumenthal, F. 510, 511, *528*
Blumenthal, G. 963, *1102*
Blumenthal, L. S. 199, 336
— s. Rosenberg, M. H. *377*
Blumer, M. E. 1049
— s. Erlenmeyer, H. *1105*
Blunt, G. W. s. Ragan, C. *695*
Blunt, J. W. s. Plotz, Ch. M. *694, 695*
Blyth, W. 1182, *1279*
Blythe, A. W. 403, *458*
Boand, A. 1258
— u. M. Novak *1279*
Boas, H. 1187, *1279*
Boas, N. 489
— s. Ludwig, A. *539*
Boaz, H. E. s. McGuire, J. M. *944, 1302*
Bobb, A. L. s. Greiner, T. *369*
Bobbitt, O. B. 1220
— I. H. Friedman u. Ch. Lupton *1279*
Bobroff, A. 1191
— s. Combes, F. C. *1283*
Bock 351, 356
Bock, E. 575
— u. J. Schneeweiss *675*
Bock, F. s. Windaus, A. *468*
Bock, H. *364*, 1331, 1332, 1334
— u. R. Gross *1365*
Bock, H. E. 23, *26, 364*, 575, 581, 605, *675*, 1181, *1280*
— s. Soehring, K. *231*
Bocobo, F. C. 1205, 1206, 1207, 1217
— A. C. Curtis, W. D. Block u. E. R. Harrell *1280*
— — — E. R. Harrell, E. E. Evans u. R. F. Haines *1280*
— — u. E. R. Harrell *528, 1280*
— s. Curtis, A. C. *1284*
— s. Evans, E. E. *1286*
— s. Harrell, E. R. *1292*
Bodansky, A. 671
— u. H. L. Jaffe *709*
Bodian, E. L. 598
— s. Rein, Ch. R. *695, 958*
Bodner, H. 646
— A. H. Howard u. J. H. Kaplan *675*
Boecker, W. 164, *233*
— u. H. Scheef *233*
Böger, A. 898
— u. H. Gros *951*
Böhler 882
Böhm, K., u. F. Jung *364*
Böhmig, R. 1068
— u. P. Klein *1102*
Böhne, W. 336, 338, *364*
Böhni, E. 1083, 1084, 1085, 1086, 1141
— s. Fust, B. *938, 1106, 1107, 1166*

Böhning, F. 192, 193, 198, 199, 201, 203, 209
— s. Marchionini, A. *238*
Boeminghaus, H. 1031, *1102*
Bönicke, R. 407, *458*, 782, 1017, 1140, 1141, 1142, 1146, *1165*
— u. B. P. Lisboa *1102, 1165*
— u. E. H. Orlowski *1165*
— u. W. Reif *1102, 1165*
— s. Lembke, A. *942*
Boenjamin, R. 434, *458*
Boer, C. de s. Bohonos, N. *1280*
Boer, G. s. Luck, J. *539*
Boger, W. P. 786, 884, 906, 1062, 1085, 1086
— u. J. O. Beatty *935*
— u. J. J. Gavin *1102*
— C. S. Strickland u. J. M. Gylfe *1102*
— s. Risman, G. *958*
— s. Schamberg, J. L. *959*
Bognár, R. s. Uri, J. *1314*
Bogner, K. 1046
— A. Engelhardt-Gölkel, F. Pirner u. J. Woller *1102*
Bogosian, A. s. Miller, J. M. *1303*
Bograd, N. 1186, *1280*
Bohan, E. M. 1257
— u. G. S. Serino *1280*
Bohinjec, J. 1342, *1365*
Bohm, C. 784
— s. Miescher, G. *944*
Bohn, H. 822
— u. E. Koch *935*
Bohne, A. s. Brockmann, H. *1365*
Bohnhoff, M. 809
— s. Miller, C. P. *944*
Bohnstedt, R. M. 123, 146, *228*, 323, 414, 415, 443, 444, *458*, 513, 516, *528*, 1177, 1191, 1209
— u. R. Baumann *458, 528*
— u. J. M. Eichert *528*
— G. W. Fischer u. H. Füller *1280*
— u. H. Füller *364*
— u. E. Heinke *528*
Bohonos, N. 1255, 1271
— R. L. Emerson, A. J. Whiffen, M. P. Nash u. C. de Boer *1280*
— s. Whiffen, A. J. *1316*
Boineau, N. s. Benhamou, E. *674*
Bois, R. du s. Werner, C. A. *1170*
Boissonnas, R. A. 291, 551
— St. Guttmann, P.-A. Jaquenoud, H. Konzett u. E. Stürmer *358*
Bojalil, L. F. 1221
— u. J. A. Shiels *1280*
— s. González Ochoa, A. *1290*

Bojalil-Jaber, L. 1221
— s. González Ochoa, A. *1290*
Bojanowicz, K. 563, 576
— Z. Milewska u. J. Zurkowsky *675*
Bokor, L. s. Ban, A. *674*
Boland, E. W. 585, *675*
Boldrini, R. s. Mascitelli-Coriandoli, E. *1113*
Bolet, E. L. 905
— u. D. R. Marin *951*
Boley, S., u. W. Morse *528*
Bolgert, M. 17, 58, 61, *216*, 593, 599, 608, 619, 626, 638, 670
— u. M. Caramanian *26, 707*
— G. Gautron, M. Caramanian u. M. Soulé *26, 707*
— u. G. Lévy *26, 707*
— — u. P. Benaim *675*
— — u. M. Pellet *216*
— R. Poisson u. M. Soulé *222*
— u. M. Soulé *222*
— — u. Mme. Tramichel *222*
— J. Tabernat u. C. Henry *675*
— — u. P. Lumbroso *675*
— s. Duperrat, B. *217*
Bolhofer, W. A. 1270
— R. A. Machlowitz u. J. Charney *1280*
— s. Tytell, A. A. *1314*
Bolinger, B. J. 1136
— s. Steenken jr., W. *1170*
Bollag, W. 1342, 1343, 1344, 1347, 1349, *1365*
— u. A. F. Essellier *1365*
— s. Löffler, W. *1369*
Bollet, A. J. 605
— St. Segal u. J. J. Bunim *675*
— s. Rodnan, G. P. *696*
Bollman, J. L. s. Salassa, R. M. *1117*
Bollobás, B. 912, *951*
Bolt, W. 642
— G. Zerlett, R. Toussaint u. F. Ritzl *675*
Bolte, F. *528*
Bolton, W. s. Common, R. *529*
Bommer, H. s. Smith, M. I. *1170*
Bommer, S. 12, *26*, 113, 115, 118, 121, 122, 126, 187, 188, 199, 200, 204, 205, 213, *228*, *237*, 422, 443, *458, 528*, 1158, *1165*
— u. K. Rauhut *228*
— — u. J. Döring *228*
— s. Scheffler, H. *230*
Bomskow, C. s. Rominger, E. *466*
Bonanno, A. M. 191, *237*
Boncinelle, U., u. G. Trimigliozzi *528*
Bondi, A. s. Dietz, C. *936*
Bone, J. F. 1054
— s. Bell, P. H. *1102*

Bonét-Maury, P. 1035, *1102*
Bonfante, A. 456, *458*
Bonfiglioli, H. 1268
— u. A. L. Longobardi *1280*
Boniece, W. S. 833
— s. Powell, H. M. *945*
Bonilla, E. 1234, *1280*
Bonis, U. de 1258
— u. S. Gaballo *1280*
Bonnayme, R. s. Duverne, J. *679*
Bonner, C. D. 401, 568, 582, 611, 647
— u. F. Homburger *675*
— M. K. Lyons u. D. Shields *675*
— s. Homburger, F. *686*
Bonnet, J. 86, 646
— u. A. Florens *675*
— H. Fouquet u. A. Florens *222*
Bonnevie, P. 456, *458*, 1215, *1280*
Bonnycastle, D. D. 563
— s. Emele, J. F. *680*
Bonu, G. s. Leone, R. *955*
Bonvalet 69
— s. Hiebel *223*
Booher 403, *458*
Booij, C. J. s. Homan, J. D. H. *686*
Boos, A. s. Albright, F. *457*
Booth, B. H. 1187, *1280*
Boquet, A. 319, 320, *364*
Borasi, M. s. Cavallero, C. *677*
Borelli, G. 590, *675*
Borelli, S. 10, 11, *27*, 72, 83, *222, 528, 629, 675*
— u. S. Schott *27*
Borgstedt, A. 1086
— s. Townsend jr., E. H. *1119*
Borkenstein, E. 919, *951*
Born 1352
Bornhauser, S. 1202, *1280*
Borniche, P. 522
— s. Cendron, J. *529*
Bornmann, G., H. Leppelmann u. A. Loeser *528*
Bornstein, S. 780, *935*
Borodin, N. 1270
— F. J. Philpot u. H. W. Florey *1280*
Borowski, I. 1029
— u. W. Brandenburg *1102*
Borrie, P. F. 887, *951*
Borrit 420
— u. Stumpe *458*
Borrus, J. C. 79, *222*
Borski, A. A. 823
— E. J. Pulaski, J. C. Kimbrough u. M. H. Fusillo *935*
Borth, R., A. Heltai u. H. de Wattewille *528*
Bosch, J. van den 790
— s. Stadtsbaeder, S. *947*

Bosch, L. s. Emmelot, P. *531*
Bosch, S. J. 622
— O. G. Morteo, A. Porrini, R. Chanes u. N. Quirno *675*
Boscott, R. s. Kar, A. B. *536*
Bose, S. K. 1235
— s. Dutta, D. *1285*
Boshamer, K. 1351, 1357, *1365*
Bosse, G. 102, 1091
— s. Bosse, R. *1102*
Bosse, R. 1091
— G. Bosse u. K. H. Jäger *1102*
Bostick, W. L. s. Anderson, H. H. *763*
— s. Rees, R. B. *31*
Bottoli, A. 618, *675*
Boucaud, P. de 71
— Le Coulant, L. Texier u. Fourniol *222*
Bouchard, C. 22, *27*
Bouchard, J. 773, *935*
Bouchard, R. s. Graciansky, P. de *683*
Boughton, B. s. Pollack, M. *542*
Bouin 470
Boulle, St. 339
— s. Graciansky, P. de *369*
Bourdillon 437, *458*
Bourgeois, L. s. Pellerat, J. *219, 225*
Bourgeois, P. s. Lortat-Jacob *29*
Bourgeois-Gavardin, J. 566
— s. Aron-Brunetière, R. *950*
— s. Sidi, E. *699*
Bourgeois-Gavardin, M. 346
— s. Stephen, C. R. *379*
Bourgeois-Spinasse, J. 294, 1239, 1241, 1244, 1245
— s. Sidi, E. *361, 699, 947, 1311*
Bourne, E. J. s. Barker, S. A. *1165*
Bouroncle, B. A. 1344
— C. A. Doan, B. K. Wiseman u. W. J. Frajola *1365*
Bourque, J. E. 297, 310, 316
— u. E. R. Loew *364*
Bourquin, J. B. 333, *364*
— s. Franceschetti, A. *681*
Bourseaux, F. s. Arnold, H. *1364*
Bousquet 1227
— s. Rioux, J.-A. *1308*
Boussingault 667, *707*
Boutelier, A. 577, *675*
Bovet, D. 296, 297, 298, 308, 309, 310, 311, 312, 316, 318, 320, *364*, 962, 1024, 1041, 1069
— u. F. Bovet-Nitti *362*
— u. P. Dubost *1102*
— R. Horclois u. J. Fournel *364*

Bovet, D., u. A. M. Staub *364*
— u. F. Walthert *364*
— s. Fourneau, M. E. *1106*
— s. Staub, A. M. *379*
— s. Tréfouel, J. *1119*
— s. Viaud, P. *380*
Bovet-Dubois, N. s. Thélin, F. *701*
Bovet-Nitti, F. 296, 297
— s. Bovet, D. *362*
Bower, C. 136, 169, 325
— s. Kalz, F. *371*
Bowers, J. Z. s. French, A. B. *681*
Bowie, M. A. s. Hollander, J. L. *686*
Bowler, D. P. 606
— s. Williams, A. A. *703*
Bowman, B., u. R. Stafford *528*
Bowman, F. W. 1189
— u. J. J. Wingenbach *1280*
Bowman, H. S. s. Putnam, R. C. *1370*
Bowman, K. L. 319
— s. Siegel, B. B. *379*
Bowman, K. M. 413
— s. Jolliffe, N. *462*
Bowman, R. H. 486, *528*
Bowman, W. s. MacCullagh, E. *539*
Bown, Ch. H. 576
— u. J. R. Haserick *675*
Boxer s. Mushett *465*
Boxer, G. E. 808
— C. V. Jelinek u. A. O. Edison *935*
— s. Kapeller-Adler, R. *768*
— s. Scudi, J. V. *947*
Boyack, G. A. s. Hoeksema, H. *940*
Boyd 304, 316, 324
Boyd, C. E. s. Boyd, E. M. *364*
Boyd, E. M. *364*
— W. A. Cassell, C. E. Boyd u. J. K. Miller *364*
Boyd, G. S. 667
— s. Oliver, M. F. *541, 708*
Boyd, L. J. 1210
— s. Collins, J. G. *1283*
— s. McGavack, T. H. *374, 1302*
Boyer, F. 1005, 1041, 1043, 1047, 1061
— M. Saviard u. M. Dechavassine *1103*
— s. Grumbach, T. *939*
— s. Milhaud, G. *1114*
— s. Rist, N. *1116*
Boyland, E. 1354
— u. E. H. Mawson *1365*
Boynton, M. 495, 502
— s. Davis, M. *529*
Bozzo, G. s. Meneghini, C. L. *540*
Brabant, H. 1223

Brabant, H., u. A. Delmotte *1280*

Brabetz, V. *528*, 1200, 1201, *1280*

Braceland, Fr. J. 580

— s. Rome, H. G. *696*

Brachfeld, J. 79

— u. E. C. Bell *222*

Brachmann, F. 1259, *1280*

Brack, W. 12, *27*, 310, 317, 339, *364*

Bradbury, I. T. 510

— s. Wile, U. J. *548*

Bradbury, J. s. Witten, C. *548*

Bradford, W. s. Moskowitz, M. *540*

Bradley, E. J. 398

— s. Dickey, L. B. *459*

Bradley, S. G. 1246, 1250, *1280*

Bradlow, B. A. 351, *364*

Bradner, W. T. 1354

— D. A. Clarke u. C. C. Stock *1365*

Brads, K. s. Scherer, E. *544*

Bradsher, C. K. 1192, 1193

— s. Christison, I. B. *1282*

Brady, R. 481, *528*

Bräunsteiner, H. 575

— s. Wallentin, P. *702*

Brain, R. T. 1213, 1222, 1260

— K. Crow, H. Haber, C. McKenney u. J. W. Hadgraft *1280*

— s. Haber, H. *1291*

Brainerd, H. D. 919

— H. B. Bruyn jr., G. Meiklejohn u. M. Scaparone *951*

— E. H. Lennette, G. Meiklejohn, H. B. Bruyn jr. u. W. H. Clark *951*

Braitman, M. 49

— s. Sawicky, H. H. *220*

Bramwell, B. 670, *707*

Branacaccio, A. s. Fornara, P. *1106*

Brand 290, 333

Brand, A. s. Noah, J. W. *360*

Brand, J. *364*

Brandenburg, W. 1029

— s. Borowski, I. *1102*

Brandes, G. 248

— s. Fischer, K. A. *279*

Brandis, H. 747

— s. Schlossberger, H. *769*

Brandl, E. 777

— u. H. Margreiter *935*

Brandman, O. 1086

— C. Oyer u. R. Engleberg *1103*

Brandner, W. 444

— s. Endres, R. W. *459*

Brandstetter, F. s. Gitsch, E. *533*

Brandt, B. 650

— u. P. Behrbohm *675*

Brandt, M. C. s. McCowen, M. *943*

Braren, F. 522

— s. Hecker, W. Ch. *534*

Brasher, Ch. A. 1207

— s. Furcolow, M. L. *1288*

Brasher, C. E. s. Lehan, P. H. *1299*

Bratton, A. C. 999, 1006, 1012, 1041

— u. E. K. Marshall jr. *1103*

— s. Glazko, A. J. *938*

— s. Shepherd, R. H. *1118*

Brauchardt, G. *528*

Braun 267

— u. Gartland *279*

Braun, H. 1257

— u. H. Pinker *1280*

Braun, O. 325, 333, *364*

Braun, W. 433, 443, 444, *458*, 1023, 1083, 1204, *1280*

— J. Staubesand u. G. Stille *1103*

— s. Currie, C. C. *279*

Braun-Falco, O. 8, 14, *27*, 324, *528*, 601, 621, *675*

— u. G. Weber *364*

— — u. G. Thaesler *528*

— s. Weber, G. *547*

Braunhofer, J. 94, 97

— s. Berg, G. *227*

Bray, H. G. 1004, 1044, 1045

— G. E. Francis, F. C. Neale u. W. V. Thorpe *1103*

— F. C. Neale u. W. V. Thorpe *1103*

Brebner, H. 589

— s. Brockbank, W. *676*

Breckenbridge, I. M. 563

— E. W. Walton u. W. S. Walker *675*

Brehme 727, *764*

Brehmer, G. 71, 354

— u. K. T. Ruckdeschel *222*, *364*

Breinl, A., u. M. Nierenstein *764*

Breitner, St. 37

— s. Andersag, H. *215*

Brendler, G. 1023, *1103*

Bret, A. J. 581, 1249

— u. M. Bardiaux *1280*

— — u. J. Hilbert *675*

Breton, A. 319, *364*, 870

— B. Gaudier u. Cl. Ponte *935*

Breton, P. 625

— u. P. Galmiche *676*

Bretschneider, H. 1004, 1041, 1082, 1086, 1087

— u. W. Klötzer *1103*

— s. Klötzer, W. *1111*

Brett, M. S. 1259, *1280*

Brett, R. 297, 310, 314, 315, 324, 326, 336, 337, 338, 339, 349, 357, *364*, 415, 418, 422, 443, *458*, 1064

Brett, R., u. H. Theismann *364*

— s. Schmidt, W. *378*

Brettoni 1143

Breuer, H. s. Dirscherl, W. *530*

Brewer, W. C. 1191, *1280*

Brewster, J. M. 344, *364*

Brian, P. W. 867, 868, *935*, 1236, 1237, 1238, 1245, 1266, 1271, 1272, *1280*

— P. J. Curtis, J. F. Grove, H. G. Hemming u. J. C. McGowan *1280*

— — u. H. G. Hemming *935*, *1280*

— u. H. G. Hemming *1280*

— — u. J. C. McGowan *935*

— u. J. C. McGowan *1280*

— J. M. Wright, J. Stubbs u. A. M. Way *1280*

— s. Jefferys, E. G. *1295*

Bricaire, H. 492

— s. Gennes, L. de *533*

Brichant, J. 96

— s. Engel, E. *227*

Brichzy, W. 94, 97

— s. Berg, G. *227*

Brickhouse, R. L. s. Lepper, M. H. *942*

Bride, C. s. Leminieux, R. U. *1299*

Brie, S. J. le s. Swingle, W. W. *701*

Briem, H. J. s. Wacholder, K. *468*

Briggs, A. P. 408

— s. Sydenstricker, V. P. *467*

Briggs, H. N. 555, 606, 629, 671

— u. R. S. Illingworth *676*, *707*

Briggs, J. N. s. Philpott, M. G. *694*

Briggs, N. F. s. Munson, P. *693*

Brigham, R. B. 871

— s. Pittenger, R. C. *945*

Bright 22

Bringmann, G. 782, *935*

Brink, N. G. 423

— s. Rickes, E. L. *466*

Brion, S. 1220

— s. Delaveau, P. *1284*

Briot, M. 288

— s. Halpern, B. N. *359*

Brison, J. *951*

Britton, S. W. 558

— u. Silvette *676*

Brizzec, K. R. 562

— s. Eik-Nes, K. *680*

Broadbent, J. L. 282, *358*

Brock 442, *458*

Brock, J. 727, 729

— u. G. Conradi *764*

Brock, M. J. s. Bessey, O. A. *458*

Brock, N. 304, 318, 1011, 1024, 1059, 1338, 1339, 1352, *1365*

Brock, N., u. F. J. Geks *1103*
— D. Lorenz u. H. Veigel *364*
— u. H. Wilmans *1365*
— s. Arnold, H. *363, 1364*
— s. Druckrey, H. *1366*
Brock, T. D. s. Amman, A. *1277*
Brockbank, W. 589
— u. H. Brebner *676*
Brockhaus, L. 1084, *1103*
Brocklehurst, W. E. 291, 292, 319, 343, *358*
— J. H. Humphrey u. W. L. M. Perry *358, 365*
Brockman, D. D. 1210, *1280*
Brockmann 386, *458*
Brockmann, H. 1346, 1347, *1365*
— A. Bohne u. H. Friedrich *1365*
Brocksaler, F. 885, *951*
Brockway, G. 523
— s. Jaffe, J. *536*
Brocq 47, *625*
Broderick, M. K. s. Wright, S. S. *949*
Brodersen, H. 1334
— s. Cramer, H. *1365*
Brodey, M. 612, 659
— u. C. T. Nelson *676*
— s. Nelson, C. T. *219, 693*
Brodhage, H. 863, *935, 1228*
— s. Wegmann, T. *1316*
Brodie, B. B. 65, 66, 326
— A. Pletscher u. P. A. Shore *222*
— u. S. Udenfriend *365*
— s. Peterson, R. E. *694*
— s. Pletscher, A. *225*
— s. Shore, P. A. *225*
Brodie, D. C. s. Pratt, R. *1306*
Brodthagen, H. 51, 55, 59, *216*, 600, 619, 643
— u. J. V. Christiansen *216*
— F. Reymann u. M. Schwartz *676*
— s. Asboe-Hansen, G. *673*
— s. Christiansen, J. V. *216*
Broese, R. s. Wojahn, H. *1121*
Bronfenbrenner, J. 292, *358*
Bronks, D. s. Gillman, T. *682*
Brook, M. J. van der s. Taylor, R. M. *948*
Brookfield, E. 1209
— s. Lurie, H. I. *1300*
Brooks, B. E. s. Campbell, C. C. *1281*
Broom, J. C. 732
— H. C. Brown u. A. Hoare *764*
— s. Brown, H. C. *764*
Broquist, H. P., E. L. R. Stokstad u. T. H. Jukes *458*
Brosig, W. *528*
Brousseau, D. 308
— s. Mayer, R. L. *374*

Brown 59, 136, 188, 297, 304, 308, 309, 318, 320, 322, 336, 338, 585, 589
Brown, A. M. 1268
— s. Ainsworth, G. C. *934, 1277*
Brown, A. P. 1236
— s. Ashton, G. C. *1278*
Brown, A. S. 1214
— s. Keddie, F. *1296*
Brown, B. B., u. H. W. Werner *365*
Brown jr., C. 913, 914, 1181
— S. Propp, C. M. Guest, R. T. Beebe u. L. Early *951, 1280*
Brown, E. A. 36, *216*, 342, *365*
— L. A. Fox, J. P. Maher, C. Nobili u. R. C. Norton *365*
— u. W. Krabek *362*
Brown, E. B. 342, 346, *365*, 588, 909
— u. M. Goodgold *951*
— u. Th. Seideman *365, 676*
Brown, E. J. 582
— u. E. J. Hollander *676*
Brown, E. M. s. Hollander, J. L. *686*
Brown, F. C. s. Christison, I. B. *1282*
Brown, G. s. Hart, F. D. *684*
Brown, H. s. Klauder, J. V. *232*
Brown, H. C. 732
— u. J. C. Broom *764*
— s. Broom, J. C. *764*
Brown, H. M. *676*
Brown, J. J. 1266
— u. G. T. Newbold *1281*
Brown, J. W. s. Johnson, A. M. *954*
Brown, K. s. Errick, E. *531*
Brown, M. L. s. Rosenthal, S. R. *377*
Brown, M. V. *216*
— s. Fonzari, M. *217*
— s. Vieira, J. *221*
Brown, N. s. Greenblatt, R. *533*
Brown, R. 851, 852, 1245, 1246, 1247, 1255
— u. E. L. Hazen *935, 1281*
— — u. A. Mason *935, 1281*
— s. Hazen, E. L. *939, 1292*
Brown, R. A. s. Bethell, F. H. *458*
Brown, R. G. s. Irons, E. N. *687*
Brown-Séquard, C. E. 550, *676*
Browne, A. D. 1249, *1281*
Browne, J. S. L. 287
— s. Beck, J. C. *674*
— s. Kennedy, B. J. *688*
— s. Rose, B. *361*
Brownell, K. A. 562
— s. Hartmann, F. A. *685*

Brownell, T. S. 1257
— s. Jones, T. E. *1295*
Browning, R. H. 344, *365*, 730
Brownlee, G. 837, 839, 1124, 1125, *1165*, 1268
— S. R. Bushby u. E. J. Short *935*
— F. Copp, W. Duffin u. J. Tonkin *528*
— u. C. R. Kennedy *1165*
— s. Ainsworth, G. C. *934, 1277*
— s. Madigan, D. G. *1168*
Broyles, E. N. 1190
— s. Keeney, E. L. *1296*
Bruaux, P. 1230
— s. Vanbreuseghem, R. *1315*
Bruck, C. 20, 1123
— u. A. Glück *1165*
Bruck, C. G. vom 1083
— F. M. Delfs, E. Serick u. V. Wolf *1103*
Bruck, E. 1017
— s. Rubin, M. J. *1117*
Bruck, H. 1196
— u. H. Moritsch *1281*
Bruder, K. 896, *951*
Brückel, K. W. 96
— H. E. Schultze u. G. Schrick *227*
Brueckner, A. H. 903, 998, 999, 1047, 1050, 1054, *1103*
Brügger 1163
Brühl, W. 19, 27, 666, *705*
— s. Kalk, H. *462*
Brues, A. M. 1331
— B. B. Marble u. E. B. Jackson *1365*
Bruff, W. C. 342
— s. MacLaren, W. R. *373*
Bruger, M. s. Eidelsberg, J. *531*
Brugsch, H. 1031, *1103*
Bruhin, H. 1193
— s. Tirunarayanan, M. O. *1314*
Bruhns 444, *458*
Brule, R. s. Hillemand, M. R. *954*
Brull, L. 440, 441
— u. P. Clemans *458*
Brun, J. s. Turiaf, J. *702*
Brun, R. 1227, *1281*
— J. J. Mozer u. W. Jadassohn *1281*
— s. Bujard, E. *528*
— s. Jadassohn, W. *536*
Brunauer, S. R. 394
— s. Porter, A. D. *465*
Brunet, P. s. Saunders, T. S. *220*
Brunner, M. J. 576
— J. M. Ridell jr. u. W. R. Best *528, 676*
Bruns, F. 131
— s. Hahn, F. *232*

Bruns, P. 1354, *1365*
Brunschwig, A. s. Tagnon, H. *546*
Brunsting, L. A. 41, 42, 50, 54, 58, 73, *216*, 392, 394, *458*, 611
— u. J. H. Epstein *216*
— u. C. Sheard *458*
— s. Epstein, J. H. *223*
— s. Kierland, R. R. *218*
— s. O'Leary, P. A. *218, 694*
— s. Rothman, St. *543*
Brusca, D. D. 178, *236*
Brush, B. E. 628
— R. W. Monto, J. Abraham, E. J. Gordon u. J. R. Calder *676*
Bruwer, A. 1257, *1281*
Bruyn jr., H. B. s. Brainerd, H. D. *951*
Bryan, A. s. Kenyon, A. *536*
Bryan, C. S. 1196
— u. F. W. Young *1281*
Bryant 357, *365*
Bryner 789
Buben, F. 1008, *1103*
Bubnow, B. s. Jablonska, S. *706*
Buchberger, H. G. 646, *676*
Buchborn, E. 1023, *1103*
Buchegger, G. s. Heilmeyer, L. *685*
Bucher, A. 1357, *1365*
Bucher, K. 295, 297, 301, 308, 309, 311, 313, 318, 319, 320, 321, 322, 323, 324, 328, 329, *365*
— u. R. Doerr *362*
— s. Alonso, L. *363*
— s. Birkeland, M. J. *364*
— s. Ellis, I. W. *367*
— s. Lehmann, G. *373*
— s. Meier, R. *362, 374*
— s. Staub, H. *379*
— s. Steinmann, B. *379*
Buchholz, A. 646, *676*, 1207
— s. Weinberg, B. J. *1316*
Buchholz, R. 323
— F. Hahn u. D. Plester *365*
Buchinger 201, 202
Buchsbaum, R. s. Gillette, R. *533*
Buchwald, W. s. Steigleder, G. *546*
Buckle, G. 1256
— u. D. R. Curtis *1281*
Buckley 145, 166, 202
Buckreus, F. 1082, *1103*
Buckwalter, F. H. 779
— u. R. Hollerau *935*
Buckwalter, J. L. s. Kaplan, M. A. *1296*
Budd, V. 1051, 1080, 1083, 1085, 1087
— s. Yegian, D. *1122*

Budnick, R. 523, 1352
— H. G. Stoll u. G. Altvater *528, 1365*
Budowsky, J. s. Kutscher, A. H. *955*
Büchi, J. 268
— W. Burckhardt, H. Kutter u. P. Meier *279*
— u. H. Kutter *279*
Bückert, A. 1029, *1103*
Bühlmann, H. 130, 137, *231*
Bünger, P. 822, 862, 1010, 1012, 1016, 1017, 1020, 1021, 1022, 1024, 1034, 1064, 1065, 1074, 1082, 1083, 1084, 1085, 1086, 1087, 1092, 1097, 1099, 1100, *1103*
— W. Diller, J. Führ u. E. Krüger-Thiemer *1103*
— u. G. Schütze *935*
— G. Thies u. H. Demuth *935*
— s. Krüger-Thiemer, E. *1111*
Bürger, M. 10, 24, *27*, 200, 207, *458, 528*, 879
— u. H. Knobloch *237*
— s. Grütz, O. *28*
Büscher, H. 523
— s. Alken, C. *526*
Büsing, K. H. 919, *951*
Büttner, H. 1012, 1017, 1018, 1020, 1046, 1086
— s. Portwich, F. *1115, 1116*
Bugie, E. 801
— s. Schatz, A. *946, 1169*
Bugie, E. J. 1270
— s. Solotorovsky, M. *1312*
Bugyi, G. 625, 663, *676, 704*
Bujard, E., W. Jadassohn u. R. Brun *528*
Bukantz, S. C. 310, 319, 322, 576, 578, 589, 601, *676*
— u. L. Aubuchon *676*
— u. G. J. Dammin *365*
— s. Dammin, G. J. *366*
Bull 325
Bull, H. B. s. Wells, J. A. *380*
Bull, J. P. s. Sevitt, S. *378*
Bullerjahn 1043
— s. Vonkennel, J. *1120*
Bullough, W. *528*
Bumillir, O. E. 433, *458*
Bunch, R. L. s. McGuire, J. M. *944, 1302*
Buncke, C. M. s. Costello, M. J. *678*
Bundick, W. R. 354
— s. Ellis, F. A. *367*
Bunge, R. 382, *458*, 1033, 1034, 1035, 1064, *1103*
— u. P. Klein *1103*
Bunim, J. J. 575, 577
— R. L. Black, L. Lutwak, R. E. Peterson u. G. D. Whedon *676*

Bunim, J. J. s. Black, R. L. *675*
— s. Bollet, A. J. *675*
— s. Peterson, R. E. *694*
— s. Rodnan, G. P. *696*
Bunka, H. 1203, *1281*
Bunn, P. A. 807
— u. R. E. Westlake *935*
— s. Adair, Ch. V. *950*
— s. Farrington, R. F. *937*
— s. McDermott, W. *943*
Bunse, W. 310, 316, 351, *365*
Bur, G. s. Balze, R. de la *527*
— s. Pasqualini, R. *542*
Burch 405
— O. A. Bessey u. O. H. Lowry *458*
Burchell, H. B. 310, 316
— u. R. L. Varco *365*
Burchenal, J. H. 422, *458*, 1349, 1350
— R. R. Ellison, M. P. Sykes, T. C. Tan, L. A. Leone, D. A. Karnofsky, L. F. Cramer, H. W. Dargeon u. C. P. Rhoads *1365*
— s. Castle, W. B. *458*
— s. Karnofsky, D. A. *1368*
Burckhardt, W. 6, *27*, 319, 320, 322, 336, 339, 356, *365*, 415, 443, 444, *458, 528*, 582, *676*, 894, *951*
— u. P. Bigliardi *951*
— u. A. Steigrad *365*
— s. Büchi, J. *279*
Burda, A. 444, *458*
Burdick, K. H. 49, 656
— J. R. Haserick u. W. J. Gardnei *676*
— s. Haserick, J. R. *217*
Burdon, K. L. 1264
— s. Johnson, E. A. *1295*
Burdon, Ph. J. 889
— s. Stein, J. M. *960*
Bureau, Y. 118, *228*, 579, 605, 606, 622, 623, 625, 637, 656, 891, *951*
— D. Hervouet u. Dubin *676*
— A. Jarry u. H. Barrière *676*
— — — u. Fève *676*
Burger, F. J. s. Dessau, F. J. *1166*
Burger, G., u. G. Wenzel *528*
Burger, H., H. Hager u. G. Zimmermann *528*
— u. W. Kunz *528*
— s. Kunz, W. *537*
Burger, J. L. *951*
Burgess, J. F. 145, 450, *458*
— u. J. E. Pritchard *458*
Burgin, L. A. s. Damashek, W. *678*
Burgoon, C. F. 1239, 1243, *1281*
Burian, O. 590, 592, 594, *676*
Burk, D. 1353
— s. Woods, M. *1372*

Burke, D. M. 629
— u. H. L. Jellinek *676*
Burke, F. G. 22
— u. S. Ross *27*
— s. McGovern, J. J. *944, 956*
— s. Ross, S. *946*
Burke, J. C. s. Rubin, B. *1169*
Burke, R. C. 1267
— J. H. Swartz, S. S. Chapman u. W.-Y. Huang *1281*
Burkholder, P. R. 826, 827
— J. Ehrlich, Q. R. Bartz, R. M. Smith u. D. A. Joslyn *935*
Burkholder, T. M. s. Eagle, H. *937*
Burlingame, E. M. 1174, 1175
— u. G. F. Reddish *1281*
Burmeister 637
Burn, J. H. 128, 136, *231*, 349, *365*
Burnell, J. M. 799
— s. Ahern, J. J. *934*
Burnett, C. H. s. Albright, F. *457*
Burnier, R. 414
— s. Gougerot, H. *461*
Burns 667, *707*
Burns, E. s. Suntzeff, V. *546*
Burns, T. W. s. Sayers, G. *697*
Burr, A. H. 184, 1206
— u. T. R. Huffines *1281*
Burrage, W. S. 341, *365*
— s. Hennemann, Ph. *685*
Burrell, H. 1215
— s. Neidig, C. P. *1304*
Burrows, H. 488, 494, *528*
Burschkies 757
Burton, H. 760, 1038, 1044
— u. C. S. Gibson *764*
— J. W. McLeod, T. S. McLeod u. A. Mayr-Harting *1103*
Busch, G. von dem s. Berg, F. T. *1279*
Busch, L. 1327, 1357, *1365*
Buschke, A. 14, 666, 669, 670, *707*, 1179
— u. W. Curth *707*
— u. E. Langer *705, 707*
— u. H. Ollendorff *27*
— u. B. Peiser *1281*
Buschmann, G. 95
— s. Bergmann, H. *227*
Busel, H. 39
— H. W. Moeller u. L. L. Seif *216*
Bushby, S. R. M. 785, *935*, 1047, 1050, 1174
— u. Sh. Stewart *1281*
— u. A. J. Woiwod *1103*
— s. Brownlee, G. *935*
Busse, L. W. 1073
— s. Nelson, E. *1115*
Busse, W. *935*

Bustinza, F. 1271, 1272, *1281*
Busto, C. del 1186
— s. Cornbleet, Th. *1283*
Butcher, E. *528*
Butelier 149
Butenandt, A. 470, 490, 552, 1329
— u. H. Dannenberg *1365*
— u. H. Kudzus *528*
— u. G. Schramm *676*
— U. Westphal u. H. Cobler *528*
— s. Kaufmann, C. *536*
Butler 72
Butler, A. M. s. Albright, F. *457*
Butler, M. L. 1204
— s. Marsh, P. B. *1301*
Butler, R. E. *458*
— s. Sebrell, W. H. *467*
Butler, R. N. s. Margolis, L. H. *224*
Butler, T. s. Berliner, R. W. *216*
Butt, H. R. 457, *458*
Buttermann, F. *528*
Butterworth, Th. s. Clyman, B. *529*
Buttle, G. A. H. 962, 1069
— D. Stephenson, S. Smith, T. Dewing u. G. E. Foster *1103*
— s. Colebrook, L. *1104*
Button, R. s. Koff, R. *689*
Butturini 449, *458*
Buu-Hoi, N. P. *528*, 1004, 1038, 1069, 1070, *1103*, 1145
— N. B. Khuyen u. N. D. Xuong *1103*
— s. Lacassagne, A. *1112*
Byers, S. s. Rosenman, R. *543*
Byrne, E. A. J. 1222, *1281*
— u. H. J. Croxon *1281*
Byrnes, J. E. 1187
— s. Lahey, W. J. *1298*

Caccialanza, P. 609, 891, 897, 898
— u. A. G. Bellone *951*
— F. Gianotti u. L. Levi *676*
— u. L. Levi *529*
Caffery, E. L. s. Montmorency, F. A. *944*
Caffey, J. 398, *458*
Cahan, A. M. 351
— E. Meilman u. B. M. Jacobson *365*
Cahn, M. s. Shelley, W. *545*
Cahn, M. M. 54, 57, 71, 72, 73, 587, 594, 613, 618, 620, 626, 635, 658, 1192
— u. E. J. Levy *222, 676, 1281*
— — u. B. Shaffer *216*
— s. Goodman, D. *223*
— s. Shaffer, B. *220*
Cain, J. C. 70
— s. Bartholomew, L. G. *222*

Cajati, M. 596
— s. Copello, F. *677*
Calas, E. 339, *365*, 433
— s. Charpy, J. *458*
Calder, J. R. s. Brush, B. E. *676*
Caldwell, D. 1004
— s. Evers, N. *1105*
Caldwell, E. R., u. R. L. Whelton *951*
— s. Lepper, M. H. *942*
Caldwell, J. 651, *676*
Caldwell, W. T. 1086
— E. C. Kornfeld u. C. K. Donnell *1103*
Callaway, J. L. 22, 186, 1183, 1220, 1221
— u. R. O. Nooj'in *237*
— u. H. B. O'Rear *27*
— s. Conant, N. F. *1283*
— s. Nooj'in, R. O. *1304*
Callender, M. E. s. McCowen, M. *943*
Callow, D. s. Chain, E. B. *1282*
Calnan 47
Cals, S. s. Libermann, D. *1168*
Calvery, H. O. 506, 508, 1198, *1281*
— J. Draize u. E. Laug *529*
— C. R. Noller u. R. Adams *765*
Cambrillat, G. 433
— s. Gaté, J. *460*
Cameron, D. E. s. Cleghorn, R. A. *677*
Camo, C. s. Hopkins, T. *1293*
Camp, A. von 1003
— s. Rose, H. A. *1116*
Camp, E. 1174
— s. Hillegas, A. B. *1293*
— s. Hopkins, J. G. *1293*
Camp, G. de 638, *676*
Campbell 133, 318, 326
Campbell, A. H. 1238, 1247, *1281*
Campbell, B., I. D. Baronofsky u. R. A. Good *365*
Campbell, C. C. 819, 852, 888, 1231, 1245, 1259, 1271, *1281*
— G. B. Hill u. B. E. Brooks *1281*
— E. P. Hodges u. G. B. Hill *935, 951, 1281*
— u. S. Saslaw *935, 1281*
— s. Carson, L. E. *365, 1282*
Campbell, D. H. 1354
— R. S. Farr u. H. Rinderknecht *1365*
Campbell, E. W. 902
— s. Dameshek, W. *951*
Campbell, G. L. s. Berger, F. M. *222*
Campbell, H. A. s. Shapiro, S. *467*

Campbell, W., u. D. M. Greenberg 231
Campins, H. 1184, 1281
Campo, J. del 836
— s. Knothe, H. 942
Cañadell, J. M. 668
— s. Vilanova, X. 709
Canarili, L. s. Adair, Ch. V. 950
Canary, J. J. 75
— u. M. Schaaf 222
Candel, S. s. Mandelbaum, T. 708
Caneghem, P. v. s. Schirren, C. G. 31
Canevazzi, G. s. Arcamone, F. 1278
Canizares, O. 333, 336, 610, 899, 908, 951
— u. H. Shatin 951
— s. Combes, F. C. 366, 677
— s. Costello, M. J. 678
Canlorbe, P. 522
— s. Cendron, J. 529
Cannon 61
Cannon, A. B. 636
— J. G. Hopkins, G. C. Andrews, H. F. Colfer, P. Gross, C. T. Nelson u. Ch. M. Howell jr. 677
Cannon, P. R. s. Jolliffe, N. 462
Cantarel, R. 1054, 1103
Canterbury, E. A. 314
— s. Lovejoy, H. B. 373
Cantero, A. s. Quastel, J. H. 1370
Cantrell, J. R. s. Harvey, J. C. 1292
Cantrell, W. 737, 765
Cap, J. 1257, 1281
Caplan, H. 1181, 1281
Caplan, P. S. s. Margolis, H. M. 464
Capps, J. D., u. C. S. Hamilton 765
Caputi, F. 1182, 1281
Carabello, C. A. 398
— s. Wyatt, T. C. 469
Caramanian, M. s. Bolgert, M. 26, 707
Carazzoni, O. M. 884
— s. Schamberg, J. L. 959
Carbone, J. 563
— s. Kinsell, L. W. 537
Carbonera, P. 1191, 1281
Cardenal, C. 126
— s. Vilanova, X. 231
Cardeza, A. s. Foglia, V. 532
Cardle, J. B. 891
— s. Quie, P. G. 958
Caretta, G. 1251
— u. S. Füresz 1282
Carey, B. W. 909, 951
Carey, R. A. 585, 600, 603
— A. M. Harvey u. J. E. Howard 677

Carey, R. A s. Howard, J. E. 686
Carey, T. N. 1045
— s. Figge, F. H. J. 1106
Carideo, A. L. s. Sharnoff, J. G. 31, 698
Carjewski, M. s. Avram, A. 1278
Carl, E. 1128, 1145
— u. M. P. Marquardt 1165
Carleton 394
— u. Steven 458
Carli, G. 529
Carliner, P. E. 345, 887
— s. Bereston, E. S. 950
— s. Gay, L. N. 368
Carlozzi, M. s. English, A. R. 937
Carlson, H. E. 1046
— s. Ockerblad, N. F. 1115
Carlson, J. R. 1246
— u. J. W. Snyder 1282
Carlsson A. 65
— s. Shore, P. A. 225
Carman, P. C. 841
— s. Barr, F. S. 934
Carmel jr., W. J. 79
— u. T. Dannenberg 222
Carmon 394
— s. Benson 457
Carney 269
Caroli 150
Caroline, L. 1176, 1231
— s. Reiss, F. 1307
Caron, E. L. s. Hoeksema, H. 940
Caron, J. 1227
— s. Rimbaud, P. 1308
Carpenter, A. M. 1175, 1209, 1282
— u. G. W. Janda 1282
Carpentier, Ed. 878, 881, 951
Carpentier-Oriol, J. S. 41
Carr, C. J. 259
— s. Krantz, J. C. 279, 360
Carr, F. H. 387
— u. E. A. Price 458
Carr, L. 669
— s. Bloodworth jr., J. M. B. 707
Carraz s. Mayoux, R. 943
Carreras Bayés, A. s. Escarpentier-Oriol, J. 217
Carretero, R. 417
— s. Syderman, E. 467
Carrick, L. 336, 1186, 1190, 1191, 1282
— s. Shaffer, L. W. 378
Carrié, C. 142, 529, 617, 623, 624, 641, 672, 677, 709
— u. H. Ruhrmann 529
Carrland 267
Carrol 430
— s. Former 460
Carroll, D. S. 1259
— s. McVay, L. V. 1302

Carron, R. 1182
— u. P. Chavanis 1282
— s. Jeune, M. 687
Carslaw, R. W. 1179, 1282
Carson, L. E. 326, 1231
— u. C. C. Campbell 365, 1282
Carstensen, B. 652
— u. L. Norviit 677
Carteaud, A. 414
— s. Gougerot, H. 461, 683
Carter, B. 1190
— s. Alter, R. L. 1277
Carter, H. E. 826, 1264
— D. Gottlieb u. H. W. Anderson 935
— s. Amman, A. 1277
— s. Gottlieb, D. 1290
Carter, S. B. 529
Cartier 428, 458
Carton, C. A. 1256, 1268, 1269, 1282
— u. C. S. Liebig 1282
Cartwright, G. E. s. Altmann, S. J. 1364
— s. Haut, A. 1367
— s. Smiley, R. K. 947, 960
— s. Wintrobe, M. M. 1372
Carvajal, F. 1265, 1282
Casa, G. 449
— s. Baroni, W. 457
Casaglia, G. s. Corbelli, G. 677, 1283
Casalini, F. s. Conti, C. 677
Casanovas, M. 1184, 1199, 1211, 1216, 1268, 1282
— s. Vilanova, X. 1315
Caspari, W. 1321
— s. Neuburg, C. 1369
Casparis 257
Cassell, W. A. 48, 324
— s. Boyd, E. M. 364
Castaneda, M. R. 880, 951
Castellani, L., u. G. Bertola 529
Castellano, G. A. 1232
— s. Kull, F. C. 1298
Castillo, J. C. 301, 310
— E. J. de Beer u. St. H. Jaros 365
— s. Jaros, St. H. 371
Castle, W. B. 424
— J. B. Ross, C. S. Daidson, J. H. Burchenal, H. J. Fox u. T. H. Ham 458
Castro, R. M. 1224
— s. Baptista, L. 1278
Castrodale, D. s. McBryde, C. 540
Catchpole, H. 502, 529
Cattan, R. 402
— P. Frumasan u. C. Attal 458
Cattaneo, C. s. Dubos, R. J. 936
Cattaneo, L. 434, 458
Cattell, M. s. Greiner, T. 369
Cauvin, F. 170, 171
— s. Duperrat, B. 236

Cauwenberghe, D. van 43, 600, 643, *677*
Cavallero, C. 565, 577
— M. Borasi, G. Sala u. A. Amira *677*
Cavalli-Svorza, L. s. Fornara, P. *1106*
Cavallini, L. s. Conti, C. *677*
Cavier, R. 506, 508
— s. Valette, G. *547*
Cawley, E. 495, 508
— s. Wheeler, C. *548*
Cawthan, W. N. s. Elmendorf, D. F. *1166*
Cayer, D. 156, 161, *233*
— u. W. E. Cornatzer *233*
Cayla, J. s. Coste, F. *678*
Cazni, J. s. Huppert, M. *940*
Cazort, A. G. 588, 593, 618, 909
— s. Johnston, T. G. *687*, *954*
Ceder, E. T. 610, *677*
Celmer, W. D. 861, 1262, 1267, 1270
— u. I. A. Solomons *1282*
— s. Sobin, B. A. *947*
Cendron, J. 522
— P. Canlorbe, P. Borniche u. J. Pujol *529*
Cercós, A. P. 1263, 1265, *1282*
Cerecedo, L. R. 1045
— s. Muenzen, J. B. *1114*
Cerletti, A. 64, 74, 138, *222*, 206, 302, 309
— u. E. Rothlin *231*
  o. Doepfner, W. *366*
— s. Rothlin, E. *233*, *377*
Cernea, R. 786, *935*
Černy, E. 146, 147, *233*
Cerruti, M. M. s. Sarot, I. A. *1309*
Cerutti, P. 601
— u. G. Santojanni *677*
Cervini, E. 1182, 1247
— s. Andreoni, G. *1277*
Cervino, J. s. Mussio-Fournier, J. *541*
Cervoni, P. s. West, T. C. *548*
Cexti, O. 456
— s. Pastinsky, St. *465*
Chabás López, J. 1204, *1282*
Chaflin, D. 440
— s. Bauer, W. *457*
Chaigneau-Ehrhardt, H. s. Levaditi, C. *1168*
Chain, E. B. 773, 775, 778, 779, 791, 876, *935*, 1268
— H. W. Florey, A. D. Gardner, N. D. Heatley, M. A. Jennings, J. Orr-Ewing u. A. G. Sanders *935*
— — M. A. Jennings u. D. Callow *1282*
— s. Abraham, E. P. *933*, *950*
— s. Florey, H. W. *938*

Chakravarti, R. N. 1061
— S. K. Gupta u. M. Mukerji *1103*
Chalbert, Y. s. Martin, R. *943*
Chaleil, M. s. Garbar, P. *682*
Chalmer, R. s. Lewison, E. *538*
Chalmers, D. 84
— s. Anderson, T. E. *221*
Chamberlin, T., W. Gardner u. E. Allen *529*
— s. Gardner, W. *533*
Chambers, R. 131, 134, ⌐415, *458*
— u. W. Zweifach *231*
Champy, M. *529*
Chamsy, H. M. s. Eghbal, M. *1105*
Chana, P. *677*
Chanes, R. s. Bosch, S. J. *675*
Chang, S. M. s. Hazen, L. N. *953*
Chang, Y.-T. 1069, 1087, *1103*
Chanial, G. s. Thiers, H. *701*
Chanton, E. F. 1257
— W. J. Hollis u. M. D. Hargrove *1282*
Chanussot, P. 1235, *1282*
Chao, S. S. 734
— s. Reiner, L. *769*
Chapin, H. B. s. Cooke, R. A. *677*
Chapman, M. 57
— s. Linden, S. H. *218*
Chapman, S. S. s. Burke, R. C. *1281*
Chappaz, G. 886, 1233, 1252
— u. P. Bertrand *951*, *1282*
— — J. A. Martin u. R. Tayac *1282*
Chappelle, E. s. Grigsby, M. E. *939*
Chaptal, J. s. Janbon, M. *1109*
Charbonneau, P. 1179
— u. D. F. Raquet *1282*
Chargin, L. s. Peck, S. M. *465*
Charles 205
Charney, J. 1264, 1270, *1282*
— s. Bolhofer, W. A. *1280*
— s. Machlowitz, R. A. *943*
— s. Tytell, A. A. *1314*
Charney, W. s. Herzog, H. L. *685*
Charpy, J. 11, 394, 433, 442, 443, 444, 445, *458*, 891, 897, *951*, 1158
— u. E. Calas *458*
— L. Oddoze, A. Stahl, M. Peyron u. R. Maney *27*
Chase, J. H. s. Dougherty, T. F. *679*
Chassard, J. L. s. Thiers, H. *701*
Chastonay, E. de 446, 447
— s. Fanconi, G. *459*
Chattaway, F. W. 1243
— s. Barlow, A. J. E. *1278*

Chatterjee, K. R. 1004, 1087
— u. R. K. Poddar *1103*
Chatterjee, S. K. s. Tandan, J. K. *1119*
Chauchard, B., u. P. Chauchard *529*
— — H. Mazoue u. R. Lecoq *529*
Chauchard, P. s. Chauchard, B. *529*
— s. Lecoq, R. *538*
Chavanis, P. 1182
— s. Carron, R. *1282*
— s. Girard, P. *682*
Chaves, R. s. Lane, S. L. *1299*
Cheetman, H. C. 750
— s. Lewis, W. L. *768*
Chemnitz, H. 800, 919
— s. Reploh, H. *946*, *958*
Chen, G. 345, 736, 737, *765*
— u. C. R. Ensor *365*
— u. E. M. K. Geiling *765*
— — u. R. M. MacHatton *765*
Chen, K. K. 835
— s. Lee, C. C. *942*
— s. Lee, H. M. *373*
Chenney, L. C. s. Hooper, J. R. *1368*
Cheng, W. W. F. 1235, *1282*
Cherniss, E. J. 1206
— u. B. A. Waisbron *1282*
Chernowsky, M. E. 145
— s. Derbes, V. J. *234*
— s. Guin, J. D. *684*
Cherrick, G. R. s. Finland, M. *1106*
Cherrier, P. 171
— s. Beurey, J. *236*
Chesley, R. F. 904
— s. Keating, W. J. *954*
Chesney, E. W. 42, 43
— F. C. Nachod u. M. L. Tainter *216*
Chessin, M. 318
— u. N. Ercoli *365*
Chevalier s. Joulia *687*
Chevalier, C. R. 12, *27*
Chevallier, P. 19, *27*, 666, *705*
Chevarria, A. P. s. Anderson, H. H. *763*
Cheymol, J. 909, *951*, 1181, *1282*
Chi Kong Liu 628
— s. Evans, R. S. *680*
Chiale, G. F. 201, *237*
Chiari, R. 134
— u. H. Januschke *231*
Chickering, O. 297, 310, 316
— s. Loew, E. R. *373*
Chikano, M. s. Nishimura, H. *1115*
Child, K. J. 1245, *1282*
Childress, S. J. 1044
— s. Scudi, J. V. *1118*
Childs, A. J. 1249, 1254, *1228*

Chilton, N. W. s. Kutscher, A. H. *955*
Chinn, H. J. 345, 1178, 1206, 1231
— R. B. Mitchell u. A. C. Arnold *1282*
— — F. W. Bieberdorf u. A. C. Arnold *1282*
— W. K. Noell u. P. K. Smith *365*
— u. F. W. Oberst *365*
— s. Mitchell, R. B. *1303*
Chiriboga, J. 566, 591
— s. Quiroga, M. I. *695*
Chisholm, T. s. Adams, F. H. *673*
Chiu, C. Y. 559, *677*
Chivington, P. V. 50
— s. Cole jr., H. N. *216*
Chmel, L. 1184, *1282*
Chobot, R. 295
— s. Dundy, H. D. *367*
Chodosh, S. s. Duvenci, J. *679*
Chorpa, J. C. 837
— s. Gupta, K. G. *939*
Chow, B. 497, 499
— s. Greep, R. *533*
— s. Shedlovsky, T. *545*
Christ, N. R. s. Landsman, J. B. *1112*
Christ, P. 1033, 1090
— u. H. Kropp *1103*
Christensen, J. 68
— s. Wase, A. W. *226*
Christian, J. E. 1004, 1005
— s. Fingl, E. G. *1106*
— s. Hutchins, H. H. *1109*
Christian, W. 403, 408
— s. Warburg, O. *468*
Christiansen, J. V. 51, 52, 55, 58, *216*
— u. H. Brodthagen *216*
— u. J. P. Nielsen *216*
— s. Brodthagen, H. *216*
Christie, A. 1217, *1282*
Christie, F. J. s. O'Connor, J. B. *945*
Christie, R. V. 899
— s. Roxburgh, J. A. *959*
Christison, I. B. 1192, 1193, 1205
— u. N. F. Conant *1282*
— — F. C. Brown u. C. K. Bradsher *1282*
Chu, P. s. Cron, M. J. *936*
Chuckerbutty, B. 1213, *1282*
Church, R. 568, 586, 593, 614, 616, 618, *677*, 878, 891, *951*
— u. I. B. Sneddon *677*
— s. Sneddon, I. B. *699*
Churchil-Davidson, H. C. 73
— s. Foster, C. H. *223*
Churchill, J. 350, 357
— u. G. D. Gammon *365*
Chvostek 143

Chwalla, R. *529*
Ciarrochi, L. 513, *529*
Ciferri, R. 1177, 1182, 1183, *1282*
— G. Mazzetti u. E. Giunchi *1282*
Cimino, R. 1061
— s. Pecori, V. *1115*
Cippriano, A. P. s. Evans, T. S. *1366*
Cisneros, T. 671
— s. Gregorio, E. de *707*
Citterio, C. s. Mascitelli-Coriandoli, E. *1113*
Ciuffo, G. s. Mameli, E. *768*
Civatte, J. 636
— s. Coste, F. *678*
Clancy, C. F. 843, *935*
Clapp, J. W. 1044, *1103*
Clapper, W. E. 1040
— u. M. Heatherman *1104*
— s. Harrison, V. M. *1108*
Clark 1189, *1283*
Clark, A. J. 732, *765*
Clark, J. H. 1083, 1085, 1187
— J. P. English, G. R. Jansen, H. W. Marson, M. M. Rogers u. W. E. Taft *1104*
— s. Corbit jr., J. D. *1283*
Clark, L. D. 77, *222*
Clark, P. s. Huggins, Ch. *535*
Clark, R. F. 594, 620, 627
— u. J. J. Hallet *677*
Clark jr., R. K. 833, *935*
Clark, W. H. 736
— s. Brainerd, H. D. *951*
— s. Hellermann, L. *767*
Clarke, D. A. s. Bradner, W. T. *1365*
Clarke, G. E. 445, *458*
Clarmann, M. v. 598, *677*
Clauberg, C. 478, *529*
Claude-Bernard 470
Claudon, D. B. 902
— u. A. A. Hoolbrook *951*
Clausen, S. W. 397, *458*
Clauser, G. 331, *365*
Clauss, J. 793
— s. Napp, J.-H. *945*
Clausse, J. s. Gillot, F. *682*
Cleghorn, R. A. 580
— B. F. Graham, M. Saffran u. D. E. Cameron *677*
Clein, N. W. 337, 342, *365*
Clemans, P. s. Brull, L. *458*
Clément, R. 351
— u. S. Godlewski *365*
Clerc, E. 1021, 1084, 1086, 1089, *1104*
— s. Langecker, H. *1112*
Cleroux, A. P. s. Astwood, E. B. *673*
Cleveland, W. W. s. Smith, G. F. *1118*
Clifton, J. A. 562, *677*

Cline, H. L. 807
— J. H. Houseworth u. F. W. Pitts *935*
Clotten, R. 1029, *1104*
Clutterbuck, P. W. 773, 1265
— W. Koerber u. H. Raistrick *1283*
— R. Lovell u. H. Raistrick *935*
Clyman, B., F. Dwyer, W. McDonough u. Th. Butterworth *529*
Clyman, S. C. s. Pascher, F. *694*
Coates jr., E. O. s. Steenken jr., W. *1170*
Coates, L. V. 1213
— D. J. Drain, K. A. Kerridge, F. J. Macrae u. K. Tattersall *1283*
Cobet, R. s. Soehring, K. *231*
Cobler, H. s. Butenandt, A. *528*
Coburn, A. F. s. Dubos, R. J. *936*
— s. Lockwood, J. S. *1113*
Coca 186
Cocchi, C. 1124
— u. G. Pasquinucci *1165*
Cochrane, Th. 50, 54, 1239, 1240, 1241
— u. A. Tullett *1283*
— s. Harvey, G. *217*
Cocker, W. 1052, 1087
— s. Bell, E. A. *1102*
Cockshott, W. P. 1221, *1283*
Code 282, 285, 287, 316
Code, Ch. F. 358
— u. A. D. Macdonald *358*
— s. Welbourn, R. B. *703*
Code, D. F. s. Leavitt, M. D. *372*
Coers, R. J. s. Oudsten, S. A. den *694*
Cofano, A. R. 565, 891, *951*
— u. S. Romano *677*
Coffee, G. L. 855
— A. P. Hillegas, M. P. Knudsen, H. J. Koepsell, J. E. Oyaas u. J. Ehrlich *935*
— s. Ehrlich, J. *937*
Coffin, G. S. 295
— u. E. A. Kabat *365*
Cohen 35, 39, 70, 71, 72, 73, 290, 295
Cohen, A. 714, 721, 736
— H. King u. W. I. Strangeways *765*
Cohen, A. C. 908
— u. G. C. Glinsky *951*
Cohen, A. S. 629, *677*
Cohen, D. 582
— u. S. H. Distelheim *677*
Cohen, D. B. 1233
— s. Levy, E. S. *1299*
Cohen, E. B. 574, 575
— s. Eisenstadt, W. S. *680*

Cohen, H. A. s. Dostrovsky, A. *217*
Cohen, H. J. 620
— u. R. L. Baer *677*
Cohen, I. R. s. Hickey, R. J. *1293*
Cohen, J. M. *222*
— u. J. D. Archer *222*
— s. Mullins, J. F. *224*
Cohen, J. R. 1182
— s. Mandel, M. *1301*
Cohen, M. 635
— s. Rony, H. R. *696*
Cohen, M. B., u. H. J. Friedman *366*
Cohen, M. C. s. Bereston, E. S. *216*
Cohen, M. M. s. Robinson jr., H. M. *959*
Cohen, R. *529*, 1190, 1206, 1216, 1224, *1283*
— u. R. O'Connor *1283*
u. M. Persky *1283*
Cohen, S. s. Katz, G. *360*
Cohen, S. G. 651, *677*
Cohen, T. M. 1186, 1232, 1265, *1283*
Cohn 39, 41, 43
Cohn, C. s. Wolfson, W. Q. *704*
Coindet 667, *707*
Coker, C. s. Oppel, T. W. *694*
Colbert, J. W. 1205
— M. D. Strauss u. R. H. Green *1283*
Cole 48, 50, 53
Cole, D 493, *529*
— s. Lobitz jr., W. C. *538*
Cole, D. P. s. Goldman, L. *217*
Cole, H. H. 501, 509
— C. Hamburger u. A. Neimann-Sørensen *529*
— u. H. Hart *529*
Cole, H. N. s. Cole jr., H. N.*216*
Cole jr., H. N. 50
— P. V. Chivington, H. N. Cole u. J. R. Driver *216*
Cole, W. J. 25
— u. F. M. Keddic *27*
Colebrook, L. 962
— G. A. H. Buttle u. R. A. Q. O'Meara *1104*
Coleman, M. 319
— u. B. B. Siegel *366*
Coleman, N. 816, 1071
— s. Eyles, D. E. *937*, *1105*
Coleman, V. R. 797, 840, 841
— s. Jawetz, E. *940*, *941*
Coles, H. M. T. 778
— s. Stewart, G. T. *947*
Coletta, A. 1249
— u. E. Martucci *1283*
Coletti, J. M. s. Samitz, M. H. *697*
Colfer, H. F. s. Cannon, A. B. *677*

Colio, L. G. s. Landy, M. *1299*
Collazo, J. A. 398
— u. J. Sanchez-Rodriguez *458*
Collier, H. O. J. 1228
— M. D. Potter u. E. P. Taylor *1283*
— s. Babbs, M. *1278*
Collin, M. 891
— s. Quie, P. G. *958*
Collins 411, *459*
Collins, A. s. Seneca, H. *698*
Collins, A. P. 1192
— u. G. A. Wiese *1283*
Collins, G. R. s. Gezon, H. M. *938*
Collins, H. S. s. Finland, M. *952*
Collins, J. G. 1210
— T. H. McGavack u. L. J. Boyd *1283*
Collins, J. H. s. Underwood, P. C. *1314*
Collins, J. L. 1195
— s. White, C. S. *1316*
Collins, S. F. s. Tye, M. J. *221*
Collip, J. B. 496, *529*, 550, 551, 567, 671, *709*
— E. M. Anderson u. D. L. Thomson *677*
— L. S. Pugsley, H. Selye u. D. L. Thomson *709*
Colmeiro-Laforet, C. 1181, *1283*
Colmer, M. L. s. Laszlo, D. *1368*
Colomb, D. 57, 87, *667*
— s. Thiers, H. *226*, *706*
— s. Thiers, J. *221*
Colomb, L. 25
— u. G. Fayolle *27*
— s. Juvin, H. *706*
Colonna, F. s. Meleney, F. L. *944*
Colorado Iris, R. s. González Ochoa, A. *1290*
Colsky, J. 1207, *1283*
— s. Milberg, M. B. *944*
Colwell, C. A. 1233
— u. M. McCall *1283*
Combes, F. C. 333, 336, 392, 603, 608, 610, 1191
— u. O. Canizares *677*
— — u. E. Dicyan *366*
— u. M. J. Costello *677*
— Klumpp, McIntosh u. Moore *459*
— R. Zuckerman u. A. Bobroff *1283*
— — u. O. Canizares *366*
— s. Grace, A. W. *683*
Comel 395, *459*
Comer, J. P. s. Kuzel, N. R. *942*
Commandon, H. 732, *765*
Common, R., W. Rutledge u. W. Bolton *529*
— s. McKinley, W. *540*

Commons, R. R. s. Koff, R. *689*
— s. Morgan jr., F. M. *540*
Compere, E. L. 561
— s. Hastings, A. B. *685*
Conalty, M. L. s. Barry, V. C. *1165*
Conan, N. J. s. Berliner, R. W. *216*
Conant, N. F. 1183, 1192, 1193, 1205, 1254
— D. T. Smith, R. D. Baker, J. L. Callaway u. D. St. Martin *1283*
— s. Christison, I. B. *1282*
— s. Klapper, M. S. *1297*
Conese, G. 403
— s. Valeri, C. M. *468*
Conn, J. E. 1263
— s. Geiger, W. B. *1288*
Conn, J. W. s. Fajans, S. S. *680*
Connor, N. D. s. Larson, E. J. *942*
Connor, S. K. 58, *216*
Conrad, A. H. 612, 1165
— J. Greenhouse u. R. Weiss *677*
Conradi 620, 623
— s. Grüneberg, Th. *684*
Conradi, G. 729
— s. Brock, J. *764*
Consigli, C. A. 656
— R. R. Biagini u. C. Vasquez *677*
Constant, E. R. 1266, *1283*
Contamin, F. s. Degos, R. *678*
Conti, C. 601, 898
— L. Cavallini u. F. Casalini *677*
— s. Benedetti, G. *950*
Controulis, J. 713, 759, 760
— s. Banks, C. K. *763*
Convit, J. s. Roche, M. *696*
Conway, H. S. 1007, *1104*
Cook 395
— s. Lynch *464*
Cook, A. H. 1054, 1267
— I. M. Heilbron, K. J. Reed u. M. N. Strachan *1104*
— s. Arnstein, H. R. V. *1278*
Cook, Ch. 577
— s. Ashton, N. *673*
Cook, E. S. 1222
— C. W. Kreke, M. McDevitt u. M. D. Bartlett *1283*
Cook, J. E. s. Bernstein, I. L. *1279*
Cook, J. W. s. Morgan, G. T. *768*
Cook, S. s. Krantz, J. C. *360*
Cooke, R. 589
— s. Sherwood, H. *699*
Cooke, R. A. 292, 295, *366*, 585, 587, 596
— W. B. Sherman, A. E. Menzel, H. B. Chapin, Ch. M. Howell, R. B. Scott, P. A. Myers u. L. M. Downing *677*

Cooke, R. A. s. Hebald, S. *370*
— s. Prochazka Fisher, J. *361*
Cooper, C. J. 739
— s. Wright, H. N. *771*
Cooper, G. A. 716, 717
— s. Tatum, A. L. *770*
Cooper, M. S. 918
— s. Allen, G. A. *950*
Cooper, O. 1233
— s. Ball, E. G. *1278*
Cooper, P. 1006, *1104*
Cooper, Z. K. 1179
— u. M. F. Engman *1283*
Copello, F. 596
— u. M. Cajati *677*
Copenhaver, J. H. 286
— M. E. Nagler u. A. Goth *358*
Copman 582
Copp, F. s. Brownlee, G. *528*
Coppleson 877
Corbelli, G. 651, 1179, 1233, 1248
— L. Allegri, G. Casaglia u. E. Tomat *677, 1283*
— — u. A. Mazzoni *1283*
— — u. E. Tomat *1283*
Corbin, E. E. s. Baadj, A. G. *934*
Corbit jr. J. D. 1187
— R. McElroy u. J. H. Clark *1283*
Corcoran, A. C. s. Haserick, J. R. *685*
Cordero, A. A. 52, 1219
— u. P. H. Magnin *216, 1283*
— s. Quiroga, M. I. *1307*
Coret, J. A. s. Scudi, J. V. *947*
Cori, C. F. 558, *677*
— u. G. T. Cori *677*
Cori, G. T. s. Cori, C. F. *677*
Coriell, L. L. 870
— s. Lin, F. K. *942*
Corke, C. T. s. Lechevalier, H. A. *942, 1299*
Corman, W. 162
— A. Schrader u. J. Vonkennel *233*
Cormane, R. H. 1183, 1208, *1283*
— s. Luyendijk, W. *1300*
Cormia, F. E. 57, 59, 120, 128, *216, 228*, 317, *366*, 590, 905
— u. O. Kuykendahl *231, 366*
— G. M. Lewis u. M. E. Hopper *951*
— u. M. H. Noui *216*
— s. Fromer, J. L. *682*
Cormie, R. 512
— u. J. Sommerville *529*
Cornatzer, W. E. 156, 161, 162
— s. Cayer, D. *233*
Cornbleet, Th. 7, 8, 25, *27*, 48, 57, 59, *216*, 390, 393, 511, *529*, 569, 586, 593, 618, 651, 671, *707*, 1186, *1283*

Cornbleet, Th., u. B. Barnes *529*
— S. Barsky u. C. del Busto *1283*
— — u. B. Firestein *1283*
— — u. L. Hoit *216, 677*
— u. B. Jaffe *677*
— u. N. R. Joseph *27*
— u. H. Popper *459*
— H. C. Schorr u. S. Barsky *27*
— s. Ginsberg, E. *217*
— s. Grant, R. *683*
— s. Stoughton, R. B. *220*
Corner, G. *529*
Cornman, J. s. Karnofsky, D. A. *1368*
Cornu, J. s. Graciansky, P. de *683*
Corsar, C. s. Pinnert-Sindico, S. *945*
Corson, E., u. H. Luscombe *529*
Corsten, M. 1029, *1104*
Corti, R. s. Quiroga, M. *542*
Corum, C. J. s. Hickey, R. J. *1293*
Coryel 426, *459*
Cosand, H. C. 344
— s. Hoagland, R. J. *369*
Cosar, Ch. 1081
— u. M. Kolsky *1104*
Cosgriff, S. W. 577, *677*
— A. F. Diefenbach u. W. Vogt jr. *678*
Coste, F. 582, 618, 622, 625, 636, 645, 649, 655
— P. Blum u. A. Basset *678*
— u. B. Piquet *678*
— — u. J. Cayla *678*
— — u. J. Civatte *678*
— — u. F. Delbarre *678*
— — — u. Hinaut *678*
Costello, M. J. 340, *366*, 599, 608, 614, 642, *678*, 1253, 1254
— O. Canizares, M. Montague u. C. M. Buncke *678*
— Ch. P. de Feo u. M. L. Littman *1283*
— L. Jaimovich u. N. Dannenberg *678*
— s. Combes, F. C. *677*
Costigan, P. G. 1259, *1283*
Cotte, J. 1270
— s. Gaté, J. *1288*
Cottenot, F. s. Degos, R. *707*
Cotter, K. E. 564
— s. Vanatta, J. C. *702*
Cottet 150
Cottini, G. B. 1332
— u. S. D. Randazzo *1365*
Cottini, S. 85, 191, *222*
Coudert, J. 1183, 1185, 1191, 1217, 1270, *1283*
— u. J. C. Doucet *1283*
— u. H. Jehl *1283*
— s. Gaté, J. *1288*

Coudert, J. s. Girard, P. *682*
Couédic, A. du 580
— s. Couédic, H. du *678*
Couédic, H. du 580
— u. A. du Couédic *678*
Coulant, le 71, 667
— u. Dugau-Martin *705*
— s. Boucaud, P. de *222*
— s. Joulia *687*
Coure 144
Courlay, R. J. 414, *459*
Courville, C. J. 50
— u. E. T. Perry *216*
Courvoisier, S. 806, 843
— u. O. Lean *936*
Cowan 333, 344
Cowan, D. W., u. H. S. Diehl *366*
Cowan, I. C. s. Inman, P. *371*
Cowles, P. B. 963, 998, 999, 1050, 1054, *1104*
— u. I. M. Klotz *1104*
Cox, R. S. 1268
— u. J. L. Hannon *1283*
Craddock, W. L. 46, *216*
Crafts, R. C. 563
— u. B. S. Walker *678*
Craig, L. C. 845
— W. Hausmann u. J. R. Weisiger *936*
Craige jr., B. s. Alving, A. S. *215*
Cramer, F. 1005, *1104*
Cramer, H. 396, *459*, 1334
— u. H. Brodersen *1365*
Cramer, J. A. 49
— u. G. M. Lewis *216*
Cramer, L. F. s. Burchenal, J. H. *1365*
Crandon, J. H. 430, 432
— C. C. Lund u. D. B. Dill *459*
Craps, L. 291
— s. Inderbitzin, Th. *359*
Craps, M. 1258, *1283*
Crassweller, P. O., A. W. Farmer, W. R. Franks u. A. D. McLachlin *678*
Craster, C. 1230
— s. Edelson, E. *1285*
Craver, L. F. s. Karnofsky, D. A. *1368*
Crawford, A. C. s. Abel, J. J. *704*
Credner, K. 294, 299, *366*, 661
— u. W. Schumrick *366*
— s. Holtz, P. *359*
Creech, H. J. 1354, *1365*
— u. R. F. Hankwitz *1365*
Crema, A. 1046, *1104*
Cremer, C. 1184, 1233, *1283*
Cremer, H. D. *237*, 1191
— W. Tolckmitt u. J. Wenderhold *1284*
— s. Glatzel, H. *238*
— s. Kühnau, J. *238*

Cremer, H. D. s. Voegt, H. *239*
Cremer-Bartels, G. s. Tsche-
sche, R. *1119*
Cremerius, J. 123
— u. H. Curschmann *228*
Crepea, S. B. 347
— J. C. Allanson u. L. De-
lambre *366*
Creyssel, R. s. Michel, P. J.
692
Criep, L. H. 124, 306, 318, 319,
320, 322, 336, 351, 588, *678*
— u. T. H. Aaron *366*
— M. L. Levine u. T. H. Aaron
366
— u. C. de C. Ribiero *228*
Crigger, E. s. Gaebler, O. *532*
Crisalli, M. 579
— u. A. Terragna *678*
Crissey, J. T. 55, 168, *236*
— u. Ph. F. Murray *216*
Crittenden, P. J. 1187
— N. J. Westfield u. L. S.
Joiner *1284*
Crocker 47
Crockett, K. A. 320
— s. Roberts, R. C. *377*
Croften, J. 908
— u. H. M. Foreman *951*
Crofton, J. 345
— s. Bignall, J. R. *364*
Cron, M. J. 865, 869
— D. L. Evans, F. M. Paler-
miti, D. F. Whitehead, J. R.
Hooper, P. Chu u. R. U.
Lemitieux *936*
— O. B. Fardig, D. L. John-
son, H. Schmitz, D. F.
Whitehead, J. R. Hooper
u. R. U. Leminieux *936*
— — — D. F. Whitehead,
J. R. Hooper u. R. U.
Leminieux *1165*
— D. L. Johnson, F. M. Paler-
miti, Y. Perron, H. D. Tay-
lor, D. F. Whitehead u.
J. R. Hooper *936, 1165*
— D. F. Whitehead, J. R.
Hooper, B. D. Heinemann
u. J. Lein *936*
— s. Hooper, J. R. *1368*
Cronheim, G. 791
— M. E. Baird u. W. N. Dan-
nenburg *936*
Cronin, E., u. G. C. Wells *678*
Cronin, M. T. I. 1224
— s. Moran, A. B. *1303*
Cronk, C. A. 892
— D. E. Naumann, E. J. Heitz-
man, F. N. Marty, K. J.
McDermott u. A. A. Ver-
cillo *951*
Crosbie, A. 602, *678*
Crosnier, R. *529*
Cross, J. M. 1198

Cross, J. M., C. A. Discher u. M.
Jannarone *1284*
— s. Discher, C. A. *1284*
Crounse, R. G. 1254
— u. A. B. Lerner *1284*
Crow, K. s. Brain, R. T. *1280*
Crowe, F. W. 176, 594, 618, 620
— T. B. Fitzpatrick, S. A.
Walker u. R. Olson *678*
— s. Talbot, J. R. *237, 280*
Croxatto, H. R. s. Oberhauser,
F. B. *1369*
Croxon, H. J. 1222
— s. Byrne, E. A. J. *1281*
Cruchaud, S. 315
— s. Halpern, B. N. *370*
Cruickshank, N. D. 325
— s. Sevitt, S. *378*
Cruise, A. B. s. Smadel, J. E.
947
Crum, G. F. s. Hoeksema, H.
940
Crumbloy jr., J. J. 352, *366*
Crutcher, J. C. 1254
— s. Vogel, R. A. *1315*
Cruz-Baéz, R. s. Prendes, M.
A. G. *220*
Csobán, G. 1177
— s. Uri, J. *1314*
Cucinotta, U. 325, *366*
Cuckler, A. C. 870, 1138
— B. M. Frost, L. McClelland
u. M. Solotorovsky *936,
1166*
— s. Solotorovsky, M. *947*
Cuendet, O. 432, *459*
Cuervo Munoz, C. *529*
Cueva, J. V. 21, 147
— u. R. Hernández de la Por-
tilla *27, 234*
Cukerbaum 726
Culbertson, C. G. s. Powell, H.
M. *945*
Cummings, J. 1263, *1284*
Cummings, M. M. 1137
— R. A. Patnode u. P. C.
Hudgins *1166*
— s. Patnode, R. A. *1169*
— s. Sheldon, W. H. *698*
Cummins, C. R. 1206
— B. Bairstow u. L. A. Baker
1284
Cunha, A. C. da 1219, *1284*
— s. Almeida, F. de *1277*
Cunningham, M. D. s. Tislow,
R. *380*
Cunz, H. 318, *366*
Curatolo, D. 1182, 1247
— s. Andreoni, G. *1277*
Currie, C. C. 253
— u. D. M. Francisco *279*
Curschmann, H. 123
— s. Cremerius, J. *228*
Curth, W. 670
— s. Buschke, A. *707*

Curtis, A. C. 336, 669, 495, 508,
514, 1205, 1206, 1207, 1218,
1232, 1254, *1284*
— u. H. C. Blaylock *707*
— u. F. C. Bocobo *1284*
— — E. R. Harrell u. E. D.
Block *1284*
— u. E. R. Harrell *529, 1284*
— u. B. B. Owens *366*
— s. Bocobo, F. C. *528, 1280*
— s. Evans, E. E. *1286*
— s. Harrell, E. R. *1292*
— s. Wheeler, C. *548*
Curtis, D. R. 1256
— s. Buckle, G. *1281*
Curtis, P. J. 1236, 1237, 1261,
1266
— H. G. Hemming u. C. H.
Unwin *1284*
— s. Brian, P. W. *935, 1280*
Cushing 496
Custer, R. P. 46, *217*
Cutting, W. C. 1045, 1048, 1220,
1257
— s. Dobson, L. *1284*
— s. Hanzlik, P. J. *1108*
— s. Marshall jr., E. K. *1113*
Cuttle, T. D. s. Matsumoto,
K. K. *1301*
Cuvier 661
Cymerman-Craig, J. 995, 999
— S. D. Rubbo u. B. J. Pierson *1104*
— D. Willis, S. D. Rubbo u.
J. Edgar *1166*
— s. Baxter, J. N. *1102*
— s. Rubbo, S. D. *1169*
Czetsch-Lindenwald, H. v. 177,
241, 242, 245, 246, 250, 268,
272, 276, *279,* 1072, 1091
— u. F. Schmidt-La Baume
236, 279, 529, 1104

Daecke, K. 1084, *1104*
Däschlein, G. 399
— u. H. J. Drossel *459*
Daeschner, Ch. W. 1085, 1087,
1231
— W. R. Bell, P. C. Stivrins,
E. M. Yow u. E. Townsend
1104
— s. Rosenthal, M. W. *1308*
Daft, F. S. 1023
— s. Kornberg, A. *1111*
D'Agnolo, B. 1331, 1332
— s. Leonardi, P. *1369*
Dahr, P. 728, *765*
— u. J. Regenbogen *765*
Daidson, C. S. s. Castle, W. B.
458
Dailey, R. E. 328
— s. Way, E. L. *380*
Dainow, J. 42, *217*, 395, 396,
415, 443, 445, 450, *459,* 891,
951

Dalby, G. s. Hoffmann, R. *1293*
Dale, H. H. 281, 290, 343, *357*
— u. P. P. Laidlaw *358*
— s. Barger, G. *358*
— s. Best, C. H. *358*
Dale, W. A. 877
— u. C. A. Hang *951*
D'Alesandro, L. s. Ricciardi, S. *696*
Dalgaard-Mikkelsen, S. 1083, 1086
— u. E. Poulsen *1104*
Dalith, F. s. Ziprkowski, L. *1317*
Dallacker, F. 1150
— s. Lipp, M. *1168*
Dalmer 416, *459*
Dalton, J. E. 669
— u. M. A. Seidell *707*
Daly, J. F. 57, *217*
Dam, H. 448, 452, 454, 455, *459*
— H. Drygve, H. Larsen u. P. Plum *459*
— A. Geiger, J. Glavind, P. Karrer, W. Karrer, E. Rothschild u. H. Salomon *459*
— J. Glavind u. N. Nielsen *459*
— — Prange u. Ottesen *459*
— u. E. Soendergaard *459*
Damashek, W. 628, 902
— u. E. W. Campbell *951*
— F. Rubio, J. P. Mahoney, W. H. Reeves u. L. A. Burgin *678*
— s. Stefanini, M. *700*
Damast, B. s. West, C. D. *548*
Dameno, R. 1252, *1284*
Damm, G. 634, *678*
Dammin, G. J. 310, 319, 322
— u. S. C. Bukantz *366*
— s. Bukantz, S. C. *365*
Daneman, E. s. Freeman, H. *532*
Daniel, W. E. 1023
— s. Alyea, E. P. *1101*
Danielopolu, D. *358*
Daniels, T. C. 963, 1004, 1049, 1054
— s. Kumler, W. D. *1111*
— s. Quan, S. F. *1116*
Dann, O. 1049
— u. E. F. Möller *1104*
Dannenberg, H. 1329
— s. Butenandt, A. *1365*
Dannenberg, M. s. Bloom, D. *26*
Dannenberg, N. s. Costello, M. J. *678*
Dannenberg, P. 523
— s. Druckrey, H. *531, 1366*
Dannenberg, T. 79
— s. Carmel jr., W. J. *222*
Dannenberg, T. B. 335
— u. S. M. Feinberg *366*

Dannenberg, T. B. s. Feinberg, S. M. *680*
Dannenburg, W. N. s. Cronheim, G. *936*
Danowski, T. S. 185, 190, 195, 196, *238*, 1192
— u. M. Tager *1284*
— s. Tager, M. *1313*
Danto, J. L. 510, 512, 568, 660
— u. St. Maddin *678*
— s. Maddin, St. *691*
— s. Sawicki, H. *544*
— s. Stewart, W. D. *1313*
Darbey 442, *459*
Darcissac, M. 1191, *1284*
D'Arcy Hart, P. 1126, 1131
— u. R. J. W. Rees *1166*
Dardel 201
Dargeon, H. W. s. Burchenal, J. H. *1365*
Darras, N. s. Huriez, Cl. *940*
D'Ascensiv, I. L. s. Grunberg, E. *1167*
Datavo, L. 177, *236*
D'Atri, G. 1190, *1284*
Datta, S., S. Roy u. S. K. Roy *529*
Daubresse-Morelle, E. 186, *238*
Daugherty, G. W. 189
— s. Moll, H. C. *238*
Davenport, H. W. 1062, *1104*
— s. Sayers, G. *697*
Davey, T. F. 1069
— A. M. Kissaun u. G. Moneta *1104*
David, K., E. Dingemanse, I. Freud u. E. Laqueur *529*
David-Chausse, R. s. Joulia *687*
Davidsohn, J. s. Stern, K. *546*
Davidson 422
— u. Girdwood *459*
Davidson, A. M. 1179
— P. H. Gregory u. A. R. Birt *1284*
Davidson, D., u. A. Sobel *529*
Davies, D. F. s. Free, A. H. *1106*
Davies, G. E. 57, 71, 86, *222*
Davies, J. H. T. 617, *678*
Davies, R. E. M. 273, *279*
Davis 72, 283, 320, 336, 339, 353
Davis, B. D. 1011, 1013, 1021, 1022, 1040, 1048, 1083, 1085, *1104*
— s. Yaniv, H. *1122*
Davis, D. J. s. Schayer, R. W. *361*
Davis, D. S. 835
— u. M. R. Romansky *936*
Davis, E. s. Shanon, J. *225*
Davis, H. P. 908
— s. Johnson, S. A. M. *954*
Davis, J. *366*, 487
— R. K. Meyer u. W. McShan *529*

Davis, J. s. Waldriff, G. A. *380*
Davis, J. D. s. Hunter, D. *371*
Davis, M. 495, 502
— M. Boynton, J. Ferguson u. St. Rothman *529*
Davis, M. J., u. D. E. v. d. Ploeg *217*
Davisson, J. W. 1269
— F. W. Tanner, A. C. Finlay u. I. A. Solomons *1284*
Dawes, G. S. 43, *217*
Dawkins, S. M. 1209
— J. M. B. Edwards u. R. W. Riddell *1284*
Dawson, J. s. Hoyle, C. *686*
Dawson, R., u. I. Robson *530*
Day 195
Day, E. s. Thorn, G. W. *701*
Deal, C. C. s. Najjar, V. A. *465*
Dean 1268
Dearborn, E. H. 39
— F. E. Kelsey, F. K. Oldham u. E. M. K. Geiling *217*
Dearing, W. H. 904, 912, 913
— u. F. R. Heilman *951*
— u. G. M. Nudham *951*
De Arruda 392
Debré, R. 596, 597
— P. Mozziconacci, N. Masse u. Y. Dupuy-Joie *678*
Decamps, N. 21
— s. Dujardin, B. *27*
Decaris, L. J. 870, *936*
Dechant, H. 993, *1104*
Dechavassine, M. 1005, 1041, 1043
— s. Boyer, F. *1103*
Decker 580
Decourt, J. 90, 310, 316, 562
— J. P. Michard u. O. Mantel *678*
— A. Rinieri u. P. Sonnet *366*
Decroix, G. 618
— u. H. Heyem *678*
Deddie 25
Dees, S. C. 588, *678*
Defranceschi, A. 1143, 1144
— u. V. Zamboni *1166*
Degnan, E. J. 1259
— s. Hinds, E. C. *1293*
Degos, R. 433, *459*, 607, 640, 641, 649, 654, 669, 899, 1239, 1240
— F. Cottenot u. R. Dorenlot *707*
— u. J. Delort *678*
— O. Delzaut, F. Contamin u. J. M. Pernot *678*
— G. Granier u. E. Lortat-Jacob *678*
— — B. Ossipowski u. R. Labet *678*
— E. Lortat-Jacob, J. Mallarmé u. R. Sauvan *678*

Degos, R., E. Lortat-Jacob, B. Ossipowski u. R. Labet 678
— E. Rivalier u. P. Lefort 1284
— u. R. Touraine 678
Deininger, R. 1083
— u. H. Gutbrod 1104
Deininger, W. 1081
— s. Holle, F. 1109
Deitz, E. N. 344
— s. Hoagland, R. J. 369
Dejou, L. 1258
— u. E. Aite 1284
Delacrétaz, J. 625
— s. Jaeger, H. 687
Delambre, L. s. Crepea, S. B. 366
Delaporte, J. 600, 1181
— s. Graciansky, P. de 1290
— s. Léchelle, P. 690
Delattré, M. 1166
Delaveau, P. 1220
— u. S. Brion 1284
Delaville, M. s. Lichtwitz, A. 538
Delay, J. 60
— P. Deniker u. T. Lemperiere 222
Delbanco, E. s. Bingold, K. 527
Dolbarre, F. s. Corte, F. 678
— s. Lemaire, A. 538
Delcambe, L. 1266, 1284
Delfs, F. M. s. Bruck, C. G. vom 1103
Deligianis, H. s. Lynch, J. E. 943
DeLilly, M. R. 632
— s. Scott, R. B. 698
Dell 69
— s. Hiebel 223
Della Torre, B. 1175
— s. Vanbreuseghem, R. 1315
Delmez, J. P. 96
— s. Engel, E. 227
Delmotte, A. 833, 936, 1222, 1223, 1284
— s. Armangué, M. 1278
— s. Brabant, H. 1280
DeLorenzo, W. F. 1083, 1084, 1085, 1086
— u. R. J. Schnitzer 1104
— u. A. M. Schumacher 1104
— s. Schnitzer, R. J. 1117
— s. Svenson, S. E. 1118
Delort, J. 641
— s. Degos, R. 678
Delost, P. 1023
— s. Hung, L. van 1109
Delphant, J. s. Dumazert, C. 531
Del Pozo, E. C. 655
— u. E. González Ochoa 678
— — S. R. Venegas, M. Martinez-Beaz u. M. Alcaraz 678

Delsey, C. 567
— s. Gordon, E. S. 683
Delzaut, O. s. Degos, R. 678
Deming, C. 522, 530
Demling, J. 165
— u. H. Schön 234
Demmler, W. 333
— u. M. Klingbeil 366
Demuth, H. s. Bünger, P. 935
Dencker, S. J., R. Schlaug u. W. Silfverskiöld 678
Dengler, H., u. E. Beck 1166
Deniker, P. 60
— u. M. Ropert 222
— s. Delay, J. 222
Denk, W. 1338
— u. K. Karrer 1365
Denko, C. W. 578, 1051, 1104
— u. L. R. Schroeder 679
Dennig, H. 159, 993, 1086, 1104, 1124
— u. H. Hangleiter 1104
Dennis, E. W. 1126
— F. C. Gable, D. A. Berberian u. E. J. Frelich 1166
Denton, C. R. 176
— D. J. Birmingham u. V. B. Perone 236
Dentzer, G. 140
— s. Hauschild, F. 232
Depaoli, M. 56, 566, 659
— u. M. Dogliotti 679
— s. Midana, A. 219
Depisch, F. 212
Derache, R. s. Trémolières, J. 701
Derbes, V. J. 145, 578, 620, 657
— u. M. E. Chernosky 234
— s. Nix, Th. E. 693
Derjanetz, J. s. Tigyi, A. 547
Dermksian, G. s. Hilton, J. G. 686
Derom, P. 729
— s. Bessemans, A. 764
Derom, R. 729
— s. Bessemans, A. 764
Dérot, M. 639
— M. Goury-Laffont, M. Arthuys u. G. Lagrue 679
Dervinis, A. s. Seifter, J. 545
Derzavis, J. L. 877
— J. S. Rice u. L. S. Leland 951
— s. Lyons, R. E. 1300
Desaulles, P. A. 476, 477
— u. Ch. Krähenbühl 530
— J. Trifod u. W. Schuler 530
Desclin, L., u. A. M. Ermans 530
Desmons, F. 148, 635
— s. Huriez, Cl. 29, 234, 686, 954
Desmonts, T. 909
— M. Goujon u. Bernard 952
Despois, R. 1265, 1284

Dessau, F. J., R. L. Yeager, F. J. Burger u. J. H. Williams 1166
— s. Yeager, R. L. 1170
Destaing, F. s. Benhamou, E. 674
Desvignes, P. s. Hewitt, J. 1293
Detmold, H. G. 596
— s. Karte, H. 688
Dettweiler, E. 1129
— s. Meyer, H. 1168
Deucher, F. 837, 936
Deuel jr., H. J. 1190, 1284
Deutsch, L. 70
— s. Dickes, R. 222
Deutschle, K. s. McDermott, W. 1168
Devergie 392, 459
Devine, D. C. 49
— s. Sommerville, J. 220
Devofo, A. 19, 27, 665, 666, 705
Devries, W. H. s. Hoeksema, H. 940
Dewar, W. A. 620
— s. Fergusson, A. G. 680
Dewing, T. 1069
— s. Buttle, G. A. H. 1103
Dews 309, 316, 351
Dews, P. s. Halpern, B. N. 370
Dews, P. B. 62, 66, 68, 69, 70, 74, 75, 76, 77, 78, 222
— u. J. D. P. Graham 366
Deycke, G. 1123
— u. H. Much 1166
Dhar, D. C. 1061
— s. Gupta, S. K. 1107
Dhar, M. L. 1069, 1087
— s. Khosla, M. C. 1110
Dharmendra 1069, 1104
Diamant, B. 288
— B. Högberg, I.-L. Thon u. B. Uvnäs 358
Diamond, A. 84
— s. Goldberg, L. C. 223
Diamond, L. K. s. Farber, S. 1366
Diamont 569, 588
— u. Kallós 679
Dick, L. A. s. Rein, Ch. R. 958
Dick P. 215
Dickel, H. A. 61
— u. H. H. Dixon 222
Dicker, E. 634
— s. Kylin, E. 689
Dickes, R. 70
— V. Schenker u. L. Deutsch 222
Dickey, L. B. 398
— u. E. J. Bradley 459
Dicyan, E. 333
— s. Combes, F. C. 366
Diczfalusy, E. 497, 499, 501, 530
— u. H. D. Heinrichs 530
Didcoct, J. W. 633, 679

Diding, M. s. Frisk, A. R. *938*
Dieckhoff, J. 559, 566
— u. H.-C. Hempel *679*
Diedey, M. 310, 318, 319, 322
— s. Jadassohn, W. *371*
Diedrich, P. 1041, 1082, 1219
— s. Dohrn, M. *1104, 1285*
Diefenbach, A. F. s. Cosgriff, S. W. *678*
Dieffenbach, W. C. L. 910, *952*
Diehl, H. S. 344, *366*
— s. Cowan, D. W. *366*
Dieke, E. *530*
Diemaide, F. R. 44
— s. Livingood, C. S. *218*
Diemer, W. 22, *27*
Diener, F. 333, *366*
Diensberg, F. J. s. Welling, E. J. *1121*
Dierks, F. H. s. Smadel, J. E. *699*
Dietel, H. *530*, 1357, *1365*
Dieterich, H. *530*
Dietsch, H. 1227, *1284*
Dietz 791
Dietz, A. s. Smith, C. G. *947*
Dietz, C., u. A. Bondi *936*
Dietz, H. 22, 571, 602, 646, 652, 654, *679*
— s. Diemer, W. *27*
— s. Korting, G. W. *29*
Dietz, O. 586, *679*
Dijk, E. van 1186
— u. P. J. der Kinderen *1284*
Dijk, P. van s. Somer, P. de *947*
Dikomeit, B. 163, *234*
Dill, D. B. s. Crandon, J. H. *459*
Dill, W. A. 327
— s. Glazko, A. J. *369, 938*
Dillaha, C. J. 634 1242, *1284*
— u. St. Rothman *679*
Diller, I. C. 1354, *1365*
Diller, W. 1010, 1016, 1017, 1020, 1021, 1092
— s. Bünger, P. *1103*
DiLorenzo, J. C. s. Metzger, W. J. *1302*
Dimmling, Th. 326, 822, 1036, 1081, *1104*, 1251, 1252, *1284*
— H. Hüner, W. Lutzeyer u. G. Simon *936*
— u. F. Staib *366*
— s. Holle, F. *1109*
— s. Staib, F. *379*
Dimond, N. S. 1218
— u. K. W. Thompson *1284*
Dingemanse, E. s. David, K. *529*
— s. Kooij, R. *537*
Dinwiddie, W. G. s. Lee, H. M. *373*
Dionne, P. s. Doray, M. *1285*
Dipillo, F. s. Younger, D. *704*

Dirscherl, W. 480, 486, 487, 493, 504, *530*, 559, *679*
— H. Bergmeyer u. H. Breuer *530*
— u. H. Breuer *530*
— — u. S. Scheller *530*
— u. K. Hauptmann *530*
— u. U. Jardenne *530*
— u. W. Knüchel *530*
— u. H. Krüskemper *530*
— u. K.-O. Mosebach *530*
— u. K. Otto *679*
— s. Ammon, R. *231, 457, 526*
— s. Korus, W. *689*
— s. Stüttgen, G. *546*
— s. Voss, H. E. *547*
Dischel s. Fromme, J. *227*
Discher, C. A. 1198
— J. M. Cross, P. F. Smith u. M. Lannarone *1284*
— s. Cross, J. M. *1284*
Dischler, W. s. Druckrey, H. *1366*
Discombe, G. 352, *366*
Diseker, Th. H. 727
— s. Turner, Th. B. *770*
Disque, D. T. s. Pital, A. *945*
Distelheim, S. H. 582
— s. Cohen, D. *677*
Ditscheid, W. 1175, 1204
— s. Schraufstätter, E. *1310*
Dittmar, C. 1331, *1365*
Dittmar, F. 122, *228*
Dittmer 99
Dittrich, W. 824
— s. Auhagen, H. *934*
Dixon, F. J. 321
— s. Warren, S. *380*
Dixon, H. H. 61
— s. Dickel, H. A. *222*
Dixon, H. M. s. Twining, H. E. *1314*
Dixon, J. M. 1220, *1284*
Dju, M. Y. s. Quaife, M. L. *466*
Doak, G. O. 717, 718, 720, 721, 722, 730, 736, 737, 750, *765*
— H. Eagle u. H. G. Steinman *765*
— H. G. Steinman u. H. Eagle *765*
— s. Eagle, H. *766*
Doan, C. A. 422, *459*
— s. Bouroncle, B. A. *1365*
Dobek, M. 1228, *1284*
Dobes, W. L. 514, *530*, 878, 897, 899, 1232, *1284*
— s. Franks, A. G. *952, 1287*
— s. Rankin, J. L. *1307*
Dobias, B. 889, *952*, 1249, *1284*
Dobriner, K. 484
— u. S. Lieberman *530*
— s. Fukushima, D. K. *532*
— s. Lieberman, S. *538*
— s. Pearson, O. H. *694*
Dobry, J. 75, *222*

Dobson, L. 1220, 1257
— u. W. C. Cutting *1284*
— E. Holman u. W. C. Cutting *1284*
Dobson, R. L. 650
— J. C. Weaver u. L. Lewis *679*
Doc 551
Doctor, V., u. J. B. Trunnel *530*
Dodds, E., L. Goldberg, W. Lawson u. R. Robinson *530*
Dodds, E. C. 1337, *1365*
Döbel, G. 1085, *1104*
Doehring, P. s. Bergmann, H. *227*
Dölle, W. 577
— u. G. A. Martini *679*
Döllken, H. 145, 146, 199, 204, *238*
Doenecke, F. 1357
— u. G. Hermann *1365*
Doenges, J. P. 657, *679*
Doepfmer, R. 34, 604, 605, *679*, 895, 896
— s. Binder, E. *216, 950*
— s. Schuermann, H. *698*
Doepfner, W. 296
— u. A. Cerletti *366*
Doerffel 188
Doering 95
Döring, J. 113, 118, 121
— s. Bommer, S. *228*
Dörken, H. 1018
— u. M. Bennecke *1104*
Dörner, W. s. Schreus, H. Th. *544*
Doerr, K. H. 904, *952*
Doerr, R. 295, 898, *952*
— s. Bucher, K. *362*
Doerschuk, A. P. s. McCormick, J. R. D. *943*
Dössekker, W. 669, *707*
Dogliotti, M. 20, 147, 148, *530*, 566, 659
— G. L. Angela u. F. di Nola *530*
— M. Banche u. G. L. Angela *27, 234*
— s. Depaoli, M. *679*
Doherty, D. D. 1234
— s. Reiss, F. *1307*
Dohn, W. 899, 909, *952*
Dohrn, M. 1041, 1082, 1219
— u. P. Diedrich *1104, 1285*
Doisy 452, *459*, 470
Dolan, M. M. 1176
— J. J. Ebelhard, A. M. Kligman u. R. C. Bard *1285*
Dolce, F. A. 1188
— u. W. J. Nickerson *1285*
Dolfen, W. 1195, *1285*
Dolff, C. 915
— s. Liebegott, G. *955*
Dolin, G. 493
— S. Joseph u. R. Gaunt *530*

Dolique, R. 999, 1004, 1080
— u. R. Lacombe 1105
Dollmann v. Oye 673, 709
Dolphin, J. s. Kochakian, C. D. 537
Domagk, G. 775, 962, 963, 992, 993, 1038, 1056, 1058, 1060, 1066, 1067, 1068, 1085, 1086, 1087, 1099, 1105, 1128, 1139, 1141, 1145, 1148, 1150, 1153, 1166, 1195, 1211, 1285, 1327, 1351, 1356, 1357, 1365
— R. Behnisch, F. Mietzsch u. H. Schmidt 1105, 1165
— u. C. Hegler 1105
— L. Heilmeyer u. P. Klee 1166
— H. A. Offe u. W. Siefken 1166
— S. Petersen u. W. Gauss 1366
— s. Offe, H. A. 1169
Domanig, E. 727, 765
Domart, A. s. Pasteur Vallery-Radot 376
Dombrowski, Ch. 620, 623, 624, 654
— s. Meyhöfer, W. 692
Domenjoz, R. 299, 309, 314, 315, 347, 351, 366, 1145, 1165, 1166
— u. R. Jaques 366
— s. Stoll, W. 379
Domínguez, L. s. González Ochoa, A. 1290
Domon, Ch. M. s. Payne, H. M. 1115
Domonkos, A. N. 424, 511, 627, 635, 679
— s. Andrews, G. 457, 526
Donald 632, 679
Donald, R. H. O. 342
— D. Berman, B. Gandevia u. R. T. Lesle 366
Donath 400
— s. Jansen 462
Donath, D. H. s. Oblath, R. W. 957
Donikian, M. s. Hobby, G. L. 940
Donne, J. E. de s. Frazier, C. N. 681
Donnell, C. K. 1086
— s. Caldwell, W. T. 1103
Donnelly, A. J. s. Putnam, R. C. 1370
Donovick, R. 810, 852, 1061, 1087, 1246, 1253
— J. Bernstein, C. McKee u. G. Rake 1105
— D. Hamre, F. Kavanagh u. G. Rake 936
— F. E. Pansy, H. A. Stout, H. Stander, M. J. Weinstein u. W. Gold 936, 1285

Donovick, R. s. Gold, W. 1289
— s. Pansy, F. E. 945, 1169
Dontenwill, W. 566
— u. H. Möbest 679
Doppel, H. 485
— s. Wotiz, H. 548
Doray, M. 1207
— R. Guy, P. Dionne, B.-G. Bégin u. I. Lambert 1285
Dordick, J. R. 604
— u. E. J. Gluck 679
Dorenlot, R. s. Degos, R. 707
Dorfman, A. 580
— N. S. Apter, K. Smull, D. M. Bergenstal u. R. B. Richter 679
— s. Schiller, S. 544
Dorfman, R. J. 472, 478, 485, 492, 524, 525, 530, 556
— u. E. Ross 530
— u. F. Ungar 530
— s. Baggett, B. 526
— s. Freeman, H. 532
— s. Haynes, R. 685
Dorgenille, C. 215
— s. Reboul, E. 225
Dorn, H. 79, 81, 87, 214, 222, 636, 670, 679, 707, 884, 952
Dornbusch, A. C. s. Kunin, C. M. 942
Dorner, G. 672, 780, 878, 886, 952
— u. Th. Lammers 936
— s. Halter, K. 709
— s. Keining, E. 954
— s. Lammers, Th. 955
Dorrance, S. S. s. Thorn, G. W. 701
Dorta 6, 27
Dósa, A. 1235, 1285
Dost, F. H. 993, 1009, 1010, 1012, 1013, 1016, 1017, 1018, 1020, 1021, 1097, 1105
Dostrovsky, A. 35, 1220, 1258, 1262
— u. F. Sagher 1285
— — u. H. A. Cohen 217
— s. Raubitschek, F. 1307
Dotti, E. 403, 459
Doub, L. 1050
— s. Youmans, G. P. 1122
Doucas, C. 433
— u. J. Kapatanakis 459
Doucet, J. C. 1191
— s. Coudert, J. 1283
Doud, T. s. Hoyt, H. 535
Dougherty, N. s. Hobby, G. 1293
Dougherty, T. F. 531, 564, 566, 649
— J. H. Chase u. A. White 679
— u. A. White 679
— — u. J. H. Chase 679
— s. White, A. 703

Douglas, W. W. 285
— W. Feldberg, W. D. M. Paton u. M. Schachter 358
Douherty, E. F. s. Salomon, A. 697
Doull, J. A. 655
— u. R. R. Walcott 679
Dowling, G. B. 442, 443, 459
Dowling, H. F. 791, 795, 799, 825, 854, 936, 952
— H. H. Husey, H. L. Hirsh u. F. Wilhelm 936
— M. H. Lepper u. G. G. Jackson 936
— s. Lepper, M. H. 942
Downing, J. G. 916, 952
Downing, L. M. 295
— s. Cooke, R. A. 677
— s. Hebald, S. 370
Doxiades, Th. 414
— u. M. Tiliakos 459
Doxiadis, S. A. 786
— L. J. Emery u. S. M. Stewart 936
Drabe, J. 589, 679
Dräxl, L. 250
— s. Kaiser, H. 279
Dragstedt, C. A. 282, 283, 290, 291, 318, 327, 358
— s. Gebauer-Fuelnegg, E. 359
— s. Ojers, G. 360
— s. Morris, H. C. 375
— s. Wells, J. A. 380
Dragutsky, D. s. Kozinn, P. J. 942, 955, 1298
Drain, D. J. s. Bavin, E. M. 1165
— s. Coates, L. V. 1283
Draize, J. 508
— s. Calvery, H. O. 529
Drake, T. s. Albright, F. 709
Drake, T. G. 351, 366
Drassinower, E. 342, 366
Dratman, M. B. s. Sones, M. 700
Dreisbach, R. H. 319, 366
Drekter, H. L. s. Rubin, S. 1169
Drekter, I. J. 327
— s. Gelvin, E. P. 369
— s. McGavack, T. H. 374
Dreschers, M. 1029, 1105
Drews, L. 878, 891, 893, 952
Dreyfuß, B. s. Bernard, J. 674
Drigalski, W. v. 398, 459
Drill, V. A. s. Danowski, T. S. 238
— s. Dews, P. B. 222
— s. Garb, S. 232
— s. Gordon, E. S. 234
— s. Hughes, J. P. 232
— s. Stare, F. J. 239
— s. Weatherby, J. H. 231
Driver, J. R. 50
— s. Cole jr., H. N. 216
Dronillon, P. 75

Dronillon, P. s. Hastert, F. *223*
Dropmann, K. 1220
— s. Moers, H. *1303*
Drossel, H. J. 399
— s. Däschlein, G. *459*
Drost, G. s. Struyk, A. P. *1313*
Droste, W. v. 1327, *1366*
Drouhet, E. 853, 855, 889, *936*, *952*, 1135, 1184, 1189, 1239, 1246, 1247, 1248, 1253, 1255, 1259, *1285*
— J. Graciansky, J. Hamburger, J. Marie u. F. Signier *1285*
— L. Hirth u. G. Lebeurier *1285*
— u. A. Kepes *1166*
— u. J. Schwarz *1285*
— — u. E. Bingham *936*, *1285*
— u. R. Wilkinson *1285*
— s. Kiesel *1296*
— s. Segretain, G. *1311*
Druckrey, H. 523, *531*, 1009, 1011, 1013, 1025, *1105*, 1319, 1323, 1325, 1327, 1339, 1352, *1366*
— u. N. Brock *1366*
— P. Dannenberg u. D. Schmähl *531*
— u. K. Kaiser *1366*
— u. K. Küpfmüller *1105*
— u. S. Raabe *531*
— D. Schmähl, P. Dannenberg, K. Kaiser, H. A. Nieper, H. W. Lo, R. Mecke jr., J. v. Einem u. W. Dischler *1366*
— u. E. Schreiber *1366*
Druey, J. 1006, 1007, 1012
— u. G. Oesterheld *1105*
Dry, Th. J. s. Geraci, J. E. *1289*
— s. Salassa, R. M. *1117*
Drygve, H. s. Dam, H. *459*
Dube, A. H. 867, *936*
Dubin s. Bureau, Y. *676*
Dubin, A. s. Popper, H. *465*
Dubois, E. L. 41, 58, *217*, 576, 604, 605, *679*
Dubois-Ferrière, H. 577, 639, 640, 642, *679*
— u. S. Kalaci *679*
Dubos, R. J. 773, 848, 849, *936*, 1183, 1270, *1285*
— u. C. Cattaneo *936*
— u. R. D. Hotchkiss *936*
— — u. A. F. Coburn *936*
Dubost, P. 1024
— s. Bovet, D. *1102*
Dubowy, M. 146, 147, *234*, *531*
Duca, C. J. 320
— u. J. V. Scudi *366*
Duchesnay, G. 353
— s. Durel, P. *367*
Ducommun, P. s. Engel, E. *227*

Ducourtioux 10
— s. Ravaut *30*, *706*
Ducrot, H. 904
— s. Richet, G. *958*
Ducrot, R. 302
— s. Halpern, B. N. *370*
Dudani, A. T. 1087
— s. Anand, N. *1101*
Dudley, H. W. 281
— s. Best, C. H. *358*
Düblin 394, *459*
Düggeli, O. 1141
— u. F. Trendelenburg *1166*
Düker, H. *531*
Dürre, G. 14, 15
— s. Schneider, W. *31*
Duesberg, J. P. 320, 322
— s. Halpern, B. N. *370*
Duffin, W. s. Brownlee, G. *528*
Dufrenoy, J. s. Pratt, R. *945*, *1306*
Dugau-Martin 667
— s. Coulant, le *705*
Duggar, B. M. 811, *936*
Dugois, P. s. Juvin, H. *706*
Dujardin, B. 21, 433, *459*
— u. N. Decamps *27*
Dukes, C. D. 403
— s. Fahlberg, W. J. *459*
Dulanto, F. de 50
— s. Vilanova, X. *221*, *960*
Dulinc, J. 660
— s. Quintin, R. *695*
Dumas 126
— s. Michel, P. J. *230*
Dumazert, C., J. Delphant u. H. Fournier *531*
Dumm, M., S. Leslie u. E. Ralli *531*
Dundy, H. D. 295
— B. Zohn u. R. Chobot *367*
Dunham, L. J. 1325, *1366*
Dunham, W. B. s. Ulrich, E. W. *1314*
Dunlop, D. M. 340, 344, *531*, 899
— u. J. McM. Murdoch *952*
— s. Hunter, R. B. *371*
Dunn, A. T. 1238
— s. Rhodes, A. *1307*
Duntley, S. 518
— s. Edwards, E. *531*
Duperrat, B. 26, 58, 170, 171, 172, 433, *459*, 576, 605, *679*, 891, 893
— A. Basset u. F. Cauvin *236*
— u. F. Cauvin *236*
— u. C. E. Goetschel *952*
— u. R. Pringuet *27*
— u. R. Touraine *217*
Dupré, A. 1248
— s. Bazex, A. *1278*

Dupuis, C. s. Huriez, Cl. *954*
Dupuy-Joie, Y. s. Debré, R. *678*
Durbin, C. G. s. Underwood, P. C. *1314*
Durel, P. 353
— u. G. Ducheshmay *367*
Durham, N. N. 1051, *1105*
Durie, E. B. 1184, *1285*
Duryea, A. W. 1256
— s. Leinwand, J. *690*
— s. Wilson, H. M. *1317*
Dusausoy, R. s. Huriez, Cl. *686*, *940*
Duske, A. 302, 320, 322, 326, 338, *367*
Dustan, H. s. Haserick, J. R. *685*
Dustin, A. P. 1328, *1366*
Dutcher, J. D. 842, 851, 1245, 1246, *1285*
— N. Hosansky u. J. H. Sherman *936*
— D. R. Walter u. O. P. Wintersteiner *936*, *1285*
Duthie, J. 488
— s. Robson, H. *543*
Dutoit, D. *531*
Dutta, D. 1235
— S. K. Mazumdar u. S. K. Bose *1285*
Dutta, N. K. 316, 351, *367*
Dutz, H. 1085, 1086
— A. Krautwald u. G. Kretzschmar *1105*
Duval, G. 877, 878, 881, 891, 892
— u. A. Sebald *952*
Duve, Ch. de 664, *705*
Duvenci, J. 585
— S. Chodosh u. M. S. Segal *679*
Duverne, J. 61, 639
— R. Bonnayme u. R. Mounier *679*
— s. Gaté, J. *223*
Dvouch, W. 870
— O. L. Shotwell, R. G. Benedict, Th. G. Pridham u. L. A. Lindenfels *936*
— s. Benedict, R. G. *934*
Dwyer, F. X. 574, 576, 580, 585, 587, 594, 599, 609, 613, 618, 620, 624, *680*
— s. Clyman, B. *529*
Dyer, H. H. 736, 738
— s. Voegtlin, C. *770*
Dyke, H. van 497, 499
— s. Greep, R. *533*
— s. Shedlovsky, T. *545*
Dyke, R. W. s. Smith, J. W. *947*, *960*
Dyniewicz, H. A. s. Popper, H. *465*
Dziuba, K. 1083, 1088, *1105*

Eagle, H. 715, 717, 718, 719, 720, 721, 722, 724, 728, 729, 730, 731, 732, 733, 736, 737, 738, *765*, 780, 781, 782, 783, 791, 845, 847, 848, *937*, 1050
— u. G. O. Doak *766*
— — R. B. Hogan u. H. G. Steinman *766*
— u. R. Fleischman *937*
— — u. M. Levy *937*
— — u. A. D. Musselman *937*
— F. G. Germuth, H. J. Magnuson u. R. Fleischman *766*
— u. R. B. Hogan *766*
— — G. O. Doak u. H. G. Steinman *766*
— M. Levy u. R. Fleischman *1105*
— u. H. J. Magnuson *766*
— — u. R. Fleischman *766, 937*
— u. A. D. Musselman *937*
— — u. R. Fleischman *937*
— E. V. Newman, R. Greif, T. M. Burkholder u. S. C. Goodman *937*
— s. Doak, G. O. *765*
— s. Hogan, R. B. *767*
Earle, P. P. s. Berliner, R. W. *216*
Early, L. s. Brown jr., C. *951, 1280*
Ebel, F., u. P. Mandel *531*
Ebelhard, J. J. s. Dolan, M. M. *1285*
Eberhardt, K. 250, *279*
— s. Neuwald, F. *279*
Eberhartinger, Chr. 10, *27*, 711, 717, 747, 881
— u. F. Reinhardt *27*
Ebert, M. s. Wacker, A. *1120*
Eble, E. T. s. Larson, E. J. *942*
Ebling, F. 478, 488, 496, 511, *531*
Ebschner, K. 493, 494
— s. Stüttgen, G. *546*
Echols, D. 1256
— u. J. Garcia *1285*
— s. Garcia, J. *1288*
Eckert, A. 1226, *1285*
Eckert, H. W. s. McChesney, E. W. *1114*
Eckert, W. s. Zierz, P. *950*
Eckes 443, *459*
Eckman, W. G. 346
— s. Simon, S. W. *379*
Ecsi, E. s. Binder, L. *675*
Eddowes 47
Edds, G. T. 799
— s. Trace, J. C. *948*
Eddy, W. H. 436
— s. Arons, J. *457*
Ede, M. 76, 77, 87, 590, 593, 891
— s. Welsh, A. L. *226, 703, 960*
Edelson, E. 1230

Edelson, E., C. Craster u. A. Haskin *1285*
— u. A. Haskin *1285*
Edelstein, A. J. 88, *222*, 590, 592, 594, 598, 605, 618, 620, 627, 631, 635, *680*
— C. A. Beerman u. R. C. Greene *680*
Eden, J. s. Kanee, B. *688*
Eder, H. 402, *459*
— s. Russ, E. *543*
Edgar, J. s. Cymerman-Craig, J. *1166*
Edgren, R. *531*
Edidin, B. D. s. Snapper, I. *1312*
Edison, A. O. s. Boxer, G. E. *935*
Edlbacher, S. 294
— P. Jucker u. H. Baur *367*
Edmondson, H. 492
— S. Glass u. S. Soll *531*
— s. Glass, S. *533*
Edmunds, P. N. s. Forfar, J. O. *952*
Eds, F. de s. Wilson, R. H. *1317*
Edwards, D. W. s. Barry, V. C. *1165*
Edwards, E. 488, 518
— J. Hamilton u. S. Duntley *531*
Edwards, J. M. B. 1209
— s. Dawkins, S. M. *1284*
Edwards, L. B. 1029
— s. Long, P. H. *1113*
Edwards, L. D. 1004
— s. Fingl, E. G. *1106*
Edwards, R. W. 1217
— u. F. A. Barkley *1285*
Eek, T. van s. Struyk, A. P. *1313*
Effkemann, G. 515, *531*
Egan, J. B. s. Rubbo, S. D. *1169*
Egeberg, R. O. 1269, *1285*
— s. Newcomer, V. D. *1304*
— s. Sternberg, Th. H. *1312*
— s. Wier, R. *1317*
Eger, W. 157, 158, 163, *234*, 1023, 1084, 1346
— u. A. Reincke *1105*
— s. Heckner, F. *1367*
Egger, P. 993, 1010, 1021, *1105*
Eghbal, M. 1066
— A. Rafyi, H. M. Chamsy u. B. Farvar *1105*
Ehlert, H. 1081, 1088
— u. J. Hiller *1105*
— s. Hiller, J. *1108*
Ehrenreich, R. J. 588, 593, 606, 1087
— u. H. Haschek *1105*
— s. Arbesman, C. E. *673*
Ehrhardt, K. 506, *531*

Ehring 49, 56, 122, 444, *459*, 652
— s. Kalkoff, K. W. *229*
Ehring, F., u. O. H. Seege *217*
Ehring, F. J. *1166*
— u. C. F. Thiele *228*
Ehrlich, D. E. 346
— s. Sanger, M. D. *377*
Ehrlich, J. 826, 870
— L. E. Anderson, G. L. Coffee, W. H. Feldman, M. W. Fisher, A. B. Hillegas, A. G. Karlson, M. P. Knudsen, J. E. Weston, A. S. Youmanst u. G. P. Youmanst *937*
— s. Burkholder, P. R. *935*
— s. Coffee, G. L. *935*
— s. Smith, R. M. *947*
— s. Stock, C. C. *1371*
Ehrlich, L. s. Volini, J. F. *960*
Ehrlich, N. J. s. Rappaport, B. Z. *695*
Ehrlich, P. 286, 711, 713, 714, 715, 716, 717, 730, 735, 738, 740, 744, 747, 751, 753, 754, 755, 756, *766*, 963, 1318, 1319, 1320, 1321, 1322, 1364, *1366*
— u. A. Bertheim *766*
— u. S. Hata *766*
Ehrmann, G. 23, *27*, 1222
— u. A. Wiedmann *1285*
Eichbaum, F. W. 1201
— s. Leão, A. T. *1299*
Eichelberger, L. s. Alving, A. S. *215*
Eichenberger, E. 92, 93, 95, 96
— M. Schmidthauser-Kopp, H. Hurni, M. Friesay u. O. Westphal *227*
— s. Westphal, O. *228*
Eichenlaub, F. J. 20, 143, 145, 194, 727, 728
— u. R. A. Osbourn *27*
— R. Stolar u. A. Wode *766*
Eichert, J. M. s. Bohnstedt, R. M. *528*
Eichholtz, F. 19, 60, 70, 99, 101, 103, 104, 105, 110, 111, 114, 115, *222, 228*, 663, 666, 1186, 1197, 1198, 1201, 1202, *1285*
— A. Fleckenstein u. R. Muschaweck *228*
— u. A. Staab *228*
— H. G. Zwerg u. L. Kluge *27*, *704, 705*
Eichler, P. 1334, *1366*
Eidelsberg, J., M. Bruger u. M. Lipkin *531*
— u. J. Madoff *531*
Eijkman, C. 382, 400, *459*
Eik-Nes, K. 562
— u. K. R. Brizzec *680*

Eilert, M. 493, *531*
Einecke, H. 583
— s. Schreiner, H. E. *698*
Einem, J. v. 1355
— s. Druckrey, H. *1366*
— s. Schmähl, D. *1371*
Einhorn, A. 100
Eisemann, G. s. Wilson, S. J. *703*
Eisen, H. N. 566
— M. M. Meyer, D. H. Moore, R. Tarr u. H. C. Stoerk *680*
Eisenberg, B. C. 13, *27*, 72, 84, *222, 223*, 342
— s. MacLaren, W. R. *373*
Eisenberg, H. s. Thorn, G. *546*
Eisenberg, M. G. 825
— H. F. Flippin u. J. M. O'Loughlin *937*
Eisenberg, W. V. 1003
— s. Tillson, A. H. *1119*
Eisenoff, H. M. 644
— u. H. A. Aaron *680*
Eisenstadt, W. S. 574, 575
— u. E. B. Cohen *680*
Eisler, M. s. Swingle, W. W. *701*
Ekblad, G. H. 585, 587, 597, 598, *680*
— s. Ringrose, E. *543*
Ekman, G. s. Nathanson, J. T. *541*
Elder, D. 1047
— s. Ballenger, E. *1101*
Elek, S. D. 837
— u. C. R. F. Hilson *937*
Elena, J. P. 1186
— s. Mazzini, M. A. *1301*
Eley, R. C. 579
— s. Haggerty, R. J. *684*
El-Fiki, A. Y. 1184, 1256
— s. Rieth, H. *1308*
Eliachar, E. 636
— u. A. Mazalton *680*
Elias, H. 304, 310, 314, 315, 316
— u. T. H. McGavack *367*
— s. Gelvin, E. P. *369*
— s. McGavack, T. H. *374*
Elias-Jones, T. F. s. Forfar, J. O. *952*
Eliassow, A. 1190
— s. Mintzer, I. *1303*
Eliel, L. P. s. Pearson, O. H. *694*
Elion, G. B. s. Biesele, J. J. *1365*
Elkington, J. R. 603, 605
— A. D. Hunt, L. Godfrey, W. W. McCroy, A. G. Rogerson u. G. Stokes jr. *680*
Ellenbogen, E. s. Seneca, H. *698*
Eller, J. J. 506
— u. W. D. Eller *531*

Eller, J. J., u. S. Wolff *531*
Eller, W. D. s. Eller, J. J. *531*
Ellerbroek, U. 1181, *1285*
Ellinger, F. 144, 287, *358*
Ellinger, P. 409
— R. Benesch u. W. W. Kay *459*
Elliot, M. C. 454
— B. Isaacs u. A. C. Ivy *459*
Elliott, D. F. 291
— G. P. Lewis u. E. W. Horton *358*
Elliott, J. s. Nathanson, J. T. *541*
Ellis 309, 354
Ellis, F. A., u. W. R. Bundick *367*
Ellis jr., F. F. 1217
— R. J. Scott u. J. Miller *1285*
Ellis, F. W. *367*
Ellis, H. s. Zintel, H. A. *950*
Ellis, I. W. *367*
Ellis, L. N. 394
— A. Zmachinsky u. H. C. Sherman *459*
Ellison, R. R. s. Burchenal, J. H. *1365*
Elmadjian, F. s. Freeman, H. *532*
Elmendorf, D. F. 1141
— W. N. Cawthan, C. Muschenheim u. W. McDermott *1166*
Elmer, A. W. 667
— u. M. Scheps *705*
Eloy, Ph. 854
— s. Ravina, A. *946*
El-Saved, M. F. A. 290, *358*
Elson 177, *236*
Elson, L. A. 1344, *1366*
Elson, W. O. 1192, 1205, *1285*
— s. Miller, C. R. *1303*
Elster, S. K. 325
— M. E. Freeman u. E. L. Lowry *367*
— s. Soffer, L. J. *699*
Elvehjem, C. A. 408, 413, *459*
— Madden, Strong u. Woolley *459*
— s. Krehl, W. A. *463*
Emele, J. F. 563
— u. D. D. Bonnycastle *680*
— s. Tislow, R. *380*
Emerson, E. 1045
— s. Marshall jr., E. K. *1113*
Emerson, O. H. 1266
— s. Weindling, R. *1316*
Emerson, R. L. 1255
— s. Bohonos, N. *1280*
— s. Whiffen, A. J. *1316*
Emery 442, *459*
Emery, L. J. s. Doxiadis, S. A. *936*
Emmart, E. W. 1040
— u. M. I. Smith *1105*
Emmelin, N. G. 285, *358*

Emmelot, P., u. L. Bosch *531*
Emmerich, R. 84, 136, 773
— u. O. Löw *231, 937*
— u. H. Petzold *223*
Emmons, C. W. 1174, 1175, 1184, 1186, 1187, 1238, 1262, *1286*
— u. R. T. Haberman *1286*
— u. W. Piggott *1286*
— s. Louria, D. B. *1300*
— s. McGovern, J. J. *944, 956*
— s. Utz, J. P. *1315*
Emmons, L. L. s. Fostvedt, G. A. *1287*
Emura, E. s. Goldman, L. *682*
Endahl, G. s. Kochakian, C. D. *537*
Ende, M. 87, *223*
Endres, H. D. 170, 171, 172
— s. Zierz, P. *237*
Endres, R. 878, 879, 881, 889, *952*
Endres, R. W. 444
— u. W. Brandner *459*
Engel, E. 96, 97, *227*, 905
— J. Brichant, J. P. Delmez, A. Vernet u. A. M. Riondel *227*
— E. Loizeau, A. M. Riondel u. P. Ducommun *227*
— s. Bickel, G. *950*
Engel, F. L. 558, *680*
Engel, L. 493
— s. Thorn, G. *546*
Engel, L. L. s. Baggett, B. *526*
— s. Nathanson, J. T. *541*
Engel, M. 1141
— u. O. Gsell *1166*
Engel, S. L. 1196
— s. Stedman, R. L. *1312*
Engelberg, H. s. Glass, S. *533*
Engelberg, R. 1086
— s. Koechlin, B. A. *1111*
— s. Svenson, S. E. *1118*
Engelberg, V. 1083, 1087
— s. Randall, L. O. *1116*
Engelbreth-Holm, J. 565
— u. G. Asboe-Hansen *680*
Engelhardt-Gölkel, A. 558, 559, 575, 1046
— u. R. Prosiegel *680*
— s. Bogner, K. *1102*
Engelhart u. Kaiser *680*
Engelkamp 143
Engfeld, B. 672
— u. H. Gentele *709*
Engle, E. *531*
— s. Smith, P. *545*
Engle, E. T. 522
— s. Robinson, J. N. *543*
Engleberg, R. 1086
— s. Brandman, O. *1103*
English, A. R. 813, 824, 861, 863, 1271
— u. T. J. McBride *1286*

English, A. R., T. J. McBride, G. van Halsema u. M. Carlozzi *937*
— — u. J. E. Lynch *1286*
— — D. L. Simon u. H. L. Mullady *937*
— S. Y. P'An, T. J. McBride, J. F. Gardocki, G. von Halsema u. W. A. Wright *937*
— s. Lynch, J. E. *943*
— s. Sobin, B. A. *947*
— s. Tanner jr., F. W. *948*, *1313*
English, J. P. 1085, 1086
— s. Clark, J. H. *1104*
— s. Roblin jr., R. O. *1116*
Engman, M. F. 1179
— s. Cooper, Z. K. *1283*
Engstrom, W. W. s. Lindemann, C. *690*
Ensor, C. R. 345
— s. Chen, G. *365*
Epping, H. 905, *952*
Eppinger 22
Epprecht, R. 6, *27*
Epstein 41, 42, 43, 73, 192, 319, 320, 322, 353, 355, 356, 394, *459*
Epstein, B., u. M. Klein *238*
Epstein, E. 367, 650, *680*
Epstein, J. A. 585, 1038
— u. H. S. Kupperman *680*
— s. Lee, S. W. *1112*
Epstein, J. H., L. A. Brunsting, M. C. Petersen u. B. E. Schwarz *223*
— P. H. Forsham u. E. Friedman *217*
— s. Brunsting, L. A. *216*
Epstein, N. B. s. Kennedy, B. J. *688*
Epstein, St. *367*
— u. B. Paulson *367*
— u. R. J. Rowe *367*
Erbakan, N. 1184
— s. Richter, R. *1308*
Erben, J. 1007
— s. Kucharsky, J. *1111*
Ercoli 300, 308, 309, 318
Ercoli, A. 1048
— u. C. Ravazzoni *1105*
Ercoli, N. 1193
— s. Chessin, M. *365*
— s. Landis, L. *1298*
— s. Volini, M. *1315*
Ercoli, N. N., R. J. Schachter, A. Hueper u. M. N. Lewis *367*
Erdheim, J. 671, *709*
Erdos, J. 1219, *1286*
Erdtmann, H. 1234
— u. E. Rennerfelt *1286*
Eri, A. s. Takikawa, K. *1371*
Erica, S. s. Myers, D. *541*
Erickson, P. T. 654

Erickson, P. T. s. Johansen, F. A. *687*, *1109*
Ericsson, H. 824
— s. Tunevall, G. *948*
Eridani, S. 585
— s. Polli, E. *695*
Erisman, E. P. s. Hardy, J. D. *684*
Erlenmeyer, H. 1004, 1049, 1050
— M. E. Blumer, E. Sorkin, H. Bloch u. E. Suter *1105*
— s. Noll, H. *1115*
Ermans, A. M. s. Desclin, L. *530*
Errick, E., u. K. Brown *531*
Erskiner, M. F. A. 908
— s. Rauchwerger, S. *958*
Erslev, A. 830, *937*
Erspamer, V. 65, *223*
Erve, jr. J. van de 1231, *1286*
Escamillo, R. F. 668, *707*
Escarpentier-Oriol, J., A. Carreras Bayés u. M. Sariols *217*
Escher, F. 806
— u. F. Rupp *937*
Escher, G. s. Koch jr., H. J. *537*
Eschweiler, J. s. Koch, W. *537*
Eskind, J. B. 569, 586
— R. B. Sigafoos u. R. W. Kelso jr. *680*
Espersen, G. 1005
— s. Baggesgaard Rasmussen, H. *1101*
Esselier, A. F. 334, 338, 862, 1084, 1347
— G. Forster u. L. Morandi *367*
— H. Hunziker u. R. Goldsand *1105*
— s. Bollag, W. *1365*
Esser 393, *459*
Essex, H. E. 295
— u. B. T. Horton *367*
Essigke, G. 625, *680*
Esteves, J. 1160, *1166*, 1239, 1240, 1241, 1242, 1243,
— u. H. Neves *1286*
Ethier, J. 886
— s. Sylvestre, L. *961*
Etter, R. L. 295
— s. Prince, H. E. *376*
Ettig, B. 1177, *1286*
Eufinger, H. 793, 1039
— u. G. Mollowitz *937*, *1105*
Eugster, C. H. 387
— s. Karrer, P. *462*
Euler, E. 132
— s. Remy, R. *233*
Euler, H. v. 294, 382, *459*
Euler, U. S. v. 661, 662, *704*
Euw, v. 551
Evans 184, 447, 451, *459*, 497, 558, 567

Evans, A. H. 1040
— s. Hotchkiss, R. D. *1109*
Evans, C., W. Smith u. E. Giblett *531*
Evans, D. L. s. Cron, M. J. *936*
Evans, E. E. 1217
— R. F. Haines, A. C. Curtis, F. C. Bocobo, W. D. Block u. E. R. Harrell *1286*
— s. Bocobo, F. C. *1280*
Evans, G. *680*
Evans, H. M. 496, 499, *531*, 550, *680*
— u. J. Long *531*
— u. M. Simpson *531*
— — S. Tolksdorf u. H. Jensen *531*
— s. Becks, H. *674*
— s. Ingle, D. J. *687*
— s. Li, C. H. *538*, *690*
— s. Simpson, M. *545*
— s. Zizine, L. *549*
Evans, J. A. 579
— H. J. Rubitzky u. A. W. Perry *531*
— u. J. Steinberg *680*
Evans, J. E., u. J. M. Robson *531*
Evans, J. H. 1253
— u. R. D. Baker *1286*
Evans, L. D. s. Sheldon, W. H. *698*
Evans, R. S. 628
— u. Chi Kong Liu *680*
Evans, T. S. 1338
— A. P. Cippriano u. E. O. Hirsch *1366*
Everett, G. M. s. Roth, L. W. *377*
Evers, N. 1004
— u. D. Caldwell *1105*
Everse, J. W. R. *531*, 581, 582, 647, *680*
— s. Hal, J. van der *684*
Eversole, W. J. 551
— s. Gaunt, R. *682*
Eyband, M. s. Markiewicz, K. *1113*
Eyckmans, R. 1250
— s. Vanbreuseghem, R. *1315*
Eyles, D. E. 816, 1071, *1105*
— u. N. Coleman *937*, *1105*

Fabinyi, M. 295
— u. J. Szebehelyi *367*
Facia, L. 665, 666, *705*
Fadem, R. S. s. Straus, B. *700*
Faggioli, G. 456, *459*
Fahlberg, W. J. 326, *367*, 403, 1205, 1231, *1286*
— u. C. D. Dukes *459*
— s. Rosenthal, M. W. *1308*
Fairman, D. s. Otenasek, F. J. *945*
Fajans, S. S. 562
— L. H. Louis, H. S. Seltzer u. J. W. Conn *680*

Falbriard, A. 905, 911, 1023, *1105*
— s. Bickel, G. *950*
Falchi 145
Falk, J. E. s. Albert, A. *763*
Falk, M. S. 586, 909, *952*
— M. F. Allende u. J. H. Bennett *680*
Faltitschek, J. 22, *27*
Fanconi, G. 130, 446, 447, *459*
— u. H. Bickel *459*
— u. E. de Chastonay *459*
— u. A. Wallgren *231*
— s. Räihä, C. E. *233*
Fanderl, H. 140, *231*
Fanelli, D. 1186
— s. Franks, A. G. *1287*
Fanelli, R. s. Light, A. *538*
Fanielle, G. 442, 443, 444, *460*
Fantes, K. H. 1238
— s. Gentles, J. C. *1288*
Farago, L. 1212
— u. P. Polgár *1286*
Farber, E., u. A. Segaloff *531*
Farber, E. M. 336, 339
— s. O'Leary, P. A. *375*
Farber, S. 600, 641, 1349
— L. K. Diamond, R. D. Mercer, R. F. Sylvester u. J. A. Wolff *1366*
— u. H. Mandelbaum *680*
Fardig, O. B. s. Cron, M. J. *936, 1165*
— s. Hooper, J. R. *1368*
— s. Schmitz, H. *946*
Fargel, H. 1196, *1286*
Farish, P. T. 1032
— u. B. B. Williams *1105*
Farmer, A. W. s. Crassweller, P. O. *678*
Farmer, L. 295, *367*
— u. R. E. Kaufmann *367*
Farney-Davies, E. s. Rothman, St. *697*
Farr, R. S. s. Campbell, D. H. *1365*
Farrerons-Co, F. J. 328, 329, *367*
Farrington 72
Farrington, E. St. s. Mullins, J. F. *224*
Farrington, J. 118, *228*
Farrington, R. F. 807
— H. Hull-Smith, P. A. Bunn u. W. McDermott *937*
Farris, G. 1219, *1286*
Farvar, B. s. Eghbal, M. *1105*
Fasal, P. 392, 887, *952*
Fasan, D. M. s. Gezon, H. M. *938*
Fasei, M. 83, *223*
Fatterpaker, P. 1055
— U. Marfatia u. A. Sreenivasan *1106*
Fatzer, G. *367*

Faucett, R. L. 75
— E. M. Litin u. R. W. P. Achor *223*
Faulkner, G. H. *531*
Faure, G. s. Hillemand, M. R. *954*
Faure, J. *532*
Faust, J. A. 1214
— s. Jules, L. H. *1295*
Fauvert, R. 149, 150
Favel, P. 71
— s. Michel, P. J. *224*
Favez, G. 1143
— s. Lauener, H. *1168*
Favier, G. s. Vague, J. *547*
Favour, C. B. 566
— s. Long, J. B. *691*
Fayolle, G. 25
— s. Colomb, L. *27*
Fayolle, J. 87
— s. Thiers, A. *226, 701*
— s. Thiers, J. *221*
Featherston, W. M. 1230, *1286*
Feder 427
— s. Vorhans *468*
Feder, N. 1038
— s. Louria, D. B. *1113, 1300*
— s. Utz, J. P. *1315*
Feffer, M. s. Freeman, H. *532*
Fegeler, F. 385, 451, 780, 810, *937*, 1032, 1045, 1061, 1069, 1181, 1182, 1241, 1256, *1286*
— s. Kimmig, J. *941, 1110*
Fegeler, I., u. R. Beckmann *460*
Fehér, L. 646, *680*
Fehrle 744
Feinberg 295, 297, 301, 308, 310, 312, 314, 318, 319, 321, 332, 333, 335, 336, 337, 339, 341, 343, 344, 350
— s. Essex, H. E. *367*
— s. Karady, E. S. *371*
— s. Krueger, A. A. *372*
— s. Weston, A. W. *380*
Feinberg, A. R. 588
— u. S. M. Feinberg *680*
— s. Brewster, J. M. *364*
— s. Clément, R. *365*
— s. Feinberg, S. M. *362, 680, 952*
— s. Friedlaender, S. *386*
— s. Hallenbeck, G. A. *370*
— s. Rose, J. M. *377*
Feinberg, A. W. 1209, *1286*
Feinberg, S. M. *367*, 574, 582, 585, 586, 588, 589, 663, *680*, *705*, 905
— u. T. B. Bernstein *367*
— T. B. Dannenberg u. S. Malkiel *680*
— A. R. Feinberg u. E. W. Fisherman *680*
— — u. C. F. Moran *952*
— u. S. Friedlaender *367*

Feinberg, S. M., S. Malkiel, T. B. Bernstein u. B. J. Hargis *367*
— — u. A. R. Feinberg *362*
— u. L. A. Sternberger *358*
— s. Bernstein, I. L. *364*
— s. Brewster, J. M. *364*
— s. Clément, R. *365*
— s. Dannenberg, T. B. *366*
— s. Feinberg, A. R. *680*
— s. Friedlaender, S. *368*
— s. Hallenbeck, G. A. *370*
— s. Lovejoy, H. B. *373*
— s. Rose, J. M. *377*
Feind, C. R. 807
— s. Fowler jr., E. P. *938*
Feinstone, W. H. 299, 1069
— R. D. Williams u. B. Rubin *367*
— s. Fitzgerald, R. J. *1106*
Felberbaum, J. M. *532*
Feldberg 281, 282, 284, 285, 288, 290, 291, 292, 315
Feldberg, M. *358*
Feldberg, W., u. J. Lecomte *359*
— u. A. A. Miles *359*
— u. W. D. M. Paton *359*
— u. E. Schilf *357*
— u. A. N. Smith *359*
— s. Bartosch, R. *358*
— s. Douglas, W. W. *358*
— s. Jaques *359*
Felder, H. *532*
Feldman, F. F. 510, 511, 604, 631, 877, 891, 982, 893
— s. Newman, B. A. *541, 693, 957*
Feldman, J. D. *532*
Feldman, L. L. s. Bernstein, S. *674*
Feldman, M. D. s. Simon, S. W. *379*
Feldman, W. H. 901
— H. C. Hinshaw u. H. E. Moses *1166*
— s. Ehrlich, J. *937*
— s. Hinshaw, H. C. *954*
— s. Karlson, A. G. *1167*
Feldmann, H. 86, 88, 223
Feldt, A. 1034, 1068, 1083, 1084, 1085, 1087, *1106*, 1123, *1166*
Felix, E. L. 1211
— s. Ter Horst, W. P. *1314*
Felix, K. 154, *234*
Felke 1064
Felkel, J. 1227, *1286*
Fell, N. 295, *367*
— G. Rodney u. D. E. Marshall *367*
— s. Cook *366*
— s. Rodney, G. *377*
— s. Sheldon, J. M. *378*
Fels 470
Felsenfeld, O. 843, 880, 1136, 1269

Felsenfeld, O., G. W. Mast u.
J. S. Ishihara *1286*
— J. F. Volini, J. S. Ishihara,
M. C. Bachman u. V. W.
Young *937, 1166*
— — E. R. Kadison, E. Zim-
mermann u. J. S. Ishihara
952
— — V. W. Young u. J. S.
Ishihara *952*
— s. Kadison, E. R. *941*
— s. Volini, J. F. *948, 960*
Felsher, J. M. *532*
Felsher, M. J. 1213, *1286*
Felton, L. C. 1202
— u. C. M. McLaughlin *1286*
Fenner, O. 346, *367*, 850, *937*
Feo, Ch. P. de 1254
— u. L. C. Harber *1286*
— s. Costello, M. J. *1283*
Ferber, J. 905
— s. Berry, C. Z. *950*
Ferenczi 663
Ferey, D. s. Alajouanine, Th.
673
Ferguson, B. C. 593, 606
— J. D. Rosenbaum u. M. M.
Tolman *680*
Ferguson, E. H. 569
— s. Malkinson, F. D. *691*
Ferguson, J. 495, 502
— s. Davis, M. *529*
Ferguson, J. D. 523, *532*
Fergusson, A. G. 620
— u. W. A. Dewar *680*
Ferin, J. *532*
Fernandes, M. 1271
— s. Lacaz, C. da S. *1298*
Fernandes de Soto Morales, F.
532
Fernandez, M. N. G. 1249
— s. Solari, M. A. *1312*
Ferner 470
Fernholz 447, *460*
Ferond, M. 10, *27*, 665, *705*
Ferrand, B. s. Benhamou, E.
674
Ferrara, R. J. 85
— u. H. Pinkus *223*
Ferrari, A. V. 1333, *1366*
Ferraris, V. s. Tello, E. E. *1372*
Ferreira-Marques, J. 396, 414,
415, *460*, 897
— u. N. van Uden *952*
Ferriman, D. G. 567, 604
— A. B. Anderson u. P. P.
Turner *680*
— u. R. B. N. Wilsdon *680*
Ferry, A. G. 286
— s. Mota, I. *360*
Fessas, P. s. Wintrobe, M. M.
1372
Fève s. Bureau, Y. *676*
Fevold, H. 499
— s. West, E. *548*

Fevold, H. L. 470, *532*
Feyel-Cabanes, Th. 829, *937*
Fiarer 50
Fiedler, H. H. 1340
— u. D. Schmalz *1366*
Fiedler, H. P. 452, *460*
Fiegel, G. 574, 579, 589, 638,
642, *680*
— u. H. W. Kelling *680*
Fields, E. 522, 523
— s. Gordon, M. *533*
Fierz, H. E. 295, 1226
— s. Jadassohn, W. *371, 1295*
— s. Uehlinger, E. *547*
Fierz-David, H. E. 508
— s. Jadassohn, W. *536*
Fieser, L. F., u. W. P. Schnei-
der *532*
— s. Lieberman, S. *538*
Fiessinger 102, *228*
Figge, F., u. E. Allan *532*
Figge, F. H. J. 1045
— T. N. Carey u. G. S. Wei-
land *1106*
Figley, K. D. 342
— s. Beale, H. D. *363*
Fildes, P. 419, *469*, 963, 1051,
1106
— s. Woods, D. D. *1121*
Filipp, G. 320
— u. M. Kelenhegyi *367*
Finch, J. W. 12, *27*
Findeisen, D. G. R. 333, 334,
367, 589
Findlay, G. M. 1070, *1106*
Findrik, M. s. Rako, A. *542*
Finegold, W. J. 661, *680*
Finerty, J. s. Rennels, E. *542*
Fingl, E. G. 1004, 1021
— J. E. Christian u. L. D. Ed-
wards *1106*
Fink, J. C. 1206
— D. E. Vanderploeg u. M. P.
Moursund *1286*
Fink, L. D. 724
— u. H. N. Wright *766*
Finkler, B. 320
— s. Peck, S. *376*
Finland, M. 793, 809, 813, 822,
823, 835, 836, 844, 847, 877,
886, 913, *937*, 1039, 1085
— H. S. Collins, T. M. Gocke
u. E. B. Wells *952*
— E. F. Finnerty jr., H. S.
Collins, J. W. Baird u. T. M.
M. Finland *952*
— P. F. Frank u. C. Wilcox *937*
— M. E. Grigsby u. T. H.
Haight *937, 952*
— u. T. H. Haight *937*
— W. F. Jones jr., M. Ziai u.
G. R. Cherrick *1106*
— E. M. Purcell, S. S. Wright,
B. D. Love, T. W. Mon u.
E. H. Kass *937*

Finland, M., u. S. S. Wright *938*
— s. Gocke, T. M. *939*
— s. Haight, T. H. *939*
— s. Hazen, L. N. *953*
— s. Hirsch, H. A. *940*
— s. Jackson, G. G. *954*
— s. Jones, W. F. jr. *1110*
— s. Kunin, C. M. *942*
— s. Love, B. D. *943*
— s. Nichols, R. L. *957, 1115*
— s. Paine, T. F. *945*
— s. Peterson, O. L. *1115*
— s. Purcell, E. M. *945*
— s. Wright, S. S. *949*
Finland, T. M. M. s. Finland,
M. *952*
Finlay, A. C. 811, 871, 1136
— G. L. Hobby, F. A. Hochstein, T. M. Lees, T. F. Lehnert, J. A. Means, S. Y.
P'An, P. P. Regna, J. B.
Routien, B. A. Sobin, K. B.
Tate u. J. H. Kane *1166*
— — S. Y. P'An, P. P. Regna, J. B. Routien, D. B.
Seeley, G. M. Shull, B. A.
Sobin, J. A. Solomons, J.
W. Vinson u. J. H. Kane
938
— s. Davisson, J. W. *1284*
Finn, O. A. 51, 52, 54, 58, *217*
— s. Rogers, J. *220*
Finnegam, C. 140
— s. Foreman, H. *231*
Finnerty jr., E. F. 587, 592,
594, 598, 618, 620, *681*, 891,
952
— s. Finland, M. *952*
Finnerud, C. W. 602
— u. F. J. Szymanski *681*
Finucci, V. 398, *460*
Firchel, E. E. 319, 320, *367*
Firestein, B. 1186
— s. Cornbleet, Th. *1283*
Fischbach, C. E. 1007, *1106*
Fischbach, H. 826, 1039
— u. J. Levine *938*
— H. Welch, E. Q. King, J.
Levine, C. W. Price u. W.
A. Randall *1106*
— s. Levine, J. *942*
Fischel, E. E. 566, *681*
Fischer 23, 26, 297, 306, 333,
336, 1124, 1146
Fischer, A. E. s. Kaplan, S. *941*
Fischer, E. 1195, *1286*, 1333,
1366
Fischer, F. v. 650, 669, *707*
Fischer, F. 333, *367*, 564
— u. E. Lund *681*
Fischer, G. W. 1177, 1191,
1204, 1209, *1286*
— s. Bohnstedt, R. M. *1280*
Fischer, H. *368*, 510, *532*, 761,
952, 1230

Fischer, H., u. R. Müller *766*
— s. Jerchel, D. *1295*
Fischer, H. R. 27
Fischer, K. A. 248
— G. Brandes u. W. Gohdes *279*
Fischer, M. *368*
Fischer, R. H. 891, *952*
Fischer, W. s. Schubert, W. *378*
Fischl, V. 711, 734, 739, 740, 742, 752, 753, 757, 761, 762
— u. H. Schlossberger *766*
— s. Singer, E. *770*
Fischlewitz, A. 833
— u. O. Allemann *938*
Fischmann, O. 1220
— u. A. T. Londero *1286*
Fishbein, H. A. 1190
— s. Sullivan, M. *1313*
Fishbein, W. I. 344
— s. Phillips, W. F. P. *376*
Fisher 292
Fisher, A. 35, 72
— s. Margolis, L. H. *224*
Fisher, A. A. *27*, *681*
Fisher, A. M. 786, *938*, 1256, 1257, 1269, *1286*
— u. J. C. Harvey *1287*
— s. Harvey, J. C. *1292*
Fisher, D. s. Bloom, D. *26*
Fisher, J. K. s. Hopkins, J. G. *1293*
Fisher, M. W. s. Ehrlich, J. *937*
Fisher, S. H. 1021
— L. Troast, A. Waterhouse u. J. A. Shannon *1106*
Fisher, W. P. 872
— s. Machlowitz, R. A. *943*
— s. Tytell, A. A. *1314*
Fisherman, E. W. s. Feinberg, S. M. *680*
Fishman, I. M. 1230
— s. Stritzler, C. *1313*
Fishman, W. H. s. Homburger, F. *686*
Fisken, R. A. 830
— s. Gruhzit, O. M. *939*
Fissi Marraccini, G. 1182, 1247, *1287*
— s. Mazzetti, G. *1301*
Fitoussi, M. s. Tzanck, A. *547*
Fitzgerald, D. B. s. Fitzgerald, R. J. *938*
Fitzgerald, R. J. 805, 896, *952*, 1069
— F. Bernstein u. D. B. Fitzgerald *938*
— u. W. H. Feinstone *1106*
— s. Bernheim, F. *934*
Fitzpatrick, M. J. 1254
— H. Rubin u. C. M. Poser *1287*
— s. Rubin, H. *1309*
Fitzpatrick, T. B. 46, 479, 1234

Fitzpatrick, T. B., H. C. Griswold u. I. H. Hicks *681*
— s. Crowe, F. W. *678*
— s. Saunders, T. S. *220*
— s. Ulrich, J. A. *1314*
Flächer, F. 661, *705*
Flamand, Ch. 517, *532*
Flamm, St. 666, *705*
Flanagan, M. E. s. Orr, R. H. *694*
Flanders, Th. 1257, 1258
— s. Novak, M. *1304*
Flanigan, C. 1083, 1085, 1086
— s. Leming, B. H. *1112*
Flarer, F. 48, 49, *217*, 1248, *1287*
Flaschenträger, B. 92
— u. E. Lehnartz *460*
— s. Westphal, O. *228*
Flataker, L. 489
— s. Winter, C. *548*
Flatt, R. 569, 571
— s. Goldman, L. *682*
— s. Preston, R. H. *695*
Flechner s. Gougerot, H. *953*
Fleck, E. F. 607, *681*
Fleck, F. 397, *460*, 515, 516, 524, *532*, 619, 650, 672, *681*, 709, 1353, *1366*
Fleckenstein, A. 103, 105, *228*, 329, 559, 561, 563, *681*
— u. A. Hardt *228*, *368*
— s. Eichholtz, F. *228*
— s. Taugner, R. *701*
Flegel, H. 178, *236*, 634, *681*
Fleischhauer, G. 870, *961*
Fleischman, R. 736, 848, 1050
— s. Eagle, H. *766*, *937*, *1105*
Fleischmann, G. 405
— s. Najjar, V. A. *465*
Fleischmann, W., u. S. Kann *532*
Fleischmayer, R. 450
— s. Kriner, J. *463*
Fleming 327, 613
— Reymann u. Söbye *681*
— u. Rieveschl *368*
Fleming, A. 773, 775, 776, 811, *938*
Flesch, P. 8, 34, 35, *532*
— u. E. C. Jackson-Esoda *27*, *217*
Flesh 426, *460*
Fletcher, C. M. 775, 876
— s. Abraham, E. P. *933*, *950*
Fletscher, M. E. 398
— s. Wyatt, T. C. *469*
Fleury, C. s. Mozer, J. J. *957*
Flick, H. 318
— s. Friebel, H. *368*
Fliegelman, M. T. 354, 582
— s. Loveman, A. B. *373*, *691*
Flink 487
Flint, A., R. R. Forsey u. B. Usher *1287*

Flint, M. H. 877
— H. Gillies u. D. A. C. Reid *952*
Flippin, H. F. s. Eisenberg, M. G. *937*
Floch, H. 434, 450, 456, *460*, 1184, *1287*
— u. P. Sureau *460*
Flöter, W. 1202, 1213, *1287*
Flood, J. 877, *952*
Florange, W. 914, *952*
Florence, Th. I. 661, *681*
Florens, A. 86, 646
— s. Bonnet, J. *222*, *675*
Florestano, H. J. 1268
— u. M. E. Bahler *1287*
Florey, H. W. 773, 775, 876, *938*, 1264, 1270
— E. B. Chain, N. G. Heatley, M. A. Jennings, A. G. Sanders, E. P. Abraham u. M. E. Florey *938*
— u. M. A. Jennings *1287*
— s. Abraham, E. P. *933*, *950*
— s. Borodin, N. *1280*
— s. Chain, E. B. *935*, *1282*
Florey, M. E. s. Florey, H. W. *938*
Florian, E. 1257
— s. Földvári, F. *1287*
Flower, H. A. 1209
— s. Riley, K. *1308*
Flügel, F. 71, *223*
Flynn, E. H. s. Mc Guire, J. M. *944*, *1302*
Flynn, R. T. s. Lindemann, C. *690*
Fodor 440, *460*
Foeldes 198
Földvári, F. 1257, *1287*
— u. E. Florian *1287*
Földvári, P. 14, 612
— u. J. Balo *27*, *681*
Föllmer, W. 1029, 1032, 1038, *1106*
— u. H. Rocker *1106*
Fölsch, F. 747
— J. Gläser u. H. J. Kriegk *767*
Fogarasi, D. 877, *952*
Fogel, E. J. 74, *223*
Foglia, V., J. Penhos u. A. Cardeza *532*
— u. R. Pinto *532*
Foley, E. J. 565, 1038, 1175, 1189, 1196
— F. Herrmann u. S. W. Lee *1287*
— u. S. W. Lee *1287*
— u. R. Silverstein *681*
— s. Lee, S. W. *1112*
Foley, G. E. 819, 1182
— u. W. L. Aycock *532*
— u. W. D. Winter *938*, *1287*
Folin 1008

Folkers, K. 416, 423, 425
— s. Harris *461*
— s. Rickes, E. L. *466*
Foltz, E. L. s. Swintosky, J. V. *1119*
Fond, I. A. 319, *368*
Fondal, C. s. Smith, T. *545*
Fonken, A. E. s. Hoeksema, H. *940*
Fonseca, A. F. da 79
— s. West, E. D. *226*
Fontaine 673
— s. Jung *709*
Fontaine, R. 114, 115
— s. Leriche, R. *229*
Fontaine, T. D. 1235
— s. Ma, R. *1300*
Fontan 71, 600
— Verger, Verin u. Roy *681*
— s. Huriez, Cl. *223, 371*
Fonzari, M. 59, *217*
— s. Vieira, J. *221*
Foohey, J. J. s. Simon, S. W. *379*
Foote, M. W. 1233
— J. E. Little u. T. J. Sproston *1287*
Forattini, O. 1220
— s. Almeida, F. de *1277*
Forbes 495
Forbes, A. s. Fraser, R. *532*
Forbes, T. 478
— s. Hooker, C. *535*
Forbes, T. R. *532*
Ford, J. H. 1255
— u. B. E. Leach *1287*
— s. Hoeksema, H. *940*
— s. Leach, B. E. *1299*
Foreman, H. 140
— C. Finnegam u. C. C. Lushbaugh *231*
Foreman, H. M. 908
— s. Croften, J. *951*
Forestier, J. 579
— s. Nebout, R. *693*
Forfar, J. O. 877
— C. L. Balf, T. F. Elias-Jones u. P. N. Edmunds *952*
Forman, L. 58, 590, 669, *681*, 707
— s. Sharvill, D. *220*
Former 430
— u. Carrol *460*
Fornara, P. 993, 1064, *1106*
— N. Quattrin, A. Branacaccio, L. Cavalli-Svorza, G. Jcono, A. Schiavini u. F. Sella *1106*
Forni, P. V. 326, *368*, 1231, *1287*
Forrest, A. D. 580
— u. I. B. Hales *681*
Forrest, H. S. 1052, 1145
— u. J. Walker *1106*
Forrest, R. L. 887
— s. King jr., J. H. *955*

Forsey, R. R. 632, 1206
— u. A. W. Anhalt *681*
— u. R. Jackson *532, 1287*
— s. Flint, A. *1287*
Forsham, P. H. 43, 564, 567, 577, 578, 582
— V. di Raimondo, D. Island, A. P. Rinfret u. R. H. Orr *681*
— A. E. Renold u. T. F. Frawley *681*
— G. W. Thorn, F. T. C. Prunty u. A. G. Hills *681*
— s. Epstein, J. H. *217*
— s. Haynes, F. W. *685*
— s. Hill jr., S. R. *686*
— s. Orr, R. H. *694*
— s. Raimondo, V. di *679*
— s. Renold, A. E. *696*
— s. Thorn, G. W. *701*
Forsman, P. H. s. Thorn, G. W. *701*
Forster, G. 151, 334, 338
— u. E. Jenny *234*
— s. Essellier, A. F. *367*
Forster, G. L. 550
— s. Smith, P. E. *699*
Forsyth, C. C. 791
— s. Gottliob, B. *939*
Forsythe, W. E. 346
— s. Mathews, K. P. *374*
Foster, C. H. 73
— E. J. O'Mullane, P. Gaskell u. H. C. Churchil-Davidson *223*
Foster, F. 487, 509
— s. Reynolds, S. *543*
Foster, G. E. 1069
— s. Buttle, G. A. H. *1103*
Foster, J. F. 1270
— u. H. B. Woodruff *1287*
Fostvedt, G. A. 1229
— D. T. Kingston, L. L. Emmons u. R. L. Voller *1287*
Foulds, W. S. 570, 588
— D. P. Greaves, H. Herxheimer u. L. G. Kingdom *681*
Fountain, J. R. 1350, *1366*
Fouquet, H. 86
— s. Bonnet, J. *222*
Fourneau, M. E. 297, 755, 756, 757, *766*, 1069, 1087
— A. Navarro-Martin u. J. Tréfouel *766*
— J. Tréfouel u. G. Beniot *766*
— — u. de Lestrange-Trévise *766*
— — F. Nitti, D. Bovet u. Th. Tréfouel *1106*
— — Th. Tréfouel, F. Nitti u. D. Bovet *1106*
Fournel, J. 298
— s. Bovet, D. *364*

Fournier, H. s. Dumazert, C. *531*
Fournier, I. 489
— s. Albrieux, A. *526*
Fourniol 71
— s. Boucaud, P. de *222*
Fouts, J. R. s. Zeller, E. A. *1171*
Fouts, P. J. 408
— O. M. Helmar, S. Lepkovsky u. T. H. Jukes *460*
Fowler jr., E. P. 807
— u. C. R. Feind *938*
Fox jr., Ch. L. 998, 999, 1045
— u. H. M. Rose *1106*
— s. Stetten, M. R. *1118*
Fox, E. C. 610, *681*
Fox, H. H. 758, *766*, 1150, *1166*
— s. Goldman, L. *1289*
Fox, H. J. 393
— s. Castle, W. B. *458*
Fox, J. L. 1263, *1287*
Fox, L. A. s. Brown, E. A. *365*
Foxworthy, D. T. 599
— R. M. Polske u. E. M. Barton *681*
Frackmann, H. *1287*
Frágner, P. 1183, *1287*
Frahm, H. 501
— u. W. G. Schneider *532*
Frahm, M. 297, 354
— s. Soehring, K. *231, 379*
Fraisse, H. 1181
— s. Girard, M. *1289*
Frajola, W. J. s. Bouroncle, B. A. *1365*
France 600
Franceschetti, A. 407, *460*, 579
— W. Jadassohn, R. S. Mach, A. E. Mastrangelo, J. B. Bourquin u. J. Nardin *681*
Francis, G. E. s. Bray, H. G. *1103*
Francis, J. 993, 1034, 1037, 1061, *1106*
— u. E. Hoggarth *1106*
— s. Lawrence, J. St. *1112*
Francis, W. s. Moffatt, W. *540*
Francisco, D. M. 253
— s. Currie, C. C. *279*
François, P. 351, *368*
Frandsen, Y. A. 320, *368*
Frank, H. 644, *681*, 1222, *1287*
Frank, J. H. s. Sones, M. *700*
Frank, L. 569, 570, 586, 590, 591, 594, 609, 618, 619, 622, 623, 643, 885
— u. H. H. Perlman *952*
— u. C. Stritzler *681*
— — u. J. Kaufman *681*
— s. Grace, A. W. *683*
— s. Sawicky, H. H. *959*
— s. Steiner, K. *700*
— s. Stritzler, C. *700*
— s. Sulzberger, M. B. *701*

Frank, P. F. s. Finland, M. *937*
Franke, H. 1006, 1012
— s. Krebs, K. G. *1111*
Frankel, D. B. 345, 346, *368*
— u. R. E. Stutsman *368*
— u. N. Weidner *368*
Frankland, A. W. 342, *368*, 406, *460*
Franks. A. G. 878, 897, 899, 1186, 1187, 1258, 1263, 1270, *1287*
— W. L. Dobes u. J. Jones *952*
— — u. D. Romano *952*, *1287*
— u. D. Fanelli *1287*
— u. A. Sternberg *1287*
— C. L. Taschdjian u. G. T. Gutierrez *1287*
— — u. G. A. Thorpe *1287*
Franks, W. R. s. Crassweller, P. O. *678*
Franz, R. s. Kinsell, L. W. *537*
Frapolli, F. 411, *460*
Fraser, R. 510, 581
— A. Forbes, A. Sulkowitch u. E. Reifenstein *532*
— s. Albright, F. *526*
Fratta, C. W. la 320
— s. Kending jr., E. L. *371*
Frawley, T. F. s. Forsham, P. H. *681*
— s. Thorn, G. W. *701*
Frazier, C. N. 386, 391, 392, 567, 611, 616, *681*
— u. C. K. Hu *460*
— W. F. Lever u. C. S. Keuper *681*
— — R. W. Leeper, C. S. Keuper, L. J. Bienvenu, J. E. de Donne u. S. W. Levy *681*
— s. Hu, C. K. *535*
— s. Reznick, L. *220*, *696*
Freckmann 1225
Fredricks, M. G. 215, 892
— s. Becker, F. T. *222*, *950*
Free, A. H. 1023
— D. F. Davies u. V. C. Myers *1106*
Free, S. M. s. Swintosky, J. V. *1119*
Freedman, S. S. 887
— u. J. T. Barret *952*
Freeman, G. G. 1270, *1287*
— u. R. I. Morrison *1287*
Freeman, H., O. Parsons, M. Feffer, L. Philipps, E. Daneman, F. Elmadjian, E. Bloch, R. Dorfman u. G. Pincus *532*
— s. McBryde, C. *540*
Freeman, J. 436
— s. Arons, J. *457*
Freeman, L. C. 877
— u. R. B. Scott *952*

Freeman, M. E. 47, 325
— s. Elster, S. K. *367*
Freeman, W. A. 989, 1083
— s. Adams, A. *1101*
Freerksen, E. 807, 1011, 1017, 1138, 1140, 1141, *1166*
— E. Krüger-Thiemer u. M. Rosenfeld *1106*
— u. M. Rosenfeld *1106*
— u. H. Wolter *938*
Frei, A. 524, *532*
Frei, H. 1148
— s. Uehlinger, E. *1170*
Frei, J. 150
— s. Ryser, H. *235*
Freire, A. S. 1130, *1166*
Freis, E. D. 1187, *1287*
Frelich, E. J. s. Dennis, E. W. *1166*
Fremery, P. de 551
— E. Laqueus, T. Reichstein, R. W. Spanhoff u. J. E. Myldert *681*
French, A. B. 563, 649
— C. J. Migeon, L. T. Samuels u. J. Z. Bowers *681*
French, J. D., R. L. Longmire, R. W. Porter u. H. J. Movius *681*
Fretwurst, F. s. Lohmeyer, G. *29*, *691*
Freud, I. s. David, K. *529*
Freudenberg, E. 426, *460*
Freudenreich, E. de 772, *938*
Freudenthal 443, *460*
Freundlich, H. *1106*
Frey 320, 322, 351
Frey, E., u. K. Neidhardt *368*
Frey, E. K. 1362, *1366*
Frey, J. s. Heilmeyer, L. *685*
— s. Studer, A. *546*
Frey, J. R. *368*, 399, 566, 1176, 1177, 1244, *1287*
— u. H. Geleick *1287*
— u. M. A. Schoch *460*
— u. A. Studer *681*
— P. Wenk u. B. Fust *1287*
— s. Studer, A. *467*
— s. Wenk, P. *1316*
Freyburger, W. A. s. Larson, E. J. *942*
Freyschuss, S. K. L. 855, 1264
— S. O. Pehrson u. B. Steenberg *938*, *1288*
Freytag, Bl. 1081, 1082, 1084, *1106*
Frick, M. A. 121
— L. Kantele u. T. Putkonen *229*
Fricker, L. s. Kenyon, A. *536*
— s. Knowlton, K. *537*
Friderich, H. 51, 339, *368*, 1223, *1288*
— u. K. H. Rasp *217*
Fridon, P. 145

Fridon, P. s. Neimann, N. *235*
Fridrich 434
— s. Molnar *464*
Friebel, H. 301, 302, 309, 311, 318, 321, 341, *368*, 785
— u. A. Basold *368*
— H. Flick u. U. Reichle *368*
— s. Junkmann *371*
— s. Schulemann, W. *378*, *947*
Fried, C. T. 398
— u. M. Grand *460*
Fried, J. 551, 552
— u. E. F. Sabo *681*
— s. Arth, G. E. *673*
Fried, R. *1166*
Friedberg, V. 315, *368*
Friedberger, E. *767*
Friedemann, A. 41
Friedemann, J. 898
— s. Por, F. *958*
Friederich, H. C. 320, 325, 339, 445, 878, *952*
— s. Beutnagel, J. *458*
— s. Zenner, B. *381*, *1122*
Friederiszick, F. K. 1023, 1084
— u. W. Toussaint *1106*
Friedheim, E. A. H. 759, *767*
Friedl, J. L. 1222
— s. Ortenzio, L. F. *1305*
Friedlaender 308, 310, 314, 318, 319, 321, 325, 333, 334, 336, 341
Friedlaender, A. S., u. S. Friedlaender *368*
— — u. J. M. Vandenbelt *368*
Friedlaender, S. *368*
— u. S. M. Feinberg *368*
— — u. A. R. Feinberg *368*
— s. Feinberg, S. M. *367*
— s. Friedlaender, A. S. *368*
— s. Rose, J. M. *377*
Friedman 43, 79, 295, 320, 326
Friedman, A. J. *234*
Friedman, E., u. J. Silverman *368*
— s. Epstein, J. H. *217*
Friedman, H. J. s. Cohen, M. B. *366*
Friedman, H. T., u. W. L. Marmelzat *223*
Friedman, I. H. 1220
— s. Bobbitt, O. B. *1279*
Friedman, M. s. Rosenman, R. *543*
Friedman, S. 630
— s. Oltman, J. D. *694*
Friedmann, E. 501, 599
— u. G. Pathé *681*
Friedmann, J. 914
— s. Ormerod, F. C. *958*
Friedrich, E. 1193, 1194
— s. Ivady, Gy. *1295*
Friedrich, H. s. Brockmann, H. *1365*
Friend, F. 899

Friend, F. s. Goldman, L. *953*
Friesay, M. 92, 96
— s. Eichenberger, E. *227*
Friesen, S. R. 310, 316
— I. D. Baronofsky u. O. H. Wagensteen *368*
Friesewinkel, H. 36, 60, 63, *217, 223*
Friis, Th. 319, *368*
Frimmer, M. 1004, *1106*
Frisk, A. R. 786, 1000, 1002
— M. Diding u. D. Wallmark *938*
— G. Hagerman, St. Helander u. B. Sjögren *1106*
Fritsche, H. 447
— s. Karrer, P. *462*
Fritz, J. S. 1008
— u. R. T. Keen *1106*
— s. Vespe, V. *1120*
Fritze, E. 95
— u. F. Wendt *227*
— s. Bergmann, H. *227*
Froelich, T. 428
— s. Holst, A. *461*
Froitzheim, G. 174, 175, 176, 177
— s. Polemann, G. *236*
Frolow, G. R. 570
— V. H. Witten u. M. B. Sulzberger *081*
From, F. 1038
— u. M. L. O'Donnell *1106*
Fromer, J. L. 515, *532*, 590, 592
— u. F. E. Cormia *682*
Fromherz 457, *460*
Fromm, E. 1069
— u. J. Wittmann *1106*
Fromme, J. 92
— O. Lüderitz u. O. Westphal *227*
— s. Westphal, O. *228*
Frommel, E. 67, 76, 77, 78, 79, 80, 88, *223*
— s. Vincent, D. *226*
Fronimopoulos, J. 600
— u. N. Lambrou *682*
Frost, B. M. 870
— s. Cuckler, A. C. *936, 1166*
— s. Solotorovsky, M. *947*
Fruchard s. Joulia *687, 688*
Frühwald, R. 18, 163, *234*, 444, *460*
— E. Ramel, A. Matras u. E. Riecke *27*
Frugoni, C., u. U. Serafini *368*
— s. Serafini, U. *378*
Frumasan, P. 402
— s. Cattan, R. *458*
Frumess, G. s. Lewis, H. M. *538*
Frumess, M. 48, 57
— s. Lewis, M. *218*
Fry, E. G. 555
— s. Long, C. N. H. *691*

Fuchs, A. M. 342
— P. M. Schulman u. M. B. Strauss *368*
— s. McGavack, T. H. *374*
— s. Ripps, J. *377*
Fuchs, H. K. 1197
— u. K. Haack *1288*
Fuchs, U. s. Prosiegel, R. *695, 706*
Führ, J. 1010, 1016, 1017, 1020, 1021, 1092
— s. Bünger, P. *1103*
Füller, H. 323, 1177, 1191, 1209, 1227, *1288*
— s. Bohnstedt, R. M. *364, 1280*
Fuentes, C. A. 1184, 1256, *1288*
— F. Trespalacios, G. F. Baquero u. R. Aboulafia *1288*
Füresz, S. 1251
— s. Caretta, G. *1282*
Fürst 12, *28*
Fürth, O. v. 661, *705*
Fuga, G. C. 607, *682*, 856, 898, *938, 952*
Fuhrmann, G. 43
— s. König, K. *218*
Fuhrmann, K. 345, *368*
Fuhs, H. 392, 395, *460*
— u. Stannus *160*
Fuji, T. 886, 1191, 1252, *1288*
— s. Tamura, M. *960*
Fujii, S. 1267
— s. Taira, T. *1313*
Fujikawa, F. 1272
— Y. Hibosa, S. Nakazawa u. T. Omatsu *1288*
Fujimori, H. 1249
— H. Takeda u. T. Tomita *1288*
Fujino, T. 1251
— T. Miwatani, S. Takagi u. K. Kimura *1288*
Fujita, K. 1354, *1366*
Fukami, M. s. Ashida, Y. *934*
Fukas, M. 478, 493
— u. T. Adrianos *532*
Fukayama, G. s. Kinsell, L. W. *688*
Fukushima, D. K. 483
— K. Dobriner u. T. F. Gallagher *532*
Fukuyama, K. 577
— u. B. L. Baker *682*
Fukuyama, S. 1260
— s. Umezawa, H. *1314*
Fuller, A. T. 1006, 1045, *1106*
— s. James, G. V. *1109*
Fuller, B. F. s. Schick, R. M. *697*
Fulton, C. O. 1222
— N. E. Gibbons u. R. L. Moore *1288*
Fumbarg, D. 1252, *1288*

Funk, C. F. 14, 24, *28*, 199, 382, 400, 408, 443, 444, *460*, 510, *532*, 1197, *1288*, 1347
— u. F. Kröber *1366*
— u. A. Walther *28*
Funk, H. 1029, *1106*
Furcolow, M. L. 1207, 1254, *1288*
— u. Ch. A. Brasher *1288*
— s. Lehan, P. H. *1299*
— s. Rubin, H. *946, 959, 1309*
Furman, N. H. 1008
— s. Voorhies, J. D. *1120*
Furst, A. 755
— s. Balcom, D. *763*
Furtado, A. da R. 1233
— s. Arêa Leão, E. de *1278*
Fusillo, M. H. 824, 833
— H. E. Noyes, E. J. Pulaski u. J. Y. S. Tom *938*
— M. J. Romansky u. D. M. Kuhns *938*
— s. Borski, A. A. *935*
Fuss 18, *28*, 072, *709*
Fussgänger, R. 723, 724, 725, 727, 728, 729, 742, 745, 746, 747, 752, 762, *767*, 792, 822, 844, *938*
— u. H. Rolly *938*
Fust, B. 861, 862, 1060, 1083, 1084, 1085, 1086, 1099, 1139, 1141, 1176, 1177
— u. E. Böhni *1106*
— — R. J. Schnitzer, J. Rieder u. Th. Struller *1107*
— — G. Zbinden u. A. Studer *938*
— A. Studer u. E. Böhni *1166*
— s. Frey, J. R. *1287*
— s. Wenk, P. *1316*
Futcher, P. H. 22, *28*

Gaballo, S. 1258
— s. Bonis, U. de *1280*
Gabito Farias, J. 1249, *1288*
Gable, F. B. 1000, 1001
— s. Kostenbauder, H. B. *1111*
Gable, F. C. s. Dennis, E. W. *1166*
Gable, J. J. 70, *223*
Gabriel 882
Gabrilove, J. s. Soffer, L. *545*
Gaddum, I. H. 281, 284, 285, 287, 290, 328, *357, 359, 368*
— s. Barsoum, G. S. *358*
Gade, M. 878
— B. Korner u. B. Sylvest *953*
Gadermann, E. 69, *223*, 494
— s. Nowakowski, H. *541*
Gaebler, O. 493
— W. Beher u. E. Crigger *532*
— u. S. Tarnowski *532*
Gaede, U. 902
— u. K. Palm *953*
Gänsslen, M. 1353, *1366*

Gänsslen, M., u. H. Martini *1366*
Gärtner, H. 1352
Gahlen, W. 443, *460*
— K. Klüken u. J. Latz *532*
— s. Anders, J. *526*
— s. Schreus, H. Th. *467*
Gaida, M. 340, *368*
Gaillard, G. E. 301, 342, *368*
Gaillard, M. Q. s. Oberhauser, F. B. *1369*
Gainer, J. H. 809
— s. Karlson, A. G. *941, 1167*
Galdson 652
Gale, E. F. 781, *938*
Gale, G. R. 1194, 1231, *1288*
Gale, R. G. 1194
— s. Bernheim, F. *1279*
Galina, J. C. 121, *229*
Gall, L. S. 1061
— s. Weil, A. J. *1121*
Gallagher, T. F. s. Fukushima, D. K. *532*
Gallai, Z. 69, 886
— s. Rácz, St. *225*
— s. Sylvestre, L. *961*
Galley, P. 884
— s. Lacroux, R. *955*
Gallinelli, R. 1331, 1332, 1334
— s. Storti, E. *1371*
Gallup, W. s. Whitehair, C. *548*
Galmarini, O. L. 1262, 1263, 1269, *1288*
Galmiche, P. 625
— s. Breton, P. *676*
— s. Parrot, J. L. *376*
Galton, D. A. G. 1342, 1343, 1344, *1366*
— L. G. Israels, I. D. N. Nabarro u. M. Till *1366*
Gammon, G. D. 350, 357
— s. Churchill, J. *365*
Gamna, C. 559, *682*
Gandarias, J. de, A. Soloaga u. J. Recio *532*
Gandevia, B. 342
— s. Donald, R. H. O. *366*
Gans, G. de 171
— s. Beurey, J. *236*
Gans, O. 8, 25, *28, 460, 533, 594, 682,* 895
— u. I. v. Glasenapp *28*
Gant, J. Q. 1213
— s. Schwartz, L. *1310*
Gantz, J. A. 1254
— J. A. Nuetzel u. L. B. Keller *1288*
Garat, B. R. 304, 336, 342
— C. R. Landa, O. F. Rossi Richeri u. R. O. Tracchia *368*
Garb, S. 128, 129, 130, 131, 136, *232*
Garbar, P. 566
— B. Benacerrat, G. Biozzi u. M. Chaleil *682*

Garcia, J. 1256
— M. L. Littman, R. Birchall u. D. Echols *1288*
— s. Echols, D. *1285*
Garcia, L. 663, *705*
Garcia, P. M. 1220, 1256, *1288*
Garcia-Arocha, W. 293
— s. Grossberg, A. L. *359*
Garcia Onandia, A. s. Holz, E. *1109*
Garcia de Orta 12
Garcia Valdecasas, F., J. A. Salvay u. P. Puig Muset *1166*
— s. Vilanova, X. *1315*
García-Zorrón, N. 1208
— s. MacKinnon, J. E. *1300*
Garda, J. *767*
Gardenghi, G. 886, *953*
Gardini, G. F. 1331, 1332
— u. S. Rizzente *1366*
Gardnei, W. J. s. Burdick, K. H. *676*
Gardner, A. D. 775, 876
— s. Abraham, E. P. *933, 950*
— s. Chain, E. B. *935*
Gardner, F. 426, *460*
Gardner, W., T. Chamberlin *533*
— s. Chamberlin, T. *529*
— s. Trentin, J. *547*
— s. Williams, W. *548*
Gardocki, J. F. s. English, A. R. *937*
Garfield 392
Gargani, G. 1182
— s. Mazzetti, G. *1301*
Garlock jr., E. A. s. Levine, J. *942*
Garnier, G. 433, *460,* 517, *533,* 877, 891, 892, 897, 909, *953,* 1203, *1288*
Garonne, G. 215
Garré, C. 772, *938*
Garrigues, J. C. s. Vague, J. *547*
Garrod, L. P. 778, 793, 795, 861, *938*
— u. E. F. Scowen *938*
Garson, W. s. Thayer, J. D. *960*
Gartland s. Braun *279*
Gartmann 730, *767*
Gartmann, H. 450
— u. H. Sieler *460*
Garzon, R. 567
— s. Arquello, R. A. *673*
Gasche, P. s. Miescher, K. *540*
Gaschler, A. 1355, *1366*
Gaskell, P. 73
— s. Foster, C. H. *223*
Gasser, C. 1350
— u. W. Hitzig *1367*
Gasso, D. M. s. Peyri, M. *958*

Gaté, J. 58, 61, 290, 433, 1183, 1185, 1217, 1270
— u. J. Coudert *1288*
— — u. J. Cotte *1288*
— — u. H. Jehl *1288*
— u. J. Duverne 223
— J. Pellerat, M. Badel u. M. Murat *359*
— J. Vayre u. G. Cambrillat *460*
— — u. M. Guillot *217*
Gatsenko, E. G. 122
— u. N. N. Lebedenko *229*
Gattermann, E. 122, 123, *229*
Gatti, F. 1230
— u. R. Vanbreuseghem *1288*
— s. Vanbreuseghem, R. *1315*
Gattmann, G. B. 904
— u. I. Rosenbaum *953*
Gatzek, H. 309, 313
— u. K. Mechelke *368*
Gaudier s. Huriez, Cl. *686*
Gaudier, B. s. Breton, A. *935*
Gauer, A. s. Schmidt-La Baume, F. *544*
Gaul, L., u. G. Underwood *533*
Gaulthier 12, *28*
Gaumond, E. 663, *705*
Gaunt, R. 493, 551
— u. W. J. Eversole *682*
— s. Dolin, G. *530*
Gause, G. F. 869, *938,* 1035, *1166*
Gausewitz, Ph. L. 914, 1181
— F. S. Jones u. G. Worley jr. *953, 1288*
Gauss, W. s. Domagk, G. *1366*
Gautard s. Joulia *688*
Gautron, G. s. Bolgert, M. *26, 707*
Gaviati, A. 414, *460*
Gavin, J. J. 1062, 1085, 1086
— s. Boger, W. P. *1102*
Gavron, J. L. 712
— s. Raiziss, G. W. *769*
Gay, L. N. 144, 316, 345
— u. P. E. Carliner *368*
— s. Landau, S. W. *372*
Gay Prieto, J. 569, 593, 618, 633, 643, 649, 656, *682,* 1179
— u. J. del Pozo *1288*
Gebauer-Fuelnegg, E. 290
— u. C. A. Dragstedt *359*
Gebert, E. 94
— s. Zach, J. *228*
Geddes, A. K. 568, 660
— u. M. F. McCall *682*
Geftic, S. s. Mayer, R. L. *1301*
Gehlen, W. 88, 1009, 1011, *1107*
Gehrels, P. E. 442, 443
— H. J. Heite u. K. W. Kalkoff *460*
Gehringer, F. s. Marsh, P. B. *1301*
— s. Pfleger, R. *1306*

Geiger, A. s. Dam, H. *459*
Geiger, W. B. 1263
— J. E. Conn u. S. A. Waksman *1288*
Geiling, E. M. K. 39, 736
— s. Chen, G. *765*
— s. Dearborn, E. H. *217*
Geimer, R. 426, *460*
Geisberger, H. 162, *234*
Geisenhöfer, H. 1249
— s. Krämer, H. *1298*
Geiser, J. C. 1231, *1288*
Geiser, J. D. 326, *369*
Geissberger, W. 133, *232*
Geister, R. S. 1259
— u. E. Meyer *1288*
Geisthövel, W. 647, *682*
Geks, F. J. 800, 818, *938*, 1011, 1024, 1059
— u. H. Wilmanns *938*
— s. Brock, N. *1103*
Geldmacher-Mallinckrodt, M. 1177
— s. Mallinckrodt-Haupt, A. St. v. *1301*
Geleick, H. 1244
— s. Frey, J. R. *1287*
Gelin, G. 639, 641
— s. Lebon, J. *690*
Gellhorn, A. 639, 642, 1327, 1338, *1367*
— s. Ranney, H. M. *695*
— s. Ultmann, J. E. *1372*
Gellis, S. 488, 496, 512
— s. Reiss, F. *542*
Gelvin, E. P. 315, 327
— H. Elias u. T. H. McGavack *369*
— T. H. McGavack u. I. J. Drekter *369*
Gemmell, D. H. O. 1091
— u. J. C. Morrison *1107*
Gemzell, C. A. 569
— S. Hård u. A. Nilzén *682*
Gendel, B. R. 599
— s. Schupbach *698*
Generali, F. 671
— s. Varsale, G. *710*
Genesius, H. s. Aschheim, H. *526*
Genest, J. 12
— L. Adamkiewicz, R. Robillard u. G. Trembley *28*
Genf 149
Genner 670, *707*
Genner, V. 146
— u. J. K. Witt *234*
Gennes, L. de 492
— u. H. Bricaire *533*
Gentele, H. 672
— s. Engfeld, B. *709*
Gentil, F. 19
— u. S. F. Gomes da Costa *28*
Gentile, A. J. s. White, H. J. *1121*

Gentles, J. C. 867, *938*, *953*, 1184, 1236, 1238, 1244, *1288*
— M. J. Barnes u. K. H. Fantes *1288*
— s. Tomich, E. G. *1314*
Gentschy, E. 570, 588
— s. Stackelberg, C. O. v. *700*
Georg, L. K. 1175, 1256, *1289*
— L. Ajello u. M. A. Gordon *1289*
— — u. C. Papageorge *1289*
Georges, A. 1007, 1069, 1087
— M. Lechat, B. Sarton u. F. Stouffs *1107*
— u. B. Sarton *1107*
Georgi, C. E. 1223, *1289*
Georgier, G. 40
— u. B. Bajdekoff *217*
Gephardt, M. C. 1206
— u. T. H. Hanlon *1289*
Geraci, J. E. 1207
— T. J. Dry, J. A. Ulrich, L. A. Weed, C. S. Maccarty u. C. P. Sayre *1289*
— s. Heilman, F. R. *939*
— s. Martin, W. J. *943*, *956*
— s. Needham, G. M. *945*
Gerard 620, 621
Gerard, R. W. 68, 78, 325
— s. Abood, L. G. *363*
— s. Marquis, D. C. *221*
Gerauer, A. 566
— s. Proppe, A. *695*
Gerber, N. N. 1234
— s. Barnes, R. A. *1278*
Gerebtzoff, M. s. Goldstein, M. *533*
Gerhartz, H. 638, *682*
Gericke, D. 919, *953*
Gerlach, H. 446, *460*
Gerlach, U. 41, 324
— u. W. Blaich *369*
— s. Blaich, W. *216*, *527*
Gerlich, N. 1356, 1357
— s. Wolf, H. J. *1372*
Gerloczy, F. 450, *460*
Germain, D. s. Bernheim, M. *674*
German, G. s. Keeney, E. L. *1296*
Germuth 566, *682*
Germuth, F. G. s. Eagle, H. *766*
Gerner, G. 1081, 1083, 1084, 1085, 1086, *1107*
— s. Henning, N. *1108*
— s. Legler, F. *1112*
Gershenson, J. 48
— s. Zakon, S. J. *221*
Gerson, M. 199, *238*, 442, *460*
Gertler 118, 147
Gertler, H. *234*
Gertler, W. 146, *229*, 443, 444, *460*, 603
— A. Schimpf u. K. Pfeiffer *682*

Gervais, A. 71, 354, 355
— s. Sidi, E. 225, *378*
Geske, H. 325
— u. F. Jung *369*
Gester 666
Getzoff, P. H. 347, *369*
Geyer, G. 562, 581, 582, 590, *682*
— u. E. Keibl *682*
Gezon, H. M. 847
— D. M. Fasan u. G. R. Collins *938*
Ghadially, F. N. 565
— u. H. N. Green *682*
Gheorghiu, G. 57
— s. Teodorescu, St. *221*
Ghione, M. s. Arcamone, F. *1278*
Giacomello, G. 994
— s. Bertinotti, F. *1102*
Gianotti 396, *460*
Gianotti, F. s. Caccialanza, P. *676*
Gibbin, G. s. Hillemand, M. R. *954*
Gibbons, A. J. 1032, 1046
— s. Govier, W. M. *1107*
Gibbons, N. E. 1222
— s. Fulton, C. O. *1288*
Giblett, E. s. Evans, C. *531*
Gibson, C. S. 760
— s. Burton, H. *764*
Giefer, L. 1142
— s. Nielsch, W. *1168*
Giemsa, G. 751, *767*
— u. C. Tropp *767*
Gierhake, F. W. *1166*
Giesen, J. 993, 1039, 1052
— s. Koelzer, P. P. *1111*
Gigante, D. 164, *234*, 1331, 1332, *1367*
Gigli, L. 1209, *1289*
Giknis, F., W. Hall u. M. Tolman *533*
Gilbert 58
— s. Mazare *219*
Gilbert, A. 22
— s. Hanot, V. *28*
Gilbert, E. 1207
— s. Oberman, J. W. *1304*
Gilbert, J. A. L. 630
— H. M. Toupin u. R. E. Bell *682*
Gilder, H. 492
— u. C. Hoagland *533*
Gilfillan, R. F. s. Lichtstein, H. C. *942*
Gilg, E. 347, *369*
Gill 395, *460*
Gillette, R., u. R. Buchsbaum *533*
Gillies, H. s. Flint, M. H. *952*
Gilligan, D. R. 1021, 1022, 1085, 1086, *1107*
Gillman, T. 565

Gillman, T., J. Penn, D. Bronks u. M. Roux *682*
Gillot, F. 579
— J. Clausse u. E. de Peretti *682*
Gilman, A. 33, 36, 47, 99, 100, 101, 102, 103, 104, 105, 109, 112, 115, 122, 127, 128, 130, 131, 133, 135, 136, 155, 156, 158, 159, 558, 559, 561, 564, 575, 662, 664, 668, 671,1185, 1186, 1188, 1203, 1318, 1337
— u. F. S. Philips *1367*
— s. Goodman, L. S. *217, 223, 229, 232, 234, 683, 705, 707, 1290, 1367*
Gilrane, J. 1004
— s. Horowitz, L. B. *1109*
Gilson, B. 791
— u. R. Parker *938*
Gimberg 59
Gimble, A. I. 1249
— J. G. Shea u. S. Katz *1289*
Gimenez, T. s. Peyri, M. *958*
Ginsberg 39
Ginsberg, E. *217*
Ginsberg, J. E., u. P. L. Shallenberger *217*
Ginsberg, M. s. Miller, J. M. *1303*
— s. Schoenbach, E. B. *1310*
Ginsburg 558
Giovambattista, N. 1087, *1107*
Girard, M. 1181
— H. Fraisse u. H. Simon *1289*
Girard, P. 601
— J. Coudert u. P. Chavanis *682*
— s. Zellweger, H. *469*
Giraudeau, R. 179
— u. R. Amado *236*
Girdwood, R. H. 422, *460*
— s. Davidson *459*
Giroux, M. s. Grandbois, J. *1290*
Giscard, R. 124, *229*
Gitsch, E., E. Schuler u. F. Brandstetter *533*
— u. H. Tulzer *533*
— s. Husslein, H. *535*
Gittermann, G. s. Schirren, C. *544*
Giuliani, V. 886, *953*
Giunchi, E. 1182
— s. Ciferri, R. *1282*
Giunchi, G. 918, 1181, 1220, *1289*
— L. A. Scuro u. F. Sorice *953*
Gjorgjević, G. 663, *705*
Gläser, J. 747
— s. Fölsch, F. *767*
Glanzmann, E. 418, 426, *460*
Glanzmann, S. 323
— u. J. A. Salva *369*
Glasenapp, I. v. 8

Glasenapp, I. v. s. Gans, O. *28*
Glaser, E. M. 345, *369*
— s. Chinn, H. J. *365*
— s. Nickerson, M. *375*
— s. Tyler, D. B. *380*
Glaser, G. H. 580, *682*
— s. Habif, D. V. *684*
Glaser, R. J. 23, 644, 902
— u. D. E. Smith *28, 682, 953*
Glass, S. 492, 493
— H. Edmondson u. S. Soll *533*
— H. Engelberg, R. Marcus, H. Jones u. J. Gofman *533*
— s. Edmondson, H. *531*
Glasson, B. s. Martin, G. J. *219*
Glatzel, H. 180, 181, 188, 193, 194, 201, *238*
Glavind, J. 448, 454
— s. Dam, H. *459*
Glazko, A. J. 327, 830, 831
— u. W. A. Dill *369*
— — u. M. C. Rebstock *938*
— M. L. Wolf, W. A. Dill u. A. C. Bratton *938*
Gleitz, K. 1081, 1090
— s. Hegemann, F. *1108*
Glenn, W. R. 1198
— u. H. E. Halley *1289*
Glick, A. W. s. Peck, S. M. *465, 958*
Gligorova, N. 589, 663, *682, 705*
Glinsky, G. C. 908
— s. Cohen, A. C. *951*
Glisson 436, *460*
Glodny, H. 737
— s. Rausch, L. *769*
Gloxuber, Ch. 174
— u. G. Hecht *236*
Gluck, E. J. 604
— s. Dordick, J. R. *679*
Glück, A. 1123
— s. Bruck, C. *1165*
Glynn 160
Gocke, T. M. 844
— u. M. Finland *939*
— u. E. H. Kass *953*
— s. Finland, M. *952*
— s. Jackson, G. G. *954*
Goddard, A. E. 712, *767*
Goddard, L. s. Alonso, L. *363*
Godding, E. W. 394
— s. Porter, A. D. *465*
Godfrey, L. s. Elkington, J. R. *680*
Godlewski, S. 351
— s. Clément, R. *365*
Goeckeritz, D. s. Lynch, J. E. *943*
Goeckermann, W. *533*
— u. L. Wilhelm *533*
Goeckermann, W. C. s. Way, S. T. *547*
Goelkel, A. s. Prosiegel, R. *695, 706*

Gösswald, R. 1134
— s. Kimmerle, G. *1167*
Goeters 1163
Goethe, H. 345, *369*
— u. P. Köbke *369*
Goetsch, W. 452, *460*
Goetschel, C. E. 891, 893
— s. Duperrat, B. *952*
Götz, H. 34, *217*, 333, 510, *523*, 793, 795, 878, 879, 881, 889, 891, 892, 894, 896, 897, 898, 899, 905, *953*, 1180, 1181, 1182,1183,1184,1186,1188, 1219,1224,1236,1237,1238, 1239,1240,1241,1242,1243, 1244,1245,1256,*1289*
— u. E. M. Hertlein *1289*
— K. W. Kalkoff, J. Kimmig, A. M. Memmesheimer, R. Richter, H. Th. Schreus u. R. Schuppli *1289*
— u. W. Keilig *369*
— u. E. Ludwig *953*
— u. H. Röckl *939*
— s. Marchionini, A. *943, 956, 1301*
Goetzeler, A. 658, *682*
Gofman, J. s. Glass, S. *533*
Gohdes, W. 248
— s. Fischer, K. A. *279*
Gohrbandt 522, *533*
Golay, M. 652, *682*
Gold, E. M. 896
— s. Wright, D. D. *961*
Gold, H. 134, 170, *232*
Gold, T. N. 1228
— u. B. V. Jones *1289*
Gold, W. 1253
— H. A. Stout, J. F. Pagano u. R. Donovick *1289*
— s. Donovick, R. *936, 1285*
Goldacre, R. J. 999, *1107*
— s. Albert, A. *1101*
Goldberg, A. 630
— A. C. MacDonald u. C. Rimington *682*
Goldberg, A. A. 1223, *1289*
Goldberg, L. 877, 892, 893, *953*
— s. Dodds, E. *530*
Goldberg, L. C. 84, 571, 587, 590, 594, 599, 605, 618, 620, 626, 635, 651, 653, 654, 658, *682*
— u. A. Diamond *223*
— s. Welsh, A. L. *960*
Goldberg, M. 508, 512
— u. F. Harris *533*
Goldberger, J. 403, 408, 415, *460*
— C. H. Waring u. D. G. Willets *460*
Goldblatt, S. 17, *28*, 670, *707*
Goldblum, R. W. 1232
— s. Piper, W. N. *1306*
Goldeck, H. 1336, *1367*

Goldeck, H., u. D. Remy *460*
Golden, M. J. 1174, 1175, 1224
— u. K. A. Oster *1289*
— s. Oster, K. A. *1305*
Goldfarb, N. 1244, *1289*
Goldfeder, A. 908
— u. Th. Wacker *953*
Goldhammer, H. 1084, *1107*
Golding, J. R. s. Hart, F. D. *684*
Goldman, L. 48, 53, *460*, 568, 569, 570, 571, 575, 576, 578, 579, 580, 585, 593, 597, 600, 645, *682*, 891, 899, 1146, 1222, 1223, 1243
— u. S. M. Barnett *682*
— D. P. Cole u. R. H. Preston *217*
— R. Flatt u. J. Baskett *682*
— A. B. Hinningsen, N. P. Ringelman, H. H. Fox u. J. Hesselbrock *1289*
— H. O'Hara u. J. Baskett *682*
— E. Emura u. J. Baskett *682*
— R. H. Preston u. J. Baskett *683*
— — u. E. M. Rockwell *683*
— J. Schwarz, R. H. Preston, A. Beyer u. J. Loutzenhiser *1289*
— R. R. Suskind u. F. Friend *953*
— R. G. Thompson u. E. R. Trice *683*
— s. Preston, R. H. *695*
Goldman, R., W. S. Adams, W. S. Beck, M. Levin u. S. H. Barrett *683*
Goldring, D. 1220
— s. Ballenger, C. N. *1278*
Goldsand, R. s. Essellier, A. F. *1105*
Goldsmith, G. A. 408
— s. Sarett, H. P. *466*
Goldsmith, W., W. Noel u. F. Hellier *533*
Goldstein, M., u. M. Gerebtzoff *533*
Goldstein, N. 1230, *1289*
Goldstein, S. W. 274, *279*
Goldston, M., S. Weisenfeld, B. Benjamin u. M. B. Rosenbluth *683*
Goldzieher, J. 508, *533*
— W. Roberts, B. Rawls u. M. Goldzieher *533*
Goldzieher, J. W. *28*
— s. Reiss, F. *542*
Goldzieher, M. 508
— s. Goldzieher, J. *533*
Goldzieher, M. A. s. Reiss, F. *542*
Golodetz, L. s. Unna, P. *547*
Goltermann, H. 1081

Goltermann, H., u. G. Rauch *1107*
Goltman, J. S. 905, *953*
Goltz, H. s. Mirand, E. *540*
Gomes da Costa, S. F. 19, *28*, 665, *705*
— s. Gentil, F. *28*
Gompertz, D. 427, 574, *683*
— s. Vorhans *468*
Gondesen, H. 1184
— u. K. Schuster *1290*
Gongora, J. s. Kochakian, C. D. *537*
Gonner, J. A. s. Volini, J. F. *948*
Gonz Loret, M. s. Sanders, M. *959*
Gonzalez, O. 320
— u. J. Safian *369*
Gonzalez, R. M. *1181*
— s. Alvarez, B. A. *1277*
González Ochoa, A. 655, 1217, 1221, 1232, 1245, 1249, *1290* u. M. Ahumada Padilla *1290*
— u. L. F. Bojalil *1290*
— L. Bojalil-Jaber u. R. Soto Pacheco *1290*
— L. Dominguez u. E. Macotela *1290*
— E. Hernandez u. R. Colorado Iris *1290*
— u. E. Macotela *1290*
— J. Shiels u. P. Vasquez *1290*
— s. Del Pozo, E. C. *678*
Good, R. A. s. Campbell, B. *365*
Goodall 662
Goode, P. 46, 57, *217*
Goodgold, M. 909
— s. Brown, E. B. *951*
Goodhart, R. S. 450, *460*
Goodman 33, 36, 47, 72, 85, 99, 100, 101, 102, 103, 104, 105, 109, 112, 115, 122, 127, 128, 130, 131, 133, 135, 136, 155, 156, 158, 159, 392
Goodman, D., u. M. M. Cahn *223*
Goodman, J. 54
— s. Ryan, M. *220*
Goodman, J. J. 12, 576, 577, 644
— s. Behrman, H. T. *674*
— s. Rein, C. R. *31*, *225*
Goodman, L. S. 588, 559, 561, 564, 575, 594, 662, 664, 668, 671, 1023, 1185, 1186, 1188, 1203, 1318
— u. A. Gilman *217*, *223*, *229*, *232*, *234*, *683*, *705*, *707*, *1290*, *1367*
— s. Millichap, J. G. *1114*
Goodman, S. C. s. Eagle, H. *937*
Goodwin, T. W. 392, *460*
Goossens, N. s. Kuemmerle, H. P. *955*

Gopal-Ayengar, A. R. s. Saraiya, P. R. *1117*
Goquiolay-Arellano 644
— u. R. S. Songco *683*
Gorbach, G. 1175
— T. Terranova u. J. Terranova *1290*
Gordan, G. s. Morton, D. *540*
Gordon 59, 115, 158, 160, 161, 162, 163
Gordon, B. s. Inman, P. M. *218*
— s. Reiss, F. *1307*
Gordon, E. J. s. Brush, B. E. *676*
— s. Margulis, R. R. *691*
Gordon, E. S. *234*, 567
— C. Delsey u. E. S. Meyer *683*
Gordon, J. J. 737
— u. J. H. Quastel *767*
Gordon, L. E. 1207, 1210, 1247
— u. Ch. E. Smith *1290*
— — M. Tompkins u. M. T. Saito *1290*
— — u. D. S. Wedin *1290*
Gordon, M. 522, 523, 579, 580, 601, 651, 656, 658, *683*
— u. E. Fields *533*
Gordon, M. A. *1290*
— s. Georg, L. K. *1289*
Gordon, R. A. 229
Gordonoff, T. 316, 324, *369*
— s. Mühlbock, O. *541*
Gosda, J. *533*
Goth, A. 286, 558
— L. Longyel, E. Bencze, C. Savely u. A. Majsay *533*
— s. Coponhavor, J. H. *358*
Gotham, J. E. s. Scherr, G. H. *1310*
Gots, J. S. 1039, 1045, 1048, *1107*
— u. M. G. Sevag *1107*
— s. Sevag, M. G. *1118*
Gottberg, H. 1184, *1290*
Gottlieb, B. 791
— u. C. C. Forsyth *939*
Gottlieb, D. 826, 1257, 1264, 1265, *1290*
— u. A. Amman *1290*
— B. K. Bhattacharaya, H. E. Carter u. H. W. Anderson *1290*
— u. H. E. Carter *1290*
— s. Amman, A. *1277*
— s. Carter, H. E. *935*
Gottlieb, E. 413, *460*
Gottlieb, F. J. 79, *223*
Gottlieb, O. 1264, *1290*
Gottlieb, P. M. 336
— u. J. Yanoff *369*
Gottron, H. A. 18, 22, 23, 24, 28, 142, 144, *234*, 446, *533*, 632, *683*, 1174, 1216, *1290*
— u. J. Beutnagel *460*
— u. H. Schmitz *533*

Gottron, H. A. s. Meyer-Rohn, J. *30*
— s. Proppe, A. *30*
— s. Wulf, K. *381*
— s. Zierz, P. *32*
Gougerot, H. 414, 415, 445, 603, 643, 663, *683, 705,* 894, 899
— E. Azerad u. Ch. Grupper *683*
— R. Burnier u. A. Carteaud *461*
— A. Carteaud u. J. J. Meyer *683*
— J. Lefevre u. J. Nathan *461*
— J. J. Meyer u. Flechner *953*
Gough, G. 565
— s. Magarey, F. R. *691*
Gough, G. A. C. 714, 721, 731
— u. H. King *767*
Gouin, J. 14
— u. A. Bienvenue *28*
Gouin de Roumilly, P. s. Graciansky, P. de *1290*
Goujon, M. 909
— s. Desmonts, T. *952*
Gould, D. s. Herzog, H. L. *685*
Gould, J. C. 793, 795, *939*
Goulding, R. 1149
— M. B. King, R. Knox u. J. M. Robson *1167*
— u. J. M. Robson *1167*
Gourevitch, A. 1138
— G. A. Hunt u. J. Lein *1167*
Goury-Laffont, M. s. Dérot, M. *679*
Gouvêa, H. 386, *461*
Govier, W. M. 1032, 1046
— u. A. J. Gibbons *1107*
Gowdey, C. s. Loynes, J. *539*
Gózony, M. 282, 433, 456
— s. Rajka, E. *361, 466*
Graaf, H. J. de 488, *533,* 576
— s. Kooij, R. *689*
Graber, R. P. 551
— s. Wendler, N. L. *703*
Grace, A. W. 566, 603
— u. F. C. Combes *683*
— L. Frank u. R. J. Wyse *683*
Gracia-Reyer, J. s. Thorn, G. W. *701*
Graciansky, J. 1239
— s. Drouhet, E. *1285*
Graciansky, P. de 56, 61, 339, 612, 629, 649, 659, 892, 1181, 1182, 1229, *1290*
— St. Boulle, M. Balter u. R. Leclerq *369*
— u. J. Delaporte *1290*
— u. Ch. Grupper *217, 683, 1290*
— — J. Cornu u. P. Hardy *683*
— — R. Leclerq u. P. Massion *683*
— — — u. M. Sarfati *683*

Graciansky, P. de, Ch. Grupper u. P. Lefort *683*
— — — u. R. Bouchard *683*
— — — u. B. Grenier *683*
— R. Leclerq, J. Delaporte u. P. Gouin de Roumilly *1290*
— u. E. Stern *223*
— s. McGovern, J. J. *956*
Graevenitz, A. v. 1010
— s. Wasielewski, E. v. *1121*
Grafe, E. 664
— u. J. Kühnau *706*
Graff, H. M. s. Li, M. C. *690*
Graham 285, 286, 309, 310, 316, 351, 393, *461,* 599
Graham, B. F. s. Cleghorn, R. A. *677*
Graham, D. M. 10
— T. P. Lyon, H. B. Jonas, A. Yankley, J. Simonton u. S. White *28*
Graham, H. T., O. H. Lowry, N. Wahl u. A. K. Priebat *359*
— F. Wheelwright, H. H. Parrish jr., A. R. Marks u. O. H. Lowry *359*
Graham, J. D. P. *369*
— s. Dews, P. B. *366*
Graham, J. H. 1248
— E. T. Wright, V. D. Newcomer u. Th. H. Sternberg *1290*
— s. Newcomer, V. D. *1304*
— s. Wright, E. T. *704, 1317*
Grahlow, U. 669, *707*
Gramke 120
Grammaticakis, P. 1004, *1107*
Grand, M. 398
— s. Fried, C. T. *460*
Granda, E. N. s. Ruiz-Sanchez, F. *959*
Grandage, A. s. Tislow, R. *380*
Grandbois, J. 445, *461,* 1206, 1207, *1290*
— M. Giroux, J. Gravel u. M. Beaulieu *1290*
Grande 411
— u. Peraita *461*
Granert, W. 266
— s. Lehmann, H. *279*
Granier, G. s. Degos, R. *678*
Granirer, L. W. 46, 56, *217*
Granits, J. 1175
— u. R. G. Janke *1290*
Granits-Thurner, J. 1175, 1217, 1218, 1222, *1290*
— u. H. Schirmer *1291*
— s. Schirmer, H. *1310*
Grant 90, 93
Grant, J. H. B. s. Kanee, B. *688*
Grant, P. s. Baird, K. *526*
— s. Pasieczny, T. *542*
Grant, R. 634, 1259, *1291*

Grant, R., Th. Cornbleet u. M. S. Grossman *683*
Grasset, E. 1215
— E. Pongratz u. W. Mesmer *1291*
Grassi, C. 1017
— G. Tansini, F. Leidi u. G. Perna *1107*
Grassweller 647
Grater, W. C. 587, 589, 592, *683*
Grau, B. s. Peyri, M. *958*
Graub, M. 319
— u. E. M. Barrist *369*
Graubard, M. 495
— u. G. Pincus *533*
Graul, E. H. 605, *683,* 905, 906, 1329, *1367*
— u. R. Menzel *953*
Graulich, W. 1337, *1367*
Graumann, W. 567, *683*
Graux 71
— s. Huriez, Cl. *223, 371*
Gravel, J. s. Grandbois, J. *1290*
Graveleau, J. s. Morin, M. *693*
Graves, P. R. 413, *461*
Gray, A. 1212, *1291*
Gray, C., u. F. Bischoff *533*
Gray, H. H. s. Johansen, F. A. *1109*
Gray, J. W. s. Henderson, E. *685, 706*
Gready, T. G. 1226, *1291*
Greaves, D. P. s. Foulds, W. S. *681*
Greber, K. 726, 727, *767*
Greco, D. J. 579, 651
— s. Wright, E. T. *704*
Greco, G. 1187, *1291*
Greder, G. 905
— s. Bickel, G. *950*
Green, D. E. 1049
— s. Johnson, O. H. *1110*
Green, H. N. 565
— s. Ghadially, F. N. *682*
Green, M. s. Behrendt, H. *527*
Green, M. A. 332, *369*
Green, R. 880
— u. D. S. Mankikar *953*
Green, R. H. 1205
— s. Colbert, J. W. *1283*
Greenberg, D. M. 133, 140
— s. Campbell, W. *231*
Greenberg, J. 1071, *1107*
Greenberg, L. A. 1187
— s. Haggard, H. W. *1292*
Greenberg, M. S. s. Samitz, M. H. *697*
Greenblatt, R., u. N. Brown *533*
— E. Vazquez u. I. McLendon *533*
Greendyke, R. M. 1254
— u. N. L. Kaltreider *1291*
Greene, R. 480, *533,* 567
— u. J. Vaughan-Morgan *683*

Greene, R. C. s. Edelstein, A. J. *680*

Greengard, J. s. Kunstader, R. H. *955*

Greenhouse, J. s. Conrad, A. H. *677*

Greenspan, E. 1353

— J. Leiter u. M. J. Shear *1367*

Greenspan, E. M. 1205

— s. Schoenbach, E. B. *1310*

Greenspan, J. s. Volini, J. F. *948, 960*

Greenwood, K. 1202, *1291*

Greep, R. 497, 499

— H. van Dyke u. B. Chow *533*

— s. Shedlovsky, T. *545*

Gregorczyk 881

Gregorio, E. de 445, *461*, 671, *707*

— u. T. Cisneros *707*

Gregory, F. J. s. Solotorovsky, M. *1312*

Gregory, P. H. 1179

— s. Davidson, A. M. *1284*

Gregory, R. A. 288

— s. Schild, H. O. *361*

Greif, R. s. Eagle, H. *937*

Greif, St. 151, *234*

Grein, A. s. Arcamone, F. *1278*

Greiner, T. 331

— M. Cattel, I. Travell, H. Bakst, S. Rinzler, R. H. Benjamin, L. J. Warshaw, A. L. Bobb, N. T. Kwit, W. Modell, H. H. Rothendler, C. R. Messeloff u. M. L. Kramer *369*

Greither, A. 394, 896, *953*

Greither, H. 301, 309, 312, 338, 339

— s. Zierz, P. *381*

Grenell, R. G. 64, *223*

Grenier, B. s. Graciansky, P. de *683*

Grenier, J. 621

— s. Hée, P. *685*

Greslé, C. s. Lichtwitz, A. *690*

Greve 400, *461*

Grèze, J. 1247, 1263, *1291*

Griboff, S. 524

— J. Herrmann, A. Smelin u. J. Moss *533*

Griboff, S. J. 1352, *1367*

Griebel, 402, *461*

Grieble, H. G. 1085

— s. Jackson, G. G. *1109*

Grieder, F. 782

— F. Gross, L. Neipp u. R. Meier *939*

Grieger, H. 119, *229*

Griessmann, H. 1338

— u. H. Warlitz *1367*

Griffaton, G. s. Trémolières, J. *701*

Griffin, A. s. Luck, J. *539*

Griffith, R. u. R. Linn *533*

Griffith, R. S. 835, *939*

— s. Smith, J. W. *947, 960*

Grigsby, M. E. 835, 836

— E. Chappelle u. Th. Peacock *939*

— J. B. Johnson u. G. W. Simmons *939*

— s. Finland, M. *937, 952*

Grijns, G. 382, 400, *461*

Grillo, V. *533*

Grim, W. M. 261, 265, 266

— s. Barr, M. *279*

Grimmer, H. 456, 784, *939*, 1176, 1181, 1211, 1234, 1243, *1291*

— u. S. Rust *461, 1291*

Grimson, K. S. 1220

— s. Bendow, E. P. *1279*

Grin, I. E. 1184, 1239, *1291*

— u. L. Ožegović *1291*

Grinspan, D. 86, 899

— u. J. Muhafra *223*

Grisebach, H. s. Wacker, A. *1120*

Griswold, G. 499

— s. Klinefelter, H. *537*

Griswold, H. C. s. Fitzpatrick, T. B. *681*

Groer 156, *161*

Grogg, E. 1222, *1291*

Gronemeyer, W. 342, *369*

— s. Frankland, A. W. *368*

— s. Waldbott, G. L. *380*

Groot, W. M. de s. Ariëns, E. J. *1101*

Groot-Wassink, K. s. Hohlweg, W. *535*

Gros, H. *234*, 898

— s. Böger, A. *951*

Grosberg, S. 342

— s. Abramson, H. A. *363*

— s. Peshkin, M. M. *376*

— s. Sanger, M. D. *377*

Grosch, W. 1219, *1291*

Grosjean, J. 1235, *1291*

Gross 59, 142, 147, 162, 166, 175, 177, 395, *461*

Gross, A. *533*

Gross, B. A. *217*, 659

— s. Klauder, J. V. *689*

Gross, D. 11

— u. K. Woeber *28*

Gross, E. R. 892

— s. Wright, C. S. *961*

Gross, F. 508, 555, 559, 561, *683*, 1000, 1331

— H. Gysel u. B. H. Ringier *1107*

— s. Grieder, F. *939*

— s. Schaaf, F. *237, 544*

— s. Schär, B. *1370*

Gross, J. 667

— u. R. Pitt-Rivers *707*

Gross, P. 143

— s. Cannon, A. B. *677*

Gross, R. 641, 1331, 1332, 1334, 1339

— u. K. Lambers *1367*

— u. H. Ludwig *683*

— s. Bock, H. *1365*

Grossberg, A. L., u. W. Garcia-Arocha *359*

Grosse, R. 1238

— s. Rhodes, A. *1307*

Grosset, J. s. Vivien, J. N. *1170*

Grossman, C. s. Hauschildt, J. *534*

Grossman, M. S. s. Grant, R. *683*

Grosz, T. 1351

— s. Ravina, A. *1370*

Grote s. Gottron, H. A. *28*

Grothe 201, 202

Grottenmüller, K. 1195, 1226, *1291*

Grove, J. F. 867, 868, 1192, 1236, 1237, *1291*

— D. Ismay, J. McMillan, T. P. C. Mulholland u. M. A. Th. Rogers *939, 1291*

— u. J. C. McGowan *939, 1291*

— J. McMillan, T. P. C. Mulholland u. M. A. Th. Rogers *939, 1291*

— s. Brian, P. W. *1280*

Grubb 451, *461*

Grubb, R. s. Bergman, S. *934*

Grubb, T. C. 1224

— s. Scigliano, J. C. *1311*

Grubner, R. 9, *28*

Gruen, D. M. 998, 999

— s. Klotz, I. M. *1111*

Grün, L. 793

— s. Kikuth, W. *941*

Grüneberg, Th. 8, 433, 450, *461*, 513, *533*, 550, 573, 586, 587, 617, 619, 620, 621, 623, 633, 641, *683*, 727

— u. Conradi *684*

— W. Kaiser u. U. Müller *684*

— u. G. Kuniss *767*

— u. A. Szakall *28, 217*

— u. J. Theune *684*

Grütz, O. 10, *28*, 187, 207, 208, 209, 211, *238*, 336, 338, 1160, *1167*

— u. M. Bürger *28*

— u. G. Veltmann *369*

Gruhzit, O. M. 716, 759, 760, *767*, 830

— R. A. Fisken, T. F. Reutner u. E. Martino *939*

— s. Banks, C. K. *763*

— s. Smith, R. M. *947*

Grumbach, A. 1064

— u. W. Kikuth *1107*

— s. Benedek, T. *1279*

Grumbach, F. 1136, 1145, 1157, *1167*
— u. N. Rist *1167*
— s. Libermann, D. *1168*
— s. Rist, N. *1169*
Grumbach, T. 791
— B. Surreau u. F. Boyer *939*
Grumbrecht, P., u. A. Loeser *534*
Grunberg, E. 730, 731, 746, 1139, 1140, 1141, 1189, 1224, 1230, *1291*
— u. W. Blencowe *1167*
— B. Leiwant, I. L. D'Ascensiv u. R. J. Schnitzer *1167*
— u. R. J. Schnitzer *1291*
— G. Soo-Hoo, E. Titsworth, D. Ressetar u. R. J. Schnitzer *1291*
— u. E. Titsworth *1291*
— s. Schnitzer, R. J. *769*
— s. Soo-Hoo, G. *1312*
Grund, J. 877, *953*
Grundland, J. *1167*
Grundy, W. E. 871
— E. F. Alford, E. J. Rdzok u. J. C. Sylvester *939*
Grunke, W. *229*, 993, *1107*
Grupper, Ch. 39, 41, 46, 47, 48, 53, 56, 57, 58, 85, *217*, *223*, 569, 590, 591, 593, 602, 604, 606, 611, 620, 628, 631, 632, 635, 637, 641, 645, 649, 652, 656, 657, 659, 669, *684*, 1229, 1245, 1248, 1249, *1291*
— u. F. le Cat *684*
— u. M. Hebert *684*
— s. Azerad, E. *707*
— s. Gougerot, H. *683*
— s. Graciansky, P. de *217*, *683*, *1290*
— s. Huriez, Cl. *218*
— s. Montel, L. R. *219*
Grussner, A. 417
— s. Kuhn *463*
— s. Reichstein, T. *466*
Grutter, F. H. 1238, *1291*
Grzybowski, G. 444
— u. F. Miedzinski *461*
Gsell, O. 418, *461*, 913, 1141
— u. F. Kesselring *953*
— s. Engel, M. *1166*
— s. Hoesch *461*
Gstirner, F. *461*
Guck, J. K. 351
— s. Martland jr. H. S. *374*
Gudmundson, H. R. s. Mandel, W. *691*
Guerra, S. L. s. Peterson, R. E. *694*
Guerrant, J. L. 354
— u. W. C. Hollifield *369*
Guest, C. M. s. Brown jr., C. *951*, *1280*
Güttich, F. W. 908

Güttich, F. W., J. Weik u. D. Wentz *953*
Guggenheim, P. 281, *357*
Guha 403
— Sherman u. Sandels *461*
Guian, Ph. M. s. Laverry, F. S. *690*
Guiducci, A. 335, 353
— u. E. F. Traub *369*
— s. Monash, S. *375*
Guilbert, Y. 1257, *1291*
Guilhon, J. 1191
— u. P. Papin *1291*
Guillaumat, L. s. Halpern, B. N. *370*
Guillot, M. 58, 639
— s. Gaté, J. *217*
— s. Vayre, J. *702*
Guillot, P. E. 656
— u. E. E. Tello *684*
Guin, J. D. 590, 594, 602, 605, 627, 631, 632, 633, 635, 643, 645, 646
— J. M. Knox, M. E. Chernowsky u. E. M. Shapiro *684*
Guinand-Donise, J. s. Thélin, F. *701*
Guirard, B. M., u. E. E. Snell *359*
Guldberg 997
Gundel, M. 773
— u. W. Wagner *939*
Gunnar, R. M. 325
— u. R. E. Weeks *369*
Gunnison, J. B. 797, 841, 844, 848
— s. Jawetz, E. *940*, *941*
Gupta, K. G. 837
— u. J. C. Chorpa *939*
Gupta, S. K. 1061, 1087
— D. C. Dhar u. V. C. Vora *1107*
— u. I. S. Mathur *1107*
— — u. M. C. Khosla *1107*
— — u. B. Mukerji *1107*
— u. B. Mukerji *1107*
— s. Chakravarti, R. N. *1103*
Gutbrod, H. 1083, 1085, 1086
— u. V. Wolf *1107*
— s. Deininger, R. *1104*
Guthrie, F. s. McVay, L. V. *1302*
Gutierrez, G. T. 1187
— s. Franks, A. G. *1287*
Gutmann, E. s. Lützenkirchen, A. *943*
Guttmann, St. 291
— s. Boissonnas, R. A. *358*
Gutzeit, K. 161, *234*
— s. Soehring, K. *231*
Guy, R. s. Doray, M. *1285*
Guy, W. B. 320, *369*, 516
— F. Jakob u. W. H. Guy *534*
— s. Guy, W. H. *953*

Guy, W. H. 886
— F. M. Jacob u. W. B. Guy *953*
— s. Guy, W. B. *534*
Gylfe, J. M. s. Boger, W. P *1102*
György, P. 185, *238*, 434
— s. Kuhn, R. *463*
Gysel, H. 1000
— s. Gross, F. *1107*

Haack, K. 1197
— s. Fuchs, H. K. *1288*
Haag, H. B. 101, 104, 105, 113, 118
— s. Luddecke *230*
— s. Weatherby, J. H. *231*
Haagensen, C. s. Auchincloss, H. *526*
Haaland 1321
Haar, H. 137, *232*
— s. Randall, L. O. *1116*
Haardt 339, *369*
Haas, H. 12, *28*, 281, 282, 284, 285, 288, 291, 295, 297, 301, 305, 307, 309, 311, 312, 313, 317, 318, 323, 326, 330, 335, 337, 341, 342, 345, *357*, *362*, *369*, 1231, *1291*
— s. Auterhoff, H. *363*
— s. Gaddum, I. H. *368*
— s. Haardt *369*
— s. Korbo, M. *372*
— s. Pellerat, J. *376*
— s. White, I. St. *380*
Haase, H. 919
— s. Koch, F. E. *955*
Habbe, K. *534*
Haber, H. 395, 1213
— R. T. Brain u. J. W. Hadgraft *1291*
— s. Brain, R. T. *1280*
— s. Porter, A. D. *465*
Haberman, R. T. 1262
— s. Emmons, C. W. *1286*
Habib, G. s. Bénard, H. *674*
Habif, D. V. 576
— C. C. Hare u. G. H. Glazer *684*
Habs, H. 350
— u. G. Kilb *369*
Hac, L. R. 849, *939*
Hach, K. 296
— s. Hüllstrung, H. *371*
Hackel, D. B. 320
— s. Winternitz, W. W. *381*
Hackl, H. 793, 796, *939*
Hackmann, Chr. 1006, 1071, 1072, 1085, 1086, 1099, *1107*, 1327, 1346, *1367*
— s. Hackmann, H. *1107*
Hackmann, H. 1072
— u. Chr. Hackmann *1107*
Hackney, R. L. 1069
— s. Payne, H. M. *1115*
Haddow, A. 1336, 1342, 1343

Haddow, A., u. W. A. Sexton *1367*
— u. G. A. Timmis *1367*
— s. Patterson, E. *1370*
Hadgraft, J. W. 257, 1213
— s. Anderson, D. S. *279*
— s. Brain, R. T. *1280*
— s. Haber, H. *1291*
Hadházy, C. 40
— s. Nagy, E. *219*
Hadida, E. 599, 617, 636, 637, 654, 672, 1240
— u. J. Béranger *684*
— u. A. Schousböe *1291*
— u. E. Timsit *684, 709*
Hadler, W. A. 1061, 1069
— u. L. M. Ziti *1108*
Hadorn, W. 137, *232*, 1338, *1367*
Hadot, J. J. 1038
— s. Kayser, F. *1110*
Haefele, J. s. Kile, R. L. *536*
Häfner, A. 1227
— u. O. Kym *1291*
Haemel 433, *461*
Haemmerli 669, *708*
Händel, F. 524, 1361
— s. Meythaler, F. *540, 1369*
Hänig, E. 1195, *1291*
Haensch, R. 140, *232*, 1192
   u. A. Szakall *1291*
Haenseler, C. M. s. Lechevalier, H. A. *942, 1299*
Hagan, E. C. 847
— s. Nelson, A. A. *945*
Hagborg, W. A. F. *1238, 1292*
Hagedorn, Ch. 887, *953*
Hagedorn, H. D. 665
— B. N. Jensen, N. B. Krarup u. J. Wodstrup *706*
Hagemann, G. s. Janot, M. M. *940*
Hagen 293
Hagen, E. s. Lehmann, G. *373*
Hagen, H. 665, 1083, *1108*
— s. Augustin, K. *526*
— s. Scheffler, H. *706*
Hagen, P. *359*
Hager, H. s. Burger, H. *528*
Hagerman, G. 320, 326, *369*, 418, 450, 451, *461*, 877, 892, *953*, 1000, 1002, 1064, 1093, *1108*, 1257
— u. A. Nilzén *369*
— s. Adamson, C. A. *1277*
— s. Frisk, A. R. *1106*
— s. Hoesch *461*
Haggard, H. W. 1187
— M. J. Strauss u. L. A. Greenberg *1292*
Haggerty, R. J. 579
— u. R. C. Eley *684*
Hagis 321
Hahn 319, 320, 323, 324, 345
Hahn, F. 131

Hahn, F., u. F. Bruns *232*
— G. Mülke u. G. Schmitz-Bocklenberg *369*
— u. A. Oberdorf *369*
— s. Buchholz, R. *365*
Hahn, G. L. s. Strickland jr., B. A. *379*
Hahn, P., u. O. Poupa *369*
Haight, T. H. 793, 834, 835, 836
— u. M. Finland *939*
— s. Finland, M. *937, 952*
— s. Jackson, G. G. *954*
Hailey 593
Haim, D. 72
— s. Shanon, J. *225*
Haines, R. F. s. Bocobo, F. C. *1280*
— s. Evans, E. E. *1286*
Haines, W. G. 554
— s. Johnson, R. H. *687*
Hais, I. M. 999, 1005
— u. K. Macek *1108*
— s. Rybár, D. *1117*
Halst, R. s. Kerr, E. *530*
Haisvisz, J. M. s. Struyk, A. P. *1313*
Hait, H. 1008, *1108*
Hal, J. van der 647
— u. J. W. R. Everse *684*
Halbeisen, Th. 1261, *1292*
Halde, C. 855, 856, 1220, 1253, 1254
— V. D. Newcomer, E. T. Wright u. Th. H. Sternberg *953, 939, 1292*
— u. D. Newstrand *1292*
— E. T. Wright, W. H. Pollard II, V. D. Newcomer u. Th. H. Sternberg *1292*
— s. Wright, E. T. *961, 1317*
Hales, A. B. s. Tager, M. *1313*
Hales, I. B. 580
— s. Forrest, A. D. *681*
Haley, T. J. 315, 326
— u. D. H. Harris *370*
— u. G. L. Keenan *370*
Hall, B. D. 1259
— u. R. E. Mardis *1292*
Hall, C. A. 154, *234*
Hall, W. s. Giknis, F. *533*
Hall, W. H. 1217
— s. Spink, W. W. *700*
— s. Zinneman, H. H. *1317*
Hall, W. K. s. Sydenstricker, V. P. *467*
Hall-Smith, P. 653, *684*
Hallenbeck, G. A. 310, 316, *370*
Hallet, J. J. 594, 670, 627
— s. Clark, R. F. *677*
Hallett, J. W. 579
— J. H. Leopold u. Ch. G. Steinmetz *684*
Halley, H. E. 1198
— s. Glenn, W. R. *1289*
Hallmann, L. 795, 1034, *1108*

Hallmann, L., u. J. Rieser *939*
Halpern, B. N. 288, 289, 294, 295, 297, 302, 308, 309, 310, 311, 312, 313, 314, 315, 316, 318, 319, 320, 322, 323, 325, 329, 336, 337, 344, *359, 370, 375*
— u. M. Briot *359*
— u. S. Cruchaud *370*
— u. R. Ducrot *370*
— u. J. P. Duesberg *370*
— L. Guillaumat u. S. Cruchaud *370*
— u. J. Hamburger *370*
— u. G. Mauric *370*
— G. Perrin u. P. Dews *370*
— I. Trolliet u. J. Martin *370*
— u. F. Walthert *370*
— s. Pasteur Vallery-Radot *376*
Halpern, W. s. Appel, B. *1277*
Halsema, G. van s. English, A. R. *937*
Halter, K. 672, 673, *684, 709*, 898, *953*
— u. G. Dorner *709*
Halverstadt, I. F. 1004
— s. Kumler, W. D. *1111*
Halvorson, H. 855, *939*
Ham, T. H. s. Castle, W. B. *458*
Hamada, K. s. Wakaki, S. *1316*
Hambrick, G., u. H. Blank *534*
Hambrick jr., G. W. s. Hopkins, J. G. *686*
Hamburger, C. 509
— s. Cole, H. H. *529*
Hamburger, Ch. 567, *684*
Hamburger, H. J. 136
— u. E. Hekma *232*
Hamburger, J. 336
— s. Drouhet, E. *1285*
— s. Halpern, B. N. *370*
Hamerman, D. T. s. Soffer, L. *699*
Hamilton, A. J. C. 1257, *1292*
Hamilton, A. Y. 1214
— s. Hok, K. A. *1293*
— s. Pilcher, K. S. *1306*
Hamilton, C. S. 750, 752
— u. J. F. Morgan *767*
— s. Capps, J. D. *765*
— s. Skiles, B. F. *770*
Hamilton, F. S. 133
— s. Mitchell, H. H. *232*
— s. Rothman, St. *233*
Hamilton, J. 487, 488, 489, 509, 512, 514, 518
— u. G. Hubert *534*
— s. Edwards, E. *531*
— s. Montagna, W. *540*
— s. Reynolds, S. *543*
Hamilton, J. B. 478, 488, *534*
— u. W. Montagna *534*
Hamilton, J. W. 1257
— s. Walker, J. *1316*

Hamilton, O. A. s. Hopkins, J. G. *1293*
Hamm, J. 1346
— s. Heckner, F. *1367*
Hammer, F. 430, 431, *461*
Hammerschmidt, E. E. 320, 322, 643
— u. G. W. Korting *370, 684*
Hammerschmidt, J. 1361,*1367*
Hamminga, H. 340, 669
— u. F. G. Keuning *708*
— s. Kruizinga, E. E. *372*
Hamon, V. 999, 1038, 1047
— s. Lwoff, A. *1113*
— s. Rist, N. *1116, 1169*
Hamperl, H. 1329, *1367*
Hamre, D. M. s. Donovick, R. *936*
— s. McKee, C. M. *944, 1302*
Hand, J. 522, *534*
Handin 899
Handley, C. H. s. Moyer, J. H. *224*
Hanf, U. 1257, 1258, 1259, 1260, 1262, 1263, 1264, 1267, 1268, *1292*
— S. Heinrich u. F. Legler *1292*
Hang, C. A. 877
— s. Dale, W. A. *951*
Hanger 147, 152
Hangleiter, H. 993
— s. Dennig, H. *1104*
Hankwitz, R. F. 1354
— s. Creech, H. J. *1365*
Hanlon, T. H. 1206
— s. Gephardt, M. C. *1289*
Hannon, J. L. 1268
— s. Cox, R. S. *1283*
Hanot, V. 22
— u. A. Gilbert *28*
Hansel, F. K. 342, *370*
Hansen, C. H. 389
— s. Helmer, A. C. *461*
Hansen, F. 919
— u. K. Schütz *953*
Hansen, K. 330, 342, 344, *362, 370*
— s. Alice, C. *363*
— s. Frankland, A. W. *368*
— s. Gronemeyer, W. *369*
— s. Heim, F. *370*
— s. Sarre, H. *378*
— s. Waldbott, G. L. *380*
Hansen, P. 1197, 1229
— u. G. List *1292*
— u. H. Rieth *1292*
— s. Ito, K. *1295*
— s. Rieth, H. *1308*
— s. Schirren, C. *1310*
Hansen-Prüss, O. C. E. s. Olansky, S. *694*
Hanser, E. 739
— s. Wright, H. N. *771*
Hanson, A. M. 671, *709*

Hanssler, H. 565, *684*
Hanusch, A. 1024
— u. D. Jorke *1108*
Hanze, A. R. s. Spero, G. B. *700*
Hanzkickova, L. 898
— s. Trapl, J. *960*
Hanzlik, P. J. 1048
— u. W. C. Cutting *1108*
Hara, Y. 833
— Sh. Watanabe u. A. Tamaki *939*
Harada, S. 1179
— T. Konsiki, S. Kishi u. M. Honda *1292*
Harada, Y. 1261
— s. Nakayama, K. *1304*
Harant, H. s. Rimbaud, P. *1308*
Haraszti, A. s. Ban, A. *674*
Harber, L. C. 791, 1254
— s. Feo, Ch. P de *1286*
Hard, S. s. Gemzell, C. A. *682*
Hård, St., u. P. Holmberg *953*
Hardebeck, K. 112
— s. Soehring, K. *230*
Harden, K. A. s. Payne, H. M. *1115*
Harder, F. K. *534*, 1232, *1292*
Harder, K. s. Tschesche, R. *1119*
Harder, Kl. 102
— s. Soehring, K. *231*
Harding, J. W. 778, 886
— s. Thompson, R. E. M. *948*
Harding, Wm. F. B. *953*
Hardonin, J. H. 892
— s. McGovern, J. J. *956*
Hardt, A. 105, 329
— s. Fleckenstein, A. *228, 368*
Hardy, J. D. 392, 561
— C. Riegel u. E. P. Erisman *684*
Hardy, P. s. Graciansky, P. de *683*
Hardy, S. M. 877, 886, 909
— s. Hollander, L. *954*
Hare, C. C. 651
— s. Habif, D. V. *684*
Hare, P. J. *684*
Hargie, M. P. s. Philip, J. E. *945*
Hargis, B. J. 312
— s. Feinberg, S. M. *367*
Hargreaves, G. K. s. Barlow, A. J. E. *1278*
Hargrove, M. D. s. Chanton, E. F. *1282*
Harkavy, J. 907, *953*
Harley, D. 319, *370*
Harmsen, H. 1200, *1292*
Harnapp, G. O. 446, *461*
Harned, R. L. 870, 1137, 1268, *1292*
— P. H. Hidy u. E. Kropp la Baw *939, 1167*

Harnisch, H. 122
— u. Th. Lammers *229*
— s. Hirsch *229*
Harold, E. 1227
— u. J. Pierce *1292*
Harper, G. J. *939*
Harrell, E. R. 514, 1205, 1206, 1207, 1232, 1239, 1254, *1292*
— F. C. Bocobo u. A. C. Curtis *1292*
— u. A. C. Curtis *1292*
— s. Bocobo, F. C. *528, 1280*
— s. Curtis, A. C. *529, 1284*
— s. Evans, E. E. *1286*
Harries, D. A. 870, 1137
— M. Ruger, M. A. Reagan, F. J. Wolf, R. L. Peck, H. Wallick u. H. B. Woodruff *939, 1167*
Harrington, C. R. 667, *708*
— u. G. Barger *708*
Harris 307, 315, 333, 415, 416, 425, 426, 449
— Wolf, Moringo u. Folkers *461*
— s. Birch *458*
Harris, A. 883
— s. Mahoney, J. F. *956*
Harris, B. H. s. Weissberger, L. H. *468*
Harris, D. H. s. Haley, T. J. *370*
Harris, F. 508, 512
— s. Goldberg, M. *533*
Harris, G. 498, *534*
Harris, G. W. 555, *684*
Harris, H. J. 915, 917, *953*
Harris, J. s. Sydenstricker, V. P. *467*
Harris, J. R. 841
— s. Barr, F. S. *934*
Harris, J. S. 1046
— s. Klein, J. R. *1110*
Harris, J. W. S. 581
— u. J. P. Ross *684*
Harris, L. J. *461*, 1249
— H. G. Pritzker, J. W. Steiner u. L. Shack *1292*
Harris, M. C. s. Shure, N. *378*
Harris, M. S. 902
— s. Wilson, L. E. *961*
Harris, P. L. s. Hickman, K. C. D. *461*
Harris, P. N. s. Lee, H. M. *373*
— s. Mothersill, M. H. *375*
Harris, R., u. K. Thimann *534*
Harris, R. H. 25, 575, 613
— u. J. H. Mitchell *28*
— u. F. Taylor *684*
Harris, T. L. s. Wilson, J. W. *1317*
Harrison 130, 602
Harrison, H. C. s. Harrison, H. E. *232*

Harrison, H. E., u. H. C. Harrison 232
Harrison, V. M. 1040
— u. W. E. Clapper 1108
Harrison, W. E. J. s. Ambrus, C. A. 934
Harrop, G. 493
— s. Thorn, G. 546
Hart, F. D. 585
— J. R. Golding u. G. Brown 684
Hart, H. 501
— s. Cole, H. H. 529
Hartenstein, H. J. 534
Harter, P. s. Merklen, F. P. 692
Hartgen, H. 1065
— H. Lippelt, E. Mannweiler u. K. Matz 1108
Hartiala, K. J. V. 1044
— u. L. Hirvonen 1108
— — u. A. Kassinen 1108
Hartig, D. 1083, 1108
Hartig, H. s. Alnor, P. 526
Hartig, W. 646, 684
Hartl, F. 125, 229
Hartl, W. 1153, 1167
Hartles, R. L. 1047
— u. R. T. Williams 1108
Hartley, F. 1202, 1292
Hartley, H. S. s. Rappaport, B. Z. 695
Hartman, M. M. 470, 516, 534
Hartmann, F. 234
Hartmann, F. A. 550, 562, 579
— u. K. A. Brownell 685
— C. G. MacArthur u. W. E. Hartmann 685
Hartmann, H. E. 685
Hartmann, W. 106, 229
Hartmann, W. E. s. Hartmann, F. A. 685
Hartung, W. H. 750, 882
— s. Ruddy, A. W. 769
Harun, J. S. s. Shelley, W. B. 699
Harvey, A. M. s. Carey, R. A. 677
— s. Howard, J. E. 686
— s. Shulman, E. 699
Harvey, Cl. 520, 521, 534
— u. M. H. Jackson 534
Harvey, C. C. s. Howitt, M. K. 461
Harvey, G. 50, 54
— u. Th. Cochrane 217
Harvey, J. C. 1241, 1257
— J. R. Cantrell u. A. M. Fisher 1292
— s. Fisher, A. M. 1287
Haschek, H. 1087
— s. Ehrenreich, R. 1105
Haseeb, M. A. s. Slade, P. R. 1312
Haserick, J. R. 17, 18, 28, 49, 576, 604, 685

Haserick, J. R., u. K. H. Burdick 217
— A. C. Corcoran u. H. Dustan 685
— s. Bown, Ch. H. 675
— s. Burdick, K. H. 676
Hashimoto, T. s. Yanasigawa, K. 1170
Haskell, Th. H. 870
— A. Ryder u. Q. R. Bartz 939
Haskin, A. 1230
— s. Edelson, E. 1285
Haskin, D. 478, 576
— N. Lasher u. St. Rothman 534, 685
Haskins, R. H. 1271
— u. J. A. Thorn 1292
— s. Leminieux, R. U. 1299
Haslam, N. M. s. Meads, M. 944, 956
Haspel, R. 1256
— J. Baker u. M. B. Moore jr. 1292
Hasse, W. 346, 370
Hassebrauk, K. 1038, 1108
Hasselblatt, A. 1024
— u. W. Bludau 1108
Hassert jr., G. L. s. Rubin, B. 1169
Hastert, F. 75
— u. P. Dronillon 233
Hastings, A. B. 561
— u. E. L. Compere 685
Hata, J. 1230
— M. Tsuruoka, I. Utsumi u. A. T. Ida 1292
Hata, S. 715, 738, 755, 750
— s. Ehrlich, P. 766
Hata, T. 869
— Y. Sano u. H. Tatsuta 939
Hatch, R. D. 1210, 1292
Hattori, K., H. Nakano, M. Seki u. Y. Hirata 939
— s. Nakano, H. 944
Hattori, O. s. Takikawa, K. 1371
Hattori, Z. 1181, 1292
Hauck, L. 163, 166
— u. H. Röcker 234
Haude, H. 822, 939
Hauer, A. 752, 767
Hauptmann, K. s. Dirscherl, W. 530
Hauschild, F. 37, 38, 40, 60, 65, 99, 100, 101, 103, 104, 106, 109, 110, 112, 114, 116, 124, 125, 128, 131, 132, 135, 136, 137, 140, 154, 155, 156, 173, 218, 223, 229, 232, 234, 236, 1128
— u. G. Dentzer 232
— u. H. Landbeck 229
— s. Müller, J. M. 224
— s. Paul 230

Hauschildt, J., u. C. Grossman 534
Hauschildt, P. 1083
— s. Loop, W. 1113
Hauser, W. 894, 895, 953
Hausmann, W. s. Craig, L. C. 936
Haut, A. 1342, 1344
— S. J. Altman, G. E. Cartwright u. M. M. Wintrobe 1367
— s. Altman, S. J. 1364
— s. Wintrobe, M. M. 1372
Haven, E. 617, 685
Havens jr., W. P. 143, 145, 234
Haviland, J. 833, 939
Haviland, J. W. 1029
— s. Long, P. H. 1113
Havitt 591
Havyatt, M. T. 1207, 1240, 1292
— s. Belisario, J. C. 1279
Hawking, F. 731, 734, 767, 993, 999, 1000, 1001, 1010, 1022, 1023, 1025, 1029, 1030, 1031, 1032, 1040, 1045, 1046, 1058, 1064
— u. J. St. Lawrence 1108
— s. Yorke, W. 771
Hawkins 843
Hawkins, D. F. 291
— u. L. M. Rosa 359
Hawkins, J. E., u. M. H. Lurie 939
— s. Romansky, M. J. 946
Hawkins, L. A. 902
— u. H. Lederer 953
Haworth 428
— Hirst u. Michkeel 461
Haxthausen, H. 128, 135, 232, 333, 370, 566, 651, 1192, 1292
Hay 146
Hayashi, M. s. Aiso, K. 1277
Hayes, D. R. 565
— s. Ingalls, T. H. 687
Hayes, F. A. 1226, 1292
Hayes, S. E. s. Wolfson, W. Q. 704
Hayman jr., J. M. 22
— u. J. W. Martin jr. 28
Haynes 394, 461
Haynes, F. W., P. H. Forsham u. D. M. Hume 685
Haynes, R. 556
— K. Savard u. R. J. Dorfman 685
Haynes, W. C. s. Benedict, R. G. 934
Hays, H. W. s. Mayer, R. L. 374
Hazard, R. 102, 104, 229
— s. Fiessinger 228
Hazen, E. L. 746, 851, 852, 919, 1245, 1246, 1247, 1254

Hazen, E. L., u. R. Brown *939, 1292*
— — u. G. N. Little *1292*
— — u. A. Mason *1292*
— s. Brown, R. *935, 1281*
Hazen, L. N., G. G. Jackson, S. M. Chang, E. H. Place u. M. Finland *953*
Head, E. S. s. Livingood, C. S. *955*
Head, J. R. s. Angerer, A. L. *228*
Headley, W. H. 1205
— s. Miller, J. M. *1303*
Heard, R. 492
— P. Jellinek u. V. O'Donnell *534*
Hearin, D. L. 310
— u. P. P. Mori *370*
— s. Perry, D. J. *376*
Heatherman, M. 1040
— s. Clapper, W. E. *1104*
Heatley, N. G. 775, 876
— s. Abraham, E. P. *933, 950*
— s. Chain, E. B. *935*
— s. Florey, H. W. *938*
Hebald, S. 295
— R. A. Cooke u. L. M. Downing *370*
Hebert, M. 602
— s. Grupper, Ch. *684*
Hebra 9
Hebra-Kaposi 189
Hecht, G. 39, 174, *218*, 306
— s. Gloxuber, Ch. *236*
— s. Hörlein, U. *371*
Hechter, O. 474, *534*
— u. G. Pincus *534*
Heckel, N. J. 503, 520, 521, 562
— u. J. H. McDonald *534*
— W. Rosso u. L. Kestel *534*
— s. McDonald, J. H. *692*
Hecker, W. Ch. 522
— u. F. Braren *534*
Heckner, F. 639, 642, 1346
— J. Hamm u. W. Eger *1367*
— u. H. Poliwoda *685*
Hedenius, P. 835
— s. Tunevall, G. *948*
Hée, P. 621
— u. J. Grenier *685*
Heep, W. 1333, *1367*
Heeren, J. G. 19, *28*
Heeve, W. L. 79
— s. Meyer, L. M. *224*
Heffner, R. W. s. Smith, G. F. *1118*
Hegemann, F. 1081, 1090
— K. Gleitz u. G. Wachtelborn *1108*
Hegglin, R. 605
— s. Siegenthaler, W. *699*
Hegglin-Volkmann, M. 23, 644
— s. Glaser, R. J. *28*
— s. Rossier, P. H. *31, 696*

Hegler, C. 992, 1058, 1066, 1068
— s. Domagk, G. *1105*
Hegmann, G. 647, *685*
Hegyi, E. 174, 176, 178, *236*
Heidelberger, C. 408, *461*
Heidelberger, M. s. Jacobs, W. A. *767*
Heidelmann, G. 345, *370*
Heidenreich, O. s. Augustin, E. *526*
Heilbron, I. M. s. Cook, A. H. *1104*
Heiligman, E. M. s. Wilson, J. W. *1317*
Heilman, D. H. 637, 638, 881
— u. W. E. Herrell *939*
— u. E. C. Kendall *685*
— s. Herrell, W. E. *954*
— s. Mann, F. C. *943*
Heilman, F. R. 804, 834, 835, 850, 904, 913, 1176, 1205, *1292*
— W. E. Herrell, W. E. Wellman u. J. E. Geraci *939*
— u. G. Rake *939*
— s. Dearing, W. H. *951*
— s. Martin, W. J. *943*
Heilmeyer, I. 1129
— u. L. Heilmeyer *1167*
Heilmeyer, L. 89, 95, 143, *227, 461*, 579, 641, *685*, 831, 871, 884, 886, 918, 993, 1000, 1033, 1046, 1061, 1062, 1063, 1064, 1069, 1071, 1079, 1093, 1128, 1129, 1134, 1165, *1167*, 1318, 1335, 1338, 1340, 1347, 1349, 1351, 1352, 1354, *1367*
— u. H. Begemann *461, 1367*
— J. Frey, L. Weissbecker, G. Buchegger, H. Kilchling u. H. Begemann *685*
— s. Domagk, G. *1166*
— s. Heilmeyer, I. *1167*
— s. Walter, A. M. *960, 1121*
Heim, E. s. Koch, W. *537*
Heim, F. 101, 323, 343, *370*, 1216
— u. A. Bänder *370*
— u. G. Kölle *229*
— F. Leuschner u. G. Wunderlich *1292*
Heim, W. 727, 730, *767*
Hein, H. 846, 848, *940*, 1136, *1167*
Heinänen, P. 999, 1005, 1008
— S. Nyyssönen u. L. Tuderman *1108*
— L. Tuderman u. L. Rämö *1108*
Heinemann, B. D. *534*, 1213, *1293*
— s. Cron, M. J. *936*
— s. Kaplan, M. A. *1296*
Heinemann, H. 664
— s. Schreus, H. Th. *706*

Heinen, W. s. Schmidt, H. *1371*
Heinke, E. 108, *229*, 521
— u. E. Tonutti *534*
— s. Bohnstedt, R. M. *528*
— s. Mechow, O. *540*
Heinrich, S. s. Hanf, U. *1292*
Heinrichs, H. D. 499
— s. Diczfalusy, E. *530*
Heinsen, H. A. 449, *461*
Heintz, R. 1029, *1108*
Heinz 301
— s. Schulemann, W. *378*
Heise, E. R. 559, 561, 579, 658, *685*
— s. Ströder, J. *700*
Heise, R. 284
— s. Holtz, P. *359*
Heisler, A. 327
— s. Gelvin, E. P. *369*
— s. McGavack, T. H. *374*
Heite, H.-J. 443, 1216, 1242, *1293*
— u. D. Janke *1293*
— s. Gehrels, P. E. *460*
Heitzman, E. J. s. Cronk, C. A. *951*
Hekma, E. 136
— s. Hamburger, H. J. *232*
Helander, St. 993, 1000, 1002, 1093, *1108*
— s. Frisk, A. R. *1106*
Helanen, S. 51, 55, 59, *218*
— s. Pirilä, V. *219*
Hellbaum, A. 515
— s. Lain, E. *537*
— s. Lamb, J. H. *537*
Hellbron, I. M. s. Jones, W. E. *462*
Helle, J. 55
— s. Pirilä, V. *219*
Heller, C., W. Nelson, I. Hill, E. Henderson, W. Maddock, E. Jungck, C. Paulsen u. G. Mortimore *534*
— s. Maddock, W. *539*
Heller, H. 316
— s. Ashford, C. A. *363*
Heller, M., u. R. Wheeler *534*
— s. Bernstein, S. *674*
Hellermann, L. 736
— H. E. Perkins u. W. H. Clark *767*
Hellerström, S. *534*, 604, 609, 896, *953*
Hellier, F. s. Goldsmith, W. *533*
Hellier, F. F. s. Bain, W. A. *363*
Hellriegel, N. 1354
— u. R. Kraus *1367*
Helman, F. D. 437
— s. Hess, A. F. *461*
Helmeczi, L. 119, *229*
— s. Simon, M. *467*
Helmer 408
Helmer, A. C. 389
— u. C. H. Hansen *461*

Helmer, O. M. s. Fouts, P. J. *460*
Helmert, E. 736
— s. Maschmann, E. *768*
Helmreich, M. s. Samuels, L. *543*
Heltai, A. s. Borth, R. *528*
Hemming, H. G. 1236, 1237, 1260, 1261, 1266
— s. Brian, P. W. *935, 1280*
— s. Curtis, P. J. *1284*
— s. Jefferys, E. G. *1295*
Hempel, H.-C. 559, 566
— s. Dieckhoff, J. *679*
Hemphill, F. M. 346
— s. Mathews, K. P. *374*
Henaff, G. le 1223
— s. Ranque, J. *1307*
Hench, P. S. 577, 585, 597, 619, 621, *685*
— E. C. Kendall, C. H. Slocumb u. H. F. Polley *685*
Henderson, A. R. 319
— s. Judd, A. R. *371*
Henderson, E. 567, 568, 575, 613, 664
— J. W. Gray, M. Weinberg, E. Z. Merrick u. H. Seneca *685, 706*
— s. Heller, C. *534*
— s. Seneca, H. *608*
Henderson, L. M. s. Krehl, W. A. *463*
Henderson, W. M. 852
— s. Wigmore, J. O. *949*
Hendley, C. D. 67, 78
— T. E. Lynes u. F. M. Berger *223*
— s. Berger, F. M. *222*
Hendricks, F. D. s. Lewis, C. N. *955*
Hendrickson, G. G. 1257
— u. E. P. Lehman *1293*
Hendry, J. A. 1329, 1340
— R. F. Homer, F. L. Rose u. A. L. Walpole *1367*
— F. L. Rose u. A. L. Walpole *1367*
Heni, F. 582
— u. K. Blessing *685*
Henley, K. 884, *953*
Henne, H. F. 1338, *1367*
Henneberg, A. 891, *953*
Henneberg, G. 919, *954*, 1134, *1167*
Hennemann, G. 121, *229*
Hennemann, Ph. 581
— D. M. K. Wang, J. W. Irwin u. W. S. Burrage *685*
Henning, N., u. G. Gerner *1108*
Henriksen, E. 1230
— S. M. Martin, J. W. Wilson u. A. Yeaman *1293*
Henry, C. s. Bolgert, M. *675*
Henry, P. A. 1211

Henry, P. A. s. Maruzzella, J. *1301*
Henry, R. J. 805, 809, 993, 1047, 1048, 1050, 1051, 1055, *1108*
— u. G. L. Hobby *940*
Henry jr., W. L. 564
— L. Oliver u. E. R. Ramey *685*
Henschel, E. s. Lewis, H. M. *538*
Henschen, C. *461*
Hensen, P. 309, 314, *370*
Henstell, H. H. s. Wilson, L. E. *961*
Hepding, L. 1023, 1084, 1085, 1086
— A. Hoffmann u. H. Wahlig *1108*
Herbain, M. 1007, *1108*
Herbst, W. *534*
Herchen, H. *534*
Hergott, J. 106, 822
— u. L. Ther *940*
— s. Rieser, O. *230*
Herken, H. 1023
— s. Wilutzky, H. *1121*
Herlitz, G. 356
— u. G. Lindberg *370*
Herman 841
Horman, H. 393
— s. Rapaport, H. S. *466*
Hermann, G. 1357
— s. Doenecke, F. *1365*
Hermann, H. *28, 534*
Hermannsdorfer 191
Hermannsdorfer, A. 108, 100
Hermannsdorfer, M. 198, 199
Hermans jr., E. H. 171
— u. P. G. Bakker *236*
Hernandez, E. s. González Ochoa, A. *1290*
Hernández de la Portilla, R. 21, 146, 147
— s. Cueva, J. V. *27, 234*
Herold, L. 550, 567
— s. Anselmino, K. J. *673*
Herpay, Z. 1177
— s. Úri, J. *1315*
Herraiz Ballestero, L. 591, *685*
Herrell, W. E. 780, 784, 850, 881, 1257
— D. H. Heilman u. H. L. Williams *954*
— s. Heilman, D. H. *939*
— s. Heilman, F. R. *939*
— s. Mann, F. C. *943*
— s. Nichols, D. R. *1304*
— s. Wellman, W. E. *949*
Herrera, J. A. 1220
— s. Baliña, P. L. *1278*
Herrick, J. A. 1264, 1266, *1293*
Herrick, R. s. Adams, I. *526*
Herrmann 40, 41, 45, 72, 180, 186, 189, 191, 195

Herrmann, F. 1006, 1175, 1189
— u. C. March *238*
— u. O. B. Miller *218*
— s. Foley, E. J. *1287*
— s. MacKee, G. M. *1113*
— s. Miller, O. B. *219*
— s. Sherwin-Weidenreich, R. *699*
— s. Sulzberger, M. B. *221, 701*
Herrmann, J. 524
— s. Griboff, S. *533*
Herrmann, R. 761
— s. Weidenhagen, R. *771*
Herrmann, U. s. Aeppli, H. *526*
Herrmann, W. P. 14, 23, 354, 741, 742, 743, 744, 747, *767*
— u. H. Hilmer *767*
— G. Hopfeld u. H. Berning *28*
— u. L. Ther *767*
— s. Rajka, G. *377*
— s. Schulz, K. H. *225, 378*
Herschfus, J. A. s. Salomon, A. *697*
Hershberg, E. B. s. Herzog, H. L. *685*
Hertlein, E. M. 1256
— s. Götz, H. *1289*
Hertz, R. *534*
— W. Tullner u. E. Raffelt *534*
Hervey, A. 1261, 1265, 1267
— s. Anchel, M. *1277*
— s. Kavanagh, F. *1296*
Hervouet, D. s. Bureau, Y. *676*
Horxheimer, H. 12, 291, 318, 343, *359, 371,* 570, 588 u. Köster *28*
— u. M. McAllen *685*
— s. Foulds, W. S. *681*
Herzberg, J. J. 33, 34, 118, 143, 146, 194, *238,* 302, 324, 443, *461,* 605, 614, 616, *685*
— u. B. Rohde *218*
— s. Rosenkilde, H. *696*
Herzinger, R. 253
— s. Springer, R. *280*
Herzog 727, *767*
Herzog, H. 332
— H. Kaufmann, E. Lang u. P. Speiser *371*
Herzog, H. L. 551, 552
— A. Nobile, S. Tolksdorf, W. Charney, E. B. Hershberg, P. L. Perlman u. M. M. Pechet *685*
— C. C. Payne, M. A. Jevnik, D. Gould, E. L. Shapiro, E. P. Oliveto u. E. B. Hershberg *685*
Hesbacher, E. N. s. Shelley, W. B. *378*
Hess, A. F. 437
— M. Weinstock u. F. D. Helman *461*
Hess, M. s. Rennels, E. *542*

Hess, W. R. 66, 74, *223*
Hesse 122, 123, 124, *229*
Hesse, E. 1363
— u. H. Marquardt *1367*
Hesse, F. 1357, *1367*
Hesselbrock, J. s. Goldman, L. *1289*
Hesselvik, L. 508, *534*
Hesser, F. P. s. Popper, H. *465*
Hessler, K. 116
— s. Soehring, K. *231*
Hestetum, S. 596
— u. L. Wennevold *685*
Hettche, H. O. 773, *940*, 1269
— s. Wrede, F. *1317*
Heubner, W. 196, 331, *371*, 384, *461*, 1023, 1029, 1044, *1108*
Heuchel, G. 1029, *1108*
Heunisch, A. 1225, *1293*
Heupke, W. *238*
— s. Stunkard *239*
Heuschen, C. 399, *461*
Heusghem, C. *534*
Hewes, C. G. 919
— u. D. E. Shay *954*
Hewitt, J. 828, 903, 1240
— J. J. Meyer de Schmid, P. Desvignes u. J. Sclafer *1293*
Hexter, G. F. 1214
— s. Keddie, F. *1296*
Heyem, H. 618
— s. Decroix, G. *678*
Heymer, T. 1238, *1293*
Hick, F. K. s. Keeton, R. W. *688*
Hickey, R. J. 1262, 1265
— C. J. Corum, P. H. Hidy, I. R. Cohen, U. F. B. Nager u. E. Krepp *1293*
— u. P. H. Hidy *1293*
Hickman, K. C. D. 449
— M. W. Kaley u. P. L. Harris *461*
Hicks, J. H. 145, 517
— u. J. F. Mullins *234*, *535*
— s. Fitzpatrick, T. B. *681*
Hiddleson, H. G. s. Sternberg, Th. H. *1312*
Hidgeon *86*
Hidy, P. H. 1265
— s. Harned, R. L. *939*, *1167*
— s. Hickey, R. J. *1293*
Hiebel *69*
— Bonvalet u. Dell *223*
Hift, Th. 78, 79, 87
— K. Kryspin-Exner u. W. Solms *223*
— s. Ludwig, B. J. *224*
Higgins, G. A. 884
— s. Rotschild, T. P. E. *959*
High, R. H. 1249
— s. Huang, N. N. *1294*
Higuchi, K. 1248
— H. Urabe, Stoshitani u. S. Nakano *1293*

Higuchi, T. 1000
— u. J. L. Lach *1108*
Hijmans, W. 577, 647
— u. H. Müller *686*
Hilarius 386
Hilbert, J. s. Bret, A. J. *675*
Hildebrand, J. F. s. Livingood, J. I. *690*
Hildebrandt, F. 287, *359*
Hilker, A. W. 351, *371*
Hill 596, *686*
Hill, B. s. Lieberman, S. *538*
Hill, B. H. R. 582
— u. P. D. Swinburn *686*
Hill, G. B. 1245
— s. Campbell, C. C. *935*, *951*, *1281*
Hill, H. 294
— u. L. Martin *371*
Hill, H. A. 1179
— s. Mottram, M. E. *1303*
Hill, I. s. Heller, C. *534*
Hill, J. M. 642
— u. L. Vincent *686*
Hill jr., S. R. 561
— R. S. Reiss, P. H. Forsham u. G. W. Thorn *686*
— s. Thorn, G. W. *701*
Hillegas, A. B. 1174
— u. E. Camp *1293*
— s. Coffee, G. L. *935*
— s. Ehrlich, J. *937*
— s. Hopkins, J. G. *1293*
— s. Hopkins, T. *1293*
Hillemand, M. R. 915
— G. Gibbin, R. Brule u. G. Faure *954*
Hiller, J. 1081, 1088
— u. H. Ehlert *1108*
— s. Ehlert, H. *1105*
Hills, A. G. s. Forsham, P. H. *681*
Hills, O. W. s. Howitt, M. K. *461*
Hilmer, H. 741, 742, 743, 744
— s. Hermann, W. P. *767*
Hilson, C. R. F. 837
— s. Elek, S. D. *937*
Hilton, J. G. 556
— R. I. Nedeljkovic u. G. Dermksian *686*
Himes, H. s. Adlersberg, D. *673*
Himsworth 160
Hinaut s. Coste, F. *678*
Hincky, M. 71, 179, 294, 354, 355
— s. Sidi, E. *225*, *230*, *237*, *361*, *378*, *1169*
Hincky, M. B. 1191, *1293*
Hinds, E. C. 1259
— u. E. J. Degnan *1293*
Hines jr., E. A. 643
— s. Kierland, R. R. *688*
Hines, L. R. 448, 818, *940*
— u. H. A. Matill *461*

Hingson 110
— s. Pitkin *230*
Hinky, M. s. Jablonska, S. *687*
Hinman jr., F. 522, *535*
Hinman, J. W. s. Hoeksema, H. *940*
Hinningsen, A. B. s. Goldman, L. *1289*
Hinrichs, K. 1128
— H. Poppe u. H. Steyer *1167*
Hinshaw, H. C. 801, 901
— u. W. H. Feldman *954*
— s. Feldman, W. H. *1166*
— s. Riggins, H. M. *946*
Hintman 155
Hinton, A. 1176
— s. Larsh, H. W. *1299*
Hinz, W. 1083, *1108*
Hiob, J. 71, 354, 355
— u. H. Hippius *223*, *371*
Hioco, D. s. Lichtwitz, A. *690*
Hippius, H. 71, 354, 355
— s. Hiob, J. *223*, *371*
Hirai, T. 1261
— s. Ikeda, Y. *1294*
Hiramatsu, K. s. Takikawa, K. *1371*
Hirao, F. s. Takahashi, H. *1313*
— s. Tsubura, E. *1314*
Hirata, Y. s. Hattori, K. *939*
— s. Nakano, H. *944*
Hirose, T. 634, *686*
Hirsch 122
— u. Holler *229*
Hirsch, E. O. s. Evans, T. S. *1366*
Hirsch, F. *535*
Hirsch, H. 1333, *1367*
Hirsch, H. A. 781, 812, 822
— u. M. Finland *940*
— C. M. Kunin u. M. Finland *940*
Hirsch, J. 729, *767*, 1033, 1108, *1167*
Hirsch, N. s. McCormick, J. R. D. *943*
Hirsch, W. 1086, *1108*
Hirschman, D. J. 1270
— s. Jansen, E. F. *1295*
Hirschowitz, B. J. 576
— D. H. P. Streeten, G. A. London u. H. M. Pollard *686*
Hirsh, H. L. s. Dowling, H. F. *936*
Hirst 428
— s. Haworth *461*
Hirth, L. s. Drouhet, E. *1285*
Hirvonen, L. s. Hartiala, K. J. V. *1108*
Hisaw 470
Hiscox, D. J. 826, *940*
Hitch, J. M. 1230, *1293*
Hitchins, G. H. s. Biesele, J. J. *1365*

Hitchman, O. B. 905
— M. Leider u. R. L. Baer *954*
Hitosa, Y. s. Fujikawa, F. *1288*
Hitzenberger, K. *535*
Hitzig, W. 1350
— s. Gasser, C. *1367*
Hjorth, A., u. E. Møller-Christensen *535*
Hoagland, C. 492
— s. Gilder, H. *533*
Hoagland, R. J. 344, 586, *686*
— E. N. Deitz, P. W. Myers u. H. C. Cosand *369*
Hoare, A. 732
— s. Broom, J. C. *764*
Hobbs 47
Hobby, G. 1271
— P. Regna, N. Dougherty u. W. E. Stieg *1293*
Hobby, G. L. 805, 809, 813
— T. F. Lenert, M. Donikian u. D. Pikula *940*
— s. Finlay, A. C. *938, 1166*
— s. Henry, R. J. *940*
— s. Wyss, O. *949*
Hobson, J. L. 1206
— s. Sutliff, W. D. *1313*
Hoch-Ligeti, C., u. K. Irvine *535*
Hochart s. Huriez, Cl. *686*
Hochstein, F. A. s. Finlay, A. C. *1166*
Hodenberg, D. Frhr. v. 1018
— u. H. Siemenroth *1109*
Hodges, C. s. Huggins, Ch. *535*
Hodges, E. P. 1245
— s. Campbell, C. C. *935, 951, 1281*
Hodges, F. A. s. Underwood, P. C. *1314*
Hodgkinson, R. 830, *940*
Höber, R. 732, *767, 1109*
— s. Commandon, H. *765*
Höcker, H. 163, 166
— s. Hauck, L. *234*
Hoede, K. *535*, 882
Höfs, W. 443, 444, *461*
Högberg, B. 288
— s. Diamant, B. *358*
Högland 165
Högler, F. 1185, *1293*
Hoehn, W. M. 551
— s. Mason, H. L. *692*
Höhne, G. 824
— s. Auhagen, H. *934*
Hökfelt, B., R. Luft, D. Ikkos, H. Olivecrona u. J. Sekkenes *535*
Hoeksema, H. 869
— M. E. Bergy, W. G. Jackson, J. W. Shell, J. W. Hinman, A. E. Fonken, G. A. Boyack, E. L. Caron, J. H. Ford, W. H. Devries u. G. F. Crum *940*

Höppner, H. 869, *940*
Hörhold, K. 877, *954*
Höring, F. O. 1033, *1109*
— s. Kühnau, J. *1368*
Hörlein, U. 306, *371*
— u. G. Hecht *371*
Hörlin, W. 1338
— u. W. Schmitt *1367*
Hörmann, G. 993, *1109*
Hoesch 418, *461*
— G. Hagerman u. O. Gsell *461*
Hofbauer 882
Hofer, E. s. Hofmann, P. *940*
Hoff, D. R. s. Arth, G. E. *673*
Hoff, F. 88, 89, 90, 95, 96, 97, 98, 130, *227, 232*, 919, *954*
— s. Pillener, L. *227*
— s. Rohr, K. *227*
— s. Weizäcker, C. F. v. *228*
Hoff, H. *461*, 646
— s. Beiglböck, W. *674*
Hoffman, A. 916
— s. Merliss, R. *957*
Hoffman, M. 1267
— s. Wooldridge, W. E. *1317*
Hoffman, S. J. s. Kadison, E. R. *941*
Hoffmann 152, 1145, 1185, 1268
Hoffmann, A. *234*, 1023, 1086
— s. Hepding, L. *1108*
Hoffmann, E. 142, 145, 166, *1293*
Hoffmann, F. 550, 567
— s. Anselmino, K. J. *526, 673*
Hoffmann, H. *1293*
Hoffmann, I. s. Nieschulz, O. *375*
Hoffmann, J. s. Mirand, E. *540*
Hoffmann, R. 1189
— R. Schweitzer u. G. Dalby *1293*
Hoffmaster, T. E. 816
— s. Macht, D. J. *943*
Hoffmeister, W. 886, *954*
Hofman, W. J. s. Kooij, R. *537*
Hofmann, K. 551, *686*
Hofmann, P. 793, 867, *940*
— W. Biechteler, F. Meythaler, E. Hofer, L. Ritter u. R. Bedacht *940*
Hofstetter, M. 131, 134, *232*, 1153, *1167*
Hogan, R. B. 717, 718, 719, 720, 721, 722, 724
— u. H. Eagle *767*
— s. Eagle, H. *766*
Hogg, J. A. s. Spero, G. B. *700*
Hoggarth, E. 1060, 1061, 1087
— u. A. R. Martin *1109*
— — u. E. H. P. Young *1109*
— s. Francis, J. *1106*
Hogkinson, C. P. s. Margulis, R. R. *691*
Hogreffe, G. s. Arentsen, K. *526*
Hohendorf, J. 1081, *1109*

Hohl, K. 1329
— u. H. R. Schinz *1367*
Hohlfeld, R. A. 125, *229*
Hohlweg, E. 1029, *1109*
Hohlweg, W. *535*, 649
— u. K. Groot-Wassink *535*
— u. H. Inhoffen *535*
— G. Knappe u. U. Laschet *686*
Hoigné, R. 566
— F. Koller u. H. Storck *686*
Hoit, L. 59
— s. Cornbleet, Th. *216, 677*
— s. Ginsberg, E. *217*
Hok, K. A. 1214
— A. Y. Hamilton, K. S. Pilcher u. R. Nieman *1293*
Holbrook, A. *535*
Holder, H. G. s. Bird, C. E. *675*
Holkup, H., u. L. Nosko *535*
— s. Nosko, L. *541*
Holland, A. s. Adams, A. *1101*
Hollander, A. 47, 57, *218*
Hollander, D. H. 659
— s. Turner, I. B. *702*
Hollander, E. J. 582
— s. Brown, E. J. *676*
Hollander, J. L. 620, 622
— E. M. Brown, R. A. Jessar, N. M. Smukler, L. Udell, J. R. Shanahan, C. R. Stevenson u. M. A. Bowie *686*
Hollander, L. *535*, 550, 632, 670, *686, 708*, 877, 886, 909
— u. S. M. Hardy *954*
Hollander, M. B. 1227
— s. Robinson, H. M. *1308*
Holldack, K. s. Rakeman, F. M. *377*
Holle, F. 1081
— Th. Dimmling u. W. Deininger *1109*
Holleman, A. F. 1193, 1211
— u. F. Richter *1293*
Hollenbeck, W. F. 1220
— u. D. Turnoff *1293*
Hollender, E. 1034, 1036
— s. Klein, P. *1111*
— s. Rothes, I. *1117*
Holler 122
— s. Hirsch *229*
Holler, G. 570, 588, *686*
Hollerau, R. 779
— s. Buckwalter, F. H. *935*
Holley, E. C. s. Lynch, J. E. *943*
Hollifield, W. C. 354
— s. Guerrant, J. L. *369*
Hollis, W. J. s. Chanton, E. F. *1282*
Hollister, L. E. 75, *223*, 353, *371*, 587, 589, 592, 598, 620
— u. G. H. Houck *686*
Holm, K. 1215, *1293*
Holm, P. 1257, *1293*

Holman, E. 1220
— s. Dobson, L. *1284*
Holmberg, P. 897
— s. Hård, St. *953*
Holmes, C. A. 291
— s. Ojers, G. *360*
Holmes, R. s. Romansky, M. J. *946*
Holmgren, H. 286
— s. Jorpes, J. E. *359*
Holper, J. C. 871
— C. J. Rickher u. J. C. Sylvester *940*
Holst, A. 382, 428, *461*
— u. T. Froelich *461*
Holste, A. 633, *686*
Holt s. Stoughton, R. B. *220*
Holt, C. v. 1024, 1085
— L. v. Holt, B. Kröner u. J. Kühnau *1109*
Holt, L. v. 1024
— s. Holt, C. v. *1109*
Holt, L. E. 405, 417
— u. V. A. Najjar *461*
— s. Najjar, V. A. *465*
— s. Syderman, E. *467*
Holtermann, H. 1224, *1293*
Holtmeier, H. J. 194, 195, 196, 197, 198, *238*
Holtorf, E. 1196, *1293*
Holtschmidt, J. 117, *229*
— s. Jordan, P. *229*
Holtz 661
Holtz, F. 18
— s. Schmidt-La Baume, F. *31*
Holtz, P. 283, 284, *359*
— K. Credner u. H. Walter *359*
— u. R. Heise *359*
— u. E. Westermann *359*
Holtzer 318, 319
Holtzer, A. s. Pasteur Vallery-Radot *376*
Holtzer, M. s. Pasteur Vallery-Radot *376*
Holz 402
Holz, A. s. Wacholder, K. *468*
Holz, E. 1000
— S. Holz u. A. Garcia Onandia *1109*
— A. Garcia Onandia u. S. Holz *1109*
Holz, H. 1218
— u. H. Lohel *461*, *1293*
Holz, S. s. Holz, E. *1109*
Holzer, H. 1345, 1346, *1368*
— G. Sedlmayr u. A. Kemnitz *1368*
Holzmann, H. 574
— u. G. W. Korting *686*
Hom, F. S. 1000, 1002
— u. J. Autian *1109*
Homan, J. D. H. 567
— G. A. Overbeek, J. P. J. Neutchings, C. J. Booij u. J. van der Vies *686*

Homan, W. 1331
— u. H. Otto *1368*
Homburger, F. 568, 582, 611
— u. C. D. Bonner *686*
— — u. W. H. Fishman *686*
— s. Bonner, C. D. *675*
Homer, R. F. s. Hendry, J. A. *1367*
Homolka 426, *461*
Honda, M. s. Harada, S. *1292*
Honda, T. s. Miyake, I. *30*
Honerla, H. G. 913, *954*
Honvan 1352
Hood, F. 1182
— s. Mandel, M. *1301*
Hoogerheide, J. C. 1268
— s. Manten, A. *1301*
— s. Menzel, A. E. *1302*
— s. Struyk, A. P. *1313*
Hoogstraten, J. 1239
— s. Birt, A. R. *1279*
Hooker, C. 478, 489, 496, 511
— u. T. Forbes *535*
— u. C. Pfeiffer *535*
— s. Pfeiffer, C. *542*
— s. Sprunt, D. *545*
Hookey 670, *708*
Hoolbrook, A. A. 902
— s. Claudon, D. B. *951*
Hooper, J. R. 1348
— L. C. Cheney, M. J. Cron, O. B. Fardig, D. A. Johnson, D. L. Johnson, F. M. Palermiti, H. Schmitz u. W. B. Wheatley *1368*
— s. Cron, M. J. *936*, *1165*
— s. Kaplan, M. A. *1296*
— s. Schmitz, H. *946*
Hoops, E.-H. 878, 1195, 1261, *1293*
Hopf 112, 199
Hopf, E. *229*
Hopf, G. 415, 570, 571, 605, 634, *686*, 1240, 1242, 1243, 1244, 1245, 1252, *1293*
— s. Keining, E. *238*
— s. Schuster, H. *467*
Hopfeld, G. 23
— s. Herrmann, W. P. *28*
Hopff, W. 300, 1250, *1293*
— s. Meyer-Rohn, J. *944*, *957*, *1302*
Hopkins 905, 1185, 1199, 1212, 1213
Hopkins, F. G. 382, 386, 400, 436, *461*
— u. A. Neville *461*
Hopkins, J., J. Weld u. W. Huber *535*
Hopkins, J. G. 268, *279*, 586, 597, 606, 622, 627, 638, 642, 646
— J. K Fisher, A. B. Hillegas, R. B. Ledin, G. C. Rebell u. E. Camp *1293*

Hopkins, J. G., B. M. Kesten, C. T. Nelson, G. W. Hambrick jr., R. G. Jennings jr. u. G. F. Machacek *686*
— C. S. Lingamfelter, M. R. Kiesselbach u. O. A. Hamilton *1293*
— J. T. Weld u. B. M. Kesten *1293*
— s. Cannon, A. B. *677*
Hopkins, T., A. Hillegas, C. Camo, B. Ledin u. G. Rebell *1293*
Hopper, M. E. 905, 1183, 1218, 1262, 1271
— s. Cormia, F. E. *951*
— s. Lewis, G. M. *538*, *1299*
Horácek, J. 1200
— u. M. Polster *1294*
Horclois, R. 298
— s. Bovet, D. *364*
Horn, H. J. 1059, *1109*
Hornemann, M. 353
— s. Rost, G. A. *377*
Horning, E. S. 1263
— s. Waksman, S. A. *949*, *1316*
Hornung, H. 1195, *1294*
Hornstein, O. 603, *686*, 895, 898
— s. Binder, E. *216*, *950*
— s. Schuermann, H. *698*, *959*
Horowitz, L. B. 144, 1004
— D. Salkin u. J. Gilrane *1109*
Horsters, H. 1354, *1368*
Horton, 291, 295, 310, 316, 332
Horton, B. T. s. Essex, H. E. *367*
— s. McElin, T. W. *374*
— s. Perry, E. L. *376*
Horton, E. W. s. Elliott, D. F. *358*
Horton-Smith, C. 1223
— u. P. L. Long *1294*
Horváth, E. 562
— u. K. Kovàcs *686*
Horvath, P. 45
— s. Shelley, W. *220*
Horwitz, M. s. Levinson, J. E. *690*
Hosansky, N. s. Dutcher, J. D. *936*
Hosemann, G. 1257, *1294*
Hosmer, J. A. 315
— s. Perry, D. J. *376*
Hosoya, S. 858, 860, 886, 1251, 1252, 1269
— N. Komatsu u. M. Soeda *1294*
— — — u. Y. Sonoda *940*, *1294*
— — — T. Yamaguchi u. Y. Sonoda *1294*
— u. S. Nakazawa *940*
— — M. Soeda, Y. Ogata u. K. Okada *940*

Hosoya, S., M. Soeda, S. Imamura, K. Okada, S. Nakazawa, N. Komatsu, T. Kobori u. M. Ikenaga *954, 1294*
— — N. Komatsu, S. Imamura, K. Okada, S. Nakazawa u. T. Yamaguchi *1294*
— — — K. Okada u. Sh. Watanabe *940*
— — — K. Okada, Sh. Watanabe u. Y. Onoda *1294*
— — — Sh. Watanabe, K. Okada u. Y. Onoda *1294*
— — K. Okada, Sh. Watanabe u. N. Komatsu *1294*
— s. Kobori, T. *1297*
— s. Onoda, Y. *1305*
Hossack, D. s. Adams, A. *1101*
Hotchkiss, R. D. 1040, 1270, *1294*
— u. A. H. Evans *1109*
— s. Dubos, R. J. *936*
Hotchkiss, R. S. 562
— s. Morales, P. A. *693*
Hotovy, R. 12, 60, 62, 66, *223*, 306
— u. E. Roesch *371*
Hotter, J. T. 830
— u. B. A. Waisbren *940*
Hottinger, A. 581, *686*
Hou, H. C. 440, *461*
Houben-Weyl 712, 750, *767*
Houck, C. 493
— s. Richardson, J. *543*
Houck, G. H. 587, 589, 592, 598, 620
— s. Hollister, L. E. *680*
Houdart, R. s. Alajouanine, Th. *673*
Houet 440
Houet, R. *461*
Houet, W. *461*
Houseworth, J. H. s. Cline, H. L. *935*
Houssay, B. A. 550
— A. Biasotti, P. Mazzoco u. R. Sammartino *686*
Howard, A. H. s. Bodner, H. *675*
Howard, G. s. Pollack, M. *542*
Howard, J. E. 585
— A. M. Harvey, R. A. Carey u. W. L. Winkenwerder *686*
— s. Carey, R. A. *677*
Howard, P. J. s. Margulis, R. R. *691*
Howard, R. M. 341
— s. Weiss, W. J. *380*
Howell, Ch. M. s. Cooke, R. A. *677*
Howell jr., C. M. 569, 586, 594, 640, *686*
— s. Cannon, A. B. *677*
Howes, E. L. s. Plotz, Ch. M. *695*

Howes, E. L. s. Ragan, C. *695*
Howes, H. A. 295
— s. Sheldon, J. M. *378*
Howitt, M. K. 407
— C. C. Harvey, O. W. Hills u. E. Liebert *461*
Howlett jr., K. S. s. O'Connor, J. B. *945*
Hoyle, C. 653
— J. Dawson u. G. Mather *686*
Hoyt, H., T. Doud u. R. Hoyt *535*
Hoyt, R. s. Hoyt, H. *535*
Hruszek, H. *535*
Hu, Ch. 386, 392
— u. C. N. Frazier *535*
— s. Frazier, C. N. *460*
Hu, F. 1246, *1294*
Huang, N. N. 1249, 1254
— u. R. H. High *1294*
— A. Sarria u. R. H. High *1294*
Huang, W.-Y. s. Burke, R. C. *1281*
Hubault, A. 909
— s. Tzanck, A. *960*
Hubbard, R. 1269
— u. C. Rimington *1294*
Huber, A. 131, 134, *232*
— s. Amsler, M. *231*
Huber, G. 350, *371*
Huber, W. 439
— u. O. W. Barlow *461*
— s. Hopkins, J. *535*
Hubert, G. 487, 489, 509
— s. Hamilton, J. *534*
— s. Reynolds, S. *543*
Hucknall, E. 1000, 1003, 1005
— u. G. E. Turfitt *1109*
Hudgins, P. C. 1137
— s. Cummings, M. M. *1166*
— s. Patnode, R. A. *1169*
Hudson, A. L. 1239
— s. Wrong, N. M. *1317*
Hudson, P. B. 556
— s. Lombardo, M. E. *691*
Hübner, K. 145, *535*
— s. Puck, A. *542*
Hüllstrung, H. 296, 396, 407, 415, 433, 436, 443, 445, *462*, 747, *767*
— u. K. Hach *371*
— u. F. Steitz *462*
Hüner, H. s. Dimmling, Th. *936*
Hueper, A. s. Ercoli, N. N. *367*
Huerga, J. de la s. Krehl, W. A. *463*
Hüsselmann, H. s. Lohmeyer, G. *29, 691*
Hueva 146
Huf, E. *535*
Huff, J. W. 408
— s. Rosen, F. *466*
Huff, S., u. H. Taylor *535*
Huff, St. H. 59, *218*
Huffines, T. R. 1206

Huffines, T. R. s. Burr, A. H. *1281*
Huggins, Ch. 523, 1351
— u. P. Clark *535*
— W. Scott u. C. Hodges *535*
— u. R. Stevens *535*
— — u. C. Hodges *535*
— S. T. Yu u. R. Jones *1368*
— s. Barron, E. *527*
Huggins, R. s. Moyer, J. H. *224*
Hughes, H. B. *1167*
Hughes, J. P. 139, 140, 141, *232*
Huguenard, P. 61, 64, *223*
— s. Laborit, H. *224*
Huis in't Veld, L. s. Kooij, R. *537*
Huisman, T. H. J. 432, *461, 462*
Huldschinsky, K. 437, *462*
Hull, Th. G. 1183, *1294*
Hull-Smith, H. s. Farrington, R. F. *937*
Hume, D. M. 555
— u. G. J. Wittenstein *686*
— s. Haynes, F. W. *685*
Hume, E. M. 388, *462*
Humphrey, J. H. 285, 291, 319
— u. R. Jacques *359*
— s. Brocklehurst, W. E. *358, 365*
Hunecke, F. 114
— u. W. Hunecke *229*
Hunecke, W. 114, *229*
— s. Hunecke, F. *229*
Hung, L. van 1023
— u. P. Delost *1109*
Hungerland, H. 131, 132, 133, *233*
Hunke, W. s. Wilbrand, U. *548*
Hunt, A. D. s. Elkington, J. R. *680*
Hunt, G. A. s. Gourevitch, A. *1167*
Hunt, H. D. s. Wolfson, W. Q. *704*
Hunter 320, 340, 344, 1165
Hunter, D., L. R. Hyde u. J. D. Davis *371*
Hunter, J. C. 1354, *1368*
Hunter, M. C. 1200
— s. Shumard, R. S. *1311*
Hunter, R. B., u. D. M. Dunlop *371*
Hunter, R. C. 1254
— u. E. S. Mongan *1294*
Hunziker, H. s. Essellier, A. F. *1105*
Huppert, M. 820, 1215, *1294*
— D. A. McPherson u. J. Cazni *940*
Huriez, Cl. 20, 59, 71, 148, *218*, 354, 444, 445, 591, 608, 609, 635, 786, 878, 891, 892
— u. F. Desmons *686*
— — M. Benoit u. P. Martin *29, 234*

Huriez, Cl., F. Desmons, C. Ponte, C. Dupuis u. J. Lekieffre *954*
— R. Dusausoy, P. Arquembourg u. N. Darras *940*
— — Gaudier, Hochart u. Lebeurre *686*
— Graux, Fontan, Pruvot u. P. Martin *223, 371*
— H. Tuchmann-Duplessis u. C. Ponte *462*
Hurley jr., H. s. Shelley, W.*545*
Hurni, H. 92, 96
— s. Eichenberger, E. *227*
Hurxthal, L. 489, *535*
Husey, H. H. s. Dowling, H. F. *936*
Husslein, H., u. E. Gitsch 535
Hussong, J. 81, 177, *236*
— s. Koch, F. *224*
Hutchins, H. H. 1004, 1005
— u. J. E. Christian *1109*
Huth, E. 319, *371*, 564, *686*
Huth, J. 84
— s. Petzold, H. *225*
Hutinel, B. s. Martin, R. *943*
Hutsebaut, A. 636, *686*
Huttrer, C. P. 297, 298, 307, 312, 318, 327, *371*
— s. Leonard, S. *373*
— s. Mayer, R. L. *374*
Huyberechts, R. 620, *686*
Hvid-Hansen, N. 886, *954*
Hvidberg, E. 515, *535*, 617, *686*
— s. Tenlén, S. *546*
Hy, R. 670, *708*
Hyde, L. R. 320
— s. Hunter, D. *371*
Hyman, Ch. 887, *954*
Hyman, G. A. s. Ultmann, J.E. *1372*

Iacapraro, G. 1249, *1294*
Iandolo, C. 563, *687*
Ichikawa, T. 867, *940*
— s. Takikawa, K. *1371*
Ickert 1158
Ida, A. T. s. Hata, J. *1292*
Ide, C. H. 317, *371*
Ides, D. 840
— s. Seneca, H. *947*
Idson, B. 297, 307, 326, *371*
Igarasi, S. 1261, 1262, 1264
— K. Ogata u. A. Miyake *1294*
— u. S. Wada *1294*
Iizika, Y. 1199, 1222
— s. Inouye, Y. *1294*
Ikawa, M. 1354
— J. B. Koepfli, S. G. Mudd u. C. Nieman *1368*
Ikeda, T. s. Nakatsuka, M.*1304*
Ikeda, Y. 1261
— T. Hirai u. T.Nishimaki*1294*
Ikenaga, M. s. Hosoya, S. *954, 1294*

Ikenaga, M. s. Kobori, T. *1297*
Ikkos, D. 525
— s. Hökfelt, B. *535*
— s. Luft, R. *539*
Ilescu, M. s. Avram, A. *1278*
Iliev, V. s. Randall, L. O. *1116*
Illari, G. 1005
— G. Marenghi u. T. Severi *1109*
Illig, L. 14, *29*, 597, 598, 666, *687, 706*
Illingworth, R. S. 606, 671
— s. Briggs, H. N. *676, 707*
Imamura, S. 886
— s. Hosoya, S. *954, 1294*
— s. Kobori, T. *1297*
Imamura, T. *954*, 1252, *1294*
Imholz, G. 1195, *1294*
Incedayi, C. K. 8, 10, 186, 187, 188, 192, 207, 619, 665
— u. B. Ottenstein *29, 238, 687*
Inderbitzin, Th. 291, 292, *359*
— u. L. Craps *359*
— s. Jobling, J. W. *359*
Ingalls, T. H. 565
— u. D. R. Hayes *687*
Ingle, D. J. 478, 486, *535*, 557, 558, 563, *687*
— D. Beary u. A. Purnalis 535
— C. H. Li u. H. M. Evans *687*
— u. R. C. Meeks *687*
— M. C. Prestrud u. J. E. Nezamis *687*
— R. Sheppard, E. A. Oberle u. M. H. Kuizenga *687*
Inglis, J. s. Adams, A. *1101*
Ingraham jr., N. R. 727
— s. Stokes, J. H. *770*
Ingram, J. T. 396, 444
— u. S. T. Annings *462*
Inhoffen, H. s. Hohlweg, W. *535*
Inman, P. 333
— u. I. C. Cowan *371*
Inman, P. M. 59
— u. B. Gordon *218*
Inouye, K. 19, *29*
Inouye, Y. 1199, 1222
— Y. Iizika u. T. Tazima *1294*
Inza, R. s. Mendizabal, A. F. *956, 1302*
Ippen, H. *371*
— s. Kurtin, A. *372*
Iranzo-Prieto, V. 1179, *1294*
Ireland, D. M. 785
— s. Basil, B. *934*
Irgang, S. 14, *29*
Irons, E. N. 604
— J. P. Ayer, R. G. Brown u. S. H. Armstrong jr. *687*
Ironson, E. J. s. Solotorovsky, M. *1312*
Irrgang, K. 780, *940*

Irvine, K. s. Hoch-Ligeti, C. *535*
Irwin, J. W. s. Hennemann, Ph. *685*
Irwine 170
Isaacs, B. s. Elliot, M. C. *459*
Isaak 205
Isch-Wall, P. 642
— u. J. Métreau *687*
Iseken, G. 605
— s. Mundt, E. *693*
Iselin, B. s. Schwyzer, R. *698*
Ishidate, M. 1338
— K. Kobayashi, Y. Sakurai, H. Sato u. T. Yoshida *1368*
— u. Y. Sakurai *1368*
Ishigami, J. 886, *954*, 1252, *1294*
— u. S. Takagi *954*
Ishihara, J. S. 1269
— s. Felsenfeld, O. *937, 952, 1166, 1286*
Ishii, K. 1048, 1083
— u. M. G. Sevag *1109*
Island, D. s. Forsham, P. H.*681*
Isler, H. 506, 508, *535*
Ismay, D. 868, 1236, 1237
— s. Grove, J. F. *939, 1291*
Israel, H. L. s. Sones, M. *700*
Israels, L. G. s. Galton, D. A. G. *1366*
Ito, K. 456, 1210, 1229, 1233, 1234, 1235, 1239
— u. K. Kirita *462, 1294*
— u. P. K. Kuroda *1294*
— u. T. Kuroda *1294*
— S. Maeda u. K. Kirita *1294*
— u. N. Ota *1294*
— H. Rieth, P. Hansen u. G. List *1295*
— u. S. Sugano *1295*
— u. M. Tsuyoshi *1295*
— s. Rieth, H. *1308*
Ito, T. 1246
— u. S. Miyamura *1295*
— s. Takikawa, K. *1371*
Ivady, Gy. 1193, 1194
— u. E. Friedrich *1295*
Ivanoff, T. s. Popoff, L. *1306*
Ivánovics, G. 1033, *1109*
Iversen, M. 604, *687*
Ivy, A. C. s. Elliot, M. C. *459*
Iwainsky, H. *1167*
— s. Peukert, D. *1169*
Iwama, M. 146, 147, *234*
Iwasaki, H. 886
— S. Toshitani, H. Tokunaga, J. Kaisaki u. M. Tsuda *954*
Izarn, P. s. Margarot, J. *1301*

Jablonska, S. 625, 666
— B. Bubnow, J. Lancucki, J. Kisiel u. B. Lukasiak *706*
— E. Sidi, G. R. Melki u. M. Hincky *687*

Jaccard, G. 806, 901
— u. Th. Becht *940*, *954*
Jacherts, D. 1038
— s. Knapp, W. *1111*
Jachmann, E. v. 511, *535*
Jackson 840, 913, 914
Jackson, A. 632, *687*
Jackson, D. M., E. J. Lowbury u. E. Topley *940*
Jackson D. Mc. G. 325
— s. Sevitt, S. *378*
Jackson, E. B. s. Brues, A. M. *1365*
— s. Smadel, J. E. *947*
Jackson, E. L. 1047
— s. Smith, M. I. *1118*, *1170*
Jackson, G. G. 1085
— u. H. G. Grieble *1109*
— T. H. Haight, E. H. Kass, C. R. Womack, T. M. Gocke u. M. Finland *954*
— s. Dowling, H. F. *936*
o. Hazen, L. N *953*
Jackson, M. *535*
Jackson, M. H. 520, 521
— s. Harvey, Cl. *534*
Jackson, R. 1206
— s. Forsey, R. R. *532*, *1287*
Jackson, W. G. s. Hoeksema, H. *940*
Jackson Esoda, E. C. 8, 35
— s. Flesch, P. *27*, *217*
Jacob 144
Jacob, F. M. s. Guy, W. H. *953*
Jacob, H. 1352
— u. C. F. Rothauge *1368*
Jacobi, J., u. H. Pomp *462*
Jacobs, W. A., M. Heidelberger u. J. P. Rolf *767*
Jacobsohn, K. P. 1048
— u. M. D. Azevedo *1109*
Jacobson, A. S. s. Straus, B. *700*
Jacobson, B. M. 351
— s. Cahan, A. M. *365*
Jacobson, C. 54
— s. Pillsbury, D. M. *219*
— s. Urbach, F. *702*
Jacobson, F. W. 868, *940*
Jacono, A. 74
— s. Juliani, G. *223*
Jacono, G. s. Fornara, P. *1106*
Jacques, R. 285
— s. Humphrey, J. H. *359*
Jadassohn 47, 189
Jadassohn, J. 20, 408, 410, 413
— s. Lutz, W. *29*
— s. Nobl, G. *30*
— s. Perutz, A. *30*
Jadassohn, W. 294, 295, 310, 319, 322, *371*, 395, *462*, 494, 495, 508, *535*, 608, 609, 657, 1226, 1227
— u. M. Diedey *371*

Jadassohn, W., H. E. Fierz u. E. Pfanner *1295*
— — u. H. Vollenweider *371*
— u. H. E. Fierz-David *536*
— u. R. Paillard *687*
— — u. R. Brun *536*
— E. Uehlinger u. A. Margot *536*
— s. Alphonse, P. *673*
— s. Bickel, G. *675*
— s. Brun, R. *1281*
— s. Bujard, E. *528*
— s. Franceschetti, A. *681*
— s. Mach, R. *691*
— s. Uehlinger, E. *547*
Jäger 6
Jaeger, H. 393, 443, *462*, 625
— u. J. Delacrétaz *687*
Jäger, K. H. 1091
— s. Bosse, R. *1102*
Jaeger, M. s. Alonso, L. *363*
Jäger, P. s. Steinkopf, W. *770*
Jänner, M. 587, 590, 592, *687*, 1322, 1323
— s. Lüttringhaus, A. *1369*
— s. Meyer-Rohn, J. *1369*
Järvinen, K. A. J. 648, *687*
Jaffe, H. L. 651, 671
— s. Bodansky, A. *709*
Jaffe, J. 158, 523
— u. G. Brockway *536*
Jager, B. V. s. Sayers, G. *697*
Jahn 351
Jahn, D. s. Marchionini, A. *539*
Jahn, G. 1323
— s. Loewenthal, H. *1369*
Jahn, J. s. Kinsell, L. W. *537*
Jahrmärker, H. 338, 342, *371*
Jaimovich, L. s. Costello, M. J. *678*
Jakob 1163
Jakob, F. s. Guy, W. *534*
Jakob, R. 883
— s. Zierz, P. *961*
Jakubec, I. 1005
— u. M. Zahradnicek *1109*
Jamar, J. M. s. Rocha e Silva, M. *361*
Jambor, W. P. 1247, 1253
— s. Steinberg, B. A. *1312*
— s. Yacowitz, H. *1317*
James 1185, 1226
James, A. P. R. 594, 602, 605, 620, 621, 627, 635, 645, 654, *687*, *1295*
James, G. V. 1044, 1045, *1109*
— u. A. T. Fuller *1109*
James, T. *1295*
Jampolsky, N. A. 1239, 1244
— s. Mullins, J. F. *1304*
Janbon, M. 579, 628, *687*, 902, 913, 963, 1024, 1085
— L. Bertrand u. P. Puech *954*
— J. Chaptal, A. Vedel u. J.-D. Schaap *1109*

Jancsó, H. V. 734
— s. Jancsó, N. V. *768*
Jancsó, N. V. 734, 767
— u. H. V. Jancsó *768*
Janda, G. W. s. Carpenter, A. M. *1282*
Janiakowa, E. s. Alkiewicz, J. *1277*
Janke, D. 1181, 1183, 1191, 1204, 1216, 1234, 1242, 1257, 1258, 1270, *1295*
— u. K. W. Kalkoff *1295*
— u. H. Newig *1295*
— s. Clark *1283*
— s. Haensch, R. *1291*
— s. Heite, H.-J. *1293*
— s. Kalkoff, K.-W. *1296*
Janke, R. G. 819, *940*, 1175, 1258, *1295*
— s. Granits, J. *1290*
Jann, G. J. 1270
— s. Salle, A. Y. *1309*
Jannarone, G. 86, *223*
Jannarone, M. s. Cross, J. M. *1284*
Janoff, L. A. 630
— J. J. Pouta u. D. Young *687*
Janot, M. M. 870
— H. Pénau, D. van Stolk, G. Hagemann u. L. Pénasse *940*
Jansen 400
— u. Donath *462*
Jansen, E. 346
— s. Mückter, H. *375*, *944*
Jansen, E. F. 1270
— u. D. J. Hirschman *1295*
Jansen, G. R. s. Clark, J. H. *1104*
Jansen, H. 1141, *1167*
Janson, Ph. 21, *29*, *536*, 636
Januschke, H. 134
— s. Chiari, R. *231*
Jaquenoud, P.-A. 291
— s. Boissonnas, R. A. *358*
Jaques, R. 96, 291, 299, 309, 314, 315
— H. J. Bein u. R. Meier *227*
— u. Waters *359*
— s. Domenjoz, R. *366*
— s. Stoll, W. *379*
Jardenne, U. s. Dirscherl, W. *530*
Jaros, St. H. 301, 310
— J. C. Castillo u. E. J. de Beer *371*
— s. Castillo, J. C. *365*
Jaroschke, R. 152, 153
— u. H. Kresbach *234*
Jarrett, A. 512, *536*
Jarry, A. s. Bureau, Y. *676*
Jaschke, F. 1008, *1109*
Jasinski 165
Jauch, W. A. 137, *232*

Jaulmes, C. 61, *223*
Jausion, H. 415, *462*
Jauson, P. 892, *954*
Jawetz, E. 797, 798, 799, 818, 839, 840, 841, 844, 848, *940*
— u. H. R. Bierman *940*
— u. V. R. Coleman *940*
— u. J. B. Gunnison *940*
— — u. R. S. Speck *941*
— — — u. V. R. Coleman *941*
— s. Bierman, H. R. *935*
Jayle, M., Y. Vallin u. S. Vandel *536*
Jeanjean s. Turiaf, J. *702*
Jeannes, S. W. 350, *371*
Jecic, H. 884, *954*
Jefferys, E. G. 1236
— P. W. Brian, H. G. Hemming u. D. Love *1295*
Jeghers, H. 393, 394, 415, 417, 456, *462*
Jehl, H. 1270
— s. Coudert, J. *1283*
— s. Gaté, J. *1288*
Jekel, H. G. 10, *29*
Jekel, L. G. 625, *687*
Jelinek, C. V. s. Boxer, G. E. *935*
Jelinsek, V. C. s. Scudi, J. V. *947*
Jelke 446, *462*
Jelliffe, A. M. 567
— P. B. Stewart u. G. E. Beaumont *687*
Jellinek, H. L. 629
— s. Burke, D. M. *676*
Jellinek, P. 492
— s. Heard, R. *534*
Jellinghaus, J. 559
— s. Bauer, J. *674*
Jelmoni, G. *536*
Jeltakow 80, *223*
Jen, Ch. 1008, *1109*
Jenkin, S. R. 1087
— s. Angyal, S. J. *1101*
Jenkins, C. M. 336, 345, *371*
Jenkins, D. s. Renold, A. E. *696*
— s. Thorn, G. W. *701*
Jenney, E. H. 736
— s. Pfeiffer, C. C. *769*
Jenning, H. 117, *229*
Jennings, G. 896
— s. Wright, D. D. *961*
Jennings, M. A. 775, 780, 876, *941*, 1264
— s. Abraham, P. E. *933*, *950*
— s. Chain, E. B. *935*, *1282*
— s. Florey, H. W. *938*, *1287*
Jennings jr., R. G. s. Hopkins, J. G. *686*
Jennison, R. F. 1246
— u. P. Stenton *1295*
Jenny, E. 151
— s. Forster, G. *234*

Jensen, B. N. s. Hagedorn, H. D. *706*
Jensen, C. O. 1363, 1364, *1368*
Jensen, E. R. s. McCormick, J. R. D. *943*
Jensen, G. *687*
Jensen, H. 499
— s. Evans, H. *531*
Jensen, J. 1184, *1295*
Jensen, K. A. 1050
— u. K. Schmith *1109*
Jensen, L. H. 994, *1109*
Jensen, O. 77, *223*
Jentsch, M. 1257, *1295*
Jequier, R. s. Velluz, L. *547*
Jerchel, D. 1178, 1195, 1196, 1229, 1230, *1295*, 1322
— u. H. Fischer *1295*
— u. J. Kimmig *1295*
— s. Kimmig, J. *1297*
— s. Kuhn, R. *1368*
Jerome, H. s. Turpin, R. *547*
Jesionek, A. 495, *536*
Jessar, R. A. s. Hollander, J. L. *686*
Jesserer, H. 443, 445, *462*, 560
— u. R. Kotzaurek *687*
Jessner 59
— s. Gross, B. A. *217*
Jeune, M. 629
— R. Carron u. A. Beaupère *687*
Jevnik, M. A. s. Herzog, H. L. *685*
Jiminez, O. 411, *462*
— s. Bedoya, J. *527*
Jíra, J. s. Jirovec, O. *1295*
Jirásek, L. 119
— s. Trapl, J. *231*
Jirovec, O. 1186
— R. Peter, J. Jíra u. M. Petrů *1295*
Jirsa, M. 582
— s. Bielicky, T. *675*
Jisalo, E. 74
— u. N. T. Kärbi *223*
Jobling, J. W. 292
— u. W. F. Petersen *359*
Jochims, J. 658, 661, *687*
Jodelis, St. 1320, *1368*
Joël, C. 520, *536*
Joest, W. 1086, *1109*
Jötten 276
Johansen, F. A. 654, 1069
— u. P. T. Erickson *687*
— — R. R. Wolcott, W. H. Meyer, H. H. Gray, B. M. Prejean u. S. H. Ross *1109*
Johne, H. O. 878, *954*, 1271, *1295*
Johns, G. A. 405
— s. Najjar, V. A. *465*
Johnson 1181, 1267
Johnson, A. M. 897
— O. O. Meyer, J. W. Brown u. A. F. Rasmussen *954*

Johnson, B. A. 844, 845, 1262
— H. S. Anker u. F. L. Meleney *941*, *1295*
— s. Meleney, F. L. *944*
— s. Miller jr., L. *957*
Johnson, C. W. 1193
— J. W. Joyner u. R. P. Perry *1295*
Johnson, D. A. s. Hooper, J. R. *1368*
Johnson, D. L. s. Cron, M. J. *936*, *1165*
— s. Hooper, J. R. *1368*
Johnson, E. A. 1264, *1295*
— u. K. L. Burdon *1295*
— s. Livingood, C. S. *955*
Johnson, F. s. Andrews, F. *526*
Johnson, G. C. s. Ambrus, C. A. *934*
Johnson, H. D. s. Robinson, H. J. *696*
Johnson jr., H. H. 285, *359*
Johnson, H. M. 612, 878, *954*
— s. Arnold, H. L. *673*
Johnson, H. R. s. Miller, J. M. *1303*
Johnson, J. B. s. Grigsby, M. E. *939*
Johnson, J. M. s. Voegtlin, C. *770*
Johnson, L. G. s. Beck, J. C. *674*
— s. Kennedy, B. J. *688*
Johnson, O. H. 1049
— D. E. Green u. R. Pauli *1110*
Johnson, R. s. Levin, E. *538*
Johnson, R. H. 554, 632
— u. W. G. Haines *687*
Johnson, S. A. M. 908, *1295*
— u. H. P. Davis *954*
Johnson, W. J. 1046, *1110*
— u. H. H. Quastel *1110*
Johnston, C. s. Kenyon, A. *536*
Johnston, D. B. s. Arth, G. E. *673*
Johnston, J. H. 295
— s. Sheldon, J. M. *378*
Johnston, M. B. s. McCarthy, J. F. *540*
Johnston, R. N. 1086, *1110*
Johnston, T. G. 588, 593, 618, 909
— u. A. G. Cazort *687*, *954*
Johnstone, H. G. s. Anderson, H. H. *763*
— s. Oblath, R. W. *957*
Joiner, L. S. 1187
— s. Crittenden, P. J. *1284*
Joiner, R. R. 1190
— s. Wyss, O. *1317*
Jókay, J. 40
— s. Nagy, E. *219*

90*

Jolliffe, N. 182, 413
— u. K. M. Bowman *462*
— F. F. Tisdall u. P. R. Cannon *462*
Jolly, A. 871, *941*
Jonas, H. B. s. Graham, D. M. *28*
Jones 430
Jones, B. V. 1228
— s. Gold, T. N. *1289*
Jones, C. M. s. Bartell, M. K. *457*
Jones, C. P. 1190
— s. Alter, R. L. *1277*
Jones, F. S. 1181
— s. Gausewitz, Ph. L. *953, 1288*
Jones, H. s. Glass, S. *533*
Jones, J. 492, 878
— s. Franks, A. G. *952*
— s. Salhanik, H. *543*
Jones, J. W. 1192
— s. Rankin, J. L. *1307*
— s. Shah, A. M. *1311*
Jones, M. J. 1051, 1055, 1085
— s. Lampen, J. O. *1112*
Jones, P. 516
— s. Keaty, C. *536*
Jones, R. s. Huggins, Ch. *1368*
Jones jr., R. s. Alving, A. S. *215*
— s. Sullivan, R. D. *700*
Jones, R. E. 551
— s. Wendler, N. L. *703*
Jones, R. G. 1255
— s. Kornfeld, E. C. *1298*
Jones, S. s. Jones, W. E. *462*
Jones, T. E. 1257
— u. T. S. Brownell *1295*
Jones, W. E., I. M. Hellbron, S. Jones u. A. L. Bacharach *462*
Jones jr., W. F., u. M. Finland *1110*
— s. Finland, M. *1106*
— s. Nichols, R. L. *1115*
Jonez, H. D. 1231, *1295*
Jonquieres, E. D. L. 163, 656, *687*
Jordan, J. W. 336
— s. Osborne, E. D. *375*
Jordan, P. 117, *229*, 384, 442, 443, 444, 446, 450, *462*, 1158
— u. J. Holtschmidt *229*
— u. K. Wulf *462*
Jores, A. 331, *371*, 470, 492, 498, 503, 504, 523, 525, *536*, 551, 558, 559, 560, 561, 564, 630, *687*
— u. H. Nowakowski *536*
— s. Moncorps, C. *540*
Jorke, D. 1024
— s. Hanusch, A. *1108*
Jorpes, J. E. 286
— H. Holmgren u. O. Wilander *359*

Josefson 670
Joseph 885
Joseph, H. L. 333
— s. Wooldridge, W. E. *381*
Joseph, M. 550, 632, *687*
Joseph, N. 92
— s. Westphal, O. *228*
Joseph, N. R. 7, 8
— s. Cornbleet, Th. *27*
Joseph, S. 493
— s. Dolin, G. *530*
Josephs, H. W. 398, *462*
Joslyn, D. A. 826
— s. Burkholder, P. R. *935*
— s. Smith, R. M. *947*
Josselyn, L. E. 835
— u. J. C. Sylvester *941*
Joubert 772
Jouin 1145
Joules, H. 1086
— u. S. D. V. Weller *1110*
Joulia 25, 599, 600, 606, 639, 643, 659
— R. David-Chausse, Fruchard u. Texier *687*
— Le Coulant, R. David-Chausse, Texier, Biraben u. Fruchard *687*
— — Texier, Fruchard u. Régnier *687*
— Texier, Chevalier u. Fruchard *687*
— — u. Fruchard *688*
— — — u. Maleville *688*
— — Gautard, Régnier u. Paccalin *688*
— — Savrat u. Maleville *29*
Joyce, T. M. 1198, *1295*
Joyner, J. W. 1193
— s. Johnson, C. W. *1295*
Jucker, P. 294, 1069, 1089
— s. Edlbacher, S. *367*
— s. Markiewicz, K. *1113*
Judd, A. R. 319
— u. A. R. Henderson *371*
Judy 80
Judy, F. R. s. Phillips, R. M. *225*
Judy, H. E. s. Phillips, R. M. *225*
Jürgens, J. 142, *234*
Jürgens, R. 386, 391, 392, 393, 398, 426, *462*
Juhász, P. 1177
— s. Uri, J. *1314*
Juhlin, L. 214
Jukes, T. H. 408
— u. E. L. R. Stokstad *462*
— s. Broquist, H. P. *458*
— s. Fouts, P. J. *460*
Jules, L. H. 1214
— J. A. Faust u. M. San Yun *1295*
Juliani, G. 74
— u. A. Jacono *223*

Junderwood, L. 669
— s. Montgomery, H. *708*
Jung 446, *462*, 673
— u. Fontaine *709*
Jung, F. 325
— s. Böhm, K. *364*
— s. Geske, H. *369*
Jung, H. D. 122, 126, 1187, 1204, 1212, 1235, *1295*
— u. H. Schröder *1295*
— s. Bommer, S. *228*
— s. Scheffler, H. *230*
— s. Schmitt, W. *230*
Jung-Grimm, H. 570, *688*
Jungck, E. s. Heller, C. *534*
— s. Maddock, W. *539*
Junge, J. M. s. Smith, M. I. *1118*
Junkmann 301
— u. H. Langecker *371*
Junkmann, K. 472, 480, 485, 486, 502, *536*, 551, 552, 554, 556, 568, 664, 668, 671, *688*, *706, 708, 709*
Junqueira, L. C. U. 286
— s. Mota, I. *360*
Juster, E. 13, 29
Juster, M. *536*
Justice, R. S. 334
— s. Schoenkermann, B. B. *378*
Juvin, H. 667
— P. Dugois u. L. Colomb *706*

Kabat, E. A. 295
— s. Coffin, G. S. *365*
Kabelitz 207
Kada, T. s. Sakai, S. *1309*
Kaden, R. 633, *688*, 1175, 1182, 1210, 1212, 1222, 1225, *1295*
— s. Langer, E. *1299*
Kadisch 1199
Kadison, E. R. 843
— J. F. Volini, S. J. Hoffman u. O. Felsenfeld *941*
— s. Felsenfeld, O. *952*
Källqvist, J. 324
— u. B. Melander *371*
Kärbi, N. T. 74
— s. Jisalo, E. *223*
Kärcher 81, 84, 116
Kärcher, K. H. *223*, 397, 445, *462*, 623, 649, 650, *688*, 1193, *1296*
Kärcher, K. M. *234*
Kaffka, A. 1184
— u. H. Rieth *1296*
Kagan, B. M. 840
— D. Krevsky, A. Milzer u. M. Locke *941*
Kahlson, G. 284, 290, *360*
Kahlstorf, A. 46, *218*
Kahn, J. s. Wilson, L. E. *961*
Kahn, P. s. Pansy, F. E. *945*
Kail, F., u. W. Lindemayr *371*

Kaipainen, W. J. 825, *941*
Kaisaki, J. s. Iwasaki, H. *954*
Kaiser 304, 311, 318, 476, 602, 1163
— s. Engelhart *680*
Kaiser, B. 117, *229*, 1225, *1296*
Kaiser, H. 250, 1007
— u. L. Dräxl *279*
— u. H. Specker *1110*
Kaiser, J. A. 863
— C. Mazzarino, E. M. Bajek u. S. Y. P'An *941*
Kaiser, K. 1352
— s. Druckrey, H. *1366*
Kaiser, M. s. Loew, E. R. *373*
Kaiser, M. E. s. Loew, E. R. *373*
Kaiser, R. *536*
Kaiser, W. s. Grüneberg, Th. *684*
— s. Zur Horst-Meyer, H. *549*
Kakimoto, Y. 65
— s. Sano, J. *225*
Kalaci, S. s. Dubois-Ferrière, H. *679*
Kalant 558
Kaley, M. W. 449
— s. Hickman, K. C. D. *461*
Kalish, B. 49
— s. Sawicky, H. H. *220*
Kaliski, S. s. Poth, D. *542*
Kalk, H. 20, 142, 143, 144, 149, 150, 152, 154, 158, 162, 164, 192, *234*, 287, *360*
— u. W. Brühl *462*
— u. E. Wildhirt 29, *235*
Kalkoff, K. W. 122, *229*, 320, 322, *371*, 442, 443, *462*, 621, 635, 652, *688*, 1159, 1183, 1184, 1191, 1204, 1216, 1257, 1270
— u. D. Janke *1296*
— u. E. Macher *688*
— s. Clark *1283*
— s. Gehrels, P. E. *460*
— s. Götz, H. *1289*
— s. Haensch, R. *1291*
— s. Heite, H.-J. *1293*
— s. Janke, D. *1295*
Kallenbach, H. 638, *688*
Kallinich, G. 993, 1033, 1045, 1050, 1055, *1110*
Kallner, S. 1032, *1110*
— s. Svartz, N. *1118*
Kallós, P. 310, 311, 312, 314, 319, 322, 336, 337, 338, 339, 342, 343, 344, 569, 588
— u. L. Kallós-Deffner *371*
— u. W. Pagel *371*
— s. Diamont *679*
Kallós-Deffner, L. 310, 312, 314, 319, 322, 336, 337, 338, 339, 342, 343, 344
— s. Kallós, P. *371*

Kaloud, H. 134
— s. Lasch, F. *232*
Kaltreider, N. L. 1254
— s. Greendyke, R. M. *1291*
Kalz, F. 325, *536*, 569, 586, 593, 618, 650, 886
— u. C. Bower *371*
— L. R. McCorriston u. H. Prichard *688*
— H. Prichard u. S. Z. Surkis *954*
— u. A. Scott *688*
— s. Scott, A. *698*
Kalz, F. G. s. Shaw, W. M. *31*, *709*
Kaminsky, A. 177, *236*
Kamio, K. s. Suzuki, M. *226*
Kanai, K. s. Yanagisawa, K. *1170*
Kane, J. H. 1270
— s. Finlay, A. C. *938*, *1166*
— s. Seneca, H. *1311*
Kanee, B. 567, 596, 605, 620, 643, *688*
— J. H. B. Grant, J. Mallek u. J. Eden *688*
— s. Mallek, J. *691*
— s. Stewart, W. D. *1313*
K'ang, H. J. 392
— s. Sweet, L. K. *467*
Kann, S. s. Fleischmann, W. *532*
Kanof, A. 1177, 1190
— s. Sulzberger, M. B. *1313*
Kanof, N. B. 49, 587, 592, 621, 648, 651, *688*
— u. S. Blau *688*
— s. Sawicky, H. H. *220*
Kantelé, L. 121
— s. Frick, M. A. *229*
Kanters, J. A. C. 351
— s. Loon, J. A. van *373*
Kantner, M. s. Zierz, P. *221*
Kapatanakis, J. 433
— s. Doucas, C. *459*
Kapeller-Adler, R. *360*
— u. G. Boxer *768*
Kaplan 417
— s. Lipman *463*
Kaplan, J. H. s. Bodner, H. *675*
Kaplan, M. A. 1271
— B. Heinemann, I. Mydlinski, J. L. Buckwalter u. I. R. Hooper *1296*
Kaplan, S. 840
— A. E. Fischer u. J. L. Kohn *941*
Kaplan, W. 1240
— u. L. Ajello *1296*
Kaposi 1356
Kappel 207
Kappeln, H. s. Schwyzer, R. *698*
Kar, A. B., W. Pover u. R. Boscott *536*

Karady, E. S. 295, *371*
Karady, St. 295
— u. A. Bentsah *371*
Karasaki, T. 860, 1252, *1296*
— u. N. Watanabe *941*, *1296*
— — u. S. Kumada *941*, *1296*
Karbe, P. 1043, 1045, *1110*
Kare, R. *536*
Karlen, J. s. Lewis, C. N. *955*
Karlson, A. G. 809, 1136
— u. J. H. Gainer *941*, *1167*
— — u. W. H. Feldman *1167*
— s. Ehrlich, J. *937*
Karnofsky, D. A. 581, 1326, 1340
— J. H. Burchenal, G. C. Armistead, C. M. Southam, J. J. Bernstein, L. F. Craver u. C. P. Rhoads *1368*
— — R. A. Ormsbee, J. Cornman u. C. P. Rhoads *1368*
— s. Burchenal, J. H. *1365*
— s. Moscona, M. H. *693*
— s. Myers, W. P. L. *541*
Karper, R. s. Koff, R. *689*
Karrell, Ph. J. 197, 201
Karrer 386, 387, 403, 447, 452
Karrer, K. 1338, 1357, *1368*
— s. Denk, W. *1365*
Karrer, P. *768*
— u. C. H. Eugster *462*
— H. Fritsche, B. H. Ringier u. H. Salomon *462*
— K. Schoepp u. F. Benz *462*
— s. Dam, H. *459*
Karrer, W. s. Dam, H. *459*
Karte, H. 596
— u. H. G. Detmold *688*
Kashkin, P. N. 1184, *1296*
Kass, E. H. s. Finland, M. *937*
— s. Gocke, T. M. *953*
— s. Jackson, G. G. *954*
Kassinen, A. s. Hartiala, K. J. V. *1108*
Kast, C. C. 727
— Ch. W. Peterson u. J. A. Kolmer *768*
Kataoka, Y. s. Ozaki, M. *945*, *1305*
Kato, Y. 1223
— s. Noguchi, Y. *1304*
Katz, E. s. Waksman, S. A. *949*
Katz, G. 290, *360*
— u. S. Cohen *360*
Katz, L. 1150, *1167*
Katz, S. 1155
— G. F. McCormick, P. B. Storey, A. Leon, M. J. Romansky u. E. E. Marshall *1167*
— s. Gimble, A. I. *1289*
Katzenellenbogen, J. 71, *223*, 631
— u. H. Ungar *688*

Katzin, B. s. Long, C. N. H. *691*
Kauffmann-Wollheim 150
Kaufman, J. s. Frank, L. *681*
Kaufmann 295, 332, 422
— u. Smith *462*
Kaufmann, C. 516, *536*
— u. H. A. Müller *536*
Kaufmann, H. s. Herzog, H. *371*
Kaufmann, H. P. 1200, 1201, *1296*
Kaufmann, R. E. s. Farmer, L. *367*
Kaufmann, W. 778
— u. K. Bauer *941*
— s. Bauer, K. *934*
Kavanagh, F. 1261, 1267, *1296*
— A. Hervey u. W. J. Robbins *1296*
— s. Donovick, R. *936*
Kawagiski, E. *536*
Kawaguchi, T. 1231
— s. Okazaki, K. *1304*
Kawamura, Y. s. Tsubura, E. *1314*
Kawashina, K. 180
— G. Nagamitsu u. K. Shinoda *238*
Kay, E. s. Bavin, E. M. *1165*
Kay, G. D. 647
— u. R. M. Taylor *688*
Kay, W. W. 409
— s. Ellinger, P. *459*
Kayser, F. 1038
— u. J. J. Hadot *1110*
Kayser, H. W. 788, *941*
Kaziwara, K. 1324, 1339, *1368*
Kaznelson 25
Keat, E. C. B. 352
— u. T. B. Williams *371*
Keating, W. J. 904
— u. R. F. Chesley *954*
Keaty, C. 515, 516
— P. Jones u. J. H. Lamb *536*
— s. Lain, E. *537*
— s. Lamb, J. H. *537*
Keddic, F. M. s. Cole, W. J. *27*
Keddie, F. 1214
— G. F. Hexter u. A. S. Brown *1296*
Keefer, Ch. S. 784, 885
— s. Anderson, D. G. *934, 950*
— s. Welch, H. *949*
Keen, R. 25
— s. Pascher, F. *30*
Keen, R. T. 1008
— s. Fritz, J. S. *1106*
Keenan, G. L. 326, 1003, *1110*
— s. Haley, T. J. *370*
Keeney, E. L. 1183, 1189, 1190, *1296*
— L. Ajello, E. N. Broyles u. E. Lankford *1296*

Keeney, E. L., L. Ajello u. E. Lankford *1296*
— — — u. M. Lois *1296*
— u. E. N. Broyles *1296*
— E. J. Santora u. G. German *1296*
Keeton, R. W. 581
— W. R. Best, F. K. Hick u. M. Samter *688*
Kehoe, R. A. 140, *232*
Keibl, E. 562, 642, *688*, 1331, *1368*
— s. Geyer, G. *682*
Keiderling, W. 93
— F. Wöhler u. O. Westphal *227*
— s. Westphal, O. *228*
Keidling 92
Keil 392
Keilig, W. 333
— s. Götz, H. *369*
Keilin, D. 1023, 1048
— s. Mann, T. *1113*
Keining, E. 199, 242, 414, 415, 445, *462*, 886, 1184, *1296*
— u. G. Dorner *954*
— u. G. Hopf *238*
— u. F. A. Oldach *462*
Keith 862
Keitt, G. W. 1261, 1266, 1270
— s. Leben, C. *1299*
— s. Stessel, G. J. *1313*
Keizer, D. P. R. 877, *954*
Kelenhegyi, M. 320
— s. Filipp, G. *367*
Kellaway, C. H. 291
— u. E. R. Trethewie *360*
Keller, H. 346, 806, 833, 901, *941, 954*, 1134
— W. Kruspe, H. Sous u. H. Mückter *941, 954, 1167*
— u. H. E. Morton *941*
— s. Mückter, H. *375, 944*
— s. Rothe, W. *946*
— s. Sous, H. *947*
Keller, L. B. s. Gantz, J. A. *1288*
Keller, Ph. 511, *536*, 1183, 1189, *1296*
Keller, R. *1167*
Keller, W. 570
— u. J. Stein *688*
— s. Paschoud, J. M. *30*
Kelley s. Mushett *465*
Kelley, R. M. s. Nathanson, J. T. *541*
Kelley, V. C. s. Siegel, S. S. *699*
Kelling, H. W. 589, 638, 642
— s. Fiegel, G. *680*
Kellner, K. 1041, *1110*
Kelly, E. L. 68, 78
— s. Marquis, D. G. *224*
Kelly, F. s. Lamb, J. H. *1298*
Kelly, J. M. 1141
— u. R. B. Poet *1167*

Kelly, K. H. s. Petraklis, N. L. *1370*
Kelow, W. F. T. s. Lepper, M. H. *942*
Kelsey, F. E. 39
— s. Dearborn, E. H. *217*
Kelso jr., R. W. s. Eskind, J. B. *680*
Kemnitz, A. s. Holzer, H. *1368*
Kemper, J. W. 578, 601
— A. H. Baggenstoss u. C. H. Slocumb *688*
Kempner 202
Kendall, E. C. 551, 552, 558, 621, 637, 638, 667, *708*
— s. Heilman, D. H. *685*
— s. Hench, P. S. *685*
— s. Mason, H. L. *692*
— s. Sprague, R. G. *700*
— s. Wells, B. B. *703*
Kendall, F. s. Steiner, A. *546*
Kendall, N. 644
— u. S. Ledis *688*
Kending jr., E. L. 320, 044
— W. P. Spencer u. C. W. la Fratta *371*
— u. E. E. Toone jr. *688*
Kennedy, B., u. I. Nathanson *536*
Kennedy, B. J. 650
— J. A. P. Pare, K. K. Pump, J. C. Beck, L. G. Johnson, N. B. Epstein, E. H. Venning u. J. S. L. Browne *688*
— — — u. R. L. Stanford *688*
— s. Beck, J. C. *674*
Kennedy, C. R. 1124
— s. Brownlee, G. *1165*
Kennedy, E. E. s. Kuzel, N. R. *942*
Kennedy, J. s. Wolfson, W. Q. *704*
Kent, B. s. Moyer, J. H. *224*
Kenyon, A. 486, 487
— K. Knowlton, G. Lotwin, P. Munson, C. Johnston u. F. C. Koch *536*
— — J. Sandiford u. L. Fricker *536*
— J. Sandiford, A. Bryan, K. Knowlton u. F. C. Koch *536*
— — u. G. Lotwin *536*
— s. Knowlton, K. *537*
— s. Sandiford, J. *544*
Kenyon, P. s. Montagna, W. *540*
Kepes, A. 1135
— s. Drouhet, E. *1166*
Keresztesy 416
— u. Stevens *462*
Kerk, G. J. M. van der 1193
— s. Manten, A. *1301*
Kern, W. 240, 255, 264, 274, 1086

Kern, W., u. F. Neuwald *279*
— s. Koechlin, B. A. *1111*
Kerner, L. *955*
Kerp, L. 293, 294
— u. H. Sund *360*
— s. Sund, H. *361*
Kerr, E., J. Stears, J. McDougall u. R. Haist *536*
Kerr, W. J. s. Oblath, R. W. *957*
Kerridge, K. A. s. Coates, L. V. *1283*
Kersten, I. s. Bierich, J. R. *675*
Kertess, G. 515, *536*
Kesselring, F. 913
— s. Gsell, O. *953*
Kesson 778
Kestel, L. s. Heckel, N. J. *534*
Kesten, B. M. 306, 336, 1185, 1230
— R. Benham u. M. Silva *1296*
— u. C. Sheard jr. *372*
— s. Hopkins, J. G. *686, 1293*
Keuning, F. G. 669
— s. Hamminga, H. *708*
Keuper, C. S. s. Frazier, C. N. *681*
Key, J. S. s. Livingood, J. I. *690*
Keysser, F. s. Wassermann, A. v. *1372*
Khanolkar, V. R. s. Saraiya, P. R. *1117*
Khayyal, M., u. C. Scott *536*
Kheim, T. s. Kountz, W. *537*
Khorana, M. L. s. Baichwal, R. S. *1278*
Khosla, M. C. 1069, 1087
— N. Anand u. M. L. Dhar *1110*
— P. S. Wadia, N. Anand u. M. L. Dhar *1110*
— s. Anand, N. *1101*
— s. Gupta, S. K. *1107*
— s. Wadia, P. S. *1120*
Khuyen, N. B. 1069
— s. Buu-Hoi, N. P. *1103*
Kickuchi, Sch. 19, *29*
Kido, J. 496, *536*
Kielholz, P. 69
— s. Staehelin, J. E. *226*
Kienle, F. s. Knüchel, F. *1168*
Kienle, R. H. 1000, 1001, 1080
— u. J. M. Sayward *1110*
Kierland 39, 50, 58
Kierland, R. 336, 337
— u. R. T. Potter *372*
Kierland, R. C., C. Sheard, H. L. Mason u. W. C. Lobitz *218*
Kierland, R. R. 643
— L. A. Brunsting u. P. A. O'Leary *218*
— u. E. A. Hines jr. *688*
— s. O'Leary, P. A. *218, 694*

Kiesel 1189, *1296*
Kiesselbach, M. R. s. Hopkins, J. G. *1293*
Kiessling, W. 620, 651, *688*, 426, *462*, 1197, *1296*
— J. Schönfeld u. E. Bender *1296*
— s. Zierz, P. *704*
Kikuchi, K. 1270, *1296*
Kikuth, W. 747, 793, *955*, 1064
— u. L. Grün *941*
— s. Benedek, T. *1279*
— s. Grumbach, A. *1107*
— s. Schmidt, H. *769*
Kilb, G. 350
— s. Habs, H. *369*
Kilchling, H. s. Heilmeyer, L. *685*
Kile, R. L. *536*, 878, 1268
— E. M. Rockwell u. J. Schwarz *955*, *1296*
— F. Snyder u. J. Haefele *536*
Killian, H. 102, 105, 106, 110, 125, 127, *229*
— s. Light *229*
— s. Pitkin *230*
— s. Riedel, G. *230*
— s. Zipf, H. F. *231*
Killian, J. A. s. McCarthy, J. F. *540*
Killmann, S. A., u. J. H. Thaysen *1110*
Kilpatrick, R. 1022, 1046, 1048
— s. Newbould, B. B. *1115*
Kimball, O. P. 667
— s. Marine, D. *708*
Kimbrough, J. C. s. Borski, A. A. *935*
Kimmerle, G. 1134
— u. R. Gösswald *1167*
Kimmig, J. 17, 35, 49, 56, 72, 134, 138, 142, 144, 166, 179, *218, 224*, 250, 263, 300, 301, 309, 311, 312, 326, 336, 338, 339, 340, *372*, 398, 415, 419, 420, 423, 427, 441, 442, *462*, 480, 492, 499, 511, 512, 514, 515, 517, 518, 519, 520, 521, 522, *536*, 601, 602, 613, 617, 620, 626, 627, 633, 641, 646, 652, 654, *688*, 773, 775, 776, 781, 783, 784, 786, 789, 791, 793, 795, 798, 801, 805, 807, 810, 818, 838, 855, 877, 878, 881, 882, 883, 885, 887, 891, 892, 912, 920, *941, 955*, 963, 993, 1003, 1004, 1006, 1007, 1012, 1021, 1022, 1024, 1031, 1032, 1033, 1034, 1039, 1044, 1045, 1046, 1047, 1048, 1049, 1050, 1051, 1052, 1056, 1057, 1058, 1061, 1064, 1066, 1067, 1068, 1069, 1070, 1071, 1072, 1080, 1082, 1083, 1084, 1085, 1086, 1091, 1099, *1110*, 1144,

1152, *1167*, 1173, 1174, 1178, 1179, 1183, 1184, 1190, 1195, 1196, 1197, 1200, 1203, 1214, 1218, 1219, 1223, 1228, 1229, 1231, 1240, 1242, 1244, 1245, 1257, 1262, 1272, *1297*, 1323, 1325, 1327, 1345, 1346, 1353, 1357, 1363, *1368*
— u. F. Fegeler *941, 1110*
— u. D. Jerchel *1297*
— F. Krüger u. J. Meyer-Rohn *1168*
— u. J. Meyer-Rohn *1168*
— H. Öppinger, F. Weygand u. A. Wacker *941*
— u. H. Rieth *372, 941, 1297*
— u. Römbke *1110*
— u. C. Schirren *462, 537*
— u. K. H. Schulz *1168*
— u. R. Wehrmann *463, 1110*
— u. H. Weselmann *1110*
— s. Götz, H. *1289*
— s. Jerchel, D. *1295*
— s. Lüttringhaus, A. *1369*
— s. Schönfeld, W. *947, 1117, 1310*
— s. Vonkennel, J. *233, 948, 1120, 1315*
— s. Wagner, W.-H. *1120*
Kimura, K. 1338
— H. Torigoe, K. Ota u. S. Torii *1368*
— s. Fujino, T. *1288*
Kimura, T. 1262
— s. Nishimura, H. *1304*
Kin, H. s. Sasaki, H. *959*
Kinderen, P. J. der 1186
— s. Dijk, E. van *1284*
King, E. Q. s. Fischbach, H. *1106*
King, H. 714, 721, 731, 736, *768*
— u. W. I. Strangeways *768*
— s. Cohen, A. *765*
— s. Gough, G. A. C. *767*
King jr., J. H. 887
— u. R. L. Forrest *955*
King, K. H. 761
— s. Balaban, J. E. *763*
King, M. B. s. Goulding, R. *1167*
— s. Knox, R. *1168*
King West, M. 1205
— u. W. F. Verwey *1297*
Kingdom, L. G. s. Foulds, W. S. *681*
Kingma, H. 660
— s. Schwarz, H. *698*
Kingman, H. E. 1259
— u. J. S. Palen *1297*
Kingston, D. T. 1229
— s. Fostvedt, G. A. *1287*
Kinross-Wright, V. 70
— u. J. H. Moyer *224*

Kinsell, L. W. 486, 558
— H. E. Balch, G. D. Micheals, J. Bilisoly, G. Fukayama, E. Kipp, E. Olson u. S. Smyrl *688*
— u. J. Jahn *537*
— S. Margen, G. Michaels, R. Reiss, R. Franz u. J. Carbone *537*
Kipp, E. s. Kinsell, L. W. *688*
Kipphan, T. 1175, *1297*
Kipping, H. 162, *235*
Kirby, W. M. M. 825, 834, 835, 836, 889, 1047
— u. J. J. Ahern *941*
— F. M. Maple u. B. O'Leary *941*
— s. Ahern, J. J. *934*
— s. Maple, F. M. *943*
— s. Perry, D. M. *958*
— s. Rantz, L. A. *1116*
Kirchhoff, A. 137, *232*
Kirita, K. 456, 1233, 1234, 1235
— s. Ito, K. *462, 1294*
Kirk, H. 1223, 1241, 1243, *1297*
Kirk, J. M. 1239, *1297*
— u. L. Ajello *1297*
Kirkeby, K. 632, *689*
Kirkendahl, W. M. 669
— s. Bloodworth jr, J. M. B. *707*
Kirland 393
— u. Kulwin *463*
Kirnberger, E. J. 164, *235*
Kirschbaum, A. 489, 1330
— s. List, F. G. *1369*
— s. Pfeiffer, C. *542*
Kirschheimer, W. F. s. Zeller, E. A. *1171*
Kirschmayer, W. *537*
Kirshbaum, B. 59
— s. Samitz, M. H. *220*
Kirsner, J. B. 563, *689*
Kirst, A. G. 632, 633
— s. Schmidt, P. W. *697*
Kiser, J. S. s. Malone, L. *1168*
Kishi, S. s. Harada, S. *1292*
Kishiwada, K. 1048
— s. Sakai, K. *1117*
Kisiel, J. s. Jablonska, S. *706*
Kissaun, A. M. 1069
— s. Davey, T. F. *1104*
Kissmeyer-Nielsen, F. 1207
— s. Stenderup, A. *1312*
Kitamura 145, 146, 147
Kitamura, S. 1248
— u. I. Mori *1297*
Kitamura, T. 1224, *1297*
— s. Kurogochi, Y. *1298*
Kitchen, D. K. 885, *955*
Kittel, E. 79
— s. Leimgardt, H. *224*
Kiyamo, S. A. s. Suzuki, M. *226*
Klärner, Ch. 586, *689*

Klärner, P. 1354, *1368*
Klaesi, J. 80, *224*
Klages, K. 1338
— s. Apel, G. *1364*
Klapper, M. S. 855, 889, *941*, 1254
— D. T. Smith u. N. F. Conant *1297*
Klarer, J. 300, 775, 962
— s. Behnisch, R. *1102*
— s. Mietzsch, F. *1114*
Klarmann, E. 512
— s. Peck, S. *542*
Klauder, J. V. 126, 136, 188, 229, 659, 660, 670, *689*
— u. H. Brown *232*
— u. B. A. Gross *689*
— u. G. P. Meyer *537, 689, 708*
Klayman, M. 178
— s. Kuske, H. *236*
Klee, Ph. 962, 1141, 1161, *1168*
— u. H. Römer *1110*
— s. Domagk, G. *1166*
Klein, E. 1203, 1223, *1297*
Klein, J. R. 1046
— u. J. S. Harris *1110*
Klein, M. 192
— s. Epstein, B. *238*
Klein, P. 798, *941*, 1033, 1034, 1035, 1036, 1038, 1061, 1068, *1111*
— u. E. Hollender *1111*
— s. Böhmig, R. *1102*
— s. Bunge, R. *1103*
Kleine, H. O. 433
— W. Blumb u. H. Bauer *463*
Kleine-Natrop, H. E. 168, 174, *236*, 650, *689*, 1184, 1187, 1202, *1297*
— s. Sous, H. *947*
Kleinsorge, H. 71, 84, 163, *235*
— u. K. Rösner *224*
— s. Tinozzi, C. C. *226*
Kleitsch, W. P. 904, *955*
Klemm, G. 165, 166, *235*
Klemperer, P. 450, *463*
Klette, H. *537*
Kley, D. 1193
— s. Landis, L. *1298*
Kley, W. 341, *372*
Kligman, A. M. 566, 580, 620, *689*, 916, *955*, 1175, 1182, 1211, 1220, 1233, 1256, 1263
— G. D. Baldridge, G. Rebell u. D. M. Pillsbury *689, 1297*
— u. F. S. Lewis *1297*
— u. W. Rosenzweig *1297*
— u. F. D. Weidman *1297*
— s. Baldridge, G. D. *674*
— s. Dolan, M. M. *1285*
— s. Lipnik, M. J. *943, 955, 1300*
— s. Strauss, T. E. *1313*
Klika, M. 1032, *1111*
Klima, R. 1338, *1368*

Kline, N. S. 12, *29*
Kline, P. R. 325
— s. Baer, R. L. *363*
Klinefelter, H. 499
— F. Albright u. G. Griswold *537*
Klingbeil, M. 333
— s. Demmler, W. *366*
Klingmüller, G. 6, 7, *29*, 90, 568, 575, 613, 664, 1158, 1168
— A. Leinbrock u. U. Laumanns *689, 706*
Klöpping, H. L. 1193
— s. Manten, A. *1301*
Klötzer, W. 1004, 1041, 1082, 1086, 1087
— u. H. Bretschneider *1111*
— s. Bretschneider, H. *1103*
Klövekorn, G. H. 1225, *1297*
Klokhlov, A. S. s. Larionov, L. F. *1368*
Klopp, C. T. s. Bateman, J. C. *950*
Klosa, J. 993, *1111*
Klostermann, G. s. Ratschow, M. *542*
Klostermann, G. F. 436, *463*
Klotz, I. M. 998, 999, 1048, 1051, 1054, *1111*
— u. D. M. Gruen *1111*
— s. Cowles, P. B. *1104*
Klotz, S. D. 336
— s. Bernstein, C. *364*
Klüken, K. 518, 510
— s. Gahlen, W. *532*
Klüken, N. 488, 508, *537*
— u. J. Latz *537*
Kluge, L. s. Eichholtz, F. *27, 704, 705*
Klumpp 392
— s. Combes *459*
Klupp, H. 316
— u. F. Mlczoch *372*
Kluyskens, P. 806
— u. P. van Lindt *941*
Knapp, K. 162, *235*
Knapp, W. 1038
— u. D. Jacherts *1111*
Knappe, G. s. Hohlweg, W. *686*
Knauer 470
Knaus, H. s. Mühlbock, O. *541*
Knick, B. 664, *706*, 1086, *1111*
Knierer, W. 46, 59, *218, 537*
Knight, R. s. Moyer, J. H. *224*
Knight, S. G. 1192, *1297*
Knoblauch, R. *537*
Knobloch, H. 200, 387, 389, 400, 405, 454, *463*, 1051
— s. Bürger, M. *237*
— s. Vogel, H. *468, 1120*
Knöfel, R. 1204, *1297*
Knöll, H. 780, 782, *941*
— u. K. Zapf *941*

Knörr, K. 863
— u. A. Wallner *942*
Knorr, R. 1128
— s. Kuhlmann, F. *1168*
Knothe, H. 812, 822, 836, *942*
— u. J. del Campo *942*
Knowlton, K., A. Kenyon, I.
 Sandiford, G. Lotwin u. L.
 Fricker *537*
— s. Kenyon, A. *536*
— s. Sandiford, I. *544*
Knox, J. M. 54
— J. H. Lamb, B. Shelmire u.
 R. Morgan *218*
— s. Guin, J. D. *684*
Knox, R. 1139, 1146
— M. B. King u. R. C. Wood-
 roffe *1168*
— s. Goulding, R. *1167*
Knudsen, E. T. 778, *942*
Knudsen, M. P. s. Coffee, G. L.
 935
— s. Ehrlich, J. *937*
Knüchel, F. 1128
— u. F. Kienle *1168*
Knüchel, W. s. Dirscherl, W.
 530
Kobayashi, G. 1231
— s. Pappagianis, D. *1305*
Kobayashi, H. s. Sakai, S. *1309*
Kobayashi, K. s. Ishidate, M.
 1368
— s. Takikawa, K. *1371*
Kobayashi, Y. 283
— s. Schayer, R. W. *361*
Kober, G. 623
— s. Schuppener, H. J. *698*
Kobori, T. 1251, 1252
— M. Ikenaga, S. Hosoya, M.
 Soeda, S. Imamura, K.
 Okada, S. Nakazawa u. N.
 Komatsu *1297*
— s. Hosoya, S. *954, 1294*
Koch 41, 42, 81
Koch, E. 822
— s. Bohn, H. *935*
— s. Strauch, D. *948*
Koch, F. 18, *29*
— u. J. Hussong *224*
Koch, F. C. s. Kenyon, A. *536*
Koch, F. E. 919
— u. H. Haase *955*
Koch, H. 1038, 1071, *1111*,
 1182, 1218, 1223, 1225, 1240,
 1241, 1244, 1245, 1248, 1249,
 1297
— H. Rieth u. E. Rüther *1297*
— s. Rüther, E. *1309*
— s. Schirren, C. *1310*
— s. Wiskemann, A. *221*
Koch jr., H. J., G. Escher u.
 J. S. Lewis *537*
Koch, W. 283, *537*
— E. Heim u. J. Eschweiler
 537

Koch, W. s. Aschoff, L. *457*
— s. Werle, E. *362*
Kochakian, C. D. 480, 486, 487,
 537
— u. J. Dolphin *537*
— G. Endahl u. J. Austin *537*
— J. Gongora u. N. Parente
 537
— u. G. Stidworthy *537*
— u. C. Tillotson *537*
— s. Smith, T. *545*
Kochmann, M. 12, *29*
Kochs, A. G. 320, 322, *372*
Kochter, N. A. 877, *955*
Kocsis, A. 9
— u. P. Nánási *29*
Köbke, P. 345
— s. Goethe, H. *369*
Köbner, H. 1335, *1368*
Köchel, F. 1002, *1111*
Koechlin, B. A. 1017, 1044,
 1086, 1097
— W. Kern u. R. Engelberg
 1111
Kögl 425, *463*
Köhler, B. 1257, *1297*
Koehler, H. *689*
Köhler, V. 597, 618, *689*
Köhncke, C. H. s. Tschesche, R.
 1119
Koella, W. P. s. Storck, H. *32*
Kölle, G. 101
— s. Heim, F. *229*
Koelzer, P. P. 297, 307, *372*,
 993, 1039, 1052
— u. J. Giesen *1111*
König, H. B. 1135, 1141, *1168*
König, K. 43
— u. G. Fuhrmann *218*
Königsbauer, H. 871, *942*, 1179,
 1233, *1297*
Königstein, H. 130, *232*
Köpf 667, *706*
Koepf, G. F. 318, 319, 320, 321,
 323, 336, 342
— s. Arbesman, C. E. *363*
Koepfli, J. B. s. Ikawa, M. *1368*
Koepsell, H. J. s. Coffee, G. L.
 935
Körber, K. 310, *372*
Koerber, W. 1265
— s. Clutterbuck, P. W. *1283*
Körner, F. 1032, *1111*
Köster 12
— s. Herxheimer *28*
Koff, R. 660
— S. Rome, R. Karper, R. R.
 Commons, R. Button u. P.
 Starr *689*
Koffler, H. s. Sokolski, W. T.
 947
Kogoj, F. 138, 899, *955*
— u. Št. Puretić *232*
Kohen 353
— s. Tzanck, A. *226, 380*

Kohen, J. s. Aron-Brunetière,
 R. *950*
Kohler, J. 869
— s. Matras, A. *943*
Kohler, R. *537*
Kohli, J. D. 1087
— s. Anand, N. *1101*
Kohn, A. 671, *709*
Kohn, J. L. s. Kaplan, S. *941*
Kohn, M. 9, *29*
Kollarits, B. 186, 189, *238*
Kolle, W. 711, 715, 727, 748,
 762
— u. F. Leupold *768*
— u. K. Zieler *768*
Koller, F. *463*, 564, 628, *689*
— u. H. Zollikofer *689*
— s. Hoigné, R. *686*
Kollstede 440
— s. Anhagen *457*
Kolm, H. s. Wacker, A. *1120*
Kolmer, J. A. 727, 738, *768*,
 791, 799, *942*, 1174, 1175
— u. A. M. Rule *942*
— s. Kast, C. C. *768*
— s. Schamberg, J. F. *769*,
 1309
Kolsky, M. 1081
— s. Cosar, Ch. *1104*
Kolthoff, J. M. 998, *1111*
Komatsu, E. 1265, *1298*
Komatsu, N. 858, 1269
— s. Hosoya, S. *940, 954, 1294*
— s. Kobori, T. *1297*
— s. Onoda, Y. *1305*
Komrad, E. L. 324
— u. E. R. Loew *372*
Kondo, S. s. Umezawa, H. *948*,
 1170
Konieczny 1141
Koniuszy, F. R. 423
— s. Rickes, E. L. *466*
Konopka, E. s. Mayer, R. L.
 1301
Konrad, J. 605
— A. Winkler u. J. Thurner
 689
Konsiki, T. s. Harada, S. *1292*
Konzett, H. 291
— s. Boissonnas, R. A. *358*
Kooij, R. 510, *537*, 576
— E. Dingemanse, L. Huis
 in't Veld, A. Verbeek u.
 W. J. Hofman *537*
— u. H. J. de Graaf *689*
Koons, R. C. s. Lamb, J. H.
 1298
Koota, G. M. s. Rutenberg, A.
 M. *946*
Kopel, D. 310, 315, 316,
 372
— u. F. Raubitschek *372*
Kopf, A. W. 632, *689*
Koppen, K. *537*
Korbo, M. 339, *372*

Korelitz, B. J. 353
— s. Werther, J. L. *380*
Korger, G. 1178, 1214
— u. G. Nesemann *1298*
Kornatz-Stegmann, B. 910
— s. Seelemann, K. *959*
Kornberg, A. 1023
— F. S. Daft u. W. H. Sebrell *1111*
Kornblee, L. s. Reiss, F. *1307*
Korner, B. 882
— s. Gade, M. *953*
— s. Reyn, A. *958*
Kornfeld 320
— s. Birkeland, M. J. *364*
Kornfeld, E. C. 1086, 1255
— u. R. G. Jones *1298*
— s. Caldwell, W. T. *1103*
Kornfeld, F. 1194, *1298*
— s. Schmitz, A. *1310*
Korossy, A. 282, 433, 456
— s. Rajka, E. *361, 466*
Korte, F. 1004
— u. H. Barkemeyer *1111*
— s. Tschesche, R. *1119*
Korte, I. s. Tschesche, R. *1119*
Korth, B. 963, 1082, 1084, 1219
— s. Vonkennel, J. *1120, 1315*
Korth, Z. N. 1230
— s. Scherr, G. H. *1310*
Korting, G. W. 11, 16, 22, 72,
82, 118, *224*, 229, 320, 322,
396, *463, 537*, 571, 574, 585,
613, 616, 626, 643, 644, 670,
689, 1231
— u. H. Dietz *29*
— u. D. K. Miowski *1298*
— u. R. Schmitz *708*
— s. Diemer, W. *27*
— s. Hammerschmidt, E. E. *370, 684*
— s. Holzmann, H. *686*
— s. Löhe, H. *229*
— s. Lutz, E. *29*
— s. Schnapka, O. *31*
— s. Schuermann, H. *230*
Korus, W. 562
— H. Schriefers u. W. Dirscherl *689*
Koščar, L. 40
— s. Nagy, E. *219*
Koshi, S. s. Sakai, S. *1309*
Kositchek, R. J. 79, *224*
Koslowski, L. 647, *689*
Kostenbauder, H. B. 1000, 1001
— F. B. Gable u. A. N. Martin *1111*
Kotzaurek, R. 560
— s. Jesserer, H. *687*
Kountz, W., P. Ackermann u. T. Kheim *537*
Kovacs, E. 456
— s. Pastinsky, St. *465*
Kovács, K. 562
— s. Horváth, E. *686*

Koyama, Y. 870, *942*
Kozallus 19
Kozinn, P. J. 855, 889, 1249, 1254
— u. C. L. Taschdjian *1298*
— — D. Dragutsky u. A. Minsky *942, 955, 1298*
Krabek, W. 297
— s. Brown, E. A. *362*
Kracht, J. 554, 562, 581, *689*
Krähenbühl, Ch. 476, 477
— s. Desaulles, P. A. *530*
Kraemer, H. 1220, *1298*
Krämer, H. 1249
— u. H. Geisenhöfer *1298*
Krafchuk, J. D. 17
— s. Haserick, J. R. *28*
— s. Lorincz, A. L. *29*
— s. Lynch, F. W. *29*
Krafka 445, *463*
Krahl, M. E. 558
— s. Park, C. R. *694*
Krajewski, Th. 71, 72, *224*, 355, 372
Kramer, J. s. Welch, H. *949*
Kramer, M. L. s. Greiner, T. *369*
Kramer-Tisdal 133
Kramorenko, J. T. 1334
— s. Wermel, E. M. *1372*
Krantz, J. C. 164, *235*, 259
— u. C. J. Carr *279*
— — J. G. Bird u. S. Cook *360*
Krantz, W. 1218, *1298*
Krarup, N. B. s. Hagedorn, H. D. *706*
Krassilnikoff, N. A. 1257, 1272, *1298*
Kratz, Ch. 1189, *1298*
Kraus, H. H. *537*
Kraus, R. 1354
— s. Hellriegel, N. *1367*
Kraus, Z. 641
— V. Plachy u. M. Vorreith *689*
Krause, H. 310, 314
— s. Stüttgen, G. *380*
Krause, W. 879, *955*
Krause, W. W. 415, *463*
Kraushaar, A. 302, 342, *372*, 1213, *1298*
Krauss, H. *1368*
Krautwald, A. 411, *463*, 1031, *1111*
— s. Dutz, H. *1105*
Krc jr., J. 994
— u. W. C. McCrone *1111*
Krebs, H. A. 999, 1000, 1001, 1084, 1093
— u. J. C. Speakman *1111*
Krebs, K. G. 1006, 1012
— u. H. Franke *1111*
Kreger-van Rij, N. J. W. 1175
— s. Lodder, J. *1300*

Krehl, W. A. 408
— L. M. Henderson, J. de la Huerga u. C. A. Elvehjem *463*
— L. J. Teply, P. S. Sarma u. C. A. Elvehjem *463*
Kreibich, C. s. Poor *30*
Kreis, B. 320, *372*
Kreitmair, H. 446
— u. Th. Moll *463*
Kreke, C. W. s. Cook, E. S. *1283*
Krepp, E. s. Hickey, R. J. *1293*
Kresbach, H. 153
— s. Jaroschke, R. *234*
Kretz, J. 1357, 1359, *1368*
Kretzschmar, G. s. Dutz, H. *1105*
Krevsky, D. s. Kagan, B. M. *941*
Krieg, E. *235*
Kriegk, H. J. 747
— s. Fölsch, F. *767*
Kriner, J. 450
— u. R. Fleischmayer *463*
Kristjansen, A. 627
— u. F. Reymann *689*
Kröber, F. 1347
— s. Funk, C. F. *1366*
Kröner, B. 1024
— s. Holt, C. v. *1109*
Kroepfli, P. 618, *689*
Kroetz, Ch. 22, *29*
Krohn, P. L. s. Billingham, R. E. *675*
Kromer, J. K. s. Bateman, J. C. *950*
Kron, R. 41, 55, *218*
Kroneberg 661
Krop, S. 326, 1231
— s. Landis, L. *372, 1299*
Kropp, H. 1033, 1090
— s. Christ, P. *1103*
Kropp la Baw, E. s. Harned, R. L. *939, 1167*
Krücken, H. 6, 7, *29*
Krüger 450
— s. Siedentopf *467*
Krueger, A. A. 295, *372*
Krüger, F. s. Kimmig, J. *1168*
Krüger, H. s. Rust, S. *220*
Krüger, H. H. 913, *955*
Krüger-Thiemer, E. 993, 995, 996, 997, 1000, 1001, 1005, 1010, 1012, 1013, 1016, 1017, 1018, 1020, 1021, 1022, 1025, 1029, 1030, 1031, 1045, 1046, 1059, 1063, 1069, 1075, 1079, 1084, 1085, 1092, 1093, *1111*, 1143, 1144, 1146, 1152, *1168*
— u. P. Bünger *1111*
— s. Bünger, P. *1103*
— s. Freerksen, E. *1107*
— s. Lembke, A. *1112, 1168*
— s. Seydel, J. *1118*

Krüskemper, H. s. Dirscherl, W. 530
Kruizinga, E. E. 340
— u. H. Hamminga 372
Krumme, H. 1322
— s. Meyer-Rohn, J. 1369
Kruse, C. 880
— s. Rabe, H. 958
Kruspe, M. 727, 768
Kruspe, W. 346, 901
— s. Keller, H. 941, 954, 1167
— s. Mückter, H. 375, 944
— s. Sous, H. 947
Kryspin-Exner, K. 87
— s. Hift, Th. 223
Kubo, H. s. Ozaki, M. 945, 1305
Kubo, S. 1039, 1111
Kucharsky, J. 1007
— J. Erben u. V. Mikule 1111
Kudo, Y. 65
— s. Sano, J. 225
Kudrjavceca, V. 727
— s. Organesjan, P. 768
Kudzus, H. 490
— s. Butenandt, A. 528
Küchmeister, H. s. Rosenkilde, H. 696
Kühas, E. 304
— s. Arnold, H. 363
Kühböck, J. 639, 642, 1339
— E. E. Reimer u. T. Stoiber 689, 1368
Kühnau 384, 400, 404, 410, 427, 434, 442, 448, 452, 453
Kühnau, J. 160, 180, 238, 436, 463, 664, 1024, 1350, 1368
— s. Grafe, E. 706
— s. Holt, C. v. 1109
— s. Stepp, W. 467
Kühnau, W. 414, 415, 463, 590, 591, 593, 620, 632, 663, 689, 705
Kühner, H. A. 747, 768
Kuemmerle, H. P. 818, 899, 942
— A. Senn, P. Rentchnick u. N. Goossens 955
Küpfmüller, K. 1009, 1013
— s. Druckrey, H. 1105
Küstermann, V. 792, 942
Kugel, V. H. 1031, 1111
Kuhlmann, F. 1128
— u. R. Knorr 1168
Kuhlmann, H. 1175
— s. Memmesheimer, A. M. 1302
Kuhn 386, 403, 416, 417
— Wendt u. Westphal 463
— Wieland, Reichstein u. Grussner 463
Kuhn, B. H. 1187, 1188, 1206, 1298
Kuhn, E. 338, 372
Kuhn, R. 774, 942, 1322
— P. György u. T. Wagner-Jauregg 463

Kuhn, R., u. D. Jerchel 1368
— K. Reinemund, F. Weygand u. R. Stroebele 463
Kuhn, R. B. 1131
— s. Lembke, A. 1112, 1168
Kuhn, W. 640
— s. Pribilla, W. 695
Kuhns, D. M. s. Fusillo, M. H. 938
Kuhs, M. L. 731, 732
— u. A. L. Tatum 768
Kuizenga, M. H. s. Ingle, D. J. 687
Kulchar 276
Kulesza, J .S. 856, 942, 1253, 1298
Kulik, G. V. s. Mikhovskaya, N. D. 1303
Kulka, J. P. s. Levinson, J. E. 690
Kull, F. C. 324, 1232
— G. A. Castellano u. R. L. Mayer 1298
— s. Mayer, R. L. 374
Kulwin 393
— s. Kirland 463
Kumada, S. 1252
— s. Karasaki, T. 941, 1296
Kumer 878
Kumler, W. D. 963, 999, 1004, 1047, 1054, 1111
— u. T. C. Daniels 1111
— u. I. F. Halverstadt 1111
— u. P. P. T. Sah 1111
— s. Quan, S. F. 1116
Kummer, P. 159
— u. A. Ott 235
Kum-Tatt, L. 1008, 1111
Kun, H. s. Steinach, E. 546
Kung-Ying Tang Kao s. McGavack, T. H. 692
Kunin, C. M. 823
— A. C. Dornbusch u. M. Finland 942
— s. Hirsch, H. A. 940
Kuniss, G. 727
— s. Grüneberg, T. H. 767
Kunitz, E. 1021
— u. P. Sanchez 1111
Kunkel 143, 147
Kunstader, R. H. 914
— H. McLean u. J. Greengard 955
Kuntzman, R. 65
— s. Shore, P. A. 225
Kunz, W. 1083, 1112
— u. H. Burger 537
— s. Burger, H. 528
Kunze, R. 656
— s. Schenk, H. 697
Kupperman, H. S. 489, 537, 585
— s. Epstein, J. A. 680
Kurihara, I. s. Wakaki, S. 1316
Kurnick, N. B. 43, 218

Kuroda, K. 1248
— s. Takahashi, Y. 1313
Kuroda, P. K. 1210, 1233
— s. Ito, K. 1294
Kuroda, T. s. Ito, K. 1294
Kurogochi, Y. 1211
— T. Kitamura, M. Minami u. Y. Ueda 1298
Kurokawa, T. 1338, 1368
Kuroya, M. 1262
— s. Nishimura, H. 1304
Kurtin, A. 325
— W. Bierman u. R. Yontef 372
— s. Peck, S. M. 958
Kurung, J. M. 1268, 1298
Kushner, D. S. 1205, 1207
— I. Snapper, M. Senderi u. Sh. McMillen 1298
— s. McMillen, Sh. 1302
— s. Snapper, I. 1312
Kuske, H. 178, 443, 463, 623, 689
— M. Klayman u. K. Schwarz 236
Kúta, A. 8
— u. E. Neumann 29
Kutinscheff, M. 48
— s. Popoff, L. 219
Kutscher, A. H. 784, 916, 993, 1026, 1029, 1195
— J. Budowsky, St. L. Lane u. N. W. Chilton 955
— St. L. Lane u. R. Segall 942, 1112
— L. Seguin, S. Lewis, J. D. Piro u. E. V. Zegarelli 1298
— s. Lane, St. L. 1299
Kutscher, W. 523
— u. H. Wolbergs 537
Kutter, H. 268
— s. Büchi, J. 279
Kutzim, H. 998, 1112
Kuykendahl, O. 128, 317
— s. Cormia, F. E. 231, 366
Kuzel, N. R. 837
— J. M. Woodside, J. P. Comer u. E. E. Kennedy 942
Kuzell, W. C. 576, 578
— u. R. W. Schaffarsick 689
Kveder, S. 1005
— s. Abaffy, F. 1100
Kwit, N. T. s. Greiner, T. 369
Kwoczek, J. 877, 878, 891, 1204, 1218
— u. W. v. Moers-Messmer 955, 1298
— s. Schäfer, R. 1309
Kyle, J. 563
— u. R. B. Welbourn 689
Kyle, J. W. 1206
— s. Sutliff, W. D. 1313
Kylin, E. 634, 689
— u. E. Dicker 689
— s. Bennhold, H. 1102

Kym, O. 1227
— s. Häfner, A. *1291*
Kyrides, L. P. 300
— F. C. Meyer u. F. P. Zienty *372*
Kyrle, J. 18, *29*, 672, *709*
Kyser, F. A. 320
— J. C. McCarter u. J. Stengle *372*

Laake, H. 560, *690*
Labadie s. Aubertin, E. *674*
Labeguerie, M. 1229
— s. Pesle, G. D. *1306*
LaBelle, A. 305, 309, 318
— u. R. Tislow *372*
— s. Tislow, R. *380*
Laberke, J. A. 78, *224*
Labes, R. 719, *768*
Labet, R. s. Degos, R. *678*
Labhardt, F. 62, 69, 71, 81, 82, 83, 85, *224*, 355, *372*
— s. Hiebel *223*
— s. Klaesi, J. *224*
Labhart, A. 486, 551, 575, 661, 662, 668, *690, 705, 708*
— u. A. Schüpbach *537*
— s. Spengler, M. *700*
Laborde, Cl. 293
— s. Parrot, J. L. *360*
Laborie, R. 21
— s. Ukrainczyk-Laborie, F. *32*
Laborit, H. 60, 61, 64, *224*
— u. P. Huguenard *224*
Lacassagne, A. 524, *537*, 1004
— N. P. Buu-Hoi, F. Zajdela u. D. Xuong *1112*
Lacaz, C. da S. 1183, 1219, 1220, 1251, 1254, 1271, *1298*
— u. S. A. P. Sampaio *1298*
— M. S. Silva u. M. Fernandes *1298*
— u. C. M. Ulson *1298*
— s. Almeida, F. de *1277*
— s. Sampaio, S. A. P. *1309*
Lacey, M. S. 1267
— s. Arnstein, H. R. V. *1278*
Lach, J. L. 1000
— s. Higuchi, T. *1108*
Lack, A. 1269, *1298*
Lack, A. R. s. Wier, R. *1317*
Lackenbacher, R. S. 339, *372*
Lacombe, R. 999, 1004, 1080
— s. Dolique, R. *1105*
Lacroux, R. 884
— u. P. Galley *955*
Lacy, H. 1225
— s. Beck, O. *1279*
Lafar, J. s. Morin, M. *693*
Lagacé, A. 1207, *1298*
Lagrange, E. 1038, *1112*
Lagrange, G. 1008
— s. Thomas, J. *1119*
Lagrue, G. s. Dérot, M. *679*

Laguesse 664, *706*
Lahey, W. J. 1187
— u. J. E. Byrnes *1298*
Lahiri 396, *463*
Laidlaw, P. P. 290
— s. Dale, H. H. *358*
Lain, E. 515
— J. H. Lamb, C. Keaty u. A. Hellbaum *537*
— s. Lamb, J. H. *537*
Laipply, T. C. 320
— s. Roberts, R. C. *377*
Lam, G. T. 1048
— u. M. G. Sevag *1112*
Lamb, J. H. 54, 514, 515, 516, *537*, 1232, *1298*
— F. Kelly, P. O. Shackelford, G. Rebell u. R. C. Koons *1298*
— E. Lain, C. Keaty u. A. Hellbaum *537*
— s. Keaty, C. *536*
— s. Knox, J. M. *218*
— s. Lain, E. *537*
— s. Rebell, G. *542, 1307*
Lambers, K. 1339
— s. Gross, R. *1367*
Lambert, E. s. Rosenthal, S. R. *377*
Lambert, I. s. Doray, M. *1285*
Lambrecht, R. 822, *943*
Lambrou, N. 600
— s. Fronimopoulos, J. *682*
Lammers, L. 559, 577, 578, 582, *690*
Lammers, R. 899, *955*
Lammers, Th. 122, 780, 878, 1175, *1298*
— u. G. Dorner *955*
— s. Dorner, G. *936*
— s. Harnisch, H. *229*
— s. Hirsch *229*
Lamont, C. J. 877, *955*
Lampen, J. O. 1051, 1055, 1250
— u. M. J. Jones *1112*
— E. R. Morgan u. A. Slocum *1298*
Lamprecht, W. 1024
— u. I. Trautschold *1112*
Lancaster, R. M. s. Littman, M. L. *1300*
Lancucki, J. s. Jablonska, S. *706*
Landa, C. R. 336, 342
— s. Garat, B. R. *368*
Landau, S. W. 316
— W. A. Nelson u. L. N. Gay *372*
Landbeck, H. 103, 106
— s. Hauschild, F. *229*
Landes, E. 134, 396, *463*, 1183, *1298*
— s. Kimmig, J. *224*
Landis, L. 326, 1193, 1231
— D. Kley u. N. Ercoli *1298*

Landis, L., u. S. Krop *372, 1299*
Landon, F. W. 268
— u. L. C. Zopf *279*
Landsman, J. B. 1067
— N. R. Christ, R. Black, D. McFarlane, W. Blaid u. T. Anderson *1112*
Landsteiner, K. 295, *372*
Landy, M. 96, 1262, 1272
— S. B. Rosenman u. G. H. Warren *1299*
— G. H. Warren, S. B. Rosenman u. L. G. Colis *1299*
— s. Pillemer, L. *227*
Lane, St. L. 993, 1026, 1029, 1259
— A. H. Kutscher u. R. Chaves *1299*
— s. Kutscher, A. H. *942, 955, 1112*
Lang, E. 332
— s. Herzog, H. *371*
Lang, K. 130, 131, 132, 133, 149, 155, 156, 157, 158, 159, 160, 180, 181, 184, 186, 187, 189, 190, 191, 194, 195, *232, 235, 238*
— u. R. Schoen *463*
Lang, W. R. 889
— u. J. G. Stella *955*
Lango 155
Lange, A. 1034
— s. Rothes, I. *1117*
Lange, C. 39
Lange, J. 152, 153, *235*
Lange, K., u. M. J. Matzer *218*
Lange-Brock, Th. *942*, 1250, *1299*
— s. Meyer-Rohn, J. *944, 957, 1302*
Lange-Cordes, E. s. Rosenkilde, H. *696*
Langecker, H. 301, 494, *537*, 1000, 1010, 1019, 1021, 1043, 1044, 1045, 1046, 1080, 1082, 1083, 1084, 1085, 1086, *1112*
— u. E. Clerc *1112*
— u. H. Loppnow *1112*
— u. E. Schulze *1112*
— s. Junkmann *371*
Langenbeck, W. 1024, 1047
— s. Mohnike, G. *1114*
Langer 175
Langer, E. 199, 394, 396, 414, 443, 666, 669, 670, *708*, 1175, 1179, 1210
— u. W. Anders *1299*
— u. R. Kaden *1299*
— u. W. Nobis *463*
— u. M. Skrizipek *463*
— s. Buschke, A. *705, 707*
Langer, H. 851, 882, *942*
Langer, R. s. Zingsheim, M. *237*
Langeron, M. 1183, 1213
— u. R. Vanbreuseghem *1299*

Langhof, H. 19, 44, 137, 205, 232, 512, 514, *538*
— u. D. Muting *218*
— u. W. Schwenke *29*
Langier, P. 892, *955*
Langley, F. H. 25
— s. Rogers, H. M. *31*
Langlo, L. 42, *218*
Langlois, M. s. Teti, M. *546*
Langlykke, A. F. 837
— s. Benedict, R. G. *934*
Langmuir, I. 1013, *1112*
Lankford, E. s. Keeney, E. L. *1296*
Lannarone, M. s. Discher, C. A. *1284*
Lansing, A. 494
— u. D. Opdyke *538*
Lanzola, J. s. Mayer, R. L. *1301*
Lapa, C. 1179, *1299*
Lapière, C. 496, 512, *538*
Lapière, J. 43
— u. H. v. Lauwenberge *218*
Lapière, S. 644, *690*
Lapin, J. H. 905, *955*
Laplace 331, *372*
Lapp, H. 415, *463*
Laptev, V. A. 119
— s. Malykin, R. J. *230*
Laqueur, E. 470
— s. David, K. *529*
— s. Fremery, P. de *681*
Larbre, F. s. Bernheim, M. *674*
Larch, H. W. s. Lehan, P. H. *1299*
Larionov, L. F. 1338, 1344, *1368*
— A. S. Klokhlov, E. N. Shkrodinskaja, O. S. Vasina, V. J. Troosheikina u. M. A. Novikova *1368*
Larocca, J. P. 1210
— J. M. Leonard u. W. E. Weaver *1299*
Laros, K. 568, *690*
Larsen, H. s. Dam, H. *459*
Larsh, H. W. 1176
— A. Hinton u. S. L. Silberg *1299*
— S. L. Silberg u. A. Hinton *1299*
Larson 599
Larson, E. J. 870
— N. D. Connor, O. F. Swoap, R. A. Runnels, M. C. Prestrud, E. T. Eble, W. A. Freyburger, W. Veldkamp u. R. M. Taylor *942*
Larsonneur, B. 1227, *1299*
Larsson, L. G. 444
— A. Liljestrand u. H. Wahlund 463
Lasater, M. s. Samuels, L. *543*
Lascelles, J. 1051
— u. D. D. Woods *1112*

Lasch, F. 74, 134
— u. H. Kaloud *232*
— u. K. Theinl *224*
Lasch, H. G. 1340
— s. Linke, A. *1369*
Laschet, U. s. Hohlweg, W. *686*
Lasher, N. 478
— A. Lorincz u. St. Rothman *538*
— s. Haskin, D. *534, 685*
Lassar, O. 1335, *1369*
Last, M. R. 314, 319, 322
— u. E. R. Loew *372*
Laszlo, D. 1362
— M. L. Colmer, G. B. Silver u. S. Standard *1368*
— u. H. Spencer *1368*
Latapi, F. 1239, 1245, *1299*
— P. Lavalle, J. Novales u. Y. Ortiz *1299*
Later, E. R. 296
— s. Raiman, R. J. *377*
Latotzki 575, *690*
Latta, M. s. McDonald, D. *540*
Latz, J. s. Gahlen, W. *532*
— s. Klüken, N. *537*
Laubender, W. 109, *229*
Laubenthal, F. 78, *224*
Laudahn, G. 564, 578, *690*
Lauder, I. M. 1236
— u. J. G. O'Sullivan *1299*
Lauener, H. 1129, 1143
— u. G. Favez *1168*
— s. Meyer, H. *1168*
Laug, E. 508
— s. Calvery, H. O. *529*
Laugier, P. 61, 63, *224*, 604, 617, *690*
— u. R. Renard *690*
Laumanns, U. s. Klingmüller, G. *689, 706*
Laurens, S. 1230
— s. Stritzler, C. *1313*
Laurent, P. 1270
— s. Michel, P. J. *1302*
Laurent-Saviard, M. 1006, 1087, *1112*
Lausecker, H. 614, *690*
Lauwenberge, H. v. s. Lapière, J. *218*
Lavalle, P. s. Latapi, F. *1299*
Laverry, F. S. 633
— L. E. Werner, D. O'Donoghue, Ph. M. Guian u. J. MacDougald *690*
Law, A. *538*
Lawler 86
Lawlis, J. F. s. McCowen, M. *943*
Lawonn, H. 1257, *1299*
Lawrence, C., u. N. Werthessen *538*
Lawrence, C. H. 1207
— s. Weinberg, B. J. *1316*

Lawrence, J. St. 905, 993, 999, 1000, 1001, 1010, 1022, 1023, 1025, 1029, 1030, 1031, 1032, 1040, 1045, 1046, 1058, 1064
— u. J. Francis *1112*
— s. Hawking, F. *1108*
Laws, C. L. 403, *463*
Lawson, R. B. s. Smith, G. F. *1118*
Lawson, R. N. 1209, *1299*
Lawson, W. s. Dodds, E. *530*
Lax, H. *538*
Laymon, C. *538*
Lazar, H. s. Rappaport, B. Z. *695*
Lazar, M. P. 392, 399
— s. Sulzberger, M. B. *467*
Leach, B. E. 1255, 1256
— J. H. Ford u. A. J. Whiffen *1299*
— s. Ford, J. H. *1287*
Leach, R. s. Maddock, W. *539*
Leake, D. A. 753
— s. McGavack, T. H. *692*
Lean, O. 843
— s. Courvoisier, S. *936*
Leão, A. T. 1201
— u. F. W. Eichbaum *1299*
Leavitt, M. D. 316
— u. D. F. Code *372*
Lebedenko, N. N. 122
— s. Gatsenko, E. G. *229*
Leben, C. 1261, 1266, 1270
— u. G. W. Keitt *1299*
— G. J. Stessel u. G. W. Keitt *1299*
— s. Stessel, G. J. *1313*
Lebeurier, G. s. Drouhet, E. *1285*
Lebeurre s. Huriez, Cl. *686*
Lebmann, F. s. Rust, S. *220*
Lebon, J. 639, 641
— u. G. Gelin *690*
Lebsanft, M. 606, *690*
Le Cat, F. 637, 649
— s. Grupper, Ch. *684*
Lechat, M. 1069
— s. Georges, A. *1107*
Léchelle, P. 600
— u. J. Delaporte *690*
Lechevalier, H. A. 841, 851, 1136, 1184, 1260, 1262, 1263, 1267, *1299*
— R. F. Acker, C. T. Corke, C. M. Haenseler u. S. A. Waksman *942, 1299*
— s. Arnstein, H. R. V. *1278*
— s. Bolhofer, W. A. *1280*
— s. Celmer, W. D. *1282*
— s. Cercós, A. P. *1282*
— s. Hosoya, S. *1294*
— s. Ikeda, Y. *1294*
— s. Johnson, E. A. *1295*
— s. Pledger, R. A. *1306*
— s. Seneca, H. *1311*

Lechevalier, H. A. s. Swart, E. A. *1170*
— s. Tanner jr., F. W. *1313*
— s. Umezawa, H. *1314*
— s. Wakaki, S. *1316*
— s. Waksman, S. A. *949, 1316*
Leclerq, R. 339, 394, *463*
— s. Graciansky, P. de *369, 683, 1290*
Lecomte, J. 288, 319, *360, 372*
— s. Feldberg, W. *359*
Lecoq, R. *538*
— P. Chauchard u. H. Mazoue *538*
— s. Chauchard, B. *529*
Le Coulant, P. 870, *942*
Leder, M. 1083
— s. Besson, S. *1102*
Lederer, E. 92, *227*
Lederer, H. 902
— s. Hawkins, L. A. *953*
Ledig, R. 1229, 1233, *1299*
Ledin, R. B. s. Hopkins, J. G. *1293*
— s. Hopkins, T. *1293*
Ledis, S. 644
— s. Kendall, N. *688*
Leduc, A. 837, *942*
Loe, C. C. 835
— R. C. Anderson u. K. K. Chen *942*
Lee, H. F. 1061, *1112*
Lee, H. M. 300, 307, 309
— R. C. Anderson u. P. N. Harris *373*
— W. G. Dinwiddie u. K. K. Chen *373*
— s. Mothersill, M. H. *375*
Lee, K. s. Behrman, H. *527*
Lee, S. W. 1038, 1175, 1189, 1196
— J. A. Epstein u. E. J. Foley *1112*
— s. Foley, E. J. *1287*
Leeb, A. J. 1247
— s. Newcomer, V. D. *1304*
Leeper, R. W. 48, 55
— u. M. F. Allende *218*
— s. Frazier, C. N. *681*
Lees, T. M. s. Finlay, A. C. *1166*
— s. Tanner jr., F. W. *948, 1313*
Leeuwen, L. van s. Oudsten, S. A. den *694*
Lefevre, J. 445
— s. Gougerot, H. *461*
Lefort, P. 1239, 1240
— s. Degos, R. *1284*
— s. Graciansky, P. de *683*
— s. Tzanck, A. *702*
Legallais, F. Y. 1326
— s. Algire, G. H. *1364*
Léger, L. 646, *690*
Léger, P. 598, *690*

Legler, F. 1081, 1083, 1084, 1085, 1086
— u. G. Gerner *1112*
— s. Hanf, U. *1292*
Lehan, P. H. 1254
— u. M. L. Furcolow *1299*
— — C. E. Brasher u. H. W. Larch *1299*
— s. Rubin, H. *946, 959, 1309*
Lehman, E. P. 1257
— s. Hendrickson, G. G. *1293*
Lehman, J. M. s. Shelley, W. B. 699
Lehmann 1125, 1129
Lehmann, C. F. 511, 512
— s. White, C. B. *548*
Lehmann, E. 392, 393
— u. G. A. Rapaport *463*
— s. Rapaport, H. S. *466*
Lehmann, F. E. 1325, 1328, *1369*
Lehmann, G. 306, 308, 309, 310, *373*
— L. O. Randall u. E. Hagen *373*
— u. J. W. Young *373*
Lehmann, H. 266, 882
— u. W. Granert *279*
— s. Meyer-Rohn, J. *957*
Lehnartz, E. 92
— s. Flaschenträger, B. *460*
— s. Westphal, O. *228*
Lehnert, T. F. s. Finlay, A. C. *1166*
Lehr, D. 1029, 1032, 1060, 1093, 1099, *1112*
Leiber, B. 320, *373*
Leibsohn, E. s. Appel, B. *673*
Leiby, G. M. s. Wier, R. *1317*
Leider, M. s. Hitchman, O. B. *954*
Leidi, F. s. Grassi, C. *1107*
Leidl, W. *538*
Leifer, W. 1226
— u. K. Steiner *1299*
— s. Peck, S. M. *1306*
Leimgardt, H. 79
— u. E. Kittel *224*
Lein, J. s. Cron, M. J. *936*
— s. Gourevitch, A. *1167*
Leinbrock, A. 25, *29*, 640, *690*, 708, 1033, *1122*, 1185, 1193, *1299*
— H. Schuster u. J. Zinzius *1299*
— s. Klingmüller, G. *689, 706*
Leiner, C. 431
Leinwand, J. 643
— A. W. Duryea u. M. N. Richter *690*
Leipold, W. 394, 395, 402, 403, 406, 407, 414, 415, 456, *463*
Leise, J. M. s. Pital, A. *945*
Leiss, F. 178
— u. K. H. Peter *236*

Leiss, F. s. Vonkennel, J. *237, 280*
Leiter, J. s. Greenspan, E. *1367*
Leitner, S. A. s. Rimington, C. *466*
Leitner, Z. A. 393, 394, 396, 403, *463, 942*
— u. T. Moore *463*
— — u. I. M. Sharman *463*
Leiwant, B. s. Grunberg, E. *1167*
Lekieffre, J. s. Huriez, Cl. *954*
Lekreteau 446, *463*
Leland, L. S. s. Derzavis, J. L. *951*
Le Loutre 54
Lemaire 9
Lemaire, A., F. Delbarre u. J. P. Michard *538*
Lembke, A. 776, 782, 993, 1038, 1056, 1069, *1112*, 1141
— u. R. Bönicke *942*
— u. E. Krüger-Thiemer *1112*
— — R. B. Kuhn u. W. Uecker *1112, 1168*
— s. Vonkennel, J. *948. 1120, 1315*
Leming, B. H. 1083, 1085, 1086
— u. C. Flanigan *1112*
Leminieux, R. U. 1271
— J. A. Thorn, C. Bride u. R. H. Haskins *1299*
— s. Cron, M. J. *936, 1165*
Lemire, R. E. 70, 194
— u. R. A. Mitchell *224*
Lemke 426, *463*
Lemon, H. 458
— s. Wotiz, H. *548*
Lemon, H. M. 637, *690*
Lemperiere, T. s. Delay, J. *222*
Lendle, L. 99, 105, 113, 114, 140, *229, 232, 331, 373*
Lenert, T. F. s. Hobby, G. L. *940*
Lenggenhager, R. 456, *463, 538*, 617, 634, *690*
Lengyel, L. s. Goth, A. *533*
Lenhard, R. H. s. Bernstein, S. *674*
Lennartz, H. 70
— s. Wenderoth, H. *226*
Lennette, E. H. 916
— G. Meiklejohn u. H. M. Thelen *955*
— s. Brainerd, H. D. *951*
Lenoble, E. s. Thiers, H. *701*
Lenzner, A. R. 336, 342
— s. Arbesman, C. E. *363*
Leon, A. s. Katz, S. *1167*
Leon, E. E. 398
— s. Rothman, P. E. *466*
Leonard 297, 300, 307
Leonard, B. J. 1331, 1332, 1334
— u. J. F. Wilkinson *1369*
Leonard, C. S. 734, 736, 738

Leonard, C. S. s. Reiner, L. *769*
— s. Voegtlin, C. *770*
Leonard, F., u. U. V. Solmssen *373*
Leonard, J. M. 1210
— s. Larocca, J. P. *1299*
Leonard, L. 1176
— s. Reiss, F. *1307*
Leonard, S. *538*
— u. C. P. Huttrer *373*
Leonardi, P. 1331, 1332
— u. B. D'Agnolo *1369*
Leone, L. s. Tagnon, H. *546*
Leone, L. A. s. Burchenal, J. H. *1365*
Leone, R. *538*, 891
— G. Zina u. G. Bonu *955*
Leonhardt, T. 26, *29*
Leoni, A. 41, *218*, 1333
— M. Marson u. C. Rossiti *218*
— s. Rabito, C. *1370*
Leopold, J. H. s. Hallett, J. W. *684*
Lepeuple, A. s. Vivien, J. N. *1170*
Lepkovsky, S. 408
— s. Fouts, P. J. *460*
Leppelmann, H. s. Bornmann, G. *528*
Lepper, M. H. 784, 825, 836, 838, 871, 889, 903, 905, *955*
— u. H. F. Dowling *942*
— — J. A. Robinson, T. E. Stone, R. L. Brickhouse, E. R. Caldwell u. R. L. Whelton *942*
— H. W. Spiess, W. F. T. Kelow, J. M. Rosenthal u. S. Plaut *942*
— s. Dowling, H. F. *936*
Lerich 673, *710*
Leriche, R. 114, 115, 116
— u. R. Fontaine *229*
Lerman, J. 667
— u. P. Pitt-Rivers *708*
Lerner 187, 205, 213, 479
Lerner, A. B. 42, 1254
— s. Crounse, R. G. *1284*
— s. Lerner, M. R. *218*, *238*
Lerner, Ch. *238*
Lerner, M. R. 42
— u. A. B. Lerner *218*, *238*
Lerner, S. s. Milberg, M. B. *944*
Lesle, R. T. 342
— s. Donald, R. H. O. *366*
Leslie, G. 14, *29*
Leslie, S. s. Dumm, M. *531*
Lesser, M. A. 1184, *1299*
Lester 423, *463*
Lestrange-Trévise 755, 756
— s. Fourneau, M. E. *766*
Leszczynski, R. v. 18, *29*
Letailleur, M. 580
— P. Schmidt u. M. Wicker *690*

Lettré, H. 1323, 1324, 1329, 1354, *1369*
— s. Windaus, A. *468*
Leupold, F. 727, 748
— s. Kolle, W. *768*
Leuschner, F. 1216
— s. Heim, F. *1292*
Leuthardt 151
Levaditi, C. 757, 1148
— A. Vaisman u. H. Chaigneau-Ehrhardt *1168*
Levasseur, C. s. Tuchmann-Duplessis, H. *547*
Leveau, J. s. Morin, M. *673*
Levedahl, B. *538*
Lever, W. F. 35, 567, 593, 612, 613, 615, 636, *690*
— s. Frazier, C. N. *681*
— s. Reznick, L. *220*, *696*
Levi, L., C. L. Meneghini u. G. Pozzo *538*
— s. Caccialanza, P. *529*, *676*
— s. Meneghini, C. L. *540*
Levin, E., S. Albert u. R. Johnson *538*
Levin, H. 641, *690*
Levin, H. B. 332
— s. Sulzberger, M. B. *380*
Levin, L., u. H. Tyndale *538*
Levin, M. s. Goldman, R. *683*
Levin, O. L. 1179
— u. T. H. Behrman *1299*
Levine, E. H. 69
— s. Parrish, A. A. *225*
Levine, J. 826
— E. A. Garlock jr. u. H. Fischbach *942*
— s. Fischbach, H. *938*, *1106*
Levine, M. L. 319, 320
— s. Criep, L. H. *366*
Levine, S. 1191
— u. M. Novak *1299*
Levinson, J. E. 629
— M. Horwitz, J. P. Kulka, L. Page u. W. Bauer *690*
Levitan, B. A. 296, *373*
Levitt, H. 1230
— s. Wilson, J. W. *1317*
Levitt, M. F. s. Soffer, L. J. *699*
Levy 39, 41, 54, 57, 58, 59, 71, 73
— s. Pautrier *706*
Levy, Ch. 628
— s. Bahr, D. *674*
Levy, E. D. P. 1206
— s. Pariser, H. *1306*
Levy, E. J. 587, 594, 613, 618, 620, 626, 635, 658, 1192
— s. Cahn, M. M. *216*, *222*, *676*, *1281*
— s. Shaffer, B. *220*
Levy, E. R. s. Wolfson, W. Q. *704*
Levy, E. S. 1233
— u. D. B. Cohen *1299*

Lévy, G. 670
— s. Bolgert, M. *26*, *216*, *675*, *707*
— s. Pautrier *30*
Levy, M. 1050
— s. Eagle, H. *937*, *1105*
Levy, R. s. Wolfson, W. Q. *704*
Levy, S. W. s. Frazier, C. N. *681*
Lewe, I. A. 667, *706*
Lewin, E. 433
— u. E. Wassen *463*
Lewis 48, 49, 55, 57, 59, 71, 282, 290, 291, 336, 354
Lewis, C. s. Wilkins, J. R. *949*
Lewis, C. N. 903
— L. E. Putnam, F. D. Hendricks, J. Karlen u. H. Welch *955*
— s. Welch, H. *949*
Lewis, F. S. 1263
— s. Kligman, A. M. *1297*
Lewis, G. M. *218*, 905, 1183, 1218, 1262, 1271
— u. M. E. Hopper *1299*
— — u. F. Reiss *538*
— — u. S. Schultz *1299*
— — J. W. Wilson u. O. A. Plunkett *1299*
— u. H. H. Sawicky *224*
— s. Cormia, F. E. *951*
— s. Cramer, J. A. *216*
— s. Waldriff, G. A. *380*
Lewis, G. P. 360
— s. Elliott, D. F. *358*
Lewis, H. J. *218*
Lewis, H. M., E. Henschel u. G. Frumess *538*
Lewis, J. H. 1186
— u. W. J. Morginson *1299*
Lewis, J. S. s. Koch jr., H. J. *537*
Lewis, L. s. Dobson, R. L. *679*
— s. Wolfson, W. Q. *704*
Lewis, M., u. M. Frumess *218*
Lewis, M. N. s. Ercoli, N. N. *367*
Lewis, S. s. Kutscher, A. H. *1298*
Lewis, Th. *357*
Lewis, W. L. 750
— u. H. C. Cheetman *768*
Lewison, E., u. R. Chalmer *538*
Lewthwaite, R. s. Smadel, J. E. *947*
Ley jr., H. L. s. Smadel, J. E. *699*, *947*
Leya, A. 318, 320, 323, *373*
LeYan, P., Th. H. Sternberg u. V. D. Newcomer *236*
— s. Sternberg, Th. H. *379*
Lhotsky, J. 670, *708*
Li, C. H. 498, 499, 500, *538*, 551, 553, 557, 565

Li, C. H., u. H. M. Evans *538*
— — u. M. E. Simpson *690*
— u. K. Pedersen *538*
— M. E. Simpson u. H. M. Evans *538*
— s. Becks, H. *674*
— s. Ingle, D. J. *687*
— s. Lostroh, A. *539*
— s. Reinhardt, W. O. *695*
— s. Simpson, M. E. *545*
Li, K. K. 1258
— s. Peck, S. M. *1306*
Li, M. C., D. M. Bergenstal, J. A. Schricker u. H. M. Graff *690*
Libermann, D. 1157
— N. Rist, F. Grumbach u. S. Cals *1168*
— s. Rist, N. *1169*
Lichmann, P. 1331, *1369*
Lichstein, H. C. 805, 1271
— u. R. F. Gilfillan *942*
— u. V. F. van de Sand *1299*
Lichtenberg, A. v. 759
— s. Binz, A. *764*
Lichtenberg, F. s. Silva, F. *699*
Lichtenstein, M. R. 320, *373*
Lichtmann, A. 1331, 1334
— s. Moeschlin, S. *1369*
Lichtwitz, A. 585, 587
— D. Hioco u. C. Greslé *690*
— R. Parlier, G. Thiery u. M. Delaville *538*
Liddle, G. W. *690*
— J. E. Richard u. G. M. Tomkins *690*
Liebegott, G. 915
— u. C. Dolff *955*
Lieben, F. s. Snapper, I. *1312*
Lieberman, S. 484, 492
— K. Dobriner, B. Hill, L. F. Fieser u. C. Rhoads *538*
— H. Tagnon u. P. Schulman *538*
— s. Dobriner, K. *530*
— s. Solomon, S. *545*
— s. Tagnon, H. *546*
Liebermeister, K. 1038, 1049, *1113,* 1128, 1145, 1149, *1168*
Liebert, E. s. Howitt, M. K. *461*
Liebich, H. 248
— u. F. Neuwald *279*
Liebig, C. S. 1256, 1268, 1269
— s. Carton, C. A. *1282*
Liebig, J. v. 382, *463*
Liebman, S. D. 1250
— s. Mangiaracine, A. B. *1301*
Liebner, E. 907, *955*
Liebowitz 563
Liebreich 155
Lietz, G. 251, 261
— s. Schmidt-La Baume, F. *280*
Light 125, *229*

Light, A., u. R. Fanelli *538*
Light, A. E. 327, 839
— u. J. A. Tornaben *373, 538*
— — u. E. J. de Beer *942*
Lighterman, J. 916, *955*
Ligterink, J. H. 8, *29*
Liljedahl, S. O. 878
— u. R. Romans *955*
Liljestrand, A. 444
— s. Larsson, L. G. *463*
Lima, A. O. 320
— u. G. Rocha *373*
Limburg, H. 590, *690*
Limson, B. J. 870
— u. M. R. Romansky *942*
— s. Romansky, M. R. *946*
Lin, F. K. 870
— u. L. L. Coriell *942*
Linares, R. O. 1195
— s. Viglioglia, P. A. *1315*
Linazasoro-Calvo, J. *538*
Lincoln, M. 600
— u. W. A. Ricker *690*
Lind, H. E. 850
— u. E. M. Swanton *942*
Lindars, D. C. 908, *955*
Lindberg, G. 356
— s. Herlitz, G. *370*
Lindell, S. E. 283
— H. Rorsman u. H. Westling *360*
Lindemann, C. 610
— W. W. Engstrom u. R. T. Flynn *690*
Lindemayr, A. 138, *232*
Lindemayr, W. 302, 334, 336, 337, 338, 353, *373,* 905, 907, *955*
— u. F. Salzmann *373*
— s. Kail, F. *371*
Linden, Gräfin v. 1123, *1168*
Linden, J. H. s. Sternberg, Th. H. *700*
Linden, S. H. 57
— C. G. Steffen, V. D. Newcomer u. M. Chapman *218*
Lindenfels, L. A. s. Benedict, R. G. *934*
— s. Dvouch, W. *936*
Lindenmann, J. 1066, *1113*
Linder, F. *538*
Lindh, H. s. Malone, L. *1168*
Lindhard 398, *463*
Lindner, E. 305, 318, *373,* 451, *463*
— s. Bestian, W. *364*
Lindner, F. s. Siedel, W. *947*
Lindquist, T. 390, *463*
Lindt, P. van 806
— s. Kluyskens, P. *941*
Line, F. G. 1217, *1300*
Lingamfelter, C. S. s. Hopkins, J. G. *1293*
Lings, H. s. Schulte, G. *1371*

Linke, A. 151, *235,* 585, 1023, 1220, 1340
— u. H. G. Lasch *1369*
— u. K. Mechelke *1300*
— u. E. Müller *1113*
— u. K. Walter *690*
Linke, H. 670, *708*
— s. Biberstein, H. *527*
Linn, R. s. Griffith, R. *533*
Linneweh, F. 339, *373*
Linquette, s. Warembourg, H. *380*
Linser, K. 47, *218*
Linsert, O. 437
— s. Windaus, A. *468*
Linzenmeier, G. 865, 866, *942,* 1036, 1083, *1113*
Lipkin, M. s. Eidelsberg, J. *531*
Lipman 417
— u. Kaplan *463*
Lipman, W. H. 905, 906
— u. L. Oleman *955*
Lipman-Cohen, E. *538*
Lipmann, F. 1046, *1113*
Lipnik, M. J. 819, 916, 1181
— A. M. Kligman u. R. Strauss *943, 955, 1300*
Lipp, M. 1150
— u. F. Dallacker *1168*
Lippelt, H. 1065
— s. Hartgen, H. *1108*
Lipschütz, J. J. 619, *690*
Liquori, A. M. 799, *943, 994*
— s. Bertinotti, F. *1102*
Lisboa, B. P. 1017
— s. Bönicke, R. *1102, 1165*
Lisbôa Miranda, J. 1210
— s. Machado Filho, J. *1300*
Lissak, K. s. Tigyi, A. *547*
Lissauer 1335
Lissitzky, S. 667
— s. Roche, J. *708*
List, F. G. 1330
— A. Kirschbaum u. L. C. Strong *1369*
List, G. 1229
— s. Hansen, P. *1292*
— s. Ito, K. *1295*
— s. Rieth, H. *1308*
Lister 1197
Litchfield jr., J. T. 1059, *1113*
— u. F. Wilcoxon *1113*
— s. Alonso, L. *363*
Literski, G. s. Lützenkirchen, A. *943*
Litin, E. M. 75
— s. Faucett, R. L. *223*
Little, G. N. 1247
— s. Hazen, E. L. *1292*
Little jr., H. M. 347
— s. Singleton jr., A. O. *379*
Little, J. E. 1233
— s. Foote, M. W. *1287*
Little, R. s. Bernstein, S. *674*
Littlejohn 408, *463*

Littleton, B. J. 580, 1233
— s. Mankowski, Z. T. 691, 1301
Littman, M. L. 1175, 1184, 1207, 1227, 1254, 1255, 1256, 1300
— M. A. Pisano u. R. M. Lancaster 1300
— u. L. E. Zimmerman 1300
— s. Costello, M. J. 1283
— s. Echols, D. 1285
— s. Garcia, J. 1288
— s. Sarot, I. A. 1309
— s. Schneierson, S. S. 1310
Livingood 44
Livingood, C. C. 218
Livingood, C. S. 877, 891, 1175, 1244, 1300
— u. F. R. Diemaide 218
— E. S. Head, E. A. Johnson u. S. Nilasena 955
— s. Lyons, R. E. 1300
— s. Scully, J. P. 1311
Livingood, J. I. 572
— J. F. Hildebrand, J. S. Key u. R. W. Smith jr. 690
Ljungberg, S. 998, 1080, 1083, 1085, 1086, 1113
Lloyd-Thomas, H. 517
— u. S. Sherlock 538
Lo, H. W. s. Druckrey, H. 1366
Lobitz, W. C. 39
— s. Kierland, R. C. 218
Lobitz jr., W. C., u. D. Cole 538
LoCascio, A. s. McGavack, T. H. 1302
Loch, L. s. Suntzeff, V. 546
Locher, A. 1186, 1300
Locke, A. P. 1048
— s. Mellon, R. R. 1114
Locke, M. s. Kagan, B. M. 941
Lockemann, G. 1156
— u. W. Ulrich 1168
Lockett 661
Lockwood, J. H. 48, 57
— s. Pappenfort, R. B. 219
Lockwood, J. S. 1039
— A. F. Coburn u. H. E. Stokinger 1113
Lodder, J. 1175
— u. N. J. W. Kreger-van Rij 1300
Lodge, E. 620, 690
Loeb, H. 628
— s. Wolter, R. 704
Loefer, J. B. 1267, 1268
— u. R. G. Weichlein 1300
Loeffel, E. s. McBryde, C. 540
Löffler, W. 1349
— u. W. Bollag 1369
Loefgren, N. 105, 229
Löhe, H. 118, 229, 443, 463, 510, 539, 881, 899, 1064
— W. Schmidt u. H. Th. Schreus 539

Löhe, H., u. H. Teller 956
Löhlein, R. 310
— s. Rosenblatt, W. 377
Löscher, H. 633, 690
Loeser, A., u. H. Marx 539
— s. Bornmann, G. 528
— s. Grumbrecht, P. 534
Loesner, H. s. Michaelis, A. 768
Loew, E. R. 297, 304, 309, 310, 311, 314, 316, 318, 319, 322, 323, 324, 373
— u. O. Chickering 373
— u. M. E. Kaiser 373
— — u. V. Moore 373
— R. MacMillan u. M. E. Kaiser 373
— s. Bourque, J. E. 364
— s. Komrad, E. L. 372
— s. Last, M. R. 372
Löw, O. 136, 773
— s. Emmerich, R. 231, 937
Loewe, H. 100, 229, 496
Loewe, S. 799, 943
Loewenberg-Wayne, H. 580, 691
Loewenthal, H. 1323
— u. G. Jahn 1369
Loewenthal, K. 1264, 1300
— u. J. Tolmach 1300
Loewenthal, L. J. A. 6, 29, 49, 218, 392, 463
Loewke, Ch. 1210, 1300
Lofferer, O. 620, 623, 624
— u. R. Plasun 691
Logan, J. C. P. 49
— s. Sommerville, J. 220
Logan, M. A. 891
— W. J. Metzger, L. W. Wright A. Pigot u. E. A. Robinson 956
Logermann, W. 736
— s. Bersin, T. S. 764
Loginow, W. 539
Lohel, H. 402, 463, 1218
— s. Holz, H. 461, 1293
Lohmann 401
— u. Schuster 463
Lohmann, D. 19, 29
Lohmar, H. 191, 238
Lohmeyer, G. 14, 606
— H. Hüsselmann, H. W. Bansi u. F. Fretwurst 29, 691
Lohmüller, Th. s. Taugner, R. 701
Lohse, H. 638, 649, 650, 691
Lois, M. s. Keeney, E. L. 1296
Loiseleur, J. 434
— u. G. Velley 463
Loizeau, E. s. Engel, E. 227
Lomasney, T. L. s. Matsumoto, K. K. 1301
Lombardo, M. E. 556
— u. P. B. Hudson 691

Lombardo, M. E., C. McMorris u. P. B. Hudson 691
Lomholt, S. 442, 464, 1215, 1300
Lommel, H. 781, 805, 817, 829, 839, 943
Londero, A. T. 1220
— s. Fischmann, O. 1286
London, G. A. s. Hirschowitz, B. J. 686
London, J. D. 353
— u. M. Moody jr. 373
Lones, G. W. 1255
— u. C. L. Peacock 1300
Long 558, 616
Long, C. N. H. 555
— B. Katzin u. E. G. Fry 691
— u. E. G. Fry 691
— s. Sayers, G. 697
Long, E. R. 1069, 1113
Long, J. 496
— s. Evans, H. 531
Long, J. B. 566
— u. C. B. Favour 691
Long, L. M. 1260
— u. H. D. Troutman 1300
Long, P. H. 1029, 1080, 1083, 1085, 1206
— J. W. Haviland, L. B. Edwards u. E. A. Bliss 1113
— s. Miller, J. M. 1303
— s. Schoenbach, E. B. 1310
Long, P. L. 1223
— s. Horton-Smith, C. 1294
Long, R. E. 691
Longhi 147
Longhi, A. 146
Longhi, G., u. L. Rasponi 235
Longmire, R. L. s. French, J. D. 681
Longobardi, A. L. 1268
— s. Bonfiglioli, H. 1280
Longueville, R. 71, 353, 354
— s. Sidi, E. 225, 379, 1169
— s. Tzanck, A. 380
Lontit 436
Loomis 903
Loon, J. A. van 351
— u. J. A. C. Kanters 373
Loop, W. 1083, 1085, 1086, 1113
— u. E. Lührs 1113
— — u. P. Hauschildt 1113
— s. Tschesche, R. 1119
Loos, H. 539
Loos, H. O. 287, 360
Loosen, H. s. Schmidt, H. 1371
Loosli, C. G. 1184
— s. Procknow, J. J. 1307
Lopez, J. A. s. Lowry, O. H. 464
Loppnow, H. 1080, 1084
— s. Langecker, H. 1112
Lorenz, D. 304, 318
— s. Arnold, H. 363
— s. Brock, N. 364

Lorenzini, P., u. E. Nanni 539
Lorenzo, J. C. di s. Metzger, W. J. 957
Lorincz, A. s. Lasher, N. 538
Lorincz, A. L. 18, 29, 56, 183, 184, 186, 188, 213, 238
Loring, N. 1017, 1029, 1086, 1113
Lorrain, J. s. Moretti, G. 693
Lorriman, G. 344
— u. W. J. Martin 373
Lortat 149
Lortat-Jacob, E. 10
— u. P. Bourgeois 29
— s. Degos, R. 678
Lostroh, A., u. C. Li 539
Lotwin, G. s. Kenyon, A. 536
— s. Knowlton, K. 537
Loubatières, A. 1024, 1085, 1113
Loughlin, E. H. 863, 885
— u. W. H. Mullin 943
Louis, L. H. s. Fajans, S. S. 680
Louria, D. B. 857, 943, 1038, 1253
— u. N. Feder 1113
— — u. C. W. Emmons 1300
— s. Utz, J. P. 1315
Lourie, E. M., F. Murgatroyd u. W. Yorke 768
Loustalot, P. 1331
— s. Schär, B. 1370
Loutre, P. le 218
Loutzenhiser, J. s. Goldman, L. 1289
Louverenz, B., u. U. Smelik 539
Love, B. D. 813
— S. S. Wright, E. M. Purcell, T. W. Mon u. M. Finland 943
— s. Finland, M. 937
Love, D. 1236
— s. Jefferys, E. G. 1295
Love, R. H. s. Bessey, O. A. 458
Lovejoy, H. B. 314
— S. M. Feinberg u. E. A. Canterbury 373
Lovell, R. G. 342, 346
— s. Clutterbuck, P. W. 935
— s. Mathews, K. P. 374
— s. Sheldon, J. M. 362
Lovelok, F. J. 652
— u. D. J. Stone 691
Loveman, A. B. 354, 582
— u. M. T. Fliegelman 373, 691
Lowbury, F. J. L. 325
— s. Jackson, D. M. 940
— s. Sevitt, S. 378
Lowell, F. C. 342, 344
— I. W. Schiller, J. E. Alman u. C. F. Mountain 373
— s. Schiller, I. W. 378
Lowry 286, 325
Lowry, E. L. s. Elster, S. K. 367
Lowry, O. H. 405

Lowry, O. H., J. A. Lopez u. O. A. Bessey 464
— s. Bessey, O. A. 458
— s. Burch 458
— s. Graham, H. T. 359
Loynes, J., u. C. Gowdey 539
Lubin, J. J. s. Rappaport, B. Z. 695
Lubowe, I. 512, 539
Lubowe, J. J. 1227, 1262, 1300
— H. H. Perlman, J. Uscavage u. M. G. Mulinos 1300
Lubowe, L. 59, 218
Lucas, E. H. s. Pital, A. 945
Lucas, F., H. Neufeld, J. Utterback, A. Martin u. E. Stotz 539
Lucas, R. C. s. Sheppard, H. 225
Lucas, W. 480
— W. Whitmore u. C. West 539
Luchsinger 12, 29
Lucius, K. 1160, 1168
Luck, J., A. Griffin, G. Boer u. M. Wilson 539
Luckner, H. s. Scriba, K. 467
Luddecke 120
Luddecke, H. 113, 230
Luddecke, W. s. Cormia, F. E. 228
Ludford, R. J. 1328, 1369
Ludwig 34, 77, 590, 798, 855
Ludwig, A. 189
— u. N. Boas 539
Ludwig, B. J. 1190
— u. E. C. Piesch 224
— s. Berger, F. M. 222
— s. Schmelkes, F. C. 1117
— s. Wyss, O. 1317
Ludwig, E. 218, 877, 878, 891, 893, 894, 899, 900, 902, 904, 905, 906, 907, 909, 915, 943, 956
— W. Spier u. E. Wolff 956
— s. Götz, H. 953
— s. Schulz, K. H. 959
Ludwig, F. 1267, 1268
— u. O. Allemann 1300
— s. Allemann, O. 1277
Ludwig, H. 641
— s. Gross, R. 683
Ludwig, K. A., F. J. Murray, J. K. Smith, Ch. R. Thompson u. H. W. Werner 943
Ludwig, L. 816, 916, 956
— s. Mulli, K. 944
Lübben, B. 1203, 1300
Lüderitz, O. 91, 92, 93, 95
— u. O. Westphal 227
— s. Fromme, J. 227
— s. Schramm, G. 227
— s. Westphal, O. 228
Lüders, C.-J. 1029, 1113

Lüdinghaus, H. 647, 691
Lührs, E. 1083, 1086
— s. Loop, W. 1113
Lührs, W. 1355
— s. Bacigalupo, G. 1364
Lüttringhaus, A. 437, 1337
— J. Kimmig, H. Machatzke u. M. Jänner 1369
— s. Windaus, A. 468
Lützel, G. s. Bielig, H. J. 764
Lützenkirchen, A. 82, 224, 334, 539, 586, 590, 602, 625, 691, 800
— E. Gutmann u. G. Literski 943
— u. M. Schoog 373, 943
Luft, R. 522, 525, 539
— H. Olivecrona u. D. Ikkos 539
— s. Hökfelt, B. 535
— s. Olivecrona, H. 541
Luger 881
Lught, van der 451, 464
Luippold, E. J. 345, 373
Luithlen, F. 136, 187, 188, 189, 192, 232, 238
Lukasiak, B. s. Jablonska, S. 706
Lukidis, W. 143, 235
Lumbroso, P. s. Bolgert, M. 675
Luna, D. F. 1219, 1300
Lund, C. C. s. Crandon, J. H. 459
Lund, E. 564, 869, 943
— s. Fischer, F. 681
Lundsgaard-Hansen, P. 818, 822, 914
— u. A. Senn 956
Luniatschek 146
Lunin 382, 464
Lunseth, J. H. 23
— s. Ohnstead, E. G. 30
Lunsford, C. J. s. Templeton, H. J. 960
Lupton, Ch. 1220
— s. Bobbitt, O. B. 1279
Luria, S. E. 131
— u. D. L. Steiner 232
Lurie, H. I. 1209
— u. E. Brookfield 1300
Lurie, M. 502, 539
— u. P. Zappasodi 539
Lurie, M. H. s. Hawkins, J. E. 939
Luscombe, H. s. Corson, E. 529
Lushbaugh, C. C. 140
— s. Foreman, H. 231
Lustig, B. 1175, 1184
— s. Reiss, F. 1307
Lustig, S. de s. Parodi, A. S. 1370
Luteraan, P. J. 1234, 1300
Lutwak, L. s. Bunim, J. J. 676
Lutz 16, 20, 22, 24
Lutz, A. 886, 1246, 1252

Lutz, A., u. M.-A. Witz *956*, *1300*
Lutz, E., u. G. W. Korting *29*
Lutz, W. *29*, 346, *373*, 394, 399, 406, 433, *464*, 515, *539*, 877, *956*
Lutzeyer, W. 727, *768*
— s. Dimmling, Th. *936*
Luyendijk, W. 1208
— A. J. Welman u. R. H. Cormane *1300*
Lwoff, A. 999, 1038, 1047
— F. Nitti, J. Trèfouel u. V. Hamon *1113*
Lyck 1203, *1300*
Lynch 395
— u. Cook *464*
Lynch, F. *539*
Lynch, F. W. 17, 344, *373*
— u. J. D. Krafchuk *29*
— s. Haserick, J. R. *28*
— s. Lorincz, A. L. *29*
Lynch, J. E. 858, 869
— A. R. English, B. J. Bamforth u. D. Goeckeritz *943*
— — H. Bauck u. H. Deligianis *943*
— E. C. Holley u. J. E. Margison *943*
— s. English, A. R. *1286*
Lyndian, K. 586, *691*
Lynes, T. E. 67, 78
— s. Berger, F. M. *222*
— s. Hendley, C. D. *223*
Lyon 392, *464*
Lyon, E. 657, *691*
Lyon, T. P. s. Graham, D. M. *28*
Lyons 1190
Lyons, C. 1220
— C. R. Owen u. W. B. Ayers *1300*
Lyons, M. K. s. Bonner, Ch. D. *675*
Lyons, R. E. 1175
— u. C. S. Livingood *1300*
— C. W. Weller, J. W. McNamara u. J. L. Derzavis *1300*
Lyons, W. 474, 500, *539*
— u. V. Sako *539*
Lyons, W. F. 650
— s. Robins, J. J. *696*

Ma, R. 1235
— u. T. D. Fontaine *1300*
Ma, R. A. s. Zintel, H. A. *950*
Maassen, A. 486, *539*
Maassen, W. 727, *768*
Mabon, H. E. 440
— s. Warkany, J. *468*
Macarovici, C. G. 1008, *1113*
MacArthur, C. G. s. Hartmann, F. A. *685*
MacBryde, C. *539*
Maccabe, A. F. 870, *943*

MacCallum, W. G. 671
— u. C. Vögtlin *710*
MacCollum, D. *539*
Maccarty, C. S. s. Geraci, J. E. *1289*
MacCorquodale 470
MacCullagh, E., u. H. Rossmiller *539*
— R. Schneider, W. Bowman u. M. Smith *539*
MacDonald, A. C. s. Goldberg, A. *682*
Macdonald, A. D. 287
— s. Code, C. F. *358*
MacDougald, J. s. Laverry, F. S. *690*
Macek, K. 1005
— s. Hais, I. M. *1108*
MacGregor, A. G. 320
— u. D. R. Wood *373*
MacGregor, J. K. 176
— s. Talbot, J. R. *237*, *280*
MacGregor, T. 518, *539*
Mach, R. 76, 606
— E. Rutishauser, W. Jadassohn u. R. Paillard *691*
Mach, R. S. s. Franceschetti, A. *681*
Machacek, G. F. s. Hopkins, J. G. *686*
Machado Filho, J. 1219
— u. J. Lisbóa Miranda *1300*
MacHatton, R. M. 736
— s. Chen, G. *765*
Machatzke, H. s. Lüttringhaus, A. *1369*
Macher, E. 564, 635, *691*
— s. Kalkoff, K. W. *688*
Machlowitz, R. A. 872, 1270
— W. P. Fisher, B. S. McKay, A. A. Tytell u. J. Charney *943*
— s. Bolhofer, W. A. *1280*
Machon s. Warembourg, H. *380*
Macht, D. J. 816
— u. T. E. Hoffmaster *943*
MacIntosh, F. C. 286, 287, 288, 293, *360*
— u. W. D. M. Paton *360*
Mack, v. 440, *464*
Mackaness, G. B. 1139, 1140, 1141
— u. N. Smith *1168*
MacKee, G. M. 1006
— F. Herrmann, R. L. Baer u. M. B. Sulzberger *1113*
MacKenna, R. 449
— V. Wheatley u. A. Wormall *464*
MacKenna, R. M. B. 511, *539*
Mackenzie, D. 1239
— s. Beare, J. M. *1278*
MacKenzie, D. W. s. Beck, J. C. *674*

MacKinnon, J. E. 1184, 1208, 1219, *1300*
— R. C. Artagaveytia-Allende u. N. García-Zorrón *1300*
— A. Sanjines u. R. C. Artagaveytia-Allende *1300*
— s. Stapff, V. *1312*
Mackmull, G. 332, 351, *373*
MacLaren, W. R. 342
— W. C. Bruff, B. C. Eisenberg, H. Weiner u. W. H. Martin *373*
MacLean, J. W. s. Smith, R. M. *947*
MacMillan, R. 1217
— s. Loew, E. R. *373*
— s. Saslaw, S. *1309*
Macotela, E. 1232
— s. González Ochoa, A. *1290*
Macrae, F. J. s. Coates, L. V. *1283*
Madden 408, 413
— s. Elvehjem, C. A. *459*
Madden, J. F. 54, *219*, 333, *374*
— s. Brunsting, A. *216*
Madden, R. J. 563
— u. H. H. Ramsburg *691*
Maddin, St. 568, 660
— u. J. L. Danto *691*
— s. Danto, J. L. *678*
Maddin, St. W. s. Stewart, W. D. *1313*
Maddin, W. 510, 512
— s. Sawicki, H. *544*
Maddock, W. 503
— R. Leach, I. Tokuyama, C. Paulsen, W. Nelson, E. Jungck u. C. Heller *539*
— u. W. Nelson *539*
— s. Heller, C. *534*
Madigan, D. G. 1125
— P. N. Swift u. G. Brownlee *1168*
Madoff, J. s. Eidelsberg, J. *531*
Madsen, E. 1222, *1300*
Maeda, K. 1267, 1268
— Y. Okami, O. Taya u. H. Umezawa *1300*
— s. Nakamura, S. *1304*
— s. Nishimura, N. *30*
— s. Umezawa, H. *948*, *1170*
Maeda, S. 1235
— s. Ito, K. *1294*
Maesawa, T. s. Ozaki, M. *945*, *1305*
Magara, M. 858, 886, 1251
— H. Nittono u. T. Senda *956*
— E. Yokouti, T. Senda u. E. Amino *943*, *1301*
Magarey, F. R. 565
— u. G. Gough *691*
Magauran, W. H. B. 877, *956*
Magerlein, B. J. s. Spero, G. B. *700*
Maggi, N. 518, *539*

Magnin, P. 514
— s. Quiroga, M. *542*
Magnin, P. H. 52, 1219, 1252
— u. N. A. Vivot *1301*
— s. Cordero, A. A. *216, 1283*
Magnus, I. A. 8, *29*
Magnuson, H. J. 731, 736
— s. Eagle, H. *766, 937*
— s. Thayer, J. D. *960*
Maguire, F. A. 637
— u. M. McElhone *691*
Maher, J. P. s. Brown, E. A. *365*
Mahn, G. 1198, *1301*
Mahnert, A. u. H. Moser *539*
Mahoney, J. F. 883
— R. C. Arnold u. A. Harris *956*
Mahoney, J. P. s. Damashek, W. *678*
Maier, C. 70
— u. I. R. Rüttner *224*
Maier, F. 1024, *1113*
Maier, J. 1071
— u. Riley *1113*
Maier, K. 730
— s. Verth, Ch. Z. *770*
Maier, Kl. 126, *230*
Maier-Bode, H. 743, 759
— s. Binz, A. *764*
Maietta, A. L. 342, *374*
Maire, M. 613, *691*
Maisterrena, J. s. Renold, A. E. *696*
Majewski, C. 456, *464*
— s. Alkiewicz, J. *1277*
Major 417, *464*
Majsay, A. s. Goth, A. *533*
Makarewitsch-Galperin, L., u. S. Urschenko *539*
Makovsky, A. J. s. Tislow, R. *380*
Malaguzzi-Valeri, C. 562, *691*
Maleville s. Joulia *29, 688*
Malkiel, S. 296, 297, 301, 312, 321, 332, 333, 335, 339, 341, 343, 344, 350
— u. M. D. Werle *374*
— s. Brewster, J. M. *364*
— s. Clément, R. *365*
— s. Feinberg, S. M. *362, 367, 680*
— s. Hallenbeck, G. A. *370*
Malkinson, F. D. 58, *219*, 568, 569, 578, 590, 600, 618
— u. E. H. Ferguson *691*
— — u. M. C. Wang *691*
— u. G. C. Wells *691*
Mallach, H. J. 1005
— s. Paulus, W. *1115*
Mallarmé, J. s. Degos, R. *678*
Mallek, J. 611
— B. Kanee u. J. Zack *691*
— s. Kanee, B. *688*

Mallinckrodt-Haupt, A. St. v. 146, 1177, *1301*
— u. M. Geldmacher-Mallinckrodt *1301*
Malloy, C. J. 342, *374*
Malone, L. 1156
— A. Schurr, H. Lindh, D. McKenzie, J. S. Kiser u. J. H. Williams *1168*
Malykin, R. J. 119
— V. A. Laptev, A. V. Psrajcev u. J. B. Strigin *230*
Mameli, E. 754, *768*
— u. G. Ciuffo *768*
Manciaux, M. 145
— s. Neimann, N. *235*
Mancini, R. s. Balze, R. de la *527*
Mancini, R. E. 645, *691*
— u. S. Stringa *691*
Mancke, R. 123
— u. G. Orzechowski *230*
Mandel, M. 1182
— F. Hood u. J. R. Cohen *1301*
Mandel, P. s. Ebel, F. *531*
Mandel, W. 567
— M. J. Singer, H. R. Gudmundson, E. Meister u. F. W. S. Modern *691*
Mandelbaum, H. 600
— s. Farber, St. *680*
Mandelbaum, T. 668
— S. Candel u. S. Millman *708*
Maney, R. s. Charpy, J. *27*
Mangiaracine, A. B. 1250
— u. S. D. Liebman *1301*
Manheim, S. D. 590, 1181
— u. R. M. Alexander *1301*
— s. Alexander, R. M. *673*
Mankel, A. 41
— s. Zorn, B. *221*
Mankikar, D. S. 880
— s. Green, R. *953*
Mankowski, Z. T. 580, 1233
— u. B. J. Littleton *691, 1301*
Mann, F. C. 850
— D. H. Heilman u. W. E. Herrell *943*
Mann, T. 427, *464*, 481, 1023, 1048
— u. D. Keilin *1113*
— u. U. Parsons *539*
— s. McCarthy, J. F. *540*
Manning, J. H. 1181
— s. Woods, J. W. *949, 1317*
Mannweiler, E. s. Hartgen, H. *1108*
Manshardt 430, *464*
Manson-Bahr, P. 413, *464*, 1183, *1301*
Mansour, M. 899
— s. Merklen, F. P. *956*
Mantagnani 83
Mantel, O. s. Decourt, J. *678*
Manten, A. 798, 837, *943*, 1193, 1268

Manten, A., u. J. C. Hoogerheide *1301*
— H. L. Klöpping u. G. J. M. van der Kerk *1301*
Manteufel s. Uhlenhuth, P. *770*
Manthel, R. W. 1142, 1163
— s. Roth, L. J. *1169*
Maple, F. M. 835
— B. O'Leary u. W. M. M. Kirby *943*
— s. Kirby, W. M. M. *941*
Máramosi, G. 1176
— s. Oláh, D. *1305*
Maranon *539*
Marble, A. 440
— s. Bauer, W. *457*
Marble, B. B. s. Brues, A. M. *1365*
March, C. 180, 186, 189, 191, 195
— s. Herrmann, F. *238*
Marchionini, A. 6, *29*, 89, 146, 180, 181, 188, 192, 193, 198, 199, 201, 203, 209, 212, *238*, 346, 394, 418, 433, *539*, 621, 793, 795, 877, 878, 881, 885, 889, 891, 892, 894, 896, 897, 898, 899, *943*, *956*, 1160, 1180, 1183, 1184, 1191, *1301*
— u. F. Böhning *238*
— u. H. Götz *943, 956, 1301*
— u. D. Jahn *539*
— u. Th. Nasemann *464*
— u. B. Ottenstein *227*
— u. C. Patel *464*
— u. H. Röckl *374, 943, 956*
— u. C. G. Schirren *1301*
— u. H. W. Spier *691*
— s. Kimmig, J. *218*
Marciconda, A. 878
— u. G. Montilli *956*
Marco, A. di s. Arcamone, F. *1278*
Marcus, R. s. Glass, S. *533*
Marcussen, P. V. 26, *30*, 79, *224*, 443, *464*, 908, *956*, 1177, *1301*
Mardis, R. E. 1259
— s. Hall, B. D. *1292*
Maren, Th. H. 1023
— s. Roepke, R. R. *1116*
Marenghi, G. 1005
— s. Illari, G. *1109*
Marenzi, A. s. Quiroga, M. *542*
Marescaux, J. s. Aron, Cl. *526*
Marfatia, U. s. Fatterpaker, P. *1106*
Margarot, J. 1231
— P. Rimbaud, P. Izarn u. J. A. Rioux *1301*
Margen, S. s. Kinsell, L. W. *537*
Marget, W. 786, 787, 1250
— s. Otten, H. *1305*
Marggraf, H. 823
— s. Berger, U. *934*

Margison, J. E. s. Lynch, J. E. *943*
Margolis, H. M. 433
— u. P. S. Caplan *464*
Margolis, L. H. 72, *224*
— R. N. Butler u. A. Fisher *224*
Margot, A. s. Jadassohn, W. *536*
Margreiter, H. 777
— s. Brandl, E. *935*
Margulis, R. R. 580
— C. P. Hogkinson, P. J. Howard u. E. J. Gordon *691*
— s. Olson, J. A. *694*
— s. Steffensen, E. H. *700*
Mariat, F. 1036, 1038, 1070, *1113*, 1190, 1221, 1247, *1301*
— u. M. Vieu *1301*
Marie, J. s. Drouhet, E. *1285*
Marin, D. R. 905
— s. Bolet, E. L. *951*
Marine, D. 667
— u. O. P. Kimball *708*
Marinosci, A. *540*
Mariuerktad, S. s. Bierich, J. R. *675*
Markees, S. 1234, *1301*
Markel 444, 445
— s. Pascher *465*
Markell, E. K. 644, *691*
Markiewicz, K. 1069, 1089
— P. Jucker, M. Eyband u. C. Tütsch *1113*
Markoff, N. 151, 152, *235*, *464*
Marks 444, 445
— s. Pascher *465*
Marks, A. R. s. Graham, H. T. *359*
Marks, H. C. s. Schmelkes, F. C. *1117*
Marks, M. M. 670
— s. Sutton, R. L. *709*
Marks, V. 577, *691*
Markson 582
Marksvell, N. W. 432, *464*
Marler, E. E. J. 980, *1113*
Marmell, M. 884, *956*
— u. A. Prigot *956*
— s. Maynard, A. *956*
— s. Prigot, A. *958*
— s. Shidlovsky, B. A. *947*, *1311*
— s. Whitaker, J. C. *960*
Marmelzat, W. L. 79
— s. Friedman, H. T. *223*
Marmo, R. 565
— s. Preziosi, P. *695*
Marples, M. J. 1184, *1301*
Marquardt, F. 1201, *1301*
Marquardt, H. 1329, 1363, *1369*
— s. Hesse, E. *1367*
Marquardt, M. P. 1128, 1145
— s. Carl, E. *1165*
Marquardt, P. 302, 806

Marquardt, P., u. H. Schumacher *374*
— u. E. Ziegler *943*
Marquenne 427, *464*
Marquis, D. G. 68, 78
— E. L. Kelly, J. G. Miller, R. W. Gerard u. A. Rapoport *224*
Marsden, C. W. 47, 57, *219*
Marselou, U. 1182
— u. G. Segrétain *1301*
Marsh, P. B. 1204
— u. M. L. Butler *1301*
Marsh, W. C. 1213, *1301*
Marshak 1206, 1271
Marshak, A. *1301*
Marshak, L. C. *1301*
Marshall 433, *464*
Marshall, D. E. 295
— s. Fell, N. *367*
Marshall, E. E. s. Katz, S. *1167*
— s. Payne, H. M. *1115*
Marshall jr., E. K. 963, 1006, 1012, 1041, 1045, 1046, 1080, *1113*
— W. C. Cutting u. E. Emerson *1113*
— s. Bratton, A. C. *1103*
Marshall, J. 50, *219*, 597, 604, 626, *691*
Marshall, P. B. 737, *768*
Marsilii, G., u. L. Sonetti *540*
Marson, G. 623, *691*
Marson, H. W. s. Clark, J. H. *1104*
Marson, M. s. Leoni, A. *218*
Martelli, A. *540*
Martelli, G. 74, *224*
Martens, R. H. 14, 867, 1236, 1238, 1239, 1240, 1242
— s. Bettley, F. R. *26*
— s. Williams, D. J. *949*, *1317*
Martenstein, H. 47, *219*
Martin 22, 71, 148, 294, 296, 320, 342, 344, 346, 786, 834, 870, 904, 1236, 1238
Martin, A. s. Lucas, F. *539*
Martin, A. N. 1000, 1001
— s. Kostenbauder, H. B. *1111*
Martin, A. R. 1049, 1060, 1061, 1087, *1301*
— F. L. Rose u. G. Swain *1113*
— s. Hoggarth, E. *1109*
Martin, B. F. 600, *692*
Martin, D. s. Huriez, Cl. *234*
Martin, D. St. 1183
— s. Conant, N. F. *1283*
Martin, E. 1081, *1113*
Martin, G. J. *219*
— s. Moss, J. N. *375*
Martin, H. 450, *464*, 1346, 1347, 1363, *1369*
Martin, H. L. 1272, *1301*
Martin, J. 33, 55, *219*
— s. Halpern, B. N. *370*

Martin, J. A. s. Chappaz, G. *1282*
Martin, J. C. 886, 1251
— s. Bertrand, P. *950*, *1279*
Martin jr., J. D. 647
— W. C. McGarity u. F. C. Smith *692*
Martin jr., J. W. s. Hayman jr., J. M. *28*
Martin, L. s. Hill, H. *371*
Martin, P. s. Huriez, Cl. *29*, *223*, *371*
Martin, R., B. Surean, Y. Chalbert u. B. Hutinel *943*
Martin, R. C. s. Stephen, C. R. *379*
Martin, S. M. s. Henriksen, E. *1293*
Martin, W. H. s. MacLaren, W. R. *373*
Martin, W. J., F. R. Heilman, D. R. Nichols, W. E. Wellman u. J. E. Geraci *943*
— D. R. Nichols u. J. E. Geraci *943*, *956*
— — u. F. R. Heilman *943*
— s. Lorriman, G. *373*
Martin-Dupont, C. s. Aubertin, E. *674*
Martin-Noel 58
— s. Mazare *219*
Martineau, P. C. 887
— s. Perry, F. G. *958*
Martinez, B. L. 339, 340
— u. J. R. Morales *374*
Martinez-Baez, M. s. Del Pozo, E. C. *678*
Martini 22, 96, 142, 143, 145, 149, 555
— s. Bouchard, C. *27*
— s. Faltitschek, J. *27*
— s. Rist, E. *31*
Martini, G. A. *30*, 141, *235*, 577
— u. J. Staubesand *235*
— s. Dölle, W. *679*
Martini, H. s. Gänsslen, M. *1366*
Martini, P. 331, *362*, *374*, 1327, *1369*
— s. Laplace *372*
Martini, V. s. Bammer, H. *227*
Martino, E. s. Gruhzit, O. M. *939*
Martius, C. 668, *708*
— H. Bieling u. D. Nitz-Litzow *708*
Martland jr., H. S. 351
— u. J. K. Guck *374*
Martucci, E. 1249
— s. Coletta, A. *1283*
Marty, F. N. s. Cronk, C. A. *951*
Maruzzella, J. 1211
— u. P. A. Henry *1301*
Marvin, H. 524
— s. Schwander, H. *544*
Marwyck, Ch. van 822, *943*

Marx, H. 1215
— s. Loeser, A. *539*
— s. Oppenheim, B. *1305*
— s. Sabalitschka, Th. *1309*
Marx, W. 334, *374*
Marzoli, J. P. 1351
— s. Sievers, H. G. *1371*
Maschka, A. 1004
— M. Stein u. W. Trauer *1113*
Maschmann, E. 736
— u. E. Helmert *768*
Mascitelli-Coriandoli, E. *1038*
— F. Boldrini u. C. Citterio *1113*
Maske, H. 416, *464*
Maslansky, L. 345
— u. M. D. Sanger *374*
— s. Sanger, M. D. *377*
Mason 478
Mason, A. 1247
— s. Brown, R. *935, 1281*
— s. Hazen, E. L. *1292*
Mason, E. H. s. Shaw, W. M. *31, 709*
Mason, H. L. 39, 176, 178, 551
— W. M. Hoehn u. E. C. Kendall *692*
— C. S. Myers u. E. C. Kendall *692*
— s. Kierland, R. C. *218*
— s. Sprague, R. G. *700*
— s. Williams, R. D. *408*
Mason, R. C. s. Robinson, H. J. *696*
Massa, L. 607
— s. Bertolani, F. *674*
Massabie 397, 445, *464*
Masse, N. s. Debré, R. *678*
Massel, B. F. s. Thorn, G. W. *701*
Masselin, M. 1334
— s. Rudloff, J. *1370*
Massenat-Deroche, B. 870, *943*
Massenberg, A. 319
— u. M. Rommerswinkel *374*
Massion, P. s. Graciansky, P. de *683*
Mast, G. W. 1269
— s. Felsenfeld, O. *1286*
Mastrangelo, A. E. s. Franceschetti, A. *681*
Matanic, V. 418, *464*
Mathé, G. 1344
— s. Bernard, J. *1364*
Mather, G. s. Hoyle, C. *686*
Mathews, K. P. 342, 346
— F. M. Hemphill, R. G. Lovell, W. E. Forsythe u. J. D. Sheldon *374*
— — J. M. Sheldon, R. G. Lovell u. W. E. Forsythe *374*
— s. Sheldon, J. M. *362*
Mathieson, D. s. Mayer, R. L. *374*
Mathieson, D. R. s. Sprague, R. G. *700*

Mathur, I. S. s. Gupta, S. K. *1107*
Matill, H. A. 448
— s. Hines, L. R. *461*
Matner 339, *374*
Matner, Th. 650, *692*
Matras, A. 18, 869
— u. J. Kohler *943*
— s. Frühwald, R. *27*
Matsuda, Y. 1083, 1086
— s. Yoshida, H. *1122*
Matsumoto, K. K. 1206
— D. S. Amatuzio, T. L. Lomasney, W. W. Ayres u. T. D. Cuttle *1301*
Matsumoto, M. 886
— s. Miyahara, M. *957*
Matsunobu 145, 146
Matter, W. 614, *692*
Matthes, Th. 313, 1354
— u. K. Schmidt *1369*
Matthies, H. 1046
— u. B. Pfefferkorn *1114*
Matz, K. s. Hartgen, H. *1108*
Matzer, M. J. 39
— s. Lange, K. *218*
Matzker, J. 657
— u. L. Wagner *692*
Maurer, G. 727, 730, *768*
Mauric, G. 310, 314, 318, 319, 329
— s. Halpern B. N. *370*
— s. Pasteur Vallery-Radot *376*
Mauriello, D. A. 599, *692*
Mautz 37, 103
Maw, W. s. McKinley, W. *540*
Mawson, E. H. s. Boyland, E. *1365*
Maxwell, R. s. Swingle, W. W. *701*
Mayer 132, *232*, 298, 299, 308, 309, 318, 319, 320, 322, 327, 444
— s. Sevin *467*
Mayer, C. *540*
Mayer, E. 124, *230*, 1023
— s. Roepke, R. R. *1116*
Mayer, G. s. Peck, S. *376*
Mayer, H. 613, 663, *692, 705*, 1225, *1301*
Mayer, R. L. 72, *224*, 324, 355, *374*, 871, 905, *956*, 1023, 1031, 1032, 1044, 1045, 1072, 1083, 1085, *1114*, 1220, 1232
— u. D. Brousseau *374*
— H. W. Hays, D. Brousseau, D. Mathieson, B. Rennick u. F. F. Yonkman *374*
— C. P. Huttrer u. C. R. Scholz *374*
— E. Konopka, S. Geftic u. J. Lanzola *1301*
— u. Ch. Oechslin *1114*
— s. Kull, F. C. *374, 1298*

Mayer, R. L. s. Neipp, L. *1115*
Maynard, A. 884
— A. Prigot u. M. Marmell *956*
Maynard, A. de L. s. Morton, R. F. *944*
Mayock, R. L. s. Sullivan, R. D. *700*
Mayoux, R. 796
— Carraz u. J.-P. Rebattu *943*
Mayr-Harting, A. s. Burton, H. *1103*
Mazalton, A. 73, 353, 636
— s. Eliachar, E. *680*
— s. Tzanck, A. *226, 380*
Mazare 58
— Martin-Noel u. Gilbert *219*
Mazoue, H. s. Chauchard, B. *529*
— s. Lecoq, R. *538*
Mazumdar, S. K. 1235
— s. Dutta, D. *1285*
Mazzacca, G. 1061
— s. Pecori, V. *1115*
Mazzarino, C. s. Kaiser, J. A. *941*
Mazzetti, G. 1182
— G. Gargani u. G. Fissi Marraccini *1301*
— s. Ciferri, R. *1282*
Mazzetti, G. M. s. Nicola, P. de *693*
Mazzini, M. 450
— u. M. Auster *464*
Mazzini, M. A. 1186
— u. J. P. Elena *1301*
Mazzoco, P. s. Houssay, B. A. *686*
Mazzoni, A. s. Corbelli, G. *1283*
McAllen, M. 570, 588
— s. Herxheimer, H. *685*
McAuliff, J. P. s. McChesney, E. W. *1114*
McBride, T. J. 1271
— s. English, A. R. *937, 1286*
McBryde, C., H. Freeman, E. Loeffel u. D. Castrodale *540*
McCall, M. 1233
— s. Colwell, C. A. *1283*
McCall, M. F. 568, 660
— s. Geddes, A. K. *682*
McCardle 184
McCarter, J. C. 320
— s. Kyser, F. A. *372*
McCarthy, F. J. s. Tytell, A. A. *1314*
McCarthy, J. F. 510
— C. T. Stepita, M. B. Johnston u. J. A. Killian *540*
McCaughan, J. A. 1060
— s. Rhodes, R. E. *1116*
McChesney, E. W. 1004, 1008, 1087
— M. E. Auerbach, J. P. McAuliff u. H. W. Eckert *1114*
— s. Sorinson, N. S. *220*

McClelland, C. P. 268
— u. R. L. Bateman *279*
McClelland, L. s. Cuckler, A. C. *936, 1166*
McCollum, E. V. 382, 437
— N. Simmonds, P. G. Shipley u. E. A. Park *464*
— s. Shipley, P. G. *467*
McCombie, H. 1269
— u. H. A. Scarborough *1302*
McCombs 582
McConahy, J. C. s. Shelley, W. B. *378*
McCormick, G. F. s. Katz, S. *1167*
McCormick, J. R. D. 812, 813
— N. O. Sjolander, N. Hirsch, E. R. Jensen u. A. P. Doerschuk *943*
McCormick, W. J. 432, *464*
McCorriston, L. 596, *692*
— s. Kalz, F. *688*
McCowen, M. 833
— M. E. Callender, J. F. Lawlis u. M. C. Brandt *943*
McCoy, E. 855, 1268
— s. Smith, R. M. *947, 1312*
McCrea, A. 1175, 1177, *1302*
McCreary 340
McCrew, E. A. s. Rappaport, B. Z. *695*
McCrone, W. C. 994
— s. Krc jr., J. *1111*
McCroy, W. W. s. Elkington, J. R. *680*
McCuistion, C. H. 1244, *1302*
McCullock, K. 881
— u. A. P. v. Auersperg *956*
McCullough, N. B. s. Utz, J. P. *1315*
McCune jr., R. s. McDermott, W. *1168*
McDearman, S. s. Sprunt, D. *545*
McDermott 555
McDermott, K. J. s. Cronk, C. A. *951*
McDermott, W. 786, 807, *943*, 1155, 1156
— P. A. Bunn, M. D. R. Benoit u. M. E. Reynolds *943*
— L. Ormond, C. Muschenheim, K. Deutschle, R. McCune jr. u. R. Tompsett *1168*
— u. R. Tompsett *1168*
— s. Elmendorf, D. F. *1166*
— s. Farrington, R. F. *937*
McDevitt, M. s. Cook, E. S. *1283*
McDonald, D., u. M. Latta *540*
McDonald, H. 1047
— s. Ballenger, E. *1101*
McDonald, J. H. 562
— u. N. J. Heckel *692*
— s. Heckel, N. J. *534*

McDonough, E. S. 1234
— s. McGray, R. J. *1302*
McDonough, W. s. Clyman, B. *529*
McDougall, J. s. Kerr, E. *536*
McElhone, M. 637
— s. Maguire, F. A. *691*
McElin, T. W. 332
— u. B. T. Horton *374*
McElroy, R. 1187
— s. Corbit jr., J. D. *1283*
McFarlane, D. s. Landsman, J. B. *1112*
McGarity, W. C. s. Martin jr., J. D. *692*
McGavack, T. H. 304, 310, 314, 315, 316, 318, 327, 332, 337, 343, 620, 1210
— I. J. Drekter, S. Schutzer u. A. Heisler *374*
— H. Elias u. L. J. Boyd *374*
— Kung-Ying Tang Kao, D. A. Leake, H. G. Bauer u. H. E. Berger *692*
— A. H. Shearman, J. Weissberg, A. M. Fuchs, P. M. Schulman u. I. J. Drekter *374*
— D. Weiner, A. Lo Cascio, M. Bell u. L. J. Boyd *1302*
— J. Weissberg, A. Shearman, Ph. M. Schulman, I. J. Drekter u. L. J. Boyd *374*
— s. Collins, J. G. *1283*
— s. Elias, H. *367*
— s. Gelvin, E. P. *369*
— s. Randall, L. O. *1116*
McGee, H. L. s. Rothschild, M. A. *697*
McGee, L. 503
— s. Moore, C. *541*
McGinn, T. s. Younger, D. *704*
McGivney, J. 1181, *1302*
McGovern, J. J. 818, 820, 912
— R. H. Parrot, W. C. Emmons, S. Ross, F. G. Burke, P. de Graciansky u. J. H. Hardonin *956*
— — — S. Ross, F. G. Burke u. E. C. Rice *944*
McGowan, J. C. 867, 1236, 1266, 1271, *1302*
— s. Brian, P. W. *935, 1280*
— s. Grove J. F. *939, 1291*
McGray, R. J. 1234
— u. E. S. McDonough *1302*
McGuire, J. M. 832, 833, 1264
— R. L. Bunch, R. C. Anderson, H. E. Boaz, E. H. Flynn, H. M. Powell u. J. W. Smith *944, 1302*
McHenry, E. W. 290
— s. Best, C. H. *358*
McHolmes, D. J. 898, *956*

McIntire, F. C. 285, 287, 293, 296, *360, 374*
— P. K. Richards u. L. W. Roth *374*
— L. W. Roth u. M. Sproull *360*
McIntosh 392
— s. Combes *459*
McJunis, K. B. 905, *956*
McKay, B. S. s. Machlowitz, R. A. *943*
McKay, H. s. Rubin, M. J. *1117*
McKee, C. M. 849, 1270
— D. M. Hamre u. G. Rake *944, 1302*
— s. Donovick, R. *1105*
McKenna, R. M. B. s. Barber, H. W. *527*
McKenney, C. s. Brain, R. T. *1280*
McKenzie, D. s. Malone, L. *1168*
McKinley, W., W. Maw, W. Oliver u. R. Common *540*
McKnight, W. P. s. Seydell, E. M. *947*
McLachlin, A. D. s. Crassweller, P. O. *678*
McLagen 147
McLaren-Hume 210
— s. Stunkard *239*
McLaughlin, C. M. 1202
— s. Felton, L. C. *1286*
McLean, A. 570
— u. J. B. Sayer *692*
McLean, H. 828
— s. Kunstader, R. H. *955*
McLean, K. S. 433, *464*
McLendon, I. s. Greenblatt, R. *533*
McLeod 520, 1244, 1268
McLeod, C. *1302*
McLeod, J. *1302*
McLeod, J. W. s. Burton, H. *1103*
McLeod, T. S. s. Burton, H. *1103*
McLulloch jr., s. Sullivan, M. *1371*
McMagnus, A. G. 1065
— s. Quan, S. F. *1116*
McMillan, J. 868, 1236, 1237, *1302*
— s. Grove, J. F. *939, 1291*
McMillen, Sh. 1205
— D. S. Kushner u. I. Snapper *1302*
— s. Kushner, D. S. *1298*
McMorris, C. s. Lombardo, M. E. *691*
McNall, E. G. 1244, *1302*
McNally, P. A. 1052
— s. O'Meara, R. A. Q. *1115*
McNamara, H. s. Barnett, H. L. *934*

McNamara, J. W. s. Lyons, R. E. *1300*
McPhail, M. 474
— s. Rowlands, I. *543*
McPherson, D. A. s. Huppert, M. *940*
McQuarrie, I. 580
— J. A. Anderson u. M. R. Ziegler *692*
McQuown, A. L. 1183
— s. Moss, E. S. *1303*
McShan, W. 487
— s. Davis, J. *529*
McVay, L. V. 1207, 1216, 1229, 1259
— u. D. S. Carroll *1302*
— F. Guthrie u. D. H. Sprunt *1302*
— u. D. H. Sprunt *1302*
— s. Snapper, I. *1312*
McVeigh, I. 1194
— s. Robbins, W. J. *1308*
McVickar, D. L. 1177, *1302*
McWilliam, R. 1238
— s. Rhodes, A. *1307*
Meade, G. M. s. Steenken jr., W. *1170*
Meads, M. 818, 916
— W. P. Rowe u. H. M. Haslam *944, 956*
Means, J. A. s. Finlay, A. C. *1166*
Meara, R. H. 627, *692*
Mebane, A. D. s. Oroshnik, W. *1305*
Mechelke, K. 309, 313, 1220
— s. Gatzek, H. *368*
— s. Linke, A. *1300*
Mechow, O., u. E. Heinke *540*
Mecke jr., R. s. Druckrey, H. *1366*
Medawar, P. B. s. Billingham, R. E. *675*
Mediary, G. O. 405
— s. Najjar, V. A. *465*
Medina, J. A. s. Roche, M. *696*
Meeks, R. C. s. Ingle, D. J. *687*
Meenan, F. O. C. 877, *956*
Mehler, H. 1123
— u. L. Ascher *1168*
Mehring, J. v. 663
— u. O. Minkowski *706*
Meier, P. s. Büchi, J. *279*
Meier, R. 96, 297, 300, 308, 309, 311, 313, 316, 318, 319, 320, 321, 322, 323, 324, 325, 328, 329, *374*, 993, 1010, 1025, 1033, 1034, 1050, 1058, 1059, 1060, 1083, 1086, *1114*
— O. Allemann u. H. v. Meyenburg *1114*
— u. H. J. Bein *374*
— u. K. Bucher *362, 374*
— u. L. Neipp *1114*
— s. Alonso, L. *363*

Meier, R. s. Birkeland, M. J. *364*
— s. Ellis, I. W. *367*
— s. Grieder, F. *939*
— s. Jaques, R. *227*
— s. Lehmann, G. *373*
— s. Staub, H. *379*
— s. Steinmann, B. *379*
— s. Wood, D. R. *381*
Meier, W. 999
— s. Willi, A. V. *1121*
Meiklejohn, G. s. Brainerd, H. D. *951*
— s. Lennette, E. H. *955*
Meilman, E. 351
— s. Cahan, A. M. *365*
Meiren, L. van der 396, 609, 879, *956*
— u. G. Moriame *464*
— — u. E. Rollier *692*
Meiser, W. 1049
— u. F. Schönhöfer *1114*
Meissner 1149
Meister, E. s. Mandel, W. *691*
Melampy, R. s. Porter, I. *542*
Melander, B. 324
— s. Källqvist, J. *371*
Melby, J. C. 84
— u. J. P. Street *224*
Meleney, F. L. 791, 844, 845, 847, 1262
— A. J. Balbina, E. J. Pulaski u. F. Colonna *944*
— u. B. A. Johnson *944*
— — u. P. Teng *944*
— s. Johnson, B. A. *941, 1295*
Melki 353, 354
Melki, G. s. Tzanck, A. *380*
Melki, G. R. s. Jablonska, S. *687*
— s. Merklen, F. P. *692*
Melki, R. s. Sidi, E. *379*
Mellanby, E. 436, *464*
Mellinger, G. W. 630
— u. C. C. Pearson *692*
Mello, H. de 450, *464*
Mellody, M. 1188
— u. E. Bigg *1302*
Mellon, R. R. 1048
— A. P. Locke u. L. E. Shinn *1114*
Melo, N. L. 1179
— u. V. F. Melo *1302*
Melo, V. F. 1179
— s. Melo, N. L. *1302*
Melton, F. M. 1176, *1302*
Melzer 666, *706*
Memmesheimer, A. M. 338, *374*, 1175, 1184, 1189, 1200, *1302*
— u. H. Kuhlmann *1302*
— s. Götz, H. *1289*
Mendel 382
— s. Osborne *465*
Mendelsohn, H. R. 659
— s. Weiner, A. L. *702*

Mendelson, A. s. Bateman, J. C. *950*
Mendizabal, A. F. 886, 1252
— R. Inza u. J. A. Salaber *956, 1302*
Mené, G. 319
— s. Ovary, Z. *376*
Meneghini, C. L., L. Levi u. G. Bozzo *540*
— s. Levi, L. *538*
Mengle 136
Menkin, V. 90, 93, 146, *227*, 314, *375*
Menschel 442, *464*
Mentberger, V. 1123, *1168*
Menzel, A. E. 1266
— O. Wintersteiner u. J. C. Hoogerheide *1302*
— s. Cooke, R. A. *677*
Menzel, R. 905, 906
— s. Graul, E. H. *953*
Menzi 629
Mercadal-Peyri, J. 510, *540*
Mercer, R. D. s. Farber, S. *1366*
Mercier-Parot, L. 139, 581
— s. Tuchmann-Duplessis, H. *233, 701*
Merk, L. 408, 410, 413
Merklen, F. P. 456, 655, 899
— M. Mansour u. J. Raynaud *956*
— G. R. Melki u. P. Harter *692*
— u. M. V. Riou *464, 692*
Merliss, R. 916
— u. A. Hoffman *957*
Merrick, E. Z. s. Henderson, E. *685, 700*
Mescon, H. 485
— s. Wotiz, H. *548*
Mesmer, W. 1215
— s. Grasset, E. *1291*
Messeloff, C. R. s. Greiner, T. *369*
Messerschmitt, J. 629
— s. Bernasconi, P. *674*
Mestres 1222
— s. Armangué, M. *1278*
Metre jr., Th. E. van 589
— s. Niermann, W. A. *693*
Métreau, J. s. Isch-Wall, P. *687*
Metz, E. 1124, *1168*
Metzger, W. J. 818, 912, 1216
— u. J. P. Shapse *944*
— L. T. Wright u. J. C. di Lorenzo *1302*
— — R. F. Morton, J. C. di Lorenzo u. J. J. Meyer-de Schmid *957*
— s. Logan, M. A. *956*
Meulengracht 146
Meulenhoff, J. 1008, *1114*
Meyenburg, H. v. 1059, 1060, 1086
— s. Meier, R. *1114*
Meyer 79, 393, *464*

Meyer s. Anderson, O. *457*
Meyer, A.-E. 495
— s. Zerssen, D. v. *549*
Meyer, A. S. 490, *540*
Meyer, B. 892
— s. Tzanck, A. *960*
Meyer, E. 1176, 1257, 1270
— u. Z. J. Ordal *1302*
— s. Geister, R. S. *1288*
Meyer, E. S. 567
— s. Gordon, E. S. *683*
Meyer, F. C. 300, 353
— s. Kyrides, L. P. *372*
Meyer, G. P. 660, 670
— s. Klauder, J. V. *537, 689, 708*
Meyer, H. 1129
— H. Lauener u. E. Dettweiler *1168*
— s. Rominger, E. *466*
Meyer, H. H. 133, *232*
Meyer, H. S. s. Miller jr., L. *957*
Meyer, J. 181, 201, *238*, 670, *708*, 737
— s. Barron, E. S. G. *763, 764*
Meyer, J. de 664, *706*
Meyer, J. J. 56
— s. Gougerot, H. *683, 953*
— s. Graciansky, P. de *217*
Meyer, K. s. Plotz, Ch. M. *695*
— s. Ragan, C. *695*
Meyer, K. F. 1049, 1054, 1065
— s. Quan, S. F. *1116*
Meyer, L. M., W. L. Heeve u. R. W. Bertscher *224*
Meyer, M. M. s. Eisen, H. N. *680*
Meyer, O. O. s. Johnson, A. M. *954*
Meyer, P. 589, 592, 598
— u. S. Moeschlin *692*
Meyer, P. S. *540*
Meyer, R. s. Riegel, I. *543*
— s. Stafford, R. *545*
Meyer, R. K. 487
— s. Davis, J. *529*
Meyer, S. H. 1331
— s. Moeschlin, S. *1369*
Meyer, W. 1352, *1369*
Meyer, W. H. s. Johansen, F. A. *1109*
Meyer-Berke 631, *692*
Meyer-Rohn, J. 7, *30*, 90, 95, 97, 98, *227*, 333, *375*, 397, 407, 442, *464*, 511, *540*, 658, 782, 783, 791, 793, 805, 812, 813, 818, 822, 823, 852, 867, 877, 878, 882, 887, 888, 891, 909, 912, 913, 919, *944*, *957*, *961*, 1048, 1056, 1063, 1069, *1114*, 1126, 1127, 1131, 1139, 1140, 1144, 1148, 1149, 1152, 1163, 1164, *1168*, 1176, 1178, 1179, 1182, 1186, 1213, 1231, 1239, 1245, 1247, 1250, 1257, *1302*, 1322

Meyer-Rohn, J., W. Hopff u. Th. Lange-Brock *944, 957, 1302*
— M. Jänner u. H. Krumme *1369*
— u. Th. Lange-Brock *944*
— u. H. Lehmann *957*
— u. B. Rohde *692, 957, 961*
— u. C. Schirren *944*
— u. K. H. Schulz *1168*
— u. K. Tudyka *944, 1114*
— s. Kimmig, J. *1168*
Meyer de Schmid, J. J. 23, 644, 898
— u. A. Neuman *30, 692*
— s. Hewitt, J. *1293*
— s. Metzger, W. J. *957*
Meyers, D. B. 269
— M. V. Nadkarny u. L. C. Zopf *279*
— s. Hopkins, J. G. *279*
— s. Landon, F. W. *279*
— s. McClelland, C. P. *279*
Meyers, M. C. s. Bethell, F. H. *458*
Meyhöfer, W. 620, 623, 624, 654
— u. Ch. Dombrowski *692*
— s. Naegele, E. *693*
Meyler, L. 125, *230, 362*
Meynell, M. J. s. Williams, J. A. *949*
Meythaler, F. 524, 1361, *1369*
— u. F. Händel *540, 1369*
— s. Hofmann, P. *940*
Michaelis, A. 739, 1321
— u. H. Loesner *768*
— u. C. Schulte *768*
Michaels, G. D. s. Kinsell, L. W. *537, 688*
Michard, J. P. s. Decourt, J. *678*
— s. Lemaire, A. *538*
Michel, A. G. 641
— s. Michel, P. J. *692*
Michel, P. J. 18, 71, 126, 444, *464*, 611, 641, 651, 654, *692*, 1270
— u. M. Blanchon *692*
— u. P. Favel *224*
— u. P. Laurent *1302*
— u. A. G. Michel *692*
— P. Morel u. R. Creyssel *692*
— u. J. Pellerat *692*
— J. Saint-Paul u. Dumas *230*
— — u. Ronre *230*
Michel, R. 667, 668
— s. Roche, J. *708*
Michelfelder, Th. J. 320, 327
— u. S. M. Peck *375*
— s. Peck, S. M. *376*
Michelson 394, *464*
Michelson, H. E. 58, *219*
Michener, H. D. 1262
— u. N. Snell *1302*
Michkeel 428
— s. Haworth *461*

Michon, P. s. Watrin, J. *702*
Midana, A. 56, 593, 609, 613, 1333
— u. M. Depaoli *219*
— u. F. Ormea *540, 1369*
— u. G. Zina *692*
Middendorf, L. 267, 268, *279*
Middlebrook 1141
Miebach, H. s. Stüttgen, G. *700*
Miedzinski, F. 444
— s. Grzybowski, G. *461*
Mier, P. D. 208
— s. Tickner, A. *239*
Mierzecki 666, *706*
Miescher, G. 5, *30*, 61, *224*, 300, 442, 444, *464*, 496, 509, 510, 511, 582, *692*, 784, 891, 893, 894, 898, *957*, 1333, 1363, *1369*
— u. C. Bohm *944*
— u. A. Schönberg *540*
— u. O. Stark *540*
— u. H. Storck *957*
Miescher, K., u. P. Gasche *540*
— u. E. Tschopp *540*
Miescher, P. 35, 47, *219*
Miesfeld, A. P. *957*
Mietzsch, F. 37, 302, *375*, 775, 962, 963, 993, 999, 1004, 1006, 1007, 1008, 1045, 1048, 1050, 1061, 1072, *1114*, 1124, 1219
— u. R. Behnisch *1114, 1302*
— u. J. Klarer *1114*
— s. Dohrn, M. *1285*
— s. Domagk, G. *1105, 1166*
Migeon, C. J. s. French, A. B. *681*
Miguens, M. P. 1184, 1196, 1213, 1272, *1302*
— s. Bayo Bayo, J. M. *1278*
Mihich, E. 1024
— u. G. Prino *1114*
Mijaro, G. S. 1246
— s. Roda, A. P. *1308*
Mikhovskaya, N. D. 1213
— M. N. Rotmistrov, A. V. Stetsenko u. G. V. Kulik *1303*
Mikule, V. 1007
— s. Kucharský, J. *1111*
Milberg, J. L. s. Sulzberger, M. B. *701*
Milberg, M. B. 785, 870
— J. Colsky u. S. Lerner *944*
— R. D. Schwartz u. J. N. Silverstein *944*
Milbradt, W. 142, 145, 146, 149, *540*
Milech, T. 323, *375*
Miles, A. A. 284
— s. Feldberg, W. *359*
Milewska, Z. s. Bojanowicz, K. *675*
Milfort, J. 612, 617, *692*

Milhaud, G. 1005, 1041
— J.-P. Aubert u. F. Boyer 1114
Miljuskevic 666
Milkorat, A. T. 449
— u. W. E. Bartels 464
— s. Oppel, T. W. 694
Millberger, H. 852, 888, 1245
— u. E. Blank 944, 957, 1303
Miller 40, 41, 45, 78, 318, 319, 320, 321, 323, 324
Miller, A. K. 798
— u. W. F. Verwey 944
Miller, C. s. Sullivan, N. P. 231
Miller, C. P. 809
— u. M. Bohnhoff 944
Miller, C. R. 1192
— u. W. O. Elson 1303
Miller, F. J. G. 68
Miller, G. E. s. Arbesman, C. E 363
Miller, G. M. 913
— s. Reiner, L. 958
Miller, J. 1217
— s. Ellis jr., F. F. 1285
Miller, J. G. s. Marquis, D. G. 224
Miller, J. K. 1257
— s. Abrahams, I. 1277
— s. Boyd, E. M. 364
Miller, J. M. 1205, 1206, 1254
— M. Ginsberg, H. R. Johnson u. A. Bogosian 1303
— P. H. Long u. E. B. Schoenbach 1303
— E. Schoenbach, P. H. Long, J. S. Shuttleworth u. G. E. Snider 1303
— G. W. Smith u. W. H. Headley 1303
— s. Schoenbach, E. B. 1310
Miller jr., L. 891
— H. S. Meyer u. B. A. Johnson 957
Miller, L. C. 1059
— u. M. L. Tainter 1114
Miller, O. B. 887
— F. Herrmann u. J. Rubin 219
— s. Baer, R. L. 950
— s. Herrmann, F. 218
Miller, W. L. s. Taylor, R. M. 948
Miller, Z. B. 736, 737
— s. Barron, E. S. G. 763, 764
Millichap, J. G. 1023
— D. M. Woodbury u. L. S. Goodman 1114
Milliken, J. A. 632, 692
Millman, S. 540
— s. Mandelbaum, T. 708
Mills, C. A. 403, 464
Mills, J. 307
— s. Mothersill, M. H. 375
Milzer, A. s. Kagan, B. M. 941

Minami, M. s. Kurogochi, Y. 1298
Minard, D. 282, 297, 316
— s. Rosenthal, S. R. 361, 377
Minegishi, T. 1354, 1369
Miner, R. W. s. Hamilton, J. B. 534
Minkowski, O. 663, 664
— s. Mehring, J. v. 706
Minoda, K. s. Sakai, S. 1309
Minot, G. R. 159, 423
— u. W. P. Murphy 464
Minsky, A. s. Kozinn, P. J. 942, 955, 1298
Mintzer, I. 1190
— u. A. Eliassow 1303
Miowski, D. K. 24, 630, 1231
— u. I. S. Tadžer 30, 692
— s. Korting, G. W. 1298
Mirand, E., J. Hoffmann, M. Reinhard u. H. Goltz 540
Miranda, H. 1184
— u. M. Troncoso 1303
Mirande, L. M. 1232
— u. A. Barbero 1303
Misgeld, F. J. 879, 881, 957
Misovich, J. I. s. Ayres jr., S. 233
Mistretta, A. C. 841, 911
Mitani, K. s. Suzuki, M. 226
Mitchel 420
— Snell u. Petersen 464
Mitchel, R. G. 581
— u. K. Rhaney 692
Mitchell, H. H. 133
— u. F. S. Hamilton 232
— s. Rothman, St. 233
Mitchell, H. S. 349, 375, 1220, 1303
Mitchell, J. H. 25
— s. Harris, R. H. 28
Mitchell, R. A. 70
— s. Lemire, R. E. 224
Mitchell, R. B. 1178, 1231
— A. C. Arnold u. H. J. Chinn 1303
— s. Chinn, H. I. 1282
Mitchell, R. S., u. J. C. Bell 1168
Mitchell-Heggs, A. 540
Mitra, S. C. 1195
— u. B. N. Banerjee 1303
Miura, O. 1303
Miura, Y. 1038, 1114, 1233, 1234
— u. K. Taguchi 1303
Miwatani, T. s. Fujino, T. 1288
Miyahara, M. 886
— I. Shu u. M. Matsumoto 957
Miyake, A. 1261, 1262
— s. Igarasi, S. 1294
Miyake, I. 23, 145
— I. Oyama u. T. Honda 30
Miyaki, K. s. Aiso, K. 1277
Miyamura, S. 1246, 1322, 1369

Miyamura, S. s. Ito, T. 1295
Mizuno, S. 1249
— S. Yoshimoto, T. Nagamine u. Ykinoue 1303
Mlczoch, F. 316
— s. Klupp, H. 372
Mletzko, K. 599, 692
Moczko, S. s. Alkiewicz, J. 1277
Modell, W. s. Greiner, T. 369
Modern, F. W. S. s. Mandel, W. 691
Moe, R. A. 856, 857, 944
Möbest, H. 566
— s. Dontenwill, W. 679
Moehlig, R. C. 575
— u. A. L. Steinbach 693
Moeller 39
Möller, E. F. 1049, 1051, 1055
— F. Weygand u. A. Wacker 1114
— s. Dann, O. 1104
— s. Wallenfels, K. 949
Moeller, H. W. s. Busel, H. 216
Möller, J. 432, 464, 1029, 1031, 1114
Moench, A., H. Sarre u. H. Sartorius 540
Moers, H. 1220
— u. K. Dropmann 1303
Moers-Messmer, W. v. 877, 878, 891, 1218
— s. Kwoczek, J. 955, 1298
Moeschlin, S. 85, 224, 351, 352, 375, 589, 592, 598, 671, 693, 708, 1124, 1331, 1332, 1334, 1335, 1336, 1349, 1369
— S. H. Meyer u. A. Lichtmann 1369
— u. W. Schreiner 1168
— s. Meyer, P. 692
Mössner 786, 787
Moffat, J. L. 59
— s. Wittle, C. H. 221
Moffatt, W., u. W. Francis 540
Mogil'Nickaja, B. Z. 19, 30, 666, 706
Mohamed 140
Mohnike, G. 1024, 1047
— G. Wittenhagen u. W. Langenbeck 1114
Mohr, L. s. Mohr, W. 1303
Mohr, W. 881, 957, 1183, 1224, 1303
Molhuysen van der Welle 54
Molinas, S. 1176, 1303
Molitor, H. 403, 464, 850
— u. H. J. Robinson 464
— s. Robinson, H. J. 946
Moll, H. C. 189
— u. G. W. Daugherty 238
Moll, Th. 446
— s. Kreitmair, H. 463
Mollaret, P. 120, 230

Møller, K. O. 1079, 1093, *1114*, 1197, 1199, 1201, 1221, 1225, 1262, *1303*
Møller-Christensen, E. s. Hjorth, A. *535*
Mollgard, H. 1123, *1168*
Mollowitz, G. 793, 1039
— s. Eufinger, H. *937*, *1105*
Molnar 434
— u. Fridrich *464*
Molnar, S., u. J. Petranyi *540*
Molomut, N. s. Spain, D. M. *700*
Moltke, E. 565
— u. L. Zachariae *693*
Mon, T. W. s. Finland, M. *937*
— s. Love, B. D. *943*
— s. Purcell, E. M. *945*
Monacelli, M. 8, 207
— u. A. Ribuffo *30*, *540*
Monash, S. 335, 1198, *1303*
— u. A. Guiducci *375*
Monastero, F. 810, *944*
Moncke, C. 75, *224*
Moncorps, C. 10, *30*, 146, 426, *464*, 522, *540*, 878, 891, 892, *957*
— u. C. Speierer *30*
Moneta, G. 1069
— s. Davey, T. F. *1104*
Mongan, E. S. 1254
— s. Hunter, R. C. *1294*
Mongar, J. L. 286, 288, 293, *360*
— u. H. O. Schild *360*
Monharde 18
Montagna, W. 2, *30*, 488, *540*
— u. P. Kenyon *540*
— — u. J. B. Hamilton *540*
— s. Hamilton, J. B. *534*
Montagnani, A. 85, *224*
Montague, M. s. Costello, M. J. *678*
Montalbine, V. s. Steenken jr., W. *1170*
Montel, L. R. 44, *219*
Montfort, J. 645
— s. Vilanova, X. *702*
Montgomery 207, 627, *693*
Montgomery, H. 669
— u. L. J. underwood *708*
— s. O'Leary, P. A. *694*
Montilli, G. 8, 878
— u. M. Pisani *30*
— s. Marciconda, A. *956*
Montmorency, F. A. 822
— E. L. Caffery u. M. M. Musselman *944*
Monto, R. W. s. Brush, B. E. *676*
Moody jr., M. 353
— s. London, J. D. *373*
Mooney, J. L. 636, *693*
Moore 659, *693*, 819, 883, 884, 910

Moore, C. 503
— u. L. McGee *541*
Moore, D. H. s. Eisen, H. N. *680*
Moore, J. E. *957*
Moore, M. *944*, 1210, 1262, *1303*
— u. W. Wooldridge *1303*
Moore jr., M. B. s. Haspel, R. *1292*
Moore, R. L. 1222
— s. Fulton, C. O. *1288*
Moore, T. 388, 392, 393, 394, 398, *464*
— u. I. M. Sharman *464*
— s. Combes *459*
— s. Leitner, Z. A. *463*
— s. Rodahl, K. *466*
Moore, V. 304, 311
— s. Loew, E. R. *373*
Mooser, H. 885, *957*
Moragas, J. M. de 46
— s. Vilanova, X. *221*
Morales, J. R. 339, 340
— s. Martinez, B. L. *374*
Morales, P. A. 562
— u. R. S. Hotchkiss *693*
Moran, A. B. 1224
— u. M. T. I. Cronin *1303*
Moran, C. F. s. Feinberg, S. M. *952*
Morandi, L. 334, 338
— s. Essellier, A. F. *367*
Moraux, J. 455, *464*
Morawitz 430, *464*
Morch-Lund, E. 793, *944*
Morel, P. s. Michel, P. J. *692*
Moretti, G. 601
— J. Staeffen, J. Lorrain u. M. Roux *693*
Morgan 54
Morgan, E. G. 884
— s. Whitaker, J. C. *960*
Morgan, E. R. s. Lampen, J. O. *1298*
Morgan jr., F. M., G. Wharton, P. Starr u. R. R. Commons *540*
Morgan, G. T. 712, *768*
— u. J. W. Cook *768*
Morgan, H. V. s. Slade, P. R. *1312*
Morgan, J. F. 750
— s. Hamilton, C. S. *767*
Morgan, J. K. 627
— s. Mumford, P. B. *693*
Morgan, R. s. Knox, J. M. *218*
Morgan, W. F. J. 92, *227*
Morgenstern, A. s. Zur Horst-Meyer, H. *549*
Morginson, W. J. 1186, 1257, *1303*
— s. Lewis, J. H. *1299*
Mori, I. 1248
— s. Kitamura, S. *1297*
Mori, P. P. 310

Mori, P. P. s. Hearin, D. L. *370*
Moriame, G. 396, 1258, *1303*
— s. Meiren, L. van der *464*, *692*
Morin, M. 601
— J. Graveleau, J. Lafar, J. Leveau u. J. Acar *693*
Moringo 425
— s. Harris *461*
Morisette, R. A. 398
— s. Toomey, J. A. *468*
Moritsch, H. 1196
— s. Bruck, H. *1281*
Morris 176
Morris, G. s. Moyer, J. H. *224*
Morris, G. E. *236*
Morris, H. C. 304, 318, 327
— u. C. A. Dragstedt *375*
— s. Wells, J. A. *380*
Morris, M. 550, 632, 670, *693*, *708*
Morris, W. E. 909, *957*
Morrison, J. C. 1091
— s. Gemmell, D. H. O. *1107*
Morrison, R. I. 1270
— s. Freeman, G. G. *1287*
Morse, J. L. 25
— u. E. Reiner *30*
Morse, W. s. Boley, S. *528*
Morse, W. C. 1156
— s. Perry, C. R. *1169*
Mortenson, O. 878, *957*
Morteo, O. G. s. Bosch, S. J. *675*
Mortimore, G. s. Heller, C. *534*
Morton, D., u. G. Gordan *540*
Morton, H. E. 833, 870
— s. Keller, H. *941*
Morton, J. s. Taubenhaus, M. *546*
Morton, R. F., A. Prigot u. A. de L. Maynard *944*
— s. Metzger, W. J. *957*
Moscona, M. H. 581
— u. D. A. Karnofsky *693*
Mosebach, K.-O. 486
— s. Dirscherl, W. *530*
Moser, F. 121, 122, *230*, 518, *540*
Moser, H. s. Mahnert, A. *539*
Moses, H. E. s. Feldman, W. H. *1166*
Mosher 427, *464*
Moskop, M. s. Suntzeff, V. *546*
Moskowicz, L. *540*
Moskowitz, A. s. Moskowitz, M. *540*
Moskowitz, M., A. Moskowitz, W. Bradford u. R. Wissler *540*
Mosnier 297
Moss, E. S. 1183
— u. A. L. McQuown *1303*
Moss, J. 524
— s. Griboff, S. *533*

Moss, J. N. 296
— J. M. Beiler u. G. J. Martin 375
Mosto, S. J. 1219, 1254, *1303*
— s. Pierini, L. E. *1306*
Mota, I. 286
— W. T. Beraldo, A. G. Ferry u. L. C. U. Junqueira *360*
Mote, J. *541*
Mothersill, M. H. 307
— J. Mills, H. M. Lee, R. C. Anderson u. P. N. Harris 375
Motti, F. 877, 893, *957*
Mottram, M. E. 1179
— u. H. A. Hill *1303*
Mougeolle, J. s. Watrin, J. *702*
Moulin 57, 87
Moulin, G. s. Thiers, J. *221*
Moulin, J. s. Thiers, A. *226*
Moult, F. A. *464*
Moulton, R. s. Ackroyd, J. F. *363*
— s. Discombe, G. *366*
— s. Moeschlin, S. *375*
— s. Rich, A. R. *377*
— s. Symmers, W. St. C. *380*
Mounier, R. s. Duverne, J. *679*
Mountain, C. F. 344
— s. Lowell, F. C. *373*
Mouriquand, Cl. s. Bernheim, M. *674*
Mouriquand, G. *464*
— s. Abderhalden, E. *457*
Moursund, M. P. 1206
— s. Fink, J. C. *1286*
Moussali, C. 666, *706*
Movius, H. J. s. French, J. D. *681*
Moyer, J. H. 70
— B. Kent, R. Knight, G. Morris, R. Huggins u. C. H. Handley *224*
— s. Kinross-Wright, V. *224*
Moynahan, E. J. 315, 325, *375*
— u. O. Watson *375*
Mozer, J. J. 914, *957*, 1227
— P. Secrétan u. C. Fleury *957*
— s. Brun, R. *1281*
Mozes, M. s. Ziprkowski, L. *704*
Mozziconacci, P. s. Debré, R. *678*
Mrazek, R. G. 1337
— u. T. J. Wachowski *1369*
Much, H. 1123
— s. Deycke, G. *1166*
Mudd, S. G. s. Ikawa, M. *1368*
Mückter, H. 346, 785, 901
— E. Jansen, H. Sous, W. Kruspe, A. Quast u. H. Keller *375*, *944*
— s. Keller, H. *941*, *954*, *1167*
— s. Rothe, W. *946*
— s. Sous, H. *379*, *947*

Mühlbock, O., u. T. Gordonoff *541*
— u. H. Knaus *541*
Mühlemann 257
Mülhens, H. J. 1183, *1303*
Mülhens, K. 1201, 1204, 1212, 1270, *1303*
Mülke, G. 320
— s. Hahn, F. *369*
Müller 140, 161, 407, *464*, 608, 917
Müller, A. s. Bersin, Th. *231*
Müller, E. 662, *705*, 1023
— s. Linke, A. *1113*
Müller, H. 577, 647
— s. Hijmans, W. *686*
Müller, H. A. s. Kaufmann, C. *536*
Müller, H. G. 1029, *1114*
Müller, J. 470
Müller, J. M. 64
— Schlittler u. Bein *224*
Müller, M. *693*
Muller, R. 761
— s. Fischer, H. *766*
Müller, U. s. Grüneberg, Th. *684*
Müller-Plettenberg 1357, *1369*
Münzel, K. 240, 241, 242, 272, *279*
Muonzen, J. B. 1045, 1046
— L. R. Cerecedo u. C. P. Sherwin *1114*
Müßbichler 40, *219*
Muftic, M. 1248, *1303*
Muhafra, J. 86
— s. Grinspan, D. *223*
Muhler, J. s. Shafer, W. *545*
Mukerji, B. s. Gupta, S. K. *1107*
Mukerji, M. 1061
— s. Chakravarti, R. N. *1103*
Mulé, F. 1135, *1168*
Mullady, H. L. s. English, A. R. *937*
Mulholland, T. P. C. 1236, 1237, *1304*
— s. Grove, J. F. *939*, *1291*
Mulinos, M. G. s. Lubowe, J. J. *1300*
Mulli, K. 816
— K. Uhlenbrook u. L. Ludwig *944*
Mulligan, R. M. 332, *375*
Mullin, W. H. s. Loughlin, E. H. *943*
Mullins, J. F. 48, 57, 72, 145, 517, 877, 878, 891, *957*, 1239, 1244
— J. M. Cohen u. E. St. Farrington *224*
— N. A. Jampolsky u. M. E. Pinkerton *1304*
— F. L. Watts u. Ch. J. Wilson *219*

Mullins, J. F., u. Ch. J. Wilson *957*
— s. Hicks, J. H. *234*, *535*
Mumford, P. B. 627
— u. J. K. Morgan *693*
Mundt, E. 605
— u. G. Iseken *693*
Munroe, W. G. C. s. Yeager, R. L. *1170*
Munshi, S. K., B. D. Tilak u. K. Venkataraman *1114*
Munson, P. 555
— u. N. F. Briggs *693*
— s. Kenyon, A. *536*
Muntz, H. H. 1259
— s. Beck, E. M. *1278*
Muralt, A. v. 100, 105, 131, 230, 232, 401, *465*
Murao, F. 778, *944*
Muraoka, N. s. Sakai, S. *1309*
Murat, M. 71, 287, 290, 319, 329, 354
— s. Gaté, J. *359*
— s. Pellerat, J. *225*, *361*, *376*
Murata, M. 496
— u. K. Adachi *541*
Muratore, R. s. Vague, J. *547*
Murdoch, J. McM. 899
— s. Dunlop, D. M. *952*
Murell, T. *541*
Murgatroyd, F. 731, 734, 738
— s. Lourie, E. M. *768*
— s. Yorke, W. *771*
Murnaghan, M. F. 325, 333
— s. O'Rourke, F. J. *375*
Murphy 159
Murphy, J. B. 641
— u. E. Sturm *693*
Murphy, J. C. 1191, 1227, *1304*
— u. St. Rothman *1304*
Murphy, W. P. 423
— s. Minot, G. R. *464*
Murray, F. J. 1029, 1098, *1114*
— s. Ludwig, K. A. *943*
Murray, G. R. 667, *708*
Murray, H. C. s. Spero, G. B. *700*
Murray, H. G. 344, *375*
Murray, Ph. F. 55
— s. Crissey, J. T. *216*
Muschaweck, R. s. Eichholtz, F. *228*
Muschenheim, C. s. Elmendorf, D. F. *1166*
— s. McDermott, W. *1168*
Muscordin, L. 45, 55, *219*
Musha, J. *541*
Mushett 424
— Kelley, Boxer u. Richards *465*
Muskatblit, E. 1190, *1304*
Musselman, A. D. 780, 781
— s. Eagle, H. *937*
Musselman, M. M. 813, *944*
— s. Montmorency, F. A. *944*
Mussgnug, G. 568, 651, *693*

Mussio-Fournier, J., J. Cervino u. E. Olivieri *541*
Mussler 653, *693*
Musso, E. 580, *693*
Mustakallis, K. K. 39, 42, *219*
Mutermilch, S. 727, *768*
Muting, D. 44
— s. Langhof, H. *218*
Mydlinski, I. s. Kaplan, M. A. *1296*
Myers, C. S. 551
— s. Mason, H. L. *692*
Myers, D., S. Simons, S. Erica u. E. Simons *541*
Myers, H. B. 1198, *1304*
Myers, P. A. s. Cooke, R. A. *677*
Myers, P. W. 344
— s. Hoagland, R. J. *369*
Myers, V. C. s. Free, A. H. *1106*
Myers, W. P. L. 525
— C. D. West, O. H. Pearson u. D. A. Karnofsky *541*
Myhr, I. B. 1206, *1304*
Myldert, J. E. s. Fremery, P. de *681*
Myrbäck, K. s. Sevag, M. G. *1118*

Nabarro, J. 569, 629, 642, *693*
— J. S. Stewart u. G. Walker *693*
Nabarro, J. D. N. s. Galton, D. A. G. *1366*
Nabert-Bock, G. 1086, 1087, 1090, *1114*
Nace, P. *541*
Nachmansohn, D. 131, *232*
Nachod, F. C. 42, 43
— s. Chesney, E. W. *216*
Nachtigall 342
Nacke, O., u. J. Steinmann *541*
Nadasdi, M. s. Selye, H. *698*
Nadkarny, M. V. 269
— s. Hopkins, J. G. *279*
— s. Landon, F. W. *279*
— s. McClelland, C. P. *279*
— s. Meyers, D. B. *279*
Naegele, E. 654
— u. W. Meyhöfer *693*
Naegeli, O. 1335, *1369*
Nagamine, T. s. Mizuno, S. *1303*
Nagamitsu, G. 180
— s. Kawashina, K. *238*
Nagasaka, H. s. Nakatsuka, M. *1304*
Nagel, E. 290
— s. Bartosch, R. *358*
Nager, U. F. B. s. Hickey, R. J. *1293*
Nagler, M. E. 286
— s. Copenhaver, J. H. *358*
Nagley, M. M. s. Bavin, E. M. *1165*
Nagy, E. 40, 59

Nagy, E., u. E. É. Balogh *219*
— u. L. Koscár *219*
— — J. Jókay, C. Hadházy u. K. Tuza *219*
Nahas, L. s. Sampaio, S. A. P. *697*
Nahnsen, L. 1084, *1114*
Najjar, V. A. 405
— u. R. Barrett *465*
— u. C. C. Deal *465*
— u. L. E. Holt *465*
— — G. A. Johns, G. O. Mediary u. G. Fleischmann *465*
— G. A. Johns, G. O. Mediary, G. Fleischmann u. L. E. Holt *465*
— s. Holt, L. E. *461*
Nakahira, M. s. Tanioku, K. *1313*
Nakajima, H. 65
— s. Sano, J. *225*
Nakajima, K. s. Nishimura, H. *1115*
Nakamura, K. *235*
Nakamura, S. 1269
— K. Maeda, Y. Okami u. H. Umezawa *1304*
— s. Utahara, R. *1315*
Nakano, H. 858, *944*
— K. Hattori, M. Seki u. Y. Hirata *944*
— s. Hattori, K. *939*
Nakano, S. s. Higuchi, K. *1293*
Nakatsuka, M. 1246
— H. Aratani, K. Oshita, K. Totoki, T. Ikeda, M. Yoshida u. H. Nagasaka *1304*
Nakayama, K. 1261
— F. Okamoto u. Y. Harada *1304*
Nakazawa, S. 858, 860
— s. Fujikawa, F. *1288*
— s. Hosoya, S. *940*, *954*, *1294*
— s. Kobori, T. *1297*
— s. Suzuki, S. *948*
— s. Uchimura, R. *1314*
Nalls, W. L. s. Rauchwerger, S. *958*
Nánási, P. 9
— s. Kocsis, A. *29*
Nandi, P. 1228
— s. Bánerjee, A. K. *1278*
Nanni, E. s. Lorenzini, P. *539*
Napier, E. J. 1237, 1238
— D. I. Turner u. A. Rhodes *1304*
Napp, J.-H. 477, *541*, 793
— u. J. Clauss *945*
— u. A. Rothe *541*
Narahashi, Y. 719
— s. Nomoto, M. *768*
Naranjo, P. 327, 332
— u. E. Banda de Naranjo *375*
Nardelli, L. *541*

Nardin, J. s. Franceschetti, A. *681*
Narducci, F. 19, *30*, 665, 666, *706*
Narumi, J. 634, *693*
Nasemann, Th. 138, *232*, 302, 334, 337, *375*, 394, 418, 433, 1182, 1239, *1304*
— s. Marchionini, A. *464*
Nash, M. P. s. Bohonos, N. *1280*
Nash, P. H. 137, *232*
Nassi, L. 1196, *1304*
Nassuphis 1163
Nast, O. 398, 517, *541*, 1191
— s. Weitzel, G. *468*, *1316*
Nasu, Y. *1168*
Nataf, B. *541*
Nathan, J. 445
— s. Gougerot, H. *461*
Nathanson, I. s. Kennedy, B. *536*
Nathanson, J. T. 510, 525
— L. L. Engel, R. M. Kelley, G. Ekman, K. H. Spalding u. J. Elliott *541*
— L. Towne u. J. Aub *541*
Nauck, E. G. 408, *465*, 1183, 1224, *1304*
Naumann, D. E. s. Cronk, C. A. *951*
Navarro-Martin, A. 755, 756
— s. Fourneau, M. E. *766*
Navazio, F. 1046
— u. N. Siliprandi *1114*
Nazzaro, P. 592, 600, 613, 622, 623, 657, 661, *693*
Neale, F. C. 1044
— s. Bray, H. G. *1103*
Nebout, R. 579
— J. Forestier *693*
Necheless, H. 296
— s. Raiman, R. J. *377*
Nedeljkovic, R. I. s. Hilton, J. G. *686*
Needham, G. M. 861
— u. J. E. Geraci *945*
Negroni, P. 1183, 1184, 1219, 1220, *1304*
— s. Baliña, P. L. *1278*
— s. Quiroga, M. I. *1307*
Negwer, M. 971, 980, 981, 985, 986, 987, 990, *1114*
Neidhart, K. 351
— s. Frey, E. *368*
Neidig, C. P. 1215
— u. H. Burrell *1304*
Neimann, N. 145, 149, 581, *693*
— M. Bierson, S. Stehlin, P. Fridon u. M. Manciaux *235*
Neimann-Sørensen, A. 509
— s. Cole, H. H. *529*
Neipp, L. 782, 1083, 1084, 1085, 1086
— u. R. L. Mayer *1115*

Neipp, L. W., Padowetz, W. Sackmann u. J. Tripod *1115*
— s. Grieder, F. *939*
— s. Meier, R. *1114*
Neisser 47
Nejedly, R. F. 1207
— u. L. A. Baker *1304*
Nékám, L. 456, 457, *465*, 1211, 1233, 1234
— u. J. Angyal *1304*
— u. P. Polgár *465, 541, 1304*
Nelson, A. A. 843, 847
— u. E. C. Hagan *945*
— J. A. Radomski u. E. C. Hagan *945*
Nelson, C. T. 580, 612, 613, 659, *693*
— u. M. Brodey *219, 693*
— s. Brodey, M. *676*
— s. Cannon, A. B. *677*
— s. Hopkins, J. G. *686*
Nelson, E. 1073
— J. R. Arndt u. L. W. Busse *1115*
Nelson, H. G. 1052
— s. O'Meara, R. A. Q. *1115*
Nelson, L. M. 1333, *1369*
Nelson, W. 503, 522, *541*
— s. Heller, C. *534*
— s. Maddock, W. *539*
Nelson, W. A. 316
— s. Landau, S. W. *372*
Nerson, R. 877, *957*
Nesemann, G. 1178, 1214
— s. Korger, G. *1298*
Neter, E. 93, 95, 318
— s. Arbesman, C. E. *363*
— s. Westphal, O. *228*
Netolitzky, H. 126
— s. Ott, H. *230*
Netter, H. 1013, *1115*
Nettleship, A. 1191, *1304*
Nettrour, W. S. 1259, *1304*
Netzer, Cl. O. 126, *230*
Neuburg, C. 1145, 1321
— u. W. Caspari *1369*
Neufeld, H. s. Lucas, F. *539*
Neugebauer, G. 334, *375*
Neuhaus, H. 1192, *1304*
Neuhoff, E. W. 326
— u. H. Auterhoff *375*
Neuhold, R. 913
— u. O. Thalhammer *957*
Neuman, A. 644
— s. Meyer de Schmid, J. J. *30, 692*
Neumann 8, 9, 23
Neumann, E. 205, 207, *238*, 1175, *1304*
— s. Kúta, A. *29*
Neumann, I. *30*
Neumark, S. 10, 19, *30*, 665, 666, *706*
— s. Pautrier *30*

Neustaedter, T. 511
— s. Rosenthal, T. *543*
Neutchings, J. P. J. s. Homan, J. D. H. *686*
Neuwald, F. 175, 176, 240, 245, 248, 249, 250, 255, 263, 274, *279*
— u. K. Adams *236, 279*
— u. R. Tuma *279*
— — u. K. Eberhardt *279*
— s. Kern, W. *279*
— s. Liebich, H. *279*
Neuweiler 426, *465*
Neves, H. 1239, 1240, 1241, 1242, 1243
— s. Esteves, J. *1286*
Neville, A. s. Hopkins, F. G. *461*
Newark, N. J. 341
— s. Weiss, W. J. *380*
Newbery, G. 751
— M. A. Phillips u. R. W. E. Stickings *768*
Newbold, G. T. 1266
— s. Brown, J. J. *1281*
Newbould, B. B. 1022, 1046, 1048
— u. R. Kilpatrick *1115*
Newcomer, V. D. 57, 178, 855, 889, 1183, 1247, 1248
— E. T. Wright, A. J. Leeb, J. E. Tarbet u. Th. H. Sternberg *1304*
— — Th. H. Sternberg, J. H. Graham, R. H. Wier u. R. O. Egeberg *1304*
— s. Graham, J. H. *1290*
— s. Halde, C. *939, 953, 1292*
— s. LeYan, P. *236*
— s. Linden, S. H. *218*
— s. Sternberg, Th. H. *700, 1312*
— s. Wright, E. T. *704, 961, 1317*
Newig, H. 1234
— s. Janke, D. *1295*
Newman, B. A. 392, 394, *465*, 510, 511, 604, 631, 877, 891, 892, 893
— u. F. F. Feldman *541, 693, 957*
Newman, E. V. s. Eagle, H. *937*
Newman, H. E. 1195
— s. White, C. S. *1316*
Newstrand, D. 1220
— s. Halde, C. *1292*
Newton, G. G. F. 845
— u. E. P. Abraham *945*
Nexmand, P. H. 319, 322, 336
— u. O. Sylvest *375*
Nezamis, J. E. s. Ingle, D. J. *687*
Nibbe, G. H. 390
— s. Wulf, K. *469*
Nichol, C. A. 423

Nichol, C. A., u. A. D. Welch *465*
Nicholls, L. 391, 392, *465*
Nichols, A. C. s. Zintel, H. A. *950*
Nichols, D. R. 1257
— u. W. E. Herrell *1304*
— s. Martin, W. J. *943, 956*
Nichols, R. L. 877, 1085
— u. M. Finland *957, 1115*
— W. F. Jones jr. u. M. Finland *1115*
Nick, J. *1168*
Nickel, W. R. 657, *693*
Nickerson, M. 86, 345, *375*
— s. Birt, A. R. *222*
Nickerson, W. J. 1187, 1188
— u. S. J. White *1304*
— s. Dolce, F. A. *1285*
Nicola, P. de 578
— C. C. Tinozzi u. G. M. Mazzetti *693*
Nicolo, A., u. E. Padovani *541*
Nicolow, N. 1353, *1369*
Niebauer, G. 286, *360*
— s. Wiedmann *362*
Niedelman, M. L. 669, *708*
Nielsch, W. 1142
— u. L. Giefer *1168*
Nielsen 52
Nielsen, J. P. 644
— s. Christiansen, J. V. *216*
— s. Søndergaard, G. *699*
Nielsen, N. 443, 454
— s. Dam, H. *459*
Nielsen, P. 51
Nieman, C. s. Ikawa, M. *1368*
Nieman, R. s. Hok, K. A. *1293*
Niemand-Andersen, I. 424, *465*
Nieper, H. A. s. Druckrey, H. *1366*
Nierenstein, M. s. Breinl, A. *764*
Niermann, W. A. 589
— u. Th. E. van Metre jr. *693*
Nieschulz, O. 302, 305
— I. Hoffmann u. K. Popendieker *375*
— u. R. Scheuermann *375*
Niggemann, J. 1235, *1304*
Nikolowski, W. 5, 6, 24, *30*, 450, 451, *465*, 521, 522, *541*, 1066, 1067, 1070, *1115*, 1181, *1304*
— s. Adam, W. *526*
— s. Rohowski, G. *31*
— s. Zellhuber, J. *32*
Nilasena, S. s. Livingood, C. S. *955*
Nilzén, A. 287, 290, 310, 320, 322, 326, *360, 375*, 566, *693*
— s. Gemzell, C. A. *682*
— s. Hagerman, G. *369*
Ninet, L. s. Pinnert-Sindico, S. *945*

Nishimaki, T. 1261
— s. Ikeda, Y. *1294*
Nishimoto, T. 858
— s. Yagi, K. *949*
Nishimura, E. T. s. Putnam, R. C. *1370*
Nishimura, H. 1083, 1087, 1262
— T. Kimura u. M. Kuroya *1304*
— K. Nakajima, S. Suda, M. Chikano u. N. Shimaoka *1115*
Nishimura, N. 17
— H. Okamoto, M. Yasui, K. Maeda u. K. Ogura *30*
Nissen, K. 162, *235*
Nissen, R. 1362, *1369*
Nitta, K. s. Umezawa, H. *948, 1170, 1314, 1372*
Nitti, F. 962, 999, 1038, 1041, 1047, 1069
— s. Fourneau, M. E. *1106*
— s. Lwoff, A. *1113*
— s. Tréfouèl, J. *1119*
Nittono, H. s. Magara, M. *956*
Nitz-Litzow, D. s. Martius, C. *708*
Nitzschke, E. 822
— s. Strauch, D. *948*
Nix, Th. E. 620, 657
— u. V. J. Derbes *693*
Nixon, H. H. 778
— s. Stewart, G. T. *947*
Nizet s. Runckelen, H. van *697*
Noach, E. *541*
Noah, J. W. 290
— u. A. Brand *360*
Nobile, A. s. Herzog, H. L. *685*
Nobili, C. s. Brown, E. A. *365*
Nobis, W. 443
— s. Langer, E. *463*
Nobl, G. 8, 9, *30*
Nödl, F. *957*
Noel, W. s. Goldsmith, W. *533*
Noell, W. K. s. Chinn, H. J. *365*
Noelpp, B. 297
— s. Noelpp-Eschenhagen, I. *375*
Noelpp-Eschenhagen, I. 297
— u. B. Noelpp, *375*
Noferi, A. s. Ricciardi, S. *696*
Noguchi, Y. 1223
— u. Y. Kato *1304*
Nola, F. di s. Dogliotti, M. *530*
Noll, H. 1004
— J. Bang, E. Sorkin u. H. Erlenmeyer *1115*
Noll, W. 172, 173, 175, *236*
Noller, C. R. s. Calvery, H. O. *765*
Noma, M. s. Seiga, K. *947*
Nomoto, M. 719
— u. Y. Narahashi *768*
Nonclercq, M. 612, *693*
Nonnenbruch, W. 154, *235*

Noojin, R. O. 186, 333, *375,* 1220, 1221
— u. J. L. Callaway *1304*
— s. Callaway, J. L. *237*
Noorden, v. 187, 197, 205, 212
Noortgaete, C. H. van den 1005, *1115*
Noren 164
Norris, M. 1239
— s. Birt, A. R. *1279*
Northey, E. H. 963, 964, 993, 999, 1003, 1004, 1010, 1020, 1021, 1029, 1033, 1035, 1036, 1038, 1039, 1048, 1049, 1050, 1051, 1055, 1058, 1064, 1100, *1115*
Norton, R. C. s. Brown, E. A. *365*
Norviit, L. 652
— s. Carstensen, B. *677*
Nosko, L., u. H. Holkup *541*
— s. Holkup, H. *535*
Noskov, A. I. 1188, *1304*
Noui, M. H. 59
— s. Cormia, F. E. *216*
Novak, M. 1191, 1257, 1258
— u. Th. Flanders *1304*
— s. Boand, A. *1279*
— s. Levine, S. *1299*
Novak, N. 34
— s. Stoughton, R. B. *220*
Novales, J. s. Latapi, F. *1299*
Novikoff, A. B. s. Spain, D. M. *700*
Novikova, M. A. s. Larionov, L. F. *1368*
Nowakowski, H. 480, 494, 519, 521, 525, *541*
— u. E. Gadermann *541*
— u. C. Schirren *541*
— s. Jores, A. *536*
— s. Junkmann, K. *536*
— s. Langecker, H. *537*
— s. Schirren, C. *544*
Noyes, H. E. 833
— s. Fusillo, M. H. *938*
Nudham, G. M. s. Dearing, W. H. *951*
Nückel, M. 605, *693*
Nuetzel, J. A. s. Gantz, J. A. *1288*
Numao, K. s. Uchimura, R. *1314*
Nyyssönen, S. 1005
— s. Heinänen, P. *1108*

Oatway, W. H. 579
— u. G. A. Paulsen *693*
Obal, A. *541*
Ober, K., u. M. Weber *541*
Ober, K. G. *541*
Oberbeck, V. 730, *768*
Oberdorf, A. 319
— s. Hahn, F. *369*

Oberhauser, F. B. 1354
— H. R. Croxatto, M. Q. Gaillard u. V. M. Silva *1369*
Oberle, E. A. s. Ingle, D. J. *687*
Oberman, J. W. 1207
— u. E. Gilbert *1304*
Obermayer, M. E. 1160
— J. W. Wilson u. P. N. Smith *1169*
Oberst, F. W. s. Chinn, H. J. *365*
Oberste-Lehn, H. *513, 541,* 640, *693*
— s. Schreus, H. Th. *544*
Oblath, R. W. *914*
— D. H. Donath, H. G. Johnstone u. W. J. Kerr *957*
Obstfelder, E. 41, 44, *219*
Ochs, D. s. Scherer, E. *544*
Ockerblad, N. F. 1046
— u. H. E. Carlson *1115*
O'Connor, J. B. *541,* 806
— F. J. Christie u. K. S. Howlett jr. *945*
O'Connor, R. 1216, 1224
— s. Cohen, R. *1283*
Oddoze, L. s. Charpy, J. *27*
Ødegaard, K. *236*
Odenwald, G. *235*
O'Donnell, M. L. 1038
— s. From, F. *1106*
O'Donnell, V. 492
— s. Heard, R. *534*
O'Donoghue, D. s. Laverry, F. S. *690*
Oechslin, Ch. 715, 1044
— s. Mayer, R. L. *1114*
Oehme, J. 629, *693,* 1350, *1369*
Öppinger, H. 776
— s. Kimmig, J. *941*
Oeriu, S. 1081, *1115*
Örtenblad, B. 999, 1000, 1002, *1093*
— s. Sjögren, B. *1118*
Oesterheld, G. 1006, 1007, 1013
— s. Druey, J. *1105*
Oesterlin, M. 711, *768*
Oettel, H. 1325, 1327, 1328, 1360
— u. G. Wilhelm *1370*
Oettingen, W. F. v. 900, *957*
Offe, H. A. 778, 1139, 1145, 1148, 1150, 1153
— W. Siefken u. G. Domagk *1169*
— s. Bauer, K. *934*
— s. Domagk, G. *1166*
Ogata, K. 1261, 1262
— s. Igarasi, S. *1294*
Ogata, Y. s. Hosoya, S. *940*
Ogawa, G. s. Uchimura, R. *1314*
Ogden, K., u. R. Adams *768*
Ogi, K. s. Aiso, K. *1277*

Oginsky, E. L. s. Wyss, O. *949*
Ogura, K. s. Nishimura, N. *30*
O'Hara, H. s. Goldman, L. *682*
O'Herron, F. A. s. Schmitz,H. *946*
Ohnstead, E. G. 23
— u. J. H. Lunseth *30*
Ohta, S. 630, *693*
Ojers, G. 291
— C. A. Holmes u. C. A. Dragstedt *360*
Okada, K. s. Hosoya, S. *940, 954, 1294*
— s. Kobori, T. *1297*
Okami, Y. s. Maeda, K. *1300*
— s. Nakamura, S. *1304*
— s. Umezawa, H. *948, 1170, 1314*
— s. Utahara, R. *1315*
Okamoto, F. 1261
— s. Nakayama, K. *1304*
Okamoto, H. s. Nishimura, N. *30*
Okamoto, T. 65
— s. Sano, J. *225*
Okazaki, K. 1211, 1231
— u. T. Kawaguchi *1304*
— u. S. Oshima *1305*
Oláh, D. 1176
— u. G. Máramosi *1305*
Olansky, S. 579
— J. G. Smith jr. u. O. C. E. Hansen-Prüss *694*
Olbert, Th. 1354, *1370*
Oldach, F. A. 414, 415
— s. Keining, E. *462*
Oldham, F. K. 39
— s. Dearborn, E. H. *217*
O'Leary, B. s. Kirby, W. M. M. *941*
— s. Maple, F. M. *943*
O'Leary, P. A. 25, 50, 58, 336, 339, 621, 897, *957*
— L. A. Brunsting u. R. R. Kierland *218*
— u. E. M. Farber *375*
— H. Montgomery, L. A. Brunsting u. R. R. Kierland *694*
— s. Kierland, R. R. *218*
Oleman, L. 905, 906
— s. Lipman, W. H. *955*
Oleson, J. J. s. Osterberg, A. C. *1169*
Olitsky, L. 772, *945*
Olivecrona, H. 525
— u. R. Luft *541*
— s. Hökfelt, B. *535*
— s. Luft, R. *539*
Oliver, G. *661*
— u. E. A. Schäfer *705*
Oliver, L., u. E. Reboul *219*
— s. Henry jr., W. L. *685*
Oliver, M. F. 667
— u. G. S. Boyd *541, 708*
Oliver, W. s. McKinley, W. *540*

Oliveto, E. P. s. Herzog, H. L. *685*
Olivetti, L. 317, 320, *375*, 445
— u. E. Ratto *465*
Olivier, J. 611
— u. A. Renkin *694*
Olivier, L. 55, 87
— s. Thiers, A. *226*
Olivieri, E. s. Mussio-Fournier, J. *541*
Ollendorff, H. *14*
— s. Buschke, A. *27*
O'Loughlin, J. M. s. Eisenberg, M. G. *937*
Olson, Ch. 630, 631
— u. M. H. Szills *694*
Olson, E. s. Kinsell, L. W. *688*
Olson, J. A. 652
— E. H. Steffensen, R. R. Margulis, R. W. Smith u. E. L. Whitney *694*
— s. Steffensen, E. H. *700*
Olson, R. s. Crowe, F. W. *678*
Olsson, O. 346, *375*
Oltman, J. D. 630
— u. S. Friedman *694*
Omatsu, T. s. Fujikawa, F. *1288*
O'Meara, R. A. Q. 962, 1052, 1087
— P. A. McNally u. H. G. Nelson *1115*
— s. Bell, E. A. *1102*
— s. Colebrook, L. *1104*
O'Mullane, E. J. 73
— s. Foster, O. H. *223*
Onaka 9, *30*
Oneto, J. F. *768*
— s. Pratt, R. *1306*
Ono, S. s. Takikawa, K. *1371*
Onoda, Y. 1252
— S. Hosoya, M. Soeda, N. Komatsu u. S. Watanabe *1305*
— s. Hosoya, S. *1294*
Opdyke, D. 494
— s. Lansing, A. *538*
Oppel, T. W. 605
— C. Coker u. A. T. Milhorat *694*
Oppenauer, R. s. Reichstein, T. *466*
Oppenheim, B. 1215, *1305*
Oppenheim, M. 353
— u. W. A. Yacullo *375*
Oppenheimer, E. s. Yonkman, F. F. *381*
Oppermann, E. 908
— s. Schäfer, K. H. *959*
Oratz, M. s. Rothschild, M. A. *697*
Ord 667
Ordal, Z. J. 1176, 1270
— s. Meyer, E. *1302*

Orden, L. S. van s. Zeller, E. A. *1171*
O'Rear, H. B. 22
— s. Callaway, J. L. *27*
O'Regan, C. 823
— u. S. Schwarzer *945*
Organesjan, P. 727
— E. Salkind u. V. Kudrjavceca *768*
Orgyzlo 599
Orlando, P. H. 79
— s. Selling, L. S. *225*
Orlowski, E. H. s. Bönicke, R. *1165*
Ormea, F. 14, *30, 334, 375,* 1209, *1305,* 1333
— s. Midana, A. *540, 1369*
Ormerod, F. C. 914
— u. J. Friedmann *958*
Ormond, L. s. McDermott, W. *1168*
Ormsbee, R. A. 833, *945*
— s. Karnofsky, D. A. *1368*
Oroshnik, W. 1200
— L. C. Vining, A. D. Mebane u. W. A. Taber *1305*
O'Rourke, F. J. 325, 333
— u. M. F. Murnaghan *375*
Orr, R. H. 569, 572
— V. di Raimondo, M. E. Flanagan u. P. H. Forsham *694*
— s. Forsham, P. H. *681*
Orr-Ewing, J. s. Chain, E. B. *935*
Orrico, J. F. s. Rappaport, B. Z. *605*
Ortega, R. Y. 1216, *1305*
Ortenzio, L. F. 1175, 1222, *1305*
— L. S. Stuart u. J. L. Friedl *1305*
Orth, J. W. 727, 730, *768*
Ortiz, E., D. Price, H. Williams-Ashman u. J. Banks *541*
Ortiz, Y. s. Latapi, F. *1299*
Orzechowski, G. 123, 847, 900, 914, *945, 958*
— s. Mancke, R. *230*
Osato, Y. s. Umezawa, H. *948, 1170*
Osborne 143, 145, 194, 382
— u. Mendel *465*
Osborne, E. D. 336
— J. W. Jordan u. N. G. Rausch *375*
Osbourn, R. A. 20, 1248, *1305*
— s. Eichenlaub, F. J. *27*
Oshima, S. 1211
— s. Okazaki, K. *1305*
Oshita, K. s. Nakatsuka, M. *1304*
Osler, W. 550, *694*
Ossipowski, B. s. Degos, R. *678*

Oster, K. A. 1174, 1175, 1224
— u. M. J. Golden *1305*
— s. Golden, M. J. *1289*
Osterberg, A. C., J. J. Oleson, N. N. Yuda, C. E. Rauh, H. G. Parr u. L. W. Will *1169*
Ostfeld, A. M. 1206, *1305*
Ostwald, W. 999, *1115*
O'Sullivan, J. G. 1236
— s. Lauder, I. M. *1299*
O'Sullivan, J. F. s. Barry, V. C. *1165*
Oswald 667, *708*
Oswald, A. *541*
Oswald, E. J. s. Welch, H. *949*
Ota, K. s. Kimura, K. *1368*
Ota, N. 1235
— s. Ito, K. *1294*
Otenasek, F. J. 850
— u. D. Fairman *945*
Ott 126, 159
Ott, A. s. Kummer, P. *235*
Ott, H., u. H. Netolitzky *230*
Otten, H. 1250
— u. W. Marget *1305*
Ottenstein, B. 8, 10, 89, 186, 187, 188, 192, 207, 619, 665, 1188
— F. M. Thurmon u. M. J. Bessman *1305*
— s. Incedayi, C. K. *29, 238, 687*
— s. Marchionini, A. *227*
— s. Rost, G. A. *31*
Ottesen 448
— s. Dam, H. *459*
Otto, H. *541*, 1222, 1259, *1305*, 1331
— s. Homan, W. *1368*
Otto, K. 559
— s. Dirscherl, W. *679*
Otto, R. 749, *768*
Ottolenghi-Lodigiani, F. 49, 50, 51, 148, *219, 235*
— s. Flarer, F. *217*
Ottolenghi-Preti 1203
Oudsten, S. A. den 567
— L. van Leeuwen u. R. J. Coers *694*
Oura, M. 1232, 1253
— s. Sternberg, Th. H. *1313*
— s. Tarbet, J. E. *1314*
Ovary, Z. 319
— G. Biozzi u. G. Mené *376*
Overbeek, G. A. 477
— u. J. de Visser *542*
— s. Homan, J. D. H. *686*
Overgård, K. S. 1083
— s. Andersen, A. H. *1101*
Owen, C. R. 1220
— s. Lyons, C. *1300*
Owens 336, 351
Owens, B. B. s. Curtis, A. C. *366*

Owens, M. E. B. s. Blanton, W. *364*
Oxford, A. E. 867, 1236
— H. Raistrick u. P. Simonart *945, 1305*
Oyaas, J. E. s. Coffee, G. L. *935*
Oyama, I. s. Miyake, I. *30*
Oyama, T. s. Suzuki, M. *226*
Oyer, C. 1086
— s. Brandman, O. *1103*
Ozaki, M. 859, 1251
— Y. Kataoka, T. Maesawa, A. Tashima u. H. Kubo *945, 1305*
Ožegović, L. 1184
— s. Grin, I. E. *1291*

Paccalin s. Joulia *688*
Paci, D. s. Appel, B. *1277*
Packer, H. s. Anderson, H. H. *763*
Padovani, E. s. Nicolo, A. *541*
Padowetz, W. s. Neipp, L. *1115*
Pätiälä, R. 1193, 1232, *1305*
Pagano, J. F. 854, 860, 1247, 1253
— u. H. Stander *1305*
— s. Gold, W. *1289*
— s. Pansy, F. E. *945*
— s. Stout, H. A. *948*
— s. Yacowitz, H. *1317*
Page 41, 49, 50
Page, F. 48, *219*
— s. Bettley, F. R. *216*
Page, J. H. 65, *225*
Page, L. s. Levinson, J. E. *690*
Pagel, W. 311
— s. Kallos, P. *371*
Paget, G. E. 869, 1238, 1244, *1305*
— u. A. L. Walpole *945, 1305*
Pagnini, G. 632, *694*
Paillard, R. 609, 657
— s. Alphonse, P. *673*
— s. Jadassohn, W. *536, 687*
— s. Mach, R. *691*
Paine, T. F. 809, 820, 847, *945*, 1182, 1260, *1305*
— u. M. Finland *945*
Palazzi, A. S. 433
— s. Rodriguez-Arias, A. *466*
Paldrok, H. 1175, *1305*
Palen, J. S. 1259
— s. Kingman, H. E. *1297*
Palermiti, F. M. s. Cron, M. J. *936, 1165*
— s. Hooper, J. R. *1368*
Paley, R. G. 665, *706*
Palley, E. s. Wase, A. W. *226*
Palm, K. 902
— s. Gaede, U. *953*
Palma, J. di 487, 494, 509
— s. Reynolds, S. *543*
Palmer, A., u. S. Zuckermann *542*

Palmer, G. 402
— s. Waldman, J. *468*
Palu, J. J. s. Parodi, A. S. *1370*
P'An, S. Y. s. English, A. R. *937*
— s. Finlay, A. C. *938, 1166*
— s. Kaiser, J. A. *941*
Panaccio, V. 86, *225*
Panaiotoff, I. s. Popoff, L. *1306*
Panicucci, A. 1363, *1370*
Pankratz, R. E. 326
— s. Bandelin, F. J. *363*
Panshin, A. F. 1181, 1186, *1305*
Pansy, F. E. 1140
— P. Kahn, J. F. Pagano u. R. Donovick *945*
— H. Stander u. R. Donovick *1169*
— s. Donovick, R. *936, 1285*
Pantscherewski, D. 97
— s. Schulz, K. H. *227*
Paolino, W. 1334, *1370*
— G. Pierri u. L. Resegotti *1370*
Papageorge, C. s. Georg, L. K. *1289*
Papanicolaou, G. 492, *542*
Papayanopulos, S. 434
— u. H. Schroeder *465*
Papin, P. 1191
— s. Guilhon, J. *1291*
Pappagianis, D. 1231
— u. G. Kobayashi *1305*
Pappenfort, R. B. 48, 57, 819, 916, 1181
— u. J. H. Lockwood *219*
— u. E. S. Schnall *945, 958, 1305*
Paracelsus 667
Parant 1248
— s. Bazex, A. *1278*
Pardo-Castello, V. 1241, *1305*
Pare, J. A. P. s. Kennedy, B. J. *688*
Parente, N. s. Kochakian, C. D. *537*
Parets, A. D. 909, *958*
Parfentje, J. A. 1266, *1305*
Pariser, H. 1206
— E. D. P. Levy u. A. J. Rawson *1306*
Pariser, S. 628
— u. L. R. Wasserman *694*
Parisi, P. *542*
Park, C. R. 558
— u. M. E. Krahl *694*
Park, E. A. 437
— s. McCollum, E. V. *464*
— s. Shipley, P. G. *467*
Parker, J. M. 1047
— s. White, H. J. *1121*
Parker, R. s. Gilson, B. *938*
Parker, R. T. *1115*
Parker, W. 138, *233, 334, 376*

Parkhurst 65
Parkinson, J. s. Adams, A. *1101*
Parks, A. s. Sandweiss, D. J.
697
Parlier, R. s. Lichtwitz, A. *538*
Parmer, L. G. 45
— u. A. Sawitzky *219*
Parodi, A. S. 1354
— S. de Lustig u. J. J. Palu
1370
Parr, H. G. s. Osterberg, A. C.
1169
Parrat, J. R. 86, 286
— u. G. B. West *360*
Parrish, A. E. 69
— u. E. H. Levine *225*
Parrish jr., H. H. s. Graham,
H. T. *359*
Parrot, J. L. 293, 294, 309,
314, 324, *360, 376*
— P. Galmiche u. G. Richet
376
— D. A. Urquia u. Cl. Laborde
360
Parrott, R. H. 553
— s. Bergenstal, D. M. *674*
— s. McGovern, J. J. *944, 956*
Parsons, O. s. Freeman, H. *532*
Parsons, W. 426, *465*
— s. Albright, F. *457*
Parsons, U. 481
— s. Mann, T. *539*
Pascher, F. 25, 444, 445, *465,*
624, 631
— u. S. C. Clyman *694*
— u. R. Keen *30*
— M. N. Richter, H. Bellach
u. F. Simm *30*
— Silverberg, Marks u. Markel
465
— u. W. S. Wood *694*
— s. Sawicky, H. H. *959*
Paschkis, K. s. Rupp, J. *543*
Paschoud, J. M. 8, 34, *219,*
631, 895, 896, *958,* 1192,
1306
— W. Keller u. B. Schmidli
30
— u. G. Peter *694*
— u. B. Schmidli *30*
Pasieczny, T., u. P. Grant *542*
— s. Baird, K. *526*
Pasqualini, R. 519
— u. G. Bur *542*
Pasquinucci, G. 1124
— s. Cocchi, C. *1165*
Pasteur Vallery-Radot 310,
314, 318, 319, 320, 322, 772
— B. N. Halpern u. A. Holtzer
376
— G. Mauric u. B. N. Halpern
376
— — — A. Domart u. M.
Holtzer *376*
— — — u. A. Holtzer *376*

Pastinczky, J. 325
— s. Simon, N. *379*
Pastinsky, St. 456
— E. Kovacs, S. Racz u. O.
Cexti *465*
Patch, E. A. s. Beyer, K. H.
1102
Patek 164
Patel, C. s. Marchionini, A. *464*
Pathé, G. 599
— s. Friedmann, E. *681*
Patnode, R. A. 1137
— P. C. Hudgins u. M. M.
Cummings *1169*
— s. Cummings, M. M. *1166*
Paton, W. D. M. 284, 285, 286,
287, 288, 292, 293, *360,* 558
— s. Douglas, W. W. *358*
— s. Feldberg, W. *359*
— s. Mac Intosh, F. C. *360*
— s. Reid, G. *361*
— s. Schild, H. O. *361*
Patterson, C. N. 1181
— s. Woods, J. W. *949, 1317*
Patterson, E. 1336
— J. A. Thomas, A. Haddow
u. J. M. Watkinson *1370*
Pattle, C. J. s. Polson, J. S. *695*
Patton, E. W. s. Youmans, J.
B. *469*
Pattyn, S. 1229
— s. Van Vlierberghe, R. G.
1315
Paul 110, 124, *230*
Pauli, R. 1049
— s. Johnson, O. H. *1110*
Paulini, J. 1018, 1046
— s. Portwich, F. *1116*
Paull, A. M. 669
— u. R. W. Phillips *708*
Paulsen, C. s. Heller, C. *534*
— s. Maddock, W. *539*
Paulsen, G. A. 579
— s. Oatway, W. H. *693*
Paulson, B. 319, 320, 322
— s. Epstein, St. *367*
Paulsson, K. T. 1329, *1370*
Paulus, W. 1005
— u. H. J. Mallach *1115*
Pauly, H. s. Bachmann, D.
1101
Pausy 824
Pautrier 19, 665
— Ambard, Schmid u. Lévy
30, 706
— — — u. Salomon *30*
— Schmid u. Robert *30, 706,*
Pautrier, L. M. 627, 628, *694*
Pavic, R. 445, *465*
Pavkovič, B. M. 333
— u. A. M. Rotović *376*
Pawlowsky, H. 6
— s. Schirren, C. G. *31*
Payan, H. s. Vague, J. *547*
Payne 47

Payne, C. C. s. Herzog, H. L.
685
Payne, H. M. 1069, 1087
— R. L. Hackney, Ch. M. Do-
mon, E. E. Marshall, K. A.
Harden u. O. D. Turner
1115
Payne, R. W. s. Astwood, E. B.
675
Payot, P. 325, *376*
Payson, H. s. Steiner, A. *546*
Peabody jr., J. W. 1220
— u. J. H. Seabury *1306*
Peacock, C. L. 1255
— s. Lones, G. W. *1300*
Peacock, Th. s. Grigsby, M. E.
939
Pearlman, S. L. s. Wolfson,
W. Q. *704*
Pearson s. Schweigert *467*
Pearson, C. C. 630
— s. Mellinger, G. W. *692*
Pearson, O. s. West, C. D. *548*
Pearson, O. H. 638, 639
— L. P. Eliel, R. W. Rawson,
K. Dobriner u. C. P. Rhoads
694
— s. Myers, W. P. L. *541*
Pearson, P. B. 408
— s. Perlzweig, W. A. *465*
Poo, J. 1191, *1306*
Pechet, M. M. s. Herzog, H. L.
685
Peck, J., u. H. Rosenfeld *1306*
Peck, R. L. 1269
— s. Harries, D. A. *939, 1167*
— s. Stokes, J. L. *1313*
Peck, S. 1199
— u. L. Schwartz *1306*
Peck, S. M. 320, 322, 327, 333,
354, *376,* 393, 394, 512, 905,
1175, 1189, 1190, 1191,
1223, 1258, *1306*
— B. Finkler, G. Mayer u. T.
Michelfelder *376*
— A. W. Glick u. L. Chargin
465
— E. Klarmann u. H. Spoor
542
— u. K. K. Li *1306*
— H. Rosenfeld, W. Leifer u.
W. Bierman *1306*
— u. W. R. Russ *1306*
— S. Siegal, A. W. Glick, A.
Kurtin u. R. Bergamini *958*
— s. Aaron, T. H. *363*
— s. Michelfelder, Th. J. *375*
Pecker, A. *542*
Pecora, L. *542*
Pecori, V. 1061
— R. Cimino, G. Mazzacca, P.
Altucci u. C. Riccardi *1115*
— s. Ricciardi, S. *696*
Pecznik, O. s. Steinach, E.
546

Pedal, H. W. 732, 733, 734, 735, 746, 747
— s. Wagner, W.-H. *771*
Peden, J. C. 25, *30*
Pedersen, K. 498
— s. Li, C. *538*
Pedoya, C. 884, *958*
Pedro-Pons, A. 151, 152, *235*
Pegum, J. S. 59, *219*
Pehrson, S. O. s. Freyschuß, S. K. L. *938, 1288*
Peiser, B. 586, 591, 592, 1179, 1214
— u. H. Weyer *694, 1306*
— s. Buschke, A. *1281*
Pellerat, J. 54, 71, 72, 83, *225*, 287, 290, 319, 329, 354, 651, 871
— L. Bourgeois u. H. Rives *219, 225*
— u. M. Murat *361, 376*
— M. Rives u. M. Murat *225, 376*
— s. Gaté, J. *359*
— s. Michel, P. J. *692*
— s. Pinnert-Sindico, S. *945*
Pellet, E. s. Yonkman, F. F. *381*
Pellet, M. 58
— s. Bolgert, M. *216*
Pelzer, H. 336, 337, 338, 342, *376*
Pelzig, A. 86, 620, 621, 622
— u. R. L. Baer *694*
— s. Baer, R. L. *222*
— s. Bloom, D. *675*
Pemberton 392
Pénasse, L. s. Janot, M. M. *940*
Pénau, H. s. Janot, M. M. *940*
Penhos, J. s. Foglia, V. *532*
Penn, J. s. Gillman, T. *682*
Pennati, E. *542*
Penner, M. A. s. Smith, R. M. *947*
Peoples, S. A. 1155
— s. Sah, P. P. T. *1169*
Pepler, W. J. 629, *694*
Peraita, M. 411, 418, *465*
— s. Grande *461*
Perakis 411
— u. Bakalos *465*
Percival, G. H. 651, *694*
Perdrup, A. 605, 625, *694*
Perera, G. A. 561, 577
— C. Ragan u. S. C. Werner *694*
Peretti, E. de s. Gillot, F. *682*
Peretz, S. 1135
— u. W. J. Polglase *1169*
Perkin, H. A. 1189, *1306*
Perkins, H. E. 736
— s. Hellermann, L. *767*
Perkow, W. 1054, *1115*
Perlman, E. 326, 328, *376*

Perlman, H. H. 885
— u. Lubowe, J. J. *1300*
— s. Frank, L. *952*
Perlman, P. L. s. Herzog, H. L. *685*
Perlzweig, W. A. 408
— F. Rosen u. P. B. Pearson *465*
— s. Rosen, F. *466*
Perna, G. s. Grassi, C. *1107*
Pernot, J. M. s. Degos, R. *678*
Perone, V. B. 176
— s. Denton, C. R. *236*
Perrin, G. 316
— s. Halpern, B. N. *370*
Perron, Y. s. Cron, M. J. *936, 1165*
Perroy, A. 434
— u. de la Tour *465*
Perry 291, 310, 315, 316, 319
Perry, A. W. s. Evans, J. A. *531*
Perry, C. R. 1156
— u. W. C. Morse *1169*
Perry, D. J., u. D. L. Hearin *376*
— J. A. Hosmer u. Th. H. Sternberg *376*
— s. Sternberg, Th. H. *379*
Perry, D. M. 889
— u. W. M. M. Kirby *958*
Perry, E. L., u. B. T. Horton *376*
Perry, E. T. 50
— s. Courville, C. J. *216*
Perry, F. G. 887
— u. P. C. Martineau *958*
Perry, H. O. 1071, 1085, 1264
— u. J. A. Ulrich *1306*
— u. R. K. Winkelmann *1115*
Perry, M. J. s. Thayer, J. D. *960*
Perry, R. P. 1193
— s. Johnson, C. W. *1295*
Perry, W. s. Zingg, W. *549*
Perry, W. L. M. s. Brocklehurst W. E. *358, 365*
Perschin, G. N. 1004
— u. L. I. Schtscherbakowa *1115*
Persky, M. 1190
— s. Cohen, R. *1283*
Perutz, A. 9, *30, 33*, 382, 410, *465*, 1179, 1188
— C. Siebert u. R. Winternitz *1306*
Peryassu, D. 1219, *1306*
Peshkin, M. M. 336, 342, 343, *376*
— H. G. Rapaport u. S. Grosberg *376*
— s. Sanger, M. D. *377*
Pesle, G. D. 1229
— u. M. Labeguerie *1306*
Pestel, M. 871, 1351
— s. Ravina, A. *946, 1370*

Peter 178
Peter, G. 631
— s. Paschoud, J. M. *694*
Peter, H. 831, *945*
Peter, K. H. s. Leiss, F. *236*
— s. Vonkennel, J. *280*
Peter, P. s. Vonkennel, J. *237*
Peter, R. s. Jirovec, O. *1295*
Petering, H. G. 423, *465*
Peterkin, G. 512, *542*
Peters, H. A. 630, *694*
Peters, L. 192
— s. Zitzke, E. *239*
Peters, L. L. s. Beyer, K. H. *1102*
Peters, R. A. 737
— H. M. Sinclair u. R. H. S. Thompson *769*
— u. L. A. Stocken *769*
Petersen s. Mitchel *464*
Petersen, M. C. 73
— s. Epstein, J. H. *223*
Petersen, S. s. Domagk, G. *1366*
Petersen, W. F. 292, 335
— s. Jobling, J. W. *359*
Peterson, Ch. W. 727
— s. Kast, C. C. *768*
Peterson, J. C. 420, 426, *465*
— u. L. K. Bishop *376*
— s. Woodruff, C. W. *469*
Peterson, O. L. 1039
— M. Finland, M. W. Barnes u. C. Wilcox *1115*
Peterson, R. E. 562
— J. B. Wyngaarden, S. L. Guerra, B. B. Brodie u. J. J. Bunim *694*
— s. Bunim, J. J. *676*
Peterson, W. H. 855, 1268
— s. Smith, R. M. *947, 1312*
Petraklis, N. L. 1343
— H. R. Bierman, K. H. Kelly, L. P. White u. M. B. Shimkin *1370*
Petranyi, J. s. Molnar, S. *540*
Petrů, M. s. Jirovec, O. *1295*
Pettker, K. 1180, 1239
— u. H. Rieth *1306*
Petzold, H. 84
— u. J. Huth *225*
— s. Emmerich, R. *223*
Peukert, D. *1169*
— H. Iwainsky u. H. Siebert *1169*
Peyri, M. 877, 878
— T. Gimenez, B. Grau, M. F. Sauch u. D. M. Gasso *958*
Peyron, A. 1330, *1370*
Peyron, M. s. Charpy, J. *27*
Pezold, K. 414, *465*
Pfanner, E. 1226
— s. Jadassohn, W. *1295*
Pfefferkorn, B. 1046
— s. Matthies, H. *1114*
Pfeiffer 194

Pfeiffer, C. 489, 496, 511
— C. Hooker u. A. Kirschbaum *542*
— s. Hooker, C. *535*
Pfeiffer, C. C. 736
— E. H. Jenney u. C. A. Ross *769*
Pfeiffer, K. s. Gertler, W. *682*
Pfiffner, J. J. 550, 551
— u. W. W. Swingle *694*
— s. Wintersteiner, O. *703*
Pfisterer, H. G. 1029, *1115*
Pflanz 302, 331, 336
Pflanz, Ch. s. Zierz, P. *381*
Pflanz, M. *376*
Pfleger, L. 638, 642
— u. J. Tappeiner *694*
— u. S. Tappeiner *694*
Pfleger, R. 1175, 1204, *1306*
— E. Schraufstätter, F. Gehringer u. J. Sciuk *1306*
— s. Marsh, P. B. *1301*
Pflum, F. A. 336, 341
— s. Spain, W. C. *379*
Philip, J. E. 871
— J. R. Schenck u. M. P. Hargie *945*
Philipp, A. 334, *376*, 586, *694*, 1352
Philipp, E. 496, *542*
Philipps, L. s. Freeman, H. *532*
Philips, F. S. 1337
— s. Gilman, A. *1367*
Phillips, B. 1198, *1306*
Phillips, B. P. 816, *945*
Phillips, D. L. 600
— u. J. S. Scott *694*
Phillips, M. A. 750, 751, 769
— s. Newbery, G. *768*
Phillips, R. M. 80
— F. R. Judy u. H. E. Judy *225*
Phillips, R. W. 669
— s. Paull, A. M. *708*
Phillips, W. F. P. 344
— u. W. I. Fishbein *376*
Philpot, F. J. 1270
— s. Borodin, N. *1280*
Philpott jr., J. A. 51
— s. Woodburne, A. R. *221*
Philpott, M. G. 629
— u. J. N. Briggs *694*
Philpott, O. S. 51
— s. Woodburne, A. R. *221*
Piazza 1144
Picard, J. 54, *219*
Picegli, R. s. Sulzberger, M. B. *701*
Pick 25
Pickering, V. L. s. Pratt, R. *1306*
Pickert, H. 576, *694*
Pickles, V. *542*
Pieper, G. 1052, *1115*
Pieper, H. G. 52, *219*

Pierce, H. E. *1306*
Pierce, J. 1227
— s. Harold, E. *1292*
Pierini, L. E. 899, 1254
— u. S. J. Mosto *1306*
Pierri, G. s. Paolino, W. *1370*
Pierson, B. J. 145, 999
— s. Cymerman-Craig, J. *1104*
Piesch, E. C. 77
— s. Ludwig, B. J. *224*
Pietro, S. di 1359, *1370*
Pietrowski, J. s. Robinson, H. J. *1169*
Piggott, W. 1238
— s. Emmons, C. W. *1286*
Pikula, D. s. Hobby, G. L. *940*
Pilcher, K. S. 1214
— u. A. Y. Hamilton *1306*
— s. Hok, K. A. *1293*
Pilhorn, H. s. Bischoff, D. *527*
Pillat, A. 386, *465*
Pillemer, L. 96
— u. M. Landy *227*
Piller, M. s. Bernstein, A. *934*
Pillsbury, D. M. 45, 54, 186, 515, 586, *694*, 1220
— u. C. Jacobson *219*
— u. Th. H. Sternberg *238*
— s. Kligman, A. M. *689*, *1297*
— s. Rose, E. *543*
— s. Scully, J. P. *1311*
— s. Shelley, W. B. *220*, *699*
— s. Strauss, T. E. *1313*
Pincus, G. 470, 474, 495, *542*, 556, 567
— u. K. V. Thimann *694*
— s. Evans, H. *531*
— s. Freeman, H. *532*
— s. Graubard, M. *533*
— s. Hechter, O. *534*
— s. Smith, G. *545*
Pinet, F. s. Thiers, H. *701*
Pinetti, P. 1184, 1258, *1306*
Pingel, J. Ch. 1197
— s. Schirren, C. *1310*
Pinker, H. 1257
— s. Braun, H. *1280*
Pinkerton, M. E. 1239, 1244
— s. Mullins, J. F. *1304*
Pinkes, S. 903
— s. Rutenberg, A. M. *959*
Pinkus, H. 85, 137
— s. Ferrara, R. J. *223*
— s. Zackheim, H. S. *233*
Pinnert-Sindico, S. 871, *945*
— L. Ninet, J. Preu-D'Homme u. C. Corsar *945*
— u. J. Pellerat *945*
Pinto, R. s. Foglia, V. *532*
Piper, H. G. *465*, 891, *958*
Piper, W. N. 1232
— u. R. W. Goldblum *1306*
Pipes, D. M. 187
— s. Vaughan, W. T. *239*

Pipkin, J. L. 1243, *1306*
Pipkorn, U. s. Arnoldsson, H. *526*
Piquet, B. 582, 636, 645
— s. Coste, F. *678*
Pirilä, V. 55, 59
— u. S. Helanen *219*
— — u. J. Helle *219*
Pirner, F. 1046
— s. Bogner, K. *1102*
Piro, J. D. s. Kutscher, A. H. *1298*
Pirwitz, J. 1325, 1329, *1370*
Pisani, M. 8
— s. Montilli, G. *30*
Pisano, M. A. s. Littman, M. L. *1300*
Pital, A. 795, 799
— D. T. Disque u. J. M. Leise *945*
— H. J. Stafseth u. E. H. Lucas *945*
Pitkin 110
— Southworth u. Hingson *230*
Pitschmann, J. *465*
Pitt-Rivers, R. 667
— s. Gross, J. *707*
— s. Lerman, J. *708*
Pittenger, R. C. 871, 1266, *1306*
— u. R. B. Brigham *945*
— s. Powell, H. M. *945*
Pitts, F. W. s. Cline, H. L. *935*
Piulachs, P. 518, *542*
Place, E. H. s. Hazen, L. N. *953*
Plachy, V. s. Kraus, Z. *689*
Plas, G. s. Sidi, E. *699*
Plasun, R. 620, 623, 624
— s. Lofferer, O. *691*
Platen, A. 822, *945*
Platt, R. 180, *238*, 392
Plaut, S. s. Lepper, M. H. *942*
Pledger, R. A. 1260
— u. H. A. Lechevalier *1306*
Plein, E. M. 175, 246, 253, 256, 263
— s. Plein, J. B. *236*, *279*
Plein, J. B. 175, 246, 253, 256, 263
— u. E. M. Plein *236*, *279*
Plekss, O. J. s. Scudi, J. V. *1118*
Plenert, W. 636, *694*
Plester, D. 103, *230*, 323
— s. Buchholz, R. *365*
Pletscher, A. 65, 1024
— P. A. Shore u. B. B. Brodie *225*
— s. Brodie, B. B. *222*
— s. Shore, P. A. *225*
— s. Strässle, R. *1118*
— s. Zbinden, G. A. *226*
Plinius 8
Ploeg, D. E. van der 57
— s. Davis, M. J. *217*
Ploog, D. 402, *465*

Plotnick, H. D. s. Bernstein, I. L. *1279*
Plotz, Ch. M. 565, 577, 604
— J. W. Blunt u. Ch. Ragan *694*
— E. L. Howes, J. W. Blunt, K. Meyer u. Ch. Ragan *695*
— s. Ragan, Ch. *695*
Plum, P. s. Dam, H. *459*
Plummer, H. 1034, 1083, 1085, 1087
— s. Siebenmann, Ch. O. *1118*
Plummer, N. 1029, 1098
— u. C. Wheeler *1115*
Plunkett, O. A. 1183, 1230
— s. Lewis, G. M. *1299*
— s. Wilson, J. W. *1317*
Pockrandt, H. 508, *542*
Poddar, R. K. 1004, 1087
— s. Chatterjee, K. R. *1103*
Podestá, L. D. 639
— u. L. M. Balina *695*
Poe, C. F. 1003
— s. Shell, J. W. *1118*
Poet, R. B. 1141
— s. Kelly, J. M. *1167*
Pohley, F. M. 499
— s. Steelman, S. L. *546*
Poisson, R. 61
— s. Bolgert, M. *222*
Polak, F. 75, *225*
Polano, M. K. 168, *236*
Polemann, G. 174, 175, 176, 177, 326, *376*, 450, *465*, 1176, 1183, 1195, 1231, *1306*
— u. G. Froitzheim *236*
— u. R. Scharfenberger *1306*
Polgár, P. 456, 457, 1212, 1233, 1234
— s. Farago, L. *1286*
— s. Nékám, L. *465, 541, 1304*
Polglase, W. J. 1135
— s. Peretz, S. *1169*
Polimeni, R. 327, *376*
Poliwoda, H. 639, 642
— s. Heckner, F. *685*
Pollack, M., G. Howard u. B. Boughton *542*
Pollard, H. M. s. Hirschowitz, B. J. *686*
Pollard II, W. H. s. Halde, C. *1292*
Polley 68
Polley, A. F. s. Sprague, R. G. *700*
Polley, H. F. s. Hench, P. S. *685*
— s. Schick, R. M. *697*
Polli, E. 585
— u. S. Eridani *695*
Polli, E. E. *1370*
Polske, R. M. s. Foxworthy, D. T. *681*
Polson, J. S. 611, 645

Polson, J. S., R. W. Black u. C. J. Pattle *295*
— C. J. Pattle u. F. M. Woolhouse *695*
Polster, M. 1200
— s. Horáček, J. *1294*
Pomeroy, T. C. s. Putnam, R.C. *1370*
Pomp, H. s. Jacobi, J. *462*
Pongratz, E. 1215
— s. Grasset, E. *1291*
Ponte, C. 445
— s. Breton, A. *935*
— s. Huriez, Cl. *462, 954*
Poor 23, *30*
Pope, H. 1039, 1069, *1169*
— u. D. T. Smith *1115*
Pope-Willett, H. 1144, *1169*
Popendieker, R. s. Nieschulz, O. *375*
Popoff, L. 48, *1202*
— T. Ivanoff, N. Angeloff u. I. Panaiotoff *1306*
— u. M. Kutinscheff *219*
Popp, W. C. s. Beeler, J. W. *363*
Poppe, H. s. Hinrichs, K. *1167*
Popper, H. 143, *235*, 390
— u. F. Steigman *465*
— — A. Dubin, H. A. Dyniewicz u. F. P. Hesser *465*
— s. Cornbleet, Th. *459*
Por, F. 898
— u. J. Friedemann *958*
Porcellati, G. 1143
— u. P. Preziosi *1169*
Porrini, A. s. Bosch, S. J. *675*
Port 424, 433
— s. Andrews *457*
Portella, A. 456, *465*
Porter 558
Porter, A. D. 394, 395, 396, *465*
— u. S. R. Brunauer *465*
— E. W. Godding u. S. R. Brunauer *465*
— u. H. Haber *465*
Porter, I., u. R. Melampy *542*
Porter, R. W. s. French, J. D. *681*
Portnoy, B. 590, 594, 596, *695*
Portwich, F. 1012, 1017, 1018, 1020, 1046, 1086
— u. H. Büttner *1115*
— — u. J. Paulini *1116*
Poser, C. M. s. Fitzpatrick, M. J. *1287*
Post, C. 511
— s. Andrews, G. *526*
Poth, D., u. S. Kaliski *542*
Poth, E. J. 1084, *1116*
Potter, M. D. 1228
— s. Babbs, M. *1278*
— s. Collier, H. O. J. *1283*

Potter, R. T. 336, 337
— s. Kierland, R. *372*
Poulsen, E. 1083, 1086
— s. Dalgaard-Mikkelsen, S. *1104*
Poulton, B. R. 554
— u. R. P. Reece *695*
Poupa, O. 324
— s. Hahn, P. *369*
Pouta, J. J. s. Janoff, L. A. *687*
Pover, W. s. Kar, A. B. *536*
Powell, H. M. 833
— W. S. Boniece, R. C. Pittenger, R. L. Stone u. C. G. Culbertson *945*
— s. McGuire, J. M. *944, 1302*
Power, M. H. s. Sprague, R. G. *700*
— s. Williams, R. D. *468*
Powers, G. F. s. Shipley, P. G. *467*
Pozo, J. del 1179
— s. Gay Prieto, J. *1288*
Pozzo, G. s. Levi, L. *538*
Prakken, J. R. 54
— u. S. M. C. M. Walle *219*
Prange 448
— s. Dam, H. *459*
Pratt, A. G. 353, *376*
Pratt, R. 799, 1234
— J. Dufrenoy u. L. A. Strait *945*
— P. P. T. Sah, J. Dufrenoy u. V. L. Pickering *1306*
— — J. F. Oneto, D. C. Brodie, J. Dufrenoy, S. Riegleman u. V. L. Pickering *1306*
— s. Wyss, O. *949*
Prausmüller, K. H. 1153
— W. Zischka u. G. Wiedmann *1169*
Prazak, G. 1240, 1241, *1306*
Preisler, O. 581, *695*
Preissmann, M. 394, *466*
Prejean, B. M. s. Johansen, F. A. *1109*
Prendes, M. A. G. 59
— C. Valhuerdi-Fernández u. R. Cruz-Baéz *220*
Prendina, L. 52, *220*
Preston, R. H. 48, 53, 569, 571
— u. R. Flatt *695*
— u. L. Goldman *695*
— s. Goldman, L. *217, 683, 1289*
Prestrud, M. C. s. Ingle, D. J. *687*
— s. Larson, E. J. *942*
Preu-D'Homme, J. s. Pinnert-Sindico, S. *945*
Preuner, R. 311, *376*
Preux, de 10
Preziosi, P. 214, 215, 565, 1143
— u. R. Marmo *695*
— s. Porcellati, G. *1169*

Pribilla, W. 433, *466*, 629, 640, *695*, 1327, 1336, 1340, 1342, 1346, 1347, 1349
— u. W. Kuhn *695*
— u. G. Stollberg *1370*
— s. Schulten, H. *1371*
Price, C. W. s. Fischbach, H. *1106*
Price, D. s. Ortiz, E. *541*
Price, E. A. 387
— s. Carr, F. H. *458*
Price, H. 631, *695*, 1213, *1306*
Prichard, H. s. Kalz, F. *688, 954*
Prickmann, L. E. 588
— s. Wakai, C. S. *702*
Pridham, Th. G. s. Benedict, R. G. *934*
— s. Dvouch, W. *936*
Priebat, A. K. 286
— s. Graham, H. T. *359*
Prieto-Lorenzo, A. 655, *695*
Prigge, R. 748, *769*, 1025
— u. W. Schäfer *769*
Prigot, A. 877, 884
— J. C. Whitaker u. B. A. Shidlovsky u. M. Marmell *958*
— s. Baadj, A. C. *931*
— s. Logan, M. A. *956*
— s. Marmell, M. *956*
— s. Maynard, A. *956*
— s. Morton, R. F. *944*
— s. Shidlovsky, B. A. *947, 1311*
— s. Whitaker, J. C. *960*
— s. Wright, J. C. *1372*
Prince, G. E. 625, *695*
Prince, H. E. 295
— u. R. L. Etter *376*
Pringuet, G. 636
— s. Vernier, P. *702*
Pringuet, R. 26
— s. Duperrat, B. *27*
Prino, G. 1024
— s. Mihich, E. *1114*
Prinz, H. 1357, *1370*
Pritchard, J. E. 450
— s. Burgess, J. F. *458*
Pritzker, H. G. s. Harris, L. J. *1292*
Privat, Y. 1241
— s. Temime, P. *1314*
Probey, T. F. 716, 730, *769*
Prochazka Fischer, J., u. R. A. Cooke *361*
Procknow, J. J. 1184
— u. C. G. Loosli *1307*
Prokoptschouk, A. J. A. 47, 48, 51, *220*
Propp, S. s. Brown jr., C. *951, 1280*
Proppe, A. 15, *30*, 566, 880, *958*
— u. A. Gerauer *695*

Prosiegel, R. 558, 559, 567, 575, 664
— A. Goelkel u. U. Fuchs *695, 706*
— s. Engelhardt-Gölkel, A. *680*
Prosser, M. 444, 445, 1066, 1086, *1116*
— u. H. Vosicky *466*
Proudfit, F. T. 164, 165, 192, 197, 198, 202, 206, 210, 211
— u. C. H. Robinson *235, 238*
Prout, A. 581
— u. A. H. Snaith *695*
Prunty, F. T. C. s. Forsham, P. H. *681*
Pruvost 71
— s. Huriez, Cl. *223, 371*
Pryse-Davies, I. 152
Psrajcev, A. V. 119
— s. Malykin, R. J. *230*
Pucher, J. 1005, *1116*
Puck, A., u. K. Hübner *542*
Puech, P. s. Janbon, M. *954*
Pürckhauer 220
Pugh, Ch. T. 826
— s. Bird, H. J. *935*
Pugsley, L. S. s. Collip, J. B. *709*
Puig, J. R. 1086
— s. Ross, S. *1117*
Puig Muset, P. s. Garcia Valdecasas, F. *1166*
— s. Vilanova, X. *1315*
Pujol, J. 522, 1210
— s. Cendron, J. *529*
— s. Vilanova, X. *1315*
Pulaski, E. J. 775, 840, 912, *945*
— u. M. L. Rosenberg *945*
— u. J. R. Shaeffer *958*
— s. Borski, A. A. *935*
— s. Fusillo, M. H. *938*
— s. Meleney, F. L. *944*
Pulay 393, *466*
Pulgisi 590
Pullman, T. N. s. Alving, A. S. *215*
Pulver, R. 1088
— s. Zbinden, F. *1122*
Pulver, W. 1088
— s. Aufdermauer, A. *1101*
Pulvermacher, L. *542*
Pump, K. K. s. Kennedy, B. J. *688*
Purcell, E. M. 823
— S. S. Wright, T. W. Mon u. M. Finland *945*
— s. Finland, M. *937*
— s. Love, B. D. *943*
— s. Wright, S. S. *949*
Puretić, Št. 138
— s. Kogoj, F. *232*
Purkhold 662
Purnalis, A. s. Ingle, D. J. *535*

Pusey, W. A. 170, 603
— u. H. Rattner *695*
Putkonen, T. 121
— s. Frick, M. A. *229*
Putnam, L. E. 785, 903
— u. E. F. Roberts *945*
— s. Lewis, C. N. *955*
Putnam, R. C. 1354
— T. C. Pomeroy, A. J. Donnelly, E. T. Nishimura, H. S. Bowman u. S. P. Reimann *1370*
Putschar 446, *466*
Pyke, D. A. 566, 653
— u. J. G. Scadding *695*
Pyman, F. L. s. Barrowcliff, M. *764*

Quabeck, G. 1247
— s. Solotorovsky, M. *1312*
Quaife, M. L. 448
— u. M. Y. Dju *466*
— s. Straumfjord, J. V. *467*
Quan, S. F. 1004, 1049, 1054, 1065
— T. C. Daniels u. W. D. Kumler *1116*
— — u. K. F. Meyer *1116*
— A. G. McManus u. K. F. Meyer *1116*
Quast, A. 346
— s. Mückter, H. *375, 944*
Quastel, H. H. 1046
— s. Johnson, W. J. *1110*
Quastel, J. H. 737, 1048, 1354
— u. A. Cantero *1370*
— P. G. Scholcfield u. J. W. Stevenson *1116*
— s. Gordon, J. J. *767*
Quattrin, N. 1064
— s. Fornara, P. *1106*
Quecke, H. s. Wernitz, W. *1170*
Querner, H. s. Wrba, H. *548*
Quie, P. G. 891
— M. Collin u. J. B. Cardle *958*
Quinn, K. s. Sobel, E. *545*
Quiñones, P. A. 45
— u. N. Ruiz-Martin *220*
Quintin, R. 660
— u. J. Dulinc *695*
Quirno, N. s. Bosch, S. J. *675*
Quiroga, M. 514
— P. Magnin u. N. Vivot *542*
— A. Marenzi u. R. Corti *542*
Quiroga, M. I. 566, 591, 1219
— P. Negroni u. A. A. Cordero *1307*
— u. J. Chiriboga *695*

Raabe, S. 523, *542*
— s. Druckrey, H. *531*
Raaschou-Nielsen, W. 616
— u. F. Reymann *695*
Rabe, H. 880
— u. C. Kruse *958*

Raben, M. S. s. Astwood, E. B. *673*
Rabinowitch 145
Rabito, C. 1333
— u. A. Leoni *1370*
Rácž, St. 69, 456
— u. Z. Gallai *225*
— s. Pastinsky, St. *465*
Raczynski, J. 437, *466*
Radenbach, K. L. 288, 289
— s. Amann, R. *357*
Radomski, J. A. s. Nelson, A. A. *945*
Räihä, C. E. 130
— u. G. Fanconi *233*
Rämö, L. 1005, 1008
— s. Heinänen, P. *1108*
Räth, C. 743, 759
— s. Binz, A. *764*
Raffelt, E. s. Hertz, R. *534*
Rafyi, A. s. Eghbal, M. *1105*
Ragan, C. 576, 577, 605, *695*
— E. L. Howes, Ch. M. Plotz, K. Meyer u. G. W. Blunt *695*
— s. Perera, G. A. *694*
— s. Plotz, Ch. M. *694*, *695*
Raiman, R. J. 296
— E. R. Later u. H. Necheless *377*
Raimondo, V. di 577, 578, 582
— u. P. H. Forsham *679*
— s. Forsham, P. H. *681*
— s. Orr, R. H. *694*
Raistrick, H. 775, 867, 1236, 1265
— s. Clutterbuck, P. W. *935*, *1283*
— s. Oxford, A. E. *945*, *1305*
Raiziss, G. W. 712, 716, 738, 752
— u. J. L. Gavron *769*
— u. M. Severac *769*
— s. Schamberg, J. F. *769*
Rajka 282, 336, 354
Rajka, E. 433, 434, 456
— u. A. Asboth *377*
— A. Korossy u. M. Gozony *361*, *466*
Rajka, G., u. E. Vincze *377*
Rake, G. 804, 809, *945*, 1136, *1169*
— s. Donovick, R. *936*, *1105*
— s. Heilman, F. R. *939*
— s. McKee, C. M. *944*, *1302*
Rakeman, F. M. 343, *377*
Rako, A., D. Sokola, V. Bacic u. M. Findrik *542*
Rakoff, A. E. 1183
— s. Bernstine, J. B. *1279*
Raleigh, G. W. s. Youmans, G. P. *1171*
Rall, J. E. 668
— s. Rawson, R. W. *708*
Ralli, E. s. Dumm, M. *531*

Ramanamanjary, W. 309, *377*
Ramanujam, K. 1069, *1116*
Rambert, P. s. Bénard, H. *674*
Ramel, E. 6, 18
— s. Frühwald, R. *27*
Ramey, E. R. s. Henry jr., W. L. *685*
Rammelkamp, C. H. 850, *945*
— u. L. Weinstein *945*
Ramos e Silva, J. 14, *30*, 55, *220*
Ramsburg, H. H. s. Madden, R. J. *691*
Randall, L. O. 1083, 1087
— V. Engelberg, V. Iliev, M. Roe, H. Haar u. T. H. Mc Gavack *1116*
— s. Lehmann, G. *373*
— s. Svenson, S. E. *1118*
Randall, W. A. 813, 833
— s. Fischbach, H. *1106*
— s. Reedy, R. J. *946*
— s. Welch, H. *949*
Randazzo, S. D. 1332
— s. Cottini. G. B. *1365*
Randolph, T. G. 565, 592
— u. J. P. Rollins *695*
— s. Zeller, M. *704*
Rankin, J. L. 1210
— W. L. Dobes, J. W. Jones u. H. S. Alden *1307*
Rankin, N. E. 914, *958*, 1181, *1307*
Ranney, H. M. 639, 642
— u. A. Gellhorn *695*
Ranque, J. 1223
— u. G. le Henaff *1307*
Rantz, L. A. 793, 1047
— u. W. M. M. Kirby *1116*
— s. Beigelman, P. M. *934*
Rao, I. M. 392, 1038
— s. Bhardwaj, S. N. *1102*
Raoul, Y. 1039, 1085, *1116*
Rapaport 392, 393
Rapaport, G. A. s. Lehmann, E. *463*
Rapaport, H. G. 342
— s. Peshkin, M. M. *376*
— s. Sanger, M. D. *377*
Rapaport, H. S., H. Herman u. E. Lehmann *466*
Raper, J. s. Sprunt, D. *545*
Rapoport 47, 68, 78
Rapoport, A. s. Marquis, D. G. *224*
Rapoport, D. M. s. Basmakowa, S. M. *216*
Rapoport, M. 1017
— s. Rubin, M. J. *1117*
Rapp, G. W. 100, *230*
Rappaport, B. Z. 588
— M. Samter, E. A. McCrew, J. F. Orrico, N. J. Ehrlich, H. S. Hartley, H. Lazar, J. J. Lubin u. R. A. Scala *695*

Raquet, D. F. 1179
— s. Charbonneau, P. *1282*
Raschke, G. 1083, *1116*
Rasiewicz, W. 15, *30*
Raskin, J. s. Robinson jr., H. M. *696*
Rasmussen, A. F. s. Johnson, A. M. *954*
Rasmussen, K. A. 310, *377*, 667, *706*
Rasp, K. H. 51
— s. Friderich, H. *217*
Rasponi, L. 146, 147
— s. Longhi, G. *235*
Rassfeld-Sternberg, L. 1195
— s. Bethge, J. F. J. *1279*
Rather, L. J. s. Wilson, R. H. *1317*
Ratner, B. 214, *238*
Ratner, H. S. V. s. O'Leary, P. A. *957*
Ratschow, M. 81, 84, 115, 116, *225*, *230*, 518, 542
— u. G. Klostermann *542*
Rattner, H. 603
— s. Pusey, W. A. *695*
Ratto, E. 445
— s. Olivetti, L. *465*
Raubitschek, F. 315, 1182, 1184, 1240, 1244, 1261, 1262, 1272, *1307*
— R. F. Acker u. S. A. Waksman *1307*
— u. A. Dostrovsky *1307*
— s. Kopel, D. *372*
— s. Sagher, F. *1309*
— s. Waksman, S. A. *949*
Rauch, G. 1081
— s. Goltermann, H. *1107*
Rauchwerger, S. 908
— M. F. A. Erskine u. W. L. Nalls *958*
Rauen, H. M. 999, 1051, *1116*
Rauh, C. E. s. Osterberg, A. C. *1169*
Rauhut, K. 113, 118, 121, 126, *230*
— s. Bommer, S. *228*
— s. Scheffler, H. *230*
Rausch, F. 181, *238*, 664
— u. H. Bartelheimer *706*
Rausch, L. *542*, 737
— u. H. Glodny *769*
Rausch, N. G. 336
— s. Osborne, E. D. *375*
Rausche, Ch. s. Stüttgen, G. *700*
Ravaut 10, 665
— Bith u. Ducourtioux *30*, *706*
Ravazzoni, C. 1048
— s. Ercoli, A. *1105*
Ravina, A. 854, 870, 871, 914, 916, *946*, *958*, 1346, 1351, *1370*
— u. Ph. Eloy *946*

Ravina, A., T. Grosz u. M. Pestel *1370*
— u. M. Pestel *946*
Ravits, H. 1230, *1307*
Rawling, F. F. A. 342
— s. Beale, H. D. *363*
Rawls, B. 508
— s. Goldzieher, J. *533*
Rawson, A. J. 1206, 1207
— s. Pariser, H *1306*
— s. Whitehill, M. R. *1316*
Rawson, R. 524, *542*
Rawson, R. W. 668
— J. E. Rall, u. M. Soneberg *708*
— s. Pearson, O. H. *694*
Raymond, C. s. Sobel, E. *545*
Raynard 671, *695*
Raynaud, J. 899
— s. Merklen, F. P. *956*
Rdzok, E. J. s. Grundy, W. E. *939*
Reading, H. W. s. Adams, A. *1101*
Reagan, M. A. s. Harries, D. A. *939*, *1167*
Reames, H. R. 1139
— s. Rhuland, L. E. *1169*
Rebattu, J.-P. s. Mayoux, R. *943*
Rebell, G. 514, 1232
— u. J. H. Lamb *542*, *1307*
— s. Hopkins, J. G. *1293*
— s. Hopkins, T. *1293*
— s. Kligman, A. M. *689*, *1297*
— s. Lamb, J. H. *1298*
Reboul 55, 215
Reboul, E., M. Reboul u. C. Dorgenille *225*
— s. Oliver, L. *219*
Reboul, M. s. Reboul, E. *225*
Rebstock, M. C. s. Glazko, A. J. *938*
Recio, J. s. Gandarias, J. de *532*
Reddish, G. F. 1174, 1175
— s. Burlingame, E. M. *1281*
Reddy, W. J. s. Selenkow, H. A. *698*
Redin, G. S. s. White, H. J. *1121*
Redish, M. H. s. Shapiro, S. *467*
Reece, R. P. 554
— s. Poulton, B. R. *695*
Reed 753
Reed, K. J. s. Cook, A. H. *1104*
Reed, M. A. G. s. Tislow, R. *380*
Reeder, P. L. de 1002, 1005, *1116*
Reedy, R. J. 813
— W. A. Randall u. H. Welch *946*
— s. Welch, H. *949*
Rees, R. B. 9
— J. H. Bennet u. W. L. Bostick *31*

Rees, R. J. W. 1126
— s. D'Arcy Hart, P. *1166*
Reeves, W.-H. s. Damashek, W. *678*
Refvem, O. 650, 652, *695*
Regenbogen, J. 728
— s. Dahr, P. *765*
Regna, P. s. Hobby, G. *1293*
Regna, P. P. *946*
— s. Finlay, A. C. *938*, *1166*
Regnier 103
— s. Joulia *687*, *688*
Reháček, Z. 1272, *1307*
Rehm, H.-J. 1175, 1260, *1307*
— u. U. Stahl *1307*
Rehn 137
Rehtijärvi, K. 56, *220*
Reich, H. s. Samuels, L. *543*
— s. West, C. D. *548*
Reichel 47
Reichert, J. 917, *958*
Reiches, A. J. 917 —
— u. P. K. Webb *958*
Reichle, L. s. Tschesche, R. *1119*
Reichle, U. 318
— s. Friebel, H. *368*
Reichstein, T. 417, 428, 551, 552, *695*, 1331
— A. Grussner u. R. Oppenauer *466*
— s. Fremery, P. de *681*
— s. Kuhn *463*
— s. Santavy, F. *1370*
— s. Steiger, M. *700*
— s. Uffer, A. *1372*
Reid, D. A. C. s. Flint, M. H. *952*
Reid, G. 288, *361*
Reid, H. A. 599, *695*
Reid, R. D. 773, 775, *946*
Reidel, B. B. 1195, *1307*
Reidies, A. s. Bielig, H. J. *764*
Reif, W. 1017, 1142
— s. Bönicke, R. *1102*, *1165*
Reifenstein jr., E. C. 441, 575, *695*
— s. Albright, F. *457*
— s. Fraser, R. *532*
Reifferscheid, M. 1204
— u. H. P. R. Seeliger *1307*
Reilly, H. Ch. 61, 90, 1177, 1255, 1266
— A. Schatz u. S. A. Waksman *1307*
— s. Waksman, S. A. *1316*
Reimann, S. P. s. Putnam, R. C. *1370*
Reimer, E. E. s. Kühböck, J. *689*, *1368*
Rein, C. s. Birnberg, C. *527*
Rein, Ch. R. 12, 85, 591, 598, 604, 618, 620, 635, *695*, 726, 892
— u. E. L. Bodian *695*

Rein, Ch. R., E. L. Bodian u. L. A. Dick *958*
— u. J. J. Goodman *31*, *225*
— s. Sawicky, H. H. *959*
Reinberg, A. 294
— s. Sidi, E. *361*, *699*
Reincke, A. 1023, 1084
— s. Eger, W. *1105*
Reinemund, K. s. Kuhn, R. *463*
Reiner, E. 25
— s. Morse, J. L. *30*
Reiner, L. 734, 913
— C. S. Leonard u. S. S. Chao *769*
— M. J. Schlesinger u. G. M. Miller *958*
Reiner, M. 564, *695*
Reinert, R. E. 71, *225*
Reingold, J. M. 403
— u. F. R. Webb *466*
Reinhard, M. s. Mirand, E. *540*
Reinhardt, F. s. Eberhartinger, Chr. *27*
Reinhardt, W. O. 565
— u. Ch. H. Li *695*
Reinhold, G. 667, *708*
Reiser, K. A. 1010, *1116*
Reiss, F. 59, *220*, 392, 433, *466*, 488, 496, 512, 513, 514, 515, 516, 517, 519, *542*, *946*, 1175, 1176, 1182, 1184, 1230, 1231, 1234, 1239, 1242, 1244, *1307*
— u. L. Caroline *1307*
— — u. L. Leonard *1307*
— u. D. D. Doherty *1307*
— u. S. Collis *542*
— L. Kornblee u. B. Gordon *1307*
— u. B. Lustig *1307*
— u. D. R. Winston *1307*
— s. Lewis, G. M. *538*
Reiss, R. s. Kinsell, L. W. *537*
Reiss, R. S. s. Hill jr., S. R. *686*
Reiter, H. F. H. 869, *946*
Remak 671
Remfry, F. G. P. s. Barrowcliff, M. *764*
Remy, D. 1350, *1370*
— s. Goldeck, H. *460*
Remy, R. 132
— u. E. Euler *233*
Renard, R. 604
— s. Laugier, P. *690*
Rendle-Short, J. 1017, 1029, 1086, *1116*
Renfer, H. R. 1338
— s. Zuppinger, A. *1372*
Renkin, A. 611, 1204, *1307*
— s. Olivier, J. *694*
Rennels, E., M. Hess u. J. Finerty *542*
Rennerfelt, E. 1234
— s. Erdtmann, H. *1286*

Rennick, B. s. Mayer, R. L. *374*
— s. Yonkman, F. F. *381*
Renold, A. E. 567
— P. H. Forsham, J. Maister-rena u. G. W. Thorn *696*
— D. Jenkins, P. H. Forsham u. G. W. Thorn *696*
— s. Forsham, P. H. *681*
— s. Thorn, G. W. *701*
Renovanz, H. D. 1069, *1116,* 1156, *1169*
Rentchnick, P. 778, 912, 913, *946, 958,* 1084, 1085, *1116*
— s. Bickel, G. *950*
— s. Kuemmerle, H. P. *955*
Reploh, H. 800, 919
— u. H. Chemnitz *946, 958*
Reque, P. G. 899, *958*
Resegotti, L. s. Paolino, W. *1370*
Resl, V. 899, *958*
Ressetar, D. s. Grunberg, E. *1291*
Reuber, R. 472, 552, 556
— u. J. Schmidt-Thomé *543, 696*
— s. Butenandt, A. *528*
Reubi, F. 320, 344, *377*
— s. Steinmann, B. *379*
Reuse, J. J. 309, 311, 316, 319, *377*
Reutner, T. F. s. Gruhzit, O. M. *939*
Revesz 625
Rewald, F. E. 120, *230*
Reyer, W. A. 905, *958*
Reymann, F. 592, 594, 609, 611, 613, 615, 616, 627, *696*
— u. P. Søbye *696*
— s. Brodthagen, H. *676*
— s. Fleming *681*
— s. Kristjansen, A. *689*
— s. Raaschou-Nielsen, W. *695*
Reymond, J. C. 124, *230*
Reyn, A. 882
— B. Korner u. M. Weis Bentzon *958*
Reynold, J. s. Scherr, G. H. *1310*
Reynolds, D. M. s. Waksman, S. A. *1316*
Reynolds, M. E. s. McDermott, W. *943*
Reynolds, S. 478, 487, 494, 509
— u. F. Foster *543*
— J. Hamilton, J. di Palma, G. Hubert u. F. Foster *543*
— u. J. di Palma *543*
Reznick, L. 567, 612
— W. F. Lever u. Ch. N. Frazier *220, 696*
Rhaney, K. 581
— s. Mitchel, R. G. *692*
Rheingold, J. J. 902
— u. C. L. Spurling *958*

Rhoads, C. s. Lieberman, S. *538*
Rhoads, C. P. s. Burchenal, J. H. *1365*
— s. Karnofsky, D. A. *1368*
Rhodehamel, H. W. s. Sullivan, N. P. *231*
Rhodes, A. 1236, 1237, 1238
— R. Grosse, R. McWilliam, J. P. R. Tootil u. A. T. Dunn *1307*
— s. Ashton, G. C. *1278*
— s. Napier, E. J. *1304*
Rhodes, R. E. 1060, 1083, 1084, 1085, 1087, 1099
— R. C. Bard u. J. A. McCaughan *1116*
Rhods, C. P. s. Pearson, O. H. *694*
Rhuland, L. E. 1139
— K. F. Stern u. H. R. Reames *1169*
Ribeiro, D. de O. 1219, *1307*
Ribiero, C. de C. 124
— s. Criep, L. H. *228*
Ribon, M. s. Watrin, J. *702*
Ribuffo, A. 8, 207
— s. Monacelli, M. *30, 540*
Riccardi, C. 1061
— s. Pecori, V. *1115*
Riccardi, L. 589, 629, *696*
Ricci, N. J. s. Sanders, M. *959*
Ricciardi, S., A. Noferi, V. Pecori u. L. D'Alesandro *696*
Rice, E. C. *958*
— s. McGovern, J. J. *944*
— s. Ross, S. *946*
Rice, J. S. s. Derzavis, J. L. *951*
Rice-Edwards, J. T. 1017, 1029, 1086, *1116*
Rich, A. R. 118, *230,* 353, *377,* 902
Rich, R. E. 646, *696*
Richard, J. 1249, *1307*
Richard, J. E. s. Liddle, G. W. *690*
Richards 296, 450
— s. Mushett *465*
Richards, H. J. *466*
Richards, M. B. *466*
Richards, R. K. s. McIntire, F. C. *374*
— s. Roth, L. W. *377*
Richardson, J. 493
— u. C. Houck *543*
Richel 641
Richet, G. 904
— u. H. Ducrot *958*
— s. Parrot, J. L. *376*
Richtberg, D. 1179
— s. Siskind, W. M. *1312*
Richter 640, 644, *696*
Richter, F. 1193, 1211
— s. Holleman, A. F. *1293*

Richter, H. 339, *377*
Richter, J. 1007, 1038, *1116*
Richter, M. N. s. Leinwand, J. *690*
— s. Pascher, F. *30*
Richter, R. 59, 160, 898, *958,* 1175, 1183, 1184, 1204, *1307*
— u. N. Erbakan *1308*
— u. E. Schraufstätter *1308*
— u. L. Tat *220*
— s. Götz, H. *1289*
— s. Schraufstätter, E. *1310*
Richter, R. B. s. Dorfman, A. *679*
Richter, V. 1269, *1308*
Ricker 61, 90, 150
Ricker, W. A. 600
— s. Lincoln, M. *690*
Rickes, E. L. 423
— N. G. Brink, F. R. Koniuszy, T. R. Wood u. K. Folkers *466*
Ricketts, W. E. *235*
Rickher, C. J. s. Holper, J. C. *940*
Riddell, R. W. 1183, 1209
— u. G. T. Stewart *1308*
— s. Barlow, A. J. E. *1278*
— s. Dawkins, S. M. *1284*
— s. Furcolow, M. L. *1288*
— s. Tubbs, O. S. *1314*
Riddle 500
— u. Bates *543*
Ridell jr., J. M. s. Brunner, M. J. *528, 676*
Riebeling, C. 78, 79, *225*
Riecke, E. 14, 18, *31*
— s. Frühwald, R. *27*
Riecke, H. s. Schirren, C. *544*
Riedel, G. 112, *230*
Rieder, J. s. Fust, B. *1107*
Rieder, W. 518, *543*
Riederer, J. 601, *696*
Riegel, C. s. Hardy, J. D. *684*
Riegel, I., u. R. Meyer *543*
Riegleman, S. s. Pratt, R. *1306*
Riehl jr., G. 414, 443, 444, *466,* 619, 621, 643, *696,* 867, *946,* 1184, 1236, 1238, 1242, 1244, *1308*
Rienäcker, H. 761
— s. Weidenhagen, R. *771*
Ries, J. 397, 1353
— u. A. P. Blasin *466, 1370*
Rieser, J. 795
— s. Hallmann, L. *939*
Rieser, O. 106
— u. J. Hergott *230*
Rieth, H. 326, *377,* 515, 855, 868, 869, 888, 1173, 1174, 1180, 1182, 1184, 1188, 1190, 1197, 1200, 1203, 1209, 1214, 1215, 1218, 1223, 1225, 1228, 1229, 1231, 1239, 1248, 1249, 1256, *1308*

Rieth, H., u. A. Y. El-Fiki
1308
— u. K. Ito *1308*
— — P. Hansen u. G. List
1308
— u. K. Schoderer *1308*
— u. J. Schönfeld *1308*
— s. Hansen, P. *1292*
— s. Ito, K. *1295*
— s. Kaffka, A. *1296*
— s. Kimmig, J. *372, 941, 1297*
— s. Koch, H. *1297*
— s. Pettker, K. *1306*
— s. Rüther, E. *1309*
— s. Schirren, C. *1310*
— s. Schönfeld, J. *1310*
Rietschel, H. G. 1081
— u. H. Weitzel *1116*
Rietti, F. 403, *466*
Rieveschl 327
— s. Fleming *368*
Riggins, H. M. 801
— u. H. C. Hinshaw *946*
Riits, F. de 326
— u. C. Zanussi *377*
Riley, E. 1071
— s. Maier, J. *1113*
Riley, J. F. 283, 285, 286, *361*,
511, *543*
— u. G. B. West *361*
Riley, K. 1209
— u. H. A. Flower *1308*
Rille, J. H. 411, *466*
Rimbaud, P. 1182, 1227
— H. Harant, J.-A. Rioux u.
J. Caron *1308*
— u. J.-A. Rioux *1308*
— — u. J. Caron *1308*
— s. Margarot, J. *1301*
Rimington, C. 1023, 1045, *1116*,
1269
— u. S. A. Leitner *466*
— s. Goldberg, A. *682*
— s. Hubbard, R. *1294*
Rindani, T. *543*
Rinderknecht, H. s. Campbell,
D. H. *1365*
Rinehart, J. F. 433, *466*
Rinfret, A. P. s. Forsham, P. H.
681
Ringelman, N. P. s. Goldman,
L. *1289*
Ringier, B. H. 447, 1000
— s. Gross, F. *1107*
— s. Karrer, P. *462*
Ringrose, E., u. G. Ekblad *543*
Rinieri, A. 310, 316
— s. Decourt, J. *366*
Rinzler, S. s. Greiner, T. *369*
Riondel, A. M. 96
— s. Engel, E. *227*
Riou, M. V. 456, 655
— s. Merklen, F. P. *464, 692*
Rioux, J.-A. 1182, 1227, 1231,
1308

Rioux, J.-A., u. Bousquet *1308*
— s. Margarot, J. *1301*
— s. Rimbaud, P. *1308*
Ripason 158
Ripps, J. 342
— u. A. M. Fuchs *377*
Risman, E. 906
— u. W. P. Boger *958*
Risse-Sundermann, A. 571, 635,
696
Rissel, E. 1087, 1088
— u. N. Stefenelli *1116*
Rist, E. 22, *31*
Rist, N. 993, 1047, 1061, 1069,
1087, *1116*, 1124, 1136, 1157,
1158, *1169*
— F. Bloch u. V. Hamon *1169*
— F. Boyer, M. Saviard u. V.
Hamon *1116*
— F. Grumbach u. D. Liber-
mann *1169*
— s. Grumbach, F. *1167*
— s. Libermann, D. *1168*
Rittel, W. s. Schwyzer, R. *698*
Ritter, E. s. Rubin, S. *1169*
Ritter, H. 415, 426, *466*, 632,
633, *696*
— u. J. Wadel *696*
Ritter, L. s. Hofmann, P. *940*
Ritzerfeld, W. 870, *946*
Ritzl, F. s. Boll, W. *675*
Riva Crugnola, G. 1031, *1116*
Rivalier, E. 1179, 1239, 1240,
1308
— s. Degos, R. *1284*
Rivero, A. 1195
— s. Vighoglia, P. A. *1315*
Rives 71
Rives, H. s. Pellerat, J. *219, 225*
Rives, M. 354
— s. Pellerat, J. *225, 376*
Rivett, K. s. Adams, A. *1101*
Rizzente, S. 1331, 1332
— s. Gardini, G. F. *1366*
Rizzo, V. F. 1219
— u. R. M. Arzube *1308*
Robba, G. 647, *696*
Robbins, J. G. 641, *696*
Robbins, W. J. 1194, 1261,
1265, 1267
— u. I. McVeigh *1308*
— s. Anchel, M. *1277*
— s. Kavanagh, F. *1296*
Robecchi 585
Robert 194
— s. Goldzieher, J. W. *28*
— s. Pautrier *30, 706*
Roberts, E. F. s. Putnam, L. E.
945
Roberts, R. C. 320
— K. A. Crockett u. T. C.
Laipply *377*
Roberts, S., u. C. Szego *543*
Roberts, W. 508
— s. Goldzieher, J. *533*

Robeson, C. D. s. Stern, M. H.
467
Robillard, R. s. Genest, J. *28*
Robins, J. J. 650
— u. W. F. Lyons *696*
Robinson 87, 164, 165, 192, 197,
198, 202, 206, 210, 211, 392,
570, 572, 578, 579, 586, 587,
592, 593, 594, 613, 619, 620,
626
Robinson, C. H. s. Proudfit,
F. T. *235, 238*
Robinson, E. A. s. Logan, M. A.
956
Robinson, H. C. 889, *958*
Robinson, H. J. 850, 1156
— R. C. Mason, D. H. Johnson
u. A. H. Smith *696*
— — u. A. L. Smith *696*
— u. H. Molitor *946*
— H. Siegel u. J. Pietrowski
1169
— s. Molitor, H. *464*
Robinson, H. M. 569, 636, *696*,
878, 890, 892, 896, 897, 902,
959, 1227, 1243
— u. M. B. Hollander *1308*
— u. H. M. Robinson jr.
958
— — u. R. C. V. Robinson *958*
— s. Zeligman, J. *704*
Robinson jr., H. M. 87, *696*,
878, 891, 892, 897, 905, *958*,
1238, *1308*
— R. C. V. Robinson u. J. Raskin *696*
— — u. F. J. Strahan *225*
— J. Zeligman, R. C. V. Robinson, M. M. Cohen u. A.
Shapiro *959*
— — A. Shapiro u. M. M. Cohen *959*
— s. Robinson, H. M. *958*
Robinson, J. A. s. Lepper, M. H.
942
Robinson, J. N. 522
— u. E. T. Engle *543*
Robinson, M. 1213
— s. Schwartz, L. *1310*
Robinson, M. J. s. Swintosky,
J. V. *1119*
Robinson, M. M. *696*
Robinson, R. s. Dodds, E.
530
Robinson, R. C. V. 277, *280*,
696, 908, 909, *959*, 1238,
1243, 1248, *1308*
— s. Robinson, H. M. *958*
— s. Robinson jr., H. M. *225*,
696, 959
Robinson, W. D. s. Wolfson,
W. Q. *704*
Roblin, R. O. 1050, 1054, 1219
— u. P. H. Bell *1116*
— s. Bell, P. H. *1102*

Roblin jr., R. O. 963, 975, 995, 998, 999, 1044, 1050, 1054, 1081, 1083, 1085, 1086, 1093
— J. H. Williams, P. S. Winnek u. J. P. English *1116*
— P. S. Winnek u. J. P. English *1116*
— s. Bell, P. H. *1102*
Robson, H. 488
— u. J. Duthie *543*
Robson, H. N. 628, *696*
Robson, I. s. Dawson, R. *530*
Robson, J. H. s. Goulding, R. *1167*
Robson, J. M. s. Acharya, B. K. *1165*
— s. Evans, J. E. *531*
— s. Goulding, R. *1167*
Rocchini 145
Roch 402
— u. Sciclounoff *466*
Rocha, G. 320
— s. Lima, A. O. *373*
Rocha e Silva, M. 281, 282, 287, 288, 292, 328, 329, *357*, *361*
— S. O. Andrade u. R. M. Teixeira *361*
— u. W. T. Beraldo *377*
Roche, J. 566, 654, 655, 667, 668
— S. Lissitzky u. R. Michel *708*
— u. R. Michel *708*
Roche, M., J. Convit, J. A. Medina u. E. Blomenfeld *696*
— s. Thorn, G. W. *701*
Rockenbach, J. 1270
— s. Seneca, H. *698*, *1311*
Rocker, H. 1032, 1038
— s. Föllmer, W. *1106*
Rockstroh, H. 1352, *1370*
Rockwell, E. M. 1268
— s. Goldman, L. *683*
— s. Kile, R. L. *955*, *1296*
Roda, A. P. 1246
— S. A. Aghirre u. G. S. Mijaro *1308*
Rodahl, K. 398, *466*
— u. T. Moore *466*
Rodin, H. 632
— s. Bluefarb, S. *675*
Rodman, F. B. 900, *959*
Rodnan, G. P. 643
— R. L. Black, A. J. Bollet u. J. J. Bunim *696*
Rodney, G. 295
— u. N. Fell *377*
— s. Fell, N. *367*
Rodriquez, J. 1206, *1308*
Rodriguez-Arias, A. 433
— A. S. Palazzi u. F. Vidal-Barraquer *466*
Roe, M. s. Randall, L. O. *1116*
Röckl, H. 5, 6, *31*, 152, 346, 793, 795, 877, 878, 881, 882, 889, 891, 892, 896, 898, *959*, *1160*, 1239, *1308*

Röckl, H. s. Götz, H. *939*
— s. Marchionini, A. *374*, *943*, *956*
Roehl, W. *769*
Röllinghoff, W. 1031, *1116*
Römbke 1003, 1072, 1080, 1082, 1083, 1084, 1085
— s. Kimmig, J. *1110*
Römer, D. 276, *280*
Römer, H. 962
— s. Klee, Ph. *1110*
Roeper, E. s. Benditt, E. P. *358*
Roepke, R. R. 1023, 1041, 1083, 1085
— Th. H. Maren u. E. Mayer *1116*
Roesch, E. 306
— s. Hotovy, R. *371*
Rösch, H. s. Bergman, S. *934*
Rösner, K. 71, 84
— s. Kleinsorge, H. *224*
— s. Tinozzi, C. C. *226*
Rötter, W. 889
— u. F. Staib *959*
Röttger, H. 1086, *1116*
Rogers, H. L. 332, *377*
Rogers, H. M. 25
— u. F. H. Langley *31*
Rogers, J. 51, 52, 54, 58
— u. O. A. Finn *220*
Rogers, M. A. Th. 1236, 1237
— s. Grove, J. F. *939*, *1291*
Rogers, M. M. s. Clark, J. H. *1104*
Rogers, St. 1239
— s. Wrong, N. M. *1317*
Rogerson, A. G. s. Elkington, J. R. *680*
Roggenhofer, R. J. M. s. Tislow, R. *380*
Rogmans, G. 1081, *1116*
Rogoff, J. M. 550
— u. G. N. Stewart *696*
Rohde, B. 34, 658, 882, 887
— s. Herzberg, J. J. *218*
— s. Meyer-Rohn, J. *692*, *957*, *961*
Rohkrämer 102
Rohowski, G. 24, *31*
Rohr, K. 94, *227*
Rohrbach 426, *466*
Røjel, J. 604, *696*
Rolf, J. P. s. Jacobs, W. A. *767*
Rolinson, G. N. 778, *946*
Rollier, E. s. Meiren, L. van der *692*
Rollins, J. P. 565, 592
— s. Randolph, T. G. *695*
— s. Zeller, M. *704*
Rolly, H. 792, 844
— s. Fußgänger, R. *938*
Romano, A. H. 1265
— s. Swart, E. A. *1313*
— s. Waksman, S. A. *949*
Romano, D. 897, 899

Romano, D. s. Franks, A. G. *952*, *1287*
Romano, S. 565
— s. Cofano, A. R. *677*
Romans, R. 878
— s. Liljedahl, S. O. *955*
Romansky, M. R. 784, 835, 870, 871, *946*
— u. R. Holmes *946*
— B. J. Limson u. J. E. Hawkins *946*
— s. Davis, D. S. *936*
— s. Fusillo, M. H. *938*
— s. Katz, S. *1167*
— s. Limson, B. J. *942*
Romasanowitsch, N. P. 1004
— s. Waljaschko, N. A. *1120*
Rome, H. G. 580
— u. Fr. J. Braceland *696*
Rome, S. s. Koff, R. *689*
Romeis, B. *543*
Rominger, E. 440, *466*
— H. Meyer u. C. Bomskow *466*
Rommerswinkel, M. 319
— s. Massenberg, A. *374*
Romualdi, G. 1331
— s. Volterra, M. *1372*
Ronchese 392, *466*
Ronchese, F. 652, *696*
Ronre 126
— s. Michel, P. J. *230*
Rony, H. 488, 512
— u. S. Zakon *543*
Rony, H. R. 635
— u. M. Cohen *696*
Roodenburg, A. J. 625
— s. Steinberg, Ch. *700*
Roos, G. 351, *377*
Ropert, M. 60
— s. Deniker, P. *222*
Ropes, M. s. Albright, F. *709*
Rorsman, H. 283
— s. Lindell, S. E. *360*
Rosa, L. M. 291
— s. Hawkins, D. F. *359*
Rose 287, 290, 318, 328
Rose, B. *361*
— u. J. S. L. Browne *361*
— s. Soicher, R. R. *379*
Rose, E. 515
— u. D. M. Pillsbury *543*
Rose, F. L. 1049, 1340
— s. Hendry, J.-A. *1367*
— s. Martin, A. R. *1113*
Rose, H. A. 1003
— u. A. von Camp *1116*
Rose, H. M. 998, 999
— s. Fox jr., Ch. L. *1106*
Rose, J. M., A. R. Feinberg, S. Friedlaender u. S. M. Feinberg *377*
Rosen, F. 408
— J. W. Huff u. W. A. Perlzweig *466*
— s. Perlzweig, W. A. *465*

Rosenak, St. S. 122, *230*
Rosenbaum, E. E. s. Saunders, T. S. *220*
Rosenbaum, I. 904
— s. Gattmann, G. B. *953*
Rosenbaum, J. D. s. Ferguson, B. C. *680*
Rosenberg, A. J. 1354
— s. Andrejew, A. *1364*
Rosenberg, B. s. Sawicky, H. H. *959*
Rosenberg, H. P. *466*
Rosenberg, M. H. 336
— u. L. S. Blumenthal *377*
Rosenberg, M. L. 840
— s. Pulaski, E. J. *945*
Rosenblatt, W. 310
— u. R. Löhlein *377*
Rosenblum, B. F. s. Simpson, W. G. *699*
Rosenblum, S. A. 346
— s. Simon, S. W. *379*
Rosenbluth, M. B. s. Goldston, M. *683*
Rosenfeld, H. 1189
— s. Peck, J. *1306*
— s. Peck, S. M. *1306*
Rosenfeld, M. 1011, 1017
— s. Freerksen, E. *1106*
Rosenheim, M. L. 36, *220*
— s. Ackroyd, J. F. *303*
— s. Brown, E. A. *216*
— s. Discombe, G. *366*
— s. Moeschlin, S. *375*
— s. Rich, A. R. *377*
— s. Symmers, W. St. C. *380*
Rosenkilde, H. 565
— H. Küchmeister, J. J. Herzberg u. E. Lange-Cordes *696*
Rosenkränzer, R. 138, *233*, 870, *946*, 1214, *1308*
Rosenkranz, G. 551
— u. F. Sondheimer *696*
Rosenman, R., S. Byers u. M. Friedman *543*
— M. Friedman u. S. Byers *543*
Rosenman, S. B. 1262
— s. Landy, M. *1299*
Rosenow 134
Rosenthal, J. M. s. Lepper, M. H. *942*
Rosenthal, M. W. 1231
— Ch. W. Daeschner u. W. J. Fahlberg *1308*
Rosenthal, S. A. 1238, 1243, *1308*
Rosenthal, S. M. 736, 738, *769*
— u. H. Bauer *769*
— u. C. Voegtlin *769*
— s. Voegtlin, C. *770*
Rosenthal, S. R. 282, 287, 297, 316, 318
— u. M. L. Brown *377*

Rosenthal, S. R., u. D. Minard *361, 377*
— — u. E. Lambert *377*
— C. Samet, R. J. Winzler u. S. Shkolnik *361*
Rosenthal, T. 510, 511
— u. T. Neustaedter *543*
Rosenzweig, W. 1175, 1211
— s. Kligman, A. M. *1297*
Ross, A. A. C. 326, *377*
Ross, C. A. 736
— s. Pfeiffer, C. C. *769*
Ross, E. 478
— s. Dorfman, R. *530*
Ross, J. B. s. Castle, W. B. *458*
Ross, J. P. 581
— s. Harris, J. W. S. *684*
Ross, S. 22, 831, 1085, 1086
— W. E. Ahrens u. E. A. Zaremba *1117*
— F. G. Burke u. E. C. Rice *946*
— J. R. Puig u. E. A. Zaremba *1117*
— s. Burke, F. G. *27*
— s. McGovern, J. J. *944, 956*
Ross, S. H. s. Johansen, F. A. *1109*
Rosset, M. 1239
— s. Wrong, N. M. *1317*
Rossi, E. 1062, 1069
— s. Acklin, O. *1100*
Rossi, R. 1246
— u. M. Acocella *1308*
Rossi-Richeri, O. F. 342
— s. Garat, B. R. *368*
Rossler, P. H. 23, 644, 914, *950*
— u. M. Hegglin-Volkmann *31, 696*
— s. Glaser, R. J. *28*
Rossiti, C. s. Leoni, A. *218*
Rossmiller, H. s. MacCullagh, E. *539*
Rosso, W. s. Heckel, N. J. *534*
Rossum, J. M. van s. Ariëns, E. J. *1101*
Rost, A. 759
— s. Binz, A. *764*
Rost, G. A. 6, 10, 187, 188, 353, *377, 1308*
— u. M. Hornemann *377*
— u. B. Ottenstein *31*
Rostenberg jr., A. 61, *225*
Roth 1188, 1191
Roth, D. 582
— s. Wilson, D. A. W. *703*
Roth jr., F. J. 867, 1236, 1238, 1239, 1242, 1243, 1244
— s. Blank, H. *935, 1279*
Roth, L. J. 1142, 1163
— u. R. W. Manthel *1169*
Roth, L. W. 285, 296, 309, 318
— R. K. Richards, G. M. Everett u. I. M. Shepperd *377*
— — u. I. M. Shepperd *377*

Roth, L. W. s. McIntire, F. C. *360, 374*
Roth, M. *1308*
Roth, W. *1308*
Rothauge, C. F. 1352
— s. Jacob, H. *1368*
Rothe, A. s. Anderson, O. *457*
— s. Napp, J.-H. *541*
Rothe, W. 791, 851, *946*
— H. Sous, H. Keller u. H. Mückter *946*
— s. Sous, H. *947*
Rothemann, K. 451, *466*
Rothen, A. s. Shedlovsky, T. *545*
Rothendler, H. H. s. Greiner, T. *369*
Rother, K. *344*
— s. Sarre, H. *378*
Rothermund, M. 748, 749, 757, *769*
Rothes, I. 1034
— E. Hollender u. A. Lange *1117*
Rothlin, E. 130, 134, 136, 137, 138, 140, *233*, 302, 309
— u. H. v. Bidder *233*
— u. A. Cerletti *233, 377*
— u. W. R. Schalch *233*
— M. Taeschler u. A. Cerletti *233*
— s. Bidder, H. v. *231*
— s. Cerletti, A. *231*
— s. Nachmansohn, D. *232*
Rothman, P. E., u. E. F. Leon *466*
Rothman, St. 8, *31*, 34, *133*, 134, 180, 186, 220, *233*, 340, 398, 420, *466*, 478, 479, 488, 489, 494, 495, 496, 502, 506, 509, 510, 511, 514, *543*, 593, 634, 671, *708*, 1004, 1072, 1190, 1191, 1226, *1308*
— u. E. Farnay-Davies *697*
— u. J. Rubin *1117*
— A. M. Smiljanic u. A. L. Shapiro *1308*
— — — u. A. W. Weitkamp *1309*
— s. Davis, M. *529*
— s. Dillaha, C. J. *679*
— s. Haskin, D. *534, 685*
— s. Lasher, N. *538*
— s. Murphy, J. C. *1304*
— s. Shapiro, A. L. *1311*
— s. Walker, S. A. *547, 702*
Rothschild, E. s. Dam, H. *459*
Rothschild, J. E. 336, *377*
Rothschild, M. A. 559
— S. S. Schreiber, M. Oratz u. H. L. McGee *697*
Rotmistrov, M. N. s. Mikhovskaya, N. D. *1303*
Rotović, A. M. 333
— s. Pavković, B. M. *376*

Rotschild, T. P. E. 884
— u. G. A. Higgins *959*
Rouch, L. C. s. Rubbo, S. D. *1169*
Rouher, F. 591, *697*
Roulet, F. C. 158, *235*
Rousche, M. A. s. Schmitz, H. *946*
Roussel 627, *697*
Routien, J. B. s. Finlay, A. C. *938, 1166*
— s. Tanner jr., F. W. *948, 1313*
Roux *697*
Roux, M. s. Gillman, T. *682*
— s. Moretti, G. *693*
Rowe, R. J. 355
— s. Epstein, St. *367*
Rowe, V. K. 173, 174, 214
— H. C. Spencer u. S. L. Bass *237*
Rowe, W. P. s. Meads, M. *944, 956*
Rowlands, I. 474
— u. M. McPhail *543*
Rowlands, S. 788
— D. Rowley u. H. C. Stewart *946*
Rowley, D. s. Rowlands, S. *946*
Rowntree, L. G. 563
— u. Snell *697*
Roxburgh, A. C. 515, *543*, 899
— s. Roxburgh, J. A. *959*
Roxburgh, J. A. 899
— R. V. Christie u. A. C. Roxburgh *959*
Roxin, T. 1179
— u. A. Avram *1309*
Roy s. Fontan *681*
Roy, A. T. 1069, *1117*
Roy, C. A. s. Stefanini, M. *700*
Roy, S. s. Datta, S. *529*
Roy, S. K. s. Datta, S. *529*
Royl, A. 892, *959*
Rubbo, S. D. 999, 1153, 1155
— J. Adgar u. G. Vaugham *1169*
— u. J. Cymerman-Craig *1169*
— L. C. Rouch, J. B. Egan, A. L. Waddington u. W. G. Tellesson *1169*
— s. Albert, A. *763*
— s. Cymerman-Craig, J. *1104, 1166*
Rubbo-Gellespie 419, *466*
Rubel, H. s. Baum, G. L. *1278*
Rubenstein, B. B. s. Wolfson, W. Q. *704*
Rubin 299, 325
Rubin, A. 611, *697*
Rubin, B. 1141
— G. L. Hassert jr., B. G. H. Thomas u. J. C. Burke *1169*
— s. Feinstone, W. H. *367*
Rubin, H. 855, 889, 1254

Rubin, H., P. H. Lehan, M. J. Fitzpatrick u. M. L. Furcolow *1309*
— — u. M. L. Furcolow *946, 959*
— s. Fitzpatrick, M. J. *1287*
Rubin, J. 40, 41, 1004, 1072
— s. Miller, O. B. *219*
— s. Rothman, St. *1117*
Rubin, L. 14, *31*
— s. Baer, R. L. *363*
Rubin, M. J. 1017
— E. Bruck u. M. Rapoport *1117*
Rubin, S. H. L. Drekter, J. Scheiner u. E. Ritter *1169*
Rubinstein, T. s. Stafford, R. *545*
Rubio, F. s. Damashek, W. *678*
Rubitzky, H. J. s. Evans, J. A. *531*
Rubner, A. 130, *233*
Rubner, M. v. 382, *466*
Ruckdeschel, K. T. 71, 354
— s. Brehmer, G. *222, 364*
Rudat, W. 1191, *1309*
Ruddy, A. W. 750
— E. B. Starkey u. W. H. Hartung *769*
Rudloff, J. 1334
— u. M. Masselin *1370*
Rudolph, B. M. 587, 589
— s. Rudolph, J. A. *697*
Rudolph, G., u. L. Samuels *543*
Rudolph, J. A. 587, 589, 606
— u. B. M. Rudolph *697*
— s. Suzmann, M. M. *701*
Rübsamen *543*
Rückher, M. M. 1174, *1309*
Rüf, H. 1048
— s. Baur, E. *1102*
Ruete, A. 1123, *1169*
Rüther, E. 1225, 1249
— H. Rieth u. H. Koch *1309*
— s. Koch, H. *1297*
Rüther, H. E. 1008, *1117*
Rütte-Völki, B. v. 346
— u. Ch. v. Rütte-Völki *377*
Rütte-Völki, Ch. v. s. Rütte-Völki, B. v. *377*
Rüttner, I. R. 70
— s. Maier, C. *224*
Ruge, H. 795, *946*
Ruger, M. 870
— s. Harries, D. A. *939, 1167*
Ruhrmann, H. *235*, 492, 505, 510, 511, *543*
— u. W. Schöldgen *543*
— s. Carrié, C. *529*
— s. Schreus, H. Th. *544*
— s. Wimp, E. le *548*
Ruiz-Martin, N. 45
— s. Quiñones, P. A. *220*
Ruiz-Sanchez, A. s. Ruiz-Sanchez, F. *959*

Ruiz-Sanchez, F. 881
— A. Ruiz-Sanchez u. E. N. Granda *959*
Ruiz-Torres, A. 1084, *1117*
Rukavina, J. G. 140, *233*
Rule, A. M. 799
— s. Kolmer, J. A. *942*
Rumball, J. M. s. Sanders, M. *959*
Runckelen, H. van 602
— u. Nizet *697*
Runnels, R. A. s. Larson, E. J. *942*
Rupp, F. 806
— s. Escher, F. *937*
Rupp, H. *543*
Rupp, J., u. K. Paschkis *543*
Ruppert, F. *543*
Ruschig 470
Ruschmann, E. 784, *946*
Russ, E., H. Eder u. D. Barr *543*
Russ, W. R. 1190
— s. Peck, S. M. *1306*
Russe, H. P., u. W. R. Barclay *1169*
Russel, B. 450
— s. Thomson, G. *468*
Russo, H. F. s. Beyer, K. H. *1102*
Rust, S. 41, 51, *220*, 399, 434, 451, 456, 457, *466*, 1211, 1234
— H. Krüger u. F. Lebmann *220*
— s. Grimmer, H. *461, 1291*
Rusznyak, St. s. Bennhold, H. *1102*
Rutenberg, A. M. 867, 903, 1033
— G. M. Koota u. F. B. Schweinburg *946*
— u. S. Pinkes *959*
— s. Schweinburg, F. B. *1117*
Ruth 110
Ruther, H. 126, *230*, 1213
— u. R. Wiehl *1309*
Rutishauser, E. s. Mach, R. *691*
Rutledge, W. s. Common, R. *529*
Ryan 54, 124, 126
Ryan, A. E. 430
— s. Bartell, M. K. *457*
Ryan, E. A. *230*
Ryan, M., u. J. Goodman *220*
Rybář, D. 999, 1005, 1008
— u. V. Skřivan *1117*
— u. B. Toušek *1117*
— — u. I. M. Hais *1117*
Ryder, A. 870
— s. Haskell, Th. H. *939*
Ryle, J. A. 23
— u. H. W. Barber *31*
Ryser, H. 150
— u. J. Frei *235*

Sabalitschka, Th. 1215, *1309*
— H. Marx u. U. Scholz *1309*
— s. Oppenheim, B. *1305*
Sabo, E. F. 551, 552
— s. Fried, J. *681*
Sabouraud, R. 1179, 1189, *1309*
Sabry, J. 891, 897, *959*
Sachs, W. 625
— s. Barker, L. P. *674*
Sackmann, W. s. Neipp, L. *1115*
Saegesser 671
Sänger 24
Saffran, M. s. Cleghorn, R. A. *677*
Saffron, M. H. 892, *959*
Safian, J. 320
— s. Gonzalez, O. *369*
Sagher, F. 35, 1220, 1240, 1244, 1258
— F. Raubitschek u. B. Axelrad *1309*
— s. Dostrovsky, A. *217, 1285*
Sah, H. 1155
— s. Sah, P. P. T. *1169*
Sah, P. P. T. 1047, 1155
— u. S. A. Peoples *1169*
— u. H. Sah *1169*
— s. Kumler, W. D. *1111*
— s. Pratt, R. *1306*
Saida, Y. s. Tanioku, K. *1313*
Saint Paul, J. 126
— s. Michel, P. J. *230*
Saito, G. s. Sakai, S. *1309*
Saito, M. T. s. Gordon, L. E. *1290*
Saiza Lima, L. de s. Sampaio, S. A. P. *697*
Sak, K. *543*
Sakai, K. 1022, 1048, 1082, 1083
— Y. Tochino u. K. Kishiwada *1117*
Sakai, S. 1192, 1201, 1203, 1211, 1215, 1216
— H. Kobayashi, G. Saito, S. Takada u. A. Sato *1309*
— K. Minoda, G. Saito u. A. Sato *1309*
— G. Saito, T. Kada, N. Muraoka u. A. Sato *1309*
— — S. Koshi u. A. Sato *1309*
— — K. Minoda, S. Akagi u. A. Sato *1309*
Sako, V. s. Lyons, W. *539*
Sakurai, Y. s. Ishidate, M. *1368*
Sala, G. s. Cavallero, C. *677*
Salaber, J. A. s. Mendizabal, A. F. *956, 1302*
Salassa, R. M. 1047
— J. L. Bollman u. Th. J. Dry *1117*
Salazar, M. 20
— s. Vega, J. M. de la *32*
Salhanik, H. 492
— J. Jones u. D. Berliner *543*

Salkin, D. 1004
— s. Horowitz, L. B. *1109*
Salkind, E. 727
— s. Organesjan, P. *768*
Salle, A. Y. 1270
— u. G. J. Jann *1309*
Salomon s. Pautrier *30*
Salomon, A. 580, 643
— B. Appel, E. F. Douherty, J. A. Herschfus u. M. S. Segal *697*
Salomon, C. s. Sanders, M. *959*
Salomon, H. 447
— s. Dam, H. *459*
— s. Karrer, P. *462*
Saltzstein, H. C. s. Sandweiss, D. J. *697*
Salvá, J. A. 323, 1152
— s. Glanzmann, S. *369*
Salvay, J. A. s. Garcia Valdecasas, F. *1166*
Salvin, S. B. 1272, *1309*
Salzmann, F. 264, 353
— s. Lindemayr, W. *373*
Samet, C. s. Rosenthal, S. R. *361*
Samitz, M. H. 59, *220*, 580, 611
— M. S. Greenberg u. J. M. Coletti *697*
— A. Satanove u. B. Kirshbaum *220*
Sammartino, R. s. Houssay, B. A. *686*
Sampaio, S. A. P. 655, 1220, 1254
— u. C. da S. Lacaz *1309*
— L. de Saiza Lima u. L. Nahas *697*
— s. Lacaz, C. da S. *1298*
Sample, A. B. 1006, *1117*
Sams, W. M. 1241, *1309*
Samter, M. s. Keeton, R. W. *688*
— s. Rappaport, B. Z. *695*
Samuels 483, 484
Samuels, L., M. Helmreich, M. Lasater u. H. Reich *543*
— u. C. West *543*
— s. Rudolph, G. *543*
Samuels, L. T. *543*
— s. French, A. B. *681*
— s. Sayers, G. *697*
— s. West, C. D. *548*
San, G. L. 1006, 1007, 1008
— u. A. J. Ultée *1117*
Sanchez, P. 1021
— s. Kunitz, E. *1111*
Sanchez-Rodriguez, J. 398
— s. Collazo, J. A. *458*
Sand, V. F. van de 1271
— s. Lichstein, H. C. *1299*
Sandberg, A., u. W. Slaunwhite jr. *543*
Sandels 403
— s. Guha *461*

Sanders, A. G. 904
— s. Chain, E. B. *935*
— s. Florey, H. W. *938*
Sanders, M., J. M. Rumball, C. Salomon, M. Gonz Loret u. N. J. Ricci *959*
Sandhoop, P. A. 512, *543*
Sandifer, S. H. 602, *697*
Sandiford, I., K. Knowlton u. A. Kenyon *544*
— s. Kenyon, A. *536*
— s. Knowlton, K. *537*
Sandström, I. 671, *710*
Sandweiss, D. J. 576, *697*
— H. C. Saltzstein, S. R. Scheinberg u. A. Parks *697*
Saner, H. 1046
— s. Wagner-Jauregg, Th. *1120*
Sanetis, A. G. le s. Witten, V. H. *703*
Sanger, M. D. 342, 345, 346
— u. D. E. Ehrlich *377*
— L. Maslansky, H. G. Rapaport, S. Grosberg u. M. M. Peshkin *377*
— s. Maslansky, L. *374*
Sanjines, A. 1219
— s. MacKinnon, J. E. *1300*
Sano, J., Y. Kudo, Y. Kakimoto, H. Nakajima u. T. Okamoto *225*
— s. Hata, T. *939*
Santavy, F. 1331, *1370*
— u. T. Reichstein *1370*
— s. Uffer, A. *1372*
Santler, R. 628, *607*
Santojanni, G. 601
— s. Cerutti, P. *677*
Santora, E. J. s. Keeney, E. L. *1296*
Santori, G. 889, 891, 897, *959*
San Yun, M. 1214
— s. Jules, L. H. *1295*
Saposnikov, O. K. 433, *466*
Saraceni, G. 1251, *1309*
Sarafoff, D. 522, *544*
Saraiya, P. R. 1004, 1087
— V. R. Khanolkar u. A. R. Gopal-Ayengar *1117*
Sarber, R. W. 320, *378*
Sarett, H. P. 408
— u. G. A. Goldsmith *466*
Sarett, L. H. *697*
— s. Arth, G. E. *673*
Sarewitz, A. B. 1249, *1309*
Sarfati, M. s. Graciansky, P. de *683*
Sariols, M. s. Escarpentier-Oriol, J. *217*
Sarkany, I. 867, 1236, 1238, 1239, 1240, 1242
— s. Williams, D. I. *949, 1317*
Sarma, P. S. 408
— s. Krehl, W. A. *463*

Sarot, I. A. 1254
— M. L. Littman u. M. M. Cerruti *1309*
Sarre, H. 344, 1031, *1117*
— u. K. Rother *378*
— s. Moench, A. *540*
Sarria, A. s. Huang, N. N. *1294*
Sarro, S. s. West, C. D. *548*
Sarton, B. 1007
— s. Georges, A. *1107*
Sartorius, H. s. Moench, A. *540*
Sartorius, M. 102
Sas, G. J. 658
— s. Stolte, J. B. *700*
Sasaki, H. 886
— H. Kin u. T. Takagi *959*
Saslaw, S. 819, 1217, 1259
— u. R. MacMillan *1309*
— s. Campbell, C. C. *935, 1281*
Satanove, A. 59
— s. Samitz, M. H. *220*
Sato, A. s. Sakai, S. *1309*
Sato, H. s. Ishidate, M. *1368*
Sato, K. s. Suzuki, M. *226*
Sato, N. *544*, 1139
— s. Yanagisawa, K. *1170*
Sattar 402
— u. Aalam *466*
Sattelberg, H. s. Schreier, K. *235*
Sauberlich, H. E. 420
— u. C. A. Baumann *466*
Sauch, M. F. s. Peyri, M. *958*
Sauer, G. C. 621, 622, 623, 624, 657, 665, *697*
— s. Sulzberger, M. B. *701*
— s. Wolf, M. *703*
Sauer, H. s. Schirren sen., C. G. *706*
Sauerbruch, F. 191
Saunders, T. S. 46
— T. B. Fitzpatrick, M. Seiji, P. Brunet u. E. E. Rosenbaum *220*
Saupe 1165
Sautler, R. *544*
Sauvan, R. s. Degos, R. *678*
Sauvan, R. L. 651
— u. R. L. Sutton *697*
Savage, G. M. 1139
— s. Siminoff, P. *1170*
— s. Smith, C. G. *947*
— s. Taylor, R. M. *948*
Savage, J. 44, 46, 55, 56, *220*
Savard, J. s. Baggett, B. *526*
Savard, K. 556
— s. Haynes, R. *685*
Savely, C. s. Goth, A. *533*
Saviard, M. 1005, 1041, 1043, 1047
— s. Boyer, F. *1103*
— s. Rist, N. *1116*
Savitt, L. E. 594, 602, 631, 633, 645, 646, 650, *697*
Savrat s. Joulia *29*

Sawicky, H. H. 49, 71, 510, 512, 891
— J. Danto u. W. Maddin *544*
— N. B. Kanof, M. G. Silverberg, M. Braitman u. B. Kalish *220*
— F. Pascher, L. Frank u. B. Rosenberg *959*
— u. Ch. R. Rein *959*
— s. Lewis, G. M. *224*
Sawitzky, A. 45
— s. Parmer, L. G. *219*
Saxton 602
Sayer, J. B. 570
— s. McLean, A. *692*
Sayers, G. 551, 552, 554, 557, 564, *697*
— T. W. Burns, F. H. Tyler, B. V. Jager, F. B. Schwartz, E. L. Smith, L. T. Samuels u. H. W. Davenport *697*
— A. White u. C. N. H. Long *697*
— s. Sayers, M. A. *697*
Sayers, M. A. 557
— G. Sayers u. L. A. Woodbury *697*
Sayre, C. P. s. Geraci, J. E. *1289*
Sayward, J. M. 1000, 1001, 1080
— s. Kienle, R. H. *1110*
Saz, A. K. 816
— u. R. B. Slie *946*
Scadding, J. G. 566, 653
— s. Pyke, D. A. *695*
Scafi, M. 1331
— u. R. Baldassori *1370*
Scala, R. A. s. Rappaport, B. Z. *695*
Scaparone, M. s. Brainerd, H. D. *951*
Scarborough, H. A. 1269
— s. McCombie, H. *1302*
Scarpa, C. 582, *697*
Scerrato, R. *697*
Schaaf 75, 142, 175, 177
Schaaf, F. *237*, 508
— u. F. Gross *237, 544*
Schaaf, M. s. Canary, J. J. *222*
Schaap, J.-D. s. Janbon, M. *1109*
Schabinski, G. 1183, *1309*
Schachter 282, 285, 288
Schachter, M. *361*
— s. Douglas, W. W. *358*
Schachter, R. J. s. Ercoli, N. N. *367*
Schade, W. 95, 195, 450, *466*
Schaede, A. *544*
Schäfer 131, 188
Schäfer, E. A. 661
— s. Oliver, G. *705*
Schäfer, H. *233*

Schäfer, K. H. 908
— u. E. Oppermann *959*
Schäfer, P. 488, *544*
Schaefer, R. 18, *31*, 1204
— u. J. Kwoczek *1309*
Schäfer, W. *238*, 748, 749, *769*, 1352, *1370*
— s. Prigge, R. *769*
Schaefer, W. B. 1141, *1169*
Schäffer, G. 886
— u. B. Svendsen *959*
Schär, B. 295, 1331
— P. Loustalot u. F. Gross *1370*
— s. Zeller, E. A. *381*
Schaerström, R. 601, *697*
Schafer, E. *544*
Schaffarzick, R. W. 576
— s. Kuzell, W. C. *689*
Schaffer, N. 333, 350, *378*
— u. E. S. Seidmon *378*
Schalch, W. R. 134
— s. Rothlin, E. *233*
Schamberg, J. F. 45, 738, 1174, 1175
— u. J. A. Kolmer *1309*
— — u. G. W. Raiziss *769*
— G. W. Raiziss u. J. A. Kolmer *769*
Schamberg, J. L. 187, *220*, 884
— O. M. Carazzoni u. W. P. Boger *959*
Schaper, G. *544*
Schaper, P. H. 654
— u. H. Schnell *697*
Schardorn, E. 18, *31*, 672, *710*
Scharfenberger, R. 1176
— s. Polemann, G. *1306*
— s. Warkany, J. *468*
Schati, J. 1175, *1309*
Schattmann, K. s. Unverricht, W. *1170*
Schatz, A. 801, 1230, 1255, 1266
— E. Bugie u. S. A. Waksman *946, 1169*
— V. Schatz u. G. S. Trelawny *1309*
— s. Reilly, H. Ch. *1307*
— s. Waksman, S. A. *1316*
Schatz, V. 1230
— s. Schatz, A. *1309*
Schauer, A. 283
— s. Werle, E. *362*
Schaumann 382, *466*
Schautz, E. T. 909
— s. Siegel, J. M. *959*
Schauwecker, R. 6, *31*, 82, 83, 86
— s. Jeltakow *223*
— s. Schirren, C. G. *31*
— s. Schnyder, U. W. *225*
Schayer, R. W. 283, 284, 289, 290, *361*

Schayer, R. W., D. J. Davis u. R. L. Smiley *361*
— u. Y. Kobayashi *361*
Scheef, H. s. Boecker, W. *233*
Scheer 392
Scheffler, H. 102, 126, *230*, 665, *706*
— u. H. Hagen *706*
— s. Bommer, S. *228*
— s. Rauhut, K. *230*
— s. Schmitt, W. *230*
Scheffler, H. S. F. 333, *378*
Scheffler, K. 1257, *1309*
Scheib 1165
Scheibner, K. 1229, *1309*
Scheie, H. G. 657
— u. M. C. Alper *697*
Scheierson, S. S. 836, *946*
Scheiffarth, F. 575, 579, 589, 598
— u. L. Zicha *697*
Scheinberg, S. R. s. Sandweiss, D. J. *697*
Scheiner, J. s. Rubin, S. *1169*
Scheller, E. F. 1355, *1370*
Scheller, S. s. Dirscherl, W. *530*
Schenck 301
— s. Schulemann, W. *378*
Schenck, J. R. 810
— u. M. A. Spielman *946*
— s. Philip, J. E. *915*
Schenk, 201, 202
Schenk, F. 437, *466*
— s. Windaus, A. *468*
Schenk, H. 656
— u. R. Kunze *697*
Schenker, V. 70
— s. Dickes, R. *222*
Scheps, M. *667*
— s. Elmer, A. W. *705*
Scherber, G. 18, *31*, 395, *466*, 624, 672, *697, 710*
Scherer, E. 427, *466*
— K. Brads u. D. Ochs *544*
Scherler, M. 653, *697*
Scherr, G. H. 795, *946*, 1175, 1176, 1190, 1230, 1232, 1233, *1039*
— u. Z. N. Korth *1310*
— — J. Reynold u. J. E. Gotham *1310*
Scheuermann, R. 305
— s. Nieschulz, O. *375*
Scheunert, A. 432, *466*
Schewach-Millet, M. s. Ziprkowski, L. *704*
Schiavini, A. s. Fornara, P. *1106*
Schick, G. *70*
— u. J. Virts *225*
Schick, R. M. 600, 601
— A. H. Baggenstoss, B. F. Fuller u. H. F. Polley *697*
— s. Birkhead, N. C. *675*
Schickh, O. v. s. Binz, A. *764*
Schiff, B. 48

Schiff, B. s. Tye, M. J. *221*
Schild, H. O. 288, 291, 292, 293, 309, 311, 329, *361, 378*
— u. R. A. Gregory *361*
— s. Mongar, J. L. *360*
Schild, W. s. Schmidt-Elmendorff, H. *1371*
Schildknecht 607
Schilf, E. 281
— s. Feldberg, W. *357*
Schiller, C. s. Baxter, H. *674*
Schiller, I. W. 342, 344
— u. F. C. Lowell *378*
— s. Lowell, F. C. *373*
Schiller, S. 489
— E. Benditt u. A. Dorfman *544*
Schilling, H. 1354, *1370*
Schimpf, A. s. Gertler, W. *682*
Schindler, O. 329, 336, *378*
— s. Uffer, A. *1372*
Schinz, H. R. 1329
— s. Hohl, K. *1367*
Schirmer, H. 1175, 1217
— u. J. Granits-Thurner *1310*
— s. Granits-Thurner, J. *1291*
Schirren, C. 208, *238*, 332, 427, 480, 499, 519, 521, *544*, 822, 823, 869, 1182, 1184, 1188, 1197, 1214, 1229, 1248, 1256, *1310*, 1352
— u. G. Gittermann *544*
— u. H. Rieth *1310*
— — u. H. Koch *1310*
— — J. Ch. Pingel u. P. Hansen *1310*
— u. K. H. Schulz *378*
— s. Gohrbandt *533*
— s. Kimmig, J. *462, 537*
— s. Meyer-Rohn, J. *944*
— s. Nowakowski, H. *541*
Schirren, C. G. 6, 665, *706*, 1183, 1333, *1371*
— u. P. v. Caneghem *31*
— u. H. Pawlowsky *31*
— u. H. Sauer *706*
— s. Marchionini, A. *1301*
Schlaug, R. s. Dencker, S. J. *678*
Schlesinger, M. J. 913
— s. Reiner, L. *958*
Schlichtegroll, A. v. 304, *378*
Schliersmann, O. 94, 95, 96, 97, 98
— u. N. Schnelle *227*
Schlittler 64
— s. Müller, J. M. *224*
Schlockermann 894
Schloßberger, H. 711, 739, 740, 742, 747, 752, 753, 757, 761, 762
— u. H. Brandis *769*
— s. Fischl, V. *766*
Schlumpf, R. 242, *280*

Schmähl, D. 523, 524, *544*, 1320, 1338, 1339, 1355, 1362, *1371*
— u. J. v. Einem *1371*
— s. Druckrey, H. *531, 1366*
Schmalz, D. 1340
— s. Fiedler, H. H. *1366*
Schmauch 670
Schmelkes, F. C. 998, 999, 1047
— O. Wyss, H. C. Marks, B. J. Ludwig u. F. B. Strandskov *1117*
Schmermund, H. J. 345, *378*, 1357, *1371*
Schmetz, H. *544*
Schmid 6, 7, 215
— s. Pautrier *30, 706*
Schmid, H. 1228
— s. Wegmann, T. *1316*
Schmid, J. 343, *378*
Schmid, J. F. s. Becker, F. T. *222*
Schmid, M. *31*, 1062, 1069
— s. Acklin, O. *1100*
Schmid, O. J. 1354, *1371*
Schmid, S. *235*
Schmidli, B. *8*
— s. Paschoud, J. M. *30*
Schmidt 56, 118, 146, 162, 611, 612, 881, 1124, 1145
— s. Graciansky, P. de *217*
Schmidt, C. L. 44, *220*
Schmidt, E. 1353
Schmidt, E. G. 1007, *1117*, 1269
— u. P. Thorp *1310*
Schmidt, F. R. *697*
— s. Turnor, J. P. *231*
Schmidt, H. 712, 747, *769*, 963, 1347
— u. W. Kikuth *769*
— H. Loosen u. W. Heinen *1371*
— s. Domagk, G. *1105, 1166*
Schmidt, H. L. s. Sydenstricker V. P. *467*
Schmidt, K. 75, 1354
— s. Matthes, Th. *1369*
Schmidt, K.-H. 728, 729, 750, *769*, 1345, *1371*
Schmidt, P. s. Letailleur, M. *690*
Schmidt, P. W. 632, 633
— u. A. G. Kirst *697*
Schmidt, V. 605
— u. H. Stürup *698*
Schmidt, W. 336, 338, 339, *378, 466, 544*, 1019, 1082, 1186
— u. R. Brett *378*
— u. G. Theissing *1310*
— s. Bachmann, D. *1101*
— s. Löhe, H. *539*
— s. Vonkennel, J. *1120*
Schmidt-Elmendorff, H. 1327
— W. Schild u. K. H. Schreyer *1371*

Schmidt-Guske, J. 1334, *1371*
Schmidt-Kastner, G. 1023
— s. Schraufstätter, E. *1117*
Schmidt-La Baume, F. 18, *31*, 177, 250, 251, 261, 672, *710*, 1072, 1091
— u. A. Gauer *544*
— u. G. Lietz *280*
— s. Czetsch-Lindenwald, H. v. *236, 279, 529, 1104*
Schmidthauser-Kopp, M. 92, 96
— s. Eichenberger, E. *227*
Schmidt-Thomé, J. 472, 552, 556
— s. Butenandt, A. *528*
— s. Reuber, R. *543, 696*
Schmith, K. 1050
— s. Jensen, K. A. *1109*
Schmitt 122, 126
— s. Bommer, S. *228*
Schmitt, E. *1371*
Schmitt, F. O. 736
— u. R. K. Skow *769*
Schmitt, W. *230*, 647, *698*, 1338
— u. H. D. Jung *230*
— s. Hörlin, W. *1367*
— s. Scheffler, H. *230*
Schmitt-Jubeau, H. s. Turpin, R. *547*
Schmitz, A. *544*, 1194, *1310*
— u. F. Kornfeld *1310*
Schmitz, H. 855, 865, 1267, 1322, *1371*
— O. B. Fardig, F. A. O'Herron, M. A. Rousche u. I. R. Hooper *946*
— u. R. Woodside *946, 1310*
— s. Gottron, H. A. *533*
— s. Hooper, I. R. *1368*
Schmitz, H. J. 624, 672, *698*, *710*
Schmitz, R. 61, 63, 83, 84, *225*, 670
— s. Korting, G. W. *708*
Schmitz-Bocklenberg, G. 320
— s. Hahn, F. *369*
Schmöger, R. 1083, *1117*
Schmölling, H. 524, *544*
Schmuziger, P. 594, 618, 627, *698*
Schnall, E. S. 819, 916, 1181
— s. Pappenfort, R. B. *945, 958, 1305*
Schnapka, O. 11
— u. G. W. Korting *31*
Schneeweiss, J. 575
— s. Bock, E. *675*
Schneid, B. s. Snapper, I. *1312*
Schneider 62, 178
Schneider, E. 397
— u. M. Widder *466*
Schneider, H. 1018
— s. Siede, W. *1118*
Schneider, P. B. *225*
Schneider, R. s. Mac Cullagh, E. *539*

Schneider, W. 14, 15, 648, *698*, 729, *769*
— u. H. Baader *769*
— u. G. Dürre *31*
— u. H. Tronnier *237*
— u. H. Wagner *237*
Schneider, W. G. 501
— s. Frahm, H. *532*
Schneider, W. P. s. Fieser, L. F. *532*
Schneider-Reinkens, A. 1268, *1310*
Schneiderson 826
Schneierson, S. S. 1175
— D. Amsterdam u. M. L. Littman *1310*
Schnell, H. 654
— s. Schaper, P. H. *697*
Schnelle, N. 94, 95, 96, 97, 98
— s. Schliersmann, O. *227*
Schneller, G. H. 1000
— s. Biamonte, A. R. *1102*
Schniedwind, H., u. K. Soehring *1169*
Schnitzer, R. J. 723, 724, 730, 731, 740, 742, 746, 761, *769*, 1083, 1084, 1085, 1086, 1139, 1224
— u. E. Grunberg *769*
— u. W. F. De Lorenzo *1117*
— s. De Lorenzo, W. F. *1104*
— s. Fust, B. *1107*
— s. Grunberg, E. *1167, 1291*
— s. Schumacher, A. *770*
Schnyder, U. W. 15, *31*, 69, 72, 82, 83, 84, 86, *225*
— u. R. Schauwecker *225*
— u. H. Storck *31, 225*
— s. Jeltakow *223*
Schoch, A. 1160, *1169*
Schoch jr., E. P. 25, *31*
Schoch, M. A. 399
— s. Frey, J. R. *460*
Schoderer, K. 1215
— s. Rieth, H. *1308*
Schöberl, A. 163
— s. Vonkennel, J. *236*
Schöldgen, W. 492, 510, 511, *544*
— s. Ruhrmann, H. *543*
— s. Schreus, H. Th *544*
Schöller 264, 267
Schoemich, E. H. s. Shulman, E. *699*
Schoen 456
— u. Tischendorf *466*
Schön, H. 165
— s. Demling, J. *234*
Schoen, R. s. Lang, K. *463*
Schoenbach, E. B. 1205, 1206, *1310*
— u. E. M. Greenspan *1310*
— J. M. Miller, M. Ginsberg u. P. H. Long *1310*
— — u. P. H. Long *1310*
— s. Miller, J. M. *1303*

Schönberg, A. s. Miescher, G. *540*
Schoene 1145
Schöneberger, A. 732, 734, 735
— s. Wagner, W.-H. *771*
Schönenberg, H. 870, *961*
Schönfeld, J. 1184, 1197, 1209, 1248, 1249, *1310*
— u. H. Rieth *1310*
— s. Kiessling, W. *1296*
— s. Rieth, H. *1308*
Schönfeld, J. H. 1333, *1371*
Schönfeld, K. 876, 879, 880, *959*
Schönfeld, W. 340, *378*, 392, *466*, 773, 775, 882, *959*, 963, 993, 1034, 1058, 1064, 1066, 1067, 1068, 1072, 1091, *1117*, 1183, 1185, 1187, 1202, 1209, 1257, *1310*
— u. J. Kimmig *947*, *1117*, *1310*
— s. Meyer-Rohn, J. *30*
— s. Proppe, A. *30*
— s. Wulf, K. *381*
— s. Zierz, P. *32*
Schoenheimer 207, 212
Schoenheyder 455, *466*
Schönhöfer, F. 38, 1049
— s. Meiser, W. *1114*
Schönholzer, G. 1021, *1117*
Schoenkermann, B. B. 334
— u. R. S. Justice *378*
Schönlein-Henoch 352
Schönsee 153
Schoental, R. 1266, *1310*
Schöpf 420, *466*
Schoepp, K. 403
— s. Karrer, P. *462*
Scholderer, H. 159, 165, *235*
Scholefield, P. G. 1048
— s. Quastel, J. H. *1116*
Scholer, H. J. 1250, *1310*
Scholten, C. 1038, 1081, *1117*
Scholtz, H. G. 200, 201, 202, 203, 204, *238*
Scholtz, W. 6, *31*, 415, *466*
Scholz, C. R. 298, 318
— s. Mayer, R. L. *374*
Scholz, U. 1215
— s. Oppenheim, B. *1305*
— s. Sabalitschka, Th. *1309*
Schoog, M. 63, 121, 174, 175, *225*, 230, 237, 334, 593, 620, 634, 800, 812, 851, 899, *947*, 1081, 1083, 1084, 1085, 1086, *1117*, *1169*
— u. H. Wolfers *698*
— s. Lützenkirchen, A. *373, 943*
— s. Vonkennel, J. *948*
Schoor, v. 416, *466*
Schorr, H. C. s. Cornbleet, Th. *27*
Schott, S. 10

Schott, S. s. Borelli, S. *27*
Schousboe, A. 1240
— s. Hadida, E. *1291*
Schrader, A. 162
— s. Corman, W. *233*
Schrader, K. E. 577, *698*
Schrafl, A. 495
— s. Bloch, B. *527*
Schramm, G. 91, 552
— O. Westphal u. O. Lüderitz *227*
— s. Butenandt, A. *676*
Schraufstätter, E. 1023, 1158, 1175, 1204
— R. Richter u. W. Ditscheid *1310*
— G. Schmidt-Kastner u. W. Wirth *1117*
— s. Marsh, P. B. *1301*
— s. Pfleger, R. *1306*
— s. Richter, R. *1308*
— s. Weitzel, G. *1170*
Schreiber, E. 1325
— s. Druckrey, H. *1366*
Schreiber, S. S. s. Rothschild, M. A. *697*
Schreier, K. 132, 153
— u. H. Sattelberg *235*
— u. H. Wolf *233*
Schreiner, H. E. 1, 21, *31*, 35, 138, *220*, *233*, 296, 334, 337, *378*, 423, 466, 556, 559, 562, 573, 574, 579, 580, 581, 583, 585, 595, 596, 598, 605, 607, 610, 650, *698*, 898, *959*, 1352 u. H. Einecke *698*
Schreiner, W. 1124
— s. Moeschlin, S. *1168*
Schremmler 395, *467*
Schreus, H. Th. 142, 166, 295, 326, *378*, 443, 478, 492, 504, 505, 510, 511, 513, 514, 515, *544*, 664, 962, 964, 1047, 1048, 1064, 1087, *1117*, 1184
— W. Dörner u. H. Ruhrmann *544*
— — u. W. Schöldgen *544*
— u. W. Gahlen *467*
— u. H. Heinemann *706*
— u. H. Oberste-Lehn *544*
— u. H. Ruhrmann *544*
— u. K. Schulten *544*
— u. G. Stüttgen *378*, *1117*
— s. Götz, H. *1289*
— s. Löhe, H. *539*
Schreyer, K. H. s. Schmidt-Elmendorff, H. *1371*
Schrich, G. 96
— s. Brückel, K. W. *227*
Schricker, J. A. s. Li, M. C. *690*
Schricker, K. 94, 97
— s. Berg, G. *227*
Schriefers, H. s. Korus, W. *689*
Schroeder, H. s. Papayanopulos S. *465*

Schröder, H. 397, 400, 404, 410, 426, 427, 434, 442, 448, 452, 453, *467*, 891, 1235, 1353, *1371*
— s. Jung, H.-D. *1295*
— s. Stepp, W. *467*
Schroeder, L. R. 578
— s. Denko, C. W. *679*
Schröder, R. 119, *230*
Schröpl 632, 633, *698*
Schröpl, E. 635
— u. V. Schröpl *698*
Schröpl, V. 635
— s. Schröpl, E. *698*
Schroth, J. 201
Schtscherbakowa, L. I. 1004
— s. Perschin, G. N. *1115*
Schubert 1200, 1202, 1227, 1261
Schubert, E. *1310*
Schubert, G. E. *1310*
Schubert, M. 18, *31*, *258*, 672, 710, *1310*
Schubert, R. 306, 336, 338, 342, 343, *378*, *1310*
— u. W. Fischer *378*
Schueler, F. W. 732, *769*
Schüler, K. 402, 417, *467*
Schüpbach, A. 22, *31*, 486
— s. Labhart, A. *537*
Schuermann, H. 23, *31*, 118, *230*, 604, 607, *698*, 782, 876, 881, 882, 898, *947*, *959*, 1183 *1310*, 1336, 1338
— u. E. Binder *1371*
— u. R. Doepfmer *698*
— u. O. Hornstein *698*, *959*
Schürmann, R. 1181, *1310*
Schütterle, G. 1340, *1371*
Schütz, E. s. Abderhalden, R. *526*
— s. Scöller, C. *280*
Schütz, K. 919
— s. Hansen, F. *953*
Schütze, E. 1081, 1086, *1117*
Schütze, G. 862
— s. Bünger, P. *935*
Schuldes, H. 1227, *1310*
Schulemann, W. 38, 301, 309, 318, 785
— u. H. Friebel *378*, *947*
— Schenck u. Heinz *378*
— s. Junkmann *371*
Schuler, E. s. Gitsch, E. *533*
Schuler, W. 1055, *1117*
— s. Desaulles, P. A. *530*
Schulman, P. s. Lieberman, S. *538*
— s. Tagnon, H. *546*
Schulman, P. M. 342
— s. Fuchs, A. M. *368*
— s. McGavack, T. H. *374*
Schulte, C. 739
— s. Michaelis, A. *768*
Schulte, G. 1346, 1347, *1371*
— u. H. Lings *1371*

Schulten, H. 331, *378*, 1327, 1336, 1340, 1346, 1347, 1349
— u. W. Pribilla *1371*
Schulten, K. 478
— s. Schreus, H. Th. *544*
Schultheis, D. 1186
— s. Traub, E. F. *1314*
Schultis, H. 43
— s. Steigleder, G. *220*
Schultz, S. 1271
— s. Lewis, G. M. *1299*
Schultze, H. E. 96
— s. Brückel, K. W. *227*
Schultze, W. 1225, *1310*
Schulz, G. 727, *770*
Schulz, H. 738
— s. Binz, C. *764*
Schulz, H. J. 1225, *1310*
Schulz, K. H. 64, 72, 73, 97, 177, 178, *237*, 281, 291, 332, 354, 355, 356, *378*, 899, 900, 902, 904, 905, 906, 907, 909, 915
— u. E. Ludwig *959*
— u. W. P. Herrmann *225*, *378*
— u. D. Pantscherewski *227*
— u. A. Vogel *361*
— A. Wiskemann u. K. Wulf *225*, *378*
— s. Kimmig, J. *1168*
— s. Labhardt, F. *372*
— s. Meyer-Rohn, J. *1168*
— s. Rajka, G. *377*
— s. Schirren, C. *378*
Schulz, W. 716, 740, 744, 745, 747, 748, 1059, 1089
— u. H. Voth *1117*
— s. Wagner, W.-H. *771*, *1120*
Schulze, E. 1019
— s. Langecker, H. *1112*
Schulze, G. 1048, *1117*
Schulze, W. 397, 402, 417, 418, 433, *467*, 620, *698*, 780, 1361, *1371*
Schumacher, A. 730
— u. R. J. Schnitzer *770*
Schumacher, A. M. 1086
— s. De Lorenzo, W. F. *1104*
Schumacher, H. 302
— s. Marquardt, P. *374*
Schumrick, W. 294
— s. Credner, C. *366*
Schupbach, H. J. 599
— u. B. R. Gendel *698*
Schuppener, H. J. 623
— u. G. Kober *698*
Schuppli, R. 7, 12, *31*, 339, *378*, 384, 389, 393, 394, 397, 402, 405, 414, 415, 433, *467*, *544*, 589, 598, 640, 663, *698*, *705*, 905, *959*, 1184, 1227, 1233, *1310*
— s. Caccialanza, P. *529*
— s. Carli, G. *529*
— s. Dogliotti, M. *530*

Schuppli, R. s. Dostrovsky, A. 217
— s. Götz, H. 1289
— s. Grillo, V. 533
— s. Grupper, Ch. 217
— s. Jadassohn, W. 536
— s. Meneghini, C. L. 540
— s. Miescher, P. 219
— s. Quiroga, R. 542
Schurr, A. s. Malone, L. 1168
Schuster 401, 415
— s. Lohmann 463
Schuster, H., u. G. Hopf 467
— s. Leinbrock, A. 1299
Schuster, K. 1184
— s. Gondesen, H. 1290
Schutzer, S. 327
— s. Gelvin, E. P. 369
— s. McGavack, T. H. 374
Schwabe, H. 1069
— s. Tünnerhoff, F. 1119
Schwalm, H. 728, 729, 770
Schwander, H. 524
— u. H. Marvin 544
Schwander, R. 670, 709
Schwartz, B. 698
Schwartz, E. 310, 322, 588, 599, 698
— u. J. Wolf 378
— s. Bleier, A. H. 675
Schwartz, F. B. s. Sayers, G. 697
Schwartz, L. 1199, 1213
— M. Robinson u. J. Q. Gant 1310
— s. Peck, S. 1306
Schwartz, M. 579
— u. M. Sprechler 698
— s. Brodthagen, H. 676
Schwartz, N. 36, 176, 178, 220
Schwartz, R. D. s. Milberg, M. B. 944
Schwartz, St. O. s. Volini, J. F. 948, 960
Schwartzman, G. J. 566
— s. Soffer, L. J. 699
Schwarz 73, 140
Schwarz, B. E. s. Epstein, J.H. 223
Schwarz, H. 627, 660
— u. H. Kingma 698
— s. Bersin, Th. 231
Schwarz, H. G. 1191, 1194, 1310
Schwarz, J. 1184, 1205, 1231, 1238, 1247, 1268, 1311
— u. S. Adriano 1311
— u. G. L. Baum 1311
— s. Baum, G. L. 1278
— s. Drouhet, E. 936, 1285
— s. Goldman, L. 1289
— s. Kile, R. L. 955, 1296
— s. Weiner, A. L. 1316
Schwarz, K. 178
— s. Kuske, H. 236

Schwarzenbach, G. 997
— s. Bates, R. G. 1102
Schwarzer, S. 823
— s. O'Regan, C. 945
Schwebel, S. 671, 709, 1234
— W. Snyder u. W. N. Slinger 1311
Schwedt, E. W. 726, 727, 770
Schweigert 408
— Pearson u. Wilkening 467
Schweinburg, F. B. 1033, 1038
— s. Rutenberg, A. M. 946, 1117
Schweitzar, J. s. Sorm, F. 545
Schweitzer, R. s. Hoffmann, R. 1293
Schwenk, E. s. Werthessen, N. T. 548
Schwenke, W. s. Langhof, H. 29
Schwenkenbecher, H. 1338, 1371
Schwenzer, A. W. 770
Schwermer, B. 1351, 1371
Schwietzer, H. 735, 770
Schwyzer, R. 551, 998, 1046, 1117
— W. Rittel, H. Kappeln u. B. Iselin 698
Sciclounoff 402
— s. Roch 466
Scigliano, J. C. 1224
— T. C. Grubb u. D. E. Shay 1311
Sciuk, J. s. Marsh, P. B. 1301
— s. Pfleger, R. 1306
Sclafer, J. 213
— u. R. Wolfromm 238
— s. Hewitt, J. 1293
Scöller, C., u. M. Wittwer 280
Scolari, E. 199, 239
Scott, A. 569, 650
— u. F. Kalz 698
— s. Kalz, F. 688
Scott, C. s. Khayyal, M. 536
Scott, J. S. 600
— s. Phillips, D. L. 694
Scott, O. 635, 636, 698
Scott, R. B. 632, 877, 1351, 1371
— u. M. R. De Lilly 698
— s. Cooke, R. A. 677
— s. Freeman, L. C. 952
Scott, R. J. 1217
— s. Ellis jr., F. F. 1285
Scott, W. s. Huggins, Ch. 535
Scotti, C. 55, 220
Scotti, T. s. Arcamone, F. 934
Scoville 259, 280
Scowen, E. F. 793, 795
— s. Garrod, L. P. 938
Scriba, K., u. H. Luckner 467
Scudder, S. T. s. Berliner, R.W. 216

Scudi, J. V. 320, 810, 847, 1029, 1044, 1118
— u. W. Antopol 947
— G. E. Boxer u. V. C. Jelinsek 947
— u. S. J. Childress 1118
— — u. O. J. Plekss 1118
— J. A. Coret u. W. Antopol 947
— s. Duca, C. J. 366
Scully, J. P. 59, 220, 1213
— C. S. Livingood u. D. M. Pillsbury 1311
Scuro, L. A. 918
— s. Giunchi, G. 953
Seabury, J. H. 1205, 1220, 1311
— s. Peabody jr., J. W. 1306
Seale, E. E. 1230 1311
Sebald, A. 877, 878, 881, 891, 892
— s. Duval, G. 952
Sebek, O. K. s. Spero, G. B. 700
Sebrell, W. H. 406, 1023
— u. R. E. Butler 467
— s. Kornberg, A. 1111
Seckfort, H. 149, 151, 235
Secretan, P. s. Bickel, G. 950
— s. Mozer, J. J. 957
Sedlacek, A. 1227 1311
Sedlmayr, G. s. Holzer, H. 1368
Seed, J. C. 826
— u. C. E. Wilson 947
Seegal, B. C. 318
— s. Wilcox jr., H. B. 380
Seege, O. H. s. Ehring, F. 217
Seelemann, K. 910
— u. B. Kornatz-Stegmann 959
Seelemann, M. 1067, 1068, 1118
Seeley, D. B. s. Finlay, A. C. 938
Seeliger, H. P. R. 1069, 1184, 1204, 1205, 1229, 1311
— s. Reifferscheid, M. 1307
— s. Tünnerhoff, F. 1119
Seevers, M. H. 347, 348, 356
— s. Bryant 365
— s. Wyngaarden, J. B. 381
Seeya, K. 1230, 1311
Segal, M. S. s. Duvenci, J. 679
— s. Salomon, A. 697
Segal, St. s. Bollet, A. J. 675
Segall, R. 993, 1026, 1029
— s. Kutscher, A. H. 942, 1112
Segaloff, A. 506, 544
— s. Farber, E. 531
Segretain, G. 1182, 1259
— u. E. Drouhet 1311
— s. Marselou, U. 1301
Seguin, L. s. Kutscher, A. H. 1298
Seibold, M. 184, 239
Seidel, W. 545
Seidell, M. A. 669
— s. Dalton, J. E. 707
Seideman, Th. 342, 588

Seideman, Th. s. Brown, E. B. *365, 676*
Seidmon, E. S. 333
— s. Schaffer, N. *378*
Seif, L. L. 39
— s. Busel, H. *216*
Seifer, J. 68
— s. Walkenstein, S. S. *226*
Seifter, J. 489
— D. Baeder u. A. Begany *545*
— — u. A. Dervinis *545*
Seiga, K. 859, 886, *959*
— Y. Ashida u. M. Noma *947*
— s. Ashida, Y. *934*
Seiji, M. s. Saunders, T. S. *220*
Seiler, M. s. Bavin, E. M. *1165*
Seiple, H. H. 896
— s. Wentz, H. S. *960*
Seki, M. s. Hattori, K. *939*
— s. Nakano, H. *944*
Sekkenes, J. s. Hökfelt, B. *535*
Selbie, F. R. 1039, *1118*
Selenkow, H. A. 562
— R. W. Sheppard u. W. J. Reddy *698*
Seliger, H. 1345, 1351, *1371*
Seligman 1182, 1259
Seligman, E. *947, 1311*
Seligman, S. A. *1311*
Sella, F. s. Fornara, P. *1106*
Sellers, K. C. 1061, 1082
— u. F. Alexander *1118*
Selling, L. S. 79
— u. P. H. Orlando *225*
Soltzer, H. S. s. Fajans, S. S. *680*
Selye, H. 61, 89, 90, 96, 180, 203, 545, 554, 562, 563, 566, 698
— E. Bajusz u. M. Nadasdi *698*
— s. Collip, J. B. *709*
Semanedi, G. 84, *225*
Semar, R. s. Yacowitz, H. *1317*
Semenitz, E. 1086, 1087, 1090, *1118*
Semmola, L. 614, *698*
Semon, H. L. *239*
Sen, G. P. 1228
— s. Bánerjee, A. K. *1278*
Sench, P. S. s. Sprague, R. G. *700*
Senda, T. s. Magara, M. *943, 956, 1301*
Senderi, M. s. Kushner, D. S. *1298*
Senear 392
— s. Bloom *458*
Seneca, H. 567, 575, 840, 1231, 1270, *1311*
— E. Ellenbogen, E. Henderson, A. Collins u. J. Rockenbach *698*
— u. D. Ides *947*
— J. H. Kane u. J. Rockenbach *1311*
— s. Henderson, E. *685, 706*

Senn, A. 818, 822, 900, 913, 914, *959*
— s. Kuemmerle, H. P. *955*
— s. Lundsgaard-Hansen, P. *956*
Serafini 290, 310, 319, 321, 328
Serafini, M. *361*
Serafini, U. *362, 378*
— s. Frugoni, C. *368*
Serick, E. s. Bruck, C. G. vom *1103*
Serino, G. S. 1257
— s. Bohan, E. M. *1280*
Serow, C. 436, *467*
Serpa, J. d. Melo 1249, *1311*
Serrato 647
Serri, F. 51, 1216, 1268, *1311*
— u. C. C. Tinozzi *220*
Seusing, J. 403, *467*
Sevag, M. G. 1039, 1048, 1083
— J. S. Gots u. E. Steers *1118*
— u. R. Stewart *1118*
— s. Gots, J. S. *1107*
— s. Ishii, K. *1109*
— s. Lam, G. T. *1112*
Severac, M. 716
— s. Raiziss, G. W. *769*
Severi, T. 1005
— s. Illari, G. *1109*
Seville, R. 71, *225*
Sevin 444
— u. Mayer *467*
Sevitt, S. 325, *378*
— J. P. Bull, N. D. Cruickshank, D. Mc. G. Jackson u. E. J. L. Lowbury *378*
Sexton, W. A. 993, 1050, 1051, *1118*, 1336
— s. Haddow, A. *1367*
Seydel, J. 963, 995, 996, 997, 999, 1005, 1022, 1034, 1048, 1049, 1051, 1052, 1054, 1063, 1074, 1092, 1093, 1097, *1118*
— E. Krüger-Thiemer u. E. Wempe *1118*
Seydell, E. M. 850
— u. W. P. McKnight *947*
Seyfried, H. *467*
Seymour, D. E. s. Bavin, E. M. *1165*
Sézary, A. 144, 182, *239*
Shabica, A. C. 995, 1000, 1041
— s. Ziegler, J. B. *1122*
Shack, L. s. Harris, L. J. *1292*
Shackelford, P. O. s. Lamb, J. H. *1298*
Shaeffer, J. R. 912
— s. Pulaski, E. J. *958*
Shafer, J. C. 877
— s. Trice, E. R. *960*
Shafer, W., u. J. Muhler *545*
Shaffer, B. 39, 41, 54, 57, 59
— M. M. Cahn u. E. J. Levy *220*
— s. Cahn, M. M. *216*

Shaffer, L. W. 336, 1186
— L. Carrick u. H. S. Zackheim *378*
— u. H. S. Zackheim *1311*
Shah, A. M. 1192
— u. J. W. Jones *1311*
Shallenberger, P. L. 39
— s. Ginsberg, J. E. *217*
Shana 626
Shanahan, J. R. s. Hollander, J. L. *686*
Shannon, J. A. 1018, 1021, *1118*
— s. Fisher, S. H. *1106*
Shanon 72, 83
Shanon, I. A. s. Berliner, R. W. *216*
Shanon, J. 225
— E. Davis u. D. Haim *225*
Shapiro, A. J. s. Robinson jr., H. M. *959*
— s. Witten, V. H. *703*
Shapiro, A. L. 1190
— u. St. Rothman *1311*
— s. Rothman, St. *1308, 1309*
Shapiro, E. L. s. Herzog, H. L. *685*
Shapiro, E. M. s. Guin, J. D. *684*
Shapiro, I. 512, *545*
Shapiro, S. 457
— M. H. Redish u. H. A. Campbell *467*
— s. Unger, P. N. *468*
Shapse, J. P. 818
— s. Metzger, W. J. *944*
Sharman, I. M. s. Leitner, Z. A. *403*
— s. Moore, T. *464*
Sharnoff, J. G. 23, 644
— A. L. Carideo u. J. D. Stein *31, 698*
Sharp, J. L. 1181, *1311*
Sharvill, D. 58
— F. R. Bettley, L. Forman u. H. R. Vickers *220*
Shatin, H. 908
— s. Canizares, O. *951*
Shaw, C. 892, *959*
Shaw, C. R. 344
— u. H. B. Wightman *378*
Shaw, H. C. 1177
— s. Sulzberger, M. B. *1313*
Shaw, W. M. 24, 669
— E. H. Mason u. F. G. Kalz *31, 709*
Shay, D. E. 919, 1224
— s. Hewes, C. G. *954*
— s. Scigliano, J. C. *1311*
Shay, H. 1341
— u. D. C. Sun *1371*
— s. Zarafonetis, C. J. D. *1372*
Shea, J. G. s. Gimble, A. I. *1289*
Shear, M. J. 1354, *1371*
— s. Greenspan, E. *1367*

Sheard, C. 39, 392, 394, 892, 959
— s. Brunsting, L. A. 458
— s. Kierland, R. C. 218
Sheard jr., C. 306, 336
— s. Kesten, B. M. 372
Shearman, A. s. McGavack, T. H. 374
Shearman, A. H. s. McGavack, T. H. 374
Shedlovsky, T. 499
— A. Rothen, R. Greep, H. van Dyke u. B. Chow 545
Shee, J. C. 53, 220
Sheehan, H. L. 485, 545
Sheehan, J. C. 777, 947
Sheldon, J. M. 295, 342, 346
— N. Fell, J. H. Johnston u. H. A. Howes 378
— R. G. Lovell u. K. P. Mathews 362
— s. Mathews, K. P. 374
Sheldon, W. H. 566
— M. M. Cummings u. L. D. Evans 698
Shell, J. W. 1003, 1118
— N. F. Witt u. C. F. Poe 1118
— s. Hoeksema, H. 940
Shelley, W. B. 43, 45, 282, 310, 620, 635
— u. R. P. Arthur 220, 361
— u. M. Cahn 545
— J. S. Harun u. J. M. Lehman 699
— — u. D. M. Pillsbury 699
— P. Horvath u. D. M. Pillsbury 220
— u. H. Hurley jr. 545
— J. C. McConahy u. E. N. Hesbacher 378
— s. Dawes, G. S. 217
Shelmire, B. 54
— s. Knox, J. M. 218
Shepherd, R. G. 999, 1004, 1118
— A. C. Bratton u. K. C. Blanchard 1118
— s. Stansly, P. G. 947
Sheppard, H. 73
— R. C. Lucas u. W. H. Tsien 225
Sheppard, M. D. 1017, 1029, 1031, 1086, 1118
Sheppard, R. s. Ingle, D. J. 687
Sheppard, R. W. s. Selenkow, H. A. 698
Shepperd, I. M. s. Roth, L. W. 377
Sherlock, S. 517
— s. Lloyd-Thomas, H. 538
Sherman 403
— s. Guha 461
Sherman, H. C. s. Ellis, L. N. 459
Sherman, J. H. s. Dutcher, J. D. 936

Sherman, W. B. 336, 337, 378
— s. Cooke, R. A. 677
Sherwin, C. P. 1045
— s. Muenzen, J. B. 1114
Sherwin-Weidenreich, R. 565
— F. Herrmann u. M. B. Sulzberger 699
Sherwood, H. 589
— u. R. Cooke 699
Shibahashi, K. s. Takikawa, K. 1371
Shidara, I. s. Aiso, K. 1277
Shidlovsky, B. A. 862, 1227
— M. Marmell u. A. Prigot 947
— — R. Turell u. A. Prigot 1311
— s. Prigot, A. 958
Shields, D. s. Bonner, Ch. D. 675
Shiels, J. 1221
— s. González Ochoa, A. 1290
Shiels, J. A. s. Bojalil, L. F. 1280
Shimaoka, N. s. Nishimura, H. 1115
Shimkin, M. B. s. Petraklis, N. L. 1370
Shinn, L. E. 1048
— s. Mellon, R. R. 1114
Shinoda, K. s. Kawashina, K. 238
Shipley, P. G. 437
— E. A. Park, G. F. Powers, E. V. McCollum u. N. Simmonds 467
— s. McCollum, E. V. 464
Shkolnik, S. s. Rosenthal, S. R. 361
Shkrodinskaja, E. N. s. Larionov, L. F. 1368
Shorb 423, 467
Shore, P. A. 65
— A. Pletscher, E. G. Tomich, A. Carlsson, R. Kuntzman u. B. B. Brodie 225
— S. L. Silver u. B. B. Brodie 225
— s. Brodie, B. B. 222
— s. Pletscher, A. 225
Short, E. J. s. Brownlee, G. 935
Shotwell, O. L. s. Benedict, R. G. 934
— s. Dvouch, W. 936
Shtokalko, S. 889, 1254
— s. Applebaum, E. 934, 950, 1277
Shu, I. s. Miyahara, M. 957
Shubik, P. 565
— s. Baserga, R. 674
Shull, G. M. s. Finlay, A. C. 938
Shulman, E., E. H. Schoemich u. A. M. Harvey 699
Shultz, S. s. Barnett, H. L. 934
Shuman 602, 653, 699

Shumard, R. S. 1200
— D. J. Beaver u. M. C. Hunter 1311
Shure, N. 333
— J. J. Sievers u. M. C. Harris 378
Shute, E. V. 450
— u. Vogelsang 467
Shuttleworth, J. S. s. Miller, J. M. 1303
Siboulet, A. 178, 179, 237
Sicher, G. 145, 146
Siddiqui, R. H. 64
Siddiqui, S. 64
Sideri, C. N. s. Ambrus, C. A. 934
Sidi, E. 71, 73, 112, 179, 294, 353, 354, 355, 566, 586, 591, 593, 909, 1138, 1239, 1241, 1244, 1245
— u. J. Bourgeois-Gavardin 699
— — u. G. Plas 699
— u. J. Bourgeois Spinasse 947, 1311
— — u. A. Reinberg 699
— u. M. Hincky 230, 237
— — u. A. Gervais 225, 378
— — u. R. Longueville 225, 1169
— R. Melki u. R. Longueville 379
— A. Reinberg, M. Hincky u. J. Bourgeois-Spinasse 361
— s. Jablonska, S. 687
— s. Tzanck, A. 226, 380, 702, 960
Siebenmann, Ch. O. 1034, 1083, 1085, 1087
— u. H. Plummer 1118
Siebenmann, R. 1148
— s. Uehlinger, E. 1170
Siebert, C. 33, 1179, 1185, 1188, 1210
— s. Perutz, A. 1306
— s. Zieler, K. 1317
Siebert, G. 175, 237
Siebert, H. s. Peukert, D. 1169
Siede 160
Siede, L. 165
Siede, W. 165, 236, 1018
— u. H. Schneider 1118
Siedel, W. 822
— A. Söder u. F. Lindner 947
Siedentopf 450
— u. Krüger 467
Siefken, W. 1139, 1145, 1148, 1150, 1153
— s. Domagk, G. 1166
— s. Offe, H. A. 1169
Siegal, S. 905, 906, 959
— s. Peck, S. M. 958
Siegel, B. B. 319
— K. L. Bowman u. M. Walzer 379
— s. Coleman, M. 366

Siegel, H. s. Robinson, H. J. *1169*
Siegel, J. M. 909
— u. E. T. Schautz *959*
Siegel, M. 1216, *1311*
Siegel, S. S. 596
— V. Birnberg u. V. C. Kelley *699*
Siegenthaler, W. 605, 1327, 1328, 1329, 1330, 1337, 1338, 1349, 1350, 1351, 1352, *1371*
— u. R. Hegglin *699*
Siegrist, J. 81, 325, 648
— s. Allgöwer, M. *221, 362, 673*
— s. Jaulmes, C. *223*
Sieler, H. 125, *230*, 436, 450, *467*
— s. Gartmann, H. *460*
— s. Gertler, W. *229*
Siemenroth, H. 1018
— s. Hodenberg, D. Frhr. v. *1109*
Siemens, H. W. 168, 169, 179, *237*, 333, 1177
Sierra, G. 1268
— u. H. A. Veringa *1311*
Siess, M. 318, *379*
Sievers, H. G. 1351
— u. J. P. Marzoli *1371*
Sievers, J. J. 333, 334, *379*
— s. Shure, N. *378*
Sigafoos, R. B. s. Eskind, J. B. *680*
Sigg, K. 582, *699*, 1227, *1311*
Signier, F. s. Bernard, J. *674*
— s. Drouhet, E. *1285*
Signorelli, S. 1257, *1311*
Silber 558
Silberg, S. L. 1176
— s. Larsh, H. W. *1299*
Silbert, N. E. 342, *379*
Silfverskiöld, W. s. Dencker, S. J. *678*
Siliprandi, N. 1046
— s. Navazio, F. *1114*
Siltzbach, L. E. 653, *699*
Silva, F. 607
— A. de Azevedo Pondé u. F. Lichtenberg *699*
Silva, M. 1230
— s. Kesten, B. M. *1296*
Silva, M. S. 1271
— s. Lacaz, C. da S. *1298*
Silva, V. M. s. Oberhauser, F. B. *1369*
Silver, G. B. s. Laszlo, D. *1368*
Silver, S. L. 65
— s. Shore, P. A. *225*
Silverberg 444, 445
— s. Pascher *465*
Silverberg, M. G. 49
— s. Sawicky, H. H. *220*
Silverman, J. 320
— s. Friedman, E. *368*

Silverstein, J. N. s. Milberg, M. B. *944*
Silverstein, R. 565
— s. Foley, E. J. *681*
Silvette 558
— s. Britton, S. W. *676*
Simané, Z. 1144, *1169*
Simeons, A. *545*
Simeray, A. 629, 654, *699*
Simesen, M. H. 1045, 1080, 1083, 1085, *1118*
Siminoff, P. 1139
— R. M. Smith, W. T. Sokolski u. G. M. Savage *1170*
Simm, F. s. Pascher, F. *30*
Simmel 729
Simmer, H. 490, 491, 492, 510, 545
— s. Baggett, B. *526*
— s. Myers, W. P. L. *541*
— s. Nathanson, J. T. *541*
— s. Solomon, S. *545*
— s. Zander, J. *549*
Simmonds, M. 485, *545*
Simmonds, N. 437
— s. McCollum, E. V. *464*
— s. Shipley, P. G. *467*
Simmonds, W. L. 1174, 1177, *1311*
Simmons, G. W. s. Grigsby, M. E. *939*
Simon 12, *31*, 325, 333, 345, 346
Simon, D. L. s. English, A. R. *937*
Simon, G. s. Dimmling, Th. *936*
Simon, H. 1004, 1045, 1052, 1181
— s. Girard, M. *1289*
— s. Wacker, A. *1120*
Simon, K. 1134, *1170*, 1354, *1371*
Simon, K. L. 165, *235*
Simon, M. 444, *467*
— u. Helmeczi *467*
Simon, N., u. I. Pastinczky *379*
Simon, S. W. *379*, 908, *960*
— H. J. Berman u. S. A. Rosenblum *379*
— u. W. G. Eckman *379*
— u. M. D. Feldman *379*
— u. J. J. Foohey *379*
Simonart, P. 867, 1236
— s. Oxford, A. E. *945, 1305*
Simonis, A. M. s. Ariëns, E. J. *1101*
Simonnet, H. 456, *467*
Simons, E. s. Myers, D. *541*
Simons, R. D. G. Ph. 179, *237*, 1183, *1311*
Simons, S. s. Myers, D. *541*
Simonsen, M. 566, *699*
Simonton, J. s. Graham, D. M. *28*
Simpson, M. E. 499
— C. H. Li u. H. Evans *545*

Simpson, M. E. s. Becks, H. *674*
— s. Evans, H. *531*
— s. Li, C. H. *538, 690*
— s. Zizine, L. *549*
Simpson, S. 478, 493
— u. J. Tait *545*
Simpson, W. G. 660
— B. F. Rosenblum, C. E. Wood u. E. L. Stammer *699*
Sinclair, H. M. 184, *239*, 417, *467*, 737
— s. Peters, R. A. *769*
Sinesi, S. J. 877
— s. Zeligman, J. *961*
Sing, T. B. 1175, 1190, *1311*
— u. B. A. Verhagen *1311*
Singal, S. A. 408
— s. Sydenstricker, V. P. *467*
Singer, E. 734
— u. V. Fischl *770*
Singer, M. J. s. Mandel, W. *691*
Singer, O. *17, 31*, 670, *709*
Singer, T. P. 737
— s. Barron, E. S. G. *763, 764*
Singh, G. 1268
— s. Woodward, R. B. *1317*
Singleton, jr., A. O. 347
— u. H. M. Little jr. *379*
Siskind, W. M. 1179
— u. D. Richtberg *1312*
Sjögren, B. 999, 1000, 1002, 1093
— u. B. Örtenblad *1118*
— s. Frisk, A. R. *1106*
Sjoerdsma, A. 286
— T. P. Waalkes u. H. Weissbach *361*
— s. Waalkes, T. P. *362*
Sjövall, A. *545*
Sjolander, N. O. s. McCormick, J. R. D. *943*
Skaradoff, L. s. Spain, D. M. *700*
Skiles, B. F., u. C. S. Hamilton *770*
Skinada 180
Skipsworth, G. B. 1254
— s. Williams, M. R. *1317*
Skogh, M. 214
Skow, R. K. 736
— s. Schmitt, F. O. *769*
Skřivan, V. 1008
— s. Rybář, D. *1117*
Skrizipek, M. 396, 414
— s. Langer, E. *463*
Slack, R. s. Adams, A. *1101*
Slade, P. R. 1259
— M. A. Haseeb u. H. V. Morgan *1312*
Slanetz, C. A. 918, *960*
Slater, R. H. *770*
Slaughter, H. W. 1230, *1312*
Slaughter jr., J. C. 1206, *1312*

Slaunwhite jr., W. s. Sandberg, A. *543*
Slide, O. 759
— s. Tschitschibabin, A. *770*
Slie, R. B. 816
— s. Saz, A. K. *946*
Slifer, E. D. 326
— s. Bandelin, F. J. *363*
Slinger, W. N. 1234
— s. Schwebel, S. *1311*
Sloane, M. B. 1249, *1312*
Slocum, A. s. Lampen, J. O. *1298*
Slocumb, C. H. 577, 578, 581, *699*
— s. Hench, P. S. *685*
— s. Kemper, J. W. *688*
— s. Sprague, R. G. *700*
Slotta 470
Smadel, J. E. 826, 828, 830, 902, *960*
— u. E. B. Jackson *947*
— — u. A. B. Cruise *947*
— H. L. Ley jr. u. F. H. Dierks *699*
— T. E. Woodward, H. L. Ley u. R. Lewthwaite *947*
Small, M. J. 579, 652, 653, *699*
Smart, G. A. 316
— s. Ashford, C. A. *363*
Smeets, J. G. H. 658
— u. J. M. Soeters *699*
Šmeikal, V. 567, 602
— u. V. Vaua *699*
Smelik, U. s. Louverenz, B. *539*
Smelin, A. 524
— s. Griboff, S. *533*
Smiley, R. K. 830, 902
— G. E. Cartwright u. M. M. Wintrobe *947*, *960*
Smiley, R. L. 283
— s. Schayer, R. W. *361*
Smiljanic, A. M. s. Rothman, St. *1308*, *1309*
Smit 23
Smith 176, 182, 288, 328, 396, 403, 406, 413, 422, 423, 430, 433, 444, 510, 569, 570, 587, 592, 619, 631, 820, 827, 835, 869, 904, 916
— s. Kaufmann *462*
— s. Sure *467*
Smith, A. 496, *545*
Smith, A. G. *467*
Smith, A. H. s. Robinson, H. J. *696*
Smith, A. L. s. Robinson, H. J. *696*
Smith, A. N. s. Feldberg, W. *359*
Smith, C. C. *699*
— s. Sulzberger, M. B. *701*
Smith, Ch. E. 1247
— s. Gordon, L. E. *1290*

Smith, C. G., A. Dietz, W. T. Sokolski u. G. M. Savage *947*
Smith, D. s. Smith S. *545*
Smith, D. A., u. W. A. Woodruff *467*
Smith, D. E. 644, 902
— s. Glaser, R. J. *28, 682, 953*
Smith, D. P. s. Soicher, R. R. *379*
Smith, D. T. *947, 960*, 1039, 1069, 1183, 1184, 1206, 1220, 1254, *1312*
— s. Bendow, E. P. *1279*
— s. Conant, N. F. *1283*
— s. Klapper, M. S. *1297*
— s. Pope, H. *1115*
Smith, E. L. s. Sayers, G. *697*
Smith, F. C. s. Martin jr., J. D. *692*
Smith, G., O. Smith u. G. Pincus *545*
Smith jr., G. s. Olansky, S. *694*
Smith, G. F. 1085
— R. W. Heffner, W. W. Cleveland u. R. B. Lawson *1118*
Smith, G. J., R. J. Zawisza u. H. Blank *699*
Smith, G. M. 1205, 1209
— u. R. M. Armen *1312*
Smith, G. N. s. Wyss, O. *949*
Smith, G. W. s. Miller, J. M. *1303*
Smith, H. W. E. 735, 738
— s. Voegtlin, C. *770*
Smith jr., J. G. *699*, 1241, *1312*
Smith, J. K. s. Ludwig, K. A. *943*
Smith, J. N. 1043, 1044, 1046
— u. R. T. Williams *1118*
Smith, J. W., R. W. Dyke u. R. S. Griffith *947, 960*
— s. McGuire, J. M. *944, 1302*
Smith, L. M. 1184, *1312*
Smith, M. s. MacCullagh, E. *539*
Smith, M. I. 1040, 1047, 1125
— E. L. Jackson u. H. Bommer *1170*
— — J. M. Junge u. B. K. Bhattacharya *1118*
— s. Emmart, E. W. *1105*
Smith, M. M. s. Steenken jr., W. *1170*
Smith, N. 1140, 1141
— s. Mackaness, G. B. *1168*
Smith, O. s. Smith, G. *545*
Smith, P., u. E. Engle *545*
— s. Albright, F. *526*
Smith, P. E. 550
— u. G. L. Forster *699*
Smith, P. F. s. Discher, C. A. *1284*
Smith, P. K. s. Chinn, H. J. *365*

Smith, P. N. 1160
— s. Obermayer, M. E. *1169*
Smith, R. C. 586
— s. Wrong, N. M. *704*
Smith, R. M. 826, 855, 1139, 1268
— D. A. Joslyn, O. M. Gruhzit, J. W. MacLean, M. A. Penner u. J. Ehrlich *947*
— W. H. Peterson u. E. McCoy *947, 1312*
— s. Burkholder, P. R. *935*
— s. Siminoff, P. *1170*
Smith, R. W. s. Olson, J. A. *694*
— s. Steffensen, E. H. *700*
Smith jr., R. W. s. Livingood, J. I. *690*
Smith, S. 1069
— C. C. Young u. D. Smith *545*
— s. Buttle, G. A. H. *1103*
— s. Thorn, G. W. *701*
Smith, T., C. D. Kochakian u. C. Fondal *545*
Smith, W. s. Evans, C. *531*
Smukler, N. M. s. Hollander, J. L. *686*
Smull, K. s. Dorfman, A. *679*
Smyrl, S. s. Kinsell, L. W. *688*
Smyth 268
Snaith, A. H. 581
— s. Prout, A. *695*
Snapper, I. 1205, 1207
— L. A. Baker, B. D. Edidin u. D. S. Kushner *1312*
— u. L. V. McVay *1312*
— B. Schneid, L. V. McVay u. F. Lieben *1312*
— s. Kushner, D. S. *1298*
— s. McMillen, Sh. *1302*
Snapper, J. 1346, *1371*
Sneddon, I. B. 568, 594, 616, *699*
— u. R. E. Church *699*
— s. Church, R. E. *677*
Snell 22, 420, 563
— s. Mitchel *464*
— s. Rowntree, L. G. *697*
— s. Williams *32*
Snell, E. E. 283
— s. Guirard, B. M. *359*
Snell, J. F. 76, *226*
Snell, N. 1262
— s. Michener, H. D. *1302*
Snider, G. E. s. Miller, J. M. *1303*
Snively, M. s. Rubin, M. J. *1117*
Snow, J. s. Wile, U. J. *548*
Snyder, F. s. Kile, R. L. *536*
Snyder, J. W. 1246
— s. Carlson, J. R. *1282*
Snyder, W. 1230, 1234, *1312*
— s. Schwebel, S. *1311*
Sobel, A. s. Davidson, D. *529*
Sobel, E. 388, 389

Sobel, E., C. Raymond, K. Quinn u. N. Talbot *545*
— u. Werbin *467*
Sobel, N. 622, 624, *699*
— s. Bloom, D. *675*
Sobin, B. A. 861, 1261
— A. R. English u. W. D. Celmer *947*
— u. F. W. Tanner jr. *1312*
— s. Finlay, A. C. *938, 1166*
SøBye, P. *545*
— s. Fleming *681*
— s. Reymann, F. *696*
Soeda, M. 858, 1269
— u. M. Soeda *947*
— s. Hosoya, S. *940, 954, 1294*
— s. Kobori, T. *1297*
— s. Onoda, Y. *1305*
Söder, A. s. Siedel, W. *947*
Soehring, K. 99, 100, 101, 102, 103, 104, 106, 109, 112, 113, 114, 115, 116, 122, 123, 127, *230*, 297, 323, 349, 354, *379*
— A. Ahrens u. K. Hardebeck *230*
— u. M. Frahm *231, 379*
— u. Kl. Harder *231*
— u. K. Hessler *231*
— s. Bertrand, Y. J. *228*
— s. Gordon, R. A. *229*
— s. Schniedwind, H. *1169*
— s. Tschesche, R. *1119*
Sölzt-Szöts 881
Soendergaard, E. 455
— s. Dam, H. *459*
Sönnichsen, N. 614
— s. Stäps, R. *700*
Sörensen 1126
Soetarso, B. 1330
— s. Ten Seldam, R. E. J. *1372*
Soeters, J. M. 658
— s. Smeets, J. G. H. *699*
Soffer, L., u. J. Gabrilove *545*
Soffer, L. J. 563, 566, 603, 604, *699*
— S. K. Elster u. D. T. Hamerman *699*
— M. F. Levitt u. G. Baehr *699*
— u. G. J. Schwartzman *699*
Soicher, R. R. 328
— D. P. Smith u. B. Rose *379*
Sokkoloff, J. B. 436
— s. Arons, J. *457*
Sokola, D. s. Rako, A. *542*
Sokoloff, O. S. 87, *226*, 1231, *1312*
Sokolski, W. T. 837, 1139
— S. Ullmann, H. Koffler u. P. A. Tetrault *947*
— s. Siminoff, P. *1170*
— s. Smith, C. G. *947*
— s. Taylor, R. M. *948*
Solari, M. A. 1249
— u. M. N. G. Fernandez *1312*
Solem 578

Solgmoss, A. 1029, *1118*
Soll, S. 492
— s. Edmondson, H. *531*
— s. Glass, S. *533*
Solms, W. 87
— s. Hift, Th. *223*
Solmssen, U. V. 300
— s. Leonard, F. *373*
Soloaga, A. s. Gandarias, J. de *533*
Solomon, S. 492
— R. V. Wiele u. S. Lieberman *545*
Solomons, B. 877, 891, 892, 909, *960*
Solomons, I. A. 1262, 1267, 1270
— s. Celmer, W. D. *1282*
— s. Davisson, J. W. *1284*
— s. Finlay, A. C. *938*
Solotorovsky, M. 870, 1207, 1247, 1270
— u. E. J. Bugie *1312*
— E. J. Ironson, F. J. Gregory u. S. Winsten *1312*
— G. Quabeck u. S. Winsten *1312*
— M. E. Valiant, B. M. Frost u. A. C. Cuckler *947*
— s. Cuckler, A. C. *936, 1166*
Somer, P. de 870
— P. van Dijk u. H. van de Voorde *947*
Somers, E. 1187, *1312*
Somers, G. F. s. Basil, B. *934*
Sommerville, J. 49
— D. C. Devine u. J. C. P. Logan *220*
— s. Cormie, R. *529*
Søndergaard, G. 644
— u. J. P. Nielsen *699*
Sondheimer, F. 551
— s. Rosenkranz, G. *696*
— s. Woodward, R. B. *704*
Soneberg, M. 668
— s. Rawson, R. W. *708*
Sones, M. 652
— H. L. Israel, M. B. Dratman u. J. H. Frank *700*
Sonetti, L. s. Marsilii, G. *540*
Songco, R. S. 644
— s. Goquiolay Arellano *683*
Sonne 444, *467*
Sonnet, P. 310, 316
— s. Decourt, J. *366*
Sonoda, Y. 858
— s. Hosoya, S. *940, 1294*
Soo-Hoo, G. 1224
— u. E. Grunberg *1312*
— s. Grunberg, E. *1291*
Sorice, F. 918
— s. Giunchi, G. *953*
Sorinson, N. S. 48, *220*
Sorkin, E. 1004, 1050
— s. Erlenmeyer, H. *1105*

Sorkin, E. s. Noll, H. *1115*
Sorm, F., u. J. Schweitzar *545*
Sorribas-Santamaria, V. 310, 316
— J. Zur u. F. Aguilar *379*
Soto-Melo 642
— s. Alvarez-Lowell *673*
Soto Pacheco, R. 1221
— s. González Ochoa, A. *1290*
Souchon, F. *545*
Soule, M. 61
— s. Bolgert, M. *26, 222, 707*
Sous, H. 346, 851, 901
— H. Keller, H. E. Kleine-Natrop, W. Kruspe, W. Rothe u. H. Mückter *947*
— u. H. Mückter *379*
— s. Keller, H. *941, 954, 1167*
— s. Mückter, H. *375, 944*
— s. Rothe, W. *946*
Southam, C. M. 1234, *1312*
— s. Karnofsky, D. A. *1368*
Southworth 110
— s. Pitkin *230*
Souza, A. de 655, *700*
Spagnoli, U. *545*
Spain, D. M. 565
— N. Molomut, A. B. Novikoff u. L. Skaradoff *700*
Spain, W. C. 296, 336, 341
— u. F. A. Pflum *379*
— u. M. B. Strauss *379*
Spalding, K. H. s. Nathanson, J. T. *541*
Spanhoff, R. W. s. Fromery, P. de *681*
Spann, H. 1338, *1371*
Spatz, H. 498, *545*
Spaulding, E. H. 1249
— u. R. R. Tyson *1312*
Speakman, J. C. 999, 1000, 1001, 1084, 1093
— s. Krebs, H. A. *1111*
Spearman, G. K. 342, *379*
Speck, R. S. s. Jawetz, E. *941*
Specker, H. 1007
— s. Kaiser, H. *1110*
Spector, W. S. *947*, 1063, *1118*, 1184, 1262, 1264, *1312*
Speer s. Pieper, H. G. *219*
Speert, H. *545*
Speierer, C. 10
— s. Moncorps, C. *30*
Speiser, P. 332
— s. Herzog, H. *371*
Spencer 1263
— s. Laszlo, D. *1368*
Spencer, H. C. 173, 174
— s. Rowe, V. K. *237*
Spencer, W. P. 320
— s. Kending jr., E. L. *371*
Spengler, M. 579
— A. Labhart u. T. Wegmann *700*
Speranskij 90

Sperber, P. A. 1191, *1312*
Spero, G. B. 551, 552
— J. L. Thompson, B. J. Magerlein, A. R. Hanze, H. C. Murray, O. K. Sebek u. J. A. Hogg *700*
Spielman, M. A. s. Schenck, J. R. *946*
Spielmann, A. 515, 516
— u. A. Blau *545*
Spier, H. W. 310, 317, *379*, 445, *467*, 621, 877, 891, 893, 1160
— s. Ludwig, E. *956*
— s. Marchionini, A. *691*
Spies, T. D. 414, 619
— u. R. E. Stone *467, 700*
— s. Beau, W. B. *457*
Spiess, H. W. s. Lepper, M. H. *942*
Spiess-Bertschinger, A. s. Beiglböck, W. *457*
Spiethoff, B. 23, 24, *31*, 142, 163, 166
Spink, W. W. 1045
— u. W. H. Hall *700*
— u. J. J. Vivino *1118*
Spitz, U. s. Ziprkowski, L. *1317*
Spooncer, W. W. s. Arth, G. E. *673*
Spooner, M. s. Svenson, S. E. *1118*
Spoor, H. 512
— s. Peck, S. *542*
Sprague, K. L. s. Beyer, K. H. *1102*
Spraque, R. G. 564
— M. H. Power, H. L. Mason, A. Albert, D. R. Mathieson, P. S. Sench, E. C. Kendall, Ch. H. Slocumb u. A. F. Polley *700*
Sprechler, M. 579
— s. Schwartz, M. *698*
Spreng, T. *545*
Springer, R. 253
— u. R. Herzinger *280*
Sprink, W. W. 843
— s. Waisbren, B. A. *949*
Sprockhoff 1145
Sproston, T. J. 1233
— s. Foote, M. W. *1287*
Sproull, M. 285
— s. McIntire, F. C. *360*
Sprunt, D. 502, *545*
— C. Hooker u. J. Raper *545*
— u. S. McDearman *545*
Sprunt, D. H. 1216, 1229, 1259
— s. McVay, L. V. *1302*
Spurling, C. L. 902
— s. Rheingold, J. J. *958*
Squibb 852
Sreenivasan, A. 1039
— s. Alimchandani, H. R. *1101*
— s. Fatterpaker, P. *1106*

Srivastava, O. P. 1191, *1312*
Staab, A. s. Eichholtz, F. *228*
Stabel 667
Stacey, M. s. Barker, S. A. *1165*
Stackelberg, C. O. v. 570, 588
— u. E. Gentschy *700*
Stadie, W. C. 664, *706*
Stadler, H. 729, *770*
Stadler, W. *545*
Stadtsbaeder, S. 790
— u. J. van den Bosch *947*
Städtler, K. 1227, *1312*
Staeffen, J. s. Moretti, G. *693*
Staehelin, D. s. Thorn, G. W. *701*
Staehelin, J. E. 69
— u. P. Kielholz *226*
Staehelin, R. s. Mohr, W. *1303*
Staehler, W. 523, *545*
Staemmler, H.-J. 477, *545*
Stäps, R. 614
— u. N. Sönnichsen *700*
Staffa, A. W. s. Welch, H. *1170*
Stafford, R. 487
— T. Rubinstein u. R. Meyer *545*
— s. Bowman, B. *528*
Stafseth, H. J. s. Pital, A. *945*
Stahel, W. *467*
Stahl, A. s. Charpy, J. *27*
Stahl, J. 559, 561
— u. F. Stephan *700*
Stahl, U. 1175
— s. Rehm, H.-J. *1307*
Staib, F. 326, 889, 1196, 1251
— u. S. Ata *1312*
— u. Th. Dimmling *379*
— s. Ata, S. *1278*
— s. Dimmling, Th. *366*
— s. Domagk, G. *1285*
— s. Hornung, H. *1294*
— s. Rötter, W. *959*
Stammer, E. L. s. Simpson, W. G. *699*
Stamp 419, *467*
Standard, S. s. Laszlo, D. *1368*
Stander, H. 1247
— s. Donovick, R. *936, 1285*
— s. Pagano, J. F. *1305*
— s. Pansy, F. *1169*
Stanfield, L. 870
— s. Sutton, W. B. *948*
Stanford, R. L. s. Kennedy, B. J. *688*
Stange, H.-H. 472, *546*
Stannus s. Fuhs, H. *460*
Stannus, H. S. 392, *467*
Stansly, P. G. 837, 840, *947*, 1263
— u. N. H. Ananenko *1312*
— R. G. Shepherd u. H. J. White *947*
Stapel 436
Stapff, V. 1208
— u. J. E. MacKinnon *1312*

Stare, F. J. 181, *239*
Stark, O. 496, 509, 510, 511
— s. Miescher, G. *540*
Starkey, E. B. 750
— s. Ruddy, A. W. *769*
Starr, P. s. Koff, R. *689*
— s. Morgan jr., F. M. *540*
Stassen 120
Stassen, M., u. P. Stassen *231*
Stassen, P. s. Stassen, M. *231*
Staub 101, 142, 159, 297, 309, 312, 318, 323, 329
Staub, A. M. *379*
— u. D. Bovet *379*
— s. Bovet, D. *364*
Staub, D. M. 92, *227*
Staub, H. *235, 379*
Staub-Traugott 19
Staubesand, J. 143, 149, 1023, 1083
— s. Braun, W. *1103*
— s. Martini, G. A. *235*
Staudinger, H. *546*, 552, 556, *700*
Stears, J. s. Kerr, E. *536*
Stecher, G. 640, *700*
Stedman, R. L. 1196
— S. L. Engel u. I. M. Bilse *1312*
Steel, A. E. 1005, 1006, 1007, 1008, *1118*
Steelman, S. L. 499
— u. F. M. Pohley *546*
Steenberg, B. s. Freyschuss, S. K. L. *938, 1288*
Steenbock, H. 437
— u. A. Black *467*
Steenken jr., W. 809, 1136, 1137, 1138, 1141, 1149, 1155, 1156
— G. M. Meade, E. Wolinsky u. E. O. Coates jr. *1170*
— V. Montalbine u. J. R. Thurston *1170*
— u. E. Wolinsky *947, 1170*
— — u. B. J. Bolinger *1170*
— — u. V. Montalbine *1170*
— — M. M. Smith u. V. Montalbine *1170*
Steers, E. 1048
— s. Sevag, M. G. *1118*
Stefanini, M. 629
— C. A. Roy, L. Zannos u. W. Damashek *700*
Stefenelli, N. 1087, 1088
— s. Rissel, E. *1116*
Steffen, C. G. 57
— s. Linden, S. H. *218*
Steffensen, E. H. 568, 660
— J. A. Olson, R. R. Margulis, R. W. Smith u. E. L. Whiterey *700*
— s. Olson, J. A. *694*
Stegler 146, 147
Stehlin, S. 145

Stehlin, S. s. Neimann, N. *235*
Steiger, M. 551
— u. T. Reichstein *700*
Steigleder, G. K. 8, *31*, 43
— u. W. Buchwald *546*
— u. H. Schultis *220*
Steigman, F. s. Popper, H. *465*
Steigrad, A. 319, 322, 336, 339
— s. Burckhardt, W. *365*
Stein, 23, 24
Stein, J. 570
— s. Keller, W. *688*
Stein, J. D. s. Sharnoff, J. G. *31*, *698*
Stein, J. M. 889
— u. Ph. J. Burdon *960*
Stein, M. 1004
— s. Maschka, A. *1113*
Stein, R. O. *31*, *700*
Stein, W. 1032
— s. Weissbecker, L. *1121*
Steinach, E. 490, *546*
— H. Kun u. O. Peoznik *546*
Steinbach, A. L. 575
— s. Moehlig, R. C. *693*
Steinberg, B. A. 1247, 1253
— u. W. P. Jambor *1312*
— — u. L. O. Suydam *1312*
Steinberg, Ch. 600, 625
— u. A. J. Roodenburg *700*
Steinberg, H. 334, *379*
Steinberg, J. 579
— s. Evans, J. A. *680*
Steiner, A., H. Payson u. F. Kendall *546*
Steiner, D. L. 131
— s. Luria, S. E. *232*
Steiner, G. *706*
Steiner, J. 666, *706*
Steiner, J. W. s. Harris, L. J. *1292*
Steiner, K. 619, 622, 643, 1226
— u. L. Frank *700*
— s. Leifer, W. *1299*
Steinhardt, M. J. 598, *700*
Steinhoff, A. 1088, *1118*
Steinhoff, H. 12, *31*
— s. Chevalier, C. R. *27*
— s. Gaulthier *28*
Steinitz, H. *546*
Steinkopf, W., u. P. Jäger *770*
Steinman, H. G. 717, 718, 719, 720 721, 722
— s. Doak, G. O. *765*
— s. Eagle, H. *766*
Steinmann, B. 320
— u. F. Reubi *379*
Steinmann, J. s. Nacke, O. *541*
Steinmetz, Ch. G. s. Hallett, J. W. *684*
Steitz, F. s. Hüllstrung, H. *462*
Steitz, K. 1256
— s. Adam, W. *1277*
Stella, J. G. 889
— s. Lang, W. R. *955*

Stelzner, F. 579, *700*
Stenderup, A. 1205, 1207, 1208, *1312*
— J. Bichel u. F. Kissmeyer-Nielsen *1312*
Stengle, J. 320
— s. Kyser, F. A. *372*
Stenton, P. 1246
— s. Jennison, R. F. *1295*
Štěpàn, J. 75
— s. Stirská, J. *226*
Stepanowić, D. 79, *226*
Stephan, F. 559, 561, 564
— s. Stahl, J. *700*
Stephan, R. *700*
Stephan, W. 1081
— s. Anders, W. *1101*
Stephen, C. R. 346
— R. C. Martin u. M. Bourgeois-Gavardin *379*
Stephenson, D. 1069
— s. Buttle, G. A. H. *1103*
Stepita, C. T. s. McCarthy, J. F. *540*
Stepp, W. 382, 386, 400, 404, 410, 426, 434, 442, 448, 452, 453, 467
— J. Kühnau u. H. Schröder *467*
Steppert, A. 670, *709*
Sterba, R. *546*
Stern, E. 61
— s. Graciansky, P. de *223*
Stern, K., u. J. Davidsohn *546*
Stern, K. F. 1139
— s. Rhuland, L. E. *1169*
Stern, M. H. 447
— C. D. Robeson, L. Weisler u. J. G. Baxter *467*
Stern, P. 328, *379*
Sternberg 310, 314, 315, 342
Sternberg, A. 1187, 1247, 1248, 1249
— s. Franks, A. G. *1287*
Sternberg, L. *379*
Sternberg, Th. H. 178, 186, 592, 593, 855, 1176, 1183, 1232, 1253, 1256
— u. V. D. Newcomer *1312*
— — u. J. H. Linden *700*
— D. J. Perry u. P. Le Yan *379*
— J. E. Tarbet, V. D. Necomer, H. G. Hiddleson, R. H. Weir, E. T. Wright u. R. O. Egeberg *1312*
— E. T. Wright u. M. Oura *1313*
— s. Graham, J. H. *1290*
— s. Halde, C. *939*, *953*, *1292*
— s. LeYan, P. *236*
— s. Newcomer, V. D. *1304*
— s. Perry, D. J. *376*
— s. Pillsbury, D. M. *238*
— s. Stokes, J. *546*
— s. Tarbet, J. E. *1314*

Sternberg, Th. H. s. Wright, E. T. *704*, *961*, *1317*
Sternberger, L. A. s. Feinberg, S. M. *358*
Sterninka, F. *546*
Stessel, G. J. 1266, 1270
— C. Leben u. G. W. Keitt *1313*
— s. Leben, C. *1299*
Stetsenko, A. V. s. Mikhovskaya, N. D. *1303*
Stetten, M. R. 1045
— u. Ch. L. Fox jr. *1118*
Steudel, H. 130, 131, 133, *233*, *546*
— s. Rubner, A. *233*
Steven 394
— s. Carleton *458*
Stevens 416
— s. Keresztesy *462*
Stevens, K. M. 832, 918, *960*
Stevens, R. s. Huggins, Ch. *535*
Stevenson, C. J. 614, 617, *700*
Stevenson, C. R. s. Hollander, J. L. *686*
Stevenson, J. W. 1048
— s. Quastel, J. H. *1116*
Stewart, G. N. 550
— s. Rogoff, J. M. *606*
Stewart, G. T. 778, 1126, *1170*, 1183, 1244, 1250, *1313*
— H. H. Nixon u. H. M. T. Coles *947*
— s. Barlow, A. J. E. *1278*
— s. Furcolow, M. L. *1288*
— s. Riddell, R. W. *1308*
— s. Tubbs, O. S. *1314*
Stewart, H. C. s. Rowlands, S. *946*
Stewart jr., H. L. *546*
Stewart, J. S. s. Nabarro, J. *693*
Stewart, P. B. s. Jelliffe, A. M. *687*
Stewart, R. 1048
— s. Sevag, M. G. *1118*
Stewart, Sh. 1174
— s. Bushby, S. R. M. *1281*
Stewart, S. M. s. Doxiadis, S. A. *936*
Stewart, W. D. 1239
— B. Kanee, J. L. Danto u. St. W. Maddin *1313*
Steyer, H. s. Hinrichs, K. *1167*
Stiasny, H. 520, 521, *546*
Stich, W. 407, 408, *467*, 581
Sticker 1321
Stickings, R. W. E. 751
— s. Newbery, G. *768*
Stickl, H. 1033
— u. P. Wegner *1118*
Stidworthy, G. 480
— s. Kochakian, C. D. *537*
Stiebel, J. 180, *239*
Stieg, W. E. s. Hobby, G. *1293*

Stiegler, J. P. 20, *32*, *235*
Stig 897
Stille, G. *235*, 1023, 1083
— s. Braun, W. *1103*
Stiller, E. T. 417, *467*, 1253
— s. Vandeputte, J. *1315*
Stirská, J. 75
— u. J. Stěpan *226*
Stivrins, P. C. s. Daeschner, Ch. W. *1104*
Stock, C. C. 1354, *1371*
— J. Ehrlich u. R. R. Bartz *1371*
— s. Bradner, W. T. *1365*
Stock, F. G. 1072
— s. Bagnall, H. H. *1101*
Stocken, L. A. 737
— u. R. H. S. Thompson *770*
— — u. V. P. Whittaker *770*
— s. Peters, R. A. *769*
Stöppler 728
Stoerk, H. C. s. Eisen, H. N. *680*
Störmer, A. 666, *706*
Stötter, G. 602, *700*
Stoiber, T. s. Kühböck, J. *689*, *1368*
Stokes jr., G. s. Elkington, J. R. *680*
Stokes, J., u. Th. H. Sternberg *546*
Stokes, J. H. 727
— H. Beerman u. N. R. Ingraham jr. *770*
Stokes, J. L. 1269
— R. L. Peck u. C. R. Woodward jr. *1313*
Stokinger, H. E. s. Lockwood, J. S. *1113*
Stokstad, E. L. R. 420
— s. Broquist, H. P. *458*
— s. Jukes, T. H. *462*
Stolar, R. 727, 728
— s. Eichenlaub, F. J. *766*
Stolar, S. M. s. Bernstein, S. *674*
Stolk, D. van s. Janot, M. M. *940*
Stoll, B. A. 638, *700*
Stoll, G. H. 523
— s. Budnick, R. *528*, *1365*
Stoll, W. 299, *379*
Stollberg, G. 1340, 1342
— s. Pribilla, W. *1370*
Stolte, J. B. 658
— u. G. J. Sas *700*
Stolz, F. 661, *705*
Stone, D. J. 652
— s. Lovelok, F. J. *691*
Stone, J. L. 848, *948*
Stone, R. E. 619
— s. Spies, T. D. *467*, *700*
Stone, R. L. s. Powell, H. M. *945*
Stone, T. E. s. Lepper, M. H. *942*

Storck, H. 11, 13, 69, 72, 84, *226*, 317, 905, *960*
— u. W. P. Koella *32*
— s. Hoigné, R. *686*
— s. Miescher, G. *957*
— s. Schnyder, U. W. *31*, *225*
Støren 607, *700*
Storey, P. B. s. Katz, S. *1167*
Storti, E. 1331, 1332, 1334
— u. R. Gallinelli *1371*
Stoshitani s. Higuchi, K. *1293*
Stotz, E. s. Lucas, F. *539*
Stouffs, F. s. Georges, A. *1107*
Stough, A. R. 1183, *1313*
Stoughton, R. B. 34, 59, *220*, 612, 621, 628, 631, *700*
— u. N. Novak *220*
Stout, H. A. 854, 860, 1253
— u. J. F. Pagano *948*
— s. Donovick, R. *936*, *1285*
— s. Gold, W. *1289*
Strachan, M. N. s. Cook, A. H. *1104*
Strässle, R. 1024
— u. A. Pletscher *1118*
Strahan, F. J. 87
— s. Robinson jr., H. M. *225*
Strait, L. A. s. Pratt, R. *945*
Strandberg s. Singer, O. *31*
Strandberg J. *546*, 665, 668, 669, 670, *706*, *709*
Strandskov, F. B. s. Schmelkes F. C. *1117*
Strangeways, W. I. 714, 721, 731, 736, *770*
— s. Cohen, A. *765*
— s. King, H. *768*
Strauch, D. 822
— u. E. Koch *948*
— u. E. Nitzschke *948*
Straumfjord, J. V. 448
— u. M. L. Quaife *467*
Straus, B. 639
— A. S. Jacobson, S. A. Berson, T. C. Bernstein, R. S. Fadem u. R. S. Yalow *700*
Strauss 194, 296, 333, 342
Strauss, M. B. s. Fuchs, A. M. *368*
— s. Spain, W. C. *379*
Strauss, M. D. 1205
— s. Colbert, J. W. *1283*
Strauss, M. J. 1187
— s. Haggard, H. W. *1292*
Strauss, R. 1182
— s. Lipnik, M. J. *943*, *955*, *1300*
Strauss, T. E. 1220
— A. M. Kligman u. D. M. Pillsbury *1313*
Strauss, W. T. *379*
Strecker, H. J. 60, 65, 155
— s. Berger, M. *222*
Street, J. P. 84
— s. Melby, J. C. *224*

Streeten, D. H. P. s. Hirschowitz, B. J. *686*
Streicher, M. H. 1084, *1118*
Streitmann, B. 672, *710*
Stricker, J. s. Adlersberg, D. *673*
Stricker, P. 673, *710*
Strickland jr., B. A. 345
— u. G. L. Hahn *379*
Strickland, C. S. s. Boger, W. P. *1102*
Strickler, A. 1186, *1313*
Strigin, J. B. 119
— s. Malykin, R. J. *230*
Stringa, S. 645
— s. Mancini, R. E. *691*
Stritzler, C. 353, 354, *379*, 569, 570, 586, 590, 591, 594, 609, 618, 623, 1230
— I. M. Fishman u. S. Laurens *1313*
— u. L. Frank *700*
— s. Frank, L. *681*
Stroebele, R. s. Kuhn, R. *463*
Ströder, J. 579, 658
— u. E. R. Heise *700*
Strong 408, 413
— s. Elvehjem, C. A. *459*
Strong, L. C. 1330
— s. List, F. G. *1369*
Stroud, G. M. 79, *226*, 392, 571
Struller, Th. s. Fust, B. *1107*
Struyk, A. P. 1268
— G. Drost, J. M. Haisvisz, T. van Eek u. J. C. Hoogerheide *1313*
Stuart, L. S. 1222
— s. Ortenzio, L. F. *1305*
Stubbs, J. 1237, 1238
— s. Brian, P. W. *1280*
Stubbs, L. E. 886
— s. Binder, M. L. *950*
Stubbs, R. K. 1193
— s. Volini, M. *1315*
Stubenrauch 392
— s. Bloom *458*
Stucke, K. 1062, *1118*
Studer, A. 65, 398, 426, *467*, 566, 1141
— u. J. R. Frey *467*, *546*
— s. Frey, J. R. *681*
— s. Fust, B. *938*, *1166*
— s. Zbinden, G. A. *226*
Student 1060
Studnitz, W. v., u. D. Berezin *546*
Stühmer, A. 212, *546*, 1085, *1118*
Stürmer, E. 291
— s. Boissonnas, R. A. *358*
Stürup, H. 606
— s. Schmidt, V. *698*
Stüttgen, G. 5, *32*, 81, 159, *226*, *235*, 283, 290, 310, 314, 316, 326, 334, *361*, *379*, 433, *467*,

487, 493, 494, *546*, 571, 647, *700*, 1047, 1048, 1145, *1170*
Stüttgen, G., u. K. Ebschner *546*
— u. H. Krause *380*
— H. Miebach u. Ch. Rausche *700*
— s. Anders, J. *526*
— s. Schreus, H. Th. *378, 1117*
Stuhlert, H. 599, *700*
Stumpe 420
— s. Borrit *458*
Stumpke, G. 892, *960*
Stunkard 210
— u. McLaren-Hume *239*
Sturde 1182
Sturgeon, P. 902, *960*
Sturgis, S. H. 562
— s. Velardo, J. T. *702*
Sturkie, P. *546*
Sturm, E. 641
— s. Murphy, J. B. *693*
Stutsman, R. E. 345
— s. Frankel, D. B. *368*
Su, H. H. s. Angerer, A. L. *228*
Suda, S. s. Nishimura, H. *1115*
Sugano, S. 1210
— s. Ito, K. *1295*
Sugiura, K. 662, *705*
Suhr, H. 12
— s. Wulf, K. *32*
Suhrland, L. G. 628
— s. Weisberger, A. S. *703*
Suli, M. 1249, *1313*
Sulkowitch, A. s. Fraser, R. *532*
Sulkowitch, H. W s. Albright, F. *709*
Sullivan, C. N. 1213, *1313*
Sullivan, F. M. s. Acharya, B. K. *1165*
Sullivan, M. 1190, 1353
— u. H. A. Fishbein *1313*
— L. Zell u. McLulloch jr. *1371*
Sullivan, N. P. 115, 184
— A. F. Symmes, C. Miller u. H. W. Rhodehamel *231*
Sullivan, R. C. 561
— s. Zwenner, R. L. *704*
Sullivan, R. D. 653
— R. L. Mayock, R. Jones jr. u. H. Beerman *700*
Sultzaberger, J. A. 713
— s. Banks, C. K. *763*
Sulzberger, M. B. 15, *32*, 45, 49, 58, 166, 168, *221*, 332, 336, 353, 354, 392, 393, 399, 565, 568, 570, 590, 593, 597, 604, 608, 611, 618, 619, 620, 621, 627, 634, 635, 639, 641, 642, 656, 657, 1006, 1177, 1190, 1239, 1240
— u. R. L. Baer *380, 467, 701, 1313*
— — u. H. B. Levin *380*
— u. F. Herrmann *221*

Sulzberger, M. B., F. Herrmann, R. Picegli u. L. Frank *701*
— u. A. Kanof *1313*
— u. M. P. Lazar *467*
— G. C. Sauer, F. Herrmann, R. L. Baer u. J. L. Milberg *701*
— H. C. Shaw u. A. Kanof *1313*
— u. V. H. Witten *546, 701*
— — u. C. C. Smith *701*
— — u. St. N. Yaffé *701*
— u. J. Wolf *237*
— s. Baer, R. L. *363*
— s. Frolow, G. R. *681*
— s. MacKee, G. M. *1113*
— s. Sherwin-Weidenreich, R. *699*
— s. Witten, V. H. *703*
Sumner, J. B. s. Sevag, M. G. *1118*
Sun, D. C. 1341
— s. Shay, H. *1371*
— s. Zarafonetis, C. J. D. *1372*
Sund, H. 293, 294
— u. L. Kerp *361*
— s. Kerp, L. *360*
Sunderland 667
Sunshine, I. 1196
— s. Adelson, L. *1277*
Suntzeff, V., E. Burns, M. Moskop u. L. Loch *546*
Sure 403, 447
— u. Smith *467*
Sure, B. s. Thatcher, H. S. *468*
Surean, B. s. Martin, R. *943*
Sureau, P. 456
— s. Floch, H. *460*
Surkis, S. Z. s. Kalz, F. *954*
Surmann, Th. 879, *960*
Surreau, B. s. Grumbach, T. *939*
Suskind, R. R. 175, *237*, 899
— s. Goldman, L. *953*
Suter, E. 1141, 1145, *1170*
— s. Erlenmeyer, H. *1105*
Suter, L. C. 1175, *1313*
Suter, L. S. 796, 1262, 1263, 1264
— u. E. W. Ulrich *948*
— u. B. F. Vaughan *1313*
— s. Ulrich, E. W. *1314*
Sutherland, R. s. Adams, W. *1101*
Sutliff, W. D. 1206
— J. W. Kyle u. J. L. Hobson *1313*
Sutton jr. 142, 144, 163, 166, 207
Sutton, R. L. 22, 418, *467*, 599, 600, 602, 610, 651, 670, *701*, 896, *960*
— u. M. M. Marks *709*
— s. Sauvan, R. L. *697*
— s. Williams *32*

Sutton, W. B. 870
— u. L. Stanfield *948*
Suydam, L. O. 1253
— s. Steinberg, B. A. *1312*
Suzmann, M. M. 606
— u. J. A. Rudolph *701*
Suzuki, M. 69
— T. Oyama, K. Sato, K. Kamio, M. Yasuda, S. A. Kiyamo, K. Mitani u. T. Yamashita *226*
Suzuki, S. 858
— u. S. Nakazawa *948*
Svartz, N. 894, 1032
— u. S. Kallner *1118*
Svejcar 426, *467*
Svendsen, B. 886
— s. Schäffer, G. *959*
Svenson, S. E. 1087
— W. F. de Lorenzo, R. Engelberg, M. Spooner, u. L. O. Randall *1118*
Svirbely 428, *467*
Swain, G. 1049
— s. Martin, A. R. *1113*
Swanton, E. M. 850
— s. Lind, H. E. *942*
Swart, E. A. 1136, 1265
— H. A. Lechevalier u. S. A. Waksman *1170*
— A. H. Romano u. S. A. Waksman *1313*
Swartz, J. H. s. Burke, R. C. *1281*
Sweet, C. C. 344
— s. Arminio, J. J. *363*
Sweet, L. K. 302
— u. H. J. K'ang *467*
Sweitzer 394, *467*
Swendseid, M. E. s. Bethell, F. H. *458*
Swift, P. N. s. Madigan, D. G. *1168*
Swift, Sh. 582, *701*
Swinburn, P. D. 582
— u. Hill, B. H. R. *686*
Swineford 343
Swingle, W. W. 550, 564, 572
— u. C. Baker *701*
— M. Eisler, M. Beer, R. Maxwell, C. Baker u. S. J. le Brie *701*
— s. Pfiffner, J. J. *694*
Swintosky, J. V. 1009, 1010, 1012, 1020, 1083, 1084, 1085, *1119*
— M. J. Robinson u. E. L. Foltz *1119*
— — — u. S. M. Free *1119*
Swoap, O. F. s. Larson, E. J. *942*
Swoboda, O. P. s. Weygand, F. *1121*
Swoboda, W. 338, *380*
Swyer, G. s. Barns, H. *527*

Swyer, G. J. M. *546*
Sydenstricker, V. P. 408, 426, *467*
— H. L. Schmidt u. W. K. Hall *467*
— S. A. Singal, A. P. Briggs, N. E. de Vaughan u. J. Harris *467*
Syderman, E. 417
— R. Carretero u. L. E. Holt *467*
Sykes, M. P. s. Burchenal, J. H. *1365*
Sylvest, B. 869, *948*
— s. Gade, M. *953*
Sylvest, O. 319, 322, 336
— s. Nexmand, P. H. *375*
Sylvester, J. C. 835
— s. Grundy, W. E. *939*
— s. Holper, J. C. *940*
— s. Josselyn, L. E. *941*
Sylvester, R. F. s. Farber, S. *1366*
Sylvestre, L. 886
— Z. Gallai u. J. Ethier *961*
Syme 607
Symmers, W. St. C. 353, *380*
Symmes, A. F. s. Sullivan, N. P. *231*
Szabo, G. 1224
— s. Uri, J. *1315*
Szabo, L. 878, *960*
Szabolcs, E. 1008, *1119*
Szakall, A. 8, 34, 35, *221*, 1192
— s. Grüneberg, Th. *28*, *217*
— s. Haensch, R. *1291*
Szathmáry, S. 1177
— s. Uri, J. *1315*
Szebehelyi, J. 295
— s. Fabinyi, M. *367*
Szego, C. s. Roberts, S. *543*
Szendi, B. 1257, *1313*
Szent-Györgyi, P. v. 415, 426, 428, 434, *467*, 732, *770*
— s. Birch *458*
Szills, M. H. 630, 631
— s. Olson, Ch. *694*
Szirmai, J. 489, *546*
Szymanski, F. J. 602
— s. Finnerud, C. W. *681*

Ta Sen Suen 22, *32*
Tabada 145
Taber, W. A. 851, 1261, 1263
— u. L. C. Vining *1313*
— — u. S. A. Waksman *948*, *1313*
— s. Oroshnik, W. *1305*
Tabernat, J. s. Bolgert, M. *675*
Tabor, H. 290, *361*
Tadžer, I. S. 24, 630
— s. Miowski, D. K. *30*, *692*
Taeschler, M. s. Rothlin, E. *233*
Taft, W. E. s. Clark, J. H. *1104*
Tage-Hansen 455, *468*

Tager, M. 1192
— u. T. S. Danowski *1313*
— A. B. Hales u. T. S. Danowski *1313*
— s. Danowski, T. S. *1284*
Taggart, J. V. s. Berliner, R. W. *216*
Tagnon, H., S. Lieberman, P. Schulman u. A. Brunschwig *546*
— P. Schulman, W. Whitmore u. L. Leone *546*
— s. Lieberman, S. *538*
Taguchi, K. 1233, 1234
— s. Miura, Y. *1303*
Taine, B. 57, 87, 145
— s. Thiers, A. *226*
— s. Thiers, J. *221*
Tainter, M. L. 1059
— s. Chesney, E. W. *216*
— s. Miller, L. C. *1114*
Taira, T. 1267
— u. S. Fujii *1313*
Tait, J. 478, 493
— s. Simpson, S. *545*
Takada, S. 858, *948*
— s. Sakai, S. *1309*
Takagi, S. 886
— s. Fujino, T. *1288*
— s. Ishigami, J. *954*
Takagi, T. s. Sasaki, H. *959*
Takahashi, H. 1248, 1249, 1265
— E. Tsubura, H. Tanaka u. F. Hirao *1313*
— s. Tsubura, E. *1314*
— s. Yanagisawa, K. *1170*
— s. Yasuda, T. *1317*
Takahashi, I. 1260, *1313*
Takahashi, Y. 1248
— u. K. Kuroda *1313*
Takaki 400, *468*
Takamine, J. 661, *705*
Takamizawa, Y. 1264
— s. Arai, T. *1277*
Takeda, H. s. Fujimori, H. *1288*
Takei 709
Takeuchi, T. s. Umezawa, H. *948*, *1170*, *1314*, *1372*
Takikawa, K. 1324, 1339, 1349
— K. Hiramatsu, A. Yasuma, Y. Tanakadate, K. Shibahashi, S. Ono, S. Yoshida, T. Ito, T. Ichikawa, O. Hattori, K. Kobayashi u. A. Eri *1371*
Takkunen, R. 291
— s. Alberty, J. *357*
Talbot, J. R. 176, 246
— J. K. MacGregor u. F. W. Crowe *237*, *280*
Talbot, N. s. Sobel, E. *545*
Tamaĕla, L. A. 144, *236*
Tamaki, A. s. Hara, Y. *939*
Tamplin, D. 1244
— s. Blank, H. *1279*

Tamura, M. 886
— u. T. Fujii *960*
Tan, T. C. s. Burchenal, J. H. *1365*
Tanaami, T. s. Aiso, K. *1277*
Tanaka, H. s. Takahashi, H. *1313*
— s. Tsubura, E. *1314*
Tanaka, Y. s. Ashida, Y. *934*
Tanakadate, Y. s. Takikawa, K. *1371*
Tandan, J. K. 1087
— S. K. Chatterjee u. N. Anand *1119*
Tandberg, J. 1009
— s. Widmark, E. *1121*
Tanimura, Ch. 199, *239*
Tanioku, K. 1250
— M. Nakahira u. Y. Saida *1313*
Tanissa, A. 1191, *1313*
Tanner jr., F. W. 837, 1261, 1263
— A. R. English, T. M. Lees u. J. B. Routien *948*, *1313*
— s. Davisson, J. W. *1284*
— s. Sobin, B. A. *1312*
Tansini, G. s. Grassi, C. *1107*
Taplin, G. V. 346
— s. Winter, C. C. *381*
Tappeiner, J. 294, 606, 621, 638, 642, 647, *701*, 867, 1184, 1239, 1243, 1244, *1313*
— H. Tirschek u. P. Wodniansky *361*
— s. Pfleger, L. *694*
Tappeiner, S. s. Pfleger, L. *694*
Tarabuchin, A. 1354, *1372*
Tarbet, J. E. 1176, 1232, 1247, 1256
— M. Oura u. Th. H. Sternberg *1314*
— u. Th. H. Sternberg *1314*
— s. Newcomer, V. D. *1304*
— s. Sternberg, Th. H. *1312*
Tarnowski, S. 493
— s. Gaebler, O. *532*
Tarr, R. s. Eisen, H. N. *680*
Tarras-Wahlberg, B. 287, *361*
Taschdjian, C. L. 1187, 1207, 1249, *1314*
— s. Franks, A. G. *1287*
— s. Kozinn, P. J. *942*, *955*, *1298*
Tashima, A. s. Ozaki, M. *945*, *1305*
Tat, L. 59
— s. Richter, R. *220*
Tate, K. B. s. Finlay, A. C. *1166*
Tate, W. M. 601
— u. J. A. Wheeler *701*
Tatsuta, H. s. Hata, T. *939*
Tattersall, K. s. Coates, L. V. *1283*

Tatum, A. L. 716, 717, 731, 732, *770*
— u. G. A. Cooper *770*
— s. Kuhs, M. L. *768*
Taub, D. 551
— s. Woodward, R. B. *704*
Taubenhaus, M., B. Taylor u. J. Morton *546*
Tauber 670, *709*
Taugner, M. s. Taugner, R. *701*
Taugner, R. 561, 563
— M. Taugner, Th. Lohmüller u. A. Fleckenstein *701*
Taura, J. L. s. Becker, F. T. *222*
Taute, P. 205
Taya, O. s. Maeda, K. *1300*
Tayac, R. s. Chappaz, G. *1282*
Taylor, B. s. Taubenhaus, M. *546*
Taylor, E. P. 1228
— s. Babbs, M. *1278*
— s. Collier, H. O. J. *1283*
Taylor, F. 575, 613
— s. Harris, R. H. *684*
Taylor, F. S. 386, 401, *468*
Taylor, H. s. Huff, S. *535*
Taylor, H. D. s. Cron, M. J. *936, 1165*
Taylor, R. M. 647, 870
— W. L. Miller u. M. J. van der Brook *948*
— W. T. Sokolski, G. M. Savage u. M. J. van der Brook *948*
— s. Kay, G. D. *688*
— s. Larson, E. J. *942*
Taylor, S. G. 637, 638, 639, 640
— u. J. P. Ayer *701*
Tazaki, T. 1260
— s. Umezawa, H. *1314*
Tazima, T. 1199, *1222*
— s. Inouye, Y. *1294*
Tehon, L. R. 1210, *1314*
Teichner, Y. 83, *226*
Teitelbaum, M. s. Vague, J. *547*
Teitge, H. 518, *546*
Teixeira, R. M. s. Rocha e Silva, M. *361*
Telfer, M. *546*
Teller, H. 45, 122, *221, 231,* 899, *1314*
— s. Löhe, H. *956*
Tellesson, W. G. s. Rubbo, S. D. *1169*
Tello, E. E. 656, 1333
— u. V. Ferraris *1372*
— s. Guillot, P. E. *684*
Témime, P. 42, *221,* 1230, 1241, *1314*
— u. Y. Privat *1314*
Temine-Morhange, A. s. Vague, J. *547*
Templeton, H. J. 905
— C. J. Lunsford u. H. V. Allington *960*

Temps, W. 1197, *1314*
Ten Seldam, R. E. J. 1330
— u. B. Soetarso *1372*
Tenczar, F. J. s. Bernstein, I. L. *1279*
Teng, P. s. Meleney, F. L. *944*
Tenlén, S. 515, *546*
Teodorescu, St. 47, 57
— A. Bădăniou u. G. Gheorghiu *221*
Teorell, T. 1009, *1119*
Teply, L. J. 408
— s. Krehl, W. A. *463*
Ter Horst, W. P. 1211
— u. E. L. Felix *1314*
Terragna, A. 579
— s. Crisalli, M. *678*
Terranova, J. 1175
— s. Gorbach, G. *1290*
Terranova, T. 1175
— s. Gorbach, G. *1290*
Tesauro, B. 601
— s. Zannini, G. *704*
Teske 154
Teti, M., u. M. Langlois *546*
Tetrault, P. A. s. Sokolski, W. T. *947*
Tetsunari 1354
Teusch, W. 1070, 1087, 1088, 1090
— s. Wolff, L. *1121*
Texier, L. 71
— s. Boucaud, P. de *222*
— s. Joulia *29, 687, 688*
Thaesler, G. 1215, *1314*
— s. Braun-Falco, O. *528*
— s. Weber, G. *547*
Thaler 444, *468*
Thalhammer, O. 913
— s. Neuhold, R. *957*
Thannhauser 132, 149, 186, 208, 209
Thatcher 446
Thatcher, L. *468*
Thatcher, H. S., u. B. Sure *468*
Thayer, J. D. 470, 882
— M. J. Perry, H. J. Magnuson u. W. Garson *960*
Thaysen, J. H. s. Killmann, S. A. *1110*
Thedering, F. 417, *468,* 639
— u. R. Vüllers *701*
Theinl, K. 74
— s. Lasch, F. *224*
Theisen, H. 869, *948*
Theismann, H. 326
— s. Brett, R. *364*
Theissing, G. *546,* 1186
— s. Schmidt, W. *1310*
Thelen, H. M. s. Lenette, E. H. *955*
Thélin, F. 596
— N. Bovet-Dubois u. J. Guinand-Donise *701*
Thelin, H. 426, *468*

Theophrastus Dioskoriedes 8
Theorell, H. 403, *468*
Ther, L. 705, 747, 822
— s. Hergott, J. *940*
— s. Herrmann, W. P. *767*
Theune, J. s. Grüneberg, Th. *684*
Thibier, R. s. Vivien, J. N. *1170*
Thiel, E. 52, 55, *221*
Thiele, C. F. 122
— s. Ehring, F. J. *228*
— s. Kalkoff, K. W. *229*
Thiemann, V. s. Evans, H. *531*
Thiers 57, 87
Thiers, A., L. Olivier, D. Colomb, J. Fayolle, J. Moulin u. B. Taine *226*
Thiers, H. 450, *468,* 649, 659, 667
— G. Chanial u. J. Fayolle *701*
— u. D. Colomb *706*
— F. Pinet, J. L. Chassard u. E. Lenoble *701*
Thiers, J., D. Colomb, J. Fayolle, B. Taine u. G. Moulin *221*
Thiery, G. s. Lichtwitz, A. *538*
Thies, G. s. Bünger, P. *935*
Thies, W. 45, 51, *221*
Thilo, A. s. Augustin, E. *526*
Thimann, K. V. 470, 567
— s. Harris, R. *534*
— s. Pincus, G. *542, 694*
Thomas 442, 443, *468*
Thomas, B. G. H. s. Rubin, B. *1169*
Thomas, J. 1008
— u. G. Lagrange *1119*
Thomas, J. A. s. Patterson, E. *1370*
Thomas, L. 578, 579, *701*
Thomeschek 445, *468*
Thompsen 1155
Thompson 1156
Thompson, C., u. H. Werner *546*
Thompson, Ch. R. s. Ludwig, K. A. *943*
Thompson, J. L. s. Spero, G. B. *700*
Thompson, K. W. 1218
— s. Dimond, N. S. *1284*
Thompson, R. E. s. Wolfson, W. Q. *704*
Thompson, R. E. M. 778
— S. R. Whitby u. J. W. Harding *948*
Thompson, R. G. s. Goldman, L. *683*
Thompson, R. H. S. 737
— s. Peters, R. A. *769*
— s. Stocken, L. A. *770*
Thompson, W. *546*
Thompson, W. S. 415, *468*
Thomsen 1149

Thomson, D. L. s. Collip, J. B. 677, 709
Thomson, G. 450
— u. B. Russel 468
Thon, I.-L. 288
— s. Diamant, B. 358
Thorn, A. G. s. Basil, B. 934
Thorn, G. 493
— L. Engel u. H. Eisenberg 546
— u. G. Harrop 546
Thorn, G. W. 562, 564, 568, 569, 588, 619, 626, 643, 650, 656
— T. B. Bayles, B. F. Massel, P. H. Forsman, S. R. Hill jr., S. Smith u. J. E. Warren 701
— S. S. Dorrance u. E. Day 701
— P. H. Forsham, T. F. Frawley, S. R. Hill jr., M. Roche, D. Staehelin u. D. L. Wilson 701
— A. E. Renold, D. L. Wilson, T. F. Frawley, D. Jenkins, J. Gracia-Reyer u. P. H. Forsham 701
— s. Forsham, P. H. 681
— s. Hill jr., S. R. 686
— s. Renold, A. E. 696
Thorn, J. A. 1271
— s. Haskins, R. H. 1292
— s. Leminieux, R. U. 1299
Thoroczkay, N. 14, 32
Thorp, P. 1269
— s. Schmidt, E. G. 1310
Thorpe, G. A. s. Franks, A. G. 1287
Thorpe, W. V. 281, 1044
— s. Best, C. H. 358
— s. Bray, H. G. 1103
Thuer, W. 345, 380
Thunberg, T. 1322, 1372
Thuret, M. J. 723, 770
Thurmon, F. M. 1188
— s. Ottenstein, B. 1305
Thurner, J. s. Konrad, J. 689
Thurston, J. R. s. Steenken jr., W. 1170
Thyresson, N. 221, 894, 960
— s. Schwartz, N. 220
Tibaldi, E. 810, 948
Tice, L. F. 261, 265, 266
— s. Barr, M. 279
Tickner, A. 208, 325, 380
— u. P. D. Mier 239
Tiessen, H. J. 1223, 1314
Tighe, S. M. 592, 594, 619
— s. Vickers, C. F. H. 702
Tigyi, A., K. Lissak u. J. Derjanetz 547
Tilak, B. D. s. Munshi, S. K. 1114
Tiliakos, M. 414

Tiliakos, M. s. Doxiades, Th. 459
Till, M. s. Galton, D. A. G. 1366
Tilley, R. 83
— u. H. Barry 226
Tilling, W. 571, 575, 701
— s. Voit, K. 702
Tillisch, J. H. s. Beeler, J. W. 363
Tillitson, E. W. 759, 760
— s. Banks, C. K. 763
Tillotson, C. s. Kochakian, C.D. 537
Tillson, A. H. 1003
— u. W. V. Eisenberg 1119
Timmis, G. A. 1342, 1343
— s. Haddow, A. 1367
Timsit, E. 599, 617, 636, 654, 672
— s. Hadida, E. 684, 709
Tinacci, F., u. C. Agostini 547
Tinozzi, C. C. 13, 32, 51, 84, 226, 433, 468
— s. Nicola, P. de 693
— s. Serri, F. 220
Tirschek, H. 294
— s. Tappeiner, J. 361
Tirunarayanan, M. O. 1193
— W. A. Vischer u. H. Bruhin 1314
Tischendorf 456
— s. Schoen 466
Tisdall, F. F. s. Jolliffe, N. 462
Tishler, M. 551
— s. Wendler, N. L. 703
Tislow, R. 305, 306, 309, 318
— La Belle, A., A. J. Makovsky, M. A. G. Reed, M. D. Cunningham, J. F. Emele, A. Grandage u. R. J. M. Roggenhofer 380
— s. La Belle, A. 372
Tissot, R. 64, 66, 226
Titsworth, E. 1230
— s. Grunberg, E. 1291
Titus, E. 1047
— u. J. Bernstein 1119
Tochino, Y. 1048
— s. Sakai, K. 1117
Todd, A. T. 1354, 1372
Törnqvist, S. 357, 380
Tokunaga, H. s. Iwasaki, H. 954
Tokuyama, I. s. Maddock, W. 539
Tolckmitt, W. s. Cremer, H. D. 1284
Tolksdorf, S. 499
— s. Evans, H. 531
— s. Herzog, H. L. 685
Tolmach, J. 1264
— s. Loewenthal, K. 1300
Tolman, M. s. Giknis, F. 533
Tolman, M. M. s. Ferguson, B. C. 680

Tolstoouhov, A. V. 999, 1054, 1119
Tom, J. Y. S. s. Fusillo, M. H. 938
Tomasi 188
Tomaszewski, T. 915, 916, 960
Tomat, E. 1179
— s. Corbelli, G. 677, 1283
Tomb, J. W. 1195, 1314
Tomich, C. H. 65
Tomich, E. G. 1238, 1314
— s. Basil, B. 934
— s. Shore, P. A. 225
Tomita, T. s. Fujimori, H. 1288
Tomkins, G. M. s. Liddle, G. W. 690
Tompkins, M. s. Gordon, L. E. 1290
Tompsett, R. s. Barnett, H. L. 934
— s. McDermott, W. 1168
Tonkin, J. s. Brownlee, G. 528
Tonutti, E. 521, 547, 557, 701
— s. Heinke, E. 534
Toolan, H. W. 565, 701
Toomey, J. A. 333, 398
— u. R. A. Morisette 468
Toone jr., E. E. 644
— s. Kendig jr., E. L. 688
Tootill, J. P. R. 1236, 1238
— s. Ashton, G. C. 1278
— s. Rhodes, A. 1307
Topley, E. s. Jackson, D. M. 940
Torigoe, H. s. Kimura, K. 1368
Torii, S. s. Kimura, K. 1368
Tornaben, J. A. 327
— s. Light, A. E. 373, 538, 942
Torrens, J. A. 1259
— u. M. W. W. Wood 1314
Toshitani, S. s. Iwasaki, H. 954
Totoki, K. s. Nakatsuka, M. 1304
Touche, C. J. la s. Barlow, A.J. E. 1278
Toupin, H. M. s. Gilbert, J. A. L. 682
Tour, de la 434
— s. Perroy, A. 465
Touraine, R. 58, 433, 468, 649
— s. Degos, R. 678
— s. Duperrat, B. 217
Toušek, B. 999, 1005
— s. Rybář, D. 1117
Toussaint, R. s. Bolt, W. 675
Toussaint, W. 1023, 1084
— s. Friederiszick, F. K. 1106
Toutee, F. 870
— s. Battistelli, F. 934
Towle 169
Towne, L. s. Nathanson, J. T. 541
Townsend, E. s. Daeschner, Ch. W. 1104

Townsend jr., E. H. 1086
— u. A. Borgstedt *1119*
Tracchia, R. O. 342
— s. Garat, B. R. *368*
Trace, J. C. 799
— u. G. T. Edds *948*
Traeger 582
Tramichel, Mme 61
— s. Bolgert, M. *222*
Trapl, J. 119, 898
— u. L. Hanzkickova *960*
— u. L. Jirăsek *231*
Traub, E. F. 353, 1186
— u. D. Schultheis *1314*
— s. Guiducci, A. *369*
Traube, J. 732, 770
Trauer, W. 999, 1004, *1119*
— s. Maschka, A. *1113*
Trautmann 882
Trautschold, I. 1024
— s. Lamprecht, W. *1112*
Trautwein, H. 652, *701*, 1029, *1119*
Travell, I. s. Greiner, T. *369*
Trazu, J. s. Balze, R. de la *527*
Trebst, A. 1004, 1045, 1052
— s. Wacker, A. *1120*
— s. Weygand, F. *1121*
Tréfouel, J. 755, 756, 962, 999, 1038, 1041, 1047, 1069
— Mme J. Tréfouel, F. Nitti u. D. Bovet *1119*
— s. Fourneau, M. E. *766,1106*
— s. Lwoff, A. *1113*
Tréfouel, Mme. J. 962, 1041, 1069
— s. Tréfouel, J. *1119*
Tréfouel, Th. s. Fourneau, M. E. *1106*
Treger, A. s. Utz, J. P. *1315*
Trelawny, G. S. 1230
— s. Schatz, A. *1309*
Trelease, S. F. 1185
— s. Weissman, G. S. *1316*
Trembley, G. s. Genest, J. *28*
Trémolières, J. 562
— R. Derache u. G. Griffaton *701*
Trendelenburg, F. 1141
— s. Düggeli, O. *1166*
Trendelenburg, W. s. Abderhalden, R. *526*
Trentin, J., J. de Vita u. W. Gardner *547*
Trespalacios, F. s. Fuentes, C. A. *1288*
Trethewie, E. R. 291
— s. Kellaway, C. H. *360*
Treumer, K. *547*
Trice, E. R. 877
— u. J. C. Shafer *960*
— s. Goldman, L. *683*
Trifod, J. s. Desaulles, P. A.*530*
Trill, H. 192, *239*
Trimer, Ch. 169

Trimigliozzi, G. s. Boncinelle, U. *528*
Tripod, J. s. Neipp, L. *1115*
Troast, L. s. Fisher, S. H. *1106*
Trolle, D. *547*
Trolliet, I. 320, 344
— s. Halpern, B. N. *370*
Troncoso, M. 1184
— s. Miranda, H. *1303*
Tronnier, H. 41, 42, 178, 569, 570, *701*
— u. A. Azini-Hamid *221*
— s. Schneider, W. *237*
Tronstein, A. J. 1227, *1314*
Troosheikina, V. J. s. Larionov, L. F. *1368*
Tropp, C. 751
— s. Giemsa, G. *767*
Troschin, A. S. 1020, *1119*
Troutman, H. D. 1260
— s. Long, L. M. *1300*
Truhaut, R. 1347, *1372*
Trunnel, J. R. s. Doctor, V. 530
Trunnell, J. *547*
Truszkowski, R. 561
— s. Zwenner, R. L. *704*
Trutschel, W. 70, *226*
Tschan, D. N. 877, 879, 891, 892
— s. Wright, C. S. *961*
Tschesche, R. 963, 1045, 1050, 1051, 1052, 1055, *1119*, 1135
— u. G. Cremer-Bartels *1119*
— C. H. Köhncke u. F. Korte *1119*
— u. F. Korte *1119*
— — u. I. Korte *1119*
— — u. L. Reichle *1119*
— W. Loop u. K. Soehring *1119*
— K. Soehring u. K. Harder *1119*
Tschirren, B. 806, *948*
Tschitschibabin, A. 759
— u. O. Slide *770*
Tschopp, E. *547*
— s. Miescher, K. *540*
Tsien, W. H. s. Sheppard, H. *225*
Tsubura, E. 886, *960*, 1251, 1270, *1314*
— H. Tanaka, F. Hirao, Y. Kawamura u. H. Takahashi *1314*
— s. Takahashi, H. *1313*
Tsuda, M. s. Iwasaki, H. *954*
Tsukamura, M. 1040, 1083,*1119*
Tsuruoka, M. s. Hata, J. *1292*
Tsuyoshi, M. 1210
— s. Ito, K. *1295*
Tswett, M. 386, *468*
Tuba, J., u. G. Wiberg *547*
Tubbs, O. S. 1257, 1258, 1259, *1314*

Tuchmann-Duplessis, H. 74, 139, *226*, 445, 555, 581, *701*
— u. C. Levasseur *547*
— u. L. Mercier-Parot *233,701*
— s. Huriez, Cl. *462*
Tuderman, L. 1005, 1008
— s. Heinänen, P. *1108*
Tudvad, F. s. Anderson, O. *457*
Tudyka, K. 782, 1056
— s. Meyer-Rohn, J. *944,1114*
Tünnerhoff, F. 1069
— H. P. R. Seeliger u. H. Schwabe *1119*
Tuerkircher, E. 563
— u. E. Wertheimer *701*
Tüshaus, B. 436
— s. Blaich, W. *458*
Tütsch, C. s. Markiewicz,K.*1113*
Tulipan, L. 417, *468*, 640, *701*
Tullett, A. 1239, 1240, 1241
— s. Cochrane, Th. *1283*
Tullner, W. s. Hertz, R. *534*
Tulzer, H. s. Gitsch, E. *533*
Tuma, R. 249, 250
— s. Neuwald, F. *279*
Tunevall, G. 824, 835
— u. H. Ericsson *948*
— u. P. Hedenius *948*
Tunze, W. 1062, *1119*
Turell, R. 590, *702*
— s. Shidlovsky, B. A. *1311*
Turfitt, G. E. 1000, 1003, 1005
— s. Hucknall, E. *1109*
Turiaf, J. 653
— J. Brun u. Joanjean *702*
Turnacliff 170
Turner, D. I. 1237, 1238
— s. Napier, E. J. *1304*
Turner, I. B. 659
— u. D. H. Hollander *702*
Turner, J. P. 118
— u. F. R. Schmidt *231*
Turner, O. D. s. Payne, H. M. *1115*
Turner, P. P. s. Ferriman, D. G. *680*
Turner, Th. B. 727
— u. Th. H. Diseker *770*
Turnoff, D. 1220
— s. Hollenbeck, W. F. *1293*
Turpin, R., H. Jerome u. H. Schmitt-Jubeau *547*
Tuscek 1165
Tuura 215
Tuza, K. 40
— s. Nagy, E. *219*
Tveteras, E. 629, *702*
Twining, H. E. 1258
— H. M. Dixon u. F. D. Weidman *1314*
Tye, M. J. 48, 57
— H. B. Ansell, M. Wolf, B. Appel u. B. Schiff *221*
— B. Schiff, S. F. Collins, G. R. Baler u. B. Appel *221*

Tye, M. J. s. Appel, B. *673*, *1277*
— s. Cormia, F. E. *216*
— s. Daly, J. F. *217*
— s. Hollander, A. *218*
Tyler, D. B. 345, *380*
Tyler, E. 522, *547*
Tyler, F. H. s. Sayers, G. *697*
Tyndale, H. s. Levin, L. *538*
Tyson, R. R. 1249
— s. Spaulding, E. H. *1312*
Tytell, A. A. 1265
— F. J. McCarthy, W. P. Fisher, W. A. Bolhofer u. J. Charney *1314*
— s. Machlowitz, R. A. *943*
Tzanck, A. 73, 84, 339, 353, 354, *380*, 566, 591, 892, 909
— A. Aron-Brunetiere u. M. Fitoussi *547*
— u. B. Meyer *960*
— E. Sidi u. C. Albahary *226*
— — u. A. Hubault *960*
— — u. Lefort *702*
— — u. R. Longueville *380*
— — Mazalton u. Kohen *226*, *380*
— — u. G. Melki *380*

Uchimura, R. 1250
— S. Nakazawa, K. Numao u. G. Ogawa *1314*
Udegaard 178
Udell, L. s. Hollander, J. L. *686*
Uden, N. van s. Ferreira-Marques, J. *952*
Udenfriend, S. 291, 326
— s. Brodie, B. B. *365*
— s. Weissbach, H. *362*
Übelhör, R. 1352, *1372*
Uecker, W. 1048, *1119*
— s. Lembke, A. *1112*, *1168*
Ueda, M. s. Umezawa, H. *948*, *1170*
Ueda, Y. s. Kurogochi, Y. *1298*
Uehlinger, E. 1141, 1148
— W. Jadassohn u. H. Fierz *547*
— R. Siebenmann u. H. Frei *1170*
— s. Jadassohn, W. *536*
Ufer, J. *547*
Uffer, A. 1331
— O. Schindler, F. Santavy u. T. Reichstein *1372*
Uhlbach, P. 1029, *1119*
Uhlenbrook, K. 816
— s. Mulli, K. *944*
Uhlenhuth, P. 711
— u. Manteufel *770*
Uhlfelder 100
Ukrainczyk-Laborie, F. 21
— u. R. Laborie *32*
Ulbricht, H. 622, *702*
Ullmann 776, 810

Ullmann, K. 25, *32*
Ullmann, S. s. Sokolski, W. T. *947*
Ullmo, A. 627, *702*
Ulrich, E. W. 796, 1262
— L. S. Suter u. W. B. Dunham *1314*
— s. Suter, L. S. *948*
Ulrich, J. A. 1234, 1264
— u. T. B. Fitzpatrick *1314*
— s. Geraci, J. E. *1289*
— s. Perry, H. O. *1306*
Ulrich, W. 1156
— s. Lockemann, G. *1168*
Ulson, C. M. 1251
— s. Lacaz, C. da S. *1298*
Ultée, A. J. 1006, 1007, 1008
— s. San, G. L. *1117*
Ultmann, J. E. 1344
— G. A. Hyman u. A. Gellhorn *1372*
Umber 160
Umbreit, W. W. 805, *948*, 1135, *1170*
Umeda, Y. 1047, *1119*
Umezawa, H. 864, 1138, 1260, 1269, 1348
— T. Takeuchi, K. Nitta u. Y. Okami *1314*
— — — T. Yamamoto u. S. Yamaoka *1372*
— T. Tazaki u. S. Fukuyama *1314*
— M. Ueda, K. Maeda, K. Yagashita, S. Kondo, Y. Okami, R. Utahara, Y. Osata, K. Nitta u. T. Takeuchi *948*, *1170*
— s. Maeda, K. *1300*
— s. Nakamura, S. *1304*
— s. Utahara, R. *1315*
Underwood, G. s. Gaul, L. *533*
Underwood, P. C. 1187
— J. H. Collins, C. G. Durbin, F. A. Hodges u. H. E. Zimmerman *1314*
Ungar, F. s. Dorfman, R. *530*
Ungar, G. 89, 90, 93, 146, *227*, 292, 328, *362*
Ungar, H. 631
— s. Katzenellenbogen *688*
Unger, K. 1031, *1120*
Unger, P. N. 457
— u. S. Shapiro *468*
Ungerman, A. H. 1230
— u. M. S. Ungerman *1314*
Ungerman, M. S. 1230
— s. Ungerman, A. H. *1314*
Unna 189
Unna, Kl. 309, *380*
Unna, P., u. J. Bloch *547*
— u. L. Golodetz *547*
Unna, P. G. 512
Unsöld, H. 1213, *1314*
Unverricht, W. 1145

Unverricht, W., u. K. Schattmann *1170*
— — u. W. Biedermann *1170*
Unwin, C. H. 1261
— s. Curtis, P. J. *1284*
Urabe, H. s. Higuchi, K. *1293*
Urbach, E. 20, 21, 23, *32*, 142, 144, 146, 149, 166, 182, 183, 186, 187, 188, 189, 190, 191, 192, 197, 198, 199, 200, 201, 205, 208, 209, 211, 212, 213, 214, *236*
— u. E. B. Le Winn *239*
Urbach, F. 641
— C. Jacobson u. W. Bell *702*
Urbach, K. F. 290, *362*
Urban, H. J. 1197, *1314*
Urbschat, E. 743, 759
— s. Binz, A. *764*
Urec 300
Uri, J. 1177, 1215, 1224, 1260, 1261, 1262, 1265, *1314*
— u. I. Bekesi *1314*
— R. Bognár, St. Békési u. M. Balogh *1314*
— P. Juhász u. G. Csobán *1314*
— u. G. Szabo *1315*
— S. Szathmáry u. Z. Herpay *1315*
— s. Igarasi, S. *1294*
Urquia, D. A. 293
— s. Parrot, J. L. *360*
Uscavage, J. s. Lubowe, J. J. *1300*
Uschenko, S. s. Makarewitsch-Galperin, L. *539*
Usher, B. s. Flint, A. *1287*
Utahara, R. 1264, 1267
— Y. Okami, S. Nakamura u. H. Umezawa *1315*
— s. Umezawa, H. *948*, *1170*
Utsumi, I. s. Hata, J. *1292*
Utterbach, J. s. Lucas, F. *539*
Utz, J. P. 889, *948*, 1254
— D. B. Louria, N. Feder, C. W. Emmons u. N. B. McCullough *1315*
— A. Treger, N. B. McCullough u. C. W. Emmons *1315*
Uvnäs, B. 288
— s. Diamant, B. *358*

Vacca, J. B. 841, *948*
Vachon, R. 61, 63, 81, *226*
Vague, J., A. Temine-Morhange, J. C. Garrigues, J. Berthet, M. Teitelbaum, G. Favier, H. Payan u. R. Muratore *547*
Vaisman, A. s. Levaditi, C. *1168*
Vajda, A. 673, *710*
Valdes, E. F. 1186, *1315*
Valdoni, P. *518*, *547*
Valeri, C. M. 403, 562

Valeri, C. M., G. Conese u. D. Angarono 468
Valeri, V. 547
Valette, G. 506, 508
— u. R. Cavier 547
Valhuerdi-Fernandez, C. 59
— s. Prendes, M. A. G. 220
Valiant, M. E. s. Solotorovsky, M. 947
Vallin, Y. s. Jayle, M. 536
Van Assen, E. J. J. 1209, 1315
Vanatta, J. C. 564
— u. K. E. Cotter 702
Vanbremeersch, F. 84, 226
Vanbreuseghem, R. 1175, 1183, 1184, 1213, 1229, 1230, 1250, 1315
— u. P. Bruaux 1315
— u. B. Della Torre 1315
— u. R. Eyckmans 1315
— u. F. Gatti 1315
— s. Gatti, F. 1288
— s. Langeron, M. 1299
— s. Van Vlierberghe, R. G. 1315
Vandel, S. s. Jayle, M. 536
Vandenbelt, J. M. 325
— s. Friedlaender, A. S. 368
Vandeputte, J. 1253
— J. L. Wachtel u. E. T. Stiller 1315
Vanderhaege, H. 806, 948
Vanderploeg, D. E. 1206
— s. Fink, J. C. 1286
Vanotti, A. 75, 150, 226, 407, 468
Vanuden 897
Van Vlierberghe, R. G. 1229
— S. Pattyn u. R. Vanbreuseghem 1315
Vaquez 150
Varangot, J. 580, 702
Varco, R. L. 310, 316
— s. Burchell, H. B. 365
Vargas 1155
Varsale, G. 671
— u. F. Generali 710
Vasilev, T. V. 119, 231
Vasina, O. S. s. Larionov, L. F. 1368
Vasquez, C. s. Consigli, C. A. 677
Vásquez, P. 1221
— s. González-Ochoa, A. 1290
Vastagh, G. 1007
— s. Zöllner, E. 1122
Vaua, V. 567, 602
— s. Šmejkal, V. 699
Vaugham, G. s. Rubbo, S. D. 1169
Vaughan, B. F. 1262, 1263, 1264
— s. Suter, L. S. 1313
Vaughan, N. E. de s. Sydenstricker, V. P. 467

Vaughan, W. T. 187
— u. D. M. Pipes 239
Vaughan-Morgan, J. 567
— s. Greene, R. 683
Vayre, J. 433, 639
— u. M. Guillot 702
— s. Gaté, J. 217, 460
Vazquez, E. s. Greenblatt, R. 533
Vecellio del Monego, D. 1046, 1120
Vedel, A. s. Janbon, M. 1109
Vega, J. M. de la 20
— u. M. Salazar 32
Veigel, H. 318
— s. Brock, N. 364
Velardo, J. T. 562
— u. S. H. Sturgis 702
Veldkamp, W. s. Larson, E. J. 942
Velley, G. 434
— s. Loiseleur, J. 463
Velluz, L. u. R. Jequier 547
Velpeau 1329
Veltman, G. 237, 336, 338, 394, 443, 444, 468, 1029, 1120, 1195, 1315
— s. Grütz, O. 369
Venegas, S. R. s. Pel Pozo, E. C. 678
Venkataraman, K. s. Munshi, S. K. 1114
Venning, E. H. s. Kennedy, B. J. 688
Verbeek, A. s. Kooij, R. 537
Vercillo, A. A. s. Cronk, C. A. 951
Vercruysse, A. 1270, 1315
Verger s. Fontan 681
Verhagen, B. A. 1190
— s. Sing, T. B. 1311
Verin s. Fontan 681
Veringa, H. A. 1268
— s. Sierra, G. 1311
Vermast, P. G. F. 719, 770
Vermeil, C. 1184, 1315
Vernet, A. 96
— s. Engel, E. 227
Vernier, P. 636
— u. G. Pringuet 702
Vernly 671
Verth, Ch. Z. 730
— u. K. Maier 770
Verwey, W. F. 798, 1205
— s. King West, M. 1297
— s. Miller, A. K. 944
Verzár, F. 559, 702
— u. V. Wenner 702
Vesal 550, 667
Vespe, V. 1008
— u. J. S. Fritz 1120
Vest, S., u. B. Barelare 547
Vezér, V. 666, 706
Viaud, P. 297, 380
Vickers, C. F. H. 592, 594, 619

Vickers, C. F. H., u. S. M. Tighe 702
Vickers, H. R. 58
— s. Sharvill, D. 220
Vidal, A. 445
— s. Zubiri, A. 469
Vidal-Barraquer, F. 433
— s. Rodriquez-Arias, A. 466
Viehweger, G. 345, 380
Vieira, J. 59
— u. M. Fonzari 221
Vies, J. van der s. Homan, J. D. H. 686
Vieu, M. 1190
— s. Mariat, F. 1301
Viglioglia, P. A. 1195
— R. O. Linares u. A. Rivero 1315
Vigneaud, Du 155, 425, 468
Vignon, L. 456, 468
Vilanova, X. 46, 50, 53, 55, 126, 221, 645, 668, 877, 1190, 1191, 1211, 1216, 1233
— u. J. M. Cañadell 709
— u. C. Cardenal 231
— u. M. Casanovas 1315
— — F. Garci-Valdecasas u. P. Puig Muset 1315
— — u. J. Pujol 1315
— u. F. de Dulanto 221
u. L. Alvarado 960
— u. J. Montfort 702
— u. J. M. de Moragas 221
Villnow, J. s. Bartmann, K. 1165
Vilter, R. W. 411
— s. Deau, W. B. 457
Vincent, D. 80, 88
— u. E. Frommel 226
Vincent, L. 642
— s. Hill, J. M. 686
Vincke, E. 547
Vincze, E. 354, 434, 468
— s. Rajka, G. 377
Vining, L. C. 1261, 1263
— s. Oroshnik, W. 1305
— s. Taber, W. A. 948, 1313
Vinson, J. W. s. Finlay, A. C. 938
Virchow, R. 671
Virenque 647
Virts, J. 70
— s. Schick, G. 225
Vischer, W. A. 1193
— s. Tirunarayanan, M. O. 1314
Vischnewsky s. Gatsenko, E. G. 229
Visser, J. de 477
— s. Overbeek, G. A. 542
Vissian, L. 456, 468, 629
— u. J. de Alberti 702
Vita, J. de s. Trentin, J. 547
— s. Williams, W. 548
Vitolo, A. E. 1005, 1006, 1120

Vittorio, di 585
Vivarelli, J. 829, *948*
Vivell, O. 579
— s. Zintz, R. *704*
Vivien, J. N., R. Thibier, J. Grosset u. A. Lepeuple *1170*
Vivino, J. J. 1045
— s. Spink, W. W. *1118*
Vivot, N. A. 514, 1252
— s. Magnin, P. H. *1301*
— s. Quoriga, M. *542*
Voegt, H. 180, 181, 201, 202, 203, *239*
Voegtlin, C. 671, 716, 735, 736, 738, *770*
— H. H. Dyer u. C. S. Leonard *770*
— S. M. Rosenthal u. J. M. Johnson *770*
— u. H. W. E. Smith *770*
— s. MacCallum, W. G. *710*
— s. Rosenthal, S. M. *769*
Voelkel, A. 433, *468*
Voerdemann 617
Vogel, A. 291
— s. Schulz, K. H. *361*
Vogel, H. 387, 389, 400, 405, 454, *468*, 773, *948*, 1051, *1120*
Vogel, H. A. 95, *227*
Vogel, R. A. 1254
— u. J. C. Crutcher *1315*
Vogelsang s. Shute, E. V. *467*
Voglino, A. 450, *468*
Vogt 136, 175
Vogt, H. *237*, 503, 504, 519, *547*
Vogt, J. 188
Vogt, J. H. *233*, *239*
Vogt, K. E. 800, 917, *948*
Vogt, M. 556, *702*
Vogt, W. 281
— s. Windaus, A. *362*
Vogt jr., W. s. Cosgriff, S. W. *678*
Vohwinkel, K. 18, *32*, 624, 672, *702, 710*
Voit, C. v. 382, *468*
Voit, K. 575
— u. W. Tilling *702*
Volavsek 146
Volini, J. F. 830, 902
— J. Greenspan, L. Ehrlich, O. Felsenfeld u. St. O. Schwartz *960*
— — J. A. Gonner, O. Felsenfeld u. S. O. Schwartz *948*
— s. Felsenfeld, O. *937, 952, 1166*
— s. Kadison, E. R. *941*
Volini, M. 1193
— R. K. Stubbs u. N. Ercoli *1315*
Vollenweider, H. 295
— s. Jadassohn, W. *371*

Voller, R. L. 1229
— s. Fostvedt, G. A. *1287*
Vollmer, H. 586, 596, *702*
Volta, W. 456, *468*, 1234, *1315*
Volterani, O. 588, 598, *702*
Volterra, M. 1331, 1332, *1372*
— u. G. Romualdi *1372*
Vonderbank, H. 813, 816, 817, 822, 880, 885, 918, *948, 960*
Vonkennel, J. 134, 138, 162, 163, 175, 176, *237*, 246, 253, *280*, 346, *380*, 596, 635, *702*, 776, 785, 789, 800, 899, 905, *948, 960*, 963, 1019, 1024, 1043, 1047, 1056, 1062, 1066, 1082, 1084, 1085, *1120*, 1176, 1184, 1219, *1315*, 1359, *1372*
— u. Bullerjahn *1120*
— u. J. Kimmig, *233, 1120, 1315*
— — u. B. Korth, *1120, 1315*
— — u. A. Lembke *948, 1120, 1315*
— u. B. Korth *1120*
— u. W. Schmidt *1120*
— u. A. Schöberl *236*
— u. M. Schoog *948*
— s. Corman, W. *233*
Voorde, H. van de s. Somer, P. de *947*
Voorhies, J. D. 1008
— u. N. H. Furman *1120*
Vora, V. C. 1061
— s. Gupta, S. K. *1107*
Vordan, R. S. s. Wammock, V. S. *702*
Vorhans 427
— Gompertz u. Feder *468*
Vorreith, M. s. Kraus, Z. *689*
Vosicky, H. 444, 445
— s. Prosser, M. *466*
Voss 496, 500, 501, 502, 506, 509, 510
Voss, E. s. Li, C. *538*
— s. Lyons, W. *539*
— s. Riddle *543*
Voss, F. 287, *362*
Voss, H. E. *547*
— s. Maranon *539*
Voth, H. 1089
— s. Schulz, W. *1117*
Vüllers, R. 639
— s. Thedering, F. *701*
Vuillemin, P. 772, *948*
Vulterin, J. 1008
— u. H. Zýka *1120*

Waage 997
Waalkes, T. P. 286, 291
— A. Sjoerdsma u. H. Weissbach *362*
— s. Sjoerdsma, A. *361*
— s. Weissbach, H. *362*
Wacholder, K., A. Holz u. H. J. Briem *468*

Wachowski, T. J. 1337
— s. Mrazek, R. G. *1369*
Wachstein 416, *468*
Wachtel, J. L. 1253
— s. Vandeputte, J. *1315*
Wachtelborn, G. 1081, 1090
— s. Hegemann, F. *1108*
Wacker, A. 776, 963, 1004, 1045, 1050, 1051, 1052, 1055, *1120*
— M. Ebert u. H. Kolm *1120*
— H. Grisebach, A. Trebst, M. Ebert u. F. Weygand *1120*
— — — u. F. Weygand *1120*
— H. Kolm u. M. Ebert *1120*
— A. Trebst u. H. Simon *1120*
— s. Kimmig, J. *941*
— s. Möller, E. F. *1114*
— s. Weygand, F. *1121*
Wacker, Th. 908
— s. Goldfeder, A. *953*
Wada, S. 1264
— s. Igarasi, S. *1294*
Waddington, A. L. s. Rubbo, S. D. *1169*
Wadel, J. 633
— s. Ritter, H. *696*
Wadia, P. S. 1087
— M. C. Khosla u. N. Anand *1120*
— s. Anand, N. *1101*
— s. Khosla, M. C. *1110*
Wadsworth, B. C. s. White, H. J. *1121*
Waelsh, H. 60, 65, 76, 77
— s. Berger, M. *222*
Waerland 188
Wagener, H. P. 601
— s. Birkhead, N. C. *675*
Wagensteen, O. H. s. Friesen, S. R. *368*
Wagner 447, 998, 1005, 1007, 1021, 1024, 1025, 1037, 1060, 1085, 1086
Wagner, G. *468*, 1005, *1120*
Wagner, H. s. Schneider, W. *237*
Wagner, J. *1120*
Wagner, K. L. *468*
Wagner, L. 657
— s. Matzker, J. *692*
Wagner, O. 752, 753, *771*
Wagner, W. 773
— s. Gundel, M. *939*
Wagner, W.-H. 716, 719, 732, 733, 734, 735, 740, 744, 745, 746, 747, 748, *771*, 816, *949*, 1011, 1033, 1058, 1059, 1069, 1091, *1120*
— u. J. Kimmig *1120*
— u. H. W. Pedal *771*
— — u. A. Schöneberger *771*
— u. W. Schulz *771, 1120*
Wagner-Jauregg, Th. 711, *771*, 993, 1046, 1061, 1069, *1120*, 1124, *1170*

Wagner-Jauregg, Th., u. H. Saner *1120*
— s. Kulm, R. *463*
Wahl, N. 286
— s. Graham, H. T. *359*
Wahlig, H. 1023, 1086
— s. Hepding, L. *1108*
Wahlund, H. 444
— s. Larsson, L. G. *463*
Waisbren, B. A. 830, 843, 1206
— u. W. W. Sprink *949*
— s. Cherniss, E. I. *1282*
— s. Hotter, J. T. *940*
Wakai, C. S. 588
— u. L. E. Prickmann *702*
Wakaki, S. 1262, 1263
— S. Akanabe, K. Hamada u. T. Asahina *1316*
— — — u. I. Kurihara *1316*
Waksman, S. A. 772, 773, 801, 802, 832, 841, 843, 855, 886, *949*, 1125, 1133, 1136, 1177, 1184, 1255, 1260, 1261, 1262, 1263, 1265, 1266, 1267, 1268, 1270, 1272, *1316*, 1346, *1372*
— u. E. S. Horning *1316*
— — M. Welsh u. H. B. Woodruff *949*, *1316*
— E. Katz u. H. A. Lechevalier *949*
— u. H. A. Lechevalier *1316*
— u. H. C. Reilly *1316*
— A. H. Romano, H. A. Lechevalier u. F. Raubitschek *949*
— A. Schatz u. H. C. Reilly *1316*
— — u. D. M. Reynolds *1316*
— u. H. B. Woodruff *1316*
— s. Arnstein, H. R. V. *1278*
— s. Bolhofer, W. A. *1280*
— s. Celmer, W. P. *1282*
— s. Cercós, A. P. *1282*
— s. Geiger, W. B. *1288*
— s. Hosoya, S. *1294*
— s. Ikeda, Y. *1294*
— s. Johnson, E. A. *1295*
— s. Lechevalier, H. A. *942*, *1299*
— s. Raubitschek, F. *1307*
— s. Reilly, H. Ch. *1307*
— s. Seneca, H. *1311*
— s. Schatz, A. *946*, *1169*
— s. Swart, E. A. *1170*, *1313*
— s. Taber, W. A. *948*, *1313*
— s. Tanner jr, F. W. *1313*
— s. Umezawa, H. *1314*
— s. Wakaki, S. *1316*
Walch, J. 620, *702*
Walcott, R. R. 655
— s. Doull, J. A. *679*
Waldbott, G. L. 336, 341, 342, 343, *380*
— u. M. L. Young *380*
Waldenström 143

Waldin, G. G. 1198, *1316*
Waldriff, G. A. 336, 353
— J. Davis u. G. M. Lewis *380*
Waldman, J. 402
— u. G. Palmer *468*
Waljaschko, N. A. 1004
— u. N. P. Romasanowitsch *1120*
Walkenstein, S. S. 68
— u. J. Seifer *226*
Walker, B. S. s. Crafts, R. C. *678*
Walker, D. F. 713
— s. Banks, C. K. *763*
Walker, G. s. Nabarro, J. *693*
Walker, J. 999, 1052, *1120*, 1184, 1257, *1316*
— u. J. W. Hamilton *1316*
— s. Forrest, H. S. *1106*
Walker, S. A. 506, 514, 634
— u. S. Rothman *547*, *702*
— s. Crowe, F. W. *678*
Walker, W. S. s. Breckenbridge, I. M. *675*
Walle, S. M. C. M. s. Prakken, J. R. *219*
Wallenfels, K. 773, *949*
— u. E. F. Moeller *949*
Wallentin, P. 575
— u. H. Bräunsteiner *702*
Wallgren, A. 130
— s. Fanconi, G. *231*
— s. Räihä, C. E. *233*
Wallick, H. s. Harries, D. A. *939*, *1167*
Wallman, J. S. 71, *226*
Wallmark, D. s. Frisk, A. R. *938*
Wallner, A. 863
— s. Knörr, K. *942*
Wallner, E. 1226, *1316*
Walpole, A. L. 869, 1238, 1244, 1329, 1340, *1372*
— s. Hendry, J. A. *1367*
— s. Paget, G. E. *945*, *1305*
Walter, A. M. 830, 831, 861, 870, 871, 884, 886, 918, *949*, 993, 1000, 1033, 1046, 1061, 1062, 1063, 1064, 1069, 1071, 1079, 1093
— u. L. Heilmeyer *960*, *1121*
Walter, D. R. 1245
— s. Dutcher, J. D. *936*, *1285*
Walter, H. s. Holtz, P. *359*
Walter, K. 585
— s. Linke, A. *690*
Walter, X. *1170*
Walters, C. L. 1355, *1372*
Walther 24, 25
Walther, A. s. Funk, C. F. *28*
Walther, D. *32*, 54, 55, *221*
Walther, H. 346, *380*, *547*, *710*, *899*, *960*, 1036, *1121*
Walthert, F. 298, 308, 309, 311, 316, 318, 320, 327, *380*

Walthert, F. s. Bovet, D. *364*
— s. Halpern, B. N. *370*
Walton, C. H. A. 574, 585, 589, *702*
Walton, E. W. s. Breckenbridge, I. M. *675*
Walton, R. B. 1267
— u. H. B. Woodruff *1316*
Walzer, M. 319
— s. Siegel, B. B. *379*
Wammock, V. S. 599
— A. A. Biederman, u. R. S. Vordan *702*
Wang, C. J. K. s. Baum, G. L. *1278*
Wang, D. M. K. s. Hennemann, Ph. *685*
Wang, M. C. s. Malkinson, F. D. *691*
Wankmüller, A. 1005, 1006, 1081, 1086, 1087, *1121*
Warburg, O. 403, 408, 1322, 1328, *1372*
— u. W. Christian *468*
Warburton, W. K. 999, 1000
— s. Angyal, S. J. *1101*
Ward, M. H. 772, *949*
Ward, R. B. s. Barker, S. A. *1165*
Warembourg, H. 309
— Linquette u. Machon *380*
Warin, R. P. 336, 337, 339, 340, 350, *380*
— s. Bain, W. A. *363*
Waring, C. H. 408
— s. Goldberger, J. *460*
Warkany, J. 440, *468*
— u. H. E. Mabon *468*
— u. Scharffenberger *468*
Warlitz, H. 1338
— s. Griessmann, H. *1367*
Warnecke, C. E. 1352, *1372*
Warren, G. H. 1262
— s. Landy, M. *1299*
Warren, J. E. s. Thorn, G. W. *701*
Warren, S. 321
— u. F. J. Dixon *380*
Warshaw, L. J. 1187, *1316*
— s. Greiner, T. *369*
Wase, A. W. 68
— J. Christensen u. E. Palley *226*
Wasielewski, E. v. 1010
— J. Albrecht u. A. v. Graevenitz *1121*
Wasmer, A. 171, *237*
Wasmuth, W. 294
— s. Ackermann, D. *363*
Wassen, E. 433
— s. Lewin, E. *463*
Wassermann, A. v. 1321
— F. Keysser u. M. Wassermann *1372*
Wassermann, L. R. 628

Wassermann. L. R. s. Pariser, S. *694*

Wassermann, M. s. Wassermann, A. v. *1372*

Watanabe, A. 1003, 1080, *1121*

Watanabe, N. 1252

— s. Karasaki, T. *941, 1296*

Watanabe, Sh. 833, 860

— s. Hara, Y. *939*

— s. Hosoya, S. *940, 1294*

— s. Onoda, Y. *1305*

Waterhouse, A. s. Fisher, S. H. *1106*

Waters 291

— s. Jaques *359*

Watkinson, J. M. s. Patterson, E. *1370*

Watrin, J. 610

— P. Michon, M. Ribon, J. Beurey u. J. Mougeolle *702*

Watson, A. B. s. Williams, J. A. *949*

Watson, C. J. 630, *702*

Watson, O. 325

— s. Moynahan, E. J. *375*

Watteville, H. de *547*

— s. Borth, R. *528*

Watts 1188, 1220

Watts, C. A. H. *1316*

Watts, F. L. 48, 57

— s. Mullins, J. F. *219*

Watts, G. W. T. *1316*

Watzka, M. *547*

Way, A. M. 1237, 1238

— s. Brian, P. W. *1280*

Way, E. L. 328

— u. R. E. Dailey *380*

Way, S. C. 511

— u. J. Andrews *547*

Way, S. T. *510, 547*

Weatherby, J. H. 101, 104, 105, 113, 118

— u. H. B. Haag *231*

— s. Luddecke, H. *230*

Weaver, J. C. s. Dobson, R. L. *679*

Weaver, W. E. 1210

— s. Larocca, J. P. *1299*

Webb, F. R. 403

— s. Reingold, J. M. *466*

Webb, P. K. 917

— s. Reiches, A. J. *958*

Weber, G. 9, 32, 324, 621, *702*

— O. Braun-Falco u. G. Thaesler *547*

— s. Braun-Falco, O. *364, 528*

Weber, M. s. Ober, K. *541*

Weder, A. 337, *380*

Wedin, D. S. 1247

— s. Gordon, L. E. *1290*

Weed, L. A. s. Geraci, J. E. *1289*

Weekes, D. J. s. Williams, M. L. *960*

Weeks, R. E. 325

Weeks, R. E. s. Gunnar, R. M. *369*

Wegmann, T. 1228

— H. Schmid u. H. Brodhage *1316*

— s. Spengler, M. *700*

Wegner, P. 1033

— s. Stickl, H. *1118*

Wehnert, R. H. 616, *702*

Wehrmann, R. 1051, 1052, 1083, 1086, *1121*

— s. Kimmig, J. *463, 1110*

Weichlein, R. G. 1267, 1268

— s. Loefer, J. B. *1300*

Weicker, B. 1340, *1372*

Weidel 409

Weidenhagen, R. 761

— u. R. Herrmann *771*

— u. H. Rienäcker *771*

Weidlich, G. 437

— s. Windaus, A. *468*

Weidman, F. D. 1256

— s. Kligman, A. M. *1297*

— s. Twining, H. E. *1314*

Weidner, N. 346

— s. Frankel, D. B. *368*

Weigl, A. *547*

Weik, J. *908*

— s. Güttich, F. W. *953*

Weil, A. J. 1061

— u. L. S. Gall *1121*

Weil, M. 1344

— s. Bernard, J. *1364*

Weiland, G. S. 1045

— s. Figge, F. H. J. *1106*

Weile, H. 1201, *1316*

Weill 149, 194

Weinberg, B. J. 1207

— C. H. Lawrence u. A. Buchholz *1316*

Weinberg, E. D. 825, *949*

Weinberg, M. s. Henderson, E. *685, 706*

Weindling, R. 773, *949*, 1266, *1316*

— u. O. H. Emerson *1316*

Weiner, A. L. 659, 1231

— u. H. R. Mendelsohn *702*

— u. J. Schwarz *1316*

Weiner, D. s. McGavack, T. H. *1302*

Weiner, H. 342

— s. MacLaren, W. R. *373*

Weingärtner, L. 579, 629, 647, 658, *702*

Weinstein, H. J. 909

— u. H. Welch *960*

— s. Welch, H. *1170*

Weinstein, L. 900, 907, 912, 913, 917, *960*

— s. Rammelkamp, C. H. *945*

Weinstein, M. J. s. Donovick, R. *936, 1285*

Weinstock, M. 417, 437, *468*

Weinstock, M. s. Hess, A. F. *461*

Weintraub, S. s. Wright, J. C. *1372*

Weir, R. H. s. Sternberg, Th. H. *1312*

Weis Bentzon, M. 882

— s. Reyn, A. *958*

Weisberger, A. S. 628, 629

— u. L. G. Suhrland *703*

— — u. E. R. Arquilla *703*

Weisenfeld, S. s. Goldston, M. *683*

Weisiger, J. R. s. Craig, L. C. *936*

Weisler, L. s. Stern, M. H. *467*

Weiss 468, 611

Weiss, P. J. 810, *949*

Weiss, R. s. Conrad, A. H. *677*

Weiss, W. J. 341

— N. J. Newark u. R. M. Howard *380*

Weissbach, H. 286, 291

— T. P. Waalkes u. S. Udenfriend *362*

— s. Sjoerdsma, A. *361*

— s. Waalkes, T. P. *362*

Weissbecker, L. *548, 572, 638, 703*, 1032, 1363, *1372*

— u. W. Stein *1121*

— s. Heilmeyer, L. *685*

Weissberg, J. s. McGavack, T. H. *374*

Weissberger, L. H. 449

— u. B. H. Harris *468*

Weissenbach 671, *709*

Weissman, G. S. 1185

— u. S. F. Trelease *1316*

Weitkamp, A. W. s. Rothman, St. *1309*

Weitz, W. 213, *239*

Weitzel, G. 250, *280*, 398, 1158, 1191, *1316*

— u. O. Nast *468, 1316*

— u. E. Schrauffstätter *1170*

Weitzel, H. 1081

— s. Rietschel, H. G. *1116*

Weizäcker, C. F. v. 88, *228*

Welbourn, R. B. 563

— u. Ch. F. Code *703*

— s. Kyle, J. *689*

Welch, A. D. 423

— s. Nichol, C. A. *465*

Welch, H. 773, 793, 796, 811, 813, 824, 830, 833, 841, 845, 863, 869, 909, *949*, 960, 1138

— u. C. N. Lewis *949*

— — u. C. S. Keefer *949*

— W. A. Randall, R. J. Reedy u. J. Kramer *949*

— — — u. E. J. Oswald *949*

— u. W. W. Wright *949*

— — H. I. Weinstein u. A. W. Staffa *1170*

Welch, H. s. Fischbach, H. *1106*
— s. Lewis, C. N. *955*
— s. Reedy, R. J. *946*
— s. Weinstein, H. J. *960*
Weld, J. s. Hopkins, J. *535*
Weld, J. T. 1185
— s. Hopkins, J. G. *1293*
Weller, C. W. s. Lyons, R. E. *1300*
Weller, O. *548*
Weller, S. D. V. 1086
— s. Joules, H. *1110*
Welling, E. J., u. F. J. Diensberg *1121*
Wellman, W. E. 784
— u. W. E. Herrell *949*
— s. Heilman, F. R. *939*
— s. Martin, W. J. *943*
Wells 291, 304, 309, 318, 329
Wells, B. B. 558
— u. E. C. Kendall *703*
Wells, C. N. 580, *703*
Wells, E. B. s. Finland, M. *952*
— s. Womack, C. R. *961*
Wells, G. C. 49, *221*, 578, 590, 600, 618
— s. Cronin, E. *678*
— s. Malkinson, F. D. *691*
Wells, H. G. *362*
Wells, J. A., u. H. C. Morris *380*
— — H. B. Bull u. C. A. Dragstedt *380*
— — u. C. A. Dragstedt *380*
Wells, L. 489, *548*
Welman, A. J. 1208
— s. Luyendijk, W. *1300*
Welsh, A. T. 87, *548*, 590, 593, 891
— u. M. Ede *226*, *703*, *960*
— u. L. C. Goldberg *960*
Welsh, M. s. Waksman, S. A. *949*, *1316*
Welsh, W. J. s. Berliner, R. W. *216*
Welton 394, *468*
Wempe, E. 995, 996, 997, 1005, 1092
— s. Seydel, J. *1118*
Wendeborn, H. 588, 591, 593, 609
— s. Würdinger, H. *704*
Wenderhold, J. s. Cremer, H. D. *1284*
Wenderoth, H. 70, 71, 1031
— u. F. Balzereit *1121*
— u. H. Lennartz *226*
Wendler, N. L. 551
— R. P. Graber, R. E. Jones u. M. Tishler *703*
Wendt 416
— s. Kuhn *463*
Wendt, F. 95
— s. Bergmann, H. *227*
— s. Fritze, E. *227*
Wenk, P. 1176, 1177

Wenk, P., u. J. R. Frey *1316*
— — u. B. Fust *1316*
— s. Frey, J. R. *1287*
Wenner, R. *548*
Wenner, V. *559*
— s. Verzár, F. *702*
Wennevold, L. 596
— s. Hestetum, S. *685*
Wennig, E. 163, *236*
Wense, T. *548*
Wentz, D. 908
— s. Güttich, F. W. *953*
Wentz, H. S. 896
— u. H. H. Seiple *960*
Wenzel, G. s. Burger, G. *528*
Wenzel, M. 1144, *1170*
Werbin 388, 389
— s. Sobel, E. *467*
Werle 283, 284, 286, 287, 289, 296
Werle, E. *362*
— u. R. Amann *362*
— u. W. Koch *362*
— u. A. Schauer *362*
— s. Amann, R. *357*
— s. Kahlson, G. *360*
Werle, M. D. s. Malkiel, S. *374*
Wermel, E. M. 1334
— u. J. T. Kramorenko *1372*
Werner, A. E. A. 1007, *1121*
Werner, C. A. 1137
— C. Adams u. R. du Bois *1170*
Werner, H. s. Thompson, C. *546*
Werner, H. W. 304, 308, 309, 318, 320, 322
— s. Brown, B. B. *365*
— s. Ludwig, K. A. *943*
Werner, L. E. s. Laverry, F. S. *690*
Werner, S. C. s. Perera, G. A. *694*
Wernitz, W., u. H. Quecke *1170*
Wernly, M. *710*
Wernsdörfer, R. 1218, *1316*
Werth, G. *548*
— s. Murata, M. *541*
Wertheimer, E. s. Tuerkircher, E. *701*
Werther, J. L. 25, *32*, 353, *709*
— u. B. J. Kovelitz *380*
Werthessen, N. s. Lawrence, C. *538*
Werthessen, N. T. 490
— u. C. Baker *548*
— E. Schwenk u. C. Baker *548*
Weselmann, H. 1021, 1048, 1082, 1083, 1084
— s. Kimmig, J. *1110*
Wesemann, H. 94, 96, *228*
Wesener, G. 44, 45, 46, *221*, 631, *703*, 1085, *1121*
West, B. M. 625, *703*
West, C. 480, 525
— s. Lucas, W. *539*
— s. Samuels, L. *543*

West, C. D. 483
— B. Damast, S. Sarro u. O. Pearson *548*
— H. Reich u. L. T. Samuels *548*
— s. Myers, W. P. L. *541*
West, E. 499
— u. H. Fevold *548*
West, E. D. 79, 86
— u. A. F. da Fonseca *226*
West, G. B. 283, 285, 286, *362*
— s. Parrat, J. R. *360*
— s. Riley, J. F. *361*
West, H. F. 559, *703*
West, K. M. 575, *703*
West, T. C., u. P. Cervoni *548*
Westerfield, W. W. 495, *548*
Westerlund, E. *548*
Westermann, E. 283
— s. Holtz, P. *359*
Westfield, N. J. 1187
— s. Crittenden, P. J. *1284*
Westlake, R. E. 807
— s. Bunn, P. A. *935*
Westling, H. 283
— s. Lindell, S. E. *360*
Westman, A. *548*
Weston, A. W. 300, *380*
Weston, J. E. s. Ehrlich, J. *937*
Westphal 416
— s. Kuhn *463*
Westphal, K. 1351, 1354
— u. R. Bierling *1372*
Westphal, O. 88, 89, 90, 91, 92, 93, 94, 95, 96, 98, 146, *228*
— u. O. Lüderitz *228*
— — u. F. Bieter *228*
— — E. Eichenberger u. W. Keiderling *228*
— — — u. E. Neter *228*
— — — J. Fromme u. N. Joseph *228*
— s. Bennet, J. L. *227*
— s. Eichenberger, E. *227*
— s. Fromme, J. *227*
— s. Keiderling, W. *227*
— s. Lüderitz, O. *227*
— s. Schramm, G. *227*
— s. Staub, D. M. *227*
Westphal, U. s. Butenandt, A. *528*
Wettstein 470
Wetzel, U. 600, *703*
Weyeneth, R. 520, 521, *548*
Weyer, H. 88, *226*, 570, 586, 591, 592, 618, 620, *703*, 1214
— s. Peiser, B. *694*, *1306*
Weygand, F. 776, 1051, 1055
— A. Wacker, A. Trebst u. O. P. Swoboda *1121*
— s. Kimmig, J. *941*
— s. Kuhn, R. *463*
— s. Möller, E. F. *1114*
— s. Wacker, A. *1120*
Weymann 565

Wharton, G. s. Morgan jr., F. M. *540*
Wheatley 449, 456
Wheatley, D. *468*
Wheatley, V. s. MacKenna, R. *464*
Wheatley, W. B. s. Hooper, J. R. *1368*
Whedon, G. D. s. Bunim, J. J. *676*
Wheeler, C. 495, 508, 1029, 1098
— E. Cawley u. A. Curtis *548*
— s. Plummer, N. *1115*
Wheeler, J. A. 601
— s. Tate, W. M. *701*
Wheeler, R. s. Heller, M. *534*
Wheelwright, F. s. Graham, H. T. *359*
Whelton, R. L. s. Caldwell, E. R. *951*
— s. Lepper, M. H. *942*
Whiffen, A. J. 1255, 1256, *1316*
— N. Bohonos u. R. L. Emerson *1316*
— s. Bohonos, N. *1280*
— s. Leach, B. E. *1299*
Whitaker, H. W. 1259, *1316*
Whitaker, J. C. 884
— A. Prigot, M. Marmell u. E. G. Morgan *960*
— s. Prigot, A. *958*
— s. Wright, L. T. *961*
Whitaker, W. L. 489, 508, *548*, 576, 634
— u. B. L. Baker *548*
— s. Baker, B. L. *526, 674*
Whitby, S. R. 778
— s. Thompson, R. E. M. *948*
White 1033, 1035, 1036
White, A. 564, 649
— u. T. F. Dougherty *703*
— s. Dougherty, T. F. *679*
— s. Sayers, G. *697*
White, C. 169, *468*
White, C. B. 511, 512
— u. C. F. Lehmann *548*
White, C. S. 1195
— J. L. Collins u. H. E. Newman *1316*
White, H. J. 1035, 1036, 1047, 1082, 1083, 1085, 1086, 1099, *1121*
— u. J. M. Parker *1121*
— B. C. Wadsworth, G. S. Redin u. A. J. Gentile *1121*
— s. Stansly, P. G. *947*
White, I. St. 328, *380*
White, L. P. s. Petraklis, N. L. *1370*
White, S. s. Graham, D. M. *28*
White, S. J. 1187
— s. Nickerson, W. J. *1304*
Whitehair, C., W. Gallup u. M. Bell *548*

Whitehead, D. F. s. Cron, M. J. *936*
Whitehill, M. R. 1207
— u. A. J. Rawson *1316*
Whitelaw, M. *548*
Whitelock, O. v. St. s. Berger, F. M. *222*
— s. Berger, M. *222*
Whitemore, C. W. 1249, *1317*
Whiterey, E. L. s. Steffensen, E. H. *700*
Whiteside, J. H. s. Baxter, H. *674*
Whitfield, A. 187, *239*
Whitfield, G. B. s. Amman, A. *1277*
Whithead, I. R. s. Cron, M. J. *1165*
Whitmore, W. 480
— s. Lucas, W. *539*
— s. Tagnon, H. *546*
Whitney, E. L. s. Olson, J. A. *694*
Whittaker, V. D. 737, *771*
Whittaker, V. P. s. Stocken, L. A. *770*
Whorton, C. M. s. Alving, A. S. *215*
Wiberg, G. s. Tuba, J. *547*
Wichmann 188
Wichtl 1073
Wicker, M. s. Letailleur, M. *690*
Widal 194
Widder, M. s. Schneider, E. *466*
Widmark, E. 1009
— u. J. Tandberg *1121*
Widmer, A. 1191, *1317*
Wied, D. M. 1225, *1317*
Wied, G. L. *548*
Wiedemann, G. 1331, 1334, *1372*
Wiedemann, O. 1040, *1121*
Wiederbauer 434, *468*
Wiedmann, A. 83, 142, 144, 145, 166, *226*, 286, *362*, 395, *468*, 881, *1222*
— u. G. Niebauer *362*
— s. Ehrmann, G. *1285*
Wiedmann, G. s. Prausmüller, K. H. *1169*
Wiehl, R. 1213
— s. Ruther, H. *1309*
Wieland 417, 1322
— s. Kuhn *463*
Wiele, R. V. 492
— s. Solomon, S. *545*
Wiemers, K. 598, 663, *703, 705*
Wien, R. s. Adams, A. *1101*
Wiener, R. 166, *236*, 511, 514, 515, 516, 517, *542*
Wier, R. 1269
— R. O. Egeberg, A. R. Lack u. G. M. Leiby *1317*
Wier, R. H. s. Newcomer, V. D. *1304*

Wiese, G. A. 1192
— s. Collins, A. P. *1283*
Wiese, W. 726, 739, *771*
Wiesner, B. s. Barton, M. *527*
Wightman, H. B. 344
— s. Shaw, C. R. *378*
Wigmore, J. O. 852
— u. W. M. Henderson *949*
Wijs, J. C. de 1003, *1121*
Wilander, O. 286
— s. Jorpes, J. E. *359*
Wilbrand, U., u. W. Hunke *548*
Wilbrandt, W. 329, *380*
Wilcox, C. s. Finland, M. *937*
— s. Peterson, O. L. *1115*
— s. Wright, S. S. *949*
Wilcox jr., H. B. 318
— u. B. C. Seegal *380*
Wilcoxon, F. 1059
— s. Litchfield jr., J. T. *1113*
Wilde 878, 879, 881, 891, 892, 1029, 1033
Wilde, H. 1231, *1317*
Wilde, J. *1121*
Wilde, W. 1156, *1121, 1170*
Wilder s. Zipf, H. F. *231*
Wilder, R. M. s. Williams, R. D. *468*
Wildhirt, E. 20, 150, 152, 154, 158, 164
— s. Kalk, H. *29, 235*
Wile, U. J. 510
— B. Barney u. I. T. Bradbury *548*
— J. Snow u. I. T. Bradbury *548*
Wilhelm, F. s. Dowling, H. F. *936*
Wilhelm, G. 1325, 1327, 1328, 1360
— s. Oettel, H. *1370*
Wilhelm, L. s. Goeckermann, W. *533*
Wilkening 408
— s. Schweigert *467*
Wilkerson, A. S. 1003, *1121*
Wilkins, J. R. 869
— C. Lewis u. A. R. Barbiers *949*
Wilkinson, H. I. 152
Wilkinson, J. F. 1331, 1332, 1334
— s. Leonard, B. J. *1369*
Wilkinson, J. H. 1080, 1083, 1085
— s. Barber, H. J. *1102*
Wilkinson, R. 1253
— s. Drouhet, E. *1285*
Wilkinson, R. S. s. Wright, L. T. *961*
Wilkinson, S. 838, 884, *949*
Will, I. 581, *703*
Will, L. W. s. Osterberg, A. C. *1169*
Willcox, R. R. 897, 917, *960*

Willets, D. G. 408
— s. Goldberger, J. *460*
Willi, A. V. 999, *1121*
— u. W. Meier *1121*
William jr. 903
Williams 22, 299, 352, 400, 417, 426, 577, 607, 622, 644, 667, 785, 828, 915, 1240
— u. Snell *32*
Williams, A. A. 606
— u. D. P. Bowler *703*
Williams, B. B. 1032
— s. Farish, P. T. *1105*
Williams, D. I. *703, 707,* 867, 1236, 1238, 1239, 1240, 1242, 1255, *1317*
— R. H. Martens u. I. Sarkany *949, 1317*
Williams, G. T. *703*
Williams, H. L. 881
— s. Herrell, W. E. *954*
Williams, J. A., M. J. Meynell u. A. B. Watson *949*
Williams, J. J. 975, 1081, 1083, 1085, 1086
— s. Dessau, F. J. *1166*
— s. Malone, L. *1168*
— s. Roblin jr., R. O. *1116*
Williams, M. L., u. D. J. Weekes *960*
Williams, M. R. 1254
— u. G. B. Skipsworth *1317*
Williams, P. L. 83, 144, *226*
Williams, R. 879, *961*
Williams, R. D., H. L. Mason, M. H. Power u. R. M. Wilder *468*
— s. Feinstone, W. H. *367*
Williams, R. R. *468*
Williams, R. S. *703*
Williams, R. T. 1043, 1044, 1046, 1047
— s. Hartles, R. L. *1108*
— s. Smith, J. N. *1118*
Williams, T. B. s. Keat, E. C. B. *371*
Williams, W., W. Gardner u. J. de Vita *548*
Williams-Ashman, H. *548*
— s. Ortiz, E. *541*
Willis, D. s. Cymerman-Craig, J. *1166*
Willis, J. B. 995
— s. Baxter, J. N. *1102*
Wilmans, H. 818, 1339, 1352, *1372*
— s. Brock, N. *1365*
— s. Geks, F. J. *938*
Wilsdon, R. B. N. 604
— s. Ferriman, D. G. *680*
Wilson 44, 48, 52, 582, 625, 628
Wilson, A. Y. s. Biesele, J. J. *1365*
Wilson, C. E. 826
— s. Seed, J. C. *947*

Wilson, Ch. J. 877, 878, 891
— s. Mullins, J. F. *219, 957*
Wilson, C. W. M. 284, *362*
Wilson, D. A. W. 582
— u. D. Roth *703*
Wilson, D. L. s. Thorn, G. W. *701*
Wilson, E. H. 900, *961*
Wilson, H. M. 1256
— u. A. W. Duryea *1317*
Wilson, H. T. H. *221, 703*
Wilson, J. E. 1187, *1317*
Wilson, J. W. 1160, 1183, 1230, 1270
— H. Levitt, T. L. Harris u. E. M. Heiligman *1317*
— — u. O. A. Plunkett *1317*
— s. Henriksen, E. *1293*
— s. Lewis, G. M. *1299*
— s. Obermayer, M. E. *1169*
Wilson, L. A. *703*
Wilson, L. E. 902
— M. S. Harris, H. H. Henstell, O. O. Witherbee u. J. Kahn *961*
Wilson, M. s. Luck, J. *539*
Wilson, R. H. 1230
— F. de Eds u. L. J. Rather *1317*
Wilson, S. J., u. G. Eisemann *703*
Wilutzky, H. 1023
— u. H. Herken *1121*
Wimp, E. le *548*
Wind, S. s. Yacowitz, H. *1317*
Windaus, A. 281, 437, 1331, *1372*
— u. F. Bock *468*
— H. Lettre u. F. Schenk *468*
— O. Linsert, A. Lüttringhaus u. G. Weidlich *468*
— u. W. Vogt *362*
Winder, F. s. Barry, V. C. *1165*
Windorfer, A. 440, *468*
Wingenbach, J. J. 1189
— s. Bowman, F. W. *1280*
Winiwarter-Bürger 601
Winkelmann, R. K. 1071, 1085
— s. Perry, H. O. *1115*
Winkelmann, W. F. *468*
Winkenwerder, W. L. s. Howard, J. E. *686*
Winkler 38, 158
Winker, A. s. Konrad, J. *689*
Winkler, F. 550, 619, *703*
Winkler, H. 451, *468*
Winn, E. B. le s. Urbach, E. *239*
Winnek, P. S. 1085, 1086
— s. Roblin jr., R. O. *1116*
Winsten, S. 1247
— s. Solotorovsky, M. *1312*
Winston, D. R. 1234
— s. Reiss, F. *1307*
Winston, J. 807, *949*

Winter 312, 346
Winter, C. 489
— u. L. Flataker *548*
Winter, C. A. *381*
Winter, C. C., u. G. V. Taplin *381*
Winter, W. D. 819, 1182
— s. Foley, G. E. *938, 1287*
Winternitz, R. 33, 382, *468,* 1179, 1188
— s. Perutz, A. *1306*
Winternitz, W. W. 320
— u. D. B. Hackel *381*
Wintersteiner, O. 470, 551, 552
— u. J. J. Pfiffner *703*
— s. Menzel, A. E. *1302*
Wintersteiner, O. P. 1245
— s. Dutcher, J. D. *936, 1285*
Wintrobe, M. M. 1349
— G. E. Cartwright, P. Fessas, A. Haut u. S. J. Altman *1372*
— s. Altman, S. J. *1364*
— s. Haut, A. *1307*
— s. Smiley, R. K. *947, 960*
Winzenried 88
Winzler, R. J. s. Rosenthal, S. R. *361*
Wirth 70
Wirth, L. s. Gable, J. J. *223*
Wirth, W. 226, 1023
— s. Schraufstätter, E. *1117*
Wischnewsky, A. W. 116, *231*
Wise, W. s. Wolfson, W. Q. *704*
Wiseman, B. K. s. Bouroncle, B. A. *1365*
Wishnefsky, N. 207, *381*
Wiskemann, A. 41, 42, 64, 73, 336, 356, 419, 441, 607, 649, 650, 703
— u. H. Koch *221*
— u. K. Wulf *381*
— s. Labhardt, F. *372*
— s. Schulz, K. H. *225, 378*
Wiskott, A. 523, *548*
Wissler, R. 1163
— s. Moskowitz, M. *540*
Witherbee, O. O. s. Wilson, L. E. *961*
Witt, J. K. 146
— s. Genner, K. *234*
Witt, N. F. 1003
— s. Shell, J. W. *1118*
Wittels, W. 614, 647, *703*
Witten, C., u. J. Bradbury *548*
Witten, V. H. 79, 355, 570, 572, 593, 596, 604, 618, 634, 635
— A. B. Amen, M. B. Sulzberger u. A. G. de Sanetis *703*
— u. M. B. Sulzberger *703*
— — E. H. Zimmerman u. A. J. Shapiro *703*
— s. Baer, R. L. *363*
— s. Frolow, G. R. *681*

Witten, V. H. s. Leoni, A. *218*
— s. Sulzberger, M. B. *546*, *701*
Wittenhagen, G. 1024, 1047
— s. Mohnike, G. *1114*
Wittenstein, G. J. 555
— s. Hume, D. M. *686*
Wittich, F. W. 333, *381*
Wittker, M. 1083
— s. Wojahn, H. *1121*
Wittkower, E. *548*
Wittle, C. H. 59
— u. J. L. Moffat *221*
Wittmann, J. 1069
— s. Fromm, E. *1106*
Wittwer, M. 267
— s. Scöller, C. *280*
Witz, M. A. 886, 1246, 1252
— s. Lutz, A. *956*, *1300*
Witzgall, H. 993, 1009, 1011, 1012, 1018, 1019, 1020, 1021, 1080, 1082, 1083, 1084, 1085, 1086, 1094, *1121*
Wode, A. 727, 728
— s. Eichenlaub, F. J. *766*
Wodniansky, P. 294
— s. Tappeiner, J. *361*
Wodstrup, J. s. Hagedorn, H. D. *706*
Woeber, K. 11
— s. Gross, D. *28*
Wöhler, F. 93
— s. Keiderling, W. *227*
Woerdemann, M. J. 354, *381*, *703*
Woitkewitsch, A. A. 1023, *1121*
Woiwod, A. J. 1047, 1050
— s. Bushby, S. R. M. *1103*
Wojahn, H. 1007, 1008, 1083, 1085, *1121*
— u. M. Wittker *1121*
Wolbergs, H. s. Kutscher, W. *537*
Wolcott, R. R. s. Johansen, F. A. *1109*
Wolf 48, 126, 132, 151, 166, 425
— s. Harris *461*
Wolf, F. J. s. Harries, D. A. *939*, *1167*
Wolf, F. T. 1216, 1219, *1317*
Wolf, H. s. Schreier, K. *233*
Wolf, H. J. 1352, 1356, 1357, *1372*
— u. N. Gerlich *1372*
Wolf, J. 168, 310, 322
— s. Schwartz, E. *378*
— s. Sulzberger, M. B. *237*
Wolf, M. 623
— u. G. C. Sauer *703*
— s. Tye, M. J. *221*
Wolf, M. L. 830
— s. Glazko, A. J. *938*
Wolf, V. 1085, 1086
— s. Bruck, C. G. van *1103*
— s. Gutbrod, H. *1107*

Wolfer, 430, *469*
Wolfers, H. 593, 620, 634
— s. Schoog, M. *698*
Wolff, E. 877, 891, 893
— s. Ludwig, E. *956*
Wolff, H. *231*
Wolff, J. 1319, 1320, 1329, *1372*
— s. Actuarius, J. *1364*
Wolff, J. A. s. Farber, S. *1366*
Wolff, L. 1070, 1087, 1088, 1090
— u. W. Teusch *1121*
Wolff, S. 506
— s. Eller, J. J. *531*
Wolfram, St. 13, *32*, 86, 166, *226*, 445, *469*, 614, *703*
Wolfromm, R. 213
— s. Sclafer, J. *238*
Wolfson, W. Q. 567, 619, *703*
— C. Cohn, J. Kennedy, R. Levy u. L. Lewis *704*
— R. E. Thompson, W. D. Robinson, H. D. Hunt, C. Cohn, S. E. Hayes, E. R. Levy, S. L. Pearlman, B. B. Rubenstein, W. Wise u. J. Zitman *704*
Wolinsky, E. 809, 1136, 1137, 1141
— s. Steenken jr., W. *947*, *1170*
Woller, I. 1046
— s. Bogner, K. *1102*
Wolman, B. 902, *961*
Wolter, H. 807
— s. Freerksen, E. *938*
Wolter, R. 628
— u. H. Loeb *704*
Womack, C. R. 867, 880, 913, 914
— u. E. B. Wells *961*
— s. Jackson, G. G. *954*
Womack, G. K. s. Yow, M. D. *949*
Wong, R. L. s. Benditt, E. P. *358*
Wood, C. E. s. Simpson, W. G. *699*
Wood, D. R. 316, 320, *381*
— s. MacGregor, A. G. *373*
Wood, M. W. W. 1259
— s. Torrens, J. A. *1314*
Wood, T. R. 423
— s. Rickes, E. L. *466*
Wood, W. S. 624
— s. Pascher, F. *694*
Woodburne, A. R. 51
— O. S. Philpott u. J. A. Philpott jr. *221*
Woodbury, D. M. 1023
— s. Millichap, J. G. *1114*
Woodbury, L. A. s. Sayers, M. A. *697*
Woodin, W. G. s. Adair, Ch. V. *950*

Woodroffe, R. C. s. Knox, R. *1168*
Woodruff 406, 413, 430
Woodruff, C. W. *469*
— u. J. C. Peterson *469*
Woodruff, H. B. 1260, 1267, 1270
— s. Foster, J. F. *1287*
— s. Harries, D. A. *939*, *1167*
— s. Waksman, S. A. *949*, *1316*
— s. Walton, R. B. *1316*
Woodruff, W. A. s. Smith, D. A. *467*
Woods, A. C. 568, 660, *704*
Woods, D. D. 385, 419, *469*, 963, 1039, 1048, 1051, *1121*
— u. P. Fildes *469*, *1121*
— s. Lascelles, J. *1112*
Woods, J. W. 819, 1181
— J. H. Manning u. C. N. Patterson *949*, *1317*
Woods, M. 1353
— u. D. Burk *1372*
Woodside, J. M. s. Kuzel, N. R. *942*
Woodside, R. 855, 1267
— s. Schmitz, H. *946*, *1310*
Woodward jr., C. R. 1269
— s. Stokes, J. L. *1313*
Woodward, M. G. 79, *226*
Woodward, R. B. 551, 1268
— u. G. Singh *1317*
— F. Sondheimer u. D. Taub *704*
Woodward, T. E. 884, *961*
— s. Smadel, J. E. *947*
Wooldridge, W. 1262
— s. Moore, M. *1303*
Wooldridge, W. E. 333, 1267, 1269, *1317*
— u. M. Hoffman *1317*
— u. H. L. Joseph *381*
Woolhouse, F. M. s. Polson, J. S. *695*
Woolley 408, 413
— s. Elvehjem, C. A. *459*
Woolley, D. W. 1051, *1122*
Woratz, H. 778, 793, *949*
Worcester, N. 10, *32*
Woringer, Fr. 667, *707*
Work, E. 993, 999, 1050
— s. Work, Th. S. *1122*
Work, Th. S. 868, *949*, 993, 999, 1050
— u. E. Work *1122*
Worley jr., G. 1181
— s. Gausewitz, Ph. L. *953*, *1288*
Wormall, A. 449
— s. MacKenna, R. *464*
Wortmann, F. 334, 336, 338, *381*
Wotiz, H. 485
— H. Mescon, H. Doppel u. H. Lemon *548*

Wrba, H., u. H. Querner *548*
Wrede, F. 1269
— u. H. O. Hettche *1317*
Wright 395, *469*, 780, 800, 801, 824, 884, 889, 891
Wright, A. *949*
Wright, B. P. s. Wright, J. C. *1372*
Wright, C. S. 877, 879, 892
— u. E. R. Gross *961*
— u. D. N. Tschan *961*
Wright, D. D. 896
— E. M. Gold u. G. Jennings *961*
Wright, E. T. 579, 591, 594, 618, 651, 855, 1238, 1247, 1248, 1253
— J. H. Graham, V. D. Newcomer u. Th. H. Sternberg *704*
— — u. Th. H. Sternberg *1317*
— u. D. J. Greco *704*
— V. D. Newcomer, C. Halde u. Th. H. Sternberg *961*, *1317*
— s. Graham, J. H. *1290*
— s. Halde, C. *939*, *953*, *1292*
— s. Newcomer, V. D. *1304*
— s. Sternberg, Th. H. *1312*, *1313*
Wright, H. N. 724, 739
— A. Biedermann, E. Hanser u. C. J. Cooper *771*
— s. Fink, L. D. *766*
Wright, J. C. 1348
— A. Prigot, B. P. Wright, S. Weintraub u. L. T. Wright *1372*
Wright, J. M. 1237, 1238, *1317*
— s. Brian, P. W. *1280*
Wright, L. T., J. C. Whitaker, R. S. Wilkinson u. M. S. Beinfield *961*
— s. Metzger, W. J. *957*, *1302*
— s. Wright, J. C. *1372*
Wright, L. W. s. Logan, M. A. *956*
Wright, S. S. 847
— u. M. Finland *949*
— E. M. Purcell, C. Wilcox, M. K. Broderick u. M. Finland *949*
— s. Finland, M. *937*, *938*
— s. Love, B. D. *943*
— s. Purcell, E. M. *945*
Wright, W. 215, *226*
Wright, W. A. s. English, A. R. *937*
Wright, W. W. 869, *949*
— s. Welch, H. *949*, *1170*
Wrong, N. M. 586, 1239, 1241, 1244, 1245, *1317*
— M. Rosset, A. L. Hudson u. St. Rogers *1317*
— u. R. C. Smith *704*

Wülfing, M. 134, *233*
Würdinger, H. 588, 591, 593, 609
— u. H. Wendeborn *704*
Wüstenberg, J. 607, 1200, *1317*
Wuhrmann 165
Wulf, K. 12, 64, 73, 144, 336, 356, *381*, 390, 306, 444, 450, *469*, 570, 648, *704*, 878, *961*
— u. G. H. Nibbe *469*
— u. H. Suhr *32*
— s. Jordan, P. *462*
— s. Labhardt, F. *372*
— s. Schulz, K. H. *225*, *378*
— s. Wiskemann, A. *381*
Wunderlich, G. 1216
— s. Heim, F. *1292*
Wurm, K. 133, *233*
Wyatt, T. C. 398
— C. A. Carabello u. M. E. Fletscher *469*
Wybel, R. E. 1181, *1317*
Wyngaarden, J. B. 347, 348, 356
— u. M. H. Seevers 381
— s. Bryant 365
— s. Peterson, R. E. *694*
Wyse, R. J. s. Grace, A. W. *683*
Wyss, O. 805, 999, 1190
— B. J. Ludwig u. R. R. Joiner *1317*
— G. N. Smith, G. L. Hobby, E. L. Oginsky u. R. Pratt *949*
— s. Schmelkes, F. C. *1117*
Wyss, St. 194, 580, *701*
Wyss-Chodat 396, *469*

Xuong, N. D. 1069
— s. Buu-Hoi, N. P. *1103*
— s. Lacassagne, A. *1112*

Yacowitz, H. 1247
— S. Wind, W. P. Jambor, R. Semar u. J. F. Pagano *1317*
Yacullo, W. A. 353
— s. Oppenheim, M. *375*
Yaffe, B. s. Cornbleet, Th. *677*
Yaffé, St. N. s. Sulzberger, M. B. *701*
Yagashita, K. s. Umezawa, H. *948*, *1170*
Yagi, K. 858
— u. T. Nishimoto *949*
Yalow, R. S. s. Straus, B. *700*
Yamabe, S. 999, 1004, *1122*
Yamaguchi, T. s. Hosoya, S. *1294*
Yamamoto, T. s. Umezawa, H. *1372*
Yamaoka, S. s. Umezawa, H. *1372*
Yamashita, K. 1248
— u. S. Yano *1317*

Yamashita, T. s. Suzuki, M. *226*
Yanagisawa, F. s. Aiso, K. *1277*
Yanagisawa, K. 1138
— K. Kanai, N. Sato, T. Hashimoto u. H. Takahashi *1170*
Yaniv, H. 1040
— u. B. D. Davis *1122*
Yankley, A. s. Graham, D. M. *28*
Yano, S. 1248
— s. Yamashita, K. *1317*
Yanoff, J. 336
— s. Gottlieb, P. M. *369*
Yasuda, M. s. Suzuki, M. *226*
Yasuda, T. 1248
— u. H. Takahashi *1317*
Yasui, M. s. Nishimura, N. *30*
Yasuma, A. s. Takikawa, K. *1371*
Yates, A. 1023
— s. Alyea, E. P. *1101*
Yeager, R. L. 1155
— W. G. C. Munroe u. F. J. Dessau *1170*
— s. Dessau, F. J. *1166*
Yeaman, A. s. Henriksen, E. *1293*
Yegian, D. 1051, 1080, 1083, 1085, 1087
— u. V. Budd *1122*
Yiminez 1155
Ykinoue s. Mizuno, S. *1303*
Yokouti, E. s. Magara, M. *943*, *1301*
Yonis, I. Z. 600, *704*
Yonkman, F. F. 299, 309, 318
— E. Oppenheimer, B. Rennick u. E. Pellet *381*
— s. Mayer, R. L. *374*
Yontef, R. 83, *226*, 325
— s. Kurtin, A. *372*
Yorke, W. 731, 734, 738
— u. F. Murgatroyd *771*
— — u. F. Hawking *771*
— s. Lourie, E. M. *768*
Yoshida, H. 1083, 1086
— u. Y. Matsuda *1122*
Yoshida, M. s. Nakatsuka, M. *1304*
Yoshida, S. s. Takikawa, K. *1371*
Yoshida, T. 1324
— s. Ishidate, M. *1368*
Yoshimoto, S. 858, *949*
— s. Mizuno, S. *1303*
Youmans, A. S. 1136
— s. Ehrlich, J. *937*
— s. Youmans, G. P. *1171*
Youmans, G. P. *1050*, 1126, 1136, *1171*
— u. L. Doub *1122*
— G. W. Raleigh u. A. S. Youmans *1171*

Youmans, G. P., u. A. S. Youmans *1171*
— s. Ehrlich, J. *937*
Youmans, J. B., u. E. W. Patton *469*
Young 310, 336, 341
Young, C. C. s. Smith, S. *545*
Young, C. J. 1234, *1317*
Young, D. s. Janoff, L. A. *687*
Young, E. 56, 57, *221*
Young, E. H. P. 1060
— s. Hoggarth, E. *1109*
Young, F. W. 1196
— s. Bryan, C. S. *1281*
Young, J. W. s. Lehmann, G. *373*
Young, M. L. s. Waldbott, G. L. *380*
Young, V. W. s. Felsenfeld, O. *937, 952, 1166*
Younger, D. 648
— F. Dipillo u. T. McGinn *704*
Yow, E. M. 867, *961*, 1083, 1084, 1085, 1086, 1087, *1122*
— s. Daeschner, Ch. W. *1104*
Yow, M. D., u. G. K. Womack *949*
Ypsilanti, H. 398, *469*
Yu, S. T. s. Huggins, Ch. *1368*
Yuda, N. N. s. Osterberg, A. C. *1169*

Zaane, D. J. van 580, *704*
Zach, J. 94
— u. E. Gebert *228*
Zachariae, L. 565
— u. G. Asboe-Hansen *704*
— s. Asboe-Hansen, G. *673*
— s. Moltke, E. *693*
Zack, J. s. Mallek, J. *691*
Zackheim, H. S. 137, 336, 1186
— u. H. Pinkus *233*
— s. Shaffer, L. W. *378, 1311*
Zadunaisky, M. 568, *704*
Zahradnicek, M. 1005
— s. Jakubec, I. *1109*
Zajdela, F. s. Lacassagne, A. *1112*
Zaki, O. A. 1065, *1122*
Zakon, S. J. 48, 488, 512, 610
— u. J. Gershenson *221*
— s. Rony, H. *543*
Zalokar, M. 1051, *1122*
Zamboni, V. 1143, 1144
— s. Defranceschi, A. *1166*
Zander, J. 472, 474, 475, 492, *548*
Zander, L. s. Bartmann, K. *1165*
Zannini, G. 601
— u. B. Tesauro *704*
Zannos, L. s. Stefanini, M. *700*
Zanussi, C. 326
— s. Riits, F. de *377*
Zaoui, M. 870, *950*

Zapf, K. 782
— s. Knöll, H. *941*
Zappasodi, P. s. Lurie, M. *539*
Zarafonetis, C. J. D. 1340
— H. Shay u. D. C. Sun *1372*
Zaremba, E. A. 1086
— s. Ross, S. *1117*
Zavarini, D. G. 9, *32*
Zawacki, F. 1008, 1017, *1122*
Zawisza, R. J. s. Smith, G. J. *699*
Zbinden, F. 1088, 1331, 1332, 1334, 1338, *1372*
— u. R. Pulver *1122*
— s. Alder, A. *1364*
Zbinden, G. A. 65
— A. Pletscher u. A. Studer *226*
— s. Fust, B. *938*
Zechmeister, L. 386, *469*
Zederbauer, G. 432, *469*
Zee, M. L. 899, *961*
Zegarelli, E. V. s. Kutscher, A. H. *1298*
Zeissler, J. 1033, 1034, *1122*
Zelcer, J. 590, 618, 627, *704*
Zeligman, J. 636, 877
— u. H. M. Robinson *704*
— u. S. J. Sinesi *961*
— s. Robinson jr., H. M. *959*
Zell, L. s. Sullivan, M. *1371*
Zeller 47, 50, 126, 290, 295, 333
Zeller, E. A. *362*
— J. Barsky, J. R. Fouts, W. F. Kirschheimer u. L. S. van Orden *1171*
— u. B. Schär *381*
Zeller, F. *221, 231*, 443, *469*, 1135, *1171*
Zeller, M. *381*, 565
— T. G. Randolph u. J. P. Rollins *704*
Zeller, R. W. *221*
Zellhuber, J. 24, *32*
Zellweger, H. 389, 401, 404, 415, 421, 422, 432, 440, 446, 448, 456
— u. G. Adolph *469*
— u. P. Girardet *469*
Zenner, B. 320, 325, 339, 1072, *1122*
— u. J. Beutnagel *1122*
— — u. H. C. Friederich *1122*
— u. H. C. Friederich *381*
Zerlett, G. s. Bolt, W. *675*
Zerssen, D. v. 495
— A. E. Meyer u. D. Ahrens *549*
Zetler, G. 283, 316, *362, 381*
Ziai, M. s. Finland, M. *1106*
Zicha, L. 575, 579, 589, 598
— s. Scheiffarth, F. *697*
Ziegler, E. s. Marquardt, P. *943*
Ziegler, J. B. 995, 1000, 1041

Ziegler, J. B., R. E. Bagdon u. A. C. Shabica *1122*
— u. A. C. Shabica *1122*
Ziegler, M. R. 580
— s. McQuarric, I. *692*
Zieler, K. 711, 715, 1185, 1210
— u. C. Siebert *1317*
— s. Kolle, W. *768*
Zienty, F. P. 300
— s. Kyrides, L. P. *372*
Zierz, P. 20, 21, *32*, 56, 58, 142, 146, 147, 154, 162, 163, 166, 170, 171, 172, *221, 236, 237*, 301, 302, 309, 312, 336, 338, 339, 385, 389, 398, *469*, 620, 782, 883, 1032, *1122*
— u. W. Eckert *950*
— u. H. D. Endres *237*
— u. H. Greither *381*
— u. R. Jakob *961*
— u. M. Kantner *221*
— u. W. Kiessling *704*
— u. Ch. Pflanz *381*
Zimmerman, E. H. s. Witten, V. H. *703*
Zimmerman, H. E. s. Underwood, P. C. *1314*
Zimmerman, L. E. 914, *961*, 1184, 1207, 1256
— s. Echols, D. *1285*
— s. Garcia, J. *1288*
— s. Littman, M. L. *1300*
Zimmermann, E. s. Felsenfeld, O. *952*
Zimmermann, G. s. Burger, H. *528*
Zimmermann, O. 1201, *1317*
Zimmermann, W. 479, 480, 481, 485, 490, *549*, 554, *704*
Zina, G. 593, 609, 613
— s. Leone, R. *955*
— s. Midana, A. *692*
Zingg, W., u. W. Perry *549*
Zingsheim, M. 174, 175, 178, 237
— u. R. Langer *237*
Zinneman, H. H. 1217
— u. W. H. Hall *1317*
Zintel, H. A. 847
— R. A. Ma, A. C. Nichols u. H. Ellis *950*
Zintz, R. 579
— u. O. Vivell *704*
Zinzius, J. *549*, 900, 904, *961*, 1192, *1317*
— s. Leinbrock, A. *1299*
Zinzli, Ph. 879, *961*
Zipf, H. F. 102, 103, 107, 108, 109, 114, *231*
Ziprkowski, L. 578, 1259
— G. Altmann, F. Dalith u. U. Spitz *1317*
— M. Schewach-Millet u. M. Mozes *704*

Zischka, W. s. Prausmüller, K.
  H. *1169*
Ziti, L. M. 1061, 1069
— s. Hadler, W. A. *1108*
Zitman, J. s. Wolfson, W. Q.
  704
Zitzke, E. 192
— u. L. Peters *239*
Zizine, L. *549*
— M. Simpson u. H. Evans *549*
Zmachinsky, A. s. Ellis, L. N.
  459
Zoeckler 599
Zöllner, E. 1007
— u. G. Vastagh *1122*
Zöllner, N. 132, *239*
— s. Hungerland, H. *232*
Zohn, B. 295
— s. Dundy, H. D. *367*
Zollikofer, H. 564, 628
— s. Koller, F. *689*
Zollinger, H. 999, *1122*

Zondek, B. 490, 496, 500, 501,
  506, 508, *549*
— u. S. Aschheim *549*
— s. Aschheim, S. *526*
Zoon, J. J. 611, 614
— u. P. van Aken *704*
Zopf, L. C. 240, 268, 269, 270,
  271
— s. Hopkins, J. G. *279*
— s. Landon, F. W. *279*
— s. McClelland, C. P. *279*
— s. Meyers, D. B. *279*
Zorn, B. 10, *32*, 41
— u. A. Mankel *221*
Zubiri, A. 436, 445, *469*
— u. A. Vidal *469*
Zubrod, Ch. G. s. Berliner, R.
  W. *216*
Zuckerman, R. 336, 1191
— s. Combes, F. C. *366*, *1283*
Zuckermann, S. 495, *549*
— s. Palmer, A. *542*

Zuelzer 664, *707*
Zürn, H. 316, *381*
Zuppinger, A. 1338
— u. H. R. Renfer *1372*
Zur, J. s. Sorribas-Santamaria,
  V. *379*
Zur Horst-Meyer, H. 509
— A. Morgenstern u. W. Kai-
  ser *549*
Zurkowsky, J. s. Bojanowicz,
  K. *675*
Zweifach, W. 131, 134
— s. Chambers, R. *231*
Zweiling, G. 1197, *1317*
Zwemer, R. L. 561
— u. R. C. Sullivan *704*
— u. R. Truszkowski *704*
Zwerg, H. G. s. Eichholtz, F.
  27, *704*, *705*
Zýka, H. 1008
— s. Vulterin, J. *1120*

Sachverzeichnis

Die Seiten 1—710 befinden sich im Bandteil A, die Seiten 711—1372 im Bandteil B

A 139, Cytostatica, Hemmzone
  bei 1323
Abbau von Cholin 157
— von Histamin im Organis-
  mus 289, 290
— von Meprobramat 78
Abbauwege, Histamin 289, 290
Abdominalkrisen bei Xantho-
  matosen 208
Abikoviromycin, Antimykotica
  1260
Absorption von Cholin 156, 157
Absorptionsgrundlagen, Sal-
  bengrundlagen 243, 244
Absorptionsvorgänge, Sulfanil-
  amide 1012
Acanthose durch Oestrogene
  494, 495
—, pigmentiert, durch Oestro-
  gene 495
Acanthose-Effekt, Fehlen bei
  Siliconen 175, 177
Acanthosis nigricans, Therapie
  mit Cortison 638
Acetat, Hydrocortison 569, 570
Acetatbausteine, Aufbau der
  Nebennierenrindenhormone
  aus 556
Acetylderivate, Sulfanilamide,
  Löslichkeit der 1093
Acetylierung, Abbau des
  Histamin durch 290
—, Bewertung und Metabolis-
  mus, Sulfanilamide 1097
— und Gefahr für die Nieren,
  Bewertung, Sulfanil-
  amide 1093

Acetylpromazin, Phenothiazin,
  Derivat A 63
—, Phenothiazine, Derivate A 63
Achromycin, Tetracycline 811
Acidose 189, 190
—, toxische Symptome, Sulfanilamide 1025
Acne, Austrocknungsdiät bei
  198
—, Fettstoffwechsel und 207
—, unter Nebennierenrindenhormone 576
—, Therapie mit Bacitracin 893
—, — mit Chloramphenicol
  892, 893
—, — mit Cortison 633
—, — mit Desoxycorticosteron 632, 633
—, — mit Hydrocortison 633
—, — mit Leberextrakten 163
—, — mit Penicillin 892
—, — mit Prednisolon-Injek-
  tionen 633
—, — mit Schilddrüsenhor-
  mon 670
—, — mit Tetracyclinen 892,
  893
—, — mit Vitamin B$_{12}$ 425
—, — mit Vitamin D 445
Acne conglobata, Therapie mit
  Antibiotica 892, 893
Acne necroticans, Kombina-
  tions-Therapie mit
  Hydrocortisonsalbe
  und Antibioticum 633
— —, Therapie mit Anti-
  biotica 878

Acne vulgaris, Antibiotica-Be-
  handlung 511
— —, Desoxycorticosteron-
  acetat-Behandlung
  bei 511
— —, Dysmenorrhoe und
  511, 512
— —, experimentelle, durch
  Progesteron 510
— —, hormonelle Störungen
  und 510, 511, 512
— —, Hypofollikulinie und
  511, 512
— —, innere Sekretion und 510
— —, Lokalbehandlung 892,
  893
— —, — mit Oestrogenen 512
— —, Oestrogentherapie 511,
  512
— —, — und Vitamin A 511
— —, Serumgonadotropin-
  therapie 511
— —, Sexualhormontherapie,
  Allgemeinbe-
  handlung 510, 511
— —, —, Lokalbehandlung
  511, 512
— —, Therapie mit Antibiotica 892, 893
— —, — mit Progesteron 511
— —, — mit Sexualhormo-
  nen 510, 511, 512
— —, — mit Vitamin A 395
— —, — mit Vitamin E 450
— —, — mit Vitamin H 426
— —, Zusammenhang mit
  Progesteron 478

Acne-Entstehung, Androgene
und 510
Acne-Eruption, Ovarialdys-
funktion und 510, 511, 512
Acne-Eruptionen, Prämenstru-
um und 510
Acne-Erzeugung, experimen-
tell, durch hohe Dosen von
Progesteron 478
Acrichin, Pharmakologie 37
Acridinfarbstoffe, Antimyko-
tica 1210
—, Therapie von Dermatomy-
kosen mit 1210
Acrodermatitis s. auch Akro-
dermatitis
Acrodermatitis atrophicans
chronica, Therapie mit
Resochin 59
Acrodermatitis atrophicans
Herxheimer, Therapie mit
Vitamin E 450
Acrodermatitis continua,
Therapie mit
ACTH 617
— —, — mit Cortison 617
— —, — mit Hydrocortison-
salbe 617
— —, — mit Parathormon
672
Acrodermatitis continua Hallo-
peau, Parathy-
reoideafunktion
bei 18
— — —, Therapie mit Prog-
esteron und
Oestrogenen 516
Acrodermatitis pustulosa per-
stans, Therapie mit Vit-
amin A 396
ACTH 15
—, Adaptationssyndrom und
554
—, Adrenalin und Ausschüt-
tung von 555
—, allergische Reaktionen
durch 565, 566
—, alternierende Therapie des
Pemphigus mit Cortison
und 611, 612, 615
—, Antikörper und 566
—, Antimykotica 1233
—, Applikation von 566, 567,
568
—, Bildungsreiz 554
—, Bildungsstätte 554
—, Chemie 551, 552
—, Cytostatica 1337
—, Dauertropfinfusion von 567
—, Depot-Effekt von 567
—, Erhaltungsdosis, Therapie
des Pemphigus mit 615
—, Erythrodermie nach 582
—, experimentelle Pilzinfek-
tionen und 580

ACTH, Foetus-Entwicklung
unter 580, 581
—, Furunkulose unter 578, 579
—, Geburt unter 580, 581
—, geschichtliche Entwick-
lung 550, 551
—, Gewichtszunahme unter
575
—, Haarausfall unter 577
—, Haarwachstum unter 577
—, Herdreaktion bei Dermatomykosen auf 651
—, Hypertension und 575
—, Hypothalamus-Hypophy-
sensystem und 555
—, Infektaktivierung unter
578, 579
—, Infektionsgefahr unter 578,
579
—, Kaliumverlust unter 573
—, Knochenwachstumshem-
mung durch 565
—, Knochenwachstumsstill-
stand durch 565
—, Kombinationstherapie mit
Antibiotica bei mikro-
biellem Ekzem 890,
891
—, — der Epidermolysis bullosa mit Chloramphe-
nicol und 636
—,— des Erythematodes
chronicus mit Anti-
biotica und 898
—, — der Leprareaktion mit
Vitamin K und 655
—, — des Pemphigus mit Insulin und 613
—, — des Pemphigus mit
Testosteron und 611,
612
—, — mit Penicillin bei Lichen
ruber 897
—, Kontraindikation einer
Therapie mit 583, 584
—, lymphoklastische Wirkung
1351
—, MSH-Wirkung von 577
—, mykotische Komplikationen unter 1233
—, Natrium-Retention unter
573
—, Nebennieren-Apoplexie
unter 582
—, Nebenwirkungen 572, 573
bis 583
—, Perforation des Duodenalulcus unter 576
—, — des Magenulcus unter
576
—, pharmakodynamische Wirkung 573
—, Physiologie 554, 555, 556
—, physiologische Wirkungen
556, 557

ACTH, Pigmentierungen unter
577
—, Pulmonarembolien unter
577, 578
—, Pulmonarthrombosen unter
577, 578
—, Psychosen unter 580
—, Regulation 554
—, — der Ausschüttung von
554, 555
—, Resorption von 566, 567,
568
—, Schockreaktionen nach 582
—, Schwangerschaft unter 580,
581
—, — und Therapie mit 610
—, sekundäre Nebennieren-
rindeninsuffizienz unter
581, 582
—, Serumeiweißfraktionen unter 564
—, Steroiddiabetes unter 575
—, Steuerung der Produktion
556
—, — der Sekretion 556
—, Stress-Situation 554
—, Substitutionstherapie mit
572, 573
—, — bei Neurodermitis mit
595, 596
—, Therapie der Acrodermatitis continua mit 617
—, — der Adiponecrosis subcutanea neonatorum
mit 631
—, — der Amyloidosis cutis
mit 632
—, — der Aphthosis mit 657
—, — der Arteriitis temporalis
mit 601
—, — des Asthma bronchiale
mit 588, 589
—, — der Atopic dermatitis
mit 592, 593, 594,
595, 596
—, — von Atrophien mit 643
bis 647
—, — des Behçet-Syndroms
600
—, — des Boeck-Sarkoid mit
652, 653, 654
—, — der Calcinosis universalis idiopathica mit
632
—, — der Dermatitis exfoliativa mit 626
—, — der Dermatitis herpetiformis Duhring 608,
609
—, — der Dermatomyositis
605—608
—, — von Dermatosen mit
585—661
—, — des Ekzems mit 591,
592

ACTH, Therapie der Epidermolysis bullosa mit 636
—, — des Erythema exsudativum multiforme 599
—, — des Erythematodes mit 603
—, — der Erythrodermie mit 625, 626
—, — — nach Goldmedikation mit 625
—, — — nach Salvarsan mit 625
—, — der Erythrodermia desquamativa Leiner mit 625
—, — der Erythrodermie ichthyosiforme congenitale mit 625
—, — des Fremdkörpergranuloms mit 650
—, — der Gefäßerkrankungen mit 601, 602
—, — des Genito-anal-Pruritus 590, 591
—, — des Granuloma gangraenescens nasi mit 603
—, — von Hauttumoren mit 637—642
—, — des Herpes gestationis mit 610
—, — des Heufiebers mit 588, 589
—, — von Hypertrophien mit 643—647
—, — der idiopathischen, thrombopenischen Purpura mit 628
—, — der Impetigo herpetiformis mit 617
—, — der Incontinentia pigmenti mit 637
—, — der infektiös-toxischen Purpura mit 628, 629
—, — der Kälteurticaria mit 597
—, — des Keloid mit 644, 645
—, — der Keratitis parenchymatosa mit 660
—, — des Kinderekzems mit 596, 597
—, — der Kontaktdermatitis mit 585, 586, 587
—, — des Kontaktekzems mit 591, 592
—, — der Lepra-Reaktion mit 654, 655
—, — der Leukämie mit 641, 642
—, — des Lichen ruber mit 627, 628
—, — des Lupus vulgaris mit 652
—, — des Lymphogranuloms 639, 640

ACTH, Therapie des Lymphosarkoms mit 638
—, — des M. Brill-Symmers mit 640
—, — des Melanom mit 637
—, — des M. Fox-Fordyce mit 592, 593, 594, 595, 596
—, — des M. Hodgkin mit 639, 640
—, — des M. Kaposi mit 642
—, — der Mycosis fungoides mit 640, 641
—, — des Myxoedema circumscriptum mit 632
—, — der Neurodermitis mit 592, 593, 594, 595, 596
—, — der Opticusatrophie bei Syphilis mit 659
—, — der Otitis externa mit 618
—, — der Panniculitis mit 602
—, — des Pemphigus mit 610 bis 617
—, — des Pemphigus chronicus benignus mit 616
—, — des Pemphigus conjunctivae mit 616, 617
—, — des Pemphigus foliaceus mit 611
—, — der Periarteriitis nodosa mit 600, 601
—, — der Phagedaena geometria mit 651
—, — der Photosensibilisierung mit 586
—, — der Poikilodermatomyositis 605, 606, 607, 608
—, — der Porphyrie mit 630
—, — der Prurigo mit 592, 593, 594, 595, 596
—, — des Pruritus mit 590, 591
—, — des Pruritus vulvae mit 590
—, — der Psoriasis arthropathica mit 621, 622
—, — der Psoriasis pustulosa mit 623, 624
—, — der Psoriasis vulgaris mit 619, 620
—, — der Psoriasis-Erythrodermie mit 624
—, — der Pyodermien mit 651
—, — des Reiter-Syndroms 599
—, — der Reticulosen mit 639
—, — des Reticulumzellsarkoms mit 639
—, — der rheumatisch-allergischen Purpura mit 629

ACTH, Therapie der Rhinitis allergica mit 588, 589
—, — der Rosacea mit 633
—, — des Sarcoma idiopathicum multiplex haemorrhagicum (Kaposi) mit 642
—, — des Sklerema neonatorum mit 644
—, — bei Serumkrankheit mit 598
—, — des Skleroedema mit 644
—, — der Sklerodermie mit 643
—, — des Skleromyxödems mit 632
—, — von Tumoren mit 637 bis 642
—, — der Urticaria mit 597, 598
—, — der Urticaria factitia mit 597
—, — der Urticaria pigmentosa mit 641
—, — der Variola mit 658
—, — der Variola-Impfencephalitis mit 658
—, — von Verbrennungen mit 647
—, — von Vitaminstoffwechselstörungen mit 630
—, — der Zoster-Neuralgien mit 657
—, Tuberkulose und 579
—, Überempfindlichkeitsreaktionen gegen 582
—, unerwünschte Wirkungen 572, 573—583
—, — —, Cushing-Syndrom 573
—, Urticaria nach 582
—, Verschiebung des Elektrolytgleichgewichtes unter 573
—, Virusinfektionen und 579
—, Wasserretention unter 573
—, Wirkungsdauer von 567
ACTH-Aerosol, bei Säuglingsekzem 596
Actidion, Antimykotica 1235, 1236, 1255, 1256, 1275
—, —, chemische Eigenschaften 1255
—, —, Dosierung 1256
—, —, Geschichtliches 1255
—, —, Handelspräparate 1256
—, —, Herkunft 1255
—, —, klinische Erfahrungen 1256
—, —, Löslichkeit 1256
—, —, Molekularformel 1255

Actidion, Antimykotica pharmakologische Eigenschaften 1255, 1256
—, —, physikalische Eigenschaften 1255
—, —, quantitative Bestimmung 1256
—, —, Strukturformel 1255
—, —, Toxicität 1256
—, —, Verträglichkeit 1256
—, —, Wirkungsweise 1256
—, Cytostatica 1348
—, fungicide Wirkung 1256
—, fungistatische Wirkung 1256
—, — — im Laboratorium 1256
—, Tierversuche zur Prüfung der Wirksamkeit 1256
Actinobolin, Cytostatica 1348
Actinomycetaceen, Erkrankungen durch, Therapie mit Sulfanilamiden 1070
Aktinomyceten, Wirkung von Chloramphenicol in vitro auf 1260
—, — von Penicillin in vitro gegen 1257
Actinomycin A, Antimykotica 1260, 1261
Actinomycin C, Cytostatica 1346, 1347
—, —, Dosierung 1347
—, —, Nebenwirkungen 1347
—, —, Strukturformel 1347
—, Gastroenteritis nach 1347
—, Gingivitis nach 1347
—, Haarausfall nach 1347
—, Inappetenz nach 1347
—, Müdigkeit nach 1347
—, Oesophagitis nach 1347
—, Schädigung der Keimdrüsen 1347
—, — des Knochenmarks 1347
—, Therapie von Erkrankungen des lymphatischen Systems mit 1347
—, — der leukämischen Lymphadenose 1347
—, — der Lymphogranulomatose mit 1347
—, — der Mycosis fungoides mit 1347
—, — der Reticulosarkomatose mit 1347
—, Zungenbrennen nach 1347
Actinomycine, Cytostatica 1346, 1347
Actinon, Antimykotica 1261
Acusticusstörungen nach Kanamycin 865
akuter Erythematodes 58
— —, Atebrin und 58

akuter Erythematodes, Indikation der Therapie mit Antimalariamitteln bei 58
Adalin, Gruppensensibilisierung zwischen Meprobamat und 80
Adaption von Bakterien an Penicillin 790
—, in vitro von Bakterien, Penicillin 792, 793
—, in vivo von Bakterien, Penicillin 792, 793
Adaptionssyndrom, ACTH und 554
Addison, Herabsetzung der 17-Ketosteroidausscheidung bei 485
additiver Effekt, Antibiotica-Kombination 798, 799
Adeno-Carcinom-Metastasen, Therapie mit E 39 1359
Adenopterin, Cytostatica 1349, 1350
Adeps neutralis als Salbengrundlage 250
Adermin, Vitamin B_6-Gruppe, Synonyma 415
Adiponecrosis subcutanea neonatorum, Therapie mit ACTH 631
— — —, — mit Cortison 631
Adrenalin 661—663
— und Ausschüttung von ACTH 555
—, Beeinflussung der Histamineffekte durch 294
—, Freisetzung von Histamin durch 283
— durch Histamin, Ausschüttung von 283
—, Nebenerscheinungen der Therapie mit 662
—, Novocain und 103, 104, 105, 106
—, physiologische Wirkung 662
—, Stoffwechselwirkung von 662
—, Therapie mit 662, 663
—, — des Anaphylaxie-Schocks mit 663
—, — der Erythrodermia desquamativa mit 663
—, — des Glottisödems mit 663
—, — der Urticaria mit 663
adrenalinsynergistische Wirkung, Antihistaminica 324
adrenocorticotropes Hormon s. ACTH
adrenogenitales Syndrom, Erhöhung der 17-Ketosteroidausscheidung bei 485

Adsorbensfehlen im Nährboden und Bewertung, Sulfanilamide 1094
Adsorptionsfaktor, Sulfanilamide 1013
Adsorptionsisotherme, Sulfanilamide 1013
adsorptiver Lichtschutz durch Atebrin 41, 42
Adulsion, Salbengrundlagen 273
Adynamie bei Hypercorticismus 559, 563
aerobe Glykolyse, Aktivierung durch Androgene 487
— —, — durch Testosteron 487
— —, Hemmung durch Androgene 487
— —, — durch Methyltestosteron 487
— —, — durch Testosteron 487
Aerosil, Salbengrundlagen 272, 276
Agammaglobulinämie, Hauterkrankungen und 26
Agardiffusionstest, Sensibilitätstestung, Sulfanilamide 1036
Agranulocytose unter Antihistaminica 351, 352
—, Atebrin und 46
—, Chlorpromazin und 70, 71
— nach Colchicin 1334
— nach E 39 1359
— nach Streptomycin 902
—, toxische Symptome, Sulfanilamide 1029
Agrocybin, Antimykotica 1261
Aerosporin, Antimykotica 1261
Akkommodationsstörungen nach Antihistaminica 350
Akne s. Acne
Akrocyanose, Besserung der Durchblutung unter Sexualhormonen 518
Akrodermatitis s. auch Acrodermatitis
Akrodermatitis chronica atrophicans, Therapie mit Antibiotica 894, 895
— — —, — mit Aureomycin 894
— — —, — mit Chloramphenicol 894, 895
— — —, — mit Erythromycin 894, 895
— — —, — mit Streptomycyin 894, 895
— — —, — mit Terramycin 894, 895

Akrodermatitis chronica atrophicans, Therapie mit Tetracyclin 894, 895
Akromegalie, Erhöhung der 17-Ketosteroidausscheidung bei 485
Akroparaesthesien bei Therapie der Hauttuberkulose mit Isonicotinsäurehydrazid 1165
Aktinomykose, Kombinationstherapie mit Penicillin und Streptomycin 1259
—, — mit Sulfonamiden und Penicillin 1257
—, Penicillintherapieversager bei 1257
—, therapeutische Hinweise 1275
—, Therapie mit Antibiotica 889
—, — mit Chloramphenicol 889
—, — mit Isonicotinsäurehydrazid 1229
—, — mit Jodoxychinolinsulfosäure 1226
—, — mit Penicillin 889, 1257
—, — — und Sulfonamiden 889
—, — mit Stilbamidin 1206
—, — mit Streptomycin 889, 1259
—, — mit Sulfanilamiden 1070
—, — mit Sulfonamiden 1220
—, — mit Sulfonen 1221
—, — mit Tetracyclinen 889, 1259, 1260
Aktivierung des Hypophysen-NNR-Systems durch Lipopolysaccharide 96
Aktivitätsbestimmung von LTH 500
— — an der Kropfdrüse der Taube 500
— — an der Milchdrüse von Säugern 500
Aktivitätsnachweis, Oestrogene 490, 491, 492
akute Leberkrankheiten mit Erythem 142
— — mit Exanthem 142
— — mit Gelbsucht 142
— — mit Purpura 142
— Porphyrie nach Atebrin 57
— — nach Resochin 57
Albidin, Antimykotica 1261
Albuminurie nach Griseofulvin 1244
Albuminurietherapie, orthostatische, mit Calcium 136
Alcohol cetylstearylicus s. Lanette O

Aldarson, Phenylarsonsäuren 756, 757
Aldehyde, Antimykotica 1188
Aldehydprobe im Harn, Leberfunktionsproben 153
Aldosteron, Dermatologie und 572
Aliomycin, Antimykotica 1261
aliphatische Carbonsäuren, Therapie von Dermatomykosen 1189—1194
Alkalineutralisation 7
Alkalineutralisationstest 6, 7
Alkalireserve 190
—, Verschiebung bei Ekzem 192
—, — bei Erythrodermie 192
—, — bei Lichen ruber 192
—, — bei Prurigo 192
—, — bei Pruritus 192
—, — bei Psoriasis 192
—, — bei seborrhoischem Ekzem 192
Alkaliresistenz 3, 6, 7
alkalische Darmreaktion, Calcium, Aufnahme und 132
alkalisierende Diät 189, 193
— —, Kostbeispiele für 193
Alkalose 190
—, Stoffwechselveränderungen und 190
Alkohole, Antimykotica 1188
Alkoholiker, Vitamin B_1-Mangel und 402
Alkoholneuritis, Vitamin B_1-Mangel und 402
Alkylaminbindung, Spaltung durch Sulfanilamide 1045
Alkylarsenoxyde 714
alkylierte Kresole, Antimykotica 1198—1200
— Phenole, Antimykotica 1198—1200
Alkylsulfonate 260, 261
Allegan, Phenylarsonsäuren 752
Allen-Doisy-Test, Oestrogennachweis 492
Allercur, Äthylendiamine, Antihistaminica 301, 311, 335
Allergene, mikrobielle, Wirkung der Antihistaminica bei Spätreaktion auf 320, 322
Allergie 3
—, Bedeutung von Histamin für 281—291
—, Calcium und 129
— gegen Choriongonadotropin 509
— gegen eigenes Oestrogen 516

Allergie gegen eigenes Oestrogen, Desensibilisierung 516
— — — —, Therapie mit Methyltestosteron 516
—, Feststellung der Nahrungsallergie 186
—, Häufigkeit bei Leberkrankheiten 147
—, Heilmittel und 37
—, „Histamintheorie" 290
—, gegen Hydrocortison 582
— gegen Hydrocortison-Salbe 582
— und Mykosebefall, Tetracycline 909, 910
—, Nahrungs-, Feststellung der 186
—, Para-Stoff-Allergie durch Novocain 112
—, Penicillin-, Desensibilisierung 907
—, —, Testung 907
—, —, Therapie mit Cortison 907
—, Photo-, Chlorpromazin und 73
— gegen Prednison 582, 583
—, Reaktionen nach Atebrin und Resochin 44
—, Wirkungen bei Bluttransfusionen, Prophylaxe durch Antihistaminica 346
Allergikor, Fehlen des Histaminbindungsvermögens bei 294
allergische Allgemeinreaktionen nach Penicillin 907
— Dermatosen, Therapie mit Insulin 666
— Erkrankungen, Therapie mit Calcium 137
— —, — mit Nicotinsäure 414, 415
— Hautreaktionen, Wirkung der Antihistaminica auf 321, 322
— Krankheiten des Respirationstraktes, Therapie mit Antihistaminica 340 bis 343
— Nebenwirkungen, Antibiotica 904—910
— —, Chloramphenicol 908, 909
— —, Streptomycin 908
— — nach Tetracyclinen 909, 910
— Phänomene, Wirkung der Antihistaminica bei 318 bis 320
— Reaktion durch ACTH 565, 566
— — auf Chlorpromazin 71, 72, 73

allergische Reaktion von Gonadotropinen 509
— —, Bedeutung des Histamin für 290—294
— — nach Colchicin 1335
— — durch NNR-Hormone 565, 566
— — durch Novocain 112, 124, 125
— — durch Oestrogene 509
— — bei Progesteron 509
— — von Serumgonadotropin 509
— — bei intravenöser Gabe von Vitamin B_1 403
— — auf Antibiotica 900
— — durch Androgene 509
— — auf Insulin 665
— —, Penicillin 784
— Sensibilisierung nach lokaler Anwendung von Antihistaminica 333
— —, Nebenwirkungen, Sulfanilamide 1031
— Spätreaktion, Bedeutung des Histamin für 292
allgemeine Einführung, Vitamine 382—385
Allgemein- und Nebenwirkungen der Androgene 509
— — von Gonadotropinen 509, 510
— — der Oestrogene 509
— — von Progesteron 509
— — der Sexualhormone 508, 509, 510
— — des Testosteron 509
Alopecia, lokale Therapie mit NNR-Extrakt 634
—, Therapie mit Cortison 634, 635
—, — mit Desoxycorticosteron 634
—, — mit Hydrocortisoninjektionen 635
—, — mit Hydrocortisonsalbe 635
—, — mit Hypophysenimplantaten 634
—, — mit Nebennierenimplantaten 634
—, — mit Prednisolonsalbe 635
—, — mit Triamcinolon 635
—, — mit Triamcinoloninjektionen 635
Alopecia areata, dermatologische Indikation für Novocain bei 117
— —, lokale Injektion von Hydrocortison bei 570
— —, Therapie mit Choriongonadotropin 514

Alopecia areata, Therapie mit Oestrogenspiritus 514
— —, — mit Prolactin 514
— —, — mit Testosteronspiritus 514
— —, — mit Vitamin D 445
— —, Wirkungsmechanismus der 514
Alopecia pityrodes, Therapie mit Oestrogenen 514
Alopecia praesenilis s. Alopecia pityrodes
Alopecia seborrhoides s. Alopecia pityrodes
Alopecia senilis s. Alopecia pityrodes
Alopecia totalis, Therapie mit Schilddrüsenhormonen 670
Alopecie s. Haarausfall
— durch Atebrin 45, 51
—, Therapie mit Vitamin H 426
Ambodryl, Antihistaminica, Colaminreihe 305
Amenorrhoe nach Myleran 1343
— nach Therapie mit Folsäureantagonisten 1350
Amethopterin, Cytostatica 1349, 1350
—, Folsäure-Antagonisten 422, 423
Amidomycin, Antimykotica 1261
Amidrazone, Antimykotica 1230
Amidryl, Antihistaminica, Colaminreihe 304
p-Aminobenzoesäure, Antimykotica 1216
— als Antivitamin 385
—, Chemie 419
—, Folsäure-Gruppe 419, 420
—, —, Synonyma 419, 420
—, mikrobiologischer Nachweis 419
—, Therapie der Dermatitis herpetiformis Duhring 420
—, — der Dermatomyositis 420
—, — des Erythematodes mit 420
—, — der Sklerodermie mit 420
—, Vorkommen 419, 420
Aminohydroxyverbindungen, Phenylarsonsäuren 755
Aminopenicillansäure, Penicillin 777, 778
Aminopterin, Cytostatica 1337, 1349, 1350
—, —, Strukturformel 1349
—, —, Wirkung von 1349

Aminopterin, Kombinationstherapie der Leukämie mit Cortison und 1349
—, Folsäure-Antagonisten 422, 423
—, Wirkung auf das Cytoplasma 1349
—, — auf den Zellkern 1349
Aminopteroylasparaginsäure, Folsäure-Antagonisten 422, 423
p-Aminosalicylsäure, Ausscheidung von 1129
—, Chemotherapie der Haut-tuberkulose mit 1125, 1129, 1130, 1131, 1132, 1133
—, experimentelle Chemotherapie der Hauttuberkulose 1129—1133
—, in vitro-Hemmung der Tuberkelbacillen durch 1125, 1129, 1130, 1131, 1132, 1133
—, tuberkulostatische Wirkung 1129, 1130, 1131, 1132, 1133
— und experimentelle Meerschweinchentuberkulose 1132, 1133
— und Isonicotinsäurehydrazid, tuberkulostatische Wirkung 1140
— und Methionin, Antagonismus von, Hauttuberkulose 1129
— im Tierversuch, Hauttuberkulose 1129
p-Aminosalicylsäure-Derivate, tuberkulostatische Wirkung 1130, 1131
Aminosäure-Imbalanz bei Diät-Behandlung 181
—, Leberschutz und 158, 159
Aminosäuremangel bei Hautveränderungen 183
Aminosäuren, Antimykotica 1194
—, Beeinflussung der Histamineffekte durch 294
Aminosäuregemische, Behandlungsergebnisse mit 163, 164
—, Leberschutzpräparate 154
Aminosäurenstoffwechsel, Einfluß der Tetracycline auf 816
Aminostilbamidin, Antimykotica 1207
—, Therapie der Coccidioidomykose mit 1207
—, — der Histoplasmose mit 1207
Aminotrat, Leberschutztherapie, Handelspräparat 167

Aminovit, Leberschutztherapie, Handelspräparate 167
Ammoniumverbindungen, quartäre, Antimykotica 1194, 1195, 1196
—, —, Therapie der Dermatomykosen mit 1194, 1195, 1196
Amodiaquin, Glucocorticoideinsparung bei Erythematodes acutus durch 58
—, — bei Pemphigus 58, 59
—, Icterus gravis nach 57
—, Nebenwirkungen von 57
—, Pharmakologie 38
—, Therapie der rezidivierenden Lichtausschläge mit 57
Ampholytseifen, Antimykotica 1194
Amphotericin s. auch Amphotericin B
Amphotericin 855, 856, 857
—, Atmungskurve 856
—, Haltbarkeit 855
—, Handelsform 920
—, Herkunft 855
—, Chemie 855
—, Grenzkonzentration 859
—, Löslichkeit 855
—, Pharmakologie 857
—, Phlebitis nach 857
—, Resistenz gegenüber 857
—, Therapie der Blastomykose 889
—, — der Coccidioidomykose 889
—, — der Cryptococcose 889
—, — der Sporotrichose 889
—, Toxicität 856, 857
—, toxische Nebenwirkungen der Therapie mit 857
—, Unterdrückung der Nebenwirkungen 857
—, Wirkungsbereich 855, 856
—, Wirkungsmechanismus 856
—, Wirkungsspektrum 856
Amphotericin B, Antimykotica 1235, 1236, 1253, 1254, 1255, 1275, 1276
—, —, Applikationsart 1255
—, —, Behandlungsdauer 1254, 1255
—, —, biologische Wirkung in vitro 1253
—, —, chemische Eigenschaften 1253
—, —, Dosierung 1254, 1255
—, —, Geschichtliches 1253
—, —, Gewichtsverluste nach Therapie mit 1255
—, —, Handelspräparate 1255
—, —, Herkunft 1253

Amphotericin B, Antimykotica, Indikationen 1254
—, —, klinische Erfahrungen 1254
—, —, Löslichkeit 1253
—, —, Nebenwirkungen 1255
—, —, physikalische Eigenschaften 1253
—, —, quantitative Bestimmung 1253
—, —, Resistenz gegen 1255
—, —, Toxicität im Tierexperiment 1253
—, —, toxische Wirkungen 1255
—, —, UV-Absorptionspektrum 1253
—, —, Vermeidung toxischer Reaktionen bei Therapie mit 1255
—, —, Verträglichkeit 1255
—, —, Verträglichkeit im Tierversuch 1253
—, —, Wirkungsspektrum 1253
—, —, Wirkungsweise 1255
—, Erbrechen nach Therapie mit 1255
—, Fieber nach Therapie mit 1255
—, fungicide Wirkung 1255
—, fungistatische Wirkung 1255
—, Kopfschmerzen nach Therapie mit 1255
—, Therapie der Chromoblastomykose mit 1254
—, — der Candidamykose 1254
—, — der Coccidioidomykose 1254
—, — der cutanen Candidamykose 1254
—, — der disseminierten Systemmykosen mit 1254
—, — der Histoplasmose 1254
—, — der Kryptokokkose mit 1254
—, — der nordamerikanischen Blastomykose mit 1254
—, — der südamerikanischen Blastomykose mit 1254
—, Tierversuche zur Therapie der experimentellen Candidamykose 1253
—, — zur Therapie der experimentellen Coccidioidomykose mit 1253
—, — zur Therapie der experimentellen Kryptokokkose 1253
—, — zur Therapie der experimentellen nordameri-

kanischen Blastomykose 1253
Amphotericin B, Thrombophlebitis nach Therapie mit 1255
Amyloidosis cutis, Therapie mit ACTH 632
— —, — mit Cortison 632
Amyloidose, Therapie mit Schilddrüsenhormon bei primärer Form 669
Anämie, Atebrinüberdosierung 45
—, aplastische, unter Antihistaminica 352
—, aplastische, nach Meprobamat 79
—, aplastische, toxische Symptome, Sulfanilamide 1029
— durch Chloramphenicol 902, 903
— durch Chlorpromazin 70, 71
—, hämolytische, unter Antihistaminica 352
—, —, toxische Symptome, Sulfanilamide 1029
—, Hauterscheinungen bei 25
— nach Sulfanilamiden 1023
Anaesthesie, Leitungs-, mit Novocain 121
anaesthetische Wirkung von Novocain 104, 105
Analekzem, Dermatologische Indikation für Novocain bei 110
analgetische Wirkung von Vitamin D_1 402
anaphylaktische Hautreaktion, Histamin 291
anaphylaktische Kontraktur des isolierten Darmes, Wirkung der Antihistaminica bei 318
anaphylaktische Reaktionen, Bradykinin und 291, 292
— —, Heparin und 289, 291
— —, Histamin, Schema der 293
— — durch Leberextrakte 164
— —, Plasmakinine und 291
— —, Serotonin und 286, 289, 291
— —, „Slow-reacting"-Substanz und 292
anaphylaktischer Schock nach Penicillin 907
— —, Wirkung der Antihistaminica bei 318, 321
anaphylaktisches Asthma, Wirkung der Antihistaminica bei 318
Anaphylaxie, passive, cutane, Wirkung der Antihistaminica bei 319

Anaphylaxie-Schock, Therapie
mit Adrenalin 663
Andantol, Antihistaminica,
Phenothiazine 304, 335
Androgene, Acneentstehung
und 510
—, Aktivierung der aeroben
Glykolyse durch 487
— Aktivität des Testosterons
481, 485, 486
—, allergische Reaktionen
durch 509
—, Allgemein- und Nebenwirkungen 509
—, Anreicherung im Experiment in Leber, Niere,
Urogenitaltrakt 487
—, Aufhebung der Hyaluronidasewirkung durch 489
—, Ausscheidung im Urin 480,
483, 484
—, Bildung in Leydig-Zellen
480, 481
—, biologische Aktivität 485,
486
—, Capillarresistenz und 488
—, Chemie 480
—, Cholesterin als Synthese-
zwischenprodukt 481
—, Cytostatica 1337, 1351
—, diabetogene Wirkung im
Experiment 486
—, Entstehung der Oestrogene
aus 490
—, — — im Organismus aus
525
—, fermentative Oxydation
von 481
—, Fermentaktivität und 486,
487
—, Fermentaktivitätsabnahme
unter 487
—, Fermentaktivitätssteige-
rung unter 487
— und Fettbestimmung 488
—, Fibroblastenaktivität und
489
—, fördernde Wirkung auf
Fettstoffwechsel 486
—, Geschlechtshormone 472
—, Gewebestoffwechsel und
486, 487
—, Gewichtszunahme unter
486
—, Handelspräparate, Andro-
teston 507
—, —, Androteston M 507
—, —, Depovirin 507
—, —, Durabolin 507
—, —, Nilevar 507
—, —, Notandron 507
—, —, Perandren 507
—, —, Sustanon 507
—, —, Testosid 507
—, —, Testosid-Depot 507

Androgene, Handelspräparate,
Testoviron 507
—, —, Testoviron-Depot 507
—, Hauterythem nach 488
—, Hautstoffwechselprodukte
von 485
—, Hemmung der aeroben
Glykolyse durch 487
—, — der Inaktivierung bei
Leberschäden 485
—, Hypokaliämie durch 487
—, Melaninpigmentierung
unter 489
—, Minderung der Stickstoff-
ausscheidung unter 486
—, Muskelglykogenzunahme
bei Hypophysektomie
486
—, Nachweis im weiblichen
Organismus 492
—, proteinanabole Wirkung
486
—, Samenblasen-Prostata-Test
482, 483, 484, 485, 486
—, Seborrhoe und 512
—, Sekundärbehaarung unter
489
—, Stimulierung der Melanocyten 489
—, Stoffwechselwirkungen 486,
487, 488, 489
—, Talgdrüsenentwicklung und
488
—, — bei Eunuchen und
Kastraten 488
—, Terminalkörperbehaarung
und 489
—, Therapie des Gehörgangs-
ekzems mit 512
—, — der Hypozoospermie
mit 519, 520, 521, 522
—, — des Keratoderma kli-
makterii, mit 516, 517
—, — des metastasierenden
Mamma-Carcinoms
mit 524, 525
—, — der Normospermie mit
postpuberaler Ley-
dig-Zellinsuffizienz
mit 519, 520
—, — des Ohrekzems mit 512
—, — der Oligospermie mit
519, 520, 521, 522
—, — des Prostata-Adenoms
mit 523, 524
—, — des Pruritus vulvae mit
517
—, — der Psoriasis mit 513,
514
—, — der Retentio testis mit
523
—, — der Rosacea mit 513
—, — des Sclerema adultorum
bei Frauen mit 516
—, — des Ulcus cruris mit 518

Androgene, Umbau in Leber
und Niere 481
—, Umsetzung in der menschlichen Haut 485
—, Unterdrückung der klimakterischen Wallungen
durch 488
—, Vasodilatation 487, 488
—, Verhinderung der Infektausbreitung bei Adrenal-
ektomie durch 489
—, Vermehrung der Knorpel-
und Knochensubstanz
unter 486
—, Vorkommen im Hoden
480
—, Wirkung auf Haarfollikel
489
—, — bei Kastraten 486
—, — auf Mineralhaushalt 487
—, — auf Verhornung 488
—, Zunahme der Kollagen-
fasern 488, 489
androgenes Defizit bei Fertilitätsstörungen 519
— —, im Spermaplasma bei
erniedrigtem Fruc-
tosespiegel 519, 520
androgene Hormone, Anti-
mykotica 1232
Androgene und Oestrogene,
Kombinationstherapie des
Prostata-Adenoms mit 523,
524
Androgentherapie und Stimulierung der Talgdrüsen bei
Kastraten 512
androgene Wirkung des 19-Nor-
Testosteron 486
Androgenwirkung bei Hahnenkammtest 485
— bei Samenblasentest 485
Androstendion, Nachweis im
Corpus luteum 492
—, — im Ovar 492
—, — in der Placenta 492
—, — im weiblichen Organismus 492
— im Ovar 485
Androsteronfraktion, Vermeh-
rung bei Hirsutismus im
Harn 495
Androsteronzufuhr, erhöhte
Oestrogenausscheidung
nach 490
Androteston, Androgen, Han-
delspräparat 507
Androteston M, Androgen,
Handelspräparat 507
Aneural, Meprobamat,
Handelspräparate 67, 68
Aneurin, Vitamin B$_1$, Syno-
nyma 400
Angiomatosis Kaposi, Äthylen-
iminderivate bei 1356

Angiome, Indikation für Externa, flüssiger Stickstoff 169
Angulus infectiosus, Therapie mit Antibiotica 877
Aniacinose, akute, Mangelerscheinung von Nicotinsäure 413
Anilinfarbstoffe s. Triphenylmethanfarbstoffe
Anionennegative Emulgatoren, Emulsionsgrundlagen, Typ Öl-in-Wasser 259—246
Anisomycin, Antimykotica 1261
anorectale Schleimhautveränderungen durch Tetracycline 917
Anorexie bei Hypercorticismus 556
anorganische Arsenverbindungen 711
anorganische Hydrogele, Salbengrundlagen 275, 276
anorganische Metallverbindungen, Antimykotica 1187, 1188
anorganische Säuren, Antimykotica 1186, 1187
ansäuernde Diät, Beschleunigung der Wundheilung unter 191, 192
— —, Kostbeispiele für 192, 193
Antacida bei Magenanamnese, Nebennierenrindenhormone 576
Antagonismus, absoluter, bei Antibiotica-Kombination 797
—, relativer, bei Antibiotica-Kombination 797
—, von p-Aminobenzoesäure und p-Aminosalicylsäure, Hauttuberkulose, experimentelle Chemotherapie 1129, 1131
— im Wirtsorganismus und Bewertung, Sulfanilamide 1094, 1095
Antagonisten des Calcium 129
— in Eiterprozessen gegenüber Sulfanilamiden 1100
—, Folsäure, Amethopterin 422, 423
—, —, Aminopterin 422, 423
—, —, Aminopteroylasparaginsäure 422, 423
— der Sulfanilamide 1038, 1039
Antagonistenfehlen im Nährmedium und Bewertung, Sulfanilamide 1094
Antergan, Äthylendiamine, Antihistaminica 298, 335
Anteron, Gonadotropine, Handelspräparate 507

antiallergische Wirkung von Antihistaminica 317
— — von Vitamin A 397
— — von Vitamin D bei Bronchialasthma 441, 442
— — von Vitamin D bei Heufieber 441, 442, 445
antianämisches Vitamin, Vitamin B_{12}, Synonyma 423
antibakterielle Wirkung, Antihistaminica 326
— — und Bewertung, Sulfanilamide 1094, 1095
— — und Bewertung, Sulfanilamide 1097
— — bei Erregerspezifität und Bewertung, Sulfanilamide 1094
— — und Säuregrad, Sulfanilamide 998
Antibiose 772
Antibiotica 772—961
—, Aktivitätsverlust in Siliconen 175
—, Albomycin 869
—, allergische Nebenwirkungen 904, 905, 906, 907, 908, 909, 910
—, allergische Reaktionen auf 900
—, Allgemeinwirkungen 915, 916, 917
—, Amaromycin 869
—, Amphomycin 869
—, Anisomycin 869
—, Applikationsformen 920, 921, 922, 923, 924, 925, 926, 927, 928, 929
—, Beeinflussung immunbiologischer Vorgänge im Organismus 917, 918, 919
—, Begriffsbestimmung 772, 773, 774, 775
—, biologische Nebenwirkungen 911, 912, 913, 914, 915
—, biologische Veränderungen des Erregers 900
—, — — des Wirtes unter 900
—, Bryamycin 869
—, Cathomycin 869, 870
—, Chartreusin 870
—, Chemotherapie der Hauttuberkulose mit 1125
—, Cinnamycin 870
—, Colimycin 870
—, Cycloserin 870
—, Cytostatica 1346, 1347, 1348
—, Elaiomycin 870
—, Framycetin 870
—, Geschichtliches 772, 773, 774, 775
—, gezielter therapeutischer Eingriff bei Mykosen 1272

Antibiotica, gezielte Therapie mit 793
—, Griseofulvin 867, 868, 869
—, Griseomycin 870
—, Handelsformen 920, 921, 922, 923, 924, 925, 926, 927, 928, 929
—, Hauttuberkulose, experimentelle Chemotherapie mit 1133—1139
—, Jarisch-Herxheimer-Reaktion nach 910, 911
—, klinische Anwendung von 876—920
—, Kombination von 797
—, — mit Hydrocortisonsalbe 593
—, — mit Neomycin 844
—, — mit Oleandomycin 863, 864
—, Kombinationsbehandlung mit ACTH bei mikrobiellem Ekzem 890, 891
—, — des Erythematodes chronicus mit ACTH 898
—, — des Erythematodes chronicus mit Prednison 898
—, Kombinationstherapie der Acne necroticans mit Hydrocortisonsalbe und 633
—, — des bakteriellen Ekzems mit Nebennierenrinden-Salbe und 618, 619
—, Konzentrationen für Blättchentest 796, 797
—, Lokalbehandlung von Dermatosen 877
— und Nebennierenrindenhormone, Kombinationstherapie der Dermatomyositis 606, 607
—, Nebenwirkungen 899—917
—, — komplexer Genese 915, 916, 917
—, Novobiocin 871
— für orale Mykosetherapie 1235
—, Penicillin 775—801
—, pilzhemmende, Auffindung und Testmethoden 1177
—, pilzwirksame 1260—1271
— mit Pilzwirksamkeit 1260—1271
—, Potenzierung durch Kombination von 797, 798
—, Raisnomycin 871
—, Resistenz bei Hospitalismus 1061
—, Ristocetin 871
—, Schädigungen durch 900

Antibiotica, Sensibilisierung
gegen 904
—, Spiramycin 871
—, Streptonivicin 871
—, Sulfanilamide, Indikationsabgrenzung gegen 1094
—, Synonyma 872, 873, 874,
875
—, Therapie der Acne conglobata 892, 893
—, — der Acne necroticans
878
—, — der Acne vulgaris 892,
893
—, — der Akrodermatitis
chronica atrophicans
894, 895
—, — der Aktinomykose mit
889
—, — des Angulus infectiosus
877
—, — der bacillären Haut-
krankheiten 881
—, — der Dermatitis herpetiformis Duhring 892
—, — der Dermatomyositis
mit 898
—, — von Dermatosen mit ungeklärter Genese 893,
894, 895, 896
—, — der Diphtherie 879
—, — des Ecthyma gangrae-
nosum terebrans 879
—, — der Epididymitis mit
Cortison und 661
—, — des Eczema herpeticatum mit 886, 887
—, — des Erysipel 877, 878
—, — des Erysipeloid 879
—, — des Erythema chroni-
cum migrans 895, 896
—, — des Erythema exsudativum multiforme 896
—, — des Erythema nodosum
896, 897
—, — des Erythematodes acutus mit 898
—, — des Erythematodes
chronicus 897, 898
—, — der Erythrodermie 899
—, — der Folliculitis 877, 878
—, — der Frambösie 884, 885
—, — der Furunkel 879
—, — der Geschlechtskrankheiten 881, 882, 883,
884
—, — der Gonorrhoe 881,
882
—, — der Hautbrucellose 879,
880
—, — der Hauttuberkulose
880
—, — des Herpes simplex 886
—, — der Impetigo 877
—, — der Karbunkel 879

Antibiotica, Therapie der Kokkenerkrankungen
876, 877, 878, 879
—, — der Lepra 880
—, — des Lichen ruber 897
—, — des Lymphogranuloma
inguinale 884
—, — des Malleus 880
—, — mikrobieller Dermatosen 876
—, — des mikrobiellen Ek-
zems 890, 891
—, — des Milzbrands 881
—, — der Nokardiose mit 889,
890
—, — der Panniculitis 899
—, — des Pemphigoid neonatorum 877
—, — des Pemphigus 891
—, — der Periarteriitis nodosa
880
—, — der Phlegmone 879
—, — der Pilzerkrankungen
887, 888, 889, 890
—, — der Pityriasis alba faciei
877
—, — der Protozoenerkran-
kungen 884, 885
—, — der Psoriasis 899
—, — der Psoriasis pustulosa
899
—, — der Pyocyaneus-Infektion 880
—, — der Pyodermie 877, 878,
879
—, — des Rhinosklerom 880
—, — der Rosacea 893
—, — des Sarcoma idiopathicum Kaposi 899
—, — der Schweißdrüsen-
abscesse 879
—, — von sekundär infizierten
Dermatosen 890, 891,
892, 893
—, — der Sekundärinfektion
bei Pilzerkrankungen
887
—, — — bei Viruserkrankungen 886, 887
—, — der Sklerodermie 898
—, — von Sodoku 885
—, — der Staphylodermie 879
—, — der Streptodermie 877
—, — der Thrombophlebitis
880
—, — der Trichomonaden 885,
886
—, — der Tularämie 880
—, — des Ulcus cruris 891
—, — des Ulcus molle 883, 884
—, — der Vaccina inoculata
886, 887
—, — der Vaccinationsschäden mit 886, 887
—, — der Varicellen mit 886

Antibiotica, Therapie der Variola mit 886, 887
—, — der Verbrennungen 893
—, — der Viruskrankheiten
886, 887
—, — des Zoster mit 886
—, toxische Nebenwirkungen
901, 902, 903, 904
—, toxische Reaktionen auf
900
—, Usninsäure 871
—, Vancomycin 871
—, Viomycin 871, 872
—, Wirkungsbereich 774, 775
—, Wirkungssteigerung durch
Kombination mit Strep-
tomycin 809, 810
—, als Antimykotica 1235 bis
1272
— für orale Mykosetherapie
1235—1256
— für parenterale Mykose-
therapie 1235—1256
— für die Therapie der Strahlenpilzerkrankungen
1235, 1256—1260
—, Behandlung, Acne vulgaris
511
Antibiotica-Kombination, absoluter Antagonismus bei
797
—, additiver Effekt 798, 799
—, Antagonismus 798, 799
—, relativer Antagonismus bei
797
—, Synergismus 798, 799
Antibioticum 136, Antimykotica 1271
Antibioticum 1968, Antimykotica 1271
Antibioticum AYF, Antimykotica 1271
Antibioticum PA 132, Antimykotica 1271
Antibioticum PA 150, Antimykotica 1271
Antibioticum PA 153, Antimykotica 1271
Antibioticum PA 166, Antimykotica 1271
Antibioticum XG, Antimykotica 1271
antibiotische Wirkung, Chloramphenicol 827
anticanceröse Wirkung von
Vitamin A 397
anticholinergische Wirkung,
Antihistaminica 308, 323
antidiabetische Wirkung, Sulf-
anlamide 1024
— —, Sulfonamide 1024
antiemetische Wirkung, Antihistaminica 324, 345
antifungische Stoffe, Antimykotica 1173, 1174, 1175

Antigen-Antikörper-Reaktion, Histaminfreisetzung Folge von 290
—, Unterdrückung durch Antihistaminica 323
antigonadotrope Wirkung, Nor-Testosteron 477
— —, Oral-Gestagen 477
antihämorrhagisches Vitamin, Vitamin K, Synonyma 452
Antihistamineffekt, Atebrin und 40
Antihistaminica 281—357
—, Absinken des Kalium-Calcium-Quotienten unter 323
—, adrenalinsynergistische Wirkung 324
—, Agranulocytose unter 351, 352
—, Akkommodationsstörungen nach 350
—, allergische Sensibilisierung nach lokaler Anwendung 333
—, Änderung des Antikörpertiters unter 323
—, Antagonismus zur Hyaluronidasewirkung 324, 325
—, antiallergische Wirkung von 317
—, antibakterielle Wirkung 326
—, anticholinergische Wirkung 308, 323
—, antiemetische Wirkung 324, 345
—, Antimykotica 1231, 1232
—, —, Wirkungsweise der 1231
—, antimykotische Wirkung 326
—, antipruriginöse Wirkung 317
—, aplastische Anämie unter 352
—, Art der Nebenwirkungen 347, 348, 349
—, Äthylendiamine, Allercur 301, 311, 335
—, —, Antergan 298, 335
—, —, Antistin 300, 301, 311, 312, 335
—, —, Bromothen 300
—, —, Buclizine 302, 335
—, —, Chlorcyclizin 301, 312, 335
—, —, Chlorothen 300, 312, 335
—, —, Diatrin 300, 311, 335
—, —, Di-Paralene 301
—, —, Hetramin 299, 312
—, —, Hibernon 299, 335
—, —, Histantin 301
—, —, Luvistin 300, 335
—, —, Neoantergan 298, 299, 311, 312, 313, 335

Antihistaminica, Äthylendiamine, Neo-Hetramin 299, 312, 335
—, —, Perazil 301
—, —, Postaféne 301
—, —, Pyribenzamin 299, 311, 312, 313, 335
—, —, Sandosten 302, 311, 335
—, —, Soventol 302, 311, 335
—, —, Synpen 299, 313, 335
—, —, Thenylen 300, 311, 335
—, —, Vibazine 302
—, Äthylendiamin-Struktur 298—302
—, Auswertung der 308—326
—, Auswertung an der Bronchialmuskulatur 311, 312
—, — am Histamin-Entgiftungsversuch 312, 313
—, Beurteilung therapeutischer Resultate 330—331
—, Beziehungen zwischen chemischer Struktur und pharmakologischer Wirksamkeit 297
—, capillarpermeabilitätshemmende Wirkung 308, 313, 314, 315
—, Chemie der 297—308
—, Colaminreihe, Ambodryl 305
—, —, Amidryl 304
—, —, Benadryl 304, 312, 335
—, —, Benodire 304
—, —, Clistin 305, 335
—, —, Dabylen 304
—, —, Decapryn 304, 335
—, —, Diphenylpyralin 305
—, —, Histaphène 305
—, —, Kolton 305
—, —, Systral 305, 335
—, Colamin-Struktur 298, 304, 305
—, Dämpfung der Histaminhautreaktion unter 317
—, Definition 296, 297
—, Dramamin 345
—, Einfluß auf Histamineffekt am Meerschweinchendarm 310, 311
—, EKG-Veränderungen unter 351
—, Entwicklung der 297, 298
—, enzymatischer Abbau von 327, 328
—, Epilepsie und Therapie mit 357
—, Erhöhung der Capillarresistenz unter 315
—, Ermittlung der Minimaldosen beim Histaminasthma 312
—, —, der Wirkungsdauer beim Histaminasthma 312

Antihistaminica, fungistatische Wirkung der 1231
—, Gewebsreizungen durch 317
—, Gewöhnung bei Dauerbehandlung der Urticaria 336
—, hämolytische Anämie unter 352
—, Häufigkeit der Nebenwirkungen 347
—, Hemmung der Histamin-Kreislaufwirkungen am Tier 313
—, Hemmwirkung auf Fermente 325
—, histaminantagonistische Wirkung 308, 309, 310—316
—, hustendämpfende Wirkung 324
—, Juckreizschwellenerhöhung durch 317
—, Kombination mit zentralerregenden Stoffen 333, 334
—, —, mit Hydrocortison zur Lokalbehandlung 570
—, Kombinationspräparate, Calcistin 334
—, —, Dibistine 333
—, —, Ilvin-Calcium 334
—, —, Plimasin 334
—, —, Sandosten-Calcium 334
—, —, Soventoletten 334
—, —, Systral C 334
—, —, Tri-Histin 333
—, Kombinationstherapie von Calcium mit 138
—, Kontraindikationen 357
—, Lichtschutzwirkung 325, 326
—, lokalanaesthetische Wirkung 308, 316, 317
—, Lokalbehandlung von Dermatomykosen mit 1231, 1232
—, Monoäthanolamin-Struktur 298, 304—305
—, Muskulaturspannungsgefühl nach 350
—, Nacht- 341, 349
—, Nachweis der 326, 327
—, — mit biologischen Methoden 327
—, — mit chemischen Bestimmungsmethoden 326, 327
—, Nebenerscheinungen am hämatopoetischen System 349, 351
—, Nebenwirkungen 347—357
—, — am Atmungssystem unter 348
—, — und EEG-Befunde 350
—, —, Exantheme 353

Antihistaminica, Nebenwirkungen, Gruppensensibilisierung 354
—, —, Kontaktekzeme 354, 355
—, —, Kontaktsensibilisierung 355
—, —, Photosensibilisierung 355, 356
—, — an den Gefäßen unter 352, 353
—, — an der Haut unter 353—356
—, — am Herz-Kreislauf-System 348, 351
—, — an der Leber unter 353
—, — am Nervensystem 348, 349, 350
—, — an den Nieren unter 352, 353
—, — am Urogenital-System 348
—, Novamina 345
—, parasympathicolytische Wirkung 323, 324
—, permeabilitätshemmende Wirkung an der Haut 314
—, Persönlichkeitsveränderungen unter 350
—, Pharmakologie 308—326
—, Phenothiazinderivate 302, 303, 304
—, Phenothiazine, Andantol 304, 335
—, —, Atosil 303, 335
—, —, Casantin 303
—, —, Decentan 303
—, —, Dibutil 303
—, —, Diparcol 303
—, —, Largactil 303
—, —, Latibon 303
—, —, Lergigan 303
—, —, Megaphen 303
—, —, Multergan 303
—, —, Pacatal 303
—, —, Padisal 303
—, —, Parsidol 303
—, —, Phenergan 303, 312, 335
—, —, Propaphenin 303
—, —, Protactyl 303
—, —, Pyrathiazin 303
—, —, Pyrrolazot 303, 335
—, —, Repeltin 303
—, —, Thiantan 303
—, —, Verophen 303
—, —, Photosensibilisierung durch 355, 356
—, Prophylaxe von Allergie-Wirkungen bei Bluttransfusionen 346
—, — von Arzneimittelreaktionen durch 345, 346, 347
—, — der Luftkrankheit 324, 345

Antihistaminica, Prophylaxe von Penicillin-Reaktionen durch 345, 346
—, — der Seekrankheit 324, 345
—, — von Serumreaktionen durch 345, 346, 347
—, — von Zwischenfällen mit Jod-Kontrastmitteln 346, 347
—, Propylamin-Struktur 298, 305—308
—, Propylamine, Avil 305, 335
—, —, Chlortrimeton 306, 335
—, —, Dimetane 306
—, —, Ilvin 306, 311, 335
—, —, Omeril 306, 307, 311, 335
—, —, Pragman 306, 335
—, —, Pyronil 307
—, —, Thephorin 306, 313, 335
—, —, Trimeton 305, 312, 335
—, Prüfung der permeabilitätshemmenden Wirkung an Labortieren 314
—, Reizungen nach lokaler Anwendung 333
—, Resorptionsgröße von 334
—, Resorption aus dem Darm 327
—, Schicksal im Organismus 326, 327, 328
—, Schmerzreizschwellenwerterhöhung unter 316
—, Schwellenwerte bei Auswertung am Meerschweinchendarm 311
—, sedative Wirkung 324
—, sedierende Wirkung 349, 350
—, spasmolytische Wirkung 308, 323
—, Störungen im Magen-Darm-Kanal unter 348, 350
—, — des Nervensystems 348, 349, 350
—, Substitution an der aromatischen Aminogruppe und Wirkungssteigerung 297
—, Tages- 341, 349
—, therapeutische Dosis 335
—, Therapie mit 330—347
—, — der allergischen Gastroenteritis 344
—, — von allergischen Krankheiten des Respirationstraktes 340—343
—, — des Ano-genital-Pruritus 339
—, — Anwendung 331, 332, 333, 334
—, — der Arzneimittelexantheme 337, 338, 340

Antihistaminica, Therapie des Asthma-bronchiale 342, 343
—, — der Colica mucosa 344
—, — mit Depot-Tabletten 332
—, — der Dermatitis herpetiformis Duhring 340
—, — der Dermatomyositis 344
—, — von Dermatosen 336—340
—, — Dosierung 331, 334, 335, 336
—, — der Ekzeme 338, 339, 340
—, — von Erkältungskrankheiten 344
—, — des Erythematodes acutus 344
—, — der Glomerulonephritis 344
—, — des Herpes gestationis 340
—, — des Heufiebers 341, 342
—, — individuelle Differenzen der Dosierung 334
—, — mit Injektionen 332
—, — juckender Mykosen 339
—, — mit Kombinationspräparaten 333, 334
—, — des Lichen ruber 339
—, — lokale Anwendung 332, 333
—, — der Mykosis fungoides 339
—, — der Neurodermitis 339, 340
—, — orale Anwendung 332
—, — der Periarteriitis nodosa 344
—, — der Pityriasis rosea 339
—, — der Prurigo 339
—, — des Pruritus bei inneren Krankheiten 340
—, — des Pruritus senilis 339
—, — des Quincke-Ödem 337, 340
—, — des Röntgenkaters 345
—, — der Serumkrankheit 338
—, — der Sklerodermie 344
—, — der umschriebenen Neurodermitis 339
—, — der Urtikaria 336, 337, 340
—, — —, Präparatwechsel 337
—, — der vasomotorischen Rhinitis 341, 342
—, — der Vergiftung durch 357
—, Thymoxyäthyldiäthylamin 297, 298

Antihistaminica, Trockenheit
des Mundes nach 350
—, thrombocytopenische Purpura unter 352
—, Unterdrückung von Anti-
gen-Antikörper-Reak-
tionen durch 323
—, Vergiftungen 356, 357
—, Verhütung von Zwischenfällen bei Desensibilisierung durch 342
—, Verkehrsunfälle nach Überdosierung von 349, 350
—, Verkürzung der Blutgerinnungszeit unter 316
—, Verteilung in den Organen
327, 328
—, Vomex A 345
—, wirksame Grenzkonzen-
trationen am Meer-
schweinchendarm 311
—, Wirksamkeit auf verschiedene Histaminreak-
tionen beim Menschen
310
—, — bei verschiedenen Tier-
arten 308, 309, 310
—, Wirkung auf allergische
Phänomene 318—320
—, — auf die allergischen
Hautreaktionen 231,
322
—, — beim anaphylaktischen
Asthma 318
—, — bei anaphylaktischer
Kontraktur des iso-
lierten Darmes 318
—, — beim anaphylaktischen
Schock 318, 321
—, — auf Antikörperbildung
320
—, — beim Arthus-Phänomen
319, 322
—, — auf Blutgerinnung 316
—, — bei Ekzemreaktion 320,
322
—, — auf entzündliche Hautreaktionen 325
—, — auf Gefäßtonus 315
—, — beim Histaminasthma
311, 312
—, — auf histaminbedingte
Drüsensekretion des
Verdauungskanals
315, 316
—, — auf Histamin-Blut-
druckeffekt 313
—, — auf Histamin-Capillar-
permeabilitätsstö-
rungen 313, 314, 315
—, — beim Histamin-Ent-
giftungsversuch 312,
313
—, — auf Histamin-Gefäß-
reaktionen 313

Antihistaminica, Wirkung
auf Histaminkreis-
laufreaktionen beim
gesunden Menschen
313
—, — auf Histaminquaddel
314, 315
—, — auf Histamin-Spasmus
am isolierten Gefäß-
präparat 313
—, — bei Masugi-Nephritis
320
—, — bei passiver cutaner
Anaphylaxie 319
—, — bei Periarteriitis nodosa
320
—, — bei Prausnitz-Küstner-
Reaktion 319, 322
—, — bei Sanarelli-Schwartzmann-Phänomen 320
—, — im Schultz-Dale-Ver-
such 318
—, — bei Spätreaktion auf
mikrobielle Allergene
320, 322
—, — bei Tuberkulin-Haut-
reaktion 319, 320,
322
—, — bei urtikariellen Testreaktionen 319, 321,
322
—, — bei Verbrennungen 325
—, Wirkungsdauerbestimmung
mit Histaminquaddel-
methode 315
—, Wirkungsmechanismus 328,
329, 330
—, —, Beschleunigung der
Histaminzerstörung
328
—, —, Hemmung der Hist-
aminbildung 328
—, —, Hemmung der Hist-
aminwirkung an den
Receptoren 328, 329
—, —, Verdrängungstheorie
329, 330
—, Wirkungsstärkebestim-
mung mit Histamin-
quaddelmethode 315
—, Wirkungsunterschiede 334
—, Wirkungsverlust während
Therapie 335, 336
—, zentrale Wirkung von 324,
345
—, zentralerregende Nebenwirkungen 350
—, Zusatz in Grippemitteln
334
Antihistaminicum, Kombi-
nationstherapie der Otitis
externa mit Nebennieren-
rindensalbe und 618
Antihistaminwirkung von Nicotinsäure 414

Antihormonbildung, Hypophysenvorderlappenhormone
509, 510
—, Inaktivierung der Gonadotropine bei 509, 510
—, Sexualhormone 509, 510
antiinfektöse Effekte, Vitamin C 432, 433
Antikörper, ACTH und
566
—, Nebennierenrindenhormone
und 566
—, neutralisierende, gegen
Histamin 295
Antikörperbildung bei Leberkrankheiten 144, 145
—, Lipopolysaccharide 97
—, Wirkung der Antihistaminica auf die 320
Antikörpertiter, Änderung
unter Antihistaminica 323
Antimalariamittel, Ersatz der
Resochintherapie durch
andere 57
—, historische Entwicklung 47,
48
—, Indikation der Therapie bei
Erythematodes acutus
mit 58
—, Nebenwirkungen 44, 50
—, synthetische 37, 47
—, synthetische bei Haut-
krankheiten 58, 59
—, Toxicität von 44
Antimetabolite, Cytostatica
1318, 1328
, , Pteridine 1328
—, —, Purine 1328
—, —, Pyrimidine 1328
antimikrobielle Wirkung, Sulfanilamide 1033—1040
antimikrobieller Wirkungsmechanismus, Sulfanil-
amide 1050—1056
antimycetische Stoffe, Antimykotica 1173, 1174
antimycetische Wirkung, Vitamin K 456, 457
Antimycin A, Antimykotica
1261
Antimycin forte, Antimykotica
1261
Antimycoin, Antimykotica
1261, 1262
Antimykotica 1172—1276
—, Abikoviromycin 1260
—, Acridinfarbstoffe 1210
—, ACTH 1233
—, Actidion 1235, 1236, 1255,
1256, 1257, 1275
—, —, chemische Eigenschaften 1255
—, —, Dosierung 1256
—, —, fungicide Wirkung
1256

Antimykotica, Actidion, fungistatische Wirkung 1256
—, —, — — im Laboratorium 1256
—, —, Geschichtliches 1255
—, —, Handelspräparate 1256
—, —, Herkunft 1255
—, —, klinische Erfahrungen 1256
—, —, Löslichkeit 1256
—, —, Molekularformel 1255
—, —, pharmakologische Eigenschaften 1255, 1256
—, —, physikalische Eigenschaften 1255
—, —, quantitative Bestimmung 1256
—, —, Strukturformel 1255
—, —, Tierversuche zur Prüfung der Wirksamkeit 1256
—, —, Toxicität 1256
—, —, Verträglichkeit 1256
—, —, Wirkungsweise 1256
—, Actinomycin A 1260, 1261
—, Actinon 1261
—, Aerosporin 1261
—, Agrocybin 1261
—, Albidin 1261
—, Aldehyde 1188
—, Aliomycin 1261
—, aliphatische Carbonsäuren 1189—1194
—, Alkohole 1188
—, alkylierte Kresole 1198, 1199, 1200
—, alkylierte Phenole 1198, 1199, 1200
—, allgemeine therapeutische Maßnahmen 1178
—, Amidomycin 1261
—, Amidrazone 1230
—, Aminosäuren 1194
—, Aminostilbamidin 1207
—, Ampholytseifen 1194
—, Amphotericin B 1235, 1236, 1253, 1254, 1255, 1275, 1276
—, —, Applikationsart 1255
—, —, Behandlungsdauer 1254, 1255
—, —, biologische Wirkung in vitro 1253
—, —, chemische Eigenschaften 1253
—, —, Dosierung 1254, 1255
—, —, Erbrechen nach Therapie mit 1255
—, —, Fieber nach Therapie mit 1255
—, —, fungicide Wirkung 1255
—, —, fungistatische Wirkung 1255

Antimykotica, Amphotericin B, Geschichtliches 1253
—, —, Gewichtsverluste nach Therapie mit 1255
—, —, Handelspräparate 1255
—, —, Herkunft 1253
—, —, Indikationen 1254
—, —, klinische Erfahrungen 1254
—, —, Kopfschmerzen nach Therapie mit 1255
—, —, Löslichkeit 1253
—, —, Nebenwirkungen 1255
—, —, physikalische Eigenschaften 1253
—, —, quantitative Bestimmung 1253
—, —, Resistenz gegen 1255
—, —, Therapie der Candidamykose 1254
—, —, — der Chromoblastomykose 1254
—, —, — der Coccidioidomykose 1254
—, —, — der cutanen Candidamykose 1254
—, —, — der disseminierten Systemmykosen 1254
—, —, — der Histoplasmose 1254
—, —, — der Kryptokokkose 1254
—, —, — der nordamerikanischen Blastomykose 1254
—, —, — der südamerikanischen Blastomykose 1254
—, —, Thrombophlebitis nach Therapie mit 1255
—, —, Tierversuche zur Therapie der experimentellen Candidamykose 1253
—, —, — zur Therapie der experimentellen Coccidioidomykose 1253
—, —, — zur Therapie der experimentellen Kryptokokkose 1253
—, —, — zur Therapie der experimentellen nordamerikanischen Blastomykose 1253
—, —, Toxicität im Tierexperiment 1253
—, —, toxische Wirkungen 1255
—, —, UV-Absorptionsspektrum 1253

Antimykotica, Amphotericin B, Vermeidung toxischer Reaktionen bei Therapie mit 1255
—, —, Verträglichkeit 1255
—, —, — im Tierversuch 1253
—, —, Wirkungsspektrum 1253
—, —, Wirkungsweise 1255
—, androgene Hormone 1232
—, Anisomycin 1261
—, anorganische Metallverbindungen 1187, 1188
—, anorganische Säuren 1186, 1187
—, Antibiotica als 1235—1272
—, —, gezielter therapeutischer Eingriff bei Mykosen 1272
—, — für die Behandlung der Erkrankungen durch Strahlenpilze 1235, 1256—1260
—, — für orale Mykosetherapie 1235—1256
—, — für parenterale Mykosetherapie 1235—1256
—, — mit Pilzwirksamkeit 1260—1271
—, — mit Wirkung gegen Strahlenpilze 1256, 1257, 1258, 1259, 1260
—, Antibioticum 136, 1217
—, Antibioticum 1968, 1271
—, Antibioticum AYF 1271
—, Antibioticum PA 132, 1271
—, Antibioticum PA 150, 1271
—, Antibioticum PA 153, 1271
—, Antibioticum PA 166, 1271
—, Antibioticum XG 1271
—, antifungische Stoffe 1173, 1174, 1175
—, Antihistaminica 1231, 1232
—, antimycetische Stoffe 1173, 1174
—, antimycetische Wirkung und Zahl der C-Atome 1178
—, Antimycin A 1261
—, Antimycin forte 1261
—, Antimycoin 1261, 1262
—, antimykotische Stoffe 1173, 1174
—, aromatische Carbonsäuren 1211, 1212, 1213, 1214, 1215, 1216, 1217, 1218
—, aromatische Diamidine 1205, 1206, 1207, 1208, 1275, 1276
—, aromatische Sulfide 1203, 1204, 1205
—, arylierte Kresole 1198, 1199, 1200

Antimykotica, aryliertePhenole 1198, 1199, 1200
—, Ascosin 1262
—, ätherische Öle 1211
—, Äthylalkohol 1188
—, Äthylchlorid 1186
—, Äthylmercuri-acetyl-sulfanilamid 1223
—, Äthylmercurithiosalicylat 1223
—, Äthylvanillat 1217
—, Aureofacin 1262
—, Aureothricin 1262
—, Bacillomycin 1262
—, Bacitracin 1262
—, Bädertherapie von Dermatomykosen mit Sulfonaten 1222
—, Benzimidazolderivate 1229, 1273, 1274
—, Benzochinonderivate 1210
—, Benzoesäure 1212
—, Benzthiazolderivate 1230
—, Benzylbenzoat 1212
—, Benzylphenol 1199
—, Beseitigung von Pilzelementen durch Formaldehyd 1188
—, Beurteilung der antimykotischen Wirkung 1177
—, Bewertung der Verträglichkeit 1173
—, — der Wirksamkeit 1173
—, Borsäureverbindungen 1186, 1187
, bromierte Verbindungen 1186
—, Bromierung und Erhöhung der Wirkung 1178
—, Cacaomycetin 1262
—, Cadmiumchlorid 1188
—, Camphomycin 1263
—, Candicidin 1263
—, Candida-Mykosen nach Antibiotica 1181
—, Candidamykose des Genitale, Therapie mit Trichomycin 1252
—, Candidin 1263
—, Candidulin 1263
—, Candimycin 1263
—, Carbolsäure 1197
—, Carbomycin 1263
—, Chaetomin 1263
—, chemische Konstitution und antimykotische Wirkung 1178
—, chemische Zusammengehörigkeit 1173
—, Chemotherapie der Dermatomykosen mit aromatischen Sulfiden 1203, 1204
—, Chinolinderivate 1224, 1225, 1226, 1227, 1228, 1273, 1274, 1275

Antimykotica, Chinone 1210, 1211
—, Chitinase 1234
—, Chlor 1186
—, Chloramin 1186
—, Chloramphenicol, Herkunft 1260
—, —, Wirkung auf Aktinomyceten in vitro 1260
—, Chlorbenzylmethylbenzimidazol 1229
—, Chlorbenzylphenol 1199
—, chlorierte Phenole 1186
—, chlorierte Salicylanilide 1186
—, chlorierte Verbindungen 1186
—, Chlorierung und Erhöhung der Wirkung 1178
—, Chlorjodoxychinolin 1225, 1226
—, Chlorkresol 1199
—, Chloromycetin 1235, 1260, 1275
—, Chloroxychinolin 1225
—, Chlorphenole 1199
—, Chlorthymol 1199
—, Chromin 1263
—, Chrysarobin 1202
—, Citronensäure 1193
—, Clavacin 1263, 1264
—, Claviformin 1264
—, Coliformin 1264
—, Conjunctivitis nach Chrysarobin 1202
—, Corticosteroide 1233
—, „curling-factor" des Griseofulvin 1173
—, Cyanverbindungen 1193
—, Cyclohexanderivate 1210
—, Cyclohexanol 1210
—, Definition 1173
—, Dekamethylenchinaldiniumchlorid 1228
—, Depilation und 1179, 1180
—, Desinfektion der Baderäume mit Myxal 1197
—, Diamidino-diphenylamin 1208
—, Dibromkresol 1200
—, Dibrompropamidin 1207
—, Dibromsalicyl 1212, 1213
—, Dichlorophen 1203, 1273, 1274
—, Dichloroxychinaldin 1227, 1228
—, Dijodkresol 1200
—, Dijodoxychinolin 1226
—, Dijodphenol 1200
—, Dithiocarbamylhydrazin 1192
—, Dixanthogen 1230, 1231
—, Dosierung von Stilbamidin 1206
—, — der Sulfone 1221

Antimykotica, Einarbeitung von Phenylbenzimidazol in Gummi 1229
—, Eindringungsvermögen der Fettsäuren 1190
—, Einteilung 1173
—, Eisen 1188
—, Eiweißfehler des Myxal 1196, 1197
—, Endomycin 1264
—, Enzyme 1234
—, Epidermophytien, Doppelinfektionen 1241
—, Epilation und 1179, 1180
—, — mit Oestrogenen 1180
—, Erythromycin 1264
—, Etruscomycin 1264
—, Eulicin 1264
—, Eumycetin 1264
—, Eumycin 1264
—, Eurocidin 1264
—, experimentelle Verfahren zur Prüfung 1173—1177
—, Farbstoffe 1208, 1209, 1210
—, Fermicidin 1264
—, Fettsäurester 1192
—, Fettsäuren 1189, 1273, 1274
—, Filipin 1265
—, Flavacid 1265
—, Flavofungin 1265
—, Flavomycin 1265
—, fluorierte Verbindungen 1186
—, Fluvomycin 1265
—, Fomecin A 1265
—, Formaldehyd 1188
—, Fradicin 1265
—, Fuchsin 1209
—, Fumigacin 1265
—, Fungichromatin 1265
—, Fungichromin 1265
—, fungicide Stoffe 1173, 1174, 1177
—, fungicide Wirkung der ätherischen Öle 1211
—, — — von Dibromsalicyl 1212
—, — — von Hexylresorcin 1202
—, — — von Holzextrakten 1234
—, — — der Invertseifen 1194
—, — — von Jod 1185
—, — — von Oxychinolin 1224
—, — — von Ozon 1187
—, — — der Phenoläther 1203
—, — — der p-Oxybenzoesäureester 1215
—, — — der Sulfonate 1222
—, — — der Thiocarbaminsäurederivate 1192

Antimykotica, fungicide Wirkung der Undecylensäure 1190

—, Fungistatin 1265, 1271

—, fungistatische Stoffe 1173, 1174, 1177

—, fungistatische Wirkung von anorganischen Quecksilberverbindungen 1187

—, — — der Antihistaminica 1231

—, — — der ätherischen Öle 1211

—, — — der Benzoesäure 1212

—, — — des Cerumen 1233

—, — — von Dibromsalicyl 1212

—, — — von Dithiocarbamylhydrazin 1192

—, — — der gesättigten Fettsäuren 1189

—, — — von Jod 1185

—, — — von Körpersekreten 1233

—, — — von Novex nach peroraler Gabe 1204

—, — — von Oestrogenen 1232

—, — — von Oxychinolin 1224

—, — — der Phenoläther 1202

—, — — der p-Oxybenzoesäureester 1215

—, — — der Salicylaldehyde 1214

—, — — von Schweiß 1233

—, — — von Sulfanilamid 1218, 1219

—, — — der Sulfonate 1222

—, — — von Tetradecylisothiouroniumchlorid 1193

—, — — der Undecylensäure 1190, 1191

—, — — von Vitamin K 1233, 1234

—, fungitoxische Wirkung von Metallionen 1178

—, Fungocin 1265

—, Furanderivate 1224

—, Furylbenzimidazol 1229

—, Gentianaviolett 1209

—, Geodin 1265

—, Gesamtdosis von Stilbamidin 1206

—, gesättigte Fettsäuren 1189, 1190

—, — —, klinische Erfahrungen bei Dermatomykosen 1190

—, Geschichtliches 1172, 1173

—, gestagene Hormone 1232

Antimykotica, gezielter therapeutischer Eingriff bei Mykosen 1272

—, Gladiolsäure 1266

—, Gliotoxin 1266

—, Glutinosin 1266

—, Glykole 1188

—, Gramicidin 1206

—, Griseofulvin 1235, 1236 bis 1245, 1273, 1274, 1276

—, —, Albuminurie nach 1244

—, —, Anfangsdosis 1243

—, —, Anpassung von Dermatophytenstämmen an 1243

—, —, Behandlungsdauer 1243

—, —, biologische Wirkung in vitro 1237, 1238

—, —, Blutspiegel nach 1245

—, —, chemische Eigenschaften 1237

—, —, colchicinähnliche Wirkung von 1244

—, —, Dermatophytennachweis vor Therapie mit 1242

—, —, Dosierung 1243

—, —, Dosisabhängigkeit toxischer Erscheinungen bei Mäusen 1238

—, —, Durchfall nach 1244

—, —, Einlagerung in die Hornlamellen 1244

—, —, Entwicklungsstörungen bei Mäusen nach hohen Dosen 1238

—, —, Eosinophilie nach 1244

—, —, Erbrechen nach 1244

—, —, Fertilitätsstörungen bei Mäusen 1238

—, —, fungistatische Wirkung 1244

—, —, Gehalt der Leber an 1245

—, —, geschichtliche Daten 1236, 1237

—, —, Geschichtliches 1236, 1237

—, —, Granulocytopenie nach 1244

—, —, Handelspräparate 1245

—, —, Hemmwirkung gegenüber Dermatophyten 1237, 1238

—, —, — und Testmethode 1237

—, —, Herkunft 1236

—, —, Id-Reaktionen nach 1244

—, —, Indikationsbereich 1239—1242

—, —, intramuskuläre Anwendung im Tierversuch 1238

Antimykotica, Griseofulvin, Keimdrüsenschädigungen bei Mäusen nach hohen Dosen von 1238

—, —, klinische Erfahrungen 1238, 1239

—, —, Kopfschmerzen nach 1244

—, —, Kreuzsensibilisierung zwischen Penicillin und 1244

—, —, Literaturberichte über klinische Erfahrungen 1239

—, —, lokale Anwendung im Tierversuch 1238

—, —, Löslichkeit 1237, 1245

—, —, Mitosehemmung am Keimepithel bei männlichen Ratten nach 1238

—, —, — am Knochenmark nach 1238

—, —, Molekularformel 1237

—, —, Molekulargewicht 1237

—, —, Nachweis in Haaren von Meerschweinchen 1238

—, —, — in Meerschweinchenhaut 1238

—, —, — von Pilzsporen in abgeheilten Herden 1239

—, —, Nebenwirkungen 1244

—, —, physikalische Eigenschaften 1237

—, —, Phytopathologie 1238

—, —, Phytotoxicität 1238

—, —, primär vorhandene erhöhte Resistenz gegen 1243

—, —, quantitative Bestimmung 1237

—, —, Resistenz in vivo bei Meerschweinchen 1238

—, —, Resistenzentwicklung gegen 1238, 1243

—, —, Resorption aus dem Darm 1245

—, —, Scheinversager 1243

—, —, Schmelzpunkt 1237

—, —, Sensibilisierung gegen 1244

—, —, Steigerung der Resistenz in vitro 1238

—, —, Strukturformel 1237

—, —, subcutane Anwendung im Tierversuch 1238

—, —, Therapie der Epidermophytie 1240, 1241

—, —, — der Epidermophytie 1241

Antimykotica, Griseofulvin, Therapie der Epidermophytie bei Doppelinfektion mit Hefepilzen 1241
—, —, — des Erythrasma 1241, 1242
—, —, — des Eczema marginatum 1241
—, —, — der experimentellen Blastomykose im Tierversuch 1238
—, —, — der experimentellen Coccidioidomykose im Tierversuch 1238
—, —, — der experimentellen Histoplasmose im Tierversuch 1238
—, —, — der experimentellen Kryptokokkose im Tierversuch 1238
—, —, — von experimentellen Systemmykosen im Tierversuch 1238
—, —, — des Favus 1241
—, —, — des Favus und Lebensfähigkeit der Pilze nach der Behandlung 1241
—, —, — der follikulären Trichophytie 1240, 1241
—, —, — einer Heimendemie mit Mikrosporie 1239
—, —, — der Kälberflechte 1240
—, —, — der Katzen-Mikrosporie 1240
—, —, — des Kerion Celsi 1240
—, —, — der Mikrosporie 1239, 1240
—, —, — der Mikrosporie und Depilation 1240
—, —, — des Mycetoma pedis mit 1245
—, —, — der Onychomykosen 1241
—, —, — der Sporotrichose mit 1245
—, —, — der Tinea barbae 1240
—, —, — der Tinea capitis 1240, 1243
—, —, — der Tinea corporis 1240, 1243
—, —, — der Tinea imbricata 1240
—, —, — der Tinea manuum 1240, 1241, 1243

Antimykotica, Griseofulvin, Therapie der Tinea pedum 1240, 1241, 1243
—, —, — der Trichophytie 1239, 1240, 1241
—, —, — der Trichophyton rubrum-Granulome 1240, 1241
—, —, — von Trichophyton rubrum-Infektionen 1240
—, —, Therapieversager 1243
—, —, Tierversuche 1238
—, —, Toxicität für Mäuse 1238
—, —, — für Ratten 1238
—, —, Übelkeit nach 1244
—, —, UV-Absorption 1237
—, —, Verdickung der Zellwände unter 1244
—, —, Verlust der Cytoplasmastrukturen unter 1244
—, —, Versager der Therapie 1243
—, —, Verträglichkeit 1244
—, —, Wachstumshemmung gegen Dermatophyten 1237
—, —, Wachstumsstörungen bei Mäusen nach hohen Dosen 1238
—, —, wiederholte mykologische Kontrolle bei verzögerter Heilungstendenz 1243
—, —, Wirkung von 1244, 1245
—, —, — auf das Knochenmark 1244
—, —, — auf die Spermatogenese 1244
—, —, — auf das weiße Blutbild 1244
—, Griseofulvinnachweis in Meerschweinchenhaaren 1238
—, — in Meerschweinchenhaut 1238
—, Griseofulvintherapie und Erregerwechsel 1243
—, — der experimentellen Meerschweinchenmikrosporie 1238
—, — der experimentellen Meerschweinchentrichophytie 1238
—, Griseofulvinwirkung und Nucleinsäuresynthese 1244
—, — und Zellteilung 1244
—, Halogene 1185, 1186
—, halogenierte Fettsäuren 1191
—, halogenierte Kresolderivate 1273, 1274

Antimykotica, halogenierte Kresole 1198, 1199, 1200
—, halogenierte Phenolderivate 1273, 1274
—, halogenierte Phenole 1198, 1199, 1200
—, halogenierte Phenolester 1203
—, halogenierte Salicylanilide 1213, 1214
—, Helixin 1266
—, Hemipyocyanin 1266
—, Hemmwerte der aromatischen Sulfide in vitro 1204
—, — der Diamidine 1205
—, Hexachlorcyclohexan 1210
—, Hexachlorophen 1273, 1274
—, — in Seife 1203
—, Hexylresorcin 1201, 1202, 1273, 1274
—, Histamin 1231, 1232
—, Holzextrakte 1234, 1235
—, Holzteer 1188
—, Hormone 1232, 1233
—, Hygromycin 1266
—, Ichthyol 1188
—, Invertseifen 1194—1197 1273, 1274
—, Isochinolinderivate 1228
—, Isonicotinsäurederivate 1228, 1229
—, Isonicotinsäurehydrazid 1228, 1229, 1276
—, Iturin 1266
—, Jod 1185, 1186, 1273, 1274
—, Jodcellulose bei Interdigitalmykosen 1186
—, Jodiontophorese bei Sporotrichose 1186
—, Jodoxychinolinsulfosäure 1226
—, Jodtinktur 1186
—, Kaliumpermanganat 1187, 1273, 1274
—, Keimfähigkeit von Dermatophytensporen in Sulfonamidsuspensionen 1218
—, klinische Erfahrungen mit aromatischen Diamidinen 1205, 1206
—, — — mit aromatischen Sulfiden 1204
—, — — mit ätherischen Ölen 1211
—, — — mit Dichlorophen 1203
—, — — mit Dichloroxychinaldin 1227
—, — — bei lokaler Anwendung von Oestrogenen bei Mikrosporie 1232

Antimykotica, klinische Erfahrungen mit Stilbamidin 1206
—, Kobalt 1188
—, Kohlensäurederivate 1192
—, Kombination von Chinonen und Thiosemicarbazonen 1211
—, — von ungesättigten Fettsäuren 1190, 1191
—, — von verschiedenen hochmolekularen Phenolen 1199, 1200
—, Komplikationen nach Antibiotica 1172
—, Körpersekrete 1233
—, Kresole 1197, 1198, 1199, 1200, 1201, 1202, 1203
—, Kristallviolett 1209
—, kritische Auswertung 1173, 1174
—, Kupferacetat 1187
—, Kupfersulfat 1185, 1187
—, K-Vitamine 1233, 1234
—, Lactoflavin 1234
—, Leberschaden nach Stilbamidin 1206
—, Lederkyn 1219
—, lichtsensibilisierende Farbstoffe 1210
—, lichtsensibilisierende Wirkung des Teers 1189
—, Literaturübersicht 1183, 1184
—, Lokalanwendung von Corticosteroiden bei Dermatomykosen 1233
—, Lokalbehandlung der Dermatomykosen mit Antihistaminica 1231, 1232
—, — der Dermatomykosen mit Jodid 1186
—, — der Mikrosporie mit Dibrompropamidin 1207
—, — der Dermatomykosen mit Sulfonamiden 1218
—, Magnamycin 1266
—, Malachitgrün 1209
—, —, klinische Erfahrungen 1209
—, Malucidin 1266
—, manuelle Epilation 1180
—, Marasminsäure 1267
—, Mediocidin 1267
—, mehrwertige Phenole 1201, 1202
—, metallorganische Verbindungen 1222, 1223, 1224
—, Methämoglobinbildung nach Pyrogallol 1202
—, Methylviolett 1209
—, Microcin 1267
—, Moldin 1267

Antimykotica, Mundspülungen bei Soor mit Wasserstoffsuperoxyd 1187
—, Musarin 1267
—, Mycelin 1267
—, Mycolutein 1267
—, Mycomycin 1267
—, Mycosubtilin 1267
—, Mycoticin 1267
—, mykotische Komplikationen bei antibiotischer Behandlung 1181, 1182, 1183
—, — — unter ACTH 1233
—, — — unter Cortison 1233
—, Myxal, Desinfektion der Baderäume 1197
—, —, klinische Erfahrungen 1196, 1197
—, —, Nebenwirkungen 1197
—, —, Toxicität 1196
—, —, Wirkungsspektrum 1196
—, Nagelablösung bei Onychomykosen 1180, 1181
—, Naphthochinonderivate 1210, 1211
—, β-Naphthol-Derivate 1202
—, Natriumtetraborat 1186
—, Natriumperborat 1186
—, Nebenwirkungen von Stilbamidin 1206
—, Negatol 1203
—, Nemotin 1267
—, Neomycin 1267, 1268
—, Neopyrithiamin 1234
—, neurotoxische Symptome nach Benzthiazolderivaten 1230
—, Nicotinsäurederivate 1228, 1229
—, Nidulin 1268
—, Nierenreizung nach Chrysarobin 1202
—, — nach Resorcinsalben 1201
—, Nierenschädigung nach Pyrogallol 1202
—, Nigericin 1268
—, nitrierte Kresole 1200
—, nitrierte Phenole 1200
—, Nor-Nidulin 1268
—, Novex 1204
—, Nystatin 1235, 1245—1250, 1273, 1274, 1275
—, —, Applikationsart 1250
—, —, Behandlungsdauer 1250
—, —, biologische Wirkung in vitro 1246, 1247
—, —, chemische Eigenschaften 1245, 1246
—, —, Diffusion 1247
—, —, Dosierung 1250
—, —, Eliminierung 1247

Antimykotica, Nystatin, fungicide Wirkung 1246, 1250
—, —, fungistatische Wirkung 1246
—, —, Geschichtliches 1245
—, —, Grenzkonzentration von 1246
—, —, günstiger Verlauf der Coccidioidomykose unter 1248
—, —, Handelspräparate 1250
—, —, Herkunft 1245
—, —, Indikationen 1248, 1249
—, —, klinische Erfahrungen 1247, 1248
—, —, Kombination von Tetracyclin und 1250
—, —, Löslichkeit 1245, 1246
—, —, Molekularformel 1246
—, —, Nebenwirkungen 1250
—, —, pharmakologische Eigenschaften 1245, 1246
—, —, physikalische Eigenschaften 1245, 1246
—, —, quantitative Bestimmung 1246
—, —, Resistenzentwicklung gegen 1246
—, —, Resorption 1247
—, —, Schmelzpunkt 1245
—, —, Sensibilisierung durch 1250
—, —, therapeutische Beherrschung generalisierter Systemmykosen 1247, 1248
—, —, Therapie der Aspergillose mit 1250
—, —, — der Balanoposthitis candidomycetica 1249
—, —, — der Erosio interdigitalis candidomycetica 1248
—, —, — der genitalen Candidamykosen 1249
—, —, — der granulomatösen Candidamykosen der Haut 1248
—, —, — der Id-Reaktionen durch Candida-Allergene 1249
—, —, — des intertriginösen Genitalekzems 1248
—, —, — des intertriginösen Mammaekzems 1248
—, —, — der lokalisierten Candidamykose mit 1248

Antimykotica, Nystatin, Therapie der cutanen Candidamykose mit 1248, 1249
—, —, — der cutanen Candidamykosen der Säuglinge 1249
—, —, — des Mundsoor 1249
—, —, — der Paronychie mit 1249
—, —, — der Vulvovaginitis candidomycetica 1249
—, —, Tierversuche 1247
—, —, — zur Therapie der Coccidioidomykose mit 1247
—, —, — zur Therapie der Histoplasmose mit 1247
—, —, — zur Therapie der Kryptokokkose mit 1247
—, —, — zur Therapie der Sporotrichose mit 1247
—, —, Toxicität 1250
—, —, — für Mäuse 1246
—, —, UV-Absorptionsspektrum 1246
—, —, Verhinderung der Candida-Reinfektion aus dem Darm durch orale Gaben von 1248
—, —, Verträglichkeit 1247, 1250
—, —, Wirksamkeit gegen Dermatophyten 1248
—, —, — gegen Hefen 1248
—, —, Wirkung bei der experimentellen Candidamykose der Maus 1247
—, —, Wirkungsspektrum 1246
—, —, Wirkungsweise 1250
—, oestrogene Hormone 1232
—, Oligomycin 1268
—, Onychomykosen 1180
—, — und Entfernung der pilzbefallenen Nagelteile 1180, 1181
—, — und Keratolyticum zur Nagelablösung 1180, 1181
—, — und Nagelbettoilette 1181
—, organische Antimonverbindungen 1224, 1276
—, organische Kupferverbindungen 1224
—, organische Quecksilber-Eiweißverbindungen 1223
—, organische Quecksilberverbindungen 1222, 1223, 1273, 1274, 1275

Antimykotica, organische Zinkverbindungen 1224
—, Oxychinaldin 1227, 1228
—, Oxychinolin 1224, 1225, 1226
—, Oxychinolinsulfat 1225
—, Oxychlororaphin 1268
—, Oxydationsmittel 1186, 1187
—, Oxysäuren 1193, 1194
—, Oxystilbamidin 1207, 1275, 1276
—, Ozon 1187
—, p-Aminobenzoesäure 1216
—, Patulin 1268
—, Penicillin 1235, 1256, 1257, 1258, 1275
—, —, Behandlungsdauer bei Erkrankungen durch Strahlenpilze 1258
—, —, Dosierung bei Erkrankungen durch Strahlenpilze 1258
—, —, Herkunft 1257
—, —, klinische Erfahrungen der Therapie von Erkrankungen durch Strahlenpilze 1257
—, —, Kombinationsbehandlung der Aktinomykose mit Sulfonamiden 1257
—, —, Therapie der Aktinomykose 1257
—, —, — von Dermatophytien 1258
—, —, — der Madura-Mykose 1258
—, —, — der Mikrosporie 1258
—, —, — der nordamerikanischen Blastomykose 1258
—, —, — der Trichophytie 1258
—, —, Therapieversager bei Aktinomykose 1257
—, —, Wirkung gegen Aktinomyceten in vitro 1257
—, Pentamidin 1207, 1208
—, pflanzliche Stoffe 1234, 1235
—, Phaefacin 1268
—, Phenanthrachinon 1211
—, Phenol 1197, 1198
—, Phenoläther 1202, 1203
—, Phenol-Campher-Mischung 1198
—, Phenole 1197—1203
—, — mit kondensierten Ringsystemen 1202
—, —, Schwefelderivate 1200
—, Phenolkoeffizient der Jodtinktur 1186
—, Phenylbenzimidazol 1229

Antimykotica, Phenylmercuriborat 1222, 1223
—, Phenylmercurichlorid 1222
—, Phenylmercuridinaphthylmethan-disulfonat 1223
—, Phenylmercurinitrat 1222
—, Phenylphenol 1199
—, pH-Wert und fungistatische Wirkung der ätherischen Öle 1211
—, — — — — der gesättigten Fettsäuren 1189
—, pilzhemmende Wirkung von Äthylalkohol 1188
—, — — der Chinone 1210
—, — — von Chrysarobin 1202
—, — — der Glykole 1188
—, — — der Invertseifen 1194
—, — — der Invertseifen und chemische Konstitution 1195
—, pilzwirksame Antibiotica 1260—1271
—, Pimaricin 1268
—, Podophyllin 1234
—, polycyclische Phenole 1203
—, Polymyxin 1268
—, Polypeptin 1268, 1269
—, p-Oxybenzoesäure 1215, 1216
—, p-Oxybenzoesäureester 1215, 1216, 1273, 1274
—, Prodigiosin 1269
—, Propamidin 1207
—, Prophylaxe der Fußmykosen mit Benzoesäure 1212
—, — von mykotischen Komplikationen nach Antibiotica 1183
—, Pyocyanin 1269
—, Pyrogallol 1202
—, quartäre Ammoniumverbindungen 1194, 1195, 1196
—, — —, Bradosol 1195
—, — —, Cetavlon 1196
—, — —, Dermofongin B 1195
—, — —, Phemerol 1196
—, — —, Quartasept 1196
—, — —, Riseptin 1195
—, — —, Zephirol 1195
—, quartäre Arsoniumverbindungen 1194, 1197
—, quartäre Phosphoniumverbindungen 1194, 1196, 1197
—, — —, Myxal 1196, 1197
—, Quecksilber 1187
—, Raphanin 1235

Antimykotica, Resistenzentwicklung gegenüber ungesättigten Fettsäuren 1191
—, Resorcin 1201
—, Rhodanin 1193
—, Ricinolsäure 1193
—, Rimocidin 1269
—, Röntgenepilation 1179
—, Röntgen-Thallium-Epilation 1179
—, Rotaventin 1269
—, Salicylaldehyde 1214
—, Salicylamide 1214, 1273, 1274
—, Salicylanilide 1213, 1214, 1273, 1274
—, Salicyljodid 1213
—, Salicylsäure 1212, 1213, 1214
—, Sanierung der Graviden von Hefepilz-Befall 1183
—, Sarkomycin 1269
—, saures Kaliumtartrat 1187
—, Schieferöle 1188
—, Schutz des Neugeborenen vor Hefepilz-Infektion 1183
—, — von Stilbamidin vor Licht 1206
—, Schwefel 1185, 1273, 1274
—, sekundäre Mykosen 1181
—, — — nach Antibiotica und Abwehrmechanismus 1182
—, — — nach Antibiotica, Antagonismus zwischen Bakterienflora und Pilzen 1182
—, — — nach Antibiotica, Beseitigung der Pilzherde 1182
—, — — nach Antibiotica, experimentelle Untersuchungen 1181
—, — — nach Antibiotica, innerliche Therapie der Mykosen 1183
—, — — nach Antibiotica, Kettenreaktion 1181
—, — — nach Antibiotica und therapeutische Konsequenzen 1182, 1183
—, — — nach Antibiotica, Tierversuche 1182
—, — — nach Antibiotica und Toleranzgrenze 1182

Antimykotica, sekundäre Mykosen nach Antibiotica durch Vitaminmangel 1182
—, selektive Epilation 1180
—, Seligocidin 1269, 1270
—, Sexualhormone und Mikrosporie 514, 1232
—, Silbersalze 1187
—, Sol. Castellani 1273, 1274
—, Solutio Castellani 1198
—, Soorbehandlung mit Trichomycin 1252
—, Steinkohlenteer 1188
—, Stilbamidin 1206
—, Streptomycin 1235, 1258, 1259, 1275
—, —, Herkunft 1258
—, —, klinische Erfahrungen der Erkrankungen durch Strahlenpilze bei Therapie mit 1259
—, —, Kombinationsbehandlung der Aktinomykose mit Penicillin und 1259
—, —, Therapie der Aktinomykose 1259
—, —, — der Madura-Mykose 1259
—, —, — der Nokardiose 1259
—, —, Wirkung auf Strahlenpilze in vitro 1258
—, Streptothricin 1270
—, Subtilin 1270
—, Styrole 1217
—, Sulfadiazin 1219
—, Sulfamerazin 1219
—, Sulfonamide 1218 bis 1221, 1275, 1276
—, Sulfonate 1221, 1222
—, Sulfone 1218—1221, 1276
—, Tagesdosis von Stilbamidin 1206
—, Tardin 1270
—, Teer 1188, 1189
—, Terminologie 1173
—, Testmethoden 1173, 1174, 1175, 1176, 1177
—, —, Auffindung pilzhemmender Antibiotica 1177
—, —, Blutspiegel im Tierversuch 1176
—, —, biologische Wertigkeit des Impfgutes 1175
—, —, Eiweißgehalt des Nährmediums 1175
—, —, Federkieltest 1175
—, —, Feuchtigkeit des Nährmediums 1175
—, —, Filterpapiertest 1175
—, —, fungicide Wirkung 1175
—, —, fungistatische Wirkung 1174, 1175

Antimykotica, Testmethoden, Gewebekulturen 1176
—, —, Haarköder 1175
—, —, Haartest 1176
—, —, Hahnenkammtest 1176
—, —, Halbseitenversuch 1177
—, —, hängender Tropfen 1175
—, —, Hautschuppentest 1176
—, —, klinische Prüfung 1177
—, —, — — mit Placebo-Präparaten 1177
—, —, Lochtest 1174
—, —, Meerschweinchen als Testobjekt 1176
—, —, mykographisches Testverfahren 1175
—, —, Netzfähigkeit des Nährmediums 1175
—, —, Objektträgerfilmtest 1175
—, —, p_H-Wert des Nährmediums 1175
—, —, Plattenausstrichverfahren 1174
—, —, Resistenzentwicklung der Pilzstämme 1175
—, —, Selbstversuche 1177
—, —, semi-in vivo 1174, 1176
—, —, semi-in vivo-Verfahren, parasitäre Phase 1176
—, —, Sensibilitätsprüfungen 1175
—, —, Spurenelemente im Nährmedium 1175
—, —, Standardisierung der Bedingungen 1175
—, —, — der Pilze 1175
—, —, — und Vergleichbarkeit der Ergebnisse 1175
—, —, Standardtests 1174, 1175
—, —, Systemmykosen bei Versuchstieren 1176
—, —, Temperatur des Nährmediums 1175
—, —, Tierversuche 1173, 1176
—, —, vergleichende Untersuchungen 1177
—, —, Warburg-Apparatur 1176
—, —, Wasserlöslichkeit der Substanz 1174
—, —, Zusätze zum Nährmedium 1175
—, —, mit festem Nährmedium 1174
—, — mit flüssigem Nährmedium 1174, 1175
—, — in vitro 1174, 1175, 1176
—, — in vivo 1174
—, Testmethodik 1174
—, Tetracykline 1235, 1259, 1260, 1275

Antimykotica, Tetracykline, Herkunft 1259
—, —, klinische Erfahrungen der Erkrankungen durch Strahlenpilze bei Therapie mit 1259, 1260
—, —, Therapie der Aktinomykose 1259, 1260
—, —, Wirkung bei der experimentellen Mäuse-Aktinomykose 1259
—, —, — in vitro auf Strahlenpilze 1259
—, Tetradecylisothiouroniumchlorid 1193
—, Tetrazoliumsalze 1230
—, Thalliumepilation 1179
—, therapeutische Hinweise bei Aktinomykose 1275
—, — — bei Aspergillose 1276
—, — — bei Bartpilzflechte 1273
—, — — bei Blastomykosen 1275
—, — — bei Candidamykose 1275
—, — — bei Cepalosporiose 1276
—, — — bei Cercosporose 1276
—, — — bei Chromomykose 1276
—, — — bei Cladosporiose 1276
—, — — bei Coccidioidomykose 1276
—, — — bei cutaner Candidiasis 1273
—, — — bei Dermatomykosen 1273, 1274
—, — — bei Eczema marginatum 1273
—, — — bei Erythrasma 1274
—, — — bei Fußmykose 1273
—, — — bei Genitalmykose 1274
—, — — bei Geotrichose 1275
—, — — bei Handmykose 1273
—, — — bei Hemisporose 1276
—, — — bei Histoplasmose 1276
—, — — bei Keloidblastomykose 1275
—, — — bei Kopfpilzflechte 1273
—, — — bei Kryptokokkose 1275

Antimykotica, therapeutische Hinweise bei Maduramykose 1276
—, — — bei Monosporiose 1276
—, — — bei Mucormykose 1276
—, — — der Mykide 1274
—, — — bei mykotischem Ekzem 1274
—, — — bei Nagelmykosen 1273, 1274
—, — — bei Nokardiose 1275
—, — — bei nordamerikanischer Blastomykose 1275
—, — — bei oberflächlicher Dermatophytie 1273
—, — — bei Ophthalmomykose 1274
—, — — bei Otomykose 1274
—, — — bei Penicilliose 1276
—, — — bei Peyronellaeose 1276
—, — — bei Piedra alba 1274
—, — — bei Piedra nigra 1274
—, — — bei Pityriasis versicolor 1274
—, — — bei Pseudomykose 1274
—, — — bei Rhinosporidiose 1276
—, — — bei Scopulariopsidose 1276
—, — — bei sekundären Mykosen 1274
—, — — bei Sporobolomykose 1275
—, — — bei Sporotrichose 1276
—, — — bei Streptomykose 1275
—, — — bei südamerikanischer Blastomykose 1275
—, — — in Tabellen 1273 bis 1276
—, — — bei tiefer Dermatophytie 1273
—, — — bei Tinea palmaris nigra 1274
—, — — bei Torulopsidose 1275
—, — — bei Trichomykosis palmellina 1274
—, — — bei Trichosporose 1275
—, — — bei Verticilliose 1276
—, Therapie der Aktinomykose mit Isonicotinsäurehydrazid 1229

Antimykotica, Therapie der Aktinomykose mit Jodoxychinolinsulfosäure 1226
—, — — mit Stilbamidin 1206
—, — — mit Sulfonamiden 1220
—, — — mit Sulfonen 1221
—, — der Blastomykose mit Diamidinen 1205
—, — — mit Jodid 1186
—, — der Candidamykosen mit Borsäure 1186, 1187
—, — — mit Chloroxychinolin 1225
—, — — mit Jodid 1186
—, — — bei Leukämie mit Pentamidin 1207, 1208
—, — — mit Malachitgrün 1209
—, — — mit Pentamidin 1207, 1208
—, — — mit Phenylmercuriborat 1223
—, — der Chromomykose mit Jodid 1186
—, — der Chromoblastomykosen mit Sulfonen 1221
—, — der Chromomykose mit Isonicotinsäurehydrazid 1229
—, — — mit Vitamin D_2 1234
—, — der Coccidioidomykose mit Aminostilbamidin 1207
—, — — mit Histamin 1231, 1232
—, — — mit Isonicotinsäurehydrazid 1229
—, — — mit Oxystilbamidin 1207
—, — — mit Stilbamidin 1206
—, — der Dermatomykosen mit Acridinfarbstoffen 1210
—, — — mit aliphatischen Carbonsäuren 1189—1194
—, — — mit anorganischen Metallverbindungen 1187, 1188
—, — — mit anorganischen Säuren 1186, 1187
—, — — mit aromatischen Diamidinen 1205
—, — — mit aromatischen Sulfiden 1204, 1205

Antimykotica, Therapie der
Dermatomykosen
mit ätherischen
Ölen 1211
—, — — mit Benzimidazol-
derivaten 1230
—, — — mit Benzochinon-
derivaten 1210
—, — — mit Benzthiazol-
derivaten 1230
—, — — mit Borsäure 1186
—, — — mit Chinolinderiva-
vaten 1224, 1225,
1226, 1227, 1228
—, — — mit Chlor 1186
—, — — mit Chloramin 1186
—, — — mit Chloroxychino-
lin 1225
—, — — mit Dibromsalicyl
1212, 1213
—, — — mit Dichloroxy-
chinaldin 1227
—, — — mit Farbstoffen
1208, 1209, 1210
—, — — mit Fettsäureestern
1192
—, — — mit Fuchsin 1209
—, — — mit gesättigten
Fettsäuren 1190
—, — — mit Halogenen
1185, 1186
—, — — mit Hexachlor-
cyclohexan 1210
—, — — mit Hexylresorcin
1201, 1202
—, — — mit Jod 1185,
1186
—, — — mit Jodtinktur 1186
—, — — mit Kaliumper-
manganat 1187
—, — — mit Kresolen 1197,
1198, 1199, 1200
—, — — mit Malachitgrün
1209
—, — — mit Myxal 1197
—, — — mit nitrierten Kresolen 1200
—, — — mit nitrierten Phenolen 1200
—, — — mit organischen
Quecksilber-Ei-
weißverbindun-
gen 1223
—, — — mit organischen
Quecksilberver-
bindungen 1222
—, — — mit Oxychinolin
1224, 1225
—, — — mit Oxydations-
mitteln 1186,
1187
—, — — mit Phenolen 1197,
1198
—, — — mit Phenylmercuri-
borat 1223

Antimykotica, Therapie der
Dermatomykosen
mit polycyc-
lischen Phenolen
1203
—, — — mit Pyrogallol 1202
—, — — mit quartären Am-
moniumverbin-
dungen 1194,
1195, 1196
—, — — mit quartären
Phosphonium-
verbindungen
1196, 1197
—, — — mit Quecksilber
1187
—, — — mit Resorcin 1201,
1202
—, — — mit Salicylaniliden
1213, 1214
—, — — mit saurem Kalium-
tartrat 1187
—, — — mit Schwefel 1185
—, — — mit Silbersalzen
1187
—, — — mit Sulfonamiden
1218, 1219
—, — — mit Teer 1188, 1189
—, — — mit Thioformol 1188
—, — — mit Triphenyl-
methanfarb-
stoffen 1209
—, — — mit Trypaflavin-
lösung 1210
—, — — mit Undecylensäure
1190, 1191
—, — — mit ungesättigten
Fettsäuren 1190,
1191
—, — — mit Wasserstoff-
superoxyd 1187
—, — der Epidermophytie
mit Äthylchlorid
1186
—, — der Erkrankungen
durch Strahlen-
pilze mit Chloro-
mycetin 1235,
1260, 1275
—, — — durch Strahlenpilze
mit Penicillin
1235, 1256, 1257,
1258, 1275
—, — — durch Strahlenpilze
mit Streptomycin
1235, 1258, 1259,
1275
—, — — durch Strahlenpilze
mit Tetracyklinen
1235, 1259, 1260,
1275
—, — der experimentellen
Coccidioidomykose
mit Diamidino-di-
phenylamin 1208

Antimykotica, Therapie der
experimentellen
Kryptokokkose mit
Silbersalzen 1187
—, — des Favus mit saurem
Kaliumtartrat 1187
—, — der Fußmykosen mit
Benzoesäure
1212
—, — — mit Cyclohexanol
1210
—, — — mit Fuchsin 1209
—, — — mit Phenylmercuri-
borat 1223
—, — — mit Sol. Castellani
1209
—, — der Histoplasmose mit
Aminostilbamidin
1207
—, — der Histoplasmose mit
Äthylvanillat
1217
—, — — mit Diamidino-di-
phenylamin 1208
—, — — mit Oxystilbamidin
1207
—, — — mit Stilbamidin
1205
—, — — mit Sulfonamiden
1220
—, — der Kryptokokkose mit
Oxystilbamidin
1207
—, — — mit Stilbamidin
1206
—, — bei Madurafuß mit Di-
amidino-di-
phenylamin 1208
—, — der Monosporiose mit
Diamidino-diphenyl-
amin 1208
—, — — mit Novex 1204
—, — der Mycetome mit Sulfonamiden 1220
—, — von Mykosen mit Griseofulvin 1235, 1236
—, — der Nagelmykosen mit
Hexylresorcin 1202
—, — der Nokardiose mit
Sulfadiazin 1220
—, — — mit Sulfonamiden
1220
—, — — mit Sulfonen 1221
—, — der nordamerikanischen
Blastomykose mit
Oestrogenen 1232
—, — der nordamerikanischen
Blastomykose
mit Oxystilb-
amidin 1207
—, — — — mit Stilbamidin
1206
—, — der Onychomykosen
mit Trioxybenzoe-
säure 1217

Antimykotica, Therapie der Rinderflechte mit Thioformol 1188
—, — der Sporotrichose mit Kaliumjodid 1186
—, — — mit Natriumjodid 1186
—, — — mit Oxystilbamidin 1207
—, — — mit Stilbamidin 1206
—, — — mit Sulfonamiden 1220
—, — der südamerikanischen Blastomykosen mit Sulfonamiden 1219
—, — der Systemmykosen mit Oxystilbamidin 1207
—, — — mit ungesättigten aromatischen Carbonsäuren 1218
—, — der Tiermykosen mit Chlorjodoxychinolin 1226
—, — — mit Dichloroxychinaldin 1227
—, — — mit Isochinolinderivaten 1228
—, — — mit organischen Quecksilber-Ei-weißverbindungen 1223
—, — der Trichophytie mit Äthylchlorid 1186
—, Thioaurin 1270
—, Thiocarbaminsäurederivate 1192, 1193
—, Thioformol 1188
—, Thioharnstoff 1192
—, Thiolutin 1270
—, Thymol 1198, 1199
—, Thiosemicarbazone 1193
—, Thiuramdisulfide 1193
—, Tierversuche mit aromatischen Diamidinen 1205
—, Tomatidin 1235
—, Tomatin 1235
—, Torf 1235
—, Toxicität der aromatischen Diamidine 1205
—, — der organischen Quecksilberverbindungen 1223
—, Toximycin 1270
—, toxische Psychosen nach Stilbamidin 1206
—, Toyocamycin 1270
—, Tribromphenolwismut 1200, 1201
—, Trichomycin 1235, 1251 bis 1252, 1273, 1274, 1275
—, —, Applikationsart 1252
—, —, Behandlungsdauer 1252

Antimykotica, Trichomycin, biologische Wirkung in vitro 1251
—, —, Blutspiegel 1252
—, —, chemische Eigenschaften 1251
—, —, Dosierung 1252
—, —, fungistatische Wirkung 1252
—, —, Geschichtliches 1251
—, —, Handelspräparate 1252
—, —, Herkunft 1251
—, —, klinische Erfahrungen 1251, 1252
—, —, Löslichkeit 1251
—, —, Magen-Darmstörungen nach 1252
—, —, Nebenwirkungen 1252
—, —, pharmakologische Eigenschaften 1251
—, —, physikalische Eigenschaften 1251
—, —, quantitative Bestimmung 1251
—, —, Resorption 1252
—, —, Schmelzpunkt 1251
—, —, Soorbehandlung mit 1252
—, —, Therapie der genitalen Candidamykose 1252
—, —, — der Candidamykose 1252
—, —, — der Candida-Paronychie 1252
—, —, — der Trichophytie 1252
—, —, Tierversuche zur Therapie der experimentellen Candidamykose 1251
—, —, — zur Therapie der experimentellen Dermatophytie 1251
—, —, — zur Therapie der experimentellen Kryptokokkose 1251
—, —, toxische Reaktionen 1252
—, —, UV-Absorptionsspektrum 1251
—, —, Verträglichkeit 1252
—, —, Wirkungsspektrum 1251
—, —, Wirkungsweise 1252
—, Trichothecin 1270
—, Trigeminusneuralgie nach Stilbamidin 1206
—, Trijodphenol 1200
—, Trioxybenzoesäure 1216
—, Trypaflavinlösung 1210
—, Triphenylmethanfarbstoffe 1208, 1209, 1273, 1274, 1275

Antimykotica, Trithione 1230, 1231
—, Tumenol 1188
—, Tyrothricin 1270, 1271
—, Überempfindlichkeit gegen Chrysarobin 1202
—, Undecylensäure 1190, 1191
—, ungesättigte aromatische Carbonsäure 1217, 1218
—, — Fettsäuren 1190, 1191
—, Usninsäure 1271
—, Ustilaginsäure 1271
—, vegetabile Hormone 1235
—, Verbesserung des Eindringungsvermögens der Fettsäuren durch Veresterung 1192
—, Vergiftungen durch Resorcinsalben 1201
—, Verträglichkeit der aromatischen Sulfide 1204
—, — der ätherischen Öle 1211
—, — der ungesättigten Fettsäuren 1191
—, Violacein 1271
—, Viridin 1271
—, Vitamin D$_2$ 1234
—, Vitamine 1233, 1234
—, Wasserstoffsuperoxyd 1187
—, Weinsäure 1193
—, Wirkungsspektrum der aromatischen Diamidine in vitro 1205
—, Wirkungsweise 1177, 1178
—, —, Eiweißfehler 1178
—, — der Antihistaminica als 1231
—, — des Griseofulvins 1178
—, — der Sulfone 1221
—, — der Thiosemicarbazone 1193
—, — der ungesättigten Fettsäuren 1191
—, Xeroform 1273, 1274
—, Zimtsäurederivate 1217, 1218
—, Zinklösung 1188
—, zusätzliche Vaccinebehandlung 1179
Antimonverbindungen, organische, Antimykotica 1224, 1276
antimykotische Stoffe, Antimykotica 1173, 1174
antimykotische Wirkung, Antihistaminica 326, 1231, 1232
— —, Beurteilung, Antimykotica 1177
— —, und chemische Konstitution 1178
antimycetische Wirkung und Zahl der C-Atome 1178
antineuritisches Vitamin, Vitamin B$_1$, Synonyma 400

antioxydativer Effekt von Siliconen 175
Antiperniciosastoff, Vitamin B_{12}, Synonyma 423
antipruriginöse Wirkung, Antihistaminica 317
Antiscorbut-Vitamin, Vitamin C, Synonyma 428
Antisterilitätsvitamin, Vitamin E, Synonyma 447
Antistin, Äthylendiamine, Antihistaminica 300, 301, 311, 312, 335
antithyroide Wirkung, Sulfanilamide 1023
Antivitamin, p-Aminobenzoesäure als 385
Anti-Vitamine 385
antriebsdämpfende Wirkung, Neuroleptica 60
Anurie, toxische Symptome, Sulfanilamide 1029
Aolan, unspezifische Reiztherapie mit 90
Apfelreisdiät 201, 202, 203
—, Therapie von Dermatosen mit 201, 202
Aphthosis, Therapie mit ACTH 657
—, Therapie mit Cortison 657
—, Therapie mit Dexamethason 657
—, Therapie mit Triamcinolon 657
aplastische Anämie unter Antihistaminica 352
— —, toxische Symptome, Sulfanilamide 1029
Aphthen nach Colchicin 1334
Applikation, intraarterielle von Novocain 122
—, intravenöse, von Novocain bei Neurodermitis 117
—, —, von Novocain bei Pruritus 119
—, —, von Novocain bei Sklerodermie 117, 118
—, orale, von Novocain 120
Applikationsdauer von Calcium 137·
Arachidonsäure 184
Aralen, Pharmakologie 37
Arcarin, Beeinflussung der Histamineffekte durch 294
argentometrische Bestimmung, Sulfanilamide 1008
aromatische Arsenoxyde 713—738
— Sulfide, Antimykotica, Verträglichkeit von 1204
Aronsonsepsis der Maus, Therapie mit Sulfanilamiden 1057

Aronson-Streptokokkensepsis zur Testung von Penicillin 783
Arsalytreihe, Arsenobenzole 740
Arsen, Cytostatica 1337, 1320
—, —, Fowlersche Lösung 1335
—, —, Nebenerscheinungen 1335
—, —, Ruhekerngifte 1335
—, Heilwirkung von 712
—, Therapie der Leukämie mit 1335
Arsen-Avidität 731
Arsen- und Thiolgruppenhaltige Substanzen, Wechselwirkung und 735—738
Arsenhyperkeratosen, Colcemidsalbe bei 1333
Arsenobenzole 714, 738—749
—, Arsalytreihe 740
—, Arsutyl 741
—, Ausgangsmaterial für, Phenylarsonsäuren 750
—, Avidität 740
—, Aviditätsindex 740
—, Bewertungstabellen 749
—, biologische Besonderheiten 738, 739
—, biologische Standardisierung 747, 748, 749
—, chemotherapeutische Wirkung von 742, 743, 744, 745, 746, 747
—, Eigenschaften 738, 739
—, Neoproparsan 741
—, Neosalvarsan 744, 745
—, neue Verbindungen 739 bis 747
—, Proparsan 741
—, Proparsanreihe 741
—, Salvarsan-Prüfung 748, 749
—, Solu-Salvarsan 744, 745
—, Spirotrypan 744, 745
—, Spirotrypan-Indikation 746, 747
—, sterilisierende Wirkung 747
—, Toxicität von 739
—, Toxicitäts-Prüfung von 748
—, Vorschrift für Prüfung von 749
—, Wirkung von 739
—, Zulassung einer Charge 749
—, Zurückweisung einer Charge 749
Arsenophenylglycin 730
Arsenoxyde, allgemeine Eigenschaften der aromatischen 713—716
—, aromatische 713—738
—, Beziehung zwischen Konstitution und Resistenz 731
—, chemotherapeutische Prüfung 717

Arsenoxyde, heterocyclische 713—738
—, heterocyclische, allgemeine Eigenschaften 713—716
—, Kaninchenversuch zur Prüfung 717
—, Syphilistherapie mit 716
—, treponemicide Wirkung 718, 719, 720, 721, 722, 724, 725, 726
—, Toxicitätsänderung durch Substitution 719, 720, 721, 724, 725, 726
Arsenreceptor, chemische Natur 736
Arsenresistenz 731
Arsenverbindungen 711—771
—, anorganische 711
—, aromatische 711
—, Chemie der 712—725
—, chemotherapeutische Aktivität und Resorption durch das Protozoon 734
—, chemotherapeutischer Effekt und chemische Bindung im Erreger 735, 736
—, chemotherapeutische Prüfung 717
—, chemotherapeutische Wirkung durch Molekülanlagerung an Erregeroberfläche 732
—, Fermenthemmung durch 736, 737
—, Gruppenspezifität und 731
—, Hauptphasen der chemotherapeutischen Wirkung 732
—, Pyridin und 759
—, Sulfonamide in 758
—, Therapie der Geschlechtskrankheiten mit 711
—, Trypanosomenresistenz und Molekül-Ladungscharakter 732, 734
—, Verträglichkeit der aromatischen 715
—, Wirkungseinbuße durch Dithiole 736
—, — durch Thiole 736
Arsenwirkung, Grundcharakter 711, 712
Arsoniumverbindungen, quartäre, Antimykotica 1194, 1197
Arsonophenylimidazole, Phenylarsonsäuren 761
Arsonsäureamide, Phenylarsonsäuren 752
Arsutyl, Arsenobenzole 741
Arteriosklerose und Nebennierenrindenhormone 575
Arteriitis, Novocain und nachfolgende 125

Arteriitis temporalis, Therapie
mit ACTH 601
— —, — mit Cortison 601
— —, — mit Nebennieren-
rindenhormonen
601
Arteriolen, Wirkung von Histamin auf 282
Arthritis, Gonorrhoe-, Therapie
mit Cortison 660
Arthus-Phänomen, Wirkung
der Antihistaminica beim
319, 322
artefizielle Hibernation, Therapie bei Verbrennungen
mit 81
Artspezifität, fehlende, der Gonadotropine 501
arylierte Kresole, Antimykotica 1198—1200
— Phenole, Antimykotica
1198—1200
Arzneifieber nach Penicillin 907
—, Sulfanilamide 1100
Arzneimittelausschlag, toxische Symptome, Sulfanil-
amide 1025
Arzneimittel-Erythrodermie,
Therapie mit Nebennieren-
rindenhormonen 625
Arzneimittelexanthem bei Leberkrankheiten 145
—, Therapie mit Antihistaminica 337, 338, 340
Arzneimittel-Exantheme bei
Therapie mit Isonicotin-
säurehydrazid, Hauttuber-
kulose 1165
Arzneimittelfieber, toxische
Symptome, Sulfanilamide
1025, 1031
Arzneimittelreaktionen, Pro-
phylaxe durch Antihista-
minica 345, 346, 347
Arzneischatz, Sulfanilamide
1072—1090
Aschheim-Zondek-Reaktion
501
Ascorbinsäure s. Vitamin C
Ascorbinsäure, Vitamin C,
Synonyma 428
Ascosin, Antimykotica 1262
Aspergillose, Therapie mit Ny-
statin 1250
—, therapeutische Hinweise
1276
Aspermie nach Therapie mit
Folsäureantagonisten 1350
Aspirin, Kombinationstherapie
bei Psoriasis arthropathica
mit Nebennierenrindenhor-
monen und 622
Asthma, anaphylaktisches,
Wirkung der Antihista-
minica bei 318

Asthma nach Penicillin 907
Asthma bronchiale, individuelle Medikament-
verträglichkeit bei
343
— —, intravenöse Applika-
tion von Novocain
bei 117, 120
— —, Therapie mit ACTH
588, 589
— —, — mit Antihistaminica
342, 343
— —, — mit Dexamethason
589
— —, — mit Hydrocortison
588
— —, — mit Nebennieren-
rindenhormonen
588, 589
— —, — mit Prednison 588
— —, — mit Triamcinolon
589
Asuran, Phenylarsonsäuren 753
A.T. 10 s. Parathormon
—, Therapie der Impetigo herpetiformis mit 617
—, — der Psoriasis vulgaris
mit 619
—, — der Psoriasis pustulosa
mit 624
Atabrine, Pharmakologie 37
Ataractica 60
Atarax, Dosierung von 77
—, Indikation für 77
—, Kontraindikationen 77
—, Nebenwirkungen 77
—, Toxicität von 77
—, Tranquillizer, Handelspräparat 67, 76
—, Wirkung von 76, 77
Ataraxia 60
Atebrin, akuter Erythematodes
und 58
—, akute Porphyrie nach 57
—, adsorptiver Lichtschutz
durch 41, 42
—, Affinität von Keratin zu 40
—, Affinität zu Keratin 40, 45,
49
—, Agranulocytose nach 46
—, allergische Hauterschei-
nungen nach 45, 49
—, Alopecie durch 45, 51
—, Anhebung der bei Erythe-
matodes chronicus herab-
gesetzten Erythem-
schwelle durch 41
—, Antihistamineffekt von 40
—, antiphlogistischer Effekt
von 41
—, Ausscheidung, Resorption,
Wirkungsweise 38, 39,
40, 41, 42
—, Cortisoneffekt von 41
—, Dermatitis durch 45, 50

Atebrin, Elimination von 40
—, bei Erythematodes chronicus 40
—, Fluorescenz der Haare unter 39, 45, 49
—, — der Nägel unter 39, 45,
49
—, — der Vitiligoherde unter
59
—, Glucocorticoideinsparung
bei Erythematodes
acutus durch 58
—, — bei Pemphigus 58, 59
—, Hautatrophie nach 45
—, Hyperkeratosenbildung
durch 44
—, Inhibierung der Cyto-
chromoxydase durch
43
—, — der Flavinenzyme
durch 43
—, Leberfunktionsstörungen
und 46
—, Leberaktion, Rückgang
durch 59
—, Leberstörungen durch 46
—, Leukämie und Überdosierung von 45
—, Nebenwirkungen 44, 50
—, —, Erbrechen 44, 50
—, —, Schwindel 44, 50
—, —, Übelkeit 44
—, organische Leberleiden
durch 46
—, Pharmakologie 37
—, Pigmentierung nach 45
—, — unter 39, 50
—, Polyneuritis nach 45
—, Pruritus nach 45
— und Resochinbehandlung,
Störungen des ZNS bei 45
—, Speicherung in der Haut
41, 45
—, Störungen des ZNS nach 45
—, Therapie des Erythematodes mit 49, 50—52
—, — des Kaposi-Sarkoms mit
59
—, — der Lichturticaria mit
51
—, — des Morbus Boeck mit
59
—, — bei Mycosis fungoides
mit 59
—, — der Psoriasis pustulosa
mit 59
—, — des pustulösen Bakterids
mit 59
—, — der Rosacea bei Lichtempfindlichkeit mit
59
—, Todesfälle nach 46
—, Toxicität von 44
—, Überdosierung und Anämie
45

Atebrin, Vermehrung von Keto-
steroiden unter 40, 41
—, Verteilung im Organismus
41
Atemlähmung, intravenöse
Gabe von Novocain und 104
Atemquotient bei endogenem
Ekzem 16
ätherische Öle, Antimykotica
1211
— —, —, klinische Erfah-
rungen mit 1211
— —, —, Verträglichkeit von
1211
— —, fungicide Wirkung der
1211
— —, fungistatische Wirkung
der 1211
— —, Therapie von Dermatomykosen mit 1211
Äthernarkose, Applikation von
Calcium in 136
Äthinylnortestosteron, virilisierender Effekt bei weiblichen Neugeborenen 477
Äthylalkohol, Antimykotica
1188
—, pilzhemmende Wirkung
von 1188
Äthylchlorid, Antimykotica
1186
—, Therapie der Epidermo-
phytie mit 1186
— —, der Trichophytie mit
1186
Äthylendiamine, Allercur,
Antihistaminica 301, 311,
335
—, Antergan, Antihistaminica
298, 335
—, Antistin, Antihistaminica
300, 301, 311, 312, 335
—, Bromothen, Antihistaminica 300
—, Buclizine, Antihistaminica
302, 335
—, Chlorcyclizin, Antihistaminica 301, 312, 335
—, Chlorothen, Antihistaminica 300, 312, 335
—, Diatrin, Antihistaminica
300, 311, 335
—, Di-Paralene, Antihistaminica 301
—, Hetramin, Antihistaminica
299, 312
—, Hibernon, Antihistaminica
299, 335
—, Histantin, Antihistaminica
301
—, Luvistin, Antihistaminica
300, 335
—, Neoantergan, Antihistaminica 298, 299, 311, 312,
313, 335

Äthylendiamine, Neo-Hetramin, Antihistaminica
299, 312, 335
—, Perazil, Antihistaminica
301
—, Postaféne, Antihistaminica
301
—, Pyribenzamin, Antihistaminica 299, 311, 312, 313,
335
—, Sandosten, Antihistaminica 302, 311, 335
—, Soventol, Antihistaminica
302, 311, 335
—, Synpen, Antihistaminica
299, 313, 335
—, Thenylen, Antihistaminica
300, 311, 335
—, Vibazine, Antihistaminica
302
Äthylendiamintetraessigsäure
s. Chelatbildner
—, Ausschaltung der Calcium-
Nebenwirkungen durch
138, 139, 140
—, Chelatbildung durch 138,
139
Äthylendiamin-Struktur, Antihistaminica 298—302
Äthyleniminderivate bei Angiomatosis Kaposi 1356
— bei ausbestrahlten Tumoren
1356
—, Cytostatica, Bayer 3376,
1342
—, —, Bayer G 4073, 1341
—, —, Dosierung 1343, 1344,
1345, 1360
—, —, E 39 1342, 1356 bis 1360
—, —, Indikationen von 1356
—, —, klinische Anwendung
1356—1361
—, —, Myleran 1342, 1343
—, —, Tetramin 1360, 1361
—, —, Trenimon 1341, 1342,
1361
—, —, Wirkungsmechanismus
1345, 1346
— bei generalisierter Metastasierung von Tumoren
1356, 1359, 1361
— bei Hauterscheinungen der
Leukämie 1356
— bei Hautmetastasen von
Carcinomen 1356, 1359,
1361
— bei Hautmetastasen von
Melanom 1356, 1359, 1361
— bei Hautmetastasen von
Mycosis fungoides 1356,
1359, 1361
— bei Hautmetastasen des
Reticulosarkom 1356
— bei inoperablen Tumoren
1356, 1359, 1361

Äthyleniminderivate bei Lymphogranulomatose 1356,
1359, 1361
— bei postoperativer Metastasenprophylaxe 1356
—, Ruhekerngifte 1339—1346
—, Strukturformel 1340, 1341,
1342
—, Theorie der Wirkung 1345,
1346
— bei Tumor-Rezidivprophylaxe 1356
—, Wirkungsmechanismus
1345, 1346
Äthylmercuri-acetyl-sulfanilamid, Antimykotica 1223
Äthylmercurithiosalicylat,
Antimykotica 1223
Äthylvanillat, Antimykotica
1217
—, Therapie der Histoplasmose
mit 1217
Atmungskurve, Amphotericin
856
— der Kombination mit Peni-
cillin und Streptomycin
810
—, Nystatin 853
—, Penicillin 782
—, Polymyxin 839
—, Streptomycin 805
—, Tetracycline 817
—, Trichomycin 859
Atmungssystem, Nebenwir-
kungen unter Antihistami-
nica am Atmungssystem
348
Atopic Dermatitis s. Neuroder-
mitis
— —, Therapie mit ACTH
592—596
Atosil, Antihistaminica, Pheno-
thiazine 303, 335
—, Phenothiazine, Handels-
präparate 63
Atoxyl 731
—, Phenylarsonsäuren 751
Atrophie der Haut nach Ate-
brin 45
—, Hoden-, bei Leberkrankhei-
ten 143
—, Therapie mit ACTH 643
bis 647
—, — mit Nebennierenrinden-
hormonen 643—647
Atropin bei Hauterkrankungen
12
Augenkrankheiten, Therapie
mit Cortison 568
Augensalbe, Sulfanilamide,
Rezeptur für 1091
Augensymptome, Vitamin A-
Mangel und 390, 391
Aureofacin, Antimykotica 1262
Aureomycin, Handelsform 920

Aureomycin, Tetracyclin 811
—, Therapie der Akrodermatitis chronica atrophicans 894
—, — des Milzbrands 881
— und Cortison, Kombinationstherapie der Dermatitis herpetiformis Duhring 609
Aureothricin, Antimykotica 1262
Ausgangsmaterial von FSH 498
Ausscheidung, Atebrin 38
— von Calcium 133
— von Natrium 195
— von Reserpin 73, 74
— von Vitamin B_1 401
— von Vitamin C 429
— von Vitamin D 440
— von Vitamin E 448
Ausscheidungsgeschwindigkeit, Streptomycin 808
— und Bewertung, Sulfanilamide 1093
Ausscheidungsquote von Calcium 133
Ausschläge der Haut nach Sulfanilamiden 1100
Austrocknungsdiät 197
—, Therapie von Dermatosen mit 198
—, — bei Toxikodermie 198
—, — bei Kinderekzem 198
—, — bei Neurodermitis 198
—, — bei Acne 198
—, — bei Durchblutungsstörungen 198
Autofahrtüchtigkeit unter Meprobamat 78
Autolyseaktivierung von Tumoren durch Schwermetallsalze 1321
autonomes Nervensystem, Meprobamat und 67
Autovaccination 2
Aviditätsbestimmung, Spirotrypan 746, 747
Aviditätsindex, Arsenobenzole 740
Avil, Antihistaminica, Propylamine 305, 335
Avitaminosen 383
—, primäre, Vitamin A 390
—, —, Vitamin B_2 405
—, —, Vitamin K 455
—, sekundäre, Vitamin A 397, 398
—, —, Vitamin B_2 406, 407
—, —, Vitamin K 455
—, Vitamin A 390, 391
—, Vitamin K 455, 456, 457
Axerophthol, Vitamin A 386
Azacylonol, Tranquilizer, Verbindungen 66, 67

Azaserin, Cytostatica 1347
Azobenzolspaltung, reduktive, Sulfanilamide 1045
Azofarbstoffe s. Sulfanilamide
Azofarbstoffe, Sulfanilamide 962
Azoguanin, Cytostatica 1350
Azoprotein-Histamin, Bildung von histaminneutralisierenden Antikörpern durch 295

Bacillaceen, Erkrankungen durch, Therapie mit Sulfanilamiden 1068
Bacillomycin, Antimykotica 1262
Bacillus anthracis, Therapie mit Sulfanilamiden 1068
Bacitracin 844, 845, 846, 847, 848
—, Antimykotica 1262
—, Ausscheidung 847
—, biologische Nebenwirkungen 915
—, Chemie 845
—, Grenzkonzentrationen für 846
Bacitracin, Handelsform 920
—, Herkunft 844, 845
—, Kombination mit anderen Antibiotica 848
—, Löslichkeit 845
—, Nachweismethoden 848
—, nephrotoxische Wirkung 845, 847
—, Pharmakologie 847
—, Resistenz gegenüber 847, 848
—, Resistenzentwicklung 847
—, Resistenzsteigerung 848
—, Resorption 847
—, Standardisierung 845
—, Therapie der Acne 893
—, — des Gasbrands 881
—, — des mikrobiellen Ekzems 890
—, — des Ulcus cruris 891
—, Toxicität 847
—, Verteilung im Organismus 847
—, Wirkung im Tierexperiment 845, 846
—, Wirkungsbereich 845
—, Wirkungsmechanismus 846, 847
Bacteriodaceen, Erkrankungen durch, Therapie mit Sulfanilamiden 1066
Bädertherapie von Dermatomykosen mit Sulfonaten 1222
bactericide Wirkung, Penicillin 781
Bakterid, pustulöses, Therapie mit Atebrin 59

bakterielles Ekzem, Kombinationstherapie mit NNR-Salbe und Antibioticum 618, 619
Bakterien, Synthese von Nicotinsäure 409
—, Vitamin B_{12}, Synthese durch 424
Bakterienenzyme, Hemmung von Chloramphenicol durch 832
—, Inaktivierung des Chloramphenicol durch 827, 828
Bakterien-Varianten als Resistenzfolge, Tetracycline 824
Bakterienzellmembran, Sulfanilamide und 1050, 1051
bakteriostatische Wirkung, Penicillin 781
— —, Vitamin K 456, 457
Balanoposthitis candidomycetica, Therapie mit Nystatin 1249
Balnacid 6
Bartpilzflechte, therapeutische Hinweise 1273
Basaliom, Colcemidsalbe bei 1333
—, Therapie mit Podophyllotoxin 1353
Bayer 3376, Cytostatica 1342
—, —, Äthyleniminderivate 1342
Bayer DG 428, Cytostatica, Purinantagonisten 1350
Bayer G 4073, Cytostatica, Strukturformel 1341
—, Therapie generalisierter Carcinomatosen mit 1341
Bayer H 4989, Aktivierung der natürlichen Abwehrkräfte gegen Geschwulstwachstum durch 1363
—, Cytostatica, Aktivierung der natürlichen Abwehrkräfte durch 1363
—, —, Einfluß auf Geschwulstwachstum 1363
—, —, proliferationshemmende Wirkung von 1363
—, —, Wirkung auf kachektische Patienten 1363
—, Einfluß auf das Geschwulstwachstum 1363
—, proliferationshemmende Wirkung von 1363
—, Wirkung auf kachektische Patienten 1363
Bebrütungstemperatur (-dauer), Sensibilitätstestung Sulfanilamide 1035, 1036

Bedarf des Menschen an Inosit 427

Behaarung, sekundär, unter Androgenen 489

—, —, unter Testosteron 489

Behandlung s. Therapie

— der Nebenhodenentzündung mit Lipopolysacchariden 98

Behandlungsmöglichkeiten, Sexualhormone 504

Behçet-Syndrom, Therapie mit ACTH 600

—, — mit Nebennierenrindenhormonen 600

Benactyzin, Tranquillizer, Verbindungen 66, 67

Benadryl, Antihistaminica, Colaminreihe 304, 312, 335

Benemid, Depotsubstanz, Penicillin 785

Bengalrotprobe, Leberfunktionsproben 150

Benodire, Antihistaminica, Colaminreihe 304

Benzimidazolarsenoxyd, treponemicide Wirkung 725

Benzimidazolderivate, Antimykotica 1229, 1273, 1274

—, Therapie der Dermatomykosen mit 1230

Benzimidazolonarsonsäuren 762

—, Phenylarsonsäuren 762

—, trypanocide Wirkung von 762

Benzochinolizingruppe, Rauwolfia-Alkaloide, Derivate 64

Benzochinonderivate, Antimykotica 1210

—, Therapie von Dermatomykosen 1210

Benzoesäure, Antimykotica 1212

—, fungistatische Wirkung von 1212

—, Prophylaxe und Therapie von Fußmykosen mit 1212

Benzolringoxydation, Sulfanilamide 1043

Benzpyren-Carcinom, Wirkung von Tetramin bei 1360

Benzpyrentumoren, Cytostatica 1320

Benzthiazolderivate, Antimykotica 1230

—, neurotoxische Symptome nach 1230

—, Therapie der Dermatomykosen mit 1230

Benzylbenzoat, Antimykotica 1212

Benzylphenol, Antimykotica 1199

Beri-Beri, Vitamin B_1-Mangel bei 402

Beriberischutzstoff, Vitamin B_1, Synonyma 400

Berufsdermatosen, Therapie mit Siliconen 177

Berufsekzeme, Therapie mit Nicotinsäure 415

—, — mit Vitamin D 445

Berufstätigkeit bei Entfettungsdiät 211

Bestimmung der Aktivität von LTH 500

— — — an der Kropfdrüse der Taube 500

— — — an der Milchdrüse von Säugern 500

Bestimmungsmethode, FSH 498

—, Folsäure 421

—, HCG 501

—, ICSH 499

— von Inosit 427

—, LH 499

—, Pantothensäure 418

— von Serumgonadotropin 501

— für Vitamine 384

— für Vitamin A 387, 388

— für Vitamin B_1 401, 402

— von Vitamin B_2 405

—, Vitamin B_6-Gruppe 416

— von Vitamin B_{12} 424

—, Vitamin C 429

—, Vitamin D 438

—, Vitamin E 448

—, Vitamin K 454

—, Vitamin P 436

Bilanz von Calcium 133

Bildungsstätten der Gonadotropine 496, 497

— von Oestrogenen 489

— der Serumgonadotropine 501

Bienenwachs als Salbengrundlage, hydrophobe, fettartige 245

Bilirubintest, Leberfunktionsproben 150

Bindegewebsfunktion, NNR-Hormone und 563

Bindegewebsquellung unter Oestrogenen 495

Biobamat, Meprobamat, Handelspräparat 67, 68

Biochemie der Sulfanilamide 1040—1056

—, Vitamin E 449

Biogenese, Vitamin D 439

biologische Aktivität der Androgene 485, 486

— — des Testosterons 485, 486

biologische Bestimmungsmethoden, Nachweis von Antihistaminica 327

biologische Eigenschaften von Serumgonadotropin 501

biologische Funktion, Vitamin C 429

biologische Konstanten, Sulfanilamide 1074—1077

biologische Veränderungen des Erregers, Antibiotica 900

— — des Wirtes unter Antibiotica 900

biologische Wirkung von Lipopolysacchariden 94, 95, 96

Biopsie, Leber-, Leberfunktionsproben 150

Biosynthese von Nebennierenrindenhormonen 556

— von Oestrogenen 490, 491, 492

—, Penicillin 777

Biotin s. Vitamin H

Biotin, Vitamin H, Synonyma 425

Black tongue, Mangelerscheinungen, Nicotinsäure 413, 414

Blasenmole, extrahypophysäre Gonadotropine aus 501

Blastomykose, nordamerikanische, therapeutische Hinweise 1275

— —, Therapie mit Amphotericin B 1254

—, —, — mit Oestrogenen 1232

—, —, — mit Oxystilbamidin 1207

—, —, — mit Penicillin 1258

—, —, — mit Stilbamidin 1206

Blastomykose, südamerikanische, Therapie mit Sulfonamiden 1219

—, —, — mit Amphotericin B 1254

—, —, therapeutische Hinweise 1275

Blastomykose, Therapie mit Diamidinen 1205

—, therapeutische Hinweise 1275

—, Therapie mit Amphotericin 889

—, — mit Jodid 1186

—, — mit Oestrogenen 514

Blättchentest, Antibioticakonzentrationen für 796, 797

A-Blastomase, Cytostatica 1355

Blausäure, Hemmung der Histidindecarboxylase durch 284

Bleilösung, kolloidal, Cytostatica 1354
Blut, Cholingehalt im 156
—, Sulfanilamide, Konzen-
tration im 1092
—, Verteilung der Sulfanilamide im 1020
Blutbild, weißes, Wirkung von
Endoxan auf 1339
—, —, — des Griseofulvin auf
1244
—, —, Lipopolysaccharide und
94, 95
Blutbild- und Leberfunktions-
kontrolle unter Resochin 56
Blutdruck, Wirkung des Hist-
amins auf 313
Blutdruckabfall nach Reserpin
74
Blutdrucksenkung nach intravenöser Gabe von Novo-
cain 119
Bluteindickung bei Neben-
nierenrindeninsuffizienz
560, 561
Blutgefäße, Wirkung von Hist-
amin auf 282
—, größere, Wirkung von Hist-
amin auf 282
Blutgerinnung, Calcium und
128, 129
—, Einfluß von Streptomycin
auf 806
—, Einfluß von Vitamin K auf
die 455
—, Störungen unter NNR-
Hormon 578
—, Wirkung der Antihistaminica auf 316
Blutgerinnungszeit durch
Histamin, Verkürzung
der 283
—, Verkürzung unter Anti-
histaminica 316
Blutkonzentration, Sulfanilamide 1009, 1010
Blut-Liquorschranke, Chloramphenicol und 830, 831
—, Erythromycin und 835
—, Oleandomycin und 862
—, Penicillin und 788
—, Polymyxin 840
Blutplasmawasser, Bewertung
und Metabolismus, Kon-
zentration der Sulfanil-
amide im 1097
Blutspiegel von Calcium 130
—, Calcium-, Impetigo herpe-
tiformis und 18
— nach Griseofulvin 1245
— des Isonicotinsäurehydra-
cids, Hauttuberkulose
1141
Blutspiegel von Streptomycin
807

Blutspiegelwerte, Chloramphe-
nicol 830
—, Erythromycin 835
—, Kanamycin 866
—, Neomycin 843
—, Nicotinsäure 409
—, Oleandomycin 862
—, Polymyxin 840
—, Tetracycline 821, 822
—, Trichomycin 860
— beim Fetus, Penicillin 788
Bluttransfusionen, Prophylaxe
von Allergie-Wirkungen
durch Antihistaminica 346
Blutübertragung, Transfusions-
syphilis 726
Blutungszeitanstieg nach
Meprobamat 79
Blutungszeitverlängerung nach
Colchicin 1334
Blutzirkulation in der Leber
durch Thioctsäure 159
Blutzucker unter Novocain 102
Boeck-Sarkoid, Kombinations-
therapie mit Tuberkulo-
statica und NNR-Hor-
monen 653, 654
—, Lokaltherapie mit Hydro-
cortison 653
—, Therapie mit ACTH 652,
653, 654
—, — mit Cortison 652, 653,
654
—, — mit Vitamin D 444
Bommer-Diät, Therapie von
Dermatosen mit 205
Borcholin, Chemotherapie der
Hauttuberkulose mit 1123
Borsäure, Therapie der Candi-
damykosen mit 1186,
1187
—, — der Dermatomykosen
mit 1186
Borsäureverbindungen, Antimykotica 1186, 1187
Botulismus, Therapie mit Sulfanilamiden 1068
Bourbonal-Isonicotinsäure-
hydrazid, experimentelle
Chemotherapie der Haut-
tuberkulose mit 1155
Bradosol, Antimykotica,
quartäre Ammoniumver-
bindungen 1195
Bradykinin, anaphylaktische
Reaktionen und 291, 292
Brechreiz nach Tetracyclinen
915, 916
Breitspektrum-Antibiotica,
Tetracycline 813
bromierte Verbindungen, Antimykotica 1186
Bromierung und Erhöhung der
Wirkung, Antimykotica
1178

Bromoderma, Therapie mit
Hydrocortison 598
—, — mit Prednison 599
bromometrische Bestimmung,
Sulfanilamide 1007
Bromothen, Äthylendiamine,
Antihistaminica 300
Bromsulfaleintest, Leberfunk-
tionsproben 150, 151
Bronchialasthma, antialler-
gische Wirkung von Vit-
amin D bei 441, 442
Bronchialmuskulatur, Aus-
wertung der Antihistamini-
ca an der 311, 312
Bronchoconstriction durch
Histamin 312
Brucellaceen, Erkrankungen
durch, Therapie mit Sulf-
anilamiden 1065, 1066
Brunsttest, Nachweis der
gestagenen Aktivität durch
478
buccale Anwendung der
Sexualhormone 506
buccale Behandlung mit
Sexualhormonen 504, 506,
507, 508
Buclizine, Äthylendiamine,
Antihistaminica 302, 335
Burning-Feet-Syndrom,
Mangelsymptom, Panto-
thensäure 418
Butazolidin, Nierenreizung
durch 23

Cacaomycetin, Antimykotica
1262
Cadmiumchlorid, Antimykoti-
ca 1188
Cadmiumsulfat, Leberfunk-
tionsproben 153
Calcinosis, Therapie mit Schilddrüsenhormon 671
Calcinosis universalis idiopathica, Thera-
pie mit ACTH
632
— — —, — mit Cortison 632
Calcistin, Antihistaminica,
Kombinationspräparate
334
Calcium 127—141
—, Allergie und 129
—, allergische Erkrankungen
und Therapie mit 137
—, Antagonisten des 129
—, Applikation in Äthernarkose 136
—, Applikationsdauer 137
—, Aufnahme und alkalische
Darmreaktion 132
—, — aus dem Rectum 132
—, Ausschaltung der Neben-
wirkungen durch Äthy-

lendiamintetraessigsäure
138, 139, 140
Calcium, Ausscheidung von
133
—, — im Harn 133
—, — im Stuhl 133
—, Ausscheidungsquote von
133
—, Bedarf von 130, 131
—, Bilanz von 133
—, Blutgerinnung und 128, 129
—, Blutspiegel von 130
—, Dermatosen und 137, 138
—, Dissoziationsgrad und Nebenwirkungen 136
—, Diurese-Wirkung von 136
—, Elektrophysiologie und 131
—, entzündungshemmende
Wirkung von 135
—, Grenzkonzentration von
136
—, Hautschäden nach 137
—, Herzflimmern nach Überdosierung von 136
—, Indikationen bei Dermatosen 141
—, intralumbale Anwendung
von 137
—, Kalkhaushalt und 129
—, Keimdrüsenhormone und
128
—, Knochenaufbau und 128
—, Kombinationstherapie von
Antihistaminica mit 138
—, lokale Anwendung bei Dermatosen von 138
—, Membranwirkung von 131,
134, 135
—, Nebenwirkungen von 136,
137
—, neuromuskuläre Funktionen und 129
—, orale Aufnahme von 131,
132
—, orthostatische Albuminurie,
Therapie mit 136
—, örtliche Reaktion nach Injektion von 137
—, Physiologie des 128—131
—, Pruritus und Therapie mit
137, 138
—, Remineralisation und 127,
128
—, remineralisierende Behandlung mit 127, 128, 137,
138
—, Resorption von 130, 131,
132, 133
—, — und Abhängigkeit von
der Ernährung 132
—, Schilddrüsenhormone und
128
—, Serumspiegel nach Injektion von 132
—, Sexualhormone und 128

Calcium, therapeutische Anwendung von 127—141
—, Todesfälle nach 136, 137
—, Toxicität von 136, 137
—, Toxikodermien und Therapie mit 137
—, transmineralisierende Therapie mit 127, 128, 137,
138
—, Umsatz von 130, 131
—, vegetative Funktionen und
129
—, Wirkungsweise von 133
—, ZNS und 129
Calcium-Blutspiegel, Impetigo
herpetiformis und 18
Calcium-Chelat 138, 139, 140
Calcium-Nebenwirkungen,
Ausschaltung durch
Äthylendiamintetraessigsäure 138, 139, 140
Calciumresorption, intestinale,
Steigerung durch Vitamin
D 440, 441
Calciumsalze 132, 133
Calciumspiegel bei Hypercorticismus 560, 561
—, bei Nebennierenrindeninsuffizienz 560, 561
Calorienzufuhr bei fettfreier
Diät 209
Camoquin 57
—, Pigmentierung und 57
—, Therapie der rezidivierenden Lichtausschläge mit
57
Camphomycin, Antimykotica
1263
Campolon, Leberschutztherapie, Handelspräparat 167
Cancerotoxische Wirkung von
Endoxan 1339
Candida albicans, Auftreten
unter Tetracycline 819, 820
Candidainfektion, Nystatin
und 852, 853
—, Therapie mit Nystatin 888,
889
—, — mit Trichomycin 889
Candida-Mykosen nach Antibiotica 1181
Candidamykose, cutane, Therapie mit Amphotericin B 1254
—, —, — mit Nystatin 1248,
1249
—, experimentelle, Tierversuche zur
Therapie mit
Amphotericin
B 1253
—, —, — — mit Trichomycin 1251
—, genitale, Therapie mit Nystatin 1249

Candidamykose, genitale,
Therapie mit Trichomycin 1252
—, granulomatöse, Therapie
mit Nystatin 1248
—, lokalisierte, Therapie mit
Nystatin 1248
—, therapeutische Hinweise
1275
—, Therapie mit Amphotericin
B 1254
—, — mit Borsäure 1186, 1187
—, — mit Chloroxychinolin
1225
—, — mit Jodid 1186
—, — mit Malachitgrün 1209
—, — mit Pentamidin 1207,
1208
—, — mit Phenylmercuriborat 1223
—, — mit Trichomycin 1252
—, bei Leukämie, Therapie mit
Pentamidin 1207, 1208
Candida-Paronychie, Therapie
mit Trichomycin 1252
—, Reinfektion aus dem Darm,
Verhinderung durch
orale Nystatin-Gaben
1248
Candicidin, Antimykotica 1263
Candidiasis unter Tetracycline
820
—, cutane, therapeutische
Hinweise 1273
Candidin, Antimykotica 1263
Candidulin, Antimykotica 1263
Candimycin, Antimykotica
1263
Capillardurchlässigkeitsstörungen, Therapie mit
Vitamin P 436
Capillaren, Wirkung von Histamin auf 282
capillarpermeabilitätshemmende Wirkung der
Antihistaminica 303, 313,
314, 315
Capillarresistenz, Erhöhung
unter Antihistaminica
315
— und Androgene 488
— und Testosteron 488
Capillarschäden, toxische, Therapie mit Vitamin P 436
Captodiamin, Tranquillizer,
Verbindungen 66, 67
Carbasone, Phenylarsonsäuren
753
Carboanhydrasehemmung,
Sulfanilamide 1023, 1024,
1048
Carbolsäure, Antimykotica
1197
—, Psoriasistherapie mit 9
Carbomycin 837

Carbomycin, Antimykotica 1263
—, Kreuzresistenz mit Erythromycin 837
Carbonsäureamidspaltung, Sulfanilamide 1043
Carbonsäuren, aliphatische, Therapie von Dermatomykosen mit 1189—1194
—, aromatische, Antimykotica 1211—1218
—, aliphatische, Antimykotica 1189—1194
—, ungesättigte aromatische, Antimykotica 1217, 1218
—, — —, Therapie von Systemmykosen mit 1218
Carbonylreagentien, Hemmung der Histidindecarboxylase durch 284
Carcinom, Therapie mit Embichin 1338
Carcinomatosen, generalisierte, Therapie mit Bayer G 4073 1341
Carcinombehandlung mit Röntgenstrahlen und Cytostatica 1333, 1334
—, oberflächliche, Therapie mit Colchicinsalben 1333, 1334, 1335
Carcinomentstehung, Vitamin-A-Mangel, prädisponierender Faktor für 396
Carcinom-Zelle, Stoffwechselstörung unter Oestrogenen 523
Carcinosarkom, cancerotoxische Wirkung des Endoxan bei 1339
Caronamid, Depotsubstanz, Penicillin 785
α-Carotin 387
β-Carotin 387, 388, 389
γ-Carotin 387
Carotin, Umwandlung von Carotin in Vitamin A 389
— und Vitamin A, Serumspiegelwerte von 389, 390
Carotinoide 386, 387
Casantin, Antihistaminica, Phenothiazine 303
Casein, unspezifische Reiztherapie mit 90
Caseosan, unspezifische Reiztherapie mit 90
Cellogel, Salbengrundlagen 272, 273
Cellulosederivate, Salbengrundlagen 272
—, wasserlösliche Salbengrundlagen 272

centralanalgetische Wirkung von Novocain 103, 104
centralnervöse Wirkung von Novocain 103, 104
Cepalosporiose, therapeutische Hinweise 1276
Cephalin-Cholesterol-Test, Leberfunktionsproben 152
Cercosporose, therapeutische Hinweise 1276
Cerumen, fungistatische Wirkung 1233
Cervix-Ca, Therapie mit Thio-TEPA 1341
Cetavlon, Antimykotica, quartäre Ammoniumverbindungen 1196
Cetiol, Förderung der Tiefenwirkung durch 251
— als Salbengrundlage 250, 251
— —, hydrophobe, fettartige 245
Chaetomin, Antimykotica 1263
Charakteristika von Siliconen 172
Chaulmoograöl, Lepra, in vitro-Hemmung der Erreger durch 1124
Chaulmoograöl Derivato, in vitro-Hemmung der Tuberkelbakterien durch 1124
Cheilitis, Therapie mit Pantothensäure 418
—, — mit Vitamin B_2 407
— bei Vitamin-B_2-Mangel 406
Cheilitis granulomatosa, Therapie mit Cortison 603
Cheilosis, bei Leberkrankheiten 143
— und Vitamin-B_2-Mangel 406
Chelatbildner 138, 139, 140
—, Therapie der progressiven Sklerodermie mit 140
—, — der Schwermetallintoxikationen mit 140
Chelatbildung durch Äthylendiamintetraessigsäure 138, 139
Chemie, ACTH 551, 552
—, p-Aminobenzoesäure 419
—, Amphotericin 855
—, Androgene 480
—, der Antihistaminica 297—308
—, Arsenverbindungen 712—725
—, Bacitracin 845
—, Cholin 428
—, Citrovorumfaktor 421
—, Folsäure 420, 421
—, Gonadotropine 498
—, Griseofulvin 868
—, Inosit 427

Chemie, Insulin 664
—, Kanamycin 864, 865
— von Lipopolysacchariden 91, 92, 93, 94
—, LTH 500
—, Nebennierenrindenhormone 552, 553, 554
—, Nicotinsäure 409
—, Novocain 100
—, Nystatin 851, 852
—, Oleandomycin 861
—, Pantothensäure 417
—, Penicillin 776, 777, 778
—, Polymyxin 838
—, Reserpin 64, 65
—, Sexualhormone 471
—, Streptomycin 802, 803
—, Sulfanilamide 993—1008
—, Testosteron 480
—, Tetracycline 812, 813
—, Trichomycin 858
—, Tyrothricin 849
—, Vitamin A 386, 387
—, Vitamin B_1 400, 401
—, Vitamin B_2 403, 404
—, Vitamin B_6-Gruppe 416
—, Vitamin B_{12} 423
—, Vitamin C 428, 429
—, Vitamin D 437, 438, 439
—, Vitamin E 447, 448
—, Vitamin H 425
—, Vitamin K 453, 454
—, Vitamin P 435
chemische Abwandlung von Lipopolysacchariden 93
chemische Bestimmungsmethoden, Nachweis von Antihistaminica 326, 327
— Bestimmung von Nicotinsäure 410
— Eigenschaften, ICSH 499
—, — LH 499
—, — Neomycin 842
— — von Vitamin A 387, 388
chemische Konstanten, Sulfanilamide 1074—1077
chemische Struktur und Allergie gegen Penicillin 906
— — der Antihistaminica, Beziehungen zu pharmakologischer Wirksamkeit 297
— — und Bewertung, Sulfanilamide 1091, 1092
chemischer Aufbau der Vitamine 383
Chemotherapeutica s. Sulfanilamide
Chemotherapeutica 772
—, unmittelbare Einwirkung auf Bakterien 963
—, Prüfung von 963

Chemotherapeutica bei Tuberkulose s. Hauttuber-
kulose
— mit tuberkulostatischer
Wirkung 1123—1165
chemotherapeutischer Index,
Pyridinarsonsäuren
761
— —, Streptomycin 805
— —, Sulfanilamide 1025
chemotherapeutische Prüfung,
Arsenoxyde 717
— —, Arsenverbindungen 717
— Wirkung, Arsenverbindungen 732
Chemotherapie, Hauttuber-
kulose 1123—1165
— der Hauttuberkulose,
klinische Untersuchun-
gen 1158—1165
Chinolinderivate, Antimykoti-
ca 1273, 1274, 1275
—, Antimykotica 1224—1228
—, Therapie von Dermato-
mykosen mit 1224—1228
Chinone, Antimykotica 1210,
1211
—, —, pilzhemmende Wirkung
1210
—, Cytostatica, Mitosegifte
1328
— und Thiosemicarbozone,
Antimykotica, Kombi-
nation von 1211
Chinoniminbildung, oxydative,
Sulfanilamide 1044
Chitinase, Antimykotica 1234
Chloasma cachecticorum 184
Chloasma hepaticum 20
Chloasma uterinum durch
Oestrogene 495
— —, Therapie mit Vitamin C
433, 434
Chlor, Antimykotica 1186
—, Therapie von Dermatomy-
kosen mit 1186
Chloramin, Antimykotica
1186
—, Therapie der Dermato-
mykosen mit 1186
Chloramphenicol 826—832
—, allergische Nebenwirkungen
908, 909
—, Anämie durch 902, 903
—, antibiotische Wirkung 827
—, Antimykotica, Herkunft
1260
—, Atmungskurven für 829
—, Ausscheidung von 831
—, biologische Neben-
wirkungen 912
—, Blut-Liquorschranke und
830, 831
—, Blutspiegelwerte 830
—, Chemie 827, 828

Chloramphenicol, chemothera-
peutischer Index 830
—, Grenzkonzentrationen 828
—, Hämorrhagien nach 902
—, Handelsform 920
—, Hemmung durch Bakterien-
enzyme 832
— Herkunft 827
—, Inaktivierung durch Bakte-
rienenzyme 827, 828
—, Indikationen für 826, 827
—, Jarisch-Herxheimer-Reak-
tion nach 911
—, Kombination mit anderen
Antibiotica 832
—, — mit Sulfanilamiden 832
—, Kombinationspräparate
832
—, Kombinationstherapie der
Epidermolysis bullosa
mit ACTH und 636
—, Kontaktdermatitis nach
909
—, Löslichkeit 827
—, Nachweismethoden 832
—, Nebenwirkungen nach 902,
903
—, — komplexer Genese 915
—, Panmyelophthisis nach
902, 903
—, pharmakodynamische Wirkung 829
—, Pharmakologie 830, 831
—, Resistenz gegenüber 831,
832
—, Resistenzentwicklung 831
—, Resorption aus dem Magen-
Darmtrakt 830
—, Schleimhautveränderungen
unter 915
—, Stabilität 827, 828
—, Therapie der Acne 892, 893
—, — der Akrodermatitis
chronica atrophicans
894, 895
—, — der Aktinomykose 889
—, — der Dermatitis mit Umschlägen 891
—, — der Frambösie 885
—, — der Gonorrhoe 883
—, — des Lymphogranuloma
inguinale 884
—, — des mikrobiellen Ek-
zems 890
—, — der Rosacea 893
—, — der Syphilis 883
— — des Ulcus cruris 891
—, — des Ulcus molle 884
—, Thrombocytopenie nach
902, 903
—, Toxicität von 830
—, Verteilung im Organismus
830, 831
—, Wirkung auf Aktinomyceten in vitro 1260

Chloramphenicol, Wirkung im
Tierexperiment 828,
829
—, Wirkungsbereich 828, 829
—, Wirkungsmechanismus 829,
830
Chlorbenzylmethylbenzimidazol, Antimykotica 1229
Chlorbenzylphenol, Antimykotica 1199
Chlorcyclizin, Äthylendiamine,
Antihistaminica 301, 312,
335
chlorierte Phenole, Antimykotica 1186
chlorierte Salicylanilide, Antimykotica 1186
chlorierte Verbindungen, Antimykotica 1186
Chlorierung und Erhöhung der
Wirkung, Antimykotica
1178
Chlorjodoxychinolin, Antimykotica 1225, 1226
—, Therapie der Tiermykosen
mit 1226
Chlorkresol, Antimykotica
1199
Chloromycetin, Antimykotica
1235, 1260, 1275
—, Therapie von Strahlenpilz-
erkrankungen mit 1235
Chloroquin, Pharmakologie 37
Chlorothen, Äthylendiamine,
Antihistaminica 300, 312,
335
Chloroxychinolin, Antimykoti-
ca 1225
—, Therapie von Candida-
mykosen mit 1225
—, — von Dermatomykosen
mit 1225
Chlorperazin, Phenothiazine,
Derivate C 63
Chlorperphenazin, Phenothia-
zine, Derivate C 63
Chlorphenol, Antimykotica
1199
Chlorpromazin, Phenothiazine,
Derivate A 63
—, Agranulocytose und 70, 71
—, Anämie durch 70, 71
—, Blockierung der Wärme-
abgabe durch 70
—, Cytostatica 1354
—, Dämpfung des Vegetati-
vums durch 70
—, — des Wachhaltezentrums
durch 69
—, Dermatitis lichenoides und
72
—, Dermatosen und 73
—, Dosierung von 73
—, Photosensibilisierung 71, 72,
73

Chlorpromazin, Gefäßdilatation
durch 69, 70
—, bei Hauterkrankungen 13
—, Heilschlaf durch 69
—, psychiatrische Indikation
68, 69
—, — Komplikationen durch
71, 72
—, Kontraindikationen 73
—, Leberbeeinflussung durch 68
—, Leberfunktionsstörungen
und 70
—, Leberzellatmung und 70
—, Lichtdermatosen und 73
—, Megaphen 68, 69, 70, 71, 72,
73
—, trockener Mund durch 70
—, Nebenwirkungen von 70,
71, 72, 73
—, Phenothiazin, Derivat A 63
—, Photoallergie und 73
— bei Pruritus 83, 84
—, allergische Reaktionen 71,
72, 73
—, Resorption 68, 69, 70, 71,
72, 73
—, Sensibilisierung durch 71,
72, 73
—, Therapie von Dermatosen
73
—, Todesfälle und 70, 71
—, Toxicität 68—73
—, Wirkung auf Psyche von
70, 71
—, Wirkungsweise 68, 69, 70,
71, 72, 73
Chlortetracyclin s. Aureomycin
Chlorthymol, Antimykotica
1199
Chlortrimeton, Antihistaminica, Propylamine 306, 335
Cholin, Leberschutzpräparate,
Handelspräparate 167
Cholin chloratum, Leber-
schutztherapie, Handels-
präparat 167
cholostatische Hepatose,
toxische Symptome, Sulf-
anilamide 1029
Cholesterin, Progesteron-Bil-
dung aus 474
—, Synthesezwischenprodukt
der Androgene 481
—, Synthesezwischenprodukt
von Testosteron 481
Cholin, Abbau von 157
—, Absorption von 156, 157
—, Änderung im Wachstums-
charakter des Tumors
nach 1354
—, Behandlungsresultate bei
Lebererkrankungen mit
161, 162, 163
—, Beziehungen zu Methionin
156, 157, 158

Cholin, Chemie 428
—, Devitalisierungserscheinun-
gen des Tumors nach 1354
—, Elimination von 156, 157
—, Fett-Transport aus der
Leber und 156
—, Fixierung in der Haut 156
—, Gehalt des Blutes an 156
—, Hauttuberkulose, Auflösung der Tuberkelbak-
terien durch 1123
—, Hemmstoffwirkung von
1353
—, Herdreaktion im Tumor-
gebiet nach 1353
—, Kombinationsbehandlung
bei Tumoren mit Sulfa-
thiazol und 1353
—, Leberschutzpräparat 154,
155, 156, 157
—, lipotrope Wirkung von 156,
158
—, Methyldonator 156
—, Nebenwirkungen der Therapie mit 162
—, physiologische Wachstums-
zügelung durch 1353
—, Stoffwechselreaktionen von
157
—, Tagesausscheidung von 156
—, in der Therapie der Hepatitis 162
—, in der Therapie der Hepatosen 161
—, Vitamine 427, 428
—, Wirkungsweise 155, 156
Cholinchlorid, Cytostatica 1353
—, Leukämie-Therapie mit
1353
—, Therapie der Lympho-
granulomatose 1353
Cholin-Methionin-Gemisch,
Therapie bei Lebererkran-
kungen mit 162
Cholinoxydase, Fettleber und
156
Cholin-Sulfathiazol, Therapie
des Genitalkrebs der
Frau 1353
—, — des Magen-Darm-Carci-
noms 1353
—, — des Pankreas-Carci-
noms 1353
Chondrodermatitis chronica,
lokale Injektion von
Hydrocortison 646
— —, lokale Injektion von
Prednisolon 646
Chorioman, Gonadotropin,
Handelspräparat 507
Chorionepitheliom, Gonadotropinausscheidung bei
501
—, extrahypophysäre Gonadotropine aus 501

Chorionepitheliom, Wirkung
des Endoxan bei 1339
Choriongonadotropin 496, 497,
500, 502, 507, 509
—, Allergie gegen 509
—, menschliches 500, 501, 502,
507, 509
—, Ovargewichtszunahme
unter 501
— in der Placenta, Chorionzotten, Bildung von 500
—, Schwangerschaft und 501
—, Therapie der Alopecia
areata mit 514
—, — der Impetigo herpetiformis mit 515
—, — der Normospermie mit
postpuberaler Ley-
gid-Zell-Insuffizienz
mit 519
—, — der Retentio testis mit
522, 523
— und Oestrogene, Therapie
der Impetigo herpetifor-
mis mit 517
Chorionzotten, Bildung von
Choriongonadotropin in der
Placenta 500
Chromin, Antimykotica 1263
Chromoblastomykose, Therapie mit Amphoteri
cin B 1254
—, — mit Sulfonen 1221
—, therapeutische Hinweise
1270
Chromomykose, Therapie mit
Isonicotinsäure-
hydrazid 1229
—, — mit Jodid 1186
—, — mit Vitamin D_2 1234
Chromosomen, N-Lost-Wir-
kung auf 1337
Chrysarobin, Antimykotica
1202
—, —, Conjunctivitis nach
1202
—, —, Nierenreizung nach 1202
—, —, Überempfindlichkeit
gegen 1202
Cirpon, Meprobamat, Handels-
präparat 67, 68
Citrin, Vitamin P, Synonyma
434
Citronensäure, Antimykotica
1193
Citronensäurecyclus, Hemmwirkung von Streptomycin
auf 805
Citrovorumfaktor, Bedarf des
Menschen an 421, 422
—, Chemie 421
—, Folsäure-Gruppe, Syno-
nyma 420—423
Cladosporiose, therapeutische
Hinweise 1276

Clauberg-Test 476, 478
Clavacin, Antimykotica 1263, 1264
Claviformin, Antimykotica 1264
Clistin, Antihistaminica, Colaminreihe 305, 335
Clostridium, Therapie mit Sulfanilamiden 1068
Coccidioidomykose, experimentelle, Tierversuche zur Therapie mit Amphotericin B 1253
—, günstiger Verlauf unter Nystatin 1248
—, therapeutische Hinweise 1276
—, Therapie mit Aminostilbamidin 1207
—, — mit Amphotericin 889
—, — mit Amphotericin B 1254
—, — mit Histamin 1231, 1232
—, — mit Isonicotinsäurehydrazid 1229
—, — mit Methyltestosteron 514, 515
—, — mit Oxystilbamidin 1207
—, — mit Stilbamidin 1206
—, Tierversuche zur Therapie mit Nystatin 1247
Cochlearia armoracia, Cytostatica 1354
Cochlearisschäden, Streptomycin 806
Cochlearisschädigung nach Streptomycin 901, 902
Cocktail lytique 61
— —, Neuroleptica 61
Coeliakie, mangelhafte Resorption von Vitamin K 455
—, Resorptionsstörungen von Vitamin A bei 390
—, sekundäre Form der Pellagra bei 411
—, Vitamin B_2-Mangel und 406
Colamin-Struktur, Antihistaminica 298, 304, 305
Colcemid, antineoplastischer Effekt von Colcemid 1332
— und chronische lymphatische Leukämie 1331
—, Cytostatica 1331—1334, 1337
—, —, Applikationsart 1332
—, —, Dosierung 1331, 1332
—, —, Kombination von oraler und lokaler Gabe 1332, 1333
—, —, lokale Applikation 1332, 1333
—, —, perifokale Applikation 1332
—, —, Rezidivgefahr 1333

Colcemid, Gesamtdosis von 1332
—, Leukocytenabfall unter 1332
— und Strahlensensibilität der Ca-Zelle 1332
— und subjektive Angaben der Patienten 1332
—, Therapie der akuten myeloischen Leukämie mit 1331
—, — des Morbus Hodgkin mit 1331, 1332
—, — der Mycosis fungoides mit 1334
Colcemidsalbe bei Arsenhyperkeratosen 1333
— bei Basaliom 1333
— bei Morbus Bowen 1333
Colchicin, Agranulocytose nach 1334
—, allergische Reaktion nach 1335
—, Aphthen nach 1334
colchicinähnliche Wirkung des Griseofulvin 1244
Colchicin, Beurteilung im klinischen Versuch 1334
—, Cytostatica, Mitosegifte 1328
—, —, Erfolgsberichte 1334
—, —, Nebenwirkungen 1334, 1335
—, —, Spindelgifte 1329
—, —, Wirkung 1330
—, Diarrhoe nach 1334
— und Einfluß auf die Spermatogenese 1331
—, Erbrechen nach 1334
—, Haarausfall nach 1334, 1335
— bei Impftumoren 1329, 1330, 1331
—, Juckreiz nach 1334
—, Leukopenie nach 1331, 1334
—, Nausea nach 1334
—, Spermatogenesehemmung nach 1334
—, Therapie des Epithelioms mit 1333, 1334
—, toxische Schäden nach 1331
—, — Schädigung nach 1331
—, Verlängerung der Blutungszeit nach 1334
Colchicinbehandlung, histologische Nachuntersuchungen nach 1333, 1334
Colchicininjektionen bei Tumoren 1333
Colchicinsalbe bei Erythroplasie 1333
— bei oberflächlichen Carcinomen 1333, 1334, 1335
—, Therapie des Mammacarcinoms mit 1334
—, — von Papillomen mit 1333, 1334

Colchicinsalbe bei Ulcus rodens 1333
Colchicinvergiftung, Cytostatica 1334, 1335
Colchicum autumnale, Cytostatica 1320
Cold cream als Emulsionssalbengrundlage, Typ Wasser-in-Öl 258
— — als Salbengrundlagen 244, 258
Colica mucosa, Therapie mit Antihistaminica 344
Coliformin, Antimykotica 1264
colorimetrische Bestimmung durch Diazotieren und Kuppeln, Sulfanilamide 1006, 1007
— — der Schiffschen Basen, Sulfanilamide 1007
Compazine, Phenothiazine, Handelspräparate 63
Condylomata acuminata, Therapie mit Stickstoff 172
Conjunctivitis nach Chrysarolin, Antimykotica 1202
Conteben, Behandlungsdauer der Hauttuberkulose mit 1160
—, experimentelle Chemotherapie der Hauttuberkulose 1127, 1128
—, Hauttuberkulose, Wirkungsmechanismus von 1128
—, Nachteile der Therapie der Hauttuberkulose mit 1160
—, Nebenerscheinungen bei Therapie der Hauttuberkulose mit 1160
—, Rezidive bei Therapie der Hauttuberkulose mit 1160
—, therapeutischer Effekt bei Therapie der Hauttuberkulose mit 1160, 1162
—, Therapie der Hauttuberkulose mit 1159, 1160, 1162
—, tuberkulostatische Wirkung von 1128
Corpus luteum, Nachweis von Androstendion 492
Corpus luteum-Test, HCG-Bestimmung mit 501
Corticoiddosis bei Neurodermitis 596
Corticoidtherapie, Auftreten von Periarteriitis nodosa nach 600, 601
Corticoide, Einfluß auf Röntgen-Bestrahlungsreaktion 649, 650

Corticoide, Einfluß auf Röntgen-Erythem 649, 650
—, Hemmung der Histidin-
decarboxylase durch 284
—, Prognose der Dermato-
myositis unter 607
Corticoidsalben, Einfluß auf
Röntgen-Bestrahlungs-
reaktionen 649, 650
—, Lokaltherapie beim Erythema solare mit 648
—, — bei Verbrennungen mit
648
Corticosteroide, Antimykotica
1233
—, Lokalanwendung bei Dermatomykosen 1233
Cortison, Abschwächung der
Knochenmark-
schädigung durch
Triäthylenmelamin
mit Hilfe von 1340
—, — der Toxicität von Triäthylenmelamin
durch 1340
—, alternierende Therapie des
Pemphigus mit ACTH
und 611, 612, 615
—, Applikation von 568, 569
—, Cytostatica 1337
— und Aureomycin, Kombi-
nationstherapie der Der-
matitis herpetiformis
Duhring 609
—, Beeinflussung der Exantheme und Papeln bei
Syphilis durch Corti-
son 659
—, — der Herxheimer-Reak-
tion bei Syphilis
durch 659
—, — des Primäraffektes der
Syphilis durch 659
—, — der Seroresistenz bei
Syphilis durch 659
—, — der Tabes dorsalis bei
Syphilis mit 659
—, Ekzeme und 591
—, experimentelle Chemo-
therapie der Hauttuber-
kulose durch 1131
—, experimentelle Pilzinfektionen und 580
—, geschichtliche Entwicklung 550, 551
—, Gonorrhoe, Therapie der
Arthritis mit 660
—, Hemmung der Protein-
synthese durch 563
—, Kombinationsbehandlung
mit Insulin 568
—, Kombinationstherapie der
Lymphogranulomatose
mit N-Lost und
1338

Cortison, Kombinations-
therapie der Leukämie
mit Aminopterin und
1349
—, — mit Purinantagonisten
und 1351
—, lokale Behandlung von
Hautkrankheiten mit
568
—, Lokaltherapie des Leproms
mit 656
—, — des Pemphigus mit 611
—, lymphoklastische Wirkung
1351
—, mykotische Komplikationen unter 1233
—, orale Therapie des Pemphigus mit 611
—, Psychosen unter 580
— und Reserpin, Kombina-
tionstherapie von Neuro-
dermitis mit 86
—, Resorption von 568, 569
—, Rückgang der gummösen
Erscheinungen bei Sy-
philis unter 659
— und Schilddrüsenhormon,
Therapie des Mamma-
carcinoms mit 671
—, Syphilis, Therapie der Keratitis parenchymatosa
mit 660
—, Therapie der Acanthosis
nigricans mit 638
—, — der Acne mit 633
—, — der Acrodermatitis
continua mit 617
—, — der Adiponecrosis subcutanea neonatorum
mit 631
—, — der Alopecia mit 634,
635
—, — der Amyloidosis cutis
mit 632
—, — der Aphthosis mit 657
—, — der Arteriitis temporalis
mit 601
—, — von Augenkrankheiten
mit 568
—, — des Boeck-Sarkoid mit
652, 653, 654
—, — der Calcinosis universalis idiopathica mit 632
—, — der Cheilitis granulomatosa mit 603
—, — der Dermatitis exfoliativa mit 626
—, — der Dermatitis herpetiformis Duhring mit
608
—, — des Diabetes-Gangrän
mit 602
—, — des Ekzems mit 618
—, — der Elephantiasis mit
644

Cortison, Therapie des eosinophilen Granuloms mit
641
—, — der Epidermolysis bullosa mit 636
—, — der Epididymitis mit
Antibiotica und 661
—, — des Erythema exsuda-
tivum multiforme 599
—, — des Erythema nodosum
mit 600
—, — des Erythema solare
mit 648
—, — des Erythematodes mit
603, 604
—, — der Erythroplasie mit
637, 638
—, — der Erythrodermia
desquamativa Leiner
mit 625
—, — der Erythrodermie nach
Goldmedikation mit
625
—, — der Erythrodermie bei
Retikulose mit 625
—, — der Erythrodermie
nach Salvarsan mit
625
—, — der Fluß-Säure-
Verätzung mit 650
—, — des Fremdkörper-
granuloms mit 650
—, — des Granuloma anulare
mit 602
—, — des Herpes gestationis
mit 610
—, — der Ichthyosis congenita
mit 636
—, — der idiopathischen,
thrombopenischen
Purpura mit 628
—, — der Impetigo herpetiformis mit 617
—, — der infektiös-toxischen
Purpura mit 628, 629
—, — des Keloid mit 645
—, — des Kinderekzems mit
596
—, — der Lepra mit 654, 655
—, — der Lepra-Reaktion mit
654, 655
—, — der Leukämie mit 642
—, — des Lichen ruber mit
627, 628
—, — der Lipoidproteinose
mit 631
—, — des Lymphogranuloms
mit 639, 640
—, — des Lymphosarkoms
mit 638
—, — des Mammacarcinoms
mit 637
—, — des Melanom mit 637
—, — des Melkersson-Rosen-
thal-Syndrom 603

Cortison, Therapie des M.
Hodgkin mit 639, 640
—, — des M. Kaposi mit 642
—, — der Mycosis fungoides
mit 640, 641
—, — des Myxoedema circumscriptum mit 632
—, — der Necrobiosis lipoidica
diabeticorum mit 631
—, — der Neurodermitis mit
593
—, — der Opticusatrophie bei
Syphilis mit 659
—, — der Panniculitis mit 602
—, — des Pemphigus mit 610,
611, 612
—, — des Pemphigus chronicus benignus mit 616
—, — des Pemphigus con-
junctivae mit 616,
617
—, — der Penicillin-Allergie
mit 907
—, — der Periarteriitis nodosa
mit 600, 601
—, — der Phlebitis mit 601,
602
—, — der Photosensibili-
sierung mit 586
—, — der Porphyrie mit 630
—, — des Pruritus mit 590
—, — des Pruritus vulvae mit
590
—, — der Psoriasis arthropathica mit 621, 622
—, — der Psoriasis pustulosa
mit 623, 624
—, — der Psoriasis vulgaris
mit 619, 620
—, — der Psoriasis-Erythrodermie mit 624
—, — des Pyoderma gangraenosum mit 651
—, — der Radiodermitis mit
649
—, — des Reiter-Syndroms
599
—, — des Reticulumzell-
sarkom mit 639
—, — der Retikulosen mit 639
—, — der rheumatisch-
allergischen Purpura
mit 629
—, — des Sarcoma idiopathicum multiplex
hämorrhagicum mit
642
—, — des Sclerema neonatorum mit 644
—, — bei Serumkrankheit mit
598
—, — des Sjögren-Syndroms
mit 646
—, — der Sklerodermie mit
643, 644

Cortison, Therapie des Status
asthmaticus mit 588
—, — der Urtikaria mit 597,
598
—, — von Verätzungen mit
650
—, — von Verbrennungen mit
647, 648
—, — der Verrucae mit 656
—, — des Zoster ophthalmicus
mit 657
—, — der Zoster-Neuralgien
mit 657
—, Urticaria nach 582
—, Varicellen und 579
—, Virusinfektionen und 579
—, Wirkungsdauer von 568
—, Zoster und 579
— und Isonicotinsäurehydrazid, Therapie der Haut-
tuberkulose mit 1163,
1164
— und Testosteron, Therapie
des Erythematodes chro-
nicus mit 515
—, Verhütung der Knochen-
marksschädigung durch
Cortison bei Therapie mit
N-Lost 1338
Cortisoninjektion, Lokal-Thera-
pie bei Rosacea-Keratitis
mit 633
Cortisonsalbe, Therapie des
Erythematodes mit
604
—, — des Kinderekzems mit
596
—, — der Necrobiosis lipoidica
diabeticorum mit 631
—, — des Pruritus vulvae mit
590
—, — der Skleratrophie des
Präputium mit 643
Cortisontherapie, Hodenmorphologie und 562
—, Libido und 562
—, Menstruation und 562
—, Potenz und 562
Corynebakterien, Erkrankun-
gen durch, Therapie mit
Sulfanilamiden 1068
Covatix, Tranquillizer, Han-
delspräparat 67, 76
C_{19}-Steroide, Ausscheidung im
Harn 480
—, Umwandlung in Leber und
Niere 480, 481
—, Vorkommen im Sperma 480
—, —, in der V. spermatica
480
Cryptococcose, Therapie mit
Amphotericin 889
— s. Kryptokokkose
„Curling-factor" des Griseo-
fulvin, Antimykotica 1173

Cushing, Erhöhung der 17-
Ketosteroidausscheidung
bei 485
Cushing-Syndrom, un-
erwünschte Wirkung des
ACTH 573
—, unerwünschte Wirkungen
von NNR-Hormonen
573
Cutis, Regulation der Elektrolytveränderungen in der
191, 192
Cyanessigsäurehydrazid, experimentelle Chemo-
therapie der Hauttuber-
kulose mit 1152, 1153
—, Hauttuberkulose, Aktivität
des 1153
—, —, tuberkulostatische Wirkung von 1152, 1153
—, —, Resistenzentwicklung
1153
Cyanocobalamin, Vitamin B_{12},
Synonyma 423
Cyanose, toxische Symptome,
Sulfanilamide 1025, 1032
Cyanverbindungen, Antimykotica 1193
Cyclohexanderivate, Anti-
mykotica 1210
Cyclohexanol, Antimykotica
1210
—, Therapie der Fußmykosen
mit 1210
Cycloheximid s. Actidion
Cyclopentylproprionat, Sexualhormone, Injektionsbe-
handlung 505, 507
Cycloserin, Ausscheidung von,
experimentelle Chemo-
therapie der Hauttuber-
kulose 1137
—, Chemotherapie der Hauttuberkulose mit 1125,
1133, 1137, 1138
—, experimentelle Chemotherapie der Hauttuberkulose
mit 1137, 1138
—, Handelsform 921
—, Hauttuberkulose, therapeutischer Wert von 1137
—, tuberkulostatische Wirkung
1137
— und experimentelle Meerschweinchentuberkulose,
Hauttuberkulose 1137
cytostatischer Effekt der
Oestrogene 523
Cyren B, Oestrogene, Handelspräparate 507, 508
Cyren S, Oestrogene, Handelspräparate 508
Cystein, Behandlungsresultate
bei Lebererkrankungen
mit 161, 162, 163

Cystein, Leberschutztherapie und 159
Cysteinlösung und Redoxpotential 7
Cystin, Behandlungsresultate bei Lebererkrankungen mit 161, 162, 163
—, Leberschutzpräparat 154
—, Leberschutztherapie und 159
Cytochromoxydase, Inhibierung durch Atebrin 43
Cytodiagnostik, orale, auf Oestrogen- und Progesteronwirkung 492
Cytostatica 1318—1363
—, ACTH 1337
—, —, lymphoklastische Wirkung 1351
—, Actidion 1348
—, Actinobolin 1348
—, Actinomycin C 1346, 1347
—, —, Dosierung 1347
—, —, Gastroenteritis nach 1347
—, —, Gingivitis nach 1347
—, —, Haarausfall nach 1347
—, —, Inappetenz nach 1347
—, —, Müdigkeit nach 1347
—, —, Nebenwirkungen 1347
—, —, Oesophagitis nach 1347
—, —, Schädigung der Keimdrüsen 1347
—, —, — des Knochenmarkes 1347
—, —, Strukturformel 1347
—, —, Therapie von Erkrankungen des lymphatischen Systems mit 1347
—, —, — der leukämischen Lymphadenose 1347
—, —, — der Lymphogranulomatose 1347
—, —, — der Mycosis fungoides 1347
—, —, — der Reticulosarkomatose 1347
—, —, Zungenbrennen nach 1347
—, Actinomycine 1346, 1347
—, Adenopterin 1349, 1350
—, Aktivierung der Autolyse von Tumoren durch Schwermetallsalze 1321
—, Amethopterin 1349, 1350
—, Aminopterin 1337, 1349, 1350
—, —, Kombinationsbehandlung der Leukämie mit Cortison und 1349
—, —, Strukturformel 1349
—, —, Wirkung von 1349

Cytostatica, Aminopterin, Wirkung auf das Cytoplasma 1349
—, —, — auf den Zellkern 1349
—, Androgene 1337, 1351
—, Antibiotica 1346, 1347, 1348
—, Antimetabolite 1318, 1328
—, —, Pteridine 1328
—, —, Purine 1328
—, —, Pyrimidine 1328
—, antineoplastischer Effekt von Colcemid 1332
—, Applikationsart von Colcemid 1332
—, Arsen 1320, 1337
—, —, Fowlersche Lösung 1335
—, Äthyleniminderivate bei Angiomatosis Kaposi 1356
—, — bei ausbestrahlten Tumoren 1356
—, —, Bayer 3376 1342
—, —, Bayer G 4073 1341
—, —, Carbeniumradikale 1345
—, —, Dosierung 1343, 1344, 1345
—, —, E 39 1342
—, —, bei generalisierter Metastasierung von Tumoren 1356
—, —, bei Hauterscheinungen der Leukämie 1356
—, —, bei Hautmetastasen von Carcinomen 1356
—, —, — von Melanomen 1356
—, —, — von Mycosis fungoides 1356
—, —, — von Reticulosarkomatosen 1356
—, —, bei Lymphogranulomatose 1356
—, —, bei inoperablen Tumoren 1356
—, —, Myleran 1342, 1343
—, — bei postoperativer Metastasenprophylaxe 1356
—, —, Strukturformel 1340, 1341, 1342,
—, —, Tetramin 1360, 1361
—, —, Theorie der Wirkung 1345, 1346
—, —, Trenimon 1341, 1342, 1361
—, — bei Tumor-Rezidivprophylaxe 1356
—, —, Wirkungsmechanismus 1345, 1346
—, Auffinden von 1321
—, Ausblicke einer Therapie mit 1362, 1363, 1364

Cytostatica, Auswertung chemotherapeutischer Erfolge 1361, 1362
—, — von Therapieerfolgen 1361
—, — der Tierexperimente 1325, 1326, 1327
—, Azaserin 1347
—, Azoguanin 1350
—, Bayer 3376 1342
—, Bayer G 4073, Strukturformel 1341
—, —, Therapie generalisierter Carcinomatosen 1341
—, Bayer H 4989, Aktivierung der natürlichen Abwehrkräfte 1363
—, —, Einfluß auf das Geschwulstwachstum 1363
—, —, proliferationshemmende Wirkung von 1363
—, —, Wirkung auf kachektische Patienten 1363
—, Begriffsbestimmung 1318, 1319
—, Benzpyrentumoren 1320
—, A-Blastomase 1355
—, Carcinombehandlung mit Röntgenstrahlen und 1333, 1334
—, Chemotherapie des Krebses mit 1318
—, Chlorpromazin 1354
—, Cholin, Änderung im Wachstumscharakter des Tumors nach 1354
—, —, Devitalisierungserscheinungen des Tumors nach 1354
—, —, Hemmstoffwirkung 1353
—, —, Herdreaktion im Tumorgebiet nach 1353
—, —, Kombinationsbehandlung mit Sulfathiazol und 1353
—, — als physiologischer Wachstumszügler 1353
—, Cholinchlorid 1353
—, —, Therapie der Leukämie 1353
—, —, — der Lymphogranulomatose 1353
—, Cholin-Sulfathiazol beim Genitalkrebs der Frau 1353
—, — bei Magen-Darm-Ca 1353
—, Cholin-Sulfathiazol-Kombination 1353
—, — zur Tumorbehandlung 1353
—, — bei Pankreas-Ca 1353

Cytostatica, Cochlearia armoracia 1354
—, Colchicin, Agranulocytose nach 1334
—, —, allergische Reaktion nach 1335
—, —, Aphthen nach 1334
—, —, Beurteilung im klinischen Versuch 1334
—, —, Diarrhoe nach 1334
—, — und Einfluß auf die Spermatogenese 1331
—, —, Erbrechen nach 1334
—, —, Erfolgsberichte 1334
—, —, Haarausfall nach 1334
—, —, Hauptindikationen 1335
—, — bei Impftumoren 1329, 1330, 1331
—, —, Juckreiz nach 1334
—, —, Leukopenie nach 1334
—, —, Nausea nach 1334
—, —, Nebenwirkungen von 1334, 1335
—, —, Spermatogenesehemmung nach 1334
—, —, Therapie des Mammacarcinoms mit Salbe 1334
—, —, Verlängerung der Blutungszeit nach 1334
—, Colchicininjektion bei Tumoren 1333
—, Colchicinsalbe bei Erythroplasie 1333
—, — bei oberflächlichen Carcinomen 1333, 1334, 1335
—, — bei Ulcus rodens 1333
—, Colchicinvergiftung 1334, 1335
—, Colchicum autumnale 1320
—, Colcemid 1331, 1332, 1333, 1334, 1337
—, — und chronische lymphatische Leukämie 1331
—, — und Strahlensensibilität der Ca-Zelle 1332
—, — und subjektive Angaben der Patienten 1332
—, Colcemidsalbe bei Arsenhyperkeratosen 1333
—, — bei Basaliom 1333
—, — bei Morbus Bowen 1333
—, Cortison 1337
—, —, lymphoklastische Wirkung 1351
—, Demecolcin 1331
—, Diamidine 1337, 1346
—, —, Besserung der Knochenschmerzen beim Plasmocytom unter 1346
—, —, Depressionen nach 1346

Cytostatica, Diamidine, Inappetenz nach 1346
—, —, Nebenerscheinungen 1346
—, —, Nervenschädigungen nach 1346
—, —, Therapie des Plasmocytoms 1346
—, —, Übelkeit nach 1346
—, Diaminopurin 1350
—, Dopan 1339
—, —, Strukturformel 1339
—, —, Therapie der Lymphogranulomatose 1339
—, Dosierung von Colcemid 1331, 1332
—, D 8-Tumor 1320
—, E 39 1341, 1342, 1345, 1356—1360, 1363
—, —, Agranulocytose nach 1359
—, —, Allgemeinstörungen nach 1359
—, —, Auswertung in der Laienpresse 1356
—, —, Beeinflussung des letalen Ausganges der Krankheit durch 1359
—, —, Behandlungsdauer 1360
—, —, bei Benzpyren-Carcinom der Maus 1356, 1358
—, —, Brechreiz nach 1359
—, —, Dosierung 1360
—, — bei Impftumoren der Maus 1356, 1357
—, — bei Impftumoren der Ratte 1356, 1357
—, —, intravenöse Therapie 1360
—, —, klinische Bedeutung 1342
—, —, Leukocytensturz nach 1359
—, —, Leukopenie nach 1359
—, —, lokale Anwendung als Puder 1359
—, —, — — als Salbe 1359
—, —, Löslichkeit 1341
—, —, Nebenwirkungen 1359
—, —, Schleimhautreizungen nach 1360
—, —, Thrombosegefahr bei 1360
—, —, im Tierexperiment 1356, 1357, 1358
—, —, Toxicität 1360
—, —, Übelkeit nach 1359
—, —, Überlebende 1359
—, —, bei Walker-Sarkom 1356, 1357
—, — bei Yoshida-Sarkom 1356, 1357
—, —, solubile 1341, 1360

Cytostatica, Embichin 1338
—, —, Therapie des Carcinoms 1338
—, —, — des Hodgkin 1338
—, Endoxan 1339, 1356
—, —, Brechreiz nach 1339
—, —, cancerotoxische Wirkung 1339
—, —, — — bei Carcinosarkom 1339
—, —, — — an Impftumoren 1339
—, —, — — bei Jensen-Sarkom 1339
—, —, — — bei Walker-Carcinom 1339
—, —, — — bei Yoshida-Sarkom 1339
—, —, Dosierung 1339
—, —, Haarausfall nach 1339
—, —, Kopfschmerzen nach 1339
—, —, lokale Verträglichkeit 1339
—, —, Nebenwirkungen 1339
—, —, therapeutische Breite 1339
—, —, Übelkeit nach 1339
—, —, Wirkung auf die Atmung 1339
—, —, — beim Chorionepitheliom 1339
—, —, — im Inkubationstest 1339
—, —, — auf den Kreislauf 1339
—, —, — bei Melanom 1339
—, —, — im Miyamuratest 1339
—, —, — bei Mycosis fungoides 1339
—, —, — auf das weiße Blutbild 1339
—, Entgiftung des N-Lost 1337
—, Entkoppler 1355
—, —, Megaphen 1355
—, Entwicklung von 1326
—, Epitheliombehandlung mit Colchicin 1333, 1334
—, experimentelle Carcinomstudien an Mäusen 1320
—, experimentelle Krebsforschung, Impftumoren 1320
—, Fehlen chronischer Schädigungen im Tierexperiment 1327
—, Folsäureantagonisten 1349, 1350
—, —, Amenorrhoe nach Therapie mit 1350
—, —, Aspermie nach Therapie mit 1350
—, —, Diarrhoe nach Therapie mit 1350

Cytostatica, Folsäureantagonisten, Dosierung 1350
—, —, Erbrechen nach Therapie mit 1350
—, —, Nebenerscheinungen der Therapie mit 1350
—, —, Schleimhautulcerationen nach Therapie mit 1350
—, —, Thrombopenie nach Therapie mit 1350
—, Fumigallin 1348
—, Gesamtdosis von Colcemid 1332
—, Geschichtliches 1319, 1320, 1321
—, —, biologische Behandlungsmethoden des Krebses 1319
—, —, medikamentöse Behandlung des Krebses 1319
—, —, physikalisch-diatetische Behandlung des Krebses 1319
—, D-Glucosamin 1354
—, Grenzen einer Therapie mit 1362, 1363
—, Grundprobleme der Chemotherapie des Krebses 1318
—, H 11 1355
—, Hemmzone bei A 139 1323
—, — bei E 39 1323
—, — bei Mitomen 1323
—, — bei Sarkolysin 1323
—, — bei Sinalost 1323
—, — bei TEM 1323
—, — bei Thio-TEPA 1323
—, — bei Trichomycin 1323
—, histologische Nachuntersuchung nach Colchicinbehandlung 1333, 1334
—, hohe Toxicität der 1362
—, Honvan 1357
—, Hormone 1329, 1351, 1352
—, —, Bremswirkung auf die Hypophysenfunktion 1351
—, —, direkte Hemmwirkung 1351
—, —, tumorhemmende Wirkung 1351
—, Hypervitaminisierung mit Vitamin A bei Röntgencarcinom 1353
—, Indikationen der Äthyleniminderivate 1356
—, — für klinische Anwendung 1362
—, — für Therapie mit 1328
—, Indikationsgebiet 1328, 1337
—, Individualfaktor bei der Metastasierung 1320

Cytostatica, Individualität der Tumorzelle 1320
—, in vitro-Versuch 1322, 1323
—, Isaminblau 1354
—, Isonicotinsäurehydrazid 1354
—, Kaliumjodat 1354
—, Kaliumjodid 1354
—, klinische Anwendung der Äthyleniminderivate 1356—1361
—, — — bei ausbestrahlten Tumormetastasen 1362
—, — — bei disseminierter Metastasierung 1362
—, — — bei inoperablen Tumoren 1362
—, — — bei inoperablen Tumormetastasen 1362
—, — — zur postoperativen Metastasenprophylaxe 1362
—, — — zur Rezidivprophylaxe 1362
—, — — zur Unterstützung der Strahlentherapie 1362
—, kolloidale Bleilösung 1354
—, Kombination von lokaler und oraler Gabe von Colcemid 1332, 1333
—, Kombinationstherapie der Lymphogranulomatose mit Röntgenstrahlen und 1338
—, Krebsheilung durch Immunisierungsmaßnahmen 1321
—, Krebsmittel 1320
—, Lebensverlängerung bei Carcinomträgern in erträglicher Form 1362
—, Leukeran 1343, 1344
—, —, Applikationsform 1343
—, —, Leukopenie nach 1344
—, —, Strukturformel 1343
—, —, Therapie des follikulären Lymphom 1344
—, —, — der lymphatischen Leukämie 1343, 1344
—, —, — der Lymphogranulomatose 1344
—, —, — des Lymphosarkom 1344
—, —, — des Reticulosarkom 1344
—, Leukocytenabfall unter Colcemid 1332
—, — nach Urethan 1336
—, — unter Trenimon 1361

Cytostatica, Leukopenie nach Colchicin 1331
—, Lipopolysaccharid 1354
—, lokale Applikation von Colcemid 1332, 1333
—, Löslichkeit 1327
—, Lost s. auch N-Lost
—, Lost 1336—1339, 1363
—, Lostderivate 1336, 1337
—, Lost-Derivate, Dopan 1339
—, —, Embichin 1338
—, —, Leukeran 1343, 1344
—, —, Novoembichin 1338
—, —, Wirkungsmechanismus 1345, 1346
—, Mercaptopurin 1337, 1350, 1363
—, —, Dosierung 1350
—, —, Therapie der akuten Leukämie 1350
—, —, — der Mycosis fungoides 1350
—, Methylcholanthrentumoren 1320
—, Mitomycin C 1348
—, Mitosegifte 1318, 1328
—, —, Chinone 1328
—, —, Colchicin 1328
—, —, N-Lost 1328
—, —, Spindelgifte 1329 bis 1335
—, —, Trypaflavin 1328
—, —, Urethan 1328
—, Miyamura-Test 1322, 1323
—, Modellversuche 1320
—, Möglichkeiten der Therapie mit 1328 1320
—, Mutationen nach Ruhekerngiften 1335
—, Myleran 1337, 1342, 1343
—, —, Amenorrhoe nach 1343
—, —, cytostatischer Effekt von 1343
—, —, Dauerbehandlung 1342
—, —, Dosierung 1343, 1344
—, —, Hemmung der Myelopoese durch 1342
—, —, Nebenwirkungen 1342
—, —, Schädigung der Erythropoese 1342
—, —, — der Keimdrüsen durch 1342
—, —, — der Thrombopoese 1342
—, —, Therapie der chronischen myeloischen Leukämie 1342, 1343
—, —, — während der Schwangerschaft 1343
—, Nebenerscheinungen der Arsentherapie 1335
—, Nebenwirkungen 1362
—, N-Lost s. auch Lost

Cytostatica, N-Lost, ambulante Therapie mit 1338
—, —, Appetitlosigkeit nach 1338
—, —, Benommenheit nach 1338
—, —. cyclische Phosphamidester 1339
—, —, Dauerbehandlung 1338
—, —, Dosierung 1338
—, —, Erbrechen nach 1338
—, —, Fieber nach 1338
—, —, Kombinationstherapie der Lymphogranulomatose mit Cortison und 1338
—, —, — des Lymphosarkoms mit Röntgenstrahlen und 1338
—, —, — des Reticulosarkoms mit Röntgenstrahlen und 1338
—, —, Kopfschmerzen nach 1338
—, —, Leukopenie nach 1338
—, —, Müdigkeit nach 1338
—, —, Nausea nach 1338
—, —, Nebenerscheinungen 1338
—, —, Phagocytosehemmung durch 1338
—, —, Schädigung des hämatopoetischen Systems 1337
—, —, Schutztherapie nach operativen Eingriffen 1337, 1338
—, —, Therapie der Lymphogranulomatose 1340
—, —, — des Morbus Hodgkin 1337
—, —, Unterstützung der chirurgischen Therapie durch 1338
—, —, Unverträglichkeitserscheinungen nach 1338
—, —, Verhütung der Knochenmarksschädigung durch Cortison bei Therapie mit 1338
—, —, Wirkung auf die Chromosomen 1337
—, —, — auf die Fermente 1337
—, —, — bei Leukämie 1337
—, —, — bei Lymphogranulomatose 1337
—, —, — auf die Mitochondrien 1337
—, —, — auf das Plasma 1337
—, —, — auf den Zellkern 1337

Cytostatica, Normalablauf der Mitose 1330
—, Novoembichin 1338
—, —, Strukturformel 1338
—, —, Therapie der Leukämie 1338
—, —, — des Morbus Hodgkin 1338
—, Oestrogene 1337, 1351
—, Patulin 1353
—, —, Strukturformel 1353
—, Pentamidin 1346
—, perifokale Applikation von Colcemid 1332
—, Podophyllotoxin 1352, 1353
—, —, Strukturformel 1352
—, —, Therapie des Basaliom mit 1353
—, —, — von Epitheliosen mit 1353
—, —, — der Erythroplasie mit 1353
—, —, — von Präcancerosen mit 1353
—, Polymerisationszerstörer 1318, 1329
—, Pot 1354
—, Prüfmethoden 1325
—, Prüfung in der Gewebekultur 1325
—, — in der Hühnereikultur 1326
—, — an Pflanzenzellen 1325
—, — an tierischen Keimzellen 1325
—, — mit der „transparentchamber"-Technik 1326
—, Purinantagonisten 1350, 1351
—, — Bayer DG 428, 1350
—, —, Dosierung 1350
—, —, Erbrechen nach 1350
—, —, Kombinationsbehandlung mit Cortison und 1351
—, —, Nausea nach 1350
—, —, Nebenwirkungen 1350
—, —, Resistenzentwicklung gegen 1350, 1351
—, —, Schleimhautläsionen nach 1350
—, Puromycin 1348
—, radioaktive Isotope 1329, 1352
—, Radiogold 1337, 1352
—, Radiojod 1337, 1352
—, Radiomimetica 1318, 1328
—, Radiophosphor 1337, 1352
—, —, Therapie der Polycythämie 1340
—, Reizstoffe 1354
—, Rezidivgefahr nach Colcemid 1333

Cytostatica, Rhodankalium zur Lokalbehandlung von Hautkrebs 1354
—, Ruhekerngifte 1335—1348
—, —, Arsen 1335
—, —, Äthyleniminderivate 1339—1346
—, —, Diamidine 1346
—, —, Urethan 1336
—, Salzsäure zur Lokalbehandlung von Hautkrebs 1354
—, Sanamycin 1337
—, Sarkolysin 1345
—, Sarkomycin 1348
—, Schädigungen des Knochenmarkes durch 1362
—, Schwermetallsalze 1321
—, Screening-Test 1327
—, Schwefelsäureester 1354
—, Schwierigkeiten im Tierexperiment 1327
—, selektive Tumorspezifität 1318
—, Sensibilisierungsgefahren 1327
—, Spindelgifte, Angriffs-Punkt 1329
—, —, Colchicin 1329
—, Stilbamidin 1346
—, Streptovitacin A 1348
—, Streptovitacin B 1348
—, Strukturstörungen am Chromosomengefüge 1335
—, TEM 1337, 1345, 1356
—, Tetramin 1360, 1361, 1363
—, —, klinische Erfahrungen bei Mamma-Carcinom mit Hautmetastasen 1360
—, —, — — bei Melanom 1360
—, —, — — bei Morbus Hodgkin 1360
—, —, — — bei Mycosis gungoides 1360
—, —, — — bei Spinaliom 1360
—, —, — — bei Sarcoma idiopathicum haemorrhagicum multiplex 1360
—, —, — — bei Ulcus rodens 1360
—, —, — — bei Uterus-Carcinom mit Hautmetastasen 1360
—, —, lokale Behandlung von Tumoren 1361
—, —, Mißerfolg der Behandlung 1361

Cytostatica, Tetramin, perorale Behandlung von Tumoren 1361
—, —, Strukturformel 1360
—, —, Wirkung am Benzpyren-Carcinom 1360
—, —, Wirkung bei Impftumoren 1360
—, —, — am Walker-Tumor 1360
—, —, — am Yoshida-Tumor 1360
—, Therapie von Adeno-Carcinom-Metastasen mit E 39 1359
—, — der akuten Leukosen 1337
—, — der akuten myeloischen Leukämie mit Colcemid 1331
—, — der chronischen lymphatischen Leukämie 1337
—, — der chronischen, myeloischen Leukämie 1337
—, — der Leukämie mit Arsen 1335
—, — der Lymphogranulomatose 1337
—, — des Lymphosarkom 1337
—, — des Lymphosarkoms mit Urethan 1336
—, — des Mammacarcinom 1337
—, — — mit E 39 1359
—, — des Melanoms mit E 39 1359
—, — des Morbus Hodgkin mit Colcemid 1331, 1332
—, — — mit E 39 1359
—, — — mit Urethan 1336
—, — der Mycosis fungoides mit Colcemid 1334
—, — — — mit E 39 1359
—, — — — mit Urethan 1336
—, — der Neurofibromatosis mit Urethan 1336
—, — von Papillomen mit Colchicinsalbe 1333, 1334
—, — des Peniscarcinoms mit E 39 1359
—, — des Plasmocytoms 1337
—, — — mit E 39 1357
—, — — mit Urethan 1336
—, — der Polycythämie 1337
—, — des Prostatacarcinom 1337
—, — des Reticulosarkom 1337

Cytostatica, Therapie des Retothelsarkoms mit Urethan 1336
—, — von Sarcoma idiopathicum haemorrhagicum multiplex mit E 39 1359
—, — des Schilddrüsencarcinoms 1337
—, — des Uteruscarcinoms mit E 39 1359
—, Therapieerfolge bei Impftumoren 1321
—, — bei Mammacarcinom mit Hormonen 1351
—, Theorie der cytostatischen Wirkung der Äthyleniminderivate 1345, 1346
—, Thio-TEPA 1345
—, —, Strukturformel 1340
—, —, Therapie des Cervix-Carcinoms 1341
—, —, — des Lungen-Carcinoms 1340, 1341
—, —, — von Magen-Darm-Tumoren 1341
—, —, — des Melanoms 1341
—, —, — des Prostata-Carcinoms 1341
—, —, — von Tumoren des ZNS 1341
—, Tierexperiment 1323, 1324, 1325, 1326, 1327
—, Tierversuch, hohe Dosierung und Anwendung beim Menschen 1327
—, Toxicität 1327, 1363
—, — des Urethan 1336
—, toxische Schädigung nach Colchicin 1331
—, Trenimon, Applikationsform 1341, 1342
—, —, Diarrhoe nach 1342
—, —, Dosierung 1342
—, —, Indikationen 1342
—, —, Knotenneubildung unter 1361
—, —, Leukocytensturz nach 1342, 1361
—, —, Löslichkeit 1341
—, —, Therapie der chronischen Leukosen 1342
—, —, — der Lymphangitis carcinomatosa 1361
—, —, — des metastasierenden Mamma-Carcinoms 1361
—, —, — des metastasierenden Melanoms 1361
—, —, Tumorausdehnung unter 1361
—, —, Wirksamkeit 1342

Cytostatica, Triäthylenmelamin 1337, 1339, 1340
—, —, Abschwächung der Knochenmarkschädigung durch Cortison 1340
—, —, — der Toxicität durch Cortison 1340
—, —, Affinität zum lymphatischen Gewebe 1340
—, —, Applikationsform 1340
—, —, Dauerbehandlung 1340
—, —, Dosierung 1340
—, —, Knochenmarksaplasie nach 1340
—, —, Strukturformel 1340
—, —, Therapie der chronischen lymphatischen Leukämie 1340
—, —, — der chronischen myeloischen Leukämie 1340
—, —, — der Lymphogranulomatose 1340
—, —, — der Polycythämie 1340
—, —, Toxicität 1340
—, —, Verträglichkeit 1340
—, Tumor-Inhibierung durch Reizstoffe 1354
—, T-Tumor 1320
—, Tumorspektrum 1325
—, Tumorzerfall und Freiwerden von Knochenmarksreizstoffen 1359
—, Untersuchung im Tierexperiment 1321
—, Urethan 1337
—, —, Therapie der Polycythämie mit 1336
—, Ursachen der Krebserkrankung 1319
—, Verträglichkeit 1327
—, — bei längerer Anwendungsdauer 1327
—, — von Urethan 1336
—, Vitamin A 1353
—, Virus-Behandlung des Krebses 1354
—, Walker-Carcinosarkom 1320
—, Warnung vor Überschätzung der Therapie mit 1361
—, Wert eines Chemotherapeuticums 1362
—, Wirkung des Colchicins 1330
—, Wirkungsmechanismus der Äthyleniminderivate 1345, 1346
—, —, der Lost-Derivate 1345, 1346
—, Wuchsstoff-Antagonisten 1349—1351
—, Yoshida-Sarkom 1320

Dabylen, Antihistaminica, Colaminreihe 304
Darmbakterien, Synthese der Vitamin B_6-Gruppe durch 416
—, — von Vitamin B_{12} durch 424
—, — von Vitamin H durch 425, 426
—, — von Vitamin K durch 454, 455
—, Wirkung des Erythromycin auf 833
Darmerkrankungen, Vitamin B_1-Mangel und 402
Darmflora, Einfluß von Neomycin auf 842, 843
—, Folsäuresynthese durch die 421
—, Synthese der Pantothensäure durch 418
—, — von Vitamin B_1 durch die 401
Darmfloraschädigung nach Kanamycin 865
Darmflorazerstörung unter Streptomycin 911, 912
Darminfektionen, Sulfanilamide, Bewertung und Metabolismus bei 1097
Darmparasitismus, sekundäre Form der Pellagra bei 411
Darmreaktion, alkalische, Calciumaufnahme und 132
Darmstörungen, Hautveränderungen bei 24
Darmwand, Aufnahme von Histamin durch die 284
Dartal, Phenothiazine, Handelspräparate 63
Dauerremissionen, Pemphigus 615
Deaminosäureoxydase, Inhibierung durch Atebrin 43
Decamethylen-chinaldiniumchlorid, Antimykotica 1228
Decapryn, Antihistaminica, Colaminreihe 304, 335
Decentan, Antihistaminica, Phenothiazine 303
—, Phenothiazine, Handelspräparate 63
Dehydration der Haut, Folgen des Kochsalzentzuges 195
dehydrierende Diät 193—205
Dekamethylen-chinaldiniumchlorid, Antimykotica 1228
Demecolcin, Cytostatica 1331
Demethylchlortetracyclin, Handelsform 921
—, Tetracycline 811
Depigmentierung der Haare nach Plaquenil 58
Depilation und Antimykotica 1179, 1180

Depilation, Griseofulvintherapie der Mikrosporie und 1240
Depofemin, Oestrogene, Handelspräparate 507
Depotbildung, Sulfanilamide 1092
— an Applikationsort, Bewertung und Pharmakokinetik, Sulfanilamide 1096
— und Bewertung, Sulfanilamide 1098
— und Pharmakokinetik, Sulfanilamide 1095
Depot-Cyren, Oestrogene, Handelspräparate 507
Depoteffekt von ACTH 567
Depot-Oestromon, Oestrogene, Handelspräparate 507
Depotpräparate, Insulin 664, 665
—, Penicillin 785
Depot-Tabletten, Antihistaminica 332
Depovirin, Androgen, Handelspräparat 507
Depression, Mangelsymptome, Vitamin H 426
—, toxische Symptome, Sulfanilamide 1025
depressionierende Wirkung der Neuroleptica 60, 61, 62
Derivate A, Phenothiazine, Acetylpromazin 63
—, —, Chlorpromazin 63
—, —, Diäthazin 63
—, —, Ethopropazin 63
—, —, Methoxypromazin 63
—, —, Promazin 63
—, —, Promethazin 63
Dermatica s. Externa
Dermatitis durch Atebrinmedikation 45
—, Gold-, Therapie mit Vitamin C 433
— nach Penicillin 906
—, Salvarsan-, Therapie mit Leberextrakten bei 163
—, —, — mit Vitamin C 433
—, seborrhoische, Therapie mit Vitamin B_{12} 424, 425
—, Scrotal-, bei Leberkrankheiten 143
—, Sulfonamid-, Therapie mit Vitamin C 433
—, Therapie mit Chloramphenicolumschlägen 891
—, — mit Tetracyclineumschlägen 891
—, — mit Insulin 666
—, — mit Siliconen 178
— nach externer Anwendung von Sulfanilamiden 1091

Dermatitis exfoliativa, lokale Therapie mit Hydrocortisonsalbe 626
— —, Mangelzustände, Vitamin H 426
— —, Therapie mit ACTH 626
— —, — mit Cortison 626
— —, — mit Prednison 626
— —, toxische Symptome, Sulfanilamide 1029
Dermatitis factitia, Therapie mit Schilddrüsenhormon 670
Dermatitis herpetiformis, Hibernation bei 81
— —, Leberschutztherapie und 166
Dermatitis herpetiformis Duhring, indirekte vertebrale Röntgenbestrahlung 14
— — —, Kombinationstherapie mit Cortison und Aureomycin 609
— — —, Therapie mit ACTH 608, 609
— — —, — mit p-Aminobenzoesäure 420
— — —, — mit Antibiotica 892
— — —, — mit Antihistaminica 340
— — —, — mit Cortison 608
— — —, — mit Nebennierenrindenhormonen 609
— — —, — mit Prednisolon 609
Dermatitis lichenoides, Chlorpromazin und 72
— — nach Resochin 56
Dermatologie, Aldosteron und 572
dermatologische Eigenschaften der Salbengrundlagen 277
dermatologische Indikationen für Leberschutztherapie 166, 167
— — für Therapie mit Vitamin B_6-Gruppe 417
Dermatomykosen, Bädertherapie mit Sulfonaten 1222
—, Chemotherapie mit aromatischen Sulfiden 1203, 1204
—, Herdreaktion auf ACTH bei 651
—, Id-Reaktion auf Hydrocortison bei 651
—, klinische Erfahrungen mit gesättigten Fettsäuren bei 1190

Dermatomykosen, Lokalanwendung von Corticosteroiden bei 1233
—, Lokalbehandlung mit Antihistaminica 1231, 1232
—, Lokalbehandlung mit Jodid 1186
—, Lokaltherapie mit Sulfonamiden 1218
—, therapeutische Hinweise 1273, 1274
—, Therapie mit Akridinfarbstoffen 1210
—, — mit aliphatischen Carbonsäuren 1189—1194
—, — mit anorganischen Metallverbindungen 1187, 1188
—, — mit anorganischen Säuren 1186, 1187
—, — mit aromatischen Diamidinen 1205
—, — mit aromatischen Sulfiden 1204, 1205
—, — mit ätherischen Ölen 1211
—, — mit Benzimidazolderivaten 1230
—, — mit Benzochinonderivaten 1210
—, — mit Benzthiazolderivaten 1230
—, — mit Borsäure 1186
—, — mit Chinolinderivaten 1224—1228
—, — mit Chlor 1186
—, — mit Chloramin 1186
—, — mit Chloroxychinolin 1225
—, — mit Dibromsalizil 1212, 1213
—, — mit Dichloroxychinaldin 1227
—, — mit Farbstoffen 1208 bis 1210
—, — mit Fettsäureestern 1192
—, — mit Fuchsin 1209
—, — mit gesättigten Fettsäuren 1190
—, — mit Griseofulvin 867
—, — mit Halogenen 1185, 1186
—, — mit Hexachlorcyclohexan 1210
—, — mit Hexylresorcin 1201, 1202
—, — mit Jod 1185, 1186
—, — mit Jodtinktur 1186
—, — mit Kaliumpermanganat 1187
—, — mit Kresolen 1197 bis 1200
—, — mit Malachitgrün 1209

Dermatomykosen, Therapie mit Myxal 1197
—, — mit nitrierten Kresolen 1200
—, — mit nitrierten Phenolen 1200
—, — mit Oestrogenen 514, 515
—, — mit organischen Quecksilber-Eiweißverbindungen 1223
—, — mit organischen Quecksilberverbindungen 1222
—, — mit Oxychinolin 1224, 1225
—, — mit Oxydationsmitteln 1186, 1187
—, — mit Phenolen 1197, 1198
—, — mit Phenylmercuriborat 1223
—, — mit polycyclischen Phenolen 1203
—, — mit Prednison und Nystatin 651
—, — mit Pyrogallol 1202
—, — mit quartären Ammoniumverbindungen 1194, 1195, 1196
—, — mit quartären Phosphoniumverbindungen 1196, 1197
—, — mit Quecksilber 1187
—, — mit Resorcin 1201, 1202
—, — mit Salicylaniliden 1213, 1214
—, — mit saurem Kaliumtartrat 1187
—, — mit Schwefel 1185
—, — mit Silbersalzen 1187
—, — mit Sulfonamiden 1218, 1219
—, — mit Teer 1188, 1189
—, — mit Thioformol 1188
—, — mit Trypaflavinlösung 1210
—, — mit Triphenylmethanfarbstoffen 1209
—, — mit Undecylensäure 1190, 1191
—, — mit ungesättigten Fettsäuren 1190, 1191
—, — mit Wasserstoffsuperoxyd 1187
Dermatomyositis, Indikation für Nebennierenrindenhormone bei 608
—, intravenöse Applikation von Novocain bei 118
—, Kombinationstherapie mit Nebennierenrindenhormonen und Antibiotica 606, 607
—, Prognose unter Corticoiden 607

Dermatomyositis, Therapie mit ACTH 605, 606, 607, 608
—, — mit p-Aminobenzoesäure 420
—, — mit Antibiotica 898
—, — mit Antihistaminica 344
—, — mit Nebennierenrindenhormonen 605—608
—, — mit Prednison 606
—, — mit Testosteron 516
—, — mit Triamcinolon 607
—, — mit Vitamin E 451
—, Therapiedauer bei 606
Dermatophyten, Hemmwirkung von Griseofulvin gegenüber 1237, 1238
—, Keimfähigkeit in Sulfonamidsuspensionen 1218
—, Wachstumshemmung durch Griseofulvin 1237
—, Wirksamkeit des Nystatin gegen 1248
Dermatophytennachweis vor Therapie mit Griseofulvin 1242
Dermatophytenstämme, Anpassung an Griseofulvin 1243
Dermatophytie, experimentelle, Tierversuche zur Therapie mit Trichomycin 1251
—, therapeutische Hinweise 1273
—, Therapie mit Penicillin 1258
Dermatosen, lokale Anwendung von Calcium bei 138
—, Anwendung von Novocain bei 116, 117—122
—, Austrocknungsdiät bei 198
—, Calcium und 137, 138
—, Chlorpromazin 73
—, Histaminvermehrung im Blut bei 290
—, — im Harn bei 290
—, Indikation für Calcium bei 141
—, Licht-, Leber und 144
—, Licht-, Therapie mit Folsäure 422
— und Lipopolysaccharide 98
—, Lokalbehandlung mit Antibiotica 877
—, Meprobamat und 80
—, mikrobielle, Therapie mit Antibiotica 876
—, pyogene und Novocainblockade 15
—, Reserpin und 76
—, Schlaftherapie und 63
—, sekundär infizierte, Therapie mit Antibiotica 890—893
—, Serumspiegelwerte von Vitamin E bei 451

Dermatosen, therapeutische Anwendung von Inosit bei 427
—, Therapie mit ACTH 585 bis 661
—, — mit Antihistaminica 336—340
—, — mit Apfelreis 201, 202
—, — mit Bommer-Diät 205
—, — mit Chlorpromazin 73
—, — mit NNR-Hormonen 585—661
—, — mit Insulin 665—667
—, — mit Karrell-Kur 201, 202
—, — in Kombination mit Nicotinsäure und Pantothensäure 422
—, — mit Lipopolysacchariden 98
—, — mit Meprobamat 80
—, — mit Obstsaft 202, 203, 204
—, — mit Pantothensäure in Kombination mit Folsäure und Nicotinsäure 418
—, — mit Parathormon 672, 673
—, — mit Reserpin 76
—, — mit Schilddrüsenhormonen 668—671
—, — mit Schroth-Kur 201
—, — mit Sexualhormonen 510
—, — mit Vitamin B$_1$ 402
—, — mit Vitamin C 433, 434
—, — mit Vitamin E 450, 451
—, — mit Vitamin F 452
—, — mit Vitamin K 456, 457
—, — mit Vitamin P 436
— mit ungeklärter Genese, Therapie mit Antibiotica 894—896
—, Verschiebung des Säure-Basen-Gleichgewichtes bei 192
Desaminierung, Sulfanilamide 1045
Dermofongin B, Antimykotica, quartäre Ammoniumverbindungen 1195
Desensibilisierung bei Allergie gegen eigenes Oestrogen 516
— bei Heufieber 342
—, Verhütung von Zwischenfällen durch Antihistaminica 342
Desinfektion der Baderäume, Myxal, Antimyotica 1197
Desoxycorticosteron, Applikation 572
—, Resorption 572

Desoxycorticosteron, Therapie der Acne mit 511, 632, 633
—, — der Alopecia mit 634
—, — des Erythematodes mit 603
—, — des Pemphigus vulgaris mit 610
—, — des Pruritus vulvae 590
—, — der Psoriasis arthropathica mit 621, 622
—, — der Psoriasis vulgaris mit 619
—, — der Rosacea mit 633
—, — der Urticaria mit 597, 598
—, — der Urticaria pigmentosa mit 641
—, — von Xanthomata tuberosa mit 631
Desoxycorticosteronacetat-Behandlung bei der Acne vulgaris 511
Dexamethason, Applikation 571
—, Lokalbehandlung des Zoster ophthalmicus mit 658
—, lokale Applikation 571
—, Resorption 571
—, Therapie der Aphthosis mit 657
—, — des Asthma bronchiale mit 589
—, — des Mammacarcinoms mit 638
—, — der Mycosis fungoides mit 638
—, — des Pemphigus mit 613
—, — bei Quincke-Ödem mit 598
Dexamethasondosis bei Neurodermitis 596
Dextrarsin, Phenylarsonsäuren 752
Dextromucid, Salbengrundlagen 272
Diabetes, Xanthomatose und Insulinbehandlung 667
Diabetesgangrän, Therapie mit Cortison 602
—, — mit Prednisolon 602
Diabetes mellitus, Hauterkrankungen bei 205, 206, 207
— —, Vitamin A, Umwandlungsstörungen von Carotin bei 390
— —, Vitamin B$_1$-Mangel und 402
— —, Xanthomatosen und 208
diabetogene Wirkung von Androgenen im Experiment 486

diabetogene Wirkung von Methyltestosteron im Experiment 486
— — von NNR-Hormonen 575
— — der Oestrogene im Experiment 493
— — von Prednison 575
— — von Progesteron 478
— — von Testosteron im Experiment 486
Diamidine, Antimykotica, Hemmwerte der 1205
—, aromatische, Antimykotica 1205—1208, 1275, 1276
—, —, —, klinische Erfahrungen mit 1205, 1206
—, —, —, Tierversuche mit 1205
—, —, Therapie der Dermatomykosen mit 1205
—, Besserung der Knochenschmerzen beim Plasmocytom unter 1346
—, Cytostatica 1337, 1346
—, —, Nebenerscheinungen 1346
—, —, Ruhekerngifte 1346
—, Depressionen nach 1346
—, Inappetenz nach 1346
—, Nervenschädigungen nach 1346
—, Therapie der Blastomykose mit 1205
—, — des Plasmocytoms mit 1346
—, Übelkeit nach 1346
Diamidino-diphenylamin, Antimykotica 1208
—, Therapie der experimentellen Coccidioidomykose mit 1208
—, — der Histoplasmose mit 1208
—, — des Madurafußes mit 1208
—, — der Monosporiose mit 1208
Diaminopurin, Cytostatica 1350
Diaminoxydase, Abbau des Histamin durch 290
Diarrhoe, chronische, sekundäre Form der Pellagra bei 411
— nach Colchicin 1334
— nach Therapie mit Folsäureantagonisten 1350
— nach Trenimon 1342
Diät, alkalisierende 189, 193
—, —, Kostbeispiele für 193
—, ansäuernde 189, 192, 193
—, —, Beschleunigung der Wundheilung unter 191, 192

Diät, ansäuernde, Kostbeispiele für 192, 193
—, Apfelreis 201, 202, 203
—, Bommer- 204, 205
—, dehydrierende 193—205
—, Eliminationskost 213, 214
—, Entfettung durch 210, 211, 212
—, entzündungswidrige 193 bis 205
—, fettarm 208, 209
—, Fetteinschränkung 207 bis 210
—, Fetteinschränkungs-, bei Lipoidosen 207, 208
—, fettfreie 208, 209
—, — bei Psoriasis 10
—, Gerson- 198, 199, 200
—, Grütz- 207, 208, 209
—, hochcalorische 212
—, —, Mastkur 212
—, kochsalzarm 193—205
—, —, Berechnung der Milliäquivalentwerte bei 196, 197
—, —, Wirkungsgrad von 196, 197
—, Kohlenhydrateinschränkung 205, 206, 207
—, proteinreich 212
—, Rohkost 198, 199, 200
—, Sauerbruch-Hermannsdorfer- 198, 199, 200
—, Stufen- nach BOMMER 204, 205
Diättherapie, Lebercirrhose 164
—, Lebererkrankungen 164, 165
Diät, Ekzem und Umstimmungs- 187
—, Umstimmungskost 212, 213
—, Prurigo und Umstimmungs- 187
—, Pruritus und Umstimmungs- 187
—, Urticaria und Umstimmungs- 187
Diätbehandlung, Aminosäureimbalanz bei 181
— von Hautkrankheiten 180 bis 214
—, Hautkrankheiten, Einschränkungsdiät 181
—, —, Eliminationsdiät 181
—, —, Ergänzungsdiät 181
—, —, Ernährungsdiät 181
—, —, Schonungsdiät 181
—, —, Suchkost 181
—, —, Umstimmungsdiät 181
— der Hauttuberkulose 188, 198, 199, 200
—, Umstimmungsfaktor der 186, 187, 192
Diäthazin, Phenothiazine, Derivate A 63

Diäthylaminäthanol, Spaltprodukt des Novocains 105, 106, 107, 108, 111, 112
Diatrin, Äthylendiamine, Antihistaminica 300, 311, 335
Dibistine, Antihistaminica, Kombinationspräparate 333
Dibromkresol, Antimykotica 1200
Dibrompropamidin, Antimykotica 1207
—, Lokalbehandlung der Mikrosporie mit 1207
Dibromsalizil, Antimykotica 1212, 1213
—, fungizide Wirkung von 1212
—, fungistatische Wirkung von 1212
—, Therapie der Dermatomykosen mit 1212, 1213
Dibutil, Antihistaminica, Phenothiazine 303
—, Phenothiazine, Handelspräparate 63
Dichlorophen, Antimykotica 1203, 1273, 1274
—, —, klinische Erfahrungen mit 1203
Dichloroxychinaldin, Antimykotica 1227, 1228
—, —, klinische Erfahrungen mit 1227
—, Therapie der Dermatomykosen mit 1227
—, — der Tiermykosen mit 1227
Dickdarmflora, Zerstörung von Vitamin C durch 429
Dicumarol, Antagonismus zu Vitamin K 455
Dielektricum der Siliconöle, Salbengrundlagen 246
Diffusionsgeschwindigkeit aus Salbengrundlagen, Sulfanilamide 1091
Diffusionszeiten, Sulfanilamide 1019
Dihydrotachysterin 18
Dihydrostreptomycin s. Streptomycin
Dijodkresol, Antimykotica 1200
Dijodoxychinolin, Antimykotica 1226
Dijodphenol, Antimykotica 1200
Dimercaptopropanol, Therapie der Erythrodermie nach Goldmedikation mit 625
—, — der Erythrodermie nach Salvarsan mit 625
Dimetane, Antihistaminica, Propylamine 306

Dimethicone s. Siliconöle
Diparalene, Äthylendiamine, Antihistaminica 301
Diparcol, Antihistaminica, Phenothiazine 303
—, Phenothiazine, Handelspräparate 63
Diphenylmethanderivate 66, 76, 77
—, Dosierung von 77
—, Indikation für 77
—, klinische Erfahrungen mit 87
—, Kontraindikationen 77
—, Nebenwirkungen bei 87
—, Nebenwirkungen 77
—, Resorption 76
—, Therapie der Neurodermitis mit 87
—, Toxicität von 77
—, Tranquillizer 66, 67, 76
—, Wirkung von 76, 77
Diphenylpyralin, Antihistaminica, Colaminreihe 305
Diphtherie, Therapie mit Antibiotica 879
—, — mit Sulfanilamiden 1068
Dipolmomente, Sulfanilamid 1004
Di-Pro-Emulsion, Sexualhormone, Kombinationspräparate 508
Dissoziationsgrad, Nebenwirkungen von Calcium und 136
Distribution und Bewertung, Sulfanilamide 1097, 1098
Distributionskoeffizient und Bewertung, Sulfanilamide 1097
Distributionskonstante, Sulfanilamide 1018, 1019, 1020, 1021, 1022
Dithiocarbamylhydrazin, Antimykotica 1192
—, fungistatische Wirkung 1192
Dithiole, Wirkungseinbuße der Arsenverbindungen durch 736
Diurese, provozierte, Leberfunktionsproben 150
Diureseförderung unter Progesteron 478
Diuresewirkung von Calcium 136
Dixanthogen, Antimykotica 1230, 1231
Dominal, Phenothiazine 214
Dopan, Cytostatica 1339
—, Lostderivate 1339
—, Strukturformel 1339
—, Therapie der Lymphogranulomatose 1339

Dosierungsschema, Sulfanil-
amide 1010
Dosis tolerata bei Novocain
112, 113
Dosiswirkungsnetz, Auswertung von Toxicitätsver-
suchen mit Sulfanilamiden
mit dem 1025
Dramamin, Antihistaminica
345
—, Therapie der Reisekrankheiten mit 345
Drüsen des Verdauungskanals,
Wirkung von Histamin auf
die 282
DS-Tumor, Cytostatica 1320
Duodenalulcus, Perforation
unter ACTH 576
—, — unter NNR-Hormonen
576
Duogynon, Sexualhormon,
Kombinationspräparat 508
Dupuytren-Kontraktur, lokale
Injektion von Predni-
solon 646
—, Therapie mit Hydrocortison
646
—, — mit Vitamin E 450
Durabolin, Androgen, Handelspräparat 507
Durchblutungsstörungen, Austrocknungsdiät bei 198
—, periphere, Kombinationstherapie mit Oestrogen
und Testosteron 518
—, —, Therapie mit Sexualhormonen 517, 518
—, Therapie mit hibernation
arteficielle 81
—, — mit Progesteron 518
—, Umspritzung mit Novocain
bei 121
Durchfall nach Griseofulvin
1244
Durchfälle nach Tetracyclinen
916
Dysbakterie durch Tetracycline
818, 819
Dyshidrosis, Therapie mit
Nicotinsäure 414
— und Isolierung von Schimmelpilzen 1241
Dyskeratosis follicularis, Therapie mit Hydrocortison 636
Dysmenorrhoe, Acne vulgaris
und 511, 512

E 39, Agranulocytose nach 1359
—, Allgemeinstörungen nach
1359
—, Auswertung in der Laien-
presse 1356
—, Beeinflussung des letalen
Ausganges der Krankheit
durch 1359

E 39 bei Benzpyrencarcinom
der Maus 1356, 1358
—, Brechreiz nach 1359
—, Cytostatica 1341, 1342,
1356—1360, 1363
—, —, Äthyleniminderivate
1342
—, —, Behandlungsdauer 1360
—, —, Dosierung 1360
—, —, Hemmzone bei 1323
—, —, intravenöse Therapie
1360
—, —, klinische Bedeutung
1342
—, —, Löslichkeit 1341
—, —, Nebenwirkungen 1359
—, —, im Tierexperiment
1356—1358
—, —, Toxicität 1360
—, —, Überlebende 1359
— bei Impftumoren der Maus
1356, 1357
— — der Ratte 1356, 1357
—, Leukopenie nach 1359
—, Leukocytensturz nach 1359
—, lokale Anwendung nach
Puder 1359
—, — — als Salbe 1359
—, Schleimhautreizungen nach
1360
—, Therapie der Adeno-Carcinom-Metastasen mit
1359
—, — des Mammacarcinoms
mit 1359
—, — des Melanoms mit 1359
—, — des Morbus Hodgkin
mit 1359
—, — der Mycosis fungoides
mit 1359
—, — des Peniscarcinoms mit
1359
—, — des Plasmocytoms mit
1357
—, — des Sarcoma idiopathicum haemorrhagicum
multiplex mit 1359
—, — des Uteruscarcinoms
mit 1359
—, Thrombosegefahr bei 1360
—, Übelkeit nach 1359
— bei Walker-Sarkom 1356,
1357
— bei Yoshida-Sarkom 1356,
1357
—, solubile, Cytostatica 1341,
1360
Ecthyma gangraenosum terebrans, Therapie mit Anti-
biotica 879
EEG-Befunde unter Anti-
histaminica 350
Ehlers-Danlos-Syndrom,
Therapie mit Vitamin E
450

Einnistung des Eies unter Progesteron 474
Einschränkungsdiät, Haut-
krankheiten und 181
Einseitenbehandlung mit Externa 168
Eisbärleber, Gehalt an Vitamin A 398, 399
Eisen, Antimykotica 1188
Eiterprozesse, Antagonisten
gegenüber Sulfanilamiden
in 1100
Eiweißbindung, Streptomycin
807, 808
— der Sulfanilamide 1048
Eiweißfehler des Myxal, Antimykotica 1196, 1197
eiweißhaltiger Urin, Sulfanilamide, Löslichkeit in 1094
Eiweißkomponente der
Gonadotropine 498
Eiweiß-Spektrum, Novocain
und 102
Eiweißstoffwechsel, Hautver-
änderungen und Störun-
gen des 186, 212
—, Wirkung der NNR-Hor-
mone auf 558, 559
Eiweiß-Systeme, Einfluß der
Tetracycline auf 816
EKG, Störungen durch Reso-
chin 47
EKG-Veränderungen unter
Antihistaminica 351
— unter NNR-Hormonen 577
Ekzem, bakterielles 11
—, Berufs-, Therapie mit Nico-
tinsäure 415
—, —, — mit Vitamin D 445
—, Cortison und 591
—, endogenes s. Neurodermitis
—, —, Atemquotient bei 16
—, Generalisation und Hibernation 81
—, Hausfrauen-, Therapie mit
Siliconen 177
—, Kinder-, Austrocknungsdiät bei 198
—, konstitutionelles 15
—, Kontakt-, Chlorpromazin
und 72
—, — durch Novocain 112
—, —, Therapie mit Siliconen
177
—, Leberfunktionsstörungen
bei 20, 146, 147
—, mikrobielles 5, 7
—, —, Kombinationsbehand-
lung mit ACTH und
Antibiotica 890, 891
—, —, Therapie mit Antibiotica 890, 891
—, —, — mit Bacitracin 890
—, —, — mit Chlorampheni-
col 890

Ekzem, mikrobielles, Therapie mit Erythromycin 890
—, —, — mit Neomycin 890
—, mykotisches, therapeutische Hinweise 1274
—, Novocain-, Infiltration bei 121
—, Säuglings-, Therapie mit Vitamin H 426
—, seborrhoisches 5
—, —, Mangelzustände, Vitamin H 426
—, —, Therapie mit Vitamin H 426
—, —, Verschiebung der Alkalireserve bei 192
—, Therapie mit ACTH 591, 592
—, — mit Antihistaminica 338—340
—, — mit Cortison 618
—, — mit Hydrocortisonsalbe 618
—, — mit Insulin 666
—, — mit Nebennierenrindenhormonen 591, 592
—, — mit Prednisolonsalbe 618
—, — mit Prednisonsalbe 592
—, — mit Reserpin 85, 86
—, — mit Schilddrüsenhormon 670
—, — mit Siliconen 177
—, — mit Triamcinolonsalbe 592
—, — mit Vitamin A 395
—, — mit Vitamin D 445
—, — mit Vitamin P 436
—, Traubenzuckerbelastung bei 19
—, Umstimmungsdiät 187
—, vergleichende Untersuchungen mit NNR-Salben 618
—, Verschiebung der Alkalireserve bei 192
—, Zufuhr von Polyensäuren und 184
Ekzemreaktion, Wirkung der Antihistaminica bei 320, 322
Eczema herpeticatum, γ-Globulin bei 657
— —, Therapie mit Antibiotica 886, 887
—.—, — mit Prednison 656, 657
Eczema marginatum, therapeutische Hinweise 1273
— —, Therapie mit Griseofulvin 1241
Eczema solare, Therapie mit Pantothensäure 418

Eczema vaccinatum, Therapie mit Antibiotica 886, 887
— —, — mit Erythromycin 887
— —, — mit Penicillin 887
— —, — mit Tetracycline 887
elektrische Aktivität des Gehirns unter Meprobamat 67
Elektrolytgleichgewicht, Verschiebung unter ACTH 573
— —, unter Nebennierenrindenhormonen 573
Elektrolythaushalt, Regulation durch NNR-Hormone 559, 560, 561
Elektrolytstoffwechsel, Leberkrankheiten und 143, 144
Elektrolytveränderungen, Regulation in der Cutis 191, 192
Elektronenkonfiguration, Sulfanilamide 999
Elektronenverteilung der aromatischen Aminogruppe, Sulfanilamide 996
Elektrophysiologie, Calcium und 131
Elephantiasis, Therapie mit Cortison 644
—, — mit Prednison 644
Elimination von Atebrin 40
— von Cholin 156, 157
Eliminationsdiät 213, 214
—, Hautkrankheiten und 181, 213, 214
—, Indikation bei Neurodermitis 213
—, — bei Urticaria 213
Eliminationsgeschwindigkeit und Bewertung, Sulfanilamide 1093
Eliminationshalbwertzeit, Bewertung und Pharmakokinetik, Sulfanilamide 1095
—, Sulfanilamide 1012, 1017, 1018
—, —, individuelle Schwankung der 1092
Eliminationskonstante, Sulfanilamide 1012
Eliminierungsrate, Penicillin 788, 789
Embichin, Cytostatica 1338
—, Lost-Derivate 1338
—, Therapie des Carcinoms 1338
—, — des Hodgkin 1338
Emulgatoren, nichtionisierend, Fettalkohole 264, 265
—, —, Glycerinmonostearat 264

Emulgatoren, nichtionisierend, Polyäthylenglykol-Sorbitanoleat 264
—, —, Polyäthylenglykol-400-stearat 265
—, —, Salbengrundlagen Typ Öl-in-Wasser 264 bis 266
—, —, Tween 80 264, 265
—, —, Typ Öl-in-Wasser, Emulsionssalbengrundlagen 264—266
—, —, Wachsalkohole 264, 265
Emulsion, Öl-in-Wasser, Salbengrundlagen 244, 245, 256, 259—266
Emulsionssalbengrundlagen 257—266
—, p-Oxybenzoesäureester als Konservierungsmittel 266
—, Unguentum hydrophilicum 265, 266
—, Typ Öl-in-Wasser 259—266
—, — —, anionennegative Emulgatoren 259—264
—, — —, Lanette E 260, 261
—, — —, Lanette N 261
—, — —, nichtionisierende Emulgatoren 264—266
—, — —, Silicone-Emulsion, Base 263
—, — —, — Gibson-Base 263
—, — —, wasserhaltige Siliconsalbe 263
—, — —, Unguentum emulsificans aquosum 261
—, — —, Unguentum hydrophilicum 262, 263
—, — —, Unguentum Lanette Stada 262
—, — Wasser-in-Öl 257, 258, 259
—, — —, Cold Cream als 258
—, — —, Eucerin pH 5 258
—, — —, Eucerinum 257
—, — —, Pasta refrigerans 259
—, — —, Unguentum aquae rosae 258, 259
—, — —, Unguentum cetylicum cum aqua 258
—, — —, Unguentum pingue 258
—, — —, Unguentum refrigerans 259
—, — —, Unguentum refrigerans boricum 259
—, — —, Zusatz von Titandioxyd 258

Encephalopathie, Mangel-
erscheinung, Nicotinsäure
413
Endangitis obliterans, Therapie
mit Hydrocortison 601
Endkonzentrationen, Oleandomycin 861
endoanaesthetische Wirkung
von Novocain 108
endogenes Ekzem s. Neurodermitis
— —, Atemquotient bei 16
— —, Subhibernation bei 82
— —, Traubenzuckerbela-
stung bei 19
endokrine Drüsen 15
— —, Hypophysen-Neben-
nierenrinden-System
15
— —, Pankreas 18, 19
— —, Parathyreoidea 18
— —, Thyreoidea 17
endokrine Störungen, Therapie
mit NNR-Hormonen
630
Endomycin, Antimykotica
1264
Endoxan 1356
—, Brechreiz nach 1339
—, cancerotoxische Wirkung
1339
—, — — bei Carcinosarkom
1339
—, — — an Impftumoren
1339
—, — — bei Jensen-Sarkom
1339
—, — — bei Walker-Carci-
nom 1339
—, — — bei Yoshida-Sarkom
1339
—, Cytostatica 1339
—, Dosierung 1339
—, Haarausfall nach 1339
—, Kopfschmerzen nach 1339
—, lokale Verträglichkeit 1339
—, Nebenwirkungen von 1339
—, therapeutische Breite 1339
—, Übelkeit nach 1339
—, Wirkung auf die Atmung
1339
—, — beim Chorionepitheliom
1339
—, — auf den Kreislauf 1339
—, — bei Melanom 1339
—, — im Miyamura-Test 1339
—, — bei Mycosis fungoides
1339
—,— auf das weiße Blutbild
1339
Energieumsatz bei Nebennierenrindeninsuffizienz 561
Enterobacteriaceen, Erkrankungen durch, Therapie mit
Sulfanilamiden 1065

Enterocolitis durch Tetra-
cycline 913
Entfettung durch Diät 210,
211, 212
Entfettungsdiät 210, 211, 212
—, Behandlungsplan bei 211
—, Berufstätigkeit bei 211
—, Indikation bei Obesitas 211
—, — bei postthrombotischem
Syndrom 211
—, — bei Ulcus cruris 211
—, Nebenwirkungen der 212
— bei Übergewicht 210
Entgiftungsgeschwindigkeit,
Novocain 101
Entkoppler, Cytostatica 1355
Entsulfonierung, Sulfanilamide
1045
Entwicklung der Antihist-
aminica 297, 298
Entziehungsphänomen bei Meprobamat 80
entzündungshemmende Wir-
kung von Calcium 135
entzündungswidrige Diät 193
bis 205
Enzymaktivierung, Histamin,
Hypothese der 292, 293
—, Natrium und 194, 195
enzymatischer Abbau von
Antihistaminica 327, 328
Enzyme, Antimykotica 1234
—, Hemmung durch Tetra-
cycline 816
—, Wechselwirkungen mit
Sulfanilamiden 1048
Enzymhemmung, Resochin
und 43
— durch Sulfanilamide 1048
eosinophiles Granulom, Therapie mit Cortison
641
— —, — mit Hydrocortison
641
Eosinophilie nach Griseofulvin
1244
— nach Kanamycin 865
Epidermis, Verbreiterung durch
Oestrogene 494
Epidermisstimulierung durch
Oestrogene 494
Epidermisverbreiterung, nach
lokaler Anwendung von
Sexualhormonen 508
— unter Sexualhormonen 508
Epidermodysplasia verruciformis, Therapie mit Vit-
amin A 396
Epidermolysis bullosa, Kombinationsbehandlung
mit ACTH und Chlor-
amphenicol 636
— —, Therapie mit ACTH
636
— —, — mit Cortison 636

Epidermolysis bullosa hereditaria, Therapie mit Schilddrüsenhormonen 670
Epidermophytie, Reinfektion
aus der Kleidung 1241
—, Therapie mit Äthylchlorid
1186
—, — mit Griseofulvin 1241
—, Trichophytonpilze 1241
—, Doppelinfektionen 1241
Epididymitis, Therapie mit
Cortison und Antibiotica
661
Epilation und Antimykotica
1179, 1180
—, manuelle, Antimykotica
1180
— mit Oestrogenen, Anti-
mykotica 1180
—, Röntgen-Thallium-, Antimykotica 1179
—, selektive, Antimykotica
1180
Epilepsie und NNR-Hormone
580
—, Therapie mit Antihist-
aminica 357
Epitheliom, Chorion-, Gonadotropinausscheidung bei
501
—, Indikation für flüssigen
Stickstoff, Externa 169
—, Therapie mit Colchicin
1333, 1334
Epitheliosen, Therapie mit
Podophyllotoxin 1353
Epithelzellproliferation, Stimulierung durch Oestrogene
494
Equanil, Meprobamat, Han-
delspräparat 67, 68
Equoman, Gonadotropin, Handelspräparat 507
Erbrechen nach N-Lost 1338
—, toxische Symptome, Sulfanilamide 1025
— nach Griseofulvin 1244
— nach Therapie mit Amphotericin B 1255
Ergänzungsdiät, Hautkrankheiten und 181
Ergotamin bei Hauterkrankungen 12
Erhaltungsdosis, Sulfanilamide,
Bewertung und Pharmako-
kinetik 1095
Erkältungskrankheiten, Therapie mit Antihistaminica 344
Ernährung, Hautkrankheiten
und 182—188
—, Hautstoffwechsel und 188,
189
—, osmotischer Druck und 185
Ernährungsdiät, Hautkrankheiten und 181

Ernährungspsychopathen, primäre Form der Pellagra bei 411

Erosio interdigitalis candidomycetica, Therapie mit Nystatin 1248

Erregerspezifität, Sulfanilamide 1092

Erregerwechsel und Griseofulvintherapie 1243

Erysipel, Therapie mit Antibiotica 877, 878

—, — mit Hydrocortisonsalbe 651

Erysipeloid, Therapie mit Antibiotica 879

—, — mit Sulfanilamiden 1068

Erysipelothrix, Therapie mit Sulfanilamiden 1068

Erythem, Haut-, nach Androgenen 488

—, nach Testosteron 488

— nach Nicotinsäure 414

Erythema chronicum migrans, Therapie mit Antibiotica 895, 896

— — —, — mit Penicillin 895, 896

Erythema exsudativum multiforme nach Resochin 54

— — —, Therapie mit ACTH 599

— — —, — mit Antibiotica 896

— — —, — mit Cortison 599

— — —, — mit Methylprednisolon 599

— — —, — mit Nebennierenrindenhormonen 599

— — —, — mit Nicotinsäure 414

— — —, — mit Penicillin 896

Erythema induratum Bazin, Therapie mit Nicotinsäure 414

— — —, — mit INH 1160

Erythema nodosum, Therapie mit Antibiotica 896, 897

— —, — mit Cortison 600

— —, — mit Streptomycin 897

Erythema solare, Lokaltherapie mit Corticoidsalben 648

— —, Therapie mit Cortison 648

Erythematodes, Indikation für Externa, flüssiger Stickstoff 169

—, Nierenfunktion 23

—, Therapie mit ACTH 603

—, — mit p-Aminobenzoesäure 420

—, — mit Cortison 603, 604

—, — mit Cortisonsalbe 604

—, — mit Desoxycorticosteron 603

—, — mit Folsäure 422

—, — mit Hydrocortisonsalbe 604

—, — mit Nebennierenrindenhormonen 603, 604, 605

—, — mit Nicotinsäure 414

—, — mit Pantothensäure 418

—, — mit Vitamin A 396

—, — mit Vitamin E 450

—, — mit Vitamin P 436

Erythematodes acutus s. Libman-Sacks-Syndrom

Erythematodes acutus 58

— —, Atebrin und 58

— —, Glucocorticoideinsparung durch Amodiaquin bei 58

— —, — durch Atebrin bei 58

— —, — durch Resochin bei 58

— —, Hypergammaglobulinämie bei 26

— —, Indikation der Therapie mit Antimalariamitteln bei 58

— —, Resochin und 58

— —, Therapie mit Androgenen 515

— —, Therapie mit Antibiotica 898

— —, — mit Antihistaminica 344

— —, — mit Atebrin 49, 50, 51

— —, — mit Testosteron 515

Erythematodes chronicus, Atebrin und 40, 41, 47, 49

— —, herabgesetzte Erythemschwelle bei 41

— —, Gold- und Resochinbehandlung 55

— —, Holländer-Kur des 47

— —, Kombinationsbehandlung mit Atebrin, Leberextrakt und Vitamin C 52

— —, — mit ACTH und Antibiotica 898

— —, — mit Prednison und Antibiotica 898

— —, Leberschutztherapie und 166

Erythematodes chronicus, Nierenfunktion bei 23

— —, Therapie mit Antibiotica 897, 898

— —, — mit Antimalariamitteln 49

— —, — mit Atebrin 49, 50 bis 52

— —, — mit Nivaquine 37

— —, — mit Penicillin 897, 898

— —, — mit Testosteron und Cortison 515

Erythemschwelle, Anhebung der bei Erythematodes chronisch herabgesetzten E. durch Atebrin 41

—, Herabsetzung bei Erythematodes chronicus 41

Erythrasma, therapeutische Hinweise 1274

—, Therapie mit Griseofulvin 1241, 1242

Erythrocyanosis, Therapie mit Nicotinsäure 414

—, — mit Oestrogenen und Progesteron 519

Erythrocyten, Gehalt an Nicotinsäure 409

Erythrocytenbindung und Gesamtverteilung, Sulfanilamide 1020

Erythrodermia desquamativa Leiner, Therapie mit ACTH 625

— — —, — mit Adrenalin 663

— — —, — mit Cortison 625

— — —, — mit Vitamin H 426

— — —, — mit Vitamin K 456

Erythrodermie, ACTH als Ursache der 582

—, alternierende Hormontherapie 626

—, Leberfunktionsstörungen und 146, 147

—, Leberschutztherapie und 166

—, Psoriasis-, und Sexualhormontherapie der 514

—, Therapie mit ACTH 625, 626

—, — mit Antibiotica 899

—, — mit Erythromycin 899

—, — mit Hibernation 81

—, — mit Nebennierenrindenhormonen 625, 626

—, — mit Nicotinsäure 414

—, — mit Oleandomycin 899

—, — mit Tetracycline 899

—, — mit Vitamin A 396

Erythrodermie, Therapie mit Vitamin D 445

—, Verschiebung der Alkalireserve bei 192

— nach Goldmedikation, lokale Therapie mit Hydrocortisonsalbe 625

— —, Therapie mit ACTH 625

— —, — mit Cortison 625

— —, — mit Dimercaptopropanol 625

Erythrodermie ichthyosiforme congénitale, Therapie mit ACTH 625

— — —, — mit Prednison 625

— — —, — mit Vitamin A 394

Erythrodermie bei Retikulose, Therapie mit Cortison 625

— nach Salvarsan, Therapie mit ACTH 625

— —, — mit Cortison 625

— —, — mit Dimercaptopropanol 625

Erythromycin, Antimykotica 1264

—, Antibiotica 832

—, Applikationsart 834

—, Ausscheidung 835

—, biologische Nebenwirkungen 915

—, Blutliquorschranke und 835

—, Blutspiegelwerte 835

—, chemische Eigenschaften 832, 833

—, erworbene Resistenz gegen 836

—, Geschichtliches 832

—, Grenzkonzentrationen für 833

—, Handelsform 921

—, Herkunft 832

—, Kombination mit anderen Antibiotica 837

—, — mit Sulfanilamid 837

—, Kreuzresistenz mit Carbomycin 837

—, Leukopenie nach 904

—, Löslichkeit 832

—, Magen-Darm-Symptome nach 904

—, Nachweis von 837

—, Nebenwirkungen 904

—, Pharmakologie 834, 835

—, physikalische Eigenschaften 832, 833

—, primäre Resistenz gegen 836

—, Resistenz gegenüber 836, 837

Erythromycin, Resorption 834, 835

—, Säurestabilität 833

—, Therapie der Akrodermatitis chronica atrophicans 894, 895

—, — bei Eczema vaccinatum 887

—, — der Erythrodermie 899

—, — der Gonorrhoe 883

—, — des Lymphogranuloma inguinale 884

—, — des mikrobiellen Ekzems 890

—, — der Syphilis 883

—, — des Ulcus cruris 891

—, — des Ulcus molle 884

—, Toxicität 834

—, Verteilung im Körper 835

—, Wirkung auf Darmbakterien 833

—, — im Tierexperiment 833, 834

—, Wirkungsbereich 833, 834

—, Wirkungsmechanismus 834

—, Wirkungsspektrum 833

Erythroplasie, Colchicinsalbe bei 1333

—, Therapie mit Cortison 637, 638

—, — mit Podophyllotoxin 1353

Erythropoese, Anregung durch NNR-Hormone 564

—, Folsäure und 422

Erythropoeseschädigung durch Myleran 1342

Esterspaltung von Novocain 101

Ethopropazin, Phenothiazine, Derivate A 63

Etruscomycin, Antimykotica 1264

Eucerin pH 5, Emulsionssalbengrundlagen, Typ Wasser-in-Öl 258

Eucerinum, Emulsionssalbengrundlagen, Typ Wasser-in-Öl 257

Eulicin, Antimykotica 1264

Eumycetin, Antimykotica 1264

Eumycin, Antimykotica 1264

Eunuchen und Kastraten, Talgdrüsenentwicklung unter Androgenen 488

—, Testosteron-Depot-Wirkung bei 506

Eurocidin, Antimykotica 1264

Exanthem, Arzneimittel-, bei Leberkrankheiten 145

—, Atebrin- 44, 45

—, Antihistaminica, Nebenwirkungen 353

—, hämorrhagische, bei Leberkrankheiten 143

Exanthem nach Meprobamat 79

— und Papeln der Syphilis, Beeinflussung durch Cortison 659

— nach Penicillin 906

—, Resochin- 44, 45

— nach Streptomycin 908

exfoliative Dermatitis, Mangelzustände, Vitamin H 426

— —, toxische Symptome, Sulfanilamde 1029

experimentelle Chemotherapie, Hauttuberkulose 1127—1158

— — im Tierversuch, Hauttuberkulose 1135, 1136

Externa, Anwendungsart der 168

—, Anwendung von Siliconen als 176—179

—, Applikationsformen der 168

—, Einseitenbehandlung mit 168

—, flüssiger Stickstoff 169 bis 172

—, — —, Indikation bei Angiomen 169

—, — —, — bei Epitheliomen 169

—, — —, — bei Erythematodes 169

—, — —, — bei Keratosen 169

—, — —, — bei Lichen verrucosus 172

—, — —, — bei Warzen 169, 170, 171

—, Grundlage der 168

—, Handhabung der 168

—, Indikation für 168

—, Inhaltsstoffe der 169

—, Kenntnis der 168

—, Rezeptur der 168, 169

—, Silicone 172—179

—, Sulfanilamide, Rezeptur für 1091

—, symptomatische Therapie mit 168

—, Therapie von Hautkrankheiten mit 168—179

externe Anwendung in Lösungen, Sulfanilamide 1091

— — in Pudern, Sulfanilamide 1091

— — in Salben, Sulfanilamide 1091

— — und Rezeptur, Sulfanilamide 1091

extracelluläre Flüssigkeit 194, 195

— —, osmotischer Druck und 194

extrahypophysäre Gonadotropine 500, 501, 502
— — aus Blasenmole 501
— — aus Chorionepitheliom 501
— — aus Hodenteratom 501
— — aus Tumoren 501
Extrinsic-factor, Vitamin B$_{12}$, Synonyma 423

Farbstoffe, Antimykotica 1208 bis 1210
—, basische, Speicherung durch Trypanosomen 734, 735
—, Therapie von Dermatomykosen mit 1208, 1209, 1210
Farmacyrol, Oestrogene, Handelspräparate 507, 508
Farmatest, Sexualhormon, Kombinationspräparat 508
Fasten, Obstsaft 201, 202, 203
Favus, Therapie mit Griseofulvin 1241
—, — mit saurem Kaliumtartrat 1187
Federkieltest, Testmethoden für Antimykotica 1175
Fehlernährung, Hauterkrankungen bei 188
Femandren, Sexualhormone, Kombinationspräparat 508
Femovirin, Sexualhormone, Kombinationspräparat 508
fermentative Oxydation von Androgenen 481
— — von Testosteron 481
fermentative Prozesse, Funktion der Nicotinsäure bei 409
Fermentaktivität und Androgene 486, 487
— und Testosteron 486, 487
Fermentaktivitätsabnahme unter Androgenen 487
— unter Testosteron 487
Fermentaktivitätssteigerung unter Androgenen 487
— unter Testosteron 487
fermentativer Abbau von Histamin, Histamineffekte 295
Fermente, Hemmwirkung der Antihistaminica auf 325
—, Wirkung des N-Lost auf 1337
Fermenthemmung durch Arsenverbindungen 736, 737
Fermicidin, Antimykotica 1264
fertile Eunuchen, Fertilitätsstörung beim Manne 519
Fertilitätsstörungen, androgenes Defizit bei 519
—, Beeinflussung der Spermaplasmaeiweißfraktionen durch Testosteron 519

Fertilitätsstörungen, erniedrigter Fructosespiegel im Spermaplasma bei androgenem Defizit 519, 520
—, Normospermie mit postpuberaler Leydig-Zell-Insuffizienz, Therapie mit Choriongonadotropin 519
—, — mit Methyltestosteron 519, 520
—, Hypozoospermie, Therapie mit Sexualhormonen 520, 521, 522
—, „kombinierte Hormonkur" bei 520, 521
—, Oligospermie, Therapie mit Sexualhormonen 520, 521, 522
—, Therapie mit Vitamin E 451
— beim Manne, fertile Eunuchen 519
— beim Manne, Therapie mit Sexualhormonen 519, 520, 521, 522, 523
Fettalkohole, nichtionisierende Emulgatoren 264, 265
— als Salbengrundlage 251, 252
fettartige Salbengrundlagen 244
Fettbestimmung, Androgene und 488
—, Testosteron und 488
Fetteinschränkungsdiät 207 bis 210
— bei Lipoidosen 207, 208
— bei Psoriasis 207, 208
—, Zusammensetzung der 208, 209, 210
fettfreie Diät bei Psoriasis 10
fettfreie Diätformen, Calorienzufuhr bei 209
Fettleber, Cholinoxydase und 156
Fettsäureester, Antimykotica 1192
—, Therapie von Dermatomykosen 1192
Fettsäuren, Antimykotica 1189, 1273, 1274
—, —, Eindringungsvermögen 1190
—, essentielle s. Vitamin F
—, gesättigte, Antimykotica 1189, 1190
—, —, fungistatische Wirkung 1189
—, —, klinische Erfahrungen bei Dermatomykosen mit 1190
—, —, Therapie der Dermatomykosen mit 1190

Fettsäuren, ungesättigte, Antimykotica 1190, 1191
—, —, —, Kombination von 1190, 1191
—, —, —, Resistenzentwicklung gegenüber 1191
—, —, —, Verträglichkeit 1191
—, —, —, Wirkungsweise der 1191
—, —, Therapie von Dermatomykosen mit 1190, 1191
—, Verbesserung des Eindringens durch Veresterung 1192
—, halogenierte, Antimykotica 1191
Fettstoffwechsel, fördernde Wirkung der Androgene auf 486
—, — — des Testosteron auf 486
—, Acne und 207
—, Haut und 207
—, Hautveränderungen und Störungen des 186, 207 bis 210
— und Oestrogene 193
—, Psoriasis und 207, 208
—, Wirkung der NNR-Hormone auf den 559
Fett-Transport aus der Leber und Cholin 156
Fibrinolyse unter Lipopolysacchariden 95, 96
Fibroblastenaktivität und Androgene 489
— und Testosteron 489
Fibroblastenwachstum, Hemmung unter NNR-Hormonen 565
Fibrose, peritubuläre, nach Gonadotropin 503
—, —, Testosterondepot und 503
Fieber nach N-Lost 1338
— nach Therapie mit Amphotericin B 1255
Fieberbehandlung mit Lipopolysacchariden 88—98
Fieberreaktion, Lipopolysaccharide und 94, 95, 96
— nach Olibintin 94
Fiebertherapie, vegetative Gesamtumschaltung durch 89, 90
Filipin, Antimykotica 1265
Filterpapiertest, Testmethoden, Antimykotca 1175
Fissinger-Leroy-Reiter-Syndrom s. Reiter-Syndrom
Flavacid, Antimykotica 1265

Flavinenzyme, Inhibierung
durch Atebrin 43
Flavofungin, Antimykotica
1265
Flavomycin, Antimykotica
1265
Flexiole, Oestradiol „E", Oestrogene, Handelspräparate
507, 508
Flohstiche, Vitamin B_1 und
Schutz vor 402
Fluorescenz, Atebrin und 39, 45
— der Vitiligoherde unter Atebrin 59
Fluorhydrocortison, Applikation 571, 572
—, Resorption 571, 572
fluorierte Verbindungen, Antimykotica 1186
Fluß-Säure-Verätzung, Therapie mit Cortison 650
Fluvomycin, Antimykotica
1265
Foetusentwicklung unter ACTH
580, 581
— unter NNR-Hormonen 580,
581
Foetusmißbildung bei Therapie
mit NNR-Hormonen 581
Follikelhormon, Vorkommen
489
Follikelhormonproduktion und
Gravidität bei Psoriasis
513
Follikelreifung nach FSH 499
Follikosid, Oestrogene, Han-
delspräparate 507, 508
follikuläre Hyperkeratosen,
Vitamin A-Mangel und 391
Follikulitis, Therapie mit Vit-
amin H 426
—, — mit Antibiotica 877, 878
Folsäure, Antagonisten, Ameth-
opterin 422, 423
—, —, Aminopterin 422, 423
—, —, Aminopteroylasparagin-
säure 422, 423
—, Bedarf des Menschen an
421, 422
—, Chemie 420, 421
—, Erythropoese und 422
—, Mangelerscheinungen 422
—, Synonyma 419—421
—, Synthese durch Darmflora
421
—, Test- und Bestimmungs-
methoden 421
—, Therapie von Dermatosen
in Kombination mit
Nicotinsäure und
Panthothensäure 422
—, — des Erythematodes 422
—, — von Haut-, Schleim-
hauterscheinungen
bei Sprue 422

Folsäure, Therapie der Licht-
dermatosen 422
—, — der Psoriasis mit 422
—, Überdosierungs-
erscheinungen 422
—, Vorkommen 421
Folsäureantagonisten,
Amenorrhoe nach Thera-
pie mit 1350
—, Aspermie nach Therapie
mit 1350
—, Cytostatica 1349, 1350
—, —, Dosierung 1350
—, Diarrhoe nach Therapie mit
1350
—, Erbrechen nach Therapie
mit 1350
—, Nebenerscheinungen bei
Therapie mit 1350
—, Schleimhautulcerationen
nach Therapie mit 1350
—, Thrombopenie nach Thera-
pie mit 1350
Folsäure-Gruppe, p-Amino-
benzoesäure 419, 420
—, Synonyma, p-Amino-
benzoesäure 419, 420
—, —, Citrovorumfaktor
420—423
—, —, Folsäure 419, 420, 421
—, —, Leukovorin 419, 420,
421, 422, 423
Folsäuremetabolismus und
Antagonismus der
Hemmwirkung durch
Sulfanilamide 1055
—, Sulfanilamide 1054, 1055
Folsäurewirkung, Sulfanil-
amide und 1051—1055
Fomecin A, Antimykotica 1265
Formaldehyd, Antimykotica
1188
—, Beseitigung von Pilz-
elementen durch 1188
Fortpflanzung, Vitamin E und
449
Fortpflanzungsfähigkeit der
Tauben unter LTH 500
Fotosensibilisierung, Chlor-
promazin 71, 72, 73
Fox-Fordyce, Therapie mit
Oestrogenen 515
—, — mit Progesteron 515
—, — mit Vitamin E 450
Fowlersche Lösung, Cytosta-
tica, Arsen 1335
Fradicin, Antimykotica 1265
Frambösie, Therapie mit Antibiotica 884, 885
—, — mit Chloramphenicol
885
—, — mit Penicillin 884, 885
—, — mit Tetracycline 885
Freisetzung von Histamin
durch Adrenalin 283

Freisetzung von Histamin
durch Reize 287, 288
Frei-Test, Nebennierenrindenhormone und 566
Fremdkörpergranulom, Therapie mit ACTH 650
—, — mit Cortison 650
Frenquel, Tranquillizer,
Handelspräparat 67, 76
Frostgangrän, intravenöse
Applikation von Novocain
bei 119
Fructose, Bestimmung im
Sperma zur Diagnostik
der hormonellen Insuffi-
zienz 480, 485, 486
—, Leberschutztherapie und
159
Fructosebildung im Sperma
und Androgene 481, 485,
486
— im Sperma und Testosteron
481, 485, 486
Fructosespiegel, erniedrigter,
im Spermaplasma bei an-
drogenem Defizit 519, 520
Fructose-Stoffwechsel, Insulin
und 159
Fructose-Test 485, 486
Frühjahrsperniosis, Therapie
mit Vitamin A 396
FSH 497, 498, 499, 502
—, Ausgangsmaterial 498
—, Ausscheidung im Urin 499
—, Bestimmung 498
—, Follikelreifung nach 499
—, Hodengewichtszunahme
unter 499
—, Hypophysenvorderlappen
497, 498, 499, 502
—, Wirkung von Serum-
gonadotropin 501
—, — auf Spermiogenese 497
—, Zusammensetzung 498
Fuchsin, Antimykotica 1209
—, Therapie der Dermato-
mykosen mit 1209
—, — von Fußmykosen mit
1209
Fumigacin, Antimykotica 1265
Fumigallin, Cytostatica 1348
Fungichromatin, Antimykotica
1265
Fungichromin, Antimykotica
1265
fungizide Stoffe, Antimykotica
1173, 1174, 1177
fungicide Wirkung von Actidion 1256
— —, Amphotericin B 1255
— — der ätherischen Öle 1211
— — von Dibromsalizil 1212
— — von Hexylresorcin 1202
— — von Holzextrakten 1234
— — der Invertseifen 1194

fungicide Wirkung von Jod,
Antimykotica 1185
— — von Nystatin 1246, 1250
— — von Oxychinolin 1224
— — von Ozon 1187
— — der Phenoläther 1203
— — der p-Oxybenzoesäure-
ester 1215
— — der Sulfonate 1222
— — der Thiocarbaminsäurederivate 1192
— — der Undecylensäure
1190
Fungistatin, Antimykotica
1265, 1271
fungistatische Stoffe, Antimykotica 1173, 1174,
1177
— Wirkung, Testmethoden,
Antimykotica 1174,
1175
— — von Actidion 1256
— — von Actidion im Labo-
ratorium 1256
— —, Amphotericin B 1255
— — von anorganischen
Quecksilber-
verbindungen 1187
— — der Antihistaminica
1231
— — der ätherischen Öle 1211
— — der Benzoesäure 1212
— — von Cerumen 1233
— — von Dibromsalizil 1212
— — von Dithiocarbamyl-
hydrazin 1192
— — der gesättigten Fett-
säuren 1189
— — des Griseofulvin 1244
— — von Jod, Antimykotica
1185
— — von Körpersekreten
1233
— — von Nystatin 1246
— — von Oestrogenen 1232
— — von Oxychinolin 1224
— — nach peroraler Gabe
von Novex 1204
— — der Phenoläther 1202
— — von p-Oxybenzoesäure-
ester 1215
— — der Salicylaldehyde
1214
— — von Schweiß 1233
— — von Sulfonamiden 1218,
1219
— — der Sulfonate 1222
— — von Tetradecyliso-
thiouroniumchlorid
1193
— — Trichomycin 1252
— — der Undecylensäure
1190, 1191
— — von Vitamin K 1233,
1234

fungistalische Wirkung und
p_H-Wert der gesättigten
Fettsäuren 1189
fungitoxische Wirkung von
Metallionen 1178
Fungocin, Antimykotica 1265
funikuläre Myelose, Therapie
mit Vitamin B_{12} 424
Funktion, Pantothensäure 418
— von Vitamin B_1 401, 402
—, Vitamin P 435, 436
funktionelle Leberstörungen 21
Furanderivate, Antimykotica
1224
Furunkel, Therapie mit Antibiotica 879
Furunkulose, unter ACTH 578,
579
—, Leberschutztherapie und
166, 167
—, unter Nebennierenrindenhormone 578, 579
—, Therapie mit Leberextrakten 163
—, — mit Vitamin C 433
—, — mit Vitamin H 426
Furylbenzimidazol, Antimykotica 1229
Fußmykosen, Prophylaxe und
Therapie mit Benzoe-
säure 1212
—, therapeutische Hinweise
1273
—, Therapie mit Cyclohexanol
1210
—, — mit Fuchsin 1209
—, — mit Phenylmercuribo-
rat 1223
—, — mit Sol. Castellani 1209

Galaktin 500
Galaktoseprobe, Leberfunktionsproben 150
Galle, Penicillinausscheidung
durch 789
Galli-Mainini-Test, HCG-Bestimmung mit 501
Gammaglobulin, Behandlung
bei Leukämie und Zoster 26
Gammaglobulintherapie, von
Leukämie und gangrä-
sem Zoster 26
Ganglien, lokale Injektion von
Hydrocortison
645, 646
—, — — von Triamcinolon
646
—, — — von Hydrocortison
bei 570
gangränöser Zoster und Leukämie, Gammaglobulinthe-
rapie 26
Gasbrand, Therapie mit Bacitracin 881
—, — mit Penicillin 881

Gasbrand, Therapie mit
Sulfanilamiden 1068
—, — mit Tetracycline 881
Gastroenteritis nach Actinomycin C 1347
—, allergische, Therapie mit
Antihistaminica 344
Geburt unter ACTH 580,
581
— unter Nebennierenrindenhormonen 580, 581
Gefäßdilatation durch Chlorpromazin 69, 70
—, Kastraten und 488
— unter Progesteron 478
Gefäßerkrankungen, Therapie
mit ACTH 601, 602
—, — mit Nebennierenrindenhormonen 601, 602
Gefäßerweiterung durch Novocain 103
Gefäßleiden, periphere, und
Androgentherapie
488
—, — und Testosterontherapie 488
Gefäßschäden nach Penicillin
907
Gefäßspasmus nach Histamin
313
Gefäßspinnen bei Leberkrankheiten 143
Gefäßtonus, Wirkung der Antihistaminica auf 315
Gefäßveränderung, Hypervitaminose und, Vitamin D
446
Gefäßverletzlichkeit unter Nebennierenrindenhormonen
578
Gehirn, elektrische Aktivität
unter Meprobamat 67
—, Übertritt von Reserpin ins
65
Gehörgangsekzem bei Seborrhoe 512
—, Therapie mit Androgen
512
—, — mit Oestrogenen 512
Gelbe Salbe als Salbengrundlage 248
generalisierter Zoster, Leberschutztherapie und 167
Genitalekzem, dermatologische Indikation für Novo-
cain bei 116, 117
Genitalkrebs der Frau, Therapie mit Cholin-Sulfathia-
zol 1353
Genitalmykose, therapeutische
Hinweise 1274
Genito-Anal-Pruritus, Therapie
mit ACTH 590, 591
—, — mit Nebennierenrindenhormonen 590, 591

Gentianaviolett, Antimykotica
1209
Geodin, Antimykotica 1265
Geotrichose, therapeutische
Hinweise 1275
Gerinnungszeitanstieg nach
Meprobamat 79
Gerinnungszeitverkürzung
durch Oestrogene 493
Gerinnungszeitverlängerung
unter Progesteron 478
Gerson-Diät 198, 199, 200
Geruchlosigkeit der Silicone
175
Gesamtumschaltung, vege-
tativ, durch Fiebertherapie
89, 90
geschichtliche Entwicklung,
ACTH 550, 551
— —, Cortison 550, 551
—, Cytostatica 1319, 1320,
1321
Geschlechtshormone 470, 472
—, Androgene 472
—, Gestagene 472
—, Oestrogene 472
Geschlechtskrankheiten,
Therapie mit Anti-
biotica 881—884
—, — mit Arsenverbindungen
711
Geschlechtsmerkmale, NNR-
Hormone und 562
Geschlechtsspezifität, fehlende,
der Gonadotropine 501
Geschwulstwachstum, Abwehr-
vorgänge gegen 1363
—, Aktivierung der natür-
lichen Abwehrkräfte
durch Bayer H 4989 1363
—, Tumorimmunität und 1363
—, Tumorresistenz und 1363
Gesichts-Cremes, Gehalt an
Oestrogenen 508, 509
—, Gehalt an Sexualhormonen
508, 509
Gestagen, Oral-, Nebenwirkungen bei 477
—, —, Ovulationshemmung
477
—, —, Spätfolgen von 477
—, —, virilisierender Effekt
bei weiblichen Neu-
geborenen 477
gestagene Aktivität, Nachweis
durch Brunsttest
478
— —, — durch Clauberg-
Test 476, 478
— —, — durch Hooker-For-
bes-Test 476, 478
— —, — durch Progesteron
478
gestagene Geschlechtshormone
472

gestagene Hormone, Anti-
mykotica 1232
Gestagene, orale 475
Gewebe, Konzentration der
Sulfanilamide im 1092
Gewebekultur, Prüfung der
Cytostatica in 1325
Gewebekulturen, Testmetho-
den, Antimykotica 1176
Gewebestoffwechsel und Androgene 486, 487
— und Testosteron 486, 487
Gewebsfreundlichkeit, Hor-
monimplantate und 504,
505
Gewebsreizungen durch Antihistaminica 317
Gewebsverteilung und Bewertung, Sulfanilamide 1097
Gewerbeschutzsalben, Silicone
und 178, 179
Gewichtsabnahme bei Skorbut
431
Gewichtsverlust nach Resochin
47
Gewichtszunahme unter
Androgenen 486
— unter Testosteron 486
— unter ACTH 575
— unter NNR-Hormonen 575
Gewöhnung an Histamin 295
„ghost-formation", Sexualhormone, Hormonresorp-
tion 505
Gingivitis nach Actinomycin C
1347
—, Therapie mit Vitamin C 433
Gladiolsäure, Antimykotica
1266
Gleichgewicht zwischen Hypophyse und Gonade 497
Gliotoxin, Antimykotica 1266
γ-Globulin bei Eczema herpeticatum 657
Glomerulonephritis, Therapie
mit Antihistaminica 344
Glossitis nach Tetracyclinen 916
—, Therapie mit Vitamin B_{12}
425
—, — mit Vitamin C 433
Glottisödem, Therapie mit
Adrenalin 663
D-Glucosamin, Cytostatica
1354
Glucuronierung, Sulfanilamide
1044
—, Bewertung und Metabolis-
mus, Sulfanilamide 1097
Glucuronsäurederivate, Sulf-
anilamide 1093
Glucocorticoideinsparung bei
Erythematodes acutus
durch Amodiaquin 58
— bei Pemphigus durch
Amodiaquin 58, 59

Glucocorticoideinsparung bei
Erythematodes acutus
durch Atebrin 58
— bei Pemphigus durch Atebrin 58, 59
— bei Erythematodes acutus
durch Resochin 58
— bei Pemphigus durch Resochin 58, 59
Glucose, Leberschutzpräparate
154
Glucoseverbrauch und Glykogenneubildung, NNR-Hor-
mone 558
Glutinosin, Antimykotica 1266
Glycerinmonostearat, nichtionisierende Emulgatoren
264
Glykogenneubildung und Glu-
coseneubildung, NNR-Hor-
mone 558
Glykole, Antimykotica 1188
—, pilzhemmende Wirkung
1188
Glykolyse, aerob, Aktivierung
durch Androgene
487
—, — , — durch Testosteron
487
—, —, Hemmung durch Androgene 487
—, —, — durch Methyltestosteron 487
—, —, — durch Testosteron
487
glykostatische Effekte durch
Oestrogene 493
Goethe, Beschreibung der
Pellagra durch 410, 411
Gold- und Resochinbehand-
lung bei Erythematodes
chronicus 55
Golddermatitis, Therapie mit
Vitamin C 433
Goldpräparate, Chemotherapie
der Hauttuberkulose mit
1123
Goldtherapie bei Hauttuberkulose, pharmakolo-
gische Wirkung 1123
— —, toxische Nebenerscheinungen 1123
Gonaden, Enthemmung der
Hypophyse nach Aus-
schaltung der 497, 498
—, Gleichgewicht zwischen
Hypophyse und 497
—, Zusammenhang mit Hypo-
physe 496
Gonadenatrophie nach Sexual-
hormonen 503
Gonadenfunktion, NNR-Hor-
mone und 562
Gonadotropin A 498, 499
Gonadotropin B 499

Gonadotropin, Chorion- 496, 497, 500, 502, 507, 509
—, Chorion-, menschliches 500, 501, 502, 507, 509
—, Chorion-, Ovargewichtszunahme unter 501
—, Chorion-, Schwangerschaft und 501
—, Galactin 500
—, lactogenes Hormon 500
—, LTH, Mammotropin 500
—, luteomammotropes Hormon 500
—, Mammotropin 500
—, Metakentrin 499
—, peritubuläre Fibrose nach 503
—, Produktionshemmung durch Testosteron 520
—, Prolactin 500
—, Prolan A 498, 499
—, Prolan B 499
—, Proletan 500
—, Serum- 501, 502, 507, 511
—, Thylakentrin 498
Gonadotropinausscheidung bei Chorionepitheliom 501
Gonadotropine 496, 497, 498, 500
—, allergische Reaktionen auf 509
—, Allgemein- und Nebenwirkungen 509, 510
—, Ausscheidung im Harn 499
—, Bildungsstätten 496, 497
—, Chemie 498
—, Eiweißkomponente 498
—, extrahypophysäre 500, 501, 502
—, —, aus Tumoren 501
—, —, aus Blasenmole 501
—, —, aus Chorionepitheliom 501
—, —, aus Hodenteratom 501
—, fehlende Artspezifität 501
—, — Geschlechtsspezifität 501
—, Handelspräparate, Anteron 507
—, —, Chorioman 507
—, —, Equoman 507
—, —, Praephyson 507
—, —, Predalon 507
—, —, Predalon S 507
—, —, Preloban 507
—, —, Primogonyl 507
—, —, Prolan 507
—, historische Entwicklung 498
—, hypophysäre 498, 499, 500, 501
—, —, FSH 497, 498, 499, 502
—, —, ICSH 497, 499, 502
—, —, LH 497, 499, 502
—, —, LTH 500

Gonadotropine, Inaktivierung bei Antihormonbildung von 509, 510
—, Nebenwirkungen bei Jugendlichen 509
—, prosthetische Gruppe 498
—, Proteohormone 498
—, Reindarstellung 498
—, Schwangerschaft und 497
—, Stoffwechselwirkungen 501, 502
—, Überdosierungsfolgen 503, 504
Gonadotropin-Testosteron-Therapie bei Oligospermie 520, 521, 522
Gonokokken, Gewöhnung an Streptomycin 883
—, Resistenz gegen Penicillin 882
—, Stämme, Sensibilitätseinbuße gegen Penicillin 882
Gonorrhoe, Mischinfektionen mit Penicillinasebildnern 882
—, Therapie mit Antibiotica 881, 882
—, — der Arthritis mit Cortison 660
—, — mit Chloramphenicol 883
—, — mit Erythromycin 883
—, — mit Oleandomycin 883
—, — mit Penicillin 881, 882
—, — mit Streptomycin 883
—, — mit Sulfanilamiden 1066, 1067
—, — mit Tetracyclinen 883
Gramicidin, Antimykotica 1266
Granulocytopenie nach Griseofulvin 1244
Granuloma anulare, Therapie mit Vitamin D 444
— —, — mit Cortison 602
— —, — mit Hydrocortison 602
— —, — mit Prednison 602
— —, — mit Vitamin E 451
— —, Triamcinolon intradermal 602
Granuloma gangraenescens nasi, Therapie mit ACTH 603
Granuloma venereum, Therapie mit Sulfanilamiden 1066
Granulationen, Hemmung durch NNR-Hormone 565
Grenzflächenspannung von Silikonen 172
Grenzkonzentration, Amphotericin 859
—, Bacitracin 846
— von Calcium 136
—, Chloramphenicol 828

Grenzkonzentration für Erythromycin 833
—, Kanamycin 865
—, Neomycin 842
—, Nystatin 859
—, Polymyxin 839
—, Tetracycline 814
—, Trichomycin 859
—, Tyrothricin 849
Grenzstrahlenfilterung durch Silikone 175
Grenzstrangbestrahlung 14
Grenzstrangblockade bei Sklerodermie mit Novocain 118
Grenzstranginfiltration mit Novocain 122
Grippemittel, Zusatz von Antihistaminica 334
Griseofulvin 867, 868, 869
—, Albuminurie nach 1244
—, Anpassung von Dermatophytenstämmen an 1243
—, Antibiotica 867, 868, 869
—, Antimykotica 1235, 1236 bis 1245, 1273, 1274, 1276
—, —, klinische Erfahrungen mit 1238, 1239
—, Behandlungsdauer 1243
—, biologische Wirkung in vitro 1237, 1238
—, Blutspiegel nach 1245
—, Chemie 868
—, chemische Eigenschaften 1237
—, colchicinähnliche Wirkung von 1244
—, „curling-factor", Antimykotica 1173
—, Dermatophytennachweis vor Therapie mit 1242
—, Dosierung 1243
—, Dosisabhängigkeit toxischer Erscheinungen bei Mäusen 1238
—, Durchfall nach 1244
—, Einlagerung in die Hornlamellen 1244
—, Entwicklungsstörungen bei Mäusen nach hohen Dosen 1238
—, Eosinophilie nach 1244
—, Erbrechen nach 1244
—, Fertilitätsstörungen bei Mäusen 1238
—, fungistatische Wirkung 1244
—, Gehalt der Leber an 1245
—, geschichtliche Daten 1236, 1237
—, Geschichtliches 1236, 1237
—, Granulocytopenie nach 1244
—, Handelsform 921

Griseofulvin, Handelspräparate 1245
—, Hemmwirkung gegenüber Dermatophyten 1237, 1238
—, — und Testmethode 1237
—, Herkunft 867, 1236
—, Id-Reaktionen nach 1244
—, Indikationsbereich 1239 bis 1242
—, intramuskuläre Anwendung im Tierversuch 1238
—, Keimdrüsenschädigung bei Mäusen nach hohen Dosen von 1238
—, klinische Erfahrungen 1238, 1239
—, Kombinationstherapie der Onychomykose mit Keratolyticum und 1242
—, Kopfschmerzen nach 1244
—, Kreuzsensibilisierung zwischen Penicillin und 1244
—, Literaturbericht über klinische Erfahrungen 1239
—, lokale Anwendung im Tierreich 1238
—, Löslichkeit 1235, 1237,
—, Mitoschemnung am Keimepithel bei männlichen Ratten nach 1238
—, — am Knochenmark nach 1238
—, Molekularformel 1237
—, Molekulargewicht 1237
—, Nachweis in Meerschweinchenhaut 1238
—, — von Pilzsporen in abgeheilten Herden 1239
—, Nebenwirkungen 868, 869, 1244
—, physikalische Eigenschaften 1237
—, Phytopathologie 1238
—, Phytotoxicität 1238
—, primär vorhandene erhöhte Resistenz gegen 1243
—, quantitative Bestimmung 1237
—, Resistenz in vivo bei Meerschweinchen 1238
—, Resistenzentwicklung gegen 1238, 1243
—, Resistenzsteigerung in vitro 1238
—, Resorption aus dem Darm 1245
—, Scheinversager 1243
—, Schmelzpunkt 1237
—, Spermiogenese unter Therapie mit 869, 1238
—, Strukturformel 1237

Griseofulvin, subcutane Anwendung im Tierversuch 1238
—, Therapie von Dermatomykosen 867
—, — des Eczema marginatum 1241
—, — der Epidermophytie 1240, 1241
—, — — bei Doppelinfektion mit Hefepilzen 1241
—, — des Erythrasma 1241, 1242
—, — der experimentellen Blastomykose im Tierreich 1238
—, — der experimentellen Coccidioidomykose im Tierreich 1238
—, — der experimentellen Histoplasmose im Tierreich 1238
—, — der experimentellen Kryptokokkose im Tierreich 1238
—, — von experimentellen Systemmykosen im Tierreich 1238
—, — des Favus 1241
—, — — und Lebensfähigkeit der Pilze nach der Behandlung 1241
—, — der follikulären Trichophytie 1240, 1241
—, — einer Heimendemie mit Mikrosporie 1239
—, — der Kälberflechte 1240
—, — der Katzen-Mikrosporie mit 1240
—, — des Kerion Celsi 1240
—, — der Mikrosporie 1239, 1240
—, — — und Depilation 1240
—, — des Mycetoma pedis mit 1245
—, — von Mykosen mit 1235, 1236
—, — der Onychomykose 1241
—, — der Pilzerkrankungen 887, 888, 889
—, — der Sporotrichose mit 1245
—, — der Tinea barbae 1240
—, — der Tinea capitis 1240, 1243
—, — der Tinea corporis 1240, 1243
—, — der Tinea imbricata 1240
—, — der Tinea manuum mit 1240, 1241, 1243
—, — der Tinea pedum mit 1240, 1241, 1243

Griseofulvin, Therapie der Trichophytie 1239, 1240, 1241
—, — der Trichophyton rubrum-Granulome 1240, 1241
—, — von Trichophyton rubrum-Infektionen 1240
—, Tierversuche 1238
—, Toxicität von 869
—, — für Mäuse 1238
—, — für Ratten 1238
—, Übelkeit nach 1244
—, UV-Absorption 1237
—, Verdickung der Zellwände unter 1244
—, Verlust der Cytoplasmastrukturen unter 1244
—, Versager der Therapie 1243
—, Verträglichkeit 1244
—, Wachstumshemmung der Dermatophyten durch 1237
—, Wachstumsstörungen bei Mäusen nach hohen Dosen von 1238
—, wiederholte mykologische Kontrolle bei verzögerter Heilungstendenz 1243
—, Wirkung von 1244, 1245
—, — auf das Knochenmark 1244
—, — auf Spermatogenese 1244
—, — auf das weiße Blutbild 1244
—, Wirkungsbereich 868
—, Wirkungsweise 1178
Griseofulvinnachweis in Meerschweinchenhaaren 1238
Griseofulvintherapie und Erregerwechsel 1243
— der experimentellen Meerschweinchenmikrosporie 1238
— der experimentellen Meerschweinchentrichophytie 1238
Griseofulvinwirkung und Nucleinsäuresynthese 1244
— und Zellteilung 1244
Gruppenallergie, Nebenwirkungen, Sulfanilamide 1031
Gruppensensibilisierung zwischen Adalin und Meprobamat 80
—, Antihistaminica, Nebenwirkungen 354
Gruppenspezifität, Arsenverbindungen und 731
Grütz-Diät 207, 208, 209
— bei Xanthomatosen 207, 208, 209

Gummi, Wirkung von Phenylbenzimidazol in 1229
gummöse Erscheinungen bei
Syphilis, Rückgang unter
Cortison 659
Gynäkomastie, Herzglykoside
und 492
— bei Leberkrankheiten 143
— nach Marisone 516
— durch Oestrogene 492
— durch Oestrogene bei
Prostatacarcinom 492

H 11, Cytostatica 1355
Haarausfall s. Alopecie
Haarausfall unter ACTH 577
— nach Actinomycin C 1347
— nach Endoxan 1339
—, Folgen des Kochsalzent-
zuges 195
— bei Vitamin-A-Mangel 395
Haare, Depigmentierung nach
Plaquenil 58
Haarfollikel, Wirkung der
Androgene auf 489
—, — des Testosteron auf 489
Haarkleid bei Leberkrank-
heiten 143
Haarköder, Testmethoden,
Antimykotica 1175
Haartest, Testmethoden, Antimykotica 1176
Haarwuchsstörungen bei Myxödem, Therapie mit Panto-
thensäure 418
Haarwachstum unter ACTH
577
—, Förderung durch Vitamin A
395
—, unter NNR-Hormonen 577
— und Oestrogene 495
Haarwachstumshemmung un-
ter Nebennierenrindenhor-
monen 577
Hahnenkammtest, Androgen-
wirkung bei 485
—, Testmethoden, Antimykotica 1176
—, Testosteronwirkung bei
485
Halbseitenversuch, Test-
methoden, Antimykotica
1177
halbsynthetische Penicillin-
Präparate 778
Halluzinationen, Mangel-
symptome, Vitamin H 426
Halogene, Antimykotica 1185,
1186
—, Therapie von Dermato-
mykosen mit 1185, 1186
halogenierte Kresole, Antimykotica 1198—1200
halogenierte Phenole, Antimykotica 1198, 1199, 1200

Halopéridol, Phenothiazine 214
Hämatombildung bei Mangel
an Vitamin K 456
Hämatopoese, Depression unter
Diamidine 1346
Hämatopoetisches System,
Nebenerscheinungen
durch Antihist-
aminica am 349, 351
— —, Schädigung durch N-
Lost 1337
Hämaturie, toxische Sympto-
me, Sulfanilamide 1029
Hämiglobinbildung, Sulfon-
amide 1023
Hämochromatose 20
hämolytische Anämie unter
Antihistaminica 352
— —, toxische Symptome,
Sulfanilamide 1029
Haemorrhagien nach Chlor-
amphenicol 902
— unter Nebennierenrinden-
hormonen 578
haemorrhagische Exantheme
bei Leberkrankheiten 143
haemotoxische Wirkung,
Tyrothricin 850
Handelspräparate, Androgene,
Androteston 507
—, —, Androteston M 507
—, —, Depovirin 507
—, —, Durabolin 507
—, —, Nilevar 507
—, —, Notandron 507
—, —, Perandren 507
—, —, Sustanon 507
—, —, Testosid 507
—, —, Testosid-Depot 507
—, —, Testoviron 507
—, —, Testoviron-Depot 507
—, Antibiotica 920—933
—, Gonadotropine, Anteron
507
—, —, Chorioman 507
—, —, Equoman 507
—, —, Praephyson 507
—, —, Predalon 507
—, —, Predalon S 507
—, —, Preloban 507
—, —, Primogonyl 507
—, —, Prolan 507
—, Leberschutztherapie,
Aminotrat 167
—, —, Aminovit 167
—, —, Campolon 167
—, —, Cholin 167
—, —, Cholinchloratum 167
—, —, Hepahorm 167
—, —, Hepasplen 167
—, —, Hepatimed 167
—, —, Hepatissan 167
—, —, Hepatogen 167
—, —, Hepatrat 167
—, —, Heposan 167

Handelspräparate, Leber-
schutztherapie,
Hepsan 167
—, —, Hepsit forte 167
—, —, Iloban 167
—, —, Intraheptol 167
—, —, Invertosteril 167
—, —, Invertzucker 167
—, —, Lävocholin 167
—, —, Lävohepan 167
—, —, Lävohepsan 167
—, —, Lävoral 167
—, —, Lävosan 167
—, —, Lävulose 167
—, —, Lipotrat 167
—, —, Lipotropin (Depot-
cholin) 167
—, —, Litrison 167
—, —, Methio-Cholin 167
—, —, Methionin 167
—, —, Prohepar 167
—, —, Reducdyn 167
—, —, Ripason 167
—, —, Tenolon 167
—, —, Thiomedon 167
—, Meprobamat
—, —, Aneural 67, 68
—, —, Biobamat 67, 68
—, —, Cirpon 67, 68
—, —, Equanil 67, 68
—, —, Mephenesin 67, 68
—, —, Miltaun 67, 68
—, —, Miltown 67, 68
—, —, Parequil 67, 68
—, —, Restenil 67, 68
—, Oestrogene, Cyren B
507/508
—, —, Cyren S 508
—, —, Depofemin 507
—, —, Depot-Cyren 507
—, —, Depot-Oestromon 507
—, —, Farmacyrol 507/508
—, —, Flexiole Oestradiol „E"
507
—, —, Follikosid 507/508
—, —, Menoformion 508
—, —, Menoform 507/508
—, —, Oestromon 507/508
—, —, Oestroral 508
—, —, Ovocyclin 507/508
—, —, Ovotestin 507
—, —, Progynon B 507
—, —, Progynon-C 508
—, —, Progynon-Depot 507
—, —, Progynon-M 508
—, Phenothiazine, Atosil 63
—, —, Compazine 63
—, —, Dartal 63
—, —, Decentan 63
—, —, Dibutil 63
—, —, Diparcol 63
—, —, Lacumin 63
—, —, Largactil 63
—, —, Latibon 63
—, —, Megaphen 63

Handelspräparate, Phenothiazine, Melleril 63
—, —, Mopazin 63
—, —, Nipodal 63
—, —, Pacatal 63
—, —, Pardisol 63
—, —, Phenargan 63
—, —, Plégicil 63
—, —, Protactyl 63
—, —, Soprintin 63
—, —, Sparine 63
—, —, Stémétil 63
—, —, Taxlan 63
—, —, Thorazine 63
—, —, Trifalon 63
—, —, Verophen 63
—, Progesteron, Luteosid 507
—, —, Luteotal 507
—, —, Lutocyclin 507
—, —, Lutren 507
—, —, Primolut N 507
—, —, Progestin 507
—, —, Proluton 507
—, —, Proluton C 507
—, Rauwolfia-Alkaloide, Moderil 64
—, —, Phasein 64
—, —, Rivasin 64
—, —, Sedaraupin 64
—, —, Serpasil 64
—, —, Triraupin 64
—, Sulfanilamide 1080—1090, 1092
—, Tranquillizer, Atarax 67, 76
—, —, Covatix 67, 76
—, —, Frenquel 67, 76
—, —, Mephenamin 67
—, —, Meratran 67
—, —, Parasan 67
—, —, Procalin 67
—, —, Suavitie 67
handelsübliche Salben, Sulfanilamide 1091
Handmykose, therapeutische Hinweise 1273
Harn, Ausscheidung von Calcium im 133
—, — von Gonadotropinen im 499
—, — der C_{19}-Steroide im 480
—, Leberfunktionsprobe, Aldehydprobe im 153
—, LTH-Ausscheidung im 500
—, Vermehrung der Androsteronfraktion bei Hirsutismus im 495
Harnwegsinfektionen, Sulfanilamide, Bewertung und Metabolismus bei 1097
Hausfrauenekzem, Therapie mit Silikonen 177
Haut, Antihistaminicanebenwirkungen an der 353—356

Haut, Bedeutung des Vehikels für die Resorption von Vitamin A durch die 398
—, Fixierung von Cholin in der 156
—, gemeinsame Erkrankungen von Leber und 148, 149
—, Histamingehalt der 284, 285, 286
—, Lebensfähigkeit der Trichophytonpilze in den Hornschichten der 1241
—, Leber und 20
—, Leberfunktionsstörungen und 20
—, Nieren und 22, 23
—, Penetration der Hypophysenvorderlappenhormone durch die 506
—, — von Oestrogenen durch die 506, 512
—, — von Progesteron durch die 506
—, — der Sexualhormone durch die 506, 508
—, — von Testosteron durch die 506
—, permeabilitätshemmende Wirkung der Antihistaminica an der 314
—, Pigmentierungen bei Unterernährung 184, 185
—, Regulation der Elektrolytveränderungen in der 191, 192
—, Resorption von Vitamin A durch die 398
—, Speicherungsfunktion und 186
—, Stoffwechsel und 207
—, trockene, bei Kastraten 512
—, Umwandlung von Provitamin D im Vitamin D durch Sonnenbestrahlung 439, 440
—, Vaganten- 184, 185
Hautatrophie nach Atebrin 45
Hautblässe, Mangelzustände, Vitamin H 426
Hautbrucellose, Therapie mit Antibiotica 879, 880
Hautdiabetes 205
—, Therapie mit Kohlenhydrateinschränkungsdiät 205
Hauterkrankungen, Agammaglobulinämie und 26
— bei Chlorpromazin 13
—, Fehlernährung bei 188
—, Hypogammaglobulinämie und 26
— bei Kohlenhydratstoffwechselstörungen 205, 206, 207

Hauterkrankungen, Magen-Darm-Störungen und 23, 24, 25
—, Mangelernährung bei 188
—, Nervensystem und 10—14
— bei Neuroplegica 13
— und Nieren 22, 23
— und peripheres Nervensystem 13, 14, 15
— und Psyche 10, 11
—, Serumeiweißfraktionen und 25, 26
—, Therapie mit Externa 168—179
— und vegetatives Nervensystem 11, 12, 13, 14
Hauterscheinungen, Anämien und 25
—, allergische nach Atebrin 45
— durch Atebrin und Resochin 44
— der Leukämie, Äthyleniminderivate bei 1356
— nach Meprobamat 79
—, Polycythämie und 25
— und Schleimhauterscheinungen bei Sprue, Therapie mit Folsäure 422
— bei Überdosierung von Vitamin E 451
— bei Vitamin-A-Hypervitaminosen 398, 399
Hauterythem nach Androgenen 488
— nach Testosteron 488
Hautfarbe bei Leberkrankheiten 144
Hautfettgehalt unter Progesteron 479
Hautfreundlichkeit der Silikone 175
Hautkrankheiten, bacilläre, Therapie mit Antibiotica 881
—, Diätbehandlung von 180—214
—, Ernährung und 182, 183, 184, 185, 186, 187, 188
—, externe Therapie von 168—179
— und Geschlechtskrankheiten, Indikationen für Sulfanilamide 1063 bis 1072
—, Leberfunktionsstörungen und 145—148
—, lokale Behandlung mit Cortison 568
—, synthetische Antimalariamittel bei 58, 59
—, Umstimmungsdiät bei 213
— in Zusammenhang mit der Leber 141, 142

Hautkrebs, Lokalbehandlung
mit Rhodankalium
1354
—, — mit Salzsäure 1354
Hautleishmaniase, Therapie
mit Penicillin 885
Hautmetastasen von Carcinomen, Äthyleniminderi-
vate bei 1356
— des Mamma-Ca, klinische
Erfahrungen mit Tetra-
min bei 1360
— von Melanom, Äthylen-
iminderivate bei 1356
— von Mycosis fungoides,
Äthyleniminderivate bei
1356
— von Reticulosarkomatosen,
Äthyleniminderivate bei
1356
— des Uterus-Ca, klinische
Erfahrungen mit Tetra-
min bei 1360
Hautpigmentierungen,
Therapie mit Vitamin C
433, 434
Hautreaktionen, entzündliche,
Wirkung der Antihist-
aminica auf 325
Hautschäden nach Calcium 137
Hautschuppen, Psoriasis-,
Steroidhormonausschei-
dung in 513, 514
Hautschuppentest, Testmetho-
den, Antimykotica 1176
Hautschutz, gewerblicher,
durch Silicone 175, 176,
178, 179
— durch Silicone 175, 176
Hautschutzsalben, Zusatz von
Vitamin C zu 434
Hautstoffwechsel, Ernährung
und 188, 189
Hautstoffwechselprodukte von
Androgenen 485
— von Testosteron 485
Hautsymptome, Pellagra 412
—, Vitamin-A-Mangel und 391
Hauttemperaturabfall nach
Novocain 108
— nach Reserpin 74
Hauttemperaturanstieg nach
Nicotinsäure 414
Hauttransplantate unter NNR-
Hormonen 565
Hauttrockenheit, Vitamin-A-
Mangel bei 391
Hauttuberkulose, Akropar-
aesthesien bei Therapie
mit Isonicotinsäure-
hydrazid 1165
—, Aktivität des Cyanessig-
säurehydrazid 1153
—, Angriffspunkt des Strepto-
mycins 1135

Hauttuberkulose, Arzneimittel-
Exantheme bei Therapie
mit Isonicotinsäurehy-
drazid 1165
—, Auflösung der Tuberkelbakterien durch
Cholin 1123
—, — — durch Lecithinspaltprodukte 1123
—, — — durch Neurin 1123
—, Ausscheidung von p-Aminosalicylsäure 1129
—, Ausscheidungsprodukte des
Isonicotinsäurehydrazid
1142, 1143
—, Behandlungsergebnisse mit
Vitamin D 443
—, Bestimmungsmethoden für
Isonicotinsäurehydrazid
1141, 1142
—, Chemotherapie 1123—1165
—, — mit p-Aminosalicyl-
säure 1125, 1129,
1130, 1131, 1132,
1133
—, — mit Antibiotica 1125
—, — mit Borcholin 1123
—, — mit Cycloserin 1125,
1133, 1137, 1138
—, — der experimentellen
Meerschweinchen-
tuberkulose 1124
—, — mit Goldpräparaten
1123
—, — mit Isonicotinsäure-
hydrazid 1125—1153
—, — mit Kanamycin 1125,
1133, 1138
—, — durch Kombination von
Promin und
Streptomycin
1124, 1125
—, — — von Sulphetron und
Streptomycin
1125
—, — mit Kupferverbindun-
gen 1123
—, — mit Neomycin 1125,
1133, 1136
—, — mit Phenazin-Derivaten
1125
—, — mit Promin 1124,
1125
—, — mit Pyrazin-Derivaten
1125
—, — mit Rhodanwasserstoff-
säure-Derivaten 1125
—, — mit Streptomycin 1125
—, — mit Streptovaricin
1125, 1133, 1139
—, — mit Sulfonamiden 1124
—, — mit Sulfonen 1124,
1125
—, — mit TB I/698 1124
—, — mit TB VI 1124

Hauttuberkulose, Chemotherapie mit Thiosemi-
carbazonen 1124,
1127, 1128, 1129
—, — mit Viomycin 1125,
1133, 1136, 1137
—, Cyanessigsäurehydrazid, Resistenzentwicklung 1153
—, Diätbehandlung der 188,
198, 199, 200
—, experimentelle Chemotherapie 1127—1158
—, — —, Aktivierungseffekt
durch Cortison
1131
—, — —, Aktivierungseffekt
durch Hyaluro-
nidase 1131
—, — —, Aktivität des Iso-
nicotinsäure-
hydrazid 1139
—, — —, p-Aminosalicyl-
säure 1129—1133
—, — —, Angriffspunkt der
p-Aminosalicyl-
säure 1133
—, — —, p-Aminosalicyl-
säure im Tier-
versuch 1129
—, — —, Antagonismus von
p-Aminobenzoe-
säure und p-
Aminosalicyl-
säure 1129, 1131
—, — —, Antagonismus von
p-Aminosalicyl-
säure und Me-
thionin 1129
—, — —, mit Antibiotica
1133—1139
—, — —, Ausscheidung von
Cycloserin 1137
—, — —, Ausscheidung von
TB I 1128, 1129
—, — —, mit Bourbonal-Iso-
nicotinsäure-
hydrazid 1155
—, — —, mit Conteben 1127,
1128
—, — —, mit Cyanessigsäurehydrazid 1152,
1153
—, — —, mit Cycloserin 1137,
1138
—, — —, in-vitro-Versuche
1139
—, — —, mit Isonicotinsäurehydrazid
1139—1153
—, — —, —, in vivo-Versuche
1148, 1149
—, — —, mit Isonicotinsäure-
hydrazidderiva-
ten 1149, 1150,
1151, 1152

Hauttuberkulose, experimentelle Chemothe-
rapie mit Kana-
mycin 1138
—, — —, Kanamycin-
Resistenz 1138
—, — —, Neomycin im Tier-
versuch 1136
—, — —, mit Nupasal 1154,
1155
—, — —, Permeationsfähig-
keit des Strepto-
mycins 1134
— — —, mit Phenazinderi-
vaten 1157
—, — —, mit Phtiazid 1154,
1155
—, — —, mit Pyrazinamid
1155, 1156
—, — —, Resistenz gegen Iso-
nicotinsäure-
hydrazid 1149
—, — —, Resorption von TBI
1128
—, — —, mit Rhodanverbin-
dungen 1156,
1157
—, — —, Serumkonzentra-
tion von TBI 1128
—, — — mit Streptomycin
1133, 1134, 1135,
1136
—, — — mit Streptovaricin
1139
—, — —, Struktur des Neo-
mycins 1136
—, — — mit TB I/698 1127,
1128
—, — — mit Thiosemi-
carbazonen 1127,
1128, 1129
—, — — mit Thioisonicotin-
säureamiden
1157, 1158
—, — — im Tierversuch
1135, 1136
—, — —, Toxicität von Iso-
nicotinsäure-
hydrazid 1139
—, — —, tuberkulostatische
Wirkung von
Neomycin 1136
—, — — mit Vanizid 1154,
1155
—, — — mit Verazid 1153,
1154
—, — — mit Viomycin 1136,
1137
—, — — mit Vitamin D_2 1158
—, — —, Wirkungsspektrum
von Kanamycin
1138
—, — —, Wirkungsspektrum
von Strepto-
varicin 1139

Hauttuberkulose, experimentelle Meer-
schweinchen-
tuberkulose und
Cycloserin 1137
—, — — und p-Aminosalicylsäure 1132, 1133
—, — — und Isonicotinsäurehydrazid 1148,
1149, 1151, 1152,
1164
—, — — und Kanamycin
1138
—, — — und Viomycin 1136,
1137
—, Gesamtdosis von Vitamin D
bei Therapie der 443
—, Hemmkonzentration von
Isonicotinsäurehydrazid
1139
—, Hemmung der Tuberkel-
bakterien durch Kupfer
1123, 1124
—, histologische Veränderungen bei Therapie mit
Vitamin D 443
—, historische Entwicklung
der Chemotherapie 1123,
1124, 1125
—, Hypothesen des Wirkungsmechanismus von Iso-
nicotinsäurehydrazid
1145—1148
—, in-vitro-Hemmung der Erreger durch p-
Aminosalicyl-
säure 1125, 1129,
1130, 1131, 1132,
1133
—, — — durch Isonicotin-
säurehydrazid
1125
—, — — durch Kombination
von Sulphetron
und Streptomycin
1125
—, — — durch Promin 1124,
1125
—, — — durch Streptomycin
1125
—, — — durch Sulfone 1124,
1125
—, — — durch Viomycin
1136, 1137
—, — durch Kombination von
Promin und Strepto-
mycin 1124, 1125
—, — der Tuberkelbakterien
durch Chaulmoo-
graöl-Derivate
1124
—, — — durch Metallsalze
1124
—, — — durch Phenolver-
bindungen 1124

Hauttuberkulose, Isonicotinsäurehydrazid, Ab-
bauprodukte 1141,
1142, 1143
—, —, Ausscheidung 1141,
1142, 1143
—, —, Blutspiegel 1141
—, —, Derivate 1150, 1151,
1152, 1153, 1154, 1155
—, —, Löslichkeit 1141
—, —, Plasmakonzentration
1141
—, —, Resorptionsverhältnisse
1141
—, — und Synergisten 1141
—, Isonicotinsäure-Hypothese
der Isonicotinsäure-
hydrazidwirkung 1146,
1147, 1148
—, Katalase-Hämin-Hypo-
these der Isonicotin-
säurehydrazidwirkung
1146
—, klinische Untersuchungen
der Chemotherapie
1158—1165
—, Nebenwirkungen der Therapie mit Isonicotinsäure-
hydrazid 1164, 1165
—, pharmakologische Wirkung
der Goldtherapie 1123
—, Resistenzentwicklung der
Tuberkelbakterien gegen
Streptomycin 1134
—, Rezidive nach Therapie mit
Vitamin D 444
—, Schwermetallkomplex-
Hypothese der Isonicotin-
säurehydrazidwirkung
1145
—, Serumkonzentrationen von
Viomycin 1137
—, sichtbarer therapeutischer
Effekt nach Vitamin D
443
—, Speicherung von Isonicotinsäurehydrazid in der
Haut 1163
—, Streptomycin-Struktur-
formel 1133, 1134
—, Strukturspezifität des Iso-
nicotinsäurehydrazid
1145
—, therapeutischer Wert von
Cycloserin 1137
—, Therapie mit Antibiotica
880
—, — mit Conteben 1159,
1160, 1162
—, — —, Behandlungsdauer
1160
—, — —, Nachteile 1160
—, — —, Nebenerscheinun-
gen 1160
—, — —, Rezidive 1160

Hauttuberkulose, Therapie mit Conteben, therapeutischer Effekt 1160, 1162
—, — mit Cortison und Isonicotinsäurehydrazid 1163, 1164
—, — mit Isonicotinsäurehydrazid 1160—1165
—, — —, Beginn der Rückbildungserscheinungen 1162
—, — —, Behandlungsdauer 1161, 1162, 1163, 1164
—, — —, Heilungserfolg 1162, 1163, 1164
—, — —, Histologie von abgeheilten Herden 1162, 1163
—, — —, klinische Erfahrungen 1160, 1161, 1162
—, — —, Nebenerscheinungen 1161, 1164, 1165
—, — —, Rezidive 1162, 1163
—, — —, Tagesdosis 1161
—, — —, Tuberkelbakterien in abgeheilten Herden 1162, 1163
—, — des Lupus vulgaris mit Isonicotinsäurehydrazid 1161, 1162, 1163
—, — mit Prednison und Isonicotinsäurehydrazid 1163
—, — der Tbc. cutis colliquativa mit Isonicotinsäurehydrazid 1163
—, — der Tbc. cutis verrucosa mit Isonicotinsäurehydrazid 1164
—, — der Tbc. ulcerosa der Mundschleimhaut mit Isonicotinsäurehydrazid 1163, 1164
—, — mit Thiosemicarbazonen 1159, 1160
—, — der Tuberkulide mit Isonicotinsäurehydrazid 1163
—, — mit Vigantol 1159, 1162
—, — mit Vitamin D 442, 443, 444
—, — mit Vitamin D_2 1159, 1162
—, — —, Heilerfolg 1159
—, — —, Nachbeobachtungszeit 1159
—, — —, Nebenerscheinungen 1159

Hauttuberkulose, Toxicität des Streptomycins 1134
—, toxische Nebenerscheinungen bei Goldtherapie der 1123
—, toxische Reaktionen unter Viomycin 1137
—, tuberkulostatische Grenzkonzentration von Streptomycin 1134
—, tuberkulostatische Wirkung der p-Aminosalicylsäure 1129, 1130, 1131, 1132, 1133
—, — — der p-Aminosalicylsäure-Derivate 1130, 1131
—, — — von Conteben 1128
—, — — von Cyanessigsäurehydrazid 1152, 1153
—, — — von Cycloserin 1137
—, — — von Isonicotinsäurehydrazid 1139, 1140, 1141, 1148
—, — — — und p-Aminobenzoesäure 1140
—, — — — und Einsaatmenge 1140, 1141
—, — — — und Laktoflavin 1140
—, — — von PAS 1128
—, — — von Streptomycin 1128, 1135
—, — — — und Wasserstoffkonzentration 1134
—, — — von Streptovaricin 1139
—, — — der Sulfathiazole 1124
—, — — von TB I 1128
—, — — der Sulfathiodiazole 1124
—, Umwandlung des Isonicotinsäurehydrazid 1142, 1143, 1144
—, Wirkung einer Chemotherapie mit Sulfonamiden 1124
—, — der p-Aminosalicylsäure und chemische Konstitution 1129
—, Wirkungsmechanismus des Conteben 1128
—, — des Isonicotinsäurehydrazid 1145—1148
—, — des Streptomycins 1135
—, — von Vitamin D bei 442

Hauttuberkulose, ZNS-Nebenwirkungen bei Therapie mit Isonicotinsäurehydrazid 1165
Hauttumoren, NNR-Hormone und 565
—, Therapie mit ACTH 637—642
—, — mit Nebennierenrindenhormonen 637—642
Hautveränderungen, Aminosäuremangel bei 183
—, Fehlen von Polyensäuren bei 184
— bei Leberkrankheiten 141—149
—, Mineralstoffe und 184
— bei organischen Leberleiden 20
— bei Skorbut 430
—, Spurenelemente und 184
—, Störungen des Eiweißstoffwechsels und 186, 212
—, — des Fettstoffwechsels und 186, 207, 208, 209, 210
—, — des Kohlenhydratstoffwechsels und 186, 187, 205, 206, 207
— bei Überernährung 185, 186
Hautverdickung, Verhinderung unter Resochin 43
Hautwerte, Magnesium-, Neurodermitis und 184
Hautzucker, Bestimmung von 205
HCG 500, 501, 502
—, Bestimmungsmethoden 501
HCG-Bestimmung mit Corpus luteum-Test 501
— mit Galli-Mainini-Test 501
— mit Ovulationstest 501
Hefe-Infektionen, Leberschutztherapie und 166
Hefepilz-Befall, Sanierung der Graviden von 1183
Hefepilz-Infektion, Schutz der Neugeborenen vor 1183
Hefen, Teilsynthese von Vitamin B_1 durch 401
— bei Therapie mit Tetracyclinen Superinfektion durch 914
—, Vitamin B_{12}-Synthese durch 424
—, Wirksamkeit des Nystatin gegen 1248
Hefepilzfunde bei Onychomykosen 1242
Heilschlaf durch Chlorpromazin 69
Heimendemie mit Mikrosporie, Therapie mit Griseofulvin 1239
Helixin, Antimykotica 1266

Hemipyocyamin, Antimykotica
1266
Hemisporose, therapeutische
Hinweise 1276
Hemisuccinat, Hydrocortison
569, 570
Hemmungskonzentration,
minimale, Sulfanilamide
1033, 1034, 1035, 1094
Hemmung der Inaktivierung
der Androgene bei
Leberschäden 485
— — des Testosteron bei
Leberschäden 485
Hepahorm, Leberschutz-
therapie, Handelspräparat
167
Heparin, anaphylaktische
Reaktionen und 289, 291
—, Bindung von Histamin an
286, 287
—, Therapie der Psoriasis 10
Hepasplen, Leberschutzthera-
pie, Handelspräparate 167
Hepatimed, Leberschutzthera-
pie, Handelspräparate 167
Hepatissan, Leberschutzthera-
pie, Handelspräparate 167
Hepatitis, Cholin in der Thera-
pie der 162
—, Methionin in der Therapie
der 161, 162
Hepatogen, Leberschutzthera-
pie, Handelspräparate 167
Hepatosen, Cholin in der
Therapie der 161
—, cholostatische, toxische
Symptome, Sulfanil-
amide 1029
Hepatrat, Leberschutztherapie, Handelspräparate 167
Heposan, Leberschutztherapie,
Handelspräparate 167
Hepsan, Leberschutztherapie,
Handelspräparate 167
Hepsit forte, Leberschutztherapie, Handelspräparate 167
Herdreaktion, auf ACTH bei
Dermatomykosen 651
— nach Lipopolysacchariden
97
— nach Penicillin 910
Herpes gestationis, Therapie
mit ACTH 610
— —, — mit Antihistaminica
340
— —, — mit Cortison 610
— —, — mit Hypophysen-
vorderlappen-
extrakt 609
— —, — mit Prednison 610
— —, — mit Progesteron
516
— —, — mit Schilddrüsen-
hormon 670

Herpes simplex, Lokalbehandlung mit Hydrocorti-
sonsalbe 656
— —, Therapie mit Anti-
biotica 886
Herxheimer-Reaktion bei
Syphilis, Beeinflussung
durch Cortison 659
Herzflimmern nach Überdosierung von Calcium 136
Herzglykoside und Gynaekomastie 492
Herz-Kreislauf-System, Nebenwirkungen von Antihista-
minica am 348, 351
Herzwirkung von Novocain
103, 106
heterocyclische Arsenoxyde
713—738
Hetramin, Äthylendiamine,
Antihistaminica 299, 312
Heufieber, antiallergische Wirkung von Vitamin D bei
441, 442, 445
—, Desensibilisierung bei 342
—, Hydrocortison-Aerosol-
Therapie bei 589
—, lokale Anwendung von
Hydrocortison bei 570
—, Therapie mit ACTH 588,
589
—, — mit Antihistaminica
341, 342
—, — mit Nebennierenrindenhormonen 588, 589
—, — mit Prednison 588, 593,
594
Hexachlorocyclohexan, Antimycotica 1210
—, Therapie der Dermato-
mykosen mit 1210
Hexachlorophen, Antimykotica
1273, 1274
—, in Seife, Antimykotica 1203
Hexokinasebildung, Förderung
durch Oestrogene 493
Hexylresorcin, Antimykotica
1201, 1202, 1273, 1274
—, fungicide Wirkung von
1202
—, Therapie der Dermato-
mykosen mit 1201,
1202
—, — von Nagelmykosen mit
1202
Hg-Präparate, Nierenreizungen
durch 22
Hibernation 5, 13
—, artefizielle 81
—, —, Therapie bei Durchblutungsstörungen mit
81
—, Dauer von 81
— bei Dermatitis herpetiformis 81

Hibernation, generalisierte
Ekzeme und 81
— bei Pruritus 82
Hibernationstherapie bei Erythrodermien 81
Hibernon, Äthylendiamine,
Antihistaminica 299, 335
Hirsutismus unter Nebennierenrindenhormonen 576
—, Vermehrung der Andro-
steronfraktion im Harn
bei 495
Histamin s. Histamineffekte
Histamin, Abbau durch Acetylierung 290
—, — durch Diaminoxydase
290
—, — durch Histaminase 290
—, — durch Methylierung
290
—, — im Organismus 289, 290
—, Abbauwege 289, 290
—, anaphylaktische Haut-
reaktion 291
—, Antimykotica 1231, 1232
—, Aufnahme durch die Darmwand 284
—, Ausschüttung von Adrenalin 283
—, Bedeutung für Allergie 281
bis 294
—, — für allergische Reaktion 290—294
—, — für allergische Spät-
reaktionen 292
—, Bildung im Gewebe 284
—, — in den Mastzellen 283,
285, 286
—, — im Organismus 283 bis
286
—, — in Thrombocyten 283
—, Bindung von Heparin an
286, 287
—, — im Organismus 287 bis
290
—, — an Proteine 295
—, Bronchoconstriction durch
312
—, Entstehung im Organismus
283
—, Freisetzung als Folge von
Antigen-Antikörper-
Reaktion 290
—, — im Organismus 287 bis
290
—, — durch Reize 287, 288
—, — durch mechanische
Reize 287
—, — durch thermische Reize
287
—, — durch Strahlungsreize
287
—, Gefäßspasmus nach 313
—, Gehalt in der Haut 284,
285, 286

Histamin, Histaminfreisetzer 287, 288
—, histaminfreisetzende Substanzen 288, 289
—, Histaminliberatoren 287, 293
—, Histidindecarboxylase und 283
—, Hypothese der Enzymaktivierung 292, 293
—, Inhalation mittels Aerosol beim Histamin-Asthma 311
—, Juckreiz nach 282, 289
—, Contractionswirkung auf glatte Muskulatur 281
—, Lewis'sche Trias unter 314
—, Mechanismus der Freisetzung 292, 293
—, Meerschweinchendarm als Testobjekt für Wirkung von 282
—, neutralisierende Antikörper gegen 295
—, Pathogenese des Juckreizes und 282, 289
—, Pharmakologie 281, 282, 283
—, Plasma- 289
—, Schema der anaphylaktischen Reaktion 293
—, Schocktod nach 281, 282
—, Spasmus am isolierten Gefäßpräparat nach 313
—, Theorie der Allergie 290
—, Therapie der Coccidioidomykose mit 1231, 1232
—, Vergiftung nach 282
—, Verkürzung der Blutgerinnungszeit durch 283
—, — der Recalcifizierungszeit durch 283
—, Vermehrung im Blut bei Dermatosen 290
—, — — bei Urticaria 290
—, — im Harn bei Dermatosen 290
—, Verteilung im Organismus 283—286
—, Wirkung auf Arteriolen 282
—, — auf Blutdruck 313
—, — auf Blutgefäße 282
—, — auf größere Blutgefäße 282
—, — auf Capillaren 282
—, — auf Drüsen des Verdauungskanals 282
—, Zusammenhang zwischen Freisetzung und Proteolyse 292, 293
histaminantagonistische Wirkung, Antihistaminica 308, 309, 310 bis 316
— —, Histamineffekte 296

Histaminase, Abbau des Histamin durch 290
Histaminasepräparate, Histamineffekte 295
Histaminasthma, Ermittlung der Minimaldosen von Antihistaminica bei 312
—, — der Wirkungsdauer der Antihistaminica bei 312
—, Inhalation von Antihistaminica mittels Aerosol beim 311
—, Wirkung der Antihistaminica beim 311, 312
Histamin-Azoprotein-Bildung 295
histaminbedingte Drüsensekretion des Verdauungskanals, Wirkung der Antihistaminica auf 315, 316
Histaminbildung, Hemmung durch Antihistaminica, Wirkungsmechanismus 328
Histaminbindungsvermögen 294
—, Fehlen bei Allergikern 294
Histamin-Blutdruckeffekt, Wirkung der Antihistaminica auf 313
Histamincapillarpermeabilitätsstörungen, Wirkung der Antihistaminica auf 313, 314, 315
Histamineffekte s. Histamin
Histamineffekte, Beeinflussung durch Adrenalin 294
—, — durch Aminosäuren 294
—, — durch Arcain 294
—, — durch Spermidin 294
—, — durch Spermin 294
—, fermentativer Abbau von Histamin 295
—, histaminantagonistische Wirkung 296
—, Histaminasepräparate 295
— am Meerschweinchendarm, Einfluß der Antihistaminica auf 310, 311
—, Möglichkeiten der Beeinflussung 294, 295, 296
—, Unwirksammachung auf immunbiologischem Wege 295
Histamin-Entgiftungsversuch, Auswertung der Antihistaminica am 312, 313
—, Wirkung der Antihistaminica auf 312, 313
Histaminfreisetzer 287, 288
histaminfreisetzende Substanzen 288, 289

Histamin-Gefäßreaktionen, Wirkung der Antihistaminica auf 313
Histamingewöhnung 295
Histaminhautreaktion, Dämpfung unter Antihistaminica 317
Histamin-Kreislaufreaktionen beim gesunden Menschen, Wirkung der Antihistaminica 313
Histamin-Kreislaufwirkungen am Tier, Hemmung durch Antihistaminica 313
Histaminliberatoren, Histamin 287, 293
Histaminopexie 293
Histaminquaddel, Wirkung der Antihistaminica auf 314, 315
Histaminquaddelmethode, Wirkungsstärkebestimmung der Antihistaminica mit 315
Histaminreaktionen beim Menschen, Wirksamkeit der Antihistaminica auf 310
Histamin-Spasmus am isolierten Gefäßapparat, Wirkung der Antihistaminica auf 313
Histamintheorie der Allergie 290
Histaminwirkung an den Receptoren, Hemmung durch Antihistaminica, Wirkungsmechanismus 328, 329
Histaminzerstörung, Beschleunigung durch Antihistaminica, Wirkungsmechanismus 328
Histantin, Äthylendiamine, Antihistaminica 301
Histaphène, Antihistaminica, Colaminreihe 305
Histidinecarboxylase, Hemmung durch Blausäure 284
—, — durch Carbonylreagentien 284
—, — durch Corticoide 284
—, — durch Urocaninsäure 284
—, Histamin und 283
—, Senkung der Aktivität durch Hypophysektomie im Experiment 284
—, Vorkommen im Nervensystem 283
histiotrope Wirkung von LTH 500
Histoplasmose, therapeutische Hinweise 1276
—, Therapie mit Aminostilbamidin 1207

Histoplasmose, Therapie mit
Amphotericin B
1254
—, — mit Äthylvanillat 1217
—, — mit Diamidinodiphenyl-
amin 1208
—, — mit Methyltestosteron
514, 515
—, — mit Oxystilbamidin
1207
—, — mit Stilbamidin 1205
—, — mit Sulfonamiden 1220
—, Tierversuche zur Therapie
mit Nystatin 1247
historische Entwicklung
ACTH 550, 551
— —, Antibiotica 775, 776,
801, 811, 832, 851
— —, Antimykotica 1172,
1236, 1237, 1245, 1251
— —, Chemotherapie der
Hauttuberkulose
1123—1125
— —, Cortison 550, 551
— —, Cytostatica 1319—1321
— — der Gonadotropine 498
— —, Novocain, Infiltrations-
therapie 116
— —, —, intravenöse Thera-
pie 114, 115
— —, Sexualhormone 470
— —, Sulfanilamide 962. 963
— —, Vitamin D 436, 437
— —, Vitamin K 452
— —. Vitamine 386, 436, 447
Hitzestabilität, Tetracycline
812
Hoden, Androgenvorkommen
480
—, Testosteronvorkommen 480
—, Gewichtszunahme unter
FSH 499
Hodenatrophie bei Leberkrank-
heiten 143
Hodenbiopsie, hochdosierte
Testosterontherapie und
503
Hodenfunktionsstörungen,
Anomalien der 17-Keto-
steroidausscheidung durch
485
Hodenmorphologie, Cortison-
therapie und 562
—, NNR-Hormone und 562
Hodenteratom, extrahypophy-
säre Gonadotropine aus
501
Hodgkin, Therapie mit Embi-
chin 1338
Holländer-Kur, Erythema-
todesbehandlung mit 47
Holzextrakte, Antimykotica
1234, 1235
—, fungicide Wirkung 1234
Holzteer, Antimykotica 1188

Homosulfanilamidbestim-
mung, Sulfanilamide 1008
Honvan, Cytostatica 1337
Hooker-Forbes-Test 476, 478
Hormonbedarf, täglich 504
Hormoncreme, Hormondefizit
und Wirkung der 508
—, Wirkungsentfaltung der
508
Hormondefizit, Wirkung der
Hormoncreme 508
Hormone, ACTH 15
—, androgene, Antimykotica
1232
—, Antimycotica 1232, 1233
—, Bremswirkung auf die
Hypophysenfunktion
1351
—, Cytostatica 1329, 1351, 1352
—, —, direkte Hemmwirkung
1351
—, Geschlechts- 470, 472
—, gestagene, Antimycotika
1232
—, oestrogene, Antimycotica
1232
—, vegetabile, Antimycotica
1235
— des Nebennierenmarkes
661—663
— der Nebennierenrinde 13
— —, Acne unter 576
— —, allergische Reaktion
durch 565, 566
— —, Anregung der Erythropoese unter 564
— —, Antacida bei Magen-
anamnese 576
— —, Antikörper und 566
— —, Arteriosklerose und 575
— —, Aufbau aus Acetatbau-
steinen 556
— —, Bindegewebsfunktionen
und 565
— —, Biosynthese von 556
— —, diabetogene Wirkung
von 575
— —, EKG-Veränderungen
unter 577
— —, Epilepsie und 580
— —, experimentelle Pilz-
infektionen unter
580
— —, — Sensibilisierung und
566
— —, — Tumoren und 565
— —, Foetusentwicklung unter 580, 581
— —, Frei-Test und 566
— —, Funktion der Gonaden
und 562
— —, Furunkulose unter 578,
579
— —, Gefäßverletzlichkeit
unter 578

Hormone der Nebennieren-
rinde, Geschlechts-
merkmale und 562
— —, Gewichtszunahme unter
575
— —, Glucoseverbrauch und
Glykogenneubildung
558
— —, Haarwachstum unter
577
— —, Haarwachstumshem-
mung unter 577
— —, Hämorrhagien unter
578
— —, Hauttransplantate
unter 565
— —, Hauttumoren und 565
— —, Hemmung des Fibro-
blastenwachstums
unter 565
— —, — der Granulationen
durch 565
— —, Herz-Kreislaufwirkun-
gen unter 563, 564
— —, Hirsutismus unter 576
— —, Hodenmorphologie und
562
— —, Hypercholesterinämie
unter 575
— —, Hypercorticismus 558
— —, Hypertension und 575
— —, Infektaktivierung unter
578, 579
— —, Infektionsgefahr unter
578, 579
— —, Kaliumverlust unter
573
— —, katabole Wirkung 558,
559
— —, Lactation und 562
— —, Leber und 562
— —, Libido und 562
— —, Libidostörungen unter
576
— —, lymphoide Gewebe und
564
— —, Magenfunktion und 563
— —, Magensäure und 563
— —, Mumpsorchitis und 579
— —, Muskelfunktion und 563
— —, Muskelschwäche unter
577
— —, Natriumretention unter
573
— —, Nebenschilddrüsen-
funktion und 562
— —, Nebenwirkungen 572 bis
583
— —, negative Stickstoff-
bilanz unter 575
— —, Osteoporose durch 558,
575, 576
— —, Perforation des Duo-
denalulcus unter
576

Hormone der Nebennieren-
rinde, Perforation
von Magenulcus
unter 576
— —, Periarteriitis nodosa
und 578
— —, pharmakodynamische
Wirkung 573
— —, Physiologie 556
— —, physiologische Wir-
kungen 557
— —, Potenzstörungen unter
576
— —, Prophylaxe der Osteoporose 575, 576
— —, Psychosen unter 580
— —, Pulmonarembolien
unter 577, 578
— —, Pulmonarthrombosen
unter 577, 578
— —, Regulation des Elektrolythaushaltes 559,
560, 561
— —, — des Wasserhaus-
haltes 559, 560
— —, Schilddrüsenfunktion
und 561, 562
— —, Schutzwirkungen gegen
Magenulcera 563
— —, Schwartzmann-Phäno-
men und 566
— —, sekundäre Nebennierenrindeninsuffizienz
unter 581, 582
— —, Serumeiweißfraktionen
unter 564
— —, Striae unter 576
— —, Steroiddiabetes 558, 575
— —, Steroidpseudorheuma-
tismus nach Entzug
von 577
— —, Stoffwechselwirkungen
der 557, 558, 559
— —, Störungen der Blutgerinnung unter 578
— —, Substitutionstherapie
mit 572, 573
— —, Testreaktion und 566
— —, Therapie der Dermatitis
herpetiformis Duh-
ring 609
— —, Therapie von Derma-
tosen mit 585 bis
661
— —, — der Erythrodermie
mit 625, 626
— —, — der Lymphogranulo-
matosis inguinalis
mit 660
— —, — des Pemphigus mit
610—617
— —, Thrombocytenanstieg
unter 564
— —, Tuberkulinreaktion und
566

Hormone der Nebennieren-
rinde, Tuberkulose
und 57
— —, unerwünschte Wirkun-
gen 572—583
— —, — —, Cushing-Syn-
drom 573
— —, Varicellen und 658
— —, Verschiebung des Elektrolytgleichgewichtes
unter 573
— —, Virusinfektion und 579
— —, Wachstumsstop bei
Kindern 558
— —, Wasserhaushalt und 193
— —, Wasserretention unter
573
— —, Wirkung auf Eiweiß-
stoffwechsel 558,
559
— —, — auf Fettstoffwechsel
559
— —, — auf den Kohlen-
hydratstoffwech-
sel 557, 558
— —, — auf das periphere
Blutbild 564
— —, Wundheilungshemmung
unter 577
— —, Gefahren der Therapie
bei Sklerodermie mit
644
— —, Therapie der Arzneimittel-Erythrodermie
mit 625
— —, — von Atrophien mit
643—647
— —, — endokriner Störun-
gen mit 630
— —, — der Hauttumoren
mit 637—642
— —, — von Hypertrophien
mit 643—647
— —, — der Lichtderma-
tosen mit 648
— —, — des M. Brill-Sym-
mers mit 640
— —, — der Rosacea mit
633
— —, — des Sjögren-Syn-
droms mit 646
— —, — des Skleromyx-
ödems mit 632
—, Schilddrüsen-, Therapie der
Acne mit 670
—, — der Alopecia totalis mit
670
—, — der Calcinosis mit 671
—, — der Dermatitis factitia
mit 670
—, — von Dermatosen mit
668—671
—, — des Ekzems mit 670
—, — der Epidermolysis bullosa hereditaria 670

Hormone, Schilddrüsen-, des
Herpes gestationis
mit 670
—, — des Kretinismus mit
668, 669
—, — des Lichen myxoedematosus mit 669
—, — von Mykosen mit 671
—, — des Myxoedema tube-
rosum circumscrip-
tum mit 669
—, — des Myxödems mit 668,
669
—, — der Neurolues mit 670
—, — des Pemphigus mit 669
—, — bei primärer Form der
Amyloidose mit 669
—, — des Pruritus senilis mit
670
—, — der Psoriasis mit 670
—, — des Salvarsanexanthems
mit 671
—, — des Senear-Usher-Syndroms mit 670
—, — der Sklerodermie mit
670
—, Therapieerfolge bei Mamma-
carcinom mit 1351
—, tumorhemmende Wirkung
1351
hormonelle Insuffizienz, Diagnostik durch Inosit-
bestimmung im Sper-
ma 480
— —, Fructosebestimmung im
Sperma zur Diagno-
stik der 480, 485, 486
— Störungen, Acne vulgaris
und 510, 511, 512
Hormongewinnung, LH 499
—, ICSH 499
Hormonimplantate, Gewebs-
freundlichkeit und 504, 505
Hormonpräparate, Prüfung mit
Samenblasentest von 486
Hormonresorption, Implantate
und 505
—, Sexualhormone, „ghost-
formation" 505
Hormontherapie 2
—, alternierende, bei Erythrodermie 626
Hormonwirkung der Oestro-
gene auf die Milch-
drüse 494
— — auf die Zitze 494, 495
Hospitalismus, Antibiotica-
resistenz bei 1061
—, Sulfanilamide und 1061
Hulusi-Behçet-Syndrom, The-
rapie mit Vitamin E 450
Hühnereikultur, Prüfung der
Cytostatica in der 1326
hustendämpfende Wirkung,
Antihistaminica 324

Hyalasehemmung durch
  Oestrogene 494
Hyaluronidase, Hauttuber-
  kulose, experimentelle
  Chemotherapie, Aktivie-
  rungseffekt durch 1131
—, Schutzwirkung gegen
  Nierenschädigung durch
  Sulfanilamide 1032
—, Therapie des Myxoedema
  circumscriptum mit
  Hydrocortison und 632
Hyaluronidasewirkung, Ant-
  agonismus zur, Antihist-
  aminica 324, 325
—. Aufhebung durch Andro-
  gene 489
—, — durch Testosteron 489
hyaluronsäurereiche Organe,
  Schwellung unter Oestro-
  genen 494
Hydroa vacciniformia, Thera-
  pie mit Hydrocortison 637
Hydrocortison, Acetat 569, 570
—, Aerosoltherapie des Heufiebers 589
—, Allergie gegen 582
—, Anwendung in Lotioform
  570
—, Applikation von 569, 570
—, Ausscheidung von 562
—, Hemisuccinat 569, 570
—, Id-Reaktion bei Dermatomykosen auf 651
—, Injektion bei Necrobiosis
  lipoidica diabeticorum
  mit 631
—, Kombination mit Antihistaminica zur Lokalbe-
  handlung 570
—, — mit Teer zur Lokalbehandlung 570
—, lokale Anwendung bei Heufieber 570
—, — Injektion 570
—, — — bei Alopecia areata
  570
—, — — bei Chondroderma-
  titis chronica mit
  646
—, — — bei Ganglion 570,
  645, 646
—, — — bei Induratio penis
  plastica 570, 646
—, — — bei Keloid 570, 645
—, — — bei Lichen ruber
  verrucosus mit
  627
—, — — bei Neurodermitis
  594
—, — — bei Strikturen 570
—, — — bei Xanthomata
  tuberosa 631
—, Lokaltherapie der Urethra-
  striktur mit 647

Hydrocortison, Löslichkeit von
  569, 570
—, Milchdrüsenwachstum
  unter 562
—, Resorption von 569, 570
—, Salbengrundlagen und 569,
  570
—, Therapie der Acne mit 633
—, — des Asthma bronchiale
  mit 588
—, — des Bromoderma mit
  598
—, — der Dupuytren-Kon-
  traktur mit 646
—, — der Dyskeratosis follicularis mit 636
—, — der Endangitis obliterans mit 601
—, — des eosinophilen Granuloms mit 641
—, — des Granuloma anulare
  mit 602
—, — der Hydroa vaccini-
  formia mit 637
—, — der Impetigo herpetiformis mit 617
—, — des Jododerma mit 598
—, — des M. Darier mit 636
—, — des Myxoedema circumscriptum mit Hyal-
  uronidase und 632
—, — der Panniculitis mit 602
—, — des Pemphigus mit 612
—, — der Psoriasis-Erythrodermie mit 624
—, — des Reiter-Syndroms
  599
—, — des Skleroedema mit
  644
—, Umwandlung von 562
Hydrocortisoninjektionen,
  Therapie der Alopecia mit
  635
Hydrocortisonsalbe, Allergie
  gegen 582
—, Kombination mit Anti-
  biotica 593
—, — mit Teer 594
—, Kombinationstherapie der
  Acne necroticans mit
  Antibioticum und 633
—, Lokaltherapie des Boeck-
  Sarkoid mit 653
—, — bei Dermatitis exfoliativa mit 626
—, — der Erythrodermie nach
  Goldmedikation mit
  625
—, — des Herpes simplex mit
  656
—, — des Lupus vulgaris mit
  652
—, — des Pemphigus chronicus benignus mit
  616

Hydrocortisonsalbe, Schmerzfreiheit bei Mamma-
  carcinom durch 650
—, Therapie der Acrodermatitis
  continua mit 617
—, — der Alopecia mit 635
—, — von Ekzemen mit 618
—, — des Ekzems mit 618
—, — des Erysipels mit 651
—, — des Erythematodes mit
  604
—, — des Keloid mit 645
—, — des Kinderekzems mit
  596
—, — der Kontaktdermatitis
  mit 586
—, — des Kontaktekzems mit
  591, 592
—, — der Kraurosis vulvae
  mit 643
—, — des Lichen ruber mit
  627
—, — des Lymphogranuloms
  mit 640
—, — des M. Hodgkin mit
  640
—, — der Neurodermitis mit
  593
—, — des Pemphigus con-
  junctivae mit 617
—, — der Posthitis mit 651
—, — der Psoriasis vulgaris
  mit 620
—, — der Radiodermitis mit
  648, 649
—, — der Verrucae mit 656
—, — des Zoster mit 657
Hydrogele, anorganische, Salbengrundlagen 275, 276
—, organische, Salbengrundlagen 272—275
—, Salbengrundlagen, Systematik 243
Hydrophile, fettartige, als Salbengrundlagen 254—256
hydrophilic ointment als Salbengrundlagen 245
hydrophilic petrolatum als Salbengrundlage 255
— —, Salbengrundlagen 244
Hydrophobe, fettartige, Bienenwachs als Salben-
  grundlage 245
—, — als Salbengrundlage
  245—254
—, —, Walrat als Salben-
  grundlage 245
—, fetthaltige, Cetiol als Salbengrundlage 245
Hydrophobie der Silikone 172,
  174, 175
— der Silikonöle, Salbengrundlagen 246
Hydroxyzin, Tranquillizer,
  Verbindungen 66, 67

Hygromycin, Antimykotica 1266
Hypercholesterinämie unter NNR-Hormonen 575
hypercholesterinämische Xanthomatosen 208
Hypercorticismus, Adynamie bei 559, 563
—, Anorexie bei 559
—, Calciumspiegel bei 560, 561
—, Hypotonie bei 559
—, Kaliumerniedrigung bei 560, 561
—, Kreislaufwirkungen bei 563, 564
—, Natriumausscheidung bei 560, 561
—, negative Stickstoffbilanz 558
—, NNR-Hormone 558
—, Osteoporose bei 558
—, Phosphorspiegel bei 560, 561
—, Wachstumsstop bei Kindern 558
—, Wasserretention bei 560, 561
Hypergammaglobulinämie, Erythematodes acutus und 26
Hyperkeratosen, follikuläre, Vitamin A-Mangel und 391
—, Resochin und 44
—, Vitamin A-Mangel bei 391
Hyperkeratosenbildung, Atebrin und 44
hyperlipidämische Xanthomatosen 208
Hyperpigmentierung nach Oestrogenen 495
— und Schwangerschaft 495
Hypertension und ACTH 575
—, Nierenfunktion und 23
—, NNR-Hormone und 575
Hypertrichosis, abnormer Stoffwechsel von Progesteron bei 479
— und Oestrogene 495
Hypertrophien, Therapie mit ACTH 643—647
—, Therapie mit Nebennierenrindenhormonen 643 bis 647
Hypervitaminosen 383
—, Gefäßveränderung und Vitamin D 446
— und Nierenveränderung, Vitamin D 446, 447
—, Vitamin A 398, 399
—, Vitamin D 446, 447
—, Vitamin D, Pathogenese 447
Hyperfollikulinie, Acne vulgaris und 511, 512

Hypogammaglobulinämie, Hauterkrankungen und 26
Hypoglykämie durch Oestrogene 493
Hypohidrosis, Vitamin A-Mangel und 391
Hypokaliämie durch Androgene 487
— durch Testosteron 487
hypophysäre Gonadotropine 498, 499, 500, 501
— —, FSH 497, 498, 499, 502
— —, ICSH 497, 499, 502
— —, LH 497, 499, 502
— —, LTH 500
Hypophyse, Enthemmung nach Ausschaltung der Gonaden 497, 498
—, Folgen der Hypophysektomie 497
—, Gleichgewicht zwischen Gonade und 497
—, Kastrationszellen in 498
—, physiologische Bedeutung von 497
—, relative Insuffizienz bei Neurodermitis 16
—, Rückwirkung der Sexualhormone auf 497
—, Zusammenhang mit Gonaden 496
Hypophysektomie im Experiment, Senkung der Aktivität der Histidindecarboxylase durch 284
—, Folgen der 497
—, Muskelglykogenzunahme unter Androgenen bei 486
—, — unter Testosteron bei 486
—, Therapie des metastasierenden Mammacarcinoms mit 525
Hypophysenextrakt, Therapie des Lichen ruber mit 627
Hypophysenimplantate, Therapie der Alopecie mit 634
—, — des Sjögren-Syndroms mit 646
—, — bei Sklerodermie durch 643
Hypophyseninsuffizienz, relative, bei Neurodermitis 16
Hypophysen-Nebennierenrinden-System, Minderleistung bei Neurodermitis 16, 17
—, Aktivierung durch Lipopolysaccharide 96
—, Funktion bei Neurodermitis 595, 596
—, Minderleistung bei Neurodermitis 17

Hypophysenstörungen, Anomalien der 17-Ketosteroidausscheidung durch 485
Hypophysenvorderlappen 496, 498, 501
—, Bildung von LTH im 500
—, — von LTH unter Oestrogenen im 500
—, FSH 497, 498, 499, 502
—, ICSH 497, 499, 502
—, LH 497, 499, 502
—, LTH 500
Hypophysenvorderlappenextrakt, Therapie des Herpes gestationis mit 609
—, — der Psoriasis arthropathica mit 621
—, — der Psoriasis vulgaris mit 619
Hypophysenvorderlappenhormone, Antihormonbildung 509, 510
—, Penetration durch die Haut 506
Hypophysenvorderlappeninsuffizienz, Herabsetzung der 17-Ketosteroidausscheidung bei 485
Hypothalamus-Hypophysensystem, ACTH und 555
Hypotonie bei Hypercorticismus 559
Hypovitaminosen 383
Hypozoospermie, Gonadotropin-Testosteron-Therapie 520, 521, 522
—, hochdosierte Testosterondepotbehandlung 520, 521
—, Methyltestosteronbehandlung 520, 521, 522
—, Therapie mit Sexualhormonen 520, 521, 522

Ichthyol, Antimykotica 1188
Ichthyosis, Therapie mit Vitamin A 393, 394
—, Vitamin A-Mangel und 393, 394
Ichthyosis congenita, Therapie mit Cortison 636
ICSH 497, 499, 502
—, Bestimmungsmethoden 499
—, chemische Eigenschaften 499
—, Hormongewinnung 499
—, Hypophysenvorderlappen 497, 499, 502
—, luteinisierende Wirkung am Ovar 497
—, Ovargewichtsmethode 499
—, physikalische Eigenschaften 499

ICSH, Prostatagewichts-
methode 499
—, Reindarstellung 499
—, Samenblasengewichts-
methode 499
ICSH-Wirkung, Serumgonado-
tropin 501
Icterus gravis nach Amodia-
quin 57
Idiosynkrasie 37
—, Sulfanilamide 1100
Id-Reaktionen durch Candida-
Allergene, Therapie mit
Nystatin 1249
— nach Griseofulvin 1244
— auf Hydrocortison bei
Dermatomykosen 651
Ikterusverfärbung 20
Iloban, Leberschutztherapie,
Handelspräparat 167
Ilvin, Antihistaminica, Propylamine 306, 311, 335
Ilvin-Calcium, Antihistaminica,
Kombinationspräparate
334
Imipramin, Phenothiazin
214
immunbiologischer Weg, Unwirksammachung der Hi-
stamineffekte auf 295
immunbiologische Vorgänge im
Organismus, Beeinflussung
durch Antibiotica 917, 918,
919
Impetigo, Therapie mit Antibiotica 877
Impetigo herpetiformis, Calcium-Blutspiegel bei
18
— —, Therapie mit ACTH
617
— —, — mit A.T. 10 617
— —, — mit Choriongonado-
tropin 515
— —, — — und Oestroge-
nen 515
— —, — mit Cortison 617
— —, — mit Hydrocortison
617
— —, — mit Parathormon
672
Impftumoren, cancerotoxi-
sche Wirkung des End-
xan an 1339
— der Ratte und Maus, E 39
1356, 1357
—, Therapieerfolge mit Cytostatica bei 1321
Inaktivierung von Penicillin
durch Schwermetalle
778, 779
— in vitro, Streptomycin 803
— der Sexualhormone bei peroraler Zufuhr in der Le-
ber 506

Incontinentia pigmenti, Therapie mit ACTH
637
— —, — mit Prednison 637
Indikation für Atarax 77
— für Diphenylmethanderi-
vate 77
— zur Kristallimplantation
505
— für Lipopolysaccharide 98
— für Meprobamat 80, 88
— für Miltaun 88
— für Phenothiazine 84, 85
— für Reserpin 76, 87
Induratio penis plastica, lokale
Injektion von
Hydrocortison
570, 646
— — —, lokale Injektion von
Prednisolon 646
— — —, Therapie mit Vit-
amin E 451
Infektaktivierung, ACTH und
578, 579
— NNR-Hormone und 578,
579
Infektausbreitung, Verhinderung bei Adrenal-
ektomie durch
Androgene 489
—, — — durch Testosteron
489
Infektionsgefahr unter ACTH
578, 579
— unter Nebennierenrindenhormonen 578, 579
Infektionskrankheiten, Vitamin B_1-Mangel und
402
—, Chemotherapie 711
—, erhöhter Verbrauch von
Vitamin A bei 390
—, Therapie mit Vitamin C
432
Infektionsprozesse, Therapie
mit Sulfanilamiden und
1100
Infiltration bei Ekzem, Novo-
cain- 121
— bei Lichen ruber planus,
Novocain- 121
— bei Neurodermitis, Novo-
cain- 121
Infiltrationstherapie, Novocain 113, 114
— mit Novocain, historische
Entwicklung 116
Infiltrationsverfahren mit
Novocain 121, 122
Infrarotabsorptionsspektrum,
Sulfanilamide 994, 995, 996,
997
Infrarotspektralanalyse und
Vorhersage der Wirksam-
keit, Sulfanilamide 1092

INH, Synergismus zu Vitamin
B_2 auf Mykobakterien
407
— und NNR-Hormone, Kom-
binationstherapie der
Tuberkulide mit 652
Inhalationslösungen, Sulfanilamide, Rezeptur für 1091
Inhibierung der Cytochromoxydase durch Atebrin 43
Injektion von Novocain,
Sicherheit bei 123
—, Resorption der Sexualhormone von 505, 506
Injektionsbehandlung, Sexualhormone 504, 505,
506
—, — mit Testosteron-Caprinoylacetat 505, 507
—, —, mit Testosteron-Cyclopentylpropionat
505, 507
—, — mit Testosteron-Iso-
butyrat 505, 507
—, — mit Testosteron-Oen-
anthat 505, 507
—, — mit Testosteron-Pro-
pionat 505, 506, 507
—, — mit Testosteron-Undecylenat 505, 507
—, — mit Testosteron-Valerianat 505, 506, 507
Injektionsgeschwindigkeit und
Toxicität von Novocain
122, 123
Inkubationstest, Wirkung von
Endoxan im 1339
innere Sekretion, Acne vulgaris und 510
Inosit 426, 427
—, Bedarf des Menschen 427
—, Bestimmung von 427
—, — im Sperma zur Dia-
gnostik der hormo-
nellen Insuffizienz
480
—, Chemie 427
—, Mangelsymptome 427
—, therapeutische Anwendung
bei Dermatosen 427
—, therapeutische Dosis 427
—, Vitamine 426, 427
—, Vorkommen 427
—, — im Spermaplasma 427
Insektenstich, Therapie bei Le-
bensbedrohung mit Predni-
solon 598
Insuffizienz, hormonell, Diagnostik durch Ino-
sitbestimmung im
Sperma 480
—, —, Fructosebestimmung
im Sperma zur Dia-
gnostik der 480, 485,
486

Insuffizienz der Hypophyse bei Neurodermitis 16, 17
—, Leydig-Zell-Diagnostik 480
— der Nebennierenrinde bei Neurodermitis 16, 17
Insulin 663—667
—, allergische Reaktionen auf 665
—, Bildungsstätte von 664
—, Chemie 664
—, Depotpräparate 664, 665
—, Fructose-Stoffwechsel und 159
—, Kombinationstherapie mit Cortison 568
—, — des Pemphigus mit ACTH und 613
—, Stoffwechselwirkung von 664
—, Therapie allergischer Dermatosen mit 666
—, — von Carcinomen mit Röntgenbestrahlung und 19
—, — der Dermatitis mit 666
—, — von Dermatosen mit 665—667
—, — des Ekzems mit 666
—, — von juckenden Dermatosen mit 19
—, — der Kälteurticaria 666
—, — der Necrobiosis lipoidica diabeticorum mit 667
—, — des Pemphigus mit 666
—, — des Pruritus mit 666
—, — der Psoriasis 10, 665
—, — des Quincke-Ödems mit 666
—, — von Ulcerationen mit 19
—, — des Ulcus mit 665
—, — der Urticaria mit 19, 666
—, Wirkungsmechanismus 664
Insulinbehandlung, Xanthomatose und Diabetes 667
Insulinbelastung bei Neurodermitis 19
Insulingaben bei Mastkur 212
Interdigitalmykosen, Jodcellulose bei 1186
intertriginöses Genitalekzem, Therapie mit Nystatin 1248
— Mammaekzem, Therapie mit Nystatin 1248
Intertrigo, Therapie mit Silikonen 177
intestinale Calciumresorption, Steigerung durch Vitamin D 440, 441
Intoleranz, Heilmittel- 36
Intoxikationen nach Novocain 127

Intoxikationen, Schwermetall-, Therapie mit Chelatbildnern bei 140
Intoxikationsschwelle für Vitamin D 446
intraarterielle Applikation von Novocain 122
intracelluläre Oxydation, Bedeutung von Vitamin B_2 für 405
Intraheptol, Leberschutztherapie, Handelspräparat 167
intralumbale Anwendung von Calcium 137
intravenöse Applikation von Novocain bei Neurodermitis 117
— — — bei Pruritus 119
— — — bei Sklerodermie 117, 118
— Gabe von Vitamin B_1, allergische Reaktion 403
Invasionskonstante, Sulfanilamide 1012
Invertseifen, Antimykotica 1194—1197, 1273, 1274
—, fungizide Wirkung der 1194
—, pilzhemmende Wirkung und chemische Konstitution 1195
Invertosteril, Leberschutztherapie, Handelspräparate 167
Invertzucker, Leberschutztherapie, Handelspräparate 167
in vitro-Hemmung der Erreger durch Viomycin, Hauttuberkulose 1136, 1137
— der Hauttuberkulose-Erreger durch Kombination von Sulphetron und Streptomycin 1125
in vitro-Versuche, experimentelle Chemotherapie, Tuberkulose 1125, 1126
Ionisation und Bewertung, Sulfanilamide 1093
— und Löslichkeit, Sulfanilamide 1093
— und Säuregrad, Sulfanilamide 997, 998
— der Sulfanilamide 997, 998, 999, 1000
Ionisationsformen, Sulfanilamide 998, 999, 1000
Ionisationskonstante, Sulfanilamide 997, 998
Iproniazid, Serotoningehalt unter 65, 66
Isaminblau, Cytostatica 1354
Ischämie, Folgen des Kochsalzentzuges 195

Isobutyrat, Sexualhormone, Injektionsbehandlung 505, 507
Isochinolinderivate, Antimykotica 1228
—, Therapie von Tiermykosen mit 1228
Isonicotinsäurederivate, Antimykotica 1228, 1229
Isonicotinsäurehydrazid, Akroparaesthesien bei Therapie der Hauttuberkulose mit 1165
—, Aktivität bei Therapie der Hauttuberkulose mit 1139
—, Antimykotica 1228, 1229, 1276
—, Arzneimittel-Exantheme bei Therapie der Hauttuberkulose mit 1165
—, Beginn der Rückbildungserscheinungen bei Therapie der Hauttuberkulose mit 1162
—, Behandlungsdauer bei Therapie der Hauttuberkulose mit 1161—1164
—, Blutspiegel, Hauttuberkulose 1141
—, Chemotherapie der Hauttuberkulose mit 1125 bis 1153
—, Cytostatica 1354
—, experimentelle Chemotherapie der Hauttuberkulose mit 1139—1153
—, Hauttuberkulose, Abbauprodukte 1141, 1142, 1143
—, —, Ausscheidung von 1141, 1142, 1143
—, —, Ausscheidungsprodukte des 1142, 1143
—, —, Bestimmungsmethoden für 1141, 1142
—, —, experimentelle Meerschweinchentuberkulose 1148, 1149, 1151, 1164
—, —, Hemmkonzentration von 1139
—, —, Hypothesen des Wirkungsmechanismus von 1145—1148
—, —, in vitro-Hemmung der Erreger durch 1125
—, —, Strukturspezifität des 1145
—, —, Therapie der Tuberkulide mit 1163
—, —, tuberkulostatische Wirkung von 1139, 1140, 1141, 1148
—, —, Umwandlung des 1142, 1143, 1144

Isonicotinsäurehydrazid, Heilungserfolg bei Therapie der Hauttuberkulose mit 1162, 1163, 1164
—, Histologie von abgeheilten Hauttuberkuloseherden 1162, 1163
—, in vivo-Versuche, Hauttuberkulose, experimentelle Chemotherapie 1148, 1149
—, klinische Erfahrungen bei Therapie der Hauttuberkulose mit 1160, 1161, 1162
—, Löslichkeit, Hauttuberkulose 1141
—, Nebenwirkungen bei Therapie der Hauttuberkulose mit 1161, 1164, 1165
—, Plasmakonzentration, Hauttuberkulose 1141
—, Resistenz gegen, experimentelle Chemotherapie, Hauttuberkulose 1149
—, Resorptionsverhältnisse, Hauttuberkulose 1141
—, Rezidive bei Therapie der Hauttuberkulose mit 1162, 1163
—, Speicherung in der Haut 1163
—, Therapie der Aktinomykose mit 1229
—, — der Chromomykose mit 1229
—, — der Coccidioidomykosen mit 1229
—, — der Hauttuberkulose mit 1160—1165
—, — des Lupus vulgaris mit 1161, 1162, 1163
—, — der Tbc. cutis colliquativa mit 1163
—, — der Tbc. cutis verrucosa mit 1164
—, Tagesdosis bei Therapie der Hauttuberkulose mit 1161
—, Toxicität bei experimenteller Chemotherapie der Hauttuberkulose mit 1139
—, Tuberkelbakterien in abgeheilten Hauttuberkuloseherden bei Therapie mit 1162, 1163
—, ZNS-Nebenwirkungen bei Therapie der Hauttuberkulose mit 1165
— und Cortison, Therapie der Hauttuberkulose mit 1163, 1164

Isonicotinsäurehydrazid und Einsaatmenge, tuberkulostatische Wirkung 1140, 1141
— und Lactoflavin, Hauttuberkulose, tuberkulostatische Wirkung des 1140
— und p-Aminobenzoesäure, tuberkulostatische Wirkung 1140
— und Prednison, Therapie der Hauttuberkulose mit 1163
— und Synergisten, Hauttuberkulose 1141
Isonicotinsäurehydraziddderivate, experimentelle Chemotherapie der Hauttuberkulose mit 1149, 1150, 1151, 1152
—, Hauttuberkulose 1150 bis 1155
Isonicotinsäurehydrazidwirkung, Katalase-Hämin-Wirkung, Hauttuberkulose 1146
—, Schwermetallkomplex-Hypothese, Hauttuberkulose 1145
Isonicotinsäurehypothese der Isonicotinsäurehydrazidwirkung, Hauttuberkulose 1146, 1147, 1148
Isotope, radioaktive, Cytostatica 1329, 1352
Italquine, Pharmakologie 37
Iturin, Antimykotica 1266

Jarisch-Herxheimer-Reaktion nach Antibiotica 910, 911
— nach Chloramphenicol 911
— nach Penicillin 910, 911
Jensen-Sarkom, cancerotoxische Wirkung des Endoxan bei 1339
Jod, Antimykotica 1185, 1186, 1273, 1274
—, Therapie der Dermatomykosen mit 1185, 1186
Jodcellulose bei Interdigitalmykosen 1186
Jodid, Lokalbehandlung der Dermatomykosen mit 1186
—, Therapie der Blastomykose mit 1186
—, — der Candidamykose mit 1186
—, — der Chromomykose mit 1186
Jodiontophorese bei Sporotrichose 1186
Jod-Kontrastmittel, Prophylaxe von Zwischenfällen

durch Antihistaminica 346, 347
Jododerma, Therapie mit Hydrocortison 598
Jodoxychinolinsulfosäure, Antimykotica 1226
—, Therapie der Aktinomykose mit 1226
Jodtinktur, Antimykotica 1186
—, Therapie der Dermatomykosen mit 1186
Juckreiz nach Histamin 282, 289
—, Unterdrückung durch Neuroleptica 61, 62
Juckreizschwellenerhöhung durch Antihistaminica 317

Kaliumerhöhung bei Nebennierenrindeninsuffizienz 560, 561
Kalium-Calcium-Quotient, Absinken unter Antihistaminica 323
Kaliumerniedrigung bei Hypercorticismus 560, 561
Kaliumjodat, Cytostatica 1354
—, Therapie der Sporotrichose mit 1186
Kaliumpermanganat, Antimykotica 1187, 1273, 1274
—, Therapie der Dermatomykosen mit 1187
Kaliumtartrat, saures, Antimykotica 1187
—, —. Therapie von Dermatomykosen mit 1187
—, —, — des Favus mit 1187
Kaliumverlust unter ACTH 573
— unter Nebennierenrindenhormonen 573
Kalkhaushalt, Calcium und 129
Kälteurticaria, Therapie mit ACTH 597
—, — mit Insulin 666
Kanamycin 864, 865, 866, 867
—, Abbau von 866
—, Acusticusstörungen nach 865
—, Adaptation von Tuberkelbakterien an 866, 867
—, Ausscheidung 866
—, Blutspiegelwerte 866
—, Chemie 864, 865
—, Chemotherapie der Hauttuberkulose mit 1125, 1133, 1138
—, Darmflora-Schädigung nach 865
—, Eosinophilie nach 865
—, experimentelle Chemotherapie der Hauttuberkulose 1138
—, — — —, Wirkungsspektrum von 1138

Kanamycin, Grenzkonzentrationen 865
—, Handelsform 921
—, Herkunft 864
—, Indikationsbereich 867
—, Kreuzresistenz gegen Neomycin 867
—, — — Streptomycin 867
—, Löslichkeit 864
—, Nierenschädigung unter 865
—, Pharmakologie 866
—, physikalische Eigenschaften 864, 865
—, Resistenz gegenüber 866, 867
—, Resistenzsteigerung 865, 866
—, Resorption 866
—, Stabilität 865
—, Toxicität 865, 866
—, Urinspiegelwerte 866
—, Verteilung im Gewebe 866
—, Wirkung im Tierexperiment 865, 866
—, Wirkungsbereich 865
—, Wirkungsmechanismus 865
—, Wirkungsspektrum 865
— und experimentelle Meerschweinchentuberkulose, Hauttuberkulose 1138
Kanamycin-Resistenz, experimentelle Chemotherapie der Hauttuberkulose 1138
Kaninchensyphilis, Wirkung des Thioarsenit bei 721, 722
Kaposi-Sarkom, Therapie mit Atebrin 59
Karbunkel, Therapie mit Antibiotica 879
kardiovasculäre Wirkung von Reserpin 65
Karrell-Kur 201, 202, 203
—, Therapie von Dermatosen mit 201, 202
Kastraten, Androgentherapie und Stimulierung der Talgdrüsen bei 512
—, trockene Haut bei 512
—, Wirkung der Androgene bei 486
—, — von Testosteron bei 486
— und Eunuchen, Talgdrüsenentwicklung unter Testosteron 488
— und Gefäßdilatation 488
Kastrationsfolgen, Depotbehandlung mit Sexualhormonen bei 506
Kastrationszellen in der Hypophyse 498
katabole Wirkung, NNR-Hormone 558, 559
— — von Oestrogenen 493
Katalase-Hämin-Hypothese der Isonicotinsäurehydr-

azidwirkung, Hauttuberkulose 1146
Katalysatoren, Vitamine 383
Katzen-Mikrosporie, Therapie mit Griseofulvin 1240
Keimdrüsenhormone, Calcium und 128
—, Melaninpigmentierung und 489
Keimdrüsen-Insuffizienz, Therapie der Durchblutungsstörungen mit Sexualhormonen bei 518
Keimdrüsenschädigung, Actinomycin C 1347
— durch Griseofulvin 1238, 1244
— durch Myleran 1342
Keloid, lokale Injektion von Hydrocortison bei 570 645
—, — von Prednisolon 645
—, — — von Triamcinolon 646
—, Therapie mit ACTH 644, 645
—, — mit Cortison 645
—, — mit Hydrocortisonsalbe 645
Keloidblastomykose, therapeutische Hinweise 1275
Keratin, Affinität von Atebrin zu 40
Keratinisierung, Einfluß der Oestrogene auf 494
Keratitis parenchymatosa, Syphilis, Therapie mit ACTH 660
— —, —, — mit Cortison 660
Keratoderma klimacterii, Therapie mit Androgenen 516, 517
— —, Therapie mit Oestrogenen 516, 517
Keratolyticum, Kombinationstherapie der Onychomykose mit Griseofulvin und 1242
— zur Nagelablösung und Onychomykosen 1180, 1181
Keratomalacie, Vitamin A 390, 391
Keratomata senilia, Therapie mit Vitamin A 394, 395
— —, Vitamin A-Mangel und 394, 395
Keratosen, Indikation für Externa, flüssiger Stickstoff 169
—, senile, Therapie mit Stickstoff 172

Keratosen, seborrhoische, Therapie mit Stickstoff 172
Keratosis follicularis s. Keratosis pilaris
Keratosis follicularis contagiosa, Therapie mit Vitamin A 393
Keratosis palmaris et plantaris, Therapie mit Vitamin A 395
Keratosis pilaris, Therapie mit Vitamin A 392
Keratosis suprafollicularis s. Keratosis pilaris
Kerion Celsi, Therapie mit Griseofulvin 1240
17-Ketosteroidausscheidung, Anomalien durch Hodenfunktionsstörungen 485
—, — durch Hypophysenstörungen 485
—, — durch NNR-Störungen 485
—, — durch unspezifische Vorgänge 485
—, Erhöhung bei adrenogenitalem Syndrom 485
—, — bei Akromegalie 485
—, — bei Cushing 485
—, — bei NNR-Tumoren 485
—, — bei Stress 585
—, Herabsetzung bei Addison 485
—, — bei Hypophysenvorderlappeninsuffizienz 485
—, — bei Myxödem 485
— unter Testosterondepot 505, 506
Ketosteroide, Vermehrung unter Atebrin 40
Kinderekzem, Austrocknungsdiät bei 198
—, Therapie mit ACTH 596, 597
—, — mit Cortison 596
—, — mit Cortisonsalbe 596
—, — mit Hydrocortisonsalbe 596
—, Indikation für Nebennierenrindenhormone bei 597
—, — mit Nebennierenrindenhormonen 596, 597
—, — mit Prednison 596, 597
klimakterische Wallungen, Unterdrückung durch Androgene 488
— —, — durch Testosteron 488
Klimanosid, Sexualhormone, Kombinationspräparat 508
Klistier, Sulfanilamide, Rezeptur für 1091

Knochen, direkte Wirkung von Vitamin D auf den 441

Knochenaufbau, Calcium und 128

Knochenmarksaplasie nach Triäthylenmelamin 1340

Knochenmark, Wirkung des Griseofulvin auf 1244

—, Wirkung der Lipopolysaccharide 94, 95

Knochenmarkhypoplasie nach Meprobamat 79

Knochenmarksschädigung, Actinomycin C 1347

— durch N-Lost, Verhütung durch Cortison 1338

— durch Cytostatica 1362

— durch Triäthylenmelamin, Abschwächung durch Cortison 1340

Knochen- und Knorpelgrundsubstanz, Vermehrung unter Androgenen 486

— —, — unter Testosteron 486

Knochenwachstumshemmung durch ACTH 565

Knochenwachstumsstillstand durch ACTH 565

Koagulationsvitamin, Vitamin K, Synonyma 452

Kobalt, Antimykotica 1188

Kochsalz, Abgabe von 195

—, Beschleunigung der Zuckerresorption durch 193

—, Folgen des Entzuges von 195

—, — —, Ischämie 195

—, — —, Dehydration der Haut 195

—, — —, Haarausfall 195

—, — —, Schuppenbildung 195

—, Speicherung von 195

—, Steigerung der Verzuckerungsfähigkeit durch 193

—, — der Verzuckerungsgeschwindigkeit durch 193

—, Überernährung mit 195

Kochsalzaufnahme, Ödembildung und 194

kochsalzarme Diät 193—205

Kochsalzmangelsituation 193

Kohlendioxydvergiftung, intravenöse Applikation von Novocain bei 120

Kohlenhydrateinschränkungsdiät 205, 206, 207

—, Therapie bei Hautdiabetes 205

Kohlenhydratstoffwechsel, Hautveränderungen und

Störungen des 186, 187, 205, 206, 207

Kohlenhydratstoffwechsel, Wirkung der NNR-Hormone auf den 557, 558

Kohlensäurederivate, Antimykotica 1192

Kohlenwasserstoffe als Salbengrundlage 243

Kohlenwasserstoffgele, Salbengrundlagen, Systematik 243

Kokkenerkrankungen, Therapie mit Antibiotica 876 bis 879

Kollagenfaserzunahme und Androgene 488, 489

— und Testosteron 488, 489

Kollagenosen, Therapie mit Vitamin E 450

Kollargol, unspezifische Reiztherapie mit 90

Kollertest, Leberfunktionsproben 151

Kolton, Antihistaminica, Colaminreihe 305

Kombinationshandelspräparate, Sulfanilamide 1088 bis 1090

—, Antihistaminica 333, 334

—, Bewertung und Pharmakokinetik, Sulfanilamide 1096, 1097

—, Chloramphenicol 832

—, Sexualhormone, Di-Pro-Emulsion 508

—, —, Duogynon 508

—, —, Farmatest 508

—, —, Femandren 508

—, —, Femovirin 508

—, —, Klimanosid 508

—, —, Lutrogen 508

—, —, Lynandron 508

—, —, Primodian 508

—, —, Primosiston 508

—, —, Sistocyclin 508

—, —, Testoluton 508

—, Sulfanilamide, Pharmakokinetik und Zweckmäßigkeit von 1095

— von Antihistaminica mit Calcium 138

— von Neurodermitis mit Cortison und Reserpin 86

kombinierte Hormonkur bei Fertilitätsstörungen 520, 521

Konservierungsmittel, Nipagin 261

—, Nipasol 261

konstitutionelle Bereitschaft bei Neurodermitis 17

Konstitutionsversager, Gonorrhoe-Therapie mit Penicillin und 882

Kontaktdermatitis nach Chloramphenicol 909

—, Prednison, Spray-Behandlung 586, 587

— nach Tetracyclinen 909

—, Therapie mit ATCH 585, 586, 587

—, Therapie mit Hydrocortisonsalbe 586

—, — mit Methylprednisolon 587

—, — mit Nebennierenrindenhormonen 585, 586, 587

—, — mit Prednison 586, 587

Kontaktekzeme, Antihistaminica, Nebenwirkungen 354

—, Chlorpromazin und 72

— durch Novocain 112

— nach Streptomycin 908

—, Therapie mit ACTH 591, 592

—, — mit Hydrocortisonsalbe 591, 592

—, — mit Nebennierenrindenhormonen 591, 592

—, — mit Prednison-Salbe 592

—, — mit Silikonen 177

—, — mit Triamcinolon-Salbe 592

Kontaktsensibilisierung, Antihistaminica, Nebenwirkungen 355

Kontraindikationen für Antihistaminica 357

— für Atarax 77

— für Chlorpromazin 73

— für Diphenylmethanderivate 77

— für Lipopolysaccharide 98

— für Megaphen 73

— für Meprobamat 80, 88

— für Methionin 161

— für Miltaun 88

— für Phenothiazine 85

— für Reserpin 76, 87

Kontraktionswirkung von Histamin auf glatte Muskulatur 281

Konzentrationsabfall von Novocain 108

Kopfpilzflechte, therapeutische Hinweise 1273

Kopfschmerzen nach Endoxan 1339

— nach N-Lost 1338

—, toxische Symptome, Sulfanilamide 1025

— nach Griseofulvin 1244

— nach Therapie mit Amphotericin B 1255

Körpersekrete, Antimykotica 1233

Körpersekrete, fungistatische
Wirkung 1233
Kosmetica, Zusatz von Vit-
amin A und E 451
Kostbeispiele für ansäuernde
Diät 192, 193
— für alkalisierende Diät 192,
193
Kraurosis vulvae, Therapie mit
Hydrocortisonsalbe
643
— —, Therapie mit Oestrogenen 517
— —, — mit Vitamin A 396
— —, — mit Vitamin E 450
Krebs, Chemotherapie mit
Cytostatica 1318
—, Grundprobleme der Chemotherapie 1318
Krebserkrankungen, Ursachen
1310
Krebsforschung, experimentelle, Impftumoren, Cyto-
statica 1320
Krebsheilung durch Immunisierungsmaßnahmen, Cyto-
statica 1321
Krebsmittel, Cytostatica 1320
Krebstherapie, Heilungsziffern
der chirurgischen Behand-
lung 1327
Kreislaufstörungen bei Nebennierenrindeninsuffizienz
563, 564
Kreislaufwirkungen bei Hypercorticismus 563, 564
— von Novocain 101, 106
Kresolderivate, halogenierte,
Antimykotica 1273, 1274
Kresole, Antimykotica 1197
bis 1203
—, Therapie von Dermato-
mykosen mit 1197 bis
1200
—, nitrierte, Antimykotica
1200
Kretinismus, Therapie mit
Schilddrüsenhormon 668,
669
Kreuzresistenz, Sulfanilamide
1039, 1040
—, Tetracycline 824
Kreuzsensibilisierung zwischen
Penicillin und Griseofulvin
1244
Kristallimplantation, Indikation zur 505
—, Sexualhormone 504, 505
—, —, Behandlung mit 504,
505
kristallographische Eigenschaften, Sulfanilamide
1003
Kristallstrukturanalysen, Sulfanilamide 995

Kristallviolett, Antimykotica
1209
Kritik der Leberfunktionsproben 149, 150
Kropfproliferation der Taube
unter LTH 500
Krötenhaut s. Phrynoderma
Kryptokokkose, experimen-
telle, Therapie mit Sil-
bersalzen 1187
—, Therapie mit Amphotericin
889
—, —, Tierversuche zur Therapie mit Ampho-
tericin B 1253
—, —, — zur Therapie mit
Trichomycin 1251
—, therapeutische Hinweise
1275
—, Therapie mit Ampho-
tericin B 1254
—, mit Oxystilbamidin
1207
—, — mit Stilbamidin 1206
—, Tierversuche zur Therapie
mit Nystatin 1247
Kryptorchismus 522, 523
Kumulationsgefahr, Sulfanilamide 1092
— und Pharmakokinetik,
Sulfanilamide 1095, 1096
künstlicher Winterschlaf 61
Kupfer, Hauttuberkulose,
Hemmung der Tuberkel-
bakterien durch 1123, 1124
Kupferacetat, Antimykotica
1187
Kupfersulfat, Antimykotica
1185, 1187
Kupferverbindungen, Chemotherapie der Hauttuber-
kulose mit 1123
—, organische, Antimykotica
1224
Kurzzeitpräparate, Bewertung
und Pharmakokinetik,
Sulfanilamide 1096
—, Sulfanilamide 1097, 1098
K-Vitamine, Antimykotica
1233, 1234
Kwashiorkor, Leber und 144
—, Vitamin B_2-Mangel und 407

Laboratoriumstest, Sulfanil-
amide 1092
Lackfehler durch Silikone 179
Lacklippen bei Leberkrank-
heiten 143
Lactobacillaceen, Erkrankun-
gen durch, Therapie mit
Sulfanilamiden 1067, 1068
Lactoflavin, Antimykotica
1234
—, Vitamin B_2, Synonyma
403

Lactoflavin und Isonicotinsäurehydrazid, Haut-
tuberkulose, tuberkulo-
statische Wirkung des
1140
Lactoflavingehalt der Psoriasisschuppen 10
lactogenes Hormon 500
Lacumin, Phenothiazine, Handelspräparate 63
Lagerfähigkeit der Silicone 175
Lactation, NNR-Hormone und
562
Lanette E, Emulsionssalbengrundlagen, Typ Öl-in-Wasser 260, 261
Lanette N, Emulsionssalben-
grundlagen, Typ Öl-in-Was-
ser 261
Lanette O als Salbengrundlage
251, 552
Langzeit-Präparate, Bewertung
und Pharmakokinetik,
Sulfanilamide 1095
—, Sulfanilamide 1093, 1097,
1098
—, —, Dosierung 1093
Lanolin als Salbengrundlage
244
Laparoskopie, Leberfunktions-
proben 150
Largaktil, Antihistaminica,
Phenothiazine 303
—, Phenothiazine, Handels-
präparate 63
—, Therapie von Prurigo sim-
plex mit 83
Largactilüberempfindlichkeit
72
Latibon, Antihistaminica,
Phenothiazine 303
—, Phenothiazine, Handels-
präparate 63
Lävocholin, Leberschutzthera-
pie, Handelspräparate 167
Lävohepan, Leberschutz-
therapie, Handelspräparat
167
Lävohepsan, Leberschutz-
therapie, Handelspräparate
167
Lävoral, Leberschutztherapie,
Handelspräparate 167
Lävosan, Leberschutztherapie,
Handelspräparate 167
Lävulose, Leberschutztherapie,
Handelspräparate 167
Lebensverlängerung bei Carci-
nomträgern in erträg-
licher Form, Cystostatica
1362
— bei NNR-loser Ratte durch
Progesteron 478
Leber, Fett-Transport und
Cholin 156

Leber, Gehalt an Griseofulvin 1245
—, gemeinsame Erkrankung von Haut und 148, 149
—, Haut und 20
—, Inaktivierung der Sexualhormone bei peroraler Zufuhr in der 506
—, Kwashiorkor und 144
—, Lichtdermatosen und 144
—, Lichtsensibilisierung und 144
—, Melaninstoffwechsel und 144
—, Nebenwirkungen durch Antihistaminica an der 353
— und Niere, Androgenumbau in 481
— —, Testosteronumbau in 481
— —, Umwandlung der C_{19}-Steroide in 480, 481
—, NNR-Hormone und 562
—, Oestrogenabbau in der 492
—, Oestrogenumbau in der 492
—, Phosphorylierung von Vitamin B_1 in der 401
—, Porphyrinopathie und 144
—, Zusammenhang mit Hautkrankheiten 141, 141
Leberbeeinflussung durch Chlorpromazin 68
Leberbiopsie, Leberfunktionsproben und 20
—, Leberfunktionsstörungen 20, 150
— bei Leberkrankheiten 147, 148
—, Neurodermitis und Befund der 148
Lebercirrhose s. Leberkrankheiten
—, Diät-Therapie 164
—, vermehrte Oestrogenausscheidung bei 492
Leberclearence, Leberfunktionsproben 150
Leberdysfunktion, Beeinflussung mit Methionin 163
Lebererkrankungen, allgemeine Behandlungsangaben 165, 166
—, Behandlungsresultate mit Cholin 161, 162, 163
—, — mit Cystein 161, 162, 163
—, — mit Cystin 161, 162, 163
—, — mit Methionin 161, 162, 163
—, Diät-Therapie 164, 165
—, Therapie mit Cholin-Methionin-Gemisch 162
—, Vitamin B_1-Mangel und 402

Leberextrakte, anaphylaktische Reaktionen durch 164
—, Behandlungsergebnisse mit 163, 164
—, Kombination mit Atebrin und Vitamin C bei Erythematodes chronicus 52
—, Leberschutzpräparate 154
—, Therapie der Acne mit 163
—, — der Furunkulose mit 163
—, — der Salvarsandermatitis 163
Leberfleck 20
Leberfunktion, unter Resochin Kontrolle von Blutbild und 56
Leberfunktionsproben, Aldehydprobe im Harn 153
—, Bengalrotprobe 150
—, Bilirubinbestimmung 150
—, Bromsulfaleintest 150, 151
—, Cadmiumsulfat 153
—, Cephalin-Cholesteroltest 152
—, Galaktoseprobe 150
—, Kollertest 151
—, Kritik der 149, 150
—, Laparoskopie 150
—, Leberbiopsie und 20, 150
—, Leberclearence 150
—, Methioninbelastung 153
—, Phosphofructaldolase-Aktivitätsbestimmung als 151
—, provozierte Diurese 150
—, Serum-Eisen-Bestimmung 152, 153
—, Serum-Kupfer-Bestimmung 152, 153
—, Takata Ara 153
—, Thymoltest 153
—, Transaminasentest 152
—, Weltmann-Band 153
Leberfunktionsstörungen, Atebrin und 46
—, Chlorpromazin und 70
—, Ekzeme und 20, 146, 147
—, Erythrodermie und 146, 147
—, Haut und 20
—, Hautkrankheiten und 145—148
— und Leberbiopsie 20
—, Neurodermitis und 146, 147
—, Pemphigus und 146, 147
—, Psoriasis und 146, 147
—, Pruritus und 146, 147
—, Retikulosen und 146, 147
—, Rosacea und 146, 147
—, Urticaria und 146, 147
—, Verbrennungen und 146

Leberhydrolysate, Behandlungsergebnisse mit 163, 164
—, Leberschutzpräparate 154
Leberkrankheiten, akute mit Erythem 142
—, — Exanthem 142
—, — Gelbsucht 142
—, — Purpura 142
—, Antikörperbildung bei 144, 145
—, Arzneimittelexantheme bei 145
—, Cheilosis bei 143
—, chronische 142, 143, 144, 145
—, Elektrolytstoffwechsel und 143, 144
—, Gefäß-Spinnen bei 143
—, Gynäkomastie bei 143
—, Haarkleid bei 143
—, hämorrhagische Exantheme bei 143
—, Häufigkeit von Allergie bei 147
—, Hautfarbe bei 144
—, Hautveränderungen bei 141—149
—, Hodenatrophie bei 143
—, Lacklippen bei 143
—, Leberbiopsie bei 147, 148
—, Nagelveränderungen bei 143
—, Palmarerythem bei 143
—, Pigmentierungen bei 144
—, Pruritus bei 145
—, Resorptionsstörungen von Vitamin A bei 390
—, rote Zunge bei 143
—, Skrotaldermatitis bei 143
Leberleiden, organische durch Atebrin 46
—, organische bei Hautveränderungen 20
—, vermehrte Oestrogenausscheidung bei 492
Leberpräparate bei Tumorkachexie 1362
Leberschaden, Hemmung der Inaktivierung der Androgene bei 485
—, — — des Testosteron bei 485
— nach Stilbamidin, Antimykotica 1206
— nach Streptomycin 902
— durch Tetracycline 903, 904
—, Therapie mit Orotsäure 159, 160
—, — mit Thioctsäure 159
Leberschutz bei Therapie mit Tetracycline 903, 904
Leberschutzdiät 164

Leberschutztherapie 141—167
—, allgemeine Grundlagen 154, 155, 156, 157, 158, 159, 160
—, Aminosäure-Imbalanz und 158, 159
—, Cystein und 159
—, Cystin und 159
—, Dermatitis herpetiformis und 166
—, dermatologische Indikationen 166, 167
—, Erythematodes chronicus und 166
—, Erythrodermie und 166
—, Furunkulose und 166, 167
—, Fructose und 159
—, Handelspräparate, Aminotrat 167
·, —, Aminovit 167
—, —, Campolon 167
—, —, Cholin 167
—, —, Cholinchloratum 167
—, —, Hepahorm 167
—, —, Hepasplen 167
—, —, Hepatissan 167
—, —, Hepatogen 167
—, —, Hepatrat 167
—, —, Heposan 167
—, —, Hepsan 167
—, —, Hepsit forte 167
—, —, Iloban 167
—, —, Intraheptol 167
—, —, Invertosteril 167
— —, Invertzucker 167
—, —, Lävocholin 167
—, —, Lävohepan 167
—, —, Lävohepsan 167
—, —, Lävoral 167
—, —, Lävosan 167
—, —, Lävulose 167
—, —, Lipotrat 167
—, —, Lipotropin (Depotcholin) 167
—, —, Litrison 167
—, —, Methio-Cholin 167
—, —, Methionin 167
—, —, Prohepar 167
—, —, Reducdyn 167
—, —, Ripason 167
—, —, Tenolon 167
—, —, Thiomedon 167
—, Hefe-Infektionen und 166
—, Pemphigus und 166
—, Retikulosen und 167
—, Toxikodermien und 166, 167
—, Urticaria und 166, 167
—, Zoster generalisatus und 167
Leberschutzpräparate, Aminosäurengemische 154
—, Cholin 154, 155, 156, 157
—, Cystin 154
—, Glucose 154

Leberschutzpräparate, Leberextrakte 154
—, Leberhydrolysate 154
—, Methionin 154
—, Monosaccharide 154
Leberschutzwirkung von Vitamin E 449
Leberschwellung nach Meprobamat 79
Leberstörungen durch Atebrin 46
—, funktionelle 21
—, — und Disposition für allergische Erkrankungen 21
—, Vitamin-B$_2$-Mangel und 406
Leberzellatmung, Chlorpromazin und 70
Lecithinspaltprodukte, Hauttuberkulose, Auflösung der Tuberkelbakterien durch 1123
Lederkyn, Antimykotica 1219
Leitungsanaesthesie mit Novocain 121
Lepra, invitro-Hemmung der Erreger durch Chaulmoograöl 1124
—, Therapie mit Antibiotica 880
—, — mit Cortison 654, 655
—, — mit Streptomycin 810
Lepra-Reaktion, Kombinationstherapie mit Vitamin K und ACTH 655, 656
—, Rückgang durch Atebrin bei 59
—, Therapie mit ACTH 654, 655
—, — mit Cortison 654, 655
—, — mit Prednison 656
Leprom, Lokaltherapie mit Cortison 656
Lergigan, Antihistaminica, Phenothiazine 303
Leukämie, akute myeloische, Therapie mit Colcemid 1331
—, akute, Therapie mit Mercaptopurin 1350
—, chronische lymphatische, und Colcemid 1331
—, —, —, Therapie mit Cytostatica 1337
—, —, —, mit Triäthylenmelamin 1340
—, —, —, — mit Cytostatica 1337
—, —, — — mit Myleran 1342, 1343
—, —, — — mit Triäthylenmelamin 1340

Leukämie, lymphatische, Therapie mit Leukeran 1343, 1344
—, N-Lost-Wirkung bei 1337
—, Therapie mit Arsen 1335
—, — mit Novoembichin 1338
—, gangränöser Zoster und Gammaglobulintherapie 26
—, Kombinationstherapie mit Aminopterin und Cortison 1349
—, Therapie mit ACTH 641, 642
—, — mit Cholinchlorid 1353
—, — mit Cortison 642
—, — mit Prednison 642
—, Überdosierung von Atebrin und 45
Leukeran, Applikationsform 1343
—, Cytostatica 1343, 1344
—, Leukoponie nach 1344
—, Lostderivate 1343, 1344
—, Strukturformel 1343
—, Therapie des follikulären Lymphoms und 1344
—, — der lymphatischen Leukämie mit 1343, 1344
—, — der Lymphogranulomatose mit 1344
—, — des Lymphosarkom 1344
—, — des Reticulosarkom 1344
Leukocytenabfall unter Colcemid 1332
— nach Urethan 1336
Leukocytensturz nach E 39 1359
— nach Trenimon 1342, 1361
Leukopenie nach Colchicin 1331, 1334
— nach E 39 1359
— nach Erythromycin 904
— nach Leukeran 1344
— nach N-Lost 1338
— nach Streptomycin 902
Leukoplakie, Therapie mit Vitamin A 396
Leukose, akute, Therapie mit Cytostatica 1337
Leukosen, chronische, Therapie mit Trenimon 1342
Leukovorin, Folsäure-Gruppe, Synonyma 419—423
Lewissche Trias unter Histamin 314
Leydig-Zellen, Bildungsstätte der Androgene 480, 481
—, — des Testosteron 480, 481

Leydig-Zell-Insuffizienz, Diagnostik 480
LH 497, 499, 502
—, Bestimmungsmethoden 499
—, chemische Eigenschaften 499
—, Hormongewinnung 499
—, Hypophysenvorderlappen 497, 499, 502
—, Ovargewichtsmethode 499
—, physikalischeEigenschaften 499
—, Reindarstellung 499
LH-Wirkung, Serumgonadotropin 501
Libido, Cortisontherapie und 562
—, NNR-Hormone und 562
Libidostörungen unter Nebennierenrindenhormonen 576
Libman-Sacks-Syndrom, Therapie mit Testosteron 515
Librium, Tranquillizer 215
Lichen myxoedematosus, Therapie mit Schilddrüsenhormonen 669
Lichen nitidus, Therapie mit Triamcinolon 628
Lichen pilaris s. Keratosis pilaris
Lichen ruber, Kombinationstherapie mit ACTH und Penicillin 897
— —, Therapie mit ACTH 627, 628
— —, — mit Antibiotica 897
— —, — mit Antihistaminica 339
— —, — mit Cortison 627, 628
— —, — mit Hydrocortisonsalbe 627
— —, — mit Hypophysenextrakt 627
— —, — mit Nicotinsäure 414
— —, — mit Parathormon 672
— —, — mit Penicillin 897
— —, — mit Prednison 627
— —, — mit Tetracycline 897
— —, — mit Triamcinolon 627
— —, Verschiebung der Alkalireserve bei 192
Lichen ruber planus, Novocain-Infiltration bei 121
— — —, Therapie mit Reserpin von 85, 86
— — —, — mit Resochin 59
— — —, — mit Vitamin D 445

Lichen ruber verrucosus, lokale Injektion von Hydrocortison 627
Lichen sclerosus et atrophicans, Therapie mit Vitamin E 451
Lichen urticatus, Umstimmungsdiät und 187
Lichen verrucosus, Indikation für Externa, flüssiger Stickstoff 172
— —, Therapie mit Stickstoff 172
Lichtausschläge,rezidivierende, Therapie mit Amodiaquin 57
—, —, — mit Camoquin 57
Lichtdermatosen, Chlorpromazin und 73
—, Leber und 144
—, Therapie mit Atebrin 49, 51
—, — mit Folsäure 422
—, — mit Nicotinsäure 415
—, — mit NNR-Hormonen 648
—, — mit Resochin 53, 55
Lichtschutz durch Resochin bei Sonnenurticaria 42
—, adsorptiv durch Atebrin 41, 42
Lichtschutzmittel, Silikone und 174, 175
Lichtschutzwirkung, Antihistaminica 325, 326
— der Sulfanilamide 1072
— von Vitamin P 436
lichtsensibilisierende Farbstoffe, Antimykotica 1210
Lichtsensibilisierung, Leber und 144
Lichturticaria, Therapie mit Atebrin 51
Linolsäure 184
Lipogele, Salbengrundlagen, Systematik 243
Lipoide, unspezifische Reiztherapie mit 90
Lipoidosen, Psoriasis und 207, 208
—, Stoffwechsel bei 207, 208
—, Therapie mit Fetteinschränkungsdiät 207, 208
Lipoidproteinose, Therapie mit Cortison 631
Lipoidspiegelerhöhung bei Xanthomatosen 208
Lipopolysaccharide, Aktivierung des Hypophysen-NNR-Systems durch 96
—, Antikörperbildung und 95
—, biologische Wirkung von 94, 95, 96
—, Chemie von 91, 92, 93, 94
—, chemische Abwandlungen von 93

Lipopolysaccharide, Cytostatica 1354
—, Dermatosen und 98
—, Dosierung 97, 98
—, Fibrinolyse unter 95, 96
—, Fieberbehandlung mit 88 bis 98
—, Fieberreaktion und 94, 95, 96
—, Herdreaktionen nach 97
—, Indikationen für 98
—, klinische Erfahrungen mit 98
—, Kontraindikationen für 98
—, Nebenhodenentzündungsbehandlung mit 98
—, Nebenwirkungen 97
—, — nach intravenöser Gabe 97
—, — nach lokaler Gabe 97
—, Neurodermitistherapie mit 98
—, Properdinspiegel unter 96
—, Reiztherapie und 90, 91
—, Stoffwechselwirkungen unter 96
—, Therapie von Dermatosen mit 98
—, — der Neurolues mit 98
—, — der Urethritis mit 98
—, Toxicität von 97
—, weißes Blutbild und 94, 95
—, Wirkung auf Knochenmark 94, 95
—, Wirkungsmechanismus von 93
—, Zellmembranaffinität der 95
—, Zellstoffwechsel unter 95
Lipotrat, Leberschutztherapie, Handelspräparate 167
lipotrope Wirkung von Cholin 156, 158
— — von Methionin 156
Lipotropin (Depotcholin) Leberschutztherapie, Handelspräparate 167
Liquor cerebrospinalis, Verteilung der Sulfanilamide im 1020, 1021
Liquorkonzentration, Penicillin 788
Listeria, Therapie mit Sulfanilamiden 1068
Listeriose, Therapie mit Sulfanilamiden 1068
Literaturbericht über klinische Erfahrungen mit Griseofulvin 1239
Literaturübersicht, Antimykotica 1183, 1184
Litrison, Leberschutztherapie, Handelspräparate 167
Lochtest, Testmethoden, Antimykotica 1174

lokalanaesthetische Wirkung, Antihistaminica 308, 316, 317
— — von Novocain 104, 105
Lokalbehandlung der Acne vulgaris mit Oestrogenen 512
— der Seborrhoe mit Oestrogenen 512
lokale Anwendung von Vitamin A 398
Lost, Cytostatica 1336—1339, 1363
Lostderivate, Cytostatica 1336, 1337
—, —, Wirkungsmechanismus 1345, 1346
—, Dopan 1339
—, Embichin 1338
—, Leukeran 1343, 1344
—, Novoembichin 1338
—, Wirkungsmechanismus 1345, 1346
Lösungstemperatur von Novocain 109
LTH 500
LTH-Ausscheidung im Harn 500
LTH, Bestimmung der Aktivität von 500
—, — — an der Kropfdrüse der Taube 500
—, — — an der Milchdrüse von Säugern 500
—, Bildung im HVL 500
—, Bildung im HVL unter Oestrogenen 500
—, Chemie 500
—, Fortpflanzungsfähigkeit der Tauben unter 500
—, histiotrope Wirkung 500
—, Hypophysenvorderlappen 500
—, Kropfproliferation der Taube 500
—, Mammotropin 500
Lues III, Penicillin, Vorbehandlung mit Wismut 910, 911
Luftkrankheit, Prophylaxe durch Antihistaminica 324, 345
Lungen-Carcinom, Therapie mit Thio-TEPA 1340, 1341
Lupus miliaris disseminatus, Therapie mit Vitamin D 444
Lupus vulgaris, Lokalbehandlung mit Hydrocortisonsalbe 652
— —, Therapie mit ACTH 652
— —, — mit Isonicotinsäurehydrazid 1161, 1162, 1163
— —, — mit Nicotinsäure 414
— —, — mit Vitamin D 443, 444

luteinisierende Wirkung von ICSH am Ovar 497
luteomammotropes Hormon 500
Luteosid, Progesteron, Handelspräparat 507
Luteotal, Progesteron, Handelspräparat 507
Lutocyclin, Progesteron, Handelspräparat 507
Lutren, Progesteron, Handelspräparat 507
Lutrogen, Sexualhormon, Kombinationspräparat 508
Luvistin, Äthylendiamin, Antihistaminica 300, 335
Lymphadenose, leukämische, Therapie mit Actinomycin 1347
Lymphadenosis cutis benigna, Therapie mit Penicillin 893, 894
Lymphocytome, Therapie mit Penicillin 893, 894
Lymphogranulom, Therapie mit ACTH 639, 640
—, Therapie mit Cortison 639, 640
—, — mit Hydrocortisonsalbe 640
—, — mit Prednison 639, 640
Lymphogranuloma inguinale, Therapie mit Antibiotica 884
— —, — mit Chloramphenicol 884
— —, — mit Erythromycin 884
— —, — mit Spiramycin 884
— —, — mit Sulfanilamiden 1070
— —, — mit Tetracycline 884
Lymphogranulomatose, Äthyleniminderivate 1356
—, Kombinationstheorie mit Cortison und N-Lost 1338
—, Therapie mit Actinomycin C 1347
—, — mit Cholinchlorid 1353
—, — mit Cytostatica 1337
—, — mit Dopan 1339
—, — mit Leukeran 1344
—, — mit N-Lost 1340
—, — mit Röntgenstrahlen und Cytostatica 1338
—, — mit Triäthylenmelamin 1340
Lymphogranulomatosis inguinalis, Therapie mit Nebennierenrindenhormonen 660
lymphoide Gewebe, NNR-Hormone und 564
lymphoklastische Wirkung des ACTH 1351

lymphoklastische Wirkung des Cortison 1351
Lymphom, follikuläres, Therapie mit Leukeran 1344
Lymphosarkom, Cytostatica-Therapie 1337
—, Kombinationstherapie mit Röntgenstrahlen und N-Lost 1338
—, Therapie mit ACTH 638
—, — mit Cortison 638
—, — mit Leukeran 1344
—, — mit Urethan 1336
Lynandron, Sexualhormone, Kombinationspräparat 508

Madurafuß, Therapie mit Diaminodiphenylamin 1208
Maduromykose, therapeutische Hinweise 1276
—, Therapie mit Penicillin 1258
—, — mit Streptomycin 1259
Magen, Stress-Ulcus 563
Magenblutung nach Tetracycline 904
Magen-Darm-Kanal, Resorption von Vitamin A aus dem 389
Magen-Darm-Kanal-Störungen unter Antihistaminica 348, 350
Magen-Darm-Kanal-Symptome, Pellagra 412
Magendarmkrankheiten, sekundäre Form der Pellagra bei 411
Magen-Darm-Störungen, Hauterkrankungen bei 23, 24, 25
— nach Streptomycin 912
— nach Trichomycin 1252
Magen-Darm-Symptome nach Erythromycin 904
Magenfunktion, NNR-Hormone und 563
Magensäure, NNR-Hormone und 563
Magenulcera, Schutzwirkung der NNR-Hormone gegen 563
—, Perforation unter ACTH 576
—, Perforation unter NNR-Hormonen 576
Magen-Darm-Carcinom, Therapie mit Cholin-Sulfathiazol 1353
Magnamycin s. Carbomycin
—, Antimykotica 1266
Magnesium-Hautwerte, Neurodermitis und 184
Malachitgrün, Antimykotica 1209
—, —, klinische Erfahrungen 1209

Malachitgrün, Therapie der
  Candidamykose mit
  1209
—, — von Dermatomykosen
  mit 1209
Malaria, unspezifische Reiz-
  therapie mit 90
Malleus, Therapie mit Anti-
  biotica 880
Malucidin, Antimykotica 1266
Mammacarcinom, Cytostatica-
  Therapie 1337
—, Depotbehandlung mit
  Sexualhormonen bei 506
— mit Hautmetastasen, klinische Erfahrungen mit
  Tetramin bei 1360
—, metastasierend, Therapie
  mit Androgenen 524,
  525
—, —, Therapie mit Hypo-
  physektomie 525
—, —, Therapie mit Nortesto-
  steron 525
—, —, Therapie mit Oestrogenen 525
—, —, Therapie mit Trenimon
  1361
—, Schmerzfreiheit durch
  Hydrocortisonsalbe bei
  650
—, Testosterontherapie und
  vermehrte Kalkablage-
  rung in Metastasen bei
  524
—, Therapie mit Colchicinsalbe
  1334
—, — mit Cortison 637
—, — mit Cortison und Schilddrüsenhormon 671
—, — mit Dexamethason
  638
—, — mit E 39 1359
—, — mit Prednison 638
—, Therapieerfolge mit Hormonen 1351
Mammotropin 500
Mangel an Vitamin B_2, klinische Symptome 405
Mangelerkrankungen, Vit-
  amin B_1 402
Mangelernährung, Hauterkrankungen bei 188
Mangelerscheinungen, Folsäure
  422
—, Nicotinsäure 410—414
—, —, akute Aniacinose 413
—, —, black tongue 413, 414
—, —, Encephalopathie 413
—, —, Pellagra 410—413
—, —, Pellagramorbidität 411
—, —, Pellagroide 414
—, —, primäre Pellagra 411
—, —, schwarze Haar-Zunge
  413, 414

Mangelerscheinungen, Nicotin-
  säure, Schwarz-
  zungenkrankheit
  413, 414
—, —, sekundäre Pellagra 411
—, Vitamin B_6-Gruppe 417
—, Vitamin C, Ermüdbarkeit
  431
—, —, Praeskorbut 431
—, —, Säuglingsskorbut 431,
  432
—, —, Schwächezustände 431
—, —, Skorbut 430, 431
Mangelkrankheiten, Vitamin B_2
  405, 406
—, Vitamin D 441
—, —, Osteomalacie 441
—, —, Rachitis 441
—, —, Spasmophilie 441
Mangelsituationen, Vitamine
  383
Mangelsymptome, Inosit 427
—, Pantothensäure 418, 419
—, Vitamin A 390, 391
—, Vitamin B_{12} 424, 425
—, Vitamin H, Depressionen
  426
—, —, exfoliative Dermatitis
  426
—, —, Halluzinationen 426
—, —, Hautblässe 426
—, —, Mundwinkelrhagaden
  426
—, —, Paraesthesien 426
—, —, Schwächezustände 426
—, —, seborrhoisches Ekzem
  426
Mangelzustände, Vitamin A
  390, 391
Mapharsen 716
Marasminsäure, Antimykotica
  1267
Marisone, Gynäkomastie nach
  516
—, Therapie der Neurodermitis
  mit 515
—, — der Urticaria mit 516
Mastkost 212
—, Indikation bei Neurodermitis 212
Mastkur, hochcalorische Diät
  212
—, Indikation bei Pemphigus
  212
—, — bei Resistenzschwäche
  212
—, — bei vegetierenden
  Pyodermien 212
—, — bei Verbrennungen 212
—, Insulingaben bei 212
—, Therapie des Untergewichts
  mit 212
Mastzellen, Bildung von Histamin in den 283, 285,
  286

Masugi-Nephritis, Wirkung der
  Antihistaminica bei 320
Maximaldosis von Novocain
  113
M. Brill-Symmers, Therapie
  mit ACTH 640
—, — mit Nebennierenrinden-
  hormonen 640
M. Darier, Therapie mit Hydro-
  cortison 636
mechanische Reize, Freisetzung
  von Histamin durch 287
Medikamente, vegetative 12
Mediocidin, Antimykotica
  1267
Megaphen, Antihistaminica,
  Phenothiazine 303
—, Chlorpromazin 68—73
—, Cytostatica, Entkoppler
  1355
—, Dosierung von 73
—, Kontraindikationen 73
—, Metastasenverkleinerung
  unter 1356
—, Phenothiazine, Handelspräparate 63
—, schmerzdämpfende Wir-
  kung 1356
Megatol, Antimykotica 1203
Melaninpigmentierung unter
  Androgenen 489
— und Keimdrüsenhormone
  489
— unter Testosteron 489
Melaninstoffwechsel, Leber
  und 144
Melanozytenstimulierung
  durch Androgene 489
— durch Testosteron 489
Melanodermie, biliäre 20
Melanom, klinische Erfahrungen mit Tetramin bei
  1360
—, Therapie mit ACTH 637
—, — mit Cortison 637
—, — mit E 39 1359
—, — mit Thio-TEPA 1341
—, Wirkung von Endoxan bei
  1339
Melanophoren-Ausbreitung
  unter Progesteron 479
Melarsin, Phenylarsonsäuren
  758
Melkersson-Rosenthal-Syn-
  drom, Therapie mit Cortison 603
Melleril, Phenothiazine, Handelspräparate 63
—, Therapie des Pruritus mit
  84
Membrandurchtritt, verzögerter, Sulfanilamide 1020,
  1021
Membrantheorie, Sulfanil-
  amide 1020

Membranwirkung von Calcium 131, 134, 135

Menoform, Oestrogen, Handelspräparat 507/508

Menoformion, Oestrogen, Handelspräparat 508

menschliches Choriongonadotropin 500, 501, 502, 507, 509

Menstruation, Cortisontherapie und 562

Menstruationsstörungen, lokale Anwendung von Oestrogenen und 508

Mepakrine 37

Mepazin, Phenothiazin, Deriphate B 63

Mephenamin, Tranquillizer, Handelspräparat 67

Mephenesin, Meprobamat, Handelspräparat 67, 68

Meprobamat, Anstieg der Blutungszeit nach 79

—, Anstieg der Gerinnungszeit nach 79

—, aplastische Anämie nach 79

—, autonomes Nervensystem und 67

—, Dermatosen und 80

—, Dosierung von 80

—, Dosierung von 88

—, elektrische Aktivität des Gehirns unter 67

—, Entziehungsphänomen bei 80

—, Exantheme nach 79

—, Gruppensensibilisierung zwischen Adalin und 80

—, Handelspräparate, 67, 68

—, —, Aneural 67, 68

—, —, Biobamat 67, 68

—, —, Cirpon 67, 68

—, —, Equanil 67, 68

—, —, Mephenesin 67, 68

—, —, Miltaun 67, 68

—, —, Miltown 67, 68

—, —, Parequil 67, 68

—, —, Restenil 67, 68

— bei Hauterkrankungen 13

—, Hauterscheinungen nach 79

—, Indikationen für 80, 88

—, klinische Erfahrungen 87

—, Knochenmarkhypoplasie nach 79

—, Kontraindikationen von 80, 88

—, Leberschwellung nach 79

—, Muskelrelaxantien 67, 68

—, Nebenwirkungen von 79

—, Neurodermitistherapie mit 87, 88

—, Petechien nach 79

—, Sucht bei 80

—, Therapie von Dermatosen mit 80

Meprobamat, Wirkungsmechanismus 67

Mepromat, Abbau 78

—, Autofahrtüchtigkeit unter 78

—, Pharmakologie 77

—, Resorption 78

—, Toxicität 79

Meratran, Tranquillizer, Handelspräparate 67

Mercaptopurin, Cytostatica 1337, 1350, 1363

—, —, Dosierung 1350

—, Therapie der akuten Leukämie mit 1350

—, — der Mycosis fungoides 1350

metabolische Umwandlung, Sulfanilamide 1092

— — und Bewertung, Sulfanilamide 1093

Metabolismus und Pharmakokinetik, Sulfanilamide 1097

— der Sulfanilamide 1040 bis 1047

Metabolite, Sulfanilamide, Löslichkeit der 1093

Motakentrin, Gonadotropin 499

Metallionen, fungitoxische Wirkung 1178

metallorganische Verbindungen, Antimykotica 1222 bis 1224

Metallsalze, Hauttuberkulose, in vitro-Hemmung der Tuberkelbakterien durch 1124

Metallverbindungen, anorganische, Therapie der Dermatomykosen mit 1187, 1188

Metastasenprophylaxe, postoperative, klinische Anwendung von Cytostatica zur 1362

Metastasenverkleinerung, Megaphen und 1355, 1356

Metastasierung, disseminierte, klinische Anwendung von Cytostatica bei 1362

Methämoglobinbildung nach Pyrogallol 1202

Methio-Cholin, Leberschutztherapie, Handelspräparat 167

Methionin, Beeinflussung der Leberdysfunktion mit 163

—, Behandlungsresultate bei Lebererkrankungen mit 161, 162, 163

—, Beziehungen zu Cholin 156, 157, 158

—, Kontraindikation von 161

Methenoin, Leberschutzpräparate 154

—, Leberschutztherapie, Handelspräparate 167

—, lipotrope Wirkung von 156

—, Methyldonator 156, 157

—, präventive Leberschutzwirkung 157, 158

— in der Therapie der Hepatitis 161, 162

—, Hauttuberkulose, Antagonismus von p-Aminosalicylsäure und 1129

Methioninbelastung, Leberfunktionsproben 153

Methionin-Cholin-Gemisch, Therapie bei Lebererkrankungen bei 162

Methoxypromazin, Phenothiazine, Derivate A 63

Methylcellulose, Salbengrundlagen 272, 273, 274

Methylcholanthrentumoren, Cytostatica 1320

Methyldonator 156

—, Cholin 156

—, Methionin 156, 157

Methylenblau, unspezifische Reiztherapie mit 90

Methylierung, Abbau des Histamin durch 290

Methylprednisolon, Applikation 571

—, Resorption 571

—, Therapie des Erythema exsudativum multiforme 599

—, — der Kontaktdermatitis mit 587

Methyltestosteron, bei Allergie gegen eigenes Oestrogen, Therapie mit 516

—, diabetogene Wirkung im Experiment 486

—, Hemmung der aeroben Glykolyse durch 487

—, Therapie der Coccidioidomykose mit 514, 515

—, — der Histoplasmose mit 514, 515

—, — der Normospermie mit postpuberaler Leydigzell-Insuffizienz mit 519, 520

— bei Verschluß-Ikterus und Pruritus 517

Methyltestosteronbehandlung bei Hypozoospermie 520, 521, 522

— bei Oligospermie 520, 521, 522

Methylviolett, Antimykotica 1209

M. Hodgkin, Therapie mit
ACTH 639, 640
—, — mit Cortison 639, 640
—, — mit Hydrocortisonsalbe
640
—, — mit Prednison 639, 640
Mikrobide 7
Microcin, Antimykotica 1267
mikrobiologische Bestimmung
von Nicotinsäure 410
— — der Sulfanilamide 1008
mikrobiologischer Nachweis der
p-Aminobenzoesäure 419
Mikrococcaceen, Erkrankungen
durch, Therapie mit Sulf-
anilamiden 1066
Mikrococcus pyogenes nach
Therapie mit Tetracyclinen,
Superinfektion mit 913, 914
Mikrosporie, Lokalbehandlung
mit Dibrompropamidin
1207
—, lokale Anwendung von
Oestrogenen bei 1232
—, Therapie mit Griseofulvin
1239, 1240
—, — mit Oestrogenen 514
—, — mit Penicillin 1258
— und Sexualhormone 1232
—, Heimendemie, Therapie mit
Griseofulvin 1239
Milchdiät 201, 202
Milchdrüse, Hormonwirkung
der Oestrogene auf die 494
—, Penicillinausscheidung
durch 789
Milchdrüsenwachstum unter
Hydrocortison 562
Miliaria rubra, Therapie mit
Vitamin A 396
Milibis, Phenylarsonsäuren 752
Milieu, exterieur 3
—, interieur 1, 10
Milliäquivalentwerte, Berech-
nung bei kochsalzarmer
Diät 196, 197
Miltaun, Dosierung von 88
—, Indikation für 88
—, klinische Erfahrungen 87
—, Kontraindikationen für 88
—, Meprobamat, Handels-
präparate 67, 68
— bei Neurodermitis 87, 88
— bei Pruritus 87, 88
—, Wirkung auf Skeletmusku-
latur von 78
Miltown, Meprobamat, Han-
delspräparat 67, 68
Milzbrand, Therapie mit Antibiotica 881
—, — mit Aureomycin 881
—, — mit Penicillin 881
—, — mit Sulfanilamiden
1068
—, — mit Terramycin 881

Mineralhaushalt, Wirkung der
Androgene auf 487
—, — des Testosteron auf 487
Mineralstoffe, Hautverände-
rungen und 184
Minimalhemmkonzentration,
Sulfanilamide 1011
Minimalkonzentration,
Sulfanilamide 1011
Mischbarkeitsverhältnis von
Silikonen 177
Mistelextrakt bei Haut-
erkrankungen 12
Mitochondrien, N-Lost-
Wirkung auf 1337
Mitomen, Cytostatica, Hemm-
zone bei 1323
Mitomycin C, Cytostatica 1348
Mitosegifte, Cytostatica 1318,
1328
—, —, Chinone 1328
—, —, Colchicin 1328
—, —, N-Lost 1328
—, —, Spindelgifte 1329—1335
—, —, Trypaflavin 1328
—, —, Urethan 1328
Mitosehemmung am Knochen-
mark nach Griseofulvin
1238
Mitosenbildung, gesteigert,
nach lokaler Anwendung
von Sexualhormonen 508
—, gesteigert, Sexualhormone
508
Mitosenschub nach Oestroge-
nen 494
Miyamura-Test, Cytostatica
1322, 1323
—, Wirkung des Endoxan im
1339
M. Kaposi, Therapie mit ACTH
642
—, — mit Cortison 642
Modellversuche, Cytostatica
1320
Moderil, Rauwolfia-Alkaloide,
Handelspräparate 64
Moldin, Antimykotica 1267
Molekülstruktur und Bewer-
tung, Sulfanilamide 1092
— und biologische Eigen-
schaften, Sulfanilamide
994—997
Monoäthanolaminstruktur,
Antihistaminica 298,
304—305
Monosaccharide, Leberschutz-
präparate 154
Monosporiose, therapeutische
Hinweise 1276
—, Therapie mit Diamino-
diphenylamin 1208
—, — mit Novex 1204
Mons veneris, Schwellung unter
Oestrogenen 494

Mopazin, Phenothiazine,
Handelspräparate 63
Morbus Boeck, Behandlung mit
Atebrin 59
Morbus Bowen, Therapie mit
Colcemidsalbe 1333
Morbus Darier, Therapie mit
Vitamin A 394
Morbus Fox-Fordyce, Therapie
mit ACTH 592—596
—, — mit Nebennierenrinden-
hormonen 592—596
Morbus haemorrhagicus neona-
torum, Vitamin-K-Mangel
bei 455
Morbus Hodgkin, klinische Er-
fahrungen mit Tetramin
bei 1360
—, Therapie mit Colcemid
1331, 1332
—, — mit E 39 1359
—, — mit N-Lost 1337
—, — mit Novoembichin 1338
—, — mit Urethan 1336
MSH-Wirkung von ACTH
577
Mucilago Bentoniti, Salben-
grundlagen 275, 276
Mucilago Cellogeli 272, 273
Mucilago Methylcellulosi,
Salbengrundlagen 274
Mucormykose, therapeutische
Hinweise 1276
Multergan, Antihistaminica,
Phenothiazine 303
Mumpsorchitis, Nebennierenrindenhormone und 579
Mund, trockener, durch Chlorpromazin 70
Mundschleimhautverände-
rungen durch Tetracycline
916, 917
Mundsoor, Therapie mit Ny-
statin 1249
Mundtrockenheit nach Anti-
histaminica 350
Mundwinkelrhagaden, Mangel-
symptome, Vitamin H
426
— nach Tetracyclinen 916
Musarin, Antimykotica 1267
Muskelerschlaffung durch No-
vocain 103
Muskelfunktion, NNR-Hor-
mone und 563
Muskelglykogenzunahme unter
Androgenen bei Hypo-
physektomie 486
— unter Testosteron bei Hypophysektomie 486
Muskelrelaxantien 67, 68
—, autonomes Nervensystem
und 67
—, Meprobamat 67, 68
—, Wirkungsmechanismus 67

Muskelschwäche unter Neben-
  nierenrindenhormonen 577
Muskulatur, glatte, Kontrak-
  tionswirkung von Histamin
  auf 281
Muskulaturspannungsgefühl
  nach Antihistaminica 350
Mutationen nach Ruhekern-
  giften 1335
Mycelin, Antimykotica 1267
Mycetoma pedis, Therapie mit
  Griseofulvin 1245
Mycetome, Therapie mit Sulfonamiden 1220
Mycobacteriaceen, Erkran-
  kungen durch, Therapie mit
  Sulfanilamiden 1068, 1069,
  1070
Mycolutein, Antimykotica 1267
Mycomycin, Antimykotica
  1267
Mycosis fungoides, klinische
  Erfahrungen mit
  Tetramin bei
  1360
— — —, Therapie mit ACTH
  640, 641
— —, — mit Actinomycin C
  1347
— —, — mit Antihistaminica
  339
— —, — mit Atebrin 59
— —, — mit Colcemid 1334
— —, — mit Cortison 640, 641
— —, — mit Dexamethason
  638
— —, — mit E 39 1359
— —, — mit Mercaptopurin
  1350
— —, — mit Prednison 640
  641
— —, — mit Urethan 1336
— —, —, Wirkung von En-
  doxan bei 1339
Mycosubtilin, Antimykotica
  1267
Mycoticin, Antimykotica 1267
Myelopoese, Hemmung durch
  Myleran 1342
Myelose, funikuläre, Therapie
  mit Vitamin B$_{12}$ 424
Mykide, therapeutische Hinweise der 1274
Mykid nach Penicillin 906
Mykobakterien, Synergismus
  von Vitamin B$_2$ und INH
  auf 407
mykographisches Testverfahren, Testmethoden, Antimykotica 1175
Mykosebefall und Allergie,
  Tetracycline 909, 910
Mykosen, gezielter therapeuti-
  scher Eingriff mit Antimykotica bei 1272

Mykosen, gezielter therapeutischer Penicillin-Eingriff
  bei 1272
—, innerliche Therapie, sekundäre Mykosen nach Anti-
  biotica 1183
—, juckende, Therapie mit
  Antihistaminica 339
—, sekundäre, Antimykotica
  1181
—, —, nach Antibiotica, Antagonismus zwi-
  schen Bakterien-
  flora und Pilzen
  1182
—, —, —, Beseitigung der
  Pilzherde 1182
—, —, —, experimentelle Untersuchungen
  1181
—, —, —, innerliche Therapie
  1183
—, —, —, Kettenreaktion
  1181
—, —, —, Tierversuche 1182
—, —, — und Abwehrmecha-
  nismus 1182
—, —, — und therapeutische
  Konsequenzen
  1182, 1183
—, —, — und Toleranzgrenze
  1182
—, —, — durch Vitamin-
  mangel 1182
—, —, therapeutische Hin-
  weise 1274
—, Therapie mit Griseofulvin
  1235, 1236
—, — mit Schilddrüsenhormon
  671
Mykosetherapie, orale, Antibiotica für 1235—1256
—, orale, Antibiotica 1235
—, parenterale, Antibiotica für
  1235—1256
mykotisches Ekzem, thera-
  peutische Hinweise 1274
mykotische Komplikationen
  nach Antibiotica,
  Prophylaxe 1183
— — unter ACTH 1233
— — bei antibiotischer Behandlung, Anti-
  mykotica 1181, 1182,
  1183
— — unter Cortison 1233
Myleran, Amenorrhoe nach
  1343
—, Cytostatica 1337, 1342,
  1343
—, —, Äthyleniminderivate
  1342, 1343
—, —, Dosierung 1343, 1344
—, cytostatischer Effekt von
  1343

Myleran, Dauerbehandlung
  1342
—, Hemmung der Myelopoese
  durch 1342
—, Nebenwirkungen 1342
—, Schädigung der Erythropoese 1342
—, — der Keimdrüsen durch
  1342
—, Therapie der chronischen
  myeloischen Leuk-
  ämie 1342, 1343
—, — während der Schwangerschaft 1342
—, Thrombopoeseschädigung
  durch 1342
myogene Wirkung des 19-Nor-
  testosteron 486
Myxal, Antimykotica, quartäre Phosphonium-
  verbindungen 1196, 1197
—, Desinfektion der Bade-
  räume Antimykotica
  1197
—, Eiweißfehler, Antimykotica
  1196, 1197
—, klinische Erfahrungen,
  Antimykotica 1196, 1197
—, Nebenwirkungen, Anti-
  mykotica 1197
—, Therapie der Dermato-
  mykosen mit 1197
—, Toxicität, Antimykotica
  1196
—, Wirkungsspektrum, Antimykotica 1196
Myxödem, Herabsetzung der
  17-Ketosteroidausschei-
  dung bei 485
—, Pantothensäuretherapie der
  Haarwuchsstörungen bei
  418
—, Xanthomatosen und 208
—, Therapie mit Schilddrüsenhormon 668, 669
Myxoedema circumscriptum,
  Therapie mit
  ACTH 632
— — —, mit Cortison 632
— — —, mit Hydrocortison
  und Hyaluroni-
  dase 632
Myxoedema tuberosum
  circumscriptum, Therapie
  mit Schilddrüsenhormon
  669

N-Acetylderivate, Sulfanilamide 1045, 1046
N-Acetylierung, Sulfanilamide
  1041, 1042, 1043
Nacht-Antihistaminica 341, 342
Nachweismethoden, Panto-
  thensäure 418
— für Vitamin A 387, 388

Nachweismethoden von Vit-
amin B$_1$ 401, 402
—, Vitamin B$_2$ 405
—, Vitamin B$_6$-Gruppe 416
—, Vitamin D 438
Naevi, Spinnen- und Oestro-
gene 494
Naevus araneus 21/22
Naevus, Spinnen- 21
Nagelablösung bei Onycho-
mykosen 1180, 1181
Nagelbettreinigung bei
Onychomykose 1242
Nagelmykosen s. Onycho-
mykosen
Nagelmykosen, therapeutische
Hinweise 1273, 1274
—, Therapie mit Hexylresorcin
1202
—, — mit Vitamin A 396
Nagelveränderungen bei Leber-
krankheiten 143
—, Vitamin A-Mangel und 395
Nagelwachstumsstörungen,
Therapie mit Vitamin A 395
Nahrungsallergie, Feststellung
der 186
Nahrungsmittel, Gehalt an
Vitamin A 389
—, — an Vitamin B$_2$ 404, 405
Naphthochinonderivate, Anti-
mykotica 1210, 1211
β-Naphthol-Derivate, Anti-
mykotica 1202
Nasentropfen, Sulfanilamide,
Rezeptur für 1091
Natrium, Ausscheidung von
195
—, Entzug von 195
—, Tagesaufnahme von 194,
195
— und Enzymaktivierung 194,
195
Natriumausscheidung bei
Hypercorticismus 560, 561
Natriumjodid, Therapie der
Sporotrichose mit 1186
Natriumperborat, Antimyko-
tica 1186
Natrium-Retention unter
ACTH 573
— unter Nebennierenrinden-
hormonen 573
— unter Oestrogenen 493
Natriumtetraborat, Antimykotica 1186
Natriumverarmung bei Nebennierenrindeninsuffizienz
560, 561
Natur, Vitamine, Reizstoffe der
383
Nausea nach Colchicin 1334
— nach N-Lost 1338
— nach Purinantagonisten
1350

Nebacetin, Handelsform 922
Nebenerscheinungen der
Adrenalin-Therapie 662
— durch Antihistaminica am
hämatopoetischen
System 349, 351
— der Therapie mit Parat-
hormon 672
Nebenhodenentzündung, Be-
handlung mit Lipopoly-
sacchariden 98
Nebennieren-Apoplexie nach
ACTH 582
Nebennierenimplantation,
Therapie der Alopecia mit
634
Nebennierenmark, Hormone
des 661—663
Nebennierenrindenextrakt,
Therapie der Psoriasis
vulgaris mit 619
—, Therapie von Vitaminstoff-
wechselstörungen mit
630
Nebennierenrindenhormone 15
—, Acne unter 576
—, allergische Reaktionen
durch 565, 566
—, Anregung der Erythropoese
durch 564
—, Antacida bei Magenana-
mnese 576
—, Antikörper und 566
—, Arteriosklerose und 575
—, Aufbau aus Acetatbau-
steinen 556
—, Bindegewebefunktion und
565
—, Biosynthese von 556
—, Chemie 552, 553, 554
— s. Cortison, Prednison
—, diabetogene Wirkung von
575
—, Diät bei Magenanamnese
576
—, EKG-Veränderungen unter
577
—, Epilepsie und 580
—, Erhaltungsdosis, Therapie
des Pemphigus mit 615
—, Experimental-Tumoren
und 565
—, experimentelle Pilzinfek-
tionen und 580
—, experimentelle Sensibili-
sierung und 566
—, Foetus-Entwicklung unter
580, 581
—, Frei-Test und 566
—, Funktion der Gonaden und
562
—, Furunkulose unter 578, 579
—, Geburt unter 580, 581
—, Gefäßverletzlichkeit unter
578

Nebennierenrindenhormone,
Geschlechtsmerkmale
und 562
—, Gewichtszunahme unter
575
— s. Glucocorticoide
—, Glucoseverbrauch und
Glykogenneubildung 558
—, Haarwachstum unter 577
—, Haarwachstumshemmung
unter 577
—, Hämorrhagien unter 578
—, Hauttransplantate unter
565
—, Hauttumoren und 565
—, Hemmung des Fibro-
blastenwachstums
unter 565
—, — der Granulationen
durch 565
—, Herz-Kreislaufwirkungen
unter 563, 564
—, Hirsutismus unter 576
—, Hodenmorphologie und 562
—, Hypercholesterinämie
unter 575
—, Hypercorticismus 558
—, Hypertension und 575
—, Indikation bei Dermato-
myositis 608
—, Indikationen bei Kinder-
ekzem 597
—, Infektaktivierung unter
578, 579
—, Infektionsgefahr unter 578,
579
—, Kaliumverlust unter 573
—, katabole Wirkung 558, 559
—, Kombinationstherapie der
Dermatomyositis mit
Antibiotica und 606,
607
—, — bei Psoriasis arthro-
pathica und Aspirin
und 622
—, Kontraindikation einer
Therapie mit 583, 584
—, Laktation und 562
—, Leber und 562
—, Libido und 562
—, Libidostörungen unter 576
—, lymphoide Gewebe und 564
—, Magenfunktion und 563
—, Magensäure und 563
— s. Mineralocorticoide
—, Mißbildungen des Foeten
bei Therapie mit 581
—, Mumpsorchitis und 579
—, Muskelfunktion und 563
—, Muskelschwäche unter 577
—, Natriumretention unter 573
—, Nebenschilddrüsenfunktion
und 562
—, Nebenwirkungen 572,
573—583

Nebennierenrindenhormone, Nebenwirkungen durch Resorption bei lokaler Anwendung 597
—, negative Stickstoffbilanz unter 575
—, Osteoporose 558, 575, 576
—, Perforation des Duodenalulcus unter 576
—, — von Magenulcus unter 576
—, Periarteriitis nodosa und 578
—, pharmakodynamische Wirkung 573
—, Physiologie 556
—, physiologische Wirkungen 557
—, Potenzstörungen unter 576
—, Prophylaxe der Osteoporose 575, 576
—, Psychosen unter 580
—, Pulmonarembolien unter 577, 578
—, Pulmonarthrombosen unter 577, 578
—, Reduzierung bei Pemphigus 614, 615
—, Regulation des Elektrolythaushaltes 559, 560, 561
—, Regulation des Wasserhaushaltes 559, 560
—, Schilddrüsenfunktion und 561, 562
—, Schutzwirkung gegen Magenulcera 563
—, Schwangerschaft unter 580, 581
—, sekundäre Nebennierenrinden-Insuffizienz unter 581, 582
—, Serumeiweißfraktionen unter 564
—, Schwartzmann-Phänomen und 566
—, Steroiddiabetes 558, 575
—, Steroidpseudorheumatismus nach Entzug von 577
—, Stoffwechselwirkungen der 557, 558, 559
—, Störungen der Blutgerinnung unter 578
—, Striae unter 576
—, Substitution mit 582
—, Substitutionstherapie mit 572, 573
—, — bei Neurodermitis mit 595, 596
—, Testreaktion und 566
—, Therapie der Arteriitis temporalis mit 601
—, — der Arzneimittel-Erythrodermie mit 625

Nebennierenrindenhormone, Therapie des Asthma bronchiale mit 588, 589
—, — des Behçet-Syndroms 600
—, — der Dermatitis herpetiformis Duhring 609
—, — der Dermatomyositis mit 605, 606, 607, 608
—, — von Dermatosen mit 585—661
—, — des Ekzems mit 591, 592
—, — des Erythema exsudativum multiforme 599
—, — des Erythematodes mit 603, 604, 605
—, — der Erythrodermie mit 625, 626
—, — der Gefäßerkrankungen mit 601, 602
—, — des Genito Anal-Pruritus mit 590, 591
—, — des Heufiebers mit 588, 589
—, — des Kinderekzems mit 596, 597
—, — der Kontaktdermatitis mit 585, 586, 587
—, — des Kontaktekzems 591, 592
—, — der Lymphogranulomatosis inguinalis mit 660
—, — des M. Fox-Fordyce mit 592, 593, 594, 595, 596
—, — der Neurodermitis mit 592, 593, 594, 595, 596
—, — des Pemphigus mit 610—617
—, — der Periarteriitis nodosa mit 600, 601
—, — der Poikilodermatomyositis 605, 606, 607, 608
—, — der Prurigo mit 592, 593, 594, 595, 596
—, — des Pruritus mit 590, 591
—, — bei Quincke-Ödem mit 598
—, — der Rhinitis allergica mit 588, 589
—, — der Urtikaria mit 597, 598
—, Thrombocytenanstieg unter 564
—, Tuberkulinreaktion und 566
—, Tuberkulose und 579
—, unerwünschte Wirkungen 572, 573—583
—, — —, Cushing-Syndrom 573

Nebennierenrindenhormone, Varicellen und 658
—, Verschiebung des Elektrolytgleichgewichtes unter 573
—, Virusinfektionen und 579
—, Wachstumsstop bei Kindern 558
—, Wasserhaushalt und 193, 194
—, Wasserretention unter 573
—, Wirkung auf Eiweiß-Stoffwechsel 558, 559
—, — auf Fettstoffwechsel 559
—, — auf den Kohlenhydratstoffwechsel 557, 558
—, — auf das periphere Blutbild 564
—, Wirkungsäquivalente 584, 585
—, Wundheilungshemmung unter 577
Nebennierenrindenhormontherapie, Gelenkbeweglichkeit bei Psoriasis arthropathica unter 622
Nebennierenrinden-Salbe, Kombinationstherapie des bakteriellen Ekzems mit Antibioticum und 618, 619
—, — der Otitis externa mit Antihistaminicum und 618
Nebennierenrindeninsuffizienz, Bluteindickung bei 560, 561
—, Calciumspiegel bei 560, 561
—, Energieumsatz bei 561
—, Kaliumerhöhung bei 560, 561
—, Kreislaufstörungen bei 563, 564
—, Natriumverarmung bei 560, 561
—, Phosphorspiegel bei 560, 561
—, relative, bei Neurodermitis 16
—, sekundär unter ACTH 581, 582
—, sekundäre, ausschleichende Behandlung 581, 582
—, sekundär unter Nebennierenrindenhormonen 581, 582
Nebenschilddrüsenfunktion, NNR-Hormone und 562
Nebenschilddrüsenhormon s. Parathormon
Necrobiosis lipoidica diabeticorum, Injektion von Hydrocortison bei 631

Necrobiosis lipoidica diabeticorum, Therapie mit Cortison 631
— — —, — mit Cortisonsalbe 631
— — —, — mit Insulin 667
Neisseria gonorrhoeae,Therapie mit Sulfanilamiden 1066, 1067
Neisseria meningitidis, Therapie mit Sulfanilamiden 1067
Neisseriaceen, Erkrankungen durch, Therapie mit Sulfanilamiden 1066, 1067
Nemotin, Antimykotica 1267
Neoantergan, Äthylendiamine Antihistaminica 298, 299, 311, 312, 313, 335
Neocryl, Phenylarsonsäuren 752
Neo-Hetramin, Äthylendiamine, Antihistaminica 299, 312, 335
Neomycin 841, 842, 843, 844
—, Antimykotica 1267, 1268
—, biologische Nebenwirkungen 915
—, Blutspiegelwerte 843
—, chemische Eigenschaften 842
—, Chemotherapie der Hauttuberkulose mit 1125, 1133, 1136
—, Einfluß auf Darmflora 842, 843
—, Grenzkonzentrationen für 842
—, Handelsform 921
—, Hauttuberkulose, tuberkulostatische Wirkung 1136
—, Herkunft 841, 842
—, Kombination mit Sulfonamiden 844
—, — mit anderen Antibiotica 844
—, Kreuzresistenz gegen Kanamycin 867
—, Nachweis 844
—, nephrotoxische Wirkung 843
—, neurotoxische Wirkung 843
—, Pharmakologie 843
—, physikalische Eigenschaften 842
—, Resistenz gegenüber 843, 844
—, Resistenzsteigerung in vitro 843
—, Resorption 843
—, Standardisierung 842
—, Struktur, experimentelle Chemotherapie der Hauttuberkulose 1136

Neomycin, Therapie des mikrobiellen Ekzems 890
—, — des Ulcus cruris 891
—, Toxicität 843
—, Wirkungsbereich 842, 843
—, Wirkungsoptimum 842
—, Wirkungsweise 843
—, im Tierversuch, experimentelle Chemotherapie, Hauttuberkulose 1136
Neoproparsan, Arsenobenzole 741
Neopyrithiamin, Antimykotica 1234
Neosalvarsan, Arsenobenzole 744, 745
nephrotoxische Wirkung, Bacitracin 845, 847
nephrotoxischer Effekt, Polymyxin 839, 849
nephrotoxische Wirkung, Neomycin 843
Nervenschädigungen nach Diamidine 1346
Nervensystem, Atebrin- und Resochinbehandlung und Störungen des ZNS 45
—, autonomes, Meprobomat und 67
—, —, Muskelrelaxantien und 67
—, Hauterkrankungen und 10, 11, 12, 13, 14
—, Nebenwirkungen von Antihistaminica am 348—350
—, Reserpin und 75
—, vegetatives und Hauterkrankungen 11, 12, 13, 14
—, —, Novocain und 102, 103
—, Vorkommen von Histidindecarboxylase im 283
Nervensystemstörungen unter Antihistaminica 348—350
Nervensystemsymptome, Pellagra 412
Neurin, Hauttuberkulose, Auflösung der Tuberkelbakterien durch 1123
Neuritis, periphere, toxische Symptome, Sulfanilamide 1029
—, Therapie mit Vitamin B_{12} 424
Neurodermitis s. endogenes Ekzem
—, Austrocknungsdiät bei 198
—, Befund der Leberbiopsie bei 148
—, Corticoiddosis bei 596
—, Dexamethason-Dosis bei 596

Neurodermitis, Funktion des Hypophysen-NNR-Systems bei 595, 596
—, Indikation für Eliminationsdiät bei 213
—, Insulinbelastung bei 19
—, intravenöse Applikation von Novocain bei 117
—, Kombinationstherapie mit Cortison und Reserpin 86
—, konstitutionelle Bereitschaft bei 17
—, Leberfunktionsstörungen und 146, 147
—, lokale Injektion von Hydrocortison 594
—, Magnesium-Hautwerte und 184
—, Miltaun bei 87, 88
—, Minderleistung des Hypophysen-NNR-Systems 17
—, Novocain-Infiltration bei 121
—, Prednisolon Spray-Behandlung 594
—, Prednison-Dosis bei 596
—, relative Hypophyseninsuffizienz bei 16
—, relative Nebenniereninsuffizienz bei 16
— bei relativer Nebennierenrindeninsuffizienz 16
—, Substitutionstherapie mit ACTH 595, 596
—, — mit Nebennierenrindenhormonen 595, 596
—, Therapie mit ACTH 592—596
—, — mit Antihistaminica 339, 340
—, — mit Cortison 593
—, — mit Diphenylmethanderivaten 87
—, — mit Hydrocortisonsalbe 593
—, — mit Marisone 515
—, — der Neurodermitis mit Nebennierenrindenhormonen 592—596
—, — mit Parathormon 672
—, — mit Prednison 593, 594
—, — mit Progesteron 515
—, — mit Testosteron 515
—, — mit Triamcinolon 594
—, — mit Vitamin B_1 402
—, Traubenzuckerbelastung bei 19
—, umschriebene, Therapie mit Antihistaminica 339
—, verschiedene Reaktionstypen bei 16
— circumscripta, Therapie mit Stickstoff 172
Neurodermitistherapie mit Lipopolysaccharide 98

Neurodermitistherapie mit
    Meprobamat 87, 88
— mit Reserpin 85, 86
Neurofibromatosis, Therapie
    mit Urethan 1336
Neurolepsie 60
Neuroleptica, antriebs-
    dämpfende Wirkung 60
—, cocktail lytique 61
—, Definition 60, 61
—, depressionierende Wirkung
    60, 61, 62
—, klinische Erfahrungen mit
    80—88
—, Pharmakologie 61, 62, 63
— und Psychosen 62
—, Schäden durch 61, 62
—, Schwangerschaftskompli-
    kationen und 61, 62
—, Suicid und 61, 62
—, Synonyma 60
—, Testmethoden 60, 61, 62
—, Therapie mit 60, 61, 62, 63,
    64, 80—88
—, Todesfälle und 61, 62
—, tranquillisierende Wirkung
    60, 61, 62
—, Unterdrückung von Juck-
    reiz und 61, 62
Neurolues, Therapie mit Lipo-
    polysacchariden 98
—, — mit Schilddrüsen-
    hormon 670
neuromuskuläre Funktionen,
    Calcium und 129
Neuropharmakologie 62
Neuroplegica 60
— bei Hauterkrankungen 13
neuroplegische Wirkung von
    Phenothiazinen 64
— — von Reserpin 65
Neurosyphilis, Therapie mit
    Penicillin 883
neurotoxische Neben-
    wirkungen durch Strepto-
    mycin 901, 902
— Symptome nach Benz-
    thiazolderivaten 1230
— Wirkung, Neomycin 843
— —, Polymyxin 840
Neurotoxicität, Streptomycin
    806
Neutralfette, unspezifische
    Reiztherapie mit 90
Neutralisation, Alkali- 7
—, Säure- 7
Neutralisationstest, Alkali-
    6, 7
—, Säure- 7
neutralisierende Antikörper
    gegen Histamin 295
Neutralöl 812 als Salbengrund-
    lage 250
Niacin, Nicotinsäure, Synony-
    ma 408

Niacinamid, Nicotinsäure,
    Synonyma 408
nichtionisierende Emul-
    gatoren, Emulsionssalben-
    grundlagen Typ Öl-in-
    Wasser 264—266
Nicotinsäure, Antihistamin-
    wirkung von 414
—, Ausscheidung von 410
—, Bedarf des Menschen 410
—, Bildung aus Tryptophan
    409, 410
—, Blutspiegelwerte 409
—, Chemie 409
—, chemische Bestimmung
    von 410
—, Erythem nach 414
—, Funktion bei fermentativen
    Prozessen 409
—, Gehalt der Erythrocyten an
    409
—, Hauttemperaturanstieg
    nach 414
—, Kombinationstherapie von
    Dermatosen mit Panto-
    thensäure und 422
—, Mangelerscheinungen
    410—414
, —, akute Aniacinose 413
—, —, black tongue 413, 414
—, —, Encephalopathie 413
—, —, Pellagra 410, 411, 412,
    413
—, —, Pellagramorbidität 411
—, , Pellagroide 414
—, —, primäre Pellagra 411
—, —, schwarze Haarzunge
    413, 414
—, —, Schwarzzungenkrank-
    heit 413, 414
—, —, sekundäre Pellagra 411
—, mikrobiologische Be-
    stimmung von 410
—, Nebenwirkungen der Thera-
    pie 415
—, Prophylaxe in Pellagra-
    gebieten 413
—, Resorption von 409
—, Synonyma, Niacin 408
—, —, Niacinamid 408
—, —, Nicotinsäureamid 408
—, —, Pellagraschutzstoff 408
—, —, PP-Faktor 408
—, Synthese durch Bakterien
    409
—, therapeutische Dosis 415
—, Therapie allergischer Er-
    krankungen mit 414,
    415
—, — der Berufsekzeme mit
    415
—, — der Dyshidrosis mit 414
—, — des Erythema exsuda-
    tivum multiforme
    414

Nicotinsäure, Therapie des
    Erythema indura-
    tium Bazin mit 414
—, — des Erythematodes mit
    414
—, — der Erythrocyanosis
    mit 414
—, — der Erythrodermie mit
    414
—, — des Lichen ruber mit
    414
—, — der Lichtdermatosen
    mit 415
—, — des Lupus vulgaris mit
    414
—, — der Pellagra mit 412,
    413
—, — der Perniosis mit 414
—, — des Pruritus mit 414
—, Vorkommen 409
—, Wärmegefühl nach Gabe
    von 414
Nicotinsäureamid, Nicotin-
    säure, Synonyma 408
Nicotinsäurederivate, Anti-
    mykotica 1228, 1229
Nidulin, Antimykotica 1268
Niere und Leber, Androgen-
    umbau in 481
— —, Testosteronumbau in
    481
— —, Umwandlung der C_{19}-
    Steroide in 480,
    481
Nicron, Haut und 22, 23
—, Nebenwirkungen durch
    Antihistaminica an den
    352, 353
—, Penicillinausscheidung
    durch 789
—, Reizungen durch Butazoli-
    din 23
—, — durch Hg-Präparate 22
Nierenfunktion, Erythemato-
    des und 23
—, Hypertension und 23
—, Sklerodermie und 23
Nierengefährdung durch
    Sulfanilamide, Faustregel
    über 1093, 1094
Nierenreizungen durch Buta-
    zolidin 23
— durch Hg-Präparate 22
—, Quecksilber-Präparate und
    22
— nach Resorcinsalben, Anti-
    mykotica 1201
Nierenschäden durch Über-
    dosierung von Langzeit-
    präparaten, Sulfanilamide
    1093
Nierenschädigung unter Kana-
    mycin 865
— und Kristalle der Sulfanil-
    amide 1000

Nierenschädigung durch Streptomycin 901, 902
— durch Tetracycline 903,
904
Nierenschmerzen, toxische
Symptome, Sulfanilamide
1029
Nierenveränderung, Hyper-
vitaminose, Vitamin D
446, 447
Nigericin, Antimykotica 1268
Nilevar, Androgen, Handels-
präparat 507
Nipagin, Konservierungsmittel
261
Nipasol, Konservierungsmittel
261
Nipodal, Phenothiazine,
Handelspräparate 63
nitrierte Kresole, Antimykotica
1200
— Phenole, Antimykotica
1200
Nivaquine, Pharmakologie 37
—, Therapie des Erythema-
todes chronicus mit 53
N-Lost, ambulante Therapie
mit 1338
—, Appetitlosigkeit nach 1338
—, Benommenheit nach 1338
—, Cytostatica, Entgiftung
von 1337
—, —, Mitosegifte 1328
—, cyclische Phosphamidester
1339
—, Dauerbehandlung 1338
—, Dosierung 1338
—, Erbrechen nach 1338
—, Fieber nach 1338
—, Kombinationstherapie der
Lymphogranulo-
matose mit Cortison
und 1338
—, — des Lymphosarkoms
mit Röntgenstrahlen
und 1338
—, — des Reticulosarkoms
mit Röntgenstrahlen
und 1338
—, Knochenmarksschädigung
bei Therapie mit, Ver-
hütung durch Cortison
1338
—, Kopfschmerzen nach 1338
—, Leukopenie nach 1338
—, Müdigkeit nach 1338
—, Nausea nach 1338
—, Nebenerscheinungen 1338
—, Phagocytosehemmung
durch 1338
—, Schädigung des hämato-
poetischen Systems 1337
—, Schutztherapie nach operativen Eingriffen 1337,
1338

N-Lost, Therapie der Lymphogranulomatose mit
1340
—, — des Morbus Hodgkin
1337
—, Unterstützung der chirurgischen Therapie durch
1338
—, Unverträglichkeits-
erscheinungen nach 1338
—, Wirkung auf die Chromosomen 1337
—, — auf die Fermente 1337
—, — bei Leukämie 1337
—, — bei Lymphogranulo-
matose 1337
—, — auf die Mitochondrien
1337
—, — auf das Plasma 1337
—, — auf den Zellkern 1337
NNR-Extrakt, lokale Therapie
der Alopecia mit 634
—, Therapie der Psoriasis
arthropathica mit 621
NNR-Hormone und INH,
Kombinationstherapie
der Tuberkulide mit
652
—, Kombinationstherapie des
Boeck-Sarkoid mit Tu-
berkulostatica 653, 654
—, Therapie von Atrophien mit
643—647
—, — endokriner Störungen
mit 630
—, — der Hauttumoren mit
637—642
—, — von Hypertrophien mit
643—647
—, — der Lichtdermatosen
mit 648
—, — des M. Brill-Symmers
mit 640
—, — der Rosacea mit 633
—, — des Sjögren-Syndroms
mit 646
—, — des Skleromyxödems
mit 632
—, — von Tumoren mit
637—642
NNR-Hormontherapie, Ge-
fahren bei Sklerodermie
644
—, Indikationen bei Purpura
629, 630
NNR-Stimulation unter Re-
serpin 74, 75
NNR-Störungen, Anomalien
der 17-Ketosteroidausschei-
dung durch 485
NNR-Tumoren, Erhöhung der
17-Ketosteroidausschei-
dung bei 485
Nocardiose, therapeutische
Hinweise 1275

Nocardiose, Therapie mit Antibiotica 889, 890
—, — mit Streptomycin 1259
—, — mit Sulfadiazin 1220
—, — mit Sulfanilamiden
1070
—, — mit Sulfonamiden 1220
—, — mit Sulfonamiden 890
—, — mit Sulfonen 1221
Normospermie mit postpuberaler Leydig-Zell-
Insuffizienz, The-
rapie mit Chorion-
gonadotropin 519
— — —, Therapie mit Me-
thyltestosteron
519, 520
Nor-Nidulin, Antimykotica
1268
Nor-Testosteron, antigonadotrope Wirkung 477
—, Nebenwirkungen bei 477
—, Ovulationshemmung 477
—, Spätfolgen von 477
—, Therapie des metastasierenden Mamma-Carci-
noms mit 525
—, virilisierender Effekt bei
weiblichen Neugeborenen
477
Notandron, Androgene, Handelspräparat 507
Notfallbehandlung mit Prednison 571
Noradrenalin 661—663
—, physiologische Wirkung 662
—, Stoffwechselwirkung 662
Novamina, Antihistaminica 345
Novex, Antimykotica 1204
—, fungistatische Wirkung
nach peroraler Gabe
1204
—, Therapie der Monosporiose
mit 1204
Novobiocin, Handelsform 922
Novocain 99—127
—, Adrenalin und 103, 104,
105, 106
—, Anwendung bei Dermato-
sen 116, 117, 118, 119,
120, 121, 122
—, Aufnahme in den Organismus 101
—, Blutdrucksenkung nach
intravenöser Gabe von
119
—, Blutzucker unter 102
—, Chemie 100
—, dermatologische Indikation bei Anal-
ekzem 116
—, — — bei Alopecia areata
117
—, — — bei Genitalekzem
116, 117

Novocain, dermatologische Indikation bei Pruritus vulvae 116

—, — — bei Sklerodermie 117

—, — — bei Ulcus cruris 117

—, Diäthylaminoäthanol, Spaltprodukt des 105, 106, 107, 108, 111, 112

—, Dosis tolerata bei 112, 113

—, Eiweiß-Spektrum und 102

—, Entgiftungsgeschwindigkeit 101

—, Esterspaltung von 101

—, Gefäßerweiterung durch 103

—, Grenzstrangblockade bei Sklerodermie 118

—, Grenzstranginfiltration 122

—, Hauttemperaturabfall nach 108

—, Herzwirkung von 103, 106

—, historische Entwicklung der Infiltrationstherapie 116

—, — — der intravenösen Therapie 114, 115

—, Infiltration bei Ekzem 121

—, — bei Lichen ruber planus 121

—, — bei Neurodermitis 121

—, Infiltrationstherapie 113, 114

—, Infiltrationsverfahren mit 121, 122

—, Intoxikationen nach 127

—, intravenöse Gabe und Atemlähmung 104

—, intraarterielle Applikation 122

—, Intravenöse Applikation von 117, 118, 119, 120

—, — — bei Asthma bronchiale 117, 120

—, — — bei Dermatomyositis 118

—, — — bei Frostgangrän 119

—, — — bei Kohlendioxydvergiftung 120

—, — — bei Neurodermitis 117

—, — — bei Pruritus 119

—, — — bei Psoriasis 119

—, — — bei Sklerodermie 117, 118

—, — — bei Urticaria 119

—, klinische Anwendung von 113, 114, 115, 116, 117, 118, 119, 120, 121, 122, 123, 124, 125, 126, 127

—, Kontaktekzem durch 112

Novocain, Konzentrationsabfall von 108

—, Kreislaufwirkung 101, 106

—, Leitungsanaesthesie mit 121

—, Lösungstemperatur von 109

—, Maximaldosis von 113

—, Muskelerschlaffung durch 103

— und nachfolgende Arteriitis 125

—, Nebenwirkungen von 122, 123, 124, 125, 126, 127

—, orale Applikation 120

—, Para-Stoff-Allergie bei Allergie durch 112

—, p_H-Werte nach 108

—, allergische Reaktionen nach 112, 124, 125

—, Schwellendosis bei intravenöser Gabe von 107, 108

—, Schicksal im Organismus 101, 102, 103, 104, 105, 106, 107, 108

—, Sicherheit bei Injektion von 123

—, Spaltprodukte von 101

—, Stellatum-Blockade bei Röntgenulcera 122

—, Stoffwechselwirkungen von 102

—, Therapie von Vergiftungsfällen durch 110, 111, 112

—, Todesfälle nach 110, 124, 125, 126

—, Toxicität von 109, 110, 111, 112, 113

—, — und Injektionsgeschwindigkeit von 112, 123

—, — und Resorptionsgeschwindigkeit 112, 123

—, Umspritzung bei Durchblutungsstörungen 121

—, Unterspritzung bei plantaren Warzen 121

—, — bei Pruritus anogenitalis 121

—, — bei Ulcus cruris 121

—, vegetatives Nervensystem und 102, 103

—, Vergiftungserscheinungen durch 111, 112

—, Vergiftungssymptome von 110, 111

—, Wirkungen von 101, 102, 103, 104, 105, 106, 107, 108

—, endoanaesthetische Wirkung 108

—, lokalanaesthetische Wirkung von 104, 105

—, zentralanalgetische Wirkung 103, 104

Novocain, zentralnervöse Wirkung 103, 104

Novocain-Allergie, Penicillin 905

Novocainblockade, bei pyogenen Dermatosen 15

Novocainesterase 101

Novocainsalz, Penicillin 785

Novoembichin, Cytostatica 1338

—, Lost-Derivate 1338

—, Strukturformel 1338

—, Therapie der Leukämie 1338

—, — des Morbus Hodgkin 1338

Nucleinsäuresynthese, Griseofulvinwirkung und 1244

Nucleinstoffwechsel, Eingreifen von Resochin in 43

Nupasal, experimentelle Chemotherapie der Hauttuberkulose mit 1154, 1155

Nystatin, Antimykotica 1235, 1245—1250, 1273, 1274, 1275

—, —, Applikationsart 1250

—, —, Behandlungsdauer 1250

—, —, biologische Wirkung in vitro 1246, 1247

—, —, chemische Eigenschaften 1245, 1246

—, —, Diffusion 1247

—, —, Dosierung 1250

—, —, Eliminierung 1247

—, —, Geschichtliches 1245

—, —, Grenzkonzentration 1246

—, —, Handelspräparate 1250

—, —, Herkunft 1245

—, —, Indikationen 1248, 1249

—, —, klinische Erfahrungen 1247, 1248

—, —, Kombination von Tetracyclin und 1250

—, —, Löslichkeit 1245, 1246

—, —, Molekularformel 1246

—, —, Molekulargewicht 1246

—, —, Nebenwirkungen 1250

—, —, pharmakologische Eigenschaften 1245, 1246

—, —, physikalische Eigenschaften 1245, 1246

—, —, quantitative Bestimmung 1246

—, —, Resistenzentwicklung gegen 1246

—, —, Resorption 1247

—, —, Schmelzpunkt 1245

—, —, Sensibilisierung durch 1250

—, —, Tierversuche 1247

—, —, Toxicität 1250

—, —, — für Mäuse 1246

Nystatin, Antimykotica, UV-Absorptionsspektrum 1246

—, —, Verträglichkeit 1247 1250

—, —, Wirkungsspektrum 1246

—, —, Wirkungsweise 1250

—, Atmungskurven 853

—, biologische Nebenwirkungen 915

—, Candidainfektion und 852, 853

—, Chemie 851, 852

—, fungizide Wirkung 1246, 1250

—, fungistatische Wirkung 1246

—, Geschichtliches 851

—, Grenzkonzentration 859

—, günstiger Verlauf der Coccidioidomykose unter 1248

—, Handelsform 922

—, Herkunft 851

—, Kombination mit anderen Antibiotica 854

—, Löslichkeit 851

—, Nachweismethoden 854, 855

—, Resistenzentwicklung 854

—, Resorption 853

—, Stabilität 852

—, Standardisierung 852

—, therapeutische Beherrschung generalisierter Systemmykosen 1247, 1248

—, Therapie der Aspergillose mit 1250

—, — der Balanoposthitis candidomycetica mit 1249

—, — der Candida-Infektion 888, 889

—, — der cutanen Candidamykose mit 1248, 1249

—, — — — der Säuglinge mit 1248

—, — von Dermatomykosen mit Prednison und 651

—, — der Erosio interdigitalis candidomycetica 1248

—, — der genitalen Candidamykosen mit 1249

—, — der granulomatösen Candidamykosen der Haut 1248

—, — der Id-Reaktionen durch Candida-Allergene 1249

—, — des intertriginösen Genitalekzems mit 1248

Nystatin, Therapie des intertriginösen Mammaekzems mit 1248

—, — der lokalisierten Candidamykose mit 1248

—, — des Mundsoor 1249

—, — der Paronychie mit 1249

—, — der Trichomonaden 885, 886

—, — der Vulvovaginitis candidomycetica 1249

—, Tierversuche zur Therapie der Coccidioidomykose mit 1247

—, — — der Histoplasmose mit 1247

—, — — der Kryptokokkose mit 1247

—, — — der Sporotrichose mit 1247

—, Toxicität 853, 854

—, Verhinderung der Candida-Reinfektion aus dem Darm durch orale Gaben von 1248

—, Wirksamkeit gegen Dermatophyten 1248

—, Wirksamkeit gegen Hefen 1248

—, Wirkung bei der experimentellen Candidamykose der Maus 1247

—, — im Tierexperiment 852, 853

—, Wirkungsbereich 852, 853

—, Wirkungsmechanismus 853

Obesitas, Indikation für Entfettungsdiät bei 211

Objektträgerfilmtest, Testmethoden für Antimykotica 1175

Objektträgerzellentest, Standardisierung von Penicillin im 780

Obstsaftfasten 201, 202, 203

—, Therapie von Dermatosen mit 202, 203, 204

Ödembildung, Kochsalzaufnahme und 194

Ödem der Sexualhaut unter Oestrogenen 495

Oenanthat, Sexualhormone, Injektionsbehandlung 505, 507

Oesophagitis nach Actinomycin C 1347

Oestradiol, Isolierung aus Ovarialgewebe 491

—, Stickstoffretention unter 493

—, Stoffwechsel von 490

Oestrogene, Abbau in der Leber 492

Oestrogene, Acanthose durch 494, 495

—, Aktivitätsnachweis 490, 491, 492

—, Allergie gegen körpereigenes 516

—, allergische Reaktionen durch 509

—, Allgemein- und Nebenwirkungen der 509

—, Auslösung einer Urticaria durch 516

—, Ausscheidungserhöhung nach Androsteronzufuhr 490

—, Ausscheidungsvermehrung bei Lebercirrhose 492

—, — bei Leberleiden 492

—, Beeinflussung der Warburg-Atmung durch 493

—, Bildungsstätten 489

—, Bindegewebsquellung unter 495

—, Biosynthese von 490, 491, 492

—, Chloasma uterinum durch 495

—, Cytostatica 1337, 1351

—, cytostatischer Effekt der 523

—, Desensibilisierung bei Allergie gegen eigenes 516

—, diabetogene Wirkung im Experiment 493

—, Einfluß auf Keratinisierung 494

—, Einschränkung der Talgdrüsenfunktion durch 496

—, Entstehung aus Androgenen 490

—, — im Organismus aus Androgenen 525

—, experimentelle Pigmentierung unter 495

—, Fettstoffwechsel und 493

—, Förderung der Hexokinasebildung durch 493

—, fungistatische Wirkung 1232

—, Geschlechtshormone 472

—, Gesichtscremes und Gehalt an 508, 509

—, glykostatische Effekte durch 493

—, Gynaekomastie durch 492

—, — bei Prostatacarcinom durch 492

—, Haarwachstum und 495

—, Handelspräparate, Cyren B 507/508

—, —, Cyren S 508

—, —, Depofemin 507

—, —, Depot-Cyren 507

—, —, Depot-Oestromon 507

—, —, Farmacyrol 507/508

Oestrogene, Handelspräparate,
    Flexiole Oestradiol
    „E" 507
—, —, Follikosid 507/508
—, —, Menoformion 508
—, —, Menoform 507/508
—, —, Oestromon 507/508
—, —, Oestroral 508
—, —, Ovocyclin 507/508
—, —, Ovotestin 507
—, —, Progynon B 507
—, —, Progynon C 508
—, —, Progynon-Depot 507
—, —, Progynon-M 508
—, Hemmung der Talgdrüsen-
    funktion durch 512,
    513
—, — der Talgsekretion bei
    Seborrhoe durch 512
—, Hormone, Antimykotica
    1232
—, Hormonwirkung auf die
    Milchdrüse 494
—, — auf die Zitze 494, 495
—, Hyalasehemmung durch
    494
—, Hyperpigmentierung nach
    495
—, Hypertrichosis und 495
—, Hypoglykämie durch 493
—, katabole Wirkung von 493
—, Lokalbehandlung der Acne
    vulgaris mit 512
—, — der Seborrhoe mit 512
—, lokale Anwendung von,
    Menstruationsstö-
    rungen 508
—, — — bei Mikrosporie 1232
—, lokale Einwirkung auf Talg-
    drüsen von 496
—, lokale Therapie der Sebor-
    rhoe mit 512, 513
—, Mitosenschub nach 494
—, Mons veneris-Schwellung
    unter 494
—, Natriumretention unter 493
—, Ödem der Sexualhaut unter
    495
—, Oxydation von 495
—, Palmarerytheme und 494
—, Penetration durch die Haut
    506, 512
—, pigmentierte Acanthose
    durch 495
—, Pigmentierung unter 495
—, positive Tests auf 516
—, Schwangerschaft und 489
—, Schwellung der hyaluron-
    säurereichen Organe
    unter 494
—, Skeletveränderungen und
    494
—, Spinnennaevi und 494
—, Stickstoffretention unter
    493

Oestrogene, Stimulierung der
    Epidermis durch 494
—, — der Epithel-Zellprolife-
    ration durch 494
—, — der Osteoplasten unter
    493
—, Stoffwechsel von 490
—, Stoffwechselstörung der
    Carcinomzelle unter 523
—, Stoffwechselwirkungen 493,
    494, 495, 496, 497
—, Talgdrüsenwachstum und
    495, 496
—, Therapie der Alopecia pity-
    rodes mit 514
—, — der Blastomykose mit
    514
—, — der Dermatomykosen
    mit 514, 515
—, — des Fox-Fordyce mit
    515
—, — des Gehörgangekzems
    mit 512
—, — des Keratoderma kli-
    makterii mit 516, 517
—, — der Kraurosis vulvae
    mit 517
—, — des metastasierenden
    Mamma-Carcinoms
    mit 525
—, — mit Methyltestosteron
    bei Allergie gegen
    eigene 516
—, — der Mikrosporie mit 514
—, — der nordamerikanischen
    Blastomykose mit
    1232
—, — des Ohrekzems mit 512
—, — des Prostata-Adenoms
    mit 523, 524
—, — des Prostata-Carcinoms
    mit 523
—, — des Pruritus senilis bei
    Frauen mit 517
—, — des Pruritus vulvae mit
    517
—, — der Rosacea mit 513
—, — des Sclerema adultorum
    bei Frauen mit 516
—, — des Ulcus cruris mit 518
—, Thymusgewichtsreduzie-
    rung unter 493
—, Umbau in der Leber 492
—, Vasodilatation unter 494
—, Verbreiterung der Epider-
    mis durch 494
—, Verkleinerung der Talg-
    drüsen unter 511, 512
—, Verkürzung der Gerin-
    nungszeit durch 493
—, Vorkommen 489
—, Wachstum der Uterusstruk-
    turen unter 493
—, Wangenpfropf-Schwellung
    unter 494

Oestrogene, Wirkung auf Ute-
    rus 493
—, Zitzenvergrößerung durch
    494, 495
— und Androgene, Kombi-
    nationstherapie des Pro-
    stata-Adenoms mit 523,
    524
— und Choriongonadotropin,
    Therapie der Impetigo
    herpetiformis 515
— und Progesteron, Therapie
    der Acrodermatitis
    continua Hallopeau
    516
— —, Therapie der Erythro-
    cyanosis mit 519
— und Testosteron, Kombi-
    nationstherapie von peri-
    pheren Durchblutungs-
    störungen mit 518
Oestrogenimplantate, Therapie
    der Psoriasis mit 513,
    514
—, — bei Seborrhoe 512, 513
Oestrogennachweis, Allen-
    Doisy-Test 492
Oestrogen-Salben, Therapie des
    Pruritus senilis mit 517
Oestrogenspiritus, Therapie der
    Alopecia areata mit 514
Oestrogentherapie, Acne vulga-
    ris 511, 512
— bei Acne vulgaris, Vitamin
    A und 511
Oestrogen- und Progesteron-
    wirkung, orale Cytodia-
    gnostik 492
Oestron, Stickstoffretention
    unter 493
Oestromon, Oestrogen, Han-
    delspräparat 507, 508
Oestroral, Oestrogen, Handels-
    präparat 508
Ohrekzem, Therapie mit Andro-
    genen 512
—, — mit Oestrogenen 512
—, — mit Sexualhormonen
    512
Oleandomycin 861, 862, 863,
    864
—, Ausscheidung 862
—, biologische Nebenwir-
    kungen 915
—, Blutliquorschranke und 862
—, Blutspiegelwerte 862
—, Chemie 861
—, Endkonzentrationen 861
—, Haltbarkeit 861
—, Handelsform 923
—, Herkunft 861
—, Kombination mit anderen
    Antibiotica 863, 864
—, Kreuzresistenz gegen an-
    dere Antibiotica 863

Oleandomycin, Nachweisme-
thoden 864
—, Pharmakologie 862
—, Resistenz 862, 863
—, Standardisierung 861
—, Therapie der Erythrodermie
899
—, — der Gonorrhoe 883
—, — der Syphilis 883
—, — des Ulcus molle 884
—, Toxicität 862
—, Verträglichkeit 862
—, Wirkung im Tierexperiment
861, 863
—, Wirkungsbereich 861, 862
—, Wirkungsspektrum 861
Oleum arachidis hydrogenatum,
Salbengrund-
lagen 249
— — —, —, Reinheitsprü-
fung von 249
Oleylicum oleinicum s. Cetiol
Oligomycin, Antimykotica 1268
Oligospermie, Gonadotropin-
Testosteron-Therapie
520, 521, 522
—, hochdosierte Testosteron-
depotbehandlung 520,
521
—, Methyltestosteronbehand-
lung 520, 521, 522
—, Therapie mit Sexualhor-
monen 520, 521, 522
Oligurie, toxische Symptome,
Sulfanilamide 1029
Öl-in-Wasser-Emulsion, Sal-
bengrundlagen 244, 245,
256, 259—266
Olobintin, Fieberreaktion nach
94
—, unspezifische Reiztherapie
mit 90
Ölsäureoleylester s. Cetiol
Omeril, Antihistaminica, Pro-
pylamine 306, 307, 311,
335
Omnadin, unspezifische Reiztherapie mit 90
Onychomykosen, Antimykotica
1180
—, Ausheilungsquote und
Wachstumsgeschwindig-
keit 1242
—, Hefepilzfunde bei 1242
—, Kombinationstherapie mit
Keratolyticum und
Griseofulvin 1242
—, Nagelablösung bei 1180,
1181
—, Nagelbettreinigung bei 1242
—, Therapie mit Griseofulvin
1241
—, — mit Trioxybenzoesäure
1217

Onychomykosen und Entfer-
nung der pilzbefallenen
Nagelteile 1180, 1181
— und Keratolyticum zur Nagelablösung 1180, 1181
— und Nagelbettoilette 1181
Ophthalmomykose, therapeutische Hinweise 1274
Opticusatrophie bei Syphilis,
Therapie mit
ACTH 659
— —, — mit Cortison 659
optimale Tagesdosis, Vitamine
384
optimale Versorgung mit Vitaminen 383
orale Applikation von Novocain 120
orale Aufnahme von Calcium
131, 132
orale Cytodiagnostik, Oestro-
gen- und Progesteronwir-
kung 492
orale Gestagene 475
Oral-Gestagen, Nebenwir-
kungen bei 477
—, Ovulationshemmung 477
—, Spätfolgen von 477
—, virilisierender Effekt bei
weiblichen Neugeborenen
477
—, antigonadotrope Wirkung
477
Organanreicherung, spezifische,
Sulfanilamide 1020
Organextrakte bei Tumor-
kachexie 1362
organische Hydrogele, Salbengrundlagen 272—275
Organopolysiloxane 172, 173
Organspezifität, Sulfanilamide
1092
— und Bewertung, Sulfanilamide 1098
Orientbeule, Therapie mit Penicillin 885
Orotsäure, Therapie von Leberschäden mit 159, 160
Orphenadrine, Tranquillizer,
Verbindungen 66, 67
Orsanin, Phenylarsonsäuren
757
orthostatische Albuminurie,
Therapie mit Calcium 136
osmotischer Druck, Ernährung
und 185
— —, extracelluläre Flüssigkeit und 194
Osteomalacie, Mangelkrankheiten, Vitamin D 441
Osteoplastenstimulierung unter
Oestrogenen 493
Osteoporose bei Hypercorticismus 558
—, NNR-Hormone 558

Osteoporose, Prophylaxe durch
NNR-Hormone 575, 576
Otitis externa, Kombinations-
therapie mit
NNR-Salbe und
Antibioticum 618
— —, — mit NNR-Salbe und
Antihistaminicum
618
— —, Therapie mit ACTH 618
Otomykose, therapeutische
Hinweise 1274
Ovar, Gehalt an Androstendion
485
—, luteinisierende Wirkung von
ICSH am 497
—, Nachweis von Andro-
stendion 492
Ovargewichtsmethode, ICSH-
Bestimmung 499
—, LH-Bestimmung 499
Ovargewichtszunahme unter
Choriongonadotropin 501
Ovarialdysfunktion, Acne-
Eruption und 510, 511, 512
Ovarialgewebe, Isolierung von
Oestradiol aus 491
Ovocyclin, Oestrogen, Handels-
präparat 507/508
Ovotestin, Oestrogen, Handels-
präparat 507
Ovulationshemmung, Nor-
Testosteron 477
—, Oral-Gestagen 477
Ovulationstest, HCG-Bestim-
mung mit 501
Oxford-Einheit, Penicillin 779
p-Oxybenzoesäure, Antimyko-
tica 1215, 1216
—, fungistatische Wirkung von
1215
p-Oxybenzoesäureester, Antimykotica 1215, 1216,
1273, 1274
—, fungizide Wirkung von 1215
— als Konservierungsmittel,
Emulsionssalbengrund-
lagen 266
Oxychinaldin, Antimykotica
1227, 1228
Oxychinolin, Antimykotica
1224—1226
—, fungizide Wirkung 1224
—, fungistatische Wirkung von
1224
—, Therapie von Dermato-
mykosen mit 1224, 1225
Oxychinolinsulfat, Anti-
mykotica 1225
Oxychlororaphin, Antimykotica
1268
Oxydation, fermentativ, von
Androgenen 481
—, —, von Testosteron 481

Oxydation, intracelluläre, Bedeutung von Vitamin B$_2$ für 405
— von Oestrogenen 495
— von Siliconen 174
Oxydationsmittel, Antimykotica 1186, 1187
Oxysäuren, Antimykotica 1193, 1194
Oxystilbamidin, Antimykotica 1207, 1275, 1276
—, Therapie der Coccidioidomykose mit 1207
—, — der Histoplasmose mit 1207
—, — der Kryptokokkose 1207
—, — der nordamerikanischen Blastomykose mit 1207
—, — der Sporotrichose mit 1207
—, — der Systemmykosen mit 1207
Oxytetracyclin s. Terramycin
Ozon, Antimykotica 1187
—, fungizide Wirkung von 1187

Pacatal, Antihistaminica, Phenothiazine 303
—, Phenothiazine, Handelspräparate 63
Pachonychia congonita, Therapie mit Vitamin A 395
Padisal, Antihistaminica, Phenothiazine 303
Palmarerythem bei Leberkrankheiten 143
— und Oestrogene 494
Pankreas 18, 19
Pankreascarcinom, Therapie mit Cholin-Sulfathiazol 1353
Pankreasfibrose, Resorptionsstörungen von Vitamin A bei 390
Panmyelophthisis nach Chloramphenicol 902, 903
Panniculitis, Therapie mit ACTH 602
—, — mit Antibiotica 899
—, — mit Cortison 602
—, — mit Hydrocortison 602
Pantothensäure 417—419
—, Bedarf des Menschen 418
—, Bestimmungsmethoden 418
—, Chemie 417
—, Funktion 418
—, Mangelsymptome 418, 419
—, Mangelsymptome, Burning-feet-Syndrom 418
—, Nachweismethoden 418
—, Kombinationstherapie von Dermatosen mit Nicotinsäure und 422

Pantothensäure, Synthese durch Darmflora 418
—, therapeutische Dosis 419
—, Therapie der Cheilitis mit 418
—, — von Dermatosen in Kombination mit Folsäure und Nicotinsäure 418
—, — des Eczema solare mit 418
—, — des Erythematodes 418
—, — der Haarwachstumsstörungen bei Myxödem 418
—, — der Porphyrinurien mit 418
—, — der Verbrennungen mit 418, 419
—, Vitamine 417—419
—, Vorkommen 418
Papeln und Exantheme der Syphilis, Beeinflussung durch Cortison 659
Papierchromatographie zur Bestimmung, Sulfanilamide 1008
Papierplättchentest, Sensibilitätstestung, Sulfanilamide 1036
Papillome, Therapie mit Colchicinsalbe 1333, 1334
Paraesthesien, Mangelzustände, Vitamin H 426
Paraffinkohlenwasserstoffe als Salbengrundlagen 247, 248
Paraffin ointment als Salbengrundlagen 248
Paraffinsalbe als Salbengrundlage 248
Paraffinum durum als Salbengrundlagen 247
Paraffinum liquidum als Salbengrundlagen 248
Paraffinum perliquidum als Salbengrundlagen 248
Paraffinum subliquidum als Salbengrundlagen 248
Parapsoriasis, Dysfunktion der Parathyreoidea bei 18|
—, Therapie mit Vitamin A 396
Parasan, Tranquillizer, Handelspräparate 67
Para-Stoff-Allergie durch Novocain 112
parasympathicolytische Wirkung, Antihistaminica 323, 324
Parathormon 18, 671—673
—, Nebenerscheinungen der Therapie mit 672
—, physiologische Wirkung 671
—, Therapie der Akrodermatitis continua mit 672

Parathormon, Therapie von Dermatosen mit 672, 673
—, — der Impetigo herpetiformis mit 672
—, — des Lichen ruber mit 672
—, — der Neurodermitis mit 672
—, — des Pruritus mit 672, 673
—, — der Psoriasis mit 672
—, — der·Psoriasis pustulosa mit 672
—, — der Sklerodermie mit 673
Parathyreoidea s. Nebenschilddrüse
—, Akrodermatitis continua Hallopeau 18
—, Funktion bei Hautkrankheiten 18
— und Impetigo herpetiformis 18
— und Parapsoriasis 18
Paronychie, Therapie mit Nystatin 1249
Pardisol, Phenothiazine, Handelspräparate 63
Parequil, Meprobamat, Handelspräparat 67, 68
Parsidol, Antihistaminica, Phenothiazine 303
PAS, tuberkulostatische Wirkung von 1128
Pasta refrigerans, Emulsionsgrundlagen, Typ Öl-in-Wasser 259
Pasta zinci pinguis als Salbengrundlage 249, 250
Pathogenese des Juckreizes, Histamin 282, 289
Patulin, Antimykotica 1268
—, Cytostatica 1353
—, —, Strukturformel 1353
Pektanginöse Beschwerden bei Xanthomatosen 208
Pellagra, Beschreibung durch GOETHE 410, 411
—, jahreszeitlicher Häufigkeitsgipfel 412
—, Mangelerscheinung von Nicotinsäure 410—413
—, Prognose der 413
—, primäre Form bei Ernährungspsychopathen 411
—, — —, Mangelerscheinung von Nicotinsäure 411
—, Prodromalsymptome von 412
—, sekundäre Form bei Cöliakie 411
—, sekundäre Form bei chronischer Diarrhoe 411

Pellagra, sekundäre Form bei Darmparasitismus 411
—, — — bei Magen-Darm-Krankheiten 411
—, — —, Mangelerscheinung von Nicotinsäure 411
—, — — bei Resorptionsstörungen 411
—, — — bei Sprue 411
—, Symptome an der Haut 412
—, — am Magen-Darm-Kanal 412
—, — am Nervensystem 412
—, — an der Schleimhaut 412
—, Therapie mit Nicotinsäure 412, 413
—, Todesursache 411
Pellagragebiete, Nicotinsäure, Prophylaxe in 413
Pellagramorbidität 411
—, Mangelerscheinungen, Nicotinsäure 411
Pellagraschutzstoff, Nicotinsäure, Synonyma 408
Pellagroide, Mangelerscheinungen, Nicotinsäure 414
Pemphigoid neonatorum, Therapie mit Antibiotica 877
Pemphigus, alternierende Therapie mit ACTH und Cortison 611, 612, 615
—, Auswahl der Therapieform 614
—, Behandlungserfolge bei 612, 614
—, Dauerremissionen 615
—, Glucocorticoideinsparung durch Amodiaquin bei 58, 59
—, — durch Atebrin bei 58, 59
—, — durch Resochin bei 58, 59
—, Hydrocortison-Therapie 612
—, Indikation für Mastkur bei 212
—, Kombinationstherapie mit ACTH und Insulin 613
—, — mit ACTH und Testosteron 611, 612
—, Leberfunktionsstörungen bei 146, 147
—-, Leberschutztherapie und 166
—, lokale Cortison-Therapie 611
—, lokale Therapie 614
—, orale Cortison-Therapie 611
—, Reduzierung der Nebennierenrindenhormone 614, 615

Pemphigus, Rohleberbehandlung und 163
—, Spontanremissionen 615
—, Therapie mit ACTH 610 bis 617
—, — —, Erhaltungsdosis 615
—, — des akuten Schubes 612, 613
—, — mit Antibiotica 891
—, — mit Cortison 610, 611, 612
—, — mit Dexamethason 613
—, — mit Insulin 666
—, — mit Nebennierenrindenhormonen 610-617
—, — —, Erhaltungsdosis 615
—, — mit Prednison 613
—, — mit Schilddrüsenhormon 669
—, — mit Triamcinolon 613
—, — mit Vitamin A 396
—, — mit Vitamin D 445
Pemphigus chronicus benignus, Lokaltherapie mit Hydrocortisonsalbe 616
— — —, Therapie mit ACTH 616
— — —, — mit Cortison 616
— — —, — mit Prednison 616
Pemphigus conjunctivae, Therapie mit ACTH 616, 617
— —, — mit Cortison 616, 617
— —, — mit Hydrocortisonsalbe 617
— —, — mit Prednison 617
Pemphigus foliaceus, Therapie mit ACTH 611
Pemphigus vulgaris, indirekte vertebrale Röntgenbestrahlung bei 14
— —, Therapie mit Desoxycorticosteron 610
— —, Thyreoideafunktion bei 17
Penetration der Hypophysenvorderlappenhormone durch die Haut 506
— von Oestrogenen durch die Haut 506, 512
— von Progesteron durch die Haut 506
— der Sexualhormone durch die Haut 506, 508
— von Testosteron durch die Haut 506
Penetrationsfähigkeit, differierende, von Silikonen 176
Penicillin, Abbau von 788
—, Abhängigkeit des Blutspiegels von der Applikationsart 785

Penicillin, Abhängigkeit des Blutspiegels von der Dosis 785
—, — — von der Löslichkeit 785
—, — — von der Trägersubstanz 785
—, Adaptation von Bakterien an 790
—, — — und biologische Abweichungen 790
—, — — und morphologische Abweichungen 790
—, allergische Allgemeinreaktionen nach 907
—, — Nebenwirkungen von 905, 906, 907, 908
—, — Reaktionen auf 784
—, Aminopenicillansäure 777, 778
—, anaphylaktischer Schock nach 907
—, Antimykotica 1235, 1256, 1257, 1258, 1275
—, —, Herkunft 1257
—, Aronson-Streptokokkensepsis zur Testung von 783
—, Arzneifieber nach 907
—, Asthma nach 907
—, Atmungskurve von 782
—, — der Kombination mit Streptomycin 810
—, Ausscheidung 788, 789
—, — durch Galle 789
—, — durch Milchdrüsen 789
—, — durch Nieren 789
—, — durch Schweiß 789
—, — durch Speichel 789
—, bactericide Wirkung 781
—, bakteriostatische Wirkung 781
—, Behandlung der Gonorrhoe-Komplikationen 881, 882
—, Benemid als Depotsubstanz 785
—, biologische Nebenwirkungen von 911
—, Biosynthese 777
—, Blättchentest zur Resistenzbestimmung 794, 795
—, Blutliquorschranke und 788
—, Blutspiegel beim Foetus 788
—, Caronamid als Depotsubstanz 785
—, Chemie 776, 777, 778
—, chemische Eigenschaften 778
—, — Struktur und Allergie gegen 906
—, Depotpräparate 785
—, Dermatitis nach 906

Penicillin, Desensibilisierung
  bei Allergie gegen 907
—, Dosierung bei Erkran-
  kungen durch Strahlen-
  pilze 1258
—, Eliminierungsrate 788, 789
—, Erfolge bei Gonorrhoe-
  Therapie 882
—, erworbene Resistenz 789,
  790
—, Exanthem nach 906
—, Gefäß-Schäden nach 907
—, Geschichtliches 775, 776
—, Gestaltsveränderungen der
  Bakterienleiber unter
  782, 783
—, halbsynthetische Präpa-
  rate 778
—, Haltbarkeit 779
—, Handelsform 923, 924, 925,
  926
—, Heilerfolge der Gonorrhoe-
  Therapie 882
—, Herdreaktionen nach 910
—, Herkunft 776
—, Inaktivierung durch
  Schwermetalle 778, 779
—, in vitro-Adaptation von
  Bakterien 792, 793
—, in vivo-Adaptation von
  Bakterien 792, 793
—, Jarisch-Herxheimer-Reak-
  tion nach 910, 911
—, klinische Erfahrungen der
  Therapie von Erkran-
  kungen durch Strah-
  lenpilze 1257
—, — Pharmakologie
  784—789
—, Kombination mit anderen
  Antibiotica 797, 798
  799, 800
—, — von Reizkörpern und
  800
—, Kombinationsbehandlung
  der Aktinomykose mit
  Streptomycin und 1259
—, Kombinationstherapie mit
  ACTH bei Lichen
  ruber 897
—, — der Aktinomykose mit
  Sulfonamiden und
  1257
—, Konstitution 776, 777
—, Konstitutionsversager bei
  Gonorrhoe-Therapie 882
—, Konzentration in der Pla-
  centa 788
—, Kreuzsensibilisierung zwi-
  schen Griseofulvin und
  1244
—, Kurschema zur Therapie
  der Syphilis 883
—, Lagerung 778, 779
—, Liquorkonzentration 788

Penicillin, Löslichkeit 779
—, Mechanismus der erwor-
  benen Resistenz 791
—, Methoden zur Resistenzbestimmung 793—797
—, Mykid nach 906
—, Nachweis von 801
—, natürliche Resistenz 789,
  790
—, Novocain-Allergie 905
—, Novocainsalz 785
—, Oxford-Einheit 779
—, Penicillinase 790, 791, 792,
  793
—, Periarteriitis nodosa nach
  907
—, physikalische Eigenschaften 778
—, Pilzerkrankungen und allergische Nebenwirkungen
  905, 906
—, Purpura nach 906
—, Resensibilisierung von resistenten Bakterien 790
—, Resistenz gegenüber 789,
  790, 791
—, — von Bakterien 792, 793
—, — durch Gewöhnung der
  Bakterien 790, 791
—, — der Gonokokken 882
—, Resistenzerscheinungen
  von Bakterien 789
—, Resorption nach intra-
  muskulärer Injektion
  784, 785
—, — aus Körperhöhlen 787
—, — bei oraler Applikation
  786, 787
—, — nach rectaler Applikation 787
—, — nach subcutaner Injektion 784, 785
—, — nach vaginaler Applikation 787
—, Röhrchenverdünnungstest
  zur Restistenzbestim-
  mung 795
—, Scheinversagen bei Gonorrhoe-Therapie 882
—, Schicksal im Organismus
  788, 789
—, schwarze Haarzunge nach
  911
—, Schwellendosis von 783
—, Sensibilisierungsgefahr bei
  oraler Applikation 787
—, Sensibilisierungsindex 906
—, Sensibilitätseinbuße der
  Gonorrhoe-Stämme
  gegen 882
—, Sicherheitskur bei Syphilis
  in der Schwangerschaft
  883
—, Stabilität 778, 779
—, — bei oraler Applikation 786

Penicillin, Standardisierung
  779, 780
—, — im Objektträgerzellentest 780
—, — im Reihenverdünnungstest 779
—, —, Testkeim 780
—, — im Zylinder-Plattentest
  779
—, Streifentest zur Resistenzbestimmung 795
—, Synthese 776, 777
—, Testung der Allergie gegen
  907
—, Therapie der Acne 892
—, — der Aktinomykose mit
  889, 1257
—, — — mit Sulfonamiden
  und 889
—, — der Allergie gegen 907,
  908
—, — — mit Cortison 907
—, — — mit Penicillinase 907
—, — von Dermatophyten
  1258
—, — bei Eczema vaccinatum
  887
—, — des Erythema chroni-
  cum migrans 895, 896
—, — des Erythema exsuda-
  tivum multiforme 896
—, — des Erythematodes
  chronicus 897, 898
—, — der Frambösie 884, 885
—, — des Gasbrands 881
—, — der Gonorrhoe 881, 882
—, — der Hautleishmaniase
  885
—, — des Lichen ruber 897
—, — der Lymphadenosis
  cutis benigna 893, 894
—, — der Lymphocytome
  893, 894
—, — der Maduramykose 1258
—, — der Mikrosporie 1258
—, — des Milzbrands 881
—, — der Neurosyphilis mit
  883
—, — der nordamerikanischen
  Blastomykose 1258
—, — der Orientbeule 885
—, — der Pinta 885
—, — der Sklerodermie 898
—, — von Sodoku 885
—, — der Spätsyphilis 883
—, — von Strahlenpilz-
  erkrankungen mit
  1235, 1256, 1257,
  1258, 1275
—, — der Syphilis mit 883
—, — der Trichophytie 1258
—, — des Ulcus molle 884
—, Therapieversager bei Aktinomykose 1257
—, Toxicität von 783, 784

Penicillin, toxische Nebenwir-
kungen 901
—, Ursachen der Resistenz-
entwicklung 789
—, Versager bei Gonorrhoe-
Therapie 882
—, Verteilung im Organismus
788, 789
—, Vorbehandlung mit Wis-
mut bei Lues III 910, 911
—, Wert der Resistenzbestim-
mung 796
—, Wirksamkeit bei Gonor-
rhoe 881
—, Wirkung gegen Actinomy-
ceten in vitro 1257
—, Wirkungsbereich 780, 781
—, Wirkungsgrenzkonzentra-
tion 780, 781
—, Wirkungsmechanismus 781,
782, 783
—, —, Proteinstoffwechsel und
781, 782
—, — im Tierversuch 782, 783
—, Wirkungssteigerung von
799, 800
—, Zunahme der Allergie gegen
905
—, Zylindertest zur Resistenz-
bestimmung 795
Penicillin-Allergie, Richtlinien
zur Vermeidung von 908
Penicillinase, Inhibition durch
Sulfonamide 791, 792
—, Penicillin 790—793
—, Streptomycin und 809
—, Therapie der Penicillin-
allergie mit 907
Penicillin-Reaktionen, Prophy-
laxe durch Antihistaminica
345, 346
Penicillin-Streptomycin, Han-
delsform 929, 930, 931
Penicilliose, therapeutische
Hinweise 1276
Peniscarcinom, Therapie mit
E 39 1359
Pentamidin, Antimykotica
1207, 1208
—, Cytostatica 1346
—, Therapie der Candida-
mykose mit 1207, 1208
Perandren, Androgen, Handels-
präparat 507
Perazil, Äthylendiamine, Anti-
histaminica 301
Perazin, Phenothiazine, Deri-
vate C 63
Periarteriitis nodosa, Auftreten
nach Corticoidthera-
pie 600, 601
— —, Nebennierenrinden-
hormone und 578
— — nach Penicillin 907

Periarteriitis nodosa, Therapie
mit ACTH 600,
601
— —, — mit Antibiotica 880
— —, — mit Antihistaminica
344
— —, — mit Cortison 600,
601
— —, — mit Nebennieren-
rindenhormonen
600, 601
— —, Wirkung der Antihistaminica bei 320
periphere Gefäßleiden und
Androgentherapie
488
— — und Testosterontherapie
488
peritubuläre Fibrose nach
Gonadotropin 503
— —, Testosterondepot und
503
Perlèche bei Vitamin B₂-Mangel
406
—, Therapie mit Vitamin B₂
407
Permeabilitätsfaktor, Vitamin
P, Synonyma 434
permeabilitätshemmende Wirkung der Antihistaminica
an der Haut 314
Permeationsfähigkeit des
Streptomycin, experimen-
telle Chemotherapie der
Hauttuberkulose 1134
Permeationsgeschwindigkeit
und Bewertung, Sulfanil-
amide 1093
Perniosis, Therapie mit Nico-
tinsäure 414
—, — mit Vitamin K 456
perorale Behandlung mit
Sexualhormonen 504, 506,
507, 508
Persönlichkeitsveränderungen
unter Antihistaminica 350
Petechien nach Meprobamat 79
Peyronellaeose, therapeutische
Hinweise 1276
Pflanzenfett als Salbengrund-
lage 244, 249—250
Pflanzenöle s. Pflanzenfette
pflanzliche Stoffe, Antimyko-
tica 1234, 1235
Placebo-Präparate, klinische
Prüfung, Testmethoden,
Antimykotica 1177
Phaefacin, Antimykotica 1268
Phagedaena geometria, Thera-
pie mit ACTH 651
Phagocytosehemmung durch
N-Lost 1338
Pharmaka, schmerzstillende,
bei Verbrennungen 4

Pharmakodynamik, Sulfanilamide 1022, 1023, 1024
pharmakodynamische Wir-
kung, ACTH 573
— —, Chloramphenicol 829
— —, Nebennierenrindenhormone 573
— —, Vitamine 384
Pharmakokinetik, Sulfanilamide 1009—1022
—, —, Bewertung und Einfluß
auf Dosierung 1095
— und Bewertung, Langzeit-
Präparate, Sulfanil-
amide 1095
— —, Sulfanilamide 1095,
1096, 1097
— —, —, Dosierungsschema
1095, 1096
— —, Depotbildung am Applikationsort, Sulfanil-
amide 1096
— und Dosierung, Sulfanilamide 1010—1016
— und Kumulationsgefahr,
Sulfanilamide 1095, 1096
— und optimales Dosierungs-
schema, Sulfanilamide
1095
— und Steuerbarkeit der
Therapie, Sulfanilamide
1095
pharmakokinetische Konstan-
ten, Sulfanilamide 1016,
1017, 1018
Pharmakologie, Amphotericin
857
—, Antihistaminica 308—326
—, Bacitracin 847
—, Chloramphenicol 830, 831
—, Chloroquin 37
—, Histamin 281, 282, 283
—, Kanamycin 866
—, Meprobamat 77
—, Neomycin 843
—, Neuroleptica 61, 62, 63
—, Nivaquine 37
—, Oleandomycin 862
—, Polymyxin 840
—, Reserpin 65, 66, 73, 74
—, Sexualhormone 471
—, Tetracycline 821—825
—, Trichomycin 860
—, Sulfanilamide 1009—1024
—, klinische, Streptomycin
807, 808
pharmakologische Wirksamkeit
der Antihistaminica, Be-
ziehungen zur chemischen
Struktur 297
Pharmakopoe, Sulfanilamide
1072—1090
pharmazeutische Eigenschaften
der Salbengrundlagen 277,
278

Phasein, Rauwolfia-Alkaloide, Handelspräparate 64
Phemerol, Antimykotica, quartäre Ammoniumverbindungen 1196
Phenanthrachinon, Antimykotica 1211
Phenazinderivate, Chemotherapie der Hauttuberkulose mit 1125
—, experimentelle Chemotherapie der Hauttuberkulose mit 1157
Phenergan, Antihistaminica, Phenothiazine 303, 312, 335
—, Phenothiazine, Handelspräparate 63
Phenol, Antimykotica 1197, 1198
Phenoläther, Antimykotica 1202, 1203
—, fungizide Wirkung der 1203
—, fungistatische Wirkung 1202
Phenol-Campher-Mischung, Antimykotica 1198
Phenolderivate, halogenierte, Antimykotica 1273, 1274
Phenole, Antimykotica 1197 bis 1203
—, chlorierte, Antimykotica 1186
— mit kondensiertem Ringsystem, Antimykotica 1202
—, mehrwertige, Antimykotica 1201, 1202
—, nitrierte, Antimykotica 1200
—, polycyclische, Antimykotica 1203
—, —, Therapie von Dermatomykosen mit 1203
—, Schwefelderivate, Antimykotica 1200
—, Therapie von Dermatomykosen mit 1197, 1198
Phenolester, halogenierte, Antimykotica 1203
Phenolkoeffizient der Jodtinktur, Antimykotica 1186
Phenolverbindungen, Hauttuberkulose, in vitro-Hemmung der Tuberkelbakterien durch 1124
Phenothiazinderivate, Antihistaminica 302, 303, 304
Phenothiazine, Antihistaminica, Photosensibilisierung durch 355, 356
—, Derivate A, Acetylpromazin 63
—, —, Chlorpromazin 63
—, —, Diäthazin 63

Phenothiazine, Derivate A, Ethopropazin 63
—, —, Methoxypromazin 63
—, —, Promazin 63
—, —, Promethazin 63
—, Derivate B, Mepazin 63
—, —, Thoridazin 63
—, Derivate C, Chlorperazin 63
—, —, Chlorperphenazin 63
—, —, Perazin 63
—, —, Thiopropazat 63
—, Dominal 214
—, Halopéridol 214
—, Imipramin 214
—, Truxal 215
—, Handelspräparate, Atosil 63
—, —, Compazine 63
—, —, Dartal 63
—, —, Decentan 63
—, —, Dibutil 63
—, —, Diparcol 63
—, —, Lacumin 63
—, —, Largactil 63
—, —, Latibon 63
—, —, Megaphen 63
—, —, Melleril 63
—, —, Mopazin 63
—, —, Nipodal 63
—, —, Pacatal 63
—, —, Pardisol 63
—, —, Phenergan 63
—, —, Plégicil 63
—, —, Protactyl 63
—, —, Soprintin 63
—, —, Sparine 63
—, —, Stémétil 63
—, —, Taxlan 63
—, —, Thorazine 63
—, —, Trifalon 63
—, —, Verophen 63
—, Indikationen 84, 85
—, Kontraindikationen 85
—, neuroplegische Wirkungen 64
Phenylarsenoxyde 713, 716, 717—720
—, Resistenz der Trypanosomen gegen 730, 731, 732, 733, 734, 735
—, treponemicide Wirkung 718, 719, 720, 721, 722
—, — — bei Empfindlichkeitsschwankungen der Trypanosomen 733, 734
—, — — bei Transfusionssyphilis 727, 728
—, Verhütung der Transfusionssyphilis durch 726—730
—, Wirkungsmechanismus 730—738

Phenylarsonsäuren 750—762
—, Aldarson 756, 757
—, Allegan 752
—, Aminohydroxyverbindungen 755
—, Arsonophenylimidazole 761
—, Arsonsäureamide 752
—, Asuran 753
—, Atoxyl 751
—, Ausgangsmaterial für Arsenobenzole 750
—, Benzimidazolonarsonsäuren 762
—, Carbasone 753
—, chemotherapeutische Anwendung von 751
—, Dextrarsin 752
—, Eigenschaften 750, 751
—, Herstellungswege für Salvarsan 754
—, Melarsin 758
—, Milibis 752
—, Neooryl 752
—, neue Verbindungen 751—762
—, Orsanin 757
—, Proparsamid 752
—, Pyridin in 759
—, Pyrrylarsonsäuren 760, 761
—, Spirocid 755, 756
—, Sulfonamide in 758
—, Thioureidoverbindungen 753
—, trypanocide Wirkung 755, 756
—, Ureidoverbindungen 753
—, Viasept 752
Phenylbenzimidazol, Antimykotica 1229
— in Gummi, Antimykotica, Einarbeitung von 1229
Phenylmercuriborat, Antimykotica 1222, 1223
—, Therapie der Candidamykosen mit 1223
—, — von Dermatomykosen mit 1223
—, — der Fußmykosen mit 1223
Phenylmercurichlorid, Antimykotica 1222
Phenylmercuri-dinaphthylmethan-disulfonat, Antimykotica 1223
Phenylmercurinitrat, Antimykotica 1222
Phenylphenol, Antimykotica 1199
Phlebitis nach Amphotericin 857
— nach Injektion von Tetracycline 904
—, Therapie mit Cortison 601, 602

Phlegmone, Therapie mit Antibiotica 879

Phosphamidester, cyclische, N-Lost 1339

Phosphatausscheidung, Steigerung durch Vitamin D 441

Phosphofructaldolase-Aktivitätsbestimmung als Leberfunktionsproben 151

Phosphoniumverbindungen, quartäre, Antimykotica, 1194, 1196, 1197

— —, Therapie der Dermatomykosen mit 1196, 1197

Phosphorspiegel bei Hypercorticismus 560, 561

— bei Nebennierenrindeninsuffizienz 560, 561

Phosphorylierung, Einfluß der Tetracycline auf 816

— von Vitamin B_1 in der Leber 401

— von Vitamin B_2 in der Darmschleimhaut 405

Photoallergie, Chlorpromazin und 73

photoallergisches Ekzem nach externer Anwendung von Sulfanilamiden 1091

Photosensibilisierung, Therapie mit ACTH 586

—, Antihistaminica, Nebenwirkungen 355, 356

— durch Antihistaminica, Phenothiazine 355, 356

—, Therapie mit Cortison 586

Photosensibilität nach Tetracyclinen 909

Phrenopractica 60

Phrenotropica 60

Phrynoderma, Therapie mit Vitamin A 392

—, Vitamin A-Mangel 391, 392

Phtiazid, experimentelle Chemotherapie der Hauttuberkulose mit 1154, 1155

Phyllochinon, Vitamin K, Synonyma 452

physikalische Eigenschaften, ICSH 499

— —, LH 499

— — von Vitamin A 387, 388

Physikochemie, Sulfanilamide 993—1008

physikochemische Wirkung, Sulfanilamide 1047, 1048

Physiologie des Calcium 128 bis 131

— der Haut 1

— —, endokrine Drüsen 15

—, Nebennierenrindenhormone 556

—, Sexualhormone 471

physiologische Bedeutung der Hypophyse 497

physiologische Keimflora, Änderung unter Tetracyclinen 912, 913

physiologische Wirkung, Adrenalin 662

— Wirkungen, ACTH 556, 557

— —, Nebennierenrindenhormone 557

— —, Noradrenalin 662

— — von Parathormon 671

physiologischer Hormonstrom der Sexualhormone 506

Phytopathologie, Griseofulvin 1238

Phytotoxicität, Griseofulvin 1238

p_H-Werte nach Novocain 108

Piedra alba, therapeutische Hinweise 1274

Piedra nigra, therapeutische Hinweise 1274

Pigmentbildung von resistenten Staphylokokken unter Sulfanilamid 1045

pigmentierte Acanthose durch Oestrogene 495

Pigmentierung unter ACTH 577

—, Atebrin und 39, 44, 45, 50

—, Camoquin und 57

—, experimentell, unter Oestrogenen 495

— der Haut bei Unterernährung 184, 185

— bei Leberkrankheiten 144

— unter Oestrogenen 495

—, Resochin und 44, 45, 46, 56

Pilocarpin bei Hauterkrankungen 12

Pilze, Vitamin B_{12}-Synthese durch 424

Pilzelemente, Beseitigung durch Formaldehyd 1188

Pilzerkrankungen, Therapie mit Antibiotica 887 bis 890

—, — mit Griseofulvin 887 bis 889, 1236—1245

—, — mit Sulfanilamiden 1071

pilzhemmende Antibiotica, Auffindung und Testmethoden 1177

— Wirkung von Äthylalkohol 1188

— — von Chrysarobin 1202

— — der Glykole 1188

— — der Invertseifen 1194

Pilzinfektion, experimentelle, ACTH und 580

—, —, Cortison und 580

—, —, und NNR-Hormone 580

pilzwirksame Antibiotica 1260 bis 1271

Pilzwirksamkeit, Antibiotica mit 1260—1271

Pimaricin, Antimykotica 1268

Pinta, Therapie mit Penicillin 885

—, — mit Tetracycline 885

Pityriasis alba faciei, Therapie mit Antibiotica 877

Pityriasis rosea, Therapie mit Antihistaminica 339

Pityriasis rubra pilaris, Therapie mit Vitamin A 392, 393

Pityriasis versicolor, therapeutische Hinweise 1274

Placeboversuche, Sulfanilamide Bewertung und Toxicität 1098

Placenta, Chorionzotten, Bildung von Choriongonadotropin in 500

—, Konzentration von Penicillin in der 788

—, Nachweis von Androstendion 492

Plantar-Warzen, Unterspritzung mit Novocain bei 121

—, Behandlung mit Stickstoff 172

Plaquenil, Depigmentierung der Haare nach 58

—, Pharmakologie 38

Plasmacholinesterase, Hemmung durch Resochin 43

Plasmadistributionskoeffizient, Bewertung und Pharmakokinetik, Sulfanilamide 1095

Plasmahistamin 289

Plasmakinine, anaphylaktische Reaktionen und 291

Plasmakonzentration, Isonicotinsäurehydrazid, Hauttuberkulose 1141

—, Sulfanilamide 1010, 1011

Plasmaspiegel, Streptomycin 808

Plasmawasser-Distributionskoeffizient, Sulfanilamide 1012, 1020

Plasmochin, Pharmakologie 38

Plasmacytom, Besserung der Knochenmarksschmerzen unter Diamidine 1346

—, Cytostatica-Therapie 1337

—, Therapie mit Diamidinen 1346

—, — mit E 39 1357

—, — mit Urethan 1336

Plattenausstrichverfahren, Testmethoden, Antimykotica 1174

Plégicil, Phenothiazine, Handelspräparate 63

Plimasin, Antihistaminica,
Kombinationspräparate
334
PMS-Effekt an der Ratte,
Superfecundation
502
— —, Superovulation 502
PP-Faktor, Nicotinsäure,
Synonyma 408
Podophyllin, Antimykotica
1234
Podophyllotoxin, Cytostatica
1352, 1353
—, —, Strukturformel 1352
—, Therapie des Basaliom mit
1353
—, — von Epitheliosen mit
1353
—, — der Erythroplasie mit
1353
—, — der Präcancerosen mit
1353
Poikilodermatomyositis,
Therapie mit ACTH
605—608
—, — mit Nebennierenrinden-
hormonon 605—608
polarometrische Titration, Sulfanilamide 1008
Polyarteriitis cutanea benigna,
Therapie mit Prednison 601
Polyäthylenglykogele, Salbengrundlagen, Systematik 243
Polyäthylglykole, Salbengrundlagen 245
—, wasserlösliche Salbengrundlagen 267—272
Polyäthylenglykol-Sorbitanoleat, nichtionisierende
Emulgatoren 264
Polyäthylenglykol-400-stearat,
nichtionisierende Emulga-
toren 265
Polycythaemia vera, Haut-
erscheinungen bei 25
Polycythämie, Cytostatica-
Therapie 1337
—, Therapie mit Radiophos-
phor 1340
—, — mit Triäthylenmelamin
1340
—, — mit Urethan 1336
Polyensäuren, Ekzem und
Zufuhr von 184
— bei Hautveränderung,
Fehlen von 184
Polymerisationszerstörer,
Cytostatica 1318, 1329
Polymyxin 837, 838, 839, 840,
841
—, Antimykotica 1268
—, Atmungskurven 839
—, Ausscheidung von 840
—, biologische Nebenwirkun-
gen 915

Polymyxin, Blutliquorschran-
ke und 840
—, Blutspiegelwerte 840
—, Chemie 838
—, Diffusionsverhältnisse 840
—, Grenzkonzentrationen für
839
—, Handelsform 927
—, Herkunft 838
—, Kombination mit anderen
Antibiotica 841
—, Löslichkeit 838
—, Nachweis 841
—, nephrotoxischer Effekt 839,
840
—, neurotoxische Wirkung 840
—, Pharmakologie 840
—, Resistenz gegenüber 840,
841
—, Resorption 840
—, Standardisierung 838
—, Toxicität 839
—, Verträglichkeit 838
—, Wirkung im Tierexperiment
839
—, Wirkungsbereich 838, 839
—, Wirkungsmechanismus 839
Polypeptin, Antimykotica
1268, 1269
Porphyrie, akute, nach Atebrin
57
—, —, nach Resochin 57
—, Therapie mit ACTH 630
—, — mit Cortison 630
—, — mit Vitamin B_2 408
Porphyrinopathie, Leber und
144
Porphyrinurie s. Porphyrie
— nach Sulfanilamiden 1032,
1045
— nach Sulfonamiden 1023
—, Therapie mit Pantothen-
säure 418
Postaféne, Äthylendiamine,
Antihistaminica 301
postthrombotisches Syndrom,
Indikation für Entfettungs-
diät bei 211
Posthitis, Therapie mit Hydro-
cortison 651
Pot, Cytostatica 1354
Potential, Redox- 7
Potenz, Cortisontherapie und
562
Potenzstörungen unter NNR-
Hormonen 576
—, Therapie mit Vitamin E
451
Präcancerosen, Therapie mit
Podophyllotoxin 1353
Praemenstruum, Acne-Erup-
tion und 510
Präparate, steuerbare, Sulf-
anilamide 1092

Präphyson, Gonadotropin,
Handelspräparat 507
Präskorbut, Mangelerschei-
nung von Vitamin C 431
Pragman, Antihistaminica,
Propylamine 306, 335
Prausnitz-Küster-Reaktion,
Wirkung der Antihist-
aminica beim 319, 322
Präventionsmaßnahmen,
Transfusionssyphilis 726,
727
Predalon, Gonadotropin, Han-
delspräparat 507
Predalon S, Gonadotropin,
Handelspräparat 507
Prednison s. Prednisolon
—, Allergie gegen 582, 583
—, Applikation 570, 571
—, diabetogene Wirkung von
575
—, Einfluß auf Röntgen-
bestrahlungs-Reaktion
649, 650
— und Isonicotinsäurehydrazid, Therapie der Haut-
tuberkulose mit 1163
—, Kombinationstherapie des
Erythematodes chronicus
mit Antibiotica 898
—, Notfallbehandlung mit 571
—, Resorption 570, 571
—, Spray-Behandlung der
Kontaktdermatitis mit
586, 587
—, Therapie des Asthma bronchiale mit 588
—, — des Bromoderma mit
599
—, — der Dermatitis exfoliativa mit 626
—, — der Dermatomyositis
mit 606
—, — von Dermatomykosen
mit Nystatin und 651
—, — der Eczema herpeticatum mit 656, 657
—, — der Elephantiasis mit
644
—, — der Erythrodermie
ichthyosiforme con-
genitale mit 625
—, — des Granuloma anulare
mit 602
—, — des Herpes gestationis
mit 610
—, — des Heufiebers mit 588,
593, 594
—, — der idiopathischen
thrombopenischen
Purpura mit 628
—, — der Incontinentia pigmenti mit 637
—, — des Kinderekzems mit
596, 597

Prednison, Therapie der Kontaktdermatitis mit 586, 587
—, — der Lepra-Reaktion mit 656
—, — der Leukämie mit 642
—, — des Lichen ruber mit 627
—, — des Lymphogranuloms mit 639, 640
—, — des Mamma-Carcinoms mit 638
—, — des M. Hodgkin mit 639, 640
—, — der Mycosis fungoides mit 640, 641
—, — der Neurodermitis mit 593, 594
—, — des Pemphigus 613
—, — des Pemphigus chronicus benignus mit 616
—, — des Pemphigus conjunctivae mit 617
—, — der Polyarteriitis cutanea benigna mit 601
—, — der Psoriasis arthropathica mit 622
—, — der Psoriasis-Erythrodermie mit 624
—, — der Psoriasis pustulosa mit 623
—, — der Retikulosen mit 639
—, — der rheumatisch-allergischen Purpura mit 629
—, — der Rhinitis allergica 588
—, — der Sklerodermie mit 643
—, — der Thrombose mit 601, 602
—, — von Tumoren mit 638
—, — der Urticaria pigmentosa mit 641
—, — der Zoster-Neuralgien mit 657, 658
— bei Tumorkachexie 1362
Prednison-Dosis bei Neurodermitis 596
Prednison-Salbe, Therapie des Ekzems mit 592
—, — des Kontaktekzems mit 592
Prednisolon s. Prednison
Prednisolon, lokale Injektion bei Chondrodermatitis chronica mit 646
—, — — bei Dupuytren-Kontraktur mit 646
—, — — bei Induratio penis plastica mit 646
—, — — bei Keloid mit 645

Prednisolon, Spray-Behandlung der Neurodermitis 594
—, Therapie der Dermatitis herpetiformis Duhring mit 609
—, — des Diabetes-Gangrän mit 602
—, — der infektiös-toxischen Purpura mit 628, 629
—, — des seborrhoischen Ekzems mit 618
—, — von Verbrennungen mit 647
— bei Tumorkachexie 1363
Prednisolon-Injektion, Therapie der Acne mit 633
Prednisolonsalbe, Therapie der Alopecia mit 635
—, — von Ekzemen mit 618
—, — der Pruritus vulvae mit 590
Prednisolontherapie beiLebensgefahr durch Insektenstich 598
— bei Quincke-Ödem 598
Primäraffekt bei Syphilis, Beeinflussung durch Cortison 659
Preloban, Gonadotropin, Handelspräparat 507
Primodian, Sexualhormon, Kombinationspräparat 508
Primogonyl, Gonadotropin, Handelspräparat 507
Primolut-N, Progesteron, Handelspräparat 507
Primosiston, Sexualhormon, Kombinationspräparat 508
Procain s. Novocain
Procalin, Tranquillizer, Handelspräparate 67
Prodigiosin, Antimykotica 1269
Prodromalsymptome, Pellagra 412
Produktionsprozeß, Beeinflussung durch Silicone 179
Progesteron 473
—, abnormer Stoffwechsel bei Hypertrichosis 479
—, allergische Reaktionen auf 509
—, Allgemein- und Nebenwirkungen von 509
—, Bildung aus Cholesterin 474
—, Bildungsstätten 473
—, diabetogene Wirkung 478
—, Diureseförderung unter 478
—, Einnistung des Eies 474
—, experimentelle Acne-erzeugung durch hohe Dosen von 478
—, — Acne vulgaris durch 510
—, Gefäßdilatation unter 478

Progesteron, Handelspräparate, Luteosid 507
—, —, Luteotal 507
—, —, Lutocyclin 507
—, —, Lutren 507
—, —, Primolut N 507
—, —, Progestin 507
—, —, Proluton 507
—, —, Proluton C 507
—, Hautfettgehalt unter 479
—, Lebensverlängerung bei NNR-loser Ratte 478
—, Löslichkeit in Wasser 504
—, Melanophoren-Ausbreitung unter 479
—, Nachweis der gestagenen Aktivität 478
— und Oestrogene, Therapie der Akrodermatitis continua Hallopeau mit 516
— —, Therapie der Erythrocyanosis mit 519
—, Penetration durch die Haut 506
—, positive Tests auf 516
—, proteinanabole Wirkung 478
—, reduktive Umwandlung 475
—, renotrope Wirkung 478
—, Schwangerschaftserhaltung 474
—, Schwangerschaftshormon 474
—, Stoffwechsel von 479
—, Stoffwechselwirkungen 475, 479, 480
—, Talgdrüsenfunktionserhöhung in 2. Cyclushälfte 479
—, Talbdrüsentätigkeit und 478
—, Therapie der Acne vulgaris 511
—, — von Durchblutungsstörungen mit 518
—, — des Fox-Fordyce mit 515
—, — des Herpes gestationis mit 516
—, — der Neurodermitis mit 515
—, — des Pruritus vulvae mit 517
—, — der Psoriasis in der Menopause 513
—, Thymushypertrophie 478
—, Verlängerung der Gerinnungszeit 478
—, Zusammenhang mit Acne vulgaris 478
Progesteronwirkung und Oestrogenwirkung, orale Cytodiagnostik 492

1598 Sachverzeichnis

Progestin, Progesteron, Handelspräparat 507
progressive Sklerodermie, Therapie mit Chelatbildnern bei der 140
Progynon B, Oestrogen, Handelspräparat 507
Progynon-C, Oestrogen, Handelspräparat 508
Progynon-Depot, Oestrogen, Handelspräparat 507
Progynon-M, Oestrogen, Handelspräparat 508
Prohepar, Leberschutztherapie, Handelspräparat 167
Proktitis nach Tetracyclinen 917
Prolactin 500
—, Allgemeinwirkungen nach Massage in Kopfhaut 506
—, Therapie der Alopecia areata mit 514
Prolan, Gonadotropin, Handelspräparat 507
Prolan A, Gonadotropin 498, 499
Prolan B, Gonadotropin 499
Proletan 500
—, Gonadotropin 500
Proluton, Progesteron, Handelspräparat 507
Proluton C, Progesteron, Handelspräparat 507
Promazin, Phenothiazine, Derivat A 63
Promethazin, Phenothiazine, Derivate A 63
Promin, Chemotherapie der Hauttuberkulose mit 1124, 1125
—, in vitro-Hemmung der Hauttuberkulose-Erreger durch 1124, 1125
— und Streptomycin, Chemotherapie der Hauttuberkulose durch Kombination von 1124, 1125
— —, in vitro-Hemmung der Hauttuberkulose durch Kombination von 1124, 1125
Propamidin, Antimykotica 1207
Propaphenin, Antihistaminica, Phenothiazine 303
Proparsamid, Phenylarsonsäuren 752
Proparsan, Arsenobenzole 741
Proparsanreihe, Arsenobenzole 741
Properdinspiegel unter Lipopolysacchariden 96
Prophylaxe der Staphylokokken-Enteritis 913, 914

Proprionat, Sexualhormone, Injektionsbehandlung 505, 506
Propylamine, Antihistaminica, Avil 305, 335
—, —, Chlortrimeton 306, 335
—, —, Dimetane 306
—, —, Ilvin 306, 311, 335
—, —, Omeril 306, 307, 311, 335
—, —, Pragman 306, 335
—, —, Pyronil 307
—, —, Thephorin 306, 313, 335
—, —, Trimeton 305, 312, 335
Propylamin-Struktur, Antihistaminica 298, 305—308
Propylenglykole, wasserlösliche Salbengrundlagen 267
Prostataadenom 523, 524
—, Kombinationstherapie mit Androgenen und Oestrogenen 523, 524
—, Therapie mit Androgenen 523, 524
—, — mit Oestrogenen 523, 524
Prostata-Carcinom 523
—, Cytostatica-Therapie 1337
—, Gynäkomastie durch Oestrogene bei 492
—, Therapie mit Oestrogenen 523
—, — mit Stilben 523
—, — mit Thio-TEPA 1341
Prostatagewichtsmethode, ICSH-Bestimmung 499
Prosthetische Gruppe, Gonadotropine 498
Protactyl, Antihistaminica, Phenothiazine 303
—, Phenothiazine, Handelspräparate 63
proteinanabole Wirkung der Androgene 486
— — von Progesteron 478
— — des Testosteron 486
Proteine, Bindung an Histamin 295
—, unspezifische Reiztherapie mit 90
proteinreiche Diät 212
Proteinstoffwechsel, Penicillinstoffwechsel und 781, 782
Proteinsynthese, Hemmung durch Cortison 563
Proteohormone 498
—, Gonadotropine 498
Proteolyse, Histamin, Zusammenhang zwischen Freisetzung und 292, 293
Proteus, bei Therapie mit Tetracyclinen, Superinfektion durch 914, 915
Protozoenerkrankungen, Therapie mit Antibiotica 884 885

Protozoen, chemotherapeutische Aktivität und Resorption von Arsenverbindungen durch 734
Protozoenkrankheiten und Therapie mit Sulfanilamide 1071
Provitamine 383
Provitamine A 386, 387, 388, 389
—, Aufbau von Vitamin A aus 388, 389
Provitamin A-Überdosierung, Xanthodermie und 399
Provitamin D, Sonnenbestrahlung und Umwandlung von Provitamin D in Vitamin D in der Haut 439, 440
—, Umwandlung in Vitamin D 438, 439
provozierte Diurese, Leberfunktionsproben 150
Prüfmethoden, Cytostatica 1325
Prurigo, Therapie mit ACTH 592—596
—, — mit Antihistaminica 339
—, — mit Nebennierenrindenhormonen 592—596
—, Umstimmungsdiät und 187
—, Verschiebung der Alkalireserve bei 192
Prurigo nodularis, Therapie mit Stickstoff 172
Prurigo simplex, Therapie mit Largactil 83
Pruritus durch Atebrin 45
—, Chlorpromazin bei 83, 84
—, Hibernation bei 82
—, ikterisch 20
— bei inneren Krankheiten, Therapie mit Antihistaminica 340
—, intravenöse Applikation von Novocain bei 119
—, Leberfunktionsstörungen und 146, 147
—, Leberkrankheiten bei 145
—, Methyltestosteron bei Verschluß-Ikterus und 517
—, Miltaun bei 87, 88
—, Therapie mit ACTH 590, 591
—, — mit Calcium und 137, 138
—, — mit Cortison 590
—, — mit Insulin 666
—, — mit Melleril 84
—, — mit Nebennierenrindenhormonen 590, 591
—, — mit Nicotinsäure 414
—, — mit Parathormon 672, 673
—, — mit Repeltin 84

Pruritus, Therapie mit Reserpin von 58, 86
—, — mit Vitamin D 445
—, — mit Vitamin E 450
—, Umstimmungsdiät und 187
—, Verschiebung der Alkalireserve bei 192
—, Anogenital-, Therapie mit Antihistaminica 339
Pruritus ani, Therapie mit Vitamin A 396
Pruritus anogenitalis, Unterspritzung mit Novocain bei 121
Pruritus senilis, Therapie mit Antihistaminica 339
— —, — bei Frauen mit Oestrogenen 517
— —, — mit Oestrogen-Salben 517
— —, — mit Schilddrüsenhormonen 670
— —, — mit Testosteron 517
Pruritus vulvae, dermatologische Indikation für Novocain bei 116
— —, Therapie mit ACTH 590
— —, — mit Androgenen 517
— —, — mit Cortison 590
— —, — mit Cortisonsalbe 590
— —, — mit Desoxycorticosteron 590
— —, — mit Oestrogenen 517
— —, — mit Prednisonsalbe 590
— —, — mit Progesteron 517
— —, — mit Triamcinolon 590
Pseudomonadaceen, Erkrankungen durch, Therapie mit Sulfanilamiden 1064
Pseudomonas, bei Therapie mit Tetracyclinen, Superinfektion durch 914, 915
Pseudomykosen, therapeutische Hinweise 1274
Psittakose, Therapie mit Sulfanilamiden 1070, 1071
Psoriasis, Aminosäurestatus der 8
—, Enzymstatus der 8
—, Fettstoffwechsel und 207, 208
—, Gravidität und Follikelhormonproduktion bei 513
—, intravenöse Applikation von Novocain bei 119
—, Leberfunktionsstörungen bei 146, 147
—, Lipoidosen und 207, 208
—, Physiologie der 8

Psoriasis, Steroidhormonausscheidung in Hautschuppen 513, 514
—, Stoffwechsel 8
—, Therapie der 8
—, — mit Aminopterin 9
—, — mit Androgenen 513, 514
—, — mit Antibiotica 899
—, — mit Carbolsäure 9
—, — mit Fetteinschränkungsdiät 207, 208
—, — mit fettfreier Diät 10
—, — mit Folsäure 422
—, — mit Heparin 10
—, — mit Insulin 10
—, — mit Oestrogenimplantaten 513, 514
—, — mit Parathormon 672
—, — mit Schilddrüsenhormon 670
—, — mit Sexualhormonen 513, 514
—, — mit Triamcinolon 9
—, — mit Vitamin A 396
—, — mit Vitamin E 450
—, — mit Vitamin H 426
—, Verschiebung der Alkalireserve bei 192
Psoriasis arthropathica, Gelenkbeweglichkeit unter NNR-Hormontherapie 622
— —, Kombinationstherapie mit NNR-Hormonen und Aspirin 622
— —, Therapie mit ACTH 621, 622
— —, — mit Cortison 621, 622
— —, — mit Desoxycorticosteron 621, 622
— —, — mit Hypophysenvorderlappenextrakten 621
— —, — mit NNR-Extrakten 621
— —, — mit Prednison 622
— —, — mit Triamcinolon 622
— —, — mit Vitamin C 433
— in der Menopause, Therapie mit Progesteron 513
— und Sexualhormontherapie der Erythrodermie 514
Psoriasis-Erythrodermie, Therapie mit ACTH 624
—, — mit Cortison 624
—, — mit Hydrocortison 624
—, — mit Prednison 624
—, — mit Sexualhormonen 514
—, — mit Triamcinolon 624

Psoriasis pustulosa, Fokalsanierung bei 624
— —, Therapie mit ACTH 623, 624
— —, — mit Antibiotica 899
— —, — mit A.T. 10 624
— —, — mit Atebrin 59
— —, — mit Cortison 623, 624
— —, — mit Parathormon 672
— —, — mit Prednison 623
— —, — mit Triamcinolon 623
— vulgaris, lokale Injektion von Triamcinolon 621
— —, Stoffwechselwirkung unter Triamcinolon 621
— —, Therapie mit ACTH, 619, 620
— —, — mit A.T. 10 619
— —, — mit Cortison 619, 620
— —, — mit Desoxycorticosteron 619
— —, — mit Hydrocortisonsalbe 620
— —, — mit Hypophysenvorderlappenextrakt 619
— —, — mit intrafokaler Injektion von Triamcinolon 620, 621
— —, — mit NNR-Extrakt 619
— —, — mit Triamcinolon 620, 621
Psoriasisschuppen, Lactoflavingehalt der 10
—, Lactoflavingehalt der 10
Psoriasistherapie mit Carbolsäure 9
Psyche, Hauterkrankungen und 10, 11
—, Wirkung von Chlorpromazin auf die 70, 71
psychiatrische Indikation für Chlorpromazin 68, 69
— Komplikationen durch Chlorpromazin 71, 72
Psycholeptica, Definition 60, 61
—, Synonyma 60
—, Testmethoden 60, 61, 62
Psychopharmakologie 62, 63
Psychosen unter ACTH 580
— unter Cortison 580
—, Neuroleptica und 62
— unter NNR-Hormonen 580
— unter Reserpin 75
Psychotherapie bei Hauterkrankungen 11
Psychotonica 60

Pteridine, Cytostatica, Antimetabolite 1328
Puder, Sulfanilamide, Rezeptur für 1091
Pulmonarembolien unter ACTH 577, 578
— unter Nebennierenrindenhormone 577, 578
Pulmonarthrombosen unter ACTH 577, 578
Purinantagonisten, Cytostatica 1350, 1351
—, Cytostatica, Bayer DG 428 1350
—, —, Dosierung 1350
—, —, Nebenwirkungen 1350
—, Erbrechen nach 1350
—, Kombinationstherapie mit Cortison und 1351
—, Nausea nach 1350
—, Resistenzentwicklung gegen 1350, 1351
—, Schleimhautläsionen nach 1350
Purine, Cytostatica, Antimetabolite 1328
Puromycin, Cytostatica 1348
Purpura, Indikationen für NNR-Hormontherapie 629, 630
— nach Penicillin 906
—, Therapie mit Vitamin C, K und P 433, 436, 456
—, — mit Vitamin K 456
—, toxische Symptome, Sulfanilamide 1029
—, idiopathisch, thrombopenische, Therapie mit ACTH 628
—, —, —, — mit Cortison 628
—, —, —, — mit Prednison 628
—, infektiös-toxisch, Therapie mit ACTH 628, 629
—, —, — mit Cortison 628, 629
—, —, — mit Prednisolon 628, 629
—, rheumatisch-allergisch, Therapie mit ACTH 629
—, —, — mit Cortison 629
—, —, — mit Prednison 629
—, thrombocytopenische, unter Antihistaminica 352
pustulöses Bakterid, Therapie mit Atebrin 59
Pyocyaneus-Infektion, Therapie mit Antibiotica 880
Pyocyasin, Antimykotica 1269
Pyoderma gangraenosum, Therapie mit Cortison 651

Pyodermien, Therapie mit ACTH 651
—, — mit Antibiotica 877, 878, 879
—, — mit Vitamin C 433
—, vegetierende, Indikation für Mastkur bei 212
Pyrathiazin, Antihistaminica, Phenothiazine 303
Pyrazinamid, experimentelle Chemotherapie der Hauttuberkulose mit 1155, 1156
Pyrazin-Derivate, chemotherapie der Hauttuberkulose mit 1125
Pyrexal s. Lipopolysaccharide 97
Pyribenzamin, Äthylendiamine, Antihistaminica 299, 311, 312, 313, 335
Pyridin, Arsenverbindungen und 759
— in Phenylarsonsäuren 759
Pyridinarsonsäuren, Chemotherapeutischer Index 761
Pyridonarsendichlorid, treponemicide Wirkung 726
Pyridoxal, Vitamin B_6-Gruppe, Synonyma 415
Pyridoxamin, Vitamin B_6-Gruppe, Synonyma 415
Pyridoxin, Vitamin B_6-Gruppe, Synonyma 415
Pyrifer, unspezifische Reiztherapie mit 90
Pyrimidine, Cytostatica, Antimetabolite 1328
Pyrogallol, Antimykotica 1202
—, —, Nierenschäden nach 1202
—, Methämoglobinbildung nach 1202
—, Therapie von Dermatomykosen mit 1202
Pyrogene s. Lipopolysaccharide
Pyronil, Antihistaminica, Propylamine 307
Pyrrolazot, Antihistaminica, Phenothiazine 303, 335
Pyrrylarsonsäuren, Phenylarsonsäuren 760, 761
Pyogene Dermatosen, Novocainblockade bei 15

Quartasept, Antimykotica, quartäre Ammoniumverbindungen 1196
Quecksilber, Antimykotica 1187
—, Präparate und Nierenreizungen 22
—, Therapie der Dermatomykosen mit 1187

Quecksilber-Eiweißverbindungen, organische, Antimykotica 1223
—, —, Therapie von Dermatomykosen mit 1223
—, anorganische, fungistatische Wirkung 1187
—, Antimykotica, Toxicität der organischen 1223
—, organische, Antimykotica 1273, 1274, 1275
—, —, Antimykotica 1222, 1223
—, —, Therapie der Dermatomykosen mit 1222
Quinacrine 37
Quincke-Ödem, Therapie mit Antihistaminica 337, 340
—, — mit Dexamethason 598
—, — mit Insulin 666
—, — mit Nebennierenrindenhormonen 598
—, — mit Prednisolon 598
Quotient, Atem- bei endogenem Ekzem 16

Rachitis, Mangelkrankheiten, Vitamin D 441
Radioaktive Isotope, Cytostatica 1352
Radiodermitis, Therapie mit Cortison 649
—, — mit Hydrocortisonsalbe 648, 649
Radiogold, Cytostatica 1337, 1352
Radiojod, Cytostatica 1337, 1352
Radiomimetica, Cytostatica 1318, 1328
Radiophosphor, Cytostatica 1337, 1352
—, Therapie der Polycythämie mit 1340
Raphanin, Antimykotica 1235
Rauwolfia, bei Hauterkrankungen 12
Rauwolfia-Alkaloide, Derivate, Benzochinolizingruppe 64
—, —, Reserpin 64, 65
—, —, Rescinnamin 64
—, Handelspräparate 64
—, —, Moderil 64
—, —, Phasein 64
—, —, Rivasin 64
—, —, Sedaraupin 64
—, —, Serpasil 64
—, —, Triraupin 64
Rauwolfiadrogen s. Reserpin
—, klinische Erfahrungen mit 85, 86, 87

Raynaud-Gangrän, Besserung der Durchblutung unter Sexualhormonen 518
Reagine 4
Reaktionen, allergische nach Novocain 124, 125
Reaktion von Siliconen 174
Reaktionsträgheit, Silicone 175
Reaktionstypus, Neurodermitis und 16
Reaktionstypen, verschiedene, bei Neurodermitis 16
„Rebound-phenomenon", nach Absetzen von Sexualhormonen 503
—, hochdosierte Testosteronbehandlung und 503
—, Testosteron-Depot 520, 521
Recalcifizierungszeit, durch Histamin Verkürzung der 283
Redoxpotential 7
—, Cysteinlösung und 7
—, Wirkung von Resochin und Atebrin auf 44
Reducdyn, Leberschutztherapie, Handelspräparate 167
Reduktive Umwandlung, Progesteron 475
Reihenverdünnungstest, Penicillin 779
Reindarstellung, Gonadotropine 498
—, ICSH 499
—, LH 499
Reinfektion aus der Kleidung, Epidermophytie 1241
Reisekrankheiten, Therapie mit Antihistaminica 345
Reiter-Syndrom, Therapie mit ACTH 599
—, — mit Cortison 599
—, — mit Hydrocortison 599
Reizkörperkombination, Penicillin und 800
Reizkörpertherapie, unspezifische 2
Reizstoffe, Tumor-Inhibierung durch 1354
Reiztherapie, Lipopolysaccharide und 90, 91
—, unspezifisch mit Aolan 90
—, — mit Casein 90
—, — mit Caseosan 90
—, — mit Kollargol 90
—, — mit Lipoiden 90
—, — mit Malaria 90
—, — mit Methylenblau 90
—, — mit Neutralfetten 90
—, — mit Proteinen 90
—, — mit Pyrifer 90
—, — mit Olobintin 90
—, — mit Omnadin 90

Rektum, Aufnahme von Calcium aus dem 132
Remineralisierende Behandlung mit Calcium 127, 128, 137, 138
Remineralisation, Calcium und 127, 128
renale Komplikationen, Nebenwirkungen, Sulfanilamide 1029, 1030
renotrope Wirkung von Progesteron 478
Repeltin, Antihistaminica, Phenothiazine 303
—, Therapie des Pruritus mit 84
Rescinnamin, Rauwolfia-Alkaloide, Derivate 64
Resensibilisierung von resistenten Bakterien, Penicillin 790
Reserpin, Abnahme des Serotoningehalt unter 65
—, Ausscheidung von 73, 74
—, Blutdruckabfall nach 74
—, Kombinationstherapie von Neurodermitis mit Cortison und 86
—, Chemie 64, 65
—, Dermatosen und 76
—, Dosierung 76, 87
— bei Hauterkrankungen 12
—, Hauttemperaturabfall nach 74
—, Indikationen für 76, 87
—, klinische Erfahrungen mit 85, 86, 87
—, Kontraindikationen für 76, 87
—, Nebenwirkungen von 75, 76, 86
—, Nervensystem und 75
—, NNR-Stimulation unter 74, 75
—, Pharmakologie 65, 66, 73, 74
—, Psychosen unter 75
—, Rauwolfia-Alkaloide, Derivate 64, 65
—, Resorption 73, 74
—, Schilddrüsenfunktion und 74
—, Schlafbereitschaft unter 75
—, Serotonin und 65
—, Therapie von Dermatosen 76
—, — des Ekzems mit 85, 86
—, — von Lichen ruber planus mit 85, 86
—, — der Neurodermitis mit 85, 86
—, — von Pruritus mit 85, 86
—, Übertritt ins Gehirn 65
— bei Urticaria pigmentosa 86
—, kardiovasculäre Wirkung von 65

Reserpin, neuroplegische Wirkungen 65
—, Wirkungsmechanismus 74, 75
Resistenz, Amphotericin 857
—, Arsenoxyd, Beziehungen zwischen Konstitution und 731
—, Bacitracin 847, 848
— gegenüber Chloramphenicol 831, 832
—, erworbene, gegen Erythromycin 836
—, —, Penicillin 789, 790
— gegen Erythromycin 836, 837
— und genetische Untersuchungen, Sulfanilamide 1040
— durch Gewöhnung der Bakterien an Penicillin 790, 791
— gegenüber Kanamycin 866, 867
—, natürliche, Penicillin 789, 790
—, Neomycin 843, 844
—, Penicillin 789, 790, 791
—, Polymyxin 840, 841
—, primäre, gegen Erythromycin 836
—, —, Streptomycin 809
—, sekundäre erworbene, Streptomycin 809
— gegenüber Tetracycline 823, 824, 825
—, Trichomycin 860
—, Tyrothrizin 850
Resistenzbestimmung, Penicillin, Wert der 796
Resistenzbestimmungstests, Penicillin 793—797
Resistenzentwicklung gegen Griseofulvin 1238, 1243
— gegen Purinantagonisten 1350, 1351
—, Tetracycline 824
—, Nystatin 854
—, Penicillin, Ursachen 789
—, Sulfanilamide 1039, 1040
—, Trichomycin 860
— der Pilzstämme, Testmethoden, Antimykotica 1175
— der Tuberkelbakterien gegen Streptomycin 1134
Resistenzerscheinungen von Bakterien gegen Penicillin 789
Resistenzschwäche, Indikation für Mastkur bei 212
Resistenzsteigerung von Griseofulvin in vitro 1238
—, Kanamycin 865, 866
— in vitro, Neomycin 843

Resistenzuntersuchung, Sulfanilamid 1061
Resochin, lokale und perorale Behandlung 55
—, Dermatitis lichenoides nach 56
—, Eingreifen in Nucleinstoffwechsel 43, 56
—, Erythema exsudativum multiforme nach 54
—, akuter Erythematodes und 58
—, Gewebsaffinität 43
—, Gewichtsverlust nach 46, 43
—, Glucocorticoideinsparung bei Erythematodes acutus durch 58
—, — bei Pemphigus 58, 59
—, Harnausscheidung 43
—, Hemmungen der Cholinesterase 43
—, Hyperkeratosenbildung durch 44, 46
—, Kontrolle von Blutbild und Leberfunktion unter 56
—, Kopfschmerzen nach 46, 53
—, Lichtschutz bei Sonnenurticaria durch 42
—, Nebenwirkungen von 44, 46, 53, 55
—, Nebenwirkungen 44, 50
—, Organspeicherung 43
—. Pharmakologie 37, 38, 53
—, Pigmentierung nach 44, 45, 46, 56
—, Polyneuritis nach 45
—, akute Porphyrie nach 57
—, Resorption 43
—, Sehstörungen nach 46, 53
—, Störungen des ZNS nach 45
—, Therapie der Akrodermatitis atrophicans chronica mit 59
—, — bei Erythematodes chronicus mit 53—58
—, — bei Lichen ruber planus mit 59
—, — der Rosacea bei Lichtempfindlichkeit mit 59
—, — der Sklerodermie mit 59
—, — des Xeroderma pigmentosum 54
—, Toxicität von 44
—, Unverträglichkeit und Ersatz durch andere Antimalariamittel 57
—, Verhinderung der Hautverdickung unter 43
—, Wirkung 43
Resochin- und Atebrinbehandlung und Störungen des ZNS 45

Resochin- und Goldbehandlung bei Erythematodes chronicus 55
Resorcin, Antimykotica 1201
Resorcinsalben, Antimykotica, Nierenreizungen nach 1201
Resorcinsalbenvergiftungen, Antimykotica 1201
Resorption, Atebrin- 38
— von Calcium 130, 131, 132, 133
— von Calcium und Abhängigkeit von der Ernährung 132
— von Chlorpromazin 68—73
— aus dem Darm, Antihistaminica 327
— aus dem Darm, Streptomycin 807
— von Diphenylmethanderivaten 76
—, gestörte, von Vitaminen 383
— von Injektionen der Sexualhormone 505, 506
— von Meprobamat 78
—, Reserpin 73, 74
— der Sexualhormone durch die Haut 508, 512
— der Sexualhormone von der Wangenschleimhaut 506
— von Streptomycin 807
— von Vitamin B_1 im Darm 401
— von Vitamin B_2 im Dünndarm 405
— von Vitamin D 440, 441
— von Vitamin E aus dem Darm 448, 449
—, Vitamin K 454, 455
Resorptionsgeschwindigkeit und Toxicität von Novocain 122, 123
Resorptionsgröße von Antihistaminica 334
Resorptionsstörungen, sekundäre Form der Pellagra bei 411
Resorptionsvorgang von Vitamin A 389
Restenil, Meprobamat, Handelspräparat 67, 68
Retentio testis, chirurgische Therapie der 522
—, Frühbehandlung der 522
—, Therapie der 522, 523
—, — mit Androgenen 523
—, — mit Choriongonadotropin 522, 523
Retentionsquotient 196
Reticulosarkom, Cytostatica-Therapie 1337
—, Kombinationstherapie mit N-Lost und Röntgenstrahlen 1338

Reticulosarkom, Therapie mit Leukeran 1344
Reticulosarkomatose, Therapie mit Actinomycin C 1347
Reticulumzellsarkom, Therapie mit ACTH 639
—, — mit Cortison 639
Retikulosen, Leberfunktionsstörungen und 146, 147
—, Leberschutztherapie und 167
—, Therapie mit ACTH 639
—, — mit Cortison 639
—, — mit Prednison 639
Retothelsarkom, Therapie mit Urethan 1336
Rezeptur, Sulfanilamide 1091
Rezidivprophylaxe, klinische Anwendung von Cytostatica zur 1362
Rheumatische Erkrankungen, Therapie mit Vitamin C 433
Rhinitis, vasomotorische, Therapie mit Antihistaminica 341, 342
Rhinitis allergica, Therapie mit ACTH 588, 589
—, — mit Nebennierenrindenhormonen 588, 589
—, — mit Prednison 588
Rhinosklerom, Therapie mit Antibiotica 880
Rhinosporidiose, therapeutische Hinweise 1276
Rhodamin, Antimykotica 1193
Rhodankalium, Lokalbehandlung von Hautkrebs mit 1354
Rhodanverbindungen, experimentelle Chemotherapie der Hauttuberkulose mit 1156, 1157
Rhodanwasserstoffsäure-Derivate, Hauttuberkulose, Chemotherapie mit 1125
Riboflavin, Vitamin B_2, Synonyma 403
Ricinolsäure, Antimykotica 1193
Rickettsia, Therapie mit Sulfanilamiden 1070
Rickettsiales, Erkrankungen durch, Therapie mit Sulfanilamiden 1070, 1071
Rimocidin, Antimykotica 1269
Rinderflechte, Therapie mit Thioformol 1188
Ripason, Leberschutztherapie, Handelspräparate 167
Riseptin, Antimykotica, quartäre Ammoniumverbindungen 1195
Rivasin, Rauwolfia-Alkaloide, Handelspräparate 64
Rohkost-Diät 198, 199, 200

Rohleberbehandlung, Pemphigus und 163
Röhrchenverdünnungstest, Penicillinresistenzbestimmung 795
—, Sensibilitätstestung, Sulfanilamide 1036
Röntgenbestrahlung, Grenzstrangbestrahlung 14
— indirekte vertebrale bei Dermatitis herpetiformis Duhring 14
—, — — bei Pemphigus 14
—, Insulintherapie bei Carcinomen und 19
Röntgen-Bestrahlungsreaktion Einfluß von Corticoiden auf 649, 650
—, — von Corticoidsalben auf 649, 650
—, — von Prednison auf 649, 650
Röntgen-Ca, Hypervitaminisierung mit Vitamin A bei 1353
Röntgenepilation, Antimykotica 1179
Röntgen-Erythem, Einfluß von Corticoiden auf 649, 650
Röntgenkater, Therapie mit Antihistaminica 345
Röntgenstrahlen, Carcinombehandlung mit Cytostatica und 1333, 1334
—, Kombinationstherapie des Lymphosarkoms mit N-Lost und 1338
—, — des Reticulosarkoms mit N-Lost und 1338
Röntgenstrahlungsbeugungsdiagramme, Sulfanilamide 1003
Röntgenulcera, Stellatum-Blockade unter Novocain bei 122
Rosacea, Desoxycorticosteron 24
—, Leberfunktionsstörungen und 146, 147
—, Magen-Darm-Störungen bei 24
—, Therapie mit ACTH 633
—, — mit Androgenen 513
—, — mit Antibiotica 893
—, — mit Atebrin bei Lichtempfindlichkeit 59
—, — mit Chloramphenicol 893
—, — mit Desoxycorticosteron 633
—, — mit Nebennierenrindenhormonen 633
—, — mit Oestrogenen 513

Rosacea, Therapie mit Resochin bei Lichtempfindlichkeit 59
—, — mit Sexualhormonen 513
—, — mit Vitamin A 396
Rosacea-Keratitis, Lokaltherapie mit Cortisoninjektionen 633
Rotaventin, Antimykotica 1269
Rote Zunge bei Leberkrankheiten 143
Ruhekerngifte, Äthyleniminderivate 1339—1346
—, Cytostatica 1335—1348
—, —, Arsen 1335
—, —, Diamidine 1346
—, —, Urethan 1336
—, Mutationen nach 1335
Rutin s. Vitamin P
—, Vitamin P, Synonyma 434

Salbendiagramm, Salbengrundlagen, Systematik 242
Salbengrundlagen, Absorptionsgrundlagen 243, 244
—, Adeps neutralis als 250
—, Adulsion 273
—, Aerosil 272, 276
—, anorganische Hydrogele 275, 276
—, Auswahl der 277, 278
—, — nach dermatologischen Gesichtspunkten 277
—, — nach pharmazeutischen Gesichtspunkten 277, 278
—, Cellulosederivate 272
—, Cellogel 272, 273
—, Cetiol als 250, 251
—, Cold cream als 244, 258
—, Dampfdruck der Siliconöle 246
—, Definition 240, 241
—, dermatologische Eigenschaften der 277
—, Dextromucid 272
—, Dielektricum der Siliconöle 246
—, Emulsionen als 257—266
—, Emulsions-, Typ Öl-in-Wasser, wasserhaltige Siliconsalbe 263
—, Fettalkohole als 251, 252
—, fettartige 244
—, Farblosigkeit der Siliconöle 246
—, gelbe Salbe als 248
—, Geruchlosigkeit der Siliconöle 246
—, Geschmacklosigkeit der Siliconöle 246
—, Hydrocortison und 569, 570
—, Hydrophile fettartige als 254—256

Salbengrundlagen, hydrophilic ointment als 245
—, hydrophilic petrolatum 244, 255,
—, hydrophobe fettartige 245—254
—, — —, Bienenwachs als 245
—, — —, Cetiol als 245
—, — —, Walrat als 245
—, Hydrophobie der Siliconöle 246
—, Kohlenwasserstoffe als 243
—, Lanette O als 251, 252
—, Lanolin als 244
—, Methylcellulose 272, 273, 274
—, Mucilago Bentoniti 275, 276
—, Mucilago Cellogeli 272, 273
—, Mucilago methylcellulosi 274
—, Neutralöl 812 als 250
—, Oberflächenspannung der Siliconöle 246
—, Oleum arachidis hydrogenatum 249
—, Öl-in-Wasser-Emulsion 244, 245, 256, 259—266
—, organische Hydrogele 272, 273, 274, 275
—, Paraffin ointment als 248
—, Paraffinkohlenwasserstoffe als 247, 248
—, Paraffinsalbe als 248
—, Paraffinum durum als 247
—, Paraffinumliquidum als 248
—, Paraffinum perliquidum als 248
—, Paraffinum subliquidum als 248
—, Pasta zinci pinguis als 249, 250
—, Pflanzenfett als 244, 249, 250
—, pharmazeutische Eigenschaften der 277, 278
—, Polyäthylenglykole als 245
—, Reinheitsprüfung von Oleum arachidis hydrogenatum 249
—, — von Vaselinum album 247
—, — von Vaselinum flavum 247
—, Schmalz als 244
—, Silicone absorption base 256
—, Silicone anhydrous base 256
—, Siliconöle als 245, 246, 252, 253, 254
—, simple ointment als 255
—, Systematik der 241—245
—, —, Hydrogele 243
—, —, Kohlenwasserstoffgele 243
—, —, Lipogele 243

Salbengrundlagen, Systematik, Salbendiagramme 242
—, —, Silicongele 243
—, —, Polyäthylenglykole 243
—, Tylose 273
—, Unguentum alcoholicum lanae als 254
—, Unguentum cetylicum 255
—, Unguentum emulsificans 256
—, Unguentum glycolis polyethyleni 272
—, Unguentum leniens als 244
—, Unguentum pingue 255
—, Unguentum Polyäthylenglykolsalbe 271, 272
—, vanishing creams als 245
—, Vaseline als 244
—, Vaselinum album als 247, 248
—, Vaselinum emulgebile 255
—, Vaselinum flavum als 247, 248
—, Verträglichkeit von 245
—, — der Siliconöle 246
—, Wachse als 250, 251
—, mit Wasser entfernbare 244
—, Wasser-in-Öl-Emulsion 243, 244, 254, 255, 256, 257, 258, 259
—, wasserlösliche 244, 245, 267 bis 276
—, wasserloslich, Cellulosederivate 272
—, —, Polyäthylenglykole 267, 268, 269, 270, 271, 272
—, —, Propylenglykol 267
—, Wärmebeständigkeit der Siliconöle 246
—, Wärmeleitfähigkeit der Siliconöle 246
—, weiße Salbe als 248
—, white ointment als 248
—, Wollfett als 244
—, yellow ointment als 248
Salicylaldehyde, Antimykotica 1214
—, fungistatische Wirkung der 1214
Salicylamide, Antimykotica 1213, 1214, 1273, 1274
—, halogenierte, Antimykotica 1213, 1214,
Salicylanilide, Antimykotica 1273, 1274
—, chlorierte, Antimykotica 1186
—, Therapie von Dermatomykosen mit 1213, 1214
Salicyljodid, Antimykotica 1213
Salicylsäure, Antimykotica 1212, 1213, 1214
Salvarsan, Entdeckung von 715

Salvarsan, Herstellungswege für 754
—, — für, Phenylarsonsäuren 754
—, staatliche Vorschrift zur Prüfung von 749
— -Dermatitis, Therapie mit Leberextrakten bei 163
Salvarsandermatitis, Therapie mit Vitamin C 433 748, 749
Salvarsan-Exanthem, Therapie mit Schilddrüsenhormon 671
—, Prüfung, Arsenobenzole
Salzsäure, Lokalbehandlung von Hautkrebs 1354
Samenblasengewichtsmethode, ICSH-Bestimmung 499
Samenblasen, Prostata-Test unter Androgenen 482, 483, 484, 485, 486
—, — unter Testosteron 482, 483, 484, 485, 486
Samenblasentest, Androgenwirkung bei 485
—, Prüfung von Hormonpräparaten mit 486
—, Testosteronwirkung bei 485
Sanamycin s. Actinomycin 1347
—, Cytostatica 1337
Sanarelli-Schwartzmann-Phänomen, Wirkung der Antihistaminica bei 320
Sandosten, Äthylendiamine, Sandosten 302, 311, 335
Sandosten-Calcium, Antihistaminica, Kombinationspräparate 334
Sarcoma idiopathicum haemorrhagicum multiplex, klinische Erfahrungen mit Tetramin bei 1360
— — — —, Therapie mit E 39, 1359
— — — — Kaposi, Therapie mit Antibiotica 899
— — — — (Kaposi),Therapie mit ACTH 642
— — — — (Kaposi),Therapie mit Cortison 642
Sarkolysin, Cytostatica 1345
—, —, Hemmzone bei 1323
Sarkomycin, Antimykotica 1269
—, Cytostatica 1348
Sarvinal s. Bayer H 4989

Sauerbruch-Hermannsdorfer-Diät 198, 199, 200
Säuglingsekzem s. Kinderekzem
—, ACTH-Aerosol bei 596
—, Therapie mit Vitamin H 426
Säuglingsskorbut, Mangelerscheinung von Vitamin C 431, 432
Säure-Basen-Gleichgewicht 6
—, Verschiebung bei Dermatosen 192
Säuremantel 1, 6, 7
Säureneutralisation 7
Säureneutralisationstest 7
Säurestabilität, Erythromycin 833
Säuretitration, Sulfanilamide 1008
Schäden durch Neuroleptica 61, 62
Schaukel-Diät 213
Scheinversager bei Penicillin-Therapie der Gonorrhoe 882
Schiffsche Base, Bildung durch Sulfanilamide 1045
Schieferöle, Antimykotica 1188
Schilddrüsencarcinom, Therapie mit Cytostatica 1337
Schilddrüsenfunktion, NNR-Hormone und 561, 562
—, Reserpin und 74
Schilddrüsenhormone 667—671
—, Calcium und 128
—, Therapie der Acne mit 670
—, — der Alopecia totalis mit 670
—, — der Calcinosis mit 671
—, — der Dermatitis factitia mit 670
—, — von Dermatosen mit 668—671
—, — des Ekzems mit 670
—, — der Epidermolysis bullosa hereditaria mit 670
—, — des Herpes gestationis mit 670
—, — des Kretinismus mit 668, 669
—, — des Lichen myxoedematosus mit 669
—, — des Mammacarcinoms mit Cortison und 671
—, — der Mykosen mit 671
—, —des Myxoedema tuberosum circumscriptum mit 669
—, — des Myxödems mit 668, 669
—, — der Neurolues mit 670
—, — des Pemphigus mit 669
—, — bei primärer Form der Amyloidose mit 669

Schilddrüsenhormone, Therapie des Pruritus senilis mit 670
—, — der Psoriasis mit 650
—, — des Salvarsanexanthems mit 671
—, — des Senear-Usher-Syndroms mit 670
—, — der Sklerodermie mit 670
—, Wirkungsmechanismus 667, 668
Schimmelpilze, Dyshidrosis und Isolierung von 1241
Schlafbereitschaft unter Reserpin 75
Schlaftherapie, Dermatosen und 63
Schleimhautreizungen nach E 39 1360
— durch Tetracycline 904
Schleimhautsymptome, Pellagra 412
Schleimhautveränderungen, Chloramphenicol 915
Schmalz als Salbengrundlage 244
Schmerzreizschwellenwerterhöhung unter Antihistaminica 316
Schockreaktion nach ACTH 582
Schocktod nach Histamin 281, 282
Schonungsdiät, Hautkrankheiten und 181
Schroth-Kur 201, 202, 203
—, Therapie von Dermatosen mit 201
Schultz-Dale-Versuch, Wirkung der Antihistaminica bei 318
Schuppen, Lactoflavingehalt bei Psoriasis 10
Schuppenbildung, Folgen des Kochsalzentzuges 195
Schutztherapie, N-Lost nach operativen Eingriffen 1337, 1338
Schwächezustände, Mangelzustände, Vitamin H 426
Schwangerschaft unter ACTH 580, 581
— und Choriongonadotropin 501
—, erhöhter Verbrauch von Vitamin A bei 390
—, Gonadotropine und 497
—, Hyperpigmentierung und 495
— unter Nebennierenrindenhormonen 580, 581
— und Oestrogene 489
—, Therapie mit ACTH und 610

Schwangerschaftserhaltung durch Progesteron 474
Schwangerschaftshormon, Progesteron 474
Schwangerschaftskomplikationen, Neuroleptica und 61, 62
Schwartzmann-Phänomen, NNR-Hormone und 566
schwarze Haarzunge, Mangelerscheinung, Nicotinsäure 413, 414
— — nach Penicillin 911
Schwarzzungenkrankheit, Mangelerkrankung, Nicotinsäure 413, 414
Schwefel, Antimykotica 1185, 1273, 1274
—, Therapie von Dermatomykosen mit 1185
Schwefelsäureester, Cytostatica 1354
Schwefelsäureveresterung, Sulfanilamide 1044
Schweiß, fungistatische Wirkung 1233
—, Penicillinausscheidung durch 789
Schweißdrüsenabscesse, Therapie mit Antibiotica 879
—, — mit Vitamin C 433
Schwellendosis bei intravenöser Gabe von Novocain 107, 108
—, Penicillin 783
Schwermetallintoxikation, Therapie mit Chelatbildnern bei 140
Schwermetallkomplex-Hypothese der Isonicotinsäurehydrazidwirkung, Hauttuberkulose 1145
Schwermetallsalze, Aktivierung der Autolyse von Tumoren durch 1321
—, Cytostatica 1321
Sclerema adultorum, Therapie bei Frauen mit Androgenen 516
— —, — bei Frauen mit Oestrogenen 516
Sclerema neonatorum, Therapie mit ACTH 644
— —, — mit Cortison 644
Scopulariopsidose, therapeutische Hinweise 1276
Screening-Test, Cytostatica 1327
Seborrhoe, Androgene und 512
—, Gehörgangsekzem bei 512
—, Hemmung der Talgsekretion durch Oestrogene 512

Seborrhoe, Lokalbehandlung mit Oestrogenen 512
—, lokale Therapie mit Oestrogenen bei 512, 513
—, Testosteron und 512
—, Therapie mit Oestrogen-Implantaten bei 512, 513
seborrhoide Dermatitis, Therapie mit Vitamin B_2 407
seborrhoides Ekzem, Therapie mit Vitamin B_2 407
seborrhoische Dermatitis, Therapie mit Vitamin B_{12} 424, 425
— —, Vitamin B_2-Mangel und 406, 407
seborrhoisches Ekzem, Kombinationstherapie mit NNR-Salbe und Antibioticum 618, 619
— —, Mangelzustände, Vitamin H 426
— —, Pathogenese und Vitamin B_6-Gruppe 417
— —, Therapie mit Prednisolon 618
— —, — mit Triamcinolon 618
— —, Verschiebung der Alkalireserve 192
— —, Vitamin B_2-Mangel und 406
Seborrhoische Keratosen, Therapie mit Stickstoff 172
Sedaraupin, Rauwolfia-Alkaloide, Handelspräparate 64
sedative Wirkung, Antihistaminica 324
Seekrankheit, Prophylaxe durch Antihistaminica 324, 345
Sehpurpur, Funktion von Vitamin A bei 390, 391
Seife, Antimykotica, Hexachlorophen in 1203
Sekretionssteuerung, ACTH 556
sekundäre Avitaminosen, Vitamin A 397
Sekundärinfektion bei Viruserkrankungen, Therapie mit Antibiotica 886, 887
Seligocidin, Antimykotica 1269, 1270
Senear-Usher-Syndrom, Therapie mit Schilddrüsenhormon 670
senile Keratosen, Therapie mit Stickstoff 172
Sensibilisierung, experimentelle, NNR-Hormone und 566
— gegen Griseofulvin 1244
—, Licht-, Leber und 144

Sensibilisierung, vegetatives Nervensystem und 11, 12, 13
— gegen Antibiotica 904
— durch Chlorpromazin 71, 72, 73
— bei externer Anwendung, Sulfanilamide 1091
— bei lokaler Anwendung der Sulfanilamide 1100
— durch Sulfanilamide 1062
Sensibilisierungsgefahr, Cytostatica 1327
— bei oraler Penicillin-Applikation 787
Sensibilisierungs-Index, Penicillin 906
—, Streptomycin 908
—, Tetracycline 909
Sensibilitätsbestimmung, Therapie mit Sulfanilamiden 1063, 1064
Sensibilitäts-Einbuße der Gonokokken-Stämme gegen Penicillin 882
Sensibilitätsprüfungen, Testmethoden, Antimykotica 1175
— in festen Medien, Sulfanilamide 1094
— in flüssigen Medien, Sulfanilamide 1094
—, Agardiffusionstest, Sulfanilamide 1036
—, Bebrütungstemperatur (-dauer), Sulfanilamide 1035, 1036
—, Einsaatgröße, Sulfanilamide 1034, 1035
—, kompetitive Antagonisten, Sulfanilamide 1033
—, nichtkompetitive Antagonisten, Sulfanilamide 1033, 1034
—, Plättchentest, Sulfanilamide 1036
—, Röhrchenverdünnungstest, Sulfanilamide 1036
—, Standardisierung, Sulfanilamide 1036
—, Sulfanilamide 1033—1036
— und Bewertung, Sulfanilamide 1094
Serotonin, anaphylaktische Reaktionen und 286, 289, 291
—, Reserpin und 65
Serotingehalt unter Iproniazid 65, 66
—, Abnahme unter Reserpin 65
Serpasil bei Hauterkrankungen 13
—, Rauwolfia-Handelspräparate 64

Serumalbumin, Bindung an, Sulfanilamide 1022
—, Sulfanilamide, Adsorption an 1097
Serum-Eisen-Bestimmung, Leberfunktionsproben 152, 153
Serumeiweißfraktionen unter ACTH 564
—, Hauterkrankungen und 25, 26
—, Kälteurticaria und 26
—, NNR-Hormone und 564
Serumgonadotropin 501, 502, 507, 511
—, allergische Reaktionen von 509
—, Bestimmungsmethoden 501
—, Bildungsstätte 501
—, biologische Eigenschaften 501
—, FSII-Wirkung 501
—, ICSH-Wirkung 501
—, LH-Wirkung 501
Serumgonadotropintherapie, Acne vulgaris 511
Serumkonzentration von TB I, Hauttuberkulose 1128
Serumkrankheit, Therapie mit ACTH 598
—, Therapie mit Antihistaminica 338
—, — mit Cortison 598
Serum-Kupfer-Bestimmung, Leberfunktionsproben 152, 153
Serumreaktionen, Prophylaxe durch Antihistaminica 345, 346, 347
Serumspiegel nach Injektion von Calcium 132
Serumspiegelwerte, Vitamin A, Schwankungen der 389 390
— von Vitamin D 440
— von Vitamin E bei Dermatosen 451
Sexualhautödem unter Oestrogenen 495
Sexualhormone 470
—, Allgemein- und Nebenwirkungen der 508, 509 510,
— s. Androgene
—, Antihormonbildung 509, 510
—, Atrophie der Gonaden nach 503
—, Besserung der Durchblutung bei Akrocyanose mit 518
—, — der Raynaud-Gangrän mit 518
—, Behandlung buccal 504, 506, 507, 508

Sexualhormone, Behandlung mit Kristallimplantation 504, 505
—, —, lokal 504, 507, 508
—, —, peroral 504, 506, 507, 508
—, Behandlungsmöglichkeiten 504
—, buccale Anwendung 506
—, Calcium und 128
—, Chemie 471
—, Depotbehandlung bei Kastrationsfolgen 506
—, — bei Mamma-Carcinom 506
—, — mit Testosteronestern 505, 506
—, Erfolgsbeurteilung 503
—, Gehalt der Gesichts-Cremes an 508, 509
— s. Gestagene
—, gesteigerte Mitosenbildung 508
— s. Gonadotropine
—, Grundsätze der Behandlung mit 502, 503, 504
—, Hormonresorption „ghostformation" 505
—, — von Implantaten 505
—, Inaktivierung in der Leber bei peroraler Zufuhr 506
—, Injektionsbehandlung 504, 505, 506
—, — mit Testosteron-Caprinoylacetat 505, 507
—, — mit Testosteron-Cyclopentylpropionat 505, 507
—, — mit Testosteron-Isobutyrat 505, 507
—, — mit Testosteron-Oenanthat 505, 507
—, — mit Testosteron-Propionat 505, 506, 507
—, — mit Testosteron-Undecylenat 505, 507
—, — mit Testosteron-Valerianat 505, 506, 507
—, Kombinationspräparate, Di-Pro-Emulsion 508
—, —, Duogynon 508
—, —, Farmatest 508
—, —, Femandren 508
—, —, Femovirin 508
—, —, Klimanosid 508
—, —, Lutrogen 508
—, —, Lynandron 508
—, —, Primodian 508
—, —, Primosiston 508
—, —, Sistocyclin 508
—, —, Testoluton 508
—, Kristallimplantation 504, 505
—, kritiklose Anwendung von 504

Sexualhormone, lokale Anwendung, Epidermisverbreiterung 508

—, — —, gesteigerte Mitosenbildung 508

— s. Oestrogene

—, Penetration durch die Haut 506, 508

—, Pharmakologie 471

—, Physiologie 471

—, physiologischer Hormonstrom 506

—, „Rebound-phenomenon" nach Absetzen von 503

—, Resorption durch die Haut 508, 512

—, — von Injektion der 505, 506

—, — von der Wangenschleimhaut 506

—, Rückbildung der Tätigkeitshemmung nach Absetzen von 503

—, Rückwirkung auf die Hypophyse 497

—, Tagesbedarf beim Menschen 504

—, Testosteronester zur Injektion 505

—, theoretische Voraussetzungen der Therapie mit 502, 503, 504

—, Therapie mit 502

—, — der Acne vulgaris 510, 511, 512

—, — bei Dermatosen mit 510

—, — der Durchblutungsstörungen bei Keimdrüseninsuffizienz mit 518

—, — der Fertilitätsstörungen beim Manne mit 519 bis 523

—, — der Hypozoospermie mit 520, 521, 522

—, — des Ohrekzem mit 512

—, — der Oligospermie mit 520, 521, 522

—, — von peripheren Durchblutungsstörungen mit 517, 518

—, — der Psoriasis mit 513, 514

—, — der Rosacea mit 513

—, — von Tumoren mit 523, 524, 525

—, transcutane Anwendung 506, 508

—, Verbreiterung der Epidermis 508

— und Mikrosporie 1232

Sexualhormontherapie, Acne vulgaris, Allgemeinbehandlung 510, 511

Sexualhormontherapie, Acne vulgaris, Lokalbehandlung 511, 512

—, Überfunktionssymptome, Folge der 503

Sexualzentrum 498

— im Tuber cinereum 498

Sicherheit bei Injektion von Novocain 123

Silbersalze, Antimykotica 1187

—, Therapie der Dermatomykosen mit 1187

—, — der experimentellen Kryptokokkose 1187

Silicone, Abgabe von Medikamenten aus 177

—, Abhängigkeit der Viscosität von der Temperatur bei 173

—, absorption base, Salbengrundlagen 526

—, anhydrous base, Salbengrundlagen 256

—, Antibioticaaktivitätsverlust in 175

—, Anwendung als Externa 176, 177, 178, 179

—, Beeinflussung des Produktionsprozesses durch 179

—, antioxydativer Effekt 175

—, Charakteristica von 172

—, emulsion base, Emulsionssalbengrundlagen, Typ Öl-in-Wasser 263

—, Externa 172—179

—, Fehlen des Acanthose-Effektes bei 175, 177

—, Geruchlosigkeit der 175

—, Gewerbeschutzsalben und 178, 179

—, Gibson base, Emulsionssalbengrundlage, Typ Öl-in-Wasser 263

—, Grenzflächenspannung von 172

—, Grenzstrahlenfilterung durch 175

—, Hautfreundlichkeit der 175

—, gewerblicher Hautschutz durch 175, 176, 178, 179

—, Hydrophobie der 172, 174, 175

—, Lackfehler durch 179

—, Lagerfähigkeit der 175

—, Lichtschutzmittel und 174, 175

—, Löslichkeit von 173

—, Mischbarkeitsverhältnis von 177

—, Oberflächenspannung von 172

—, Organopolysiloxane 172, 173

—, Oxydation von 174

Silicone, differierende Penetrationsfähigkeit von 176

—, Prüfung in der Humanmedizin der 174, 175, 176

—, Reaktion von 174

—, Reaktionsträgheit 175

—, Therapie von Berufsdermatosen mit 177

—, — von Dermatitis mit 178

—, — von Ekzem mit 177

—, — von Hausfrauenekzem mit 177

—, — von Intertrigo mit 177

—, — von Kontaktekzem mit 177

—, Thermoeffekt von 174

—, Toxicität von 174

—, Verwendung als Hautschutz von 175, 176

—, Viscositätsbereich von 173

—, Viscositätsbestimmung in Siloxan-Einheiten von 173

Silicongele, Salbengrundlagen, Systematik 243

Siliconöle 173

— als Salbengrundlagen 245, 246, 252, 253, 254

—, Salbengrundlagen, Dampfdruck der 246

—, —, Dielektricum der 146

—, —, Farblosigkeit der 246

—, —, Geruchlosigkeit der 246

—, —, Geschmacklosigkeit der 246

—, —, Hydrophobie der 246

—, —, Oberflächenspannung der 246

—, —, Wärmebeständigkeit der 246

—, —, Wärmeleitfähigkeit der 246

—, —, Verträglichkeit der 246

Siloxan-Einheiten, Viscositätsbestimmung der Silicone in 173

simple ointment als Salbengrundlage 255

Sinalost, Cytostatica, Hemmzone bei 1323

Sistocyclin, Sexualhormon, Kombinationspräparat 508

Sjögren-Syndrom, Therapie mit Cortison 646

—, — mit Hypophysenimplantation 646

—, — mit NNR-Hormonen 646

—, — mit Vitamin A 396

—, — mit Vitamin E 450

—, Vitamin B_2-Mangel und 407

Skeletmuskulatur, Wirkung von Miltaun auf 78

Skeletveränderungen und Oestrogene 494

Skleroatrophie des Präputiums, Therapie mit Cortisonsalbe 643

Sclerodermia diffusa, Therapie mit Parathormon 673

Sklerodermie, dermatologische Indikation für Novocain bei 117

—, Gefahren bei NNR-Hormontherapie 644

—, Grenzstrangblockade mit Novocain bei 118

—, intravenöse Applikation von Novocain bei 117, 118

—, Nierenfunktion bei 23

—, progressive, Therapie mit Chelatbildnern bei der 140

—, Therapie mit ACTH 643

—, — mit p-Aminobenzoesäure 420

—, — mit Antibiotica 898

—, — mit Antihistaminica 344

—, — mit Cortison 643, 644

—, — mit Hypophysenimplantation 643

—, — mit Penicillin 898

—, — mit Prednison 643

—, — mit Resochin 59

—, — mit Schilddrüsenhormon 670

—, — mit Vitamin A 396

—, — mit Vitamin D 445

Skleromyxödem, Therapie mit ACTH 632

—, — mit NNR-Hormonen 632

Sklerödem, Therapie mit Vitamin E 450

—, — mit ACTH 644

—, — mit Hydrocortison 644

Skorbut, Blutungen bei 430

—, Gewichtsabnahme bei 431

—, Hautveränderungen bei 430

—, Mangelerscheinung von Vitamin C 430, 431

—, Stomatitis bei 431

—, Therapie mit Vitamin C 432

—, verzögerte Wundheilung bei 430

—, Zahnfleischveränderungen bei 431

Scrotaldermatitis bei Leberkrankheiten 143

„Slow-reacting"-Substanz, anaphylaktische Reaktionen und 292

Sodoku, Therapie mit Antibiotica 885

—, — mit Penicillin 885

—, — mit Tetracycline 885

Sol. Castellani, Antimykotica 1198, 1273, 1274

— —, Therapie von Fußmykosen mit 1209

Solu-Salvarsan, Arsenobenzole 744, 745

Somnolenzkur 82, 83

Sonnenbestrahlung, Umwandlung von Provitamin D in Vitamin D in der Haut durch 439, 440

Sonnenexposition, Therapie mit Sulfanilamiden und 1100

Sonnenurticaria, Lichtschutz durch Resochin bei 42, 51

Soor, Mundspülungen mit H_2O_2 1187

—, Trichomycinbehandlung 1252

Soprintin, Phenothiazine, Handelspräparate 63

Soventol, Äthylendiamine, Antihistaminica 302, 311, 335

Soventoletten, Antihistaminica, Kombinationspräparate 334

Spaltprodukte von Novocain 101

Sparine, Phenothiazine, Handelspräparate 63

spasmolytische Wirkung, Antihistaminica 308, 323

Spasmophilie, Mangelkrankheiten, Vitamin D 441

Spasmus am isolierten Gefäßpräparat nach Histamin 313

Spätsyphilis, Therapie mit Penicillin 883

Speichel, Penicillinausscheidung durch 789

Speicherung von Kochsalz 195

— von Vitamin D im Organismus 440

Speicherungsfunktion, Haut und 186

spektrometrische Bestimmung, Sulfanilamide 1008

Sperma, Androgene und Fructosebildung im 481, 485, 486

—, C_{19}-Steroidvorkommen im 480

—, Diagnostik der hormonellen Insuffizienz durch Fructosebestimmung im 480, 485, 486

—, Inositbestimmung zur Diagnostik der hormonellen Insuffizienz im 480

—, Testosteron und Fructosebildung im 481, 485, 486

Spermaplasma, Vorkommen von Inosit im 427

—, Eiweißfraktionen, Beeinflussung durch Testosteron 519

Spermatogenese, Einfluß des Colchicin auf die 1331

Spermatogenese, Wirkung des Griseofulvin auf 1244

Spermatogenesehemmung nach Colchicin 1334

Spermidin, Beeinflussung der Histamineffekte durch 294

Spermin, Beeinflussung der Histamineffekte durch 294

Spermiogenese, FSH-Wirkung auf 497

— unter Griseofulvin-Therapie 869

—, Schädigung durch Überdosierung von Vitamin E 451

—, Sistieren nach hochdosierter Testosterontherapie 503

—, Wirkung von Vitamin E auf die 451

Spinaliom, klinische Erfahrungen mit Tetramin bei 1360

Spindelgifte, Cytostatica, Angriffspunkt 1329

—, —, Colchicin 1329

—, —, Mitosegifte 1329—1335

Spinnennaevi und Oestrogene 494

Spinnennaevus 21

Spiramycin, Handelsform 927

—, Therapie des Lymphogranuloma inguinale 884

Spirillaceen, Erkrankungen durch, Therapie mit Sulfanilamiden 1064, 1065

Spirocid, Phenylarsonsäuren 755, 756

Spirotrypan, Arsenobenzole 744, 745

—, Bestimmung der Avidität 746, 747

—, chemotherapeutischer Index 744, 745

—, Indikation, Arsenobenzole 746, 747

Spitzenpräparate, Sulfanilamide 1099

Spontanremissionen, Pemphigus 615

Sporobolomykose, therapeutische Hinweise 1275

Sporotrichose, Jodiontophorese bei 1186

—, therapeutische Hinweise 1276

—, Therapie mit Amphotericin 889

—, — mit Griseofulvin 1245

—, — mit Kaliumjodid 1186

—, — mit Natriumjodid 1186

—, — mit Oxystilbamidin 1207

—, — mit Stilbamidin 1206

—, — mit Sulfonamiden 1220

Sporotrichose, Tierversuche zur Therapie mit Nystatin 1247

Sprue, mangelhafte Resorption von Vitamin K bei 455

—, Resorptionsstörungen von Vitamin A bei 390

—, sekundäre Form der Pellagra bei 411

—, Therapie mit Folsäure der Haut- und Schleimhauterscheinungen bei 422

—, Vitamin B_2-Mangel und 406

Spurenelemente, Hautveränderungen und 184

„screening-Test", experimentelle Chemotherapie, Hauttuberkulose 1126

Standardisierung, Polymyxin 838

—, Sensibilitätstestung, Sulfanilamide 1036

Staphylodermie, Therapie mit Antibiotica 879

Staphylokokkenenteritis, Prophylaxe der 913, 914

— durch Tetracycline 913

Status asthmaticus, Therapie mit Cortison 588

Steatorrhoe, mangelhafte Resorption von Vitamin K bei 455

Steinkohlenteer, Antimykotica 1188

Stellatum-Blockade bei Röntgenulcera unter Novocain 122

Stémétil, Phenothiazine, Handelspräparate 63

sterilisierende Wirkung, Arsenobenzole 747

Steroiddiabetes unter ACTH 575

— durch NNR-Hormone 575

Steroide, Wirkungsbereich synthetischer 476, 477

—, C_{19}- 480

—, —, Umwandlung in Leber und Niere 480, 481

—, C_{21}-, Vorkommen 473

—, C_{21}-, C_{19}-, C_{18}-, Bedeutung 471

—, C_{21}-, C_{19}-, C_{18}-, Ursprung 471

Steroidhormonausscheidung in Hautschuppen, Psoriasis 513, 514

Steroidhormone, Löslichkeit in Wasser 504

—, Ursprungsstätten 472

Steroidpseudorheumatismus nach Entzug von NNR-Hormonen 577

Stevens-Johnson-Syndrom s. Erythema exsudativum multiforme

Stickstoff, Behandlung von Condylomata acuminata mit 172

—, — von seborrhoischen Keratosen mit 172

—, — von senilen Keratosen mit 172

—, — von Lichen verrucosus mit 172

—, — von Neurodermitis circumscripta mit 172

—, — von Plantarwarzen mit 172

—, — von Prurigo nodularis mit 172

—, — von Warzen mit 169, 170, 171

—, flüssig 169—172

—, —, therapeutischer Effekt von 170, 171

—, Verflüssigungstemperatur 170

Stickstoffausscheidung, Minderung unter Androgenen 486

—, — unter Testosteron 486

Stickstoffbilanz, negative, Hypercorticismus 558

—, —, unter NNR-Hormonen 575

Stickstoffretention unter Oestradiol 493

— unter Oestrogenen 493

— unter Oestron 493

Stilbamidin, Antimykotica, Dosierung von 1206

—, —, Gesamtdosis von 1206

—, —, klinische Erfahrungen mit 1206

—, —, Leberschaden nach 1206

—, —, Nebenwirkungen von 1206

—, —, Tagesdosis von 1206

—, —, Trigeminusneuralgie nach 1206

—, —, toxische Psychosen nach 1206

—, Cytostatica 1346

—, Therapie der Aktinomykose mit 1206

—, — der Coccidioidomykose mit 1206

—, — der Histoplasmose mit 1205

—, — der Kryptokokkose mit 1206

—, — der nordamerikanischen Blastomykose mit 1206

—, — der Sporotrichose mit 1206

Stilben, Therapie des Prostatacarcinoms mit 523

Stimulierung der Epidermis durch Oestrogene 494

Stimulierung der Epithelzellproliferation durch Oestrogene 494

Stoffwechsel, abnormer, von Progesteron bei Hypertrichosis 479

—, Fructose-, Insulin und 159

— bei Lipoidosen 207, 208

— von Oestradiol 490

—, Oestrogene 490

— von Progesteron 479

Stoffwechselreaktion von Cholin 157

— der Sulfanilamide 1041, 1042

Stoffwechselstörungen, Acidose und 189, 190

—, Alkalose und 190

— bei Psoriasis 8

— der Carcinomzelle unter Oestrogenen 523

Stoffwechselwirkung, Adrenalin 662

— der Androgene 486, 487, 488, 489

— der Gonadotropine 501, 502

—, Insulin 664

— unter Lipopolysacchariden 96

— der NNR-Hormone 557, 558, 559

—, Noradrenalin 662

— von Novocain 102

— der Oestrogene 493, 494, 495, 496, 497

—, Progesteron 475, 479, 480

— des Testosteron 486, 487, 488, 489

Stomatitis bei Skorbut 431

—, Therapie mit Vitamin B_1 402

—, — mit Vitamin B_{12} 425

Störung der Verwertung von Vitaminen 383

Strahlenpilze, klinische Erfahrungen der Penicillintherapie von Erkrankungen durch 1257

—, Penicillindosierung bei Erkrankungen durch 1258

—, Streptomycinwirkung in vitro auf 1258

—, Wirkung der Tetracycline in vitro auf 1259

Strahlenpilzerkrankungen, Antibiotica für die Therapie der 1235, 1256—1260

—, klinische Erfahrungen bei Therapie mit Streptomycin 1259

—, — — bei Therapie mit Tetracyclinen 1259, 1260

1610 Sachverzeichnis

Strahlenpilzerkrankungen,
Therapie mit Chloro-
mycetin 1235, 1260,
1275
—, — mit Penicillin 1235,
1256, 1257, 1258 1275
—, — mit Streptomycin 1235
1258 1259 1275
—, — mit Tetracyclinen 1235
1259 1260 1275
Strahlensensibilität der Carcinomzelle und Colcemid 1332
Strahlenschutzwirkung von
Vitamin C 434
Strahlentherapie, Unter-
stützung durch Cytostatica
1362
Strahlungsreize, Freisetzung
von Histamin durch 287
Streifentest Penicillinresistenzbestimmung 795
Streptidin, Streptomycin 802
Streptodermie, Therapie mit
Antibiotica 877
Streptomycetaceen, Erkrankungen durch, Therapie mit
Sulfanilamiden 1070
Streptomycin 801—810
—, Agranulocytose nach 902
—, allergische Nebenwirkungen
908
—, Antimykotica 1235, 1258,
1259, 1275
—, Herkunft 1258
—, Applikationsart von 807
—, Atmungskurven 805
—, Atmungskurve der Kombi-
nation mit Penicillin 810
—, Ausscheidung 808
—, Ausscheidungsgeschwindig-
keit 808
—, biologische Nebenwir-
kungen von 911, 912
—, Blutspiegel von 807
—, Chemie 802, 803
—, chemotherapeutischer In-
dex 805
—, Chemotherapie der Haut-
tuberkulose mit 1125
—, Cochlearisschäden 806
—, Cochlearisschädigung durch
901, 902
—, Darmflorazerstörung unter
911, 912
—, Einfluß auf Blutgerinnung
806
—, Eiweißbindung 807, 808
—, Exantheme nach 908
—, experimentelle Chemo-
therapie der Hauttuber-
kulose 1133—1136
—, Geschichtliches 801
—, Gewöhnung der Gono-
kokken an 883

Streptomycin, Handelsform
928, 929, 930, 931
—, Hauttuberkulose, Angriffspunkte des 1135
—, —, experimentelle Chemotherapie, Permeations-
fähigkeit des 1134
—, —, Toxicität des 1134
—, —, tuberkulostatische Wirkung 1128, 1135
—, —, Wirkungsmechanismus
des 1135
—, Hemmwirkung auf Citro-
nensäurecyclus 805
—, Herkunft 801
—, Inaktivierung in vitro 803
—, in vitro-Hemmung der
Tuberkulosebacillen
durch 1125
—, klinische Erfahrungen der
Erkrankungen durch
Strahlenpilze bei Thera-
pie mit 1259
—, klinische Pharmakologie
807, 808
—, Kombinationsbehandlung
der Aktinomykose mit
Penicillin und 1259
—, Kontaktekzem nach 908
—, Kreuzresistenz gegen
Kanamycin 867
—, Leberschäden nach 902
—, Leukopenie nach 902
—, Löslichkeit 802
—, Magen-Darm-Störungen
nach 912
—, Nachweis von 810
—, Neurotoxicität 806
—, neurotoxische Nebenwir-
kungen 901, 902
—, Nierenschädigung durch
901, 902
—, Penicillinase und 809
—, Plasmaspiegel 808
—, primäre Resistenz 809
—, Resistenz gegenüber 808,
809
—, Resistenzentwicklung der
Tuberkelbakterien gegen
1134
—, Resorption von 807
—, — aus dem Darm 807
—, Schicksal im Organismus
808
—, sekundär erworbene Resi-
stenz 809
—, Sensibilisierungsindex 908
—, Stabilität 802
—, Standardisierung 802, 803
—, Streptidin 802
—, Streptose 802
—, Therapie der Akroderma-
titis chronica atrophicans
894, 895

Streptomycin, Therapie der
Aktinomykose mit
889, 1259
—, — des Erythema nodosum
897
—, — der Gonorrhoe 883
—, — der Lepra mit 810
—, — der Madura-Mykose mit
1259
—, — der Nokardiose mit 1259
—, — von Strahlenpilzerkrankungen mit 1235,
1258, 1259, 1275
—, — des Ulcus molle 884
—, Thrombocytopenie nach
902
—, Toxicität 805, 806
—, Toxicitätsminderung von
806
—, — durch Vitamin A 806
—, toxische Nebenwirkungen
901, 902
—, tuberkulostatische Grenzkonzentration von 1134
—, Verteilung im Gewebe 807
—, — im Organismus 807, 808
—, Vestibularisschäden 806,
901, 902
—, Wirkung auf Strahlenpilze
in vitro 1258
—, — im Tierexperiment 804,
805
—, Wirkungsbereich 803, 804,
805
—, Wirkungsgrenzkonzen-
tration 803
—, Wirkungsmechanismus 805
—, Wirkungssteigerung durch
Kombination mit Anti-
biotica 809, 810
—, Chemotherapie der Hauttuberkulose durch
Kombination von
Promin und 1124,
1125
—, — — mit Sulphetron und
1125
—, in vitro-Hemmung der
Hauttuberkulose
durch Kombination
von Promin und
1124, 1125
—, — der Hauttuberkulose-
erreger durch Kombi-
nation von Sulphe-
tron und 1125
—, Strukturformel 1133, 1134
Streptomykose, therapeutische
Hinweise 1275
Streptose, Streptomycin 802
Streptothricin, Antimykotica
1270
Streptovaricin, Chemotherapie
der Hauttuberkulose mit
1125, 1133, 1139

Streptovaricin, experimentelle Chemotherapie der Hauttuberkulose mit 1319
—, — — —, Wirkungsspektrum von 1139
—, tuberkulostatische Wirkung 1139
Streptovitacin A, Cytostatica 1348
Streptovitacin B, Cytostatica 1348
Stress, Erhöhung der 17-Ketosteroidausscheidung bei 485
Stress-Situation, ACTH 554
Stress-Ulcus des Magens 563
Striae unter NNR-Hormonen 576
Strikturen, lokale Injektionen von Hydrocortison bei 570
Strophulus, Therapie mit Vitamin K 456
Stuhl, Ausscheidung von Calcium im 133
Styrole, Antimykotica 1217
Suavitil, Tranquillizer Handelspräparate 67
Subhibernation 82
— bei endogenem Ekzem 82
Substituentenringoxydation, Sulfanilamide 1043, 1044
Substitutionstherapie mit ACTH 572, 573
— mit NNR-Hormonen 572, 573
Subtilin, Antimykotica 1270
Sucht bei Meprobamat 80
Suchkost, Hautkrankheiten und 181
Suicid, Neuroleptica und 61, 62
Sulfadiazin, Antimykotica 1219
—, Therapie der Nokardiose mit 1220
Sulfamerazin, Antimykotica 1219
Sulfanilamide 962—1100
—, Abgrenzung der Indikation gegen Antibiotica 1092
—, Absorptionsvorgänge 1012
—, Actinobacillus mallei und Therapie mit 1066
—, Adsorption an Serumalbumin 1097
—, Adsorptionsfaktor 1013
—, Adsorptionsisotherme 1013
—, Aerobacter und Therapie mit 1065
—, Aktinomykose und Therapie mit 1070
—, akute Toxicität bei Versuchstieren 1024, 1025
—, Allgemein-Regeln für therapeutische Wirkung der 1092

Sulfanilamide, Anämie nach 1023
—, Antagonisten der 1038, 1039
—, — in Eiterprozessen gegenüber 1100
—, antibakterielle Wirkung und physikochemische Milieubedingungen 1047
—, — — und Säuregrad 998
—, Antidiabeteswirkung 963, 1024
—, antimikrobielle Wirkung 1033—1040
—, antimikrobieller Wirkungsmodus 1050—1056
—, antithyroide Wirkung 1023
—, Anwendungsbereich 1061
—, Applikation 1061, 1062, 1063
—, — mit Duodenalsonde 1062
—, —, intralumbal 1062
—, —, intraperitoneal 1062
—, —, intrapleural 1062
—, —, intravenös 1062, 1100
—, —, intravesical 1062
—, —, lokal extern 1062
—, —, rectal 1062
—, argentometrische Bestimmung 1008
—, Aronson-Sepsis der Maus und Therapie mit 1057
—, Arzneibücher und 1073
—, Arzneifieber 1100
—, Arzneischatz 1072—1090
—, Ätiologie der toxischen Symptome 1029
—, Ausschläge nach 1100
—, Auswahl der Präparate 1092
—, Auswertung von Toxicitätsversuchen mit dem Dosis-Wirkungsnetz 1025
—, Azofarbstoffe 962
—, Bacillus anthracis und Therapie mit 1068
—, Bakterienzellmembran und 1050, 1051
—, Bedingungen für Wirksamkeit 1011
—, Beeinflussung der toxischen Wirkungen 1032
—, — verschiedener Präparate hinsichtlich Löslichkeit 1093
—, Benzolringoxydation 1043
—, Bestimmung als Sulfat 1007, 1008
—, Beurteilung neuer Präparate 1056
—, Bewertung der 1091—1100
—, —, Acetylierung und Gefahr für die Nieren 1093

Sulfanilamide, Bewertung, Analogie zwischen Löslichkeit und Toxicität 1093
—, — und Adsorption 1097, 1098
—, — und Adsorbensfehlen im Nährmedium 1094
—, — und Adsorption im Wirtsorganismus 1094, 1095
—, — und Antagonistenfehlen im Nährmedium 1094
—, — und Antagonismus im Wirtsorganismus 1094, 1095
—, — und antibaktérielle Wirkung 1094, 1095, 1097
—, — — — bei Erregerspezifität 1094
—, — und Ausscheidungsgeschwindigkeit 1093
—, — und chemische Struktur 1091, 1092
—, — und Depotbildung 1098
—, — und Distribution 1097, 1098
—, — und Distributionskoeffizient 1097
—, — und Isolierungsempfehlung 1099
—, — und Dosierungsintervall 1095
—, — und Einfluß der Pharmakokinetik auf Dosierung 1095
—, — und Eliminationsgeschwindigkeit 1093
—, — und Erhaltungsdosis 1097
—, — und Gewebsverteilung 1097
—, — und Ionisation 1093
—, — und Ionisation und Löslichkeit 1093
—, — und klinisches Dosierungsschema 1098, 1099, 1100
—, — — — —, Idealtherapie 1099
—, — — — — Prinzipien für Therapie 1100
—, — — — —, Prüfung 1099
—, — — — —, Therapiesicherheitsfaktor 1098
—, — und Löslichkeit 1093, 1094
—, — und metabolische Umwandlung 1093
—, — und Metabolismus 1097
—, — —, Acetylierung 1097

Sulfanilamide, Bewertung und Metabolismus bei Darminfektionen 1097
—, — —, Glucuronierung 1097
—, — — bei Harnwegsinfektionen 1097
—, — —, Konzentration im Blutplasmawasser 1097
—, und minimale Hemmkonzentration 1094
—, — und Molekülstruktur 1092
—, — und Organspezifität 1098
—, — und Permeationsgeschwindigkeit 1093
—, — und Pharmakokinetik 1095, 1096, 1097
—, — —, Depotbildung am Applikationsort 1096
—, — —, Dosierungsschema 1095, 1096
—, — —, Dosierungsverhältnis 1095
—, — —, Eliminationshalbwertzeit 1095
—, — —, Erhaltungsdosis 1095
—, — —, Kombinationspräparate 1096, 1097
—, — —, Kumulationsgefahr 1095, 1096
—, — —, Kurzzeitpräparate 1096
—, — —, Langzeit-Präparate 1095
—, — —, minimale Hemmkonzentration 1095
—, — —, Plasmadistributionskoeffizient 1095
—, — und relative Erhaltungsdosis 1094
—, — und Sensibilitätstestung 1094
—, — und therapeutische Wirkung bei Tieren 1098
—, — — bei Tieren, Übertragung auf klinische Verhältnisse 1098
—, — und tierexperimentelle Prüfung 1092
—, — und Toxicität 1098
—, — —, Erhaltungsdosis 1098
—, — —, Placeboversuche 1098

Sulfanilamide, Bewertung und Verteilungsgleichgewicht 1093, 1098
—, — und Zusammenhang zwischen Löslichkeit und Toxicität 1093
—, Bildung der Schiffschen Base 1045
—, Bindung an Serumalbumin 1022
—, Biochemie der 1040—1056
—, biologische Konstanten 1074—1077
—, Blutkonzentration 1009, 1010
—, Bordetella und Therapie mit 1065
—, Botulismus und Therapie mit 1068
—, Brechungsindex 1004
—, bromometrische Bestimmung 1007
—, Brucella und Therapie mit 1065
—, Calymmatobacterium granulomatis und Therapie mit 1066
—, Carboanhydrasehemmung 1023, 1024, 1048
—, Carbonsäurecamidspaltung 1043
—, Chemie 993—1008
—, chemische Affinität 1052
—, chemische Formeln von 966 bis 980
—, chemische Konstanten 1074 bis 1077
—, chemotherapeutischer Index 1025
—, Chlamydia und Therapie mit 1070
—, chronische Toxicität bei Versuchstieren 1025
—, Clostridium und Therapie mit 1068
—, colorimetrische Bestimmung durch Diazotieren und Kuppeln 1006, 1007
—, — — der Schiffschen Basen 1007
—, Corynebacterium und Therapie mit 1068
—, Coxiella und Therapie mit 1070
—, Depotbildung 1092
—, Dermatitis nach externer Anwendung von 1091
—, Desaminierung 1045
—, Dichte der 1004
—, Diffusionsgeschwindigkeit aus Salbengrundlagen 1091
—, Diffusionszeiten 1019

Sulfanilamide, Diphtherie und Therapie mit 1068
—, Diplococcus und Therapie mit 1067
—, Dipolmomente 1004
—, Distributionskonstante 1018, 1019, 1020, 1021, 1022
—, Dosierung 1061, 1062, 1063
—, —, Dosierungsintervall 1062, 1063
—, —, Dosisverhältnis 1063
—, —, Eliminationshalbwertzeit 1063
—, —, Therapiedauer 1062, 1063
—, —, relative Erhaltungsdosis 1063
—, — bei Kindern 1063
—, — der Langzeit-Präparate 1093
—, — und Resistenzentwicklung 1100
—, Dosierungsgleichungen der 1078, 1079
—, Dosierungsschema 1010, 1092
—, Dosisrichtlinien 1062
—, Einfluß der klinischen Unsicherheitsfaktoren bei Therapie mit 1056
—, — der Löslichkeit auf die Toxicität 1092
—, — der sauren Ionisationskonstanten auf die Wirkung der 1092
—, Einteilung 963—992
—, Eiweißbindung der 1048
—, Elektronenkonfiguration 999
—, Elektronenverteilung der aromatischen Aminogruppe 996
—, Eliminationskonstante 1012
—, Eliminationshalbwertzeit 1012, 1017, 1018
—, Entsulfonierung 1045
—, Enzymhemmung durch 1048
—, Erhaltungsdosis 1010
—, Erkrankungen durch Actinomycetaceen und Therapie mit 1070
—, — durch Bacillaceen und Therapie mit 1068
—, — durch Bacteriodaceen und Therapie mit 1066
—, — durch Brucellaceen und Therapie mit 1065, 1066
—, — durch Corynebakterien und Therapie mit 1068

Sulfanilamide, Erkrankungen durch Enterobacteriaceen und Therapie mit 1065
—, — durch Lactobacillaceen und Therapie mit 1067, 1068
—, — durch Mikrococcaceen und Therapie mit 1066
—, — durch Mycobacteriaceen und Therapie mit 1068, 1069, 1070
—, — durch Neisseriaceen und Therapie mit 1066, 1067
—, — durch Pseudomonadaceen 1064
—, — durch Rickettsiales und Therapie mit 1070, 1071
—, — durch Spirillaceen und Therapie mit 1064, 1065
—, — durch Streptomycetaceen und Therapie mit 1070
—, — durch Treponemataceen und Therapie mit 1070
—, — unklarer Genese und Therapie mit 1071, 1072
—, Erregerspezifität 1092
—, Erysipeloid und Therapie mit 1068
—, Erysipelothrix und Therapie mit 1068
—, Escherichia coli und Therapie mit 1065
—, experimentelle Therapie 1056—1061
—, externe Anwendung in Lösungen 1091
—, — — in Pudern 1091
—, — — in Salben 1091
—, — — und Rezeptur 1091
—, Faustregel über Nierengefährdung durch 1093, 1094
—, fiktive Anfangskonzentration 1012
—, Flüssigkeitszufuhr bei Therapie mit 1100
—, Folsäuremetabolismus 1054, 1055
—, — und Antagonismus der Hemmwirkung durch 1055
—, Folsäurewirkung und 1051, 1052, 1053, 1054, 1055
—, Fusobacterium und Therapie mit 1066
—, Gasbrand und Therapie mit 1068

Sulfanilamide, Gefahr der pauschalen Dosierungsangabe 1062
—, Gesamtverteilung und Erythrocytenbindung 1020
—, Glucuronierung 1044
—, Glucuronsäurederivate 1093
—, Gonorrhoetherapie mit 1066, 1067
—, Granuloma venereum und Therapie mit 1066
—, Hämophilus und Therapie mit 1065, 1066
—, Hämiglobinbildung 1023
—, Handelsnamen 963—992
—, Handelspräparate 1080 bis 1090, 1092
—, handelsübliche Salben 1091
—, Häufigkeit toxischer Nebenwirkungen und Blutkonzentration 1029
—, Heilwirkung im Tierexperiment 1059, 1060
—, Hemmwirkung bei Pflanzen 1038
—, — bei Tieren 1038
—, historische Entwicklung 962, 963
—, Homosulfanilamidbestimmung 1008
—, Hospitalismus und 1061
—, Hypothesen der Wirkung 1054
—, Idiosynkrasie 1100
—, Indikation für 1092
— bei Haut- und Geschlechtskrankheiten 1063 bis 1072
—, Indikationsabgrenzung gegen Antibiotica 1094
—, individuelle Schwankung der Eliminationshalbwertzeit 1092
—, Infektionsprozesse und Therapie mit 1100
—, Informationen über 1092
—, Infrarotabsorptionsspektrum 994, 995, 996, 997
—, Infrarotspektralanalyse und Vorhersage der Wirksamkeit 1092
—, Invasionskonstante 1012
—, Ionisation der 997, 998, 999, 1000
—, Ionisation und Säuregrad 997, 998
—, Ionisationsformen 998, 999, 1000
—, Ionisationskonstante 997, 998
—, Klebsellia und Therapie mit 1065
—, klinische Therapie mit 1061 bis 1072

Sulfanilamide, klinische Toxikologie, Einzelaufstellung 1026—1028
—, Kombination mit Erythromycin 837
—, Kombinations-Handelspräparate 1088—1090
—, kompetitive hemmbare Reaktionen der Folsäure 1053
—, Konzentration im Blut 1092
—, — im Gewebe 1092
—, — in der wäßrigen Phase 1098
—, Konzentrationsverlauf im Blutplasmawasser 1010
—, — im Plasmawasser 1011, 1012
—, Kreuzresistenz 1039, 1040
—, kristallographische Eigenschaften 1003
—, Kristallstrukturanalysen 995
—, Kumulationsgefahr 1092
—, Kurzzeitpräparate 1097, 1098
—, Laboratoriumstest 1092
—, Langzeit-Präparate 1093, 1097, 1098
—, Lichtschutzwirkung der 1072
—, Listeria und Therapie mit 1068
—, Listeriose und Therapie mit 1068
—, lokale Anwendung 1100
—, Löslichkeit 1000, 1001, 1002
—, — der Acetylderivate 1093
—, — in eiweißhaltigem Urin 1094
—, — der Metaboliten 1093
—, — und pH 1000, 1001
—, — und Temperatur 1001
—, Lymphogranuloma inguinale und Therapie mit 1070
—, Membrantheorie 1020
—, metabolische Aktivität 1052
—, — Umwandlung 1092
—, Metabolismus der 1040 bis 1047
—, — und Folsäure 1051—1055
—, mikrobiologische Bestimmung der 1008
—, Milzbrand und Therapie mit 1068
—, minimale Hemmkonzentration 1033, 1034, 135
—, — — und Infrarotabsorptionsspektrum 997

Sulfanilamide, Minimalhemm-
	konzentration 1011
—, Minimalkonzentration 1011
—, Molekülstruktur und biolo-
	gische Eigenschaften 994,
	995, 996, 997
—, Mycobacterium leprae und
	Therapie mit 1069, 1070
—, Mycobacterium tuberculo-
	sis und Therapie mit
	1068, 1069
—, N-Acetylderivate 1045,
	1046
—, N-Acetylierung 1041, 1042,
	1043
—, Namenliste der 981—992
—, Nebenwirkungen, allergi-
	sche Sensibilisierung
	1031
—, —, Gruppenallergie 1031
—, —, mechanische Ursache
	der Nierenschäden
	1031
—, —, renale Komplikationen
	1029, 1030
—, Neisseria gonorrhoeae und
	Therapie mit 1066, 1067
—, Neisseria meningitidis und
	Therapie mit 1067
—, Nierenschäden durch Über-
	dosierung von Lang-
	zeitpräparaten 1093
—, — und Kristalle der 1000
—, Nocardiose und Therapie
	mit 1070
—, Nomenklatur 963—992
—, Nomenklaturregeln 964, 980
—, notwendige Therapiedauer
	1010, 1011
—, Oberflächenspannung 1004
—, optimale Wirkung 1092
—, Organspezifität 1092
—, Oxydation der aromati-
	schen Aminogruppe 1044
—, oxydative Chinoniminbil-
	dung 1044
—, Papierchromatographie zur
	Bestimmung 1008
—, Pasteurella und Therapie
	mit 1065
—, Permeationsfähigkeit 1051
—, Permeationsvorgang 1051
—, Pharmakodynamik 1022,
	1023, 1024
—, Pharmakokinetik 1009 bis
	1022
—, — und Depotbildung 1095
—, — und Dosierung 1010 bis
	1016
—, — und Kumulations-
	gefahr 1095, 1096
—, — und optimales Dosie-
	rungsschema 1095
—, — und Steuerbarkeit der
	Therapie 1095

Sulfanilamide, Pharmakokine-
	tik und Zweckmäßigkeit
	von Kombinations-
	präparaten 1095
—, pharmakokinetische Kon-
	stanten 1016, 1017, 1018
—, Pharmakologie 1009—1024
—, Pharmakopöe 1072—1090
—, photoallergisches Ekzem
	nach externer Anwen-
	dung von 1091
—, Physikochemie 993—1008
—, physikochemische Wirkung
	1047, 1048
—, pH-Wert 1004
—, Pigmentbildung von resi-
	stenten Staphylokokken
	unter 1045
—, Pilzerkrankungen und The-
	rapie mit 1071
—, Planung einer Chemo-
	therapie 1063
—, Plasmakonzentration 1010,
	1011
—, Plasmawasser-Distribu-
	tionskoeffizient 1012,
	1020
—, polarometrische Titration
	1008
—, Porphyrinurie nach 1023,
	1032, 1045
—, Prinzip der Dosierung 1010
—, Problematik der Übertra-
	gung von Tierversuchs-
	ergebnissen auf klinische
	Verhältnisse 1024
—, Proteus und Therapie mit
	1065
—, Protozoenkrankheiten und
	Therapie mit 1071
—, Pseudomonas aeruginosa
	und Therapie mit 1064
—, Pseudomonas pseudomallei
	und Therapie mit 1064
—, Psittakose und Therapie
	mit 1070, 1071
—, qualitativer Nachweis 1005,
	1006
—, quantitative Bestimmung
	1006, 1007, 1008
—, reduktive Azobenzolspal-
	tung 1045
—, relatives Verteilungsvolu-
	men 1012
—, Resistenz und genetische
	Untersuchungen 1040
—, Resistenzentwicklung 1039,
	1040
—, Resistenzuntersuchung
	1061
—, Rezeptur 1091
—, — für Augensalbe 1091
—, — für Externa 1091
—, — für Inhalationslösungen
	1091

Sulfanilamide, Rezeptur für
	Klistier 1091
—, — für Nasentropfen 1091
—, — für Puder 1091
—, — für Vaginalkugeln 1091
—, — für Zäpfchen 1091
—, Rickettsia und Therapie
	mit 1070
—, Röntgenstrahlungsbeu-
	gungsdiagramme 1003
—, Rote Liste 1076
—, Rotz und Therapie mit 1066
—, Salmonella und Therapie
	mit 1065
—, Säuretitration 1008
—, Schmelzpunkt 1002, 1003
—, Schutzwirkung der Hyal-
	uronidase gegen Nieren-
	schädigung durch 1032
—, Schwefelsäureveresterung
	1044
—, Sensibilisierung durch 1062
—, — bei externer Anwen-
	dung 1091
—, — bei lokaler Anwendung
	1100
—, Sensibilitätsprüfung in
	festen Medien 1094
—, — in flüssigen Medien 1094
—, Sensibilitäts-Testung 1033,
	1034, 1035, 1036
—, —, Agardiffusionstest 1036
—, —, Bebrütungsdauer 1035
—, —, Bebrütungstemperatur
	1035, 1036
—, —, Einsaatgröße 1034, 1035
—, —, kompetitive Antagoni-
	sten 1033
—, —, nichtkompetitive Ant-
	agonisten 1033, 1034
—, —, Papierplättchentest
	1036
—, —, Röhrchenverdünnungs-
	test 1036
—, —, Standardisierung 1036
—, Shigella und Therapie mit
	1065
—, Sonnenexposition und The-
	rapie mit 1100
—, Spaltung einer Alkylamin-
	bindung 1045
—, — der Sulfonamidgruppe
	1044
—, spektrometrische Bestim-
	mung 1008
—, spezifische Organanreiche-
	rung 1020
—, spezifische Sättigungs-
	menge 1013
—, Spezifität der Hemmwir-
	kung gegen Bakterien
	1036, 1037, 1038
—, Spitzenpräparate 1099
—, steuerbare Präparate 1092

Sulfanilamide, Staphylococcus
    und Therapie mit 1066
—, Stoffwechselreaktionen der
    1041, 1042
—, Streptobacillus und Thera-
    pie mit 1066
—, Streptococcus und Therapie
    mit 1067, 1068
—, Strukturregeln 1049
—, Strukturspezifität und anti-
    mikrobielle Hemmwir-
    kung 1048—1050
—, Substituentenringoxyda-
    dation 1043, 1044
—, Synergisten der 1038, 1039
—, Synthese 1004
—, Tautomerie und Ionisation
    1000
—, Testung von Salbengrund-
    lagen für externe An-
    wendung 1091
—, Tetanus und Therapie mit
    1068
—, Therapie mit 1064—1072
—, — in der Klinik mit 1061
    bis 1072
—, — und Sensibilitätsbestim-
    mung 1063, 1064
—, Therapieschemata 1061,
    1062, 1063
—, Therapiesicherheitsfaktor
    1011
—, Therapiezeit und Konzen-
    tration 1010
—, Theorie der Wirkung 963
—, — des Wirkungsmodus
    und Abhängigkeit
    von der Molekül-
    struktur 994
—, Thiosemicarbazone 963
—, Tierexperimente und Über-
    tragung auf klinische
    Verhältnisse 1058
—, Todesfälle nach 1029, 1031
—, tödliche Vergiftung nach
    1029
—, Toxikologie 1024—1032
—, toxikologische Unter-
    suchungen 1024
—, toxische Nebenwirkungen
    1029, 1030
—, — Reaktionen 1100
—, — Symptome, Acidose
    1025
—, — —, Agranulocytose
    1029
—, — —, Anurie 1029
—, — —, aplastische Anämie
    1029
—, — —, Arzneimittelaus-
    schlag 1025
—, — —, Arzneimittelfieber
    1025, 1031
—, — —, cholostatische
    Hepatose 1029

Sulfanilamide, toxische Sym-
    ptome, Cyanose
    1025, 1032
—, — —, Depression 1025
—, — —, Erbrechen 1025
—, — —, exfoliative Derma-
    titis 1029
—, — —, Hämaturie 1029
—, — —, hämolytische An-
    ämie 1029
—, — —, Häufigkeit 1029
—, — —, Kopfschmerzen
    1025
—, — —, beim Menschen
    1025—1032
—, — —, Nierenschmerzen
    1029
—, — —, Oligurie 1029
—, — —, periphere Neuritis
    1029
—, — —, Purpura 1029
—, — —, Übelkeit 1025
—, Transportvorgänge 1019
—, Überempfindlichkeitsreak-
    tionen 1100
—, Übersichtsarbeiten 992, 993
—, Ulcus molle und Therapie
    mit 1066
—, Ultraviolettabsorptions-
    spektrum 1003, 1004
—, Unsicherheit der Bewertung
    1092
—, Urinausscheidung 1043
—, Urinkontrolle bei Therapie
    mit 1100
—, Ursache des Synergismus
    der 1038
—, Ursachen der toxischen
    Symptome 1032
—, Verdrängungstheorie 1051
—, Verteilung im Blut 1020
—, — im Liquor cerebrospina-
    lis 1020, 1021
—, — im Organismus und
    therapeutische Wir-
    kung 1018, 1019
—, Verteilungsgleichgewicht
    1011
—, Verteilungskinetik 1020
—, Verteilungsvorgänge 1012
—, verzögerter Membran-
    durchtritt 1020, 1021
—, Vibrio comma und Therapie
    mit 1064, 1065
—, Viruserkrankungen und
    Therapie mit 1071
—, Viscosität der 1004
—, Voraussetzungen der thera-
    peutischen Wirkung
    1011, 1012, 1013
—, Warenzeichen 981—992
—, Wechselwirkungen mit En-
    zymen 1048
—, Wirkung und Adsorption an
    Milieubestandteile 1048

Sulfanilamide, Wirkung und
    p_H-Abhängigkeit 1050,
    1051
—, Wirkungsmechanismus 963
—, Wirkungsmodus 1050 bis
    1065
—, —, Hypothesen 1050
—, Wirkungsvorhersage aus
    der Struktur 1092
—, Zellpermeabilität 1020
Sulfanile s. Sulfanilamide
Sulfanile 964
Sulfanilaniline s. Sulfanil-
    amide
Sulfanilaniline 964
Sulfathiazol, Tumorkombina-
    tionsbehandlung mit
    Cholin und 1353
—, Hauttuberkulose, tuber-
    kulostatische Wirkung
    der 1124
Sulfide, aromatische, Anti-
    mykotica 1203
    bis 1205
—, —, —, klinische Erfahrun-
    gen 1204
—, —, —, Verträglichkeit von
    1204
—, —, Chemotherapie von
    Dermatomykosen
    mit 1203, 1204
—, —, Therapie von Dermato-
    mykosen mit 1204,
    1205
Sulfonamiddermatitis, Thera-
    pie mit Vitamin C 433
Sulfonamide s. Sulfanilamide
Sulfonamide, antidiabetische
    Wirkung 1024
—, Antimykotica 1218—1221,
    1275, 1276
— in Arsenverbindungen 758
—, Chemotherapie der Haut-
    tuberkulose mit 1124
—, fungistatische Wirkung der
    1218, 1219
—, Kombination mit Chlor-
    amphenicol 832
—, — mit Neomycin 844
—, Kombinationstherapie der
    Aktinomykose mit
    Penicillin und 1257
—, Lokaltherapie der Dermato-
    mykosen mit 1218
—, Penicillinase-Inhibition
    durch 791, 792
— in Phenylarsonsäuren 758
—, Therapie der Aktinomykose
    mit 1220
—, — — mit Penicillin und
    889
—, — der Dermatomykosen
    mit 1218, 1219
—, — der Histoplasmose mit
    1220

Sulfonamide, Therapie der Mycetome mit 1220
—, — der Nokardiose mit 890, 1220
—, — der Sporotrichose mit 1220
—, — der südamerikanischen Blastomykose mit 1219
—, Wirkung einer Chemotherapie der Hauttuberkulose mit 1124
Sulfonamidgruppe, Spaltung der Sulfanilamide 1044
Sulfonate, Alkyl- 260, 261
—, Antimykotica 1221, 1222
—, Bädertherapie von Dermatomykosen mit 1222
—, fungicide Wirkung 1222
—, fungistatische Wirkung 1222
Sulfone s. Sulfanilamide
—, Antimykotica 1218—1221, 1276
—, —, Dosierung der 1221
—, —, Wirkungsweise der 1221
—, Chemotherapie der Hauttuberkulose mit 1124, 1125
—, in vitro-Hemmung der Hauttuberkulose durch 1124, 1125
—, Therapie der Aktinomykose mit 1221
—, — der Chromoblastomykosen mit 1221
—, — der Nokardiose mit 1221
Sulphetron, Chemotherapie der Hauttuberkulose mit Streptomycin und 1125
—, in vitro-Hemmung der Hauttuberkulose-Erreger durch Kombination von Streptomycin und 1125
Superfecundation, Effekt von PMS an der Ratte 502
Superinfektion, Folge einer Therapie mit Tetracyclinen 912, 913
— durch Hefen bei Therapie mit Tetracyclinen 914
— durch Proteus bei Therapie mit Tetracyclinen 914, 915
— durch Pseudomonas bei Therapie mit Tetracyclinen 914, 915
Superovulation, Effekt von PMS an der Ratte 502
Sustanon, Androgene, Handelspräparate 507
Symbiose 772
Synergismus der Sulfanilamide, Ursache des 1038

Synergisten und Isonicotinsäurehydrazid, Hauttuberkulose 1141
— der Sulfanilamide 1038, 1039
Synonyma, Neuroleptica 60
—, Psycholeptica 60
—, Tranquillizer 60
Synpen, Äthylendiamine, Antihistaminica 299, 313, 335
Synthesestörung von Vitamin K bei langdauernder Tetracyclinbehandlung 455
synthetische Antimalariamittel bei Hautkrankheiten 58, 59
Syphilis s. Lues
—, Beeinflussung der Exantheme und Papeln durch Cortison 659
—, — der Herxheimer Reaktion durch Cortison 659
—, — des Primäraffektes durch Cortison 659
—, — der Seroresistenz durch Cortison 659
—, — des Tabes dorsalis durch Cortison 659
—, Kurschema zur Penicillin-Therapie 883
—, Rückgang der gummösen Erscheinungen unter Cortison 659
— in der Schwangerschaft, Sicherheitskur mit Penicillin 883
—, Therapie mit Chloramphenicol 883
—, — mit Erythrocyten 883
—, — der Keratitis parenchymatosa mit ACTH 660
—, — — — mit Cortison 660
—,— mit Oleandomycin 883
—,— der Opticusatrophie mit ACTH 659
—, — — mit Cortison 659
—, — mit Penicillin 883
—, — mit Tetracycline 883
Syphilistherapie, Arsenoxyde 716
Systemmykosen, disseminierte, Therapie mit Amphotericin B 1254
—, Therapie mit Oxystilbamidin 1207
—, — mit ungesättigten aromatischen Carbonsäuren 1218
— bei Versuchstieren, Testmethoden 1176
Systral, Antihistaminica, Colaminreiche 305, 335
Systral C, Antihistaminica, Kombinationspräparate 334

Tabes dorsalis bei Syphilis, Beeinflussung durch Cortison 659
Tages-Antihistaminica 341, 349
Tagesaufnahme von Natrium 194, 195
Tagesbedarf von Vitamin A 397
Takata Ara, Leberfunktionsproben 153
Talgdrüsen, lokale Einwirkung der Oestrogene auf 496
—, Verkleinerung unter Oestrogenen 511, 512
Talgdrüsenentwicklung und Androgene 488
— und Testosteron 488
— unter Androgenen bei Eunuchen und Kastraten 488
— unter Testosteron bei Eunuchen und Kastraten 488
Talgdrüsenfunktion, Einschränkung durch Oestrogene 496
—, erhöhte, in 2. Cyclushälfte durch Progesteron 479
—, Hemmung durch Oestrogene 512, 513
Talgdrüsentätigkeit und Progesteron 478
Talgdrüsenwachstum und Oestrogene 495, 496
Talgsekretion, Hemmung durch Oestrogene bei Seborrhoe 512
—, Veränderung durch Überernährung 185, 186
Tätigkeitshemmung, nach Absetzen der Sexualhormone Rückbildung der 503
Tardin, Antimykotica 1270
Tauben, Fortpflanzungsfähigkeit unter LTH 500
Tautomerie und Jonisation, Sulfanilamide 1000
Taxlan, Phenothiazine, Handelspräparate 63
TBI/698, Chemotherapie der Hauttuberkulose mit 1124
—, experimentelle Chemotherapie der Hauttuberkulose mit 1127, 1128
—, — —, Hauttuberkulose, Ausscheidung von 1128, 1129
—, Resorption von 1128
—, Serumkonzentration von 1128
—, tuberkulostatische Wirkung 1128
TB VI, Chemotherapie der Hauttuberkulose mit 1124

Tbc. cutis colliquativa, Therapie mit Isonicotinsäurehydrazid 1163
Tbc. ulcerosa der Mundschleimhaut, Therapie mit Isonicotinsäurehydrazid 1163, 1164
Teer, Antimykotica 1188, 1189
—, —, lichtsensibilisierende Wirkung 1189
—, Kombination mit Hydrocortison zur Lokalbehandlung 570
—, — mit Hydrocortisonsalbe 594
—, Therapie von Dermatomykosen mit 1188, 1189
TEM, Cytostatica 1337, 1356
—, —, Hemmzone bei 1323
Tenolon, Leberschutztherapie, Handelspräparat 167
Terminalkörperbehaarung und Androgene 489
— und Testosteron 489
Terramycin, Handelsform 931, 932
—, Tetracycline 811
—, Therapie der Akrodermatitis chronica atrophicans 894, 895
—, — des Milzbrands 881
Testkeim, Standardisierung, Penicillin 780
Testmethoden, Antimykotica 1173—1177
—, biologische Wertigkeit des Impfgutes, Antimykotica 1175
—, Eiweißgehalt des Nährmediums, Antimykotica 1175
—, Federkieltest für Antimykotica 1175
—, Feuchtigkeit des Nährmediums, Antimykotica 1175
—, Filterpapiertest für Antimykotica 1175
—, Folsäure 421
—, fungizide Wirkung, Antimykotica 1175
—, fungistatische Wirkung, Antimykotica 1174, 1175
—, Gewebekulturen, Antimykotica 1176
—, Haarköder, Antimykotica 1175
—, Haartest, Antimykotica 1176
—, hängender Tropfen, Antimykotica 1175
— in vivo, Antimykotica 1174
—, Lochtest, Antimykotica 1174

Testmethoden, mykographisches Testverfahren, Antimykotica 1175
—, Netzfähigkeit des Nährmediums, Antimykotica 1175
—, Neuroleptica 60, 61, 62
—, Objektträgerfilmtest für Antimykotica 1175
—, pH-Wert des Nährmediums, Antimykotica 1175
—, Plattenausstrichverfahren, Antimykotica 1174
—, Psycholeptica 60, 61, 62
—, Resistenzentwicklung der Pilzstämme, Antimykotica 1175
—, Selbstversuche, Antimykotica 1177
—, semi-in vivo, Antimykotica 1174, 1176
—, semi- in-vivo-Verfahren, parasitäre Phase, Antimykotica 1176
—, Sensibilitätsprüfungen, Antimykotica 1175
—, Spurenelemente im Nährmedium, Antimykotica 1175
—, Standardisierung der Bedingungen, Antimykotica 1175
—, — der Pilze, Antimykotica 1175
—, — und Vergleichbarkeit der Ergebnisse, Antimykotica 1175
—, Standardtests, Antimykotica 1174, 1175
—, Temperatur des Nährmediums, Antimykotica 1175
—, Tierversuche, Antimykotica 1173, 1176
—, Tranquillizer 61, 62, 63
—, Vitamin C 429
—, Vitamin P 436
—, Warburg-Apparatur, Antimykotica 1176
—, Wasserlöslichkeit der Substanz, Antimykotica 1174
—, Zusätze zum Nährmedium, Antimykotica 1175
— mit festem Nährmedium, Antimykotica 1174
— mit flüssigen Nährmedien, Antimykotica 1174, 1175
— in vitro, Antimykotica 1174, 1175, 1176
Testmethodik, Antimykotica 1174
Testoluton, Sexualhormon, Kombinationspräparat 508
Testosid, Androgen, Handelspräparat 507

Testosid-Depot, Androgen, Handelspräparate 507
Testosteron, Aktivierung der aeroben Glykolyse durch 487
—, Allgemein- und Nebenwirkungen 509
—, androgene Aktivität 481, 485, 486
—, Anreicherung im Experiment in Leber, Niere, Urogenitaltrakt 487
—, Aufhebung der Hyaluronidasewirkung durch 489
—, Ausscheidung im Urin 480, 483, 484
—, Beeinflussung der Spermaplasmaeiweißfraktionen durch 519
—, Bildung in Leydig-Zellen 480, 481
—, bremsende Funktion auf die Gonadotropinproduktion 520
—, Capillarresistenz und 488
—, Chemie 480
—, Cholesterin als Synthese-Zwischenprodukt 481
—, Depotwirkung bei Eunuchen von 506
—, diabetogene Wirkung im Experiment 486
—, Fermentaktivität und 486, 487
—, Fermentaktivitätsabnahme 487
—, Fermentaktivitätsteigerung unter 487
—, Fibroblastenaktivität und 489
—, fördernde Wirkung auf Fettstoffwechsel 486
—, Fructosebildung im Sperma und 481, 485, 486
—, Gewebestoffwechsel und 486, 487
—, Gewichtszunahme unter 486
—, Hauterythem nach 488
—, Hautstoffwechselprodukte von 485
—, Hemmung der aeroben Glykolyse durch 487
—, — der Inaktivierung bei Leberschäden 485
—, hochdosierte Depotbehandlung bei Oligospermie 520, 521
—, Hypokaliämie durch 487
—, Kombinationstherapie des Pemphigus mit ACTH und 611, 612
—, — von peripheren Durchblutungsstörungen mit Oestrogen und 518

Testosteron, Löslichkeit in Wasser 504
—, Melaninpigmentierung unter 489
—, Minderung der Stickstoffausscheidung unter 486
—, Muskelglykogenzunahme bei Hypophysektomie 486
—, Nor-, Nebenwirkungen bei 477
—, Nor-, Ovulationshemmung 477
—, Nor-, Spätfolgen von 477
—, Nor-, virilisierender Effekt bei weiblichen Neugeborenen 477
—, Nor-, antigonadotrope Wirkung 477
—, 19-Nor 475, 486
—, 19-Nor-, androgene Wirkung 486
—, 19-Nor, myogene Wirkung 486
—, 19-Nor-17α-Äthinyl 476, 477
—, 19-Nor-17α-Äthyl 476, 477
—, 19-Nor-17α-Methyl 476, 477
—, fermentative Oxydation von 481
—, Penetration durch die Haut 506
—, proteinanabole Wirkung 486
—, Samenblasen-Prostata-Test 482, 483, 484, 485, 486
—, Seborrhoe und 512
—, Sekundärbehaarung unter 489
—, Stimulierung der Melanocyten 489
—, Stoffwechselwirkungen 486, 487, 488, 489
—, Tagesbedarf des Menschen 519
—, Talgdrüsenentwicklung und 488
—, — bei Eunuchen und Kastraten 488
—, Terminalkörperbehaarung und 489
—, Therapie der Dermatomyositis mit 516
—, — des Erythematodes chronicus mit Cortison und 515
—, — des Libman-Sacks-Syndroms mit 515
—, — der Neurodermitis mit 515
—, — des Pruritus senilis mit 517
—, Umbau in Leber und Niere 481

Testosteron, Umsetzung in der menschlichen Haut 485
—, Unterdrückung der klimakterischen Wallungen durch 488
—, Vasodilatation von 487, 488
—, Verhinderung der Infektausbreitung bei Adrenalektomie durch 489
—, Vermehrung der Knorpel- und Knochengrundsubstanz 486
—, virilisierender Effekt von 524
—, Vorkommen im Hoden 480
—, Wirkung auf Mineralhaushalt 487
—, — auf Haarfollikel 489
—, — bei Kastraten 486
—, — auf Verhornung 488
—, Zunahme der Kollagenfasern 488, 489
— und Fettbestimmung 488
Testosteron-Caprinoylacetat, Sexualhormone, Injektionsbehandlung mit 505/507
Testosteron-Cyclopentylpropionat, Sexualhormone, Injektionsbehandlung mit 505/507
Testosterondepot, 17-Ketosteroide, Ausscheidung unter 505, 506
—, peritubuläre Fibrose und 503
—, „rebound-phenomenon" 520, 521
Testosterondepotbehandlung, hochdosiert bei Hypozoospermie 520, 521
Testosteronester, Sexualhormone, Depotbehandlung mit 505, 506
—, — zur Injektion 505
Testosteron-Isobutyrat, Sexualhormone, Injektionsbehandlung mit 505/507
Testosteron-Oenanthat, Sexualhormone, Injektionsbehandlung mit 505/507
Testosteron-Propionat, Sexualhormone, Injektionsbehandlung mit 505, 506, 507
Testosteronspiritus, Therapie der Alopecia areata mit 514
Testosterontherapie, hochdosiert, Hodenbiopsie und 503
—, — und Reboundphenomenon 503
—, —, Sistieren der Spermiogenese nach 503

Testosterontherapie des Mamma-Carcinom und vermehrte Kalkablagerung in Metastasen 524
Testosteron-Undecylenat, Sexualhormone, Injektionsbehandlung mit 505/507
Testosteron-Valerianat, Sexualhormone, Injektionsbehandlung mit 505, 506, 507
Testosteronwirkung bei Hahnenkammtest 485
— bei Samenblasentest 485
Testoviron, Androgen, Handelspräparat 507
Testoviron-Depot, Androgen, Handelspräparat 507
Testreaktion, NNR-Hormone und 566
Tetanus, Therapie mit Sulfanilamiden 1068
Tetracyclin s. Achromycin 811—826
—, Achromycin 811
—, Allergie und Mykosebefall 909, 910
—, allergische Nebenwirkungen nach 909, 910
—, Änderung der physiologischen Keimflora unter 912, 913
—, anorectale Schleimhautveränderungen durch 917
—, Antimykotica 1235, 1259, 1260, 1275
—, —, Herkunft 1259
—, Atmungskurven 817
—, Aureomycin 811
—, Ausscheidung 823
—, Bakterien-Varianten als Resistenzfolge 824
—, biologische Nebenwirkungen von 912, 913, 914, 915
—, Blutspiegelwerte 821, 822
—, Brechreiz nach 915, 916
—, Breitspektrum-Antibiotica 813
—, Candida-albicans-Auftreten unter 819, 820
—, Candidiasis unter 820
—, Chemie 812, 813
—, Demethylchlortetracyclin 811
—, Dysbakterie durch 818, 819
—, Durchfälle nach 916
—, Einfluß auf Aminosäurenstoffwechsel 816
—, — auf Eiweiß-Synthese 816
—, — auf Phosphorylierung 816
—, Entercolitis durch 913
—, Geschichtliches 811

Tetracyclin, Glossitis nach 916
—, Grenzkonzentrationen 814
—, Handelsform 932, 933
—, Hemmung der Enzyme durch 816
—, Herkunft 811, 812
—, Hitzestabilität 812
—, in-vitro-Wirkung 813, 814
—, in-vivo-Wirkung 814
—, klinische Erfahrungen der Erkrankungen durch Strahlenpilze bei Therapie mit 1259, 1260
—, Kombination mit anderen Antibiotica 825, 826
—, Kontaktdermatitis nach 909
—, Kreuzresistenz 824
—, Leberschädigungen durch 903, 904
—, Leberschutz bei Therapie mit 903, 904
—, Löslichkeit 812, 813
—, Magenblutung nach 904
—, Mundschleimhaut-veränderungen durch 916, 917
—, Mundwinkelrhagaden nach 916
—, Nachweismethoden 826
—, Nebenwirkungen 903, 904
—, — komplexer Genese 915, 916, 917
—, Nierenschädigungen durch 903, 904
—, Normalisierung der geschädigten Darmflora 818
—, Pharmakologie 821, 822, 823, 824, 825
—, Phlebitis nach Injektion von 904
—, Photosensibilität nach 909
—, Proktitis nach 917
—, Resistenz gegenüber 823, 824, 825
—, Resistenzentwicklung 824
—, Resorption aus dem Magen-Darmtrakt 821, 823
—, Schädigung der Darmflora 817, 818
—, Schicksal im Organismus 823
—, Schleimhautreizung durch 904
—, Sensibilisierungs-Index 909
—, Stabilität 812, 813
—, Standardisierung 813
—, Staphylokokken-Enteritis durch 913
—, Strukturformeln 812
—, Superinfektion durch Pseudomonas bei Therapie mit 914, 915

Tetracyclin, Superinfektionen als Folge einer Therapie 912, 913
—, — durch Hefen bei Therapie mit 914
—, — mit Mikrokokkus pyogenes 913, 914
—, — durch Proteus bei Therapie mit 914, 915
—, Terramycin 811
—, Therapie der Acne 892, 893
—, — der Akrodermatitis chronica atrophicans 894, 895
—, — der Aktinomykose mit 889, 1259, 1260
—, — der Dermatitis mit Umschlägen 891
—, — bei Eczema vaccinatum 887
—, — der Erythrodermie 899
—, — der Frambösie 885
—, — des Gasbrandes 881
—, — der Gonorrhoe 883
—, — des Lichen ruber 897
—, — des Lymphogranulome inguinale 884
—, — der Pinta 885
—, — von Sodoku 885
—, — von Strahlenpilz-erkrankungen mit 1235, 1259, 1260, 1275
—, — der Syphilis 883
—, — des Ulcus molle 884
—, Toxicität 817
—, Verteilung im Organismus 822, 823
—, Wirkung bei der experimentellen Mäuse-Aktinomykose 1259
—, — auf Strahlenpilze in vitro 1259
—, — im Tierexperiment 814, 815, 816
—, Wirkungsbereich 813, 814, 815, 816
—, Wirkungsmechanismus 816, 817
Tetracyclinbehandlung, Synthesestörung von Vitamin K bei langdauernder 455
Tetradecylisothiouronium-chlorid, Antimykotica 1193
—, fungistatische Wirkung von 1193
Tetramin, Cytostatica 1360, 1361, 1363
—, —, Äthyleniminderivate 1360, 1361
—, —, Strukturformel 1360
—, klinische Erfahrungen bei Mamma-Carcinom mit Hautmetastasen 1360

Tetramin, klinische Erfahrungen bei Melanom 1360
—, — — bei Morbus Hodgkin 1360
—, — — bei Mycosis fungoides 1360
—, — — bei Sarcoma idiopathicum haemorrhagicum multiplex 1360
—, — — bei Spinaliom 1360
—, — — bei Ulcus rodens mit 1360
—, — — bei Uterus-Carcinom mit Hautmetastasen 1360
—, lokale Behandlung von Tumoren 1361
—, Mißerfolg der Behandlung 1361
—, perorale Behandlung von Tumoren 1361
—, Wirkung am Benzpyren-Carcinom 1360
—, — bei Impftumoren 1360
—, — am Walker-Tumor 1360
—, — am Yoshida-Tumor 1360
Tetrazoliumsalze, Antimykotica 1230
Thalliumepilation, Antimykotica 1179
Thenylen, Äthylendiamine, Antihistaminica 300, 311, 335
theoretische Voraussetzungen der Therapie mit Sexualhormonen 502, 503, 504
Thephorin, Antihistaminica, Propylamine 306, 313, 335
therapeutische Hinweise in Tabellen, Antimykotica 1273—1276
— Anwendung von Vitamin A 397, 398
— Dosis von Inosit 427
— —, Panthothensäure 419
— — für Vitamin A 390
— —, Vitamin K 455
— — von Vitamin P 436
— Tagesdosis, Vitamine 384
— —, Vitamin B_6-Gruppe 417
— —, Vitamin H 426
Therapie s. Behandlung
—, empirische 2
Therapiedauer der Dermatomyositis 606
—, Sulfanilamide 1010, 1011
Therapiesicherheitsfaktor, Sulfanilamide 1011
thermische Reize, Freisetzung von Histamin durch 287
Thermoeffekt von Silikonen 174

Thiamin, Vitamin B_1, Synonyma 400
Thiantan, Antihistaminica, Phenothiazine 303
Thioarsenite 714, 715
—, Wirkung bei Kaninchensyphilis 721, 722
Thioaurin, Antimykotica 1270
Toxicität, Cytostatica, Triäthylenmelamin 1340
—, —, Urethan 1336
— von Diphenylmethanderivaten 77
—, Erythromycin 834
— von Griseofulvin 869
— und Injektionsgeschwindigkeit von Novocain 122, 123
—, Kanamycin 865, 866
— von Lipopolysacchariden 97
— von Meprobamat 79
—, Myxal, Antimykotica 1196
—, Neomycin 843
— von Novocain 109, 110, 111, 112, 113
—, Nystatin 853, 854
—, Oleandomycin 862
—, Penicillin 783, 784
—, Polymyxin 839
—, Resochin 44
— und Resorptionsgeschwindigkeit von Novocain 122, 123
— von Silikonen 174
—, Streptomycin 805, 806
— des Streptomycin, Hauttuberkulose 1134
—, Sulfanilamide, Analogie zwischen Löslichkeit und 1093
—, —, Bewertung und Zusammenhang zwischen Löslichkeit und 1093
—, —, Einfluß der Löslichkeit auf 1092
—, Tetracycline 817
—, Trichomycin 859, 860
—, Tyrothricin 850
Toxicitätsänderung durch Substitution, Arsenoxyde 719 bis 726
Toxicitätsminderung von Streptomycin 806
— — durch Vitamin A 806
Toxicitäts-Prüfung von Arsenobenzolen 748
Toxikodermie, Austrocknungsdiät bei 198
—, Leberschutztherapie und 166, 167
—, Therapie mit Calcium 137
Toxikologie, klinische, Einzelaufstellung, Sulfanilamide 1026—1028
—, Sulfanilamide 1024—1032

toxikologische Untersuchungen, Sulfanilamide 1024
Toximycin, Antimykotica 1270
toxische Capillarschäden, Therapie mit Vitamin P 436
— Nebenwirkungen, Antibiotica 901—904
— — und Blutkonzentration, Sulfanilamide 1029
— —, Penicillin 901
— —, Streptomycin 901, 902
— —, Sulfanilamide 1029, 1030
— Reaktionen auf Antibiotica 900
— —, Sulfanilamide 1100
— — unter Viomycin, Hauttuberkulose 1137
— Schädigung nach Colchicin 1331
— Symptome, Acidose, Sulfanilamide 1025
— —, Agranulocytose, Sulfanilamide 1029
— —, Anurie, Sulfanilamide 1029
— —, aplastische Anämie, Sulfanilamide 1029
— —, Arzneimittelfieber, Sulfanilamide 1025, 1031
— —, Ätiologie, Sulfanilamide 1029
— —, cholostatische Hepatose, Sulfanilamide 1029
— —, Cyanose, Sulfanilamide 1025, 1032
— —, Depression, Sulfanilamide 1025
— —, Erbrechen, Sulfanilamide 1025
— —, exfoliative Dermatitis, Sulfanilamide 1029
— —, Hämaturie, Sulfanilamide 1029
— —, hämolytische Anämie, Sulfanilamide 1029
— —, Häufigkeit, Sulfanilamide 1029
— —, Kopfschmerzen, Sulfanilamide 1025
— — beim Menschen, Sulfanilamide 1025 bis 1032
— —, Nierenschmerzen, Sulfanilamide 1029
— —, Oligurie, Sulfanilamide 1029
— —, periphere Neuritis, Sulfanilamide 1029
— —, Purpura, Sulfanilamide 1029

toxische Symptome, Sulfanilamide, Ursache der 1032
— —, Übelkeit, Sulfanilamide 1025
— —, Sulfanilamide, Beeinflussung der 1032
Toyocamycin, Antimykotica 1270
Thiocarbaminsäurederivate, Antimykotica 1192, 1193
—, fungizide Wirkung 1192
Thioctsäure, Blutzirkulation in der Leber durch 159
—, Therapie von Leberschäden mit 159
Thioformol, Antimykotica 1188
—, Therapie von Dermatomykosen 1188
—, Therapie der Rinderflechte mit 1188
Thioisonicotinsäureamide, experimentelle Chemotherapie der Hauttuberkulose mit 1157, 1158
Thiole, Wirkungseinbuße der Arsenverbindungen durch 736
thiolgruppenhaltige Substanzen, Wechselwirkung und 735—738
Thioharnstoff, Antimykotica 1192
Thiolutin, Antimykotica 1270
Thiomedon, Leberschutztherapie, Handelspräparate 167
Thiopropazat, Phenothiazine, Derivate C 63
Thioridazin, Phenothiazine, Derivate B 63
Thiosemicarbazone, Antimykotica 1193
—, —, Wirkungsweise der 1193
—, Chemotherapie der Hauttuberkulose mit 1124, 1127, 1128, 1129
—, experimentelle Chemotherapie der Hauttuberkulose mit 1127, 1128, 1129
—, Sulfanilamide 963
—, Therapie der Hauttuberkulose mit 1159, 1160
— und Chinone, Antimykotica, Kombination von 1211
Thio-TEPA, Cytostatica, Hemmzone bei 1223
—, —, Strukturformel 1340
—, Therapie des Cervix-Ca 1341
—, — des Zungen-Carcinoms mit 1340, 1341
—, — von Magen-Darm-Tumoren 1341

Thio-TEPA, Therapie des
Melanoms mit 1341
—, — des Prostata-Ca 1341
—, — von Tumoren des ZNS
1341
Thioureidoverbindungen,
Phenylarsonsäuren 753
Thiuramdisulfide, Antimykotica 1193
Thorazine, Phenothiazine,
Handelspräparate 63
Thrombocyten, Anstieg unter
NNR-Hormonen 564
—, Bildung von Histamin in
den 283
thrombocytopenische Pur-
pura unter Antihist-
aminica 352
Thrombocytopenie nach Chloramphenicol 902, 903
— nach Streptomycin 902
Thrombopenie nach Therapie
mit Folsäureantagonisten
1350
Thrombophlebitis, Therapie
mit Antibiotica 880
—, — mit Vitamin C 433
— nach Therapie mit Amphotericin B 1255
Thrombopoeseschädigung
durch Myleran 1342
Thrombose, Therapie mit Pred-
nison 601, 602
Thrombosegefahr bei E 39
1360
Thylakentrin, Gonadotropin
498
Thymol, Antimykotica
1198—1199
Thymoltest, Leberfunktions-
proben 153
Thymoxyläthyldiäthylamin,
Antihistaminica 297, 298
Thymusgewicht, Reduzierung
unter Oestrogenen 493
Thymushypertrophie unter
Progesteron 478
Thyreoidea, Hormone zur
Therapie von Haut-
erkrankungen 17
—, Funktion bei Haut-
erkrankungen 17
—, — bei Pemphigus 17
—, — bei Pruritus 17
—, — bei Sklerodermie 17
Thyreotoxikosen, Vitamin-B$_1$-
Mangel und 402
Thyroxin 667—671
Tiefenwirkung, Förderung
durch Cetiol 251
Tierexperiment s. Tierversuch
—, Cytostatica 1323—1327
—, —, Schwierigkeiten im
1327
—, Sulfanilamide 1058—1060

tierexperimentelle Prüfung
und Bewertung, Sulfanil-
amide 1092
Tiermykosen, Therapie mit
Isochinolinderivaten 1228
Tierversuch s. Tierexperiment
—, Cytostatica, Fehlen chroni-
scher Schäden im
1327
—, —, hohe Dosierung und
Anwendung beim
Menschen 1327
—, Griseofulvin 1238
— zur Therapie von Mykosen
mit Amphotericin B 1253
— zur Therapie von Mykosen
mit Nystatin 1247
Tinea barbae, Therapie mit
Griseofulvin 1240
Tinea capitis, Therapie mit
Griseofulvin 1240, 1243
Tinea corporis, Therapie mit
Griseofulvin 1240, 1243
Tinea imbricata, Therapie mit
Griseofulvin 1240
Tinea manuum, Therapie mit
Griseofulvin 1240, 1241,
1243
Tinea palmaris nigra, thera-
peutische Hinweise 1274
Tinea pedum, Therapie mit
Griseofulvin 1240, 1241,
1243
Titandioxyd, Zusatz zu Emul-
sionssalbengrundlagen,
Typ Wasser-in-Öl 258
Todesfälle, Atebrinmedikation
und 46
— nach Calcium 136, 137
—, Chlorpromazin und 70, 71
—, Neuroleptica und 61, 62
— nach Novocain 110, 124,
125, 126
— nach Sulfanilamiden 1029,
1031
Tokopherol s. Vitamin E
—, Vitamin E, Synonyma 447
Tomatidin, Antimykotica 1235
Tomatin, Antimykotica 1235
Torf, Antimykotica 1235
Torulopsidose, therapeutische
Hinweise 1275
Toxicität, akute, bei Versuchs-
tieren, Sulfanilamide
1024, 1025
—, Amphotericin 856, 857
— der Antimalariamittel 44
— der aromatischen Diami-
dine, Antimykotica 1205
—, Arsenobenzole 739
— von Atarax 77
—, Atebrin 44
—, Bacitracin 847
— von Calcium 136, 137
— von Chloramphenicol 830

Toxicität von Chlorpromazin
68—73
—, chronische, bei Versuchs-
tieren, Sulfanilamide
1025
—, Cytostatica 1327, 1362
—, —, E 39 1360
Tranquillizer, Definition 60
—, Diphenylmethanderivate
66, 67, 76
—, Handelspräparate, Atarax
67, 76
—, —, Covatix 67, 76
—, —, Frenquel 67, 76
—, —, Mephenamin 67
—, —, Meratran 67
—, —, Parasan 67
—, —, Procalin 67
—, —, Suavitil 67
— bei Hauterkrankungen 12
—, klinische Erfahrungen mit
80—88
—, Librium 215
—, Synonyma 60
—, Testmethoden 60, 61, 62, 63
—, Verbindungen, Azacyclonol
66, 67
—, —, Benactyzin 66, 67
—, —, Captodiamin 66, 67
—, —, Hydroxyzin 66, 67
—, —, Orphenadrine 66, 67
tranquillizierende Wirkung
der Neuroleptika 60, 61, 62
Transaminasentest, Leber,
Funktionsproben 153
transcutane Anwendung der
Sexualhormone 506, 508
Transfusionssyphilis, Blutübertragung 726
—, Gefahr der 727
—, Klinik 727
—, treponemicide Wirkung des
Phenylarsenoxyd bei
727, 728
—, Präventivmaßnahmen 726,
727
—, Verhütung durch Phenylarsenoxyd 726—730
transmineralisierende Therapie
mit Calcium 127, 128, 137
138
„transparent-chamber"- Technik, Prüfung der Cytosta-
tica mit 1326
Traubenzuckerbelastung bei
chronischem rezidivie-
rendem Ekzem 19
— bei seborrhoischem Ekzem
19
— bei Neurodermitis 19
— bei chronischer Urticaria
19
Trenimon, Cytostatica, Applikationsform 1341, 1342

Trenimon, Cytostatica, Äthyleniminderivate 1341,
1342, 1361
—, —, Diarrhoe nach 1342
—, —, Dosierung 1342
—, —, Indikationen 1342, 1361
—, —, Löslichkeit 1341
—, —, Wirksamkeit 1342
—, Leukocytensturz nach 1342,
1361
—, Therapie der chronischen
Leukosen 1342
—, — metastasierender Tu-
moren 1361
treponemicide Wirkung, Arsenoxyde 718—726
— —, Benzimidazolarsenoxyd
725
— —, Phenylarsenoxyde 718,
719, 720, 721, 722
— —, des Phenylarsenoxyd
bei Transfusions-
syphilis 727, 728
— —, Pyridonarsendichlorid
726
Triamcinolon, Applikation 571
—, intrafokale Injektion bei
Psoriasis vulgaris mit
620, 621
—, lokale Injektion bei Ganglien mit 646
—, — — beim Keloid mit 646
—, — — bei Psoriasis vul-
garis mit 621
—, Psoriasistherapie mit 9
—, Resorption 571
—, Stoffwechselwirkung bei
Psoriasis vulgaris unter
621
—, Therapie der Alopecia mit
635
—, — der Aphthosis mit 657
—, — des Asthma bronchiale
mit 589
—, — der Dermatomyositis
mit 607
—, — des Lichen nitidus mit
628
—, — des Lichen ruber mit
627
—, — der Neurodermitis mit
594
—, — des Pemphigus mit 613
—, — des Pruritus vulvae mit
590
—, — von Psoriasis arthropathica mit 622
—, — der Psoriasis-Erythrodermie mit 624
—, — der Psoriasis pustulosa
mit 623
—, — der Psoriasis vulgaris
mit 620, 621
—, — des seborrhoischen Ekzems mit 618

Triamcinolon, Therapie des
Ulcus vulvae acutum
mit 651
— intradermal, Therapie des
Granuloma anulare mit
602
Triamcinoloninjektion, Therapie bei Alopecia mit 635
Triamcinolon-Salbe, Therapie
des Ekzems mit 592
—, — des Kontaktekzems mit
592
Triäthylenmelamin, Abschwächung der Knochen-
markschädigung
durch Cortison 1340
—, — der Toxicität durch
Cortison 1340
—, Affinität zum lymphatischen Gewebe 1340
—, Applikationsform 1340
—, Cytostatica 1337, 1339,
1340
—, —, Toxicität 1340
—, Dosierung 1340
—, Knochenmarksaplasie nach
1340
—, Strukturformel 1340
—, Therapie der chronischen
lymphatischen Leuk-
ämie mit 1340
—, — der chronischen myeloischen Leukämie mit
1340
—, — der Lymphogranuloma-
tose mit 1340
—, — der Polycythämie mit
1340
—, Verträglichkeit 1340
Triazinylarsonsäuren, trypanocide Wirkung 760
Tribromphenolwismut, Anti-
mykotica 1200, 1201
Trichomonaden, Therapie mit
Antibiotica 885, 886
—, — mit Nystatin 885, 886
—, — mit Trichomycin 885,
886
Trichomycin 858, 859, 860
—, Antimykotica 1235, 1251
bis 1252, 1273, 1274, 1275
—, Atmungskurve 859
—, Applikationsart 1252
—, Ausscheidung von 860
—, Behandlungsdauer 1252
—, biologische Wirksamkeit
in vitro 1251
—, Blutspiegel 1252
—, Blutspiegelwerte 860
—, Chemie 858
—, chemische Eigenschaften
1251
—, Cytostatica, Hemmzone bei
1323
—, Dosierung 1252

Trichomycin, fungistatische
Wirkung 1252
—, Geschichtliches 1251
—, Grenzkonzentration 859
—, Haltbarkeit 858
—, Handelsform 933
—, Herkunft 858, 1251
—, klinische Erfahrungen
1251, 1252
—, Löslichkeit 858, 1251
—, Magen-Darmstörungen
nach 1252
—, Nebenwirkungen 1252
—, Pharmakologie 860
—, pharmakologische Eigenschaften 1251
—, physikalische Eigenschaften 1251
—, quantitative Bestimmung
1251
—, Resistenz 860
—, Resistenzentwicklung 860
—, Resorption 1252
—, Schmelzpunkt 1251
—, Soorbehandlung 1252
—, Therapie der Candida-
infektion 889
—, — der Candidamykose mit
1252
—, — der Candida-Paronychie
mit 1252
—, — der genitalen Candidamykose 1252
—, — der Trichomonaden 885,
886
—, — der Trichophytie mit
1252
—, Tierversuche zur Therapie
der experimentellen
Candidamykose 1251
—, — zur Therapie der ex-
perimentellen
Dermatophytie 1251
—, — zur Therapie der ex-
perimentellen Krypto-
kokkose 1251
—, Toxicität 859, 860
—, toxische Reaktionen 1252
—, U-V-Absorptionsspektrum
1251
—, Verträglichkeit 860, 1252
—, Wirkung im Tierexperi-
ment 858, 859
—, Wirkungsbereich 858, 859
—, Wirkungsmechanismus 859
—, Wirkungsspektrum 858,
1251
—, Wirkungsweise 1252
Trichomycosis palmellina,
therapeutische Hinweise
1274
Trichophytie, Therapie mit
Äthylchlorid 1186
—, — mit Griseofulvin 1239,
1240, 1241

Trichophytie, Therapie mit
  Penicillin 1258
—, — mit Trichomycin 1252
Trichophytonpilze, Erreger der
  Epidermophytie 1241
—, Lebensfähigkeit in den
  Hornschichten der Haut
  1241
Trichophyton rubrum-
  Granulome, Therapie mit
  Griseofulvin 1240, 1241
Trichophyton-rubrum-
  Infektionen, Therapie mit
  Griseofulvin 1240
Trichosporose, therapeutische
  Hinweise 1275
Trichothecin, Antimykotica
  1270
Trifalon, Phenothiazine,
  Handelspräparate 63
Trigeminusneuralgie nach
  Stilbamidin, Antimykotica
  1206
Tri-Histin, Antihistaminica,
  Kombinationspräparate
  333
Trijodphenol, Antimykotica
  1200
Trijodthyronin 667—671
Trimeton, Antihistaminica,
  Propylamine 305, 312, 335
Trioxybenzoesäure, Anti-
  mykotica 1216
—, Therapie der Onycho-
  mykose mit 1217
Triphenylmethanfarbstoffe,
  Antimykotica 1208, 1209,
  1273, 1274, 1275
—, Therapie von Dermato-
  mykosen mit 1209
Triraupin, Rauwolfia-
  Alkaloide, Handels-
  präparate 64
Trithione, Antimykotica 1230,
  1231
Truxal, Phenothiazine 215
Trypaflavin 731
—, Cytostatica, Mitosegifte
  1328
Trypaflavinlösung, Antimyko-
  tica 1210
—, Therapie von Dermato-
  mykosen mit 1210
trypanocide Wirkung von
  Benzimidazolonarson-
  säuren 762
—, Phenylarsonsäuren 755, 756
—, Triazinylarsonsäuren 760
Trypanosomen, Resistenz des
  Phenylarsenoxyds gegen
  730—735
—, Speicherung basischer
  Farbstoffe durch 734, 735
—, treponemicide Wirkung des
  Phenylarsenoxyds bei

Empfindlichkeitsschwan-
  kungen der 733, 734
Trypanosomenresistenz und
  Molekül-Ladungscharakter,
  Arsenverbindungen 732,
  734
Tryptophan, Nicotinsäure-
  Bildung aus 409, 410
Tuber cinereum, Sexual-
  zentrum in 498
Tuberculosis ulcerosa cutis et
  mucosae, Therapie mit
  Vitamin D 444
Tuberculosis cutis colliquativa,
  Therapie mit Vitamin D
  444
Tuberculosis cutis verrucosa,
  Therapie mit Vitamin A
  396
—, Therapie mit Vitamin D
  444
Tuberkelbakterien, Adaption
  an Kanamycin 866, 867
—, Auflösung durch Cholin
  1123
—, Auflösung durch Lecithin-
  spaltprodukte 1123
—, Hauttuberkulose, Hem-
  mung durch Kupfer
  1123, 1124
—, in vitro-Hemmung durch
  Phenolverbindungen,
  Hauttuberkulose 1124
Tuberkulide, Kombinationstherapie mit INH und
  NNR-Hormonen 652
—, Therapie mit Vitamin C
  433
—, — mit Vitamin D 444
Tuberkulin-Hautreaktion, Wirkung der Antihistaminica
  bei 319, 320, 322
Tuberkulinreaktion, NNR-
  Hormone und 566
Tuberkulose s. Hauttuber-
  kulose
—, ACTH und 579
—, experimentelle Chemo-
  therapie 1125,
  1126, 1127
—, — —, Bakterienstamm
  1125, 1126
—, — —, Basalmedium für in
  vitro-Test 1126
—, — —, Einsaatmenge 1125,
  1126
—, — —, Infektionsgefahr
  1126
—, — —, in-vitro-Versuche
  1125, 1126
—, — —, Lösungsmittel 1126
—, — —, Methodik des Tierversuches 1127
—, — —, Nährmedium 1125

Tuberkulose, experimentelle
  Chemotherapie,
  „screening-Test"
  1126
—, — —, Tierversuche 1125,
  1126, 1127
—, — —, Versuchsbedingun-
  gen 1125, 1126
—, — —, Versuchsdauer des
  Tierversuches
  1126
—, — —, Versuchstiere 1126
—, Nebennierenrinden-
  hormone und 579
Tuberkulostatika und NNR-
  Hormone, Kombinations-
  therapie des Boeck-Sarkoid
  653, 654
tuberkulostatische Grenz-
  konzentration von Streptomycin 1134
tuberkulostatische Wirkung s.
  Chemotherapeutica
—, —, Chemotherapeutica mit
  1123—1165
—, — von Conteben 1128
— — von PAS 1128
— — von Neomycin, Haut-
  tuberkulose 1136
— — von Streptomycin,
  Hauttuberkulose
  1128, 1135
— — von TBI 1128
Tularämie, Therapie mit Antibiotica 880
Tumenol, Antimykotica 1188
T-Tumor, Cytostatica 1320
Tumor, Colchicininjektionen
  1333
Tumoren, experimentelle,
  NNR-Hormone und 565
—, extrahypophysäre Gonadotropine aus 501
—, inoperable, Äthyleniminderivate 1356
—, lokale Behandlung mit
  Tetramin 1361
—, metastasierendes Mamma-
  Carcinom 524, 525
—, perorale Behandlung mit
  Cytostatica 1361
—, Prostataadenom 523, 524
—, Prostatacarcinom 523
—, Therapie mit ACTH
  637—642
—, — mit Nebennierenrindenhormonen 637—642
—, — mit Prednison 638
—, — mit Sexualhormonen
  523, 524, 525
— des ZNS, Therapie mit
  Thio-TEPA 1341
Tumorimmunität, Ge-
  schwulstwachstum und
  1363

1624 Sachverzeichnis

Tumor-Inhibierung, Reizstoff-
gaben und 1354
Tumorkachexie, Leberpräpa-
rate bei 1362
—, Organextrakte bei 1362
—, Prednisolon bei 1362
—, Prednison bei 1362
—, roborierende Behandlung
bei 1362
—, Vitamingaben (A u. C) bei
1362
Tumormetastasen, inoperable,
klinische Anwendung von
Cytostatica bei 1362
Tumorresistenz, Geschwulst-
wachstum und 1363
Tumor-Rezidivprophylaxe,
Äthyleniminderivate 1356
Tumorspektrum, Cytostatica
1325
Tumorspezifität, selektive,
Cytostatica 1318
Tween 80, nichtionisierende
Emulgatoren 264, 265
Tylose, Salbengrundlagen 273
Tyrothricin 848, 849, 850, 851
—, Antimykotica 1270, 1271
—, biologische Neben-
wirkungen 915
—, Chemie 849
—, Grenzkonzentrationen für
849
—, hämatotoxische Wirkung
850
—, Handelsform 933
—, Herkunft 849
—, Kombination mit anderen
Antibiotica 851
—, Kreuzresistenz gegen andere
Antibiotica 850
—, Löslichkeit 849
—, Nachweismethoden 851
—, Resistenz gegenüber 850
—, Resistenzzunahme 850
—, Toxicität 850
—, Wirkungsbereich 849
—, Wirkungsmechanismus 850
—, Wirkungsoptimum 849

Übelkeit nach Griseofulvin 1244
Überempfindlichkeitsreak-
tionen gegen ACTH 582
—, Sulfanilamide 1160
Überfunktionssymptome, Folge
der Sexualhormontherapie
503
Überdosierung, Calcium, Herz-
flimmern nach 136
—, Folgen der Atebrin- 36
Überdosierungserscheinungen
von Folsäure 422
Überdosierungsfolgen von Go-
nadotropinen 503, 504

Überdosierungssymptome, Vitamin D 446, 447
Überernährung, Hautveränderungen bei 185, 186
— mit Kochsalz 195
—, veränderte Talgsekretion
durch 185, 186
Übergewicht, Entfettungsdiät
bei 210
Ulcus, Therapie mit Insulin 665
Ulcus cruris 3
—, dermatologische Indikation
für Novocain bei 117
—, Indikation für Entfettungsdiät bei 211
—, Therapie mit Androgenen
518
—, — mit Antibiotica 891
—, — mit Bacitracin 891
—, — mit Chloramphenicol
891
—, — mit Erythromycin 891
—, — mit Neomycin 891
—, — mit Oestrogenen 518
—, — mit Vitamin E 450
—, Unterspritzung mit Novocain bei 121
Ulcus molle, Therapie mit Antibiotica 883, 884
—, — mit Chloramphenicol
884
—, — mit Erythromycin 884
—, — mit Oleandomycin 884
—, — mit Penicillin 884
—, — mit Streptomycin 884
—, — mit Sulfanilamiden 1066
—, — mit Tetracycline 884
Ulcus rodens, Colchicinsalbe bei
1333
—, klinische Erfahrungen mit
Tetramin bei 1360
Ulcus vulvae acutum, Therapie
mit Triamcinolon 651
Ultraviolettabsorptionsspek-
trum, Sulfanilamide 1003,
1004
Umsatz von Calcium 130, 131
Umspritzung bei Durchblu-
tungsstörungen mit Novo-
cain 121
Umstimmungsdiät 212, 213
—, Ekzem und 187
—, Hauterkrankungen und
181
—, Lichen urticatus und 187
—, Prurigo und 187
—, Pruritus und 187
—, Therapie von Hautkrank-
heiten mit 213
—, Urticaria und 187
Umstimmungsfaktor der Diät-
behandlung 186, 187, 192
Umwandlung von Provitamin D
in Vitamin D 438, 439

Undecylenat, Sexualhormone,
Injektionsbehandlung 505,
507
Undecylensäure, Antimykotica
1190, 1191
—, fungizide Wirkung der 1190
—, fungistatische Wirkung der
1190, 1191
—, Therapie von Dermatomykosen mit 1190, 1191
Unguentum alcoholicum Lanae
als Salbengrundlage 254
Unguentum Aquae Rosae,
Emulsionsgrundlage, Typ
Wasser-in-Öl 258, 259
Unguentum cetylicum, Salbengrundlage 255
Unguentum cetylicum cum
aqua, Emulsionssalben-
grundlagen, Typ Wasser-
in-Öl 258
Unguentum emulsificans, Salbengrundlagen 256
Unguentum emulsificans aquosum, Emulsionssalben-
grundlagen, Typ Öl-in-Wasser 261
Unguentum Glycolis Poly-
ethyleni, Salbengrundlagen
272
Unguentum hydrophilicum,
Emulsionssalbengrund-
lagen 265, 266
—, Typ Öl-in-Wasser, Emulsionssalbengrundlagen
262, 263
Unguentum Lanette Stada,
Typ Öl-in-Wasser, Emul-
sionssalbengrundlage 262
Unguentum leniens als Salbengrundlagen 244
Unguentum pingue, Emulsionssalbengrundlagen, Typ
Wasser-in-Öl 258
—, Salbengrundlagen 255
Unguentum Polyaethylengly-
kolsalbe, Salbengrundlagen
271, 272
Unguentum refrigerans, Emulsionsgrundlage, Typ Was-
ser-in-Öl 259
Unterernährung, Pigmentierungen der Haut bei 184,
185
—, herabgesetzte Heilungstendenz bei 185
Unterspritzung bei plantaren
Warzen mit Novocain 121
— bei Pruritus anogenitalis
mit Novocain 121
— bei Ulcus cruris mit Novocain 121
Unverträglichkeit von Resochin und Ersatz durch an-
dere Antimalariamittel 57

Unverträglichkeitserscheinungen nach N-Lost 1338
Ureidoverbindungen, Phenylarsonsäuren 753
Urethan, Cytostatica 1337
—, —, Mitosegifte 1328
—, —, Ruhekerngifte 1336
—, —, Toxicität 1336
—, —, Verträglichkeit 1336
—, Leukocytenabfall nach 1336
—, Therapie des Lymphosarkoms mit 1336
—, — des Morbus Hodgkin mit 1336
—, — der Mycosis fungoides mit 1336
—, — der Neurofibromatosis mit 1336
—, — des Plasmocytoms mit 1336
—, — der Polycythämie mit 1336
—, — des Retothelsarkoms mit 1336
Urethra-Striktur, Lokaltherapie mit Hydrocortison 647
Urethritis, Therapie mit Lipopolysacchariden der 98
Urin, Ausscheidung von FSH im 499
Urinausscheidung, Androgene 480, 483, 484
—, Sulfanilamide 1043
—, Testosteron 480, 483, 484
Urinkontrolle bei Therapie mit Sulfanilamiden 1100
Urinspiegelwerte, Kanamycin 866
Urocaninsäure, Hemmung der Histidindecarboxylase durch 284
Uro-Genital-System, Nebenwirkungen von Antihistaminica am 348
Urticaria nach ACTH 582
—, Allergie gegen körpereigenes Oestrogen 516
—, Auslösung durch Oestrogene 516
— nach Cortison 582
—, Desensibilisierung bei Allergie gegen eigenes Oestrogen 516
—, Gewöhnung bei Dauerbehandlung mit Antihistaminica 336
—, Histaminvermehrung im Blut bei 290
—, Indikation für Eliminationsdiät bei 213
—, intravenöse Applikation von Novocain bei 119
—, Kälte- 4
—, Leberfunktionsstörungen und 146, 147

Urticaria, Leberschutztherapie und 166, 167
—, Licht- 4
—, positive Tests auf Oestrogene 516
—, — auf Progesteron 516
—, Sonnen- und Lichtschutzwirkung durch Resochin 42, 51
—, Therapie mit ACTH bei 597, 598
—, — mit Adrenalin 663
—, — mit Antihistaminica 336, 337, 340
—, — mit Antihistaminica, Präparatwechsel 337
—, — mit Cortison 597, 598
—, — mit Desoxycorticosteron 597, 598
—, — mit Insulin 666
—, — mit Marisone 516
—, — mit Methyltestosteron bei Allergie gegen eigenes Oestrogen 516
—, — mit Nebennierenrindenhormonen bei 597, 598
—, — mit Vitamin D 445
—, — mit Vitamin K 456
—, Umstimmungsdiät und 187
—, Wärme- 4
Urticaria chronica und Traubenzuckerbelastung 19
Urticaria factitia, Therapie mit ACTH 597
Urticaria pigmentosa, Reserpin bei 86
—, Therapie mit ACTH 641
—, — mit Desoxycorticosteron 641
—, — mit Prednison 641
urticarielle Testreaktionen, Wirkung der Antihistaminica bei 319, 321, 322
Ustilaginsäure, Antimykotica 1271
Usninsäure, Antimykotica 1271
Uterus-Ca, Therapie mit E 39 1359
— mit Hautmetastasen, klinische Erfahrungen mit Tetramin bei 1360
Uterusstrukturenwachstum unter Oestrogenen 493
Uterus, Wirkung der Oestrogene auf 493
U-V-Absorption, Griseofulvin 1237
U-V-Absorptionsspektrum, Trichomycin 1251
U-V-Bestrahlung, Zuckertoleranz nach 146

Vaccina inoculata, Therapie mit Antibiotica 886, 887

Vaccinationsschäden, Therapie mit Antibiotica 886, 887
Vaccinebehandlung, zusätzliche, Antimykotica 1179
Vagantenhaut 184, 185
Vaginalkugeln, Sulfanilamide, Rezeptur für 1091
Valerianat, Sexualhormone, Injektionsbehandlung 505, 506, 507
Vancomycin, Handelsform 933
Vanishing Creams als Salbengrundlagen 245
Vanizid, experimentelle Chemotherapie der Hauttuberkulose mit 1154, 1155
Varicellen, Cortison und 579
—, Nebennierenrindenhormone und 658
—, Therapie mit Antibiotica 886
Variola, Therapie mit ACTH 658
—, — mit Antibiotica 886, 887
Variola-Impfencephalitis, Therapie mit ACTH 658
Vaseline als Salbengrundlage 244
Vaselinum album als Salbengrundlage 247, 248
—, Salbengrundlage, Reinheitsprüfung von 247
Vaselinum emulgebile, Salbengrundlagen 255
Vaselinum flavum als Salbengrundlagen 247, 248
—, Salbengrundlage, Reinheitsprüfung von 247
Vasodilatation von Androgenen 487, 488
— unter Oestrogenen 494
— von Testosteron 487, 488
vegetative Funktionen, Calcium und 129
vegetative Gesamtumschaltung durch Fiebertherapie 89, 90
vegetative Medikamente 12
vegetatives Nervensystem, Hauterkrankungen und 11, 12, 13, 14
— —, Hauterkrankungen und 11, 12, 13, 14
— —, Novocain und 102, 103
— — und Sensibilisierung 11, 12, 13
— —, Therapie mit Atropin 12
— —, — mit Chlorpromazin 12
— —, — mit Ergotamin 12
— —, — mit Hibernation 13
— —, — mit Meprobamat 13
— —, — mit Mistelextrakt 12
— —, — mit Neuroplegica 13
— —, — mit Pilocarpin 12

vegetatives Nervensystem,
Therapie mit
Rauwolfia 12
— —, — mit Reserpin 12
— —, — mit Serpasil 13
— —, — mit Tranquillizer 12
Vegetativum, durch Chlorpromazin Dämpfung des 70
Vena spermatica, C_{19}-Steroid-
vorkommen in der 481
Verätzung, Therapie mit Cortison 650
Verazid, experimentelle Chemotherapie der Hauttuber-
kulose mit 1153, 1154
Verbrennungen, flächenhafte 4
—, Indikation für Mastkur bei
212
—, Leberfunktionsstörungen
und 146
—, Lokaltherapie mit Corticoidsalben 648
—, schmerzstillende Pharmaka
4
—, Schock 4
—, Therapie mit ACTH 647
—, — mit Antibiotica 893
—, — mit Cortison 647, 648
—, — mit Hibernation arteficielle 81
—, — mit Pantothensäure
418, 419
—, — mit Prednisolon 647
—, — mit Vitamin C 433
—, Wirkung der Antihistaminica bei 325
Verflüssigungstemperatur von
Stickstoff 170
Vergiftung nach Histamin 282
—, Therapie durch Antihistaminica 357
—, Antihistaminica 356, 357
Vergiftungserscheinungen
durch Novocain und
Therapie 110, 111, 112
—, Vitamin A-Hypervitaminosen 398
Verhornung, Androgene, Wirkung auf 488
—, vermehrte, bei Vitamin A-
Mangel 391
—, Testosteron, Wirkung auf
488
Verkehrs-Unfälle nach Über-
dosierung von Antihist-
aminica 349, 350
Verophen, Antihistaminica,
Phenothiazine 303
—, Phenothiazine, Handels-
präparate 63
Verrucae, Therapie mit Cor-
tison 656
—, — mit Hydrocortisonsalbe
656

Verrucae seborrhoicae, Vit-
amin A-Mangel und 394,
395
Versager bei Penicillin-Thera-
pie der Gonorrhoe 882
Verschlußikterus, mangelhafte
Resorption von Vitamin
K bei 455
—, Methyltestosteron bei Pru-
ritus und 517
Verteilungsgleichgewicht, Sulf-
anilamide 1011
— und Bewertung, Sulfanil-
amide 1093, 1098
Verteilungskinetik, Sulfanil-
amide 1020
Verticilliose, therapeutische
Hinweise 1276
Verträglichkeit von Salben-
grundlagen 245
Verzuckerungsfähigkeit, Stei-
gerung durch Kochsalz 193
Verzuckerungsgeschwindig-
keit, Steigerung durch
Kochsalz 193
Vestibularisschäden, Strepto-
mycin 806, 901, 902
Viasept, Phenylarsonsäuren
752
Vibazine, Äthylendiamine,
Antihistaminica 302
Vigantol, Therapie der Hauttuberkulose mit 1159, 1162
Violacein, Antimykotica 1271
Viomycin, Chemotherapie der
Hauttuberkulose mit
1125, 1133, 1136, 1137
—, experimentelle Chemotherapie der Hauttuberku-
lose mit 1136, 1137
—, Handelsform 933
—, Hauttuberkulose, toxische
Reaktion unter 1137
—, in vitro-Hemmung der Tuberkelbacillen durch
1136, 1137
— und experimentelle Meerschweinchentuberkulose
1136, 1137
Viridin, Antimykotica 1271
virilisierender Effekt von Nor-
Testosteron bei weib-
lichen Neugeborenen
477
— — bei weiblichen Neu-
geborenen durch Oral-
Gestagen 477
Virus, Therapie des Krebses
mit 1354
Viruserkrankungen, Therapie
mit Antibiotica 886,
887
—, — mit Sulfanilamiden 1071
Virusinfektion, ACTH und
579

Virusinfektionen, Cortison und
579
—, Nebennierenrindenhor-
mone und 579
Viscosität der Silikone, Abhängigkeit von der Tem-
peratur 173
Viscositätsbereich von Silikonen 173
Viscositätsbestimmung der Silikone in Siloxan-Einheiten
173
Vitamin A, bei Acne vulgaris,
Oestrogentherapie und
511
—, antiallergische Wirkung von
397
—, anticanceröse Wirkung von
397
—, Aufbau aus dem Provit-
amin A 388, 389
—, Augensymptome bei Man-
gel an 390, 391
—, Avitaminosen 390, 391
—, Axerophthol 386
—, Bedeutung des Vehikels für
Resorption durch die
Haut 398
—, Bestimmungsmethoden für
387, 388
—, Chemie 386, 387
—, chemische Eigenschaften
387, 388
—, Cytostatica 1353
—, Förderung des Haarwachs-
tums durch 395
—, Funktion beim Sehpurpur
390, 391
—, Gehalt der Eisbärleber an
398, 399
—, — in Nahrungsmitteln 389
—, — der Organe an 388, 389
—, historische Entwicklung 386
—, Hypervitaminisierung bei
Röntgen-Ca mit 1353
—, internationaler Standard
für 388
—, Keratomalacie 390, 391
—, lokale Anwendung von 398
—, Mangelsymptome 390, 391
—, Nachweismethoden für 387,
388
—, Nebenwirkungen der Therapie mit 403
—, primäre Avitaminosen 390
—, physikalische Eigenschaften 387, 388
—, Resorption durch die Haut
398
—, Resorption aus dem Magen-
Darm-Kanal 389
—, Resorptionsstörungen bei
Cöliakie 390
—, — bei Leberkrankheiten
390

Vitamin A, Resorptionsstörungen bei Pankreasfibrose 390
—, — bei Sprue 390
—, Resorptionsvorgang 389
—, Schwankungen der Serumspiegelwerte 389, 390
—, sekundäre Avitaminosen 397, 398
—, Serumspiegelwerte von Carotin und 389, 390
—, Tagesbedarf von 388, 389, 397
—, therapeutische Dosis 390
—, — Verwendung von 397, 398
—, Therapie von Acne vulgaris mit 395
—, — von Akrodermatitis pustulosa perstans 396
—, — von Ekzemen mit 395
—, — von Epidermodysplasia verruciformis mit 396
—, — von Erythematodes mit 396
—, — von Erythrodermie mit 396
—, — von Erythrodermie ichthyosiforme congénitale mit 394
—, — von Frühjahrsperniosis mit 396
—, — von Ichthyosis mit 393, 394
—, — von Keratomata senilia mit 394, 395
—, — von Keratosis follicularis contagiosa mit 393
—, — von Keratosis palmaris et plantaris mit 395
—, — von Keratosis pilaris mit 392
—, — von Kraurosis vulvae mit 396
—, — von Leukoplakie mit 396
—, — von Miliaria rubra mit 396
—, — des Morbus Darier mit 394
—, — von Nagelmykosen mit 396
—, — von Nagelwachstumsstörungen mit 395
—, — von Pachonychia congenita mit 395
—, — von Parapsoriasis mit 396
—, — von Pemphigus mit 396
—, — von Phrynoderma mit 392
—, — von Pityriasis rubra pilaris mit 392, 393
—, — von Pruritus ani mit 396

Vitamin A, Therapie von Psoriasis mit 396
—, — von Rosacea mit 396
—, — des Sjögren-Syndroms mit 396
—, — von Sklerodermie mit 396
—, — von Tuberculosis cutis verrucosa mit 396
—, — von Xeroderma pigmentosum mit 396
—, Toxicitätsminderung von Streptomycin durch 806
—, Umwandlung von Carotin in 389
—, Umwandlungsstörungen von Carotin bei Diabetes mellitus 390
—, Verbrauchserhöhung bei Infektionskrankheiten 390
—, — bei Schwangerschaft 390
—, Vorkommen von 388, 389
Vitamin A-aktive Substanzen 386
Vitamin A-Hypervitaminosen 398, 399
— -Hypervitaminosen, Hauterscheinungen bei 398, 399
— -Hypervitaminosen, Vergiftungserscheinungen 398
— -Hypervitaminose, Xanthodermie und 399
Vitamin A-Mangel, follikuläre Hyperkeratosen bei 391
—, Haarausfall bei 395
—, Hautsymptome 391
—, Hauttrockenheit bei 391
—, Hyperkeratosen bei 391
—, Hypohidrosis bei 391
—, Ichthyosis und 393, 394
—, Keratomata senilia und 394, 395
—, Nagelveränderungen und 395
—, Phrynoderma 391, 392
—, prädisponierender Faktor für Carcinomentstehung 396
—, vermehrte Verhornung bei 391
—, Verrucae seborrhoicae und 394, 395
Vitamin A-Mangelzustände 390, 391
Vitamin A-Therapie, Nebenwirkungen der 398, 399
Vitamin B-Komplex 400—425
Vitamin B_1 400—403
—, allergische Reaktionen bei intravenöser Therapie mit 403
—, Ausscheidung von 401

Vitamin B, Bedarf an 401, 402
—, Bestimmungsmethoden für 401, 402
—, Chemie 400, 401
—, Funktion von 401, 402
Vitamin B_1-Mangel, Alkoholiker und 402
—, Alkoholneuritis und 402
— bei Beri-Beri 402
—, Darmerkrankungen und 402
—, Diabetes mellitus und 402
—, Infektionskrankheiten und 402
—, Lebererkrankungen und 402
—, Thyreotoxikosen und 402
Vitamin B_1, Mangelkrankheiten 402
—, Nachweismethoden von 401, 402
—, Phosphorylierung in der Leber 401
—, Resorption vom Darm 401
—, Schutz vor Flohstichen 402
—, Synonyma, Aneurin 400
—, —, antineuritisches Vitamin 400
—, —, Beri-Beri-Schutzstoff 400
—, —, Thiamin 400
—, Synthese durch Darmflora 401
—, Teilsynthese durch Hefen 401
—, Therapie von Dermatosen mit 402
—, — der Stomatitis mit 402
—, — bei Neurodermitis mit 402
—, — des Zoster mit 402
—, Verbreitung von 401, 404
—, Vorkommen 401, 402
—, analgetische Wirkung von 402
Vitamin B_2, Bedarf des Menschen an 405
—, Bedeutung für intracelluläre Oxydation 405
—, Bestimmungsmethoden 405
—, Chemie 403, 404
—, Gehalt in Nahrungsmitteln 404, 405
—, Mangelkrankheiten 405, 406
—, Nachweismethoden 405
—, Perlèche-Therapie mit 407
—, Phosphorylierung in der Darmschleimhaut 405
—, primäre Avitaminosen 405
—, Resorption im Dünndarm 405
—, sekundäre Avitaminosen 406, 407
—, Synergismus zu INH auf Mykobakterien 407
—, Synonyma, Lactoflavin 403
—, —, Riboflavin 403

Vitamin B₂, Therapie mit 407, 408
—, Therapie der Cheilitis mit 407
—, — der Porphyrie mit 408
—, — der seborrhoischen Dermatitis mit 407
—, — des seborrhoischen Ekzems mit 407
—, Vorkommen von 404, 405
—, Wirksamkeit von 404
Vitamin B₂-Mangel, Cheilitis bei 406
—, Cheilosis und 406
—, Cöliakie und 406
—, klinische Symptome 405
—, Kwashiorkor und 407
—, Leberstörungen und 406
—, Perlèche bei 406
—, seborrhoide Dermatitis und 406, 407
—, seborrhoide Ekzeme und 406
—, Sjögren-Syndrom und 407
—, Sprue und 406
Vitamin B₆-Gruppe, Bedarf des Menschen 416
—, Bestimmungsmethoden 416
—, Chemie 416
—, dermatologische Indikationen für Therapie 417
—, Funktion 416, 417
—, Mangelkrankheiten 417
—, Nachweismethoden 416
—, optimale Tagesdosis 417
—, Pathogenese des seborrhoischen Ekzems und 417
—, Synthese durch Darmbakterien 416
—, Synonyma, Adermin 415
—, —, Pyridoxal 415
—, —, Pyridoxamin 415
—, —, Pyridoxin 415
—, therapeutische Tagesdosis 417
—, Vorkommen 416, 417
Vitamin B₁₂ 423—425
—, Bedarf des Menschen 424
—, Bestimmung von 424
—, Chemie 423
—, Funktion des 424
—, Mangelsymptome 424, 425
—, Synonyma, antianämisches Vitamin 423
—, —, Antiperniciosastoff 423
—, —, Cyanocobalamin 423
—, —, Extrinsic factor 423
—, Synthese durch Bakterien 424
—, Synthese durch Darmbakterien 424
—, — durch Hefen 424
—, — durch Pilze 424
—, Therapie der Acne mit 425

Vitamin B₁₂, Therapie der funikulären Myelose mit 424
—, — der Glossitis mit 425
—, — der Neuritis mit 424
—, — der seborrhoischen Dermatitis mit 424, 425
—, — der Stomatitis mit 425
—, — der Wachstumsstörungen mit 424
—, — des Zoster mit 424
—, Vorkommen 424
Vitamin C 428—434
—, antiinfektiöse Effekte 432, 433
—, Ausscheidung von 429
—, Bedarf des Menschen 429, 430
—, biologische Funktion 429
—, Chemie 428, 429
—, Effekt einer unspezifischen Therapie mit 432
—, Historisches 428
—, internationaler Standard 429
—, Kombination mit Leberextrakt und Atebrin bei Erythematodes chron. 52
—, Mangelerscheinungen, Ermüdbarkeit 431
—, —, Schwächezustände 431
—, —, Präskorbut 431
—, —, Säuglingsskorbut 431, 432
—, —, Skorbut 430, 431
—, Nebenwirkungen der Therapie 434
—, Strahlenschutzwirkung von 434
—, Synonyma, Ascorbinsäure 428
—, —, Antiskorbut-Vitamin 428
—, Test- und Bestimmungsmethode 429
—, Therapie des Chloasma uterinum 433, 434
—, — von Dermatosen mit 433, 434
—, — der Furunkulose 433
—, — der Gingivitis 433
—, — der Glossitis 433
—, — der Golddermatitis 433
—, — von Hautpigmentierungen 433, 434
—, — von Infektionskrankheiten mit 432
—, — der Psoriasis arthropathica 433
—, — der Purpura in Kombination mit Vitamin K und P 433, 436, 456
—, — von Pyodermien 433
—, — der rheumatischen Erkrankungen 433

Vitamin C, Therapie der Salvarsandermatitis 433
—, — der Schweißdrüsenabscesse 433
—, — von Skorbut mit 432
—, — der Sulfonamiddermatitis 433
—, — der Thrombophlebitis 433
—, — der Tuberkulide 433
—, — der Verbrennungen 433
—, Vorkommen 429
—, Wirkung bei hoher Dosierung 432
—, Zerstörung durch Dickdarmflora 429
—, Zusatz zu Hautschutzsalben 434
Vitamin D 436—447
—, antiallergische Wirkung bei Bronchialasthma 441, 442
—, — — bei Heufieber 441, 442, 445
—, Ausscheidung von 440
—, Bedarf des Menschen 440
—, Behandlungsergebnisse bei Hauttuberkulose 443
—, Bestimmungsmethoden 438
—, Biogenese 439
—, Chemie 437, 438, 439
—, direkte Wirkung auf den Knochen von 441
—, Dosierung bei Therapie der Hauttuberkulose 443
—, Funktion von 440, 441
—, Gesamtdosis bei Therapie der Hauttuberkulose 443
—, Hauptquelle von 439
—, histologische Veränderungen bei Therapie der Hauttuberkulose 443
—, Historisches 436, 437
—, Hypervitaminose 446, 447
—, — und Gefäßveränderungen 446
—, — und Nierenveränderungen 446, 447
—, —, Pathogenese 447
—, internationaler Standard 438
—, Intoxikationsschwelle für 446
—, Mangelkrankheiten 441
—, —, Osteomalacie 441
—, —, Rachitis 441
—, —, Spasmophilie 441
—, Nachweismethoden 438
—, Resorption von 440, 441
—, Rezidive nach Therapie der Hauttuberkulose 444
—, Serumspiegelwerte von 440
—, sichtbarer therapeutischer Effekt bei Hauttuberkulose 443

Vitamin D, Sonnenbestrahlung und Umwandlung von Provitamin D in der Haut in 439, 440
—, Speicherung im Organismus 440
—, Steigerung der intestinalen Calciumresorption durch 440, 441
—, — der Phosphatausscheidung durch 441
—, Therapie der Acne 445
—, — der Alopecia areata 445
—, — des Berufsekzems 445
—, — des Boeckschen Sarkoid 444
—, — des Ekzems 445
—, — der Erythrodermie 445
—, — des Granuloma anulare 444
—, — der Hauttuberkulose 442, 443, 444
—, — des Lichen ruber planus 445
—, — des Lupus miliaris disseminatus 444
—, — des Lupus vulgaris 443, 444
—, — des Pemphigus 445
—, — des Pruritus 445
—, — der Psoriasis 445
—, — der Sklerodermie 445
—, — der Urticaria 445
—, — der Tuberculosis cutis colliquativa 444
—, — der Tuberculosis cutis verrucosa 444
—, — der Tuberculosis ulcerosa cutis et mucosae 444
—, — der Tuberkulide 444
—, Überdosierungssymptome 446, 447
—, Umwandlung von Provitamin D in 438, 439
—, Vorkommen 439, 440
—, Wirkungsmechanismus 442
—, — bei Hauttuberkulose 442
—, unspezifische Therapie mit 441—446
Vitamin D$_2$, Antimykotica 1234
—, experimentelle Chemotherapie der Hauttuberkulose mit 1158
—, Heilerfolge bei Therapie der Hauttuberkulose mit 1159
—, Nachbeobachtungszeit bei Therapie der Hauttuberkulose mit 1159
—, Nebenerscheinungen bei Therapie der Hauttuberkulose mit 1159

Vitamin D$_2$, Therapie der Chromomykose mit 1234
—, — der Hauttuberkulose mit 1159, 1162
Vitamin E 447—451
—, Ausscheidung von 448
—, Bedarf des Menschen 448
—, Bestimmungsmethoden 448
—, Biochemie 449
—, Chemie 447, 448
—, Fortpflanzung und 449
—, Funktion 448, 449, 450
—, Hauterscheinungen bei Überdosierung 451
—, internationaler Standard 448
—, Leberschutzwirkung des 449
—, Lokalisation in Geweben 448
—, Nebenwirkungen 451
—, Resorption aus dem Darm 448, 449
—, Schädigung der Spermiogenese durch Überdosierung 451
—, Serumspiegelwerte bei Dermatosen 451
—, Synonyma, Antisterilitätsvitamin 447
—, —, Tokopherol 447
—, Therapie der Acne vulgaris 450
—, — der Akrodermatitis atrophicans Herxheimer 450
—, — der Dermatomyositis 451
—, — von Dermatosen 450, 451
—, — der Dupuytrenschen Kontraktur 450
—, — des Ehlers-Danlos-Syndrom 450
—, — des Erythematodes 450
—, — von Fertilitätsstörungen 451
—, — des Fox-Fordyce 450
—, — des Granuloma anulare 451
—, — des Hulusi-Behçet-Syndrom 450
—, — der Induratio penis plastica 451
—, — der Kollagenosen 450
—, — der Kraurosis vulvae 450
—, — des Lichen sclerosus et atrophicans 451
—, — von Potenzstörungen 451
—, — des Pruritus 450
—, — der Psoriasis 450

Vitamin E, Therapie des Sjögren-Syndrom 450
—, — des Sklerödem 450
—, — des Ulcus cruris 450
—, Vorkommen 448
—, Wirkung auf Spermiogenese 451
—, Zusatz zu Kosmetica in Kombination mit Vitamin A 451
Vitamin F 451, 452
—, Therapie von Dermatosen 452
Vitamin H s. Biotin
—, Bedarf des Menschen 425, 426
—, Chemie 425
—, Mangelsymptome 426
—, —, Depressionen 426
—, —, exfoliative Dermatitis 426
—, —, Halluzinationen 426
—, —, Hautblässe 426
—, —, Mundwinkelrhagaden 426
—, —, Paraesthesien 426
—, —, Schwächezustände 426
—, —, seborrhoisches Ekzem 426
—, Synonyma, Biotin 425
—, Synthese durch Darmbakterien 425, 426
—, therapeutische Tagesdosis 426
—, Therapie der Alopecie 426
—, — der Acne vulgaris 426
—, — der Erythrodermia desquamativa Leiner 426
—, — der Follikulitis 426
—, — der Furunkulose 426
—, — der Psoriasis mit 426
—, — des Säuglingsekzems 426
—, — des seborrhoischen Ekzems 426
—, Vorkommen 426
Vitamin K 452—457
—, Antagonismus zum Dicumarol 455
—, antimycetische Wirkung 456, 457
—, Avitaminosen 455, 456, 457
—, —, primäre 455
—, —, sekundäre 455
—, bakteriostatische Wirkung 456, 457
—, Bedarf des Menschen 455
—, Bestimmungsmethoden 454
—, Chemie 453, 454
—, Einfluß auf Blutgerinnung 455
—, fungistatische Wirkung 1233, 1234
—, Funktion 455

Vitamin K, Hämatombildung bei Mangel an 456
—, Historisches 452
—, Kombinationstherapie der Leprareaktion mit ACTH und 655, 656
—, lokale Anwendung 457
—, Mangel bei Morbus haemorrhagicus neonatorum 455
—, mangelhafte Resorption bei Cöliakie 455
—, — — bei Sprue 455
—, — — bei Steatorrhoe 455
—, — — bei Verschlußikterus 455
—, Nebenwirkungen der Therapie 457
—, Resorption 454, 455
—, Synonyma, antihämorrhagisches Vitamin 452
—, —, Koagulationsvitamin 452
—, —, Phyllochinon 452
—, Synthese durch Darmbakterien 454, 455
—, Synthesestörung bei langdauernder Tetracyclinhandlung 455
—, therapeutische Dosis 455
—, Therapie von Dermatosen 456, 457
—, — der Erythrodermia desquamativa Loiner 456
—, — der Perniosis 456
—, — der Purpura 156
—, — — in Kombination mit Vitamin C und P 433, 436, 456
—, — des Strophulus 456
—, — der Urticaria 456
—, Vorkommen 454, 455
Vitamin P 434—436
—, Bedarf des Menschen 436
—, Chemie 435
—, Funktion 435, 436
—, Lichtschutzwirkung von 436
—, Synonyma, Citrin 434
—, —, Permeabilitätsfaktor 434
—, —, Rutin 434
—, Test- und Bestimmungsmethoden 436
—, therapeutische Dosis 436
—, Therapie der Capillardurchlässigkeitsstörungen 436
—, — von Dermatosen 436
—, — des Ekzems 436
—, — des Erythematodes 436
—, — der Purpura in Kombination mit Vitamin C und K 433, 436, 456
—, — von toxischen Capillarschädigungen 436

Vitamin P, Vorkommen 436
Vitamin T 452
Vitamine, allgemeine Einführung 382, 383, 384, 385
—, Anti- 385
—, Antimykotica 1233, 1234
—, Avitaminosen 383
—, Bestimmungsmethoden für 384
—, biologisches Gleichgewicht im menschlichen Organismus 384
—, chemischer Aufbau 383
—, Cholin 427, 428
—, Definition der 382, 383
—, erhöhter Verbrauch von 383
—, Fehlen in der Nahrung von 383
—, gestörte Resorption von 383
—, Herkunft der 385
—, Hypervitaminosen 383
—, Hypovitaminosen 383
—, Inosit 426, 427
—, Katalysatoren 383
—, Mangelsituationen 383
—, optimale Tagesdosis 384
—, — Versorgung mit 383
—, Pantothensäure 417—419
—, pharmakodynamische Wirkung 384
—, Provitamine als Vorstufen der 383
—, Störung der Veresterung von 383
—, Reizstoffe der Natur 383
—, therapeutische Tagesdosis 384
—, Versorgung des Organismus mit 383
Vitamingaben (A und C) bei Tumorkachexie 1362
Vitaminstoffwechselstörungen, Therapie mit ACTH 630
—, — mit Nebennierenextrakt 630
Vitiligo, Fluorescenz der Herde unter Atebrin 59
Vomex A, Antihistaminica 345
Vulvovaginitis candidomycetica, Therapie mit Nystatin 1249

Wachhaltezentrum, Dämpfung durch Chlorpromazin 69
Wachsalkohole, nichtionisierende Emulgatoren 264, 265
Wachse als Salbengrundlagen 250, 251
Wachstumsstop bei Kindern, Hypercorticismus 558
Wachstumsstörungen, Therapie mit Vitamin B_{12} 424

Walker-Carcinom, cancerotoxische Wirkung des Endoxan bei 1339
Walker-Carcino-Sarkom, Cytostatica 1320
Walker-Sarkom, E 39 bei 1356, 1357
Walker-Tumor, Wirkung des Tetramin am 1360
Walrat als Salbengrundlage, hydrophobe fettartige 245
Wangenpfropf, Schwellung unter Oestrogenen 494
Warburg-Apparatur, Testmethoden, Antimykotica 1176
Warburg-Atmung, Beeinflussung durch Oestrogene 493
Wärmeabgabe, durch Chlorpromazin Blockierung der 70
Wärmegefühl nach Gabe von Nicotinsäure 414
Warzen, Behandlung mit Stickstoff 169, 170, 171
—, Indikation für Externa, flüssiger Stickstoff 171
—, plantare, Unterspritzung mit Novocain bei 121
wasserfreies Wollfett s. Adeps Lanae anhydricus 254
Wasserhaushalt, Nebennierenrindenhormone und 193, 194
—, Regulation durch NNR-Hormone 559, 560
Wasser-in-Öl-Emulsion, Salbengrundlagen 243, 244, 254—259
wasserlösliche Salbengrundlagen 244, 245, 267—276
Wasserretention unter ACTH 573
— bei Hypercorticismus 560, 561
— unter NNR-Hormonen 573
Wasserstoffsuperoxyd, Antimykotica 1187
—, Therapie von Dermatomykosen mit 1187
Wechselwirkung, arsenhaltige Substanzen und 735—738
—, arsen- und thiolgruppenhaltige Substanzen und 735—738
—, thiolgruppenhaltige Substanzen und 735—738
Weinsäure, Antimykotica 1193
Weiße Salbe als Salbengrundlage 248
Weltmann-Band, Leberfunktionsproben 153

White ointment als Salbengrundlage 248

Winterschlaf s. Hibernation 81

—, künstlich 61

Wirksamkeit von Vitamin B$_2$ 404

Wirkungsäquivalente, Nebennierenrindenhormone 584, 585

Wirkungsdauer von ACTH 567

— von Cortison 568

Wirkungsdauerbestimmung mit Histaminquaddelmethode, Antihistaminica 315

Wirkungsentfaltung der Hormon-Creme 508

Wirkungsgrenzkonzentration, Streptomycin 803

Wirkungsmechanismus von Lipopolysacchariden 93

—, Vitamin D 442

Wirkungsstärkebestimmung mit Histaminquaddelmethode, Antihistaminica 315

Wirkungssteigerung von Penicillin 799, 800

Wirkungsunterschiede, Antihistaminica 335

Wirkungsvorhersage aus der Struktur, Sulfanilamide 1092

Wismut, Vorbehandlung bei Lues III mit 910, 911

Wollfett als Salbengrundlage 244

Wuchsstoff-Antagonisten, Cytostatica 1349—1351

Wundheilung, Beschleunigung unter ansäuernder Diät 191, 192

Wundheilungshemmung unter NNR-Hormonen 577

Xanthochromie, Vitamin A-Hypervitaminose und 399

Xanthodermie, Provitamin A-Überdosierung und 399

Xanthomata tuberosa, lokale Injektion von Hydrocortison 631

Xanthomata, Therapie mit Desoxycorticosteron 631

Xanthomatosen, Abdominalkrisen bei 208

—, Diabetes und Insulinbehandlung 667

—, Diabetes mellitus und 208

—, Grütz-Diät bei 207, 208, 209

—, hypercholesterinämische 208

—, hyperlipidämische 208

—, Lipoidspiegelerhöhung bei 208

—, Myxödem und 208

—, pectanginöse Beschwerden bei 208

—, symptomatische 208

Xeroderma pigmentosum, Therapie mit Resochin 54

—, — mit Vitamin A 396

Xeroform, Antimykotica 1273, 1274

Yellow ointment als Salbengrundlage 248

Yoshida-Sarkom, cancerotoxische Wirkung des Endoxan bei 1339

—, Cytostatica 1320

—, E 39 bei 1356, 1357

Yoshida-Tumor, Wirkung des Tetramin am 1360

Zahnfleischveränderungen bei Skorbut 431

Zäpfchen, Sulfanilamide, Rezeptur für 1091

Zellkern, N-Lost-Wirkung auf 1337

Zellmembranaffinität der Lipopolysaccharide 95

Zellpermeabilität, Sulfanilamide 1020

Zellstoffwechsel unter Lipopolysacchariden 95

Zellteilung und Griseofulvin 1244

Zellwandverdickung unter Grisefulovin 1244

Zephirol, Antimykotica, quartäre Ammoniumverbindungen 1195

Zick-Zack-Diät 213

Zimtsäurederivate, Antimykotica 1217, 1218

Zinklösung, Antimykotica 1188

Zinkverbindungen, organische, Antimykotica 1224

Zitze, Hormonwirkung der Oestrogene auf die 494, 495

Zitzenvergrößerung durch Oestrogene 494, 495

ZNS, Calcium und 129

ZNS-Nebenwirkungen bei Therapie der Hauttuberkulose mit Isonicotinsäurehydrazid 1165

Zoster, Cortison und 579

—, gangränöser und Leukämie, Gammaglobulintherapie 26

—, Leukämie u. Gammaglobulintherapie bei 26

—, Therapie mit Antibiotica 886

—, — mit Hydrocortisonsalbe 657

—, — mit Vitamin B$_1$ 402

—, — mit Vitamin B$_{12}$ 424

Zoster generalisatus, Leberschutztherapie und 167

Zoster-Neuralgien, Therapie mit ACTH 657

—, — mit Cortison 657

—, — mit Prednison 657, 658

Zoster ophthalmicus, Lokalbehandlung mit Dexamethason 658

—, Therapie mit Cortison 657

Zuckerresorption, Beschleunigung durch Kochsalz 193

Zuckertoleranz nach U-V-Bestrahlung 146

Zunge, rote, bei Leberkrankheiten 143

—, schwarze, Nicotinsäuremangel 413, 414

Zylinder-Plattentest, Standardisierung von Penicillin im 779

Zylindertest, Penicillin-Resistenzbestimmung 795